JN290468

岩波 数学入門辞典

《編集委員》 青本和彦・上野健爾・加藤和也・神保道夫・砂田利一
高橋陽一郎・深谷賢治・俣野　博・室田一雄

岩波書店

序

　本辞典は，高校から大学で学ぶ数学用語を中心に解説したものである．数学を学ぶために必要な概念の解説のみならず，数学の歴史や社会的な背景にも配慮して解説をつけた．項目を拾い読みしても楽しめるように工夫したつもりである．すべての項目を編集委員自らが執筆していることも本辞典の特徴である．

　項目の説明は，できる限り直観的な説明からはじめて，用語の持つ意味や，その用語が必要とされる目的がわかるようにした．とくに，小学校から高等学校で扱われる数学に関しては，その歴史的背景に触れ，あわせて現代数学における位置づけも理解できるように配慮してある．小項目中心の辞典ではあるが，数学としての基本的な概念に関しては，詳しい解説を付けて大きな流れをつかむことができ，やや高度な概念についてはそのイメージが捉えられるように説明を加えて，さらに進んだ学習への手助けとなるようにした．

　本辞典の読者としては，数学の学習者だけでなく，数学の教育や周辺分野の研究などに携わり数学の正確な知識を必要とする多くの読者を想定している．そのために，項目ごとにそれをひく読者を想い浮かべ，記述をそれぞれに工夫した．また，数学の用語も，例えばベクトル空間と線形空間，1次独立と線形独立のように，まったく同じ意味の数学用語がどちらも広く使われている場合がある．従来の辞典であれば，どちらかの用語に揃えるのが常であったが，本辞典では敢えて統一せず，しかも基本的な場合はそれぞれの項目に説明を加えた．同一の概念を表す用語であっても，それぞれ説明文は異なっており，両者を読み比べれば，数学者によって説明の力点が微妙に違うことを実感していただけると思われる．

　また，数学の記号は普遍的な場合が多いが，例えば等号を含む不等号は本辞典では主として $\leqq$ を使ったが，数学の文献では $\leq$，⩽ もよく使われる．高校までの日本の数学の教科書では，このような記号は一つに統一されているが，いろいろな記号が現実の世界では使われていること，また記号も時代とともに変遷することがあることを読者は留意していただきたい．

　本辞典ではできる限り誤解のない表現を用いるように心がけたが，それでもやむを得ず欧文の直訳調やカタカナを使わざるを得ない場面もあった．数学を記述する豊かな日本語を育てていくことがこれからの重要な課題であることを改めて気づかされた．

　岩波講座「現代数学への入門」の出版が始まった頃，当時，この講座を担当されていた宮内久男氏から，講座の編集者による入門者用の数学辞典を作ってはどうかと提案を受けた．議論を重ねた結果，小項目主義の入門辞典を作ることになり，また数学の応用に関する部分の項目の選定と執筆には専門家に参加してもらうことが必要と考

え，室田一雄氏に編集委員になっていただいた．こうした議論が終わらないうちに，宮内氏が亡くなられたことは残念なことであった．

　このレベルの数学の辞典編纂は日本では初めてのことであり，事前の予想を超えた試行錯誤の連続であった．とくに，小項目主義の辞典では短い文章の中に各自の数学に対する考えを表明することになるため，いくつかの項目に関しては編集委員の間で各自の数学観に基づく激しいやりとりもあった．そのために，本辞典の完成が大幅に遅れたにもかかわらず，編集者の意見を取り入れて校正に多大の時間を使い，また度重なる本文の推敲を許してくれた岩波書店に感謝したい．また，本辞典の記述の正確を期するために個々の項目で多くの方々にお世話になった．編集委員の相談に快くのってくださった方々に感謝する．

　思えば，この辞典の編纂を最初に企画された岩波書店編集部の宮内久男氏が亡くなられてから間もなく満七年を迎えようとしている．同氏の遺志が読者に届くことを切に願っている．

2005 年 8 月

編集委員を代表して　上野健爾

凡　　例

本辞典は小項目の五十音順配列の構成になっています．各項目は，見出し，英訳，説明から成り立っています．

1. 見出し
   - 各見出しは，五十音順(長音符号'ー'や濁音は無視)で配列します．
   - 促音の「っ」，拗音の「ゃ」「ゅ」「ょ」，片仮名文字はふつうの仮名文字と同等に扱います．
   - 記号を含む見出しは記号をそのまま用い，その記号の片仮名読みで配列されています．

     例　KdV方程式　　ケーディーヴィほうていしき
   - 同じ用語が別の分野で用いられている場合には，見出し語の後に，カッコでどの分野の用語であるかを示しました．

     例　位数(ベクトル場の)　　位数(有限集合の)
   - 外国人名が見出し語に含まれる場合には，その慣用的な片仮名読みで配列しました．

2. 英訳
   - 英訳は，日本数学会編「数学辞典」に準拠しますが，複数ある場合などは，併記あるいは一般的なものにしました．
   - 英訳は，見出し語本体に対する訳のみで，その後に示した分野を表すカッコの中は省略しました．
   - 中国人名の英訳は，拼音[ぴんいん]での表記に揃えました．
   - 英訳は，付録に英語索引としてまとめ，英訳からも検索できるようにしました．

3. 説明
   - 説明文の中に現れる用語で，本辞典の見出し語でもあるものは，アステリスク(∗)を左肩につけて示しました．ただし，同じ用語が二度以上出る場合は初出のみにマークしてあります．ただし，表記の煩雑さを避けるため，あえて網羅的には付けていません．
   - 用語それ自身，あるいはその文脈内容に関連して，他の項目を参照するとよい場合は，一重矢印(→)でカッコの中に参照項目を表記しました．

     例　分配関数(→ 統計力学)　　アルゴリズム(→ ダイクストラ法)
   - 説明全体に関連して，他の項目を参照するとよい場合には，二重矢印(⇒)で示しました．

     例　⇒ 統計力学　　⇒ アルゴリズム

- 同義語については，等号(=)で示しました．また，複数の呼び方がある場合には，等号で示す以外に，その都度説明文のなかで示すこともあります．
  例　線形独立(1次独立ともいう)である．
- 漢字で表さない外国人の人名は慣習的な片仮名読みで表記しました．なじみのないもの，読みにくいものには，直後にカッコで英訳を示しました．

4. ギリシア文字の表記と読みは以下のようにしています．ギリシア式読み方以外の読み方がある場合は併記しました．ただし使用頻度の少ないものは括弧で示しました．

大文字	小文字	読み方	大文字	小文字	読み方
A	α	アルファ	N	ν	ニュー
B	β	ベータ　（ビータ）	Ξ	ξ	クシー　グザイ
Γ	γ	ガンマ	O	o	オミクロン
Δ	δ	デルタ	Π	π, ϖ	（ピー）　パイ
E	ϵ, ε	エプシロン　（イプシロン）	P	ρ, ϱ	ロー
Z	ζ	ゼータ　ジータ	Σ	σ, ς	シグマ
H	η	エータ　イータ	T	τ	タウ　（トー）
Θ	θ, ϑ	テータ　シータ	Υ	υ	ユプシロン
I	ι	イオタ	Φ	ϕ, φ	（フィー）　ファイ
K	κ	カッパ	X	χ	（キー）　カイ
Λ	λ	ラムダ	Ψ	ψ	プシー　プサイ
M	μ	ミュー	Ω	ω	オメガ

5. ドイツ文字の表記とローマ字との対応は以下の通りです．

大文字	小文字	対応するローマ字	大文字	小文字	対応するローマ字
𝔄	𝔞	a	𝔑	𝔫	n
𝔅	𝔟	b	𝔒	𝔬	o
ℭ	𝔠	c	𝔓	𝔭	p
𝔇	𝔡	d	𝔔	𝔮	q
𝔈	𝔢	e	𝔕	𝔯	r
𝔉	𝔣	f	𝔖	𝔰	s
𝔊	𝔤	g	𝔗	𝔱	t
𝔋	𝔥	h	𝔘	𝔲	u
𝔍	𝔦	i	𝔙	𝔳	v
𝔍	𝔧	j	𝔚	𝔴	w
𝔎	𝔨	k	𝔛	𝔵	x
𝔏	𝔩	l	𝔜	𝔶	y
𝔐	𝔪	m	𝔝	𝔷	z

6. 記号一覧

記号	用例	説明
$\mathbb{N}$		自然数全体の集合
$\mathbb{Z}$		整数全体の集合
$\mathbb{Q}$		有理数全体の集合
$\mathbb{R}$		実数全体の集合
$\mathbb{C}$		複素数全体の集合
$\mathbb{R}^n$		横ベクトルまたは縦ベクトルで表示した実数の n 組全体の集合
$\mathbb{C}^n$		横ベクトルまたは縦ベクトルで表示した複素数の n 組全体の集合
$|\ |$	$|z|$	(複素数 z の)絶対値
Re	Re z	(複素数 z の)実部
Im	Im z	(複素数 z の)虚部
$\overline{}$	$\bar{z}, \bar{A}$	(複素数 z の)共役複素数,複素行列 A の各成分の複素共役をとってできる行列
arg	arg z	(複素数 z の)偏角
$\leqslant, \leq, \leqq$	$a \leqq b$	$a=b$ または $a<b$

I. 論理

記号	用例	説明
$\forall$	$\forall x F(x)$	全称記号(すべての x に対して $F(x)$ である)
$\exists$	$\exists x F(x)$	存在記号($F(x)$ である x が存在する)
$\wedge$	$A \wedge B$	論理積(A かつ B)
$\vee$	$A \vee B$	論理和(A または B)
$\neg$	$\neg A$	否定(A でない)
$\to, \Rightarrow$	$A \to B$	含意(A ならば B)
$\leftrightarrow, \Leftrightarrow$	$A \leftrightarrow B, A \Leftrightarrow B$	同等(A と B は同じ),A と B は同値

II. 集合と写像

記号	用例	説明
$\in$	$x \in X$	(要素(元) x は集合 X に)属する
$\notin$	$x \notin X$	(要素(元) x は集合 X に)属さない
$\subset, \subseteq, \subseteqq$	$A \subset B, A \subseteq B$	(A は B の)部分集合
$\subsetneq, \subsetneqq$	$A \subsetneq B$	(A は B の)真部分集合
$\not\subset$	$A \not\subset B$	(A は B の)部分集合でない
$\emptyset$		空集合
$\cap, \bigcap$	$A \cap B, \bigcap A_i$	(A と B との,すべての A_i の)共通部分
$\cup, \bigcup$	$A \cup B, \bigcup A_i$	(A と B との,すべての A_i の)和集合
$-, \backslash$	$A-B, A \backslash B$	(A から B を除いた)差集合
$\times$	$A \times B$	(A と B との)直積集合
$\sim$	$x \sim y$	同値関係(x と y は同値)
$/$	A/R	(A の同値関係 R に関する)商集合
$|\ |, \sharp$	$|S|, \sharp S$	集合 S の濃度または元の(広義の)個数を表す

記号	用例	説明
$\{\ \vert\ \}$	$\{x\vert f(x)\}$	(条件 $f(x)$ を満たす要素(元) x 全体の)集合 ($\{x:f(x)\}$, $\{x;f(x)\}$ を使うこともある)
$\to$	$f:A\to B$	写像(集合 A から B への写像),関数(A 上で定義され B に値をとる関数)
$\mapsto$	$f:a\mapsto b$	写像(要素 a を b に対応させる写像),関数(点 a での値が b の関数)
1, id, Id, I	1_A, id_A, Id_A, I_A	(集合 A 上の)恒等写像
$\circ$	$g\circ f$	(写像 f と g の)合成

III. 微積分

記号	用例	説明
$\sum$	$\sum_{n=0}^{N} a_n$	総和
$\prod$	$\prod_{n=0}^{N} a_n$	総積
max	max A	(A の)最大
min	min A	(A の)最小
sup	sup A	(A の)上限
inf	inf A	(A の)下限
lim		極限
$\overline{\lim}$, lim sup	$\overline{\lim} a_n$	(列 $\{a_n\}$ の)上極限
$\underline{\lim}$, lim inf	$\underline{\lim} a_n$	(列 $\{a_n\}$ の)下極限
(,)	(a,b)	開区間 ($\{x\vert a<x<b\}$)
[,]	$[a,b]$	閉区間 ($\{x\vert a\leqq x\leqq b\}$)
(,]	$(a,b]$	半開区間 ($\{x\vert a<x\leqq b\}$)
[,)	$[a,b)$	半開区間 ($\{x\vert a\leqq x<b\}$)
$^{-1}$	f^{-1}, A^{-1}	(関数 f の)逆関数, (行列 A の)逆行列
exp	exp x	指数関数
log	log x	対数関数
df/dx, $f'(x)$		(変数 x に関する関数 f の)微分
$d^n f/dx^n$, $f^{(n)}(x)$		n 階微分, n 階導関数
$\partial f/\partial x_i$, f_{x_i}		(変数 x_i に関する関数 f の)偏微分
$\partial^n f/\partial x_{i_n}\cdots\partial x_{i_1}$, $f_{x_{i_1}\cdots x_{i_n}}$		変数 x_{i_1} で偏微分し, 次に変数 x_{i_2} で偏微分し, …, 変数 x_{i_n} で偏微分
	C^r	(r 回連続微分可能な)連続関数の空間
grad	grad φ	(関数 φ の)勾配
rot	rot $\boldsymbol{p}$	(ベクトル $\boldsymbol{p}$ の)回転
div	div $\boldsymbol{p}$	(ベクトル $\boldsymbol{p}$ の)発散
Δ	$\Delta\varphi$	(関数 φ に作用させる)ラプラス演算子(ラプラシアン)
D	$D\varphi$	(関数 φ に作用させる)微分作用素

記号	用例	説明
$\frac{D(u_1,\cdots,u_n)}{D(x_1,\cdots,x_n)}$, $\left\|\frac{\partial u_i}{\partial x_j}\right\|$, $\det\left(\frac{\partial u_i}{\partial x_j}\right)$		($u_1,\cdots,u_n$ の $x_1,\cdots,x_n$ に関する)関数行列式(ヤコビアン, ヤコビ行列式)
$\frac{\partial(u_1,\cdots,u_n)}{\partial(x_1,\cdots,x_n)}$, $\left(\frac{\partial u_i}{\partial x_j}\right)$		($u_1,\cdots,u_n$ の $x_1,\cdots,x_n$ に関する)ヤコビ行列

IV. 代数

記号	用例	説明
C, $\begin{pmatrix}\ \\ \ \end{pmatrix}$	${}_nC_r$, $\begin{pmatrix}n\\r\end{pmatrix}$	2項係数(n 個から r 個を選ぶ組合せの数)
!	$n!$	(n の)階乗
mod	$a\equiv b\,(\bmod n)$	(a と b とは n を)法(として合同)
$\mid$	$a\mid b$	(b は a で)整除される
$\nmid$	$a\nmid b$	(b は a で)整除されない
sgn	$\mathrm{sgn}\,\sigma$	符号(偶置換 σ に対し $+1$, 奇置換 σ に対し -1)
det, $\mid\ \mid$	$\det A$, $\mid A\mid$	(正方行列 A の)行列式
tr	$\mathrm{tr}\,A$	(正方行列 A の)跡(トレース)
^{t}, ${}^\mathrm{T}$	${}^tA$, A^T	(行列 A の)転置行列
I	I_n	(n 次の)単位行列
$*$	A^*	(行列 A の)随伴行列
$\|\ \|$	$\|x\|$	(x の)ノルム, 幾何ベクトル $\boldsymbol{v}$ に対しては $\|\boldsymbol{v}\|$ のかわりに $\|\boldsymbol{v}\|$ を用いることもある.
dim	$\dim M$	(線形空間 M などの)次元
Im	$\mathrm{Im}\,f$	(写像 f の)像
Ker	$\mathrm{Ker}\,f$	(写像 f の)核
$\simeq$, $\cong$	$M\simeq N$, $M\cong N$	(代数系 M, N の)同型
$/$	M/N	(代数系 M の N による)商
$\oplus$	$M\oplus N$	(M と N との)直和
$\otimes$	$M\otimes N$	(M と N との)テンソル積
Hom	$\mathrm{Hom}(M,N)$	(M から N への)準同型全体の集合
End	$\mathrm{End}(M)$	(M の)自己準同型全体の集合
$\langle\,,\rangle$		内積またはエルミート内積(内積には $(\,,\,)$ を用いることもある)
$[\ ]$	$[a_{ij}]$	(i,j) 成分が a_{ij} である行列((a_{ij}) を用いることもある)

記号	用例	説明
V. 群，幾何		
M, M_n	$M(n,K), M_n(K)$	(K 上の n 次の)正方行列全体の集合
GL	$GL(V), GL(n,K)$	(V 上の，または K 上の n 次の)一般線形(変換)群
SL	$SL(n,K), SL_n(K)$	(K 上の n 次の)特殊線形(変換)群
U	$U(n)$	(n 次の)ユニタリ(変換)群
SU	$SU(n)$	(n 次の)特殊ユニタリ(変換)群
d	$d\omega$	(微分形式 ω の)外微分

ア

i

複素数における虚数単位 imaginary unit の頭文字．$i^2=-1$ を満たす数を表す記号．文字式の中で，文字 i が他の意味(例えば*添え字の番号)で使われる場合は，虚数単位を $\sqrt{-1}$ により表すこともある．⇒ 複素数

IMU　International Mathematical Union　⇒ 国際数学連合

ICM　International Congress of Mathematicians　⇒ 国際数学者会議

ICMI
⇒「イ行」の ICMI(イクミ)を見よ．

ICME
⇒「イ行」の ICME(イクメ)を見よ．

アイゼンシュタインの既約判定法
Eisenstein's theorem

一般に，与えられた多項式の既約性(→ 既約多項式)を確かめるのは容易でないが，次の事実は既約性の1つの判定法を与える．

整数係数の多項式 $a_0x^n+a_1x^{n-1}+\cdots+a_n$ と素数 p に対して，
(1) a_0 は p で割り切れない
(2) $a_1,\cdots,a_n$ は p で割り切れるが，a_n は p^2 では割り切れない

が成り立てば，$a_0x^n+a_1x^{n-1}+\cdots+a_n$ は $\mathbb{Q}$ 上の多項式として既約(よって $\mathbb{Z}$ 上の多項式としても既約(→ ガウスの補題(多項式に関する)))である．

例　x^3-6 や $2x^3+9x^2+6x-3$ は $p=3$ について条件を満たすから，$\mathbb{Q}$ 上既約である．

このアイゼンシュタインの判定法は，もっと一般の環上の多項式にも拡張される．

アイソトロピー群　isotropy subgroup　= 等方部分群

会田安明　あいだやすあき
Aida, Yasuaki

1747-1817　江戸中期の和算家．羽前(現在の山形県)生まれ．1769 年江戸に出て，最初水利事業の現場監督を務めていたが，将軍の代替りによって 1787 年浪人となり，それ以後は和算の研究と教育に没頭した．1785 年以降，関流の和算家藤田定資と問題やその解法の優劣について 20 年にわたり論争を繰り返し，関流に対抗して最上流(さいじょうりゅう)を創始したことで有名．論争の過程で，和算に現れる記号の改良，数学上の概念に対する解説を行うなど，和算の普及に寄与した．特に分母に未知数を許した分数方程式を和算に導入したことで有名である．和算家の中では数学教育家としての特質を持った数学者であり，多くの和算家を育てた．おびただしい数の著作が残されている．

アインシュタイン
Einstein, Albert

1879-1955　19 世紀終りから 20 世紀前半における最大の理論物理学者．チューリッヒ工科大学卒．ベルン(スイス)の特許局技師に在職中，つぎつぎと新理論を発表．1905 年に，どの慣性座標系から見ても光速度は不変である，という原理をもとに，ニュートン力学を大幅に変更する*特殊相対性理論を発表し，電磁気学と古典力学の間にあった矛盾を解消した．特に，質量とエネルギーの等価性の発見は世界に衝撃を与えた．また，光の粒子説を復活させ，さらに，微小粒子がランダムに小さな物質にぶつかって起こる*ブラウン運動を研究し，その拡散係数についての関係式を見出した．また，新しい量子統計法をも与えた．1916 年には*一般相対性理論を発表し，物理学の幾何学化に大きな一歩を踏み出した．1921 年度のノーベル物理学賞を受けた．1933 年に，ナチスの迫害を逃れてアメリカ合衆国に渡り，終生プリンストン高等科学研究所で研究を続けた．

アインシュタインの規約
Einstein's rule, Einstein convention

*テンソルの計算において，上付きの*添え字と下付きの添え字に同じ文字が現れたら，その文字についての総和記号 $\sum$ を省略するという記法をいう．例えば，$\sum_{i=1}^n R^i_{ijk}$，$\sum_{k=1}^n A_{ijk}B^{klm}$ をそれぞれ $R^i_{ijk}, A_{ijk}B^{klm}$ と略記することである．上付きの添え字と下付きの添え字の総和は，座標変換不変な意味を持つ ⇒ 縮約(テンソルの)，内部

積(ベクトルと微分形式の)

アインシュタインの相対性原理
Einstein's principle of relativity

*特殊相対性理論や*一般相対性理論の基礎になる原理である. → 特殊相対性理論, 一般相対性理論

アインシュタイン方程式
Einstein's equation

一般相対性理論(アインシュタインの重力理論)の基礎方程式である. ニュートンの重力理論に対する基礎方程式が $\Delta u = 4\pi G\rho$ (ρ は質量密度, u は重力ポテンシャル, G は重力定数)という形の微分方程式(*ポアソンの方程式)で与えられるのに対して, アインシュタイン方程式は「曲率がエネルギー運動量テンソルに比例する」という形に述べられる. 式で表せば

$$R_{ij} - \frac{1}{2}g_{ij}R = \frac{8\pi G}{c^4}T_{ij}$$

である. ここで, g_{ij} はローレンツ計量, R_{ij} は*リッチ曲率, R はスカラー曲率, T_{ij} はエネルギー運動量テンソル, c は光速を表す. おおむね g_{ij} は重力ポテンシャル, T_{ij} は空間内の物質の量を表しており, リッチ曲率は空間が曲がっている度合を表す. すなわち, 物質があると空間が曲がることを意味する方程式である. g_{ij} に関する方程式としては非線形波動方程式であり, いくつかの特殊解が知られている. なお, アインシュタイン方程式は, リーマン多様体においても考察されている.

Axiom A 力学系   Axiom A dynamical system →
アノソフ力学系

安島直円 あじまなおのぶ
Ajima, Naonobu

1732-98 和算中興の祖とされる江戸中期最大の数学者. 羽前新庄藩の江戸詰の藩士の子として江戸で生まれた. 南山と号した. 入江応忠, 山路主住(やまじぬしずみ, 1704-72)のもとで関流の和算を学び, 和算を発展させた.

$(1-x)^{1/n}$ の無限級数展開を見出し, 円周率の計算では最初に円の面積を計算してその結果を用いて円周率を求める方法を導入した. 円の面積の計算では無限級数展開を使って極限操作を二度行う円理二次綴術を創始した(これは一種の2重積分を行ったことにあたる). また2つの円の共通接線をもとにして円の直径を書き表す方程式を求め, 図形の問題を数式の問題に変換して研究し, 数式を使って説明するスタイルを確立した.

また外接円, 内接円に関する問題で方程式の解として登場する負根の意味づけを考慮し, これらの図形に関する一種の双対性を見出した. さらに, 逆対数表を作成し, 2ページの数表で14桁の対数を計算できるように工夫した. これは19世紀ヨーロッパで対数表の計算に用いられた方法を先取りした結果である. → 円理, 和算

アスキー符号
ASCII code

American National Standard Code for Information Interchange の略. 英語の各アルファベットや!, #, &などの記号にも7桁の*2進数(0と1を使って表す数)を対応させる. 文字列はこれらの2進数を並べて表す. → 記数法

大文字に対する ASCII 2 進数

A	1000001	N	1001110
B	1000010	O	1001111
C	1000011	P	1010000
D	1000100	Q	1010001
E	1000101	R	1010010
F	1000110	S	1010011
G	1000111	T	1010100
H	1001000	U	1010101
I	1001001	V	1010110
J	1001010	W	1010111
K	1001011	X	1011000
L	1001100	Y	1011001
M	1001101	Z	1011010

アスコリ-アルツェラの定理
Ascoli-Arzelà's theorem

有界閉区間 $[a,b]$ 上の連続関数の族 $\mathcal{F}$ に対して, 以下の2条件(1), (2)が成り立てば, $\mathcal{F}$ に属する任意の関数列 $\{f_n\}_{n=1}^{\infty}$ から*一様収束する部分列 $\{f_{n_k}\}_{k=1}^{\infty}$ を選ぶことができ, その極限も連続関数となる. これをアスコリ-アルツェラの定理という.

(1) 一様有界性: $\sup_{f \in \mathcal{F}} \|f\| < \infty$. ただし, $\|f\| = \max_{a \leq x \leq b} |f(x)|$.

(2) 等連続性(同程度連続性): 任意の点 $x \in$

$[a,b]$ において $\lim_{y\to x}\sup_{f\in\mathcal{F}}|f(x)-f(y)|=0$.

この定理はノルム $\|\cdot\|$ に関して $[a,b]$ 上の連続関数のなすバナッハ空間 $C([a,b])$ の部分集合 $\mathcal{F}$ が*相対コンパクトとなる判定条件を与えている。常微分方程式の解の存在定理など，解析学の基本的な定理の証明にしばしば用いられる重要な定理である．⇨ コーシーの存在と一意性定理，等連続

アステロイド
asteroid

星芒形ともいう．半径 a の円周の内側を，半径 $a/4$ の小円が滑らずに転がるときに，小円の周上の定点が描く図形をアステロイドという．定円の中心を原点とする直交座標 (x,y) を使うと，アステロイドは*媒介変数表示によって
$$x = a\cos^3\theta, \quad y = a\sin^3\theta \quad (a>0)$$
と表される．θ を消去すれば，アステロイドの方程式は $x^{2/3}+y^{2/3}=a^{2/3}$ となる．

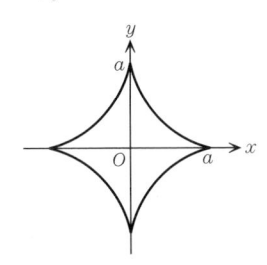

この曲線は，滑らかな関数によって媒介変数表示された曲線の像が滑らかではない例も与えている．実際 $(0,\pm a),(\pm a,0)$ は*尖点となっている．

アソシエーション・スキーム
association scheme

*実験計画や*デザインのような組合せ構造をより高い観点から論じるために作られた代数的体系である．代数的組合せ論の 1 つの柱をなしている．

アソシエーション・スキームの例は有限群 G が集合 A に*推移的に作用(→ 作用(群の))している場合に与えることができる．このとき G は $A\times A$ に $g(x,y)=(gx,gy)$ により作用する．この G の $A\times A$ への作用の相異なる*軌道を $R_0, R_1, \cdots, R_d$ と記す．ただし $A\times A$ の対角線集合 $\{(x,x)\,|\,x\in A\}$ は軌道の 1 つだから，それを R_0 とする．このとき，$X=(A, \{R_k\}_{k=0,1,\cdots,d})$ は次の性質を持つ．

(1) R_0 は対角線集合．

(2) $A\times A=R_0\cup R_1\cup\cdots\cup R_d$ かつ $R_i\cap R_j=\emptyset$ $(i\neq j)$.

(3) ${}^tR_i=\{(y,x)\,|\,(x,y)\in R_i\}$ とおくとき，各 i に対して ${}^tR_i=R_j$ となる j が存在する．

(4) 各 i,j,k に対し，
$$p_i{}^k{}_j = \sharp\{z\in A\,|\,(x,z)\in R_i, (z,y)\in R_j\}$$
($\sharp B$ は有限集合 B の要素の個数を表す) は，条件 $(x,y)\in R_k$ の下で，x,y の取り方によらず i,j,k のみで決まる．

一般に有限集合 A と $A\times A$ の空でない部分集合 R_k $(k=0,1,\cdots,d)$ が上記の条件を満たすとき $X=(A, \{R_k\}_{k=0,1,\cdots,d})$ をアソシエーション・スキームという．

すべての i に対して ${}^tR_i=R_i$ であるとき，X は対称であるといい，すべての i,j,k に対して $p_i{}^k{}_j=p_j{}^k{}_i$ であるとき，X は可換であるという．対称なアソシエーション・スキームは可換である．

値分布論
value distribution theory

正則関数 $f(z)$ に対して，複素数 $w\in\mathbb{C}$ を値に持つ点の集合 $f^{-1}(w)$ の分布を調べる理論．*ピカールの大定理を発端とし，ネバンリンナ(R. H. Nevanlinna)により完成された(1925)．多変数への一般化も研究されている．

アダマール
Hadamard, Jacques Salomon

1865-1963　パリのエコール・ノルマル・シュペリオール(高等師範学校)を卒業，コレージュ・ド・フランス，エコール・ポリテクニクの数学の教授として活躍した．解析関数，数論，幾何学，変分法，弾性体および流体の力学，偏微分方程式など，当時の解析学のほとんどすべての分野にわたって重要な業績を残した．

まず，1890 年代には，べき級数の収束半径を与えるコーシー-アダマールの公式(1892)，整関数の無限積の公式(1893)，素数定理の証明(1896)など，解析関数，解析数論の新生面を切り拓いた．他方，ヴォルテラ(V. Volterra, 1860-1940)の影響を受けて，変分法にも関心を示し，測地線の研究を通して負曲率曲面の大域的構造を与えた．

さらに，行列式についてのアダマールの不等式とアダマール行列の発見(1896)も行っている．1900 年初頭には，弾性体や流体の境界値問題に重要な貢献をしている．

アダマールが後半生に最も心血を注いだテーマ

は，2階の線形偏微分方程式の初期値問題と境界値問題であった．この研究の中で生み出されたアイデアは，その後の世界の解析学の流れに大きな影響を与えた．

アダマール行列
Hadamard matrix
n 次の正方行列 H は2つの条件
(1) H のすべての成分は ± 1
(2) $HH^T = nI$ (I は単位行列，H^T は H の転置行列)

を満たすとき，アダマール行列といわれる．$n>2$ ならば n は4の倍数であるが，4の倍数を次数とするアダマール行列が常に存在するかどうかはわかっていない．アダマール行列は*デザインと密接な関係を持っている．

アッカーマン関数
Ackermann function
非負整数の組 (x,y) を変数とし，非負整数を値にとる関数 A で，漸化式
$$A(0,y) = y+1, \quad A(x+1,0) = A(x,1),$$
$$A(x+1, y+1) = A(x, A(x+1, y))$$
によって定義されるものをアッカーマン関数という．計算可能性の理論において，帰納的であるが*原始帰納的でない関数の例として引用される（→帰納的関数）．関数値 $A(x,y)$ は，x および y を大きくすると急激に増加する．

圧縮性流体
compressible fluid
流体粒子が流体とともに動くときその密度が変わらない流体のことを非圧縮性流体といい，密度が時間や空間の位置とともに変化するとき圧縮性流体という．→ 流体

アド・ホック
ad hoc
一般性がない，特別なあるいは当面の問題に限る，ということを意味する．アド・ホックな解法などという言い方をする．

アトラクタ　attractor　＝吸引集合

アニュラス　annulus　＝円環

アノソフ力学系
Anosov dynamical system
*閉リーマン面上の*測地流などの一般化であり，高い*混合性をもち，*構造安定な*微分可能力学系の代表例である．完全積分可能な力学系の対極に位置する．

微分可能力学系 (X, f) の中には，各点で伸びる方向と縮む方向を持つものがある．このとき，点 x を中心とする微小な平行多面体 Π の像 $f(\Pi)$ は，辺の向きを適切に選んでおけば，点 $f(x)$ を中心としてある方向については拡大し他の方向については縮小した平行多面体になる．さらに，空間 X が*コンパクトであれば，時間とともに，Π の像 $f(\Pi), f^2(\Pi), \cdots, f^n(\Pi), \cdots$ は限りなく細く長く伸び，たたみ込まれて，X 全体で*稠密になり，(X, f) は高い混合性を示し，その周期点の全体は X で稠密になる．このような*コンパクト力学系をアノソフ力学系という．

例えば，2次元の*トーラス $\mathbb{T}^2$ を正方形 $\{(x,y) | 0 \leq x, y < 1\}$ と同一視して，$x' = (x+y$ の小数部分$)$，$y' = (x+2y$ の小数部分$)$ により変換 $(x', y') = f(x, y)$ を定義すると，アノソフ力学系が得られる．実際，行列 $A = \begin{bmatrix} 1 & 1 \\ 1 & 2 \end{bmatrix}$ の*固有値 $\lambda^{\pm} = (3 \pm \sqrt{5})/2$ に属する*固有ベクトル $e^{\pm} = (1, \lambda^{\pm} - 1)$ が，各点 x における f の伸びる方向と縮む方向を与える．一般に，トーラスの群同型 f は，それを定める行列 A が双曲型（絶対値1の固有値を持たない）ならば，アノソフ力学系となる．

一般に，コンパクトな*リーマン多様体 X の*微分同相写像 f は，*接ベクトル空間 $T(X)$ の全体が，ある拡大率以上で伸びる方向 E^u とある縮小率以下で縮む方向 E^s に*直和分解 $T(X) = E^u \oplus E^s$ ができるとき，アノソフ微分同相写像といい，(X, f) をアノソフ力学系と呼ぶ．

また，連続時間の場合，微分可能な*流れ (X, f_t) は，流れの方向 E^0 と伸びる方向 E^u，縮む方向 E^s により，$T(X) = E^u \oplus E^s \oplus E^0$ の形に分解できるとき，アノソフ力学系またはアノソフ流という．その代表例は，コンパクトな負曲率空間上の測地流である．

アノソフ力学系に対しては，各点 x を通る E^u の*積分多様体 $W^u(x)$ と E^s の積分多様体 $W^s(x)$ は，それぞれ x の*不安定集合，*安定集合であり，また，その全体はそれぞれ不安定葉層構造，安定葉層構造と呼ばれる（→ 葉層構造）．

なお，ある f 不変な閉集合 Λ の上で上述のような直和分解が成立するとき，Λ を双曲型集合と

いう．*非遊走集合が双曲型集合の場合を Axiom A 力学系という．

アノソフ力学系 (X,f)（一般に力学系の双曲型集合への制限）に対しては，各辺が伸びる方向または縮む方向からなる平行多面体による有限分割(*マルコフ生成分割)が存在する．これより，(X,f) は，有限型の*記号力学系(マルコフ・シフト)とほぼ位相共役（正しくは，マルコフ・シフトからの準共役写像で，自然な不変測度に関して同型写像となるものが存在する(→ 共役(力学系の)))であり，したがって，高い混合性を持つことがわかる．

力学系の*カオスの代表例である奇妙な「アトラクタ(→ カオス)」は，*フラクタル構造を持つ双曲型集合と考えられている．この他にも，アノソフ力学系にはさまざまな一般化があり，*パンこね変換やスタジアム内の*撞球問題なども含めて，双曲型力学系と総称される．

アフィン開集合
affine open set

代数多様体の開集合が*アフィン代数多様体と同型であるときアフィン開集合という．⇨ 代数多様体

アフィン関数
affine function

*1次関数 $f(x)=a_0+a_1x_1+\cdots+a_nx_n$ ($a_0,a_1,\cdots,a_n$ は定数)のこと．非斉次線形関数ともいう．$a_0=0$ の場合は，斉次線形関数といい，単に線形関数ということもある．

アフィン幾何学
affine geometry

*アフィン空間の*アフィン変換で保たれる構造に関わる幾何学のことをいう．クラインの*エルランゲン・プログラムに含まれる幾何学の1つ．アフィン幾何学では，線分，直線，平行線，(超)平面などの概念が定義されるが，量としての線分の長さや角の大きさ，合同の概念はない．

アフィン空間
affine space

平面や空間は，原点 O を決めると，任意の点 P に対してその位置ベクトルを対応させることで，*線形空間と見なすことができる．しかし，原点をどう選ぶか，あらかじめ決められたやり方はない．このように，1点を決めると線形空間と見なせるが，その1点の決め方はあらかじめ定まっていない空間を，アフィン空間と呼ぶ．$\mathbb{R}^n$ はアフィン空間と見なすことができる．

行列 A から定まる斉次連立1次方程式 $Ax=0$ の解 x の全体がつくる空間は線形空間であるが，非斉次連立1次方程式 $Ax=a$ (a はある決まった縦ベクトル)の解 x の全体がつくる空間はアフィン空間である．非斉次線形微分方程式
$$\frac{d^nf}{dx^n}+g_1(x)\frac{d^{n-1}f}{dx^{n-1}}+\cdots+g_{n-1}(x)\frac{df}{dx}+g_n(x)f=h(x)$$
の解 $f(x)$ の全体がつくる空間もアフィン空間である．ちなみにアフィンは構造上の類似を表す英語 affinity に由来する．

アフィン空間の公理
axiom of affine space

集合 A と*線形空間 L があり，A の元と L の元の組全体から A への写像 $A\times L\to A$ が，次の条件(1),(2),(3)を満たすとき，(A,L) を L をモデルとするアフィン空間という．$(P,\boldsymbol{u})\in A\times L$ の像のことを $P+\boldsymbol{u}$ と表す．

(1) $(P+\boldsymbol{u})+\boldsymbol{v}=P+(\boldsymbol{u}+\boldsymbol{v})$.

(2) $P+\boldsymbol{0}=P$. ここで $\boldsymbol{0}$ は L の零ベクトルを表す．

(3) 各 $P\in A$ について，対応 $\boldsymbol{u}\mapsto P+\boldsymbol{u}$ は L から A への全単射を与える．

平面を A，幾何ベクトル全体を L とする．このとき，$P\in A$，$\boldsymbol{u}\in L$ に対して，$\overrightarrow{PQ}$ が $\boldsymbol{u}$ を表すように Q をとり，$P+\boldsymbol{u}=Q$ とおくと，上の(1),(2),(3)を満たし，アフィン空間になる．また $A=\mathbb{R}^n$, $L=\mathbb{R}^n$ (n 次元の数ベクトルのなす線形空間)，$(p_1,\cdots,p_n)+(x_1,\cdots,x_n)=(p_1+x_1,\cdots,p_n+x_n)$ とおくとアフィン空間になる(ここで $(p_1,\cdots,p_n)\in\mathbb{R}^n=A$, $(x_1,\cdots,x_n)\in\mathbb{R}^n=L$ とみなしている).

線形空間 L の次元をアフィン空間 (A,L) の次元という．1次元アフィン空間をアフィン直線，2次元アフィン空間をアフィン平面という．

アフィン空間 (A,L) の2点 $P,Q\in A$ に対して，$P+\boldsymbol{u}=Q$ なる $\boldsymbol{u}\in L$ を $\boldsymbol{u}=Q-P$ と表す．$c_{PQ}(t)=P+t(Q-P)$ とおき，2点 P,Q を通る直線，あるいは P を始点とする $Q-P$ 方向の直線と呼ぶ．$c_{PQ}(t)$ を $(1-t)P+tQ$ と表すこともある．$\{c_{PQ}(t)\mid 0\leqq t\leqq 1\}$ を，P,Q を結ぶ線分という．

アフィン空間 A の部分集合 H で，任意の異なる

2点 $P, Q \in H$ に対して $c_{PQ}(t) \in H$ となるものを，A のアフィン部分空間と呼ぶ．アフィン部分空間 H と $P \in H$ に対して，$M = \{\boldsymbol{u} \in L \mid P + \boldsymbol{u} \in H\}$ は L の*線形部分空間であり，点 P の取り方によらない．さらに (H, M) は M をモデルとするアフィン空間である．直線は，1次元のアフィン部分空間である．A のアフィン部分空間 M の次元が A の次元より1小さいとき，M をアフィン超平面という．

アフィン結合
affine combination

有限個のベクトル $x_1, \cdots, x_n$ に対して，和が1に等しい係数による1次結合 $\sum_{i=1}^{n} c_i x_i$ （ただし $\sum_{i=1}^{n} c_i = 1$）を $x_1, \cdots, x_n$ のアフィン結合と呼ぶ．

アフィン写像
affine map

1次関数で表される写像 $\mathbb{R} \to \mathbb{R}$, $x \mapsto ax + b$ の一般化．2つの*アフィン空間の間のアフィン構造を保つ写像のことで，*線形写像と*平行移動の合成になる．

$(A_1, L_1), (A_2, L_2)$ をそれぞれ線形空間 L_1, L_2 をモデルとするアフィン空間（→ アフィン空間の公理）とする．写像 $T: A_1 \to A_2$ に対して，$T(p + \boldsymbol{u}) = T(p) + S(\boldsymbol{u})$ $(p \in A_1, \boldsymbol{u} \in L_1)$ を満たす線形写像 $S: L_1 \to L_2$ が存在するとき，T をアフィン写像といい，S をアフィン写像の線形部分という．A_1, A_2 が $\mathbb{R}^n, \mathbb{R}^m$ であるとき，アフィン写像 $T: A_1 \to A_2$ は，$m \times n$ 行列 B と $\boldsymbol{b} \in \mathbb{R}^m$ を用いて，$T(\boldsymbol{x}) = B\boldsymbol{x} + \boldsymbol{b}$ と表される（ここで，$\boldsymbol{x}, \boldsymbol{b}$ は縦ベクトルで表した）．

$T: A_1 \to A_2$ がアフィン写像であるための必要十分条件は，任意の $P, Q \in A_1, t \in \mathbb{R}$ に対して，$T((1-t)P + tQ) = (1-t)T(P) + tT(Q)$ が成り立つことである．→ アフィン関数，1次関数

アフィン代数多様体
affine algebraic variety

円 $x^2 + y^2 = 1$ や，例えば
$$x_1^2 + x_2^2 + x_3^2 - 1 = 0,$$
$$x_1^3 + 2x_2^3 + 5x_3^4 - 6 = 0$$
として定義される図形のように，一般に有限個の多項式の共通零点として定義される図形をアフィン代数的集合という．ただし，実数上では $x^2 + y^2 + 1 = 0$ のように多項式の零点は空であることもあるので，アフィン代数的集合は通常は n 次元複素数空間 $\mathbb{C}^n$ のなかで考える．$H(x, y) = F(x, y)G(x, y) = 0$ で定義されるアフィン代数的集合は $F(x, y) = 0$ と $G(x, y) = 0$ で定義されるアフィン代数的集合の和集合となる．アフィン代数的集合は自分自身より真に小さいアフィン代数的集合の2つの和集合として表すことができるとき，可約であるといい，そうでない場合を既約という．既約なアフィン代数的集合をアフィン代数多様体と呼ぶ．

$\mathbb{C}^n$ 内で n 変数多項式 $F_1, \cdots, F_m$ が定めるアフィン代数的集合

$$\{(a_1, \cdots, a_n) \in \mathbb{C}^n \mid F_i(a_1, \cdots, a_n) = 0,$$
$$1 \leqq i \leqq m\}$$

を $V(F_1, \cdots, F_m)$ と記す．このとき，アフィン代数的集合 $V(F_1, \cdots, F_m)$ は $F_1, \cdots, F_m$ が生成するイデアル J に属するすべての多項式の共通零点でもある．逆に n 変数多項式環のイデアル J は有限個の多項式 $G_1, G_2, \cdots, G_m$ で生成されるので，イデアル J に属する多項式の共通零点は $G_1, G_2, \cdots, G_m$ の共通零点と一致し，アフィン代数的集合である．このアフィン代数的集合を $V(J)$ と記す．n 次元アフィン空間 $\mathbb{C}^n$ は，多項式環 $\mathbb{C}[x_1, \cdots, x_n]$ の零イデアル (0) を使って $V((0))$ とみることができるので，アフィン代数多様体である．

アフィン代数的集合 $V \subset \mathbb{C}^n$ に対して V のすべての点で 0 になる n 変数多項式の全体を $I(V)$ と記すと，これは $\mathbb{C}[x_1, \cdots, x_n]$ のイデアルとなる．$V = V(J)$ のとき $I(V(J))$ は J の*根基 $\sqrt{J}$ である（ヒルベルトの零点定理）．$I(V)$ をアフィン代数的集合の定義イデアルという．

多項式環 $\mathbb{C}[x_1, \cdots, x_n]$ のイデアル I, J が $I \subset J$ であれば $V(I) \supset V(J)$ となる．$\mathbb{C}^n$ のアフィン代数的集合 V, W が $W \subset V$ であれば $I(W) \supset I(V)$ となる．アフィン代数的集合 V がアフィン代数多様体であるための必要十分条件は，その定義イデアル $I(V)$ が*素イデアルになることである．

以上の定義と議論は複素数体 $\mathbb{C}$ 上だけでなく，任意の*代数的閉体 k 上で展開することができる．考えている体をはっきりさせるときには体 k 上のアフィン代数多様体という．

体 k 上のアフィン代数多様体 $V \subset k^n$ に対して*剰余環 $k[x_1, \cdots, x_n]/I(V)$ を V の座標環といい $k[V]$ と記す．アフィン代数多様体 $V \subset k^n$ の点 $P = (a_1, \cdots, a_n)$ に対して，$k[x_1, \cdots, x_n]$ のイデ

アル $(x_1-a_1,\cdots,x_n-a_n)$ は座標環 $k[V]$ の極大イデアル $\mathfrak{m}_P$ を定義する．逆に座標環 $k[V]$ の極大イデアルはすべてこの形をしており，アフィン代数多様体 V の点 P を定め，V の点と座標環 $k[V]$ の*極大イデアルは1対1に対応する．このことから，アフィン代数多様体が埋め込まれているアフィン空間や定義イデアルよりもその座標環が重要であることがわかる．また，アフィン代数多様体 V の点 P に対応する極大イデアル $\mathfrak{m}_P$ による座標環 $k[V]$ の*局所化 $k[V]_{\mathfrak{m}_P}$ を，点 P でのアフィン代数多様体の局所環といい，$\mathcal{O}_{V,P}$ と記す．これは点 P の近くで正則な V の有理関数の全体であると考えることができる．

2つのアフィン代数多様体 V_1, V_2 はその座標環が同型であれば，同一視する．より正確には，アフィン代数多様体の間の写像を考える必要がある．アフィン代数多様体 $V\subset k^n$, $W\subset k^m$ に対して座標環の間の環の*準同型写像 $\varphi:k[W]\to k[V]$ が与えられると，$k[V]$ の極大イデアル $\mathfrak{m}$ の逆像 $\varphi^{-1}(\mathfrak{m})$ は $k[W]$ の極大イデアルになり，写像 $\varphi^a:V\to W$ ができる(環の準同型写像とアフィン代数多様体の写像との向きが違うことに注意)．アフィン代数多様体の写像 $f:V\to W$ が座標環の準同型写像から得られるときにアフィン代数多様体の射という．アフィン代数多様体の射が全単射であり逆写像が射になるときに同型射という．例えば写像 $a\mapsto(a^3,a^2)$ はアフィン代数多様体の射 $\varphi:k\to V(x_1^2-x_2^3)$ を定め，全単射であるが同型射ではない．

一般の代数多様体はアフィン代数多様体を貼り合わせて定義されるので，代数多様体の議論はアフィン代数多様体の議論に帰着されることが多い．$\Rightarrow$ 有理関数体(代数多様体の)，次元(可換環の)，代数多様体，特異点(代数多様体の)

アフィン代数的集合　affine algebraic set　$\Rightarrow$ アフィン代数多様体

アフィン変換
affine transformation
アフィン空間から自分自身への*アフィン写像であって，逆写像が存在するもの(逆写像は自動的にアフィン写像になる)をいう．*1次変換ともいう．アフィン写像に逆写像があるための必要十分条件は，その線形部分に逆写像があることである．$\Rightarrow$ 1次変換

アプリオリ評価
a priori estimate
事前評価の意味で，偏微分方程式の解について，存在や一意性を証明するための手掛かりを与えるノルムの評価などをいう．

アーベル
Abel, Niels Henrik
1802-29 ノルウェーの数学者．高校時代に数学の先生ホルンボーに数学の手ほどきを受けて数学の才能を開花させ，19歳のとき，次数が5以上の一般の*代数方程式は代数的に解けない(2次方程式の根の公式のような式は存在しない)ことを証明した(*アーベルの定理)．さらに*楕円関数論の建設，代数関数に関する*アーベル積分，積分方程式の考察など，19世紀数学の発展の先駆けとなる重要な結果を得たが夭折した．

アーベル拡大
abelian extension
体 k の*ガロア拡大体 K についてその*ガロア群が*アーベル群(可換群)であるとき，K を k のアーベル拡大(体)という．特に，ガロア群が*有限巡回群のとき*巡回拡大(体)という．

例1 体 k が*1の原始 n 乗根を含んでいるとき，k の元 $\alpha_1,\cdots,\alpha_m$ について k の拡大 $k(\sqrt[n]{\alpha_1},\cdots,\sqrt[n]{\alpha_m})$ はアーベル拡大である．例えば，有理数体 $\mathbb{Q}$ は1の原始2乗根 -1 を含んでおり，$\mathbb{Q}(\sqrt{2},\sqrt{3})$ は $\mathbb{Q}$ のアーベル拡大である．この場合，ガロア群はアーベル群 $\mathbb{Z}/2\mathbb{Z}\times\mathbb{Z}/2\mathbb{Z}$ と同型である．

例2 $\mathbb{Q}$ に1の原始 n 乗根 ζ_n を添加して得られる体 $\mathbb{Q}(\zeta_n)$ およびその部分体を，*円分体という．円分体は $\mathbb{Q}$ のアーベル拡大である．

例3 *有限体 k の*有限次拡大体は k の巡回拡大体である．

*代数体のアーベル拡大の理論は，*類体論と呼ばれ，*代数的整数論の重要な分野の1つである．

アーベル関数
abelian function
2重周期関数である*楕円関数の多変数複素関数への一般化．$\mathbb{C}^g$ 上の*有理型関数 $f(z_1,\cdots,z_g)$ が $2g$ 重周期関数であるときアーベル関数という．すなわち，$\mathbb{C}^g$ の座標を $(z_1,\cdots,z_g)$ とし，$\mathbb{C}^g$ の $2g$ 個のベクトル $\omega_j=(\tau_{j1},\cdots,\tau_{jg})$ $(1\leqq j\leqq 2g)$ が実数体 $\mathbb{R}$ 上1次独立であり，$\mathbb{C}^g$ の有理型関数

$f(z_1,\cdots,z_g)$ が
$$f(z_1+\tau_{j1},\cdots,z_g+\tau_{jg})=f(z_1,\cdots,z_g)$$
$$(1\leqq j\leqq 2g)$$
を満足するとき，$f(z_1,\cdots,z_g)$ は $\omega_1,\cdots,\omega_{2g}$ を周期とするアーベル関数という．これは*複素トーラス $T=\mathbb{C}^g/(\mathbb{Z}\omega_1+\cdots+\mathbb{Z}\omega_{2g})$ 上の有理型関数と見なすことができる．逆に T 上の有理型関数は $\mathbb{C}^g$ 上の $\omega_1,\cdots,\omega_{2g}$ を周期とするアーベル関数と見ることができる．

$\omega_1,\cdots,\omega_{2g}$ を周期とするアーベル関数の全体は*体をなす．これをアーベル関数体という．

アーベル関数論
theory of abelian functions

*アーベル，*ヤコビ，*ガウスは積分
$$s=\int_0^x \frac{dt}{\sqrt{(1-t^2)(1-k^2t^2)}}$$
を考察し，x を s の関数 $x(s)$ と考えることによって 2 重周期関数である*楕円関数を見出した．ヤコビは，この考えを押し進め，6 次多項式 $f(t)$ から定まる積分
$$s=\int_0^x \frac{dt}{\sqrt{f(t)}}$$
を考え，x を s の関数として捉えようとしたが，複雑な多価性を生じることに気づき，楕円関数の一般化を見出すことはできなかった．しかしヤコビは*アーベルの定理にヒントを得て
$$s_1=\int_0^x \frac{dt}{\sqrt{f(t)}},\quad s_2=\int_0^x \frac{tdt}{\sqrt{f(t)}}$$
$$u=s_1+s_2,\quad v=s_1s_2$$
とおくと，x は u,v の 2 変数複素関数として意味を持つことを見出し，この関数が楕円関数に似て 4 重周期関数になることを予想した（→ ヤコビの逆問題）．この予想は 1847 年にローゼンハインとゲペルによって証明された．その後*ワイエルシュトラスは $f(t)$ の次数が 7 以上の場合を考察した．さらに*リーマンは問題の積分は $y^2=f(x)$ で決まる「図形」（*閉リーマン面）上での積分であることに着目し，ヤコビの逆問題を，*テータ関数を使って解決した．リーマンの理論では，$2g$ 周期を持った $\mathbb{C}^g$ 上の有理型関数が登場するが，これが*アーベル関数であり，アーベル関数はテータ関数の商として表すことができる．

今日の言葉を使えば，2 変数既約多項式 $F(x,y)$ に対して $F(x,y)=0$ から定まる閉リーマン面 *ヤコビ多様体上の有理型関数をアーベル関数としてリーマンは捉えたことになる．今日ではアーベル関数は広い意味で使われ，閉リーマン面と直接関係しない場合もある．

リーマン，ワイエルシュトラスによって建設されたアーベル関数論は，代数幾何学，複素関数論の発展の原動力となった．

アーベル群
abelian group

*群は，その演算が可換であるとき，アーベル群または*可換群という．群の演算を表す記号に，和の記号 + を用いるときは加法群（略して加群）と呼ぶことが多い．0 以外の実数の全体 $\mathbb{R}^\times$ や*1 の n 乗根の全体は掛け算に関してアーベル群である．また整数の全体 $\mathbb{Z}$（無限巡回群）や正整数 n による剰余群 $\mathbb{Z}/n\mathbb{Z}$（n 次巡回群）は足し算に関してアーベル群である．

アーベル群という名称は，可換群をガロア群として持つ代数方程式の*可解性についてのアーベルによる研究に因む．→ アーベル群の基本定理

アーベル群の基本定理
fundamental theorem for abelian groups

有限生成（有限個の元から生成される）アーベル群は，巡回群の直積と同型である．これをアーベル群の基本定理という．さらに詳しくは，次の定理が成り立つ．

G を有限個の元で生成されるアーベル群とすると，G は次のように無限巡回群 $\mathbb{Z}$ および有限巡回群 $\mathbb{Z}/n\mathbb{Z}$（$n>1$）のいくつかの直積に分解される．
$$G\cong \underbrace{\mathbb{Z}\times\cdots\times\mathbb{Z}}_{r}\times(\mathbb{Z}/n_1\mathbb{Z})\times\cdots\times(\mathbb{Z}/n_s\mathbb{Z})$$

ここで n_i は n_{i+1} の約数，すなわち $n_i\mid n_{i+1}$ ($i=1,\cdots,s-1$) である．この分解において，整数の組 $(\underbrace{0,\cdots,0}_{r},n_1,\cdots,n_s)$ は G によって一意的に決まる．これを G の不変系あるいは不変数といい，r ($\geqq 0$) を G の階数という．またこのとき G は $(\underbrace{0,\cdots,0}_{r},n_1,\cdots,n_s)$ 型のアーベル群であるという．

有限個の元から生成される 2 つのアーベル群が同型であるための必要十分条件は，両者の不変系が一致することである．→ 巡回群，有限アーベル群，有限生成

アーベル賞
Abel Prize

N. H. アーベル生誕200年を記念して2002年にノルウェー科学アカデミーが中心になって制定した賞. 顕著な業績をあげた数学者に贈られる. 2003年から授賞が始まり, 2003年の第1回受賞者はJ.-P. セール(J.-P. Serre), 2004年の第2回受賞者はM. アティヤ(M. F. Atiyah)とI. M. シンガー(I. M. Singer)である.

アーベル積分
abelian integral

k を $0<k<1$ を満たす定数とするとき, 積分

$$\int_a^b \frac{dx}{\sqrt{(1-x^2)(1-k^2x^2)}},$$

$$\int_a^b \frac{xdx}{\sqrt{(1-x^2)(1-k^2x^2)}}$$

は式 $y^2-(1-x^2)(1-k^2x^2)=0$ を使って

$$\int_a^b \frac{1}{y}dx, \quad \int_a^b \frac{x}{y}dx$$

と書き直すことができる. このように変数 x, y が2変数多項式 $f(x,y)$ によって $f(x,y)=0$ という関係をもつとき, x, y の有理関数 $P(x,y)$ の積分

$$\int_a^b P(x,y)\,dx \quad (y を x の関数と見る)$$

をアーベル積分という. この積分を数学的に厳密に基礎づけるためには $f(x,y)=0$ で決まる図形(*リーマン面と呼ぶ)上の*線積分と考える必要がある. *楕円積分は最も典型的なアーベル積分である. 一般には初等関数では表されない.

アーベル多様体
abelian variety

*楕円曲線はアーベル群の構造を持ち, 群の演算は代数多様体としての射(→代数多様体)になっている. この性質を n 次元の射影多様体に一般化したものがアーベル多様体である. 楕円曲線を1次元*複素トーラスと考えると, その*複素多様体としての一般化として複素トーラスがある. アーベル多様体は, 複素トーラスのうちで, 複素射影空間の部分集合で, いくつかの斉次多項式の共通零点として表せるもの(*射影多様体)のことである. 複素トーラスは, $\mathbb{C}^n$ の中の $\mathbb{Z}^{2n}$ と同型で離散的な部分群 $\varGamma$ により, $\mathbb{C}^n/\varGamma$ と表されるコンパクトな複素多様体であるが, 一般にはアーベル多様体とは限らない.

$\omega_1=1$, $\omega_2=\tau\in\mathbb{C}$, $\mathrm{Im}\,\tau>0$ を基本周期とする楕円曲線(1次元複素トーラス) E_τ から2次元複素射影空間 $P^2(\mathbb{C})$ への写像を*ワイエルシュトラスの $\wp$ 関数とその微分を使って

$$E_\tau \ni [z] \mapsto (1:\wp(z):\wp'(z))\in P^2(\mathbb{C})$$

と定義すると, この写像によって楕円曲線 E_τ は2次元複素射影空間 $P^2(\mathbb{C})$ の非特異(*特異点を持たない)3次元平面曲線(→代数曲線)と同型になる. だから, 1次元の場合は複素トーラスは常にアーベル多様体である.

高次元の場合は, n 次元複素トーラスがアーベル多様体であるための必要十分条件は次の通りである. Δ を対角成分が d_i である対角行列とし, おのおのの d_i は正整数で, d_i は d_{i-1} の倍数であるとする. $n\times n$ 複素対称行列 τ は, 各成分の虚部をとってできる行列 $\mathrm{Im}\,\tau$ が正定値行列であるとする. このとき複素トーラスがアーベル多様体であるための必要十分条件は, 行列 $\varOmega=\begin{bmatrix}\Delta\\\tau\end{bmatrix}$ を周期行列とする複素トーラスと, 複素多様体として同型であることである.

代数幾何学では, アーベル多様体は複素数体上とは限らず, 一般の可換体上でも定義することができ, 数論で大切な役割をする. ⇒楕円曲線, 複素トーラス

アーベルの積分方程式
Abel's integral equation

与えられた関数 $f(x)$ に対して

$$\int_a^x \frac{u(y)}{\sqrt{x-y}}dy = f(x) \quad (x\geq a)$$

を満たす関数 $u(x)$ を求める問題をアーベルの積分方程式という.「定重力の下に落下する質点の落下時間から質点の軌道の形を求める」という力学の問題に由来し, アーベルによって解かれた(1823). 後の積分方程式論の先駆けとなった点で歴史的重要性を持つ. ⇒積分方程式, リーマン-リウヴィル積分, ヴォルテラ型積分方程式

アーベルの定理(級数についての)
Abel's theorem

級数 $A=\sum_{k=0}^\infty a_k$ が収束するとき, べき級数 $f(x)=\sum_{k=0}^\infty a_k x^k$ の収束半径は1以上であり, $\lim_{0<x<1, x\to 1} f(x)=A$ が成り立つ. これをアーベルの定理という. これを示すためには, $A_{-1}=0$, $A_k=\sum_{n=0}^k a_n$ とおき,

$$f(x) = \sum_{k=0}^{\infty}(A_k - A_{k-1})x^k = \sum_{k=0}^{\infty} A_k x^k(1-x)$$

と変形すると見やすい．これを*アーベルの変形という．

この定理を精密化すると，$n \to \infty$ のとき A_n が A に収束する速さの情報から，$x \to 1$ のとき $f(x)$ が $f(1)$ に収束する速さを知ることができる．そのような結果を総称してアーベル型定理(abelian theorem)という．⇒ タウバー型定理

アーベルの定理(代数曲線，閉リーマン面に関する)
Abel's theorem

*楕円曲線 E 上の点 $P_1, \cdots, P_n$ と $Q_1, \cdots, Q_n$ に対して $P_1, \cdots, P_n$ の各点で 1 位の*零点($P_1, \cdots, P_n$ のうちで同じ点が m 個あるときはその点で m 位の零点)を持ち，点 $Q_1, \cdots, Q_n$ で 1 位の極($Q_1, \cdots, Q_n$ のうちで同じ点が l 個あるときはその点で l 位の極)を持ち，これ以外での点では*正則である E 上の*有理型関数 f が存在するための必要十分条件は，楕円曲線 E を 1 次元*複素トーラス $\mathbb{C}/(\mathbb{Z}+\mathbb{Z}\tau)$ と表示するとき，E 上の正則微分形式 $\omega = dz$ によって

$$\int_{Q_1}^{P_1}\omega + \cdots + \int_{Q_n}^{P_n}\omega \in \mathbb{Z}+\mathbb{Z}\tau$$

が成り立つことである．これを楕円曲線に関するアーベルの定理という．この事実は一般の*代数曲線(閉リーマン面)に一般化することができる．⇒ 楕円曲線

アーベルの定理(代数方程式に関する)
Abel's theorem

5 次以上の一般の代数方程式，すなわち係数の間に特別な関係がない方程式

$$x^n + a_1 x^{n-1} + \cdots + a_{n-1}x + a_n = 0$$

は代数的に解くことができない，すなわち方程式の係数から四則演算とべき根をとる操作によって根を表す公式を求めることができない．この事実をアーベルの定理という．⇒ 代数方程式，ガロア理論，可解群

アーベルの変形
Abel's transformation

2 つの数列 $\{a_n\}_{n=1}^{\infty}, \{v_n\}_{n=1}^{\infty}$ について，級数 $\sum_{n=1}^{\infty} a_n v_n$ の部分和を次のように書き直すことをアーベルの変形という．$0 \leq n < m$ のとき

$$\sum_{k=n+1}^{m} a_k v_k = -a_{n+1}s_n$$
$$+ \sum_{k=n+1}^{m-1}(a_k - a_{k+1})s_k + a_m s_m$$

ここで，$s_k = \sum_{j=1}^{k} v_j, s_0 = 0$ とする．アーベルの変形は定積分に対する部分積分の類似と考えられる．

アーベルの変形により，例えば $a_1 \geq a_2 \geq \cdots$, $\lim_{n\to\infty} a_n = 0$ ならばフーリエ級数 $\sum_{n=1}^{\infty} a_n \sin nx$ は収束することがわかる．

アーベル微分
abelian differential

例えば dx/x や $dx/\sqrt{1-x^4}$ などのように，一般に変数 x, y の間に 2 変数の多項式を用いた関係 $f(x,y)=0$ があるとき，$R(x,y)dx$ ($R(x,y)$ は x, y の有理式)の形の微分式をアーベル微分，その不定積分をアーベル積分という．アーベル微分は代数関数論で基本的な役割を果たす．⇒ アーベル積分，アーベルの定理(代数曲線，閉リーマン面に関する)

アポロニウスの円
Apollonius' circle

平面上に 2 点 A, B および正の定数 k が与えられたとき，$AP/BP=k$ を満たす点 P のなす図形(軌跡)をアポロニウスの円という．$k \neq 1$ のときは，軌跡は円周になる．$k=1$ のときは，P は A, B から等距離にあるから，線分 AB の垂直 2 等分線である．

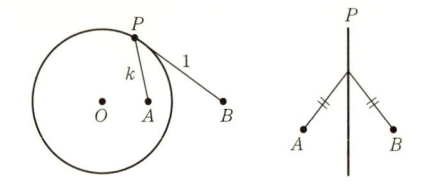

アポロニオス
Apollonios

英語読みではラテン語形 Apollonius から，「アポロニウス」という．紀元前 2 世紀にアレキサンドリアで活躍した古代ギリシアの数学者，天文学者．出身地の名前を付けてペルガのアポロニオスと呼ばれることが多い．8 巻からなる『円錐曲線論』が特に有名である．5 巻から 7 巻まではギリ

シア語の本は残らず，アラビア語訳のみが残され，8巻は失われた．『円錐曲線論』では，円錐の平面による切り口として現れる*円錐曲線（2次曲線）の基本的な性質が議論され，座標の概念のすぐ近くまで到達していた．17世紀には*ケプラーによる惑星運動の法則の発見を助け，*ガリレオは大砲の弾道が放物線になることを示すために，また*ニュートンは『プリンキピア』の中で惑星の運動を記述するために円錐曲線の幾何学的な性質を使った．一方，*フェルマはラテン語訳された『円錐曲線論』を読んで，座標幾何学に到達した．⇒ ギリシアの数学

余り（割り算における） remainder ⇒ 割り算定理

誤り検出符号
error detecting code

通信文や画像情報を送信する際には，雑音などによって誤りが生じることがある．このとき，符号をうまく設計すると，誤りの有無を検出することができる．これを誤り検出符号という．例えば，0と1の列からなる符号語において，1の個数を偶数としておけば，1ビットの誤りを検出することができる．

誤り訂正符号
error correcting code

通信文や画像情報を送信する際には，雑音などによって誤りが生じることがある．このとき，符号をうまく設計すると，誤りが少なければ誤りを自動的に訂正することができる．これを誤り訂正符号という．

アラビア数字
Arabic numeral

現在使われているインド数字 $0, 1, 2, 3, 4, 5, 6, 7, 8, 9$ のこと．最初インドで使われ，9-10世紀頃，アラビアを経てヨーロッパに伝わったこともあり，この名前が付いている．⇒ 記数法

アラビアの数学
Arabian mathematics

8世紀から15世紀にかけてイスラム文化圏で発達し，アラビア語を使ってその成果が記された数学をアラビアの数学という．

7世紀頃からペルシアを介してインドの数学が輸入され，その一方ではシリアやエジプトを通して古代ギリシアの数学が輸入されてアラビアの数学の発展が始まった．

特に，8世紀後半にバグダードに「智恵の館」が作られ，多くのギリシア語の本がアラビア語訳されて発展が加速した．数学では*ユークリッドの『原論』や*アポロニオスの『円錐曲線論』，*アルキメデスの著作，*プトレマイオスの『*アルマゲスト』の翻訳が行われた．

こうした中で*アル＝フワーリズミーが9世紀に2次方程式論を展開し，代数学発展の基礎を作った．また，インドの数字記法が伝わり，アラビア数字と10進位取り記数法が確立し，中世ヨーロッパへ伝えられた．12世紀には*オマル・ハイヤーム（アル＝ハイヤーミー）がでて，アル＝フワーリズミーの方程式論を発展させて，3次方程式を幾何学的に解く方法を展開した．イスラム世界が広がるにつれて学問の中心地は広がっていった．15世紀サマルカンドでウルグ＝ベク，アル＝カーシーなどが天文学，数学の分野で活躍した．

アラビアの数学は代数学，インドから伝えられた三角法，幾何学，特に平行線の公理の研究に優れた業績をあげたが，イスラム世界の政治的な衰退とともにこれらの業績は忘れ去られ，その全貌は未だ明らかでない．

数学に限らず，アラビアの自然科学や哲学は古代ギリシアの数学，自然科学，哲学をアラビア語訳して保存し近世ヨーロッパに伝える役目をしたとヨーロッパの科学者や科学史家にいわれてきたが，実際にはアラビアでこれらの学問は進展し，近世ヨーロッパはその成果に負うところが多い．例えば，非ユークリッド幾何学の先駆けとされるサッケリやランベルトの平行線の公理に関する研究はその多くをアラビアの数学者の研究成果に負っている．また，近世ヨーロッパにおける代数学の進展も，古代ギリシアからの直接の発展ではなく，アラビア数学，特にアル＝フワーリズミーの成果を受け継いだものである．⇒ ヨーロッパ・ルネッサンスの数学

ある
some

命題によく現れる形容詞．例えば，「ある x に対して P が成り立つ」のように使われる．この文は「P が成り立つような x が存在する」という意味である．記号として ∃ が使われる．これは exist の頭文字 E を倒置したものといわれている．

アルキメデス
Archimedes

287 頃-212 B.C. 古代ギリシアの植民地シチリアの都シュラクサ出身の数学者, 物理学者, 工学者. *円周率の近似値, 球面の表面積, 球の体積を求めた. 図形の性質を見出すのに静力学的な考えを積極的に使った. そして, このような発見的方法で得られた性質を, *背理法と*取り尽くし法を使って厳密に証明した. 1906 年にコンスタンティノープルにおいて発見された『エラトステネスあての機械学的定理についての方法』の中で, このような数学の研究方法を述べている. この他に, 『円の計測』, 『放物線の求積』, 『砂粒を数えるもの』, 『螺旋について』などの著作がある. 浮力に関するアルキメデスの原理でも有名.

第 2 次ポエニー戦争の際, 紀元前 212 年にローマ軍がシュラクサに侵攻したときにローマ軍の兵士に殺された. 裏庭の砂の上に書いていた図形を兵士が踏みつけたことをアルキメデスが咎めたのに対して, 怒った兵士が槍で突き殺したという (プルタルコスの『英雄伝』による). ローマの財務官だったキケロが, 紀元前 75 年にアルキメデスの墓を見つけたことが報告されており, その墓碑には, 球の体積と表面積はいずれもその外円柱の 2/3 であることを示す図形が刻まれていたといわれる. 17 世紀のヨーロッパの求積法はアルキメデスの影響を強く受けて発展した. → ギリシアの数学

アルキメデス多面体
Archimedes' polyhedron

準正多面体ともいう. 凸な*多面体が次の条件を満たすときアルキメデス多面体という.
(1) 各面は正多角形であり, 2 つ以上の異なる正多角形が面として現れる.
(2) すべての辺の長さは等しい.
(3) 各頂点での多角錐は合同である.
サッカーボールはアルキメデス多面体の例である. 正多角柱と正多角反柱 (正 n 角形を底面とする正多角柱において, 底面の正 n 角形を $360°/n$ だけ回転させ, 側面が交互に上向きと下向きの正 3 角形になるように底面を平行なままずらして得られる多面体) は上記の条件を満足するが, 通常はアルキメデス多面体から除外する. アルキメデス多面体は 13 種類存在する.

切頭 20 面体 [5,6,6]
(サッカーボール)

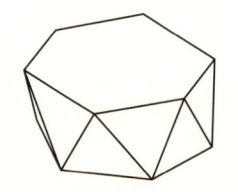

正多角反柱

アルキメデス的絶対値 Archimedean absolute value
= アルキメデス的付値

アルキメデス的付値
Archimedean valuation

実数 $\mathbb{R}$ や複素数 $\mathbb{C}$ の*絶対値 | | を, 一般の体へと一般化したもの. 正確な定義は, *付値, *非アルキメデス的付値を参照.

アルキメデスの渦巻線 Archimedes' spiral → 渦巻き曲線 (アルキメデスの)

アルキメデスの原理 (実数の)
principle of Archimedes

アルキメデスの公理ともいう. 任意の正の実数 a, b に対して, $na > b$ となる自然数 n が存在することをいう. 名称の由来は, アルキメデスが図形の面積や体積を求める際に, 線分についてアルキメデスの原理と同等の事実 (この事実は, アルキメデスの公理と呼ばれ, ユークリッド幾何学に関するヒルベルトの公理の 1 つとなっている) を暗黙のうちに使っていたことによる. → 実数

アルゴリズム
algorithm

一般に解を求めるために, 一連の演算 (あるいは命令) をその実行順に並べた手順をアルゴリズム (または算法) という. アルゴリズムという名称は, 10 進法の四則算法を実行する規則を与えた中世 (9 世紀) の*アル=フワーリズミーの名前に由来する. *ユークリッドの互除法, *エラトステネスのふるいなどがその代表的な例である. 現在ではさまざまなタイプのアルゴリズムがあり, 情報処理の基礎技術として実社会に役立っている. ワープロの文字操作, コンピュータ・グラフィックスの図形操作, 交通ネットワーク上の最短経路の探索などを可能にしているのも, 数学的基礎の上に開発された高性能のアルゴリズムである (→ ダイクストラ法).

アルゴリズムとは何か, あるいはアルゴリズムによって計算できる関数とは何かを数学的に厳密に

定式化することは容易でないが，計算の理論においては，*帰納的関数をアルゴリズムによって計算できる関数と位置づける(→ 計算可能性，チャーチの提唱)．アルゴリズムが存在するような問題に対して，複数のアルゴリズムの性能を比較したり，より良いアルゴリズムを設計したり，あるいは，望みうる性能の限界を考察したりすることは理論的にも実際的にも重要である．計算量の理論はこのような事柄を数学的に議論する枠組である．アルゴリズムの性能は，計算に要する時間と記憶領域の大きさを尺度として議論されるのが普通である(→ 計算複雑度，計算量)． ⇒ アル=フワーリズミー

アルス・マグナ
Ars magna

正確には『Artis magnae sive de regulis algebraicis liber unus』(偉大なる方法または代数学の規則についての一書)であるがアルス・マグナと略称される．カルダノの著書(1545)．『大代数学』あるいは『偉大なる方法』と訳されることが多い．この本で，3次および4次方程式の解法が初めて公にされた．また，2次方程式を解くために初めて複素数を使用した． ⇒ 3次と4次方程式の解法発見の歴史，ヨーロッパ・ルネッサンスの数学

アルチン環
Artinian ring

体 K 上の*代数(多元環) R で K 上の線形空間として有限次元であるものは，次の性質を持っている． R の左イデアルの減少列

$$I_1 \supset I_2 \supset \cdots \supset I_n \supset \cdots$$

は必ずあるところから先で $I_m = I_{m+1} = \cdots$ となる．一般にこの性質を持つ環を，左アルチン環という．右イデアルについてこの性質を持つ環を，右アルチン環という．

K の多元環で K 上の線形空間として有限次元であるものは左かつ右アルチン環であり，自然数 n について $\mathbb{Z}/n\mathbb{Z}$ もアルチン環である．しかし，例えば整数の全体がなす環 $\mathbb{Z}$ は $\mathbb{Z} \supset 2\mathbb{Z} \supset 2^2\mathbb{Z} \supset \cdots$ という列の存在からわかるように，アルチン環ではない．

アルチン予想
Artin's conjecture

代数体の有限次ガロア拡大に対してアルチンにより導入された $*L$ 関数が，ある条件の下で整関数になるという予想．未だ解決されていない．

α 極限集合 α-limit set ⇒ ω 極限集合

アルファベット
alphabet

通常の意味では一定の順序に並べられたローマ字の総体であるが，数学でアルファベットというときは，ラベルとして用いる文字の集合を指し，*オートマトン，*記号力学系，*符号などに現れる．多くの場合は，有限個の文字からなるアルファベットを考える． ⇒ 語，言語

アル=フワーリズミー
al-Khwārizmī, Muḥammad b. Mūsā

780頃-850頃　9世紀にバグダードで活躍した，アラビア初期の大科学者．天文学，数学，暦学，地理学での業績が顕著である．数学では，インドの数学とそれまでの西アジアの数学を統合し，その後のアラビア数学発展の基礎を造った．彼の数学上の著作はラテン語訳され近世ヨーロッパ数学の発展に大きく寄与した．『インド数字による計算法』(ラテン語訳は "Algoritmi de numero Indorum" と題された．Algoritmi はアル=フワーリズミーのラテン語名の変化形で，ここからアルゴリズムという言葉が誕生した)でインド数字と10進位取り記数法の原理に基づく計算法を記し，『アル=ジャブルとアル=ムカバラの計算』(Kitāb fi al-jabr wa al-muqābala)では2次方程式論を展開した．アル=ジャブルは移項を，アル=ムカバラは式の項の整理を意味し，移項と項の整理によって2次方程式を $x^2 = 2x+3$ や $x^2 = 3x+5$ などのようにすべての係数が正であるように変形して，幾何学的に2次方程式を解いた．algebra(代数)はこの「アル=ジャブル」に由来する．方程式は文章によって表現され，アラビア数学は最後までほとんどこの伝統にしたがった．また，方程式の負の根は認めなかった． ⇒ アラビアの数学

アルマゲスト
Almagest

*プトレマイオス(英語風の名前はトレミー)の著書．三角法と天文学の研究の集大成．ギリシア語の原題は『数学集成』であったが，アラビア語に訳されるとき偉大なる書という意味の『アルマゲスト』というタイトルが付けられ，この名前がル

ネッサンス期のヨーロッパに逆輸入された．天動説に基づき，周転円の理論を使って惑星の運動を記述し，実際の観測データと理論値がよく適合したので，長い間，正しい理論と考えられた．コペルニクスの理論より正確な数値を導いたが，ティコ・ブラーエの観測データに基づくケプラーの3法則の発見によって地動説にその座を譲ることになった．⇒ アラビアの数学，ギリシアの数学

アールヤバタ 1 世
Āryabhaṭa

476-? インドのマガタ国クスマプラ（パータリプトラ（現在のパトナ））で活躍した数学者，天文学者．499 年に発表された著書『アールヤバティーヤ』は著者と年代が知られた天文学書としてはインドで最古のものであり，後に「アールヤ学派」と呼ばれるインドの天文学派の基本テキストとなり，南インドやカシミールで広く流布した．数学的には，1 次の不定方程式が取り扱われ，その一般解が求められており，2 次方程式も取り扱っている．また，『アールヤバティーヤ』では古代ギリシアで用いられていた弦の代わりに半弦を用いて三角法を導入している．⇒ インドの数学

アレフ
aleph

$\aleph$ と書く．ヘブライ文字の最初の文字で*濃度を表す記号として用いる．$\aleph_k$ は $k+1$ 番目の無限濃度を表す．$\aleph_0$ は*可算集合(可付番集合)の濃度である．単に $\aleph$ と書くと実数の集合(連続体)の濃度を表す．

暗号
cryptography

第三者に内容がわからないように情報を伝達するために当事者間で取り決めた符号のことをいう．暗号は，現在では，軍事・外交だけでなく，コンピュータ・ネットワークにおける通信の秘密を守るためにたいへん重要である．例えば，今日暗号理論で主流となっている「公開鍵暗号」の代表例である RSA 暗号は，「積の計算は簡単だが因数分解はむずかしくて時間がかかる」という数学的事実に基づいて，R. Rivest, A. Shamir, L. Adleman の 3 人が 1977 年に考案したものである．その「鍵」および暗号化と復号化の手順を述べよう．各人は大きな素数 p, q を選び，さらに $cd \equiv 1 \pmod{(p-1)(q-1)}$ を満たす整数 c, d を定めて，$N = pq$ と c を公開鍵として公開し，d の値は自分だけの秘密鍵として覚えておく．この人に文章 M を送りたい人は，M を整数とみて，公開された鍵 N, c を使い $C \equiv M^c \pmod{N}$ を暗号文として送信する．この暗号文から，覚えていた秘密鍵 d を用いて $M' \equiv C^d \pmod{N}$ を計算すれば，送信文の内容を知ることができる．(*オイラーの関数 φ を使うと $\varphi(N) = (p-1)(q-1)$ であり，フェルマの小定理のオイラーによる一般化(→オイラーの関数) $M^{\varphi(N)} \equiv 1 \pmod{N}$ より $M' \equiv C^d \equiv M^{cd} \equiv M^{k\varphi(N)+1} \equiv M \pmod{N}$（ここで k は適当な整数）が成り立ち，$M, M' < N$ であれば $M' = M$ となる．) この方式が暗号として利用できるのは，N からその素因子 p, q を計算することは極めて困難であり，事実上，秘密鍵 d が本人以外に知られることがないからである．また，当事者以外が暗号文 C を知ったときに，等式 $C \equiv M^c \pmod{N}$ から M を求めることも事実上不可能である．このように，公開鍵暗号は数学が情報技術と直接に結びついた好例であり，初等整数論だけでなく楕円曲線論なども利用されている．

アンザッツ
Ansatz

仮説のこと．とくに物理学において，深い意味のある予言を伴った仮説をいう．もとはドイツ語である．数学として後に証明されていてもアンザッツという名が残ることもある．

安定（力学系における）
stable

微分方程式や*力学系における安定性の概念は，何が安定であるかに応じて 2 つに大別でき，系としての安定性(*構造安定)と，個々の系における*軌道や*不動点の安定性がある．後者にも，乱れや摂動を与えたときにどのように安定であるかに応じて，「もとに戻っていく」という意味の*漸近安定，「あまり変わらない」という意味の*リャプノフ安定，「もとの近くに無限回舞い戻る」という意味の*ポアソン安定などいろいろな安定性の概念が区別されている．また，*保測変換の*混合性は，分布密度関数の時間発展に関する漸近安定性と見ることができる．なお，考える対象ごとに簡略化して，例えば，微分方程式についてはリャプノフ安定を単に「安定」，微分可能力学系では漸近安定を単に「安定」ということがあるので注意を要する．

安定集合(グラフにおける)
stable set

グラフにおいて，互いに辺で結ばれていない頂点を要素とする集合を安定集合という．独立集合ともいう．

安定集合(力学系の)
stable set

点 x が*位相力学系 (X, f_t) の*不動点(固定点)のとき，集合
$$W^s(x) = \left\{y \in X \mid \lim_{t \to +\infty} f_t y = x\right\}$$
を x の安定集合といい，
$$W^u(x) = \left\{y \in X \mid \lim_{t \to -\infty} f_t y = x\right\}$$
を不安定集合という．安定集合 $W^s(x)$ が点 x の近傍であれば，x は*漸近安定な不動点であり，このとき，x が不動点でないときにも，$W^s(x)$ は x の*吸引領域である．

より一般に，空間 X 上に距離 $d(x,y)$ が与えられているとき，
$$W^s(x) = \left\{y \in X \mid \lim_{t \to +\infty} d(f_t y, f_t x) = 0\right\},$$
$$W^u(x) = \left\{y \in X \mid \lim_{t \to -\infty} d(f_t y, f_t x) = 0\right\}$$
をそれぞれ点 x の安定集合，不安定集合という．

なお，X が多様体で，f_t が十分に滑らかな*微分同相ならば，*鞍点 x に対して，$W^s(x)$, $W^u(x)$ は，ともに多様体の構造をもち(ただし*閉部分多様体とは限らない)，それぞれ安定多様体，不安定多様体と呼ばれ，これらの多様体は鞍点 x において*横断的に交わる．→ 力学系

安定多項式
stable polynomial

多項式 $P(z) = z^n + a_1 z^{n-1} + \cdots + a_{n-1} z + a_n$ の根 α がすべて $\operatorname{Re}\alpha < 0$ を満たすとき，安定多項式という．*定数係数線形常微分方程式
$$D^n u + a_1 D^{n-1} u + \cdots + a_{n-1} Du + a_n u = 0 \qquad (D = d/dt)$$
の解がすべて*安定，つまり，$u(t) \to 0 \ (t \to \infty)$ となることと，その特性多項式 $P(z) = z^n + a_1 z^{n-1} + \cdots + a_{n-1} z + a_n$ が安定多項式であることとは互いに同値である．→ 定数係数線形常微分方程式

安定多様体　stable manifold　→ 安定集合(力学系の)

安定分布
stable distribution

例えば中心極限定理のように，同じ分布に従う独立な確率変数列の和 $S_n = X_1 + \cdots + X_n$ に対して，適当な定数 A_n, B_n を選ぶと，$A_n S_n + B_n$ の分布が収束することがある．このような極限として現れる分布を安定分布という．(原点に関して)対称な安定分布の特性関数は $\exp(-c|x|^\alpha)$ (c は正定数)となり，指数は $0 < \alpha \leqq 2$ の範囲の値をとる．とくに，$\alpha = 2$ のときはガウス分布，$\alpha = 1$ のときはコーシー分布である．

鞍点(関数の)
saddle point

関数 $z = x^2 - y^2$ のグラフは原点 $O = (0, 0, 0)$ の近傍で図のように馬の鞍の形になる．

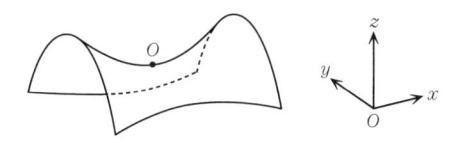

このように，曲面 $z = f(x, y)$ 上の点 $P = (x_0, y_0, f(x_0, y_0))$ において，接平面が xy 平面に平行，かつ xy 平面に垂直な平面による断面が，ある方向で上に凸，別の方向では下に凸の曲線となるとき，P あるいは (x_0, y_0) を $z = f(x, y)$ の鞍点または鞍点点という．$f(x, y)$ が
$$f(x, y) = f(x_0, y_0) + A(x - x_0)^2$$
$$+ 2B(x - x_0)(y - y_0) + C(y - y_0)^2 + \cdots$$
の形にテイラー近似されて(→ テイラーの定理) $AC - B^2 < 0$ が成り立てば，(x_0, y_0) は鞍点である．

一般に $\mathbb{R}^n$ の点 p が関数 $f(x_1, \cdots, x_n)$ の鞍点であるとは，p における f の偏微分係数がすべて 0 になり，かつそこでの*ヘッセ行列が正の固有値と負の固有値をともに持つことをいう．

鞍点(ベクトル場の)
saddle point

$\mathbb{R}^n$ 上のベクトル場 $V = \sum_{i=1}^{n} V_i \partial / \partial x_i$ について，点 p で $V(p) = \mathbf{0}$ が成り立ち，かつ $\partial V_i / \partial x_j$ を成分とする行列が，実部が正の固有値と実部が負の固有値をともに持つとき，p を V の鞍点という．

関数 f の勾配ベクトル場の鞍点は関数 f の鞍点(→鞍点(関数の))にほかならない. → 特異点(ベクトル場の), モース関数, モース理論, 安定(力学系における), 流れ

鞍点(力学系の)
saddle point

*微分可能力学系 (X, f) の場合, 微分 $df(x)$(→微分(多様体の間の写像の))が, 絶対値が 1 より大きな固有値と絶対値が 1 より小さな固有値の両方をもち, それ以外の固有値はもたない不動点 x のことをいう. 双曲型不動点の一種で, 軌道を流線と見た様子から, 鞍あるいは峠の形が連想される. 微分可能な*流れについても同様な不動点として鞍点が定義される. → 鞍点(ベクトル場の)

鞍点法
saddle point method

複素平面上の線積分 $F(t)=\int_C e^{-tf(z)}g(z)dz$ の $t\to\infty$ での漸近挙動を求める代表的な方法の 1 つである. $f(z)$, $g(z)$ は解析関数とし, 積分路 C 上に $f'(c)=0$, $f''(c)\neq 0$ を満たす点 c があると仮定する. このとき, c は実部 $\mathrm{Re}\,f(z)$ の*鞍点であり, *コーシーの積分定理を利用して積分路をうまく変更すれば, C 上で $\mathrm{Re}\,f(z)$ は c で極大, かつ $\mathrm{Im}\,f(z)=$ 一定, となる. このような積分路を最速降下線または最大傾斜線などという. 最速降下線の上の積分であれば, 実関数に対する*ラプラスの方法が使えることになり, $t\to\infty$ の極限で, c から離れた点からの積分値への寄与は急速に減少して, 近似式

$$F(t) \sim \int_C e^{-t(f(c)+f''(c)(z-c)^2/2)}g(c)dz$$
$$\sim \sqrt{\frac{2\pi}{t|f''(c)|}}\, e^{-tf(c)}g(c)$$

が得られる. ただし, 鞍点が複数あるときはそれぞれの寄与の総和となる. このような方法を鞍点法または鞍部点法という. リーマンが超幾何関数の近似値を求めるために用いたのがこの方法の始まりといわれる. 実際に鞍点法を適用するには, その上に鞍点が載るような積分路 C をうまく見つける必要がある(コーシーの積分定理により積分路の変更が可能である).

なお, 最大傾斜線上の積分を詳しく調べると, $F(t)$ のより高次の漸近展開を求めることができるが, もはやラプラスの方法に帰着することはできない. そのような方法を最急降下法あるいは最大勾配法といって, 鞍点法と区別することもある. → 停留位相法

暗箱 black box → ブラック・ボックス

鞍部点法 saddle point method → 鞍点法

イ

e
basis of natural logarithm

*自然対数の底であり
$$e = \lim_{n \to \infty} \left(1 + \frac{1}{n}\right)^n$$
と定義する．$e=2.7182818284\cdots$ である．また
$$e = 1 + \frac{1}{1!} + \frac{1}{2!} + \frac{1}{3!} + \cdots + \frac{1}{n!} + \cdots$$
が成り立つ．ここで $n!$ は n の*階乗を表す．*連分数展開では $e=[2,1,2,1,1,4,1,1,6,\cdots]$ となる．

e は*無理数であり，また*超越数である．e と*円周率 π の間には関係式
$$e^{\pi i} + 1 = 0$$
が成立する．$\Rightarrow$ オイラーの関係式，対数関数，ネピア，i

イェンセンの不等式
Jensen's inequality

$\phi(x)$ が*凸関数のとき，任意の積分可能な関数 $f: [a,b] \to \mathbb{R}$ に対して不等式
$$\frac{1}{b-a}\int_a^b \phi(f(t))dt \geq \phi\left(\frac{1}{b-a}\int_a^b f(t)dt\right)$$
が成り立つ．この形の不等式とその一般化をイェンセンの不等式と総称する．

例1 $\phi(x)=x^2$ のときは*シュワルツの不等式 $(b-a)\int_a^b f(t)^2 dt \geq \left(\int_a^b f(t)dt\right)^2$ である．

例2 $\phi(x)=e^x$ のとき，正数 a_k に対し $f(t)=\log a_k$ $(k-1 \leq t < k, k=1,\cdots,n)$ とおけば相加相乗平均の不等式
$$\frac{a_1 + \cdots + a_n}{n} \geq (a_1 \cdots a_n)^{1/n}$$
が得られる．

ICMI
International Commission on Mathematical Instruction
通称「イクミ」$\Rightarrow$ 国際数学教育委員会

ICME
International Congress of Mathematical Education
通称「イクメ」$\Rightarrow$ 国際数学教育会議

イジング模型
Ising model

磁石を熱していくと，ある臨界温度を境にして高温では磁石の性質が失われる．このような相転移現象を記述する統計力学の格子モデルの1つにイジング模型がある．イジング(E. Ising, 1900-98)が1925年に提案した．設定が単純なので，理論や方法をテストするための*トイ・モデルとしてしばしば用いられる．具体的には，格子の各点 i に ± 1 の値をとるスピン変数 σ_i を考え，隣り合う格子点の組にわたる和
$$E(\sigma) = -J \sum_{\langle i,j \rangle} \sigma_i \sigma_j$$
を状態のエネルギーと定めて定義される．

オンサーガー(L. Onsager, 1903-76)は2次元格子の場合に格子点あたりの分配関数($\to$ ギブスの変分原理)を具体的に計算し，相転移が起こることを厳密に示した．自発磁化や相関関数などの物理量も計算されている．さらに相転移点 $J=J_c$ において2つのギブス分布が共存することも示されている．なお，3次元以上の格子でもイジング模型を考えることができ，相転移の存在は示されているが2次元の場合のような厳密解は知られていない．

位数 (群の元の)
order

群 G の元 g に対して，
$$g^m = e \quad (e \text{ は } G \text{ の単位元})$$
となる自然数 m が存在するとき，g は位数有限であるといい，そのような m の最小数を g の位数という．どんな自然数 m についても $g^m \neq e$ であるとき，g は位数無限であるという．

有限群の各元は位数有限で，その位数は群の位数($\to$ 位数(有限集合の))の約数である．

位数 (整関数の)
order

整関数 $f(z)$ に対して，$z \to \infty$ のときの $|f(z)|$ の増大度をはかる量のこと．$M(r)$ を $|z|=r$ における $|f(z)|$ の最大値とするとき，
$$\rho = \varlimsup_{r \to \infty} \frac{\log \log M(r)}{\log r}$$
を $f(z)$ の位数という．$f(z)$ のテイラー展開を $\sum_{n=0}^{\infty} a_n z^n$ とするとき，
$$\rho = \varlimsup_{n \to \infty} \frac{n \log n}{\log(1/|a_n|)}$$

である．ρ が有限の値のときは有限位数の整関数，無限のときは無限位数の整関数という．

例　多項式は位数 0，指数関数 e^z は位数 1，
$$\frac{\sin\sqrt{z}}{\sqrt{z}} = \sum_{n=0}^{\infty} \frac{(-z)^n}{(2n+1)!}$$
は位数 1/2 である．

位数(ベクトル場の)
index
ベクトル場の指数(→ 指数(ベクトル場の))のこと．

位数(無限小・無限大の)
order
$|x|$ の値が非常に小さいとき，$\sin x, \cos x - 1$ はそれぞれ x, x^2 とほぼ同程度の大きさになる．前者を 1 位の無限小，後者を 2 位の無限小という．一般に，$\lim_{x\to a} f(x)=0$ であって，ある自然数 n に対して $\lim_{x\to a} f(x)/(x-a)^n$ が存在して 0 でない場合，$f(x)$ は $(x-a)^n$ と同程度の速さで 0 になる．このことを，$f(x)$ は $x\to a$ のとき n 位の無限小であるという．また $\lim_{x\to a} f(x)=\infty$ であって $\lim_{x\to a}(x-a)^n f(x)$ が存在して 0 でない場合，$f(x)$ は n 位の無限大であるという．$x\to\pm\infty$ の場合も $\lim_{x\to\pm\infty} x^{-n} f(x)$ が存在して 0 でない場合，位数 n の無限大・無限小が定義される．n として一般の実数を考える場合もある．

どのような n をとっても $(x-a)^n$ と同程度にならない無限小・無限大もある．例えば $x\to 0$ のとき，任意の $n>0$ について $e^{-1/|x|}$ は x^n より速く，$1/\log|x|$ は x^n より遅く 0 に近づく．→ ランダウの記号，指数的増大

位数(有限集合の)
order
有限集合 A の元の個数を位数ということがあり，$|A|$ または $\sharp A$ と記す．*有限群 G や*有限体 F の位数は，有限集合としての位数，つまり G や F の元の個数を意味する．→ 群

位数(零点と極の)
order
複素平面上 $0<|z-a|<r$ で定義された正則関数 $f(z)$ の*ローラン展開 $f(z)=\sum_{k=-\infty}^{\infty} a_k(z-a)^k$ において，$a_k=0\ (k<n), a_n\neq 0$ であるとき，$n>0$ であれば a は n 位の零点，n を点 a での零点の位数という．$n<0$ であれば a を $-n$ 位の極，$-n$ を点 a での極の位数という．→ 孤立特異点

位相($\mathbb{R}^n$ の)
topology
n 個の実数の組全体の集合 $\mathbb{R}^n$ には，2 点間の*距離を用いて位相が定義される．2 点 $\boldsymbol{a}=(a_1,\cdots,a_n), \boldsymbol{b}=(b_1,\cdots,b_n)$ 間の距離 $d(\boldsymbol{a},\boldsymbol{b})$ は，
$$\max_{1\leq j\leq n} |a_j-b_j|,\ \sum_{j=1}^{n}|a_j-b_j|,\ \sqrt{\sum_{j=1}^{n}(a_j-b_j)^2}$$
などで定義される．これらの距離から，開集合の概念が定まり，位相が定義される．$\mathbb{R}^n$ の部分集合 U が開集合である必要十分条件は，任意の $\boldsymbol{a}\in U$ に対して，正の数 ε が存在して，$d(\boldsymbol{a},\boldsymbol{b})<\varepsilon$ なる任意の $\boldsymbol{b}$ が U に含まれることである．補集合が開集合である集合を閉集合という．例えば，$\mathbb{R}^n$ 内で，有限個の線形不等式 $\sum_{\nu=1}^{n} u_{j\nu}x_\nu+u_{j0}>0$ で定義される凸多面体や，半径 R の球の内部 $\{(x_1,\cdots,x_n)|x_1^2+\cdots+x_n^2<R^2\}$ は開集合である．

上記のどの距離を使っても開集合の概念は同じになる．したがって距離は違っていても*位相空間としては同一である．

位相(波の)
phase
関数 $x=A\sin(\omega t+\alpha)$ (あるいは $x=Ae^{i(\omega t+\alpha)}$ $(i=\sqrt{-1})$) で表される波では $\omega t+\alpha$ をその位相という．→ 単振動，波動

位相幾何学
topology
長さや面積といった図形の定量的な性質を無視して，穴の数やつながり方といった，図形の定性的な性質だけに注目して調べる幾何学を位相幾何学という．19 世紀末に，*ポアンカレによって創始された．なお topology はリスティング(J. B. Listing)により「位置(topos)の幾何学」を意味する言葉として，1847 年に初めて用いられた．

ここで述べた「定性的な性質が等しい」の意味は，位相空間とその間の連続写像を用いて，「同相である」という概念として，厳密に定式化される(→ 同相)．(微分同相など，同相より精密な性

質を考察することもある.)

 2つの空間が同相であるか否かを判定するには, *オイラー標数, *ホモロジー群, *基本群などの*位相不変量が用いられる. すなわち, これらは, 図形(位相空間)に対して数や群を対応させ, 図形が同相であれば, 対応する数・群も同じ(同型)であるという性質を持っている.

 ポアンカレは, 微分方程式の*定性的理論への応用を目的の1つとして, 位相幾何学を研究した. また, 曲面の位相幾何学によって, リーマン面上の複素関数論についての諸事実に対する, 幾何学的で明快な説明が与えられた. これは, 多変数の複素関数論と高次元(複素)多様体の幾何学の関係として, 20世紀中頃以後大きく発展した.

 位相幾何学は20世紀以降の代表的な幾何学として現在高度に発展している.

位相空間
topological space

 われわれの周りに広がる空間の性質の中から,「遠近」の定性的性質を取り出し抽象化した空間概念が位相空間である.

 平面の 2 点 (x, y), (x', y') 間の 2 種類の距離 d_1, d_2 を
$$d_1((x,y),(x',y')) = \sqrt{(x-x')^2 + (y-y')^2},$$
$$d_2((x,y),(x',y')) = |x-x'| + |y-y'|$$
で定める. このとき, $d_1 \neq d_2$ であるが, 平面上の点列 $\{p_n\}$ $(n=1,2,\cdots)$ に対して $\lim_{n\to\infty} d_1(p_n, p) = 0$ であることと, $\lim_{n\to\infty} d_2(p_n, p) = 0$ であることとは, 同値である. このことを, 2つの距離 d_1, d_2 は同じ位相を定めるという.

 一方, 関数列 $\{f_n(x)\}$ $(n=1,2,\cdots)$ に対して, $f_n(x)$ が各点収束していても, $f_n(x)$ が一様収束するとは限らない. このことを, 一様収束の位相と各点収束の位相は異なるという.

 すなわち, 集合 X 上の位相あるいは位相構造とは, それを X に与えることによって, X の元からなる点列の収束が意味をもつようになる*構造のことで, 後述のような公理系を用いて定義される. 集合に位相構造を与えたものを位相空間という. 位相空間は幾何学, 解析学で重要な役割をする. 位相空間は一見病的な空間(例えば*カントル集合, *コッホ曲線)や, *連続関数全体の空間のように非常に大きい空間, さらには*p 進数の全体など, 非常に広い範囲の空間概念を含む現代数学の基本概念である. また, 代数多様体の*ザリスキー位相など, 通常の空間とは少し違った概念を定式化する言葉としても, 位相空間を用いることができる.

 位相構造は, 線形構造, 群構造などと並び, 集合の上に公理系を設定して理論を形成していく数学的構造の代表的な例でもある. 位相空間の概念は 1914 年に出版されたハウスドルフ(F. Hausdorff)の書物("Grundzüge der Mengenlehre"(集合論概要))に初めて現れた.

 位相空間の公理系にはいろいろなものが知られている. 以下には開集合を指定するものを述べる. ほかに, *閉集合を指定するもの, *近傍系を用いるものなどがあり, 互いに同値であることがわかっている.

 集合 X と, その部分集合の族 $\mathcal{O}$ の組 $(X, \mathcal{O})$ が次の条件を満たすとき位相空間といい, また $\mathcal{O}$ の元を開集合と呼ぶ.

 (1) 空集合 $\emptyset$ と全体集合 X は $\mathcal{O}$ に属する.
 (2) $U_1, U_2 \in \mathcal{O}$ に対して, $U_1 \cap U_2 \in \mathcal{O}$.
 (3) $\{U_\alpha\}$ を $\mathcal{O}$ の元からなる族とするとき, $\bigcup_\alpha U_\alpha \in \mathcal{O}$.

 (2)から有限個の開集合の共通部分は開集合であることがわかるが, 無限個の開集合の共通部分は開集合とは限らない. 一方, (3)は無限個の開集合の和集合が開集合であることを意味する.

 上記の位相空間の概念の下に, *連続写像(連続関数の一般化), *コンパクト性, *連結性などを論じることができる.

 位相空間には点列の極限が自然に導入される. 位相空間 X の元の列 $\{a_i\}$ $(i \geq 1)$ に対して, $\{a_i\}$ が $a \in X$ に収束するとは, a を含む任意の開集合 U に対して, N が存在して, $i > N$ ならば, $a_i \in U$ であることをいう.

 距離空間は位相空間であり, その最も重要な例である(→距離の定める位相). $\mathbb{R}$ の非可算無限個の直積に*直積位相を与えたものは, 距離空間ではない位相空間の例である.

 位相空間における収束で, 病的な現象が起きるのをさけるためにさまざまな*分離公理が考えられている. →ハウスドルフ空間

位相空間(力学における)
phase space

 phase space の訳語として位相空間という言葉が物理学では用いられるが, topological space の

意味の位相空間とは別物である．数学では phase space の訳語としては，*相空間が用いられる．

位相空間論
general topology

ホモロジー論などの代数的な手法を用いず，位相空間の構造を直接調べる分野を位相空間論という．点集合論と呼ばれることもある．位相空間論は，多くの場合，多様体や胞複体などにならない野性的な位相空間や，無限次元の位相空間をその対象とする．

位相群
topological group

集合 G が群であって，さらにそれが位相を持ち，群演算がこの位相に関して連続であるものを位相群あるいは連続群という．詳しくは，逆元を与える写像 $G \to G$, $g \mapsto g^{-1}$, 積を与える写像 $G \times G \to G$, $(g, h) \mapsto gh$ がともに連続であることを仮定する．

位相群の最も重要な例は，行列の作る群あるいはそれを一般化した*リー群である．例えば，n 次の可逆実行列全体 $GL(n, \mathbb{R})$ は行列の積に関して群となる．また $GL(n, \mathbb{R})$ はその元である行列の成分を並べることにより $\mathbb{R}^{n^2}$ の開部分集合とみなすことができるので，位相が定まる．この位相と群構造により $GL(n, \mathbb{R})$ は位相群である．

リー群でない位相群の代表的な例として，*p 進数体の乗法群（より一般に p 進数を成分とする行列の作る群）や無限次元*ヒルベルト空間の加法群がある．前者は*局所コンパクトであるが，*局所連結でない．後者は局所連結であるが，局所コンパクトでない．このような群を除いて，位相群は本質的にはリー群であろうというのが，ヒルベルトの第5問題で，さまざまな形の解答が得られている．

局所コンパクトな位相群には*左移動で不変な測度が定まることが知られていて*ハール測度と呼ばれる．→ リー群，コンパクトリー群，古典群

位相構造　topological structure　→ 位相空間

位相数学
topology

*解析学では，関数のなす集合（関数空間）に*位相空間の構造を入れて，関数の近似や収束を論じる．*各点収束位相，*一様収束位相，*平均収束位相などの位相構造を設定し，位相を入れた関数空間を抽象化した*ヒルベルト空間，*バナッハ空間，*線形位相空間などの一般論を展開することができる．このような位相的な見方・方法による解析学の研究を位相数学と呼ぶことがある．→ 関数解析学

位相速度
phase velocity

波の形が伝播する速度をいう．関数
$$A \sin\left(\omega\left(t - \frac{x}{v}\right) + \alpha\right)$$
で表される波の場合，v が位相速度である．ここで，ω は角振動数，α は任意の定数である．例えば連続体の密度の波の場合，連続体を構成する物質の速度と，その密度を表す関数の形が動く速度は異なる．後者が位相速度である．→ 波動，位相（波の）

位相多様体
topological manifold

各点がユークリッド空間 $\mathbb{R}^n$ の開集合と同相な開近傍を持つ*ハウスドルフ空間を n 次元位相多様体と呼ぶ．→ 多様体

位相的エントロピー
topological entropy

記号力学系 (X, T) の場合，位相的エントロピーは X の単語エントロピーである．すなわち，長さ n の単語の数 $N_n(X) = |\{(x_0, \cdots, x_{n-1}) \mid (\cdots, x_0, x_1, x_2, \cdots) \in X\}|$ の増大度
$$h(X, T) = \lim_{n \to \infty} \frac{\log N_n(X)}{n}$$
をその位相的エントロピーという．(X, T) の任意の不変確率測度 μ に対する測度論的エントロピー $h(X, T, \mu)$ の最大値は $h(X, T)$ である．最大値を実現する μ を最大測度（maximal measure）という．一般に，コンパクト力学系 (X, T)（X がコンパクトで，$T: X \to X$ が連続）の場合には有限開被覆あるいは ε 網を介して位相的エントロピーは定義される．→ ε エントロピー

位相同型　homeomorphism　= 同相

位相の強弱
stronger/weaker topology

関数列が一様収束すれば各点収束するが，逆は必ずしも成り立たない．このことを，一様収束位

相は各点収束位相より強いという．一般に，同じ集合 X 上の 2 つの位相が開集合の族 $\mathcal{O}_1, \mathcal{O}_2$ で与えられているとき，$\mathcal{O}_1 \subset \mathcal{O}_2$ ならば位相 $\mathcal{O}_2$ は位相 $\mathcal{O}_1$ より強いといい，また $\mathcal{O}_1$ は $\mathcal{O}_2$ より弱いという．言い換えれば，X の恒等写像 I について，$I: (X, \mathcal{O}_2) \to (X, \mathcal{O}_1)$ が連続写像であるとき，位相 $\mathcal{O}_2$ は位相 $\mathcal{O}_1$ より強いという．

位相不変量

topological invariant

位相空間 X ごとに「量」$t(X)$ が対応し，同相であるような 2 つの位相空間 X, Y に対しては，$t(X)=t(Y)$ であるとき，対応 t を位相不変量という．ここで，「量」の意味は，通常の数のこともあるが，一般には代数系(ベクトル空間，群，環，体など)を考え，そのときは等号 $t(X)=t(Y)$ の意味は「同型」を意味するものとする．例としては，*基本群，*ホモロジー群，*コホモロジー群，*ホモトピー群，*ベッチ数，*オイラー数などがある．

位相不変量は，与えられた 2 つの位相空間が同相でないことを確かめるのに使われる．例えば，2 次元球面のオイラー数が 2 で 2 次元トーラスのオイラー数が 0 であることから，球面とトーラスは同相でないことが示される．

微分同相で不変な量も位相不変量と呼ぶことがある．位相幾何学の発展につれて多くの位相不変量が発見されている．

位相力学系

topological dynamical system

*力学系 (X, f) であって，位相を考えたもの，つまり，空間 X が*位相空間で，写像 f が*同相写像であるものである．とくに，空間 X が*コンパクト空間の場合には，*コンパクト力学系という．力学系の理論では，軌道 $x, fx, f^2x = f(fx), \cdots$ の極限での漸近挙動などを主に考えるので，位相空間 X が*距離空間の場合を扱うことが多い．なお，写像 $f: X \to X$ の可逆性を仮定せず，単に，連続写像である場合を指すこともある．また，連続時間を持つ力学系 $(X, f_t, t \in \mathbb{R})$ についても，位相を考えたものを位相力学系という．通常は $(t, x) \mapsto f_t(x)$ が連続であることを要請する．

依存領域

domain of dependence

*波動方程式や 1 階の*双曲型偏微分方程式においては，解についての情報が空間内を伝わる速さが有限であるため，ある特定の時刻 t_0，特定の場所 x_0 における解の値は，遠方における*初期値の影響を受けず，一定の範囲内の初期値の振舞いのみで完全に決定される．この範囲を点 (x_0, t_0) における解の依存領域という．より詳しく述べると，依存領域は，xt 時空間内の点 (x_0, t_0) を頂点とする*特性錐を超平面 $t=0$ によって切断した断面として定義される．

逆に，空間内の 1 点 x_0 の付近での初期値の振舞いは，点 $(x_0, 0)$ を頂点とする未来方向の特性錐とその内部にしか影響を及ぼさない．この特性錐を点 x_0 の影響領域という．

例えば，波動方程式
$$\frac{\partial^2 u}{\partial t^2} = \frac{\partial^2 u}{\partial x^2} + \frac{\partial^2 u}{\partial y^2}$$
の解の正の時刻 t での値 $u(0, 0, t)$ は半径 t の円内での初期値 $u(x, y, 0)$，および $t=0$ の $\partial u/\partial t$ の値で決まり，依存領域は半径 t の円である．また，点 $(0,0)$ の影響領域は $\{(x, y, t) | t^2 \geq x^2 + y^2\}$ である． $\to$ 波動，ダランベールの解，キルヒホフの公式

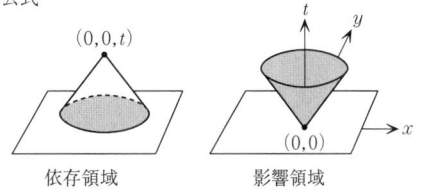

依存領域　　　　影響領域

一意化

uniformization

z と w が $z^3 - z^2 - w^2 = 0$ という関係にあるとき，z の値を決めれば w の値は通常 2 個決まるので w を z の関数と見れば 2 価関数，z を w の関数と見れば 3 価関数であるが，$z = t^2 + 1$, $w = t(t^2 + 1)$ とおけば z と w の関係式は恒等的に満たされ，かつ z と w は t の 1 価関数である．

一般に，与えられた多価解析関数 $w = f(z)$ を適当なパラメータ t の 1 価関数 $\varphi(t), \psi(t)$ によって $z = \varphi(t)$, $w = \psi(t)$ と表示することを一意化という．$\varphi(t), \psi(t)$ は各点の近傍で t のべき級数(一般には負のべきも含む)の形に求めることができる．これを局所一意化，t を局所パラメータという．定義域全体での一意化を大域的一意化という．

$w = f(z)$ が*代数関数の場合は特に重要である．このとき $f(z)$ から定まる閉リーマン面の普遍被覆面は(1) リーマン球面，(2) 複素平面，(3) 単位

円板，のいずれかになる．それぞれの場合，大域的一意化を与える関数 $\varphi(t), \psi(t)$ は (1) 有理関数，(2) *楕円関数，または，(3) $|z|<1$ を不変にする群に関する*保型関数，となる．

一意性
uniqueness

ある性質（条件）を満たす対象がただ 1 つであることをいう．例えば，微分方程式に対する解の一意性というときは，解がただ 1 つしかないことを意味する．「存在」という言葉と対になって用いられることが多い（→ 常微分方程式論の基本定理）．

一意性があるかどうかはどのような範囲の中で対象を考えているかによる．例えば方程式 $x^3=1$ の解は実数の範囲では $x=1$ のみであるが，複素数の範囲では $x=1, e^{2\pi i/3}, e^{-2\pi i/3}$ で一意でない．

一意性から対象の性質がわかる場合もある．例えば微分方程式 $dy/dx=y, y(0)=1$ の解は一意に存在するが，a を固定して $z(x)=y(x+a)/y(a)$ とおくとこれも $dz/dx=z, z(0)=1$ を満たすので，一意性により $z(x)=y(x)$，したがって指数法則 $y(x+a)=y(x)y(a)$ が導かれる．

一意接続の原理　uniqueness principle for analytic continuation　= 一致の定理

一意存在
unique existence

与えられた条件を満たす数，関数，方程式の解などが実際に存在し，それがただ一通りに決まることをいう．

一意分解整域
unique factorization domain

整数はすべて，素数の積に ±1 を掛けたものとして，順序を無視すれば，ただ一通りに表される．このように零元以外のすべての元が*単元と*素元の積に，順序の違いを除いて，一意的に（ただ一通りに）表すことができる整域を，一意分解整域という．素元分解整域ともいう．また，UFD と略称することがある．*体上の n 変数*多項式環では素元は既約多項式であり，一意分解整域である．

位置エネルギー
potential energy

ベクトル場 F で表される力が働いている中で，空間の 1 点 A から他の点 B に質点を動かすときに必要な*仕事が，動かすときの経路（道ともいう）によらず，A と B のみで決まるとき，F は保存力場であるという．このとき，基点 O をとめて，O から点 A まで（距離 $|x|$）物体を動かすのに要する仕事を $U(A)$ とすると，$F=-\mathrm{grad}\, U$ が成り立つ．U を位置エネルギーあるいはポテンシャル・エネルギーという．3 次元において原点にある質点の定める重力場は保存力場で，そのポテンシャル・エネルギーは，$-1/|x|$ に比例する．

1 径数部分群
one parameter subgroup

$c:\mathbb{R}\to G$ を*リー群 G の中の*滑らかな*曲線とする．もし，任意の $s, t\in\mathbb{R}$ に対して
$$c(s+t)=c(s)c(t)$$
が成り立つとき（すなわち，c が加法群としての $\mathbb{R}$ から G への滑らかな準同型写像であるとき），$\{c(t); t\in\mathbb{R}\}$ を G の 1 径数部分群という．

$\exp:\mathfrak{g}\to G$ を G のリー環 $\mathfrak{g}$ から G への*指数写像とするとき，$c(t)=\exp tX$ ($X\in\mathfrak{g}$) は 1 径数部分群であり，逆に，すべての 1 径数部分群は，このようにして得られる．

例　3 角関数と双曲線関数に対する加法公式により
$$c_1(t)=\begin{bmatrix} \cos t & \sin t \\ -\sin t & \cos t \end{bmatrix},$$
$$c_2(t)=\begin{bmatrix} \cosh t & \sinh t \\ \sinh t & \cosh t \end{bmatrix},$$
$$c_3(t)=\begin{bmatrix} 1 & t \\ 0 & 1 \end{bmatrix}$$
とおくと，c_1, c_2, c_3 は 2 次の特殊線形群 $SL(2,\mathbb{R})$ の 1 径数部分群であることがわかる．

1 径数変換群
one parameter group of transformations

各実数 t に対して，例えばユークリッド空間の領域 Ω あるいは多様体 M などからそれ自身への*同相または*微分同相 φ^t が与えられ，$\varphi^0=\mathrm{id}$（恒等写像），$\varphi^t\circ\varphi^s=\varphi^{t+s}$ が成り立つとき，φ^t を 1 径数変換群という．

可微分同相の場合，1 径数変換群と*ベクトル場は，次のようにして 1 対 1 に対応する．「ベクトル場 V に対して，$V(p)$ が $\varphi^t(p)$ の $t=0$ の微分 $(d\varphi^t(p)/dt)|_{t=0}$ と一致するような，1 径数変換群 φ^t を対応させる」．このときベクトル場 V は 1 径数変換群 φ^t を生成するという（厳密にはベクトル場は完備と仮定する必要がある（→ 完備ベク

トル場)).

点 $p=(p_1,\cdots,p_n)$ における値が $X(p)=(\sum_j a_{1j}x_j,\cdots,\sum_j a_{nj}x_j)$ であるベクトル場 X が生成する1径数変換群は，a_{ij} を成分とする行列 A と，行列の指数関数 exp を用いて，
$$\varphi^t(\boldsymbol{x}) = \exp(tA)\boldsymbol{x}$$
と表される（この式で，位置ベクトル $\boldsymbol{x}$ は縦ベクトルで表した）．

なお，より一般に，例えば可測な変換からなる1径数変換群を考えることもある．→ 局所1径数変換群，力学系

1次関数

linear function, affine function

次数が1以下の多項式（整式）で表される関数のことをいう．*アフィン関数ともいう．1変数のときは $ax+b$ （a,b は定数）であり，n 変数のときは，$a_1x_1+\cdots+a_nx_n+b$ （$a_1,\cdots,a_n,b$ は定数）の形の多項式で定義される関数である．

1次形式 linear functional → 線形汎関数

1次結合

linear combination

線形結合ともいう．*ベクトル空間 V の有限個の元 $v_1,\cdots,v_n$ の定数倍の和 $a_1v_1+\cdots+a_nv_n$ を $v_1,\cdots,v_n$ の1次結合という．V が体 K 上のベクトル空間 V のとき，$a_1,\cdots,a_n$ は K の元とする．

1次写像

linear mapping, affine mapping

*線形写像または*アフィン写像のことである．

1次従属   linear dependence = 線形従属

1次独立   linear independence = 線形独立

1次不等式   linear inequality   → 線形不等式

1次分数変換

fractional linear transformation

2次の複素行列
$$g = \begin{bmatrix} a & b \\ c & d \end{bmatrix} \quad (ad-bc \neq 0)$$
に対し $g(z)=(az+b)/(cz+d)$ と定義すると $g_1(g_2(z))=(g_1g_2)(z)$, $e(z)=z$ (e は単位行列) が成り立つ．対応 $z \mapsto g(z)$ を g による1次分数変換という．$z=-d/c$ に対しては $(az+b)/(cz+d)=\infty$, $z=\infty$ に対しては $(az+b)/(cz+d)=a/c$ と定めれば，1次分数変換は*リーマン球面 $\mathbb{C} \cup \{\infty\}$ からそれ自身への全単射になる．1次分数変換は円または直線を円または直線に移す（→ 円円対応）．また1次分数変換は*等角写像である．逆に，リーマン球面全体からそれ自身への等角写像は，1次分数変換かその複素共役に限られる．

1次変換

affine transformation

x,y の1次式を用いて
$$x' = a_{11}x + a_{12}y + b_1,$$
$$y' = a_{21}x + a_{22}y + b_2$$
(a_{ij},b_i は定数，$a_{11}a_{22}-a_{12}a_{21} \neq 0$) のように表される平面上の変換 $F:(x,y) \mapsto (x',y')$ を1次変換またはアフィン変換と呼ぶ．縦ベクトル $\boldsymbol{x}=(x,y)^\mathrm{T}$, $\boldsymbol{b}=(b_1,b_2)^\mathrm{T}$ と行列 $A=[a_{ij}]$ (ただし，$1 \leqq i,j \leqq 2$) の記号を用いれば1次変換は
$$F(\boldsymbol{x}) = A\boldsymbol{x} + \boldsymbol{b}$$
と表される．

一般に可逆 $n \times n$ 行列 A と n 次縦ベクトル $\boldsymbol{b}$ を決めて $F(\boldsymbol{x})=A\boldsymbol{x}+\boldsymbol{b}$ のように表される変換 $F:\mathbb{R}^n \to \mathbb{R}^n$ を1次変換と呼ぶ．1次変換は線形変換 $\boldsymbol{x} \mapsto A\boldsymbol{x}$ と平行移動 $\boldsymbol{x} \mapsto \boldsymbol{x}+\boldsymbol{b}$ の合成である．→ アフィン変換

1重層ポテンシャル

single layer potential

空間内の閉曲面 S 上に関数 $w(\xi)$ が与えられているとき，*ニュートン・ポテンシャル $1/|x|$ を用いた積分
$$u(x) = \int_S w(\xi) \frac{1}{|x-\xi|} d\sigma_\xi \quad (x \notin S)$$
を分布関数 $w(\xi)$ の作る1重層ポテンシャルという．ここで $d\sigma_\xi$ は S 上の面積要素を表す．また法線方向の微分を $\partial/\partial\nu$ とするとき
$$v(x) = \int_S w(\xi) \frac{\partial}{\partial\nu} \frac{1}{|x-\xi|} d\sigma_\xi \quad (x \notin S)$$
を $w(\xi)$ の作る2重層ポテンシャルという．関数 $u(x), v(x)$ はどちらも S を除いた領域 $\mathbb{R}^3 \setminus S$ において*調和関数になる．逆に閉曲面 S で囲まれた領域上の調和関数は適当な分布関数の作る1重層ポテンシャルと2重層ポテンシャルの和で表される．

2次元の場合には対数ポテンシャル $-\log|x|$ を用いて1重層ポテンシャル，2重層ポテンシャルが同様に定義される．

1 助変数変換群　one parameter group of transformations　＝1径数変換群

1 対 1　one to one　⇒ 1対1の写像，1対1の対応

1 対 1 の写像　one-to-one mapping　＝単射

1 対 1 の対応
one-to-one correspondence

大きな数についての言葉を持たない時代にも，羊飼いは羊1匹について1個の小石を用意することで，毎夕囲いに入れるときに迷子の羊の有無を確かめることができたと人類学者はいう．このように，2つの集合 A, B について，A のどの要素 a に対しても B の要素 b がただ1つ対応していて，かつ，B のどの要素 b についても b に対応する A の要素 a がただ1つあるとき，この対応は1対1の対応であるという．

1対1の対応は数の概念の出発点である．2つの有限集合の間に1対1の対応があるとき要素の個数は同じであるといい，集合 S と数の集合 $\{1, 2, \cdots, n\}$ との間に1対1の対応があるとき，つまり，集合 S の要素を $s_1, s_2, \cdots, s_n$ と順番に数え上げられるとき，S の要素の数は n であるという．

1対1の対応は，無限集合についても大切である．「有限集合の要素の個数」の考えを無限集合に拡張したものである「集合の濃度」を考えるときは，2つの集合の間に1対1の対応があるときそれらの集合の濃度が等しいという．⇒ 上への写像，単射，全単射，濃度，基数

1 の n 乗根
nth root of unity

$z^n=1$ となる複素数 z を1の n 乗根という．1の n 乗根は n 個あり，*ド・モアヴルの公式により

$$\cos\frac{2k\pi}{n} + i\sin\frac{2k\pi}{n} = e^{\frac{2k\pi}{n}i}$$

$$(k = 0, 1, \cdots, n-1)$$

と表される．1の n 乗根の全体は1を単位元とする n 次*巡回群をなす．この巡回群の生成元は*1の原始 n 乗根である．

1の n 乗根の概念は，一般の*体においても考えることができる．K を体として，$x^n=1$ を満たす K の元 x を，K における1の n 乗根という．

1 の原始 n 乗根
primitive nth root of unity

n 乗して初めて1になる複素数 z を1の原始 n 乗根という．$n \geq 2$ のとき，n と素な正整数 m $(1 \leq m < n)$ によって

$$z = \cos\frac{2m\pi}{n} + i\sin\frac{2m\pi}{n} = e^{\frac{2m\pi}{n}i}$$

と表される．1の n 乗根全体は $\{1, z, z^2, \cdots, z^{n-1}\}$ で与えられる．すなわち z は*1の n 乗根全体のなす巡回群の*生成元である．1の原始 n 乗根の個数は*オイラーの関数 φ を使って $\varphi(n)$ で与えられる．⇒ 円分多項式

1 の分解　partition of unity　＝1の分割

1 の分割
partition of unity

$\mathbb{R}^n$ の開集合(あるいは，より一般に多様体や位相空間) X 上で定義された実数値連続関数の族 $\{f_\lambda(x)\}$ $(\lambda \in \Lambda)$ が次の3条件を満たすとき，1の分割という．

(1) $f_\lambda(x) \geq 0$.

(2) 各 $x_0 \in X$ に対して，その近傍 U があって，たかだか有限個の λ を除いて $f_\lambda(x)=0$ $(x \in U)$ が成り立つ．

(3) $\sum_{\lambda \in \Lambda} f_\lambda(x) = 1$ $(x \in X)$.

関数 f_λ に滑らかさ(例えば C^∞ 級)を要請することも多い．また，X の*開被覆 $\{U_\lambda\}$ が与えられているとき，各 f_λ の*台が，U_λ に含まれるなら，$\{f_\lambda\}$ を開被覆 $\{U_\lambda\}$ に従属する1の分割という．

X が*パラコンパクトであるとき，各 U_λ の閉包がコンパクトであるような*局所有限な開被覆 $\{U_\lambda\}_{\lambda \in \Lambda}$ に対して，それに従属する1の分割が存在する．

1の分割は，大域的な解析を局所的な解析に帰着したり，ユークリッド空間 $\mathbb{R}^n$ 上の解析的概念を多様体の場合に一般化したりするのに有用であり，多様体論や超関数論でしばしば用いられる．例えば，多様体上での微分形式の積分の定義は，1の分割を用いて，ユークリッド空間の場合に帰着

して行う(→ 積分(微分形式の)).

位置ベクトル
position vector

平面上の点 P に対して，原点 O を始点とし，P を終点とする*有向線分の表す幾何ベクトル $\overrightarrow{OP}$ を点 P の位置ベクトルと呼ぶ．3次元以上の場合も同様である．

一様収束
uniform convergence

例えば関数列 $\{x^n\}_{n=1}^{\infty}$ は区間 $[0,1]$ の各点において収束するが，その極限
$$\lim_{n\to\infty} x^n = \begin{cases} 0 & (0 \leq x < 1) \\ 1 & (x=1) \end{cases}$$
は不連続な関数である．この例の示すように，連続関数列 $\{f_n(x)\}_{n=1}^{\infty}$ の極限関数が連続となるためには各点で収束しているだけでは不十分であり，より精密な条件が必要になる．

閉区間 $I=[a,b]$ 上の関数列 $\{f_n(x)\}_{n=1}^{\infty}$ と関数 $f(x)$ について，次の条件が成り立つとき $\{f_n(x)\}_{n=1}^{\infty}$ は $f(x)$ に一様収束するという:「任意の正数 ε に対して，自然数 N を
$$n \geq N \text{ ならば } |f(x)-f_n(x)| < \varepsilon$$
がすべての $x\in I$ で成り立つようにとることができる」．N が x に依らずにとれることが，「一様」という言葉の意味である．この条件は $\lim_{n\to\infty}\sup_{x\in I}|f_n(x)-f(x)|=0$ と言い換えることもできる．

$\{f_n(x)\}_{n=1}^{\infty}$ が $[a,b]$ 上連続で一様収束すれば，極限関数 $f(x)$ は連続である．この定理の証明は典型的な*ε-δ論法による．またこのとき
$$\lim_{n\to\infty}\int_a^b f_n(x)dx = \int_a^b \lim_{n\to\infty}f_n(x)dx$$
が成り立つ(→ 極限の順序交換).

一様収束の概念は自然に $\mathbb{C}$ や $\mathbb{R}^n$ 上の関数列に，さらに，値域が*距離空間である写像一般に対しても拡張される．

区間における一様収束の概念は，ワイエルシュトラスによる．それまではコーシー以来のおおらかな考え方により，連続関数列の極限は必ず連続関数になるものと思われていた．その背景には，当時の関数概念の「不完全」な理解があった．しかし，アーベルにより各点で収束するフーリエ級数が必ずしも連続関数には収束しない例が構成され(1826)，さらにディリクレの研究などにより関数列の収束の概念の見なおしが迫られた．ワイエルシュトラスは，一様収束の概念をもとにして関数論を基礎づけ，楕円関数とアーベル関数の研究に進んだ．→ 各点収束，アスコリ-アルツェラの定理，ディニの定理

1 葉双曲面 hyperboloid of one sheet ⇒ 2 次曲面

一様ノルム
uniform norm

集合 X 上の有界な実数値(または複素数値)関数 $f(x)$ に対して $\|f\|=\sup_{x\in X}|f(x)|$ を f の一様ノルムまたは上限ノルムという．

一様分布
uniform distribution

ある区間 $[a,b]$ の上に一様にばらまかれた点 X の分布である．分布関数は $F(x)=P(X\leq x)=(x-a)/(b-a)$，平均は $(a+b)/2$，分散は $(a-b)^2/12$ により与えられる．無理数 α に対して，$n\alpha$ の小数部分を $a_n(n\geq 1)$ とすると，a_n の経験分布は漸近的に単位区間 $[0,1]$ 上の一様分布に近づく(つまり，a_n が x 以下になる相対度数は，$n\to\infty$ のとき，x に収束する)．なお，コンピュータの生成する乱数は一様分布を擬した擬似乱数である．→ ワイル変換

一様有界
uniform boundedness

集合 X 上の関数の族 $\mathcal{F}$ と X の部分集合 A について，ある定数 C があって，不等式
$$|f(x)| \leq C \quad (x\in A)$$
がすべての $f\in\mathcal{F}$ に対して成り立つとき，$\mathcal{F}$ は A 上一様有界であるといわれる．⇒ 有界，アスコリ-アルツェラの定理，正規族

一様連続
uniform continuity

関数 $f(x)$ が連続とは，定義域 E の各点 a で $x\to a$ のとき，$f(x)$ が $f(a)$ に近づくことであるが，近づき方の度合は一般に a ごとにまちまちである．この度合が a について共通であることを一様連続という．すなわち，単なる連続性は各 $a\in E$ に対し

$$\lim_{h \to 0} \sup_{\substack{|x-a| \leq h \\ x \in E}} |f(x) - f(a)| = 0$$

のことであるが，

$$\lim_{h \to 0} \sup_{a \in E} \sup_{\substack{|x-a| \leq h \\ x \in E}} |f(x) - f(a)| = 0$$

が成り立つとき一様連続という．

 ε-δ 形式で述べると，$f(x)$ が一様連続とは次の性質を持つことをいう：任意の正数 ε に対して，正数 δ を「$|x_1 - x_2| < \delta$, $x_1, x_2 \in E$ ならば $|f(x_1) - f(x_2)| < \varepsilon$」が成り立つようにとることができる．ここで δ は ε のみにより，x_1, x_2 にはよらない．

 一様連続な関数は連続であるが，逆は必ずしも成り立たない．しかし閉区間上の連続関数はつねに一様連続となる．この事実は連続関数が*リーマン積分可能であることの証明などに使われる．より一般に $\mathbb{R}^n$ の有界閉集合上の連続関数は一様連続になる．

 閉区間 I の稠密な部分集合 E 上で定義された関数 $f(x)$ を I に連続関数として拡張することができるためには，$f(x)$ が E 上で一様連続であることが必要十分である．

 例 f が E 上で連続というだけでは不十分である．実際，区間 $[0,1]$ の有理点の集合 E で
$$f(x) = \begin{cases} 0 & (x < \sqrt{2}/2 \text{ のとき}) \\ 1 & (x > \sqrt{2}/2 \text{ のとき}) \end{cases}$$
と定義するとき，f は E 上で連続であるが，$[0,1]$ には連続に拡張できない．

 歴史的には，*コーシーたちによる連続性の概念の確立の後に，19 世紀後半，*ワイエルシュトラスと，*カントルに刺激されたハイネ（E. Heine）によって一様連続と連続は明確に区別されるようになった．⇒ 連続関数（1 変数の），ボルツァーノ・ワイエルシュトラスの定理，コンパクト（集合あるいは位相空間が），リーマン積分，コーシー，距離空間

1 階線形常微分方程式系
system of linear ordinary differential equations

 未知関数 $x_1, \cdots, x_n$ に対する微分方程式
$$\frac{dx_i}{dt} = \sum_{j=1}^{n} a_{ij}(t)x_j + b_i(t) \quad (1 \leq i \leq n)$$
を正規形の 1 階線形常微分方程式系という．上式はベクトル値関数 $\boldsymbol{x} = {}^t(x_1, \cdots, x_n)$, $\boldsymbol{b} = {}^t(b_1, \cdots, b_n)$ を用いて

$$\frac{d\boldsymbol{x}}{dt} = A(t)\boldsymbol{x} + \boldsymbol{b}(t)$$

と書かれる．$A(t) = [a_{ij}(t)]$（ただし，$i, j = 1, \cdots, n$）を係数行列という．$A(t), \boldsymbol{b}(t)$ が区間 I 上で連続のとき，任意の $t_0 \in I$ と $\boldsymbol{x}_0 \in \mathbb{R}^n$ に対して $\boldsymbol{x}(t_0) = \boldsymbol{x}_0$ となる解がただ 1 つ存在し，I 全体に拡張できる．

 $\boldsymbol{b}(t) \equiv 0$ の場合を斉次方程式という．斉次方程式の解の全体は n 次元線形空間をなす．係数行列 A が定数の場合，行列の*指数関数を用いて斉次方程式の解は $\boldsymbol{x}(t) = e^{(t-t_0)A}\boldsymbol{x}_0$（$\boldsymbol{x}_0$ は定数ベクトル）と表される．また非斉次方程式の一般解は $\boldsymbol{x}(t) = e^{tA}\boldsymbol{x}_0 + \int_0^t e^{(t-s)A}\boldsymbol{b}(s)ds$ で与えられる．

1 階線形微分方程式
first order linear differential equation

 未知関数 y およびその導関数 dy/dx について 1 次式である微分方程式
$$a_1(x)\frac{dy}{dx} + a_0(x)y = b(x)$$
のことをいう．この形の方程式は*定数変化法により解くことができる．偏微分方程式の場合には
$$\sum_{i=1}^{n} a_i(x)\frac{\partial y}{\partial x_i} + a_0(x)y = b(x)$$
の形のものを指す．1 階線形偏微分方程式は常微分方程式系に帰着して解くことができる．⇒ 1 階偏微分方程式の解法

1 階偏微分方程式系
system of first order partial differential equations

 n 変数 $x_1, \cdots, x_n$ の m 個の未知関数 $z_1, \cdots, z_m$ とその 1 階導関数 $\partial z_i/\partial x_j$ を含む次の形の方程式を指していう．
$$F_k\left(x_1, \cdots, x_n, z_1, \cdots, z_m, \cdots, \frac{\partial z_i}{\partial x_j}, \cdots\right) = 0$$
$$(k = 1, 2, \cdots, r).$$
F_k がすべて z_i, $\partial z_i/\partial x_j$ について 1 次のとき，1 階線形であるという．*ディラック方程式などはその例である．

 未知関数が 1 個の単独方程式，すなわち $m = r = 1$ の場合には，常微分方程式に帰着させて解くことができる（→ 1 階偏微分方程式の解法）．$r = 1$ のとき*初期値問題や*境界値問題などの解が存在するが，$r \geq 2$ のとき，一般には解が存在するとは限らない．

1 階偏微分方程式の解法

method of solution of first order partial differential equations

与えられた $2n+1$ 変数の関数 $F(x,y,z) = F(x_1,\cdots,x_n,y_1,\cdots,y_n,z)$ に対して，未知関数 $z(x_1,\cdots,x_n)$ に関する方程式

$$F\left(x_1,\cdots,x_n,\frac{\partial z}{\partial x_1},\cdots,\frac{\partial z}{\partial x_n},z\right)=0 \quad (1)$$

を 1 階偏微分方程式という．*ハミルトン-ヤコビ方程式は特別な場合である．

古典的な解法は以下のようにして行う．常微分方程式

$$\begin{aligned}
\frac{dx_i}{dt} &= F_{y_i}(x,y,z), \\
\frac{dy_i}{dt} &= -F_{x_i}(x,y,z) - y_i F_z(x,y,z), \quad (2)\\
\frac{dz}{dt} &= \sum_{i=1}^n y_i F_{y_i}(x,y,z)
\end{aligned}$$

を(1)の特性方程式あるいは特性系といい，(2)の一般解を特性曲線という．特性曲線は $2n$ 個の任意定数を用いて表される．そのうち $n-1$ 個の任意定数 $C_1,\cdots,C_{n-1}$ をうまく選ぶと，(2)の解

$$\begin{aligned}
x_i &= \xi_i(t,C_1,\cdots,C_{n-1}), \\
y_i &= \eta_i(t,C_1,\cdots,C_{n-1}), \quad (3)\\
z &= \zeta(t,C_1,\cdots,C_{n-1})
\end{aligned}$$

が $t,C_1,\cdots,C_{n-1}$ の関数として

$$F(x,y,z) = 0, \quad (4)$$

$$dz - \sum_{i=1}^n y_i dx_i = 0 \quad (5)$$

を満たすようにできる．(3)から $t,C_1,\cdots,C_{n-1}$ を消去した関数を

$$y_i = y_i(x_1,\cdots,x_n), \quad z = z(x_1,\cdots,x_n)$$

とすると，(5)より $y_i = \partial z/\partial x_i$ となり，(4)より z は(1)の解である．

例　$F(x,y) = \sum_{i=1}^n a_i(x) y_i$ の場合，特性方程式は

$$\frac{dx_i}{dt} = a_i(x) \quad (6)$$

および

$$\begin{aligned}
\frac{dy_i}{dt} &= -\sum_{j=1}^n \frac{\partial a_j(x)}{\partial x_i} y_j, \\
\frac{dz}{dt} &= \sum_{i=1}^n a_i(x) y_i = 0
\end{aligned}$$

となる．すなわち z は常微分方程式(6)の t を含まない積分である．実はその逆も成り立っているので，任意定数 $C_1,\cdots,C_n$ を含む(6)の一般解 $x_i = \xi_i(t,C_1,\cdots,C_n)$ を求めてこれを $C_1,\cdots,C_n$ について逆に解き，t を含まない積分を求めることによって一般解が得られる．⇒第1積分，ハミルトン-ヤコビ方程式

1 価関数

single-valued function

変数の値ごとにただ 1 つの値が定まる関数をいう．通常，単に「関数」といえば 1 価関数を指すが，複素関数論などでは*多価関数を考える必要があり，そのときは区別のために「1 価関数」という言い方をする．

一致の定理

theorem of identity

複素平面の領域 D で*正則な関数 $f(z), g(z)$ が D のある点の*近傍で $f(z)=g(z)$ を満たすならば，実は D 全体で $f(z)=g(z)$ となる．したがって正則関数は1点の近くでの値から全体での値が自ずと決まってしまい，勝手に変更することはできない．これを一致の定理，あるいは一意接続の原理という．仮定を弱めて「D の点 c に収束する点列 $z_1, z_2, \cdots$（ただし $z_n \neq c$）の上で $f(z_n) = g(z_n)$」としても同じ結論が成り立つ．

同様な性質は*実解析関数に対しても成立するが，*無限回微分可能関数というだけでは成立するとは限らない．例えば，$f(x) = \exp(-1/x^2)$ ($x>0$ のとき)，$f(x) = 0$ ($x \leqq 0$ のとき)と定めると，$f(x)$ は $\mathbb{R}$ 上の無限回微分可能関数で，開集合 $\{x \in \mathbb{R} \mid x<0\}$ 上で 0 と一致するが，$\mathbb{R}$ 全体では一致しない．

一般運動量

generalized momentum

力学の*ラグランジュ形式から*ハミルトン形式に移行する際に登場する変数のことで，一般化運動量などともいう．*ラグランジアン

$$L(q,\dot{q}) = L(q_1,\cdots,q_n,\dot{q}_1,\cdots,\dot{q}_n)$$

（ここで $\dot{q}_i$ は q_i の時間微分を表す）が与えられたとき，q_i を一般化座標，$p_i = \partial L/\partial \dot{q}_i$ を q_i に*正準共役な一般運動量という．例えば，L が運動エネルギーと位置エネルギー U の差

$$L = \frac{1}{2}\sum_{i=1}^n m_i \dot{x}_i^2 - U(x_1,\cdots,x_n)$$

である場合は，$x_i = q_i$ とおけば $p_i = m_i \dot{q}_i$ となり，通常の運動量と一致する．

2次元力学系のラグランジアンは極座標 (q_1, q_2), $x_1 = q_1 \cos q_2$, $x_2 = q_1 \sin q_2$ を用いると
$$L = \frac{1}{2}(\dot{q}_1^2 + q_1^2 \dot{q}_2^2) - U(q_1 \cos q_2, q_1 \sin q_2)$$
で表される．このとき q_2 に正準共役な一般運動量は角運動量 $q_1^2 \dot{q}_2$ である．⇒ルジャンドル変換(解析力学での)，正準共役な座標

一般化
generalization

ある条件や状況の下に成り立つ定理を，その条件を緩めたり，状況を広げたところで成り立つことを示すことを，もとの定理を「一般化する」あるいは「拡張する」という．この場合，対象自身を広げることがある．例えば，指数法則 $c^{a+b} = c^a c^b$ は，最初は a, b が自然数で，c が正の実数である場合に示されるが，指数関数の定義を広げることで，a, b, c が任意の複素数の場合まで一般化される．

定理だけでなく種々の数学的概念も一般化されることがある．

一般解
general solution

常微分方程式の場合，方程式の階数や未知関数の個数に見合った数の独立な任意定数を含む形で書き表された解を一般解と呼ぶ．例えば単振動の方程式
$$\frac{d^2 x}{dt^2} = -k^2 x$$
の一般解は，任意定数 C_1, C_2 を用いて
$$x(t) = C_1 \cos kt + C_2 \sin kt$$
と表される．線形方程式の場合は，一般解によって方程式のすべての解が表現できる．しかし非線形方程式の場合は，*クレロー型の微分方程式のように，一般解に含まれない解が現れることがある．このような解を*特異解と呼ぶ．

偏微分方程式に対しても一般解が定義できる．とくに線形の偏微分方程式の場合は，常微分方程式の場合と同様，一般解とはすべての解を1つの式で表したものを意味する．ただしその場合，一般解を表すのに，任意関数かまたは無限個の任意定数が必要となる．例えば1次元*波動方程式
$$u_{tt} = c^2 u_{xx}$$
の場合は，一般解は任意関数 $g(z), h(z)$ を用いて
$$u(x, t) = h(x - ct) + g(x + ct)$$
と書き表される．一方，端を固定した弦の振動のように空間領域が有限区間 $[0, L]$ である場合は，

上の方程式の一般解は
$$u(x, t) = \sum_{n=1}^{\infty} \left(a_n \cos \frac{cn\pi}{L} t + b_n \sin \frac{cn\pi}{L} t \right) \sin \frac{n\pi}{L} x$$
とフーリエ級数表示される．ここで a_n, b_n は任意定数である．⇒常微分方程式，偏微分方程式，特殊解

一般角
general angle

$0°$ と $360°$ の間とは限らない一般の実数まで，角度の範囲を広げたものをいう．平面上に原点 O と異なる点 A をとり，O を中心として OA を回転して OP を得たときの回転を表す量と考える．さらにこの回転の向きを考慮に入れ，$360°$ を超えて回転することも考えたときの量が一般角である．このとき，OA を始線，OP を動径という．通常，xy 平面では x 軸の正方向を始線にとる．

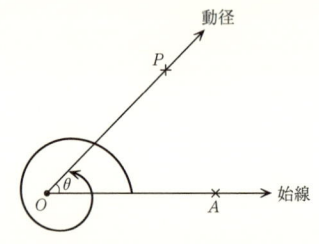

回転の向きは，時計の針の運動と反対の向き(すなわち反時計回り)のときは正，時計の針の運動と同じ向き(すなわち時計回り)のときには負の符号をつける．一般角を表すのに，*弧度法(ラジアン)を使うのが普通である．n を整数とするとき，OP の一般角 $\theta + 2\pi n$ による回転の結果は n にはよらない．

*3角関数は，ラジアンを用いた一般角を変数とする関数である．

一般化された固有空間
generalized eigenspace

T を n 次元複素線形空間 V の線形変換とする．λ が T の固有値であるとき，
$$M(\lambda) = \{\boldsymbol{x} \in V \mid \text{ある自然数 } k \text{ により} (T - \lambda I)^k \boldsymbol{x} = \boldsymbol{0}\}$$
とおくと，$M(\lambda)$ は T の固有空間 $E(\lambda) = \{\boldsymbol{x} \in V \mid T\boldsymbol{x} = \lambda\boldsymbol{x}\}$ を含む V の線形部分空間である．$M(\lambda)$ を一般化された固有空間あるいは，一般固有空間，広義の固有空間という．$M(\lambda)$ の*次元

は，*特性方程式 $\det(\lambda I_n - T)=0$ の根としての λ の重複度に等しい．逆に，λ が T の固有値であるための必要十分条件は，$M(\lambda) \neq \{\mathbf{0}\}$ となることである．

$\lambda_1, \cdots, \lambda_m$ を T の異なる特性根の全体とするとき，*直和分解
$$V = M(\lambda_1) \oplus \cdots \oplus M(\lambda_m)$$
を得る．⇒ 固有値，特性方程式，固有ベクトル，固有空間

一般項（数列の）
general term

数列 $a_1, a_2, \cdots, a_n, \cdots$ の第 n 項 a_n を数列の一般項という．

一般座標
generalized coordinates

空間内の 1 つの質点の位置は，空間の座標 (x, y, z) を用いて表されるが，多数の質点が拘束（→ 拘束運動）の下で運動しているような場合には，その位置を表すのに別の座標を用いることがある．すなわち，位置は*多様体の点として表され，それを局所座標系を使うことにより数の組 $(q_1, \cdots, q_n)$ で表現する．これを一般座標という．一般化座標，広義座標ということもある．

一般実線形群
general linear group over real numbers

n 行 n 列の可逆実行列全体のなす集合 $GL(n, \mathbb{R})$ は，行列の積に関して閉じており，また，単位行列を含み，各元に逆行列が存在する．このことから，$GL(n, \mathbb{R})$ は群になる．この群を n 次一般実線形群と呼ぶ．

一般性を失うことなく
without loss of generality

「一般性を失うことなく，…と仮定して差し支えない」という言い方をするときに使う．$a \neq 0$ として，2 次方程式 $ax^2 + bx + c = 0$ を調べるには，全体を a で割ってよいから，$a=1$ の場合を調べれば十分である．このようなとき，「一般性を失うことなく，$a=1$ としてよい」という．

一般線形群
general linear group

体 F に対して，F の元を成分とする n 行 n 列の可逆行列全体のなす集合 $GL(n, F)$ を考えると，これは積について群をなす．この群を n 次一般線形群と呼ぶ．

F が実数全体または複素数全体の場合には，一般線形群は可微分多様体になり，群演算は無限回微分可能写像で与えられる．すなわち，一般線形群はリー群である．⇒ リー群

一般相対性理論
theory of general relativity

*特殊相対性理論は，*慣性系だけをもとに構成されていたが，アインシュタインは，非慣性系も視野に入れ，物理法則は座標変換に対して不変であるべきという一般相対性原理を基本原理として重力を含む物理理論を構築した．

非慣性系では，系の加速度が力を引き起こしているように見える（例えば遠心力）．これを慣性力という．重力場の下での質点の落下の加速度が質点の質量にはよらないことなどにより，種々の状況で慣性力は重力と同等の働きをする．一般相対性理論では，慣性力と重力は同等であるという等価原理をその出発点とする．

非慣性系では，*ミンコフスキー計量 $c^2 dt^2 - dx^2 - dy^2 - dz^2$ が座標変換で形が変わることによって，慣性力が生じている．一般相対性理論では，物質の存在によって空間が曲がり，ミンコフスキー計量が曲率が 0 とは限らない一般の*ローレンツ計量になっていると考える．

慣性系において力が働いていない質点は直線運動をする．重力場がある，すなわち，曲率が 0 でないローレンツ計量があるときは，質点の運動は，ローレンツ計量に関する*測地線になる．一般相対性理論における重力場の基本方程式は，空間の曲がり具合を表す*リッチ曲率が，物質の量を表すエネルギー運動量テンソルに比例するという式（→ アインシュタイン方程式）であり，真空中ではリッチ曲率が 0 になるという方程式である．

一般の　generic　⇒ ジェネリック

一般の位置（図形の間の）
general position

ユークリッド空間内の曲面に対しては，その接空間どうしがおのおのの点で一般の位置（→ 一般の位置（部分空間についての））にあるとき，一般の位置にあるという．この考え方はさらに*多様体の場合に一般化される．⇒ 横断的

一般の位置(部分空間についての)
general position

3次元空間内の2本の直線は,通常交わらないが,交わることもある.3次元空間内の直線と平面は,通常1点で交わるが,交わらなかったり,平面が直線を含んでいたりすることもある.

3次元空間内では交わらない2直線を,一般の位置にある2直線という.3次元空間内の1点で交わる直線と平面を,一般の位置にあるという.

n次元アフィン空間のk次元のアフィン部分空間とl次元のアフィン部分空間が一般の位置にあるとは,交わらないか,交わるとすればその交わりが$k+l-n$次元であることをいう.

一般の位置(有限個の点についての)
general position

アフィン空間の中のn個の点$p_1,\cdots,p_n$について,$n-1$個のベクトル

$$p_2-p_1,\ p_3-p_1,\cdots,\ p_n-p_1$$

が線形独立であるとき,$p_1,\cdots,p_n$は一般の位置にあるという.この定義において,p_1の代わりに他のp_iを用いて,$p_1-p_i,\ p_2-p_i,\cdots,\ p_n-p_i$(ただし,$p_i-p_i$は除く)が線形独立と言い換えても同じことである.

イデアル
ideal

(ア) 可換環のイデアル

$20x+12y$ (x,yは整数)の形に表される整数全体は,4の倍数全体に一致する.一般に$a_1,\cdots,a_n$を自然数とするとき,

$$a_1x_1+\cdots+a_nx_n \quad (x_1,\cdots,x_n\text{は整数})$$

の形に表される整数全体は,$a_1,\cdots,a_n$の*最大公約数をdとするとき,dの倍数全体に一致する.

一般の可換環Rにおいても,$a_1,\cdots,a_n\in R$について,集合

$$I=\{a_1x_1+\cdots+a_nx_n\mid x_1,\cdots,x_n\in R\}$$

を考えることが大切になる.Iは次の性質を持つ.

(1) $a,b\in I$であれば$a\pm b\in I$
(2) 任意の$a\in I$と任意の$r\in R$に対して$ra\in I$
(3) $0\in I$

一般に,可換環Rの部分集合Iでこの(1)-(3)の性質を持つものを,Rのイデアルと呼ぶ.また上のイデアルIを$(a_1,\cdots,a_n)$と記す.*加群の言葉を使えば,RをR加群と見たときに,イデアルはその部分R加群にほかならない.

イデアル$(a_1,\cdots,a_n)$を,$a_1,\cdots,a_n$が生成するイデアルという.1つの元aが生成するイデアル$(a)=\{xa\mid x\in R\}$は,aの倍元全体の集合に等しい.整数環$\mathbb{Z}$においては,イデアルは必ず,ある整数aの倍数全体(a)に等しく,特に,自然数$a_1,\cdots,a_n$の最大公約数をdとおくと,$(a_1,\cdots,a_n)=(d)$が成立する.しかし一般の可換環Rにおいては,イデアルがあるRの元aについて,aの倍元全体$(a)=\{xa\mid x\in R\}$と書けるとは限らない(→ 単項イデアル環).

可換環RのイデアルI,Jに対して和$I+J=\{a+b\mid a\in I,b\in J\}$および共通部分$I\cap J$は$R$のイデアルになる.$\mathbb{Z}$においては,$I=(a),J=(b)$とおくとき,$I+J=(d)$(ここに$d$は$a,b$の最大公約数)であり,$I\cap J=(m)$(ここに$m$は$a,b$の最小公倍数)となる.また,可換環のイデアル$I,J$の積$IJ$を,

$$a_1b_1+\cdots+a_nb_n$$

$(n\geq 1,\ a_1,\cdots,a_n\in I,\ b_1,\cdots,b_n\in J)$の形の元全体のなすイデアルと定義する.$(a)$と$(b)$の積は$(ab)$である.

イデアルの中で特に大切なのは*素イデアルと*極大イデアルである.素数pについて$\mathbb{Z}$のイデアル(p)は素イデアルであり,極大イデアルでもあり,素イデアルと極大イデアルは可換環論において,整数論における素数同様,重要である.

クンマーは,一般の*代数的整数環においては一意的*素因数分解が成り立たないという困難を乗り越えるために,*理想数というものを考え,それをデデキントが整理し,発展させてイデアルを定義した.そしてデデキントは,代数的整数環では,一意的素元分解は一般には成立しないが,一意的素イデアル分解は常に成立するということを示した(→ 素イデアル,デデキント整域).これがイデアルの理論の起源である.その後,多項式環のイデアルの研究が代数幾何学の発展をもたらした.

$\mathbb{C}^n$($\mathbb{C}$は複素数体)の部分集合Sに対し,
$$I_S=\{f\in\mathbb{C}[x_1,\cdots,x_n]\mid$$
$$\text{すべての}P\in S\text{について}f(P)=0\}$$
とおくと,I_Sは多項式環$\mathbb{C}[x_1,\cdots,x_n]$のイデアルとなり,$S$が1点$P=(a_1,\cdots,a_n)\in\mathbb{C}^n$のみからなる集合であるときは,$P$での値が0となる多項式全体$I_S$は極大イデアル$(x_1-a_1,\cdots,x_n-a_n)$になる.そしてこの対応によって,$\mathbb{C}^n$の点と$\mathbb{C}[x_1,\cdots,x_n]$の極大イデアルが,1対1に対応する.このような幾何的存在($\mathbb{C}^n$の点)と代数的存在(多項式環の極大イデアル)の間の関係により,代数的なイデアル論が代数幾何学において活

躍する(→アフィン代数多様体，ヒルベルトの零点定理)．

（イ）イデアルによる剰余環

I を可換環 R のイデアルとする．加法群としての*剰余群 R/I には，R の乗法を用いて環の構造が入る．これを R の I による剰余環という．言い換えれば，R における同値関係 $\equiv$ を
$$a \equiv b \iff a - b \in I$$
により定義したとき，
$a \equiv b,\ a' \equiv b' \implies a \pm a' \equiv b \pm b',\ aa' \equiv bb'$
であるから，商集合 $R/\equiv$ (これを R/I と記すことが多い)は環の構造を持つ．

整数 n を法とする*合同
$$a \equiv b \pmod{n} \quad (a, b \in \mathbb{Z})$$
は，$\mathbb{Z}$ における n で生成されるイデアル $n\mathbb{Z}$ による同値関係と一致する．

（ウ）非可換環のイデアル

非可換環 R では積が可換でないので，可換環のイデアルの定義(1),(2)を満足する R の部分集合 I を R の左イデアルという．(2)の代わりに

(2′) 任意の $a \in I$ と任意の $r \in R$ に対して $ar \in I$

と(1)を満たす R の部分集合 I を R の右イデアルという．左イデアルかつ右イデアルであるものを R の両側イデアルという．両側イデアルが (0) と自分自身しかない非可換環を単純環という．

例 体 k の元を成分にもつ $n \times n$ 行列の全体 $M(n, k)$ は行列の和と積に関して非可換環になる．i 列以外の成分はすべて 0 である行列の全体
$$\mathfrak{l}_i = \left\{ \begin{bmatrix} & * & \\ 0 & \vdots & 0 \\ & * & \end{bmatrix} \in M(n, k) \right\}$$
は $M(n, k)$ の左イデアルである．一方，i 行以外の成分はすべて 0 である行列の全体
$$\mathfrak{r}_i = \left\{ \begin{bmatrix} 0 \\ * \cdots * \\ 0 \end{bmatrix} \in M(n, k) \right\}$$
は $M(n, k)$ の右イデアルである．$M(n, k)$ は単純環である．

（エ）リー環のイデアル

実数体あるいは複素数体上のリー環 $\mathfrak{g}$ の部分加群 $\mathfrak{a}$ が $[\mathfrak{g}, \mathfrak{a}] \subset \mathfrak{a}$ を満足するとき，$\mathfrak{a}$ を $\mathfrak{g}$ のイデアルという．ここで $[\mathfrak{g}, \mathfrak{a}]$ は $[X, Y],\ X \in \mathfrak{g},\ Y \in \mathfrak{a}$, の形の有限個の元の(実数体あるいは複素数体上の)1次結合の全体を表す．

イデアル群

ideal group

*代数体 K の*分数イデアル $\mathfrak{a}, \mathfrak{b}$ の積 $\mathfrak{a}\mathfrak{b}$ を，
$$a_1 b_1 + \cdots + a_n b_n$$
(ここに $n \geq 1,\ a_1, \cdots, a_n \in \mathfrak{a},\ b_1, \cdots, b_n \in \mathfrak{b}$) の形の元全体のなす分数イデアルと定義するとき，この積について，K の (0) でない分数イデアルの全体は群になる．これを K のイデアル群という．この群の単位元は K の整数環 $\mathcal{O}_K = (1)$ を分数イデアルとみたものであり，また K の (0) でない分数イデアル $\mathfrak{a}$ に対してその逆元は，$\mathfrak{a}^{-1} = \{\gamma \in K \mid \gamma\mathfrak{a} \subset \mathcal{O}_K\}$ となる．K の (0) でない分数イデアルは，$\mathcal{O}_K$ の (0) でない*素イデアルの，負のべきも許した積
$$\mathfrak{p}_1^{e_1} \cdots \mathfrak{p}_n^{e_n} \quad (e_1, \cdots, e_n \text{ は整数})$$
の形にただ一通りに表される．

イデアル類

ideal class

*イデアル類群の元のこと．

イデアル類群

ideal class group

*代数体 K の (0) を除く*分数イデアル全体 I_K は，イデアルの乗法に関してアーベル群をなす(→イデアル群)．単項分数イデアル全体 P_K は I_K の部分群である(→単項イデアル群)．剰余群 I_K/P_K を，代数体 K のイデアル類群という．

代数体 K のイデアル類群は有限群であり，その位数は K の*類数と呼ばれる．

K の類数が 1 であることは，整数環 $\mathcal{O}_K$ が*単項イデアル整域であることと同値であり，また，$\mathcal{O}_K$ が*一意分解整域であることと同値である．イデアル類群は，$\mathcal{O}_K$ において「素因数分解」の話がうまくできない具合を表すもので，K の整数論の複雑さを表すものと考えられ，代数体の整数論の研究において重要な群である．⇒絶対類体，岩澤理論

伊藤解析

Ito calculus

ブラウン運動やポアソン過程のようなランダムな道に関する運動方程式とこれに基づく微分積分学・解析学のことをいい，物理学，生物学，工学，経済学などでも広く利用されている．1 階の偏微分方程式の解が，陪特性方程式と呼ばれる常微分方程式の解曲線を用いて表示できるのと同様に，2 階の放物型偏微分方程式の解は確率微分方程式を

解いて得られるランダムな曲線を用いて表示でき，かつ，詳しい解析が可能となる．伊藤解析を用いた計算では，変数変換に対する*伊藤の公式(伊藤の補題(Ito's lemma)ともいう)と，その系であるカメロン-マーティン-丸山-ギルサーノフの公式，ファインマン-カッツの公式が重要で，この3つを知っていれば事足りることも多い． ⇒ マリアヴァン解析，確率解析

伊藤清　いとうきよし
Itô, Kiyosi

1915-2008　三重県生まれ．*確率微分方程式の創始者．1930年代の現代確率論の成立期の諸成果，とくにレヴィ(P. Lévy)の仕事を数学として深く理解しようとする過程から，確率微分方程式の概念に到達し，*確率積分や*伊藤の公式も含む論文「Markoff過程ヲ定メル微分方程式」(1942, *全国紙上数学談話會244号)を発表した(英語論文は第二次世界大戦後の1951年)．当初余り評価されなかったが，1960年頃より広く認知され，確率微分方程式論は洗練され一般化されるとともに，物理，工学，生物学，経済学などに応用された．1980年代には数理ファイナンスにも広がり，伊藤の公式を応用したブラック-ショールズの公式がノーベル経済学賞の対象となった．レヴィ過程，ウィーナー-伊藤展開などの研究でも高名である．今日の確率解析では当然のこととなった経路空間における見本過程の解析という視点は伊藤に始まる．なお，ファインマン(Feynman)による経路積分の創始も同じく1942年であった．

伊藤の公式
Ito's formula

伊藤清(1942)に始まる確率版の変数変換公式である．金融工学においてブラック-ショールズ(Black-Scholes)の公式と呼ばれるものは伊藤の公式の応用例である．$B(t)$ を1次元ブラウン運動，$\sigma(t,x), b(t,x)$ は連続関数として，確率過程 $X(t)$ が確率微分方程式
$$dX(t) = \sigma(t, X(t))dB(t) + b(t, X(t))dt$$
を満たすとし，$f(x)$ を2回連続微分可能な関数とする．このとき，合成関数の微分公式は，
$$df(X(t)) = f'(X(t))dX(t) + \frac{1}{2}f''(X(t))(dX(t))^2$$
となる．これを伊藤の公式という．ただし，$(dX(t))^2 = \sigma(X(t))^2 dt$．右辺第2項は，確率微分に特有のもので，ブラウン運動 $B(t)$ がいたるところ微分不可能なヘルダー連続関数であることに起因する．なお，多次元の場合も，形式的にテイラー展開してから，互いに独立なブラウン運動 $B_1(t), \cdots, B_n(t)$ に対して計算規則
$$dB_i(t)dB_j(t) = dt\,(i = j);\ = 0\,(i \neq j)$$
$$dB_i(t)dt = 0$$
を適用すれば，計算できる．なお，ポアソン過程に関する確率積分についても類似の公式が知られている．

移動平均表示
moving average representation

平均が0の1次元ガウス過程 $X(t)\,(-\infty < t < \infty)$ は，適当な条件(連続で純非決定論的など)の下で，あるブラウン運動 $B(t)$ と(ランダムでない)関数 $a(t,s)$ を用いて，$X(t) = \int_{-\infty}^{t} a(t,s)dB(s)$ と表示できる．特に $X(t)$ が定常(分布が時間によらない)ならば，$a(t,s) = a(t-s)$ の形にとれ，詳しい解析が可能となる．これらを移動平均表示という．多次元でも同様である．なお，移動平均表示は一意的ではなく，$B(t)$ のもつ情報と $X(t)$ のもつ情報が一致するとき，標準表示という．

移入加群
injective module

可換環 R 上の加群 I は，任意の R 加群の*完全系列
$$0 \to M_1 \to M_2 \to M_3 \to 0$$
に対して
$$0 \to \mathrm{Hom}_R(M_3, I) \to \mathrm{Hom}_R(M_2, I)$$
$$\to \mathrm{Hom}_R(M_1, I) \to 0$$
が常に完全系列であるとき移入 R 加群という．任意の R 加群はある移入 R 加群の部分加群である．$\mathbb{Q}$ は移入 $\mathbb{Z}$ 加群である．
環 R が非可換のときも左(右)R 加群に対して移入左(右)R 加群が定義できる．移入加群のことを入射加群ということもある．

ε エントロピー
ε-entropy

関数空間の大きさを測る量である．*コルモゴロフたちにより導入され，「多変数連続関数が2変数連続関数の合成として表示できる」という*ヒルベルトの第13問題への応用など予期せぬ成果ももたらされた．関数空間内の集合 X に対して，ε 網の要素数の最小値を $N(\varepsilon)$ として，

極限 $\lim_{\varepsilon \to 0} \log \log N(\varepsilon)/\log(1/\varepsilon)$ を ε エントロピーという．ここで ε 網とは，有限集合であって，その ε 近傍が X 全体を含むものをいう．なお，$\lim_{\varepsilon \to 0} \log N(\varepsilon)/\log(1/\varepsilon)$ は*ハウスドルフ次元である．

ε 近傍
ε-neighborhood

距離 d を持つ距離空間 X において，X の1点 a からの距離が正の数 ε より小さい点の集まり，すなわち集合 $\{x \in X | d(x,a) < \varepsilon\}$ を a の ε 近傍という．

ε-δ 論法
ε-δ method

「エプシロン・デルタ論法」と読むことも多い．微分積分学において「任意の ε に対して，ある δ が存在して $\cdots$」「任意の ε に対して，自然数 N が存在して $\cdots$」というような命題が登場する．このような表現は，数列や関数の極限について厳密な叙述や証明を与えるために必須な形式である．この形式に基づいて極限に関する性質を示す方法を，ギリシア文字の ε や δ が現れることに因んで ε-δ 論法という．

例えば，数列 $\{a_n\}_{n=1}^{\infty}$ が a に収束するとは「任意の正の数 ε に対し，ある自然数 N が存在し，任意の $n \geq N$ について $|a_n - a| < \varepsilon$ が成り立つ」ことである，と定義される．これは数学特有の表現法で慣れると便利であるが，日本語としてはわかりづらい．これは次のように読みかえるとわかりやすい．「任意の正の数 ε に対して，次の条件を満足するように自然数 N を選ぶことができる．(条件)：任意の $n \geq N$ について $|a_n - a| < \varepsilon$ が成り立つ」．命題の意味するところは，図のように a を中心として幅 2ε の区間を考えるとき，どのように ε を小さくとっても，十分大きい n については a_n がすべてこの小さな区間に入ってしまう，すなわちほとんどすべての a_n はこの小さな区間に入ってしまう，ということである．

$$\begin{array}{c} a \\ \times \quad \times \quad (\quad \bullet \bullet \quad) \quad \times \\ a_1 \quad a_2 \quad a-\varepsilon \quad a_n \quad a_{n+1} \quad a+\varepsilon \quad a_3 \end{array}$$

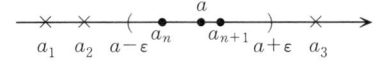

また関数 $f(x)$ が $x=a$ で連続であるとは，「任意の正の数 ε に対し，ある正の数 δ が存在し，$|x-a| < \delta$ ならば $|f(x) - f(a)| < \varepsilon$ が成り立つ」ことであると定義される．このとき δ は ε ごとに選べばよい．この定義も「任意の正の数 ε に対して，次の条件を満足する δ が存在する．(条件)：$|x-a| < \delta$ ならば $|f(x) - f(a)| < \varepsilon$ が成り立つ」と読みかえるとわかりやすい．

ε-δ 論法の源は，*エウドクソスによる*取り尽くし法(積尽法)にあり，*ダランベールによる「無限大」「無限小」の取り扱いを経て，*コーシーによって確立された．19世紀後半に解析学の厳密化の過程で日常的に用いられるようになった．

ε-δ 論法を用いなくても，多くの場合，直観的な論法で収束(極限)を扱うことができるが，場合によっては直観に頼ると間違った結論に達することもある．また，結果が正しい場合にも，ε-δ 論法を用いることにより論点が明確になることもある．

例1 「無限級数の族 $\sum_{n=1}^{\infty} a_n^{(\nu)}$ $(\nu=1,2,\cdots)$ において，各 ν に対して $\sum_{n=1}^{\infty} a_n^{(\nu)}$ が収束し，各項 $a_n^{(\nu)}$ が $\nu \to \infty$ のとき a_n に収束していれば，級数 $\sum_{n=1}^{\infty} a_n$ も収束する」．

これはコーシーが言明した命題であり，直観的にはもっもらしい．しかし，正しくない．例えば，

$$a_n^{(\nu)} = \begin{cases} 1 & (n \leq \nu) \\ 0 & (n > \nu) \end{cases}$$

とおけば，これが反例を与える．

例2 数列 $\{x_n\}_{n=1}^{\infty}$ が a に収束するとき，

$$s_n = \frac{1}{n}(x_1 + \cdots + x_n)$$

として定義した数列 $\{s_n\}_{n=1}^{\infty}$ も a に収束する(チェザロの定理)．これは直観的な極限論法で示すのが困難な最も簡単な例である．ε-δ 論法による証明は次のように行う．任意の $\varepsilon > 0$ に対して，

$$|s_n - a| < \varepsilon$$

がすべての $n \geq N$ に対して成立するような N が存在することを示したい．まず，$\{x_n\}_{n=1}^{\infty}$ が収束列であることから，x_n は有界，すなわちすべての n について $|x_n| < K$ となる正数 K が存在することがわかる．次に

$$|x_n - a| < \varepsilon/3 \quad (n \geq N_0)$$

となる N_0 をとる．この N_0 に対して，

$$\frac{KN_0}{N} < \frac{\varepsilon}{3}, \quad \frac{N_0 |a|}{N} < \frac{\varepsilon}{3}$$

となるような $N (> N_0)$ をとることができる．すると，$n \geq N$ に対して

$$\left| \frac{1}{n}(x_1 + \cdots + x_n) - a \right|$$

$$= \left|\frac{1}{n}(x_1 + \cdots + x_{N_0})\right.$$
$$\left. + x_{N_0+1} + \cdots + x_n) - a\right|$$
$$= \left|\frac{1}{n}(x_1 + \cdots + x_{N_0})\right.$$
$$+ \frac{1}{n}\{(x_{N_0+1} - a) + \cdots + (x_n - a)\}$$
$$\left. - \frac{N_0}{n}a\right|$$
$$\leqq \frac{1}{n}(|x_1 + \cdots + x_{N_0}|)$$
$$+ \frac{1}{n}(|x_{N_0+1} - a| + \cdots + |x_n - a|)$$
$$+ \frac{N_0|a|}{n}$$
$$\leqq \frac{KN_0}{n} + \frac{n - N_0}{n}\frac{\varepsilon}{3} + \frac{N_0|a|}{n}$$
$$< \varepsilon/3 + \varepsilon/3 + \varepsilon/3 = \varepsilon$$

となるから，$\lim_{n\to\infty} s_n = a$ が証明された．

例3 関数の連続性と*一様連続性の違いは，ε-δ 論法による定義により明らかになる．

入次数
in-degree

「いりじすう」と読む．⇒ 次数

色付き雑音
colored noise

スペクトル分解したときに一様な密度関数をもつ雑音を白色雑音と呼ぶのに対して，非一様なスペクトル密度関数をもつ雑音を色付き雑音という．数学としては近年研究され始めた「雑音の同型問題」においては若干異なった意味で用いられる．

岩澤分解
Iwasawa decomposition

2次の*特殊線形群 $SL(2,\mathbb{R})$ の任意の元は3つの行列の積

$$\begin{bmatrix} \cos\theta & -\sin\theta \\ \sin\theta & \cos\theta \end{bmatrix} \begin{bmatrix} a & 0 \\ 0 & a^{-1} \end{bmatrix} \begin{bmatrix} 1 & x \\ 0 & 1 \end{bmatrix}$$

の形に表示できる．ここで (θ, a, x) は $-\pi < \theta \leqq \pi$，$a > 0$ を満たす実数，x は任意の実数である．このような表示はただ一通りに定まる．これを $SL(2,\mathbb{R})$ に対する岩澤分解という．この分解により $SL(2,\mathbb{R})$ は円周 $\mathbb{R}/\mathbb{Z}$ (これは $SL(2,\mathbb{R})$ の*極大コンパクト部分群)，半直線 $\mathbb{R}_{>0} = \{a \in \mathbb{R} | a > 0\}$ および実数全体 $\mathbb{R}$ の直積に位相同型であることがわかる．

岩澤分解は一般の*半単純リー群の，コンパクト群，$\mathbb{R}^n$ の形の加法群およびべき零群への分解に拡張される．

岩澤予想
Iwasawa conjecture

岩澤主予想のこと．⇒ 岩澤理論

岩澤理論
Iwasawa theory

*ゼータ関数は解析的な対象であり，*代数体の*イデアル類群は代数的な対象である．19世紀に得られた類数公式(→ 類数公式，ディリクレの類数公式)は，異質なこの2つの重要な対象を結びつける．岩澤理論は，類数公式で扱える類数(イデアル類群の位数)だけでなく，*円分体 K のイデアル類群に有理数体上の*ガロア群 $\mathrm{Gal}(K/\mathbb{Q})$ が作用している様子も，ゼータ関数からわかるという理論であり，ゼータ関数(解析学)とガロア理論(代数学)の結びつきを与えている．岩澤健吉により，1950年代後半から始められた．

*リーマンのゼータ関数 $\zeta(s)$ は，$\zeta(0) = -1/2$，$\zeta(-1) = -1/12$ など，0以下の整数において有理数の値をとる．19世紀にクンマーは，それらの値と円分体のイデアル類群の関係を研究した．例えば，$\zeta(-11) = 691/(2^3 \cdot 3^2 \cdot 5 \cdot 7 \cdot 13)$ であるが，クンマーの研究からわかることは，ここに 691 が現れることが，1 の 691 乗根を有理数体に添加して得られる円分体の類数が 691 で割り切れることを示しているということである．さらに岩澤理論からわかることは，ここに -11 が現れることも，その体のイデアル類群へのガロア群の作用の仕方として理解できるということである．

p を素数とするとき，$\zeta(s)$ の 0 以下の整数での値の p 進的な性質(例えば $\zeta(-11)$ が 691 で割り切れるように，p の何乗で割り切れるかというような性質)は，久保田-レオポルドの p 進ゼータ関数というものの理論にまとめられる．解析的な対象である「p 進ゼータ関数の零点の分布」と，代数的な対象である「さまざまな円分体 K のイデアル類群の p べき部分の，$\mathrm{Gal}(K/\mathbb{Q})$ が作用する可換群としての構造」の間には，きれいな関係が見出され，岩澤主予想と呼ばれたが，メイザー(B. Mazur)とワイルス(A. Wiles)によって証明された．

岩澤理論は，リーマンのゼータ関数だけでなく，楕円曲線のゼータ関数など，さまざまなゼータ関

数と，代数的な対象の間の関係として，拡張されつつある．

陰関数
implicit function

通常，*関数とは $y=f(x)$ の形のものをいうが，ときとして $F(x,y)=0$ のように，従属変数 y が「陰」の形で表されている場合もある．このような形の関数を陰関数という．方程式 $F(x,y)=0$ を y について解いて，$y=f(x)$ の形にするためには，F について条件が必要となる．さらに，一般には，$F(x,y)=x^2+y^2-1$ のときのように，解ける範囲も制限されることや（$|x|\leqq 1$），解が一意的でない（$y=\pm\sqrt{1-x^2}$）こともある．→ 陰関数定理

陰関数定理
implicit function theorem

陰関数を通常の関数の形で表すための条件を与える定理をいう．$F(x,y)$ を連続微分可能な 2 変数関数とし，$F(a,b)=0$ とする．$F_y(a,b)\neq 0$ ならば（F_y は F の y による偏微分），$x=a$ の周りで定義された微分可能関数 $y=f(x)$ で，$b=f(a)$，$F(x,f(x))=0$ を満たすものがただ 1 つ存在する．

例えば $F(x,y)=x-y^2$ のとき $(a,b)=(1,1)$ の近傍では $f(x)=\sqrt{x}$ がただ 1 つの解である．他方 $(a,b)=(0,0)$ では 2 つの解 $f(x)=\pm\sqrt{x}$ があり，どちらも $x=0$ で微分可能でない．これは $(0,0)$ において $F_y=-2y$ と F が同時に 0 になることに対応している．

この定理は多変数の場合に次のように一般化される．$m+n$ 変数の C^1 級関数 n 個が定める方程式 $F_i(x_1,\cdots,x_m,y_1,\cdots,y_n)=0$（$i=1,\cdots,n$）を満たす点 $P:(a_1,\cdots,a_m,b_1,\cdots,b_n)$，すなわち $F_i(a,b)=0$（$i=1,\cdots,n$）である点の近くで解き，微分可能な関数によって $y_j=f_j(x_1,\cdots,x_m)$（$j=1,\cdots,n$）とただ一通りに表すことができるための十分条件は，P において変数 $y_1,\cdots,y_n$ に関するヤコビ行列式
$$\det\left(\frac{\partial F_i}{\partial y_j}\right) \quad (1\leqq i,j\leqq n)$$
が 0 でないことである．ただし F_i が定義されるような範囲全体にわたって $y_1,\cdots,y_n$ が $x_1,\cdots,x_m$ の関数として表されるとは限らない．

陰関数定理は*逆関数定理とともに，解析学のみならず，*多様体の理論にも適用される．さらに，正則関数の場合の陰関数定理と逆関数定理も，上で述べた C^1 級関数をすべて正則関数に置き換えて成り立つ．

因子
factor

(1) 多項式 $G(x)$ が多項式 $F(x)$ を割り切るとき，すなわち $F(x)=G(x)H(x)$ となる多項式 $H(x)$ が存在するとき，$G(x)$ を $F(x)$ の因子または*因数という．→ 多項式

(2) *統計量の中には，例えば，性別，年齢などにより，とる値に著しい傾向を持つことがある．このとき，性別，年齢などを因子という．現実の問題では，予想される因子を含めたデータをとり，それらの間の相関を調べることにより，因子を特定することになる．

(3) *無向グラフの部分グラフであって，各頂点 v の次数が指定された値 $f(v)$ に等しいものを，もとのグラフの f 因子と呼ぶ（因子の頂点集合はもとのグラフと同じものである）．f の値が一定値 r のときには，r 因子ともいう．1 因子は*完全マッチングを辺集合とする部分グラフと同じものである．→ グラフ（グラフ理論の）

因子（閉リーマン面や代数曲線の）
divisor

*閉リーマン面（あるいは*代数曲線）S の点 $P_1,\cdots,P_k$ に関する，整数を係数とする形式的和
$$n_1P_1+\cdots+n_kP_k$$
を S 上の因子という．点そのものも因子と考え，素因子という．すべての係数が $n_i\geqq 0$ であるとき，正因子または有効因子という．

S 上の*有理型関数 f が与えられたとき，f の零点にはその位数を係数とし，極には位数を -1 倍したものを係数として，上のように和をとることにより因子が得られるが，これを f に付随する（あるいは f が定める）主因子といい，(f) と記す．

因子は閉リーマン面上の有理型関数や代数曲線の有理関数の理論で重要な役割を果たす．さらに，因子と素因子は，それぞれ*代数的整数環における*イデアルと*素イデアルの類似と考えることができる．

因子の概念は一般の次元の代数多様体にも拡張されている．

因子群
divisor group

*閉リーマン面（あるいは*代数曲線）S の*因子 $D=n_1P_1+\cdots+n_kP_k$ は同じ点の係数を足すこと

によって和が定義でき，*加群の構造を持つ．すべての点の係数が 0 である因子がこのアーベル群の零元である．この群を因子群という．これは S の点が生成する*自由加群ということもできる．→ 因子（閉リーマン面や代数曲線の）

因子群　factor group　＝剰余群，剰余類群，商群

因子類
divisor class
*閉リーマン面（あるいは*代数曲線）S の 2 つの*因子 D_1, D_2 は D_1-D_2 が S の*主因子であるとき，すなわち $D_1-D_2=(h)$ となる S 上の*有理型関数 h が存在するとき，線形同値であるという（ここで，(h) は有理型関数 h が定める主因子を表す）．これは S 上の因子全体の*同値関係になり，因子 D が属するこの同値類を D の定める因子類という．

S の主因子全体は S の因子群の部分群をなす．因子群を主因子全体のなす部分群で割ってできる*剰余群を S の因子類群という．これは因子類を元とする群である．

因子，因子類群は，それぞれ，代数体の*イデアル群，*イデアル類群の類似物であり，イデアル類群が*代数的整数論で重要であるのと同様，因子類群は*代数関数論で重要である．

因子類群　divisor class group　→ 因子類

因数
factor
正整数 m が正整数 n を割り切るとき，言い換えれば $n=ml$ となる正整数 l が存在するとき，m を n の因数，または*約数という．多項式に対しても同様の概念が定義できる．→ 因子

因数定理
theorem of factor
複素係数の多項式
$$f(x) = a_n x^n + a_{n-1} x^{n-1} + \cdots + a_0$$
に対して，複素数 α が $f(\alpha)=0$ を満たすれば，
$$f(x) = (x-\alpha)g(x)$$
のように複素数の範囲で因数分解できる．これを因数定理という．特に $f(x)$ が実係数の場合，α が実数ならば，$g(x)$ もまた実係数である．また，α が虚数ならば，その複素共役 $\overline{\alpha}$ も $f(\overline{\alpha})=0$ を満たし，
$$f(x) = (x-\alpha)(x-\overline{\alpha})h(x)$$
と因数分解できる．ここで $h(x)$ は実係数である．

この定理は可換体の元を係数とする 1 変数多項式の場合に拡張できる．すなわち，可換体 k の元を係数とする 1 変数多項式 $f(x)$ に対して，k の拡大体 F の元 α が $f(\alpha)=0$ を満たせば，F を係数とする多項式環 $F[x]$ で
$$f(x) = (x-\alpha)g(x), \quad g(x) \in F[x]$$
と因数分解できる．

因数分解
factorization
$10=2\times 5$ のように自然数をより小さい自然数の積として表すこと，また $x^3-y^3=(x-y)(x^2+xy+y^2)$ のように多項式を次数の低い多項式の積として表すことを因数分解という．式の展開の逆操作である．因数分解ができる場合でも，実際に行うことは難しいことが多い．以下，多項式の場合を考える．

複素数を係数とする 1 変数多項式はすべて 1 次式の積に因数分解できる（*代数学の基本定理）．また，実数を係数とする 1 変数多項式は実係数の 2 次式と 1 次式の積に因数分解できる．

厳密には，体（あるいは可換環）を固定し，それを係数とする多項式環の中で因数分解が可能かどうかを問題にする．それ以上因数分解できない多項式を既約多項式という．すべての多項式は既約多項式の積として表すことができ，その既約多項式は定数倍の違いを除いてもとの多項式から一意的に決まる．因数分解が可能かどうかを判定するのは，一般には困難な問題である．→ 一意分解整域，既約多項式，可約多項式，アイゼンシュタインの既約判定法

インドの数学
Indian mathematics
インドは古代の 4 大文明の発祥地の 1 つであるが，文献的にたどることのできる数学の歴史は紀元前 1500 年頃から始まるとされる．紀元前 10 世紀から紀元前 5 世紀に書かれたヴェーダ文献はインドの征服者アーリア人によるものであり，その中に見出される数学はヴェーダの数学と呼ばれている．ヴェーダの数学は，暦の作成のために必要な数学と，宗教儀式で必要な祭壇の作製のための幾何学や平方根などの計算の技法がその主要なものであった．

紀元前 5-紀元前 4 世紀にかけてインドでは仏

教やジャイナ教が誕生したが，ジャイナ教は数学の進展に寄与した．ジャイナ教の数学では紀元前4世紀頃から1-3世紀に書かれた文献が残されており，数論，分数の計算，幾何，1次方程式，順列組合せなどが研究されている．

古典期の数学は5世紀頃に始まる．ギリシアから伝わった弦の表を弦の代わりに半弦を使った表に書き換え，3角関数表としたのはインドである．また，0はインドで発見されたといわれている．

以後，インドの数学は天文学と暦法と深く関係して発達した．*アールヤバタ1世(476-?)の著書『アールヤバティーヤ』の大部分は古い天文書『シッダーンタ』の結果を修正し体系化したものであるが，数の位取り計算法，1次，2次方程式，1次の不定方程式も記されている．さらに*ブラフマグプタ(598-?)は『ブラーフマ・スプタ・シッダーンタ』を著し，数理天文学を展開したが，その中で数学も述べられ，未知数を色の名前を使って表し，その頭文字を使った文字式として連立1次方程式を表現した．『ブラーフマ・スプタ・シッダーンタ』はアラビア語に翻訳され，インドの数学，天文学がアラビアに知られることになった．古典期のインドの数学は*バースカラ2世(1114-?)によって1つの頂点を迎えた．彼の著書『リーラーヴァティー』はたくさんの注釈書のみならず，インドの種々の言葉やペルシア語に翻訳され，後世に大きな影響を与えた．

バースカラ2世以降，北インドではタックラ・ペールー(1315年頃活躍)やナーラーヤナ(1356年頃活躍)によって数列，順列組合せ，方陣の理論が進展した．また同じ頃に，南インドのケーララ地方では無限級数や解析学に関連する数学が進展した．マーダヴァ(1340-1425頃)は逆正接関数 $\tan^{-1}x$ の無限級数展開を見出し，*円周率を無限級数で表すグレゴリー-ライプニッツ級数を発見した．ニーラカンタ(1445-1545)はマーダヴァの業績をさらに拡張した．ケーララ地方は海上交通の要所であり，ヨーロッパ，アラビア，中国の商人が寄港しており，こうした数学上の発見がインドから国外へ伝わった可能性も考えられる．ケーララ地方の数学は17世紀まで発展し，18世紀にイギリスの数学にとってかわられた．⇒ アラビアの数学

ヴァンデルモンドの行列式
Vandermonde's determinant

次の行列式をヴァンデルモンドの行列式という．

$$\begin{vmatrix} 1 & 1 & \cdots & 1 \\ x_1 & x_2 & \cdots & x_n \\ x_1^2 & x_2^2 & \cdots & x_n^2 \\ \vdots & \vdots & \cdots & \vdots \\ x_1^{n-1} & x_2^{n-1} & \cdots & x_n^{n-1} \end{vmatrix}$$

これは，*差積

$$\Delta(x_1,\cdots,x_n) = \prod_{i<j}(x_j - x_i)$$

に等しい．⇒ 交代式

ヴィエト
Viète, François

1540-1603　フランスの数学者．1591年に発表された著書『解析法序説』(In artem analyticem isagoge)のなかで母音による未知数，子音による既知数の表現を使って方程式を表すことを最初に行って，現代の代数記号の基礎をつくった．この他の記号の改良と併せて，方程式の扱いを容易にし，代数学の発展に大いに貢献した．円周率πを無限積で表したヴィエトの公式でも有名である．⇒ ヨーロッパ・ルネッサンスの数学

ウィーナー
Wiener, Norbert

1894-1964　アメリカの数学者．幼少より神童ぶりを発揮し，14歳でハーバード大学大学院に入学し，18歳で学位をとった．数理哲学を専攻して，ラッセル(B. Russell, 1872-1970)の指導を受けたこともあるが，応用数学に興味を持つようになり，その方面で活躍した．

ブラウン運動の数学的理論，計算機理論，自動制御，通信など，幅広い分野を開拓した．自らの広範な研究を体系化し，サイバネティックスを提唱した．

ウィーナー過程
Wiener process

*ブラウン運動のことをいう．「ブラウン運動」が植物学者ブラウンにより顕微鏡下で観察された

花粉の破片のジグザグ運動を想起させるのに対して，数学的な対象としてのブラウン運動は，それを初めて構成したウィーナーに因み，しばしばウィーナー過程と呼ばれる．

ウィーナー空間
Wiener space

原点から出発する 1 次元ブラウン運動の時刻 1 までの分布は，$[0,1]$ 上の実数値連続関数の空間 $B=\{w\in C([0,1])\mid w(0)=0\}$ の上に確率測度 μ を定める．これをウィーナー測度という．μ の特性関数は $\int_B \mu(dw)\exp(\sqrt{-1}\langle h,w\rangle)=\exp(-|h|_H^2/2)$ $(h\in H)$ である．ただし，$H=\{h:[0,1]\to\mathbb{R}\mid h(t)=\int_0^t \dot{h}(s)ds,\ |h|_H^2=\int_0^1 \dot{h}(t)^2 dt<\infty\}$ はヒルベルト空間，$\langle h,w\rangle = \int_0^1 \dot{h}(t)dw(t)$ は確率積分である．ここで $\dot{h}$ は時間微分を表す．この 3 つ組 (B,H,μ) を（古典的）ウィーナー空間という．これを抽象化したものを抽象ウィーナー空間といい，その上では，伊藤解析やマリアヴァン解析などの確率解析を展開することができる．

ウィーナー測度
Wiener measure

ウィーナー測度は，無限次元空間の上の確率測度として代表的なもので，ブラウン運動の確率分布である．実数値連続関数の空間 $W=C([0,\infty))$ 上の確率測度 μ で，任意の $n\geq 1$ と $t_0=0<t_1<t_2<\cdots<t_n$ に対して，

$$\mu(\{w\in W\mid w(t_i)\in A_i,\ i=1,2,\cdots,n\})$$
$$=\int_{A_1} dx_1 \int_{A_2} dx_2 \cdots \int_{A_n} dx_n$$
$$\times \prod_{i=1}^n g(t_i-t_{i-1}, x_i-x_{i-1})$$

を満たすものとして定義される．ただし，$g(t,x)=(2\pi t)^{-1/2}\exp(-x^2/2t)$ はガウス核とする．なお，出発点を $x_0=0$ にとったものを標準ウィーナー測度という．標準ウィーナー測度は，平均 $\int_W \mu(dw)w(t)=0$，共分散

$$\int_W \mu(dw)w(t)w(s)=\min(t,s)$$

のガウス分布である．無限次元ベクトル空間上の測度なので平行移動不変性はないが，$h:[0,\infty)\to\mathbb{R}$ が絶対連続で，導関数 $\dot{h}$ が 2 乗可積分ならば，h 方向の平行移動は μ 自身と互いに絶対連続になる．

ウィーナー・フィルター
Wiener filter

ウィーナーは雑音を含んだ信号から意味のある情報を取り出すための数理的手法の重要性をいち早く認識し，最適推定を数学的な問題として定式化し，その解をウィーナー–ホップの積分方程式の形で与えた．ウィーナー・フィルターの考え方はカルマン・フィルターへと発展し，今日では，制御，通信，信号処理，宇宙工学，医用工学，計量経済学など多くの分野で実際に使われている．

ウィルソンの定理
Wilson's theorem

p を素数とするとき，$\mathbb{Z}/p\mathbb{Z}$ 上の多項式として
$$x^{p-1}-1\equiv (x-1)(x-2)\cdots(x-p+1)$$
が成り立つことをいう．特に，$x=0$ とすれば
$$(p-1)!\equiv -1\pmod{p}$$
となる（ワーリング，1770）．素数判定に使われる．

ウェイト
weight

複素*半単純リー環 $\mathfrak{g}$ の表現 $\rho:\mathfrak{g}\to\mathfrak{gl}(V)$ を調べる際に，$\mathfrak{g}$ の*カルタン部分環 $\mathfrak{h}$ の要素を同時に対角化すると ρ の大まかな様子がわかる．このときに現れる同時固有値はウェイトと呼ばれ，次のように定義される．

線形形式 $\lambda:\mathfrak{h}\to\mathbb{C}$ に対し $V_\lambda=\{v\in V\mid \rho(h)v=\lambda(h)v\ (\forall h\in\mathfrak{h})\}$ とおく．$V_\lambda\neq\{0\}$ となるような λ を V のウェイトという．また V_λ を λ に属する V のウェイト部分空間という．$\mathfrak{g}$ の有限次元表現はウェイト部分空間の直和として表される．特に $\mathfrak{g}$ の*随伴表現のウェイトはルートと呼ばれ，$\mathfrak{g}$ の研究に基本的なものである．→ ルート系

ヴェイユ予想
Weil's conjecture

ヴェイユ予想は，有限体上の方程式の解の個数と，複素数体上の代数多様体の形とが結びつく，ということを述べた驚くべき予想で，1949 年に A. ヴェイユによって提起されてから 1973 年に最終的に解決されるまでに，代数幾何学の発展をおおいに刺激した．

q 個の元からなる有限体 $k=GF(q)$ と k の m 次拡大体 $k_m=GF(q^m)$ に対して，k 上で定義された n 次元*非特異*射影多様体 V の k_m*有理点の個数を N_m と記し，

$$Z(u,V) = \exp\left(\sum_{m=1}^{\infty} \frac{N_m}{m} u^m\right)$$

を V のゼータ関数または合同ゼータ関数という．ヴェイユは次のことが成り立つことを予想した．

(1) $Z(u,V)$ は変数 u の有理関数である．
(2) $Z(u,V)$ は次の関数等式を満たす．
$$Z((q^nu)^{-1},V) = \pm q^{n\chi/2} u^\chi Z(u,V).$$
ここで，χ は V の*オイラー標数である．
(3) $Z(u,V)$ は
$$Z(u,V) = \frac{P_1(u)P_3(u)\cdots P_{2n-1}(u)}{P_0(u)P_2(u)\cdots P_{2n}(u)}$$
と分解でき，各 $P_j(u)$ は
$$P_j(u) = \prod_{i=1}^{b_j}(1 - \alpha_j^{(i)} u)$$
と因数分解でき，*リーマン予想の類似
$$|\alpha_j^{(i)}| = q^{j/2}$$
が成立する．

(4) V が標数 0 の射影多様体 $\widetilde{V}$ からの p を法とする*還元で得られる場合は，(3)の b_j は $\widetilde{V}$ の j 次*ベッチ数である．

(4)は，有限体における方程式の解の個数である N_m という代数的なものと，複素数体上の代数多様体の形を表すベッチ数という幾何的なものと，まったくかけ離れた性質のものが不思議にも結びつくといっている．これらの予想を総称してヴェイユ予想という．さらにヴェイユは(4)に関係して，良い*コホモロジー理論が標数 p の代数多様体で定義できることを予想した．

合同ゼータ関数は代数曲線($n=1$)の場合 E. アルチン(E. Artin)によって初めて定義され，リーマン予想の類似が成り立つことが予想された．ヴェイユは任意の体上の代数幾何学を建設して代数曲線の場合にアルチンの予想を証明し，さらに一般次元の場合に上記の予想を定式化した．予想(1)はドゥオーク(B. Dwork)によって初めて証明された．*グロタンディックはヴェイユ予想を解決するために*スキーム理論を建設し，正標数の代数多様体の良いコホモロジー理論として*エタール・コホモロジーを建設し，リーマン予想の類似以外のヴェイユ予想を証明した．1973 年にドリーニュ(P. R. Deligne)はリーマン予想の類似を証明した．ヴェイユ予想は 20 世紀の代数幾何学発展の原動力になった．

上 3 角行列

upper triangular matrix

対角成分より下の成分がすべて零であるような正方行列のことをいう．

$$\begin{bmatrix} a_{11} & a_{12} & \cdots & a_{1,n-1} & a_{1n} \\ & a_{22} & \cdots & a_{2,n-1} & a_{2n} \\ & & \ddots & & \vdots \\ & O & & \ddots & \vdots \\ & & & & a_{nn} \end{bmatrix}$$

⇒ 下 3 角行列, 行列

ウェダーバーンの定理　Wedderburn's theorem ⇒ 有限体

ウェッジ積

wedge product

微分形式の間の積のこと．⇒ 微分形式

上に凹

upwards concave

関数について，凸であることをいう．⇒ 凸関数(1 変数の), 凸関数(多変数の)

上に凸

upwards convex

関数について，凹であることをいう．⇒ 凸関数(1 変数の), 凸関数(多変数の)

上に半連続

upper semicontinuous

上半連続のこと．⇒ 下半連続

ウェーブレット解析

wavelet analysis

信号処理や画像処理などにおいて，フーリエ解析に代わる手法として 1980 年代以降に用いられるようになった数学的手法である．信号を 3 角関数($\sin$, $\cos$)の和の形に分解するフーリエ解析は定常信号の処理に適しているが，応用のいろいろな場面において，周波数分布が時間とともに変化する非定常信号を処理する必要があり，そのような場合にウェーブレット解析が用いられる．ウェーブレット解析は，1982 年にフランスの石油会社の技術者であったモルレ(J. Morlet)が石油資源探査の際に人工地震波の不連続性を検出するための手法として考案した．その後，多重解像度解析との密接な関係が認識され，数学的性質の解明や改良を経て，現在では広い分野に応用されている．

連続ウェーブレット変換は，1 変数の関数 $f(x)$

に対して2変数の関数

$$T(a,b) = \int_{-\infty}^{\infty} \frac{1}{\sqrt{a}} \psi\left(\frac{x-b}{a}\right) f(x)dx$$

を対応させる（$a>0$ は着目するスケールを表し，b は着目する位置を表す）．ここで，変換の基礎となる関数 ψ は，平均が 0（すなわち $\int_{-\infty}^{\infty} \psi(x)dx=0$）で，$|x|\to\infty$ である程度速く減衰する関数の中から適当に選ぶ．このとき，逆変換公式

$$f(x) = \frac{1}{C} \iint T(a,b) \frac{1}{\sqrt{a}} \psi\left(\frac{x-b}{a}\right) \frac{dadb}{a^2}$$

が成り立つ．ここで，C は f によらず ψ だけで定まる定数であり，積分の範囲は $0<a<+\infty$，$-\infty<b<+\infty$ である．

理論上も応用上もより重要なのは，ウェーブレット展開である．平均が 0 の関数 ψ に対し，そのスケールと位置を変えた関数 $\psi_{jk}(x)=2^{j/2}\psi(2^j x-k)$ を考える（j,k は整数）．関数 ψ をうまく選ぶと，関数の族 $\{\psi_{jk}|j,k\in\mathbb{Z}\}$ が 2 乗可積分関数全体（L^2）の完全正規直交系となるようにできる（このような ψ を見出すのは容易ではないが，いくつかの構成法が知られている）．ウェーブレット展開は，与えられた関数 $f(x)$ を

$$f(x) = \sum_{j,k\in\mathbb{Z}} f_{jk}\psi_{jk}(x)$$

と展開するものである．この展開係数 f_{jk} は，基底関数の正規直交性より

$$f_{jk} = \int_{-\infty}^{\infty} f(x)\psi_{jk}(x)dx$$

と計算される．関数 ψ の平均が 0 であることにより，関数 f の不連続性が展開係数 f_{jk} の大きさに反映される．

上への写像　onto map　= 全射

ウェル・ディファインド
well-defined

直訳すれば「うまく定義される」ということであり，正確な意味は「矛盾なく定義される」ということである．日本語の適当な訳がないため，英語のまま使われることが多い．

例えば，関数 $f(x)$ を $x\leq0$ で $f(x)=0$，$x\geq0$ で $f(x)=x$ とすると，ウェル・ディファインドであるなどという．この場合は，$x=0$ では 2 つの定義が一致するので，関数がうまく定まるということを意味する．

また，*剰余類群 $\mathbb{Z}/p\mathbb{Z}$ における和の演算を「x,y を代表元とする剰余類 $[x],[y]$ の和 $[x]+[y]$ は，$x+y$ の属する剰余類 $[x+y]$ である」と定義すると，この定義はウェル・ディファインドである．このときは，$x\equiv x' \pmod{p}$，$y\equiv y' \pmod{p}$ であれば $x+y\equiv x'+y' \pmod{p}$ となるので，代表元の選び方に依らずに演算の結果 $[x+y]$ が確定することを意味している．

ウォリスの公式
Wallis' formula

円周率 π を無限積によって表す次の等式をウォリスの公式という．

$$\frac{2}{\pi} = \frac{1\cdot3\cdot3\cdot5\cdot5\cdot7\cdot7\cdot9\cdots}{2\cdot2\cdot4\cdot4\cdot6\cdot6\cdot8\cdot8\cdots}$$
$$= \prod_{n=1}^{\infty} \frac{4n^2-1}{4n^2}.$$

この等式は $I_n=\int_0^{\pi/2}\sin^n x\,dx$ に対する関係式

$$I_{2m} = \frac{1\cdot3\cdots(2m-1)}{2\cdot4\cdots(2m)}\frac{\pi}{2},$$
$$I_{2m+1} = \frac{2\cdot4\cdots(2m)}{3\cdot5\cdots(2m+1)},$$

および $\lim_{m\to\infty} I_{2m}/I_{2m+1}=1$ から導かれる．ウォリスの公式は，さらに正弦関数の無限積表示 $\sin x = x\prod_{n=1}^{\infty}(1-x^2/(n\pi)^2)$ に一般化される．→ 無限積

ヴォルテラ型積分方程式
integral equation of Volterra type

上（あるいは下）*3 角行列を用いた線形方程式の無限次元版にあたる積分方程式をいう．$f(x)$，$k(x,y)$ を既知関数とするとき，関数 $u(x)$ に関する方程式

$$\int_a^x k(x,y)u(y)dy = f(x), \qquad (1)$$
$$u(x) - \int_a^x k(x,y)u(y)dy = f(x) \qquad (2)$$

をそれぞれ第 1 種，第 2 種のヴォルテラ型積分方程式という．*アーベルの積分方程式はもっとも典型的な例である．積分核 $k(x,y)$ と右辺の $f(x)$ が連続微分可能ならば，(1) を微分すると (2) の形になる．$k(x,y)$ と $f(x)$ が連続，より一般に*2 乗可積分ならば，(2) の形の方程式は*逐次近似により解くことができ，*解の一意性も成り立つ．→ アーベルの積分方程式，累次積分，積分方程式

渦糸
vortex filament

3次元完全流体の場合は，*渦度がそれに沿って特異点を持つような曲線のこと．

渦管
vortex tube

*渦線と横断的に交わる閉曲線 Γ の各点を通る渦線全体がつくる2次元の曲面を渦管と呼ぶ．渦管の断面 S 上の渦度 $\boldsymbol{\omega}=\mathrm{rot}\,\boldsymbol{v}$ の積分

$$\int_S \boldsymbol{\omega}\cdot\boldsymbol{n}\,d\sigma_\xi$$

($\boldsymbol{n}$ は S の法線ベクトル，$d\sigma_\xi$ は S の*面積要素)は渦管の強さと呼ばれる．この値は断面 S のとり方によらない(→ ストークスの定理)．

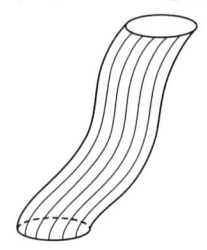

渦線
vortex line

3次元流体の*速度場 $\boldsymbol{v}(x)$ ($x=(x_1,x_2,x_3)$) の渦度 $\mathrm{rot}\,\boldsymbol{v}$ を $(\omega_1,\omega_2,\omega_3)$ とおく．流体中の曲線 C 上のすべての点で接ベクトルが渦度と平行になっているとき，すなわち，C に沿って

$$\frac{dx_1}{\omega_1}=\frac{dx_2}{\omega_2}=\frac{dx_3}{\omega_3}$$

が満たされているとき，C を渦線という．

渦点
vortex point

2次元平面内の流体の*渦度が特異性を持つ点のことをいう．

例えば，xy 平面上の，*速度場が $(-y/(x^2+y^2),\ x/(x^2+y^2))$ である流体は，原点を渦点とする非圧縮性(→ 流体)の定常流で，渦度は原点に台を持つディラックの*デルタ関数である．

渦度
vortex

流体力学において，速度ベクトル $\boldsymbol{v}(x)=(v_1(x),v_2(x),v_3(x))$，$x=(x_1,x_2,x_3)$ に対して渦度 $\boldsymbol{\omega}$ を次のように定義する．

$$\boldsymbol{\omega}=\left(\frac{\partial v_3}{\partial x_2}-\frac{\partial v_2}{\partial x_3},\ \frac{\partial v_1}{\partial x_3}-\frac{\partial v_3}{\partial x_1},\ \frac{\partial v_2}{\partial x_1}-\frac{\partial v_1}{\partial x_2}\right)$$

渦度 $\boldsymbol{\omega}$ のことを $\mathrm{rot}\,\boldsymbol{v}$, $\mathrm{curl}\,\boldsymbol{v}$ とも書く(一般のベクトル場の場合は*回転ともいう)．2次元の場合は，$\boldsymbol{v}(x)=(v_1,v_2,0)$ と考え，$\mathrm{rot}\,\boldsymbol{v}$ の第3成分を渦度と呼ぶこともある．渦度が0のとき，流体は渦なしであるという．渦なし流体の速度場は，局所的にポテンシャル関数(→ ポテンシャル) $\varphi(x)$ を用いて

$$\boldsymbol{v}=\mathrm{grad}\,\varphi=\left(\frac{\partial\varphi}{\partial x_1},\frac{\partial\varphi}{\partial x_2},\frac{\partial\varphi}{\partial x_3}\right)$$

と表される．

渦なし　vortex free　⇒ 渦度

渦巻き曲線(アルキメデスの)
Archimedes' spiral

極座標 r,θ を用いて $r=a\theta$ と表される平面曲線のこと．アルキメデスは，この曲線を「点 O に端を固定した半直線を定速で回転させ同時に点 P が点 O から出発してこの半直線上を等速で動くときの P の軌跡」と定義してその性質を研究したのでアルキメデスの名がつけられている．

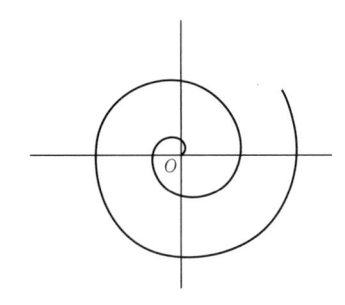

渦巻き曲線(等角)　equiangular spiral　＝ 対数螺旋

うそつきのパラドックス
liar's paradox

紀元前6世紀のクレタの哲学者エピメニデスは「クレタ人はうそつきだ」と述べたという．もしこの発言がほんとうであれば，クレタ人の一人であるエピメニデスはうそつきなことになり，彼の発言はうそということになる．一方，もしこの発言がうそであれば，エピメニデスはうそつきではないことになり，したがって，発言は本当のことに

なる．このように，いずれにしても，この発言は矛盾しているように見える．これをうそつきのパラドックスという．しかし，この発言には曖昧さがあり，解釈次第ではパラドックスにならない．うそつきのパラドックスにはいくつかの変種がある．→ 自己言及

打ち切り誤差　truncation error　→ 数値計算誤差

埋め込み
embedding, imbedding
*部分多様体への*可微分同相のこと．

$\mathbb{R}^n$ の開集合 U（または n 次元多様体 N）から $\mathbb{R}^m$（または m 次元多様体 M）への滑らかな写像 $f: U \to \mathbb{R}^m$ ($f: N \to M$) が単射で，そのヤコビ行列の階数がどの点でも n であるとき，f を埋め込みという（→ はめ込み，しずめ込み）．

任意の n 次元の多様体は，$\mathbb{R}^{2n+1}$ への埋め込みを持つ．

裏(曲面の)
reverse
空間内の平面 H に対して，それが分ける空間の2つの部分の1つを表といい，他の部分を裏という．数学的には，どちらが裏でどちらが表かはあらかじめ決まっているものではない．

空間内の曲面 M について，各点 $p \in M$ の十分小さい近傍 U を考えると，U は M を2つに分けるので，一方を裏，もう一方を表とする．裏表を M 全体で整合的に決めることができるとき，M は裏表がある曲面という．

M 全体で定義された連続な法ベクトル場 N が存在すると，N が含まれる側を表とすればよいから，M には裏表がある．裏表のあるなしは，*向きのあるなしと同じことである．

裏(命題の)
obverse
「A ならば B」という命題の裏は，「A でなければ B でない」である．裏は*逆の*対偶で，逆と同値であるが，もとの命題とは同値でない．

ウリゾンの補題
Uryson's lemma
正規空間（→ 分離公理）X に，閉集合 K とそれを含む開集合 U があるとき，K 上で常に 1，U の外で常に 0 であり全体で $0 \leq f \leq 1$ を満足するよ

うな，実数値連続関数 f が存在する，という主張である．通常は「正規空間 X では，$F_1 \cap F_2 = \emptyset$ である閉集合 F_1, F_2 に対して F_1 上で 1，F_2 上で 0，全体で $0 \leq f \leq 1$ を満足する実数値連続関数 f が存在する」という主張をウリゾンの補題というが，上の主張と同値である．一般に，与えられた位相空間上に連続関数が十分多くあるとは限らない．ウリゾンの補題は連続関数が「豊富に」存在するための，位相に関する十分条件を与えている．

運動群
motion group
ユークリッド空間の合同変換群を運動群ということもある．→ 合同変換群

運動方程式
equation of motion
物体の運動を記述する基本的な方程式である．ニュートン力学の場合の質点の運動方程式（ニュートンの運動方程式）は，時刻 t での位置を $\boldsymbol{x}(t)$，質量を m，質点に働く力を $\boldsymbol{F}(t)$ とすると，

$$m \frac{d^2 \boldsymbol{x}(t)}{dt^2} = \boldsymbol{F}(t)$$

である．ニュートンの運動方程式は，*ガリレイ変換によって不変である．→ 相対論的運動方程式

運動量
momentum
ユークリッド空間の中を運動する質量 m の質点の速度を $\boldsymbol{v}(t)$ としたとき，$m\boldsymbol{v}(t)$ をこの質点の運動量という．運動する n 個の質点からなる系の運動量は，各々の質点の運動量の和である．

連続体の場合は，点 x における連続体の密度が $m(x)$，速度が $\boldsymbol{v}(x)$ のとき，その運動量は積分 $\int m(x) \boldsymbol{v}(x) dx$ で与えられる．

*一般運動量のことを単に運動量ということもある．

運動量写像
momentum map, moment map
運動量保存則，角運動量保存則のように，相空間上の関数であるハミルトニアン H が*正準変換からなる*1 径数変換群に関して不変であるとき，H が定めるハミルトン系の保存量が得られる．このことを一般化すると，リー群 G が相空間に正準変換として作用するとき，適当な条件の下で相空

運動量保存則
conservation law of momentum

n 個の質点系の運動において，k 番目の質点に作用する力を $\boldsymbol{F}_k$ とし，$\boldsymbol{F}_1+\cdots+\boldsymbol{F}_n=\boldsymbol{0}$ が成り立っているとする．このとき，この質点系の運動量の総和は時刻によらず一定である．これを運動量保存則という．この事実は，ニュートンの運動法則の帰結である．特に，i 番目の質点に j 番目の質点が作用する力が $\boldsymbol{F}_{ij}$ であり，$\boldsymbol{F}_{ii}=\boldsymbol{0}$, $\boldsymbol{F}_{ij}=-\boldsymbol{F}_{ji}$ を満たしているとき，運動量保存則が成り立つ（ただし，$\boldsymbol{F}_i=\sum_j \boldsymbol{F}_{ij}$（重ね合わせの原理）を仮定する）．通常は，「外部からの力が働かない，内部の相互作用のみで運動する質点系は運動量保存則を満たす」という言い方をする．例えば，*万有引力の法則の下で運動する質点系は，運動量保存則を満たす．

エ

エアリ関数
Airy function

*広義積分
$$\frac{1}{\pi}\int_0^\infty \cos\left(\frac{1}{3}t^3+xt\right)dt$$
で定義される x の関数をエアリ関数といい，$\mathrm{Ai}(x)$ で表す．$y=\mathrm{Ai}(x)$ は $-\infty<x<\infty$ で解析的で，エアリの微分方程式 $d^2y/dx^2=xy$ を満たす．また $x\to+\infty$ では指数関数的に減少し，$x\to-\infty$ では正弦関数的に振動する．エアリ(G. D. Airy)はこの関数を用いて過剰虹の現象を数理的に説明した．$\mathrm{Ai}(x)$ は不確定特異点を持つ微分方程式の解に関するいわゆる*ストークス現象の先駆けとなった．

鋭角
acute angle

直角より小さい角のことをいう．鋭角3角形は，すべての内角が鋭角であるような3角形である．
⇒ 角

H 定理
H-theorem

ボルツマン(L. Boltzmann)は 1870 年代に熱現象の非可逆性の証明を企て，希薄気体の運動を記述するボルツマン方程式を提唱し，時刻 t における分子の位置 x と速度 v の分布密度関数 $f(t,x,v)$ に対して，
$$H(t)=\int f(t,x,v)\log f(t,x,v)dxdv$$
が時間 t とともに減少すること（厳密には非増加）を示した．これをボルツマンの H 定理という．この量の符号を変えたものがその後*エントロピーと呼ばれるようになった．

永年摂動
secular perturbation

微分方程式 $dx/dt=f(x,t)$ などで，$f(x,t)=f_0(x,t)+f_1(x,t)$ などと，主要な項 $f_0(x,t)$ と摂動項 $f_1(x,t)$ に分けて考えることがある（例えば，*3体問題では，f_0 が太陽の引力，$f_1(x,t)$ が木星など他の惑星からの引力である）．このとき，

$f_1(x,t)$ の値が小さいと，ある一定の時間スケールで考えたときは，この項を無視してもよい近似を与える．しかし，長い時間スケールで考えると，例えば*共鳴が起きている場合などでは，小さい影響がつもりつもって，解に与える影響が決して小さくない場合がある．このような摂動を永年摂動という．

永年方程式
secular equation
対称行列あるいはエルミート行列 A に対する特性方程式 $\det(xI-A)=0$ のこと．惑星の永年摂動の理論で用いられたことに由来する．

エウクレイデス
Eukleides
ユークリッドはエウクレイデスの英語風呼び方である．

紀元前4世紀末から紀元前3世紀にかけてアレキサンドリアで活躍したと考えられている古代ギリシアの数学者．13巻からなる*『原論』の著者．『原論』は，古代バビロニア，エジプトの数学をもとに古代ギリシアで発展した平面幾何学と数論，比例論，正多面体の理論の集大成である．定義と少数の公理をもとに議論を展開する『原論』の記述法はその後の学問の記述の手本とされてきた．

その広く知られた名にもかかわらず，生涯についてはまったく知られていない．エウクレイデスとほぼ同時代のアルキメデスとアポロニオスにより，エウクレイデスの名前が言及されているのみである．時代が下って，パッポス(3世紀)，ストバイオス(3世紀)，プロクロス(5世紀)らにより，エウクレイデスの生涯が描かれているが，確実な証言とはいえない．エウクレイデスの著作として『原論』以外に『視学』，『カノンの分割』，『図形分割論』などいくつかの著作がギリシア語，アラビア語訳，ラテン語訳で残されているが，『円錐曲線論』など失われたものもある．

幾何学を学ぶのに手っ取り早い道はないものかとのアレキサンドリアのプトレマイオス王の質問に対して「幾何学に王道なし」とエウクレイデスは答えたという．これはプロクロスの『原論』の注釈書に記された有名な逸話であるが，伝説の域を出ない．→ ギリシアの数学

エウドクソス
Eudoxos

英語風読みはユードクソス．

紀元前4世紀に活躍した古代ギリシアの数学者，天文学者．通約可能でない線分の比例理論の確立(無理数論に対応する)，*取り尽くし法(積尽法とも呼ばれる極限論法)の確立，面積・体積理論における取り尽くし法と背理法の応用など，近代数学の問題意識に直接に繋がる業績をあげた．アルキメデスによれば角錐(円錐)の体積が角柱(円柱)の体積の1/3であることを証明したのはエウドクソスである(ただし，現代から見れば不完全な部分がある)．エウクレイデスの*『原論』の5巻(比例論)，6巻(比例論の幾何学への応用)，12巻(円の面積，角錐，角柱，円錐，円柱，球の体積)は本質的にエウドクソスによるものと見られている．天文学と関連して球面幾何学の創始者とされている．→ ギリシアの数学

エキゾチックな球面
exotic sphere
異種球面ともいう．7次元の球面と同相であるが，*可微分同相ではない多様体が1950年代にミルナー(J. Milnor)によって発見され，エキゾチックな球面と呼ばれている．エキゾチック球面の発見によって，微分位相幾何学という分野が誕生した．球面ばかりでなく，多くの高次元の多様体で互いに微分同相でない複数の微分構造を持つ例が見出されている．→ 微分位相幾何学

エゴロフの定理
Egorov's theorem
関数列の一様収束に関する定理でルベーグの積分論に用いられる．

有限区間 $I=[a,b]$ 上の可測関数列 $\{f_n\}$ ($n=1,2,\cdots$) が*ほとんどいたるところで f に収束していれば，任意の正数 ε に対し，次のような可測集合 $F_\varepsilon \subset I$ を選ぶことができる．

(1) 補集合 $I-F_\varepsilon$ は $m(I-F_\varepsilon)<\varepsilon$ を満たす(m はルベーグ測度)．

(2) F_ε 上では f_n が f に一様収束する．

同様の事実は，一般に全測度が有限の測度空間で成り立つ．これをエゴロフの定理という．

エジプトの数学
Egyptian mathematics
古代エジプトでは文書はパピルスに記録されたので，古代エジプトの数学に関する現存する資料は少ない．紀元前1650年頃に書記のアフメスがそ

れより200年前の数学資料を集めて書き写したアフメス・パピルス（このパピルスの発見者A.H.リンドの名をとってリンド・パピルスと呼ばれることも多い）と，紀元前1850年頃に書かれたと推定されているモスクワ・パピルスが主要なものであり，ヘレニズム時代とその後のローマ時代の断片的な記録が残るだけである．

アフメス・パピルス，モスクワ・パピルスはともに問題集であり，総計おおよそ110の問題が解答とともに記されている．これらの問題から，古代エジプトでは四則演算のほかに単位分数（分子が1であるような分数）を用いて計算を行っていたことがわかる．数値計算以外にも，毎年起こるナイル河の氾濫の後の土地の測量，穀物の分配，容量計算，ピラミッドの建設などのために，幾何学的な図形の面積・体積の近似計算が発達した．

古代エジプトではシリウス星が日の出直前に出現する時期にナイル河の氾濫が始まることに気づき，シリウスの周期をもとに，1か月を30日とし，12か月と5日の補足日をもうけて1年を365日とする太陽暦を紀元前2500年頃から使用していたが，暦学はそれ以上は進展しなかった．

古代ギリシア人はエジプトの神官に数学を学んだという伝説があるように，エジプトの数学は古代ギリシアの数学の基礎の1つとなった．

$\mathfrak{sl}(n,\mathbb{C})$

*特殊線形群 $SL(n,\mathbb{C})$ の*リー環．トレース（跡）が0である $n\times n$ 複素行列の全体 $\mathfrak{sl}(n,\mathbb{C})=\{X\in M(n,\mathbb{C})\mid \mathrm{tr}\,X=0\}$ に，行列の積を使って括弧積を $[X,Y]=XY-YX$ と定義することによってリー環となる．⇒ リー群とリー環，リー環

$SL(2,\mathbb{C})$, $SU(2)$ の表現

representation of $SL(2,\mathbb{C})$ and $SU(2)$

2次の特殊線形群 $SL(2,\mathbb{C})$ は2次元の複素縦ベクトルの全体からなるベクトル空間 $V=\mathbb{C}^2$ に行列として自然に*作用し，群の表現ができる．この作用で不変な部分空間（$gW\subset W$ ($\forall g\in SL(2,\mathbb{C})$) を満たす部分ベクトル空間 $W\subset V$）は 0 か V しかないので，この表現は*既約である．さらに各整数 $m\geq 0$ について，$SL(2,\mathbb{C})$ の V への作用から m 次*対称積 $S^m(V)$ への作用が引き起こされ，$m+1$ 次元の表現（ただし，$m=0$ のときは $S^0(V)=\mathbb{C}$ で自明な表現）ができる．$S^m(V)$ への表現は □ を m 個横に並べた*ヤング図形を使うと

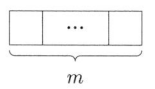

□□…□
 m

で表される．$SL(2,\mathbb{C})$ の複素既約表現は $S^m(V)$ への表現のどれかまたはその複素共役と同型である（通常は，$SL(2,\mathbb{C})$ に対応する*リー環の表現が $\mathbb{C}$ 線形であることを要請し，$S^m(V)$ への表現のみを考える）．また $SL(2,\mathbb{C})$ の有限次元複素ベクトル空間への表現は*完全可約である．すなわち，いくつかの既約表現の直和と同型になる．

*特殊ユニタリ群 $SU(2)$ は $SL(2,\mathbb{C})$ の極大コンパクト部分群である．$SL(2,\mathbb{C})$ の有限次元複素既約表現を $SU(2)$ に制限したものは $SU(2)$ の表現として既約である．$SU(2)$ の既約表現はすべてこのように得られる．$SU(2)$ の有限次元複素ベクトル空間への表現は完全可約である．

$SL(2,\mathbb{C})$ の有限次元表現はまたリー環 $\mathfrak{sl}(2,\mathbb{C})$ の有限次元表現と見なすことができる．この対応は1対1であり，後者についても既約表現の分類や完全可約性が同様に成り立つ．⇒ コンパクト群の表現論

枝 branch, edge ⇒ グラフ（グラフ理論の）

エタール・コホモロジー
etale cohomology

標数 $p>0$ の体上の*代数多様体においては，複素体上の代数多様体と同じような「多様体の形」を考えることは不可能に思える．しかし，ヴェイユ予想（→ ヴェイユ予想の(4)）では，有限体上の代数多様体の合同ゼータ関数が，その代数多様体の形を反映しているようにみえ，その形をとらえることが，ヴェイユ予想の解決に重要と考えられた．これを実現したのが，グロタンディックのエタール・コホモロジーの理論であり，どんな標数の体上の代数多様体に対しても，その形を表すとみなして良いコホモロジー理論を与えるものである．

代数多様体上で定義される*ザリスキー位相は粗く，ザリスキー位相による定数*層の*コホモロジーは良いコホモロジー理論を与えない．この欠点を取り除くために，グロタンディックは*位相空間の概念を拡張した．$\mathbb{C}$ 上の代数多様体の間の複素解析的な局所同型写像の代数版であるエタール射を使って開集合にあたるものを増やし，標数 p の体上で定義された代数多様体に対して l 進数体 $\mathbb{Q}_l$ を係数とするコホモロジー理論を構成した（ただし $l\neq p$ は素数）．このエタール・コホモロジー

は $\mathbb{C}$ 上の代数多様体のときは $\mathbb{Q}_l$ を係数とする通常のコホモロジー理論と一致する.

エドモンズの交わり定理
Edmonds' intersection theorem

*マトロイド理論における最も重要な双対定理であり，アルゴリズム論や多面体的組合せ論においても中心的な位置を占めるものである. J. エドモンズ(J. Edmonds)によって 1960 年代後半に発見された. 同じ台集合 V 上の 2 つのマトロイド $(V, \mathcal{I}_1, \rho_1)$, $(V, \mathcal{I}_2, \rho_2)$ (ただし，$\mathcal{I}_i, \rho_i$ ($i=1,2$) はそれぞれの独立集合族，階数関数)が与えられたとき，共通独立集合の大きさと階数関数の間に $\max\{|I| \mid I \in \mathcal{I}_1 \cap \mathcal{I}_2\} = \min\{\rho_1(X) + \rho_2(V \setminus X) \mid X \subseteq V\}$ という最大最小関係式が成り立つという定理である. 左辺の max を与える I, および右辺の min を与える X を求める効率的なアルゴリズムが知られている. さらに一般に，2 つの*劣モジュラー関数に対しても同様の定理が成り立つ.

n 次導関数　　derivative of nth order　　⇒ 高階導関数

n 進法
n-adic system

例えば 5 進法の小数 243.4 は
$$2 \times 5^2 + 4 \times 5 + 3 + \frac{4}{5} = 73\frac{4}{5}$$
を表している.

このように，n 進法(n 進位取り記数法ともいう)では $0, \cdots, n-1$ までの数字の記法を用意して
$$a_m \times n^m + a_{m-1} \times n^{m-1} + \cdots + a_1 \times n + a_0 + \frac{b_1}{n} + \frac{b_2}{n^2} + \cdots + \frac{b_k}{n^k} \tag{1}$$
(ただし $a_m, \cdots, a_0, b_1, \cdots, b_k$ は 0 から $n-1$ までの数字を表し，$a_m \neq 0$)を
$$a_m a_{m-1} \cdots a_1 a_0 . b_1 \cdots b_k$$
と記す. 無限小数も取り扱うことができる.

3 進法(すなわち $n=3$ の場合)での小数 0.21 は $2/3 + 1/3^2 = 7/9$ を表す. $7/9$ は 10 進法($n=10$ の場合)の小数表記では $0.777\cdots$ となり，*循環小数である. このように n の取り方によって同じ数が有限小数で表されたり循環小数になったりする.

n 進法で表された数を n 進数ということがある. また，n 進数を(1)の形に展開することを n 進展開ということがある. $n=p$ が素数のとき, 数論では *p 進数や p 進展開を全く違った意味で用いるので注意が必要である.

今日では数字は 10 進法を使って表すことが多いが，コンピュータの世界では 2 進法や 16 進法が使われている. また，古代バビロニアでは 60 進法が使われ，その名残で，ヨーロッパでは小数に関しては 60 進法表記が長い間使われた. ⇒ 記数法

NP 完全
NP-complete

非決定性チューリング機械と呼ばれる計算モデルにおいて*多項式時間で計算できる問題のクラスを NP という(NP は nondeterministic polynomial の頭文字). NP に属する問題とは，問題の解の候補が与えられたときに，それが解であるかどうかを効率よく確認できるような問題である. ある問題 A を解きたいときに，これを別の問題 B の形に書き直して解いた結果を翻訳してもとの問題 A の解がわかることがある. ここで，問題の変形や解の翻訳が*多項式時間でできるならば，問題 A は問題 B に帰着可能であるという. このことは，問題 B の方が問題 A に比べて同程度かそれ以上に難しい(解きにくい)問題であるということである. NP に属する任意の問題がそれに帰着可能であるような問題を NP 困難な問題という. NP 問題で NP 困難なものを NP 完全問題という. 論理式の*充足可能性問題が NP 完全であることがクック(S. A. Cook)によって 1971 年に示された. NP 完全問題は NP の中で最も難しい問題のクラスをなしており，代表的なものとしては，*集合被覆問題，*ハミルトン閉路の存在判定などがある. ⇒ 巡回セールスマン問題

NP 困難　　NP-hard　　⇒ NP 完全

エネルギー
energy

物理学において，位置・運動・熱・光・電磁気などの物理学的な仕事に換算しうる量の総称(ヤング，1807). 歴史的には，エネルギー概念は位置と運動に対する量として導入され，それらの総和が保存されることが見出された. しかし，摩擦などによる熱が発生する場合，この保存則は成り立たない. そこで熱もエネルギーの 1 形態として取りこみ，保存則が成り立つように拡張された.

その後の物理学の発展に伴い，エネルギー概念は保存則が成り立つように一般化された(→ エネルギー保存則)．

エネルギー汎関数
energy functional

曲線 $c: [a,b] \to \mathbb{R}^3$ のエネルギー汎関数 $E(c)$ は

$$E(c) = \int_a^b \left\| \frac{dc}{dt} \right\|^2 dt$$

により与えられる．ここで，dc/dt は c の速度ベクトルである．与えられた曲面上の曲線に制限して考えるとき，E の臨界点は*測地線である．同様な概念は高次元のリーマン多様体の間の写像にも定義されている(→ 調和写像)．

エネルギー保存則
conservation law of energy

外部から絶縁された系では，その内部で起こるどのような物理的あるいは化学的変化によっても，その*エネルギーの総和は不変であることを主張する法則のこと．

*保存系においては，n 個の質点からなる質点系の運動は，位置エネルギー $U(\boldsymbol{x}_1, \cdots, \boldsymbol{x}_n)$ により，*ニュートンの運動方程式

$$m_i \frac{d^2 \boldsymbol{x}_i}{dt^2} = -\frac{\partial U}{\partial x_i} \quad (i=1,\cdots,n)$$

により記述される．この方程式から，

$$E = \frac{1}{2} \sum_{i=1}^n m_i \left\| \frac{d\boldsymbol{x}_i}{dt} \right\|^2 + U(\boldsymbol{x}_1, \cdots, \boldsymbol{x}_n)$$

は時間によらない定数となる．E を保存系におけるエネルギーといい，この事実を保存系におけるエネルギー保存則という．

古典力学における多体運動や拘束系を統一的に扱うために導入された*ハミルトン力学系は，*ハミルトン関数と呼ばれる $2n$ 個の変数 $p_1, \cdots, p_n, q_1, \cdots, q_n$ の関数 $H = H(p,q)$ を用いて，ハミルトンの方程式

$$\frac{dp_i}{dt} = \frac{\partial H}{\partial q_i}, \quad \frac{dq_i}{dt} = -\frac{\partial H}{\partial p_i}$$

で与えられる．ハミルトン方程式の解 $(p(t), q(t))$ での H の値 $H(p(t), q(t))$ は，t によらない．これがエネルギー保存則である．

熱力学では，第 1 法則と呼ばれている．

エピグラフ　epigraph　⇒ 凸関数(多変数の)

FFT　fast Fourier transform ＝ 高速フーリエ変換

ε-δ 論法
⇒「イ行」の ε-δ 論法を見よ．

ε エントロピー
⇒「イ行」の ε エントロピーを見よ．

M 系列
M-sequence

有限体上の線形漸化式によって生成される数列の中で周期が最大のものをいう．*擬似乱数として利用される．

M 判定法
M-test

関数を項とする無限級数の収束を判定する下記の十分条件のことをいう．$\mathbb{R}^n$ の領域 D で定義された関数列 $\{f_k(x)\}_{k=0}^\infty$ に対し，ある非負の実数列 $\{M_k\}$ で $|f_k(x)| \leq M_k$ $(x \in D)$，かつ $\sum_{k=0}^\infty M_k < \infty$ となるものが存在すれば，級数 $\sum_{k=0}^\infty f_k(x)$ は D で一様に*絶対収束する．

D が複素平面の領域で各 $f_k(z)$ が正則関数である場合には，上の仮定の下で $\sum_{k=0}^\infty f_k(z)$ は D で一様に*絶対収束して D 上の正則関数になる．

例　$\sigma > 1$ ならば $\zeta(z) = \sum_{n=1}^\infty n^{-z}$ は $D = \{z \in \mathbb{C} \mid \mathrm{Re}\, z > \sigma\}$ 上で収束して正則関数になる．実際 $M_n = n^{-\sigma}$ ととればよい．

*無限積 $\prod_{n=1}^\infty (1 + f_n(z))$ についても同じ条件の下で一様に絶対収束することがいえる．

エラトステネス
Eratosthenes

275 頃-195 B.C.　エラトステネスは古代ギリシアの天文学者，数学者である．距離の知られている 2 つの地点における太陽光の入射角度を測ることにより，地球のサイズ(子午線の長さ)を初めて計測した．地軸の傾きを測ったことも，彼の業績である．⇒ ギリシアの数学

エラトステネスのふるい
Eratosthenes' sieve

2 以上の整数を並べ，まず 2 を残して 2 の倍数をすべて捨てる．

$$2, 3, \overset{\times}{4}, 5, \overset{\times}{6}, 7, \overset{\times}{8}, 9, \overset{\times}{10}, 11, \overset{\times}{12}, 13, \cdots$$

次に，残ったものの中で2の次に現れる3を残して3の倍数をすべて捨てる．

2, 3, 5, 7, $\overset{\times}{9}$, 11, 13, $\overset{\times}{15}$, 17, 19, $\overset{\times}{21}$, ⋯

次に，残ったものの中で3の次にある数5を残して5の倍数を捨てる．

2, 3, 5, 7, 11, 13, 17, 19, 23, $\overset{\times}{25}$, 29,

31, $\overset{\times}{35}$, 37, ⋯

この操作を繰り返していくと素数のみが残ることになる．この操作をエラトステネスのふるい（篩）という．

エラトステネスのふるいは，ある数が素数であることを判定するアルゴリズムを与える．しかし，k が素数であることを見るには $\sqrt{k}$ 程度のステップが必要であり，k を大きくするとかかる時間が大きくなり，実用的な判定法とはいえない．

L 関数

L-function

ディリクレにより，素数分布の精密化である*算術級数定理の証明で用いられた．現在では，L 関数は多方面に一般化され，広い意味でのゼータ関数の一種と考えられている．

自然数 N を固定し，剰余環 $\mathbb{Z}/N\mathbb{Z}$ の可逆元のなす乗法群 $(\mathbb{Z}/N\mathbb{Z})^\times$ の*指標

$$\chi : (\mathbb{Z}/N\mathbb{Z})^\times \longrightarrow \mathbb{C}^\times$$

に対して，

$$L(s,\chi) = \sum_{n=1}^{\infty} \chi(n) n^{-s}$$

とおく．ここに $\chi(n)$ は，n が N と互いに素なら，$\mathbb{Z}/N\mathbb{Z}$ の可逆元 $n \pmod N$ における χ の値と定義し，n が N と互いに素でなければ，0 と定義する．$L(s,\chi)$ は，Re $s>1$ において絶対収束し，その範囲で s の正則関数である．$L(s,\chi)$ をディリクレの L 関数という．

(1) $L(s,\chi)$ は素数にわたる積として
$$L(s,\chi) = \prod_p (1-\chi(p)p^{-s})^{-1}$$
と表される．

(2) $L(s,\chi)$ は全 s 平面に，有理型関数として解析接続される．

(3) χ が自明な表現でなければ，$L(s,\chi)$ は複素平面全体で正則．

(4) $L(s,\chi)$ は Re $s \geq 1$ で零点を持たない．

ディリクレの L 関数が，算術級数定理の証明に使える理由は，積表示(1)に見られるとおり，$L(s,\chi)$ は，素数 p が mod N でどの剰余類に属するかを問題にした形の，素数の寄与の積だからである．

ヘッケの L 関数やアルチンの L 関数は，ディリクレの L 関数の一般化である．ディリクレの L 関数は上の(1)のように素数にわたる積であったが，これらの L 関数は，代数体 K の素イデアルにわたる，(1)に似た形の積になる．

アルチンの L 関数は次のようなものである．ディリクレの L 関数に出てきた $(\mathbb{Z}/N\mathbb{Z})^\times$ は 1 の N 乗根 ζ_N の生成する体 $\mathbb{Q}(\zeta_N)$ の $\mathbb{Q}$ 上のガロア群 $\mathrm{Gal}(\mathbb{Q}(\zeta_N)/\mathbb{Q})$ と同型であり（→円分体），したがって $L(s,\chi)$ は指標 $\chi : \mathrm{Gal}(\mathbb{Q}(\zeta_N)/\mathbb{Q}) \to \mathbb{C}^\times$ に対して定義されたものとみなすことができる．代数体 K の有限次ガロア拡大 L のガロア群 $\mathrm{Gal}(L/K)$ の表現 $\rho : \mathrm{Gal}(L/K) \to GL(n,\mathbb{C})$ に対しても，$L(s,\chi)$ の一般化として，アルチンの L 関数と呼ばれる関数 $L(s,\rho)$ が定義される．

ヘッケの L 関数やアルチンの L 関数を用いると，素数に関するディリクレの算術級数定理を，素数を代数体の素イデアルに置き換えた形の定理へと一般化できる．

エルゴード仮説

ergodic hypothesis，独 Ergodenansatz

「物理量の長時間平均は相空間平均に等しい」という仮説をいう．その原型はボルツマンが統計力学を基礎づけるために提唱した．数学としては予想であり，確率論，力学系・エルゴード理論などに多大の影響を与え続けている．上の性質を持つ力学系はエルゴード的と呼ばれる．ここで，物理量 f の相空間平均とは熱平衡状態における等エネルギー面上での空間平均，また長時間平均（long time average）とは，時刻 t での粒子配置を $x(t)$ としたとき，$\displaystyle\lim_{T\to\infty}(1/T)\int_0^T f(x(t))dt$ を指す．

エルゴード性

ergodicity

不変測度を持つ力学系は，時間発展に関して不変な可測関数が定数のみであるとき，エルゴード的である，あるいは，エルゴード性を持つという．このことは，時間発展に関して不変な集合が測度 0 となるか，またはその補集合が測度 0 となることといっても同値である．*ワイル変換は（フーリエ級数論を用いて）最初にエルゴード性が示された例である．閉リーマン面上の測地流やスタジア

ム（運動場のトラックのように半円2つを2本の線分でつないでできる平面図形）内での*撞球問題はエルゴード的である．しかし，楕円内部での撞球問題はエルゴード的でない．なお広義には，このエルゴード性や各種の混合性の総称としても用いられる．⇒エルゴード定理，エルゴード仮説

エルゴード定理
ergodic theorem

不変確率測度を持つ力学系 (X, T_t, μ) において，X 上の関数 f が可積分ならば，長時間平均 $f^*(x) = \lim_{t\to\infty}(1/t)\int_0^t f(T_s x)ds$ がほとんどいたるところ存在し，極限 f^* は可積分な不変関数であり，かつ，この収束は L^1 収束である．これをバーコフの個別エルゴード定理あるいは単にエルゴード定理という．また，f が2乗可積分ならば長時間平均は L^2 の意味で収束する．これをフォン・ノイマンの平均エルゴード定理という．なお，例えば，マルコフ過程の推移半群など，ヒルベルト空間やバナッハ空間上の作用素のなす半群 U_t ($t\geq 0$) に対しても，適当な条件の下で長時間平均 $U^* = \lim_{t\to\infty}(1/t)\int_0^t U_s ds$ の存在が示される場合がある．それらもエルゴード定理と総称する．

エルゴード理論
ergodic theory

力学系の軌道の性質，とくに時間が無限大となるときの漸近的な諸性質を，不変測度の存在を利用して研究する分野．数論，統計力学，多様体上の測地流，定常な確率過程などにその源がある．*3体問題に関する懸賞論文（1890）でポアンカレが示した再帰定理「力学系が不変確率測度をもつならば，どの軌道もその初期値の任意の近傍に無限回戻る」がその最初の定理とされる．手法の面からは，しばしば，スペクトル解析とエントロピー解析に大別され，後者はカオスの研究の基礎を与えた．また，C^* 代数（→ C^* 環）の分類問題などに多様な例を供給している．⇒力学系

L^2 関数
L^2-function

実軸の区間（あるいは，一般に測度が定義された空間）X において，*可測関数 $f: X \to \mathbb{C}$ が $\int_X |f(x)|^2 dx < \infty$ を満たすとき，f を L^2 関数あるいは自乗（または2乗）可積分関数という．⇒ L^p ノルム，L^2 空間

L^2 近似
L^2-approximation

関数の近似の尺度として自乗平均（L^2 ノルム）$\|f\|_2 = (\int_a^b |f(x)|^2 dx)^{1/2}$ を用いることをいう．例えば，区間 $[-\pi, \pi]$ 上の関数 $f(x)$ の*フーリエ級数を N 項までで打ち切った式は，3角関数 $\sin nx, \cos nx$ ($n=0, 1, \cdots, N$) による $f(x)$ の最良 L^2 近似を与える．

より一般に，重み関数つきの自乗（2乗）平均 $(\int_a^b |f(x)|^2 w(x)dx)^{1/2}$ を考えることもある．⇒直交多項式，ルジャンドル多項式，フーリエ級数

L^2 空間
L^2-space

区間 $[a, b]$ 上の複素数値*L^2 関数全体は*線形空間をなす．これを L^2 空間といい，$L^2([a, b])$ で表す（正確には*ほとんどいたるところ等しい関数を同一視して考えた同値類の全体を $L^2([a, b])$ とする）．$L^2([a, b])$ は，積分 $(f, g) = \int_a^b f(x)\overline{g(x)}dx$ を内積として*ヒルベルト空間になる．

一般に測度の定義された空間 X 上の L^2 空間も同様に定義され，ヒルベルト空間になる．

l^2 空間
l^2-space

無限次元ヒルベルト空間の最も簡単な例で，ユークリッド空間 $\mathbb{R}^n$ の次元 n を無限大にした極限に相当する．

$K = \mathbb{R}$ または $\mathbb{C}$ とする．K の要素からなる数列 $\boldsymbol{x} = \{x_n\}_{n=0}^\infty$ で条件 $\sum_{n=0}^\infty |x_n|^2 < \infty$ を満たすものの全体は K 上の線形空間になる．これを l^2 と記し，l^2 空間と呼ぶ．l^2 は $\langle \boldsymbol{x}, \boldsymbol{y}\rangle = \sum_{n=0}^\infty x_n \overline{y_n}$ を内積として*ヒルベルト空間になる．

*可分なヒルベルト空間はすべて l^2 空間と同型である．

L^2 ノルム $\quad L^2$-norm $\quad \Rightarrow L^p$ ノルム

L^p 関数
L^p-function

L^p ノルム ($1 \leq p \leq +\infty$) が有限な可測関数のことである．⇒ L^p ノルム

L^p 空間
L^p-space

代表的な*関数空間の例である．

$1 \leq p < \infty$ とする．区間 $[a,b]$ 上の可測関数で L^p ノルム

$$\|f\|_p = \left(\int_a^b |f(x)|^p dx\right)^{1/p}$$

が有限なものの全体は線形空間をなす．これを L^p 空間といい，$L^p([a,b])$ で表す（正確には*ほとんどいたるところ等しい関数を同一視して，同値類を考える）．例えば $L^1([a,b])$ はルベーグ積分の意味で可積分な関数全体にほかならない．$L^p([a,b])$ はノルム $\|\cdot\|_p$ を持つバナッハ空間になる．特に $p=2$ の場合はヒルベルト空間となる．

$p=+\infty$ の場合はつぎのように定める．$[a,b]$ 上で*本質的に有界な*可測関数（の同値類）全体は，*本質的上限

$$\|f\|_\infty = \text{ess.}\sup_{x\in[a,b]} |f(x)|$$

をノルムとしてバナッハ空間になる．これを L^∞ 空間といい，$L^\infty([a,b])$ と記す．

$1 < p < \infty$ に対し，$q=p/(p-1)$（すなわち $1/p+1/q=1$）と定めると，$L^p([a,b])$ と $L^q([a,b])$ は互いに双対なバナッハ空間になる．$p=1,\infty$ の場合，$L^1([a,b])$ の双対空間は $L^\infty([a,b])$ になるが，後者の双対空間は $L^1([a,b])$ に一致しない．

L^p 空間（$1\leq p\leq\infty$）は一般の測度空間 (X,μ) に対しても同様に定義される．

l^p 空間
l^p-space

数列のなす*バナッハ空間の例である．$K=\mathbb{R}$ または $\mathbb{C}$ とし，p を $1\leq p<\infty$ を満たす実数とする．K の要素からなる数列 $\boldsymbol{x}=\{x_n\}_{n=0}^\infty$ で条件 $\sum_{n=0}^\infty |x_n|^p < \infty$ を満たすもの全体は K 上の線形空間になる．これを l^p と記す．また有界な数列全体を l^∞ と記す．これらはそれぞれ

$$\|\boldsymbol{x}\|_p = \begin{cases} \left(\sum_{n=0}^\infty |x_n|^p\right)^{1/p} & (1 \leq p < \infty) \\ \sup_{n\geq 0} |x_n| & (p = \infty) \end{cases}$$

をノルムとしてバナッハ空間になる．特に $p=2$ の場合はヒルベルト空間となる．

数列を自然数の集合 $\mathbb{N}$ 上の関数とみなせば，l^p 空間は測度空間上の L^p 空間の特殊な場合である．

L^p 収束
L^p-convergence

区間 $[a,b]$ 上の可測関数の列 $\{f_n(x)\}$ が可測関数 $f(x)$ に L^p 収束するとは，

$$\lim_{n\to\infty} \int_a^b |f_n(x) - f(x)|^p dx = 0$$

であることをいう．L^p ノルムに関する収束，あるいは L^p 空間での収束といっても同じである．

L^p 収束する関数列 $\{f_n(x)\}$ は，*概収束する部分列 $\{f_{n_k}(x)\}$ を含み，その極限はほとんどいたるところで $f(x)$ に一致する．

L^p ノルム
L^p-norm

関数空間において，関数の互いの「近さ」を表す尺度として目的に応じいろいろなノルムが用いられる．代表的なものが L^p ノルムである．

p を $1\leq p<\infty$ を満たす実数とするとき，区間 $[a,b]$ 上の関数 $f(x)$ に対し

$$\|f\|_p = \left(\int_a^b |f(x)|^p dx\right)^{1/p}$$

を f の L^p ノルムという．また $|f(x)|$ の*本質的上限 $\|f\|_\infty = \text{ess.}\sup_{x\in[a,b]} |f(x)|$ を L^∞ ノルムという．

一般に，測度 μ が与えられた空間 X についても，L^p ノルムが同様に定義される．⇒ ノルム

エルミート
Hermite, Charles

1822-1901　フランスの数学者．ソルボンヌ大学教授．整数論，方程式論，関数論など幅広く研究．自然対数の底 e の超越性を証明したことや，エルミート行列の研究で有名．また，ダルブー（J. G. Darboux），ピカール（C. E. Picard），ポアンカレ，パンルヴェ（P. Painlevé）など優れた数学者を育てたことでも有名である．

エルミート行列
Hermitian matrix

複素数を成分とする正方行列で*随伴行列がもとの行列と一致するものをいう．すなわち，行列 A の転置行列の各成分の*複素共役をとってできる行列を A^* と記すとき，$A^*=A$ を満たす行列 A のことをいう．例えば $\begin{bmatrix} 2 & 1 \\ 1 & 3 \end{bmatrix}$ や $\begin{bmatrix} 2 & i \\ -i & 3 \end{bmatrix}$ はエルミート行列である．

n 次エルミート行列 A の固有値はすべて実数である．λ_1,λ_2 を A の異なる固有値とし $\boldsymbol{v}_1,\boldsymbol{v}_2$ を対応する固有ベクトル，すなわち，$A\boldsymbol{v}_1=\lambda_1\boldsymbol{v}_1$,

$A\boldsymbol{v}_2 = \lambda_2 \boldsymbol{v}_2$ とすると，$\mathbb{C}^n$ の標準的*エルミート内積 $\langle \cdot, \cdot \rangle$ について，$\langle \boldsymbol{v}_1, \boldsymbol{v}_2 \rangle = 0$ である．このことから，A の固有ベクトルからなる $\mathbb{C}^n$ の*正規直交基底 $\mathcal{E} = \{\boldsymbol{e}_1, \cdots, \boldsymbol{e}_n\}$ が存在することがわかる．特に A は*対角化可能である．さらに，ユニタリ行列 U で $U^{-1}AU$ は対角行列になるものが存在する．実際，$\boldsymbol{e}_1, \cdots, \boldsymbol{e}_n$ を列ベクトルとみなして，これを並べた n 次正方行列 $[\boldsymbol{e}_1, \cdots, \boldsymbol{e}_n]$ を U とすると，$\mathcal{E}$ が正規直交基底であることより，U はユニタリ行列になり，また

$$U^{-1}AU = \begin{bmatrix} \lambda_1 & & O \\ & \ddots & \\ O & & \lambda_n \end{bmatrix}$$

である．ここで $A\boldsymbol{e}_i = \lambda_i \boldsymbol{e}_i$ で $\lambda_i \in \mathbb{R}$ を定める．

エルミート形式
Hermitian form

複素ベクトル空間 V において，$\boldsymbol{x}, \boldsymbol{y} \in V$ に対して，$\langle \boldsymbol{x}, \boldsymbol{y} \rangle \in \mathbb{C}$ を対応させる写像が，次の性質(1), (2)を満たすとき，V 上のエルミート形式という．

(1) $\langle a\boldsymbol{x} + b\boldsymbol{y}, \boldsymbol{z} \rangle = a\langle \boldsymbol{x}, \boldsymbol{z} \rangle + b\langle \boldsymbol{y}, \boldsymbol{z} \rangle$ $(a, b \in \mathbb{C})$
(2) $\langle \boldsymbol{y}, \boldsymbol{x} \rangle = \overline{\langle \boldsymbol{x}, \boldsymbol{y} \rangle}$

さらに，

(3) $\langle \boldsymbol{x}, \boldsymbol{x} \rangle \geqq 0$ であり，
$$\langle \boldsymbol{x}, \boldsymbol{x} \rangle = 0 \iff \boldsymbol{x} = \boldsymbol{0}$$

が成り立つときエルミート形式は正定値であるといい，正定値エルミート形式を通常は，*エルミート内積という．(1)と(2)より $\langle \boldsymbol{x}, a\boldsymbol{y} + b\boldsymbol{z} \rangle = \overline{a}\langle \boldsymbol{x}, \boldsymbol{y} \rangle + \overline{b}\langle \boldsymbol{x}, \boldsymbol{z} \rangle$ が導かれる．

エルミート形式 $\langle \boldsymbol{x}, \boldsymbol{y} \rangle$ について，「すべての $\boldsymbol{y} \in V$ に対して $\langle \boldsymbol{x}, \boldsymbol{y} \rangle = 0$ ならば，$\boldsymbol{x} = \boldsymbol{0}$」が成り立つとき，非退化といわれる．エルミート内積は非退化である．

エルミート計量
Hermitian metric

*複素多様体 M の各点の接空間 $T_p(M)$ は複素ベクトル空間であるが，この上の*エルミート内積 h_p が，p に滑らかに依存するように定まっているときエルミート計量という．⇒ ケーラー多様体

エルミート作用素
Hermitian operator

*エルミート行列の一般化である．ヒルベルト空間 H の*有界線形作用素 $T: H \to H$ は

$$\langle Tx, y \rangle = \langle x, Ty \rangle \quad (x, y \in H)$$

が成り立つときエルミート作用素という．より一般に，*閉作用素 $T: H \to H$ は，その*共役作用素(随伴作用素) T^* が T の拡張になっているとき，エルミート作用素と呼ばれる．特に $T = T^*$ のとき自己共役作用素または自己随伴作用素という．

エルミート多項式
Hermite polynomial

$$H_n(x) = (-1)^n e^{x^2/2} \frac{d^n}{dx^n} e^{-x^2/2}$$

は n 次の多項式であり，これをエルミート多項式という．直交多項式の代表例の1つで，区間 $(-\infty, \infty)$ において次の直交関係を満たす．

$$\int_{-\infty}^{\infty} H_m(x) H_n(x) e^{-x^2/2} dx$$
$$= \begin{cases} n!\sqrt{2\pi} & (m = n) \\ 0 & (m \neq n) \end{cases}$$

エルミート多項式は確率論や統計学などではよく用いられる．*量子力学における*調和振動子の*固有関数はエルミート多項式を用いて表される．

エルミート多項式は母関数

$$e^{tx - t^2/2} = \sum_{n=0}^{\infty} \frac{H_n(x) t^n}{n!}$$

によって定義することもできる．両辺を微分することにより，エルミートの微分方程式

$$H_n''(x) - xH_n'(x) + nH_n(x) = 0$$

($'$ は x 微分)が得られる．また母関数から3項漸化式

$$H_{n+1}(x) - xH_n(x) + nH_{n-1}(x) = 0$$
$$(H_0(x) = 1, \ H_1(x) = x)$$

も導かれる．なお

$$H_n(x) = (-1)^n e^{x^2} \frac{d^n}{dx^n} e^{-x^2}$$

で定義する流儀もある．⇒ 直交多項式

エルミート内積
Hermitian inner product

*エルミート形式が正定値であるときエルミート内積という．すなわち，複素ベクトル空間 V の任意の2つの元 $\boldsymbol{u}, \boldsymbol{v}$ に対して，次の(1)-(3)を満たす複素数 $\langle \boldsymbol{u}, \boldsymbol{v} \rangle$ が与えられたとき，これを V 上のエルミート内積または略して内積という．

(1)(エルミート対称性) $\langle \boldsymbol{u}, \boldsymbol{v} \rangle = \overline{\langle \boldsymbol{v}, \boldsymbol{u} \rangle}$.
(2)(線形性) $a, b \in \mathbb{C}$ のとき，$\langle a\boldsymbol{u} + b\boldsymbol{v}, \boldsymbol{w} \rangle =$

$a\langle \boldsymbol{u}, \boldsymbol{w}\rangle + b\langle \boldsymbol{v}, \boldsymbol{w}\rangle$.

(3)(正値性) $\langle \boldsymbol{u}, \boldsymbol{u}\rangle \geqq 0$.

$$\langle \boldsymbol{u}, \boldsymbol{u}\rangle = 0 \iff \boldsymbol{u} = \boldsymbol{0}.$$

このとき, $|\boldsymbol{u}|=\sqrt{\langle \boldsymbol{u}, \boldsymbol{u}\rangle}$ をベクトル $\boldsymbol{u}$ のノルムという.

n 項行ベクトル全体のなす線形空間 $\mathbb{C}^n$ は, エルミート内積

$$\langle \boldsymbol{x}, \boldsymbol{y}\rangle = x_1\overline{y}_1 + \cdots + x_n\overline{y}_n$$

($\boldsymbol{x}=(x_1, \cdots, x_n)$, $\boldsymbol{y}=(y_1, \cdots, y_n)$)を持つ. これを $\mathbb{C}^n$ の標準的エルミート内積という. ⇒ 内積(数ベクトルの), ベクトル空間, 内積とノルム, 内積空間, ヒルベルト空間

エルミートの微分方程式
Hermite's differential equation

微分方程式

$$\frac{d^2 y}{dx^2} - x\frac{dy}{dx} + ny = 0$$

のことをいう. $n=0,1,2,\cdots$ のとき, *エルミート多項式 $H_n(x)$ が 1 つの解である. エルミートの微分方程式は簡単な変換によって, 合流型超幾何微分方程式の特別な場合に帰着される.

エルミート変換
Hermitian transformation

$\mathbb{C}$ 上の*計量線形空間 L の線形変換 T が

$$\langle Tx, y\rangle = \langle x, Ty\rangle \quad (\forall x, \forall y \in L)$$

を満足するとき, エルミート変換という. エルミート変換を L の*正規直交基底を使って表現すると*エルミート行列になる.

LU 分解
LU-decomposition

正方行列 A を下(lower)3 角行列 L と上(upper)3 角行列 U の積の形 $A=LU$ に表すことを LU 分解(あるいはガウス分解)という. 線形方程式系 $Ax=b$ は, $Ly=b$ と $Ux=y$ の 2 つに分解できれば, それぞれは 3 角行列を係数行列にもつ方程式であるから逐次代入によって簡単に解ける. LU 分解による解法は本質的にガウスの消去法と同等であるが, 右辺ベクトル b だけが異なるいくつかの方程式を解く場合には, 始めに一度だけ A を LU 分解しておけばよいという利点がある. 行列 A の始めの k 行 k 列の要素からなる*主小行列式が $k=1,\cdots,n-1$ に対して 0 でないならば, A は LU 分解可能である. このとき, L や U の要素は A の小行列式で表され, したがって LU 分解は一意に定まる. 行列 A が*正則(可逆)ならば, ある*置換行列 P を掛けると PA が LU 分解可能である. LU 分解は乗算 $n^3/3$ 回程度, 加減算 $n^3/3$ 回程度, 除算 n 回程度の計算量で求められる. ⇒ 連立 1 次方程式, 上 3 角行列, 下 3 角行列

エルランゲン・プログラム
Erlangen program

19 世紀前半に*非ユークリッド幾何学が発見され, さらに*球面幾何学, *射影幾何学などの種々の幾何学がでそろってきた. *クラインは, これらの幾何学に共通する性格を見出し, 「幾何学は, *変換群の下で不変な性質を研究する学問である」ことをエルランゲン大学哲学部教授の就任に際しての講演で宣言した. この宣言が表明された冊子を「エルランゲン・プログラム」という(1872).

例えば, *ユークリッド幾何学では合同な図形の持つ性質を研究し, 射影幾何では射影変換で不変な性質を研究する. 合同変換, 射影変換全体はそれぞれ*群をなす.

クラインの思想は, 新しい幾何学の発展にも重要な役割を果たした. しかし, その後の幾何学の発展を見れば, クラインの立脚点は幾何学の性格を説明するには狭すぎることがわかる. 例えば, *リーマン幾何学における変換群は*等長変換からなる群であるが, 一般には等長変換群は自明(単位群)になる. したがって, リーマン幾何学を, 等長変換群の下での不変な性質を研究する分野と位置づけるのは困難である. É. *カルタンは, クラインの思想とリーマン幾何学などの新しい幾何学を, *接続の概念により統一的に扱うことを提唱した.

円
circle

平面上の 1 点 O から一定距離 $r>0$ にある点全体のなす図形を中心 O, 半径 r の円という. 座標を使うと $O=(a,b)$ を中心とする半径 r の円 C は

$$\{(x,y) \mid (x-a)^2 + (y-b)^2 = r^2\}$$

と表示できる. C 上の 1 点と O を結ぶ線分を C の半径という. また C 上の 2 点を結ぶ線分が O を通るとき直径という. 円の内部も含めて円ということもあるが, 通常は円と区別して円板という. また円板と区別するために円を円周ということもある. さらに円板では周囲の円を含めたものを閉円板, 含めないものを開円板という.

円は, 球面と並んで, 古代ギリシアで最も完

に調和した図形と考えられていた．

演繹法
deduction
前提された命題から論理上の規則だけに従って結論を導き出す方法のことをいう．*3段論法はその典型である．とくに数学では，まず，暗黙の前提を排除し，仮定を明確に述べて，そこから結論を証明することが必須である．

円円対応
circle-to-circle correspondence
複素平面の1次分数変換
$$z \mapsto \frac{az+b}{cz+d}$$
によって複素平面の円および直線は，円または直線に写る．直線は*無限遠点を通る円と考えることができるので，このことを円円対応という．

円環
annulus
2つの同心円の間の領域のことを円環という．

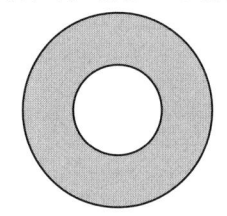

円環体
solid torus
3次元空間内に(2次元)*トーラスを図のようにおいたとき，その囲む図形のことを円環体という．

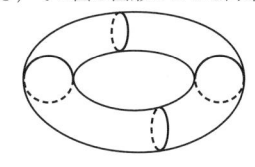

円形集合
circular set
複素線形空間 $\mathbb{C}^n$ の部分集合 D で性質「$\boldsymbol{x} \in D$，$\lambda \in \mathbb{C}$，$|\lambda| \leqq 1$ ならば，$\lambda \boldsymbol{x} \in D$」を満たすものを円形集合という．

演算
calculation, operation
数における加減乗除の考え方を一般化し，集合間の写像として定式化したものをいう．例えば，2つの自然数 a, b に対してそれらの和 $a+b$ を対応させることにより，自然数の集合 $\mathbb{N}$ の直積 $\mathbb{N} \times \mathbb{N}$ から $\mathbb{N}$ への写像が得られる．

写像の特別な場合として一般の演算が定義される．一般に $A, A_1, \cdots, A_n$ を集合とし，直積 $A_1 \times \cdots \times A_n$ から A への写像 τ を n 項演算という．

例えば実数を成分とする $n \times n$ 行列の全体 A に対して，通常の行列の積は演算を定める．また
$$A \times A \ni (X, Y) \mapsto \frac{1}{4}(XY + YX) \in A$$
も行列の演算 $X \circ Y$ を定める．この演算では $(X \circ Y) \circ Z$ と $X \circ (Y \circ Z)$ とは必ずしも一致しない．この例のように一般の演算では結合律は必ずしも成立しない．演算の考え方は種々の代数系を定義するときに有用である．

演算記号
symbol of operation
加減乗除などの演算を表すのに使う記号のこと．代表的なものは $+, -, \times, \div$ などである．この他にも，$\circ, \cdot, *, [\ ]$ などが演算記号として使われる．⇒ 演算

演算子
operator
*作用素のことである．演算子という言葉は応用面で用いられることが多い．

演算子法
operational calculus
微分演算を代数的に扱うことにより*線形微分方程式を解く手法をいう．歴史的には，英国の電気工学者ヘヴィサイド(O. Heaviside)が初めて理論化した．工学(特に電気工学)において用いられる．ヘヴィサイドの与えた算法は形式的なものであったが，後にラプラス変換および超関数論による基礎づけがなされた(→ ミクシンスキーの方法)．⇒ 演算子，ラプラス変換

円周角
arc angle
点 P, Q を円周上の2点とする．円周上の点 X が点 P, Q と異なるとき $\angle PXQ$ を円周角という．

直線 PQ に関して X と反対側にある円周上の点と P と Q からなる弧 $\overparen{PQ}$ を $\angle PXQ$ に対する弧といい,$\angle PXQ$ を弧 $\overparen{PQ}$ に対する円周角,または弧 $\overparen{PQ}$ の上に立つ円周角という.円の中心を O とすると円周角は対応する中心角 $\angle POQ$ の半分である.これより弧 $\overparen{PQ}$ に対する円周角はすべて等しい.

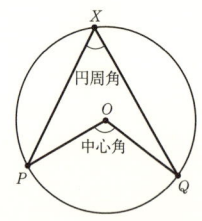

円周等分の問題 cyclotomic problem → 正多角形の作図

円周率

ratio of circumference of circle to its diameter

円の直径と円周の長さの比を円周率といい π (パイ)と記す.すなわち直径の長さを l とすると円周の長さは πl である.また,半径 r の円の面積 $=\pi r^2$,半径 r の球の表面積は $4\pi r^2$,体積は $4\pi r^3/3$ である.π はギリシア語の「周」を表す「$\pi\varepsilon\rho\iota\mu\varepsilon\tau\rho o\varsigma$」の頭文字である.

円周率 π は*無理数であることは 1761 年ランベルト(J. H. Lambert)によって示され,*超越数であることは 1882 年にリンデマン(C. L. F. Lindemann)によって証明された.

π の小数点以下 99 桁までの展開は,
$\pi = 3.1415926535897932384626433832795028841971693993751058209749445923078164062862089986280348253421170 67\cdots$
で与えられる.記号 π はイギリスの W. ジョーンズ(W. Jones, 1675-1749)が 1706 年に出版した著作で使ったのが最初であるが,オイラーが用いたことにより本格的に使われるようになった.

円周率は昔から多くの数学者の関心を引き,その値を求める試みが数学の進展に寄与してきた.文献に残る最初の円周率の計算は古代ギリシアの*アルキメデス(紀元前 250 頃)であり,円に内接および外接する正 96 角形の周の長さを比較計算することによって

$$\frac{223}{71} < \pi < \frac{22}{7}$$

を得た.直径 1 の円に内接する正 n 角形の周の長さを p_n,一般に外接する正 n 角形の周の長さを P_n とすると

$$p_n < p_{2n} < \cdots < p_{2^m n} < \cdots$$
$$< \pi < \cdots < P_{2^m n} < \cdots < P_{2n} < P_n$$

であり次の関係式が成り立つ.

$$P_{2n} = \frac{2p_n P_n}{p_n + P_n}, \quad p_{2n} = \sqrt{p_n P_{2n}}.$$

これを使うことによって円周率の近似値を求めることができる.オランダの数学者ルドルフ・ファン・コーレン(L. van Ceulen, 1540-1610)は生涯をかけて $n=2^{62}$ まで計算し,小数点以下 35 桁まで正しい円周率を計算した.ドイツでは円周率のことをルドルフ数ということがある.また,江戸時代の鎌田俊清(かまたとしきよ,1678-1747)は $n=2^{44}$ まで計算して小数点以下 24 桁まで正しい値を求めた.

中国三国時代の*劉徽(りゅうき,260 頃)は,内接正多角形を考えるだけで円周率の上と下からの評価ができることを示し,不等式

$$314\frac{64}{625} < 100\pi < 314\frac{169}{625}$$

を得た.中国南北朝時代の*祖冲之(そちゅうし,480 頃)はさらに精密な円周率を求め,円周率の近似値として 355/113 を得た.これは小数点以下 6 桁まで正しい近似値を与える.祖冲之はこれを密率と呼んだ.

鎌田俊清を除く江戸時代の和算家は,円周率の計算に内接正多角形のみを用いたが,数列の*加速法を用いて円周率のさらによい近似値を求めることに成功した.*関孝和(せきたかかず)は内接正 2^{17} 角形までの周の長さを求め,エイトケン加速(→ 加速法)を用いて円周率を小数点以下 12 桁まで正確な値を求めた.また*建部賢弘(たけべかたひろ)は $a_m = p_{2^m}^2$ にリチャードソン加速(→ 加速法)を適用して $m=10$,すなわち正 1024 角形までの計算で小数点以下 41 桁まで正確な円周率を求めた.これらの加速法は 20 世紀になって数値計算の分野で活用された.

円周率は 3 角関数と密接に関係している.これは

$$p_n = n\sin\frac{\pi}{n}, \quad P_n = n\tan\frac{\pi}{n}$$

と書けることからも推測される.*ヴィエト(1593)は,角数を倍々にふやしていく方法を,次のような π の無限積表示(→ 無限積)で表した.

$$\frac{2}{\pi} = \cos\frac{\pi}{4} \cdot \cos\frac{\pi}{8} \cdot \cos\frac{\pi}{16} \cdots$$
$$= \sqrt{\frac{1}{2}} \cdot \sqrt{\frac{1}{2} + \frac{1}{2}\sqrt{\frac{1}{2}}}$$
$$\cdot \sqrt{\frac{1}{2} + \frac{1}{2}\sqrt{\frac{1}{2} + \frac{1}{2}\sqrt{\frac{1}{2}}}} \cdots$$

実際,この等式は,極限公式(→3角関数)
$$\lim_{n\to\infty} 2^n \sin\frac{\pi}{2^n} = \pi$$
と正弦関数,余弦関数の倍角公式(→2倍角の公式)から得られる.

円周率を*無限級数を使って表すことは14世紀後半から15世紀に活躍した南インドの数学者マーダヴァによって最初に与えられた.彼は*逆正接関数 $\arctan x$ のテイラー展開
$$\arctan x = x - \frac{1}{3}x^3 + \frac{1}{5}x^5 - \frac{1}{7}x^7 + \frac{1}{9}x^9 - \cdots$$
を幾何学的考察によって求め,$x=1$ のときの特殊値として,次の π の無限級数表示を得た.
$$\frac{\pi}{4} = 1 - \frac{1}{3} + \frac{1}{5} - \frac{1}{7} + \frac{1}{9} - \cdots$$
この級数は,ヨーロッパではグレゴリー–ライプニッツの級数といわれている(グレゴリー,1671;ライプニッツ,1674).

こうした無限級数の発見は,*微分積分学の発展を促し,今日では無限級数,無限積などを使った円周率のたくさんの表示が知られている.

(1) ウォリスの等式(1655)(→ウォリスの公式)
$$\frac{2}{\pi} = \frac{1 \cdot 3 \cdot 3 \cdot 5 \cdot 5 \cdot 7 \cdot 7 \cdot 9 \cdots}{2 \cdot 2 \cdot 4 \cdot 4 \cdot 6 \cdot 6 \cdot 8 \cdot 8 \cdots}$$
$$= \prod_{n=1}^{\infty} \frac{4n^2 - 1}{4n^2}$$
は $I_n = \int_0^{\pi/2} \sin^n x\, dx$ とおくとき,次の3個の等式を組み合わせて得られる.
$$I_{2m} = \frac{1 \cdot 3 \cdots (2m-1)}{2 \cdot 4 \cdots (2m)} \frac{\pi}{2},$$
$$I_{2m+1} = \frac{2 \cdot 4 \cdots (2m)}{1 \cdot 3 \cdot 5 \cdots (2m+1)},$$
$$\lim_{m\to\infty} \frac{I_{2m}}{I_{2m+1}} = 1.$$
*ガンマ関数 $\Gamma(x)$ の無限積表示を用いれば,この等式は $\Gamma(1/2) = \sqrt{\pi}$ と同等である(スターリング,1730).

ブラウンカー卿(英国王立協会初代会長)は,ウォリスによる上記の π の表示に触発されて次の*連分数表示を与えた.

$$\pi = \cfrac{4}{1 + \cfrac{1}{2 + \cfrac{9}{2 + \cfrac{25}{2 + \cfrac{49}{2 + \cdots}}}}}$$

(2) 逆正接関数の無限級数展開とマチンの等式(1706)
$$\frac{\pi}{4} = 4\arctan\frac{1}{5} - \arctan\frac{1}{239}$$
を組み合わせることによって,円周率を求める計算は短時間にたくさんの桁まで計算できるようになった.

建部賢弘(1722)や*松永良弼(まつながよしすけ,1739)らは,数値計算に基づいて逆3角関数の級数展開に相当する無限級数を見出し,それを用いて松永良弼は小数点以下51桁まで正しい π の小数展開を得た.

(3) 最近得られた表示式として,次のようなものもある(ベイリー,ポールヴィル,ブラウフ,1995).
$$\pi = \sum_{n=0}^{\infty} \frac{1}{16^n} \left(\frac{4}{8n+1} - \frac{2}{8n+4} - \frac{1}{8n+5} - \frac{1}{8n+6} \right)$$
この級数を用いると,円周率の16進小数展開の任意の桁に現れる数値をそれ以前の桁の数値を計算することなく,短時間で計算することができる.

円周率は数学の種々の場面で登場する.*ゼータ関数 $\zeta(s)$ の $s=2$ での特殊値として,次のオイラーの等式(1735)が有名である.
$$\frac{\pi^2}{6} = 1 + \frac{1}{2^2} + \frac{1}{3^2} + \frac{1}{4^2} + \frac{1}{5^2} + \cdots$$

さらに,s が正の偶数値 $2m$ に等しいとき,π の $2m$ べきと関係する同様な関係式がある(→ベルヌーイ数).

また,*オイラーの関係式
$$e^{\pi i} = -1$$
は円周率と*自然対数の底 e との関係を与えている.さらに積分
$$\int_{-\infty}^{\infty} e^{-x^2}\, dx = \sqrt{\pi}$$
は*ガウス積分と呼ばれ,多くの分野に登場する.

以上のように,円周率の計算は微分積分学などの無限に関わる近代数学への道を拓いた.しかし,現在ではコンピュータと関係して円周率計算のための効率のよいアルゴリズムが研究の対象になっ

ている.

近年,スーパーコンピュータを利用して, π の近似値の精度は飛躍的に高まった. インドの天才数学者*ラマヌジャンによる*モジュラー方程式から導かれる π の表示式(1914)がそのきっかけになっている. ボルウィン兄弟(1987),チュドノフスキー兄弟(1989)や金田康正(1991)らはラマヌジャンの表示式をさらに精密化し,種々の効率のよい*アルゴリズムを開発し,現在,小数点以下1兆桁以上が計算されている. → 円理

円順列
circular permutation

順列の一種. 円周上に n 個のものを並べて,反時計まわりに順列として考えたとき,回転を無視したものである. 例えば $n=3$ のとき通常の*順列 abc に対して bca, cab, abc は同じ順列と考えたものが円順列である. その並べ方の総数は

$$\frac{n!}{n} = (n-1)!$$

となる. $n=3$ の場合の円順列は下図の2つだけである.

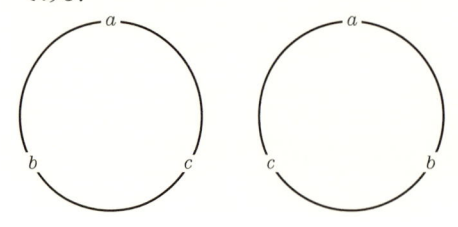

円錐曲線
conic section

円錐を平面で切ったときに現れる曲線,すなわち,円,楕円,放物線,双曲線を円錐曲線という. 座標を使えば,2変数の2次関数 $ax^2+bxy+cy^2+dx+ey+f$ の零点集合として表される曲線なので,*2次曲線ともいう.

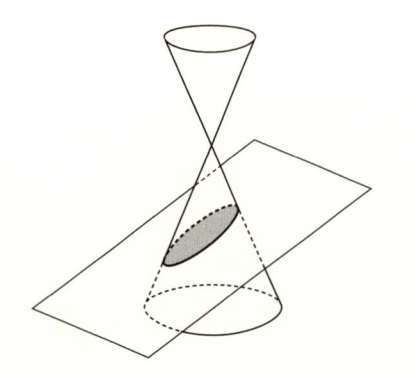

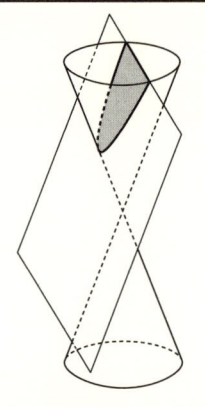

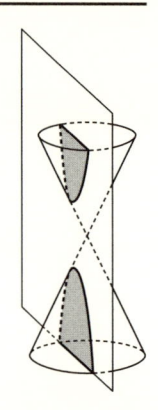

円錐曲線は円の次に自然に現れる曲線図形として古代ギリシアで研究された. *アポロニオスの円錐曲線論が有名であり,*ケプラー, *ニュートンによる惑星の運動の研究に応用された. 太陽から重力を受けて運動する物体の軌道は円錐曲線をなす(→ ケプラーの法則).

円積問題
quadrature of circle

「与えられた円と等しい面積を持つ正方形を定規とコンパスだけを用いて作図せよ」という問題を円積問題という. 古代ギリシアの3大作図問題の1つである. 円周率 π は超越数であるから,この作図は不可能である(リンデマン C. L. F. Lindemann, 1882). → 作図問題

ヒポクラテス(Hippokrates, 450 B.C.頃)は「直角3角形 ABC ($\angle A=$直角)の3辺を直径とする円から,図のようにできる2つの月形の面積の和は,$\triangle ABC$ の面積に等しい」という定理を証明した.

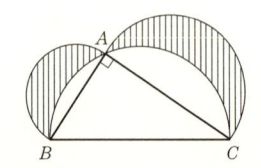

曲線で囲まれたこのように単純な図形の面積が,直線で囲まれた図形の面積に等しいという当時の驚きが,円積問題の背景にあるという.

アンティポン(Antiphon, 430 B.C.頃)は,次のような論法で円積問題が解けると主張した.「円に内接する正方形を作り,その辺を底辺として,

頂点を円周上に持つような2等辺3角形を作る．さらにその辺上に2等辺3角形を作って，以下これを繰り返すと正多角形の列ができ，辺が多くなるにつれて，円周に近づいていく．一方，多角形と面積が等しい正方形が作図できるから，結局円と同じ面積を持つ正方形が作図できる」．

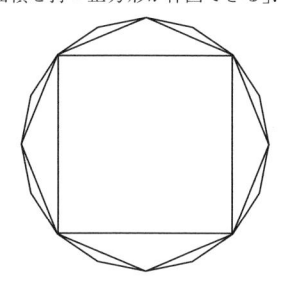

この作図には無限回の操作を必要とするので作図問題の通常のルールでは許されないが，このような論法は「*取り尽くし法」の原型となり，*エウドクソスや*アルキメデスによる「無限」の適切な処理が現れる背景となった．

円柱座標
cylindrical coordinates

3次元ユークリッド空間の点を表すのに，直交座標 (x, y, z) の代わりに xy 平面の極座標表示
$$x = r\cos\theta, \quad y = r\sin\theta$$
を用いて，空間の点を座標 (r, θ, z) ($r \geqq 0$, $0 \leqq \theta < 2\pi$, $-\infty < z < \infty$) で表すことができる．曲面 $r = $ (一定) は z 軸に平行な円柱を表すので，この座標を円柱座標という．

延長（常微分方程式の解の）
prolongation

常微分方程式 $du/dt = f(t, u)$ の2つの解 $u(t)$, $\tilde{u}(t)$ がそれぞれ区間 $I, \tilde{I}$ 上で定義されていて，$I \subset \tilde{I}$, かつ I 上で $u(t) = \tilde{u}(t)$ が成り立つとき，$\tilde{u}$ は u の延長であるという．解 u の延長が u 自身に限るとき，延長不能解という．例えば $du/dt = u^2$, $u(0) = C$ ($C > 0$) の解 $u(t) = C/(1 - Ct)$ は定義区間 $-\infty < t < 1/C$ をこれ以上広げることができず，延長不能解である．どのような解も，それを延長して延長不能解にすることができる．⇒ コーシーの存在と一意性定理（常微分方程式の）．

延長不能解　nonprolongable solution　⇒ 延長（常微分方程式の解の）

エントロピー
entropy

エントロピーという用語はクラウジウス(R. J. E. Clausius, 1865)に始まり，ギリシア語の $\tau\rho o\pi\eta$ (tropē, 変化)に由来し，変化容量を意味する造語であり，熱力学において不可逆性を定量的に表す量(エントロピーの増加)として導入された(→ エントロピー（熱力学の）)．その後，古典統計力学におけるボルツマンの研究(1877)において，巨視的状態に対応する微視的状態の数の対数としてエントロピーが捉えられ，不確定性を定量的に表す量という視点が誕生する(→ エントロピー（統計力学の）)．ボルツマン(L. Boltzmann)が導いたエントロピー
$$h = -\sum_{i=1}^{n} p_i \log p_i$$
(→ エントロピー（確率の）)は，1948年に情報量として*シャノンが導入した量と同じ形であり(→ エントロピー（情報理論の）)，情報量を，不確定性の減少を表す量として捉える視点が誕生する．さらに，1958年に*コルモゴロフは*測度論的エントロピーを導入し，力学系の不変量としてのエントロピーはその後の力学系理論・エルゴード理論の発展，また統計力学の数学的理論の展開に大きな寄与をすることとなった(→ エントロピー（力学系の）)．さらに，コルモゴロフは関数空間の大きさを測る量として*ε(イ(エ)プシロン)エントロピーを導入し，また，晩年には，有限列に対するコルモゴロフの複雑度の概念も導入した．このように，エントロピーはさまざまな研究の動機付けにおいて大きな役割を果たしてきているが，数学としてはそれぞれ別の概念であり，とくに，熱力学のエントロピーとそれ以外のものはその性格が著しく異なることに留意するべきである．⇒ エントロピー（分割の），エントロピー（言語の），エントロピー増大の原理，位相的エントロピー，相対エントロピー，コルモゴロフ-シナイのエントロピー

エントロピー（確率の）
entropy

確率ベクトル $p = (p_1, \cdots, p_n)$（すなわち，$p_i \geqq 0$, $p_1 + \cdots + p_n = 1$) に対して，
$$H(p) = -(p_1 \log p_1 + \cdots + p_n \log p_n)$$
をそのエントロピーという．ただし，$0 \log 0 = 0$ と定める．$H(p)$ は，$p_1, \cdots, p_n$ について対称な連続関数であり，$p_1 = \cdots = p_n = 1/n$ のとき最大値 $\log n$ をとり，$p_i = 1$, $p_j = 0$ $(j \neq i)$ のとき最小値

0をとる．さらに，$H(p)$ は狭義凹関数であり，エントロピーのイメージに相応しい性質を持ち，それらの性質から関数 $H(p)$ を特徴づけることもできる．なお，2つの確率ベクトル $p=(p_1,\cdots,p_n)$, $q=(q_1,\cdots,q_n)$ に対して，$q_i>0$ のとき，

$$H(p|q) = -\left(p_1\log\frac{p_1}{q_1}+\cdots+p_n\log\frac{p_n}{q_n}\right)$$

とおくと，$0\leq H(p|q)\leq H(p)$ であり，$H(p|q)$ を q に関する p の相対エントロピーという．

確率密度関数 $f(x)$ については，

$$H(f) = -\int f(x)\log f(x)dx$$

を f のエントロピーといい，2つの確率密度関数 $f(x), g(x)$ に対して，$g(x)>0$ のとき，

$$H(f|g) = -\int f(x)\log\frac{f(x)}{g(x)}dx$$

を $g(x)$ に関する $f(x)$ の相対エントロピー，または*カルバック-ライブラーの擬距離（またはエントロピーもしくは発散）という．⇒ H 定理

エントロピー（言語の）
word entropy

有限集合 A をアルファベットとする語の集合（*言語）L に対して，長さ n の語の数が N_n のとき，その増大度 $\limsup_{n\to\infty}(\log N_n)/n$ のことを言語 L のエントロピーという．また，片側または両側の無限記号列の集合 X に対しても，記号列の中に現れ得る語の全体を考え，そのエントロピーを X のエントロピーという．

エントロピー（情報理論の）
entropy

アルファベット A からなる1つの文字列 $w=a_1a_2\cdots a_n$ のもつ情報量は，この列を0と1の2文字だけからなる列に変換したときの長さ L の対数 $\log L$ で表される（→ ビット）．

情報源について各文字や単語の現れる頻度がわかっている場合，例えば，情報源が無記憶（つまり，ベルヌーイ系）の場合には，文字 a の出現確率を $p(a)$ とすると，この文字列 $w=a_1a_2\cdots a_n$ が現れる確率は $P(w)=p(a_1)p(a_2)\cdots p(a_n)$ となり，その対数（底は2とする）の符号を変えたもの

$$-\log P(w) = -\sum_{i=1}^n \log p(a_i)$$

を w の情報量という．また，無記憶な情報源がもつ1文字当たりの情報量の平均

$$h = -\sum_{a\in A}p(a)\log p(a)$$

をシャノンのエントロピーと呼ぶ．

一般に，情報源が定常ならば，つまり，その確率分布を P とするときに P が文字列全体の上のシフトに関して不変ならば，無限文字列 $x=a_1a_2\cdots$ に対して，1文字当たりの平均情報量 $I(x)=-\lim_{n\to\infty}(1/n)\log P(a_1\cdots a_n)$ が確率1で存在し，さらに，エルゴード的であれば，$I(x)$ はほとんど確実に定数となる．これをシャノン-マクミラン（Shannon-McMillan）の定理といい，その定数の値 h（一般には，上の $I(x)$ の平均値 h）をこの情報源のもつエントロピーという．なお，上記の $I(x)$ の収束は L^1 収束でもあるので，平均と和の順序交換ができて，一般に，$H_n=-\sum_{a_1,\cdots,a_n\in A}P(a_1\cdots a_n)\log P(a_1\cdots a_n)$ とすれば，

$$h = \lim_{n\to\infty}\frac{H_n}{n}$$

が成り立つ．エントロピーの定義だけのためならば，この式を用いるのが簡単である．⇒ エントロピー（力学系の），測度論的エントロピー，情報理論

エントロピー（統計力学の）
entropy

物理学としては，ある巨視的な状態のもつエントロピーは，ボルツマンの公式 $S=k\log W$ によって与えられる．ただし，W は対応する微視的な状態の数，k は（ボルツマン）定数である．数学的には，古典統計力学の巨視的な状態はユークリッド空間 $\mathbb{R}^n$ あるいは格子 $\mathbb{Z}^n$ 上の粒子配置の空間の上の確率測度（ギブズ測度）μ として捉える．このような場合，μ を有界領域 V に制限したときの確率 μ_V に関するエントロピー（→ エントロピー（確率の））を $H(\mu_V)$ として，無限体積極限 $S(\mu)=\lim_{|V|\to\infty}H(\mu_V)/|V|$（一般には上極限）を μ のエントロピーという．ただし，$|V|$ は V の体積とし，V は，例えば，立方体として空間全体に広げた極限を考える．μ が平行移動（シフト）不変ならば，上の極限は存在し，$S(\mu)$ が*測度論的エントロピーの多次元版となっている．このように定義したエントロピーは，大偏差原理により，ボルツマンの公式で与えたものと本質的に同じものであることが示される．

エントロピー(熱力学の)
entropy

熱力学のエントロピーは,巨視的な動的現象が一般に不可逆的であることを定量的に示す物理量であり,状態の数や通信文,軌道の多様さを表す量である統計力学や情報理論,力学系のエントロピーとはやや異質である.熱力学のエントロピーは,物理量としては例外的に,直接実験的に測定される量というよりは,「カルノー機関」などを用いた物理的論証により,もしくは物理の基本原理を公理系とした数学的証明により,その存在が導かれる量である.熱力学における仕事および熱量の微小変化 $d'W, d'Q$(記法は熱力学の慣用による)は,数学としては微分形式と見るのが自然である.熱力学の第1法則は,外界との物質的な出入りが無い場合,エネルギー E の微分に関する等式 $dE=d'W+d'Q$ となる.また,熱力学の第2法則(の1つの形であるクラウジウスの原理)によれば,絶対温度が T の熱源から熱量 $d'Q$ を吸収して一巡する循環過程 C に対しては,クラウジウスの不等式 $\int_C d'Q/T \leqq 0$ が成り立つ.ここで,C が準静的循環(熱平衡状態の空間内の閉曲線)のとき等号が成り立つことを認めれば,$\int_C d'Q/T=0$ と表される.したがって,$d'Q/T$ は閉微分形式となり,よって,熱平衡状態の関数 S が存在して,$dS=d'Q/T$ が成り立つ.この関数 S が熱力学におけるエントロピーである.また,絶対温度 T は,微分形式 $d'Q$ の積分因子の逆数として特徴づけられることになる. → 自由エネルギー,エントロピー(統計力学の)

エントロピー(分割の)
entropy

確率空間 (X, P) において,空間 X の有限可測分割 $\alpha=\{A_1, \cdots, A_n\}$ (ただし $A_i \cap A_j = \emptyset\ (i \neq j), A_1 \cup \cdots \cup A_n=X$)に対して,非負実数 $H(\alpha)=-\sum_{i=1}^{n} P(A_i) \log P(A_i)$ を分割 α のエントロピーという.

分割 α, β の細分 $\alpha \vee \beta$ に関しては,劣加法性 $H(\alpha \vee \beta) \leqq H(\alpha)+H(\beta)$ が成り立つ.したがって,$H(\alpha|\beta)=H(\alpha \vee \beta)-H(\beta)$ は $H(\alpha)$ 以下の非負実数であり,これを分割 β に関する分割 α の相対エントロピーという.α より β が細かい分割であるときに限り,$H(\alpha|\beta)=0$ となる.また,$H(\alpha|\beta)=H(\alpha)$ となるのは,分割 α, β が独立な場合,つまり,任意の $A_i \in \alpha, B_j \in \beta$ に対して $P(A_i \cap B_j)=P(A_i)P(A_j)$ が成り立つ場合に限る.なお,相対エントロピー $H(\cdot|\beta)$ も劣加法性を持つ. → エントロピー(確率の)

エントロピー(力学系の)
entropy

力学系について,そこに現れる軌道の豊富さ・多様さを表す不変量である.シャノンの情報量にヒントを得てコルモゴロフとシナイの導入した*測度論的エントロピーと,その位相力学系版といえる*位相的エントロピーがある.

エントロピー増大の原理
principle of increase of entropy

孤立した系は,エントロピーを増大させながら,エントロピー最大の状態に近づいていくという,物理学における原理(熱力学の第2法則)をいう.非可逆性を定量的に表したものである.ボルツマンの*H定理は,これを統計力学から導出する試みの一例である.

円の接線
tangent line of circle

円 S と直線 L は,交わらないか,2点で交わるか,1点で交わるかのいずれかである.S が L とちょうど1点 P で交わるとき,L は S の P での接線であるという.円 S 上の任意の点 P に対して,S の P での接線 L がただ1つ存在する.

円の接線という概念は,曲線の接線という概念の特別な場合である. → 接線

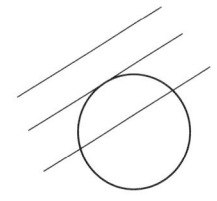

円の方程式
equation of circle

平面を座標 (x, y) で表し,点 (x_0, y_0) を中心とし,半径が r であるような円を S とする.(x, y) が円 S の点であることと $(x-x_0)^2+(y-y_0)^2=r^2$ を満たすことは同値である.$(x-x_0)^2+(y-y_0)^2=r^2$ を円 S の方程式という.

円板

disk

円の内部の点全体の集合を円板という（これに対して，円そのものを円周という）．

円分体

cyclotomic field

有理数体 $\mathbb{Q}$ に*1 の原始 n 乗根 ζ_n を添加した体 $\mathbb{Q}(\zeta_n)$（$\mathbb{Q}$ に 1 のすべての n 乗根を添加した体といっても同じ），およびその部分体を円分体という．円分体という名前は，1 の n 乗根が複素平面の単位円の円周を n 等分して得られることによる．

円分体 $\mathbb{Q}(\zeta_n)$ は $\mathbb{Q}$ の*ガロア拡大であり，そのガロア群 $\mathrm{Gal}(\mathbb{Q}(\zeta_n)/\mathbb{Q})$ は，$\mathbb{Z}/n\mathbb{Z}$ の可逆元のなす群 $(\mathbb{Z}/n\mathbb{Z})^\times$ と同型である．同型は，$\sigma \in \mathrm{Gal}(\mathbb{Q}(\zeta_n)/\mathbb{Q})$ に，$\sigma(\zeta_n)=\zeta_n^r$ となる整数 r の，$\mathrm{mod}\ n$ での剰余類（$(\mathbb{Z}/n\mathbb{Z})^\times$ の元とみなせる）を対応させることで与えられる．したがって，拡大次数 $[\mathbb{Q}(\zeta_n):\mathbb{Q}]$ は，群 $(\mathbb{Z}/n\mathbb{Z})^\times$ の位数である*オイラーの関数 $\varphi(n)$ に等しい．

$\mathbb{Q}$ の有限次拡大体 K について，K が $\mathbb{Q}$ の*アーベル拡大であることと円分体であることは，同値である（クロネッカーの定理）．

円分体は，*類体論や*岩澤理論の重要な研究対象である．

円分多項式

cyclotomic polynomial

*1 の原始 n 乗根の有理数体 $\mathbb{Q}$ 上の*最小多項式を n 次の円分多項式（あるいは円周等分多項式）という．この名前は，1 の n 乗根が，複素平面の単位円の円周を n 等分して得られることによる．n 次の円分多項式 $F_n(x)$ は 1 の原始 n 乗根 η を使って

$$F_n(x) = \prod_{\substack{1 \leq m \leq n, \\ m, n \text{ は互いに素}}} (x - \eta^m)$$

と書くことができる．$F_n(x) \in \mathbb{Z}[x]$ である．また，

$$x^n - 1 = \prod_{\substack{1 \leq d \leq n, \\ d \text{ は } n \text{ の約数}}} F_d(x)$$

が成り立つ．

例えば，
$F_2(x)=x+1$,　$F_3(x)=x^2+x+1$,
$F_4(x)=x^2+1$,　$F_5(x)=x^4+x^3+x^2+x+1$,
$F_6(x)=x^2-x+1$.

n が素数 p のときは
$$F_p(x) = x^{p-1} + x^{p-2} + \cdots + 1$$
である．

円理

*和算の用語で，円周率や円の面積，球の体積と関係する量や定積分を計算する数学をいう．和算家は円周率の詳しい値を求める過程で，無限級数や面積を取り扱うことによって，極限や定積分の概念の近くまで到達した．

村松茂清（むらまつしげきよ，1608-95）は 1663 年に刊行した『算俎』（さんそ）で，円に内接する正 8 角形から順次辺の数を 2 倍にして正 2^{15} 角形までの周の長さを求めることによって円周率 3.14159264… という結果を得た．これが，和算における円周率の理論的な扱いの最初である．*関孝和（せきたかかず，1640 頃-1708）も円に内接する正 2^{17} 角形まで同様の計算を行い，得られた各正多角形の周の長さのなす数列にエイトケン加速を用いて小数点以下 12 桁まで正確な円周率を求めた（実際には小数第 18 位まで正しい値が求められる）．*建部賢弘（たけべかたひろ，1664-1739）は円に内接する正 1024 角形までの周の長さの 2 乗がなす数列にリチャードソン加速（→ 加速法）を適用して小数点以下 41 桁まで正確な円周率を求めた．

一方，1722 年に著された『綴術算経（てつじゅつさんけい）』および『不休綴術（ふきゅうてつじゅつ）』の中で，建部賢弘は直径 d の円の弧長 s の 2 乗を円弧の中点とその円弧を張る弦の中点を結ぶ線分（これを和算家は矢（し）と呼んだ）の長さ c を使って，無限級数

$$\left(\frac{s}{2}\right)^2$$
$$= cd\left\{1 + \frac{2^2}{3 \cdot 4}\left(\frac{c}{d}\right) + \frac{2^2 \cdot 4^2}{3 \cdot 4 \cdot 5 \cdot 6}\left(\frac{c}{d}\right)^2 \right.$$
$$\left. + \frac{2^2 \cdot 4^2 \cdot 6^2}{3 \cdot 4 \cdot 5 \cdot 6 \cdot 7 \cdot 8}\left(\frac{c}{d}\right)^3 + \cdots \right\}$$

を得た．これは実質的には $\arcsin^2 x$ の無限級数展開である．

大阪の和算家であった鎌田俊清（かまたとしきよ，1678-1747）は 1722 年に完成した著書『宅間流円理』の中で

$$s = 2\sqrt{cd}\left\{1 + \frac{1^2}{3!}\left(\frac{c}{d}\right) + \frac{1^2 \cdot 3^2}{5!}\left(\frac{c}{d}\right)^2 \right.$$
$$\left. + \frac{1^2 \cdot 3^2 \cdot 5^2}{7!}\left(\frac{c}{d}\right)^3 + \cdots \right\}$$

を示している．こちらは arcsin x の無限級数展開である．鎌田俊清はさらに sin x の無限級数展開にあたる無限級数も得ている．また，鎌田は円に内外接する正 2^{44} 角形の周の長さを計算して円周率の値を小数点以下 30 桁まで計算した．鎌田の取り扱いは円周率を上と下から評価して，求めた数値が正確であることを示したものであり，円周率の値が正確であることを示した和算における唯一の例である．しかし，その意義を和算家は理解することができず，孤立した結果として終わった．

さらに，松永良弼（まつながよしすけ，1692 頃-1744）は 1739 年に完成した著書『方円算経』の中で，建部や鎌田の上記の展開式の他に弦の長さを使う無限級数展開を求め，それを使って

$$\pi = 3\left(1 + \frac{1^2}{4\cdot 6} + \frac{1^2\cdot 3^2}{4\cdot 6\cdot 8\cdot 10} + \frac{1^2\cdot 3^2\cdot 5^2}{4\cdot 6\cdot 8\cdot 10\cdot 12\cdot 14} + \cdots\right)$$

を導いた．また『方円雑算』（年紀不明）には円周率が小数点以下 53 桁まで述べられている．この数値は小数点以下 51 桁まで正確であった．これが和算における円周率の計算で一番精密なものである．ただし，得た結果が正確であるかどうかの証明はない．

円理と関係して出てくる無限級数の理論を和算では円理綴術と呼んだ．

*安島直円（あじまなおのぶ，1732-98）は円を直径に平行な等間隔の線で切って短冊の集まりとして円の面積を近似し，間隔を縮めた極限として円の面積を計算した．この計算の過程で安島は $\sqrt{1-x^2}$ の無限級数展開を使い，さらに $\lim_{n\to\infty}\left(\sum_{k=1}^{n} k^m\right)/n^m$ を求めて，最終的に

$$\frac{\pi}{4} = 1 - \frac{1}{2}\cdot\frac{1}{3} - \frac{1}{2\cdot 4}\cdot\frac{1}{5} - \frac{1\cdot 3}{2\cdot 4\cdot 6}\cdot\frac{1}{7} - \frac{1\cdot 3\cdot 5}{2\cdot 4\cdot 6\cdot 8}\cdot\frac{1}{9} - \cdots$$

を得た．安島の議論は極限操作を 2 回使うので円理二次綴術と呼ばれた．

さらに*和田寧（わだやすし，1787-1840）は

$$\int_0^1 x^m(1-x^2)^{n/2}dx$$

などの定積分の表を作成し，和算家がそれまで個別に計算していた図形の面積や体積の計算法を統一的に与えることに成功した．和田の方法は 2 項展開を使って項別積分を求める方法であったが，和算では関数概念が未発達であったので取り扱いは複雑であった．

和算の円理は 3 角関数や逆 3 角関数の無限級数展開や積分の考え方に肉薄しており，これらの無限級数展開はヨーロッパの数学者と独立に，しかもそのいくつかは彼らより早く得ている．しかし，これらの概念は常に円周率や円の面積を求める具体的な問題の中で取り扱われ，一般論としての取り扱いはあまり発達しなかった．⇒ 和算，円周率

オ

OR operations research ＝オペレーションズ・リサーチ

オイラー
Euler, Leonhard

1707-83 スイス生まれの18世紀を代表する数学者．バーゼルで*ヨハン・ベルヌーイ1世のもとで数学を学び，ペテルブルグ科学アカデミーに招かれて，一時期ベルリンの科学アカデミーにいた以外は生涯の大半をペテルブルグ(現在のサンクト・ペテルブルグ)で過ごした．ニュートン，ライプニッツの創始した微積分を*ベルヌーイ一族とともに継承して大きく開花させ，膨大な業績を残した．整数論，位相幾何学，楕円関数，特殊関数，偏微分方程式，変分法，流体力学，解析力学，差分法，数値計算などあらゆる分野にわたって基本的な貢献がある．今日の数学は多くの素材をオイラーに負っている．

さらに，今日使われている数学の表記法についても，オイラーに負うところが大である．例えば，e(自然対数の底)，i(虚数単位)，$\sum$(和の記号)などがそうである．

オイラー角
Euler's angles

1点で固定された物体(剛体)の位置を表すのに用いられるパラメータである．

物体の最初の位置を決めておき，固定点を原点とする．このとき次の3つの操作を(1),(2),(3)の順に施すことによって物体を任意の位置に動かすことができる．最初の位置に剛体を置き，空間のx,y,z軸を剛体に固定する．剛体を動かしたとき，その時点でのそれらの軸を，X,Y,Z軸とする．
(1) Z軸の周りにφ回転する．
(2) X軸の周りにθ回転する．
(3) Z軸の周りにψ回転する．
この3つのパラメータ(θ,φ,ψ)をオイラーの角という．

原点を止め，向きを保つような合同変換全体は，3行3列の直交行列で行列式が1となるもの全体と一致する．したがって物体の位置は直交行列で表される．オイラーの角が(θ,φ,ψ)である物体に対応する直交行列は $\sin\varphi=A$, $\sin\theta=B$, $\sin\psi=C$, $\cos\varphi=a$, $\cos\theta=b$, $\cos\psi=c$ とするとき，下の式で与えられる．

$$\begin{bmatrix} cab-CA & cAb+Ca & -cB \\ -Cab-cA & -CAb+ca & CB \\ aB & AB & b \end{bmatrix}$$

オイラー・グラフ
Eulerian graph

ある頂点から始めて同じ頂点に戻るような一筆書きができる有限グラフをオイラー・グラフといい，一筆書きに対応する閉路を*オイラー閉路という．無向グラフがオイラー・グラフであるためには，各頂点の*次数が偶数であることが必要十分である．また，有向グラフにおいては，各頂点の入次数と出次数が等しいことが必要十分である．→ ケーニヒスベルグの橋の問題，グラフ(グラフ理論の)

オイラー座標   Euler coordinates   →ラグランジュ座標

オイラー差分   Euler difference   →前進差分法，オイラー法(常微分方程式に対する)

オイラー数
Euler number

多面体Xの頂点の数をv，辺の数をe，面の数をfとしたとき，$v-e+f$のことをXのオイラー数という．Xが凸ならばオイラー数は2である(→オイラーの定理(多面体についての))．また，*同相な2つの多面体のオイラー数は一致する．

より一般に，*単体分割可能(または*胞複体と同相)な図形に対して，オイラー数を定義することができ，*位相不変量になる．すなわちn単体(またはn次元胞体)の数をc_nとすると，$\sum_n(-1)^n c_n$がオイラー数である．

一般の向き付け可能な閉曲面Mの*3角形分割に対しては，Mの「穴」の数(種数あるいは示性数という)をgとするとき，$v-e+f$は$2-2g$に等しい．

一般の*位相空間Xに対して，オイラー数は*ベッチ数$b_k(X)$の交代和$\sum_k(-1)^k b_k(X)$として定義される．Xが単体分割可能な場合は上の定義と一致する．オイラー数は*位相不変量である．→ 多面体，種数，単体分割，ベッチ数

オイラー積

Euler product

リーマンのゼータ関数
$$\zeta(s) = \sum_{n=1}^{\infty} \frac{1}{n^s}$$
はすべての素数にわたる積
$$\prod_{素数\, p} \frac{1}{1-p^{-s}}$$
として表示できる．これは整数の素因数分解の一意性が成り立つことを使って示すことができる．この事実は*オイラーによってはじめて発見されたのでオイラー積と呼ばれる．

類似の事実として，例えば，*代数体 K のデデキントのゼータ関数
$$\zeta_K(s) = \sum_{整イデアル\, \mathfrak{a}} \frac{1}{N(\mathfrak{a})^s}$$
($N(\mathfrak{a})$ は $\mathfrak{a}$ のノルムを表す)に対しては
$$\zeta_K(s) = \prod_{素イデアル\, \mathfrak{p}} \frac{1}{1-N(\mathfrak{p})^{-s}}$$
が成り立つ．これをデデキントのゼータ関数のオイラー積表示という．現在では種々のゼータ関数に対して類似のオイラー積表示が知られている．例えば
$$\Delta(z) = q \prod_{n=1}^{\infty} (1-q^n)^{24} \quad (q=e^{2\pi i z})$$
は上半平面で正則な関数を定義し，
$$\Delta(z) = \sum_{n=1}^{\infty} \tau(n) q^n$$
という展開を持つ．$\tau(n)$ は整数であり，
$$\sum_{n=1}^{\infty} \frac{\tau(n)}{n^s}$$
は積表示
$$\sum_{n=1}^{\infty} \frac{\tau(n)}{n^s} = \prod_{素数\, p} \frac{1}{1-\tau(p)p^{-s}+p^{11-2s}}$$
を持つ．これもオイラー積表示という．

また，ハッセのゼータ関数のようにオイラー積を使って逆にゼータ関数を定義する場合もある．→ ゼータ関数

オイラーの関係式

Euler's relation

円周率 π，自然対数の底 e，および虚数単位 i の間に成り立つ関係式
$$e^{i\pi} = -1$$
をオイラーの関係式という．$e^{2\pi i}=1$ をオイラーの関係式ということもある．→ オイラーの公式

オイラーの関数

Euler's function

正整数 n に対して $1, 2, \cdots, n$ のうち n と互いに素な数の個数を $\varphi(n)$ と記し，オイラーの関数という．例えば $n=12$ とするとき，12 と素なものは $1, 5, 7, 11$ であるから $\varphi(12)=4$ である．定義より，素数 p に対しては $\varphi(p)=p-1$ である．また m, n が互いに素であれば
$$\varphi(mn) = \varphi(m)\varphi(n)$$
が成立する．
$n=p_1^{a_1} p_2^{a_2} \cdots p_l^{a_l}$ を n の素因数分解とすると
$$\varphi(n) = n \left(1-\frac{1}{p_1}\right)\left(1-\frac{1}{p_2}\right)\cdots\left(1-\frac{1}{p_l}\right)$$
が成立する．$\varphi(n)$ は剰余環 $\mathbb{Z}/n\mathbb{Z}$ における*可逆元のなす群 $(\mathbb{Z}/n\mathbb{Z})^\times$ の*位数といってもよい．

オイラーは*フェルマの小定理の一般化として，「a, n を互いに素な自然数とするとき，$a^{\varphi(n)} \equiv 1 \pmod{n}$」を証明した．これは「位数 m の有限群 G の任意の元 $g \in G$ は $g^m = e$ (単位元)を満たす」という定理の $G=(\mathbb{Z}/n\mathbb{Z})^\times$ の場合である．オイラーの関数は，オイラー以前に*久留島義太によって導入され使用されていた．→ フェルマの小定理，1 の原始 n 乗根

オイラーの規準

Euler's criterion

*平方剰余に関する*ルジャンドル記号 $\left(\dfrac{a}{p}\right)$ に関して，p が素数のとき
$$\left(\frac{a}{p}\right) \equiv a^{(p-1)/2} \pmod{p}$$
が成立する．この事実をオイラーの規準という．

オイラーの公式

Euler's formula

*指数関数は複素変数まで拡張でき，自然対数の底 e と虚数単位 i を用いると
$$e^{i\theta} = \sum_{n=0}^{\infty} \frac{(i\theta)^n}{n!}$$
が成り立つ．これより，$e^{i\theta}$ および 3 角関数の間に関係式
$$e^{i\theta} = \cos\theta + i\sin\theta$$
が成立する．これをオイラーの公式という．実数の範囲で考えると全く異なる関数が，複素数の範囲で考えると結びついてしまうことを示す，不思議な公式である．特に $e^{i\pi}=-1$ である．$e^{n\pi i}$ は n が偶数のとき 1，奇数のとき -1 に等しい(→

オイラーの関係式）．

上の関係式を使うと，複素数 $z=x+iy$ に対して
$$e^z = e^x(\cos y + i\sin y)$$
が成り立つことがわかる．複素変数の指数関数 e^z は全複素平面上で正則な関数(→ 正則関数)である．

オイラーの公式から逆に
$$\sin z = \frac{e^{iz} - e^{-iz}}{2i}, \quad \cos z = \frac{e^{iz} + e^{-iz}}{2}$$
が得られる．この式によって3角関数を全複素平面上で正則な関数に拡張することができる．→ 3角関数

オイラーの恒等式
Euler's identity

以下の等式はオイラーの恒等式と呼ばれる．
(1) α を実数として，$f(x_1,\cdots,x_n)$ が α 次斉次式(すなわち $f(rx)=r^\alpha f(x), r>0$)であるとき
$$\sum_{i=1}^n x_i \frac{\partial f}{\partial x_i} = \alpha f(x)$$
が成立する．

(2)
$$1 = \frac{a^2}{(a-b)(a-c)} + \frac{b^2}{(b-c)(b-a)}$$
$$+ \frac{c^2}{(c-a)(c-b)},$$
$$0 = \frac{a}{(a-b)(a-c)} + \frac{b}{(b-c)(b-a)}$$
$$+ \frac{c}{(c-a)(c-b)},$$
$$0 = \frac{1}{(a-b)(a-c)} + \frac{1}{(b-c)(b-a)}$$
$$+ \frac{1}{(c-a)(c-b)}.$$

一般に，$a_i \neq a_j\ (i \neq j)$ として，
$$1 = \sum_{i=1}^n \frac{a_i^{n-1}}{\prod_{j \neq i}(a_i - a_j)},$$
$$0 = \sum_{i=1}^n \frac{a_i^k}{\prod_{j \neq i}(a_i - a_j)} \quad (k = 0, 1, \cdots, n-2)$$
が成り立つ．これらの恒等式は有理関数
$$\frac{z^m}{\prod_{i=1}^n (z - a_i)} \quad (m = 0, 1, \cdots, n-1)$$
の*リーマン球面上での*留数の和が 0 であることを使うと簡単に証明できる．

(3)
$$(a_1^2 + a_2^2 + a_3^2 + a_4^2)(b_1^2 + b_2^2 + b_3^2 + b_4^2)$$
$$= (c_1^2 + c_2^2 + c_3^2 + c_4^2).$$
ここで
$$\begin{cases} c_1 = a_1 b_1 - a_2 b_2 - a_3 b_3 - a_4 b_4 \\ c_2 = a_2 b_1 + a_1 b_2 - a_4 b_3 + a_3 b_4 \\ c_3 = a_3 b_1 + a_4 b_2 + a_1 b_3 - a_2 b_4 \\ c_4 = a_4 b_1 - a_3 b_2 + a_2 b_3 + a_1 b_4 \end{cases}$$
とする．これは*4元数の言葉を使えば，$\alpha=a_1+a_2i+a_3j+a_4k$, $\beta=b_1+b_2i+b_3j+b_4k$ の積のノルム(絶対値)が，それぞれのノルムの積に等しいことにほかならない．

オイラーのコマ
Euler's top

外部から力の働かないコマのことをいう．*オイラーの方程式で記述される．→ コマの運動，コワレフスカヤのコマ，オイラーの方程式(剛体の)

オイラーの定数
Euler's constant

極限値
$$\gamma = \lim_{m \to \infty}\left(1 + \frac{1}{2} + \cdots + \frac{1}{m} - \log m\right)$$
をオイラーの定数という．その近似値は $\gamma=0.5772156\cdots$ である．$-\gamma$ は*ガンマ関数 $\Gamma(z)$ の 1 における微分係数 $\Gamma'(1)$ に等しい．数としての性質はよくわかっておらず，γ が無理数かどうかも未知である．

オイラーの定理(多面体についての)
Euler's theorem

「凸多面体の頂点，辺，面の数を，それぞれ v, e, f とするとき，$v-e+f=2$ が成り立つ」という定理をいう．1752 年にオイラーが発見し位相幾何学のさきがけとなった．凸多面体は球面と同相であるので，オイラーの定理は球面の*オイラー数が 2 である，ということを意味する．

オイラーの方程式(剛体の)
Euler's equation

外力の働かない剛体の回転運動を記述する方程式のことである．重心を固定された剛体を考える．剛体に固定された座標で，剛体の*慣性テンソルを表す 3×3 行列(対称行列)が対角行列になるもの

を取る．この対角成分すなわち主慣性モーメントを I_1, I_2, I_3 とする．この座標に対する*角速度の成分を $(\omega_1, \omega_2, \omega_3)$ と記すと，外力が作用しないときの剛体の回転運動は

$$I_1 \frac{d\omega_1}{dt} = (I_2 - I_3)\omega_2\omega_3,$$
$$I_2 \frac{d\omega_2}{dt} = (I_3 - I_1)\omega_3\omega_1,$$
$$I_3 \frac{d\omega_3}{dt} = (I_1 - I_2)\omega_1\omega_2$$

なる微分方程式で表される．これをオイラーの方程式という．この微分方程式には，*第 1 積分 $I_1\omega_1^2 + I_2\omega_2^2 + I_3\omega_3^2$, $I_1^2\omega_1^2 + I_2^2\omega_2^2 + I_3^2\omega_3^2$ が存在し，*楕円関数を使って解くことができる．なお外力がある場合の運動方程式もオイラーの方程式ということがある．⇒ コマの運動，コワレフスカヤのコマ

オイラーの方程式(変分法の)　Euler's equation ＝ オイラー-ラグランジュ方程式

オイラー標数　Euler's characteristic ＝ オイラー数

オイラー閉路
　Eulerian tour
　グラフの一筆書きに対応するものであり，すべての辺をちょうど 1 回通る*閉路のことである(同じ頂点を何度通ってもよい)．通常は無向グラフの場合を指すが，有向グラフにおいてすべての辺をちょうど 1 回通る有向閉路を意味する場合もある．⇒ オイラー・グラフ，ハミルトン閉路，ケーニヒスベルクの橋の問題

オイラー法(常微分方程式に対する)
　Euler's method
　常微分方程式の数値解法のうちの最も基本的なものである．方程式 $dy/dx = f(x, y)$ に対して，独立変数 x の離散点 $x_1, x_2, \cdots, x_n, \cdots$ を定め，$y(x_n)$ の近似値 y_n を漸化式 $y_{n+1} = y_n + h_n f(x_n, y_n)$ によって定める ($h_n = x_{n+1} - x_n$)．これは，$x = x_n$ における微分 dy/dx を*前進差分(オイラー差分) $(y(x_n + h_n) - y(x_n))/h_n$ で近似したことに相当する．

オイラー方陣
　Euler square
　例えば

(1,1)	(2,2)	(3,3)	(4,4)
(2,4)	(1,3)	(4,2)	(3,1)
(4,3)	(3,4)	(2,1)	(1,2)
(3,2)	(4,1)	(1,4)	(2,3)

のように，n 種類の記号 $a_1, \cdots, a_n$ から作った n^2 個の対 (a_i, a_j) の n 行 n 列 の正方形配列は，どの行，どの列においても 1 つの記号が第 1 成分にも，第 2 成分にもちょうど一度ずつ現れるとき，n 次のオイラー方陣という．上の例は 4 次のオイラー方陣である．オイラー方陣はオイラー方格あるいはグレコラテン方陣とも呼ばれ，*実験計画において利用される．

この方陣に*オイラーの名前が付く理由は，「36 人の士官の問題」をオイラーが提出し，これが 6 次のオイラー方陣の非存在を問う問題になっているからである．問題は，6 軍団から 6 階級の士官を出して，これら 36 人の士官を 6 行 6 列に並べ，各行各列にどの軍団の士官も 1 人ずつおり，またどの階級の士官もやはり 1 人ずついるようにできるかということである．このような配置が存在すれば，軍団と階級のそれぞれに 1 から 6 までの番号をつけ，第 i 軍団に属す第 j 番目の階級の士官を (i, j) と表示することにより，6 次のオイラー方陣ができることになる．オイラーは，そのような方陣が存在しないことを予想し，さらに $n = 4k + 2$ 次のオイラー方陣も存在しないと予想した．6 次のオイラー方陣が存在しないことは，1900 年に Tarry によって示された．1959 年になって，Bose, Shrikhande, Parker によって，7 以上のすべての n に対して n 次のオイラー方陣が存在することが証明され，一般の場合のオイラーの予想は否定的に解決された．

オイラー方程式(流体力学の)
　Euler's equation
　完全流体の運動を*速度場に関する微分方程式で表したものである．*ナヴィエ-ストークス方程式において粘性を 0 にした場合に相当する．流体が非圧縮性で空間次元が 3 の場合は次の形に書かれる．

$$\frac{\partial \boldsymbol{u}}{\partial t} + (\boldsymbol{u} \cdot \mathrm{grad})\, \boldsymbol{u} = -\frac{1}{\rho} \mathrm{grad}\, p + \boldsymbol{K},$$

$$\text{div}\,\boldsymbol{u}\,\left(=\frac{\partial u_1}{\partial x_1}+\frac{\partial u_2}{\partial x_2}+\frac{\partial u_3}{\partial x_3}\right)=0.$$

ここで未知関数 $\boldsymbol{u}=(u_1,u_2,u_3)$ は流れの速度場を表し，$(\boldsymbol{u}\cdot\text{grad})\,\boldsymbol{u}$ は各成分が次式で表されるベクトルを意味する．

$$u_1\frac{\partial u_i}{\partial x_1}+u_2\frac{\partial u_i}{\partial x_2}+u_3\frac{\partial u_i}{\partial x_3}\quad(i=1,2,3).$$

p は圧力を表す．また，$\boldsymbol{K}=(K_1,K_2,K_3)$ は外力を，定数 ρ は流体の密度を表す．完全流体においては，*渦糸や*衝撃波などがそのまま特異性として出現し，そこで解の連続性が破れる．これは，現実の流体で粘性を限りなく小さくしていった極限状況で起こる現象を表していると解釈される．

オイラー方程式は，ある無限次元リー群上の不変リーマン計量に対する測地線の方程式として解釈することができる．

オイラー–マクローリンの総和公式
Euler-Maclaurin summation formula

和 $f(0)+f(1)+\cdots+f(n)$ の近似値を与える*台形公式を精密化した公式で，次の形を持つものをいう．

$$\sum_{k=0}^{n}f(k)=\int_0^n f(x)dx+\frac{f(0)+f(n)}{2}+$$
$$\sum_{k=1}^{m-1}\frac{B_{2k}}{(2k)!}(f^{(2k-1)}(n)-f^{(2k-1)}(0))+R_m.$$

ここで $B_2=1/6,\ B_4=-1/30,\ B_6=1/42,\cdots$ は*ベルヌーイ数を表し，剰余項 R_m は評価式

$$|R_m|\leq\frac{2^{2m}-1}{2^{2m-1}}\frac{|B_{2m}|}{(2m)!}\int_0^n|f^{(2m)}(x)|dx$$

を満たす．

例 $f(x)=1/(x+N)$ に $m=3$ としてオイラー–マクローリンの総和公式を適用し，$n\to\infty$ とすると

$$\sum_{k=1}^{N}\frac{1}{k}-\log N$$
$$=\gamma+\frac{1}{2N}-\frac{1}{12N^2}+\frac{1}{120N^4}-R_3$$

が得られる．ここで γ は*オイラーの定数，$|R_3|\leq 1/(126N^6)$ である．$N=10$ にとればこの式から γ の近似値 0.57721566 が得られる．

オイラー–ラグランジュ方程式 Euler-Lagrange equation ⇒ 変分法

凹 concave ⇒ 凹関数

凹関数
concave function

$-f(x)$ が*凸関数のとき，$f(x)$ は凹関数であるという．

黄金比
golden ratio

線分 AB を，
$$AB:AC=AC:BC$$
となるように，言い換えると $AC^2=BC\cdot AB$ となるように，点 C で内分したとき，AC と BC の比を黄金比という．
$$\frac{AC}{BC}=\frac{1+\sqrt{5}}{2}$$
である．

古来，黄金比は，美術，建築，工芸などで，最も調和のある造形を実現する方法として使われてきたといわれる．

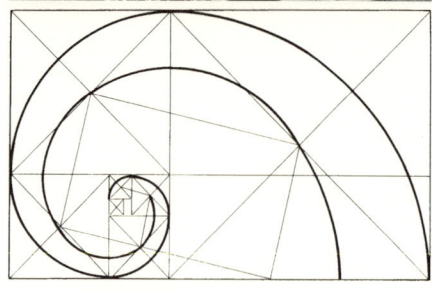

(柳亮『黄金分割』(美術出版社)より)

黄金比の数学的な「美しさ」は，その連分数展開(→ 連分数)に見ることができる．

$$\frac{1+\sqrt{5}}{2}=1+\cfrac{1}{1+\cfrac{1}{1+\cfrac{1}{1+\cfrac{1}{1+\cdots\cdots}}}}$$

黄金分割
golden cut

線分を*黄金比に分割することをいう.

例 正5角形の2つの対角線は,互いに黄金分割する.

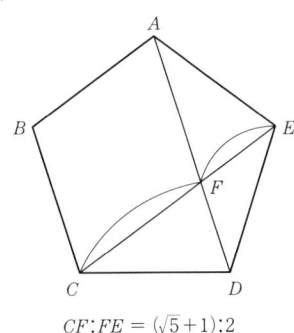

$CF:FE = (\sqrt{5}+1):2$

横断的
transversal

空間内の2つの曲面 Σ_1 と Σ_2 が横断的とは,一般の位置にあることをいう(→ 一般の位置(図形の間の)). すなわち,おのおのの交点 $p\in\Sigma_1\cap\Sigma_2$ で接空間の交わり $T_p(\Sigma_1)\cap T_p(\Sigma_2)$ の次元が1であることを指す.

2つの曲面が与えられたとき,これらを少し動かせば,いつも横断的にできることが知られている.これを,横断正則性定理(transversality theorem)と呼ぶ(→ サードの定理).

多様体 M の2つの部分多様体 N_1, N_2 が交わっているとき,各点 $p\in N_1\cap N_2$ において,$T_p(M)=T_p(N_1)+T_p(N_2)$ が成り立つとする.このとき,N_1, N_2 は横断的に交わるという.横断的に交わる N_1, N_2 に対して,$N_1\cap N_2$ は部分多様体になる.

$F_1:\mathbb{R}^{n_1}\to\mathbb{R}^m$, $F_2:\mathbb{R}^{n_2}\to\mathbb{R}^m$ を微分可能な写像とすると,F_1 と F_2 が横断的とは,$F_1(x)=F_2(y)$ なる任意の $x\in\mathbb{R}^{n_1}$, $y\in\mathbb{R}^{n_2}$ の組に対して,F_1 のヤコビ行列 J_xF_1 の像 $\mathrm{Im}\,J_xF_1$ と F_2 のヤコビ行列 J_yF_2 の像 $\mathrm{Im}\,J_yF_2$ が,ベクトル空間 $\mathbb{R}^m$ を張ることをいう.すなわち,

$$\mathbb{R}^m = \mathrm{Im}\,J_xF_1 + \mathrm{Im}\,J_yF_2$$

が成り立つとき F_1 と F_2 は横断的という.この定義は多様体間の写像の場合に一般化される.また,F_i が*埋め込みの場合には,部分多様体に対する定義と一致する.写像に対しても同様な横断正則性定理が成り立つ.

応力テンソル
stress tensor

弾性体などの物体を歪める.すると,その微小部分に対して,他の部分から力が働く.これが応力である.応力は,微小部分をある方向に動かすように働くだけでなく,その形を変形するようにも働く.したがって,応力は方向と大きさで決まるベクトルよりも複雑であり,2階*対称テンソル T_{ij} で表される.すなわち,単位*法線ベクトルが $\boldsymbol{n}=(n_1, n_2, n_3)$ であるような,微小な面に対して働く応力は $\sum_j T_{ij}n_j$ を i ($i=1,2,3$) 番目の成分とするベクトルである.T_{ij} を応力テンソルまたはコーシーの応力テンソルという(応力テンソルは2階の*共変テンソルである).

単位体積あたりの外力を $\boldsymbol{F}=(F_1, F_2, F_3)$,密度を ρ,*速度場を $\boldsymbol{v}=(v_1, v_2, v_3)$ とすると,応力テンソルは次の平衡方程式を満たす.

$$\rho\frac{Dv_j}{Dt} = \sum_{i=1}^3 \frac{\partial T_{ij}}{\partial x_i} + F_j \quad (j=1,2,3)$$

ここで $D/Dt=\partial/\partial t+\sum_i v_i(\partial/\partial x_i)$ は*ラグランジュ微分である.

$\boldsymbol{F}=\boldsymbol{0}$ のとき,平衡方程式を S を境界とする有界領域 Ω で積分し,*ガウスの発散定理を用いると,

$$\frac{d}{dt}\int_\Omega \rho v_j dx$$
$$= -\rho\int_S v_j\boldsymbol{v}\cdot\boldsymbol{n}dS + \int_S \sum_i T_{ij}n_i dS$$

が得られる.ここで $\boldsymbol{n}=(n_1, n_2, n_3)$ は S の外向き単位法線ベクトル場である.上式の左辺は Ω 内の物質の運動量の変化率を,右辺第1項は S の外に物体が流れ出ることによる運動量の変化の割合を,第2項は S で働く力による運動量の変化を表す.

マクスウェルは電磁場の運動量の流れに対して,物質の流れとのアナロジーでマクスウェルの応力テンソル T_{ij} を次の式で定義した.

$T_{ij} =$
$\varepsilon_0\left(E_iE_j+c^2B_iB_j-\frac{1}{2}(\|\boldsymbol{E}\|^2+c^2\|\boldsymbol{B}\|^2)\delta_{ij}\right)$

ここで,$\boldsymbol{E}=(E_1, E_2, E_3)$ は電場,$\boldsymbol{B}=(B_1, B_2, B_3)$ は磁場,ε_0 は誘電率,δ_{ij} は*クロネッカーのデルタ,c は光速,$\|\ \|$ はベクトルの大きさである.

岡潔　おかきよし
Oka, Kiyoshi

1901-78　多変数複素関数論で顕著な業績をあげた数学者．与えられた零点，極を持つ正則関数の構成に関するクザン(P. Cousin)の問題(1935)，特定の関数族による近似に関するルンゲ(C. Runge)の問題，*正則領域と*擬凸領域に関するレヴィ(E. Levi)の問題など，1930-40年代にかけての多変数複素関数論の中心問題を独創的な方法で解決した．特に，正則関数の不定域イデアルの概念を導入し(1944)，今日の数学の主要概念の1つである連接*層の概念を実質的につくりあげた．これらの功績により，1960年文化勲章を受章した．また，『春宵十話』などの随筆集も有名である．

押出し
push forward, push out

写像 $f:X\to Y$ が与えられ，X 上で定義された対象から，f を使って Y 上の対象を構成することを，f による押出しという．例えば，可測空間の間の可測写像 $f:X\to Y$ があると，X 上の測度 m は，Y 上の測度 f_*m を $(f_*m)(A)=m(f^{-1}(A))$ で定める．⇒引き戻し

オートマトン
automaton

オートマトンとは，コンピュータのような自動機械の数学モデルの総称である．内部に記憶装置を持ち，その状態を入力に応じて変更し，結果を出力するという形のものが多い．*チューリング機械や*有限オートマトンはオートマトンの一種である．

帯行列
band matrix

例えば*3重対角行列のように，0でない要素が対角線付近だけにある行列をいう．帯行列を係数とする線形方程式系は高速に解くことができ，また帯行列の固有値（の近似値）は高速に求めることができる．数値計算においては，与えられた行列をまず初めに直交変換によって3重対角行列に変換してから，反復計算を開始することが多い．

オペレーションズ・リサーチ
operations research

社会一般，とりわけ産業界におけるさまざまな問題を合理的，数理的に解決する技法の総称であり，しばしばORと略称される．現象を抽象化したモデルを設定し，モデルの数理的分析を通じて意思決定の支援を行う．用いられる数理的手法は多岐にわたるが，数理計画法（線形計画法，組合せ最適化），待ち行列理論，ゲーム理論などが代表的である．第2次世界大戦中にイギリスやアメリカにおいて作戦(operation)を数理的に研究(research)したことがORの起源とされている．

オマル・ハイヤーム
'Umar Khayyām, Abū al-Fatḥ 'Umar b. Ibrāhīm

1048頃-1131頃　アル=ハイヤーミーともいう．11世紀のペルシアの詩人であり天文学者，哲学者，数学者．数学者としては，アラビア語による著作『アル=ジャブルとアル=ムカバラの諸問題の証明についての考察』で，*アル=フワーリズミーの2次方程式の理論を3次方程式の理論に拡張し，円錐曲線の交点として解を求めた．ただし，座標の概念はなかった．また，著書『エウクレイデスの書の中の難点に関する注釈』で平行線の公理や比例論についての注釈を行ったことでも知られている．

4行詩『ルバイヤート』はE. フィッツジェラルドの英訳によって世界的に有名になった．⇒アラビアの数学

オームの法則
Ohm's law

電流と電圧（電位差）の間の関係を与える法則で，「導線の両端点の間の電圧と，この導線を流れる電流とは比例する」と述べられる．すなわち，導線のみによる正定数 R が存在して，電圧 V と電流 I の間には $V=RI$ という関係が成り立つ．R は電気抵抗といわれる．R^{-1} を導電率という．オームの法則は*キルヒホフの法則と併せて，電気回路の基本法則をなす．

ω 極限集合
ω-limit set

*位相力学系 (X, f_t) の*軌道の様子を調べる上で基本的な概念の1つである．空間 X の点 x に対して，軌道 f_tx の $t\to +\infty$ での極限点（つまり，ある部分列 $t=t_n\to\infty$ に沿って f_tx の極限となる点）を点 x の ω 極限点（ω-limit point）といい，その全体を x の ω 極限集合という．ω 極限集合は f_t に関して不変な閉集合（空集合の場合もある）で，$\omega(x)$, $\omega(x; f_t)$ などと記す．空間 X

が*コンパクトならば，集合 $\omega(x)$ は決して空にならない．$\omega(x)$ が1点集合 $\{x_0\}$ であることは，その点 x_0 が f_t の*不動点(固定点)であり，$f_t x$ は $t\to\infty$ のとき x_0 に収束することを示す．また $\omega(x)$ が周期軌道ならば，$f_t x$ は漸近的に周期運動をすることを表す．また，「$x\in\omega(x)$」は，$t\to\infty$ のとき点 x の任意の近傍 U に $f_t x$ が無限回戻ってくることを表す(→ ポアソン安定)．なお，ω はギリシア文字のアルファベットで最後の文字であり，f_t が可逆なとき，$t\to-\infty$ のときの極限集合は，その最初の文字を用いて，点 x の α 極限集合といい，$\alpha(x), \alpha(x;f_t)$ などと記す．

表　obverse　⇒ 裏(曲面の)

重み　weight　⇒ 重み関数，重み付き平均

重み関数
weight function

いろいろな意味で用いられるが，例えば積分について，ある非負の関数 $w(x)$ を与えて，$I(f)=\int f(x)w(x)dx$ を f の積分と考える方が都合の良いことがある．このとき，この積分を重み付き積分といい，$w(x)$ を重み関数という．例えば，$\int_0^{\pi/2} f(\sin\theta)d\theta$ を $\int_0^1 f(x)(1-x^2)^{-1/2}dx$ と書き直すと，$w(x)=(1-x^2)^{-1/2}$ を重み関数とする重み付き積分となる．

重み付き平均
weighted mean

実数 $a_1,\cdots,a_n$ の平均として，正数 $m_1,\cdots,m_n$ を用いて
$$\frac{m_1 a_1 + \cdots + m_n a_n}{m_1 + \cdots + m_n}$$
を考えることがある．これを重み $m_1,\cdots,m_n$ 付きの平均という．加重平均ともいう．

折り目
fold

写像の特異点のもっとも単純な例である．F が原点の周りの変数変換で $F(x_1,\cdots,x_n)=(x_1^2,x_2,\cdots,x_n)$ とできるとき，折り目という．$n=2$ のときは，次の図のような形である．⇒ くさび

折れ線
polygonal line

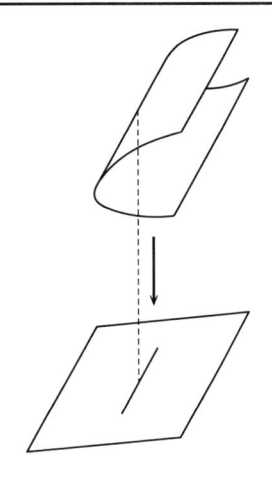

有限個の点 $A_1,\cdots,A_n$ を順に線分で結んで得られる図形を，$A_1,\cdots,A_n$ を結ぶ折れ線という．

折れ線関数
polygonal function

$f(x)=|x|$ などのように，1次関数をいくつかつないで得られる実数区間上の連続関数のことをいう．

折れ線近似
polygonal approximation

*折れ線関数によって近似すること．⇒ コーシーの折れ線近似

カ

解
solution
例えば，代数方程式
$$a_0 x^n + a_1 x^{n-1} + \cdots + a_{n-1} x + a_n = 0$$
に対して数 α が
$$a_0 \alpha^n + a_1 \alpha^{n-1} + \cdots + a_{n-1} \alpha + a_n = 0$$
を満足するとき，α をこの代数方程式の解であるという．→ 根

一般に，与えられた方程式（または条件）を満たす数や関数をその解という．

外延公理
axiom of extensionality
公理的集合論における公理の 1 つ．素朴集合論では，2 つの集合 A, B について，それらが等しいことを「$x \in A$ ならば $x \in B$ であり，かつ $x \in B$ ならば $x \in A$ である」が成り立つことで規定するが，これを公理として採用したものを外延公理という．

外延と内包
denotation and connotation
元来は哲学や論理学の用語である．集合 $A = \{1, 2, 3, 4\}$ のように，その元をすべて並べて集合を定めることを外延的定義といい，$A = \{x | x \text{ は整数で } 1 \leq x \leq 4\}$ のように，その性質を用いて集合を定めることを内包的定義という．

開円板
open disk
(x_0, y_0) から距離 r 未満にある $\mathbb{R}^2$ の点全体を，(x_0, y_0) を中心とした半径 r の開円板という．高次元のユークリッド空間や一般の距離空間でも同様に定義される．この場合は開球体（→ 球体）ともいう．→ 閉円板

開核
interior
$\mathbb{R}^2$ の部分集合 V の開核とは，次の性質をもつような V の点 p の全体を指す：

「p に十分近い点がすべて V に属する，すなわち，$q \in \mathbb{R}^2, \|p-q\| < \varepsilon$ ならば $q \in V$，が成り立つように正の数 ε を選ぶことができる」

一般に，位相空間 X の部分集合 V の*内点全体を V の開核，あるいは内部という．V の開核は V に含まれる開集合全体の和集合に一致する．また V の開核の補集合は，V の補集合の*閉包である．

外角
external angle
多角形において，その 1 つの辺と，それに隣り合う辺の延長とのなす角のこと．

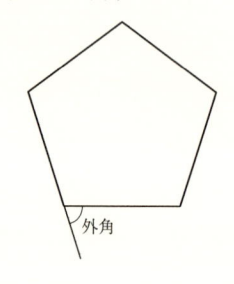

回帰性
recurrence
*微分方程式の解，あるいは，*力学系の軌道について，出発点の任意の近傍に無限回戻ってくることをいう．再帰性ともいうが，後者は，*測度正の集合に無限回戻ってくるという弱い意味に用いて区別することもある．

回帰直線　regression line　→ 最小 2 乗法

回帰分析
regression analysis
観測されたデータに基づいて 1 つの変数 y と他の変数 $x_1, \cdots, x_m$ の関数関係 $y = f(x_1, \cdots, x_m)$ を推定する方法である．y を目的変数，$x_1, \cdots, x_m$ を説明変数，f を回帰式という．また，$m=1$ の場合を単回帰分析，$m \geq 2$ の場合を重回帰分析と呼ぶ．関数形の定め方としては，パラメータ $a_1, \cdots, a_k$ を含んだ形 $f(x_1, \cdots, x_m; a_1, \cdots, a_k)$ を想定し，*最小 2 乗法によってパラメータの値を定めることが多い．とくに，
$$f = a_1 x_1 + \cdots + a_m x_m + a_{m+1}$$
の形のとき線形回帰という．回帰分析の数学的性質（意味，精度など）は統計学，確率論の枠組で議論される．

階級
class
例えば，身長を統計的に調べる場合，適当な幅の小区間に分けてそれぞれの範囲に入るデータの数を扱うことが多い．このような範囲を階級といい，各階級は通常その中点の値で代表させ，その値を階級値という．例えば，棒グラフを描くときには，このような階級化を行うことになる．また手計算で平均や分散を計算する際には階級化しておくと効率がよい．

階級値
class value, class mark
階級を代表する値である．通常，階級の中央値をいう．

解曲線
solution curve
常微分方程式の解を曲線と見なしたとき，それを解曲線と呼ぶ．

解曲面
solution surface
偏微分方程式
$$F\left(x,y,z,\frac{\partial z}{\partial x},\frac{\partial z}{\partial y},\cdots\right)=0$$
について，解 $z=f(x,y)$ の表す曲面を解曲面という．

概均質ベクトル空間
prehomogeneous vector space
例えば $v_0=\begin{pmatrix}1\\0\end{pmatrix}$ として，cgv_0（g は複素回転行列，すなわち ${}^tgg=I$（単位行列），$\det g=1$ である複素2次正方行列，c は0でないスカラー）の形のベクトル全体を考えると，$x^2+y^2\neq 0$ を満たす $\mathbb{C}^2$ のベクトル $\begin{pmatrix}x\\y\end{pmatrix}$ がすべて得られる．このようにベクトル空間 V に*代数群 G が作用し，ある1点 v_0 の*軌道 $G\cdot v_0$ が次元の低い*代数的集合を除いて V 全体に一致するとき，(G,V) を概均質ベクトル空間という．概均質ベクトル空間は，リーマンの*ゼータ関数の解析接続と関数等式が成り立つ内在的理由を説明するため，佐藤幹夫により導入された概念で，この理論からゼータ関数の多くの例が得られる．

開近傍
open neighborhood
*位相空間 X の点 x を含む*近傍 U が X の*開集合であるとき U は x の開近傍という．x を含む開集合が開近傍であるといってもよい．

解空間
space of solutions
方程式の解の全体を幾何学的に捉えるとき，それを解空間という．例えば，n 階の単独の線形常微分方程式の解空間は，方程式が斉次であれば，n 次元の線形空間で，非斉次であれば，n 次元のアフィン空間である．

開区間
open interval
両端を含まない区間のこと．⇒ 区間

階差
difference
数列 $a_1,a_2,\cdots$ に対して，
$$\Delta a_n=a_{n+1}-a_n$$
とおいて得られる数列 $\Delta a_1,\Delta a_2,\cdots$ を，もとの数列の第1階差(数列)という．この操作を続けて，第 k 階差(数列) $\Delta^k a_1,\Delta^k a_2,\cdots$ を定義する．すなわち，$\Delta^k a_1,\Delta^k a_2,\cdots$ は，$\Delta^{k-1}a_1,\Delta^{k-1}a_2,\cdots$ の第1階差である．

階差数列
progression of differences
数列 $\{a_n\}$ に対して数列 $\{a_{n+1}-a_n\}$ を階差数列という．階差数列を考えると，もとの数列の性質が見やすくなることがある．⇒ 階差

開写像
open map
位相空間 X から位相空間 Y への写像 f は，X の任意の開集合 U の像 $f(U)$ が Y の開集合となるとき開写像という．例えば，$(x,y)\mapsto x$ により定義される $\mathbb{R}^2$ から $\mathbb{R}$ への写像は開写像である．また，f が複素平面の領域 Ω で定義された定数でない*正則関数であると，$f\colon\Omega\to\mathbb{C}$ は開写像である．⇒ 連続写像

開写像定理
open mapping theorem
*バナッハ空間の間の連続(有界)線形作用素が全射であれば*開写像であるという定理をいう．も

概周期関数
almost periodic function

関数 $\sin x + 2\sin\sqrt{2}x$ は*周期関数ではないが，周期関数に近い性質を持っている．このような関数を概周期関数という．

実変数の複素数値関数 $f(x)$ は，次の性質を満たすとき，概周期関数と呼ばれる．

(1) f は*連続である．

(2) 任意の $\varepsilon>0$ に対して，$L(\varepsilon)>0$ が存在して，長さ $L(\varepsilon)$ の任意の開区間 $(a, a+L(\varepsilon))$ は，
$$|f(x+\tau)-f(x)|<\varepsilon \quad (x\in\mathbb{R})$$
が成り立つような τ を含む．

周期 L の周期関数は概周期関数である．一般に f,g が概周期関数であるとき，$af+bg$ $(a,b\in\mathbb{C})$ も概周期関数である．したがって $\lambda_1,\cdots,\lambda_k\in\mathbb{R}$，$a_1,\cdots,a_k\in\mathbb{C}$ のとき
$$f(x)=a_1 e^{i\lambda_1 x}+\cdots+a_k e^{i\lambda_k x} \quad (*)$$
は概周期関数である．すべての概周期関数は，$(*)$ の形の関数によって一様に近似されることが知られている（ボーア(H. Bohr)の定理）．

概周期関数 f に対して，極限値
$$M(f)=\lim_{T\to\infty}\frac{1}{T}\int_a^{a+T}f(x)dx$$
が存在し，a にはよらない．これを f の平均値と呼ぶ．概周期関数全体のなす線形空間に内積 $\langle f,g\rangle = M(f\bar{g})$ を入れると，関数族 $\{\exp(i\lambda x)\,|\,\lambda\in\mathbb{R}\}$ はこの内積に関して*正規直交系をなす．→ 準周期関数，周期関数

開集合
open set

平面上で，曲線で囲まれる図形は，境界である曲線が含まれないときは開集合で，それを（一部でも）含むときは開集合にならない．数直線の中で，開区間 (a,b) は開集合であるが，閉区間 $[a,b]$ は開集合ではない．

連続関数 f と不等号 $<$ を用いて，
$$U=\{x\,|\,f(x)<c\}$$
と表される集合 U は開集合であるが，不等号 $\leqq$ を用いて，例えば
$$U=\{(x,y)\in\mathbb{R}^2\,|\,x^2+y^2\leqq r^2\}$$
と表される集合は開集合ではない．

n 次元ユークリッド空間 $\mathbb{R}^n$ の部分集合 U が開集合であるとは，任意の $x\in U$ に対して，$\varepsilon>0$ が存在して，2点 x,y の距離が $\|y-x\|<\varepsilon$ ならば $y\in U$ であることを指す（すなわち，U の元に十分近い $\mathbb{R}^n$ の元は再び U の元であることをいう）．

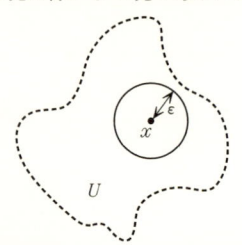

一般の*距離空間に対しても開集合の概念が同様に定義される．また，どの部分集合が開集合であるかを指定することで，空間に位相が定義されて*位相空間になる．→ 閉集合

概収束
almost everywhere convergence

関数列 $\{f_n(x)\}$ が関数 $g(x)$ に概収束するとは，測度 0 の集合 N があって，その補集合 N^c 上のどの x に対しても，$\lim_{n\to\infty}f_n(x)=g(x)$ が成り立つことをいう．→ L^p 収束，ほとんどいたるところ

階乗
factorial

正整数 n に対して積 $1\cdot 2\cdot 3\cdots(n-1)\cdot n$ を n の階乗といい $n!$ と記す．また 0 の階乗 $0!$ は 1 と約束する．n 個の文字の置換(順列)の個数は $n!$ に等しい．

$n!$ は n が大きくなるとき急激に大きくなる．その増大度は $(n/e)^n\sqrt{2\pi n}$ と同程度である．すなわち
$$\lim_{n\to\infty}\frac{n!}{\left(\dfrac{n}{e}\right)^n\sqrt{2\pi n}}=1$$
となる．ここで e は自然対数の底，π は円周率である．→ スターリングの公式

外心
circumcenter

3 角形の*5 心の 1 つである．

3 角形の 3 頂点を通る円を，外接円と呼び，その中心を外心という．3 角形の 3 辺の垂直 2 等分線は 1 点で交わり，その交点が外心である．

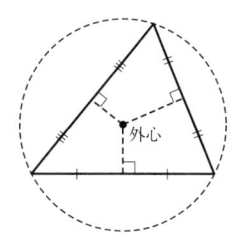

階数(アーベル群の)
rank

有限生成アーベル群 G を巡回群の直和で表したときに，その中に現れる無限巡回群 $\mathbb{Z}$ の個数を G の階数という．⇨ アーベル群の基本定理

階数(行列の)
rank

(m,n) 型行列 $A=[a_{ij}]$ に対して，m 次および n 次の可逆行列(正則行列ともいう) P, Q をうまくとると，

$$PAQ = \begin{bmatrix} 1 & 0 & \cdots & 0 & 0 & \cdots & 0 \\ 0 & 1 & \cdots & 0 & 0 & \cdots & 0 \\ \vdots & & \ddots & \vdots & \vdots & & \vdots \\ 0 & 0 & \cdots & 1 & 0 & \cdots & 0 \\ 0 & 0 & \cdots & 0 & 0 & \cdots & 0 \\ \vdots & & & \vdots & \vdots & & \vdots \\ 0 & 0 & \cdots & 0 & 0 & \cdots & 0 \end{bmatrix}$$

$$= \begin{bmatrix} I_r & O_{r,n-r} \\ O_{m-r,r} & O_{m-r,n-r} \end{bmatrix}$$

とできる(→基本変形)．r は A によって一意に決まる．r を A の階数またはランクといい，rank A と表す．この定義は体 F の元を成分とする (m,n) 型行列にこのままの形で一般化できる．

A の転置行列 ${}^t A$ について，rank ${}^t A$=rank A である．

階数について同値な定義を与えよう．

(1) A を n 個の m 次元列ベクトル $\boldsymbol{a}_1, \boldsymbol{a}_2, \cdots, \boldsymbol{a}_n$ により，$A=[\boldsymbol{a}_1, \boldsymbol{a}_2, \cdots, \boldsymbol{a}_n]$ と表したとき，$\boldsymbol{a}_1, \boldsymbol{a}_2, \cdots, \boldsymbol{a}_n$ の中で線形独立なものの最大個数が A の階数である．

(2) A を m 個の n 次元行ベクトル $\boldsymbol{b}_1, \cdots, \boldsymbol{b}_m$ を縦に並べて表したとき，$\boldsymbol{b}_1, \cdots, \boldsymbol{b}_m$ の中で線形独立なものの最大個数が A の階数である．

(3) 体 F の元を成分とする (m,n) 型行列 A から定まる線形写像 $T_A: F^n \to F^m$ ($T_A(\boldsymbol{x})=A\boldsymbol{x}$) を考えると，$T_A$ の像 $\mathrm{Im}\, T_A$ の次元が A の階数である．

(4) A の階数 r は次の性質によっても定義できる．A の $(r+1)$ 次以上の小行列式はすべて 0 だが，r 次小行列式の中には 0 でないものがある．

階数(グラフの)
rank

無向グラフにおいて，(頂点数)−(連結成分数)を階数と呼ぶ．これは*接続行列を $\{0,1\}$ 上の行列とみたときの階数に等しい．

階数(線形写像の)
rank

有限次元線形空間の間の線形写像 $T: L_1 \to L_2$ に対して，T の像 $\mathrm{Im}\, T$ の次元を，T の階数といい，rank T と表す．T の階数は，T を*行列表示したときの行列の階数に等しい(→階数(行列の))．

階数低下法
method of reduction of order

2 階の*微分方程式 $y''+py'+qy=0$ の 1 つの解 u がわかっているとき，$y=uz$ とおけば $v=z'$ に関する 1 階の微分方程式 $uv'+(2u'+pu)v=0$ が得られ，求積法によって解くことができる．このように微分方程式の既知の解を用いて階数の低い微分方程式に帰着させる方法を階数低下法あるいは階数低減法という．

外積
exterior product

ベクトル積ともいう．空間の幾何ベクトル $\overrightarrow{PQ}$ と $\overrightarrow{PR}$ の外積は，大きさが PQ, PR を 2 辺とする平行 4 辺形の面積で，向きが P, Q, R を含む平面に垂直なベクトル $\overrightarrow{PS}$ である．そのような S は 2 つあるが，$\overrightarrow{PQ}, \overrightarrow{PR}, \overrightarrow{PS}$ が*右手系をなすように選ぶ．外積を $\overrightarrow{PQ} \times \overrightarrow{PR}$ で表す．

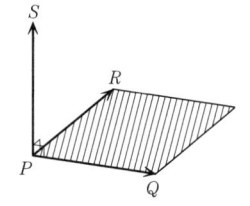

直交座標を用いて，数ベクトルで表すと，
$(x,y,z) \times (x',y',z')$
$= (yz'-zy', zx'-xz', xy'-yx')$

である.

u, v, w はベクトル, a, b は実数として, 外積は $v \times w = -w \times v$, $(au+bv) \times w = a(u \times w) + b(v \times w)$, $w \times (au+bv) = a(w \times u) + b(w \times v)$ を満たす. 外積×と内積・の間には, $(u \times v) \cdot w = (v \times w) \cdot u = (w \times u) \cdot v$ なる関係がある. $(u \times v) \cdot w$ をスカラー3重積という. $(u \times v) \cdot w$ は u, v, w を3辺とする*平行6面体の体積である.

また, $u \times (v \times w) + v \times (w \times u) + w \times (u \times v) = 0$, $u \times (v \times w) = (u \cdot w)v - (u \cdot v)w$ なる関係も成り立つ. $u \times (v \times w)$ をベクトル3重積という.

外積(線形空間の)　exterior product　→ 外積代数

外積(微分形式の)　wedge product　→ 積(微分形式の)

解析学
analysis

*関数の性質を微分積分学を用いて研究する分野を総称して解析学という. 常微分方程式論, 偏微分方程式論, 変分学, 複素関数論など, 多岐にわたる分野を含む.

その手段である解析的手法は, 図形の面積・体積を求めるために*エウドクソスと*アルキメデスが開発した*取り尽くし法(積尽法)まで遡ることができる. 17世紀になって*デカルトらによる解析幾何学が現れ, 解析学の発展の基礎が与えられた. *フェルマは, 関数の極大・極小を求めるのに, $(f(x+\varepsilon)-f(x))/\varepsilon$ を整理した後に $\varepsilon=0$ とおけば $f(x)$ の極大または極小を与える x を得ることを発見した. また, フェルマとバロー(Barrow)は, 曲線の接線を求めるのに, 同様なアイデアを用いた. しかし, 解析学の真の出発点は, *ニュートンと*ライプニッツにより創始された微分積分学である. 微分積分学は別名「無限小解析」ともいわれ, 曲線の接線や曲線に囲まれた図形の面積を計算する強力な手段を与えたのである. 中でも理論的に重要な発見は, いわゆる*微分積分学の基本定理である. これは, 微分の操作と積分の操作が, 互いに逆操作であることを主張する. この基本定理は, 単に積分計算を実行するのに便利であるということに留まらず, 「局所」と「大域」をつなぐ理念の定理として, 解析学の発展の過程で常に中心的役割を果たしてきた.

技術的事柄であるとはいえ, 解析学の発展に寄与したものの1つは, ライプニッツの導入した記号 $dx, \int$ である. それらは独立に実体のある対象を指すものではないが, 計算上極めて自然なこともあって, その後の解析学の発展を促した. 特に*ベルヌーイ一族の数学者や*オイラーらにより, ライプニッツの記法の下で微分積分学は多岐にわたって応用され, 変分学や微分方程式論が花開いた. 中でもオイラーの果たした役割は大きい.

しかし, 解析学の中心的概念である関数の一般的定義は, 19世紀半ばまで, 明確に与えられることはなかった. 関数(function)という言葉は, 最初ライプニッツにより用いられた. 曲線に関係する接線や法線などの直線が定直線を切り取ることによって得られる線分を表すのにこの言葉を用いた(1670年代). その後, 関数概念は次第に拡張されたが, 「解析的な式で表される変動する量」という考え方が大勢であった.

関数概念に真正面から立ち向かう契機は, 偏微分方程式の解の表現の問題から起こった. 1747年に, ダランベール(d'Alembert)により, 波動方程式

$$\frac{\partial^2 u}{\partial x^2} = \frac{\partial^2 u}{\partial t^2}$$

の解 $u(t,x)$ が, 境界条件 $u(t,0)=u(t,L)=0$ の下で

$$u(t,x) = f(t+x) - f(t-x)$$

により与えられることが示された. ここで, f は周期 $2L$ の「任意の」周期関数である. 一方, D. ベルヌーイにより, 上の波動方程式の解が3角級数

$$\frac{a_0}{2} + \sum_{k=1}^{\infty}\left(a_k \cos\frac{k\pi x}{L} + b_k \sin\frac{k\pi x}{L}\right)$$

を使って表現できることが示された. 彼らの結果から, 「任意の」関数の意味, そして, 3角級数の収束の意味, さらには関数がいつでも3角級数で「表現」できるかが問題になった. これらの問題は, 1807年に*フーリエが*熱方程式に関連して, 任意の関数 $f(x)$ の*フーリエ級数が $f(x)$ を表現することを主張したことにより, 明確な形で当時の数学者の注意を喚起したのである.

*コーシーは, フーリエの主張の問題点を認識し, 級数の収束, 関数の連続性, 微分可能性, 積分可能性の概念を導入した. 関数の最初の一般的定義は, 1837年に*ディリクレにより与えられた. ディリクレは, フーリエ級数に関する論文の中で「区間 $[a,b]$ 上の関数 y は, 全区間で同一の法則にしたがって変数 x に関係する必要はなく, その

関係が数学的算法により表される必要もない」と言明し,関数とは結局は「対応」にほかならないと主張した.

ディリクレの観点は,*カントルによる集合論によりさらに強固なものになった.そして,フランスのボレル(Borel),ルベーグ(Lebesgue)らにより集合論に基づいた解析学が展開された.中でもルベーグの創始した積分論(ルベーグ積分論)は,フーリエ級数論を原型とする*関数解析学の勃興を促すきっかけとなった.

関数解析学は,*ヒルベルトによる積分方程式論の研究にも源を持ち,その整理の過程で抽象的な関数空間の理論,例えば*ヒルベルト空間や*バナッハ空間の理論が確立した.他方,関数概念の一般化が,数理科学からの刺激の下で試みられ,L. シュワルツ(Schwartz),*佐藤幹夫らによる超関数の理論に結実した.

解析関数
analytic function

関数 $f(z)$ が,複素平面上の点 $z=z_0$ の近傍で収束する $z-z_0$ の*べき級数に展開できるとき,$f(z)$ は z_0 で解析的であるという.各点で解析的な関数を解析関数という.実変数の範囲で考える場合にはそれぞれ*実解析的,実解析関数という.*初等関数をはじめとして,われわれが普通に出会う具体的な関数はたいてい解析関数である.

複素平面の領域で定義された複素変数の関数について,複素関数の意味で微分可能であることと解析的であることは同値になる(→ 正則関数).実解析関数は実変数の関数として何回でも微分可能であるが,複素関数の場合と異なり逆は成立しない.

与えられた解析関数を*解析接続していくことによって,最大の存在域を持つ(一般には多価の)関数に到達する.これを大域的解析関数と呼ぶ.

解析幾何
analytic geometry

座標を使い図形を式を使って調べる幾何学を解析幾何という.*デカルトに始まる.座標幾何学ともいう.*円錐曲線は解析幾何学の立場では2次曲線となる.

解析空間
analytic space

「特異点」の存在を許した*複素多様体の一般化をいう.1変数の解析関数の定義域は,1次元の複素多様体であるリーマン面であるが,多変数の解析関数の場合は,特異点を持つ多様体を考えるのが自然である.さらに多変数正則関数系の共通零点や,複素領域を双正則同型群の離散部分群(→ 離散群)で割った商空間などを考える際には,特異点を持つ複素多様体の概念を避けて通ることはできない.

解析空間を扱うには,*付環空間の概念を用いる.なお*ボレル集合の一般化に解析集合と呼ばれるものがあり,この意味で解析空間ということもある.

解析接続
analytic continuation

複素平面のある領域で定義された*正則関数をより大きな領域上の正則関数に拡張していく手続きを解析接続という.

領域 D とその上の正則関数 $f(z)$ の組 $(f(z), D)$ を関数要素という.関数要素 $(f(z), D)$, $(g(z), D')$ について,$D \cap D'$ が空でなく,かつ $D \cap D'$ 上で $f(z)=g(z)$ が成り立っているとき,$(g(z), D')$ は $(f(z), D)$ の D' への直接解析接続であるという.このとき*一致の定理により $g(z)$ は $f(z)$ からただ1つに定まる.*曲線 $C: z=z(t)$ $(0 \leq t \leq 1)$ の各点 a に関数要素 $(f_a(z), D_a)$ (ただし $a \in D_a$)が与えられていて,$|a-b|$ が十分小さければ $(f_b(z), D_b)$ が $(f_a(z), D_a)$ の直接解析接続になっているとき,$f_{z(0)}(z)$ は曲線 C に沿って解析接続可能であるといい,$f_{z(1)}(z)$ は $f_{z(0)}(z)$ の C に沿う解析接続であるという.

あらゆる解析接続を考えることにより最も広い定義域 D を持つ関数が得られる.この関数を関数要素 $(f(z), D)$ の定める大域的解析関数といい,$(f(z), D)$ をその解析関数の D における分枝という.

例えば $D: |1-z|<1$, $f(z)=-\sum_{n=1}^{\infty}(1-z)^n/n$ で定まる関数要素を曲線 $z=(1/2)e^{it}$ に沿って $t=0$ から解析接続していくと,無限に多くの分枝 $f(z)+2\pi i n$ $(n \in \mathbb{Z})$ が得られる.これが複素対数関数 $\log z$ である(→ 対数関数(複素関数としての)).このように大域的解析関数は一般には*多価関数になる.多価解析関数は複素平面の領域の上に広がった*リーマン面上の*1価関数とみなすことができる.解析接続の実際的な手続きとしては関数方程式や積分表示,*鏡像原理などが用いられる.

外積代数
exterior algebra

ベクトル積，行列式などを一般化するのに使われる概念である．グラスマン代数と呼ばれることもある．

まず2次元線形空間 V から定まる外積代数について述べる．

e_1, e_2 を基底とする2次元の線形空間 V の元 ae_1+be_2 と ce_1+de_2 の次のような積 $(ae_1+be_2)\wedge(ce_1+de_2)$ を考えてみる．

$(ae_1+be_2) \wedge (ce_1+de_2)$
$= ace_1 \wedge e_1 + ade_1 \wedge e_2 + bce_2 \wedge e_1 + bde_2 \wedge e_2$
$= ade_1 \wedge e_2 - bce_1 \wedge e_2 = (ad-bc)e_1 \wedge e_2$.

ここで，計算は
$e_1 \wedge e_1 = e_2 \wedge e_2 = 0, \quad e_2 \wedge e_1 = -e_1 \wedge e_2$
という約束の下に行った．ここに行列 $\begin{bmatrix} a & b \\ c & d \end{bmatrix}$ の行列式 $ad-bc$ が現れている．

線形結合 $a\cdot 1+be_1+ce_2+de_1\wedge e_2$ 全体のなす4次元線形空間を考えると，これは積 $\wedge$ により，環になる．ここに1は乗法の単位元であり，また $(e_1\wedge e_2)\wedge e_2=e_1\wedge(e_2\wedge e_2)=0$ のように積が決まる．この環を $\Lambda(V)$ と書き，V から定まる外積代数と呼ぶ．

一般に，n 次元線形空間 V に対しても，2^n 次元の線形空間 $\Lambda(V)$ が同様に定義され，積 $\wedge$ をもつ環になる．$\Lambda(V)$ は V から定まる外積代数と呼ばれる．すなわち，V の基底を $e_1,\cdots,e_n$ とするとき，$\Lambda(V)$ は $e_{i_1}\wedge\cdots\wedge e_{i_m}(i_1<\cdots<i_m)$ の形のもの全体を基底とする線形空間で，$\Lambda(V)$ における積は，

$$e_i \wedge e_i = 0, \quad e_j \wedge e_i = -e_j \wedge e_i$$

という規則で定義したものである．m を止めたときの，$e_{i_1}\wedge\cdots\wedge e_{i_m}(i_1<\cdots<i_m)$ を基底とする $\Lambda(V)$ の線形部分空間を $\Lambda^m(V)$ と書く．$\Lambda^1(V)=V$ である．

最初に述べた行列式との関係の一般化として，V の元 $u_1,\cdots,u_n(u_i=a_{i1}e_1+\cdots+a_{in}e_n)$ について，$\Lambda^n(V)$ の中で

$$u_1 \wedge \cdots \wedge u_n = \det(A)e_1 \wedge \cdots \wedge e_n$$

(A は (n,n) 型行列 $[a_{ij}]$) が成立する．これは行列式の1つのエレガントな定義法にもなっている．

V が実線形空間であるとき $\Lambda(V)$ に $e_{i_1}\wedge\cdots\wedge e_{i_m}(i_1<\cdots<i_m)$ を*正規直交基底とする内積を入れると，$u\wedge v (u,v\in V)$ の長さは，u と v の張る平行4辺形の面積になり，$u\wedge v\wedge w$ の長さは u,v,w の張る平行6面体の体積になる．正確な言い方ではないが，感覚的には，$u\wedge v$ は u と v の張る平行4辺形を表すもの，$u\wedge v\wedge w$ は u,v,w の張る平行6面体を表すもの，と解釈できる．

V^m から線形空間 L への交代 m 重線形写像(→多重線形写像) T と，$\Lambda^m(V)$ から L への線形写像 h とは，$T(v_1,\cdots,v_m)=h(v_1\wedge\cdots\wedge v_m)$ の関係により，1対1に対応する．

V が体 F 上の線形空間のとき，$\Lambda(V)$ は F 上の*代数になる．

多様体 M の各点 p に，その点での接空間 $T_p(M)$ の双対空間 $T_p^*(M)$ の外積代数の元を対応させる対応が，微分形式である．

解析的　analytic　⇒ 解析関数

解析的整数論
analytic number theory

整数(あるいはその一般化である*代数的整数)の性質を，解析学の手法を用いて研究する理論をいう．オイラー，ガウスの仕事にその萌芽があると考えられるが，本格的な研究はリーマンやディリクレにより始められた．例えば素数の性質を研究するために，ゼータ関数

$$\zeta(s) = \prod_p (1-p^{-s})^{-1}$$

の性質を調べることは，オイラーの仕事に起源を持ち，リーマンによる複素関数論的考察により，素数分布の理論に本質的な形で応用されるようになった．20世紀になってからは*超越数の判定に関する*ヒルベルトの問題に刺激され，解析的整数論の一分野としての超越数論が発展した．⇒ リーマンのゼータ関数

解析的に同型　analytically equivalent　⇒ 正則同型

解析的偏微分方程式
analytic partial differential equation

係数が解析関数である偏微分方程式のことである．⇒ コーシー–コワレフスカヤの定理

解析力学
analytical dynamics

『プリンキピア』以来のニュートン流の幾何学的な手法に対して，ラグランジュは，『Méchanique Analytique』(1788)を著し，解析学の諸研究を進

めるとともに，一般座標を導入し，微分方程式などを用いた力学の構築を目指した．これが解析力学の始まりであり，多くの研究がなされている．その研究全体を解析力学と呼ぶ．

一方，今日では，運動方程式のように座標による記述ではなく，ラグランジュの運動方程式や，ハミルトンの*正準方程式，*変分原理などのように座標変換で不変な記述がなされる古典力学を解析力学と呼ぶことも多い(→ ハミルトン系)．

回折
diffraction

光は，通常，媒質中を直進し，また異なる媒質の境界で反射したり屈折したりする．したがって，点光源から発する光線や平行光線が障害物体に遭遇すると，障害物を写し出すくっきりした影ができるはずである．しかし，実際は影の端はぼやけている．このように光や波などの波動が障害物の影の部分にまわりこむ現象を回折という．回折は波動特有の現象である．⇒ 幾何光学，波動光学

外接円   circumscribed circle   ⇒ 外心

外挿
extrapolation

例えば，毎日の気温の観測データから翌日の気温を予測する場合のように，何らかの関数関係が想定される2つの量のデータ (x_i, y_i) $(i=1, \cdots, n)$ から，既知データ $x_1, \cdots, x_n$ の範囲外にある $x=\hat{x}$ に対応する y の値 $\hat{y}$ を推定することを外挿または補外と呼ぶ．⇒ 加速法，補間

外測度
outer measure

集合の「体積」にあたる概念を，外側からの近似によって定義したものである．

$\mathbb{R}^n$ の直方体 $D=[a_1,b_1]\times\cdots\times[a_n,b_n]$ に対し $m(D)=(b_1-a_1)\times\cdots\times(b_n-a_n)$ と定める．$\mathbb{R}^n$ の任意の部分集合 A に対し，A を覆う可算個の直方体 $\{D_k\}$ $(k=1,2,\cdots)$ を考える．あらゆる覆い方 $A \subset \bigcup_{k=1}^{\infty} D_k$ にわたってとった，和 $\sum_{k=1}^{\infty} m(D_k)$ の下限を $m^*(A)$ で表すと，次の性質が成り立つ．
 (1) $0 \leq m^*(A) \leq \infty$, $m^*(\emptyset)=0$.
 (2) $A \subset B$ ならば $m^*(A) \leq m^*(B)$.
 (3) $m^*(\bigcup_{n=1}^{\infty} A_n) \leq \sum_{n=1}^{\infty} m^*(A_n)$.
$m^*(A)$ を A のルベーグの外測度という．

一般に，集合 Ω のすべての部分集合 A に $\mathbb{R} \cup \{\infty\}$ の元 $m^*(A)$ を対応させる対応 m^* が定まって，性質(1)-(3)を満たすとき，m^* をカラテオドリの外測度という．外測度が与えられると，それから一定の手続きにより，可測集合からなる可算加法族，およびその上の測度を構成することができる．⇒ 可算加法族，測度

階段関数
step function

区間上で定義された関数 $f(x)$ は，分点 a_i と定数 c_i があって，$f(x)=c_i$ $(a_{i-1}<x<a_i)$ のとき，階段関数という．ここで，分点の数は無限個でもよい．分点の数が有限のものは*単関数ともいう．

回転
rotation

平面の*合同変換 T で，$T(O)=O$ なる点 O がただ1つ存在するのが平面における回転である．O を原点とする直交座標系を選べば，$P=(x,y)$ に対して，$T(P)$ の座標 (x',y') は
$x' = x\cos\theta + y\sin\theta,\ \ y' = -x\sin\theta + y\cos\theta$
である．θ を回転 T の回転角という．

空間の合同変換 T で，$T(P)=P$ を満たす点 P の全体 L が直線であるのが，空間における回転である．L を T の回転軸という．回転軸が z 軸になるような座標系 x, y, z をとれば，$A=(x,y,z)$ に対して，$T(A)$ の座標 (x',y',z') は
$x' = x\cos\theta + y\sin\theta,\ \ y' = -x\sin\theta + y\cos\theta,$
$z' = z$
で与えられる．θ を回転 T の回転角という．

いずれの場合も，回転は，原点をうまく選べば，行列式が1の*直交行列 A が定める*線形変換になる．また，向きを保つ合同変換は，*平行移動でなければ回転である．高次元の場合も，原点をうまく選ぶと直交行列 A が定める線形変換になるような変換を，回転と呼ぶことがある．

外点
exterior point

*位相空間 X の部分集合 A に関して，点 x が A の補集合 A^c の*内点になっているとき，x を A の外点という．すなわち $X \setminus \overline{A}$ ($\overline{A}$ は A の*閉包)の点である．⇒ 外部

回転(ベクトル解析における)
rotation

ベクトル場 $A=(A_1, A_2, A_3)$ に対して, rot A なるベクトル場を

$$\text{rot } A = \left(\frac{\partial A_3}{\partial y} - \frac{\partial A_2}{\partial z}, \frac{\partial A_1}{\partial z} - \frac{\partial A_3}{\partial x}, \frac{\partial A_2}{\partial x} - \frac{\partial A_1}{\partial y}\right)$$

により定義し,ベクトル場 A の回転という.rot A を curl A と表す流儀もある.rot A は,形式的に*ナブラ $\nabla=(\partial/\partial x, \partial/\partial y, \partial/\partial z)$ と A のベクトル積の形をしているから,$\nabla\times A$ と表すこともある. → 渦度

回転移動
rotation

平面あるいは空間において,ある点あるいは直線を中心にして回転させることをいう. → 回転

回転群
rotation group

${}^tAA=I$ を満たし,行列式が 1 の $n\times n$ 実行列 A 全体からなる群,すなわち*特殊直交群 $SO(n)$ は $\mathbb{R}^n$ の原点の周りの回転全体を表すので,$SO(n)$ を回転群という.

回転数(円周の同相写像の)
rotation number

α を定数とし,円周 $S^1=\{(x,y)\mid x^2+y^2=1\}$ の点 $(\sin\theta, \cos\theta)$ を,$(\sin(\theta+\alpha), \cos(\theta+\alpha))$ に写す写像 $R_\alpha: S^1\to S^1$ を考える.これは,角度 α の回転である.この写像 R_α の回転数は α である.ただし,整数 n に対して R_α と $R_{\alpha+2n\pi}$ は同じ写像を表すから,回転数 α は 2π の整数倍の分の不定性を除いてしか定まらない.

上記の回転数は一般の*同相写像 $R: S^1\to S^1$ に次のように拡張される.同相写像 $\widetilde{R}:\mathbb{R}\to\mathbb{R}$ であって,$R(\sin\theta, \cos\theta)=(\sin\widetilde{R}(\theta), \cos\widetilde{R}(\theta))$ なるものが存在する.この $\widetilde{R}$ の n 回の合成を $\widetilde{R}_n$ と書く.すなわち $\widetilde{R}_1=\widetilde{R}$, $\widetilde{R}_{n+1}(\theta)=\widetilde{R}(\widetilde{R}_n(\theta))$ である.このとき,極限 $\alpha=\lim_{n\to\infty}(\widetilde{R}_n(\theta)-\theta)/n$ は θ によらない.また,α は 2π の整数倍の分の不定性を除いて $\widetilde{R}$ の取り方によらず R で決まる.この α を R の回転数という.

回転数(閉曲線の)
rotation number

複素平面内の原点を通らない閉曲線が,原点の周りを何回回っているかを表す数を回転数という(巻数ということもある).ただし,時計回りに回っているときは回転数は負とする.例えば,図 1 の閉曲線の回転数は 1 で,図 2 の閉曲線の回転数は -2 である.

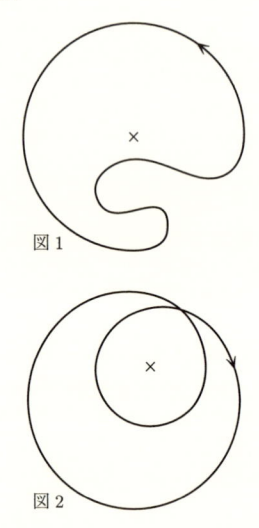

図 1

図 2

$z(t): [a,b]\to\mathbb{C}\backslash\{0\}$ ($z(a)=z(b)$) の回転数は,線積分 $(1/2\pi i)\int_a^b dz/z$ の値に一致する(→ コーシーの積分定理).

2 つの閉曲線 $l, m: S^1\to\mathbb{C}\backslash\{0\}$ が*ホモトピックであるための必要十分条件は,その回転数が等しいことである.

回転体
solid of revolution

平面上の閉領域を,その平面上にある直線を回転軸にして空間内で回転させて得られる図形をいう.

回転対称
rotational symmetry

(1) 平面図形 K が,ある点 O を中心とする角度 θ ($0<\theta<2\pi$) の回転で保たれるとき,K は回転対称であるという.O を対称の中心という.例えば,正多角形は回転対称である.

(2) 空間図形が,ある軸の周りの任意の回転に関して保たれるときも回転対称という.例えば円錐は頂点と底面の中心を通る直線を軸にして回転対称である.

回転面
surface of revolution

回転体の表面のこと．すなわち平面上の曲線 C を平面上の直線 l のまわりに回転してできる曲面を回転面という．直線 l を回転面の軸，曲線 C を回転面の母線という．

解と係数の関係　relation between roots and coefficients
＝根と係数の関係

カイ 2 乗(χ^2)分布
chi-square distribution

標準正規分布に従う n 個の独立な確率変数 $Z_1,\cdots,Z_n$ の平方和 $X=Z_1^2+\cdots+Z_n^2$ の分布を自由度 n のカイ 2 乗(χ^2)分布という．密度関数は

$$f_n(x) = \frac{1}{2^{n/2}\Gamma\left(\dfrac{n}{2}\right)} x^{-1+n/2} e^{-x/2} \quad (x>0),$$

平均は n，分散は $2n$ である．統計的検定において重要な分布である．

解の基本行列
fundamental matrix of solutions

$A(t)=[a_{ij}(t)]$（ただし，$i,j=1,\cdots,n$）を係数行列とする線形常微分方程式 $d\boldsymbol{x}/dt=A(t)\boldsymbol{x}$ において，線形独立な n 個の解 $\boldsymbol{x}^{(1)},\cdots,\boldsymbol{x}^{(n)}$ を並べてできる行列

$$\Phi(t) = [\boldsymbol{x}^{(1)},\cdots,\boldsymbol{x}^{(n)}]$$

のこと．$\Phi(t,s)=\Phi(t)\Phi(s)^{-1}$ とおけば $t=s$ で初期値 $\boldsymbol{a}$ をとる解は $\boldsymbol{x}(t)=\Phi(t,s)\boldsymbol{a}$ で与えられる．また，非斉次方程式

$$\frac{d\boldsymbol{x}}{dt} = A(t)\boldsymbol{x}+\boldsymbol{b}(t), \quad \boldsymbol{x}(s)=\boldsymbol{a}$$

の解は

$$\boldsymbol{x}(t) = \Phi(t,s)\boldsymbol{a} + \int_s^t \Phi(t,r)\boldsymbol{b}(r)dr$$

と書ける．

解の径数依存性定理
theorem of dependence of solution on parameter

径数 α を含む常微分方程式の*初期値問題

$$\frac{dx}{dt} = f(t,x,\alpha), \quad x(t_0)=x_0$$

において，右辺の関数 $f(t,x,\alpha)$ が (t,x,α) について連続ならば，*リプシッツ条件の下に局所解 $x(t)=x(t,\alpha)$ がただ 1 つ存在し(→ コーシーの存在と一意性定理(常微分方程式の))，α の連続関数となる．$f(t,x,\alpha)$ が連続微分可能ならば，$x(t,\alpha)$ も α について連続微分可能である．一般に，右辺 $f(t,x,\alpha)$ が C^n 級ならば解も C^n 級，解析的ならば解も解析的となる．

簡単な変換により，初期値 x_0 も微分方程式に含まれる径数と見なすことができるので，解の初期値に関する連続性，微分可能性については，径数の場合と同様のことが成り立つ．→ コーシーの存在と一意性定理(常微分方程式の)

解の公式　formula of solution　＝根の公式

解の存在と一意性(常微分方程式の)
existence and uniqueness of solution

→ コーシーの存在と一意性定理(常微分方程式の)

解の爆発
blow-up of solution

a を正の定数とするとき，微分方程式の*初期値問題

$$\frac{du}{dt} = u^2, \quad u(0)=a$$

の解 $u(t)=a/(1-at)$ は，t が時刻 $1/a$ に近づくと無限大に発散するから，$1/a$ を越えては*延長できない．このように，常微分方程式の*初期値問題の解(の絶対値)が有限の時間で無限大に発散する現象を解の爆発という．解の爆発が起こる場合，通常の意味での*大域解は存在しない．

*偏微分方程式の世界でも解の爆発が生じうる．例えば，非線形熱方程式

$$\frac{\partial u}{\partial t} = \Delta u + u^p \quad (\Delta \text{ はラプラシアン})$$

や非線形シュレーディンガー方程式

$$i\frac{\partial u}{\partial t} = \Delta u + |u|^{p-1}u$$

においては，空間内での $|u(x,t)|$ の最大値(または上限)が有限時間で無限大に爆発する現象が知られており，また，ある種の非線形波動方程式においては，解 $u(x,t)$ 自身でなくその導関数が爆発する例が知られている．

開半空間
open half-space

n 次元ユークリッド空間 $\mathbb{R}^n$ の超平面は空間を 2 つの領域に分ける．それぞれの領域を開半空間という．例えば $\mathbb{R}^n$ の領域 $\{x\in\mathbb{R}^n\,|\,a_0$

$+a_1x_1+\cdots+a_nx_n>0\}$ は開半空間であり，閉領域 $\{x\in\mathbb{R}^n\,|\,a_0+a_1x_1+\cdots+a_nx_n\geq 0\}$ を閉半空間という（$(a_1,\cdots,a_n)\neq(0,\cdots,0)$ とする）．

開被覆
open covering

*位相空間 X がその*開集合の族 $U_i\subset X$ ($i\in I$) の和 $X=\bigcup_{i\in I} U_i$ になっているとき，開集合族 $\{U_i\}_{i\in I}$ のことを開被覆と呼ぶ．

$A\subset X$ のとき，$A\subset \bigcup_{i\in I} U_i$ となっている X の開集合族 $\{U_i\}_{i\in I}$ のことを，A の開被覆と呼ぶ．→ 有限開被覆

外微分
exterior differentiation

n 変数関数 $f(x_1,\cdots,x_n)$ に対し，その外微分 df とは微分 1 形式 $\sum_{i=1}^n (\partial f/\partial x_i)dx_i$ のことをいう．一般に微分 k 形式 $u=\sum_{i_1,\cdots,i_k} f_{i_1,\cdots,i_k}dx_{i_1}\wedge\cdots\wedge dx_{i_k}$ の外微分は微分 $k+1$ 形式

$$du=\sum_{i_1,\cdots,i_k} df_{i_1,\cdots,i_k}\wedge dx_{i_1}\wedge\cdots\wedge dx_{i_k}$$

のことをいう．この定義は座標変換で不変である．したがって外微分は多様体上の微分形式に対しても定義される．また，$ddu=0$ が成り立つ（→ ストークスの定理，ド・ラムの定理）．

3 次元空間のベクトル場 $X=(a_1,a_2,a_3)$ に対し微分 1 形式 $\eta_X=a_1dx_1+a_2dx_2+a_3dx_3$，微分 2 形式 $\omega_X=a_1dx_2\wedge dx_3+a_2dx_3\wedge dx_1+a_3dx_1\wedge dx_2$ を対応させると，$X\leftrightarrow \eta_X$, $X\leftrightarrow \omega_X$ はどちらも 1 対 1 の対応になる．X を微分 1 形式 η_X とみなし，その外微分を $d\eta_X=\omega_Y$ によって再びベクトル場 Y とみなすと，Y は X の回転 $\mathrm{rot}\,X$ になる．このように外微分は*ベクトル解析における微分作用素 grad（勾配），div（発散），rot（回転）を一般化したものと見ることができる．

外微分形式　exterior differential form　＝微分形式

外微分方程式系
system of exterior differential equations

$u_1,\cdots,u_k$ を $\mathbb{R}^n$ 上の微分 1 形式（→ 微分形式）としたとき，開集合 $U\subset \mathbb{R}^{n-k}$ 上定義された写像 $F:U\to \mathbb{R}^n$ で，$F^*u_i=0$ が $i=1,\cdots,k$ に対して成り立つものを求めることを，外微分方程式系を解くという（ここで，F^*u_i は写像 F による微分形式 u_i の*引き戻しである）．また，その解 F の像のことを*積分多様体と呼ぶ．

u_i に 0 にならない関数を掛けるなどしても問題は変わらないので，次のような定式化をするのが便利である．

微分形式のなす*イデアルとは，微分形式の集合 Λ であって，次の性質(1), (2)を満たすものをいう．

(1) $u,v\in\Lambda$ ならば，$u+v\in\Lambda$.

(2) $u\in\Lambda$ ならば，任意の微分形式 v に対して，$u\wedge v\in\Lambda$.

微分形式 $u_1,\cdots,u_k$ に対しては，$\sum u_i\wedge v_i$ (v_i は任意の微分形式) なる形の微分形式全体のなす集合を Λ とおくと，Λ は微分形式のイデアルになる．このとき，イデアル Λ は $u_1,\cdots,u_k$ で生成されるという．

$F:U\to\mathbb{R}^n$, $U\subset\mathbb{R}^{n-k}$ とし，任意の $u\in\Lambda$ に対して，$F^*u=0$ が満たされるとき，F の像を Λ の積分多様体と呼ぶ．

微分形式のイデアル Λ が*完全積分可能とは，有限個の関数 $f_1,\cdots,f_k$ があって，Λ が $df_1,\cdots,df_k$ で生成されることをいう．このとき，$f_1=c_1,\cdots,f_k=c_k$ で与えられる部分多様体は積分多様体である．

微分 1 形式 $u_1,\cdots,u_k$ で生成されるイデアル Λ が積分可能であることは，$u\in\Lambda$ なる任意の u に対して $du\in\Lambda$ であることと同値である（フロベニウスの定理）．

微分形式は，微分方程式の座標変換不変な表現を求めて，カルタン（E. Cartan）によって考え出された．→ 分布，完全積分可能（分布，外微分方程式系が）

外部
exterior

*位相空間 X の部分集合 A に対して，その補集合 A^c の*内部を A の外部という．→ 外点

概複素多様体
almost complex manifold

多様体 M の各点の接空間 $T_x(M)$ に複素ベクトル空間の構造が入り，$\sqrt{-1}$ 倍に当たる写像 $J_x:T_x(M)\to T_x(M)$ が x に滑らかに依存するようにできるとき，M は概複素多様体であるという．*複素多様体は概複素多様体であるが，複素多様体にならない概複素多様体もある．

開部分群
open subgroup

*位相群の部分群が開集合であるとき，開部分群という．開部分群は同時に閉部分群になる．位相群の単位元を含む*連結成分は開部分群である．

外部問題
exterior problem

例えば球の外側の領域のように，補集合 $\mathbb{R}^n \setminus D$ が有界であるような空間領域 $D \subset \mathbb{R}^n$ の上で定義される*境界値問題を外部問題という．これと対比して，有界領域上の境界値問題は，しばしば内部問題と呼ばれる．

開平法
extraction of square root

正数 a の平方根 $\sqrt{a}$ の小数展開を求める計算法(*アルゴリズム)のことをいう．

実際には，公式 $(x+y)^2 = x^2 + (2x+y)y$ を使って $\sqrt{a}$ の一番高い桁から順次数値を求めていく．例えば $\sqrt{316159}$ の近似値を求めるには次のようにする．まず 316159 を 1 の位から 2 桁ずつ区切って $31|61|59$ とする．これから，$\sqrt{316159}$ の整数部分は 3 桁であることがわかる (3 は 2 桁ずつ区切ったときのブロックの個数である)．平方して 31 を超えない最大の正整数は 5 である．したがって
$$\sqrt{316159} = 500 + a_1, \quad 0 < a_1 < 100$$
の形になる．この式の両辺を 2 乗すると
$$316159 = 250000 + (1000 + a_1)a_1$$
を得る．書き換えると $66159 = (1000+a_1)a_1$ となる．そこで $(100+x_1)x_1$ が 661 を超えない最大の整数 x_1 を求めると $x_1 = 6$ であることがわかる．これより
$$\sqrt{316159} = 560 + a_2, \quad 0 < a_2 < 10$$
と書けることがわかる．すると
$$316159 - 560^2 = 2559 = (1120 + a_2)a_2$$
が成り立つ．$(1120 + x_2)x_2$ が 2559 を超えない最大の整数は 2 であることがわかる．したがって
$$\sqrt{316159} = 562 + a_3, \quad 0 < a_3 < 1$$
が成り立つ．以下，同様の考察を行えば小数点以下必要な桁数まで求めることができる．

実際の計算は次のように行うとわかりやすい．平方して 31 を超えない最大の正整数 5 を 31 の上と 316159 の左に記し，さらにその 5 の下に 5 を記して $5 \times 5 = 25$ を 31 から引いて 6 を得，さらに 61 を 6 の右に下ろす．

			5		
5			31	61	59
5			25		
			6	61	

次に左側で $5+5=10$ を求め，$(100+x_1)x_1$ が 661 以下であるような最大の整数 $x_1 = 6$ を求め，61 の上に 6 を記し，さらに左側の 10 の右側に 6 を記し，さらに 6 の下に 6 を記して $106 \times 6 = 636$ を求める．

			5	6	
5			31	61	59
5			25		
10	6		6	61	
	6		6	36	

次に $661 - 636 = 25$ を求めて，その右に一番上より 59 を下ろす．さらに左側では $106 + 6 = 112$ を計算する．

			5	6	
5			31	61	59
5			25		
10	6		6	61	
	6		6	36	
11	2			25	59

次に $(1120+x_2)x_2$ が 2559 以下で最大である整数 $x_2 = 2$ を求め，一番上の数 59 の上に 2 を記し，さらに左側の 112 の右側に 2 を記し，この 2 の下に 2 を記して $1122 \times 2 = 2244$ を 2559 から引く．

			5	6	2
5			31	61	59
5			25		
10	6		6	61	
	6		6	36	
11	2	2		25	59
		2		22	44

これで，求める平方根の整数部分は求まったので，562 の後に点を打って，以下，小数点以下の数値の計算を同じ方法で行う．小数点以下でも 2 桁ずつ区切って議論することに注意する．小数点以下 2 桁まで計算した結果を以下に記す．

				5	6	2.	2	8
5				31	61	59		
5				25				
10	6			6	61			
	6			6	36			
11	2	2			25	59		
		2			22	44		
11	2	4	2		3	15	00	
			2		2	24	84	
11	2	4	4	8		90	16	00
				8		89	95	84
							20	16

$(562.28)^2 = 316158.7984$ となるので,平方根のよい近似値が求められたことがわかる. → 開立法

開立法
extraction of cubic root

正数 a の小数展開が与えられているとき,立方根 $\sqrt[3]{a}$ の小数展開を求める計算法(*アルゴリズム)のことをいう.

実際には
$$(x+y)^3 = x^3 + (3x^2 + 3xy + y^2)y$$
を使って $\sqrt[3]{a}$ の一番高い桁から順次数値を求めていく.

例えば $\sqrt[3]{9828}$ を求めるには,$9|828$ のように 1 の位から 3 桁ずつ区切ると,ブロックの数が 2 であるので $\sqrt[3]{9828}$ の整数部分は 2 桁の数であることがわかる.事実,$20^3=8000$ であるので
$$\sqrt[3]{9828} = 20 + a_1, \quad 0 < a_1 < 10$$
であることがわかる.
$$9828 = (20+a_1)^3$$
$$= 8000 + (1200 + 60a_1 + a_1^2)a_1$$
より $(1200+60y+y^2)y$ が 1828 ($=9828-8000$) 以下であり,かつ 1828 に一番近くなるように整数 y を選ぶと $y=1$ であることがわかる.したがって
$$\sqrt[3]{9828} = 21 + a_2, \quad 0 < a_2 < 1$$
であることがわかる.
次に
$$9828 = (21+a_2)^3$$
$$= 9261 + (1323 + 63a_2 + a_2^2)a_2$$
より
$$(1323 + 63a_2 + a_2^2)a_2 = 567$$
であるので $(1323+63y+y^2)y$ が 567 以下でかつ 567 に一番近い小数点 1 桁の数は 0.4 である.したがって
$$\sqrt[3]{9828} = 21.4\cdots$$
であることがわかる.以下同様の操作を続ければ,小数点以下必要な桁数まで求めることができる.
→ 開平法

回路
circuit

物理的な電気回路を指すことが多い.その数学モデルは,素子の接続関係を表す有向グラフ (V, A) と,素子の物理特性で与えられる.ここで,各辺は素子を表し,素子特性は辺 a を流れる電流 ξ_a と電圧 η_a の満たすべき関係によって記述される.例えば,線形抵抗の場合にはオームの法則 $\eta_a = R_a \xi_a$ である (R_a は抵抗値).グラフ (V, A) の*接続行列を N とすると,電流ベクトル $\xi=(\xi_a|a\in A)$ はキルヒホフの電流保存則 ($N\xi=0$) に従い,電圧ベクトル $\eta=(\eta_a|a\in A)$ はキルヒホフの電圧保存則 ($\exists p: \eta=p^{\mathrm{T}}N$) に従う.素子特性,電流保存則,電圧保存則から回路全体の電流と電圧が定められる.なお,これとは別に,グラフにおける*閉路を回路と呼ぶこともある.

カヴァリエリ
Cavalieri, Bonaventura

1598-1647 イタリアの数学者.神父であり,ガリレオに認められて微分積分学の誕生期に*カヴァリエリの原理を見出し,積分論の進展に寄与した.平面図形は無数の平行線分からなる全体者と見て,これらの線分を平面図形の不可分者と呼び,面積や体積は「不可分」の方法 (method of indivisible) により計算されるとした.これは,面積は線分から構成され,体積は面積から構成されるという考え方である.この考え方に基づき,同じ高さの 2 つの平面図形を平行線で切るとき,切り口の線分の長さの比が常に一定値 k であれば,図形の面積の比は k である.立体図形に対しても類似の性質が成り立つ,というカヴァリエリの原理を示した.

カヴァリエリの原理
Cavalieri's principle

「2 つの立体図形 A, B を平面上におくとき,底面 (図形をおいた平面) から同じ高さにある平面による A, B の切断面の面積が常に一致すれば,A の体積は B の体積に等しい」という原理をいう.

カヴァリエリの原理を用いて，円錐と円柱の体積の公式から球の体積の公式が導ける（図）．

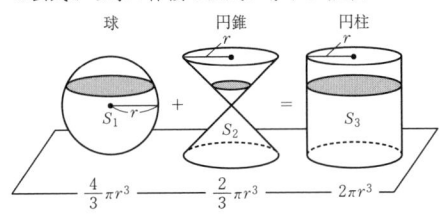

$$\underset{\frac{4}{3}\pi r^3}{球 S_1} + \underset{\frac{2}{3}\pi r^3}{円錐 S_2} = \underset{2\pi r^3}{円柱 S_3}$$

高さが t であるような平面と A との交わりの面積を $S(t)$ とし，A は $a \leq t \leq b$ の範囲にあるとすると，A の体積 V は積分を用いて $V = \int_a^b S(t)dt$ と表せる．

ガウス

Gauss, Carl Friedrich

1777-1855 18世紀末から19世紀半ばにかけて活躍した数学・物理史上の巨星．19歳のときに正17角形が定規とコンパスを使って作図できることを証明し，数学者になる決心をしたという伝説がある．

整数論，代数方程式論，曲面論，測地学，天文学，電磁気学，誤差論など多方面に重要な貢献がある．楕円関数論，超幾何関数論は没後初めて公にされた重要な業績である．長年ゲッチンゲン天文台長の職にあって，最小2乗法の考案など実際上の問題にも力をそそいだ（ガウスは計算の達人でもあった）．完全主義者で知られ，自らが完成したとみなすまで成果を公表しなかった．また複素数の使用，非ユークリッド幾何学の発見などはあまりに時代に先んじていたため，誤解を招くことを恐れて発表を差し控えたといわれている．

ガウス核

Gaussian kernel

微分方程式や確率論をはじめとして広い応用をもつ重要な核関数である．

関数

$$g(t, x) = (2\pi t)^{-n/2} \exp(-|x|^2/2t)$$
$$(t > 0, x \in \mathbb{R}^n, |x|^2 = x_1^2 + \cdots + x_n^2)$$

を n 次元のガウス核という．また熱核ともいう．実際，$f(x)$ が有界連続ならば，ガウス核との*たたみ込み

$$u(t, x) = g(t, \cdot) * f(x) = \int_{-\infty}^{\infty} g(t, x-y) f(y) dy$$

は*熱方程式 $\partial u/\partial t = (1/2)\Delta u$ の解で，初期値は $u(0, x) = f(x)$ である．ガウス核はたたみ込みに関して半群をなす．すなわち $g(t, \cdot) * g(s, \cdot) = g(t+s, \cdot)$ が成り立ち，$\lim_{t \to 0} g(t, \cdot)$ はデルタ関数となる．

ガウス過程

Gaussian process

通常 $T = \mathbb{R}$ として，同じ確率空間 $(\Omega, \mathcal{F}, P)$ の上で定義された確率変数の族 $\{X(t) \mid t \in T\}$ は，それらの任意の有限個の線形結合 $c_1 X(t_1) + \cdots + c_n X(t_n)$ が*ガウス分布に従うとき，ガウス過程またはガウス場（Gaussian random field）という．*ブラウン運動はその代表例である．

ガウス過程の分布は平均 $m(t) = E[X(t)]$ と共分散 $c(s, t) = E[(X(s) - m(s))(X(t) - m(t))]$ のみで定まる．$T = \mathbb{R}^d$ で，平均が時刻 t によらず，共分散が差 $|t-s|$ の関数で $c(t, s) = c(|t-s|)$ のとき，d 次元定常ガウス過程といい，$c(t)$ を共分散関数という．

共分散関数は正定値関数であり，ボホナーの定理により，$c(t) = \int \exp(its) F(ds)$ の形にスペクトル分解できる．この F をガウス過程 $X(t)$ のスペクトル測度という．定常ガウス過程 $X(t)$ についてはさまざまなことが知られている．例えば，ヒルベルト空間 $L^2(\Omega, P)$ が可分で，$X(s)$ $(s \leq t)$ が張る部分空間 M_t の共通部分 $\bigcap_{-\infty < t < \infty} M_t$ が $\{0\}$ のとき，純非決定的（purely nondeterministic）といわれ，平行移動に関してコルモゴロフ系となる．純非決定的で平均が0の定常ガウス過程はブラウン運動 $B_i(t)$ を用いて，

$$X(t) = \sum_i \int_{-\infty}^{t} a_i(t-s) dB_i(s)$$

の形の積分で表現できる．とくに，$B_i(t)$ が生成する情報増大系が $X(t)$ のものと一致するとき，これを標準表現という．標準表現を用いると，ガウス過程の詳しい性質を調べることができる．

ガウス曲率

Gaussian curvature

曲面の曲がり方をはかる量（スカラー）で，曲面の幾何学でもっとも重要な量である．半径 r の球面のガウス曲率は $1/r^2$ である．

2つある*主曲率 λ_1, λ_2 の積 $\lambda_1 \lambda_2$ がガウス曲率である．また，*ガウス写像のヤコビ行列式の値とも一致する．

ガウス曲率は曲面の第1基本形式のみで決まり，第2基本形式によらない（→ ガウスの驚異の

定理).また,ガウス曲率の積分はオイラー標数に一致する(→ ガウス–ボンネの定理).

ガウス–グリーンの公式　Gauss-Green formula
= グリーンの公式.→ ガウスの発散定理,ストークスの公式

ガウス–クロネッカーの積分
Gauss-Kronecker integral
3次元ユークリッド空間内の互いに交わらない区分的に滑らかな向きを持った閉曲線 $l_1, l_2: S^1 \to \mathbb{R}^3$ 上の積分

$$Lk(l_1, l_2) =$$
$$-\frac{1}{4\pi}\int_{t,s}\frac{(l_1(t)-l_2(s))\cdot(\frac{dl_1}{dt}\times\frac{dl_2}{ds})}{\|l_1(t)-l_2(s)\|^3}dtds$$

($\|\cdot\|$ はベクトルの長さ,× はベクトル積を表す)は l_1, l_2 の*まつわり数を与える.これをガウス–クロネッカーの積分といい,ベクトル解析の公式として知られる.この公式の一般次元への拡張が知られている.

ガウス公式(積分の)
Gauss rule
代表的な*数値積分法である.区間 $[a,b]$ において,*重み関数 $w(x)$ に関する n 次*直交多項式 $p(x)$ の零点を $\xi_1, \xi_2, \cdots, \xi_n (a<\xi_j<b)$ とする.$l_j(x)=p(x)/((x-\xi_j)p'(\xi_j))$ に対して,積分 $\lambda_j=\int_a^b l_j(x)w(x)dx$ をクリストッフェル数という.

いま,$f(x)$ を $[a,b]$ 上の連続な関数とするとき,積分 $\int_a^b f(x)w(x)dx$ を,和

$$\sum_{j=1}^{n}\lambda_j f(\xi_j) \qquad (*)$$

によって近似することができる.とくに,$f(x)$ がたかだか $2n-1$ 次の多項式ならば,両者は等しい.n を大きくすればするほど,一般には,この近似は精度を増す.(*)による*近似法をガウス公式あるいはガウスの機械的求積法(mechanical quadrature)という.→ 直交多項式,ラグランジュの補間,最良近似多項式

ガウス写像
Gauss map
3次元ユークリッド空間 $\mathbb{R}^3$ 内の*曲面を Σ とする.Σ の単位法ベクトル場を $\boldsymbol{N}(p)$ とする(すなわち $\boldsymbol{N}(p)$ は Σ の点 p の単位法ベクトルで,p について連続とする).原点を O とし,$\overrightarrow{ON(p)} = \boldsymbol{N}(p)$ となるように原点を中心とした半径 1 の球面上 S^2 にとった点を $N(p)$ とするとき,p を $N(p)$ に写す写像をガウス写像と呼ぶ.

単位球面 S^2 のガウス写像は $N(p)=p$ である.また,xy 平面 $\mathbb{R}^2$ のガウス写像は $N(p)\equiv(0,0,\pm 1)$ である.

ガウス写像の正規直交基に関する*ヤコビ行列の行列式の値は,その点での*ガウス曲率に等しいことが知られている.

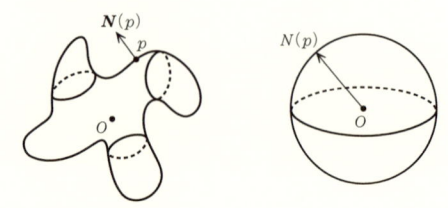

ガウス写像は超曲面 $\Sigma \subset \mathbb{R}^n$ の場合に一般化され,$\Sigma \to S^{n-1}$ なる写像になる.

ガウス賞
Gauss prize
科学技術や社会に大きなインパクトを与えた数学的貢献を顕彰するため*国際数学連合とドイツ数学会が新設した賞.2006 年第 1 回受賞者は*伊藤清.

ガウス積分
Gaussian integral
ガウス積分と称されるものにはさまざまなものがあるが,最も基本的なものは

$$\int_\mathbb{R}\exp\left(-\frac{x^2}{2t}\right)dx = (2\pi t)^{1/2}$$

(ただし t は正の実数)という積分公式である.多次元版は

$$\int_{\mathbb{R}^n}\exp\left(-\frac{(Ax,x)}{2}\right)dx = \frac{(2\pi)^{n/2}}{(\det A)^{1/2}}$$

(ただし A は*正定値実対称行列で,$(\cdot,\cdot)$ は内積)の形になる.また,虚軸版は,*フレネル積分

$$\int_\mathbb{R}\exp\left(-\frac{\sqrt{-1}y^2}{2t}\right)dy = \left(\frac{2\pi t}{\sqrt{-1}}\right)^{1/2}$$

になる.

ガウス測度
Gaussian measure
*ガウス分布を与える*確率測度のことであ

る．d 次元空間 $\mathbb{R}^d$ 上でのガウス測度は，*ルベーグ測度に関して*確率密度関数

$$\left(\frac{1}{2\pi}\right)^{d/2} \frac{1}{\sqrt{\det C}}$$
$$\times \exp\left(-\frac{1}{2}\langle C^{-1}(x-m), x-m\rangle\right)$$

を持つ確率測度 μ であり，平均 m，共分散 C の*ガウス分布を与える（$\langle\cdot,\cdot\rangle$ は内積）．また，その*特性関数は，

$$\int_{\mathbb{R}^d} \exp(\sqrt{-1}\,tx)\mu(dx)$$
$$= \exp(\sqrt{-1}\langle m,t\rangle - (1/2)\langle Ct,t\rangle)$$

となる．無限次元空間上のガウス測度の代表例は*ウィーナー測度である．無限次元空間では，すべての平行移動に関して不変な測度は存在しないので，密度関数を用いた表示はできない．そこで，無限次元の*線形位相空間 X 上のガウス測度 μ は，平均と共分散に対応する線形形式 $m(t)$ と*2次形式 $C(t)$ を用いて，特性関数が

$$\int_X \exp(\sqrt{-1}\langle t,x\rangle)\mu(dx)$$
$$= \exp(\sqrt{-1}\,m(t) - (1/2)C(t)) \quad (t \in X^*)$$

と表される確率測度として定義される．ただし，X^* は X の*双対空間とする．

ガウスの記号
Gauss' symbol

$[1.25]=1$, $[-5.41]=-6$ のように実数 a を越えない最大の整数を $[a]$ と記し，ガウスの記号という．整数 $[a]$ は $[a]\leqq a<[a]+1$ を満足する整数である．

ガウスの記号という言い方は主として日本で用いられ，海外では単に，a を越えない整数 $[a]$ ということが多い．

ガウスの驚異の定理
Gauss' surprising theorem

曲面の*ガウス曲率が*第 1 基本形式のみで決まり，*第 2 基本形式によらないという定理．ガウスによって発見された（→ ガウスの方程式（曲面論の））．このことにより，地球（球面）の長さを正確に保つ地図を，平面上に作ることができないことが次のように証明される．球面の一部分 U から平面の一部分 V への長さを保つ写像 $\varphi: U \to V$ があるとすると，φ は第 1 基本形式を保つ．すると，U のガウス曲率は V のガウス曲率と一致しなければならないが，前者は $1/(半径)^2$，後者は 0 で

あるので矛盾である．

ガウスの公式（曲面論の）
Gauss' formula

曲面 $\Sigma \subset \mathbb{R}^3$ を考える．$\mathbb{R}^3$ の自然な座標 x^1, x^2, x^3 を Σ 上の関数と見なしたとき，その 2 階微分と曲面の第 2 基本形式の関係を与えるのがガウスの公式である．

(u^1, u^2) を Σ の座標，$\sum_{i,j=1}^{2} h_{ij} du^i du^j$ を*第 2 基本形式，$\boldsymbol{n}$ を*単位法ベクトル，Γ_{ij}^k を*クリストッフェルの記号とする．ベクトル

$$\left(\frac{\partial x^1}{\partial u^j}, \frac{\partial x^2}{\partial u^j}, \frac{\partial x^3}{\partial u^j}\right)$$

を X_j と表す．

$$\frac{\partial X_j}{\partial u^i} = \sum_{k=1}^{2} \Gamma_{ij}^k X_k + h_{ij}\boldsymbol{n} \qquad (*)$$

がガウスの公式である．これをガウスの方程式と呼ぶこともある．

X_j は Σ の接ベクトル $\partial/\partial u^j$ を $\mathbb{R}^3$ のベクトルと見なしたものだから，$(*)$ は，$\partial/\partial u^j$ の微分の接平面方向の成分が共変微分で，法線方向の成分は第 2 基本形式であることを意味する．

ガウスの誤差法則　Gauss' law of errors　＝誤差法則

ガウスの消去法
Gaussian elimination

*連立 1 次方程式の標準的な解法の 1 つで，未知変数を順に消去していく方法である．例えば，3 つの未知変数 x_1, x_2, x_3 に関する連立 1 次方程式

$$a_{11}x_1 + a_{12}x_2 + a_{13}x_3 = b_1,$$
$$a_{21}x_1 + a_{22}x_2 + a_{23}x_3 = b_2,$$
$$a_{31}x_1 + a_{32}x_2 + a_{33}x_3 = b_3$$

を解きたいとする．$a_{11} \neq 0$ と仮定するとき，第 1 の方程式の $-a_{21}/a_{11}$ 倍を第 2 の方程式に加え，第 1 の方程式の $-a_{31}/a_{11}$ 倍を第 3 の方程式に加えると，

$$a_{11}x_1 + a_{12}x_2 + a_{13}x_3 = b_1,$$
$$a'_{22}x_2 + a'_{23}x_3 = b'_2,$$
$$a'_{32}x_2 + a'_{33}x_3 = b'_3$$

の形になる．ここで，$a'_{22} \neq 0$ ならば，第 2 の方程式の $-a'_{32}/a'_{22}$ 倍を第 3 の方程式に加えると，x_3 だけを含む $a''_{33}x_3 = b''_3$ の形の方程式が得られる．このような変形により，与えられた連立方程式と同値な連立方程式

$$a_{11}x_1 + a_{12}x_2 + a_{13}x_3 = b_1,$$
$$a'_{22}x_2 + a'_{23}x_3 = b'_2,$$
$$a''_{33}x_3 = b''_3$$

が得られる．この方程式の第3式より $x_3 = b''_3/a''_{33}$ が求められ，この値を用いて第2式より $x_2 = (b'_2 - a'_{23}x_3)/a'_{22}$ が求められ，最後に第1式から $x_1 = (b_1 - a_{12}x_2 - a_{13}x_3)/a_{11}$ が求められる．このような解法をガウスの消去法，あるいは，掃き出し法と呼ぶ．この計算過程は，線形方程式系 $Ax = b$ に対して，左から正則な下3角行列を掛けて右上3角行列を係数とする同値な方程式系に変形するものであり，行列 A の*LU分解を $A = LU$ とするとき，最後に得られる方程式系が $Ux_3 = L^{-1}b$ である．→ 線形方程式，上(下)3角行列

ガウスの整数環
Gauss' integer ring

虚数単位を i とするとき，$\mathbb{Z}[i] = \{a+bi \mid a, b \in \mathbb{Z}\}$ をガウスの整数環，その元をガウスの整数という．

ガウスの整数環の*単数は $\pm 1, \pm i$ である．素数 5 や 2 はガウスの整数環において
$$5 = (2+i)(2-i), \quad 2 = -i(1+i)^2$$
のように因数分解される．ガウスの整数に対して素元分解の一意性(→ 素元分解整域)が成り立つ．素元は，次の(1)-(3)のいずれかのもの，およびそれに $-1, \pm i$ を掛けたものである．

(1) $1+i$
(2) $p \equiv 3 \pmod{4}$ を満たす素数 p
(3) p を $p \equiv 1 \pmod{4}$ を満たす素数とすると $p = a^2 + b^2$ を満足する正整数 a, b が存在するが，その a, b についての $a+bi, a-bi$．

この $a+bi, a-bi$ は $p = (a+bi)(a-bi)$ を満たし，p のガウスの整数環における素因数である．

ガウスの発散定理
Gauss' divergence theorem

ベクトル解析における積分定理の1つで，電磁場や，流体など，連続体の理論で有効に使われる．滑らかな閉曲面 S で囲まれた $\mathbb{R}^3$ の領域 D の近傍で定義された滑らかな*ベクトル場 $\boldsymbol{A} = (A_1, A_2, A_3)$ に対して
$$\int_D \mathrm{div}\,\boldsymbol{A}\,dxdydz = \int_S \boldsymbol{A}\cdot\boldsymbol{n}\,dS$$
が成り立つという定理である．ここで，$\boldsymbol{n}$ は D の内側から外側に向かう S の*単位法ベクトルであり，$\cdot$ は内積を表す．*微分形式を用いて書くと，

xyz 座標を使って，
$$\iiint_D \Big(\frac{\partial A_1}{\partial x} + \frac{\partial A_2}{\partial y} + \frac{\partial A_3}{\partial z}\Big) dx \wedge dy \wedge dz$$
$$= \iint_S (A_1\,dy\wedge dz + A_2\,dz\wedge dx + A_3\,dx\wedge dy)$$

と表すことができる．$\boldsymbol{A}$ が密度一定の流体の速度ベクトル場(→ 速度場)を表すとき，左辺は領域 D 内の各点から単位時間当たりに湧き出す流量であり，右辺は面 S から単位時間当たりに流れ出す流量である．→ ストークスの定理

ガウスの判定法　Gauss' criterion → 収束判定法(級数の)

ガウスの法則(電場の)
Gauss' law

曲面 Σ で囲まれた $\mathbb{R}^3$ の領域 Ω を考える．領域 Ω 内にある電荷が作る電場を $\boldsymbol{E}$ とする．電荷の分布や電場は時間とともに変化しないとする．このとき，*面積分
$$\int_\Sigma \varepsilon \boldsymbol{E}\cdot\boldsymbol{n}\,d\Sigma$$
($d\Sigma$ は面積要素，$\boldsymbol{n}$ は外向き法線ベクトル，$\cdot$ は内積，ε は誘電率を表す)は Ω にある電荷の総量 $\int_\Omega q(x,y,z)\,dxdydz$ に等しい．これがガウスの法則である．ここで，$q(x,y,z)$ は点 (x,y,z) での電荷の密度を表す関数である．*ガウスの発散定理を用いると，この法則は $\varepsilon\,\mathrm{div}\,\boldsymbol{E} = q$ という式と同値である．→ ガウスの発散定理

ガウスの方程式(曲面論の)
Gauss' equation

*コダッチの方程式と並んで，曲面論の基本的な関係式で，*ガウスの公式をもう1回微分することによって得られる．

曲面の第1基本形式を $Edu^1du^1 + 2Fdu^1du^2 + Gdu^2du^2 = \sum g_{ij}du^i du^j$，第2基本形式を $\sum h_{ij}du^i du^j$，クリストッフェルの記号 Γ^k_{ij} から決まる*曲率テンソルを R^l_{ijk} としたとき，
$$R^l_{ijk} = \sum_{m=1}^{2}(h_{ij}h_{km} - h_{ik}h_{jm})g^{ml} \quad (1)$$
がガウスの方程式である．ここで 2×2 行列 $[g^{ij}]$ は $[g_{ij}]$ の逆行列である．(1)の右辺を*縮約するとガウス曲率の定義式になり，左辺は第1基本形式の微分である Γ^k_{ij} とその微分すなわち第1基本形式の2階微分までで表される．こうして得られる式が

$$4(EG - F^2)^2 K$$
$$= E(E_2 G_2 - 2F_1 G_2 + G_1 G_1)$$
$$+ F(E_1 G_2 - E_2 G_1 - 2E_2 F_2 + 4F_1 F_2$$
$$- 2F_1 G_1)$$
$$+ G(E_1 G_1 - 2E_1 F_2 + E_2 E_2)$$
$$- 2(EG - F^2)(E_{22} - 2F_{12} + G_{11}) \quad (2)$$

である.ここで K はガウス曲率であり,
$$\frac{\partial E}{\partial u^1} = E_1, \quad \frac{\partial^2 F}{\partial u^1 \partial u^2} = F_{12}$$
などと記した.(2)によって*ガウスの驚異の定理が証明される.

*ガウスの公式のことをガウスの方程式と呼ぶこともある.

ガウスの補題(多項式に関する)
Gauss' lemma

整数係数の多項式 $f(x)$ が有理数係数の多項式と考えたときに $f(x) = g(x)h(x)$ と因数分解できれば,$g(x), h(x)$ として整数係数の多項式をとることができる.これをガウスの補題という.この補題は,*一意分解整域 R を係数とする多項式が R の*商体の多項式として因数分解できれば,R 係数の多項式で因数分解できるという形に一般化できる.

ガウスの補題(リーマン幾何学における)
Gauss' lemma

円の中心から出る直線が円と直交するという事実の一般化.リーマン多様体 M の点 o を中心とする測地球 $= \{x \in M \mid d(x, o) = r\}$ と,o を始点とする測地線が直交することを主張する.リーマン幾何学の基本的補題である.

ガウス分解(行列の) Gauss decomposition ⇒ LU分解

ガウス分布
Gaussian distribution

正規分布ともいう.中心極限定理(ガウスの誤差法則)に現れる最も基本的な確率分布の1つである.m を実数,$\sigma > 0$ として,密度関数 $g(x) = (2\pi\sigma^2)^{-1/2} \exp(-(x-m)^2/2\sigma^2)$ を持つ確率分布のことで,m はその*平均,σ^2 は*分散,σ は*標準偏差である.この分布を $N(m, \sigma^2)$ で表す

と,分布 $N(m_1, \sigma_1^2)$ と $N(m_2, \sigma_2^2)$ に従う2つの独立な確率変数の和は分布 $N(m_1 + m_2, \sigma_1^2 + \sigma_2^2)$ に従う.*熱方程式との関係からこれらの密度関数は*熱核と呼ばれることもある.多次元のガウス分布は,$\mathbb{R}^n$ の*標準的内積を $(\cdot, \cdot)$ と記すとき $m \in \mathbb{R}^n$,C を*正定値対称行列,C^{-1} をその逆行列として,密度関数

$$g(x) = \frac{e^{-\frac{1}{2}(C^{-1}(x-m), x-m)}}{(2\pi)^{\frac{n}{2}} (\det C)^{\frac{1}{2}}}$$

を持つ確率分布で,平均 m,*共分散 C を持つ.ガウス分布に従う2つの確率変数は,「無相関であれば独立となる」(→ 独立性(確率変数の))という著しい性質を持つ.⇒ 確率分布,確率変数

ガウス平面 Gauss plane ⇒ 複素平面

ガウス-ボンネの定理
Gauss-Bonnet theorem

ユークリッド幾何学における定理「3角形の内角の和は2直角に等しい」に起源を持つ微分幾何学の主要な定理の1つ.曲面の局所的な量である*ガウス曲率と,大域的な不変量である*オイラー数を結ぶ積分公式で,その高次元化は*指数定理(楕円型作用素の)の先駆けとなった.

曲面 M の*測地線を辺とする3角形 ABC を考える.$K = K(p)$ を M の点 p におけるガウス曲率とするとき,
$$\int_{\triangle ABC} K(p) d\sigma(p) = \angle A + \angle B + \angle C - \pi$$
が成り立つ.ここで $d\sigma$ は M の面積要素であり,積分は $\triangle ABC$ の内部で行う.

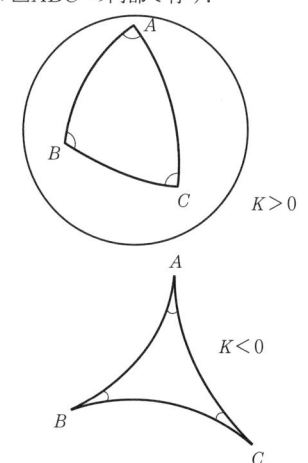

この公式は，平面($K\equiv 0$)の中の 3 角形に対する定理
$$0 = \angle A + \angle B + \angle C - \pi$$
および，半径 1 の球面の大円弧を辺とする球面 3 角形に対する公式
$$\triangle ABC \text{ の面積} = \angle A + \angle B + \angle C - \pi$$
の一般化と考えられる．

M の測地線を辺とする 3 角形分割を考え，その中に現れる 3 角形を $\triangle_1, \cdots, \triangle_f$ とする．各 $\triangle_i$ ($i=1,2,\cdots,f$) 上での上記の積分を足し合わせることにより，
$$\int_M K d\sigma = 2\pi \chi(M)$$
を得る．ここで $\chi(M)$ は M のオイラー数である．ガウス-ボンネの定理は一般のリーマン多様体に拡張することができる．→ 特性類

ガウス和
Gaussian sum

整数論などに現れる次の形の和をガウス和という．
$$\sum_a \chi(a)\zeta_N^a$$
ここに N は自然数，χ は $\mathbb{Z}/N\mathbb{Z}$ の可逆元全体のなす群 $(\mathbb{Z}/N\mathbb{Z})^\times$ の*指標，ζ_N は 1 の原始 N 乗根で，a は $\mathbb{Z}/N\mathbb{Z}$ の可逆元全体を動く．ガウス和の絶対値は $\sqrt{N}$ に等しい．例えば，$N=8$, $\zeta_8=(1+i)/\sqrt{2}$ として，
$$\zeta_8 - \zeta_8^3 - \zeta_8^5 + \zeta_8^7 = 2\sqrt{2}$$
は，$\chi(\overline{1})=\chi(\overline{7})=1$, $\chi(\overline{3})=\chi(\overline{5})=-1$ で定まる指標($\overline{a}$ は a の mod 8 での*剰余類を表す)についてのガウス和である．

カオス
chaos

カオスは，日常語では混沌の意味であるが，数学用語としては*力学系の性質を表す言葉である．力学系は決定論的なものであり，初期条件を与えればその後の状態は完全に決まる．しかし，力学系が記述するものは，平衡状態や周期運動など規則的なものに留まらず，不規則な運動が現れ，非決定性を示すものもあり，それらをカオスと総称する．例えば，ユークリッド空間 $\mathbb{R}^d$ 内の有界閉領域 X 上の*微分可能力学系 (X, T_t) が*ホモクリニック点を持つ場合には，以下のような性質が成り立つ．

(1) 初期条件の微小変化は時間とともに指数的に増大して，初期条件の記憶が急速に喪失する(初期条件への鋭敏な依存性(sensitive dependence on initial data))．

(2) *リャプノフ指数はすべて正または負で，0 と異なる，つまり，各点の接ベクトル空間は伸びる方向と縮む方向に分解できる(双曲性)．

(3) 部分集合 X_1, X_2 を適切に選ぶと，例えば，すべての硬貨投げの試行結果に対して，表を 1，裏を 2 として，X_1, X_2 をその順で通過する軌道 $T_t x$ が存在し，ほとんどすべての x に対して，*ベルヌーイ系(と*同型な系)が得られる(内蔵されたランダム性(built-in randomness))．

(4) *ルベーグ測度が 0 の集合の点を除けば，任意の出発点 x に対して軌道 $T_t x$ 上の*長時間平均は 1 つの不変確率測度 μ に収束し，μ に関して T_t はコルモゴロフ性を持つ．

(5) すべての観測量に対して，*パワースペクトルが白色である．つまり，すべての(可測)関数 $f: X \to \mathbb{R}$ に対して，その*相関関数はルベーグ測度と絶対連続な測度のフーリエ変換である．

以上のような特徴を持つとき，力学系はカオス的(chaotic)であるという．また，(4)のような不変確率測度 μ は漸近測度(asymptotic measure)と呼ばれ，統計力学の*ギブズの変分原理の拡張版を用いて特徴づけられる．

なお，μ 自身は，絶対連続でなく，*フラクタル集合の上の確率測度となることも多い．そのような*アトラクタは奇妙なアトラクタ(strange attractor)と呼ばれている．カオスは稀な現象ではなく，離散時間では，1 次元の連続な写像でもカオスが出現する(→ 区間力学系)．連続時間では，3 次元の準周期運動に摂動を加えれば，自己漸近軌道が，したがって，カオスが出現し得る．Ruelle と Takens によるこの定理は，少数自由度で乱流が発生し得ることを示唆しており，乱流理論などに多大の影響を与えた．

カオス現象は，1960 年代以後，計算機の発達と測定技術の進歩に伴い，物理現象や化学反応の中にも広く存在することが認識され，生物現象，経済現象なども含めて，非線形現象を理解するための新たな視点として着目されるようになった．例えば，周期外力を加えたダフィング方程式
$$\frac{d^2 x}{dt^2} + k\frac{dx}{dt} + x^3 = B\cos t + B_0$$
における上田睆亮(電気工学者)の「破れ卵殻」(broken egg)，大気循環モデルにおけるロレンツ(気象学者)の蝶の羽根のようなアトラクタ

(→ ロレンツ・アトラクタ)などはその初期の有名な例である. ⇒ 力学系, アトラクタ, エルゴード理論, リャプノフ指数, パンこね変換

下界 lower bound ⇒ 上界

可解群
solvable group

群 G の*交換子群 $[G,G]$ を G_1, G_1 の交換子群を G_2, … と記すと, 部分群の列
$$G \supset G_1 \supset G_2 \supset \cdots \supset G_r$$
ができる. G_{i+1} は G_i の正規部分群, G_i/G_{i+1} はアーベル群である. ここで $G_r=\{e\}$ (e は G の単位元) となる r が存在するとき G を可解群という. 例えば, (n,n) 型上 3 角可逆行列全体のなす群は可解群である. この条件は, 群 G に何らかの部分群の列
$$G'_0 = G \supset G'_1 \supset \cdots \supset G'_n = \{e\}$$
があって, 各 i に対し G'_{i+1} は G'_i の正規部分群かつ G'_i/G'_{i+1} はアーベル群, となることと同値である.

標数 0 の体の元を係数とする方程式がべき根を使って解けるための必要十分条件は, 方程式の*ガロア群が可解群となることである. このことから可解群の名称がある. *対称群 S_m は $m \leqq 4$ のとき可解群であるが, $m \geqq 5$ のとき m 次*交代群 A_m が*単純群であるので, 可解群ではない. このことが 5 次以上の一般方程式は代数的に解くことができない理由である (→ アーベルの定理). ⇒ べき零群

可解性 (方程式の)
solvability

代数方程式や微分方程式において, 一定の手順で解を求めることが可能なとき, 方程式は可解であるという.

例えば, 3 次, 4 次方程式は四則演算とべき根をとる操作の範囲で可解であるが, 5 次方程式は一般にはこの意味で可解ではない. ⇒ ガロア理論

可解リー環
solvable Lie algebra

*リー環 $\mathfrak{g}$ に対して, $\mathfrak{g}$ のイデアルの減少列 $\mathfrak{g}'=[\mathfrak{g},\mathfrak{g}]$, $\mathfrak{g}''=[\mathfrak{g}',\mathfrak{g}']$, …, $\mathfrak{g}^{(l+1)}=[\mathfrak{g}^{(l)},\mathfrak{g}^{(l)}]$, … ができるが, $\mathfrak{g}^{(k)}=\{0\}$ となる k が存在するとき, $\mathfrak{g}$ を可解リー環という. 例えば (n,n) 型上 3 角行列全体は可解リー環である. ⇒ 可解群

鏡のパラドックス
paradox of mirrors

「鏡に自分の姿を映すとき, 上下は変わらないのに, 左右が逆になる」というパラドックス. そのひとつの解釈は次の通りである. 一見「上・下」「右・左」は同じ範疇に属する言葉のように思えるが, 実はそうではない. 「上・下」は空間の中の方向を表す言葉であり, 「右・左」は空間の中の向きに関する概念である. 鏡の中の世界は, 現実の世界と枠の「向き」だけが異なる世界であり, 方向は鏡との位置関係により変わらないこともあれば変わることもある.

可換
commutative

*演算 $x \circ y$ が与えられたとき, $a \circ b = b \circ a$ が成り立つような元 a, b について, 「a と b は可換」あるいは「a は b と可換」などという. 可換の代わりに交換可能という言い方をするときもある.

*リー環の括弧積 $[\cdot,\cdot]$ に対しては, $[X,Y]=0$ であるとき, X と Y は可換であるという.

可換環
commutative ring

整数環 $\mathbb{Z}$ のように*環の乗法が可換であるとき, すなわちすべての元 a, b に対して $a \cdot b = b \cdot a$ が成り立つとき可換環という. 例えば*可換体 k を係数とする*多項式の全体 $k[x]$ は可換環である.

可換群
commutative group

アーベル群ともいう. 群 G が, すべての $a, b \in G$ について $ab=ba$ を満たすとき, すなわち群の乗法が交換律を満たすとき, 可換群あるいはアーベル群と呼ばれる. また, 整数の全体 $\mathbb{Z}$ が加法に関してなす群のように, 積演算を加法 $+$ により表すこともある. この場合, 加群あるいは加法群という.

可換図式
commutative diagram

写像の図式

$$\begin{array}{ccc} X & \xrightarrow{f} & Y \\ \varphi \downarrow & & \downarrow \psi \\ Z & \xrightarrow{g} & W \end{array}$$

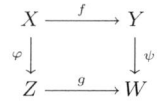

において, $\psi \circ f = g \circ \varphi$ であるとき, この図式を可

換図式という．可換図式は，写像の合成に関する複雑な関係を見やすくするのに使われる．

他の形の可換図式もある．例えば

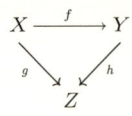

$$X \xrightarrow{f} Y$$
$$g \searrow \swarrow h$$
$$Z$$

が可換図式であることは $h \circ f = g$ を意味する．

可観測性
observability

制御システムにおいて，システムの状態を出力によって完全に決定できるかどうかをいう．行列の組 (A, B, C) で定められる有限次元の線形システム $dx/dt = Ax + Bu, y = Cx$（ここで，x は状態ベクトル，u は入力ベクトル，y は出力ベクトル）が可観測であるとは，任意の $T>0$ に対して，時間 $0 \leq t \leq T$ にわたる入力 $u(t)$ と出力 $y(t)$ から初期状態 $x(0)$ が一意的に決定できることをいう．任意の複素数 λ に対して行列 $\begin{bmatrix} A - \lambda I \\ C \end{bmatrix}$ の列ベクトルが線形独立であることが可観測性の（1つの）必要十分条件である．→ 制御理論，可制御性

可換体
commutative field

実数体 $\mathbb{R}$ や複素数体 $\mathbb{C}$ のように乗法が可換である*体を可換体という．単に体といったとき，可換体を指すことが多い．

可換代数
commutative algebra

可換体 k 上の多項式環 $k[x]$ のように，乗法が可換な*代数（多元環）を可換代数という．

可換代数学というと，可換環論を指す．

可逆
invertible

$n \times n$ 行列 M は $MN = I_n$（I_n は n 次の単位行列）となる $n \times n$ 行列 N を持つとき，可逆であるという．このとき $NM = I_n$ も成り立つ．行列 N を M^{-1} と記し，M の逆行列という．

一般に*代数系 A の元 a が*逆元 a^{-1} を持つとき，A は可逆であるという．

可逆過程
reversible process

一般に，時間（あるいは操作などの手順）を反転させても元と同じである過程のことをいう．確率過程 $X(t)$ $(-\infty < t < \infty)$ については，$X(-t)$ $(-\infty < t < \infty)$ も同じ確率分布を持つことをいう．特に，$X(t)$ がマルコフ過程の場合，ある測度 m に関して，2乗可積分関数の空間 $L^2(m)$ 上で推移半群 T_t $(t \geq 0)$ が対称なとき，$X(t)$ を可逆過程といい，m を可逆測度（reversible measure）と呼ぶ．

可逆行列
invertible matrix

n 次の正方行列 A について，$AB = BA = I_n$（I_n は単位行列）となる n 次正方行列 B が存在するとき，A を可逆行列または正則行列という．→ 可逆元

可逆元
invertible element

単位元 1 を持つ環（可換とは限らない）R の元 a について，$ab = ba = 1$ となる $b \in R$ が存在するとき，a を可逆元または単元という．R の可逆元の全体は環の乗法により群をなす．これを $R^\times$ と表すことがある．

例1 整数環 $\mathbb{Z}$ の可逆元は ± 1 である．

例2 体 F の元を成分とする n 次の正方行列のなす環 $M(n, F)$ において，可逆元は可逆行列(→ 行列)（正則行列ともいう）にほかならない．$M(n, F)^\times$ は*一般線形群 $GL(n, F)$ である．

可逆性
reversibility

（1）写像，その他の関係で逆が存在すること．

（2）力学系あるいは物理系について，時間反転 $t \mapsto -t$ に関して不変であること．ハミルトン力学系は常に可逆である．→ 不可逆性

下極限　inferior limit　→ 上極限

角
angle

直感的な角という概念は，ユークリッドの『原論』では次のように定義されている．

平面上で，点 A を始点とする半直線 AB, AC を考え，それらが平面を分ける1つの側を角 $\angle BAC$ といい，A を角の頂点という．

直線 AB 上に A に関して B と反対側に点 B' をとるとき，$\angle CAB'$ を $\angle BAC$ の補角という．

また，直線 AC 上に A に関して C と反対側に点 C' をとるとき，$\angle B'AC'$ を $\angle BAC$ の対頂角という．

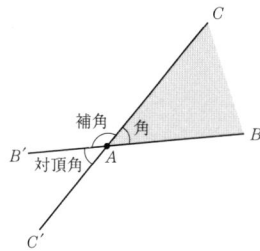

角とその頂点 A を中心とした半径 1 の円の交わりとして得られる弧の長さ(→ 曲線の長さ)を，*弧度法による角の大きさという．大きさが等しい角は合同である．

核（準同型の）
kernel

群の準同型写像 $\varphi: G_1 \to G_2$ に対して，
$\operatorname{Ker} \varphi = \{g \in G_1 \mid \varphi(g) = e\ (G_2 \text{の単位元})\}$
を φ の核という．核 $\operatorname{Ker} \varphi$ は G_1 の*正規部分群であり，*剰余群 $G_1/\operatorname{Ker} \varphi$ は φ の像 $\operatorname{Im} \varphi$ と，群として同型である(*準同型定理)．φ が単射であることと，φ の核が単位元のみからなることは，同値である．

線形写像 $\varphi: V \to W$ の核 $\{v \in V \mid \varphi(v) = 0\}$ は，V の線形部分空間である．線形写像は，環上の*加群の準同型の特別な場合(環が体である場合)である．環 R 上の加群の準同型 $\varphi: V \to W$ の核 $\{v \in V \mid \varphi(v) = 0\}$ は，V の部分 R 加群である．

環の準同型 $\varphi: A \to B$ の核 $\{a \in A \mid \varphi(a) = 0\}$ は A の両側*イデアルである．→ 準同型定理

核（積分作用素の） kernel ＝核関数

角（2 つの平面のなす）
angle, dihedral angle

空間の中の異なる平面 H_1, H_2 のなす角(あるいは 2 面角)とは，それぞれの*法ベクトル $\boldsymbol{n}_1, \boldsymbol{n}_2$ のなす角 θ を指す．通常 $\boldsymbol{n}_1, \boldsymbol{n}_2$ の向きを，$0 \leqq \theta \leqq \pi/2$ となるようにとる．

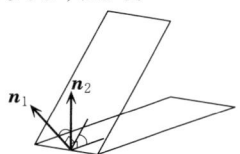

角（2 つのベクトルのなす）
angle

平面あるいは空間の*幾何ベクトル $\boldsymbol{a}, \boldsymbol{b}$ が有向線分 $\overrightarrow{OA}, \overrightarrow{OB}$ で代表されているとき，$\boldsymbol{a}, \boldsymbol{b}$ のなす角 θ は $\angle AOB$ である．通常は，θ は $0 \leqq \theta \leqq \pi$ となるように選ぶ．*内積 $\boldsymbol{a} \cdot \boldsymbol{b}$ を用いれば，$\cos \theta = \boldsymbol{a} \cdot \boldsymbol{b} / \|\boldsymbol{a}\| \|\boldsymbol{b}\|$ である．ここで $\|\cdot\|$ はベクトルの長さを表す．

角運動量
angular momentum

3 次元ユークリッド空間の中で，点 O の周りを運動する質量 m の質点の時刻 t での位置を $P(t)$ とする．$\boldsymbol{x}(t) = \overrightarrow{OP(t)}$ とし，*速度ベクトルを $\boldsymbol{v}(t) = (d\boldsymbol{x}/dt)(t)$ とするとき，質点の点 O の周りでの角運動量は $\boldsymbol{x}(t) \times m\boldsymbol{v}(t)$ である．ここで × は*ベクトル積を表す．

質点が常に $\overrightarrow{OP(t)}$ と平行な方向の力だけを受けて運動するとき(→ 中心力場)，角運動量は保存される．

核関数
kernel function

集合 X 上の関数のなす線形空間 L の線形変換 T が，$X \times X$ 上の関数 $k(x, y)$ により
$$(Tf)(x) = \int_X k(x, y) f(y) dy \quad (f \in L)$$
と表されるとき，T を積分作用素といい，$k(x, y)$ を T の核関数あるいは積分核，または略して単に核という．核関数の概念は*超関数にまで一般化される．

例　熱方程式
$$\frac{\partial u}{\partial t} = \frac{1}{2} \Delta u \quad (x \in \mathbb{R}^n,\ t > 0)$$
ただし，$\Delta = \dfrac{\partial^2}{\partial x_1^2} + \cdots + \dfrac{\partial^2}{\partial x_n^2}$
について初期条件
$$u(0, x) = f(x) \quad (x \in \mathbb{R}^n)$$
の下での解は $u(t, x) = T_t f(x)$ で与えられる．ここで
$$T_t f(x) = \int_{\mathbb{R}^n} g_t(x, y) f(y) dy,$$
$$g_t(x, y) = (2\pi t)^{-n/2} \exp\left(-\frac{\|x - y\|^2}{2t}\right)$$
である．T_t を熱作用素，g_t を熱核という．ここで $\|\cdot\|$ は $\mathbb{R}^n$ の*標準的内積が定める*ノルムである．

拡散
diffusion

例えば，温度が一定で均一でない混合流体では，濃度を一様分布に近づける方向の変化が起こる．このように，熱平衡状態に近づくときに生じる濃度分布や温度分布などの変化の過程を拡散という．

拡散過程
diffusion process

拡散粒子のランダムな運動を表す*確率過程のことである．*ブラウン運動はその代表例で，詳しい研究がなされている．係数 $a(x), b(x)$ は連続で $a(x)>0$ のとき，2 階の放物型偏微分方程式（→ 拡散方程式）

$$\frac{\partial u}{\partial t} = \frac{1}{2}a(x)\frac{\partial^2 u}{\partial x^2} + b(x)\frac{\partial u}{\partial x}$$

に対して，その初期値が $u(0,x)=f(x)$ である解 $u(t,x)$ は，t について連続な見本過程を持つ*マルコフ過程 X_t ($t≧0$) に関する期待値として，$u(t,x)=E[f(X_t)|X_0=x]$ と表示できることが知られている．このような X_t を拡散過程という．このとき，上の拡散方程式の*基本解が X_t の*推移確率であり，また，X_t は*確率微分方程式 $dX_t=\sigma(X_t)dB_t+b(X_t)dt$ の解となる．ただし，$\sigma(x)=\sqrt{a(x)}$．なお，係数 $a(x), b(x)$ が連続でない場合も，適当な条件のもとで対応するマルコフ過程が存在し，一般化拡散過程と呼ばれる．空間が多次元の場合にも拡散方程式に対応する拡散過程が定義される．→ 拡散方程式，マルコフ過程，確率微分方程式

拡散係数
diffusion coefficient

*拡散方程式において，空間変数に関する 2 階の偏微分の項に現れる係数（一般には係数行列）のこと．→ 拡散方程式

拡散方程式
diffusion equation

2 階の*放物型偏微分方程式で，物理的には，煙などの拡散現象あるいは熱伝導現象などを記述する方程式をいう．一般に，拡散方程式は正値保存性（初期値 $u(0,x)$ が正ならば，$t>0$ で解 $u(t,x)$ も正）をもち，*拡散過程が対応する．

空間が 1 次元の場合は，

$$\frac{\partial u}{\partial t} = \frac{1}{2}a(x)\frac{\partial^2 u}{\partial x^2} + b(x)\frac{\partial u}{\partial x}$$

の形のものを拡散方程式という．ここで，$a(x)>0$ は拡散係数といい，拡散の速さを表し，$b(x)$ は漂流（ドリフト）といい，各点での平均的な流れの速度を表す．

$\mathbb{R}^d$ の場合，次の形のものを拡散方程式という．

$$\frac{\partial u}{\partial t} = \frac{1}{2}\sum_{i,j=1}^{d} a_{ij}(x)\frac{\partial^2 u}{\partial x_i \partial x_j} + \sum_{i=1}^{d} b_i(x)\frac{\partial u}{\partial x_i}.$$

ここで，$[a_{ij}(x)]$（ただし，$i,j=1,\cdots,d$）は*正定値行列で，拡散係数(行列)といい，$b(x)=[b_i(x)]$（ただし，$i=1,\cdots,d$）を漂流という．なお，リーマン多様体上の熱方程式を局所座標系で書けば，拡散方程式となる．→ 熱方程式，拡散過程

角錐の体積
volume of pyramid

頂点が A，底面が多角形 P の角錐 Δ において A から底面に下ろした垂線の足を H とする．底面 P の面積を S, AH の長さ，すなわち，角錐の高さを h とすると，Δ の体積は $Sh/3$ に等しい．*取り尽くし法と背理法の組合せによるこの事実の証明を，ユークリッドの『原論』に見出すことができる．現代的な証明は以下のようなものである．

図のように AH を n 等分し，k 番目の分点を H_k，H_k を通る底面 P に平行な平面による Δ の断面を P_k ($1≦k≦n$) とする．底面が P_k の，P_k と P_{k-1} に挟まれる高さ h/n の角柱 Δ_k の体積は $(k/n)^2 S \times (h/n)$ に等しい．したがって Δ_k の集まりからなる階段状の多面体の体積 V_n は級数の公式 $\sum_{k=1}^{n} k^2 = n(n+1)(2n+1)/6$ を使って，

$$\sum_{k=1}^{n}\left(\frac{k}{n}\right)^2 S \times \frac{h}{n} = \frac{n(n+1)(2n+1)}{6n^3}Sh$$

に等しい．ここで，分割を限りなく細かくしていけば，すなわち $n\to\infty$ とすれば，V_n の*極限値 $Sh/3$ が角錐 Δ の体積を与える．

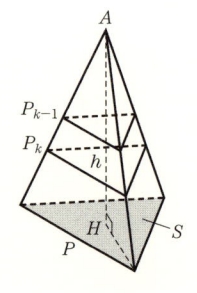

上の計算方法から 2 個の角錐は，底面を共有し，

底面に平行な断面の面積が等しければ，その体積が等しい．この事実は*カヴァリエリの原理の特別な場合である．

角速度
angular velocity

平面上を運動する物体(質点)の時刻 t での位置を $x(t)=(x_1(t), x_2(t))$, $x_1(t)=r(t)\cos\theta(t)$, $x_2(t)=r(t)\sin\theta(t)$ とするとき，$d\theta/dt$ を角速度という．

3次元ユークリッド空間 $\mathbb{R}^3$ の1点(原点とする)を固定された剛体の瞬間の角速度が(零でない)ベクトル $\boldsymbol{\omega}=(\omega_1, \omega_2, \omega_3)$ であるとは，その物体が原点 O を通り，$\boldsymbol{\omega}$ 方向の軸 OP の周りで $\|\boldsymbol{\omega}\|=\sqrt{\omega_1^2+\omega_2^2+\omega_3^2}$ の速さで反時計まわりに回転運動をしていることをいう．このとき物体上で位置ベクトルが $\boldsymbol{x}$ である点の速度はベクトル積 $\boldsymbol{x}\times\boldsymbol{\omega}$ である．

拡大次数
extension degree

体 F の*拡大体 K に対して，K を F 上のベクトル空間と見たときの次元を拡大 K/F の拡大次数といい $[K:F]$ と記す．すなわち $n=[K:F]$ であるとは，K の元を

$a_1 e_1 + \cdots + a_n e_n$ $(a_i \in F, i=1, \cdots, n)$

と一意的に表現できる n 個の K の元 $e_1, e_2, \cdots, e_n$ が存在することを意味する．ただし，無限次元のときは $[K:F]=\infty$ と記す．例えば，$[\mathbb{C}:\mathbb{R}]=2$, $[\mathbb{Q}(\sqrt{2},\sqrt{3}):\mathbb{Q}]=4$, $[\mathbb{R}:\mathbb{Q}]=\infty$.

体の拡大 L/K, K/F に対して
$$[L:F]=[L:K][K:F]$$
が成立する．

拡大体
extension field

体 K が体 F を*部分体として含むとき，体 K は体 F の拡大体であるという．

例 複素数体 $\mathbb{C}$ は実数体 $\mathbb{R}$ の拡大体であり，実数体 $\mathbb{R}$ は有理数体 $\mathbb{Q}$ の拡大体である．
 ⇒ 代数的拡大，超越拡大

拡張(写像の)
extension

集合 X の部分集合 A から，集合 Y への写像 $f: A \to Y$ が与えられたとき，写像 $F: X \to Y$ について，$F(a)=f(a)$ $(a \in A)$ が成り立つとき，F を f の拡張という．例えば，実数 z に対して定義された指数関数 e^z は $e^{x+iy}=e^x(\cos y + i \sin y)$ とおくことで，複素数 z まで拡張される．

有理数の集合 $\mathbb{Q}$ 上定義された一様連続関数は $\mathbb{R}$ 上の連続関数に拡張される．*ハーン–バナッハの定理は，線形部分空間で定義された有界な線形汎関数は全空間に拡張できることを主張する． ⇒ 制限(写像の)

拡張(定理などの) extension ⇒ 一般化

確定特異点
regular singularity

正則関数を係数とする常微分方程式
$$a_0(z)\frac{d^n y}{dz^n} + a_1(z)\frac{d^{n-1}y}{dz^{n-1}} + \cdots + a_n(z)y = 0$$
において，最高次係数 $a_0(z)$ が0になる点 $z=z_0$ を微分方程式の特異点といい，特異点でない点を正則点という．

特異点 z_0 は z が z_0 に近づくときの解の増大度に従って2種類に分類される．すべての解がたかだか $z-z_0$ のべき程度に増大するとき z_0 を確定特異点，そうでないとき不確定特異点という．すなわち z_0 が確定特異点とは，任意の角領域 $\theta_1 < \arg(z-z_0) < \theta_2$ において $z \to z_0$ とするとき，ある定数 M があって $|z-z_0|^M |y(z)| \to 0$ がすべての解 $y(z)$ について成り立つことをいう．例えば $z dy/dz - \alpha y = 0$ の一般解は $y=Cz^\alpha$ (C は任意定数)で与えられ，$z=0$ は確定特異点である．一方，$z^2 dy/dz + y = 0$ の一般解は $y=Ce^{1/z}$ であり，$z=0$ は不確定特異点となる．z_0 が確定特異点または正則点であるための必要十分条件は $(z-z_0)^j a_j(z)/a_0(z)$ $(j=1, \cdots, n)$ がすべて $z=z_0$ で正則になることである．

無限遠点に対しては，方程式を $z=1/w$ と変数変換したとき $w=0$ が確定特異点ならば，$z=\infty$ は確定特異点であるという．正則点，不確定特異点についても同様である．有理関数を係数とする微分方程式は，すべての特異点が無限遠点も含めて確定特異点であるとき，フックス型と呼ぶ．フックス型微分方程式の代表例は*超幾何微分方程式である．

各点収束
pointwise convergence

集合 X の上で定義された関数列 $\{f_n(x)\}$ ($n=$

1, 2, …) が与えられているとき，X の任意の点 a について数列 $f_1(a), f_2(a), …$ が収束するならば，$\{f_n(x)\}$ ($n=1, 2, …$) は X 上で各点収束するという．→ 一様収束

角度
angle
角の大きさを表す量をいう．全角を $360°$ とする度数法や，*弧度法などの単位を使う．

角の3等分問題
trisection of angle
与えられた角の 3 分の 1 の大きさの角を，定規とコンパスだけで作図する問題であり，古代ギリシアの 3 大作図問題（→ 作図問題）の 1 つである．$X=\sin(x/3)$, $c=\sin x$ とおくと，$X^3-3X/4+c/4=0$ となる．すなわち，X は c を係数に含む 3 次方程式を満たす．定規とコンパスによる作図は，2 次方程式を繰り返し解くことに当たるので，一般に角の 3 等分は作図不可能である．

確率
probability
一般に，「確からしさ」を 0 から 1 までの数で数値化したものをいう．数学では，加法性などを公理として満たすことを要請する（→ 確率空間，確率測度）．なお，このような数学的確率の他に，実験や統計のデータから決める経験的確率や，加法性を満たさない場合が実験的に検証されている心理的確率などもある．

確率解析
stochastic calculus
確率論，特に，ブラウン運動の理論を基礎とする，無限次元空間での微分積分学・解析学の 1 つである．通常の微分積分におけるルベーグ測度の役割をウィーナー測度が担い，確率微分方程式論，マリアヴァン解析，ディリクレ空間論が 3 本柱である．

確率過程
stochastic process
パラメータ付きの確率変数の族 $\{X_t | t \in T\}$ のことをいう．通常，パラメータの集合 T は，$[0, \infty)$ またはその部分集合で，時間と解釈され，時間発展を伴うランダムな現象の記述に用いられる．T が多次元の空間であるときは，確率場（random field）ということが多い．

数学的に定式化する場合には確率空間 $(\Omega, \mathcal{F}, P)$ を用意して，その上で定義された確率変数の族として $X_t = X_t(\omega)$ ($\omega \in \Omega$) を定める．通常は $(\omega, t) \mapsto X_t(\omega)$ が可測であることを仮定する．また各 ω に対して，$X_t(\omega)$ が t について連続関数である場合，確率過程 X_t は連続であるという．→ マルコフ連鎖，マルコフ過程，ブラウン運動，マルチンゲール

確率行列
stochastic matrix
行列 $P=[p_{ij}]$（ただし，$i, j=1, …, n$）は，$p_{ij} \geq 0$，$\sum_{j=1}^n p_{ij}=1$ ($i=1, …, n$) のとき，確率行列という．*マルコフ連鎖の推移行列は確率行列である．なお，$p_{ij} \geq 0$，$\sum_{j=1}^n p_{ij} \leq 1$ ($i=1, …, n$) のとき，劣確率（substochastic）行列という．→ 非負行列

確率空間
probability space
確率を記述するためには，考える偶然現象を記述するのに十分なパラメータの空間 Ω を用意して，確率事象を Ω の部分集合として表し，確率事象の全体 $\mathcal{F}$ を指定して，$\mathcal{F}$ の上に与えた測度 P が確率の値を定めると考えればよい．この 3 つ組 $(\Omega, \mathcal{F}, P)$ を確率空間という．例えば，硬貨投げやくじ引きのように，考えている確率現象が離散的で，それ以上場合分けできない有限個の事象（根元事象）からなり，それらが同様に確からしいときには，Ω は根元事象の全体，$\mathcal{F}$ は Ω のべき集合であり，事象 A に含まれる根元事象の数をその総数で割ったものが確率 $P(A)$ である．また，公平な硬貨投げの反復試行ならば，表を 1，裏を 0 として，各回の試行結果が $\omega_n \in \{0, 1\}$ ($n=1, 2, …$) の場合は直積空間 $\Omega=\{0, 1\}^{\mathbb{N}}$ の要素 $\omega=(\omega_n)$ ($n=1, 2, …$) を用いて記述でき，例えば最初の 4 個が「表裏表裏」となる確率は $P(\omega_1=\omega_3=1, \omega_2=\omega_4=0)=2^{-4}$ となる．一般に，確率空間は以下の公理を満たすものと仮定する：

(1) $\emptyset \in \mathcal{F}$（空事象）．
(2) $A \in \mathcal{F} \Longrightarrow A^c \in \mathcal{F}$（余事象）．
(3) $A_n \in \mathcal{F}$ ($n=1, 2, …$) $\Longrightarrow \bigcup_{n=1}^{\infty} A_n \in \mathcal{F}$（可算加法性）．
(4) P は $\mathcal{F}$ 上の*可算加法的な測度で，

$$P(\Omega) = 1.$$

公理(1),(2)より,$\Omega = \varnothing^c \in \mathcal{F}$ であり,(2),(3)と*ド・モルガンの法則により,

$(3')$ $A_n \in \mathcal{F}$ $(n=1, 2, \cdots)$
$$\Longrightarrow \bigcap_{n=1}^{\infty} A_n = \left(\bigcup_{n=1}^{\infty} A_n^c\right)^c \in \mathcal{F}.$$

また,公理(4)より,$A_n \in \mathcal{F}$ $(n=1, 2, \cdots)$ で,$A_n \cap A_m = \varnothing$ $(n \neq m)$ ならば,

$$P(\bigcup A_n) = \sum P(A_n) \quad \text{(加法公式)}.$$

1933年*コルモゴロフが与えたこの公理化により,数学的に堅固な確率概念が確立し,極限の確率が扱えるようになり,現代確率論の展開の契機となった.ただし,統計学者の中には,上記の可算加法性は数学的な概念であり,現実の観測可能性からは逸脱すると批判して,有限加法性のみを根拠とする統計理論の構築を試みている人もいる.
⇒ 測度,古典確率論,確率解析

確率収束 limit in probability ⇒ 測度収束

確率積分
stochastic integral

確率微分方程式などの基礎となる積分の概念である.$B(t)$ を1次元ブラウン運動,$f(t, x)$ を有界な連続関数として,区間 $[0, T]$ の分割 $\Delta: t_0 = 0 < t_1 < \cdots < t_n = T$ と $0 \leq t \leq T$ に対して,リーマン和

$$I_{\Delta, t}(f) = \sum_{i: t_{i+1} \leq t} f(t_i, B(t_i))(B(t_{i+1}) - B(t_i))$$

を考える(前進差分の形であることに注意せよ).ここで Δ を細かくしていくと,確率1で $I_{\Delta, t}(f)$ は t について一様収束する.その極限を f の確率積分あるいは伊藤積分といい,$\int_0^t f(s, B(s)) dB(s)$ と表す.これは2乗可積分で連続な*マルチンゲールとなり,平均は0,分散は $\int_0^t E[|f(s, B(s))|^2] ds$ である.一般に,ブラウン運動 $B(t)$ に限らず,2乗可積分で連続なマルチンゲール $M(t)$ に対して同様にして確率積分 $\int_0^t f(s, M(s)) dM(s)$ が定義できる(さらに,ポアソン過程など不連続な場合にも拡張されている).ブラウン運動 $B(t)$ はいたるところ微分不可能なため,通常のリーマン積分などと違って積分変数の変換公式(*伊藤の公式という)に余分な項が現れる.例えば,f が2回連続微分可能のとき $f(B(t)) - f(B(0)) = \int_0^t f'(B(s)) dB(s) + (1/2) \int_0^t f''(B(s)) ds$. なお,$f$ が x について微分可能な場合には,通常と同様の変数変換公式が成り立つような確率積分も定義できる.これをストラトノヴィッチ(Stratonovich)の意味の確率積分と呼び,$\int_0^t f(s, B(s)) \circ dB(s)$ と表すことが多い.

確率測度
probability measure

測度について,全測度 $\mu(X)$ が1となる非負測度のことをいう.また,確率変数の分布などを測度として考えるとき,確率分布測度または単に確率測度という.

確率場
random field

空間の各点 x に確率変数 $Z(x)$ が与えられたとき,その全体 $\{Z(x)\}$ を確率場という.*確率過程が,径数 x が1次元の場合を主として指すのに対して,径数 x が多次元であることを強調するときなどに確率場という.

確率微分方程式
stochastic differential equation

ランダムな運動を記述する方程式で,1942年に*伊藤清により導入された.例えば,$B(t)$ をブラウン運動として,

$$dX(t) = \sigma(X(t)) dB(t) + b(X(t)) dt, \ X(0) = x$$

のように書かれる方程式で,確率積分方程式(→ 確率積分)

$$X(t) = x + \int_0^t \sigma(X(s)) dB(s) + \int_0^t b(X(s)) ds$$

として意味づけられる.係数 $\sigma(x), b(x)$ が有界でリプシッツ連続ならば,通常の積分方程式と同様な逐次近似で解を求めることができ,解の一意性も成立する.物理学を始めさまざまな分野で利用されているが,$f(x)$ が2回連続微分可能な関数のとき,合成関数の微分公式(*伊藤の公式)が

$$df(X(t)) = f'(X(t)) dX(t) + \frac{1}{2} f''(X(t))(\sigma(X(t)))^2 dt$$

となることには注意を要する.確率微分方程式の理論は一般化され詳しく研究されている.なお,解の一意性が成り立たない諸例は,フィルトレーションの同型問題の研究に豊富な例を提供するものとして1990年代後半から再認識されている.

確率分布
probability distribution

ある対象についてその確率を考えるとき,それ

それの事象がどのような確率で起こるかを述べたものを確率分布という．確率変数 X のとる値が有限個の場合には，とる値 x_k と確率 $P(X=x_k)$ を表にすれば確率分布が決まる．この表を確率分布表という．X が実数値確率変数の場合には，確率分布関数 $F(x)=P(X\leqq x)$ を与えれば確率分布は決まる．例えば，ガウス分布の確率分布関数は

$$F(x) = \frac{1}{\sqrt{2\pi\sigma^2}} \int_{-\infty}^{x} \exp\left(-\frac{t^2}{2\sigma^2}\right) dt$$

である．より一般に，集合 S に値をとる確率変数 X に対して，$\mu(A)=P(X\in A)$ によって定まる S 上の確率測度 μ を X の確率分布または確率法則という．→ 確率変数，確率分布関数

確率分布関数
probability distribution function

実数値確率変数 X に対して $F(x)=P(X\leqq x)$ は以下の性質を持つ：
(1) 単調非減少：$x\leqq y \Longrightarrow f(x)\leqq f(y)$．
(2) $F(-\infty)=\lim_{x\to-\infty}F(x)=0$, $F(\infty)=\lim_{x\to\infty}F(x)=1$．
(3) $F(x)$ は右連続：$\lim_{y>x,\,y\to x}F(y)=F(x)$．

一般に，関数 $F:\mathbb{R}\to\mathbb{R}$ がこれらの条件を満たすとき，確率分布関数という．確率分布関数は必ずある確率変数に対応している．確率分布関数 $F(x)$ に対して，スチルチェス積分 $\phi(\xi)=\int_{-\infty}^{\infty}\exp(ix\xi)dF(x)$ をその特性関数という．確率分布関数と特性関数との対応は 1 対 1 である．→ 確率変数，確率分布，確率分布の収束，スチルチェス積分

確率分布関数の収束
convergence of probability distribution function

確率分布関数の列 $\{F_n(x)\}$ が確率分布関数 $F(x)$ に収束するとは，$F(x)$ のすべての連続点 x において $\lim_{n\to\infty}F_n(x)=F(x)$ が成り立つことをいう．このことは，$F_n(x)$ の特性関数 $\phi_n(\xi)$ が $F(x)$ の特性関数 $\phi(\xi)$ に各点収束することと同値である．中心極限定理はこの事実を用いて一般的に証明される．

確率分布の収束
convergence of probability distribution

離散空間の場合，その上の確率分布の列 $\{\mu_n\}$ が確率分布 μ に収束するとは，各点 x に対して確率 $\mu_n(x)$ が $\mu(x)$ に収束することをいう．距離空間 X の場合，必要に応じていくつかの収束の概念が使い分けられるが，単に「確率分布の収束」(あるいは「確率測度の収束」)といえば，次の「弱収束」の意味である．X 上の確率分布の列 $\{\mu_n\}$ が確率分布 μ に弱収束するとは，2 条件

(1a) X の開集合 G に対して
$$\liminf_{n\to\infty}\mu_n(G)\geqq \mu(G),$$
(1b) X の閉集合 F に対して
$$\limsup_{n\to\infty}\mu_n(F)\leqq \mu(F)$$

が成り立つことをいう．
弱収束は次の(2)と同値である．
(2) 任意の有界連続関数 $f:X\to\mathbb{R}$ に対して
$$\lim_{n\to\infty}\int_X f(x)\mu_n(dx) = \int_X f(x)\mu(dx).$$

さらに，$X=\mathbb{R}$ の場合の弱収束は，特性関数の*各点収束，分布関数 $F_n(t)=\mu((-\infty,x])$ の収束(→ 確率分布関数の収束)とも同値である．この他に，強収束($\sup_A |\mu_n(A)-\mu(A)|\to 0$，ただし，$A$ は X のボレル集合の全体を動く)，漠収束((2)で f をコンパクトな台を持つ連続関数に置き換えたもの)などがある．

確率変数
random variable

例えば，サイコロを投げたときに出た目のように，偶然現象に現れる変量(偶然量)のことである．数学的には，その現象を記述するために用意した確率空間の上で定義された可測な関数(または写像)として定式化する．しかし，本質的なのはその確率法則である．例えば，確率空間 $(\Omega,\mathcal{F},P)$ 上で定義された実数値の可測関数 X をこの確率空間上の実数値確率変数という．確率変数 X が与えられると，数直線 $\mathbb{R}$ 上の確率測度 P_X が，$P_X(A)=P(X^{-1}(A))$ により定まり，$\mathbb{R}$ 上の関数 f に対して，$\int_{\mathbb{R}}f(x)P_X(dx)=\int_\Omega f(X(\omega))P(d\omega)$ となる．この P_X を確率変数 X の確率法則(または確率分布)といい，$F(x)=P(X\leqq x)=P_X((-\infty,x])$ を*確率分布関数という．

確率 P に関する平均は記号 $E[\cdot]$ を用いて表すことが多い．積分 $\int_{-\infty}^{\infty}|x|P_X(dx)$ が確定するとき，$E[X]=\int_{-\infty}^{\infty}xP_X(dx)$ を X の*平均または*期待値という．また，$E[|X|^p]<\infty$ のとき $E[X^p]$ を p 次モーメント，$\phi(t)=E[\exp(itX)]$ を*特性関

数という．なお，$\mathbb{R}$ 上の確率法則が与えられると，$\Omega=[0,1]$, P をルベーグ測度として，確率分布関数 F の(右連続になるように修正した)逆関数 F^{-1} を用いて，$X(\omega)=F^{-1}(\omega)$ と定義すれば，この確率法則を持つ確率変数が構成できる．→ 確率空間，可測関数，特性関数(確率分布の)，確率変数の収束

確率変数の収束
convergence of random variable

確率空間 $(\Omega, \mathcal{F}, P)$ の上で定義された確率変数列 $\{X_n\}$ に関してはいくつかの収束の概念があるが，代表的なものを挙げる．

(1) 法則収束(convergence in law)：X_n の確率法則が確率分布として(弱)収束すること．

(2) 概収束(almost sure convergence)：$\{X_n\}$ が X に概収束するとは，「確率 1 で(with probability 1)収束すること」，つまり，$P(\lim_{n\to\infty} X_n = X) = 1$ であること．

(3) 2 乗平均収束：X_n が 2 次モーメントを持つ場合について，$\lim_{n\to\infty} E[|X_n-X|^2]=0$ となること．

確率母関数　probability generating function → 母関数

確率密度
probability density

確率変数 X の確率分布が $P(a \leq X \leq b) = \int_a^b f(x)dx$ で定まるとき，関数 $f(x)$ を X の確率密度関数または単に確率密度という．一般に基準となる測度が与えられた空間において，その測度に関する積分で与えられる確率分布についても，その密度関数を確率密度(関数)という．

確率密度関数
probability density function

関数 $f: \mathbb{R} \to \mathbb{R}$ が非負で，$\int f(x)dx = 1$ のとき，$f(x)$ を確率密度関数という．このとき，$F(x) = \int_{-\infty}^x f(t)dt$ は*確率分布関数となる．2 つの確率密度関数 $f(x)$, $g(x)$ のたたみ込み $(f*g)(x) = \int_{-\infty}^\infty f(x-y)g(y)dy$ も確率密度関数となる．

確率論
probability theory

偶然性に関する哲学的な議論はギリシア時代に遡ることができるが，確率論は*フェルマと*パスカルの往復書簡に始まるといわれている．そこでは，賭事を途中で止めたとき賭金をどのように分配するのが公平かが論じられ，その後，ヤコブ・*ベルヌーイなどにより，今日，高校の教科書に見られるような「同様に確からしい根元事象」をもとにした場合の数による確率の概念が形成された．*ラプラスの著書『確率論の解析的方法』(1812)は古典的な確率論の集大成であり，母関数を用いた計算により，ド・モアヴル(de Moivre)の定理(硬貨投げの場合の中心極限定理)などが証明されている．現代的な確率の概念は，ボレル(E. Borel)による正規数定理(1912)，*ウィーナーによるウィーナー測度の構成(1923)などを経て，*コルモゴロフの著書『確率論の基礎概念について』(1933)において確立し，以後，確率を測度と捉える公理論的確率論に基づき，現代確率論が発展する．この時期に，統計物理学におけるフォッカー(A. D. Fokker)やプランク(M. Planck)などの拡散現象の研究などを受けて連続時間確率過程の概念が形成され，同じくコルモゴロフの論文『確率論の解析的方法について』(1934)に象徴されるように拡散過程と拡散方程式の関係が明確になった．ドゥーブ(J. Doob)によりマルチンゲールの意味が明確になり，P. レヴィ(P. Lévy)のブラウン運動の研究にヒントを得て*伊藤清が 1942 年に創始した確率微分方程式の理論は 1960 年頃から大きく展開し，見本過程の研究の強力な道具になるとともに，諸科学においての応用が可能となった．さらに，見本過程の研究は道の空間の研究へと展開し，1980 年前後からマリアヴァン(P. Malliavin)，P. メイエ(Meyer)，渡辺信三らによりウィーナー空間上の解析学が構築され，現在の確率解析の枠組が誕生した．20 世紀が「ブラウン運動の世紀」であったといわれるゆえんである．

隠れた対称性
hidden symmetry

複雑な式や，複雑な微分方程式の解として与えられる数学的対象の中に，表には見えない「対称性」を持つ例が多くある．このようなものを隠れた対称性を持つという．例えば，*KdV 方程式の「隠れた対称性」は，20 世紀後半に解明された．

加群
module

アーベル群で元 a, b の積 ab を和の記号 $a+b$ で表すとき加群という．環 R が加群 M に*作用

し(すなわち $r \in R$ と $m \in M$ に対して M の元 rm が必ず1つ決まり),
$$(r_1+r_2)m = r_1 m + r_2 m,$$
$$(r_1 r_2)m = r_1(r_2 m)$$
$$(r_1, r_2 \in R, \ m \in M)$$
および
$$r(m_1+m_2) = rm_1 + rm_2$$
$$(r \in R, \ m_1, m_2 \in M)$$
が成り立つとき,M は R 加群(より正確には左 R 加群)という.R 上の加群ともいう.$1 \in R$ のときは,$1 \cdot m = m \ (m \in M)$ を仮定する場合が多い.
体 k 上の線形空間は k 加群と同じである.任意のアーベル群は環 $\mathbb{Z}$ 上の加群とみなせる.n 次元線形空間 k^n は $n \times n$ 行列のなす環 $M(n,k)$ 上の加群である.

上の R 加群の定義を少し変えて,$r \in R$ と $m \in M$ に対して M の元 mr が必ず1つ決まり,
$$m(r_1+r_2) = mr_1 + mr_2,$$
$$m(r_1 r_2) = (mr_1)r_2$$
$$(r_1, r_2 \in R, \ m \in M)$$
および
$$(m_1+m_2)r = m_1 r + m_2 r$$
$$(r \in R, \ m_1, m_2 \in M)$$
が成り立つとき,M は右 R 加群という.R が可換環なら,mr を rm と書くことにすれば左 R 加群と右 R 加群は同じことになる.R が非可換環のときは,そのように書き換えると $m(r_1 r_2) = (mr_1)r_2$ の条件は $(r_1 r_2)m = r_2(r_1 m)$ となって,左 R 加群とはみなせなくなり,左 R 加群と右 R 加群は違う概念になる.

掛谷の問題
Kakeya's problem

掛谷宗一により,1917 年に提出された次のような問題をいう.「長さ 1 の線分を平面上で 1 回転させるのに必要な最小面積を求めよ」
線分が,その中で 1 回転できるような凸図形で面積が最小のものは正 3 角形である(パル(J. Pál),1921).凸条件を外すと,いくらでも小さい面積を持つ図形の中で 1 回転させることができる(ベシコビッチ(A. S. Besicovich),1928).$\mathbb{R}^2$ 上の関数に作用する作用素 T_B を,
$$T_B f(x) = \frac{1}{(2\pi)^2} \iint_{|\xi|<1} e^{ix \cdot \xi} \hat{f}(\xi) d\xi$$
により定義する.ここで $\hat{f}(\xi)$ は $f(x)$ のフーリエ変換 $\hat{f}(\xi) = \int e^{-ix \cdot \xi} f(x) dx$ である.フェッファーマン(C. L. Fefferman)は,「T_B が $L^p(\mathbb{R}^2)$ の作用素として有界になるのは,$p=2$ の場合に限る」ことを証明したが,その証明にベシコビッチの定理の証明が重要な役割を果たした.フェッファーマンの定理は 2 次元*フーリエ級数の球形和と呼ばれる総和法の*L^p ノルムに関する収束性に関係がある.

下限 infimum, greatest lower bound → 上限

重ね合わせの原理
principle of superposition

例えば,*斉次線形常微分方程式 $d^2 f/dx^2 + adf/dx + bf = 0$ の 2 つの独立な解 f_1, f_2 が与えられたとき,*1 次結合 $c_1 f_1 + c_2 f_2$ (c_1, c_2 は定数)も同じ方程式の解であり,すべての解はこの形に書ける.これを重ね合わせの原理という.斉次とは限らない線形常微分方程式,例えば $d^2 f/dx^2 + adf/dx + bf = \sin x$ に対しては,1 つの解 f_1 を選ぶと,他のすべての解は,対応する斉次線形常微分方程式 $d^2 f/dx^2 + adf/dx + bf = 0$ の解 f_0 との 1 次結合 $f_1 + c f_0$ として書ける.これを重ね合わせの原理という.

重ね合わせの原理は,斉次線形常微分方程式の解は線形空間をなす,と言い換えることができる.

このことにより,例えば,単独の n 階常微分方程式の任意の解 f は,その 1 次独立な n 個の解 $f_1, \cdots, f_n$ が与えられれば,$f = c_1 f_1 + \cdots + c_n f_n$ と表すことができる.一般に線形方程式の解について,このような事実を重ね合わせの原理と総称する.→ 線形微分方程式,線形空間

可算 countable → 可算集合

可算加法関数
countably additive function, σ-additive function

実数値の集合関数で可算加法性を持つもの.→ 可算加法性

可算加法性
countable additivity, σ-additivity

集合の可算加法族 $\mathcal{F}$ の上で定義された実数値関数または測度 μ が,次の性質を持つとき,可算加法性を持つという:$A_n \in \mathcal{F}$ $(n=1,2,\cdots)$ かつ $A_n \cap A_m = \varnothing$ $(n \neq m)$ ならば
$$\mu\left(\bigcup_{n=1}^{\infty} A_n\right) = \sum_{n=1}^{\infty} \mu(A_n).$$
例えばユークリッド空間上のルベーグ測度は可算

加法性を持つが，ジョルダン測度は可算加法性を持たない．可算加法性の導入はルベーグの測度論におけるキーポイントである．これによって，極限の確率や極限集合の測度などをとらえることが可能になり，数学として豊かな測度論や確率論が確立することになった．一方で，実験家の観点から見れば確率に対して可算加法性を要請することは非現実的な理想化である．

可算加法族
countably additive family, σ-additive family

ある集合 Ω の部分集合からなる族 $\mathcal{F}$ が次の性質(1)-(3)を持つとき可算加法的集合族，あるいは単に可算加法族という(完全加法族，σ 加法族などということもある)．

(1) $\Omega \in \mathcal{F}$．
(2) $A \in \mathcal{F}$ ならば補集合 A^c も $\mathcal{F}$ に属する．
(3) 可算加法性を持つ．つまり $A_n \in \mathcal{F}$ ($n=1, 2, \cdots$) ならば $\bigcup_{n=1}^{\infty} A_n \in \mathcal{F}$．
このとき*ド・モルガンの法則から，
(4) $A_n \in \mathcal{F}$ ($n=1, 2, \cdots$) ならば $\bigcap_{n=1}^{\infty} A_n \in \mathcal{F}$ も従う．
→ 測度

可算基
countable basis

位相空間 X が可算個の開集合からなる*基を持つとき，X は可算基を持つという．→ 位相空間，基(位相空間の)

可算集合
countable set

自然数の集合と 1 対 1 の対応を持つ集合のこと．言い換えると，元全体に自然数で重複しないように番号をつけることができる集合をいう．整数の全体，有理数の全体，整数係数の代数方程式の根になる数全体(これを代数的数と呼ぶ)などは可算集合である．有限集合と可算集合を合わせて，「たかだか可算集合」ということがある．可算集合ではない無限集合を，非可算集合という．例えば，実数の集合は非可算集合である(→ 対角線論法)．
任意の無限集合は，可算集合を部分集合として含む(→ 選択公理)．この意味で，可算集合は，最も小さい無限集合である．

荷重関数　weight function　→ 重み関数

可縮
contractible

連結でかつ局所連結な位相空間 X が，X の 1 点に連続的に縮められるとき，すなわち 1 点と*ホモトピー同値であるとき，X は可縮であるという．
例えば，円板 $D^2 = \{(x, y) \in \mathbb{R}^2 \mid x^2 + y^2 < 1\}$ は可縮であるが，球面 $S^2 = \{(x, y, z) \in \mathbb{R}^3 \mid x^2 + y^2 + z^2 = 1\}$ は可縮ではない．

渦状点　focus　→ 特異点(ベクトル場の)

渦心点　center　→ 特異点(ベクトル場の)

ガース
girth

グラフの中の単純閉路の長さ(辺の数)の最小値をいう．

仮数
mantissa

158 の*常用対数は
$$\log 158 = 2.198657086954\cdots$$
となるが，この小数部分 $0.198657086954\cdots$ を常用対数の仮数という．一般に実数 a は $a_0 \times 10^s$, $1 \leq a_0 < 10$ とただ一通りに書くことができる．したがって a の常用対数 $\log a$ は $s + \log a_0$ と書くことができる．このとき $0 \leq \log a_0 < 1$ となる．$\log a_0$ を常用対数 $\log a$ の仮数と呼び，整数部分 s を指標と呼ぶ．

カスプ　cusp　= 尖点．→ くさび

可制御性
controllability

制御システムにおいて，システムの状態を入力によって完全に制御できるかどうかをいう．行列の組 (A, B) で定められる有限次元の線形システム $dx/dt = Ax + Bu$ (ここで，x は状態ベクトル，u は入力ベクトル)が可制御であるとは，任意の初期状態 x_0, 終端状態 x_1, および時間 $T > 0$ に対して，$x(0) = x_0$, $x(T) = x_1$ となる連続な入力 $u(t)$ ($0 \leq t < T$) が存在することと定義される．任意の複素数 λ に対して行列 $[A - \lambda I \quad B]$ の行ベクトルが線形独立であることが可制御性の(1 つの)必要十分条件である．→ 制御理論，可観測性

可積分関数

integrable function, summable function

$\mathbb{R}$ 上でルベーグ可測であって $\int_{-\infty}^{\infty}|f(x)|dx<\infty$ を満たす関数 $f(x)$ のことをいう．もっと一般に，測度 μ を持つ測度空間 X 上の可測関数 $f(x)$ であって $\int_X|f(x)|d\mu<\infty$ を満たすものを指す．→ ルベーグ可測，L^p 空間

可積分系

integrable system

*微分方程式を解くことを「積分する」ともいう．何らかの方法で*一般解を求めることができる場合，その微分方程式系を可積分系という．例えば「十分多くの」*第1積分 $I_1, I_2, \cdots$ があれば，直接微分方程式を解かないでも，$I_i=c_i$（c_i は任意定数，$i=1,2,\cdots$）で定義される曲面の共通部分として解の*軌道が得られる．特にハミルトン力学系（→ ハミルトン系）の場合，このような系をリウヴィルの意味の可積分系という（→ 完全積分可能）．曲面 $I_i=c_i$ が有界ならば解はトーラス上の*準周期運動になり，*カオス的な系と対極的な振舞いを示す．無限次元でも，KdV 方程式などのソリトン方程式(*ソリトン)はリウヴィルの意味で自由度無限大の可積分系と解釈できることが知られている．

広い意味では何らかの形で解ける系を指すこともあり，ソリトン方程式の他にも，厳密に解ける統計物理の2次元格子模型，場の理論の模型などがこれに含まれる．→ 求積法，力学系

可積分条件

integrability condition

$\mathbb{R}^n$ 内の領域 D 上で定義された連続微分可能な関数の組 $g_j(x_1,\cdots,x_n)$ $(1\leq j\leq n)$ が
$$\frac{\partial g_j}{\partial x_k} - \frac{\partial g_k}{\partial x_j} = 0 \quad (j\neq k) \qquad (*)$$
を満たすとき，$\{g_j\}_{j=1}^n$ は可積分条件を満たすという．このとき D が単連結ならば，2回連続微分可能な関数 $f(x_1,\cdots,x_n)$ が存在して $\partial f/\partial x_j=g_j$ を満たす．すなわち，f は g_j の原始関数である．(*)は微分形式 $\omega=\sum_{j=1}^n g_j dx_j$ が恒等式 $d\omega=0$ を満たす，すなわち，ω が閉形式であることと同等である．一般には，偏微分方程式が解を持つための条件を可積分条件という．→ 全微分方程式

仮説，仮設

hypothesis

議論を進める前提として仮定される命題を仮説または仮設という．特に，自然科学で現象を統一的に説明するために設けられた仮定を指すことが多い．

数学の場合も，一般的な結果が不明の場合，推論を行うための前提としてある種の命題が成り立つことを仮定して（作業仮説をたてて）推論することがある．実際に推論を行った結果，予想されたものと違った結果が導かれる場合は仮説をかえる必要がある．予想のように，結果がはっきりとわからない場合には，作業仮説をたてて推論して，最終的に予想の形にすることが多い．

歴史的には，リーマンがゼータ関数の零点は自明なもの以外は実部が1/2の線上にあることを仮定して素数定理を導いたのが有名である．このリーマンによる仮説は Riemann hypothesis（リーマン仮説）と呼ばれるが，仮説というよりはむしろ予想であり，わが国ではリーマン予想と呼ばれる方が多い．

なお，リーマンには「幾何学の基礎をなす仮説について」という多様体やリーマン幾何学の先駆けとなった有名な論文があるが，ここでの「仮説」は公理として仮定することの意味合いが強い．

数え上げ

enumeration

ある性質を持つものの個数を数えること，あるいは，ある性質を持つものをすべて並べて示すこと（→ 列挙）をいう．個数を数えるためには，*包除原理や*母関数などの道具が有効に用いられる．

可測関数

measurable function

c が実数を動くとき，集合 $\{x|f(x)<c\}$ がすべて可測集合であるような実数値関数 $f(x)$ を可測関数という．例えば，$\mathbb{R}$ 上の連続関数や区分的連続関数はルベーグ測度に関して可測である．ルベーグ可測関数の各点収束極限はルベーグ可測である．

一般に，写像 $f:X\to Y$ において，値域 Y の可測部分集合の逆像がすべて可測であるとき，f は可測写像であるという．

可測空間

measurable space

測度が定義されるような部分集合の族を持つ空間のことをいう．集合 Ω に部分集合からなる*可

算加法族 $\mathcal{F}$ が与えられたとき, 組 $(\Omega, \mathcal{F})$, あるいは単に Ω を可測空間といい, $\mathcal{F}$ に属する部分集合を可測集合という.

可測写像　measurable map　→ 可測関数

可測集合
measurable set

*測度が望ましい性質を持つためには, 対象となる集合の範囲を限定して考える必要がある. 測度の定義できる集合が可測集合である.

$\mathbb{R}^n$ の部分集合 A に対して*外測度 $m^*(A)$ および*内測度 $m_*(A)$ が定義され, それぞれ A の「体積」の外側および内側からの近似値の極限と考えることができる. $m^*(A) = m_*(A)$ が成り立つとき, A をルベーグの可測集合といい, この共通の値を $m(A)$ と記して A のルベーグ測度という.

より一般に, 集合 Ω に*カラテオドリの外測度 m^* が与えられているとする. 部分集合 $A \subset \Omega$ が, すべての $B \subset \Omega$ に対して
$$m^*(A) = m^*(A \cap B) + m^*(A^c \cap B)$$
という性質を持つとき, A は m^* について可測であるという. このとき $m(A) = m^*(A)$ を A の測度という. 可測集合の全体を $\mathfrak{M}$ とすると, $\mathfrak{M}$ は可算加法的な集合族で, m はその上の可算加法的な測度となる.

なお, 集合 Ω にあらかじめ可算加法族 $\mathcal{F}$ が与えられているときは, $\mathcal{F}$ に属する集合を可測集合と呼ぶ. → 可測空間, 測度空間, 測度零, ルベーグ測度

加速度
acceleration

ユークリッド空間内の質点の運動において, 時刻 t での位置が座標 $\boldsymbol{x}(t)$ で表されるとき, 運動する質点の速度は $d\boldsymbol{x}/dt$, 加速度は $d^2\boldsymbol{x}/dt^2$ である.

古典力学におけるニュートンの運動方程式は, 加速度は力に比例するという式
$$m\frac{d^2\boldsymbol{x}}{dt^2} = F$$
である (m は質量, F は力).

ガリレオ・ガリレイは物体の落下が等加速度運動であるという事実を発見し, 自由落下の法則を導いた. → 慣性の法則, ニュートンの運動方程式

加速法
acceleration

数列の極限値を数値的に求めたいときに, その数列の構造に関する知識を利用して, より速く収束する数列を生成することを加速法という. 例えば, 微分 $a = f'(x) = \lim_{h \to 0}(f(x+h) - f(x))/h$ を有限の刻み幅 $h = h_n = 2^{-n}$ $(n = 1, 2, \cdots)$ による前進差分 $a_n = (f(x+h_n) - f(x))/h_n$ で近似すると, テイラー展開から,
$$a_n \sim a + c_1 2^{-n} + c_2 2^{-2n} + \cdots$$
となることがわかる. c_i の値は未知であるが, このような構造がわかっているので, a_n と a_{n-1} を組み合わせて誤差の主要項 $c_1 2^{-n}$ を消去することができ,
$$a_n^{(1)} = 2a_n - a_{n-1} \sim a + c'_2 2^{-2n} + \cdots$$
という数列を生成すると, $\{a_n^{(1)}\}$ はもとの数列 $\{a_n\}$ より速く a に収束する (この形の加速法をリチャードソン加速と呼ぶ). 加速を行う場合には*丸め誤差の影響にも注意する必要がある. *関孝和や*建部賢弘などの和算家は円周率を計算する際に加速法を利用している (→ 円周率).

型 (アーベル群の)
type

有限生成アーベル群 G の不変系のことである. → アーベル群の基本定理

カタストロフ理論
theory of catastrophy

写像やベクトル場の特異点に注目し, 写像やベクトル場をいくつかの数に依存して変化させたとき, 特異点の様子が不連続に変化する値の集合 (→ 分岐集合) の形を使って, 不連続現象のモデルを与えようという試みをカタストロフ理論という. 例えば, $x^3 + ax$ という x が変数の関数をパラメータ a を変化させて考えていくと, $a > 0$ と $a < 0$ でその様子が大きく変わる.

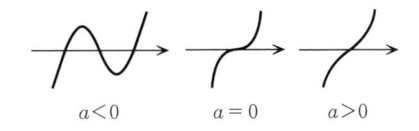

$a < 0$　　$a = 0$　　$a > 0$

$a = 0$ がこの場合の分岐集合である. 1970 年頃ルネ・トム (R. Thom) によって提唱された. その際に, 写像を 4 つ以下のパラメータで変化させたときの分岐集合を分類する定理が提示され, 後にマザー (J. N. Mathar) によって厳密に証明され

た. → 折り目, くさび

カタストロフ理論は不連続現象を説明する完成された画期的な理論である、という誤解に基づく宣伝によってもてはやされ、また急速に忘れられたが、実際には、写像の特異点の研究に基づく厳密かつ地道な数学的な諸定理と、これをもとにした、雄大なしかし未完成ないくつかの構想からなる.

下端 lower end → 上端

かつ
and

命題 P, Q について,「P かつ Q」という命題を作るときに使う. 論理記号では,「$P \wedge Q$」により表す.

括弧積(ベクトル場の)
bracket product

2 つのベクトル場 $\boldsymbol{V} = \sum_{k=1}^{n} V_k \, \partial/\partial x_k$, $\boldsymbol{W} = \sum_{k=1}^{n} W_k \, \partial/\partial x_k$ の間の括弧積 $[\boldsymbol{V}, \boldsymbol{W}]$ とは, ベクトル場

$$\sum_{k=1}^{n} \sum_{l=1}^{n} \left(V_k \frac{\partial W_l}{\partial x_k} - W_k \frac{\partial V_l}{\partial x_k} \right) \frac{\partial}{\partial x_l}$$

のことである. 括弧積を $\{\boldsymbol{V}, \boldsymbol{W}\}$ とも書く. ベクトル場による関数の微分 $\boldsymbol{V}(f) = \sum_{k=1}^{n} V_k \, \partial f/\partial x_k$ を用いると,

$$[\boldsymbol{V}, \boldsymbol{W}](f) = \boldsymbol{V}(\boldsymbol{W}(f)) - \boldsymbol{W}(\boldsymbol{V}(f))$$

と表される.

$n \times n$ 行列 $A = [a_{ij}]$ に対して $(x^1, \cdots, x^n)$ での値が $\sum_{i,j} a_{ij} x^i (\partial/\partial x^j)$ であるようなベクトル場 $\boldsymbol{V}_A$ が存在するが, これに対しては

$$[\boldsymbol{V}_A, \boldsymbol{V}_B] = \boldsymbol{V}_{AB-BA}$$

が成り立つ.

2つのベクトル場の間の括弧積 $[\boldsymbol{V}, \boldsymbol{W}]$ が 0 であることは, $\boldsymbol{V}$ が生成する 1 径数変換群 φ_V^t と $\boldsymbol{W}$ が生成する 1 径数変換群 φ_W^s の間の関係式 $\varphi_V^t \varphi_W^s = \varphi_W^s \varphi_V^t$ と同値である.

括弧積は次のヤコビの恒等式(→ リー環)を満たす.
$$[[\boldsymbol{X}, \boldsymbol{Y}], \boldsymbol{Z}] + [[\boldsymbol{Y}, \boldsymbol{Z}], \boldsymbol{X}] + [[\boldsymbol{Z}, \boldsymbol{X}], \boldsymbol{Y}] = 0.$$

括弧積(リー環の)
bracket product

2 つの n 次正方行列 A, B に対し $[A, B] = AB - BA$ を括弧積という. (交換子積という場合もあるが, 群の元の*交換子とは意味が異なるので, 注意を要する.) 括弧積は

(1) 線形性 $[aA + bB, C] = a[A, C] + b[B, C]$ (a, b はスカラー),

(2) 反対称性 $[B, A] = -[A, B]$,

(3) ヤコビの恒等式
$[[A, B], C] + [[B, C], A] + [[C, A], B] = 0$

を満たす.

n 次正方行列全体は括弧積について*リー環になる. 一般に, リー環における積演算 $[X, Y]$ を括弧積という. → リー環

割線法
secant method

方程式 $f(x) = 0$ の解 $x = \hat{x}$ の近似値を数値的に求める方法の 1 つである. 解 $\hat{x}$ は $y = f(x)$ のグラフが x 軸と交わる点の x 座標であるが, このグラフを 2 点 $(x_1, f(x_1)), (x_2, f(x_2))$ を通る直線で置き換えて $\hat{x}$ の近似値 x_3 を作る. x_1, x_2 から x_3 を作ったのと同様にして, 近似解の列 $x_1, x_2, x_3, \cdots$ が生成される. このとき,

$$x_{n+1} = x_n - \frac{(x_n - x_{n-1}) f(x_n)}{f(x_n) - f(x_{n-1})}$$

である.

カット
cut

*グラフにおいて, *カットセット, あるいは, それを定める頂点集合を指す.

カットセット
cutset

頂点集合 V と辺集合 A の無向グラフ (V, A) において, 頂点集合 V を 2 つの部分集合に分けたときにその両側を結ぶ辺からなる集合が定まる. 辺集合 A の部分集合で, このような形に表せるものをカットセットという.

合併(集合の) union → 和集合

仮定
assumption

条件文「P ならば Q」において, P を仮定という (Q は結論である).

カーディオイド
cardioid

極座標表示
$$r = a(1 + \cos\theta)$$
により表される平面曲線をカーディオイド(心臓形)という．直交座標では
$$(x^2 + y^2 - ax)^2 = a^2(x^2 + y^2)$$
で表される．

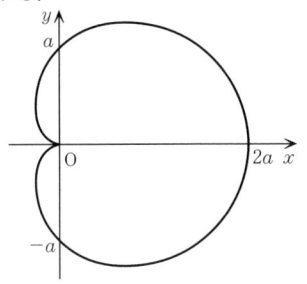

カテゴリー category ⇒ 圏

カテゴリー定理 category theorem ⇒ ベールのカテゴリー

可展面
developable surface

平面上に，伸び縮みなく展開することのできる曲面を可展面という．例えば，柱面や錐は可展面である．空間曲線の接線を集めた曲面も可展面である．*ガウス曲率が恒等的に 0 であることで特徴づけられる．

過渡的
transient

(1) 力学系などについて，非再帰的なこと(→ 再帰性)をいう．(2) 物理現象などについて，初期状態から定常状態等の最終状態に移行する途中で観測される現象を過渡的な現象という．

ガトー微分
Gâteaux derivative

*変分法などにおいて用いられる，方向微分の概念の一般化である．無限次元ベクトル空間 X の点 x_0 の近傍で定義された関数 $F(x)$ とベクトル $h \in X$ に対して，実変数関数 $f(t) = F(x_0 + th)$ が $t=0$ で*微分可能ならば，$F(x)$ は $x=x_0$ で h 方向にガトー微分可能という．$f'(0)$ を F のガトー微分と呼び，$D_h F(x_0)$ などと表す．例えば，$X = C^1([a, b])$ のとき，
$$F(x) = \int_a^b (x(s)^2 + x'(s)^2) ds$$
は各点 x でガトー微分可能で，
$$D_h F(x) = 2\int_a^b (x(s)h(s) + x'(s)h'(s)) ds.$$
*フレシェ微分可能であれば，すべての方向 h にガトー微分可能である．

カーネル kernel ⇒ 核(積分作用素の)，核(準同型の)

カノニカル
canonical

ある数学的概念が与えられた構造から内在的に決まっていることを表す形容語．「自然な」，「標準的」などともいう．

例 1 どんな n 次元の実線形空間 V も線形空間として $\mathbb{R}^n$ と同型であるが，V から $\mathbb{R}^n$ への同型を与える写像自身は V の基底を選んで初めて定まる．この場合 V と $\mathbb{R}^n$ は「同型だがカノニカルに同型ではない」という．

線形空間 V とその双対空間 V^* の間の同型はカノニカルではない．このことは，V を V^* に対応させる対応が*函手をなさない，という言い方で定式化できる．他方，V が有限次元であるとき，$(V^*)^*$ と V はカノニカルに同型である．

例 2 V の双対空間を V^*，V 上の線形写像全体を $\mathrm{End}(V)$ とすれば，テンソル積 $V \otimes V^*$ は $\mathrm{End}(V)$ とカノニカルに同型である．実際，線形写像 $\Phi: V \otimes V^* \to \mathrm{End}(V)$ を $\Phi(v \otimes f)(u) = f(u)v$ $(v, u \in V, f \in V^*)$ で定義すれば，これは基底の取り方には無関係な同型写像になっている．⇒ 圏

カノニカル分布
canonical distribution

粒子数と温度が一定という条件の下でのギブズ分布のことをいう．さらに，エネルギーが一定という条件も付けたものを，ミクロカノニカル(microcanonical)分布といい，どちらの条件も付けないものをグランド(大)カノニカル(grandcanonical)分布という．

下半連続
lower semicontinuous

$f(x)$ を実数値関数とする．任意の正数 ε に対して，a のある近傍 U が存在して不等式

$f(x) \geqq f(a) - \varepsilon \quad (x \in U)$

が満たされるとき，$f(x)$ は点 a において下に半連続である，あるいは下半連続(「したはんれんぞく」と読むこともある)であるという．これは不等式

$$\lim_{x \to a} f(x) \geqq f(a)$$

と同値である．

$f(x)$ が定義域のすべての点で下半連続であるとき，単に半連続であるという．また $-f(x)$ が下半連続のとき上半連続あるいは上に半連続であるという．下半連続関数，上半連続関数を総称して半連続関数という．

可微分構造　differentiable structure　＝微分可能構造

可微分多様体　differentiable manifold　➡ 多様体

可微分同相
　diffeomorphic

ユークリッド空間の 2 つの開集合 U_1, U_2 の間の連続微分可能な写像 $F: U_1 \to U_2$ が可微分同相写像であるとは，逆写像 $F^{-1}: U_2 \to U_1$ が存在し，連続微分可能であることをいう．微分同相写像ともいう．

U_1 と U_2 が可微分同相であるとは，その間に可微分同相写像が存在することをいう．

$F(x) = x^3$ なる写像 $F: \mathbb{R} \to \mathbb{R}$ は逆写像 $F^{-1}(x) = x^{1/3}$ が存在し連続であるので*同相写像であるが，$x^{1/3}$ は 0 で微分可能でないので，可微分同相写像ではない．

写像が可微分同相写像であるかどうかはヤコビ行列を用いて判定できる(➡ 逆写像定理)．

曲面や多様体に対しても，可微分同相写像がまったく同じに定義され，2 つの曲面・多様体が可微分同相であることもまったく同じに定義される．

次元が 4 以上の場合には，同相であっても，可微分同相でない多様体の組が存在することが知られている．

可微分同相写像　diffeomorphism　➡ 可微分同相

可付番集合　countable set　＝可算集合

可分
　separable

位相空間がたかだか可算かつ*稠密な部分集合を持つこと．

加法
　addition

数の場合は足し算のことをいう．ベクトルの加法や行列の加法のように数の加法を一般化した演算を意味することもある．

加法過程
　additive process

確率過程 $X(t)$ $(t \geqq 0)$ で，任意の $n \geqq 1$, $0 \leqq t_0 < t_1 < \cdots < t_n$ に対して増分 $X(t_i) - X(t_{i-1})$ $(1 \leqq i \leqq n)$ が互いに独立なものをいう．増分が時間的に一様な場合(つまり，時間差だけによる場合)を考えることが多い．マルコフ過程，ガウス過程と並ぶ基本的な確率過程である．➡ レヴィ過程，ポアソン過程

加法群
　additive group

加法の記号 ＋ を用いて積演算が与えられている*可換群のこと．*加群ともいう．

加法公式
　addition formula

いくつかの関数 $f_1(x), \cdots, f_n(x)$ が与えられているとき，$f_i(x+y)$ $(i=1,2,\cdots,n)$ を $f_1(x), \cdots, f_n(x), f_1(y), \cdots, f_n(y)$ やそれらの微分で表す公式のこと．➡ 加法定理(3 角関数の)，加法定理(楕円関数の)

加法定理(3 角関数の)
　addition theorem

例えば

$$\sin(x+y) = \sin x \cos y + \cos x \sin y$$
$$\cos(x+y) = \cos x \cos y - \sin x \sin y$$
$$\tan(x+y) = \frac{\tan x + \tan y}{1 - \tan x \tan y}$$

のように，$x+y$ を 3 角関数に代入したものは x, y に対する 3 角関数の有理式で表すことができる．これを 3 角関数の加法定理という．

*オイラーの公式 $e^{ix} = \cos x + i \sin x$ を用いると，$\sin$ と $\cos$ の加法定理は，指数法則 $e^{i(x+y)} = e^{ix} e^{iy}$ の実部および虚部になる．また，角 x の回転を行列 $R_x = \begin{bmatrix} \cos x & -\sin x \\ \sin x & \cos x \end{bmatrix}$ で表すと，加法定理はその積に関する規則 $R_{x+y} = R_x R_y$ に一致する．

双曲線関数についても類似の加法定理
$$\sinh(x+y) = \sinh x \cosh y + \cosh x \sinh y$$
$$\cosh(x+y) = \cosh x \cosh y + \sinh x \sinh y$$
$$\tanh(x+y) = \frac{\tanh x + \tanh y}{1 + \tanh x \tanh y}$$
が成り立つ．これらは指数法則 $e^{x+y}=e^x e^y$ から導かれる．

加法定理(楕円関数の)
addition theorem

*楕円関数についても3角関数や指数関数の場合と類似の加法公式が成り立つ．例えば*ワイエルシュトラスの $\wp$ 関数は

$$\wp(u+v) = \frac{1}{4}\left(\frac{\wp'(u) - \wp'(v)}{\wp(u) - \wp(v)}\right)^2 - \wp(u) - \wp(v)$$

を満足する．この式から $\wp'(u)^2 = 4\wp(u)^3 - g_2\wp(u) - g_3$ を用いて $\wp'(u)$ を消去すれば $\wp(u+v)$, $\wp(u)$, $\wp(v)$ の間の多項式関係が得られる．

一般に関数 $f(u)$ に対し，0 でない多項式 F を用いた関係式
$$F(f(u), f(v), f(u+v)) = 0$$
が成り立つとき，$f(u)$ は代数的加法定理を持つという．任意の楕円関数は代数的加法定理を持つ．逆に代数的加法定理を持つ有理型関数は，(1) 楕円関数，(2) e^{cu} (c は定数)の有理関数，(3) u の有理関数，の3種類に限られる．

加法的関数(実数直線上の)
additive function

コーシー–ダランベールの関数等式
$$f(x+y) = f(x) + f(y)$$
を満たす $\mathbb{R}$ 上の実数値関数をいう．1 次関数 $f(x)=ax$ は加法的関数であるが，逆に加法的関数がある小さい区間で有界なら(特に連続なら)，それは1次関数である．一般の加法的関数 f については，$f(x)=ax$ がすべての有理数 x で成り立つような a が存在するから，加法的関数は $\mathbb{R}$ を有理数体 $\mathbb{Q}$ 上の線形空間と見たときの，$\mathbb{R}$ からそれ自身への*線形写像と同一視される．このことから，1 次関数とは限らない加法的関数の存在がわかる．実際，$\mathbb{R}$ を体 $\mathbb{Q}$ 上の線形空間と見なし，$\mathbb{Q}$ 上*線形独立な $\{1, \sqrt{2}\}$ を含む $\mathbb{Q}$ 上の*基底を取り，$f(1)=1$, $f(\sqrt{2})=0$, その他の基底のベクトルに対しては 0 を対応させるような線形写像 f は 1 次関数ではない(もし $f(x)$ が 1 次関数 ax であれば，$1=f(1)=a$, $0=f(\sqrt{2})=a\sqrt{2}$ となって矛盾)．基底の存在を使うとき，*選択公理を必要とするから，1 次関数と異なる加法的関数を「具体的」に作ることはできない．

加法的関数(流れの)
additive function

空間 X 上の*流れ T_t が与えられたとき，関数 $A(t,x)$ は，流れに沿う加法性 $A(t+s,x) = A(t,x) + A(s, T_t x)$ をもつとき，加法的関数であるという．例えば，$X=\mathbb{R}^n$ 上の微分方程式 $dx/dt = f(x)$ の定める流れ T_t については，初期値 x の解 $x(t)=T_t x$ に沿った関数 $a(x)$ の積分 $A(t,x)=\int_0^t a(x(s))ds$ は加法的関数であり，また，解軌道が時刻 0 から t までの間に空間 X 内にある超曲面を横切る回数 $N(t,x)$ も加法的関数である．→ 流れ(力学系の)

加法的集合関数
additive set function

集合関数 f であって，共通部分のない任意の集合 A, B に対して $f(A \cup B) = f(A) + f(B)$ を満たすものをいう．例えば K を有限集合とするとき，$f(A) = |A \cap K|$ (A に含まれる K の元の個数)は加法的集合関数である．より強く，可算加法性を持つ集合関数を単に加法的集合関数ということも多い．→ 集合関数，可算加法性

加法的汎関数
additive functional

例えば，ブラウン運動などの道(見本過程) w について，$A(t+s,w) = A(t,w) + A(s, \theta_t w)$ ($s, t \geq 0$) を満たす汎関数 $A(t,w)$ のことをいう．ここで，$(\theta_t w)(s) = w(s+t)$ である．通常の積分 $A(t,w) = \int_0^t a(w(s))ds$ で与えられるものに加えて，確率積分 $A(t,w) = \int_0^t a(w(s))dw(s)$ で定まる加法的汎関数がその代表例である．

加法付値 additive valuation → 付値

加法法則(確率の)
addition rule

確率の基本的な法則の1つである．2つ以上の事象 $A_1, A_2, \cdots, A_n$ の和事象の確率について，これらが排反ならば，等式
$$P(A_1 \cup \cdots \cup A_n) = P(A_1) + \cdots + P(A_n)$$

が成り立つことである．また，排反でなくても，例えば，
$$P(A_1 \cup A_2) = P(A_1) + P(A_2) - P(A_1 \cap A_2)$$
が成り立ち，さらに，一般に，$J=\{i_1,\cdots,i_k\}$ のとき $A_J = A_{i_1} \cap \cdots \cap A_{i_k}$ とすれば，
$$P(A_1 \cup \cdots \cup A_n) = \sum_{k=1}^{n} \sum_{|J|=k} (-1)^{k-1} P(A_J)$$
が成り立つ．可算無限個の確率事象についても一般化されている．→ 包除原理

カーマーカー法
Karmarkar's method

線形計画問題の解法には，大別して，単体法と内点法がある．*単体法は1947年にダンツィク(G. B. Dantzig)によって考案されて以来，主要な解法であり続けているが，*多項式時間アルゴリズムではないという理論的な弱点がある．1970年代の終わりに，線形計画問題に対する初めての多項式時間アルゴリズムとして楕円体法が考案されたが，実際的な効率は低く，理論的な意義に留まるものであった．カーマーカー法は，1984年にカーマーカー(N. Karmarkar)によって提案されたアルゴリズムであり，実行可能解のなす凸多面体の内部の滑らかな曲線を近似的に追跡することによって最適解に到達するものである．多項式時間アルゴリズムという理論的性質を有すると同時に，実際的にも効率が良いアルゴリズムである．このアルゴリズムが契機となって，*内点法と呼ばれる一群のアルゴリズムが開発された．

KAM 理論　KAM theory　→ KAM(ケーエーエム)理論

カメロン-マーティンの公式
Cameron-Martin's formula

例えば，拡散係数が 1/2 でドリフト(1階の偏微分作用素) $f(x)$ をもつ1次元の拡散方程式の初期値問題
$$\frac{\partial u}{\partial t} = \frac{1}{2} \frac{\partial^2 u}{\partial x^2} + f(x) \frac{\partial u}{\partial x}, \quad u(0,x) = \varphi(x)$$
の解 $u(t,x)$ は，1次元ブラウン運動 $B(t)$ に関する次の期待値として表示できる：
$$u(t,x) = E_x[\varphi(B(t)) \exp(M(t))],$$
$$M(t) = \int_0^t f(B(s)) dB(s) - \frac{1}{2} \int_0^t f(B(s))^2 ds$$
(→ 確率積分)．一般に，拡散係数が同じでドリフト部分が異なる拡散方程式に対応する拡散過程について，出発点が同じならばそれらが定める道の空間の上の確率分布測度は(ある可積分性条件の下で)互いに絶対連続となり，その密度関数を具体的に表示することができる．この密度を与える公式を，最初に研究した2名に因み，カメロン-マーティンの公式という．その後，丸山儀四郎，ギルサーノフ(V. Girsanov)により現在の形に完成されたので，この4人の連名で呼ぶことも多い．この公式は，道の変換のヤコビアンを与える公式とも考えられ，*ファインマン-カッツの公式と並んで，道の空間上の測度の変換公式の代表例である．

可約
reducible

既約でないこと．
(1) アフィン代数的集合が可約 → アフィン代数多様体
(2) 射影的集合が可約 → 射影多様体
(3) 群の表現が可約 → 表現(群の), 既約表現

可約性(多項式の)
reducibility

多項式 $f(x)$ が，次数が1次以上の多項式 $g(x)$, $h(x)$ によって $f(x)=g(x)h(x)$ と書けるとき可約であるという．可約でないとき既約という．$g(x)$, $h(x)$ の係数をどの範囲で選ぶかによって $f(x)$ が可約であるかどうかが変わってくる．例えば x^2+1 は実数を係数とする多項式の範囲では既約であるが，複素数まで係数を許すと $x^2+1=(x+i)(x-i)$ となり可約になる．このように多項式が可約であるかどうかは係数をどの範囲の*体で考えるかを決めてはじめて意味を持つ．

さらに一般に，*整域 R の元を係数とする1次以上の多項式 $f(x) \in R[x]$ が，定数と異なる $g(x), h(x) \in R[x]$ の積に分解されるとき，$f(x)$ は R 上可約であるという．R 上可約でないときは，R 上既約といわれる．例えば，多項式 x^3-1 は $(x-1)(x^2+x+1)$ と因数分解されるから，整数環 $\mathbb{Z}$ 上可約である．→ アイゼンシュタインの既約判定法，ガウスの補題(多項式の)

可約多項式
reducible polynomial

多項式が可約(→ 可約性)のとき可約多項式という．→ 既約多項式

カラテオドリの外測度　Carathéodory's outer measure
→ 外測度

絡み数　linking number　＝まつわり数

絡み目
link

互いに交わらない*結び目の有限個の和のことを絡み目という．すなわち，3 次元空間内の自己交叉を持たない有限個の閉曲線の互いに交わらない和のことで，リンクともいう．互いに交わったり，また自己交叉したりすることなく，連続に変形できるとき，2 つの絡み目は等しいとみなす．絡み目には*まつわり数などの不変量があり，等しいかどうかを判定するのに用いられる．

図 1 のように，ばらばらに離れた絡み目に連続変形されるとき，自明な絡み目と呼ぶ．

図 2 の絡み目はホップの絡み目 (Hopf link) と呼ばれ，まつわり数が 1 であるので，自明な絡み目とは異なる．

図 3 の絡み目は，ホワイトヘッドの絡み目 (Whitehead link) と呼ばれる．まつわり数は 0 であるが自明な絡み目とは異なることが知られている．

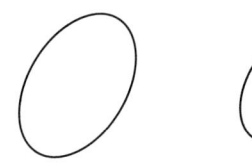

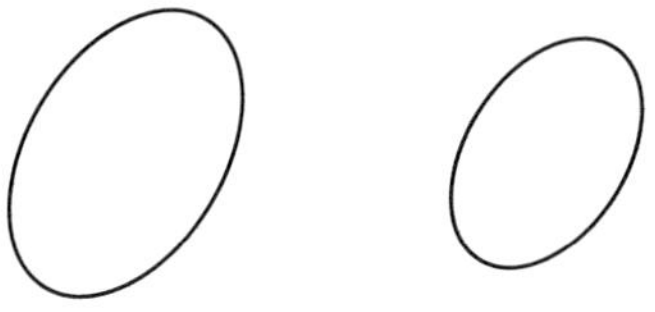

図 4 の絡み目は，ボロミアンの絡み目 (Borromean link) と呼ばれている．ボロミアンの絡み目から，どの 1 つの閉曲線を取り除いても，自明な絡み目になるが，ボロミアンの絡み目自身は自明ではない．

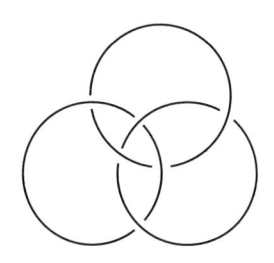

図 1　自明な絡み目

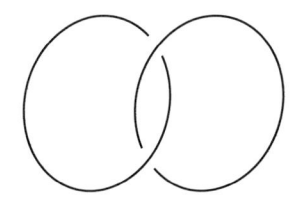

図 2　ホップの絡み目

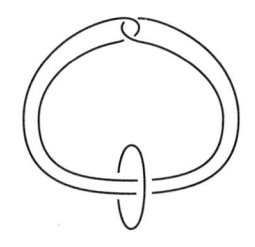

図 3　ホワイトヘッドの絡み目

図 4　ボロミアンの絡み目

ガリレイの相対性原理
Galilean principle of relativity

*ニュートンの運動方程式が，*ガリレイ変換で不変な形をしていること．→ アインシュタインの相対性原理

ガリレイ変換
Galilean transformation

2 つの*慣性系の間の座標変換のことをいう．2 つの慣性系の座標 (x_1, x_2, x_3, t), (x'_1, x'_2, x'_3, t') に対して，$\boldsymbol{x}' = A(\boldsymbol{x} - \boldsymbol{t}\boldsymbol{v}) - \boldsymbol{b}$, $t' = t - t_0$ が，ガリレイ変換である．ここで A は 3×3 直交行列で，$\boldsymbol{x} = {}^t(x_1, x_2, x_3)$, $\boldsymbol{x}' = {}^t(x'_1, x'_2, x'_3)$, $\boldsymbol{v} = {}^t(v_1, v_2, v_3)$, $\boldsymbol{b} = {}^t(b_1, b_2, b_3)$ は 3 次縦ベクトルである．また，$\boldsymbol{v}$ を，(x_1, x_2, x_3, t) に対する (x'_1, x'_2, x'_3, t') の相対速度という．

ガリレオ
Galilei, Galileo

1564-1642　イタリアの数学者，天文学者，物理学者．なお，「ガリレオ」が名で，「ガリレイ」が姓である．理論と実験の組合せによる力学研究を確立した．アリストテレス以来の主として思弁的考察に頼る力学から，初めて現代科学に繋がる立脚点を築いた．落下物体が一様に加速されることを法則として定式化し，実験によりこれを確かめた．また，望遠鏡を用いて天体観察を行い，月の表面の凹凸や木星の衛星を発見し，その結果からコペルニクスの理論（地動説）を支持するようになった．

しかし，天動説しか認めない当時の教会との対立から，ガリレオは宗教裁判にかけられ，晩年は自宅軟禁の状態におかれた．『星界からの報告』(1610)，『天文対話』(1632)，『新科学論議』(1638，正式な表題は『機械学と地上の運動についての2つの新しい科学に関する論議と数学的証明』，『新科学対話』と略称されることもある)は大きな影響を与えた著作である．自然は数学の言葉を使って書かれているというガリレオの主張は，その後の物理学の進展を予言するとともに，数学の大切な役割を示す言葉である．

ガリレオのパラドックス
Galileo's paradox

「無限」に関するパラドックスの1つ．『新科学論議』の中で，ガリレオは「平方数の方が明らかに自然数より少なく見えるのに，一方では自然数をその平方数に対応させることができるから，自然数と平方は同じ数だけあるようにも見える」といっている．

ガリレオのパラドックスは，無限集合の特徴を表していると考えることができる．すなわち，集合 X が無限集合であれば，X に真に含まれるある種の部分集合と X の間に 1 対 1 の対応をつけることができる．

無限集合の大きさは，集合の*濃度(*基数)という概念により厳密化される．⇒ パラドックス

カルーシュ-キューン-タッカー条件
Karush-Kuhn-Tucker condition

不等式制約の下での非線形関数の最適化問題において最適解が満たすべき必要条件であり，等式制約下での最適化問題における*ラグランジュの乗数法の拡張にあたる基本的な事実である．1951年にキューンとタッカーによって導かれ，長らくキューン-タッカー条件と呼ばれていたが，1939年にカルーシュが同様の結果を得ていたことが後に判明した．3人の頭文字をとって KKT 条件と呼ばれることも多い．変数 $x=(x_1,\cdots,x_n)$ に関する最適化問題

目的関数　$f(x)$　⟶　最小化
制約条件　$g_i(x) \leqq 0 \quad (i=1,\cdots,m)$
　　　　　$h_j(x) = 0 \quad (j=1,\cdots,l)$

において，x に対する KKT 条件は，x が上の制約条件を満たし，さらに，

$$\frac{\partial f}{\partial x_k} + \sum_{i=1}^{m} \mu_i \frac{\partial g_i}{\partial x_k} + \sum_{j=1}^{l} \lambda_j \frac{\partial h_j}{\partial x_k} = 0$$

$(k=1,\cdots,n)$ および $\mu_i g_i(x)=0 \ (i=1,\cdots,m)$ を満たす非負実数 $\mu_1,\cdots,\mu_m$ と実数 $\lambda_1,\cdots,\lambda_l$ が存在することである．

カルダノ
Cardano, Girolamo

1501-76　イタリアのパヴィアに生まれ，パドヴァ大学で医学を修めた．数学，医学，哲学，物理学，占星術などを研究，それらに関する著述で名を上げる．著書『*アルス・マグナ』(Ars magna, 1545)で，タルターリャから教えられた3次方程式の解法を公にした．また，この本の中で初めて虚数を使用した．プロの賭博師でもあり，偶然を初めて数量的に取り扱った．1534年ミラノ大学をはじめ 1562-70 年ボローニャ大学で教授をつとめる．彼は典型的なルネッサンス人であり，『カルダノ自伝』はルネッサンス期の自伝文学として代表的な書物である．⇒ 3次と4次の方程式の解法発見の歴史

カルダノの公式
Cardan(o)'s formula

3次方程式の根の公式のこと(→ 3次方程式の根の公式)．カルダノの公式と呼ばれるようになった経緯については，*3次と4次の方程式の解法発見の歴史を参照．

カルタン
Cartan, Élie

1869-1951　フランスの数学者．エコール・ノルマル(高等師範学校)卒業．1894 年の学位論文「有限次元連続変換群の構造について」は，*リーとキリング(W. K. Killing)の連続変換群論(リー群論)を受け継ぐ重要な仕事である．1912 年にパリ大学教授に就任，幾何学に大きな貢献をした．中でも接続の理論，対称空間の分類理論が有名である．微分形式の概念の正確な定式化と，その微分方程式や解析力学への応用も重要な業績である．

カルタンの関係式
Cartan's formula

ベクトル場 X による微分形式の*リー微分 L_X，*内部積 i_X，および微分形式 u の*外微分 d の間の次の関係式を，カルタンの関係式という：

$$L_X u = i_X(du) + d(i_X(u)).$$

また，*括弧積 $[X,Y]$ を含む次の関係式もカルタンの関係式と呼ばれる：

$$i_{[X,Y]}(u) = L_X(i_Y(u)) - i_Y(L_X(u)).$$

カルタンの公式　Cartan's formula　→ カルタンの関係式

カルタン部分環
Cartan subalgebra

複素半単純リー環(またはコンパクトリー群のリー環)の可換な部分リー環のうち，極大なものをカルタン部分環という．例えばリー環 $\mathfrak{sl}(n,\mathbb{C})$ の場合，跡が 0 となる対角行列の全体 $\mathfrak{h}$ は $\mathfrak{sl}(n,\mathbb{C})$ のカルタン部分環である．

カルバック-ライブラーの擬距離
Kullback-Leibler's pseudodistance

確率分布の間の近さ(距離)を表す指標として用いられる量であり，確率密度関数 f, g をもつ確率分布の場合には

$$d(f,g) = \int_{-\infty}^{\infty} \left(\log \frac{f(x)}{g(x)} \right) f(x) dx$$

で定義される．$d(f,g) \geqq 0$, $d(f,f)=0$ であるが，一般には，$d(f,g) \neq d(g,f)$ となるので距離ではないが，対称化したもの $d(f,g)+d(g,f)$ は距離の公理を満たす．

カルマン・フィルター
Kalman filter

*ダイナミカル・システムの内部状態を出力の観測データから推定，予測するための数理的手法である．ウィーナー・フィルターを発展させる形で1960年にカルマン(R. E. Kalman)によってその原形が示され，その後，さまざまな改良や拡張が行われた．カルマン・フィルターのアルゴリズムは計算機に実装するのが容易であり，制御，通信，信号処理，宇宙工学，医用工学，計量経済学など多くの分野で実際に使われている．確率過程論や統計的推定論などの数学的基礎が工学的なシステム理論へとうまく結びついた好例である．

ガレルキン法
Galerkin method

微分方程式の境界値問題を解くための数値解法の1つである．$y(x)$ に関する微分方程式

$$\frac{dy}{dx} = f(x,y) \quad (a < x < b)$$

を考える．境界条件を満たす有限個の基底関数 $\varphi_1, \cdots, \varphi_N$ を定めて，それらの1次結合 $y_N = c_1\varphi_1 + \cdots + c_N\varphi_N$ によって近似解 y_N を構成することとし，係数 $c_1, \cdots, c_N$ は条件式

$$\int_a^b \left(\frac{dy_N}{dx} - f(x, y_N(x)) \right) \varphi_i(x) dx = 0$$
$$(i = 1, \cdots, N)$$

を満たすように定める．この条件式は，残差 $dy_N/dx - f(x, y_N)$ が基底関数で張られる部分空間と直交することを意味している．このようなガレルキン法の考え方は偏微分方程式にも拡張される．

ガロア
Galois, Évariste

1811-32　フランスの数学者．高校(リセ)時代に数学に目覚め，短期間のうちに数学の本質を把握し，当時の数学の最前線に到達した．代数方程式のべき根による解法の研究から群の概念を導入し，代数方程式のガロア理論を創始した．あまりに時代を進みすぎていたので同時代の数学者から理解されることはなかった．受験の失敗，政治運動への参加，退学処分，入獄という挫折を繰り返した後，1832年に決闘の結果夭折した．決闘の前夜，友人のシュヴァリエ(A. Chevalier)に宛てた手紙の中で自分の数学上の業績を列挙している．その中にはアーベル積分をはじめとして時代をはるかに進んだ結果も記しているが，その詳細は不明である．

ガロア拡大
Galois extension

*ガロア理論における概念である．体 K の有限次拡大体 L について，L の K 上の自己同型群 G (L から L への四則演算を保つ全単射で，K の元をうごかさないもの全体が，写像の合成を積としてなす群)は有限群で，その位数 $|G|$ は，*拡大次数 $[L:K]$ 以下である．

$$|G| = [L:K]$$

が成り立つとき，L は K のガロア拡大であるという．これは，L が K の*正規拡大，かつ*分離拡大であることと同値である．K の標数が 0 のときは，L が K のガロア拡大であることは，L が，ある K の元を係数とする多項式 $f(x)$ のすべての根を K に*添加して得られる体であることと同値である．

例えば有理数体 $\mathbb{Q}$ の拡大体 $\mathbb{Q}(\sqrt{2}, \sqrt{3})$ は $(x^2-2)(x^2-3)$ のすべての根を $\mathbb{Q}$ に添加して得られる体だから $\mathbb{Q}$ のガロア拡大である．しかし $\mathbb{Q}(\sqrt[3]{2})$ は，$[\mathbb{Q}(\sqrt[3]{2}):\mathbb{Q}]=3$, $|G|=1$ となり，$\mathbb{Q}$

のガロア拡大ではない．

ガロア拡大については，上の自己同型群 G は L の K 上の*ガロア群と呼ばれ $\mathrm{Gal}(L/K)$ と書かれる．ガロア拡大においてはガロア理論が展開される．→ ガロア理論，ガロア理論の基本定理

ガロア群(ガロア拡大の)
Galois group

拡大体 L/K に対して，体 L の体 K 上の自己同型 σ は

$$\sigma(\alpha+\beta) = \sigma(\alpha)+\sigma(\beta) \quad (\alpha,\beta \in L),$$
$$\sigma(\alpha\beta) = \sigma(\alpha)\sigma(\beta) \quad (\alpha,\beta \in L),$$
$$\sigma(a) = a \quad (a \in K)$$

を満足する L から L への全単射である．L の K 上の自己同型全体は写像の合成によって*群をなす．恒等写像がこの群の単位元である．L/K が有限次*ガロア拡大のときこの群を L/K のガロア群と呼び，$\mathrm{Gal}(L/K)$ と記す．$\mathrm{Gal}(L/K)$ の位数は，拡大次数 $[L:K]$ に等しい．

ガロア群(方程式の)
Galois group

体 K の元を係数に持つ n 次方程式

$$x^n + a_1 x^{n-1} + \cdots + a_{n-1}x + a_n = 0 \quad (1)$$

の根を $\alpha_1, \alpha_2, \cdots, \alpha_n$ と記すとき，体 K にこれらの根を*添加してできる体 $L=K(\alpha_1,\cdots,\alpha_n)$ は K の*正規拡大体であり，さらに*分離拡大のとき*ガロア拡大である．このとき，L/K のガロア群 $\mathrm{Gal}(L/K)$ を方程式(1)のガロア群という．

$\sigma \in \mathrm{Gal}(L/K)$ に対して $\sigma(\alpha_i)$ は方程式(1)を満足するので，ガロア群の各元は方程式(1)の根の間の置換を引き起こす．したがって，ガロア群から根の置換群としての n 次の*対称群 S_n への群の*準同型写像 $\iota: \mathrm{Gal}(L/K) \to S_n$ ができる．この準同型写像は単射であり，この写像によって方程式(1)のガロア群を方程式(1)の根の置換群の部分群と見ることができる．言い換えると，方程式(1)の根の置換のうちで，拡大体 L の K 上の自己同型を引き起こすもの全体が方程式のガロア群である．このことから，n 次方程式のガロア群は n 次対称群 S_n の部分群と同型であることがわかる．

例えば，方程式

$$x^4 + x^3 + x^2 + x + 1 = 0 \quad (2)$$

の根は $\{\zeta, \zeta^2, \zeta^3, \zeta^4\}$ で与えられる．ここで ζ は 1 の原始 5 乗根

$$\zeta = \cos\frac{2\pi}{5} + i\sin\frac{2\pi}{5}$$

とする．これらの根の置換 σ がガロア群の元を定義するためには，$\sigma(\zeta)=\zeta^m$ であれば $\sigma(\zeta^k) = \sigma(\zeta)^k = \zeta^{km}$ が成立しなければならないことがわかる．すなわち，ζ の行き先 $\sigma(\zeta)$ によってガロア群に属する置換は決定されてしまう．さらに，有理数体 $\mathbb{Q}$ にこの方程式の根を添加してできる体 $\mathbb{Q}(\zeta)$ の元は

$$\xi = a_1\zeta + \cdots + a_4\zeta^4 \quad (a_i \in \mathbb{Q})$$

と一意的に書けるので，$\sigma(\zeta)=\zeta^m \ (1 \leqq m \leqq 4)$ は

$$\sigma(\xi) = a_1\zeta^m + a_2\zeta^{2m} + \cdots + a_4\zeta^{4m}$$

と定義することによって $\mathbb{Q}$ 上の体としての自己同型 σ を定める．これより，方程式(2)のガロア群は $(\mathbb{Z}/5\mathbb{Z})^\times$ と同型であることがわかる．

方程式の根の置換群はラグランジュによって考察されたが，体の同型との関係をもとにガロア群を初めて定義したのはガロアである．

ガロア対応
Galois correspondence

*ガロア拡大 L/K のガロア群を G と記す．拡大 L/K の中間体 M (すなわち $K \subset M \subset L$ となる体)に対して

$$H = \{g \in G \mid \text{すべての元 } a \in M \text{ に対して } g(a) = a\}$$

とおくと，H はガロア群 G の部分群である．逆に G の部分群 H に対して

$$M = \{a \in L \mid \text{すべての元 } h \in H \text{ に対して } h(a) = a\}$$

とおくと，M は拡大 L/K の中間体である．そして $M \mapsto H$, $H \mapsto M$ は互いに逆の対応であり，L/K の中間体と G の部分群の間の 1 対 1 対応を与える．この対応をガロア対応という．ガロア対応について*ガロア理論の基本定理が成立する．

ガロア理論
Galois theory

ガロア理論は方程式の*根の公式を求める努力から生まれた理論である．3 次，4 次方程式の根の公式にならって 5 次方程式の根の公式を求める努力が行われたが成功しなかった．ラグランジュは方程式の根の公式を求める方法と方程式の根の置換との間に関係があることを見出し，アーベルは一般の 5 次方程式ではその係数からべき根を使った根の公式を見出すことはできないことを示した．ガロアはラグランジュとアーベルの観点を高い立

場から統一しガロア理論を創設した．

標数 0 の体 K の元を係数とする方程式 $F(x)=0$ に対して，体 K に方程式 $F(x)=0$ の根をすべて添加してできる体を L と記す．方程式 $F(x)=0$ の根の置換のうちで体 L の K 上の自己同型に拡張できるもの全体は群をなし，これは L の K 上の自己同型の全体のなす群と一致する．この群を方程式 $F(x)=0$ の*ガロア群あるいは拡大 L/K のガロア群という．方程式 $F(x)=0$ のガロア群が*可解群であることが方程式の根を係数から四則演算とべき根を取る操作で求めることができるための必要十分条件であることをガロアは見出し，ラグランジュやアーベルの結果が成り立つ理由を明確にした．

今日では，ガロア理論は体 K の*ガロア拡大 L/K に対して L/K の中間体 M と L/K のガロア群 $\mathrm{Gal}(L/K)$ の部分群 H とが 1 対 1 に対応し，中間体の性質と部分群の性質とを互いに記述する理論ということができる．⇒ 体の拡大，ガロア対応，ガロア理論の基本定理，アーベル拡大

ガロア理論の基本定理

fundamental theorem of Galois theory

体の拡大が群論により完全に制御されることを主張する定理をガロア理論の基本定理という．

L を K の*ガロア拡大とする．K と L の間の中間体 M ($K\subset M\subset L$ となる体)について，次のことが成り立つ．

(1) K と L の間の中間体 M の全体と，ガロア群 $\mathrm{Gal}(L/K)$ の部分群 H の全体との間に 1 対 1 対応 $M\leftrightarrow H$ が

$$M \leftrightarrow H$$
$$\Longleftrightarrow$$
$$M = \{x \in L | \ \sigma(x) = x \ (\sigma \in H)\}$$
$$\Longleftrightarrow$$
$$H = \{\sigma \in \mathrm{Gal}(L/K) | \ \sigma(x) = x \ (x \in M)\}$$

により与えられる．

(2) 中間体 M_1, M_2 について，$M_1\leftrightarrow H_1$, $M_2\leftrightarrow H_2$ であるとき，
$$M_1 \subset M_2 \Longleftrightarrow H_1 \supset H_2.$$

(3) $M\leftrightarrow H$ であるとき，
$$[L:M] = |H|,$$
$$[M:K] = [\mathrm{Gal}(L/K):H]$$

が成立する．ここで $[L:M]$ は L の M 上の拡大次数，$|H|$ は H の位数，$[\mathrm{Gal}(L/K):H]$ は $\mathrm{Gal}(L/K)$ の部分群 H の指数である．L は M のガロア拡大であり，そして $H=\mathrm{Gal}(L/M)$．

M が K のガロア拡大であることと，H が $\mathrm{Gal}(L/K)$ の正規部分群であることは同値である．このとき，$G/H=\mathrm{Gal}(M/K)$．

以上の事実をガロア理論の基本定理という．

例 $K=\mathbb{Q}$, $L=\mathbb{Q}(\sqrt{2},\sqrt{3})$ とする．L は K のガロア拡大であり，ガロア群 $\mathrm{Gal}(L/K)$ は，
$$\mathrm{Gal}(L/K) = \{1, \sigma, \tau, \sigma\tau\},$$
$$\sigma(\sqrt{2}) = \sqrt{2}, \quad \sigma(\sqrt{3}) = -\sqrt{3},$$
$$\tau(\sqrt{2}) = -\sqrt{2}, \quad \tau(\sqrt{3}) = \sqrt{3}$$

となる．$\mathrm{Gal}(L/K)$ の元 1 は恒等写像を表し，$\sigma\tau(\sqrt{2})=-\sqrt{2}$, $\sigma\tau(\sqrt{3})=-\sqrt{3}$, $\tau\sigma=\sigma\tau$ となる．$\mathrm{Gal}(L/K)$ のすべての部分群は，

$$\mathrm{Gal}(L/K), \{1,\sigma\}, \{1,\tau\}, \{1,\sigma\tau\}, \{1\}$$

であり，それらに対応する中間体は，それぞれ

$$\mathbb{Q}, \mathbb{Q}(\sqrt{2}), \mathbb{Q}(\sqrt{3}), \mathbb{Q}(\sqrt{6}), \mathbb{Q}(\sqrt{2},\sqrt{3})$$

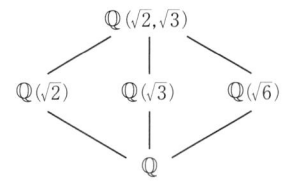

である．

```
          Q(√2,√3)
         /   |    \
     Q(√2) Q(√3) Q(√6)
         \   |    /
            Q
```

環

ring

整数の全体 $\mathbb{Z}$ や実数を成分とする $n\times n$ 行列の全体 $M(n,\mathbb{R})$ は足し算，引き算，掛け算ができる．このように足し算，引き算，掛け算ができる体系(より正確には*代数系)を環という．すなわち，集合 R に加法 $+$ と乗法 $\cdot$ が定義され(乗法の記号 $\cdot$ は省略されることが多い)，以下の条件(環の公理)を満足するとき R (より正確には $(R,+,\cdot)$)を環という．

(1) R は加法に関して*加群である．すなわち，以下の条件を満足する．

(a) R の任意の 2 元 a, b に対して $a+b=b+a$ が成り立つ．

(b) (結合律) $a+(b+c)=(a+b)+c$ が任意の 3 元 $a, b, c \in R$ に対して成り立つ．

(c) 任意の元 $a\in R$ に対して $a+0=a$ を満足する元 $0\in R$ が存在する．(この元 0 を零元という．)

(d) R の任意の元 a に対して $a+b=0$ となる元 $b\in R$ が存在する．b を加法に関する a の逆元と呼び，$-a$ と記す．

(2) 積 $\cdot$ は次の性質を持つ．

(a) (結合律) $a\cdot(b\cdot c)=(a\cdot b)\cdot c$ が任意の 3 元 $a, b, c\in R$ に対して成り立つ．

(3)（分配律）　任意の元 $a, b, c \in R$ に対して
$$a \cdot (b+c) = a \cdot b + a \cdot c,$$
$$(b+c) \cdot a = b \cdot a + c \cdot a.$$

環の定義では積に関する単位元の存在を仮定する場合も多い．その場合は(2)(a)に加えさらに次の条件を課す．

(b)　任意の元 $a \in R$ に対して $a \cdot 1 = 1 \cdot a = a$ が成り立つ元 $1 \in R$ が存在する．（1を単位元と呼ぶ．）

環 R の任意の 2 元 a, b に対して常に $ab = ba$ となるとき環 R は可換環であるという．$ab \neq ba$ となる元が存在するときは非可換環という．整数の全体 $\mathbb{Z}$ は可換環であり，環であることを強調するときは*整数環という．$\mathbb{R}$ あるいは体 K の元を成分とする $n \times n$ 行列の全体 $M(n, \mathbb{R})$ あるいは $M(n, K)$ は行列の加法，乗法に関して $n \geq 2$ のとき非可換環である．

環 R の空でない部分集合 S が R の加法と乗法に関して閉じている，すなわち $a, b \in S$ であれば $a+b \in S$, $ab \in S$ であるとき，S を R の部分環という．$1 \in R$ のときは部分環といえば，その 1 が S に含まれることを要求することが多い．→ イデアル，準同型写像，剰余環，多項式環

関係
relation

例えば*同値関係 $x \sim y$ や*順序関係 $x \leq y$ のように，集合 X の 2 つの要素 x, y の間に関係 xRy があるとき，直積集合 $X \times X$ の部分集合 $R = \{(x, y) | xRy\}$ が決まり，$(x, y) \in R$ と xRy は同値になる．すなわち，X の 2 つの要素の間の関係とは，$X \times X$ の部分集合 R のことである，と定義する．一般に，直積 $X_1 \times \cdots \times X_n$ の部分集合 R を $X_1, \cdots, X_n$ の上の n 項関係という．とくに，$n=2$ のとき $X \times X$ の部分集合 R を 2 項関係という．→ 推移律，反射律

還元（素イデアルを法とする）
reduction

整数を係数とする方程式（例えば，$10x + 3y = 5$, $x^2 = 10$ など）を，素数を法とする*合同式として考えることの一般化．

*代数的整数環 $\mathcal{O}_K$ の元を係数とする方程式
$$\sum_i a_{i_1 \cdots i_n} x_1^{i_1} \cdots x_n^{i_n} = 0 \quad (a_{i_1 \cdots i_n} \in \mathcal{O}_K)$$
に対して，$\mathcal{O}_K$ の素イデアル $\mathfrak{p}$ を法として
$$\overline{a}_{i_1 \cdots i_n} = a_{i_1 \cdots i_n} \pmod{\mathfrak{p}}$$
を $\mathcal{O}_K/\mathfrak{p}$ の元とみると $\mathcal{O}_K/\mathfrak{p}$ を係数にもつ方程式
$$\sum_i \overline{a}_{i_1 \cdots i_n} x_1^{i_1} \cdots x_n^{i_n} = 0$$
を考えることができる．この考えを代数体 K 上定義された*射影多様体 V の定義方程式に適用することによって，体 $\mathcal{O}_K/\mathfrak{p} = k$ で定義された射影多様体（射影的集合となることもある）$\overline{V}$ が構成できる．$\overline{V}$ を，$\mathfrak{p}$ を法として V を還元してできた射影多様体という．

函手，関手
functor

位相空間 X に対して，その上の連続関数全体を $C(X)$ と書くと，$C(X)$ は可換環になる．また，連続写像 $F: X \to Y$ が与えられると，連続関数の*引き戻しによって，環の準同型写像 $f \mapsto f \circ F: C(Y) \to C(X)$ が対応する．

位相空間 X に対して，その*ホモロジー群 $H_*(X)$ を対応させることができる．さらに，位相空間の間の連続写像 $f: X \to Y$ に対して，そのホモロジー群の間の準同型写像 $H_*(X) \to H_*(Y)$ が対応する．

このように，ある数学的対象に対して，別の数学的対象を組織的に対応させる対応を函手（かんしゅ）と呼ぶ．

連続関数全体を対応させる函手の場合には，対応する写像の向きが逆向きになるので，反変函手と呼び，ホモロジー群を対応させる函手の場合には，対応する写像の向きがもとの写像と一致するので，共変函手と呼ぶ．

正確には次のように定義される．$\mathcal{C}_1, \mathcal{C}_2$ を*圏とするとき，$\mathcal{C}_1$ から $\mathcal{C}_2$ への共変函手とは，$\mathcal{C}_1$ の対象全体 $\mathrm{Ob}(\mathcal{C}_1)$ から $\mathcal{C}_2$ の対象全体 $\mathrm{Ob}(\mathcal{C}_2)$ への写像 F と，$A, B \in \mathrm{Ob}(\mathcal{C}_1)$ に対する写像
$$F_{A,B}: \mathrm{Hom}(A, B) \to \mathrm{Hom}(F(A), F(B))$$
であって，

(1)　$F_{B,C}(g) \circ F_{A,B}(f) = F_{A,C}(g \circ f)$,

(2)　$F_{A,A}(1_A) = 1_{F(A)}$

なるものをいう．ここで $1_X \in \mathrm{Hom}(X, X)$ は恒等射（→ 圏）である．また $\mathcal{C}_1$ から $\mathcal{C}_2$ への反変函手とは，$\mathrm{Ob}(\mathcal{C}_2)$ から $\mathrm{Ob}(\mathcal{C}_1)$ への写像 F と，$A, B \in \mathrm{Ob}(\mathcal{C}_1)$ に対する写像
$$F_{A,B}: \mathrm{Hom}(A, B) \to \mathrm{Hom}(F(B), F(A))$$
であって，

(1)　$F_{A,B}(f) \circ F_{B,C}(g) = F_{A,C}(g \circ f)$,

(2)　$F_{A,A}(1_A) = 1_{F(A)}$

なるものをいう．

以下 $F_{A,B}(f) = F(f)$ と略記する．

集合を対象とし，集合間の写像を射とする圏（集合の圏）を (Sets) と記す．圏 $\mathcal{C}$ の対象 X に対して函手 $h_X: \mathcal{C} \to$ (Sets) を，$Y \in \mathrm{Ob}(\mathcal{C})$ に対して $h_X(Y) = \mathrm{Hom}(X, Y)$ と定義し，射 $f: Y \to Z$ に対して $h_X(f): \mathrm{Hom}(X, Y) \to \mathrm{Hom}(X, Z)$ を $h \mapsto f \circ h$ によって定義すると h_X は共変函手となる．一方，$h^X(Y) = \mathrm{Hom}(Y, X)$ と置くことによって反変函手 $h^X: \mathcal{C} \to$ (Sets) が定義できる．

圏 $\mathcal{C}_1$ から圏 $\mathcal{C}_2$ への共変函手 F, G に対して F から G への函手の射あるいは自然変換 φ は，$\mathcal{C}_1$ の各対象 A に対して写像 $\varphi(A): F(A) \to G(A)$ が対応し，$\mathcal{C}_1$ の任意の射 $f: A \to B$ に対して $G(f) \circ \varphi(A) = \varphi(B) \circ F(f)$ を満足するものとして定義される．すなわち図式

$$\begin{array}{ccc} F(A) & \xrightarrow{\varphi(A)} & G(A) \\ F(f) \downarrow & & \downarrow G(f) \\ F(B) & \xrightarrow{\varphi(B)} & G(B) \end{array}$$

が可換となるものである．反変函手間の射あるいは自然変換も同様に定義できる．

共変函手 F から G への射の全体を $\mathrm{Hom}(F, G)$ と記す．圏 $\mathcal{C}$ から (Sets) への共変函手 F と $\mathcal{C}$ の対象 X が与えられたとき，X が定める共変函手 h_X から F への函手の射 $\varphi: h_X \to F$ に対して恒等射 $1_X \in \mathrm{Hom}(X, X) = h_X(X)$ の像 $\varphi(X)(1_X) \in F(X)$ を対応させることによって $\mathrm{Hom}(h_X, F)$ から $F(X)$ への写像が決まる．この写像は同型 $\mathrm{Hom}(h_X, F) \cong F(X)$ である（米田の補題）．

さらに，圏 $\mathcal{C}$ から (Sets) への共変函手 F に対して，F から $\mathcal{C}$ の対象 X から定まる共変函手 h_X への同型な射が存在するとき，函手 F は表現可能であるといい，X を函手 F を表現する対象であるという．表現可能である函手はグロタンディックの*スキーム理論で重要な働きをする．

干渉性

coherence

2つ以上の波がぶつかるとき，合成波として個々の波と異なる波の成分が現れることが多い．これを干渉(interference)といい，2つの波が干渉できることを干渉性を持つという．例えば，光などの回折(diffraction)は散乱波の干渉によると解釈されるが，これを波動方程式の問題と考えると，通常と異なる漸近挙動が現れ，数学的にも興味深い．

関数，函数

function

ある変量 x の値に応じて変量 y の値が定まるとき y は x の関数であるといい，x を独立変数または単に変数，y を従属変数という．

関数は一般に $y = f(x)$ のように表す．2次関数 $f(x) = ax^2 + bx + c$ や3角関数 $f(x) = \sin x$ は関数の例である．関数を考えるときは $f(x) = x^2$ $(0 \leq x \leq 1)$ のように変数の動く範囲を指定し，これを関数の定義域という．定義域が明示されていないときは，できるだけ広い範囲にとるのが普通である．例えば $f(x) = 1/(x-1)(x+2)$ の定義域は $x = 1, -2$ を除くすべての実数である．独立変数や従属変数として複素数を考えることもある．また多くの変数 $x = (x_1, \cdots, x_n)$ を持つ関数を考えることもあり $f(x_1, \cdots, x_n)$ のように表す．

古くは*多項式（整式），*3角関数，*指数関数，*対数関数などの具体的な式で表されるものだけが関数として扱われていたが（→ 初等関数），解析学の厳密化にともなって19世紀末に関数の概念はつぎのように明確にされた．集合 X の各元 x にただ1つの実数（または複素数）$f(x)$ を対応させる規則を関数と呼ぶ．この意味での関数は写像の特別なものである．例えば数列 $\{a_n\}_{n=1}^{\infty}$ は集合 $X = \{1, 2, \cdots\}$ の上で定義された関数 $f(n) = a_n$ と見ることができる．さらに $\mathbb{R}^n$ 値関数や $\mathbb{C}^n$ 値関数などを考えることもある．現在ではさらに一般化された関数の概念が考えられている（→ 超関数，汎関数）．

上で述べた関数の定義では，x に対してただ1つの値 $f(x)$ が対応するが，場合によっては，複数の値をとるものも関数ということがある．このような関数を多価関数といい，上で定義した通常の関数を1価関数と呼ぶ．逆3角関数や複素数を変数とする*対数関数は多価関数の例である．

関数解析学

functional analysis

微分方程式や積分方程式などの問題を，何らかの*関数空間上の方程式として定式化し，関数空間のさまざまな幾何学的あるいは代数的性質を用いて方程式の解の存在やその構造を論じる学問である．歴史的には，20世紀初頭に*ヒルベルトとシュミット(E. Schmidt)が，*積分方程式に関するフレドホルム(E. I. Fredholm)の仕事を無限次元の関数空間上の問題として定式化し，その背景の代数的構造を明らかにしたことに始まる．つまり，関数解析学は，*線形代数学の無限次元版とし

て誕生した学問である．

20世紀の解析学，とくに偏微分方程式論(→偏微分方程式)や*変分法は，関数解析学の枠組の上で再構築され，大きく発展した．また，数理経済学の均衡理論(→均衡)や数値解析学(→数値解析)も関数解析的なアプローチに大きく依拠している．

関数環
algebra of functions, ring of functions

集合上の関数のなす族は，和と積に関して閉じているとき*可換環の構造を持つ．これを関数環という．例えば，*位相空間 X における連続な関数全体のなす連続関数環 $C(X)$，X が滑らかな*多様体ならば，X 上の滑らかな関数全体のなす可微分関数環 $C^\infty(X)$，さらに，X が*複素多様体ならば，X 上の*正則な関数全体のなす正則関数環 $\mathcal{O}(X)$ などは関数環の例である．

関数関係不変の原理
permanence of functional relations

ある領域上の正則関数 $f(z), g(z), \cdots$ やその導関数の間に正則関数 $F(z_1, z_2, \cdots)$ を用いた関係式
$$F(f(z), g(z), \cdots, f'(z), g'(z), \cdots) = 0$$
が成り立つならば，同じ関係式は $f(z), g(z), \cdots$ の*解析接続に対しても成り立つ．これは*一致の定理の帰結である．例えば，$\log(1+z)$ のべき級数展開を用いて $z=0$ の周りで関係式
$$\frac{d\log(1+z)}{dz} = \frac{1}{1+z}$$
を確かめることができる．べき級数展開は $|z|>1$ では収束しないが，同じ関係式は $\log(1+z)$ が定義されている領域全体で成立する．このように，(1価)正則関数を係数とする微分方程式の解は一般に多価関数になるが，どの分枝も同じ微分方程式を満足する．

関数行列　functional matrix　＝ヤコビ行列

関数行列式　functional determinant　→ヤコビ行列

関数空間
function space

関数の作るベクトル空間を関数空間という．関数列の収束を考えるため，関数空間には何らかの*距離や*位相を考えることが多い．これにより，関数空間の多くは，*ヒルベルト空間や*バナッハ空間になる．例えば区間 $[0,1]$ 上の*連続関数の空間 $C([0,1])$ は，最大値ノルム $\max_{x\in[0,1]}|f(x)|$ によってバナッハ空間となり，$[0,1]$ 上の2乗可積分関数(→2乗可積分)の空間 $L^2([0,1])$ は，内積 $(f,g)=\int_0^1 f(x)\overline{g(x)}\,dx$ によってヒルベルト空間になる．

またヒルベルト空間やバナッハ空間にはならないが*急減少関数の空間 $\mathcal{S}$ は*超関数や*フーリエ変換を考えるときの基礎になる．

関数体　function field　→有理関数体(代数多様体の)

関数の芽
germ of function

位相空間 X の点 P の開近傍 U と U 上の複素数値関数 f の組 (f,U) の全体に関係 $\sim$ を「$(f_1, U_1) \sim (f_2, U_2) \iff P$ の開近傍 $W \subset U_1 \cap U_2$ を適当に選ぶと $f_1|_W = f_2|_W$」と定義すると，これは*同値関係になる．この同値関係による (f,U) を含む同値類を，点 P で f が定める関数の芽という．

X が複素平面 $\mathbb{C}$ で f が正則関数であれば，f の点 a での芽を考えることは点 a を中心とする f のテイラー展開を考えることと同値である．→芽

関数方程式
functional equation

関数の満たす代数関係式や微分方程式，差分方程式，積分方程式，あるいはこれらの混合したものを総称して関数方程式という．関数方程式が与えられているとき，それを満たす関数のことを解と呼ぶ．

例1　指数関数 $f(x)=a^x$ $(a>0)$ は関数方程式 $f(x+y)=f(x)f(y)$ を満たす．また，対数関数 $g(x)=\log x$ $(x>0)$ は関数方程式 $g(xy)=g(x)+g(y)$ を満たす．

例2　3角関数 $f(x)=\cos kx, \sin kx$ は関数方程式(微分方程式)
$$\frac{d^2 f(x)}{dx^2} = -k^2 f(x)$$
の解である．逆にこの方程式の解は $a\cos kx + b\sin kx$ $(a, b$ は定数$)$ に限られる．

例3　ガンマ関数 $f(x)=\Gamma(x)$ は関数方程式(差分方程式)
$$f(x+1) = xf(x)$$

を満たし，$f(1)=1$，$f(x)>0$ $(x>0)$，かつ $\log f(x)$ が凸である関数(→ 凸関数)として特徴づけられる．

関数要素　function element　→ 解析接続

慣性系
inertial system
*ニュートンの運動法則の1つである*慣性の法則が成り立つ座標系を慣性系，あるいはガリレイ慣性系という．慣性系では，力が働いていない質点は等速直線運動をする．地球表面上の1点に固定された系のように，加速度を持っている系は慣性系ではない．2つの慣性系は*ガリレイ変換で移りあう．特殊相対性理論での同様な概念をミンコフスキー慣性系と呼ぶ．

慣性主軸
principal axis of inertia
非対称なコマが外力のない空間内で運動するとき，その周りに一定の速さの回転が起こる直交する3つの軸があることが知られている．この3つの軸を慣性主軸という．

物体の*慣性テンソルを3×3行列 M で表すと，慣性主軸は $Mv=cv$ なる実数 c が存在するようなベクトル v の方向，すなわち，M の固有ベクトルの方向である．

慣性テンソル
tensor of inertia
剛体の回転を表すベクトルと角運動量の関係を与える 3×3 行列 M が慣性テンソルである．すなわち，物体が角速度 v で回転しているとき，その角運動量ベクトルは Mv である（この式で v は縦ベクトルとみなした）．

点 (x,y,z) での質量密度が $\rho(x,y,z)$ であるような剛体の慣性テンソル M は，次の積分で与えられる．

$$M = -\int \rho(x,y,z) \begin{bmatrix} 0 & -z & y \\ z & 0 & -x \\ -y & x & 0 \end{bmatrix}^2 dxdydz$$

ただし，積分は行列の各成分ごとに行う．行列 M の対角成分が慣性モーメントである．

慣性の法則
law of inertia
「外力がないとき，質点は静止しているか，あるいは等速直線運動を行う」という法則をいう．ニュートンの運動法則の1つで，歴史的には，ガリレオにより最初に言明された．

完全解
complete solution
未知関数 z に対する1階偏微分方程式
$$F(x_1,\cdots,x_n;z,p_1,\cdots,p_n)=0$$
（ただし，$p_i=\partial z/\partial x_i$）について，$n$ 個の任意パラメータ $a_1,\cdots,a_n$ を含む解を完全解という．完全解から一般解を原理的には求めることができる．

完全加法族　completely additive family　= 可算加法族

完全可約
completely reducible
*既約表現の*直和になる表現を完全可約な表現という．有限群の複素ベクトル空間への表現は完全可約である．→ モジュラー表現

完全グラフ
complete graph
すべての頂点対が辺で結ばれているグラフのことをいう．頂点の数が n である完全グラフを K_n と表す．K_n の辺の数は $n(n-1)/2$ である．→ パーフェクト・グラフ

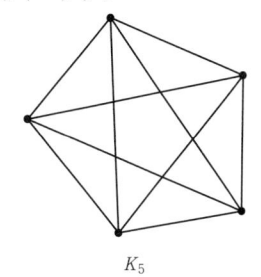

K_5

完全系列
exact sequence
*加群の間の*準同型写像の列
$$\cdots \stackrel{f_{n-1}}{\to} M_n \stackrel{f_n}{\to} M_{n+1} \stackrel{f_{n+1}}{\to} M_{n+2} \stackrel{f_{n+2}}{\to} \cdots$$
は
$$\mathrm{Im}\, f_{n-1} = \mathrm{Ker}\, f_n$$
がすべての n に対して成立するとき完全系列といわれる．特に完全系列
$$0 \to L \stackrel{f}{\to} M \stackrel{g}{\to} N \to 0$$
を短完全系列という．短完全系列であることは，

f は単射, g は全射であり, Im f=Ker g が成立することを意味する.

完全数
perfect number
$6=1+2+3$ のように, 自然数 m の, m 以外のすべての約数の和が m になるとき完全数という.「完全さ」を体現するものとして古代ギリシア数学で重視された.

ユークリッドの『原論』の中に, 2^n-1 ($n>1$) が素数であることと偶数 $2^{n-1}(2^n-1)$ が完全数であることが同値であることが示されている. 例えば $2^3-1=7$ や $2^5-1=31$ が素数なので, $2^2(2^3-1)=28$ や $2^4(2^5-1)=496$ は完全数である. (2^n-1 の形の素数は*メルセンヌ素数と呼ばれる.) オイラーは, 偶数の完全数はこの形に限ることを証明した. 奇数の完全数は存在するかどうかわかっていない.

完全性(公理系の)
completeness
ある公理系で定式化できる任意の命題 P に対して, P またはその否定 $\neg P$ がその公理系で証明可能なとき, 公理系は完全であるという. ユークリッド幾何学のヒルベルトの公理は完全である. 一方, 例えば群の公理系は, 可換な群と可換でない群が存在するので完全でない.

完全正規直交基底　complete orthonormal basis　→
正規直交基底(ヒルベルト空間の)

完全性定理
theorem of completeness
無矛盾な公理系は必ず*モデルを持つという定理をいう. ゲーデルによって証明された.

完全積分可能(ハミルトン力学系が)
completely integrable
$2n$ 次元の相空間上のハミルトン系
$$\frac{dq_i}{dt}=\frac{\partial H}{\partial p_i}, \quad \frac{dp_i}{dt}=-\frac{\partial H}{\partial q_i}$$
が完全積分可能とは, $H_1, H_2, \cdots, H_n$ なる n 個の第 1 積分で, $\{H_i, H_j\}=\{H, H_i\}=0$ かつ grad $H_1, \cdots$, grad H_n が各点で 1 次独立なものが存在することをいう($\{\cdot, \cdot\}$ は*ポアソン括弧式である). (H 自身も第 1 積分であるから $H_1=H$ ととってよい.)

例えば, 空間内の質点の中心力場による運動では, 相空間の次元は $2\times 3=6$ であり, エネルギー H および角運動量の 3 つの成分 A_x, A_y, A_z が第 1 積分である. $H=(1/2m)(A_x^2+A_y^2+A_z^2)$ (m は質量)であるから, このうち独立なものは 3 つで, この系は完全積分可能である. 1 点を固定された剛体(コマ)の運動では, 相空間の次元はやはり $2\times 3=6$ であるが, 第 1 積分はエネルギーと全角運動量の 2 つだけで, 一般にはそれ以外の第 1 積分はないので, この系は完全積分可能でない.

完全積分可能な系では, 正準変換を行うと, H が $q_1, \cdots, q_n$ によらないようにできる. このことを用いて方程式を解くことができる(→ 巡回座標).

grad $H_1, \cdots$, grad H_n が独立な第 1 積分であるような完全積分可能系で $H_1=c_1, \cdots, H_n=c_n$ (c_i は定数)なる n 次元の空間(部分多様体)を考える. これがコンパクトで境界がなければ, この部分多様体は n 次元トーラスであることが知られている(リウヴィルの定理またはリウヴィル-アーノルドの定理という). 積分曲線は, この部分多様体のどれかに含まれているが, 一般の状況では, 積分曲線はこの部分多様体の中で稠密である. したがって, $n+1$ 個の独立な第 1 積分が存在することは一般にはない.

無限次元の力学系, 例えば, 偏微分方程式に対して, 無限個の第 1 積分が存在する場合などに, 完全積分可能と呼ぶことがある(例えば KdV 方程式). 完全積分可能性の定義は, 無限次元の場合にはまだそれほど確立していない. → 可積分系

完全積分可能(分布, 外微分方程式系が)
completely integrable
3 次元空間内の 1 次微分形式 u が完全積分可能とは, $u=gdf$ なる関数 f, g が存在することをいう(df は f の*外微分である). 各点を通る積分曲面が存在することと同値である(→ 積分曲面). 実際 $u=gdf$ ならば, $f=c$ (c は定数)は積分曲面である. u が完全積分可能なための必要十分条件は $u\wedge du$ が 0 であることである(フロベニウスの定理). 例えば, $u=ydx-xdy+dz$ とすると, $u\wedge du=-2dx\wedge dy\wedge dz\neq 0$ であるので, u は完全積分可能ではない.

k 次元の*分布 ξ が完全積分可能とは, 任意の点を通る k 次元の積分多様体が存在することをいう. これは, 局所的には, $n-k$ 個の関数 f_i ($1\leq i\leq n-k$) が存在して, 分布が $\xi_p=$

$\{(v_1,\cdots,v_n)|\sum_{j=1}^{n}v_j(\partial f_i/\partial x^j)(p)=0 \ (1\leq i\leq n-k)\}$ で与えられることと同値である.

分布が完全積分可能なことは,次の条件と同値である(フロベニウスの定理). 2つのベクトル場 V, W が分布 ξ に接する,すなわち,$V(p)\in\xi_p$, $W(p)\in\xi_p$ が任意の p で成り立てば,その括弧積 $[V,W]$ も分布に接する.

微分形式のイデアル Λ (→ 外微分方程式系) が完全積分可能とは,有限個の関数 $f_1,\cdots,f_k$ が存在し,$df_1,\cdots,df_k$ が Λ を生成することである.その必要十分条件は,$u\in\Lambda$ ならば $du\in\Lambda$ であることである. → 外微分方程式系

完全体　perfect field　→ 分離拡大

完全代表系

complete system of representatives

例えば,整数の全体 $\mathbb{Z}$ に*同値関係 $\sim$ を
$$a\sim b\Longleftrightarrow a-b \text{ は }5\text{ の倍数}$$
と定義する.このとき,整数 m が定める商集合 $\mathbb{Z}/\sim$ の元を $\overline{m}$ と記すと
$$\{\overline{0},\overline{1},\overline{2},\overline{3},\overline{4}\}=\mathbb{Z}/\sim$$
が成り立つ.このとき $\{0,1,2,3,4\}$ をこの同値関係の完全代表系という(代表系ともいうがすべてを網羅していることを強調するために完全代表系ということが多い).

完全代表系の取り方は種々ある.例えば $\{1,2,3,4,5\}$ や $\{6,12,3,9,10\}$ は完全代表系である.

集合 A に同値関係 $\sim$ が与えられたとき,A の元 a が定める商集合 $A/\sim$ の元を $\overline{a}$ と記す.A の元 $a_1, a_2, a_3,\cdots$ に対して $\overline{a}_1, \overline{a}_2, \overline{a}_3,\cdots$ が決める集合が商集合 $A/\sim$ と一致するとき,$a_1, a_2, a_3,\cdots$ をこの同値関係に関する完全代表系という.完全代表系の存在は選択公理の帰結である.

完全単模行列

totally unimodular matrix

整数を要素(成分)とする行列で,任意の小行列式の値が $0,1$ または -1 であるものを完全単模行列あるいは完全ユニモジュラー行列という.有向グラフの頂点と辺の間の接続行列は典型的な完全単模行列である. → 単模行列

完全2部グラフ

complete bipartite graph

*2部グラフであって,別のクラスに属するどの2頂点も辺で結ばれているものをいう.2つの頂点集合の大きさが m, n である完全2部グラフを $K_{m,n}$ と表すことが多い. $K_{m,n}$ の辺の数は mn に等しい.

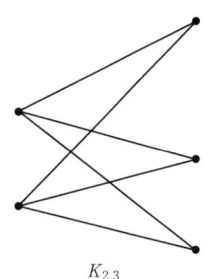

$K_{2,3}$

完全微分

exact differential

1次の微分形式 ω で,$\omega=df$ となる関数 f が存在するものをいう.

完全微分形

complete differential form

求積法の1つに現れる.1階の常微分方程式
$$\frac{dy}{dx}=\frac{P(x,y)}{Q(x,y)} \qquad (*)$$
は形式的に $P(x,y)dx-Q(x,y)dy=0$ と書かれる.適当な関数 $\lambda(x,y)$ があって,1次微分形式 $\lambda(x,y)(P(x,y)dx-Q(x,y)dy)$ が完全微分形式 $df(x,y)$ の形に書けるならば,$(*)$ の解は $f(x,y)=C$ (C は定数)で与えられる.すなわち,$f(x,y)$ は $(*)$ の第1積分である.このとき微分方程式 $(*)$ は完全微分形であるといい,$\lambda(x,y)$ を積分因子という.例えば $dy/dx=-(3x+2y)/x$ は $x(3x+2y)dx+x^2dy=d(x^3+x^2y)$ と書けるので $\lambda(x,y)=x$ を積分因子として完全微分形である.

完全不連結　totally disconnected　= 全不連結

完全分解

complete decomposition

代数体の n 次拡大 K/F に対して,F の整数環 $\mathcal{O}_F$ の素イデアル $\mathfrak{p}$ が生成する K の整数環 $\mathcal{O}_K$ のイデアル $\mathfrak{p}\mathcal{O}_K$ が n 個の相異なる素イデアルの積になるとき,素イデアル $\mathfrak{p}$ は K で完全分解するという.

例えば,$F=\mathbb{Q}$, $K=\mathbb{Q}(i)$ のとき,$\mathbb{Z}=\mathcal{O}_F$ の素イデアル $5\mathbb{Z}$ が生成する $\mathcal{O}_K=\mathbb{Z}[i]$ のイデアル $5\mathbb{Z}[i]$ は,$2(=[K:F])$ 個の相異なる素イデアル

$(2+i)$ と $(2-i)$ の積になるから，$5\mathbb{Z}$ は K で完全分解する．

完全マッチング　perfect matching　⇨ マッチング

完全連続作用素　completely continuous operator　= コンパクト(作用素の)

緩増加超関数(シュワルツの)
tempered distribution

*急減少関数の空間 $S(\mathbb{R})$ 上の*線形汎関数で適当な連続性を満たすものは，*シュワルツの超関数になる．これを緩増加超関数という．例えば，*デルタ関数 $\delta(x)$ の可算和 $\sum_{n=-\infty}^{\infty} a_n\delta(x-n)$ は，適当な正定数 K, L に対して $|a_n|\leq K|n|^L$ $(n\neq 0)$ を満たすならば，$\mathbb{R}$ 上の緩増加超関数である．*フーリエ変換の理論は緩増加超関数に対して拡張される．

環つき空間　ringed space　⇨ 付環空間

カントル
Cantor, Georg

1845-1918　ロシアのペテルブルグ生まれのユダヤ人数学者．1856 年にドイツに移住，チューリッヒ工科大学とベルリン大学を卒業後，ベルリンで学位を得た．初代のドイツ数学会会長を務めたが，晩年には研究と論争による極度の緊張から精神を病み，1918 年に病院で逝った．

　*フーリエ級数展開の*一意性に関する研究から*集合論を創始，1874 年に*濃度の概念を導入し，*代数的整数の濃度は*超越数の濃度より小さいことを見出した．*無限を実在のものと捉え，しかも無限の種類が 1 つではないことを言い切ったことは，当時の数学界に衝撃を与えた．*クロネッカーは集合論に反対する立場をとり，カントルを苦しめたが，*デデキントやミッタグ・レフラー(Mittag-Leffler)による支持を受けた．ユークリッド空間の一般の点集合を扱い，集積点，開集合，閉集合の概念を定義し，位相空間論の出発点を確立した．

　学界の頑迷さに対抗して，「数学の本質はその自由性にある」と叫んだといわれるが，この言葉は数学の本質を見事に表現している．⇨ 対角線論法

カントル関数
Cantor function

カントルが構成してみせた次の連続関数 $f(x)$ $(0\leq x\leq 1)$ またはその一般化のことをいう．*連続性の概念と素朴な直感との乖離を明確にした．そのグラフは悪魔の階段(devil's stair)などとも呼ばれる．

　まず，単位区間 $[0,1]$ を 3 等分し，その中央の区間 $[1/3, 2/3]$ 上で，$f(x)=1/2$ と定める．次に，残りの 2 つの区間 $[0,1/3]$, $[2/3,1]$ をそれぞれ 3 等分し，それぞれの中央の小区間 $[1/9, 2/9]$, $[7/9, 8/9]$ 上でそれぞれ $f(x)=1/4$, $f(x)=3/4$ と定める．同様な操作を繰り返していくと，極限として単調非減少な連続関数 $f(x)$ が作られる．$f(0)=0$, $f(1)=1$ で，x の 3 進展開(→ n 進法)が $x=x_1/3+x_2/3^2+\cdots$ で(すなわち x を 3 進小数(→ 記数法)で表すと $0.x_1 x_2 x_3 \cdots$ であり)，$x_1,\cdots,x_{n-1}\neq 1$, $x_n=2$ のとき，$f(x)=x_1/2^2+x_2/2^3+\cdots+x_{n-1}/2^n$ となる．f はほとんどすべての点 x で微分可能で $f'(x)=0$ であるが，*測度零の*カントル集合の上で 0 から 1 まで連続的に増加する．これが悪魔の階段という綽名の由来である．

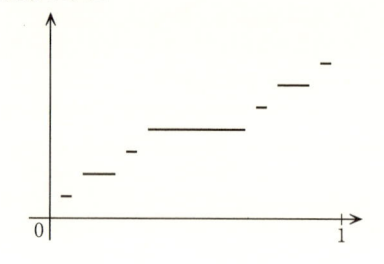

カントル集合
Cantor set

カントルが 1883 年に構成してみせた次の集合 C あるいはその一般化のこと．カントルの不連続体(discontinuum)ともいう．

　単位区間 $[0,1]$ を 3 等分し，まず中央の開区間 $(1/3, 2/3)$ を取り除く．次に，残る 2 つの区間 $[0, 1/3]$, $[2/3, 1]$ を 3 等分し，それぞれの中央の長さ $1/9$ の開区間 $(1/9, 2/9)$, $(7/9, 8/9)$ を取り除く．その次に，残った 4 つの小区間 $[0,1/9]$, $[2/9, 1/3]$, $[2/3, 7/9]$, $[8/9, 1]$ をそれぞれ 3 等分し，それぞれの中央の長さ $1/3^3$ の開区間を取り除く．同様にして，2^n 個の長さ 3^{-n} の区間からそれぞれの中央の長さ 3^{-n-1} の開区間 2^n 個を取り除く．この操作を無限に繰り返して最後に残る集合が C である．

　このとき，取り除いた集合はすべて開集合であるので，C は閉集合であり，また，$x\in[0,1]$ の 3 進

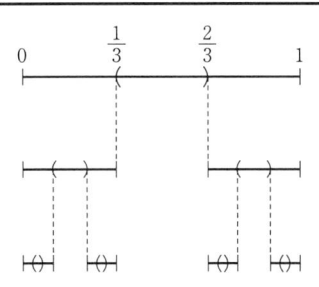

展開(→ n 進法)の係数に 1 が現れなければ $x \in C$ となるから, C は連続濃度を持つ無限集合である. 一方, 取り除いた開区間の長さの和は $1/3 + 2/3^2 + 2^2/3^3 + \cdots = 1$ となるから, C は*測度 0 の集合である. さらに, C のどの連結成分もただ 1 点からなる(このような集合を*全不連結集合という). C の位相空間としての次元は 0 である. また, C のハウスドルフ次元は $\log 2/\log 3$ になる. カントル集合はフラクタルと昨今呼ばれる図形のなかで最初に見つかった例である. また, 常微分方程式の積分曲線の集積点の集合などとしてもしばしば現れることが知られている.

なお, 一般には, 区間を 3 等分するだけでなく, 各段階で $2n+1$ 個の区間に分け, そのうち n 個の区間を取り除いて同様に構成した集合をカントル集合という. その場合「太った」つまり測度正のカントル集合も構成できる.

完備(距離空間が)
complete

距離空間 (X, d) が完備であるとは, 任意のコーシー列が収束すること, すなわち, X の点列 $\{x_n\}$ $(n=1, 2, \cdots)$ が $\lim_{m,n \to \infty} d(x_m, x_n) = 0$ を満たすならば, ある $y \in X$ が存在して $\lim_{n \to \infty} d(x_n, y) = 0$ が成り立つこと, をいう.

例えば閉区間 $[0, 1]$ 上の実数値連続関数全体 $X = C([0, 1])$ に
$$d_1(f, g) = \max_{0 \leq x \leq 1} |f(x) - g(x)| \quad (f, g \in X)$$
によって距離を定めると, (X, d_1) は完備距離空間になる. 一方, 同じ空間に
$$d_2(f, g) = \int_0^1 |f(x) - g(x)| dx$$
で距離を定めると, (X, d_2) は完備にならない.

完備(実数の集合が)
complete

有理数の全体は数直線上稠密に詰まっているが, まだ隙間が空いており, 無理数がその間に存在する. 他方, 実数の全体は数直線上隙間なく詰まっていて, これ以上新たな数を詰め込むことはできない. 感覚的にこのように述べられる事実を数学的に正確に表現したものが実数の完備性である.

無限数列 $\{a_n\}$ $(n=1, 2, \cdots)$ がコーシー列であるとは, $\lim_{m,n \to \infty} |a_m - a_n| = 0$ が成り立つこと, すなわち, 任意の $\varepsilon > 0$ に対し「$m, n > N$ ならば $|a_m - a_n| < \varepsilon$」が成り立つような N を選ぶことができることをいう. 任意のコーシー列 $\{a_n\}$ はある実数 b に収束する($\lim_{n \to \infty} a_n = b$), というのが実数の完備性である(→ 完備化).

*アルキメデスの原理のもとに, 実数の完備性は次のどの命題とも同値である.

(1) (単調増大列の収束) 実数列 $\{a_n\}$ $(n=1, 2, \cdots)$ が有界で $a_n \leq a_{n+1}$ $(n=1, 2, \cdots)$ を満たすならば $\{a_n\}$ はある実数に収束する.

(2) (上限の存在) $\mathbb{R}$ の部分集合 A が空集合でなく上に*有界ならば*上限 $\sup A$ が存在する.

(3) (ボルツァーノ-ワイエルシュトラスの定理) 任意の有界な実数列には収束する部分列が存在する.

(4) (区間縮小法) 閉区間の列 $I_n = [a_n, b_n]$ $(a_n < b_n)$ が $I_{n+1} \subset I_n$ $(n=1, 2, \cdots)$ を満たすならば共通部分 $\bigcap_{n=1}^{\infty} I_n$ は少なくとも 1 つの実数を含む.

⇒ 完備化, デデキントの切断, 区間縮小法

完備(ベクトル場が)
complete

$\mathbb{R}$ 上のベクトル場 $-x^2(\partial/\partial x)$ の定める微分方程式 $dx/dt = -x^2$ の解は $x(t) = 1/(t-c)$ (c は定数)である. すなわち, 解はある時間(この場合は c)までしか存在しない. このようなベクトル場を完備でないという. 一般に, $\mathbb{R}^n$ の開集合 U 上のベクトル場 V が完備であるとは, 任意の $p \in U$ に対して $l: \mathbb{R} \to U$ であって, $(dl/dt)(t) = V(l(t))$, $l(0) = p$ となるものが存在することを指す. *多様体の上のベクトル場に対しても同様に定義する. コンパクトで境界がない多様体の上のベクトル場は常に完備である.

完備(リーマン多様体が)
complete

リーマン多様体 M のリーマン計量から決まる距離関数 d に対して, (M, d) が完備な距離空間

であるとき，リーマン多様体は完備であるという．

リーマン多様体が完備であることと，任意の点 p と p での任意の接ベクトル V に対して，p での接線が V であるような，$\mathbb{R}$ 全体で定義された測地線 $l: \mathbb{R} \to M$ が存在することは同値である（これをホップ-リノフの定理という）．ユークリッド空間 $\mathbb{R}^n$ をリーマン多様体とみなすと完備である．一方，$\mathbb{R}^n$ の開部分集合，例えば，単位円板 $\{x \in \mathbb{R}^n \mid |x|<1\}$ は完備でない．

完備化
completion

有理数の集合 $\mathbb{Q}$ は*完備ではない．これに無理数を付け加えて実数の集合 $\mathbb{R}$ にすると完備になる．これが完備化の代表例である．一般に，完備でない空間に新たに元をつけ加えて完備な空間を構成すること，およびこうして得られる空間を，もとの空間の完備化という．

実数の構成，すなわち，$\mathbb{Q}$ の完備化には，*デデキントの切断を用いるもの，*区間縮小法によるもの，*コーシー列を用いるもの（カントル）がある．コーシー列を使うと $\mathbb{Q}$ の完備化は次のように行うことができる．

有理数 x, y に対して，$d(x,y)=|x-y|$ と書く．$\mathbb{Q}$ の元からなるコーシー列 $\{x_1,\cdots,x_n,\cdots\}$ 全体からなる集合に，同値関係 $\sim$ を
$$\{x_n\} \sim \{y_n\} \iff \lim_{n\to\infty} d(x_n, y_n) = 0$$
で定義する．この同値関係による同値類全体を仮に $\overline{\mathbb{Q}}$ と表す．また，$\{x_1,\cdots,x_n,\cdots\}$ の同値類を $[x_n]$ で表す．このとき，$[x_n]+[y_n]=[x_n+y_n]$，$[x_n]\times[y_n]=[x_n\times y_n]$ などにより，$\overline{\mathbb{Q}}$ には加減乗除が定まる．また，$\|[x_n]\|=\lim_{n\to\infty}|x_n|$ で絶対値が定まる．さらに，$x\in\mathbb{Q}$ を，すべての n について $x_n=x$ である列の同値類とみなすことによって，$\mathbb{Q}\subset\overline{\mathbb{Q}}$ となる．実は，$\overline{\mathbb{Q}}$ は実数の全体 $\mathbb{R}$ になる．

同様にして，一般の距離空間 (X, d) の完備化が構成される．すなわち，X の元からなるコーシー列全体に，同値関係 $\sim$ を同様に定め，その同値類全体を $\overline{X}$ と表す．また $\overline{d}([x_n],[y_n])=\lim_{n\to\infty} d(x_n, y_n)$ とおく．このとき，$(\overline{X}, \overline{d})$ は完備な距離空間になる．

例えば，閉区間 $[0,1]$ 上の実数値連続関数全体 $C([0,1])$ に
$$d(f, g) = \left(\int_0^1 |f(t)-g(t)|^2 dt\right)^{1/2}$$
で距離を定めたとき，$(C([0,1]), d)$ の完備化は *L^2 空間 $L^2([0,1])$ である．

また，素数 p に対して，整数全体 $\mathbb{Z}$ に，$d_p(a,b)=p^{-n}$（ここで $a-b=cp^n$ かつ p と c は互いに素）で*p 進距離 d_p を定めたとき $(\mathbb{Z}, d_p)$ の完備化は*p 進整数全体である．

完備化（測度の） completion ⇒ 測度零

ガンマ関数
gamma function

自然数 n の階乗 $n!$ を n が連続変数の場合に拡張したもので，正の実数 x に対して積分
$$\Gamma(x) = \int_0^\infty e^{-t} t^{x-1} dt$$
で定義される関数を指す．n が自然数のとき $\Gamma(n+1)=n!$ が成り立つ．

ガンマ関数は初等関数ではないが幅広い応用を持つ重要な関数である．主な性質として

(1) 差分方程式　$\Gamma(x+1)=x\Gamma(x)$,
(2) 相補公式　$\Gamma(x)\Gamma(1-x)=\pi/\sin\pi x$,
(3) 2倍公式
$$\Gamma(2x) = 2^{2x-1} \pi^{-1/2} \Gamma(x) \Gamma\left(x+\frac{1}{2}\right),$$
(4) $x \to \infty$ のときの漸近挙動を与える*スターリングの公式　$\Gamma(x) \sim e^{-x} x^{x-1} \sqrt{2\pi x}$

などが挙げられる．

$\Gamma(z)$ は複素変数の関数として全平面 $\mathbb{C}$ 上*有理型に拡張することができ，無限積表示
$$\frac{1}{\Gamma(z)} = ze^{\gamma z} \prod_{n=1}^\infty \left(\left(1+\frac{z}{n}\right) e^{-z/n}\right)$$
を持つ．ここで γ は*オイラーの定数である．$1/\Gamma(z)$ はいたるところ正則になる．

ガンマ分布
gamma distribution

密度関数 $f(x)=(\Gamma(p))^{-1}\sigma^{-p}x^{p-1}e^{-x/\sigma}$ （ただし $p>0$, $\sigma>0$）を持つ $[0,\infty)$ 上の確率分布をいう．

緩和現象
relaxation phenomenon

物理系などにおいて，初期状態を平衡状態から少しずらして設定した場合，系が時間とともに平衡状態に戻ることを緩和現象という．その数学的な定式化の1つが，*定常過程における*混合性である．

緩和問題

relaxation, relaxed problem

例えば，整数計画問題 P において，整数であるという制約を除くと，通常の線形計画問題 Q が得られる(→ 整数計画法)．一般に，制約付き最適化問題 P に対して，制約の一部を除去(無視)してできる問題 Q を緩和問題という．もとの問題 P が最小化問題のとき，Q の最適値は P の最適値の下界を与える．また，Q の最適解が P の制約をすべて満たすならば，それは P の最適解である．緩和問題は整数計画などを*分枝限定法によって解く際に有効に利用される．

キ

木

tree

ツリー，樹木ともいう．閉路を持たない連結なグラフを木という．*単連結な 1 次元，*単体複体のことであるといっても同じことである．無向グラフにおいて，*極大木を単に木と呼ぶこともある．→ マトロイド，2 分木，正則木

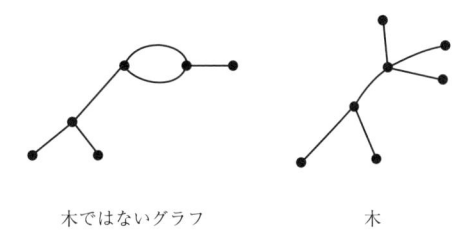

木ではないグラフ　　　木

基(位相空間の)　base ＝ 基(開集合系の)

基(開集合系の)

base

位相空間 X の開集合の部分族 $\mathcal{U}=\{U_\alpha\}_{\alpha \in A}$ が次の性質を満たすとき，開集合系の基(あるいは位相の基，開基)と呼ぶ．

(1) $\bigcup_{\alpha \in A} U_\alpha = X$.

(2) $p \in U_\alpha \cap U_\beta$ であるとき，$p \in U_\gamma \subset U_\alpha \cap U_\beta$ となる $U_\gamma \in \mathcal{U}$ が存在する．

(3) $x \in X$ とし，U を x を含む開集合とするとき，$U_\alpha \in \mathcal{U}, x \in U_\alpha, U_\alpha \subset U$ なる U_α が存在する．

例えば，X を実数全体，$\mathcal{U}$ を有理数を端点とする開区間全体 $\{(a,b) \mid a,b \in \mathbb{Q}\}$ とすると，$\mathcal{U}$ は開集合系の基になる．

集合 X の部分集合の族 $\mathcal{U}=\{U_\alpha\}_{\alpha \in A}$ が，上記のうち(1),(2)を満たすとき，$\mathcal{U}$ に属する集合の和集合として表される X の部分集合全体 $\mathcal{O}$ は開集合の公理を満たし，$\mathcal{U}$ は開集合系 $\mathcal{O}$ の基になる．→ 位相空間

機械的求積法(ガウスの)　mechanical quadrature

→ ガウス公式(積分の)

幾何学
geometry

図形に関する数学．ほとんどの古代文明で，測量などの経験から得られる知識として，個別的な図形の性質が知られていたが，それらを演繹的な体系にまとめたのが古代ギリシアの幾何学である（ギリシア語の幾何学を表す言葉である geometria が，土地を意味する geo と，測量を表す metria の合成語であることは，幾何学の成り立ちを示している）．その集大成が，*エウクレイデス（ユークリッド）の著した『原論』であり，公理系を理論の出発点とする『原論』のスタイルは，数学のみならず広く学問のあり方の規範となった．『原論』に見られるように，古代ギリシアの幾何学は，主として直線図形と円に関する幾何学であったが，*アポロニオスらは円錐の平面による切り口として，楕円，放物線，双曲線の幾何学を展開し，*ケプラー，*ニュートンによる惑星の運動の解明において大切な役割を果たすこととなった．

17世紀まで大きな変化を受けることのなかった古代の幾何学は，*デカルトの登場により大幅な進歩を遂げる機会を得た．実際，デカルトによる「代数的手法」は解析幾何学に発展し，幾何学のみならず解析学の発展にも大きく寄与したのである．その途上，微分積分学の応用として登場した曲面論は，*ガウスによってさらに深められた．一方で，エウクレイデスの時代から続いていた平行線の公理の証明の試みから，非ユークリッド幾何学が誕生した．このような時代の息吹の中で，*リーマンは多様体とその上の計量を定義して，3次元空間内に制限されていた従来の幾何学を，一般次元で考えることができる枠組みを提供した．リーマンのこの考えは，後に*アインシュタインによる一般相対性理論の基盤を与えることとなったのである．リーマンはまた，解析関数の解析接続が存在する場として，現在リーマン面と呼ぶ曲面を考察し，複素関数論の諸事実に明快な幾何学的説明を与えた．多様体の概念は*ワイルやホイットニー（H. Whitney）らにより次第に整理され，20世紀以後の幾何学の主役の位置を占めることとなる．デカルトに始まる解析幾何学は，別の方向への道も拓いた．すなわち，投影図法の研究に由来する射影幾何学やリーマン面の理論と結びつき，多変数代数方程式の解として表される図形を代数的手法で扱う代数幾何学に発展したのである．

射影幾何学や非ユークリッド幾何学など，19世紀に一挙に花開いたさまざまな幾何学を，変換群の観点から統一的に整理しようとする試みが*クラインによってなされた（*エルランゲン・プログラム）．さらに*カルタンは，クラインの考え方を多様体の接空間に適用し，幾何学的構造をより広い立場から見ることを提唱した．20世紀後半の微分幾何学の発展は，カルタンの考え方の延長線上にある．一方，19世紀末には図形の位相的性質を探求する位相幾何学が誕生し，20世紀数学の進展に大きな影響を与えた．

幾何級数
geometric series

*等比級数の別称．a, r を 0 でない定数として，級数 $\sum_{n=0}^{N} ar^n$ または $\sum_{n=0}^{\infty} ar^n$ のことをいう．→ 級数

幾何光学
geometrical optics

光は等質な媒質の中では直進し，異なる媒質の境界面で屈折や反射をする．これらの現象に着目し，回折や干渉など波動特有の現象は無視する光学の部門を幾何光学という．幾何光学は波長が 0 に近づく極限での光学現象を正確に表している．光の経路の決定には*フェルマの原理が用いられる．→ 波動光学

幾何代数
geometrical algebra

古代ギリシアの数学者は，幾何学を体系的な学問として確立したが，代数学はまったくといっていいほど発達させることはなく，現代の立場では代数に属する問題を，すべて幾何学，特に作図の問題として捉えていた．この理由から，古代ギリシアの数学のこの部分を，幾何代数と呼ぶことがある．

例えば 2 次方程式 $ax - x^2 = b$ の解法も，次の作図問題として与えられている．「線分 AB と正方形 K を考える．このとき，AB 上の点 C を，AC, CB に等しい辺を持つ長方形 L の面積が K の面積と等しくなるように作図せよ」．

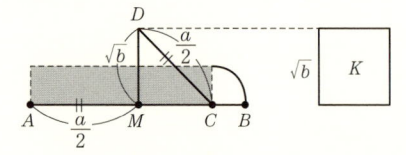

この解は次のように与えられる．線分 AB の中

点 M をとり，M から垂線を立て，MD が K の辺に等しいように，垂線上に点 D をとる．コンパスを使って，D を中心とする半径が AM の円を描き，それが線分 AB と交わる点（の 1 つ）を C とすればよい．

幾何分布
geometric distribution
$p(n)=(1-q)q^{n-1}$ $(n=1,2,\cdots)$ で定まる確率分布をいう．ここで $0<q<1$ である．

幾何平均　geometric mean ＝相乗平均

幾何ベクトル
geometric vector
平面あるいは空間の*有向線分を与えると，幾何ベクトルが定まる．2 つの有向線分が同じ幾何ベクトルを定めるための必要十分条件は，平行移動で移り合うことである．P を始点，Q を終点とする有向線分 PQ が定める幾何ベクトルを $\overrightarrow{PQ}$ と書く．幾何ベクトルの全体には，加法，スカラー倍の演算が次のように定まる．
(1)（和）　$\overrightarrow{AB}+\overrightarrow{BC}=\overrightarrow{AC}$.
(2)（零ベクトル）　$\overrightarrow{AA}$ も長さが 0 のベクトルと考え，これを零ベクトル $\mathbf{0}$ とする．
(3)（スカラー倍）　$a>0$ のとき，$AC=aAB$ となる点 C を，A を始点とする半直線 AB 上にとり，$a\overrightarrow{AB}=\overrightarrow{AC}$ とする．$a<0$ のとき，$AC'=|a|AB$ となる点 C' を，直線 AB 上で A に関して点 B とは反対側にとり，$a\overrightarrow{AB}=\overrightarrow{AC'}$ とする．$a=0$ のときは，$a\overrightarrow{AB}=\mathbf{0}$ とおく．

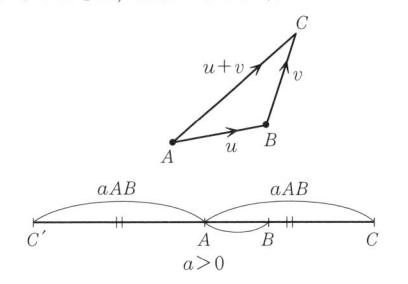

この演算は*線形空間の公理を満足するので，幾何ベクトル全体は $\mathbb{R}$ 上の線形空間になる．⇒ 数ベクトル，ベクトル，ベクトル空間，線形空間

帰還時間
return time

力学系あるいは確率過程において，ある可測集合から出発した軌道がその集合に戻るまでの時間をいう．確率測度を保存するエルゴード的な離散力学系の場合，帰還時間の平均値は，その集合の測度の逆数となる．

帰還写像
return map
力学系あるいは確率過程において，ある集合の点 x に対して，そこから出発した軌道がその集合に初めて戻るとき，その点 x' を対応させる写像のことをいう．ポアンカレ写像ともいい，球面上の流れの研究においてポアンカレがこの概念の有効性を示した．

奇関数　odd function ⇒ 偶関数

擬軌道
pseudo-orbit
近似的な*軌道の意味で，*力学系 (X,f) において，空間 X の点列 $x_0,x_1,\cdots,x_N$ は，$d(f(x_{n-1}),x_n)<\delta$ $(n=1,\cdots,N)$ を満たすとき，δ 擬軌道という．ただし，δ は正数で，d は X 上の距離とする．また，もし，任意の N と正数 ε に対して，正数 δ を十分小さく選べば，任意の δ 擬軌道 $x_0,x_1,\cdots,x_N$ が，ある真の軌道 $x,f(x),\cdots,f^N(x)$ の ε 近似になるとき，つまり，$d(f^n(x),x_n)<\varepsilon$ となるとき，力学系 (X,f) は擬軌道追跡性(pseudo-orbit tracing (shadowing) property)を持つという．擬軌道追跡性は*アノソフ力学系などの双曲型力学系がもつ著しい性質であり，さらに強く，$x_N=x_0$ ならば，x を N 周期点に選べる．また，擬軌道追跡性は，例えば，数値計算で得られた軌道が，真の軌道の近似であることを意味し，応用上も重要な概念である．しかし，*可積分系など多くの力学系は擬軌道追跡性を持たない．

棄却域
critical region
統計的仮説検定においては，あらかじめ定めた統計量の値に基づいて，仮説を採択したり棄却したりする．仮説を棄却するような統計量の範囲を棄却域という．

擬球
pseudosphere

$$x = k\log\tan(t/2 + \pi/4) - k\sin t$$
$$(0 < t < \pi/2),$$
$$z = k\cos t$$

により与えられる曲線を z 軸の周りに回転して得られる曲面を擬球という(図)．そのガウス曲率は負の定数 $-k^2$ である．ベルトラミが最初に構成した曲面で，ベルトラミの擬球とも呼ばれる．擬球は*完備ではない．負の定曲率を持つ完備な 2 次元リーマン多様体を，3 次元ユークリッド空間に等長写像により埋め込むことは不可能なことが知られている．

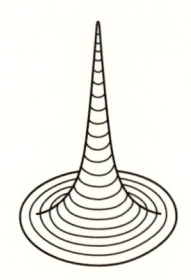

擬距離
pseudometric

*距離が満たすべき性質のうち，「$d(x,y)=0$ ならば $x=y$」以外を満たすものをいう．

例えば，$[0,1]$ 上の実数値可測関数 f で $\int_0^1 f(x)^2 dx$ が有限なもの全体を X とし，$f, g \in X$ に対して $d(f,g) = \left(\int_0^1 (f(x)-g(x))^2 dx\right)^{1/2}$ とおくと $d(f,g)$ は擬距離になる．f と g がほとんどいたるところ(すなわち測度 0 の集合を除いて)一致すれば $d(f,g)=0$ であるが，$f=g$ とは限らないから，この d は距離ではない．

d を X 上の擬距離とするとき，$p \sim q \Longleftrightarrow d(p,q)=0$ で関係 $\sim$ を定義すると同値関係になり，その同値類全体を $\overline{X}$ とすると，d は $\overline{X}$ 上に距離を定める．

記号力学系
symbolic dynamics

有限個のアルファベットの集合 A の元からなる文字列 $(a_0, a_1, \cdots)$ に対して，座標を 1 つずらす変換 $S: A^\mathbb{N} \to A^\mathbb{N}$, $S(a_0, a_1, \cdots) = (a_1, a_2, \cdots)$ をシフトまたはずらし(shift)といい，$X = A^\mathbb{N}$ または は X が $A^\mathbb{N}$ の S 不変な閉部分集合($SX=X$)のとき，(X, S) を記号力学系という．例えば，頂点集合が A で，辺集合が E の*グラフに対して，この上の無限の道の全体を $X = \{(a_0, a_1, \cdots) | a_i \in A, (a_i, a_{i+1}) \in E\}$ とすれば，(X, S) は記号力学系である．このような記号力学系は有限型(finite type)あるいはマルコフ-シフト(記号力学系そのものをシフトということもある)といい，とくに詳しい解析が可能であり，一般の力学系を解析する際にも用いられる(→ マルコフ分割, アノソフ力学系)．なお，可逆な力学系として扱うときには，両側無限列 $(\cdots, a_{-1}, a_0, a_1, \cdots)$ からなる記号力学系を考えるのが自然であり，また，S 不変測度 μ を考えることも多い(→ ベルヌーイ系)．

記号論理
symbolic logic

論理的な推論を，数学的記号法を用いて研究する分野である．「P または Q」，「P かつ Q」，「P ならば Q」，「P でない」という命題を*論理記号を用いて，$P \vee Q$, $P \wedge Q$, $P \to Q$, $\neg P$ と書き，それぞれ P と Q の論理和(logical sum)(あるいは離接(disjunction))，論理積(logical product)(あるいは合接(conjunction))，含意(implication)，否定(negation)と呼ぶ．これらのみを用いる記号論理を命題論理という．

また，「すべての x について $F(x)$ が成り立つ」，「$F(x)$ を満たす x が存在する」を，$\forall x F(x)$, $\exists x F(x)$ と書き，それぞれ全称命題(universal proposition)，存在命題(existential proposition)，合わせて，超限命題(transfinite proposition)という．以上のような論理記号を用いて命題を書いたものを論理式という．

例えば，「P と Q は同値」はふつう $P \leftrightarrow Q$ と書くが，$(P \to Q) \wedge (Q \to P)$ という論理式で表すことができる．また，$\neg(\forall x F(x))$ は $\exists x(\neg F(x))$ と同値な論理式である．命題に真偽という 2 つの値を考えると，$P \vee \neg P$ や $P \wedge Q \to P$ の値はつねに真である．このように恒等的に真な論理式をトートロジー(tautology)と呼ぶ．記号論理には，論理記号および公理(いくつかのトートロジー)と推論規則の与え方により，命題論理の他にも述語論理や型の論理，様相論理などいろいろなものがある．排中律を仮定して命題に真偽の 2 値を考えるものを古典論理と総称する．なお，排中律は背理法の基礎であり，存在・非存在定理の証明によく使われるが，その証明は構成的ではない．直観主義論理では，この点を批判して排中律を認めない．

擬似乱数
pseudorandom number

数値計算やシミュレーションの際に乱数の代用として用いるために計算機上で生成される数列のことである．モンテカルロ法による数値積分などに利用される．数字の出現頻度の一様性などが要求される．擬似乱数の生成アルゴリズムの設計には有限体の理論などが利用される．

基数
cardinal number

集合の元の個数のこと．*濃度ともいう．ただし，無限集合の場合も含めて考えるのが重要である．無限集合も含めて考える場合，2つの集合 A, B に1対1の対応，すなわち*全単射が存在するとき A と B の基数は等しいと定める．

例えば，自然数全体の集合と有理数全体の集合の間には全単射が存在するのでその基数は等しいが，自然数全体の集合と実数全体の集合の間には存在しない(→ 対角線論法)．したがって，自然数全体の集合と実数全体の集合の基数は異なる．

「個数が等しい」あるいは「基数が等しい」ということは，上のようにして定義されるが，「基数」そのものの定義には集合論の微妙な問題がある(→ 順序数)．

記数法
numeration system

*自然数の表し方．人類の長い歴史の中で，数(特に大きな数)を表現する「経済的」かつ「効率的」な方法が徐々に発展してきた．例えば漢字で一兆六千十五億八百三十二万九千七百六十四と記される数は，現在私たちが使っている10進位取り記数法(*10進法ということが多い)では 1601508329164 と表すことができ，計算にも便利な，わかりやすい記数法である．

歴史的には古代バビロニアで60進法に基づく位取り記数法が使われていた．時間の単位で1時間が60分，1分が60秒，角度の単位で1度が60分，1分が60秒という体系を使うのは古代バビロニアの60進法の名残である．

10進位取り記数法はインドに起源を持ち，アラビア数字はインドから中世イスラム世界に伝わったものがヨーロッパに伝わって今日の形になった．

古代の各文明は独自の数字の記数法を有していたが，大きな数字は正確な暦の作成のための計算を行うため以外には必要なかったので，位取り記

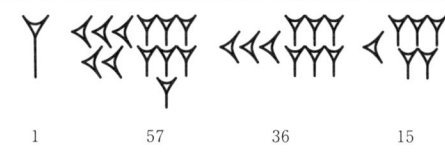

バビロニア数字

古代バビロニアの60進法(59 までの数字は10進法を使って表示していた．空白で 0 を表した)．上の表記は $1 \times 60^3 + 57 \times 60^2 + 36 \times 60^1 + 15$ を表す．

数法は必ずしも必要とされなかった．例えば古代ローマではローマ数字が使われた．ローマ数字の XXVIII は 28 を表すが，計算にも大きな数を表すのにも不便であった．古代中国では数値計算では算籌(さんちゅう．算木(さんぎ)ともいう)を使って，実質的に10進法で数字を表し，計算を行っていた．そろばんの数字の表し方も10進法である．

L	K	J	I
4	4	4	3
17	9	1	13
6	4	2	0
0	0	0	
35,040	32,120	29,200	26,280
H	G	F	E
3	2		2
4	16	12	10
16	14	12	
0	0	0	
23,360	20,440	17,520	14,600
D	C	B	A
1	1		
12	4	16	8
8	6	4	2
		0	0
11,680	8760	5840	2920

マヤ数字

マヤの20進法を示す

算木

古代中国および和算における算木による数 3764 の表示

一般に n 進位取り記数法(*n 進法ということが多い)では，$0, 1, \cdots, (n-1)$ までの数字の記法を用意して $a_m a_{m-1} \cdots a_1 a_0$ (ただし，a_i は 0 から $n-1$ までの数字)で
$$a_m \times n^m + a_{m-1} \times n^{m-1} + \cdots + a_1 \times n + a_0$$
を表す．小数も同様に表示できる(→ n 進法)．$n=2$ のときは*2 進法であり，0 と 1 を使ってすべての数を表すことができる．例えば 2 進法では十五は
$$15 = 2^3 + 2^2 + 2 + 1$$
より 1111 と表される．デジタルコンピュータが「スイッチ・オン」と「スイッチ・オフ」により動作することから，計算機科学においては 2 文字で表す 2 進法を使うが，表記が長くなってしまうので $16 = 2^4$ 進法を使うことが多い．そのときは，通常 0 から 9 までのアラビア数字と 10 進法の 10 から 15 に対応する数には A, B, C, D, E, F を使って数を表す．

10 進法は人間の手の指が 10 本であることに由来すると考えられているが，マヤでは 20 進法が使われていた．ただし，3 桁めは本来であれば $20^2 = 400$ を表すが，マヤでは暦との関係で 400 の代わりに 360 を用いた．

擬素数
pseudo-prime number

*フェルマの小定理により，素数 p の倍数でない整数 a に対して
$$a^{p-1} \equiv 1 \pmod{p}$$
が成立する．正整数 $n \geq 2$ が
$$2^{n-1} \equiv 1 \pmod{n}$$
を満足するとき，2 を底とする擬素数という．素数でない 2 を底とする擬素数のうち最小のものは 341 である．すなわち $2^{340} \equiv 1 \pmod{341}$ が成り立つ．

同様に正整数 $a \geq 3$ を底とする擬素数を定義することができる．例えば $91 = 7 \times 13$ は $3^{90} \equiv 1 \pmod{91}$ を満足するので 3 を底とする擬素数である． → 素数, 暗号

期待値
expectation

確率分布の平均のことをいう．もともとは，ゲームを途中で打ちきったときに，賭け金を「公平」に分配する問題から生まれた概念である． → 平均(確率変数の)

奇置換
odd permutation

符号が -1 の置換．すなわち，*互換の奇数個の積で表される置換． → 符号(置換の)

キッシング数
kissing number

1 つの(n 次元の)球に互いに重ならないように外接する，同じ半径の球の個数の最大値をキッシング数という．ここでは $k(n)$ で表す．平面においてはキッシング数($k(2)$)は 6 である(図参照)．

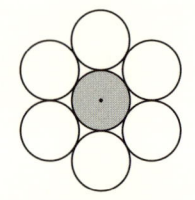

$k(3)$ が 12 か 13 かを 1694 年に，グレゴリー(J. Gregory)とニュートンが議論した(ニュートンは 12，グレゴリーは 13 と主張した)．$k(3) = 12$ が確定したのは 1874 年である(R. Hoppe)．$k(4)$ は 24 か 25 のどちらかであるが，どちらかまだわかっていない．一方 $k(8) = 240$, $k(24) = 196560$ がわかっている．

基底(自由アーベル群の)
basis, base

群 Γ の n 個の元 $\gamma_1, \cdots, \gamma_n$ について次の性質が満たされるとき，それらを Γ の基底，あるいは $\mathbb{Z}$ 基底という．

Γ の任意の元 γ に対して
$$\gamma = k_1 \gamma_1 + \cdots + k_n \gamma_n$$
となる整数 $k_1, \cdots, k_n$ が一意的に決まる．

また，このような $\gamma_1, \cdots, \gamma_n$ が存在するとき，Γ は階数が n の*自由アーベル群になる．$\mu_1, \cdots, \mu_n \in \Gamma$ を
$$\mu_i = \sum_{j=1}^{n} a_{ij} \gamma_j \quad (i = 1, \cdots, n; \ a_{ij} \in \mathbb{Z})$$
と定めるとき，$\mu_1, \cdots, \mu_n$ が Γ の基底であるための必要十分条件は，行列 $A = [a_{ij}]$ の行列式が ± 1 となることである．

基底(ベクトル空間(線形空間)の)
basis

n 次元数ベクトルのなすベクトル空間(線形空間) $\mathbb{R}^n$ を考える．e_i を第 i 成分が 1，その他の

成分が 0 であるような $\mathbb{R}^n$ の元とすると，任意の $\mathbb{R}^n$ の元 $\boldsymbol{x}=(x_1,\cdots,x_n)$ は，$\boldsymbol{e}_1,\cdots,\boldsymbol{e}_n$ の 1 次結合でただ一通りに表せる．すなわち $\boldsymbol{x}=x_1\boldsymbol{e}_1+\cdots+x_n\boldsymbol{e}_n$ である．

このように，有限次元ベクトル空間 V のすべての元が，V の n 個の元 $v_1,\cdots,v_n$ によって $a_1v_1+\cdots+a_nv_n$ (a_i は定数)と一意的に表すことができるとき，$\{v_1,\cdots,v_n\}$ をベクトル空間 V の基底という．言い換えると，V が $v_1,\cdots,v_n$ で張られ，$v_1,\cdots,v_n$ が*1 次独立であるとき，$\{v_1,\cdots,v_n\}$ を V の基底という．

$\{w_1,\cdots,w_m\}$ も V の基底であれば $n=m$ であり，$w_i=a_{i1}v_1+\cdots+a_{in}v_n$ ($i=1,\cdots,n$) と書いたとき，$n\times n$ 行列 $[a_{ij}]$ は可逆行列となる．逆に $n\times n$ 可逆行列 $[a_{ij}]$ によって $w_i=a_{i1}v_1+\cdots+a_{in}v_n$ とおくと，$\{v_1,\cdots,v_n\}$ が V の基底であれば $\{w_1,\cdots,w_n\}$ も V の基底である．基底をなすベクトルの個数がベクトル空間の次元である．

n 次元ベクトル空間 V のベクトル $w_1,\cdots,w_r$ が 1 次独立であれば，$n-r$ 個のベクトル $w_{r+1},\cdots,w_n$ を付け加えて $\{w_1,\cdots,w_r,w_{r+1},\cdots,w_n\}$ が V の基底であるようにできる．

基底(無限次元ベクトル空間(線形空間)の)
basis

無限次元のベクトル空間(線形空間) V に対してはベクトルの集合 $\{v_j\}_{j\in J}$ が以下の条件を満足するとき V の基底であるという．

(1) $\{v_j\}_{j\in J}$ に属する任意の有限個のベクトルは 1 次独立である．

(2) V の任意の元は $a_1v_{j_1}+\cdots+a_Nv_{j_N}$ (a_i は定数)のように $\{v_j\}_{j\in J}$ のベクトルの 1 次結合を使って一意的に表すことができる．

ノルム空間などにおいては，下記 $(1')(2')$ を満たす $\{v_j|j\in J\}$ を基底あるいは位相的基底と呼ぶ．以下 $J=\mathbb{N}$ とする．

$(1')$ $\lim_{n\to\infty}\sum_{k=1}^{n}a_kv_k=\lim_{n\to\infty}\sum_{k=1}^{n}b_kv_k$ ならば，$a_k=b_k$ ($k=1,2,\cdots$).

$(2')$ $a_1v_{j_1}+\cdots+a_Nv_{j_N}$ (a_i は定数，$N\geqq 1$) の形のベクトルの全体は V で稠密である．

*ヒルベルト空間の*正規直交基底は位相的基底の例である．

位相的基底と区別するときは，(1), (2)を満たす基底を代数的基底という．

基点　starting point　＝始点

基点(位相幾何学の)
base point

位相幾何学などでは，空間 X に対して，1 点 $p\in X$ を決め，対 (X,p) を考えることがある．この p を基点という．このとき写像 $f:(X,p)\to(X,q)$ としては，$f(p)=q$ なるものだけを考える．

軌道
orbit

群 G が集合 X に作用(→ 作用(群の))するとき，点 $x\in X$ に対して，X の部分集合 $Gx=\{g\cdot x|\ g\in G\}$ を x を通る軌道という．X は軌道により分割される(→ 軌道空間)．例えば，α を実数とし，加法群 $\mathbb{Z}$ が $X=\mathbb{R}$ に平行移動 $n\cdot x=x+n\alpha$ ($n\in\mathbb{Z}$) として作用する場合，軌道は $a+\mathbb{Z}\alpha=\{a+n\alpha|\ n\in\mathbb{Z}\}$ ($a\in[0,1)$) で与えられる $\mathbb{R}$ の中の*離散集合である．

また，$\mathbb{Z}$ の区間 $[0,1)$ への作用を $(n,x)\mapsto x+n\alpha-[x+n\alpha]$ ($[\cdot]$ はガウス記号で整数部分を表す)により定義すると，α が無理数のときは，すべての軌道は $[0,1)$ で稠密であり，有理数のときは有限集合である(→ ワイル変換，一様分布)．

なお，空間 X 上に流れ T_t があるとき，各点 $x\in X$ に対して，$\{T_tx|\ -\infty<t<\infty\}$ を軌道(orbit, trajectory)という．

軌道空間
orbit space

群 G が集合 X に*作用するとき，ある $x\in X$ に対して，$\{g\cdot x\,|\,g\in G\}$ と書ける X の部分集合を軌道(orbit)と呼び，軌道全体のなす集合を軌道空間という．軌道空間は X 上の次の同値関係 $\sim$ についての，商空間 $X/\sim$ といってもよい．「$x\sim y\iff y=g\cdot x$ を満たす $g\in G$ が存在する」．

軌道空間を X/G と書く．作用が左作用の場合 $G\backslash X$ と書くこともある．

0 でないベクトル全体 $\mathbb{C}^n\backslash\{0\}$ への，乗法群 $\mathbb{C}^*=\mathbb{C}\backslash\{0\}$ の作用を，スカラー倍で定めると，その軌道空間 $(\mathbb{C}^n\backslash\{0\})/\mathbb{C}_*$ は*射影空間 $P^{n-1}(\mathbb{C})$ である．

擬凸領域
pseudoconvex domain

f を滑らかな複素 n 変数実数値関数とし，$f(z_1,\cdots,z_n)=0$ なる各点で，df は 0 にならず，*ヘッセ行列 $[\partial^2 f/\partial z_i\partial\bar{z}_j]$ (ただし，$i,j=1,\cdots,n$) が正定値*エルミート行列であるとする．

有界領域 D がこのような f を使って，$f<0$ と表されるとき強擬凸領域という．また，擬凸領域の増大する列 $\{D_n\}$ $(n=1,2,\cdots)$ の和集合 $\bigcup_{n=1}^{\infty} D_n$ として得られる領域を擬凸領域という．

例えば，球体 $\{z\in\mathbb{C}^2||z_1|^2+|z_2|^2-1<0\}$ は強擬凸である．また $\mathbb{C}^n$ の凸領域は擬凸であり，複素平面 $\mathbb{C}$ の領域はつねに擬凸である．

*正則領域は擬凸領域であるが，その逆が成立するかは多変数関数論の中心問題であった．この問題はレヴィ（E. E. Levi）の問題と呼ばれるが，岡潔は擬凸性を初めて見出したハルトークス（F. Hartogs）にちなんでハルトークスの逆問題と呼んだ．ハルトークスの逆問題は岡潔によって肯定的に解決された．

帰納的関数

recursive function

「アルゴリズムによって計算することのできる関数」という概念を数学的に定式化したものの1つである．チューリング機械やプログラムなどの計算モデルにおいて計算できる関数に一致するので，計算可能関数ともいう．以下，非負整数 $\{0,1,2,\cdots\}$ の上で定義され，非負整数に値をとる関数を考える．(1) $f(x)=x+1$, (2) $f(x)=$ 定数, (3) $f(x_1,\cdots,x_n)=x_i$ $(1\leq i\leq n)$, の3種類の関数を基本関数と呼ぶ．帰納的関数とは，基本関数から始めて，(a) 合成，(b) 原始帰納法，(c) 最小化，の3種類の構成法を有限回適用して作られる関数のことである．

(a) 合成とは，関数 $h_1(x_1,\cdots,x_n),\cdots,h_m(x_1,\cdots,x_n)$ および $g(y_1,\cdots,y_m)$ から $f(x_1,\cdots,x_n)=g(h_1(x_1,\cdots,x_n),\cdots,h_m(x_1,\cdots,x_n))$ によって関数 f を作ることである．

(b) 原始帰納法とは，関数 $g(x_1,\cdots,x_n)$ と $h(x_1,\cdots,x_n,y,z)$ から，$f(x_1,\cdots,x_n,0)=g(x_1,\cdots,x_n)$, $f(x_1,\cdots,x_n,y+1)=h(x_1,\cdots,x_n,y,f(x_1,\cdots,x_n,y))$ によって関数 f を作ることである．

(c) 最小化とは，すべての $x_1,\cdots,x_n$ に対して $g(x_1,\cdots,x_n,y)=0$ となる y が存在するような関数 g から，$f(x_1,\cdots,x_n)=\min\{y\mid g(x_1,\cdots,x_n,y)=0\}$ によって関数 f を作ることである．

なお，基本関数から始めて，合成と原始帰納法だけを用いて（最小化を用いずに）作られる関数を原始帰納的関数と呼ぶ．帰納的であって原始帰納的でない関数の例として，*アッカーマン関数が知られている．

帰納的極限と射影的極限

inductive limit and projective limit

無限個の実数の組 $(a_1,a_2,\cdots,a_n,\cdots)$ で，0 でない a_i が有限個しかないものの全体を $\mathbb{R}^\infty$ と書く．これは，次のように考えると $\mathbb{R}^n$ の n を大きくしていった極限とみなせる．すなわち，$n<m$ のとき，$(a_1,\cdots,a_n)\in\mathbb{R}^n$ を $(a_1,\cdots,a_n,0,\cdots,0)\in\mathbb{R}^m$ と「同じ」と思って，$\mathbb{R}^n\subset\mathbb{R}^m$ とみなす．このとき，$\bigcup_{n=1}^{\infty}\mathbb{R}^n$ が $\mathbb{R}^\infty$ である．このことを，$\mathbb{R}^n$ の帰納的極限（inductive limit, direct limit）は $\mathbb{R}^\infty$ であるという．

一方，1変数関数の 0 におけるテイラー展開を n 項までで打ち切った式 $a_0+a_1x+\cdots+a_nx^n$ の全体 X_n を考える．$a_0+a_1x+\cdots+a_{n+1}x^{n+1}$ を $a_0+a_1x+\cdots+a_nx^n$ に写すことによって，$X_{n+1}\to X_n$ なる写像が得られる．この n を無限にしたときの極限は，形式的べき級数 $a_0+a_1x+\cdots+a_nx^n+\cdots$ の全体 $\mathbb{R}[[x]]$ である．このことを，X_n の射影的極限（projective limit, inverse limit）は $\mathbb{R}[[x]]$ であるという．

一般に，*順序 $\leqq$ の与えられた有向集合 I の各元 $i\in I$ に集合 X_i が定まっていて，$i<j$ である $(i,j)\in I\times I$ に対して写像 $f_{ji}:X_i\to X_j$ が与えられ，$f_{ki}=f_{kj}\circ f_{ji}$ $(i<j<k)$ が満たされるときこの体系 (X_i,f_{ji}) を帰納的系という．$x_i\in X_i$, $x_j\in X_j$ に対し，$f_{ki}(x_i)=f_{kj}(x_j)$ なる $k>i,j$ が存在するとき $x_i\sim x_j$ と定めると和集合 $\bigcup_i X_i$ 上に同値関係 $\sim$ が得られる．その同値類全体を帰納的極限といい，$\varinjlim X_n$ で表す．

一方，$i<j$ である $(i,j)\in I\times I$ に写像 $g_{ij}:X_j\to X_i$ が与えられ，$g_{ik}=g_{ij}\circ g_{jk}$ $(i<j<k)$ を満たしているとき，この体系 (X_i,g_{ij}) を射影的系という．直積集合 $\prod_i X_i$ の元 $(x_i)_{i\in I}$ で，$g_{ij}(x_j)=x_i$ $(i<j)$ を満たすもの全体をその射影的極限といい，$\varprojlim X_n$ で表す．

帰納的順序集合

inductively ordered set

*順序集合 X が帰納的であるとは，X の任意の線形順序部分集合（部分集合で，X の順序をそれに制限したとき線形順序となるようなもの）がすべて上に有界であることをいう．⇒ ツォルンの補題

帰納法
induction

＝数学的帰納法

なお，日常語の意味での帰納法，例えば，$n=1$ の場合，$n=2$ の場合，と順に調べて一般の場合を推定する方法を，数学的帰納法と区別するために，自然帰納法ということがある．

擬微分作用素
pseudo-differential operator

微分作用素の一般化で，積分作用素や微分作用素の「逆」作用素などを含めたような作用素である．

ギブズ現象
Gibbs' phenomenon

例えば，$h(x)=x\ (-\pi<x<\pi)$ に対してフーリエ和
$$S_N(x) = \sum_{n=-N}^{N} \widehat{h}_n e^{inx},$$
$$\widehat{h}_n = (2\pi)^{-1} \int_{-\pi}^{\pi} e^{-inx} h(x) dx$$
を考えると，$N\to\infty$ のとき，$S_N(x)$ は $h(x)$ に各点 x で収束するが，一様収束しない．実際，そのグラフには $x=\pm\pi$ の近くで振動が残る．19世紀に発見されたこのような現象をギブズ現象という．

ギブズの変分原理
Gibbs' variational principle

1902年ギブズは，統計力学における平衡状態を記述する確率分布が，自由エネルギー最小化という変分問題の解として与えられることを看破し宣言した．これをギブズの変分原理と呼ぶ．この原理を n 点上の統計力学について単純化すると次のようになる．
$$h(x) = -\sum_{i=1}^{n} x_i \log x_i \quad (x_i \geq 0,\ \sum_{i=1}^{n} x_i = 1)$$
は，確率ベクトル x で決まる状態の平均エントロピーと呼ばれる量であり，$u\in\mathbb{R}^n$ をポテンシャルとすると，$\langle u, x\rangle - h(x)$ は（ヘルムホルツの）自由エネルギー，$Z=\sum_{i=1}^{n} e^{-u_i}$ は分配関数である（$\langle u, x\rangle$ は u と x の内積）．自由エネルギーを最小にする $x=(e^{-u_i}/Z)\ (i=1,\cdots,n)$ は平衡状態を与えるボルツマン分布，$h(x)$ のルジャンドル変換
$$g(u) = \inf_{x\in\mathbb{R}^n} \{\langle u, x\rangle - h(x)\} = -\log Z$$
は熱力学的極限と呼ばれる量である．⇒ルジャンドル変換（凸関数の）

ギブズ分布
Gibbs distribution

統計力学において相互作用する粒子系の平衡状態を記述する確率分布がギブズ分布である．ハミルトン関数が H のとき，$Z^{-1}\exp(-\beta H)$ の形の密度関数を持つ．ただし，Z は分配関数と呼ばれる規格化定数，β は絶対温度に逆比例する定数である．これを数学的に一般化したものはギブズ測度と呼ばれ，ウィーナー測度，ポアソン測度などと並ぶ基本的な確率測度である．

擬ベクトル
pseudovector

向きを保つ座標変換では，ベクトル場と同じ規則で変換され，向きを保たない座標変換では，ベクトル場の座標変換の規則を符号だけ変えた式で変換される量をいう．軸性ベクトルともいう．

ベクトルの外積は，空間の向きを変えると符号が変わるので，$\boldsymbol{V}, \boldsymbol{W}$ がベクトル場であれば，*ベクトル積 $\boldsymbol{V}\times\boldsymbol{W}$ は擬ベクトルである．またベクトル場 $\boldsymbol{V}$ の回転 $\mathrm{rot}\,\boldsymbol{V}$ も擬ベクトルである（ただし，これらのことを意識せず，空間の向きは決めてしまって，$\boldsymbol{V}\times\boldsymbol{W}$, $\mathrm{rot}\,\boldsymbol{V}$ をベクトル場としてしまうことも多い）．

磁場を擬ベクトルとみなすと磁場に関する法則（例えば*ビオ-サヴァールの法則）が空間の向きとは無関係な法則になる（ビオ-サヴァールの法則には空間の向きで決まるベクトル積が含まれている）．

擬ベクトルは微分2形式とみなすことができる．例えば，$\boldsymbol{B}=(b_1, b_2, b_3)$ により与えられる磁場は，微分形式 $b_3 dx_1\wedge dx_2 + b_1 dx_2\wedge dx_3 + b_2 dx_3\wedge dx_1$ に対応する．

基本解（コーシー問題の）
fundamental solution

例えば波動方程式の初期値問題（→コーシー問題（偏微分方程式の））
$$\frac{\partial^2 u}{\partial t^2} = c^2 \frac{\partial^2 u}{\partial x^2},$$
$$u(0, x) = u_0(x), \quad \frac{\partial u}{\partial t}(0, x) = u_1(x)$$
においては，初期データ (u_0, u_1) から解 u が一意的に定まり，方程式の線形性から対応 $(u_0, u_1)\mapsto u$ は線形写像になる（→重ね合わせの原理）．解 u は

$$u(t,x) = \int R_0(t,x,y)u_0(y)dy$$
$$+ \int R_1(t,x,y)u_1(y)dy$$

の形に積分表示でき，この核関数 R_0, R_1 をコーシー問題の基本解と呼ぶ．上の例では

$$R_0(t,x,y)$$
$$= \frac{\delta(x+ct-y)+\delta(x-ct-y)}{2},$$
$$R_1(t,x,y)$$
$$= \frac{Y(x+ct-y)Y(-x+ct+y)}{2c}$$

となる(→ ダランベールの解)．ただし $\delta(x), Y(x)$ はそれぞれ*デルタ関数，*ヘヴィサイド関数を表す．

一般の双曲型微分方程式について，コーシー問題の基本解を考えることができるが，上の例のように，一般には通常の意味の関数でなく超関数になる．

基本解(微分作用素の)
fundamental solution

非斉次の線形微分方程式を重ね合わせの原理で解く際の，基本要素となる関数をいう．例えば平面上の*ラプラシアン $\triangle = \partial^2/\partial x_1^2 + \partial^2/\partial x_2^2$ を用いた微分方程式(→ ポアソンの方程式)

$$\triangle u(x) = \varphi(x) \tag{1}$$

の場合，

$$E(x,y) = -\frac{1}{2\pi}\log\|x-y\|$$

とおくと，ある有界領域の外で 0 となるような任意の滑らかな関数 $\varphi(x)$ に対し

$$u(x) = \int_{\mathbb{R}^2} E(x,y)\varphi(y)dy$$

は(1)の解になる．$E(x,y)$ を $\triangle$ の基本解という．$\delta(x)$ を*デルタ関数とすると，*超関数の意味で $\triangle_x E(x,y) = \delta(x-y)$ が成り立つ(ここで x 変数に関する微分作用素を添え字 x で表す)．

一般に，線形の微分作用素 L に対し，

$$L_x E(x,y) = \delta(x-y)$$

が成り立つとき $E(x,y)$ を L の 1 つの基本解，あるいは素解という．

基本解は一意には定まらず，1 つの基本解に斉次方程式 $Lu=0$ の任意の解を加えたものもまた基本解である．境界条件をつけた微分作用素(→ 境界値問題)の場合は，与えられた境界条件を満たすように選んだ基本解を*グリーン関数という．→ 超関数，グリーン関数(偏微分方程式の)

基本行列
elementary matrix

次のような n 次正方行列を基本行列という．

$$S_n(i,j) = \begin{bmatrix} 1 & & & & \overset{i}{0} & & & \overset{j}{0} & & & 0 \\ & \ddots & & & \vdots & & & \vdots & & & \\ & & 1 & & \vdots & & & \vdots & & & \\ i) & 0 & \cdots & 0 & & & & 1 & \cdots & & 0 \\ & & & & 1 & & & & & & \\ & & & & & \ddots & & & & & \\ & & & & & & 1 & & & & \\ j) & 0 & \cdots & 1 & & & & 0 & \cdots & & 0 \\ & & & & & & & & 1 & & \\ & & & & & & & & & \ddots & \\ & 0 & & & 0 & & & 0 & & & 1 \end{bmatrix}$$

$$T_n(i;a) = \begin{bmatrix} 1 & & & & \overset{i}{0} & & & & \\ & 1 & & & \vdots & & & & \\ & & \ddots & & 0 & & & & \\ & & & 1 & \vdots & & & & \\ 0 & \cdots & & \cdots & a & \cdots & & & 0 \\ & & & & 1 & & & & \\ & & & 0 & \vdots & \ddots & & & \\ & & & & \vdots & & 1 & & \\ & & & & 0 & & & & 1 \end{bmatrix} (i$

$$U_n(i,j;a) = \begin{bmatrix} 1 & & & & \overset{j}{0} & & 0 \\ & \ddots & & & \vdots & & \\ 0 & \cdots & 1 & \cdots & a & \cdots & 0 \\ & & & \ddots & \vdots & & \\ & & & 0 & 1 & & \\ & & & & & \ddots & \\ 0 & & & & 0 & & 1 \end{bmatrix} (i$

ここで，$S_n(i,j)$, $U_n(i,j;a)$ では $i \neq j$, $T_n(i;a)$ では $a \neq 0$ を仮定する．

基本行列はすべて可逆であり，

$$S_n(i,j)^{-1} = S_n(i,j),$$
$$T_n(i;a)^{-1} = T_n(i;a^{-1}),$$
$$U_n(i,j;a)^{-1} = U_n(i,j;-a)$$

を満たす．

基本行列は，行列の*基本変形や，連立 1 次方程式の*掃き出し法と密接に関係する．

基本近傍系
fundamental neighborhood system

集合 X の各点 p に対して，X の部分集合の族 $\mathcal{U}_p$ が与えられ，次の性質を満たすとき，$\{\mathcal{U}_p\}_{p \in X}$ を X の基本近傍系という．

(1) 各 $U \in \mathcal{U}_p$ は p を含む．

(2) 各 $U, V \in \mathcal{U}_p$ に対して，ある $W \in \mathcal{U}_p$ で $W \subset V \cap V$ となるものが存在する．

(3) $U \in \mathcal{U}_p$ に対して，次の性質を満たす $V \in \mathcal{U}_p$ が存在する．「$V \subset U$ であり，$q \in V$ ならば，$W \in \mathcal{U}_q$ で $W \subset U$ となるものがある」．

基本近傍系 $\{\mathcal{U}_p\}_{p \in X}$ が与えられたとき，$V \subset X$ に対して，「$V \in \mathcal{O} \Longleftrightarrow$『任意の $p \in V$ に対して，$U \in \mathcal{U}_p$, $U \subset V$ なる U が存在する』」で $\mathcal{O}$ を定義すると，$\mathcal{O}$ は開集合系の公理（→ 位相空間）を満たし，$(X, \mathcal{O})$ は位相空間になる．この位相を基本近傍系 $\{\mathcal{U}_p\}_{p \in X}$ が定める位相という．

例 1 X を*距離空間，$d(x,y)$ $(x,y \in X)$ を距離とする．$V_\delta(p) = \{q \in X \mid d(p,q) < \delta\}$（$\delta$ は任意の正数）とおくとき，$\mathcal{U}_p = \{V_\delta(p)\}_{\delta > 0}$ は基本近傍系である．

例 2 X を位相空間として，$\mathcal{U}_p = \{p$ を含む開集合全体$\}$ とおけば $\mathcal{U}_p$ は基本近傍系である．

基本群
fundamental group

ホモロジー群（→ ホモロジー）と並ぶ，位相幾何学で基本的な*位相不変量で，ポアンカレによって導入された．*位相空間 X の基本群とは，X の中の閉曲線を考え，連続的に変形される閉曲線を同じとみなした*同値類の集合に，群演算を定めたもののことである．

正確には次のように定義する．点 $p \in X$ を決めておく．$l:[0,1] \to X$ なる連続写像で，$l(0) = l(1) = p$ なるもの（点 p を起点とする閉曲線）全体の集合を考える．l, m がこの集合の元であるとき，l と m がホモトピック $l \sim m$ とは，$H(t,s):[0,1] \times [0,1] \to X$ なる連続写像で，$H(t,0) = l(t)$, $H(t,1) = m(t)$, $H(0,s) = H(1,s) = p$（s は任意）が存在することであると定義する．$\sim$ は同値関係になる．その同値類の全体を $\pi_1(X, p)$ と書き，X の基本群（あるいは (X, p) の基本群）と呼ぶ．また，次の図のような閉曲線をつなぐ操作 $(m, l) \mapsto m \circ l$ を積として，$\pi_1(X, p)$ は群をなすことが知られている．基本群は一般には非可換である．

X が*弧状連結ならば，点 q と点 p とを結ぶ曲線 γ を 1 つ選ぶと $\gamma^{-1} \circ l \circ \gamma$ は q を起点とする閉曲線になり，対応 $l \mapsto \gamma^{-1} \circ l \circ \gamma$ は $\pi_1(X, p)$ から $\pi_1(X, q)$ の同型写像を引き起こす．すなわち，$\pi_1(X, p)$ の同型類は p によらずに定まる．

弧状連結な位相空間 X の基本群が自明な群 $\{e\}$ であることと位相空間 X が*単連結であることは同値である．

$\mathbb{R}^n$ の点 p を起点とする閉曲線は連続的に点 p に変形できるので，$\mathbb{R}^n$ の基本群は自明な群 $\{e\}$ である．円周 S^1 の基本群は $\mathbb{Z}$ である．$\mathbb{R}^2$ から n 個の点を除いた空間の基本群は，下図の閉曲線 $l_1, \cdots, l_n$ で生成され，その間には関係式がない．すなわち，n 個の元から生成される*自由群である．穴が g 個あいたドーナツの表面の基本群は，$2g$ 個の*生成元 $a_1, \cdots, a_g, b_1, \cdots, b_g$ を持ち，1 つの関係式

$$a_1 b_1 a_1^{-1} b_1^{-1} a_2 b_2 a_2^{-1} b_2^{-1} \cdots a_g b_g a_g^{-1} b_g^{-1} = e$$

を持つ群である．

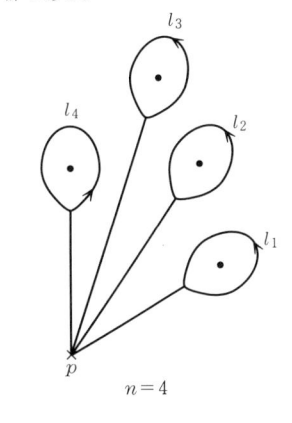

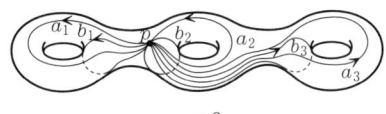

$n = 4$

$g = 3$

基本群は*被覆空間と深い関係を持つ．すなわち，X の基本群の部分群と，X の（連結な）被覆空間は 1 対 1 に対応する．→ 被覆変換群

基本群と体の*ガロア群との間には，深い類似が成り立つ．実際この 2 つを同じものと見る立場も

成立する．→ガロア理論

基本根系　fundamental root system　＝基本ルート系．→ルート系

基本周期
fundamental period

n 変数複素変数の関数 $f(z_1,\cdots,z_n)$ に対して
$$f(z_1+\omega_1,\cdots,z_n+\omega_n)=f(z_1,\cdots,z_n)$$
が成り立つとき，$(\omega_1,\cdots,\omega_n)\in\mathbb{C}^n$ を $f(z_1,\cdots,z_n)$ の周期という．f の周期の全体は $\mathbb{C}^n$ の部分群をなす．この部分群が有限生成であれば*自由アーベル群であり，その基底 $\overrightarrow{\omega_1},\cdots,\overrightarrow{\omega_n}$ を $f(z_1,\cdots,z_n)$ の基本周期という．→楕円関数，アーベル関数，テータ関数(多変数の)

基本対称式
elementary symmetric polynomial

変数 $x_1,\cdots,x_n$ について対称な多項式
$$s_1=x_1+\cdots+x_n$$
$$s_2=\sum_{i<j}x_ix_j$$
$$\vdots$$
$$s_n=x_1\cdots x_n$$

を基本対称式という．k 次の基本対称式 s_k は互いに異なる k 個の変数を掛けたものの総和である．これらは*根と係数の関係の中に現れる．これらを基本対称式と呼ぶのは，変数 $x_1,\cdots,x_n$ の任意の対称多項式は基本対称式の多項式としてただ一通りに表されるからである．→対称式

基本単数
fundamental unit

ディリクレの*単数定理により，*代数体 K の有限個の*単数 $\varepsilon_1,\cdots,\varepsilon_r$ をうまくとると，K の単数は $\zeta\varepsilon_1^{n_1}\cdots\varepsilon_r^{n_r}$（$\zeta$ は 1 のべき根，$n_1,\cdots,n_r\in\mathbb{Z}$）の形にただ一通りに表される．この性質を持つ $\varepsilon_1,\cdots,\varepsilon_r$ を K の基本単数という．特に K が実 2 次体の場合は $r=1$ で，K の基本単数 ε を用いて K の単数群が $\{\pm\varepsilon^n\,|\,n\in\mathbb{Z}\}$ の形に書けるが，K の基本単数 ε の中で $\varepsilon>1$ となるものがただ 1 つあり，この ε を特に基本単数と呼ぶことが多い．例えば，$1+\sqrt{2}$ は $\mathbb{Q}(\sqrt{2})$ の基本単数である．

基本ベクトル
fundamental vector

n 次の列ベクトル全体のなす線形空間において，
$$e_1=\begin{bmatrix}1\\0\\\vdots\\0\end{bmatrix},\;e_2=\begin{bmatrix}0\\1\\\vdots\\0\end{bmatrix},\;\cdots,\;e_n=\begin{bmatrix}0\\0\\\vdots\\1\end{bmatrix}$$
を基本ベクトルという．基本ベクトルは，列ベクトル全体のなすベクトル空間の*基底をなす．行ベクトルに対しても同様に基本ベクトルが定義される．

基本変形(行列の)
elementary transformation

行列の次のような変形を基本変形という．
 (1) 2 つの行を取り替える．
 (2) ある行に 0 でない数を掛ける．
 (3) ある行に他のある行の定数倍を加える．
 (1′) 2 つの列を取り替える．
 (2′) ある列に 0 でない数を掛ける．
 (3′) ある列に他のある列の定数倍を加える．
 $(1),(2),(3)$ を左基本変形といい，$(1'),(2'),(3')$ を右基本変形という．

与えられた (m,n) 型行列 A に，このような基本変形を何回か行うことにより，次のような行列にすることができる．

$$r)\begin{bmatrix}1 & 0 & \cdots & 0 & 0 & \cdots & 0\\0 & 1 & \cdots & 0 & 0 & \cdots & 0\\\vdots & \vdots & & \vdots & \vdots & & \vdots\\0 & 0 & \cdots & 1 & 0 & \cdots & 0\\0 & 0 & \cdots & 0 & 0 & \cdots & 0\\\vdots & \vdots & & \vdots & \vdots & & \vdots\\0 & 0 & \cdots & 0 & 0 & \cdots & 0\end{bmatrix}$$
$$=\begin{bmatrix}I_r & O_{r,n-r}\\O_{m-r,r} & O_{m-r,n-r}\end{bmatrix}$$

ただし I_r は r 次の単位行列，$O_{k,l}$ はすべての成分が 0 である (k,l) 型の行列を表す．

基本変形は，*基本行列を用いて次のように表現することができる．（以下で $S_m(i,j)$, $T_m(i;a)$, $U_m(i,j;a)$ は基本行列の項で定義されている行列を指す．）
 (1) $S_m(i,j)A$ は A の第 i 行と第 j 行を取り替えた行列．
 (2) $T_m(i;a)A$ は A の第 i 行が a 倍された行列．
 (3) $U_m(i,j;a)A$ は A の第 i 行に第 j 行の a 倍を加えた行列．

(1′) $AS_n(i,j)$ は A の第 i 列と第 j 列を取り替えた行列.

(2′) $AT_n(i;a)$ は A の第 i 列が a 倍された行列.

(3′) $AU_n(i,j;a)$ は A の第 i 列に第 j 列の a 倍を加えた行列.

⇒ 階数, 掃き出し法, 行列式

基本領域
fundamental domain

空間 X に*不連続群 Γ が*作用しているとき, X の閉集合 D がこの作用の基本領域であるとは, D を Γ の作用で動かして, X に境界以外では交わらないように隙間なく埋め尽くすことができることをいう(→ タイル張り). 正確に述べると, 次の2条件が満たされることを指す.

(1) X のどの点 p に対しても, $\gamma p \in D$ なる $\gamma \in \Gamma$ が存在する.

(2) $\gamma \in \Gamma$ が恒等変換として作用しているのでなければ, γ で D を移した領域 γD と D は, たかだか境界 ∂D でのみ交わる.

例1 平面 $\mathbb{R}^2$ に整数の組全体 $\mathbb{Z}^2$ を平行移動で作用させる. すなわち, $(n,m) \cdot (x,y) = (x+n, y+m)$ とおく. 正方形 $\{(x,y) | 0 \leq x \leq 1, 0 \leq y \leq 1\}$ はこの作用の基本領域である.

例2 上半平面に, 行列式が1の整数を成分とする 2×2 行列 $\begin{bmatrix} a & b \\ c & d \end{bmatrix}$ で表される1次分数変換 $z \mapsto (az+b)/(cz+d)$ 全体のなす群($PSL(2;\mathbb{Z})$) を作用させると, 図の斜線部はその基本領域である.

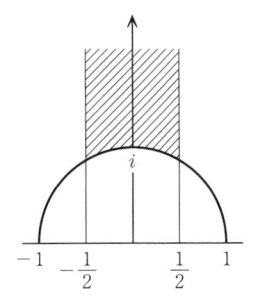

基本ルート系　fundamental root system ⇒ ルート系

基本列　fundamental sequence ⇒ コーシー列

既約
irreducible

(1) アフィン代数多様体における既約 ⇒ アフィン代数多様体

(2) 多項式における既約 ⇒ 既約多項式

(3) 射影多様体における既約 ⇒ 射影多様体

逆
converse

命題「$P \to Q$」(P ならば Q)に対して, 「$Q \to P$」(Q ならば P)を逆あるいは逆命題という. 対偶「$\neg Q \to \neg P$」(Q でなければ P でない)とは異なり, もとの命題が真でも, 逆は真とは限らない.

既約因子
irreducible factor

多項式の*因数分解に現れる*既約多項式をその多項式の既約因子という.

逆関数
inverse function

1変数関数 $f(x)$ に対して, $y=f(x)$ を x について解いて得られる関数のことをいう. これを $x = f^{-1}(y)$ と記す (f inverse と読む). 例えば指数関数 $y = \exp x$ の逆関数は対数関数 $x = \log y$, つまり $\exp^{-1} = \log$ である. 高校数学では x を独立変数, y を従属変数と考えることが多いので $x = \log y$ という記法を嫌い, $y = e^x$ の逆関数は $y = \log x$ であるということが普通である. 関数 $y = f(x)$ とその逆関数 $x = f^{-1}(y)$ は関数の定義域と値域が逆になるので, そのことが明確であれば $y = f(x)$ の逆関数を $y = f^{-1}(x)$ と書いても誤解の恐れはない.

一般には, 逆関数は1価とは限らない. もし, 実数 x を変数とする関数 $f(x)$ がその定義域上で狭義の単調関数であれば, $f^{-1}(y)$ は $f(x)$ の値域を定義域とする1価関数であり, しかも狭義の単調関数である.

逆関数定理
inverse function theorem

$\mathbb{R}$ 内で定義された1変数関数 $y = f(x)$ が $x = a$ において連続微分可能であり, しかも $f'(a) \neq 0$ であるとき, 関係式 $y = f(x)$ は x について a の周りで一意的に解けて, $x = g(y)$ という形に表される. この関数 g は f の逆関数であり,

$$g(f(x)) = x, \quad f(g(y)) = y$$

が $x = a, y = f(a)$ の近くで成り立つ. この事実を逆関数定理, または逆写像定理という. 例えば関数 $y = x^2 (= f(x))$ を考えると, $f'(a) = 2a$ であるから, $a \neq 0$ のとき $x = a$ の近傍で逆関数

が存在して $x=\sqrt{y}$ ($a>0$ のとき), $x=-\sqrt{y}$ ($a<0$ のとき) と書ける. 一方, $a=0$ のときは $f'(a)=0$ ゆえ, 逆関数定理の仮定が成り立たないが, 実際この場合は, $x=a$ のどれだけ小さな近傍においても $y=x^2$ は逆関数を持たない. 逆関数定理は, $F(x,y)=y-f(x)$ を考えれば, 1 変数の*陰関数定理の特別の場合となる.

多変数の場合も同様の逆関数定理が成り立つ. $F_1(x_1,\cdots,x_n),\cdots,F_n(x_1,\cdots,x_n)$ を点 $(a_1,\cdots,a_n)$ の周りで定義された C^k 級関数 $(k\geq 1)$ とし, そのヤコビアン

$$\begin{vmatrix} \dfrac{\partial F_1}{\partial x_1} & \cdots & \cdots & \dfrac{\partial F_1}{\partial x_n} \\ \dfrac{\partial F_2}{\partial x_1} & \cdots & \cdots & \dfrac{\partial F_2}{\partial x_n} \\ \vdots & \cdots & \cdots & \vdots \\ \dfrac{\partial F_n}{\partial x_1} & \cdots & \cdots & \dfrac{\partial F_n}{\partial x_n} \end{vmatrix}$$

が $(a_1,\cdots,a_n)$ で 0 でないとする.
$$b_i=F_i(a_1,\cdots,a_n) \quad (i=1,\cdots,n)$$
とおくと, 点 $(b_1,\cdots,b_n)$ の周りで定義された C^k 級関数 $G_1(y_1,\cdots,y_n),\cdots,G_n(y_1,\cdots,y_n)$ で,
$$G_i(F_1(x_1,\cdots,x_n),\cdots,F_n(x_1,\cdots,x_n))=x_i,$$
$$F_i(G_1(y_1,\cdots,y_n),\cdots,G_n(y_1,\cdots,y_n))=y_i$$
$$(i=1,\cdots,n)$$
を満たすものが存在する.

逆行列
inverse matrix
n 次正方行列 A に対して, $AB=BA=I_n$ (I_n は単位行列) を満たす行列 B を A の逆行列といい, A^{-1} により表す. → 可逆行列, 行列

例 $ad-bc\neq 0$ のとき,
$$\begin{bmatrix} a & b \\ c & d \end{bmatrix}^{-1} = \dfrac{1}{ad-bc}\begin{bmatrix} d & -b \\ -c & a \end{bmatrix}.$$

逆元
inverse
群や環などの*代数系における積の演算・に関して元 g に掛けて単位元 e になる元 x, すなわち $g\cdot x=x\cdot g=e$ が成り立つ元 x を g の逆元といい, g^{-1} と記す.

逆3角関数
inverse trigonometric function
$x=\sin y$ は $-\dfrac{\pi}{2}\leq y\leq\dfrac{\pi}{2}$ で狭義の*単調増加な連続関数であるから, $-1\leq x\leq 1$ で定義された*逆関数が存在する. これを $y=\arcsin x$ あるいは $\sin^{-1}x$ と書いて逆正弦関数と呼ぶ. 同様に $x=\cos y$ の $0\leq y\leq\pi$ における逆関数を $y=\arccos x$ あるいは $\cos^{-1}x$ $(-1\leq x\leq 1)$, $x=\tan y$ の $-\dfrac{\pi}{2}<y<\dfrac{\pi}{2}$ における逆関数を $y=\arctan x$ あるいは $\tan^{-1}x$ $(-\infty<x<\infty)$ と記し, それぞれ逆余弦関数, 逆正接関数という. これらを総称して逆3角関数という. これらの間には $\arccos x=\pi/2-\arcsin x$, $(d/dx)\arcsin x=1/\sqrt{1-x^2}$, $(d/dx)\arctan x=1/(1+x^2)$ などの関係がある.

正弦関数は周期性を持つため, n を整数として $y=\arcsin x+2n\pi$, $-\arcsin x+(2n+1)\pi$ はすべて $x=\sin y$ を満たす. これら無限個の値を持つ多価関数を考えて逆正弦関数と呼ぶこともある. この場合, 上のように値域を $-\dfrac{\pi}{2}\leq y\leq\dfrac{\pi}{2}$ に制限して得られる $-1\leq x\leq 1$ 上の 1 価関数は特に逆正弦関数の*主値という. 逆余弦関数, 逆正接関数も同様に無限多価関数とみなすことがある. 複素変数の*対数関数を用いると $\arcsin x=-i\log(ix+\sqrt{1-x^2})$, $\arctan x=(i/2)\log(1-ix)/(1+ix)$ と表され, 逆3角関数の多価性は対数関数の多価性に由来していることがわかる.

逆散乱法
inverse scattering method
ポテンシャルのあるシュレーディンガー方程式のスペクトル問題において, 散乱のスペクトル, 透過係数, 反射係数, 束縛状態のエネルギー, 束縛状態の固有関数の規格化因子などを散乱データという. 散乱データを求める問題を散乱の順問題という. 散乱データを与えてシュレーディンガー作用素を求める問題を散乱の逆問題という. KdV 方程式などの発展方程式を解くのに, それに付随した線形作用素(→ ラックス表示)を考え, 散乱の逆問題を解くことによって解を見つける手法が知られている. これを逆散乱法という.

逆写像
inverse map
集合の間の写像 $\varphi: X\to Y$ が全単射(→ 写像)で

あるとき，$y \in Y$ に対して，$\varphi(x)=y$ となる $x \in X$ がただ1つ存在するから，$x=\varphi^{-1}(y)$ と置くことにより写像 $\varphi^{-1}: Y \to X$ が定まる．このようにして得られる φ^{-1} を φ の逆写像という．
$\varphi^{-1} \circ \varphi = I_X$ (X の恒等写像)，$\varphi \circ \varphi^{-1} = I_Y$ (Y の恒等写像)である．

逆写像定理　inverse mapping theorem　⇒ 逆関数定理

既約剰余類
reduced residue class

自然数 $m \geq 2$ を法とする整数環の*剰余環 $\mathbb{Z}/m\mathbb{Z}$（イデアル (m) による剰余環，$\mathbb{Z}/(m)$ とも記す）において，m と*互いに素な整数 a が定める*剰余類 $\bar{a}$ を既約剰余類という．例えば $\mathbb{Z}/6\mathbb{Z}$ で 1 が定める剰余類 $\bar{1}$ や 5 が定める剰余類 $\bar{5}$ は既約剰余類である．

既約剰余類の全体は掛け算に関してアーベル群になる．これを既約剰余類群といい $(\mathbb{Z}/m\mathbb{Z})^\times$ と記す．この*群の*位数は*オイラーの関数 φ を使って $\varphi(m)$ で表される．

既約剰余類群　reduced residue class group　⇒ 既約剰余類

逆数（複素数の）
reciprocal

複素数 $z \neq 0$ の逆数は，$zw=1$ を満たす複素数 w であり，$1/z$ あるいは z^{-1} により表す．$z=a+ib$ (a, b は実数)のとき，
$$z^{-1} = \frac{a}{a^2+b^2} - i\frac{b}{a^2+b^2}$$
である．

逆数学
reverse mathematics

一般の数学理論における定理を証明するのに，どのような集合論的公理(例えば選択公理)が必要かを研究する数学基礎論の一分野．

逆スペクトル問題
inverse spectral problem

その典型例は，*ラプラシアンのスペクトルが，平面領域の合同類を決定するかという問題である．この問題は「太鼓の形を聞き分けられるか？(Can one hear the shape of a drum?)」と述べることもできる．1966 年にカッツ(M. Kac)が提出した．

平面の*区分的に滑らかな境界を持つ有界領域 D を考える．ラプラシアン Δ の*ディリクレ境界条件の下での固有値 λ 全体を(重複度もこめて) $\Lambda(D)$ とおく．すなわち，$\Delta(f)=\lambda f$ で，境界で 0 になる 0 でない関数 f が存在するような λ の全体が $\Lambda(D)$ である．$\Lambda(D)=\Lambda(D')$ ならば D と D' は合同かという問題になる．1991 年に反例が発見された．

リーマン多様体に対する同様な問題も研究されている．

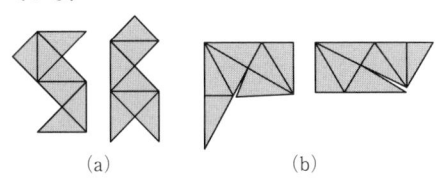

(a)に示した2つの領域は，異なる形であるがまったく「同じ音を出す」．
(b)に示した2領域についても同じことがいえる．

逆正弦関数　arcsine function　⇒ 逆3角関数

逆正弦則
arcsine law

へぼ将棋や碁，また賭けを繰り返すとき，経験的には「浮きっ放し」や「沈みっ放し」となることがかなり多く，そこそこ互角の戦績である確率は小さい．このことは次の数学的事実に対応している．1次元の公平な*酔歩や*ブラウン運動において，正の部分に滞在する時間の割合を x ($0 \leq x \leq 1$) とすると，素朴な予想に反して，$x=1/2$ に近い(つまりほぼ半々で正の部分に滞在する)確率は小さく，$x=0, 1$ に近い確率の方が大きい．実際，滞在時間の割合は無限時間の極限で $1/\sqrt{x(1-x)}$ に比例する確率密度関数を持つことがわかる．このとき，分布関数は逆正弦関数 arcsin を用いて書けるので，これを逆正弦則という．逆正弦則は，大数の法則や中心極限定理と並ぶ1次元酔歩やブラウン運動の基本的性質の1つである．

逆正接関数　arctangent function　⇒ 逆3角関数

逆像
inverse image

写像 $f: X \to Y$ と Y の部分集合 A について，

$f(x)\in A$ となる X の要素 x 全体からなる X の部分集合を, A の f による逆像といい, $f^{-1}(A)$ により表す. 原像 (preimage) ともいう.

逆双曲線関数
inverse hyperbolic function

*双曲線関数 $\sinh x$, $\tanh x$ はその定義域 $\mathbb{R}$ で狭義の単調増加関数であるから, その逆関数は 1 価関数である. また $\cosh x$ は $[0,\infty)$ で狭義の増加関数であるから, $[0,\infty)$ に制限した $\cosh x$ の逆関数は 1 価関数である. それらを逆双曲線関数といい, それぞれ, $\sinh^{-1}$, $\tanh^{-1}$, $\cosh^{-1}$ (あるいは arcsinh, arctanh, arccosh) により表す. 逆双曲線関数は対数関数を使って次のように表すことができる.

$$\cosh^{-1} x = \log(x + \sqrt{x^2 - 1}) \quad (x \geq 1),$$
$$\sinh^{-1} x = \log(x + \sqrt{x^2 + 1})$$
$$(-\infty < x < \infty),$$
$$\tanh^{-1} x = \log\sqrt{\frac{1+x}{1-x}} \quad (-1 < x < 1).$$

既約多項式
irreducible polynomial

多項式がそれ以上因数分解できないとき既約多項式という. さらに一般に, 環 R の元を係数とする多項式 $f(x)\in R[x]$ が, 定数と異なる 2 つの多項式 $g(x), h(x)\in R[x]$ の積となるとき, $f(x)$ を R 上の可約多項式という. $f(x)$ が可約でないとき, 既約多項式という. ⇒ アイゼンシュタインの既約判定法

逆 2 乗の法則 inverse square law ⇒ 万有引力の法則

既約表現
irreducible representation

線形空間 $V\neq\{0\}$ における群 G の*線形表現は, 次の条件が満たされるとき, 既約表現であるという.

V の部分空間 W で G の作用で安定なもの (つまり, $x\in W$, $g\in G$ なら $gx\in W$ となるもの) は, V と $\{0\}$ 以外には存在しない.

例えば, G を 3 次*対称群とすると, G の既約表現は, 同型なものを除いて次の 3 個で尽くされる.

(1) G のすべての元を 1 に写す 1 次元表現 $G\to\mathbb{C}^\times$.

(2) *偶置換を 1 に写し*奇置換を -1 に写す 1 次元表現 $G\to\mathbb{C}^\times$.

(3) 原点を中心とする正 3 角形の頂点に 1, 2, 3 と番号をつけ, *置換 $\sigma\in S_3$ に, σ が引き起こす頂点の置換から定まる線形変換 $T(\sigma)$ を対応させる 2 次元表現 $\sigma\mapsto T(\sigma)$.

有限群やコンパクト群などでは, 有限次元の複素表現はいくつかの既約表現の直和に分解される. 有限群の複素既約表現は, 同型なものを同じとみなすと, 群の共役類の個数と同数あることが知られている.

既約分解
irreducible decomposition

多項式を*既約多項式の積に*因数分解すること.

既約分数
irreducible fraction

共通因数を持たない整数 p, q に対して, 分数 p/q を既約分数という.

逆ベクトル
inverse vector

*幾何ベクトル $\overrightarrow{PQ}$ に対して, 大きさが $\overrightarrow{PQ}$ と同じで逆方向のベクトル, すなわち $\overrightarrow{QP}$ を $\overrightarrow{PQ}$ の逆ベクトルという. *数ベクトル $(x_1,\cdots,x_n)$ の逆ベクトルは $(-x_1,\cdots,-x_n)$ である. 一般には, $\boldsymbol{x}+\boldsymbol{x}'=\boldsymbol{0}$ を満たすベクトル $\boldsymbol{x}'$ を $\boldsymbol{x}$ の逆ベクトルという (*線形空間の公理によって存在が保証される).

逆問題
inverse problem

逆問題とは, 端的には, 結果から原因を推定する問題のことである. これに対し, 与えられた原因から起こり得るべき結果を予想する通常の問題を順問題という. 例えば, 静かな水面に石を投げ入れるとき, その石の質量や形状や速度の情報から水面に生じる波紋の様子を予測するのは順問題であり, 逆に, 水面に生じた波紋のデータから, 投げ入れた石の質量や形状や速度を割り出す問題は逆問題である. 同様に, 物体内の亀裂の位置や形を, その物体の振動特性だけから決定する問題

は，逆問題である．また，静止した水の中にインクを1滴垂らし，対流のない状態でそのインクがどのように拡散していくかを観察するのは順問題であるが，1時間後のインクの状態から初期時刻のインクの状態を推定するのは逆問題である．

通常，逆問題は*適切でないことが多い．つまり，勝手にデータを与えても，それに適合する解がなかったり(解の非存在)，たとえ解が存在する場合でも，結果がデータの誤差に大きく依存すること(データに対する連続依存性の欠如)が多い．そのため，考える解のクラスをあらかじめ制限するなどして，問題を適切なものに置き換えることが，逆問題を研究する上で重要なポイントとなる．

逆余弦関数　arccosine function　→ 逆3角関数

キャロル

Carroll, Lewis

1832-98　イギリスの作家，数学者．本名はチャールズ・ラトウィッジ・ドジスン(Charles Lutwidge Dodgson)．『不思議の国のアリス』，『鏡の国のアリス』の作者として有名．オックスフォード大学の数学講師として，論理学を研究した．そのためもあってか，作品の中に「論理」に通じる文章が散見される．行列式に関する業績もある．

キャンベル–ハウスドルフの公式

Campbell-Hausdorff's formula

$n \times n$ 行列 X, Y に対して，$XY = YX$ ならば，
$$\exp X \cdot \exp Y = \exp(X + Y)$$
が成り立つ．一般の X, Y に対しては，右辺を補正する形の公式
$$\exp X \cdot \exp Y$$
$$= \exp(X + Y + (1/2)[X, Y]$$
$$+ (1/12)[X - Y, [X, Y]] + \cdots)$$
が成り立つ(ここに $[X, Y] = XY - YX$)．これをキャンベル–ハウスドルフの公式という．

QR法

QR method

行列の固有値を求める数値解法の1つである．行列 A を直交行列 Q と上3角行列 R の積 $A = QR$ に分解し，この因子を逆の順番に掛け合わせて $A' = RQ$ を作る．この操作を繰り返すと，(適当な非退化条件の下で)上3角行列に収束する．$A' = RQ = Q^{\mathrm{T}} AQ$ であるから，これは*直交変換を繰り返すことになり，固有値は不変に保たれるが，最後に得られる上3角行列の固有値は対角要素から知ることができる．計算量を減らしたり収束性を高めるためのさまざまな工夫があり，サイズの小さい*密行列の固有値を求めるための標準的な解法となっている．→ ランチョス法，2分法(固有値問題の解法)

吸引集合

attractor

位相力学系において，相空間の閉集合 A は，その近くから出発した軌道がすべて A に限りなく漸近するとき，アトラクタまたは吸引集合と呼ばれ，そのような出発点の全体を吸引集合 A の吸引領域(basin)という．吸引集合は有限個の点(不動点や周期点)からなる場合も，*トーラスなどの*部分多様体になる場合もある．さらに，*フラクタル集合の場合もある．安定な不動点は1点からなる吸引集合である．→ 反撥集合

吸引領域　basin, domain of attraction　→ 吸引集合

球関数　spherical function　→ 球面調和関数

急減少関数

rapidly decreasing function

$\mathbb{R}$ 上の C^∞ 級関数 f が急減少関数であるとは，任意の自然数 N, n に対して $|x^N d^n f/dx^n|$ が $\mathbb{R}$ 上有界であることをいう．例えば e^{-x^2} は急減少関数である．多変数の場合も同様に定義する．急減少関数のフーリエ変換は急減少関数である．急減少関数全体 $\mathcal{S}(\mathbb{R})$ は*線形位相空間をなし，シュワルツの超関数の枠組でフーリエ変換を考える基礎に用いられる．

球座標

spherical coordinates

空間における極座標ともいう．xyz 座標に対して
$$x = r \sin\theta \cos\phi,$$
$$y = r \sin\theta \sin\phi,$$
$$z = r \cos\theta$$
とおいて得られる曲線座標系 (r, θ, ϕ) ($0 \leq r < \infty$, $0 \leq \theta \leq \pi$, $0 \leq \phi < 2\pi$) のことである(図)．

ラプラシアンを球座標で表せば，次式が成り立つ．

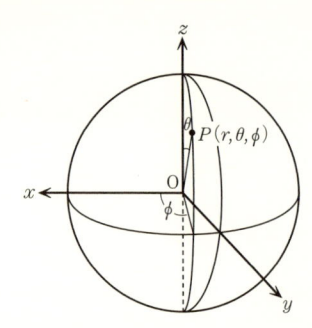

$$\Delta f = \frac{1}{r^2}\frac{\partial}{\partial r}\left(r^2\frac{\partial f}{\partial r}\right)$$
$$+ \frac{1}{r^2\sin\theta}\frac{\partial}{\partial\theta}\left(\sin\theta\frac{\partial f}{\partial\theta}\right) + \frac{1}{r^2\sin^2\theta}\frac{\partial^2 f}{\partial\phi^2}.$$

これは，ラプラシアンを含む偏微分方程式の変数分離による解法に使われる．

吸収律
absorption law

$A\cap(A\cup B)=A$, $A\cup(A\cap B)=A$ なる集合演算の法則． → 集合

級数
series

数列 $a_1, a_2, a_3, \cdots$ を和の記号でつないだ式 $a_1+a_2+a_3+\cdots$ を級数という．項の数が有限の場合を有限級数，無限の場合を無限級数という．

第1項から順に和をとって得られる数列 $a_1, a_1+a_2, \cdots, a_1+a_2+\cdots+a_N, \cdots$ が，N を無限大にするときその極限で一定値 S に近づくならば，無限級数 $\sum_{n=1}^{\infty} a_n$ は収束するといい，S をその和という．和 S も $\sum_{n=1}^{\infty} a_n$ と表す．収束しない級数を発散級数という．

添え字が正負にわたる級数 $\sum_{n=-\infty}^{\infty} a_n$ や2重の添え字を持つ級数 $\sum_{m,n\geq 1} a_{m,n}$ なども考えることができる(→ 2重級数)．無限級数の性質については，無限級数の項を参照．収束の判定条件については，収束判定法(級数の)の項を参照．

各項が関数からなる $\sum_{n=1}^{\infty} f_n(x)$ の形の級数を関数項級数という．多くの関数は，べき級数やフーリエ級数など無限級数の形に表される．また，関数の振舞いを記述するために，発散級数が用いられる場合もある(→ 漸近展開)．級数は関数を表示する手段の1つとして，積分とともに解析学において重要な役割を果たしている．→ 無限級数，収束，2重級数，べき級数，フーリエ級数，漸近級数

求積法
quadrature

微分方程式の解を有限回の積分を用いて表示することを求積といい，そのための方法を求積法という．典型的な例につぎのようなものがある．

例1 変数分離形の場合
$$\frac{dy}{dx} = \frac{f(x)}{g(y)}$$
は，不定積分の関係式
$$\int g(y)dy = \int f(x)dx$$
を解くことによって解が得られる．

例2 同次形の場合
$$\frac{dy}{dx} = f(x,y) \quad (f(x,y) \text{ は } 0 \text{ 次同次式})$$
は，$u=y/x$ とおくことにより変数分離形
$$\frac{du}{dx} = \frac{f(1,u) - u}{x}$$
に帰着する．

例3 1階線形方程式の場合
$$f(x)\frac{dy}{dx} + g(x)y + h(x) = 0$$
は，
$$P(x) = \exp\left(-\int (g(x)/f(x))dx\right)$$
とおけば解は
$$y = \left(C - \int P(x)^{-1}\frac{h(x)}{f(x)}dx\right)P(x)$$
で与えられる．

例4 ベルヌーイの方程式
$$\frac{dy}{dx} = b(x)y + a(x)y^s \quad (s \neq 1)$$
は従属変数の変換 $z=y^{1-s}$ により例3の場合に帰着する．

例5 クレローの方程式 $y=xp+f(p)$ およびその拡張であるラグランジュの方程式 $y=xh(p)+g(p)$ (ただし $p=dy/dx$)は微分方程式の両辺を x で微分することにより1階線形方程式に帰着する．

例6 一般に1階微分方程式が*1 径数変換群によって不変になっている場合，方程式は不変ベクトル場を用いた求積法で解くことができる．

→ 完全微分形，積分因子，変数分離形(常微分方程式の)

球体
ball

n 次元ユークリッド空間の超球面および内部の和集合をいう．$\{(x_1,\cdots,x_n)\in\mathbb{R}^n\,|\,(x_1-a_1)^2+\cdots+(x_n-a_n)^2\leqq r^2\}$ と表される集合を，点 $(a_1,\cdots,a_n)$ を中心とした，半径 r の球体という．閉球体ともいう．その*内部を開球体ともいう．

求長可能
rectifiable

曲線 $l:[a,b]\to\mathbb{R}^n$ が求長可能とは，その長さが有限なことをいう．$l=(l_1,l_2,\cdots,l_n)$ としたとき，各 l_i が*有界変動関数であることと同値である．微分可能な曲線は求長可能である．*ペアノ曲線のように連続であるが求長可能でない曲線もある．⇒ 曲線の長さ

吸点　sink　＝沈点

球の体積と表面積
volume and surface area of ball

半径 r の通常の球の体積は $4\pi r^3/3$ であり，表面積は $4\pi r^2$ である（アルキメデス）．一般に，半径 r の n 次元の球(体)の体積 ω_n，およびその境界である $n-1$ 次元球面の表面積 σ_n は

$$\omega_n = \frac{\pi^{n/2}}{\Gamma(n/2+1)}r^n$$

$$=\begin{cases}\dfrac{(2\pi)^m r^{2m}}{2\cdot 4\cdot 6\cdots 2m} & (n=2m) \\ \dfrac{2(2\pi)^m r^{2m+1}}{1\cdot 3\cdot 5\cdots(2m+1)} & (n=2m+1)\end{cases}$$

$$\sigma_n = \frac{d}{dr}\omega_n$$

$$=\begin{cases}\dfrac{(2\pi)^m r^{2m-1}}{2\cdot 4\cdot 6\cdots(2m-2)} & (n=2m) \\ \dfrac{2(2\pi)^m r^{2m}}{1\cdot 3\cdot 5\cdots(2m-1)} & (n=2m+1)\end{cases}$$

により与えられる．

球面
sphere

3 次元空間 $\mathbb{R}^3$ の部分集合 $\{(x,y,z)\in\mathbb{R}^3\,|\,(x-a)^2+(y-b)^2+(z-c)^2=r^2\}\,(r>0)$ のことをいい，S^2 と表す．曲面になり，そのガウス曲率は $1/r^2$ である．

高次元への一般化 $\{(x_1,\cdots,x_n)\in\mathbb{R}^n\,|\,(x_1-a_1)^2+\cdots+(x_n-a_n)^2=r^2\}$ を超球面または単に球面と呼び，S^{n-1} と表す．これは $n-1$ 次元の部分多様体であり，主曲率はすべて $1/r$ である．$\mathbb{R}^n$ から導かれるリーマン計量によって，リーマン多様体になる．その断面曲率はいたるところ $1/r^2$ である．

球面幾何学
spherical geometry

平面上のユークリッド幾何学の概念の多くは，球面上の図形に対して翻訳可能である．例えば，直線は*大円，3 角形は大円弧を辺とする球面 3 角形，角の大きさは，大円弧に接する直線のなす通常の角とする．平面幾何学と大きく異なるのは，平行線の公理が成り立たないことである．例えば，球面 3 角形 ABC に対して，その内角の和 $\angle A+\angle B+\angle C$ は $180°$（あるいは π ラジアン）より大きい（図）．

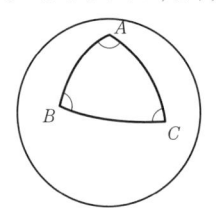

球面幾何学は，ある意味で非ユークリッド幾何学の「双対」と考えられる．歴史的には，非ユークリッド幾何学の発見以前に，天文学との関連で球面幾何学が考察されていた．

ユークリッド幾何学が平坦な（曲率 0 の）空間の幾何学であり，非ユークリッド幾何学が曲率がいたるところ -1 の空間の幾何学であるように，球面幾何学は曲率がいたるところ $+1$ の空間の幾何学である．

球面 3 角法
spherical trigonometry

半径 1 の球面上の点を大円（の一部）で結んだ図形を，多角形のようにみなして，その角の大きさと辺（大円の一部）の長さの関係を調べるのが，球面 3 角法である．普通の 3 角比についての定理を少し変更した定理がいろいろ知られている．例えば，「3 角形」の 3 つの角の大きさを A,B,C，それと向かい合った辺の長さを a,b,c とすると，*正弦定理は

$$\frac{\sin A}{\sin a}=\frac{\sin B}{\sin b}=\frac{\sin C}{\sin c}$$

という形になり，(第 2)*余弦定理は

$$\cos a=\cos b\cos c+\sin b\sin c\cos A$$

という形になる.

球面3角法は天文学, 航海術などで重要である.

球面調和関数
spherical harmonics

$\mathbb{R}^3$ 上の調和関数で n 次斉次多項式であるものを2次元球面上に制限して得られる球面上の関数を n 次の球面調和関数または球関数という. *球座標を (r, θ, φ) とすると, n 次球関数 $Y_n(\theta, \varphi)$ は球面上のラプラシアンに関する固有方程式である偏微分方程式

$$\frac{1}{\sin\theta}\frac{\partial}{\partial\theta}\left(\sin\theta\frac{\partial Y_n}{\partial\theta}\right) + \frac{1}{\sin^2\theta}\frac{\partial^2 Y_n}{\partial\varphi^2} + n(n+1)Y_n = 0 \qquad (*)$$

を満たす. $(*)$ は $2n+1$ 個の線形独立な解を持ち, n 次の球関数全体は $2n+1$ 次元の線形空間をなし, $SO(3)$ の既約表現空間である. 特に θ のみに依存する球関数はルジャンドル関数と呼ばれ, $\cos\theta$ の n 次多項式である(→ ルジャンドル多項式). 球関数の概念は, 対称空間などのリー群の働く等質空間上の関数に拡張され, リー群の表現を記述する基底として重要であるばかりか, 直交関数系のモデルとしても重要である.

球面の裏返し
sphere eversion

球面を, *自己交叉はあってもよいが, とがった点などはない滑らかな曲面のまま変形して(すなわち, *はめ込みのまま変形して), 表側と裏側を逆になるようにすることができる.

これは, スメール(S. Smale)によって示されたより一般の定理(多様体のはめ込みの分類)の帰結である. 球面の場合にはその様子を表す映画などが作られている. 一方, (1次元の)円周の「裏返し」はできない.

球面波
spherical wave

池に小石を投げると, 波は同心円状に広がる. 一般に, 球面状に進行する波を球面波という. すべての波は球面波の重ね合わせとして表現でき, このように表現することを球面波分解という. 球面波分解は*平面波分解とともに数学的に極めて重要な概念であり, さまざまな局面で利用されている.

球面平均
spherical mean

$\mathbb{R}^n$ 上の関数 $f(x)$ に対し, 単位球面 S での積分

$$\frac{1}{\omega_n r^{n-1}}\int_S f(r\omega)d\sigma$$

を球面平均という. ここで $d\sigma$ は面積要素, ω_n は S の面積を表す. → 平均値の定理(調和関数の), キルヒホフの公式

キュムラント
cumulant

*確率分布の*特性関数 $\phi(\xi)$ が $\phi(\xi)=\exp(c_0+c_1\xi+c_2\xi^2+\cdots)$ のように展開(またはある次数まで*漸近展開)できるとき, 係数 c_n を n 次のキュムラントといい, この展開をキュムラント展開という. キュムラントはモーメントと同様に確率分布の特性を表すとともに, 極限定理などの証明でも重要な役割を果たす.

キューン–タッカー条件　Kuhn-Tucker condition ＝ カルーシュ–キューン–タッカー条件

行
row

*行列のように, 数や文字を縦横に並べた表で, 横1列を取り出したものを行という. → 列

強位相
strong topology

ノルム空間において, ノルムが定める位相を強位相という. 弱位相など別の位相を考える場合もしばしばあるので, それらの区別のために用いられる用語である. → 弱位相(ノルム空間の)

鏡映
reflection

平面における線対称, 空間における平面対称を一般化したものをいう. ユークリッド空間 $\mathbb{R}^n$ において, 単位ベクトル $\boldsymbol{v}=(v_1,\cdots,v_n)$ に直交し原点を通る超平面 H に関する鏡映 $\sigma_v\colon\mathbb{R}^n\to\mathbb{R}^n$ は $\sigma_v(\boldsymbol{x})=\boldsymbol{x}-2\langle\boldsymbol{x},\boldsymbol{v}\rangle\boldsymbol{v}$ により定義される合同変換である. ここで $\langle\boldsymbol{x},\boldsymbol{v}\rangle=\sum_{i=1}^n x_i v_i$ ($\boldsymbol{x}=(x_1,\cdots,x_n)$).

*ロバチェフスキー平面とその*測地線や, 球面 S^2 と大円 S^1 に対しても, 鏡映が同様に定まる. 高次元の定曲率空間でも同様である.

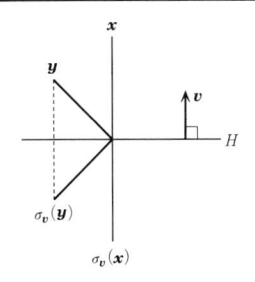

境界条件　boundary condition　→ 境界値問題

境界値問題
boundary value problem

何らかの領域 D の上で微分方程式が与えられているとき，D 上いたるところでこの方程式を満たし，かつ D の境界上では指定された条件を満たす関数を求める問題を境界値問題という．また，そうした関数をこの境界値問題の解と呼び，境界上で指定された条件を境界条件という．

例えば区間 $0<x<1$ 上で常微分方程式 $d^2u/dx^2=0$ を満たし，かつ境界条件 $u(0)=a$, $u(1)=b$ を満たす関数を求める問題は境界値問題であり，解は $u(x)=a+(b-a)x$ で与えられる．一般に，2 階常微分方程式に対する境界条件は次のように分類される．ここで x_0 は区間の端点を表す．

第 1 種境界条件：$u(x_0)=a$
第 2 種境界条件：$u'(x_0)=a$
第 3 種境界条件：$u'(x_0)+\alpha u(x_0)=a$

第 1 種-第 3 種境界条件を，それぞれディリクレ境界条件，ノイマン境界条件，混合境界条件(ロバン(T. Robin)境界条件)ともいう．また，1 次元有限区間上での境界値問題は，2 点境界値問題とも呼ばれる．なお，上に掲げたのは 2 階方程式の場合であるが，一般の m 階方程式の場合は，両端点で合計 m 個の境界条件を課すのが通例である．例えば，方程式 $d^4u/dx^4=0$ $(0<x<1)$ に対する標準的な境界条件は $u(0)=a$, $u'(0)=c$, $u(1)=b$, $u'(1)=d$ である．

多次元領域における典型的な例として，滑らかな閉曲面 S で囲まれた領域 D を考え，D で調和で，S の上で与えられた関数 $g(x)$ と一致する関数を求める問題，すなわち

$$\begin{cases} \Delta u(x) = 0 & (x \in D) \\ u(x) = g(x) & (x \in S) \end{cases}$$

があげられる．ここで Δ は*ラプラシアンを表す．

一般に，上の例のように境界 S 上で未知関数の値を直接指定する境界条件をディリクレ境界条件，または第 1 種境界条件といい，

$$\frac{\partial u(x)}{\partial n} = h(x) \quad (x \in S)$$

のように，未知関数の*法線微分を指定する条件をノイマン境界条件，または第 2 種境界条件という．また，

$$\frac{\partial u(x)}{\partial n} + \alpha(x)u = h(x) \quad (x \in S)$$

の形の境界条件を混合境界条件，ロバン境界条件

鏡映群
reflection group

有限個の鏡映で生成される*離散群を鏡映群という．平面上の多角形の辺に関する鏡映を考える．これらが生成する群がその多角形を*基本領域とする離散群になるのは，辺の間の角度がどれも 2π を自然数で割った角度になっているときである．

2 直線 L_1, L_2 を考え，その間の角度が π/k (k は自然数)とする．Π_{L_1} と Π_{L_2} が生成する群は鏡映群である．L_1 による鏡映 Π_{L_1} と L_2 による鏡映 Π_{L_2} の間に成り立つ関係式は $(\Pi_{L_1}\Pi_{L_2})^k=1$ である．これと鏡映の 2 回の合成が 1 であるという式 $\Pi_{L_1}^2=\Pi_{L_2}^2=1$ が Π_{L_1} と Π_{L_2} が生成する*群の基本関係式(→ 群の表示)である．

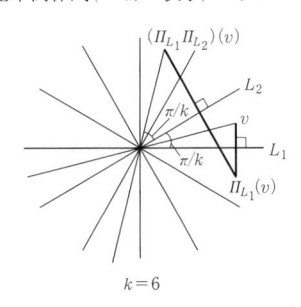

境界
boundary

曲線で囲まれた平面の領域 U に対して，その境界 ∂U とは，領域を囲む曲線を指す．連続関数 f と不等号 $<$ を用いて，$\{x \mid f(x)<c\}$ と表される領域では，$\{x \mid f(x)=c\}$ がその境界であることが多い．

正確には，平面(あるいは一般の次元のユークリッド空間)の部分集合 U の境界とは，U の*閉包から U の*開核(すなわち内部)を除いた集合である．一般の位相空間の部分集合の境界もまったく同様に定義される．

または第3種境界条件という．また，これらの境界条件の下で微分方程式を解く問題をそれぞれディリクレ境界値問題，ノイマン境界値問題，混合境界値問題(ロバン境界値問題)という．ただし，単にディリクレ問題，ノイマン問題という場合は，方程式がラプラスの方程式である場合が通例である．なお，過剰な境界条件を課して，そこから境界の形状と解の値を同時に求める問題は，*自由境界問題と呼ばれる．

境界付き多様体
manifold with boundary

*多様体の定義で，座標近傍として $\mathbb{R}^n$ の開集合に同相なものばかりでなく，半空間 $\mathbb{R}^n_+ = \{(x_1,\cdots,x_n) \in \mathbb{R}^n \mid x_n \geq 0\}$ の開集合に同相なものも許すとしたものを，境界付き多様体という．

境界付き多様体 M の点 x が，$\mathbb{R}^n$ の開集合に同相な座標近傍を持つとき x は M の内部に属するという．そうでないとき，x は M の境界点という．境界点の全体を M の境界といい，∂M により表す．

例えば，n 次元球体 $\{(x_1,\cdots,x_n) \in \mathbb{R}^n \mid \sum_{i=1}^n x_i^2 \leq 1\}$ は境界付き多様体で，その境界は $n-1$ 次元球面 $\{(x_1,\cdots,x_n) \in \mathbb{R}^n \mid \sum_{i=1}^n x_i^2 = 1\}$ である．

境界点
boundary point

*位相空間の部分集合の*境界に属する点のことをいう．多様体の境界点については，境界付き多様体を参照．

境界要素法
boundary element method

偏微分方程式の数値解法の1つであり，BEMと略称されることが多い．領域 Ω 上の偏微分方程式をグリーンの公式などを用いて境界 $\partial\Omega$ 上の積分方程式に書き換えた上で，$\partial\Omega$ を小領域(境界要素)に分割して積分を離散近似する方法をいう．境界 $\partial\Omega$ の次元は領域 Ω の次元より1だけ低いので，未知変数が少なくてすむ利点がある．→ 有限要素法

狭義凹関数
strictly concave function

$-f(x)$ が狭義凸関数(→ 凸関数(1変数の)，凸関数(多変数の))のとき，$f(x)$ は狭義凹関数であるという．

狭義凸関数　strictly convex function　→ 凸関数(1変数の)，凸関数(多変数の)

狭義の減少関数　strictly monotone decreasing function
→ 単調関数

狭義の増加関数　strictly monotone increasing function
→ 単調関数

共形写像
conformal mapping

写像としての正則関数の幾何学的特徴を述べた概念である．複素関数 $w=f(z)$ を z 平面から w 平面への写像と考える．z 平面の点 z_0 で角度 θ をなして交わる2曲線 C_1, C_2 をとり，f による像 $f(C_1), f(C_2)$ が w 平面の点 $f(z_0)$ においてなす角度を θ' とする．C_1, C_2 をどのようにとっても $\theta=\theta'$ が成り立つとき，f は z_0 で共形的または等角的であるという．各点で共形的である写像を共形写像または等角写像という．写像 f が*向きを保つ共形写像であることと $f(z)$ が正則関数で微分が0にならないことは同値になる．2つの領域 D_1, D_2 の間に全単射で向きを保つ共形写像があるとき，D_1, D_2 は共形同値であるという．これは「*解析的に同型」と同じ概念である．

高次元の空間でも共形写像の概念を考えることができる．2次元の場合共形写像全体は無限個のパラメータを含む集合であるのに対し，3次元以上では有限個のパラメータしか含みえないという著しい違いがある．

共形的　conformal　→ 共形写像

共形同値　conformal equivalence　→ 共形写像

強収束
strong convergence

*強位相に関する収束をいう．ノルム空間の点列 $\{x_n\}$ $(n \geq 1)$ が点 x に強収束するとは，$\lim_{n\to\infty} \|x_n - x\| = 0$ が成り立つことをいう．ノルム収束ともいう．→ 強位相，弱収束

強収束(作用素列の)
strong convergence

X, Y をノルム空間とするとき,有界線形作用素の列 $T_n: X \to Y$ $(n=1,2,\cdots)$ が $T: X \to Y$ に強収束するとは,すべての $x \in X$ について $\lim_{n\to\infty} \|T_n x - Tx\| = 0$ が成り立つことをいう.例えば L^2 空間 $L^2(\mathbb{R})$ からそれ自身への有界線形作用素列 $T_n f(x) = f(x+1/n)$ を考えれば,T_n は恒等作用素 I に強収束する.すなわち,

$$\lim_{n\to\infty} \int_{-\infty}^{\infty} \left| f\left(x + \frac{1}{n}\right) - f(x) \right|^2 dx = 0$$

が成り立つ. ⇒ ノルム収束(作用素列の),弱収束(作用素列の)

共振
resonance

共鳴のこと. ⇒ 共鳴

強制振動
forced oscillation

外力 $f(t)$ の下で振動するばねの運動は,*振動数を ω_0 とすると,微分方程式 $d^2x/dt^2 + \omega_0^2 x = f(t)$ で表される.これを強制振動という.振動数 ω の周期的な外力 $f(t) = F\cos\omega t$ が働く場合,*一般解はそれぞれ ω_0, ω を振動数とする関数の和になるが,ω, ω_0 が一致すると非周期解 $(F/2\omega_0)t\sin\omega_0 t$ が生じる. ⇒ 共振,共鳴

共線
collinear

平面や空間上のいくつかの点が同一直線上にあるとき,これらの点は共線であるという.

鏡像原理
reflection principle

対称性を利用した解析接続の方法をいう.D^+ を上半平面の領域とし,D^+ の境界と実軸の共通部分を区間 I とする.D^+ で正則な関数 $f(z)$ が,$D^+ \cup I$ で連続,かつ I 上つねに実数値をとるならば,D^+ と対称な領域 $D^- = \{\bar{z} \mid z \in D^+\}$ の点 z に対して $f(z) = \overline{f(\bar{z})}$ と定義することにより,$f(z)$ は $D^+ \cup I \cup D^-$ 全体で正則な関数に拡張される.

共通因子
common factor

2個以上の多項式 $P_1, \cdots, P_n$ を割り切る多項式をこれらの多項式の共通因子という.*共通因子と

いうことも多い.

共通因数
common factor

2個以上の整数 $m_1, \cdots, m_n$ をすべて割り切る正整数をこれらの整数の共通因数という.*公約数と同じ.

共通事象   intersection   ⇒ 事象

共通部分
intersection

*交わりともいう.2つの集合 A, B の両方に含まれている要素全体のなす集合を,A と B の共通部分といい,$A \cap B$ により表す.2つ以上の集合 $A_1, A_2, \cdots, A_n$ の共通部分も,$A_1, A_2, \cdots, A_n$ のいずれにも属する元全体からなる集合と定義し,$A_1 \cap A_2 \cap \cdots \cap A_n$ あるいは,$\bigcap_{j=1}^{n} A_j$ と表す. ⇒ 集合,和集合

共通零点
common zero point

有限個の n 変数多項式 $P_1(x_1, \cdots, x_n), \cdots, P_l(x_1, \cdots, x_n)$ に対して,$P_1(a_1, \cdots, a_n) = 0, \cdots, P_l(a_1, \cdots, a_n) = 0$ となる $(a_1, \cdots, a_n)$ をこれらの多項式の共通零点という. ⇒ アフィン代数多様体

共点
concurrent

空間内のいくつかの直線が同一点を含むとき,これらの直線は共点であるという.

共分散
covariance

$\mathbb{R}^n$ 値確率変数 $X = (X_1, \cdots, X_n)$ が2次モーメントを持つとき,$m_i = E[X_i]$ として,$E[(X_i - m_i)(X_j - m_j)]$ $(i, j = 1, \cdots, n)$ を共分散といい,これらを (i, j) 成分とする n 次対称行列を共分散行列,あるいは単に共分散という.共分散行列は非負定値行列となる.

行ベクトル
row vector

成分を横に並べた数ベクトル.横ベクトルともいう. ⇒ 行列

共変函手, 共変関手　covariant functor　⇒ 函手, 関手

共変テンソル
covariant tensor

$(0, q)$ 型テンソルのこと. ⇒ テンソル, 反変テンソル

共変微分
covariant derivative

リーマンによって多様体やそのリーマン計量の概念が発見された後，多様体上のベクトル場やテンソル場の研究は，19 世紀に大いに発展した．ベクトル場やテンソル場の微分は，そのままでは座標不変な意味を持たない．クリストッフェルはリーマン計量を決めると，ベクトル場やテンソル場の微分に座標変換不変な意味を与える標準的なやり方があることを発見し，リッチやレヴィ・チヴィタによって共変微分という概念に発展した．レヴィ・チヴィタはさらに平行性(今日の用語の*平行移動に当たる)なる概念を提出し，それを幾何学的に定義した．今日では，ベクトル束の接続の理論として整理され発展している．

ベクトル場 X によるベクトル場 V の共変微分 $\nabla_X V$ は，3 つの添え字を持った量 Γ_{ij}^k により，次の式で定められる．$V = \sum_i V^i \partial/\partial x^i$, $X = \sum_{j=1}^n X^j \partial/\partial x^j$ とおくと

$$\nabla_X V = \sum_{i,j} X^j \left\{ \frac{\partial V^i}{\partial x^j} + \sum_{i,j,k} \Gamma_{kj}^i V^k \right\} \frac{\partial}{\partial x^i}.$$

Γ_{ij}^k のことを*クリストッフェルの記号と呼ぶ．クリストッフェルの記号の座標変換にはヤコビ行列の微分が現れるので，クリストッフェルの記号はテンソルではない．

共変微分は次の 3 つの性質で特徴づけられる (a, b は定数，f, g は関数，X, Y, V, W はベクトル場).

(1) $\nabla_{fX+gY} V = f \nabla_X V + g \nabla_Y V$.
(2) $\nabla_X (fV) = X(f) V + f \nabla_X V$.
(3) $\nabla_X (aV + bW) = a \nabla_X V + b \nabla_X W$.

Γ_{ij}^k を与えると，*テンソル場 T と X に対しても，T と同じ型のテンソル場 $\nabla_X T$ が定まり，これも共変微分という．

Γ_{ij}^k を決めることは，接束に*接続を決めることに当たる．接続の決め方は一通りとは限らないが，リーマン計量が定まっている場合には，標準的な取り方，すなわち*レヴィ・チヴィタ接続があり，リーマン多様体での共変微分は通常レヴィ・チヴィタ接続に関する共変微分を指す．

より一般のベクトル束やファイバー束に対しても，その上の接続を用いて共変微分が定義される．⇒ 接続

共変ベクトル
covariant vector

古典的微分幾何学における言葉で，座標変換 $\overline{x}_i = \overline{x}^i(x^1, \cdots, x^n)$ により，その成分 $(v_1, \cdots, v_n)$ が $\overline{v}_j = \sum_{i=1}^n \frac{\partial x^i}{\partial \overline{x}^j} v_i$ という変換をうけるベクトルのことをいう．多様体上の余接ベクトルといってもよい．$\sum_{i=1}^n v_i dx^i$ は微分 1 形式になる．⇒ 反変ベクトル

共鳴
resonance

ブランコの 1 つを揺らすと他のブランコも揺れ始めたり，固有振動数の差が小さい 2 つの鐘の音が互いに影響し合うなど，一般に非線形現象においては，特定の振動数成分を持つ場合などに特異な現象が現れることがある．これを共鳴あるいは共振という．例えば $d^2x/dt^2 + a(1-x^2) dx/dt + x = A \cos \omega t$ のような振動を表す方程式では，ω が固有振動数($A=0$ のときの振動数)に近いと共振が生じる．

共鳴定理　resonance theorem　= バナッハ—シュタインハウスの定理

共役(力学系の)
conjugate

力学系では，*位相力学系などの同型概念を共役(きょうやく)と呼び，保測力学系(→ 保測変換)の同型概念を単に同型と呼んで区別して用いる．2 つの位相力学系 $(X, g), (Y, g)$ について，空間 X から Y の上への*位相同型 h が存在し，$h \circ f = g \circ h$ が成り立つとき，(X, f) と (Y, g) は共役であるといい，h を共役写像(conjugacy)という．また，これらが微分可能力学系のときには，滑らかさに応じて，共役写像 h が C^r 級のとき，(X, f) と (Y, g) は C^r 級共役という ($r = 0, 1, \cdots$). なお，「共役」は複素共役の場合と同様に「共軛」の置き換え字であり，「軛(くびき)」を共にして車を引く間柄」の意である．

共役関数(凸関数の)
conjugate function

*凸関数 $f:\mathbb{R}^n\to\mathbb{R}\cup\{+\infty\}$ に対して，そのルジャンドル変換 $f^\vee(p)=\sup_{x\in\mathbb{R}^n}(\sum_{i=1}^n p_ix_i-f(x))$ を f の共役関数という．凸関数 f が下半連続のとき，共役関数の共役関数 $(f^\vee)^\vee$ は f に一致する．*凹関数 $g:\mathbb{R}^n\to\mathbb{R}\cup\{-\infty\}$ に対する共役関数は $g^\wedge(p)=\inf_{x\in\mathbb{R}^n}(\sum_{i=1}^n p_ix_i-g(x))$ で定義され，g が上半連続のとき，$(g^\wedge)^\wedge=g$ である．共役関数は *凸関数の双対性と不可分の関係にあり，*フェンシェル双対定理などにも現れる．⇒ 凸関数(1 変数の)，凸関数(多変数の)，ルジャンドル変換(凸関数の)

共役関数(フーリエ級数の)
conjugate function

実数直線上の周期 2π の関数 $f(x)$ が*フーリエ級数
$$f(x)=\frac{1}{2}a_0+\sum_{n=1}^\infty(a_n\cos nx+b_n\sin nx)$$
で表示されているとき，フーリエ級数
$$\sum_{n=1}^\infty(a_n\sin nx-b_n\cos nx)$$
を共役フーリエ級数といい，この級数によって表示される関数を共役関数という．

共役元(拡大体の)
conjugate element

虚数 i と $-i$ は，ともに実数係数の既約多項式 x^2+1 の根であり，互いの複素共役(きょうやく)であるといわれる．これを一般化し，体 F の拡大体の元 α,β は F 上の同じ既約多項式の根であるとき，(互いに) F 上共役である，とか，F 上の共役元である，といわれる．例えば，複素共役とは，実数体 $\mathbb{R}$ 上の共役，にほかならない．また例えば，$5+\sqrt{3}$ と $5-\sqrt{3}$ は有理数体 $\mathbb{Q}$ 上の既約多項式 $(x-5)^2-3$ の根だから，$\mathbb{Q}$ 上共役であり，$\sqrt[3]{2},\sqrt[3]{2}\omega,\sqrt[3]{2}\omega^2$ (ここに ω は 1 の原始 3 乗根)は $\mathbb{Q}$ 上の既約多項式 x^3-2 の根だから $\mathbb{Q}$ 上共役である．

i と $-i$ は，共役の名のとおり，ともに $x^3=-x$ や，$x^4=1$ を満たすなどの代数的性質を共有するが，このことは，次の事実として言い表すことができる．一般に，α と β が F 上共役なら，体 $F(\alpha)$ と体 $F(\beta)$ の間の F 上の同型で，α を β に移すものが存在する．

共役元(群の)
conjugate element

群 G の 2 つの元 g_1,g_2 について，$g_1=hg_2h^{-1}$ となる $h\in G$ が存在するとき，g_1,g_2 は共役(きょうやく)であるという．またこのとき，g_1 と g_2 は G の共役元であるという．

共役勾配法
conjugate gradient method

線形方程式系 $Ax=b$ の数値解法の 1 つである．共役方向を漸化式によって生成しながら，$Ax-b$ の(何らかの)ノルムを減少させて解 $x=A^{-1}b$ を求める．1950 年代に，係数行列 A が正定値対称行列の場合の直接解法(有限回の演算で終了する解法)としてヘステンス(M. R. Hestenes)とシュティーフェル(E. Stiefel)によって提案された．丸め誤差に弱いのでその後長い間使われなかったが，1970 年代後半に前処理の技術が導入されてその有効性が見直された．現在では大規模疎行列用の反復解法として広く利用され，非対称行列用にも拡張されている．

共役作用素
adjoint operator

線形作用素に関する基本概念でエルミート共役作用素，あるいは随伴作用素ともいう．正方行列 A の*転置行列の複素共役を ${}^t\overline{A}$ とすると，複素ベクトル空間 $\mathbb{C}^n$ における*エルミート内積 $(\cdot,\cdot)$ に関して $(Ax,y)=(x,{}^t\overline{A}y)$ が満たされる．この性質に注目して ${}^t\overline{A}$ を無限次元空間に働く作用素の場合に一般化したものが共役作用素である．

*ヒルベルト空間 H からそれ自身への*有界線形作用素 $A:H\to H$ に対し，任意の $x,y\in H$ に対して $(Ax,y)=(x,A^*y)$ が成り立つような有界線形作用素 $A^*:H\to H$ がただ 1 つ定まる．A^* を A の共役作用素という．

A が*非有界作用素の場合も重要である．A の定義域 D は H の稠密な部分空間であると仮定し，共役作用素 A^* を次のように定義する：$v\in H$ であって，ある w に対し $(Au,v)=(u,w)$ $(u\in D)$ が成り立つような v の全体 D^* をこの A^* の定義域とし，$w=A^*v$ と定める．

これらの概念は，より一般にバナッハ空間上の作用素に対しても定義される．⇒ 自己共役作用素(ヒルベルト空間の)

共役調和関数
conjugate harmonic function

*正則関数の実部および虚部は常に*調和関数になる．与えられた実数値調和関数 $u(x,y)$ に対し，$u(x,y)+iv(x,y)$ が $z=x+iy$ の正則関数となるような実数値関数 $v(x,y)$ を $u(x,y)$ の共役調和関数という．$v(x,y)$ は $u(x,y)$ から*コーシー-リーマンの方程式 $\partial v/\partial x=-\partial u/\partial y$, $\partial v/\partial y=\partial u/\partial x$ を解いて定まる．$u(x,y)$ の定義されている領域 D が単連結ならば，共役調和関数は定数を加えるだけの任意性を除いてただ1つ存在する．

共役点
conjugate point

球面 $\{(x,y,z)\in\mathbb{R}^3\,|\,x^2+y^2+z^2=1\}$ の北極 $(0,0,1)$ を通る2つの(任意の)*測地線すなわち大円は，南極 $(0,0,-1)$ で再び交わる．このように，曲面 Σ の1点 $p\in\Sigma$ を通る測地線の族 $l_s:[0,L]\to\Sigma$ $(l_s(0)\equiv p)$ であって，$l_0(L)=q$, $dl_s(L)/ds|_{s=0}=0$ なるものがあるとき，q を (p の測地線 l_0 に沿った) 共役点という．一般のリーマン多様体でも同様に定義される．⇒ヤコビ場

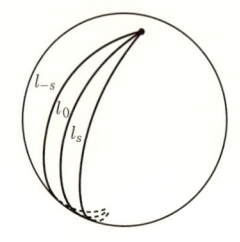

共役複素数　conjugate complex number　⇒複素数

共役部分群
conjugate subgroup

群 G の2つの部分群 H_1, H_2 について，ある $g\in G$ により，
$$H_2=gH_1g^{-1}\ (=\{ghg^{-1}\,|\,h\in H_1\})$$
となるとき，H_1, H_2 は G の中で互いに共役(きょうやく)といわれる．またこのとき，H_1 と H_2 は G の共役部分群であるという．

共役類
conjugacy class

群 G 上の*同値関係 $\sim$ を「$a\sim b\Longleftrightarrow a=gbg^{-1}$ となる $g\in G$ が存在する」により定義するとき，この関係の同値類を共役類という．$g\in G$ を含む共役類を $[g]$ により表す．

例　G を $X=\{1,2,\cdots,n\}$ の置換全体からなる群(置換群)とする．各 $\sigma\in G$ は互いに共通の文字を含まない*巡回置換の積
$$(j_1^{(1)},\cdots,j_{l_1}^{(1)})(j_1^{(2)},\cdots,j_{l_2}^{(2)})\cdots(j_1^{(k)},\cdots,j_{l_k}^{(k)})$$
に順序を除いて一意的に表すことができる．$l_1\leq l_2\leq\cdots\leq l_k$ であるようにするとき，$(l_1,l_2,\cdots,l_k)$ を置換 σ の型と呼ぶ．置換 $\sigma, \tau\in G$ が同じ共役類に属するための必要十分条件は，同じ型を持つことであることが知られている．

協力ゲーム
cooperative game

プレイヤー間で協定(提携(coalition)と呼ばれる)を結ぶことができるという状況設定のゲームである．提携の結果得られる利得は，プレイヤーの部分集合に実数を対応させる関数(特性関数)によって表現される．協力ゲームにおいては，提携の結果得られた利得をどのように配分するのが合理的か(あるいは，合理的な配分が存在するか)が中心的な問題となる．凸ゲームと呼ばれるクラスの協力ゲームは*マトロイド理論と関係が深い．⇒ゲーム理論

行列
matrix

数や文字を長方形の表のように配列したもので，例えば，連立1次方程式を，あたかも単独の方程式 $ax=b$ のように扱う手段として使われる．19世紀後半に，ハミルトン，グラスマン，ケイリー，シルベスターらによって完成された概念である．

(ア) 行列の定義

未知数 $x_1,x_2,\cdots,x_n$ に関する m 個の方程式からなる連立1次方程式
$$a_{11}x_1+a_{12}x_2+\cdots+a_{1n}x_n=b_1$$
$$a_{21}x_1+a_{22}x_2+\cdots+a_{2n}x_n=b_2$$
$$\cdots\cdots$$
$$a_{m1}x_1+a_{m2}x_2+\cdots+a_{mn}x_n=b_m$$
を考える．これを単独の1次方程式 $ax=b$ に似た形にするため，
$$A=\begin{bmatrix}a_{11}&a_{12}&\cdots&a_{1n}\\a_{21}&a_{22}&\cdots&a_{2n}\\\vdots&\vdots&\cdots&\vdots\\a_{m1}&a_{m2}&\cdots&a_{mn}\end{bmatrix}\quad(1)$$

および，

$$\boldsymbol{x} = \begin{bmatrix} x_1 \\ x_2 \\ \vdots \\ x_n \end{bmatrix}, \quad \boldsymbol{b} = \begin{bmatrix} b_1 \\ b_2 \\ \vdots \\ b_m \end{bmatrix}$$

とおく．そして，A と $\boldsymbol{x}$ に対して，$\boldsymbol{y} = A\boldsymbol{x}$ を

$$\boldsymbol{y} = \begin{bmatrix} a_{11}x_1 + a_{12}x_2 + \cdots + a_{1n}x_n \\ a_{21}x_1 + a_{22}x_2 + \cdots + a_{2n}x_n \\ \cdots\cdots \\ a_{m1}x_1 + a_{m2}x_2 + \cdots + a_{mn}x_n \end{bmatrix} \quad (2)$$

とおくことにより定義する．このとき，上記の連立 1 次方程式は，$A\boldsymbol{x} = \boldsymbol{b}$ と表すことができる．

(1)を，(m, n) 型の行列という．$m \times n$ 行列，m 行 n 列の行列ともいう．(m, n) を行列 A の型（またはサイズ）という．行列 A を構成する mn 個の数を，行列 A の成分(component)または要素(element, entry)という．また，a_{ij} を A の (i, j) 成分という．(i, j) 成分が a_{ij} であるような行列を $[a_{ij}]$（ただし，$1 \leq i \leq m, 1 \leq j \leq n$）と表す．略して $[a_{ij}]$ と表すこともある．(n, n) 型行列は，n 次の正方行列ともいう．上の $\boldsymbol{x}$ は $(n, 1)$ 型の行列であるが，n 項（または n 次）列ベクトルあるいは縦ベクトルともいう．さらに，$(1, n)$ 型の行列

$$[x_1, x_2, \cdots, x_n]$$

を n 項（または n 次）行ベクトルあるいは横ベクトルという．また上の行列 A で横の成分の並び $(a_{i1}, a_{i2}, \cdots, a_{in})$ をこの行列の第 i 行といい，縦の成分の並び

$$\begin{pmatrix} a_{1j} \\ a_{2j} \\ \vdots \\ a_{mj} \end{pmatrix}$$

を第 j 列という．

(イ) 行列の相等

2 つの行列 A, B の型が等しく，A, B の対応する成分がすべて等しいとき，A と B は等しいという．

(ウ) 行列の和

$A = [a_{ij}], B = [b_{ij}]$ を同じ型の行列とするとき，和 $A + B$ を，$[a_{ij} + b_{ij}]$ として定義する．

(m, n) 型の行列で，すべての成分が 0 であるものを，零行列といい，$O_{m,n}$ または O により表す．(m, n) 型の行列 A に対して

$$A + O = O + A = A.$$

すなわち，零行列は数における 0 の役割を果たす．

(エ) 行列の積

(m, n) 型の行列 $A = [a_{ij}]$ と (n, p) 型の行列 $B = [b_{jk}]$ に対して，(m, p) 型の行列 $C = [c_{ik}]$ を次の式で定める．

$$c_{ik} = \sum_{j=1}^{n} a_{ij} b_{jk}$$

C を A と B の積という．すなわち $C = AB$．C の (i, k) 成分 c_{ik} は，A, B の図の斜線部にある成分の積を足しあわせたものである．

$$i \begin{bmatrix} & k & \\ & \vdots & \\ \cdots & c_{ik} & \\ & & \end{bmatrix} = \begin{bmatrix} \\ \boxed{} \\ i\text{行目} \end{bmatrix} \times \begin{bmatrix} k \\ 列 \\ 目 \end{bmatrix}$$
$\quad C \quad\quad\quad\quad A \quad\quad\quad B$

行列の積で B が $(m, 1)$ 型の行列，すなわち m 次列ベクトル $\boldsymbol{x}$ である場合は，積 $A\boldsymbol{x}$ は(ア)の式(2)で定まる $\boldsymbol{y}$ である．

行列の積は次の性質を持つ．

(1)(結合律) (m, n) 型の行列 A，(n, p) 型の行列 B，(p, q) 型の行列 C に対して，$(AB)C = A(BC)$．

(2)(分配律) (m, n) 型の行列 A, A_1, A_2，(n, p) 型の行列 B, B_1, B_2 に対して $A(B_1 + B_2) = AB_1 + AB_2$，$(A_1 + A_2)B = A_1B + A_2B$．

一方，交換法則 $AB = BA$ は一般には成り立たない．また，零行列 O は $OA = AO = O$ を満たす．

*行列が定める線形写像を考えることにより，行列の積の定義の背景が明らかになる．

(オ) 単位行列

n 次正方行列で，(i, i) 成分 $(i = 1, \cdots, n)$ がすべて 1 で，他の成分がすべて 0 である行列を単位行列と呼び I_n, E_n などと表す．単に I, E と書く場合もある．すなわち，

$$I_n = \begin{bmatrix} 1 & 0 & \cdots & 0 \\ 0 & 1 & \cdots & 0 \\ \vdots & \vdots & \ddots & \vdots \\ 0 & 0 & \cdots & 1 \end{bmatrix}.$$

(m, n) 型の行列 A に対して，$AI_n = I_mA = A$ が成り立つ．すなわち，単位行列は数の 1 と同様な役割を果たす．

(カ) 転置行列

(m, n) 型の行列 $A = [a_{ij}]$ に対して，(i, j) 成分が a_{ji} であるような (n, m) 型の行列を A の転置行列と呼び ${}^tA$ または A^T と表す．このとき ${}^t(AB) = {}^tB{}^tA$ が成り立つ．

(キ) 可逆な行列と逆行列

n 次正方行列 A に対して，n 次正方行列 B で，$AB = BA = I_n$ となるものが存在するとき，A を可逆（あるいは正則）であるという．

n 次正方行列 A が可逆であるための必要十分条

件は，$AB=I_n$ となる B が存在することである．この条件は，$BA=I_n$ を満たす B が存在することとも同値である．このような B は A に対して一意的に決まる．B を A^{-1} と記し，A の逆行列という．

A が可逆であるための必要十分条件は，A の*行列式 $\det A$ が 0 と異なることである．

A の逆行列 A^{-1} が求められると，連立 1 次方程式 $Ax=y$ を，左から A^{-1} を掛けることにより，$x=A^{-1}y$ と解くことができる．ただし，実際の数値計算において逆行列を用いることはなく，*LU 分解を経由して x を求める（→ LU 分解）．

逆行列は，*掃き出し法で求めることができる．また，*余因子行列を行列式で割ったものは逆行列に一致する．

$$(AB)^{-1} = B^{-1}A^{-1}, \quad ({}^tA)^{-1} = {}^t(A^{-1})$$

が成り立つ．

（ク）体の元を成分とする行列

行列の成分としては，実数や複素数をとることが多いが，*代数系（とくに*体）の元を考えることもできる．F を実数の体 $\mathbb{R}$ や複素数の体 $\mathbb{C}$ あるいは一般の体とする．$M(m,n;F)$ により，F の元を成分とする (m,n) 型行列の全体を表す．F の元を成分とする n 次正方行列の全体 $M(n,n;F)$ を，$M(n,F)$ または $M_n(F)$ と表す．$M(n,1;F)$ は F の元を成分とする n 項（n 次）列ベクトルの全体であり，$M(1,n;F)$ は F の元を成分とする n 項（n 次）行ベクトルの全体である．簡単のため，$M(n,1;F)$ や $M(1,n;F)$ を F^n と表すことが多い．

実数を成分とする行列を実行列，複素数を成分とする行列を複素行列という．

より一般に，多項式や*微分作用素を成分とする行列も，しばしば有用である．

行列が定める線形写像
linear mapping defined by matrix

*行列を与えれば*線形写像が定まり，逆に，線形写像は行列によって表現される（→ 行列表示）．行列のさまざまな性質は，線形写像の性質に言い換えることによって，行列の性質の幾何学的意味が理解される．逆に，線形写像は，行列の形に表現することによって，具体的な計算が可能になる．線形写像という抽象的対象と行列という具体的対象を同時に「両にらみ」すると，より深い構造的理解とより広い応用可能性が得られる．

例えば，(m,n) 型の実行列 A を考える．このとき，n 次列ベクトルのなす線形空間 $\mathbb{R}^n$ から，m 次列ベクトルのなす線形空間 $\mathbb{R}^m$ への写像 T_A: $\mathbb{R}^n \to \mathbb{R}^m$ が

$$T_A(x) = Ax$$

によって定まる（右辺は行列の積である）．このとき，写像 T_A は線形写像になる．つまり，任意のベクトル $x_1, x_2 \in \mathbb{R}^n$ と定数 a, b に対して

$$T_A(ax_1 + bx_2) = aT_A(x_1) + bT_A(x_2)$$

が成り立つ．この T_A を行列 A が定める線形写像という．

A を (m,n) 型行列，B を (n,p) 型行列とする．このとき，写像の合成 $T_A \circ T_B$ について

$$(T_A \circ T_B)(x) = T_A(T_B(x)) = A(Bx)$$
$$= (AB)x = T_{AB}(x)$$

が成り立つ．つまり，

$$T_{AB} = T_A \circ T_B$$

であり，行列の積は，線形写像の合成に対応する．

単位行列 E が定める線形写像 T_E は*恒等写像 I であり，可逆な正方行列 A の逆行列 A^{-1} が定める線形写像は T_A の逆写像である．すなわち，$T_E = I$, $T_{A^{-1}} = (T_A)^{-1}$. → 行列表示

行列環
matrix ring

成分が整数，有理数，実数，複素数（あるいは一般の可換環の元）の n 次の正方行列の全体は，行列の加法，乗法により（非可換）環をなす．ただし，その零元は零行列で，単位元は単位行列である．成分が体の元の場合は，行列環は*代数（多元環）になる．

行列式
determinant

関孝和（1683），ライプニッツにより導入され，解析幾何学の発展の中でクラメールらにより定義された概念である．行列の理論に先行して研究された．歴史的には，関やクラメールは高次連立方程式の変数を消去するための*終結式の理論から行列式の考え方に到達した．一方，ライプニッツは連立 1 次方程式の解法から行列式の考えに到達した．

（ア）行列式の定義

未知数と方程式の数が同じ連立 1 次方程式

$$a_{11}x_1 + a_{12}x_2 + \cdots + a_{1n}x_n = u_1$$
$$a_{21}x_1 + a_{22}x_2 + \cdots + a_{2n}x_n = u_2$$
$$\cdots\cdots$$

$$a_{n1}x_1 + a_{n2}x_2 + \cdots + a_{nn}x_n = u_n$$

に対して，係数 a_{ij} および既知数 u_i による解の一般公式を求めると，この公式の分母に現れる式が，係数から定まる行列

$$A = \begin{bmatrix} a_{11} & a_{12} & \cdots & a_{1n} \\ a_{21} & a_{22} & \cdots & a_{2n} \\ \vdots & \vdots & \ddots & \vdots \\ a_{n1} & a_{n2} & \cdots & a_{nn} \end{bmatrix}$$

の行列式である．A の行列式を $\det A$ あるいは

$$\begin{vmatrix} a_{11} & a_{12} & \cdots & a_{1n} \\ a_{21} & a_{22} & \cdots & a_{2n} \\ \vdots & \vdots & \ddots & \vdots \\ a_{n1} & a_{n2} & \cdots & a_{nn} \end{vmatrix}$$

により表す．例えば $n=2$ なら，上の連立方程式の解は，

$$x_1 = \frac{a_{22}u_1 - a_{12}u_2}{a_{11}a_{22} - a_{12}a_{21}},\ x_2 = \frac{-a_{21}u_1 + a_{11}u_2}{a_{11}a_{22} - a_{12}a_{21}}$$

であり，行列式は

$$\begin{vmatrix} a_{11} & a_{12} \\ a_{21} & a_{22} \end{vmatrix} = a_{11}a_{22} - a_{21}a_{12}$$

である．

一般に，n 次正方行列 $A=[a_{ij}]$ の行列式は，文字列 $\{1,2,\cdots,n\}$ の*置換 σ についての和を用いて

$$\det A = \sum_{\sigma \in S_n} \mathrm{sgn}(\sigma) a_{\sigma(1)1} a_{\sigma(2)2} \cdots a_{\sigma(n)n}$$

で定義される．ここに S_n は $\{1,2,\cdots,n\}$ の置換の全体，$\mathrm{sgn}(\sigma)$ は，置換 σ の*符号数であり，1 または -1 である．例えば，$n=3$ の場合には

$$\begin{vmatrix} a_{11} & a_{12} & a_{13} \\ a_{21} & a_{22} & a_{23} \\ a_{31} & a_{32} & a_{33} \end{vmatrix}$$

$$= a_{11}a_{22}a_{33} - a_{11}a_{32}a_{23} + a_{21}a_{32}a_{13}$$
$$\quad - a_{21}a_{12}a_{33} + a_{31}a_{12}a_{23} - a_{31}a_{22}a_{13}$$

である．こう定義した行列式が実際に上の連立方程式の解の分母であることは，*クラメールの公式により示される．

（イ）行列式の計算

行列式の計算は，多くの場合，定義式を直接計算するのではなく，行列を*基本変形することで行う．計算には次の事実を用いる．

（i）2 つの行の取り替え，または 2 つの列の取り替えを行った行列の行列式は，もとの行列の行列式の -1 倍になる．

（ii）ある行（または列）に定数 c を掛けると，行列式は c 倍になる．

（iii）ある行に他のある行の定数倍を加えても，行列式は変わらない．ある列に他のある列の定数倍を加えても，行列式は変わらない．

（iv）対角線より下の成分がすべて 0 である行列，すなわち*上 3 角行列について

$$\begin{vmatrix} a_{11} & a_{12} & \cdots & a_{1,n-1} & a_{1n} \\ 0 & a_{22} & \cdots & a_{2,n-1} & a_{2n} \\ \vdots & & 0 & \ddots & & \vdots \\ \vdots & & & & a_{n-1,n-1} & a_{n-1,n} \\ 0 & 0 & \cdots & 0 & a_{nn} \end{vmatrix}$$

$$= a_{11}a_{22}\cdots a_{nn}$$

が成り立つ．

もっと一般に，正方行列 A の次のような*対称区分け

$$A = \begin{bmatrix} A_{11} & A_{12} \\ O & A_{22} \end{bmatrix} \text{ または } A = \begin{bmatrix} A_{11} & O \\ A_{21} & A_{22} \end{bmatrix}$$

に対して，

$$\det A = \det A_{11} \det A_{22}$$

が成り立つ．

例えば，行列

$$A = \begin{bmatrix} 1 & 2 & 3 \\ 3 & 6 & 0 \\ 0 & 1 & 1 \end{bmatrix}$$

の行列式は A を次のように変形することによって計算される．

$$A \underset{\text{第 1 変形}}{\longrightarrow} \begin{bmatrix} 1 & 2 & 3 \\ 0 & 0 & -9 \\ 0 & 1 & 1 \end{bmatrix} \underset{\text{第 2 変形}}{\longrightarrow} \begin{bmatrix} 1 & 3 & 2 \\ 0 & 1 & 1 \\ 0 & 0 & -9 \end{bmatrix}$$

ここで，第 1 変形では 2 行目から 1 行目の 3 倍を引き，第 2 変形では，2 行目と 3 行目を入れ替えている．最後の行列の行列式は -9 であり，第 1 変形で行列式は不変で，第 2 変形で -1 倍になる．よって A の行列式は 9 である．

（ウ）行列式の性質

（1）行列 A が可逆であるための必要十分条件は，$\det A \neq 0$ となることである．

（2）行列 A の転置行列 ${}^tA$ に対して $\det {}^tA = \det A$．これは，A の行列式を

$$\sum_{\sigma} \mathrm{sgn}(\sigma) a_{1\sigma(1)} a_{2\sigma(2)} \cdots a_{n\sigma(n)}$$

と定義してもよいことを意味している．

（3）

$$\begin{vmatrix} a_{11} & \cdots & a_{1i} + b_{1i} & \cdots & a_{1n} \\ a_{21} & \cdots & a_{2i} + b_{2i} & \cdots & a_{2n} \\ \vdots & & \vdots & & \vdots \\ a_{n1} & \cdots & a_{ni} + b_{ni} & \cdots & a_{nn} \end{vmatrix}$$

$$= \begin{vmatrix} a_{11} & \cdots & a_{1i} & \cdots & a_{1n} \\ a_{21} & \cdots & a_{2i} & \cdots & a_{2n} \\ \vdots & & \vdots & & \vdots \\ a_{n1} & \cdots & a_{ni} & \cdots & a_{nn} \end{vmatrix}$$
$$+ \begin{vmatrix} a_{11} & \cdots & b_{1i} & \cdots & a_{1n} \\ a_{21} & \cdots & b_{2i} & \cdots & a_{2n} \\ \vdots & & \vdots & & \vdots \\ a_{n1} & \cdots & b_{ni} & \cdots & a_{nn} \end{vmatrix}$$

(4)
$$\begin{vmatrix} a_{11} & \cdots & a_{1n} \\ \vdots & \cdots & \vdots \\ a_{i1}+b_{i1} & \cdots & a_{in}+b_{in} \\ \vdots & \cdots & \vdots \\ a_{n1} & \cdots & a_{nn} \end{vmatrix}$$
$$= \begin{vmatrix} a_{11} & \cdots & a_{1n} \\ \vdots & \cdots & \vdots \\ a_{i1} & \cdots & a_{in} \\ \vdots & \cdots & \vdots \\ a_{n1} & \cdots & a_{nn} \end{vmatrix} + \begin{vmatrix} a_{11} & \cdots & a_{1n} \\ \vdots & \cdots & \vdots \\ b_{i1} & \cdots & b_{in} \\ \vdots & \cdots & \vdots \\ a_{n1} & \cdots & a_{nn} \end{vmatrix}$$

(5) $\det AB = \det A \det B$. A が可逆であるとき, $\det A^{-1} = (\det A)^{-1}$.

(6)(面積, 体積と行列式の関係) 例えばベクトル $\binom{2}{1}$ とベクトル $\binom{3}{4}$ の張る平行4辺形の面積は, 行列 $\begin{bmatrix} 2 & 3 \\ 1 & 4 \end{bmatrix}$ の行列式 $2 \times 4 - 3 \times 1 = 5$ に等しい. 一般に, A を2次の実正方行列とすると, 2次の実ベクトル $\boldsymbol{u}, \boldsymbol{v}$ について, $A\boldsymbol{u}$ と $A\boldsymbol{v}$ の張る平行4辺形の面積は, $\boldsymbol{u}$ と $\boldsymbol{v}$ の張る平行4辺形の面積の, $\det A$ の絶対値倍になる. また A を3次の実正方行列とすると, 3次の実ベクトル $\boldsymbol{u}, \boldsymbol{v}, \boldsymbol{w}$ について, $A\boldsymbol{u}, A\boldsymbol{v}, A\boldsymbol{w}$ の張る平行6面体の体積は, $\boldsymbol{u}, \boldsymbol{v}, \boldsymbol{w}$ の張る平行6面体の, $\det A$ の絶対値倍になる.

→ ラプラス展開

行列式因子
determinantal divisor

整数を要素(成分)とする行列 A の階数を r とし, k を r 以下の正整数とする. A の k 次小行列式の中で0でないものの最大公約数 d_k を, A の k 次行列式因子と呼ぶ. 各 $k=1,\cdots,r-1$ に対して, d_{k+1} は d_k で割り切れる. また, 各 $k=2,\cdots,r-1$ に対して, $d_{k+1}d_{k-1}$ は d_k^2 で割り切れる. 行列式因子は, より一般に, 単項イデアル整域上(→ 単項イデアル環)の行列に対しても定義される(整数環や1変数多項式環は単項イデアル整域である).

→ スミス標準形

行列値関数
matrix-valued function

行列に値を取る関数. 行列値関数 $A(t)$ の成分がすべて連続であるとき $A(t)$ を連続という. 微分可能性も同様に定義する. また, $A(t)$ の成分ごとの微分を, $A(t)$ の微分といい $A'(t)$ と表す. すなわち $A(t)=[a_{ij}(t)]$ の微分は $\left[\dfrac{da_{ij}(t)}{dt}\right]$ である.

実数値関数の微分に関する諸法則は, 行列値関数の場合も成り立つ. 特に, 積の微分の公式
$$(A(t)B(t))' = A'(t)B(t) + A(t)B'(t)$$
が成り立つ. また逆行列の微分は $(A(t)^{-1})' = -A(t)^{-1}A'(t)A(t)^{-1}$ で与えられる.

行列の区分け　partition of matrix　→ ブロック行列

行列のべき級数
power series of matrix

複素または実係数のべき級数 $f(x)=a_0+a_1x+\cdots+a_kx^k+\cdots$ に対して, n 次の正方行列 A のべき級数
$$a_0I + a_1A + \cdots + a_kA^k + \cdots \quad (*)$$
を行列のべき級数という(I は単位行列). A のすべての固有値の絶対値が $f(x)$ の収束半径より小さければ, $(*)$ の各成分は絶対収束する. これを $f(A)$ と書く.

例えば指数関数のべき級数展開
$$e^z = 1 + z + \frac{1}{2!}z^2 + \cdots + \frac{1}{n!}z^n + \cdots$$
は全複素平面で収束するから,
$$I + A + \frac{1}{2!}A^2 + \cdots + \frac{1}{n!}A^n + \cdots$$
はすべての A について収束し, e^A (あるいは $\exp A$) と書かれる(→ 指数関数(行列の)).

行列表示
matrix representation

*行列を与えれば*線形写像が定まるが(→ 行列が定める線形写像), 逆に, 線形写像は行列によって表現される. 線形写像を行列の形に表現することによって具体的な計算が可能になり, 数学的な理解が深まるだけでなく, 実際問題に数学的手法を応用する範囲も広がる.

n 次元線形空間 L_1 から，m 次元線形空間 L_2 への線形写像 $T: L_1 \to L_2$ に対して，L_1 の基底 $\mathcal{E} = \{\boldsymbol{e}_1, \cdots, \boldsymbol{e}_n\}$ と L_2 の基底 $\mathcal{F} = \{\boldsymbol{f}_1, \cdots, \boldsymbol{f}_m\}$ を決めると，各 j について

$$T(\boldsymbol{e}_j) = \sum_{i=1}^{m} a_{ij} \boldsymbol{f}_i \qquad (1)$$

と書ける．このように決まる a_{ij} を並べて得られる (m,n) 型の行列 $A = [a_{ij}]$ を，基底の組 $(\mathcal{E}, \mathcal{F})$ に関する T の行列表示という．式(1)は，行列の積の定義を流用して，

$$[T(\boldsymbol{e}_1), \cdots, T(\boldsymbol{e}_n)] = [\boldsymbol{f}_1, \cdots, \boldsymbol{f}_m] A \qquad (2)$$

の形に書くと覚えやすい．

行列表示は基底の選び方に依存して決まるものである．L_1, L_2 それぞれの別の基底 $\widetilde{\mathcal{E}} = \{\widetilde{\boldsymbol{e}}_1, \cdots, \widetilde{\boldsymbol{e}}_n\}$, $\widetilde{\mathcal{F}} = \{\widetilde{\boldsymbol{f}}_1, \cdots, \widetilde{\boldsymbol{f}}_m\}$ を選んだとき，もとの基底が新しい基底によって

$$\boldsymbol{e}_j = \sum_{l=1}^{n} \widetilde{\boldsymbol{e}}_l p_{lj}, \quad \boldsymbol{f}_i = \sum_{k=1}^{m} \widetilde{\boldsymbol{f}}_k q_{ki}$$

と表されるとすると，この関係は，n 次正方行列 $P = [p_{lj}]$ と m 次正方行列 $Q = [q_{ki}]$ を用いて

$$[\boldsymbol{e}_1, \cdots, \boldsymbol{e}_n] = [\widetilde{\boldsymbol{e}}_1, \cdots, \widetilde{\boldsymbol{e}}_n] P,$$
$$[\boldsymbol{f}_1, \cdots, \boldsymbol{f}_m] = [\widetilde{\boldsymbol{f}}_1, \cdots, \widetilde{\boldsymbol{f}}_m] Q$$

と書ける．これを(2)に代入し，T が線形写像であることと P が逆行列をもつことを用いると，

$$[T(\widetilde{\boldsymbol{e}}_1), \cdots, T(\widetilde{\boldsymbol{e}}_n)] = [\widetilde{\boldsymbol{f}}_1, \cdots, \widetilde{\boldsymbol{f}}_m] Q A P^{-1} \qquad (3)$$

が得られる．したがって，新しい基底の組 $(\widetilde{\mathcal{E}}, \widetilde{\mathcal{F}})$ に関する T の行列表示は $\widetilde{A} = QAP^{-1}$ で与えられる．

行列にはいろいろな標準形があるが，それらの多くは，許容される範囲で基底をうまく選んで「綺麗な行列表示」を作ることを目指しているものである．例えば，複素数体上の線形空間で $L_1 = L_2$ の場合には，許容される基底変換は $P = Q$ の場合に限られ，その状況での「綺麗な行列表示」がジョルダン標準形となる．

行列力学

matrix mechanics

ハイゼンベルク(W. Heisenberg)らにより研究された*量子力学の定式化の1つである．マトリックス力学ともいう．

物理的観測量を，時間発展する(無限次元)行列 A と捉える．(量子力学的)ハミルトニアンである行列を H とするとき，A の時間発展は運動方程式

$$\sqrt{-1}\hbar \frac{\partial A}{\partial t} = HA - AH$$

で記述される($\hbar = h/2\pi$, h は*プランク定数)．一方，シュレーディンガーの定式化(波動力学)では，状態を複素数値関数である「波動関数」ψ として，その*シュレーディンガー方程式による時間変化を考える(物理量は時間で不変とする)．行列力学と波動力学は，線形空間を表す2種類の異なった表し方であるとするディラック(P. A. M. Dirac)の変換理論により，両者は等価な理論であることが確立されている(→ 量子力学)．

強連結

strongly connected

有向グラフにおける2頂点 u, v に対し，u から v への有向道と v から u への有向道がともに存在するときに，u と v は強連結であるという．任意の2頂点が強連結である有向グラフを強連結であるという．強連結ならば*連結であるが，逆は成り立たない．→ 強連結成分分解

強連結成分分解

decomposition into strongly connected components, strong component decomposition

有向グラフ (V, A) において，頂点間に有向道が存在するものをひとまとめにして頂点集合 V を分割したものが強連結成分分解である．2つの頂点 u, v に対し，u から v への有向道と v から u への有向道の両方が存在するときに u と v は同じ強連結成分に属するという．強連結成分の間には，有向道が存在するかどうかに着目することによって(半)順序関係が定義できる．すなわち，ある強連結成分の頂点から第2の強連結成分の頂点へ有向道が存在するときに，第1の強連結成分の方が第2の強連結成分より前にあると定義するのである．グラフの強連結成分分解というときには，頂点集合の強連結成分への分割とこの半順序構造を合わせたものを指すことが多い．強連結成分分解は，辺の数 $|A|$ に比例する程度の計算量で求めることができる．

極 pole → 孤立特異点

極(複素関数の) pole → 孤立特異点

極形式 polar form ＝ 極表示

極限
limit

「限りなく近づいていく」という言葉を厳密化した概念.解析学の基本的な言葉の 1 つである.

例えば,$1/2^n$ は,n を大きくしていくとき,「限りなく」0 に「近づき」,「その行き先は」0 になるが,この直観的な表現を数学的に定式化したのは,エウドクソスの「*取り尽くし法」が最初といわれる.エウドクソスは「あらかじめ指定した量(正数)に対して,$1/2^n$ は n を十分大きくすれば,この量より小さくなる」という言明に置き換え,これと*背理法を組み合わせることにより,円の面積や角錐の体積を求めた.現代的な意味での極限論法を使った求積法とは異なるが,そのアイデアは*ε-δ 論法として受け継がれた.

数列や関数の極限は次のように定義される.数列 $\{a_n\}_{n=1}^{\infty}$ と数 a が与えられたとき,$\{a_n\}_{n=1}^{\infty}$ が a に収束するとは,「任意の正数 ε が与えられるごとに自然数 N が存在して,$n \geqq N$ となるすべての自然数 n について,$|a_n - a| < \varepsilon$ が成り立つ」ことである.a を $\{a_n\}_{n=1}^{\infty}$ の極限値という.

関数 $f(x)$ が区間 (a,b) で定義されているとする.もし,任意の正数 ε に対して適当な $\delta > 0$ を選んで,$0 < |x - x_0| < \delta$ である限り $|f(x) - \alpha| < \varepsilon$ となるようにできるならば,x が x_0 に近づくとき $f(x)$ は極限値 α に収束するといい,

$$\lim_{x \to x_0} f(x) = \alpha \quad \text{または} \quad f(x) \to \alpha \ (x \to x_0)$$

により表す.

極限(集合列の)
limit

集合 X の部分集合列 $\{A_n\}_{n=1}^{\infty}$ に対して,

$$\overline{\lim_{n \to \infty}} A_n = \bigcap_{m=1}^{\infty} \Big(\bigcup_{n=m}^{\infty} A_n \Big),$$

$$\underline{\lim_{n \to \infty}} A_n = \bigcup_{m=1}^{\infty} \Big(\bigcap_{n=m}^{\infty} A_n \Big)$$

と定め,それぞれ $\{A_n\}_{n=1}^{\infty}$ の上極限,下極限という.上極限と下極限が一致するとき,それを $\{A_n\}_{n=1}^{\infty}$ の極限といい,$\lim_{n \to \infty} A_n$ により表す.$\{A_n\}$ が単調増加 $A_n \subset A_{n+1}$ または単調減少 $A_n \supset A_{n+1}$ ならば,$\lim_{n \to \infty} A_n$ はそれぞれ $\bigcup_{n=1}^{\infty} A_n$,$\bigcap_{n=1}^{\infty} A_n$ に等しい.

極限周期軌道
limit cycle

力学系,例えば,微分方程式の定める流れについて,*周期軌道 C は,その近くから出発した*軌道が時間の経過とともに,すべて C に巻き付いて行くとき,極限周期軌道という.

例えば,平面上の流れは,ある*有界領域に流れが閉じこめられていれば,その内部に*不動点を持つか,または極限周期軌道を持つ(→ ポアンカレ-ベンディクソンの定理).極限周期軌道は ω 極限集合の特別な場合である.⇒ 力学系

極限集合
limit set

一般に,*極限点の全体の集合のことをいう.

極限値　limit value　⇒ 極限

極限点
limit point

点列あるいは数列 $a_1, a_2, \cdots$ について,収束する部分列 $a_{n_1}, a_{n_2}, \cdots \ (n_1 < n_2 < \cdots)$ の極限を,この列の極限点という.例えば,$a_n = (-1)^n$ のとき,極限点は $-1, 1$ である.

極限と連続性
limit and continuity

直観的にいえば,途切れることなく連続的に値が変化する曲線が連続曲線であり,同様の関数が連続関数である.17 世紀の微分積分法の誕生以来,オイラーなどの大数学者たちに代表されるように,18 世紀までの解析学はおおらかに発展し,豊かな成果を挙げた.

しかし,その直観的なイメージだけに頼っていると,例えば,最大値の存在や級数の収束,積分可能性などの問題を巡って,論理的な破綻が生じることが次第に露呈し,18 世紀末から 19 世紀前半には深刻な問題となった.

19 世紀中葉以後,コーシーやリーマンの仕事により,いわゆる ε-δ 論法が導入され,さらに,19 世紀末から 20 世紀初めにカントルの集合論やデデキントの実数論などが完成して,極限と連続性,級数や積分の収束などに関して整合的な定義が確立し,現在に至っている.

しかしながら,コッホ曲線,ワイエルシュトラス関数や高木関数など今日フラクタルと呼ばれるものが数学者の間に感覚的に広く受容されるようになったのは 20 世紀半ば以後といえよう.⇒ 連続

関数(1変数の), 連続関数(多変数の), 連続写像

極限の順序交換
interchange of limits
例えば
$$\lim_{m\to\infty}\lim_{n\to\infty}\frac{m}{m+n}=0,$$
$$\lim_{n\to\infty}\lim_{m\to\infty}\frac{m}{m+n}=1$$

のように, 極限をとる操作の順序を変更すると得られる結果は異なることがある. 関数の微分や積分も極限操作の一種であるから, それらの順序が交換できるためには何らかの条件が必要になる.

例1 積分と極限の順序交換：連続関数の列 $\{f_n(x)\}_{n=1}^{\infty}$ が $[a,b]$ で一様収束すれば
$$\lim_{n\to\infty}\int_a^b f_n(x)dx = \int_a^b \left(\lim_{n\to\infty}f_n(x)\right)dx.$$

例2 微分と極限の順序交換：$\{f_n(x)\}_{n=1}^{\infty}$ が $[a,b]$ 上連続微分可能で, $\{(d/dx)f_n(x)\}_{n=1}^{\infty}$ が一様収束し, かつ $\{f_n(a)\}_{n=1}^{\infty}$ が収束すれば, 各点 x で $\{f_n(x)\}_{n=1}^{\infty}$ も収束して
$$\lim_{n\to\infty}\frac{d}{dx}f_n(x) = \frac{d}{dx}\lim_{n\to\infty}f_n(x).$$

例3 偏微分の順序交換：$f(x,y)$ が2回連続微分可能ならば $\partial^2 f/\partial x\partial y = \partial^2 f/\partial y\partial x$.

例4 微分と積分の交換 ⇒ 積分記号下の微分

例5 積分どうしの順序交換 ⇒ フビニの定理

極限閉軌道 limit cycle ＝極限周期軌道

極座標
polar coordinates
平面上に原点 O と単位の長さと方向を与えるための点 X を決める. 平面上の O 以外の点 P に対して, $\overrightarrow{OP}$ の長さが $\overrightarrow{OX}$ の長さの r 倍, $\overrightarrow{OP}$ の方向が $\overrightarrow{OX}$ の方向を反時計回りに θ だけ回した方向であるとする. このとき, (r,θ) を P の極座標と呼ぶ. $O=(0,0), X=(1,0)$ のとき, 直交座標 (x,y) と極座標 (r,θ) の関係は, $x=r\cos\theta, y=r\sin\theta$ である. O を中心とした回転で対称な現象を記述するには極座標を用いるのが便利である.

局所 local ⇒ 大域

局所1径数変換群
local one parameter group of local transformations
多様体 M に対して, $0\times M$ を含む $\mathbb{R}\times M$ の開集合 U で, すべての $x\in M$ に対して $U\cap(\mathbb{R}\times x)$ が連結であるものを考える. U から M への C^∞ 写像 $\varphi:U\to M$ が次の条件を満たすとき, $\varphi(t,x)=\varphi^t(x)$ と記し, $\{\varphi^t\}$ を M 上の局所1径数変換群という.

(1) $(s,x), (t,\varphi^s(x)), (s+t,x)\in U$ であるならば, $\varphi^t(\varphi^s(x))=\varphi^{s+t}(x)$ が成り立つ.

(2) すべての $x\in M$ に対して, $\varphi^0(x)=x$.

多様体 M 上の*ベクトル場 V に対しては, 微分方程式 $dc/dt=V(c(t)), c(0)=p$ を解くことにより, M の各点 p の近傍 V_p, 正の数 ε と C^∞ 写像 $\varphi:(-\varepsilon,\varepsilon)\times V_p\to M$ で $U=(-\varepsilon,\varepsilon)\times V_p$ に対して上記の性質(1),(2)を満足し, $\varphi^t, t\in(-\varepsilon,\varepsilon)$ は V_p と $\varphi^t(V_p)$ の可微分同相であるものが存在する. $\{\varphi^t\}$ をベクトル場 V が生成する p のまわりの局所1径数変換群という. さらに, 各点のまわりの局所1径数変換群をつなぎ合わせることによって M 上の局所1径数変換群 $\{\varphi^t\}$ が得られる. これを, ベクトル場 V が生成する M 上の局所1径数変換群という. 多様体 M がコンパクトならば, 局所1径数変換群は*1径数変換群に拡張できる. ⇒ 完備(ベクトル場が)

局所一様収束 locally uniform convergence ⇒ 広義一様収束

極小 local minimum ⇒ 極大・極小

極小曲面
minimal surface
輪にした針金を石鹸液に浸して持ち上げると, 石鹸の膜が張る. 膜の形は, その針金を境界にもつ曲面のうちで, 面積が一番小さい曲面になる. このような曲面を極小曲面と呼ぶ.

任意の形状をした針金に対して, それを張る極小曲面を求める問題は, プラトー問題と呼ばれ, *変分法の典型的な例である.

極小曲面をより正確に定義すると, 次のようになる. コンパクトな曲面 Σ が極小曲面であるとは, 次の条件が成り立つことをいう. $\Sigma_0=\Sigma$ なる曲面の任意の族 Σ_t で, どの t に対しても Σ_t の境界が Σ の境界と一致するものに対して, Σ_t の面積 $A(\Sigma_t)$ は, $dA(\Sigma_t)/dt|_{t=0}=0$ を常に満たす(この定義からわかるように極小曲面は面積の臨界点である, というのが定義で, 面積最小とは限らない).

曲面が極小曲面であることは, *平均曲率が0

であることと同値である．ヘリコイド，カテノイド（懸垂線を母線とする回転面），エンネパー曲面などさまざまな極小曲面が知られている．

カテノイド　　ヘリコイド

曲がった空間（高次元の*リーマン多様体）の中の極小曲面（あるいはより一般に極小部分多様体）も研究されている．→ 変分法

極小点
minimizing point
極小値を与える点のこと．→ 極大・極小

局所化（可換環の）
localization
分母が 3^n の形をしている分数全体 $\{m/3^n \mid m \in \mathbb{Z}, n \in \mathbb{N}\}$ は環をなす．この環を整数環 $\mathbb{Z}$ の集合 $\{3^n \mid n \in \mathbb{N}\}$ による局所化という．

可換環 R の部分集合 S が $1 \in S$ かつ $s, t \in S$ であれば $st \in S$ であるとき積に関して閉じている，あるいは積閉集合という（積閉集合 S の定義に $1 \in S$ を仮定しないこともある）．*整域 R の積に関して閉じた部分集合 S で 0 を含まないものに対し，R の*商体 $F = \{r/r' \mid r, r' \in R, r' \neq 0\}$ の部分環 $S^{-1}R$ を
$$S^{-1}R = \{r/s \mid r \in R, s \in S\}$$
と定義し，これを積に関して閉じた集合 S による R の局所化という．$r \in R$ に $r/1 \in S^{-1}R$ を対応させることによって $R \subset S^{-1}R$ であることがわかる．$S^{-1}R$ は，$R[S^{-1}]$，R_S とも書かれる．

*イデアル $\mathfrak{p}$ が R の素イデアルであるとき差集合 $S = R \setminus \mathfrak{p}$ は積に関して閉じた集合となり，S による R の局所化を $R_\mathfrak{p}$ と記し R の素イデアル $\mathfrak{p}$ における局所化という．$R_\mathfrak{p}$ では $\mathfrak{p}$ から生成されるイデアルが唯一の極大イデアルであり，したがって $R_\mathfrak{p}$ は*局所環になる．例えば $\mathfrak{p} = (0)$ の場合，$R_\mathfrak{p}$ は R の商体にほかならない．

局所化の概念は，全「空間」で定義された「関数」の代わりに，ある「点」の周りだけで定義された「関数」のみに注目するための代数的手段であり，これが局所化という言葉の語源である．例えば，$a \in \mathbb{C}$ とし，複素係数多項式 f, g で $f(a) \neq 0$ となるものに対して，関数 $g(z)/f(z)$ 全体を考える．これは多項式環 $\mathbb{C}[z]$ の $S = \{f \in \mathbb{C}[z] \mid f(a) \neq 0\}$ による局所化 $S^{-1}\mathbb{C}[z]$ であり，$\mathbb{C}[z]$ の素イデアル $\mathfrak{p} = \{f \in \mathbb{C}[z] \mid f(a) = 0\}$ における局所環 $\mathbb{C}[z]_\mathfrak{p}$ である．この $\mathbb{C}[z]_\mathfrak{p}$ は，a において有限の値を持つ有理関数 $g(z)/f(z)$ 全体である．

R が整域でないときも，R の積に関して閉じた部分集合 S について，環 $S^{-1}R$ を，整域の商体を定義する方法と同様の方法で定義することができる．形式的に，r/s ($r \in R$, $s \in S$) を考え，「$r/s = r'/s' \iff (rs' - r's)t = 0$ となる $t \in S$ が存在する」と定義する．それらの間の和，積も通常の分数の類似で定義できる．例えば S として R の非零因子全体をとると，$S^{-1}R$ は R の*全商環と呼ばれるものになる．また R の素イデアル $\mathfrak{p}$ における局所化 $R_\mathfrak{p}$ が同様に定義され，$R_\mathfrak{p}$ は局所環になる．ただし，S が零因子を含む場合には，環準同型 $R \to R_S$; $r \mapsto r/1$ が単射でなくなり，R を $S^{-1}R$ の部分環とみなせなくなる．

局所解
local solution
*初期値問題の解で，初期時刻の付近でのみ定義されたものを局所解という．これに対し，すべての $t \in \mathbb{R}$（場合によっては，すべての $t \geq 0$）に対して定義された解を大域解という．

通常，初期値問題が解けるとは，局所解が存在することを指す．局所解を*延長して大域解にできる場合もあれば，解が途中で*爆発して，大域解に延長できない場合もある．→ 初期値問題，コーシーの存在と一意性定理（常微分方程式の）

局所環
local ring
体 k 上の*形式的べき級数環などのように，可換環 R がただ 1 つの極大イデアルしか持たないとき局所環という．このとき，極大イデアル $\mathfrak{m}$ に属さない元は*可逆元となる．可換環 R の素イデアル $\mathfrak{p}$ による*局所化 $R_\mathfrak{p}$ は局所環の重要な例である．

局所径数表示
local parametrization
平面座標で $(x, y) = (t, \sqrt{1 - t^2})$ とおいて t を -1 から 1 まで動かすと平面上に円の一部（すなわち半円）が描かれる．このように，曲線や曲面の全体または一部を径数（媒介変数，助変数，パラメータともいう）を使って表現する方法を径数表示

または局所径数表示という．また，表示に用いる変数(円の例ではt)のことを径数という．曲面の場合は → 局所座標(曲面の)．→ 媒介変数

局所コンパクト
locally compact
位相空間 X が局所コンパクトであるとは，任意の点 $p\in X$ に対して，p の近傍 V で，コンパクトであるものが存在することをいう．ユークリッド空間は局所コンパクトである．一方，無限次元のヒルベルト空間は局所コンパクトでない．

局所最適解 local optimal solution, local optimum → 最適解

局所座標(曲面の)
local coordinates
球面 $\{(x,y,z)\mid x^2+y^2+z^2=1\}$ の上の点は，2つの実数 θ,ψ を用いて，$x=\sin\theta\cos\psi$, $y=\sin\theta\sin\psi$, $z=\cos\theta$ のように表される．球面の点 (x,y,z) に θ,ψ を対応させるのが，球面の座標である．しかし，θ,ψ の範囲を制限しないと，異なった (θ,ψ) に対して同じ点が対応してしまう．これを避けるためには，球面全体の座標を考えるのではなく，その一部を考え，それにいくつかの実数の組を対応させる．これが，局所座標の考え方である．

正確には，次のように定義する．U を曲面 Σ の開集合，V を平面 $\mathbb{R}^2$ の開集合とする．φ が U から V への同相写像で，その逆写像が，ヤコビ行列の階数が常に 2 の C^∞ 級写像であるとき，φ を局所座標系といい，$q\in U$ のとき $\varphi(q)=(x_1(q),x_2(q))$ を点 q の局所座標という．また，$p\in U$ のとき，(U,φ) を p の座標近傍という．

局所座標系 $\varphi:U\to V$ $(U\subset\Sigma, V\subset\mathbb{R}^2)$ に対して，その逆写像 $\psi=\varphi^{-1}:V\to U$ のことを曲面 Σ の局所径数表示という．上の球面の例では $(\theta,\psi)\mapsto(\sin\theta\cos\psi,\sin\theta\sin\psi,\cos\theta)$ が局所径数表示である(→ 媒介変数)．

局所径数表示と局所座標系という言葉は上のように使い分けるが，その区別は余り重要でなく，混同されて使われることもある．→ 局所座標(多様体の)

局所座標(多様体の)
local coordinates
n 次元*多様体 M の定義では，各点 $p\in M$ に対して，p の近傍 U と $\varphi:U\to\mathbb{R}^n$ であって，φ は U と $\varphi(U)$ の同相写像であるものが存在することを仮定している．この (U,φ) を座標近傍という．$q\in U$ に対して，$\varphi(q)$ は $\mathbb{R}^n$ の元であるから，U 上の関数 $x_1,\cdots,x_n$ を $\varphi(q)=(x_1(q),\cdots,x_n(q))$ と定義することができる．この関数系 $x_1,\cdots,x_n$ を，局所座標系という．また，$(x_1(q),\cdots,x_n(q))$ を q の局所座標という．また，x_i のそれぞれを座標関数ともいう．

局所座標系 local coordinate system → 局所座標(曲面の)，局所座標(多様体の)

局所体
local field
*有限体 k 上の*形式的べき級数環の商体 $K=k((x))$ のように，体 K が加法付値(→ 付値) v を持ち，この付値に関して*完備でありかつ*付値環 $\mathfrak{o}_k=\{x\in k\mid v(x)\geq 0\}$ の極大イデアル $\mathfrak{m}=\{x\in K\mid v(x)>0\}$ による*剰余体が有限体のとき，体 K を局所体という．局所体は有限次代数体の素イデアル $\mathfrak{p}$ による $\mathfrak{p}$ 進付値による*完備化または有限体 k 上の形式的べき級数環の商体 $k((x))$ と同型である．

局所単連結
locally simply connected
位相空間 X が局所単連結であるとは，任意の点 $p\in X$ と p を含む開集合 U に対して，p の近傍 V で，U に含まれ単連結であるものが存在することを指す．局所単連結かつ局所連結な空間は普遍被覆空間(→ 被覆変換群)を持つ．

局所的 local → 大域的性質

局所有限(部分集合族が)
locally finite
位相空間 X の部分集合の族 $\{U_\alpha\}$ $(\alpha\in A)$ が局所有限であるとは，任意の点 $x\in X$ に対して，x のある近傍 U を取れば，U と交わる U_α の数が有限になることを指す．

$\{(n-10,n+10)\}$ $(n\in\mathbb{Z})$ は $\mathbb{R}$ の局所有限な開被覆である．一方，$\{(x-1,x+1)\}$ $(x\in\mathbb{Q})$ は局所有限ではない．

開被覆 $\{U_\alpha\}$ $(\alpha\in A)$ の局所有限性は，*1 の分割の構成や，*パラコンパクト空間の定義に現れる．

局所連結
locally connected

位相空間 X の，任意の点 $p \in X$ と p を含む開集合 U に対して，p の近傍 V で，U に含まれ*連結であるものが存在するとき，X は局所連結であるという．ユークリッド空間は局所連結であるが，*カントル集合や，*p 進数の集合は局所連結でない．

極性ベクトル
polar vector

3 次元空間の通常の(幾何)ベクトルのこと．→ 擬ベクトル，軸性ベクトル

曲線
curve

区間 $[a,b]$ からの連続写像 $l: [a,b] \to \mathbb{R}^n$ のことをいい，$n=2$ のときを平面曲線，$n=3$ のときを空間曲線という．$l(a)=l(b)$ のとき，閉曲線と呼ぶ．l の変数が t であるとき，t を曲線のパラメータ(径数，媒介変数，助変数)という．

曲線についての性質を論じるときは，写像 l の取り方によらず，その像 $\{l(t) \mid t \in [a,b]\}$ のみで決まる性質を問題にする．例えば曲線の長さは，パラメータの取り方によらない．

一般に，区間 $I=[a,b]$ から位相空間 X への連続写像 c のことを，曲線あるいは連続曲線という．写像 c の像 $c(I)$ を曲線と呼ぶこともある．

曲線座標系
curvilinear coordinate system

平面の*直交座標系では，$x=c$ や $y=c$ (c は定数)で定まる集合は直線である．*極座標 (r,θ) では，$r=c$ で定まる集合は円であるから，曲がっている．後者が曲線座標系の例である．すなわち，n 次元空間の上の座標で，i 番目以外の座標を定数とおいて得られる集合，$x_1=c_1, \cdots, x_{i-1}=c_{i-1}, x_{i+1}=c_{i+1}, \cdots, x_n=c_n$ が直線ではないとき，この座標系を曲線座標系と呼ぶ．

曲線の長さ
length of curve

n 次元ユークリッド空間の中の曲線を，
$$c(t) = (x_1(t), \cdots, x_n(t)): [a,b] \to \mathbb{R}^n$$
と表す．$c(t)$ が微分可能ならば，その長さは積分を用いて

$$\int_a^b \sqrt{\left(\frac{dx_1}{dt}\right)^2 + \cdots + \left(\frac{dx_n}{dt}\right)^2} dt$$

で計算される．特に平面内のグラフで表される曲線 $y=f(x)$ ($a \le x \le b$) の場合は，$(c(t)=(t,f(t))$ であるので)その長さは $\int_a^b \sqrt{1+(df/dt)^2} dt$ である．

$c(t)$ が微分可能とは限らない場合，さらにより一般に距離空間 (X,d) 内の曲線 $c: [a,b] \to X$ に対しても，次のようにして長さを定義する．$[a,b]$ の分割 Δ: $a=t_0<t_1<\cdots<t_{n-1}<t_n=b$ に対して，和 $l_\Delta(c) = \sum_{i=1}^n d(c(t_{i-1}),c(t_i))$ を考える．mesh $\Delta = \max_{k=0}^{n-1} |t_{k+1}-t_k|$ が 0 に近づくとき，この和がある有限の数に収束するとき，c を有限な長さを持つ(あるいは求長可能な)曲線と呼び，極限 $\lim_{\text{mesh}\Delta \to 0} l_\Delta(c)$ を c の長さという．例えば*コッホ曲線は求長可能でない．

曲線の微分幾何
differential geometry of curves

空間 $\mathbb{R}^3$ の中の*滑らかな曲線 $c: [a,b] \to \mathbb{R}^3$ を*弧長表示で表し，$c(t)=(x(t),y(t),z(t))$ (縦ベクトル)と記す．すなわち，$(dx/dt)^2+(dy/dt)^2+(dz/dt)^2 \equiv 1$ を仮定する．3×3 行列

$$W(t) = \begin{bmatrix} \dfrac{dc}{dt} \\ \dfrac{d^2c}{dt^2} \\ \dfrac{d^3c}{dt^3} \end{bmatrix}$$

の行列式 $\det W$ がある区間で恒等的に 0 ならば，c は局所的には 1 つの平面に入る．$\det W(t)=0$ となる点 $c(t)$ を c の停留点という．

停留点を持たないような c に対して，dc/dt, d^2c/dt^2, d^3c/dt^3 は $\mathbb{R}^3$ の基底をなす．その*シュミットの直交化 $\boldsymbol{t}(t), \boldsymbol{n}(t), \boldsymbol{b}(t)$ をフルネ枠あるいは*動標構という．すなわち，$\boldsymbol{t}(t)=dc/dt$ は単位接ベクトル，$\boldsymbol{n}(t)$ は*単位法ベクトル(あるいは単位主法線ベクトル)，$\boldsymbol{b}(t)=\boldsymbol{t}(t)\times\boldsymbol{n}(t)$ (これを単位*従法線ベクトルと呼ぶ)である．この枠を微分することにより，

$$\begin{aligned} dc/dt &= \boldsymbol{t} \\ d\boldsymbol{t}/dt &= \kappa\boldsymbol{n} \\ d\boldsymbol{n}/dt &= -\kappa\boldsymbol{t} \quad\quad +\tau\boldsymbol{b} \\ d\boldsymbol{b}/dt &= \quad\quad -\tau\boldsymbol{n} \end{aligned}$$

という方程式が得られる．これをフルネの公式あるいはフルネ-セレーの公式(Frenet-Serret formula)という．また κ を曲率, τ を捩率(れいりつ)と呼ぶ．この式が曲線の幾何学の基本方程式である．

高次元ユークリッド空間 $\mathbb{R}^n$ の中の曲線に対しても, n 階までの微分を考えることで同様な考察が可能である．すなわち, n 次の正方行列

$$W(t) = \begin{bmatrix} \dfrac{dc}{dt} \\ \vdots \\ \dfrac{d^n c}{dt^n} \end{bmatrix}$$

が可逆なとき, $dc/dt, \cdots, d^n c/dt^n$ は $\mathbb{R}^n$ の基底をなすから，この基底にシュミットの直交化をして得られる正規直交基底を $\boldsymbol{e}_1(t), \cdots, \boldsymbol{e}_n(t)$ とすると(これもフルネ枠と呼ぶ)，
$d\boldsymbol{e}_i/dt = -\kappa_{i-1}(t)\boldsymbol{e}_{i-1}(t) + \kappa_i(t)\boldsymbol{e}_{i+1}(t)$
$(i = 1, \cdots, n,\ \kappa_0 = \kappa_n = 0,\ \kappa_j > 0$
$(j = 1, \cdots, n-2))$
が成り立つ．

極大イデアル
maximal ideal

R を乗法についての単位元 1 を持つ*可換環とする．R の*イデアル $\mathfrak{m}$ で，次の(1),(2)を満たすものを，極大イデアルという．

(1) $\mathfrak{m} \subsetneq I \subsetneq R$ となる R のイデアル I は存在しない．

(2) $\mathfrak{m} \neq R$.

例えば整数環 $\mathbb{Z}$ の極大イデアルとは，素数 p が生成するイデアル (p) のことである．また, F を可換体とし, R を n 変数多項式環 $F[x_1, \cdots, x_n]$ とするとき, $a_1, \cdots, a_n \in F$ に対しイデアル $(x_1 - a_1, \cdots, x_n - a_n)$ は R の極大イデアルであり, F が*代数的閉体(例えば $\mathbb{C}$)なら, R の極大イデアルはこの形のものに限られる(→ヒルベルトの零点定理)．極大イデアルは*素イデアルである(逆は成り立たない)．イデアル $\mathfrak{m}$ が極大イデアルであることと，イデアル $\mathfrak{m}$ による*剰余環 $R/\mathfrak{m}$ が体であることは，同値である．⇒可換環

極大木
maximal tree

無向グラフにおける*木であって，それ以上辺をつけ加えると閉路を含むようになるものを極大木と呼ぶ．極大木を単に木と呼ぶこともある．グラフが連結ならば極大木にはすべての頂点が含まれるので，これを全域木，全張木とも呼ぶ．全域木の辺の個数は，頂点数 -1 に等しく一定である．1つのグラフの極大木(の辺集合)の全体は，*マトロイドと呼ばれる抽象的な離散構造の典型例となっている．

極大・極小
local maximum and local minimum

区間 I 上で定義された 1 変数関数 $y = f(x)$ および点 $a \in I$ が与えられたとき，十分小さい正数 δ に対して, $|x - a| < \delta$ であるすべての $x \in I$ について
$$f(x) \geqq f(a) \quad (f(x) \leqq f(a))$$
が成立するとき, a を $f(x)$ の極小点(極大点)といい, $f(x)$ は a で極小値(極大値)をとるという．

もっと一般に, $f(x)$ を位相空間 X 上の実数値関数とする．関数 $f(x)$ が点 a で極小(極大)とは，この点のある近傍で不等式 $f(x) \geqq f(a)$ $(f(x) \leqq f(a))$ が成り立つことで, $f(a)$ を極小値(極大値), a を極小点(極大点)という．極大値，極小値を合わせて極値という．狭義の不等号が成り立つときは，狭義の極値という．ただし，狭義の極値を単に極値といい，上記の極値を広義の極値ということもある．⇒極大・極小の判定，最大最小

極大・極小の判定
criterion for extremum

実変数 x の関数 $f(x)$ が微分可能なとき, $x = a$ で極小または極大ならば, $f'(a) = 0$，つまり, $x = a$ は臨界点である．$f(x)$ が 2 回微分可能なとき, $f'(a) = 0$, $f''(a) > 0$ であれば, $x = a$ は狭義の極小点, $f'(a) = 0$, $f''(a) < 0$ であれば, $x = a$ は狭義の極大点となる．$f''(a) = 0$ の場合も高階の微分を調べて*テイラーの定理を利用すれば判定できることが多い．

同様に, n 変数関数 $f(x) = f(x_1, \cdots, x_n)$ の場合も,
$$\frac{\partial f}{\partial x_1}(a) = \cdots = \frac{\partial f}{\partial x_n}(a) = 0$$
であり，かつ，*ヘッセ行列
$$\left[\frac{\partial^2 f}{\partial x_i \partial x_j}(a)\right] \quad (i, j = 1, \cdots, n)$$
が正定値行列ならば, $x = a$ は極小点，負定値行列ならば極大点となる．

極大元
maximal element

*順序が定義された集合 X の元 a で，$a<x$ となる X の元 x が存在しないものを，極大元という．順序に関して最大の元 a があるときは a は極大元であるが，極大元は最大元とは限らない．

可換環 R において R とは異なるイデアルの全体を X とおくとイデアルの包含関係 $I\subset J$ は X の順序となる．この順序に関する極大元は極大イデアルである．

極大コンパクト部分群
maximal compact subgroup

リー群に含まれるもっとも大きい（極大の）コンパクト部分群のことである．例えば実一般線形群 $GL(n, \mathbb{R})$ の場合には*直交群 $O(n)$ が，また複素一般線形群 $GL(n, \mathbb{C})$ の場合には*ユニタリ群 $U(n)$ がそれぞれ極大コンパクト部分群になる．

G が連結であるとき，G はその極大コンパクト部分群 K とユークリッド空間 $\mathbb{R}^n$ の直積と同相である（G は $K\times\mathbb{R}^n$ と群として同型とは限らない）．特に G は K と*ホモトピー同値である．

（複素）n 次元の複素*半単純リー群 G の極大コンパクト部分群 K は（実）n 次元であり，K のリー環の複素化が G のリー環になる．→ コンパクト群，岩澤分解

極大樹木　maximal tree ＝極大木

極大条件（環上の加群に関する）
maximal condition

環 A に対して A 加群 M の A 部分加群の任意の増大列
$$M_1 \subset M_2 \subset \cdots \subset M_j \subset M_{j+1} \subset \cdots$$
が与えられたとき，ある番号から先はつねに一致する，すなわち $M_i = M_{i+1} = \cdots$ となる i を見出すことができるとき，M は極大条件を満足するという．*ネーター環 A 上の有限生成加群は極大条件を満足する．極大条件を満足する A 加群をネーター的ということもある．

極大点
maximizing point

極大値を与える点のこと．→ 極大・極小

極大トーラス
maximal torus

絶対値が 1 の複素数全体 $T=\{z\in\mathbb{C}\,|\,|z|=1\}$ は複素数の掛け算について群になる．T の n 個の直積をトーラスと呼び，T^n と記す．T^n は（可換）リー群になる．連結なリー群 G の極大トーラスとは，G の部分群であってトーラスと同型なもののうち，もっとも次元が大きいものを指す．

n 次可逆複素行列全体のなす群 $GL(n, \mathbb{C})$ の極大トーラスは，対角成分が絶対値 1 の対角行列全体からなる群で，T^n と同型である．

T, T' が G の極大トーラスとすると，$g\in G$ が存在して，$g^{-1}Tg=T'$ が成り立つ．すなわち極大トーラスは互いに共役（→ 共役部分群）である．半単純リー環 G の極大トーラスのリー環は G のリー環の*カルタン部分環になる（→ ルート系）．

極大輪環部分群　maximal torus ＝極大トーラス

極値
extremal value

極大値と極小値の総称．→ 極大・極小

極値問題
extremal value problem

関数の極大や極小となる点を求める問題．$\mathbb{R}^n$ の領域 D で定義された 1 回連続微分可能な関数 $f(x_1, \cdots, x_n)$ について，もしそれが点 $a=(a_1, \cdots, a_n)$ で極値（→ 極大・極小）をとるならば，
$$\frac{\partial f}{\partial x_1}(a) = \cdots = \frac{\partial f}{\partial x_n}(a) = 0$$
が成り立つ．

極表示
polar coordinate representation

複素平面の極座標を用いれば，どんな複素数 z も
$$re^{i\theta} = r(\cos\theta + i\sin\theta) \quad (r\geq 0, \theta\text{ は実数})$$
の形に表すことができる．これを z の極表示という．r は z の絶対値 $|z|$ である．

z が 0 でないとき，θ は 2π の整数倍を加えるだけの不定性を除いて定まる．これらを同一視して考えたものを z の偏角といい $\arg z$ と記す．便宜上 $-\pi<\theta\leq\pi$（あるいは $0\leq\theta<2\pi$）の範囲に制限したものを偏角と呼ぶこともある．0 の偏角は定義しない．→ 複素数，オイラーの公式

極分解（行列の）
polar decomposition

複素数の極表示 $a=re^{i\theta}$ を行列に一般化したものをいう. 可逆な複素正方行列 A は, 正定値エルミート行列 R とユニタリ行列 U の積 $A=RU$ の形にただ一通りに表される. これを行列 A の極分解という.

極方程式(曲線の)
equation in polar coordinates

平面の極座標 (r,θ) を用いた曲線の表示のことをいう. 例えば, $r(1+\varepsilon\cos\theta)=l$ は $0\leq\varepsilon<1$ のとき, 原点 O を焦点とする楕円, $\varepsilon=1$ のとき, O を焦点とする放物線, $\varepsilon>1$ のとき, O を焦点とする双曲線を表す.

曲面
surface

2次元の図形で特異点(尖ったりしている点)がないもののことを曲面と呼ぶ. すなわち, 3次元空間内の図形 Σ のどの点の周りでも2つの実数からなるパラメータを与えることができるとき, すなわち, *局所径数表示が定まるとき曲面という. Σ が曲面であることは, 次のことと同値である(→ 陰関数定理).「任意の $p\in\Sigma$ に対して, p の近傍で定義された関数 $f(x,y,z)$ があって, $\Sigma\cap U=\{(x,y,z)\in U\mid f(x,y,z)=0\}$ と表せ, しかも Σ の点では, $\partial f/\partial x=\partial f/\partial y=\partial f/\partial z=0$ となることがない」. より一般に(必ずしも3次元空間に含まれない)2次元の*多様体のことも曲面と呼ぶ.

曲面積
surface area

3次元空間の中の曲面の面積のことを曲面積という. 2変数関数 $z=f(x,y)$ のグラフである曲面の面積は, 積分
$$\int\sqrt{1+\left(\frac{df}{dx}\right)^2+\left(\frac{df}{dy}\right)^2}\,dxdy$$
で計算される. 2変数 (s,t) で径数表示された曲面 $x=x(s,t), y=y(s,t), z=z(s,t)$ の面積は, $\varphi(s,t)=(x(s,t),y(s,t),z(s,t))$ とおくと, 積分
$$\int\left\|\frac{\partial\varphi}{\partial s}\times\frac{\partial\varphi}{\partial t}\right\|dsdt$$
で計算される. ここで × はベクトル積, $\|\ \|$ はベクトルの大きさを表す.

一般の曲面の面積は, 径数表示ができる曲面(あるいはグラフとして表される曲面)に切り分け, それぞれの面積の和をとって計算する.

曲面積の, 曲面の表示法によらない内在的な定義を与えるのは容易でないため, 上に述べた計算式を曲面の面積の定義として採用する場合が多い. この定義は, これらの計算法が, 表示法や切り分け方によらないことを確かめることにより正当化される. → 面積分

曲面の位相幾何
topology of surfaces

コンパクトで境界のない曲面(閉曲面と呼ぶ)を同相の意味で分類する問題は, 19世紀にすでに解かれていた. すなわち, 閉曲面で, *向き付け可能なもの(で連結なもの)は, g 個の穴の開いた浮き輪 Σ_g と同相である. g を曲面の種数と呼ぶ. 向き付け可能でない曲面の典型例は, 実射影平面(→ 実射影空間) $P^2(\mathbb{R})$ である. Σ_0 から g 個の円板を除き, 実射影平面から円板を除いたもの g 個で貼り替えたものを Σ_g' とすると, 向きが付かない連結な閉曲面はある $g\geq 1$ に対する Σ_g' と同相である. 図は $g=2$ の曲面とそれを切り開いた絵である.

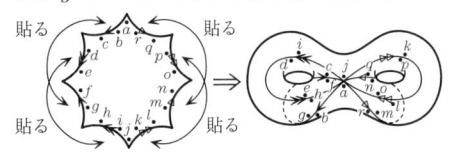

曲面の微分幾何
differential geometry of surfaces

微分積分法を使う曲面の幾何学をいう. 曲面上の最短線(測地線)に関するヨハン・ベルヌーイとオイラーの研究やモンジュの仕事を先駆けとし, ガウスにより創始された(1827). ガウスにより導入された曲率の概念は, その時代を超えた精神を通じて, 現代の幾何学にまで影響を及ぼすことになった(→ ガウス曲率). また, 曲面上の内在的な幾何学を考える, すなわち, 曲面の3次元空間への入り方を忘れて, 曲面上の曲線の(曲面に沿った)長さだけから定まる幾何学を考えるという視点も, ガウスによって見出された. これらは, リーマンにより提示されて20世紀に発展した微分幾何学, 特に*リーマン幾何学の前触れとなった.

曲面 Σ を,
$$X(u,v)=(x(u,v),y(u,v),z(u,v))$$
のように*径数表示する. ここで u,v は平面の座標, $X:U\to\mathbb{R}^3$ は開集合 $U\subset\mathbb{R}^2$ から $\mathbb{R}^3$ への C^∞ 級の写像である(→ 局所座標, 曲面). $\mathbb{R}^3$ における内積を $\langle\cdot,\cdot\rangle$ で表して, $E=\langle X_u,X_u\rangle$,

$F=\langle X_u, X_v\rangle$, $G=\langle X_v, X_v\rangle$ とおいたとき,
$$ds^2 = Edu^2 + 2Fdudv + Gdv^2$$
を第 1 基本形式という(これはとりあえず形式的な記号であるとみなすこともできるし, uv 平面上の 2 次形式とみなしてもよい. 正確には対称 $(0,2)$ テンソルである). Σ 上の曲線 $c:[a,b]\to\Sigma$ は, U 上の曲線 $(u(t), v(t)):[a,b]\to U$ を用いて $c(t)=X(u(t),v(t))$ と表せるが, その長さは
$$\int_a^b \sqrt{E\left(\frac{du}{dt}\right)^2 + 2F\frac{du}{dt}\frac{dv}{dt} + G\left(\frac{dv}{dt}\right)^2} dt$$
で計算される. このように, 第 1 基本形式は, 曲面上の曲線の(曲面に沿った)長さで決まるので, 曲面の空間への入り方によらない.

曲面 Σ の*単位法ベクトルを $\boldsymbol{n}$ とする. $L=\langle X_{uu}, \boldsymbol{n}\rangle$, $M=\langle X_{uv}, \boldsymbol{n}\rangle$, $N=\langle X_{vv}, \boldsymbol{n}\rangle$ とおき,
$$Ldu^2 + 2Mdudv + Ndv^2$$
を第 2 基本形式という.

第 1 基本形式が 1 点 p で du^2+dv^2 になるように, 座標を取り直したときの, 第 2 基本形式の行列式 $LN-M^2$ がガウス曲率 K で, トレース $L+N$ の半分が平均曲率 H である. また, 第 2 基本形式の固有値(2 つある)を主曲率と呼ぶ. 一般の座標 u,v では
$$K = \frac{LN-M^2}{EG-F^2},$$
$$H = \frac{1}{2}\frac{EN+GL-2FM}{EG-F^2}.$$

$\mathbb{R}^3$ の*合同変換で Σ を動かし, また, 局所座標 u,v を取り替えると, $p=X(0,0)$ の近くで, Σ を関数 f のグラフで表し, $X(u,v)=(u,v,f(u,v))$, $\partial f/\partial u(0)=\partial f/\partial v(0)=0$ とできる. このとき,
$$f(u,v) = Lu^2 + 2Muv + Nv^2 + 3 \text{ 次以上の項}$$
となるが, この L,M,N は p での第 2 基本形式の係数と一致する. このように, 第 2 基本形式は, 曲面の空間への入り方を表している.

ガウス曲率 K の上の定義は第 2 基本形式を使っているが, 実は K は第 1 基本形式のみから定まる (→ ガウスの方程式(曲面論の), ガウスの驚異の定理). ガウス曲率の積分は曲面の位相的性質だけから定まるオイラー標数と一致する(→ ガウス-ボンネの定理).

第 1 基本形式の係数 E,F,G および第 2 基本形式の係数 L,M,N について, *ガウスの方程式および*コダッチの方程式が成り立つ. この 2 つを, 曲面論の基礎方程式という.

逆に, (u,v) の関数 E, F, G, L, M, N が曲面論の基礎方程式を満足するとすると, ある曲面のある局所座標表示 $X(u,v)$ が存在して, E, F, G および L, M, N はそれぞれその第 1 基本形式と第 2 基本形式の係数となる. しかも, X は $\mathbb{R}^3$ の合同変換で重ね合わせることを除いて一意的に決まる. これを曲面論の基本定理といい, *ガウスの公式と*ワインガルテンの公式を X に対する微分方程式とみなしたとき, その可積分条件が, ガウスの方程式とコダッチの方程式であることにより, 証明される.

曲面論

theory of surfaces

曲面の微分幾何学, 位相幾何学, および両者の関係をさぐる幾何学のことをいう.

曲面論の基本定理 fundamental theorem of theory of surfaces ⇒ 曲面の微分幾何

曲率

curvature

図形の曲がり方を測る量で, 微分幾何学の中心概念である. 曲面の曲率はガウスによって導入された. 3 次元空間の中の曲面の場合には, *ガウス曲率, *主曲率, *平均曲率がある. これらのうち, 主曲率, 平均曲率は, 曲面を空間に埋め込むやり方によって変わるが, ガウス曲率は, 曲面上の幾何学すなわち曲面に沿った曲線の長さやその間の角度などだけから定まる. 3 次元以上のリーマン多様体に対しては, *曲率テンソル, *断面曲率, *リッチ曲率, *スカラー曲率などさまざまな曲率が定まる. 一方, 主曲率, 平均曲率は, (高次元の)ユークリッド空間に埋め込まれた*超曲面の場合に一般化される.

*ベクトル束の接続に対しても, 曲率が定まる(リーマン多様体の曲率は, 接ベクトル束に対する*レヴィ・チヴィタ接続の曲率である). 例えば, *ベクトル・ポテンシャルを接続とみなすと, 電磁場はその曲率である(→ ヤン-ミルズ理論).

曲率(曲線の)

curvature

曲線 C のその上の 1 点 p での曲率とは, p で C に接する「一番 C に近い円」の半径の逆数のことである(→ 曲率円). 曲線を*弧長パラメータ s を用いて $l(s)$ と表すと, l の 2 階微分の大きさ

$\|d^2l/ds^2\|$ が，その点での曲率である（図）．

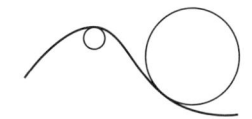

半径 r の円の曲率は $1/r$ である．また，平面曲線が $y=f(x)$ のグラフで表されるとき，点 $p=(x_0, f(x_0))$ での曲率は
$$\frac{f''(x_0)}{(1+f'(x_0)^2)^{3/2}}$$
で与えられる．⇒ 曲線の微分幾何

曲率円
circle of curvature

(1) 平面曲線の曲率円　曲線 C に1点 P で接し，P での C の曲率の逆数を半径とする円のことである．C が円なら C そのものが曲率円である．

(2) 空間曲線の曲率円　空間曲線 C 上の点 P に対して，P を通り P での*接線および*主法線を含む平面内にあり，P に接し，P での C の曲率の逆数を半径とする円のことをいう．P を通る，C に一番近い円である．

曲率中心
center of curvature
*曲率円の中心のことをいう．

曲率テンソル
curvature tensor

リーマン多様体の曲率として最も基本的なもので，リーマンによって導入された．*リーマン多様体 M の*レヴィ・チヴィタ接続が定める*共変微分を ∇ と書く．M のベクトル場 X, Y, Z に対して，ベクトル場 $R(X,Y)Z$ を
$$R(X,Y)Z = \nabla_X \nabla_Y Z - \nabla_Y \nabla_X Z - \nabla_{[X,Y]}Z$$
で定義する（$[X,Y]$ はベクトル場の*括弧積を表す）．このとき，$R(X,Y)Z$ の1点 $p \in M$ での値は，X, Y, Z の p での値だけで決まり，X, Y, Z の微分を含まない．したがって，R は $(1,3)$ 型の*テンソルになる．これを曲率テンソルと呼ぶ．*クリストッフェルの記号 Γ_{ij}^k を用いると，
$$R_{ijk}^l = \partial \Gamma_{jk}^l/\partial x^i - \partial \Gamma_{ik}^l/\partial x^j$$
$$+ \sum_m \Gamma_{im}^l \Gamma_{jk}^m - \sum_m \Gamma_{jm}^l \Gamma_{ik}^m$$
である．
$R_{lijk} = \sum_m g_{lm} R_{ijk}^m$ とおくと R_{lijk} は l と i, j と k について反対称で，また $R_{lijk} = R_{jkli}$ である．さらに，
$$R_{ijk}^l + R_{jki}^l + R_{kij}^l = 0$$
である（ビアンキの恒等式）．さらに，R_{ijk}^l の共変微分の間にも
$$\nabla_{\partial/\partial x^h} R_{jkl}^i + \nabla_{\partial/\partial x^k} R_{jlh}^i + \nabla_{\partial/\partial x^l} R_{jkh}^i = 0$$
なる関係式がある（第2ビアンキの恒等式）．

曲率テンソルはリーマン多様体の曲がり方に関するすべての情報を原理的には含んでいるが，複雑な対称性を持つ4階テンソルであるので，曲率テンソルを直接扱うことには大きな困難がある．

曲率テンソルを*縮約すると*リッチ曲率が，さらにそれを縮約すると*スカラー曲率が得られる．

曲面の場合は，曲率テンソルは R_{221}^1 で決まり，これはガウス曲率と，計量テンソル g_{ij} の行列式の逆数の積である．

曲率半径
radius of curvature

曲線の曲率（→ 曲率（曲線の））の逆数のことである．すなわち*曲率円の半径のことをいう．

虚軸　imaginary axis　⇒ 複素平面

巨視的
macroscopic

統計物理学の用語である．例えば，空気の温度や圧力は，1 mol 当たり約 6×10^{23} 個の気体分子の運動から決まる平均量であり，気体分子は，直径が 10^{-8} cm 程度の大きさで，毎秒 0.1〜1 km の速度で動き回る．このような場合，気体分子運動は*微視的で，熱や圧力は巨視的であるという．巨視的と微視的は，確率論や力学系，応用解析においても必須の視点である．なお，ときに混同しやすい概念に*粗視化がある．

虚数
imaginary number

実数の2乗は0または正の数であるから，例えば $i^2=-1$ を満たす数 i は実数の範囲にはない．この数を $i=\sqrt{-1}$ と書いて虚数単位という．一般に $\sqrt{-1}$ や $2+\sqrt{-3}$ のように，実数でない複素数を虚数という．「虚」の数という言葉には初めて出会った時の驚きが反映しているが，$\sqrt{2}$ や π が「実在」であるのと同じように虚数もまた「実在」の数である．⇒ 複素数, i

虚数乗法
complex multiplication

例えば*楕円曲線 $E: y^2=x^3-x$ を考えると，$(x,y)\in E$ なら $(-x,iy)\in E$ であり，この写像 $(x,y)\mapsto(-x,iy)$ は，E から E への楕円曲線としての準同型になる．一般に E を楕円曲線とするとき，E から E への準同型は，整数 n について n 倍写像しかないのがふつうだが，上の写像は n 倍写像ではない．楕円曲線 E が整数倍写像でない準同型 $E\to E$ を持つとき，E は虚数乗法を持つという．

楕円曲線 E は，解析的には，$\mathbb{C}/(\mathbb{Z}+\mathbb{Z}\tau)$ (τ は実数でない複素数)の形に表されるが，準同型 $E\to E$ とは，解析的には，複素数 α で $\alpha(\mathbb{Z}+\mathbb{Z}\tau)\subset(\mathbb{Z}+\mathbb{Z}\tau)$ を満たすものについての α 倍写像 $\mathbb{C}/(\mathbb{Z}+\mathbb{Z}\tau)\to\mathbb{C}/(\mathbb{Z}+\mathbb{Z}\tau)$ である．E が虚数乗法を持つことと，τ が*虚 2 次体に属することが同値である．τ が虚 2 次体に属せば，α は虚 2 次体 $\mathbb{Q}(\tau)$ に属し，この楕円曲線は虚 2 次体 $\mathbb{Q}(\tau)$ に虚数乗法を持つ，といわれる．例えば楕円曲線 $y^2=x^3-x$ は解析的には $\mathbb{C}/(\mathbb{Z}+\mathbb{Z}i)$ であり，上の準同型 $(x,y)\mapsto(-x,iy)$ は，解析的には，i 倍写像 $\mathbb{C}/(\mathbb{Z}+\mathbb{Z}i)\to\mathbb{C}/(\mathbb{Z}+\mathbb{Z}i)$ であり，この楕円曲線は $\mathbb{Q}(i)$ に虚数乗法を持つ．整数倍写像でない楕円曲線の準同型は解析的には複素数 α を掛けることになるので，虚数乗法の名がある．→ クロネッカーの青春の夢

虚数単位　imaginary unit　→ 虚数，複素数，i

虚数部　imaginary part　＝虚部．→ 複素数

虚 2 次体
imaginary quadratic field

D を負の整数とするとき，$\mathbb{Q}$ 上で純虚数 $\sqrt{D}$ により生成される体 $\mathbb{Q}(\sqrt{D})$ を虚 2 次体という．有理数体の 2 次拡大体のうちで，実数でない元を持つものである．→ 2 次体

虚部
imaginary part

複素数 $z=x+iy$ $(x,y\in\mathbb{R})$ に対して y を z の虚部または虚数部といい，$\mathrm{Im}\,z$ により表す．→ 複素数

距離
metric

n 次元*ユークリッド空間の 2 点 $x=(x_1,\cdots,x_n)$, $y=(y_1,\cdots,y_n)$ の間の距離を

$$d(x,y)=\sqrt{\sum_{j=1}^{n}(x_j-y_j)^2}$$

とすれば，次の(1)(2)(3)が成り立つ：
(1) $d(x,y)\geqq 0$. $d(x,y)=0\Longleftrightarrow x=y$.
(2) 対称性　$d(x,y)=d(y,x)$.
(3) 3 角不等式　$d(x,z)\leqq d(x,y)+d(y,z)$.

一般に，集合 X の任意の 2 点 x,y に対して実数 $d(x,y)$ が与えられ，(1)(2)(3)が成り立つとき，これを X 上の距離といい，(1)(2)(3)を距離の公理という．d は $X\times X$ の関数と考えられるので距離関数ということもある．距離があれば収束の概念が定義できる（→ 距離空間）．→ ノルム，距離空間，擬距離

距離（集合間の）
distance

距離 $d(x,y)$ を持つ距離空間の中の 2 つの集合 A, B 間の距離は $\inf_{a\in A, b\in B} d(a,b)$ で定義される．→ 距離空間

距離化定理
metrization theorem

*第 2 可算公理を満たす正規空間（→ 分離公理）は，ある距離空間と同相である．ウリゾンによって証明されたこの定理を距離化定理またはウリゾン-ティホノフの定理という．→ ウリゾンの補題

距離関数　metric function, distance function　→ 距離

距離空間
metric space

ユークリッド幾何学における 3 角不等式「3 角形 ABC において $AB+BC>AC$ が成り立つ」を基礎においた抽象的空間概念で*距離が定義された空間をいう．2 点間の「遠近」(距離)を量的に計ることのできる空間である．

集合 X とその上の距離 d の組 (X,d) を距離空間という．

例 1　n 次元ユークリッド空間 $\mathbb{R}^n$ において，$x=(x_1,\cdots,x_n)$, $y=(y_1,\cdots,y_n)$ に対して $d(x,y)=\{\sum_{i=1}^{n}(x_i-y_i)^2\}^{1/2}$ とおくと，$d(x,y)$

は距離を定める．この距離空間 $(\mathbb{R}^n, d)$ はユークリッド空間にほかならない．

例2 区間 $[0,1]$ 上の連続関数の全体からなる集合を $C^0([0,1])$ と書く．このとき $f, g \in C^0([0,1])$ に対して $d(f,g) = \max_{t \in [0,1]} |f(t) - g(t)|$ とおくと，$(C^0([0,1]), d)$ は距離空間である．

例3 他の距離の例として*p 進距離がある．p を素数とし，整数 n, m に対して，$n-m$ が p^d では割り切れるが，p^{d+1} では割り切れないとき，$d(n,m) = p^{-d}$ とおくと，d は距離（p 進距離という）を定め，$(\mathbb{Z}, d)$ は距離空間である．

例4 集合 A の元を文字とする長さ n の語の全体 A^n において $x = (a_1, \cdots, a_n)$，$y = (b_1, \cdots, b_n)$ $(a_i, b_i \in A)$ に対して，$d(x,y) = \sharp\{i \mid a_i \neq b_i\}$ ($a_i \neq b_i$ である i の個数）とおくと距離になる．この距離を*ハミングの距離という．これは，*情報理論において重要な役割を果たす．

距離空間 X の点列 $\{x_n\}_{n=1}^{\infty}$ および点 x に対して，$\lim_{n \to \infty} d(x_n, x) = 0$ であるとき，$\{x_n\}_{n=1}^{\infty}$ は x に収束するといい，$\lim_{n \to \infty} x_n = x$ と記す．このとき，x は点列 $\{x_n\}$ の極限であるともいう．

距離空間 X の点列 $\{x_n\}$ は，
$$\lim_{n, m \to \infty} d(x_n, x_m) = 0$$
が成り立つとき，*コーシー列という．より正確には，任意の正の数 ε に対して $m, n > M$ であれば $d(x_m, x_n) < \varepsilon$ が成り立つような M を見出すことができるとき，点列 $\{x_n\}$ をコーシー列という．これは通常の実数の数列の場合のコーシー列の拡張である．すべてのコーシー列が極限を持つとき，距離空間 X は*完備であるという．ユークリッド空間は完備である．一方，例3の p 進距離空間 $(\mathbb{Z}, d)$ は完備ではない（→p 進数）．例2の $C^0([0,1])$ の距離は，連続関数列が*一様収束すれば極限関数は連続であるので，完備な距離空間である．

距離空間 (X, d) から距離空間 (Y, ρ) への写像 f が $\rho(f(x), f(y)) = d(x, y)$ を満たすとき，f は等距離的あるいは等長的であるという．等距離写像は連続である．

距離空間では距離を使って*近傍や*開集合，*閉集合を定義することができ，*位相空間と考えることができる（→距離の定める位相）．

距離空間の概念や，その上での収束や連続性は，位相空間に一般化される．

距離空間 (X, d) と X の部分集合 Y に対して，d の $Y \times Y$ への制限をやはり d と書くと，(Y, d) は距離空間になる．とくに，n 次元ユークリッド空間の部分集合は距離空間である．

距離づけ可能な空間
metrizable space

距離空間と同相な位相空間のこと．⇒距離化定理

距離の定める位相
topology induced by metric

距離空間 (X, d) の点 x と正数 ε に対して，$U(x, \varepsilon) = \{y \in X \mid d(x, y) < \varepsilon\}$ とおいて，x の ε 近傍あるいは中心が x，半径 ε の球という．$\varepsilon > 0$ と $x \in X$ をすべて動かしたときの $U(x, \varepsilon)$ 全体は，*基本近傍系の性質を満たすから，これにより X は*位相空間になる．

X の点列 $\{x_n\}_{n=1}^{\infty}$ および点 x に対して，$\lim_{n \to \infty} d(x_n, x) = 0$ であるとき，$\{x_n\}_{n=1}^{\infty}$ は x に収束するといい，あるいは，x は点列 $\{x_n\}$ の極限であるといい，$\lim_{n \to \infty} x_n = x$ と記す．

X の部分集合 A が次の性質を満たすとき，*閉集合といわれる．

A に含まれる任意の収束する点列 $\{x_n\}_{n=1}^{\infty}$ について，$\lim x_n = x$ は A に含まれる．

また X の部分集合 B の各点 x に対して，x の ε 近傍が B 内に存在するとき，B は開集合という．閉集合の補集合は開集合であり，その逆も正しい．

X の閉（開）集合の全体は，閉（開）集合の公理を満たす．距離空間は，この位相の下で位相空間と考える．

距離空間は，正規空間（→分離公理）でかつ*第1可算公理を満たす（→距離化定理）．

X の部分集合 Y が有界であるとは，実数の集合 $\{d(x, y) \mid x, y \in Y\}$ が有界であることをいう．一般の距離空間では，有界閉集合がコンパクト集合とは限らない．⇒全有界，コンパクト（集合あるいは位相空間が），アスコリ-アルツェラの定理

ギリシアの数学
Greek mathematics

伝説によれば，紀元前6世紀頃に活躍したと伝えられるタレスがエジプトで測量術を学び，それを幾何学に高めたとされる．また*ピュタゴラスとピュタゴラス教団が紀元前6世紀頃から紀元前4

世紀頃に活躍して，整数の研究に大きく貢献したと伝えられている．この時期のギリシアの数学はエジプト，バビロニアの数学にその多くを負っている．

紀元前4世紀頃からギリシア数学は活発になり，平面幾何学，数論，比例論，無理量論（無理数の理論），立体幾何学が研究され，紀元前3世紀の*エウクレイデス（ユークリッド）の『原論』に集大成された．そこでは，少数の公理から出発して論理に基づき数学を構成していく方法が確立し，『原論』は数学のみならず，その後のヨーロッパの学問の手本と考えられた．

こうした公理に基づき証明を重視する数学はギリシアで初めて登場した．これは古代ギリシア人が哲学に多大の興味を持ち，論証を重視したことと関係する．プラトン哲学が数学のこうした動きを作り出したとする説と，紀元前5世紀に南イタリアのエレアで活躍したパルメニデスとその弟子ゼノンに始まるエレア学派の哲学がその後のプラトン哲学と公理と証明を重視する数学を生んだという説がある．

ヘレニズム時代にはギリシア数学の中心地はアレキサンドリアであり，エウクレイデスもアレキサンドリアで活躍したと伝えられている．活躍した時代がエウクレイデスと重なる*アポロニオスもアレキサンドリアで紀元前230年頃『円錐曲線論』を著し，後世に大きな影響を与えた．シチリア島のシュラクサで活躍した*アルキメデス（287頃-212 B.C.）は静力学的な手法で図形の面積の値を推測し，数学的に厳密に証明し，積分の概念に肉薄した．アレキサンドリアではその後も数学の研究が盛んに行われ，1世紀にはヘロンが活躍し，2世紀の*プトレマイオスは数理天文学の集大成『*アルマゲスト』を著し，3世紀には*ディオファントスが『数論』を著し，不定方程式の理論を展開した．この本は数学史上初めて文字式が登場したことでも名高い．

4世紀にはテオン（Theon, 390頃）がその娘*ヒュパティアとともに『アルマゲスト』の注釈書を完成し，エウクレイデスの著作の注釈書，アポロニオスやディオファントスの注釈書も作った．

アレキサンドリアの数学者によってギリシアの数学書が保存され，その後ビザンツの数学者にその活動は受け継がれていった．また，こうしたギリシアの数学書の多くはアラビア語訳され，アラビアでインドの数学と統合されて，数学の新たな進展の基礎が作られた．

ところで，数学を意味する mathematics の語源はギリシア語「マテーマ」(mathēma)，複数形「マテーマタ」(mathēmata)である．「マテーマ」は本来「学ばれるべきもの」「学問」を意味していた．プラトンの対話篇では「数学」という用語は使われず，「幾何学」，「算術」などと教科名で呼ばれている．→アラビアの数学，エジプトの数学，バビロニアの数学

キリング形式
Killing form

*リー環 $\mathfrak{g}$ の元 X に対して $\mathfrak{g}$ の線形変換 $\mathrm{ad}(X)$ を $\mathrm{ad}(X)(W)=[X,W]$ $(W\in\mathfrak{g})$ と定め（→随伴表現），$B(X,Y)=\mathrm{tr}(\mathrm{ad}(X)\mathrm{ad}(Y))$，$X,Y\in\mathfrak{g}$ とおくと，$B(X,Y)$ は $\mathfrak{g}$ 上の対称双線形形式になる．これを $\mathfrak{g}$ のキリング形式という．各 $Z\in\mathfrak{g}$ に対して $B([X,Z],Y)=B(X,[Z,Y])$ が成立する．$\mathfrak{g}$ が*リー環 $\mathfrak{sl}(N,\mathbb{C})$ であれば $B(X,Y)$ は行列のトレース $\mathrm{tr}(XY)$ の定数倍である．

キリング・ベクトル場
Killing vector field

リーマン多様体 (M,g) 上の滑らかなベクトル場 X が生成する*局所1径数変換群 φ_t が*等長変換からなるとき，X をキリング・ベクトル場という．ベクトル場 X がキリング・ベクトル場であるための必要十分条件は，
$$X(g(Y,Z)) = g([X,Y],Z) + g(Y,[X,Z])$$
がすべてのベクトル場 Y, Z に対して成り立つことである．

ギルサノフ密度
Girsanov density

例えば，$B(t)$ をブラウン運動として確率微分方程式 $dX(t)=dB(t)+b(X(t))dt$, $X(0)=0$ の解 $X(t)$ を考えると，*カメロン-マーティンの公式により，任意の $n\geq 1$, $0\leq t_1<\cdots<t_n\leq T$, 有界連続関数 $f:\mathbb{R}^n\to\mathbb{R}$ に対して，
$$E[f(X(t_1),\cdots,X(t_n))]$$
$$= E[f(B(t_1),\cdots,B(t_n))J_T]$$
が成り立つ．ただし，
$$J_T = \exp\left[\int_0^T b(B(s))dB(s) - \frac{1}{2}\int_0^T b(B(s))^2 ds\right]$$
であり，$dB(s)$ は確率積分とする．この J_T をギ

ルサノフ密度という.

キルヒホフの公式
Kirchhoff's formula

3次元波動方程式
$$\frac{\partial^2 u}{\partial x^2} + \frac{\partial^2 u}{\partial y^2} + \frac{\partial^2 u}{\partial z^2} - \frac{\partial^2 u}{\partial t^2} = f(x,y,z,t)$$
の解に対する*グリーンの公式の類似を指す.

滑らかな境界 $\partial\Omega$ に囲まれた3次元空間の領域 Ω の内部の点を (x_0, y_0, z_0) とし, $r=\sqrt{(x-x_0)^2+(y-y_0)^2+(z-z_0)^2}$, $v(x,y,z)=u(x,y,z,t_0-r)$ とおくとき, 次の公式が成り立つ.

$$u(x_0, y_0, z_0, t_0)$$
$$= \frac{1}{4\pi} \int_{\partial\Omega} \left(v \frac{\partial}{\partial \nu}\left(\frac{1}{r}\right) - \frac{1}{r}\frac{\partial v}{\partial \nu} \right.$$
$$\left. - \frac{2}{r}\frac{\partial r}{\partial \nu}\frac{\partial v}{\partial t_0} \right) dS$$
$$- \frac{1}{4\pi} \int_{\Omega} \frac{1}{r} f(x,y,z,t_0-r) dxdydz.$$

これをキルヒホフの公式という. ここで, dS は境界 $\partial\Omega$ の*面積要素, ν は $\partial\Omega$ の内向き法線(→法線方向)を表す. 右辺の第2項を遅延ポテンシャルという.

キルヒホフの公式を Ω が球 $r \leq t_0$ の場合に適用すれば, $f=0$ の場合の波動方程式の*初期値問題の解
$$u(x_0, y_0, z_0, t_0) = t_0 M_{t_0}(\psi) + \frac{\partial}{\partial t_0}(t_0 M_{t_0}(\varphi))$$
が得られる. ここで
$$u(x,y,z,0) = \varphi(x,y,z),$$
$$\frac{\partial u}{\partial t}(x,y,z,0) = \psi(x,y,z)$$
は $t=0$ での初期値であり,
$$M_{t_0}(g) = \frac{1}{4\pi} \int_{r=t_0} g(x,y,z) dS$$
は*球面平均を表す. これをポアソンの解という.

キルヒホフの法則
Kirchhoff's law

電気回路における基本法則で, 電流則 (Kirchhoff's current law) と電圧則 (Kirchhoff's voltage law) からなる. 回路を*有向グラフ $G=(V,E)$ で表すと, 電流, 電圧は辺の集合 E 上の関数 $i: E \to \mathbb{R}$, $v: E \to \mathbb{R}$ と考えられる. 電流則は, 任意の $x \in V$ においてその点から流出する電流の代数和が0, つまり, $\sum\{i(e)|e$ の始点は $x\} - \sum\{i(e)|e$ の終点は $x\} = 0$, という法則であり, 電圧則は, 任意の閉路 C に沿った電圧の代数和が0, つまり, $\sum\{v(e)|e$ は C に正の向きに含まれる$\} - \sum\{v(e)|e$ は C に負の向きに含まれる$\} = 0$, という法則である.

均衡
equilibrium

平衡点, 平衡解等の平衡は, 経済学などでは均衡という.

近似
approximation

一般に, ある対象物に近いものを指す言葉であるが, 数値に関しては, 真の値に対してそれに近い値を指す. 例えば, 2の平方根 $\sqrt{2}=1.41421356\cdots$ に対する 1.414, 円周率 $\pi=3.14159265\cdots$ に対する 3.14 などである. 仮に1辺の長さが1mの正方形を地面に描いてその対角線の長さを測ったとき 1.435 m という値が得られたとすると, この値は $\sqrt{2}$ m に対する近似値である. ここで 1.435 のうち正しいのは 1.4 の部分であり, 最後の 35 は意味がない. このように, 近似値を表す数字のうち意味のある部分を有効数字といい, 有効数字の桁数を有効数桁という. 上の例では, 有効数字は 1.4, 有効数桁は2桁である. 測定や計算に近似はつきものであり, 例えば, 定積分 $\int_0^1 f(x)dx$ に対する近似には, 台形則 $\left[\sum_{i=1}^{N-1} f\left(\frac{i}{N}\right) + \frac{1}{2}(f(0)+f(1))\right] \Big/ N$ などいろいろなものがある. 近似は, 数値についてだけでなく, 例えば連続関数を多項式で近似する*ワイエルシュトラスの多項式近似定理や*逐次近似を用いて証明される*コーシーの存在と一意性定理(常微分方程式の)のように, 数学のさまざまな場面で現れる重要な概念である.

均質空間　homogeneous space　＝等質空間

近似分数
approximate fraction

無理数を正確に表現するには無限桁の*小数を必要とするが, 実際には無限桁の数を記憶したり計算したりするのは不可能なので, 比較的簡単な*分数で表される近似値を用いると便利なことがある. 例えば, *円周率 $\pi=3.14159\cdots$ の近似値として $22/7$ $(=3.14128\cdots)$ がよく知られている.

このようなものを近似分数という.

与えられた無理数 $x>0$ を近似する有理数列を構成する方法として最も手軽なものは, x を*小数展開し, 展開を途中で打ちきって得られる有理数の列を取ることである. 例えば,
$$x = c_0 + c_1 10^{-1} + c_2 10^{-2} + \cdots$$
(c_i は 0 以上 9 以下の整数)
とするとき,
$$\gamma_n = c_0 + c_1 10^{-1} + c_2 10^{-2} + \cdots + c_n 10^{-n}$$
とおけば,
$$|x - \gamma_n| < 10^{-n}$$
であり, この近似の程度を表す右辺の 10^{-n} は一般にこれよりよくはできない. 一方, x の*連分数展開 $x=[a_0, a_1, a_2, \cdots]$ (a_j は正整数)を考え,
$$\alpha_n = [a_0, a_1, a_2, \cdots, a_{n-1}]$$
とおき, これを*既約分数 p_n/q_n で表せば,
$$|x - \alpha_n| < 1/q_n^2$$
となることが証明できる. p_n/q_n を x の近似分数(列)という.

近似分数の分子, 分母は漸化式
$$p_0 = 1, \quad p_1 = a_0,$$
$$p_n = p_{n-1} a_{n-1} + p_{n-2} \quad (n \geq 2),$$
$$q_0 = 0, \quad q_1 = 1,$$
$$q_n = q_{n-1} a_{n-1} + q_{n-2} \quad (n \geq 2)$$
で定められ, これらの間には
$$p_n q_{n-1} - p_{n-1} q_n = (-1)^n$$
という関係がある. ⇒ ディオファントス近似

近傍
neighborhood

空間 X の点 x を含む X の部分集合 U は, x に「十分近い」 X の点がすべて U に含まれるとき, x の近傍であるという. 例えば, n 次元*ユークリッド空間 $\mathbb{R}^n$ の点 $x=(x_1, \cdots, x_n)$ に対して, U が x の近傍であるとは, $d(x,y)<\varepsilon$ ($d(x,y)$ は x と y の距離)である y がすべて U に含まれるような正の数 ε を見出すことができること, すなわち半径が ε の開球体が U に含まれることを意味する. X が*距離空間の場合も同様に定義できる. X が*位相空間の場合には, x を含む開集合 V で U に含まれるものが存在するとき, U は x の近傍であるという.

近傍系
neighborhood system

位相空間の点 x の近傍全体の集合のことを, x の近傍系という. 逆に, 以下に述べる性質(近傍系の公理)を満たすような近傍系を与えることで, X に位相を与えることができる.

$x \in X$ に対して, X の部分集合の集合 $\mathfrak{U}_x$ が定まっているとする. この $\mathfrak{U}_x$ が, 近傍系の公理を満たすとは, 以下の(1)~(4)が成り立つことをいう.
(1) $U \in \mathfrak{U}_x$, $U \subset V$ ならば, $V \in \mathfrak{U}_x$
(2) $U_1, U_2 \in \mathfrak{U}_x$ ならば, $U_1 \cap U_2 \in \mathfrak{U}_x$
(3) $U \in \mathfrak{U}_x$ ならば, $x \in U$
(4) $U \in \mathfrak{U}_x$ に対して, 「すべての $y \in W$ に対して $U \in \mathfrak{U}_y$」の成立するような $W \in \mathfrak{U}_x$ が存在する.
⇒ 基本近傍系

ク

空間
space

元来はわれわれが住んでいる 3 次元ユークリッド空間のことをいう．より一般に，集合に何らかの構造が与えられ，幾何学的イメージを伴って語られるときも空間と呼ばれる．例えば，ユークリッド空間，線形空間，関数空間，位相空間などがそれに当たる．

偶関数
even function

0 を含む区間 $I=(-a,a)$ で定義された関数 $f(x)$ がすべての $x \in I$ について
$$f(-x) = f(x)$$
を満たすとき $f(x)$ を偶関数,
$$f(-x) = -f(x)$$
を満たすとき奇関数という．言い換えれば，$y=f(x)$ のグラフが y 軸に関して対称な関数が偶関数，原点に関して対称な関数が奇関数である．多変数でも同様に定義される．

空間的
space-like

*ミンコフスキー空間の中のベクトル (x_0, x_1, x_2, x_3) が空間的とは，$x_0^2-x_1^2-x_2^2-x_3^2$ が負であることを指す（ここで光速を 1 と規格化した）．$x_0^2-x_1^2-x_2^2-x_3^2$ が正であるとき，(x_0, x_1, x_2, x_3) は時間的であるという．また，$x_0^2-x_1^2-x_2^2-x_3^2=0$ であるような点の集合を光円錐と呼ぶ．

ミンコフスキー空間の 2 点 P, Q はベクトル $\overrightarrow{PQ}$ が空間的であると，適当な*ローレンツ変換を施すことで，同時刻であるとみなせる．また，$\overrightarrow{PQ}$ が時間的であると，適当なローレンツ変換を施すことで，同じ位置にあるとみなせる．→ 時間的

空事象
empty event

確率論において，「何も起こらない」という事象のことをいう．空事象は全事象の余事象である．

空集合
empty set

自然数について 0 を考えたように，集合についても，元(要素)を 1 つも持たないものも集合と考えると扱いやすい．これを空集合という．なお，空集合の記号 $\emptyset$ は，もともとゼロ記号 0 (または O) と記号 / の合成であり，ギリシア小文字 ϕ と混同しやすいので注意する必要がある．例えば，2 つの集合 A, B が共通の元を持たないとき，A, B の*共通部分は空集合である，すなわち，$A \cap B = \emptyset$.

偶然量
chance variable

偶然現象から決まる量のことをいう．今日では，数学的な場合には確率変数(random variable)ということが普通である．ロシア語やフランス語では両者の隔たりは小さい．

偶置換
even permutation

符号が正の置換のこと(→ 符号(置換の))．すなわち，偶数個の互換の積で表せる置換が偶置換である．n 文字の置換全体のなす群の中で，偶置換全体は指数 2 の部分群をなす(→ 交代群)．

区間
interval

数直線 $\mathbb{R}$ の部分集合で，次の形のものを区間という．$a<b$ とするとき，
$[a,b]=\{x\in\mathbb{R} \mid a\leqq x\leqq b\}$ (閉区間)，
$[a,b)=\{x\in\mathbb{R} \mid a\leqq x<b\}$ (半開区間)，
$(a,b]=\{x\in\mathbb{R} \mid a<x\leqq b\}$ (半開区間)，
$(a,b)=\{x\in\mathbb{R} \mid a<x<b\}$ (開区間)，
$(-\infty,a]=\{x\in\mathbb{R} \mid x\leqq a\}$,
$(-\infty,a)=\{x\in\mathbb{R} \mid x<a\}$,
$[a,\infty)=\{x\in\mathbb{R} \mid x\geqq a\}$,
$(a,\infty)=\{x\in\mathbb{R} \mid x>a\}$,
$(-\infty,\infty)=\mathbb{R}$.
なお $(-\infty,a)$, (a,∞), $(-\infty,\infty)$ も開区間という．

区間解析
interval analysis

計算機内の数値計算は有限桁演算に基づく近似計算である．例えば，10 進 3 桁演算では，$x=\pi \,(=3.14159\cdots)$ と $y=e \,(=2.71828\cdots)$ の積は $x \cdot y \cong 3.14 \times 2.72 \cong 8.5408 \cong 8.54$ のように計算される．この計算結果から，πe の真の値は 8.54

に近いであろうと期待されるが，その近さについて厳密な推論(不等式評価)ができるわけではない．区間解析は有限桁演算に基づく近似計算を用いながら誤差の厳密な限界を得るための手法であり，実数 x をそれを含む区間 X で表現し，すべての演算を区間に対する演算(区間演算)で置き換える．例えば，区間 $X=[\underline{x}, \overline{x}]$ と区間 $Y=[\underline{y}, \overline{y}]$ の積を $Z=[\underline{z}, \overline{z}]$ とすると，$\underline{z}=\min\{\underline{x}\,\underline{y}, \overline{x}\,\overline{y}, \underline{x}\,\overline{y}, \overline{x}\,\underline{y}\}$, $\overline{z}=\max\{\underline{x}\,\underline{y}, \overline{x}\,\overline{y}, \underline{x}\,\overline{y}, \overline{x}\,\underline{y}\}$ と定義される．区間解析は*精度保証付き数値計算の基礎技術となっている．

区間縮小法
property of nested intervals

「*閉区間の減少列は共通点を含む」という定理をいう．あるいは，これが定理になるように，次のようにして有理数から実数を構成する方法をいう．

有理数 a_n, b_n を端点とし，有理数を元とする区間の列 $I_n=\{x\in\mathbb{Q}\mid a_n\leq x\leq b_n\}$ $(n=1, 2, \cdots)$ で，

(1) $I_n \supset I_{n+1}$,
(2) $b_n-a_n\to 0$ $(n\to\infty)$

を満たすもの全体に，次の*同値関係 $\sim$ を入れる：$\alpha=\{[a_n, b_n]\}$, $\beta=\{[a'_n, b'_n]\}$ に対して，$[a_n, b_n]\cap[a'_n, b'_n]\neq\emptyset$ がどの n に対しても成り立つとき，しかもそのときに限って $\alpha\sim\beta$ とする．すると，その同値類全体の集合には，四則演算や大小関係が定まる．これを実数の集合と定義する．

区間力学系
interval dynamics

例えば，$0\leq a\leq 4$ のときの $f_a(x)=ax(1-x)$, $x\in[0,1]$ のように，有界閉区間からそれ自身への連続写像 f が定める力学系を区間力学系という．区間力学系は，一見して単純な力学系であるが，例えば次の例のような豊富で美しい構造を持つことが知られている．

例1 シャルコフスキー順序 下記の順序 $<$ に関して $n<m$ のとき，f が m 周期の周期点 x を持てば，n 周期の周期点 y も存在する．

$3>$	$5>$	$7>\cdots\cdots$	3 以上の奇数
$>$	$6>10>14>\cdots\cdots$		$2\times(3$ 以上の奇数$)$
$>12>20>28>\cdots\cdots$			$2^2\times(3$ 以上の奇数$)$
$>24>40>56>\cdots\cdots$			$2^3\times(3$ 以上の奇数$)$
$\cdots\cdots$			$\cdots\cdots$
$\cdots\cdots$	$>4>2>1$		2 のべき

例2 カオス f が2のべきでない周期点を持てば，カオス的である．より詳しくいえば，共通部分をもたず空でない2つの開部分区間 I, J が存在して，変換 f を適当な回数繰り返した変換 $f^p=f\circ f\circ\cdots\circ f$ に関して，$f^p(I)\supset I\cup J$, $f^p(J)\supset I\cup J$ が成り立つ．ただし，カオスは潜在して観測できないこと，つまり，ルベーグ測度に関してほとんどすべての点から出発した軌道が安定な周期点に収束することもある．

例3 臨界現象 上の f_a のように，左右対称な解析関数の族に対しては，2^n 周期の周期点が初めて出現するパラメータ値を $a=a_n$, その集積点を $a_\infty=\lim_{n\to\infty} a_n$ とすると，$a_\infty-a_n\sim C\delta^{-n}$ $(n\to\infty)$ が成り立つ(ことがランフォード(O. Lanford)の計算機援用証明により確信されている)．ここで，C は関数族 f_a に依存して決まる定数であるが，$\delta=4.669\cdots$ は f_a に依らない普遍定数である．

なお，f が区分的に連続な場合も，区間力学系ということがあり，その場合も，適当なクラスを指定すればそれぞれのシャルコフスキー順序が存在することが知られている．

茎
stalk

空間 X 上の*層 $\mathcal{F}$ の切断のある1点 p での*芽全体を集めたものを $\mathcal{F}_p$ と書き，茎と呼ぶ．$\mathbb{C}^n$ 上の正則関数のなす層の1点0での茎は，*収束べき級数環 $\mathbb{C}\{x_1, \cdots, x_n\}$ と同一視できる．

ここで，$\mathcal{F}$ の切断の点 p での芽とは，p の開近傍 U と $s\in\mathcal{F}(U)$ の組 (U, s) の，次の同値関係に関する同値類をいう．$(U, s)\sim(V, t)$ とは，p の開近傍 W があり，$W\subset U\cap V$ かつ s, t の W への制限が一致する ($i_{U,W}s=i_{V,W}t$) ことをいう．言い換えると*帰納的極限 $\lim_{p\in U}\mathcal{F}(U)$ が茎である．

$\mathcal{F}$ が環(群)の層であれば，その茎 $\mathcal{F}_p$ は環(群)になる．また，$\mathcal{G}$ が環の層 $\mathcal{F}$ 上の加群の層であれば，$\mathcal{G}_p$ は $\mathcal{F}_p$ 加群になる．

茎全体を集めたもの $\mathcal{F}=\bigcup_p \mathcal{F}_p$ には，位相が定まり，$\mathcal{F}_p$ の元 p を対応させる写像 $\pi:\mathcal{F}\to X$ は次の性質を持つ．

(∗) 任意の $x\in\mathcal{F}$ に対して，x の近傍 W と $\pi(x)$ の近傍 U が存在して，π は W と U の間の同相写像を与える．

逆に，(∗)を満たすような位相空間の間の写像 $\pi:\mathcal{F}\to X$ のことを X 上の層という，として層を

定義する流儀もある．→層

くさび
cusp

平面から平面への写像の典型的な特異点の１つである．

$\mathbb{R}^2$ から $\mathbb{R}^2$ への写像 F を原点の近くで局所的に考える．F が定義域と値域の変数変換で $F(x_1, x_2)=(x_1, x_1^3-x_1x_2)$ とできるとき，くさび（あるいはカスプ）という．F のヤコビ行列が可逆でないような点 (x_1, x_2) は，$x_1=3x_2^2$ であり，その F による像は図のようなくさびの形をしている（正確には F の原点での*芽のことをくさびという）．

ホイットニー(H. Whitney)は $\mathbb{R}^2$ から $\mathbb{R}^2$ への写像は，少し変形することにより，各点の近くで，くさび，*折り目のどちらかの特異点しか持たないようにできることを示した．これが微分可能写像の特異点の研究の始まりであった．

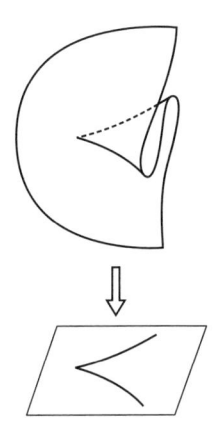

屈折の法則
law of refraction

光学における基本法則でスネルの法則ともいう．異なる媒質を通過する光の進行に関する法則が屈折の法則である．1620 年，オランダのスネル(W. R. Snell)が，水中の物体が浮かび上がって見える現象について発見した法則で，*デカルトは，これを「入射角 θ_1 と屈折角 θ_2 との正弦の比 $\sin\theta_1/\sin\theta_2$ が一定である」という形に表現した(1637)．

*フェルマは，「光線は所要時間が最小となる経路をとる」という原理をおいて，屈折の法則を導いた(1662)(→ フェルマの原理)．

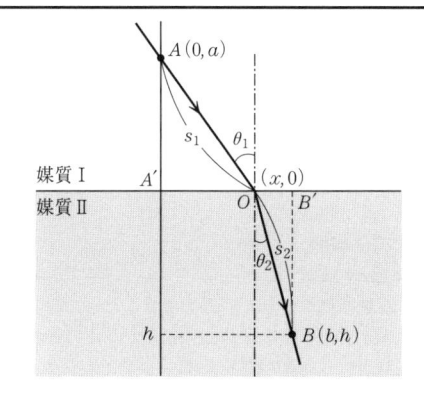

フェルマによる屈折の法則の証明は，通常の関数の*極値問題に帰着する．実際，$A=(0,a)$, $O=(x,0)$, $B=(b,h)$ とし，c,v をそれぞれ媒質Ⅰ, Ⅱの中での光の速度とするとき，AOB を光が通過するのに要する時間 $T=T(x)$ は

$$T(x) = \frac{s_1}{c} + \frac{s_2}{v}$$
$$= \frac{\sqrt{a^2+x^2}}{c} + \frac{\sqrt{h^2+(b-x)^2}}{v}$$

となり，

$$\frac{dT}{dx} = \frac{x}{cs_1} - \frac{b-x}{vs_2}$$
$$= \frac{\sin\theta_1}{c} - \frac{\sin\theta_2}{v} = 0$$

から，$\sin\theta_1/\sin\theta_2=c/v$ を得る．

区分求積法

円の面積を小さな扇形に区分して求めるのも区分求積法の一種であるが，一般には，区間上で連続関数 $f(x)$ の積分(定積分)を求めるとき，その区間を小区間に分割して，それぞれの小区間で $f(x)$ の値を定数と見て近似値を求めること，あるいは，その極限として積分値を求める手法をいう．小区間は同じ幅にとることが多いが，幅を変える方が都合のよいこともある．

19 世紀中葉にコーシーやリーマンにより，これ

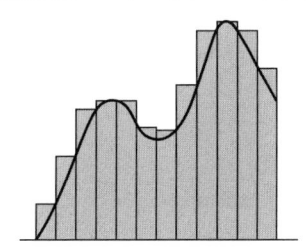

が積分の本質であることが認識され，以後，この考えで積分が定義され，微分積分学の基本公式が定理として確立された． → リーマン積分

区分的に C^r 級　piecewise C^r class → 区分的に滑らか

区分的に線形
piecewise linear
1変数関数が区分的に線形であるとは，定義域の区間が有限個の小区間に分割され，それぞれの小区間上で1次関数になっていることをいう．通常は定義域全体で連続な関数を考えるが，このとき区分的に線形な関数のグラフは折れ線になる．多変数関数に対しても，区分的線形性の概念を定義することができる．

区分的に滑らか
piecewise smooth
*滑らかな関数を有限個つないで得られる関数を指していう．すなわち，関数 f が $[a,b]$ 上連続で，適当に選んだ分点 $a=x_0<x_1<\cdots<x_n=b$ に対し各区間 $[x_{i-1}, x_i]$ で滑らかであるとき，f は区分的に滑らかであるという．同様に，各区間で C^r 級のとき，区分的に C^r 級であるという．

区分的に連続
piecewise continuous
区間上の関数について，有限個の点を除いて連続なことをいう．ただし，その有限個の不連続点がすべて跳躍点であることを要請することも多く，注意を要する． → 第1種不連続点

組合せ
combination
狭義には，n 個のものから k 個を選ぶときの選び方の総数 $n!/(k!(n-k)!)$ のことをいう．${}_nC_k$ または $\binom{n}{k}$ と表す．一般に，*順列なども含めて，有限個のものから有限個のものを取り出したり，並べたりして*数え上げること，あるいはその数を総称して組合せといい，この種のものを扱う数学を*組合せ論(combinatorics)という．

組合せ最適化
combinatorial optimization
組合せ的な条件を制約にもつ最適化問題を指す．典型例としては，ネットワーク問題(*最大流問題，*最短路問題)，*スケジューリング問題，*集合被覆問題，論理式の*充足可能性問題などがある．産業界などの現実の問題を定式化すると組合せ最適化問題(を一部に含む問題)となることが多く，実用上も重要である．ネットワーク問題のように非常に効率良く解ける問題も稀にあるが，多くのものには効率的な解法が知られておらず，*分枝限定法を用いたり，発見的工夫を組み合わせて近似解を求めたりする． → オペレーションズ・リサーチ

組合せ論
combinatorics
離散数学の一分野で，組合せ数学(combinatorial mathematics)ともいう．有限集合の部分集合で，与えられた性質を持つものを構成したり，そのようなものの個数を数えたりする．組合せ論の対象と方法は多岐に渡り，論理回路の設計や実験計画などに応用される． → 組合せ最適化，数え上げ，グラフ理論，デザイン，ラテン方陣，オイラー方陣，包除原理

組立除法
synthetic division
多項式 $a_0x^n+a_1x^{n-1}+\cdots+a_{n-1}x+a_n$ を $x-\alpha$ で割ったときの商 $Q(x)$ と余り R を求める方法である．第1行目に係数 $a_0, a_1, \cdots, a_n$ を並べ，以下のような配列を作って，$b_0, b_1, \cdots, b_n$ を順に計算していくと，商は $Q(x)=b_0x^{n-1}+\cdots+b_{n-1}$，余りは $R=b_n$ となる．

a_0	a_1	a_2	$\cdots$	a_{n-1}	a_n
	$b_0\alpha$	$b_1\alpha$	$\cdots$	$b_{n-2}\alpha$	$b_{n-1}\alpha$
b_0	b_1	b_2	$\cdots$	b_{n-1}	b_n

配列の作り方：最初に $b_0=a_0$ としてから，$m=0, 1, \cdots, n-1$ に対して順に，b_m の α 倍をその右斜め上に記入し，それとすぐ上の a_{m+1} との和 $a_{m+1}+b_m\alpha=b_{m+1}$ をその真下に記入する．

組み紐
braid
平面内を，n 個の点が互いに交わらないように動いていて，その時刻 $t(0\leq t\leq 1)$ での位置が $p_1(t),\cdots,p_n(t)$ であるとし，$\{p_1(0),\cdots,p_n(0)\}=\{p_1(1),\cdots,p_n(1)\}$ なるものを組み紐という．このとき，3次元空間内の集合 $\{(p_i(t),t)\in\mathbb{R}^3 | t\in[0,1],\ i=1,\cdots,k\}$ で，$(p_i(0),0)$ と $(p_i(1),1)$ を図1のようにつなぐと*絡み目になる．

点の数が n である組み紐の全体に同値関係を，組み紐であるという性質を保った連続変形で移り合うものは同値，として定義する．この同値関係による同値類全体は，図2のような組み紐の合成を積として群をなす．これを組み紐群という．組み紐群はアルチン(E. Artin)によって次のように計算された．組み紐群の*生成元は図3のような2本を入れ替える組み紐 σ_i で，それらの間の基本関係式(→群の表示)は，$\sigma_i\sigma_{i+1}\sigma_i = \sigma_{i+1}\sigma_i\sigma_{i+1}$, $\sigma_i\sigma_j = \sigma_j\sigma_i$ ($|i-j| \geq 2$) である．

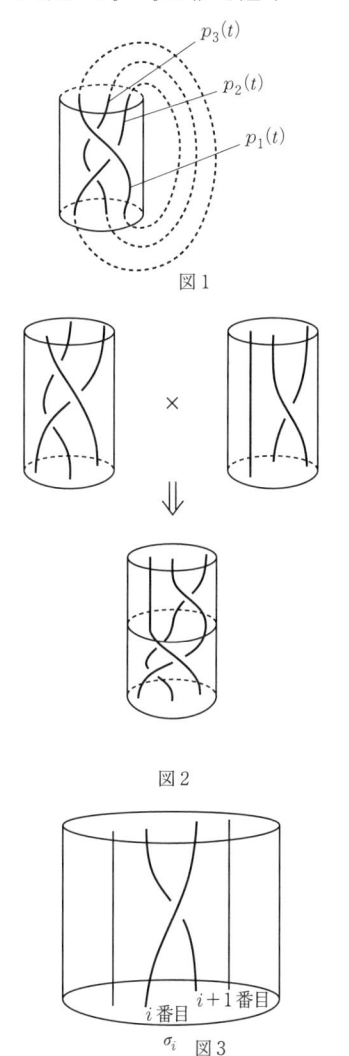

図1

図2

図3

位取りの原理

principle of location

記数法の1つであるn進法において，零を表す記号を含む n 個の記号を並べて数を表すときの規則．記号の位置(位)によって右から順に n 倍ずつ値が違うという約束のことである．⇒記数法

クライン
Klein, Felix

1849-1925 ドイツの数学者．多くの数学の分野の発展に貢献．中でも，幾何学が目指す理念的計画を群とのかかわりを強調して述べた講演は，「*エルランゲン・プログラム」として歴史的意義がある．保型関数の研究で*ポアンカレとの間で熾烈な競争が行われた結果，精神的に消耗し，それを癒すために書いた『正20面体群』は古典的名著になっている．また，19世紀数学を俯瞰した『19世紀数学の発展』も著した．ゲッチンゲン大学の教授として数学教育と行政面にも手腕を発揮し，ゲッチンゲン大学を世界の数学の中心地にするのに大きく貢献した．数学の初等・中等教育の改革にも積極的に発言して20世紀の世界の数学教育改革にも大きく貢献した．ICMI(国際数学教育委員会)はクラインの数学教育への業績を記念して，2003年にフェリックス・クライン賞を制定した．

クラインの壺
Klein bottle

図で表される曲面(*自己交叉は3次元の空間に置くためにできているだけで，クラインの壺そのものは自己交叉を持たない)で，向き付け可能でない閉じた曲面の典型例である．2つの*実射影平面の*連結和はクラインの壺に同相である．

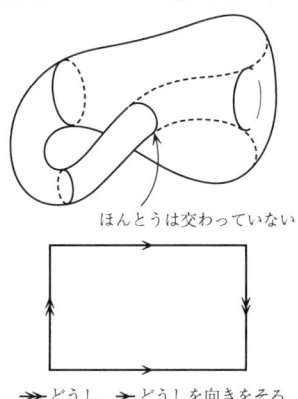

ほんとうは交わっていない

➡どうし，→どうしを向きをそろえて貼り合わせるとクラインの壺

グラスマン座標　Grassmannian coordinates → プリュッカー座標

グラスマン代数
Grassmann algebra
*外積代数のこと．ドイツの数学者グラスマンによって導入されたので，グラスマン代数とも呼ばれる．

グラスマン多様体
Grassmann manifold
$F=\mathbb{R}$ または $\mathbb{C}$ とする，n 次元線形空間 F^n の k 次元線形部分空間全体を $Gr(n,k)$ により表し，グラスマン多様体と呼ぶ．$F=\mathbb{R}$ の場合は，グラスマン多様体は $k(n-k)$ 次元の滑らかな多様体になり，$F=\mathbb{C}$ の場合は，*複素多様体になる．一般の体の場合にも同様に定義され射影代数多様体になる．$k=1$ のときの $Gr(n,1)$ は*射影空間である．
一般線形群 $GL(n,F)$ の元 g と $L\in Gr(n,k)$ に対して，$gL=\{g\boldsymbol{x}\,|\,\boldsymbol{x}\in L\}$ とおくことで，$GL(n,F)$ は $Gr(n,k)$ に*推移的に作用する．$F=\mathbb{R}$ または $\mathbb{C}$ のときグラスマン多様体は*対称空間になる．

クラトフスキーの定理　Kuratowski's theorem →
平面グラフ

グラフ（関数の）
graph
*関数 $y=f(x)$ に対し座標平面に点 $(x,f(x))$ からなる集合を図示したものをいう．$f(x)$ が定義されていない x には，対応するグラフの点はない．2変数関数 $z=f(x,y)$ のグラフは，3次元空間内の曲面 $\{(x,y,z)\,|\,z=f(x,y)\}$ である．

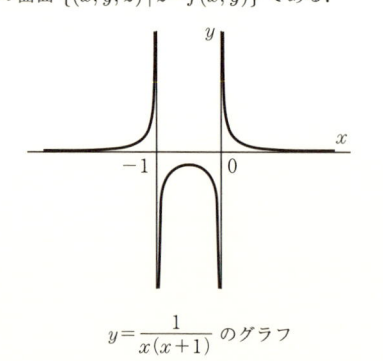

$y=\dfrac{1}{x(x+1)}$ のグラフ

グラフ（グラフ理論の）
graph
頂点と辺からなる図のような構造をグラフと呼び，辺に向き（矢印）を考えるとき有向グラフ（(D1), (D2)），向きを考えないとき無向グラフ（(U1), (U2)）という．グラフの概念は，物と物の関係を表現するための基本的な道具として応用上も重要であり，工学や社会科学などにおいても多用される．そのため，それぞれの分野で異なった用語が用いられ，頂点のことを点，節点，辺のことを線，枝と呼ぶこともある．
頂点の数が有限であるグラフを有限グラフ，無限であるグラフを無限グラフという．

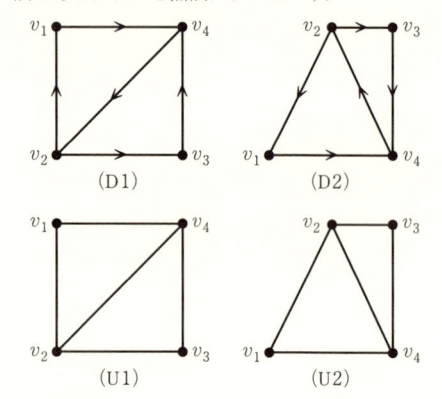

(D1)　(D2)
(U1)　(U2)

有向グラフは，頂点集合 V と辺集合 A の組 (V,A) で，各辺 $a\in A$ にはその始点と終点と呼ばれる頂点が与えられたものである．また，相異なる辺の列 $a_1, a_2, \cdots, a_n$ は，各 $i=1,2,\cdots,n-1$ について a_i の終点が a_{i+1} の始点のとき，道といい，a_1 の始点をこの道の始点，a_n の終点をこの道の終点という．グラフ (V,A) において，共通の始点と終点を持つ辺（*多重辺）が無い場合は，辺集合 A は $V\times V$ の部分集合と考えてよい．さらに，始点と終点が同じ辺（*自己閉路）も無い場合，(V,A) は単純グラフ（または組合せ的グラフ）という．単純有向グラフの構造は，頂点と辺のつながり方を表す行列（*接続行列）や，頂点と頂点を結ぶ辺の有無を表す行列（*隣接行列）で表すことができる．有向グラフで辺の向きを無視すれば無向グラフが得られる．無向グラフでは，辺の始点と終点を区別せず，合わせて端点という．
また，1つの頂点 $v\in V$ を端点とする辺の数を v の次数といい，次数が頂点によらず一定のグラフを正則グラフと呼ぶ．逆に，無向グラフの各辺に向きを与えれば有向グラフが得られる．グラフ

においては頂点と辺のつながり方(接続関係)だけを問題とするので,例えば(D1)と(D2)は同じ有向グラフ,(U1)と(U2)は同じ無向グラフと考える.(無向)グラフは 1 次元*単体複体である. → グラフ理論,木,極大木,有向木,正則木,完全グラフ,2 部グラフ,完全 2 部グラフ,平面グラフ,双対グラフ,オイラー・グラフ,パーフェクト・グラフ,非巡回グラフ,部分グラフ,無閉路グラフ,補グラフ,線グラフ,ラベル付きグラフ,ケーニヒスベルグの橋の問題,巡回セールスマン問題,割当問題,マッチング,メンガーの定理,ケイリー・グラフ,離散ラプラシアン

グラフ(写像の)　graph　→ 写像

グラフ(線形作用素の)
graph
*バナッハ空間 X から Y への*線形作用素 T の定義域を $D(T)$ とするとき,直積空間 $X \times Y$ の部分集合 $G(T)=\{(x, Tx)|x \in D(T)\}$ を T のグラフという. → 閉作用素

グラフ彩色問題　graph coloring problem　→ 彩色

グラフ理論
graph theory
頂点と辺からなる構造である*グラフの数学的性質を研究する分野であり,*ケーニヒスベルグの橋の問題がその出発点とされる.グラフ理論では,辺や道の存在(連結性)に関する問題(*メンガーの定理,*マッチング,*オイラー閉路,*ハミルトン閉路),平面や曲面への埋め込みに関する問題(*平面グラフ),彩色に関する問題(*彩色,*パーフェクト・グラフ),部分グラフの存在に関する問題(*ラムゼー理論)などが論じられる.グラフ理論は,電気回路網理論,システム理論,オートマトン理論,*オペレーションズ・リサーチなどさまざまな分野に応用される.

グラム-シュミットの直交化法
Gram-Schmidt's orthogonalization method
→ シュミットの直交化法

クラメールの公式
Cramer's formula
未知数と方程式の数が同じ連立 1 次方程式

$$a_{11}x_1 + a_{12}x_2 + \cdots + a_{1n}x_n = u_1$$
$$a_{21}x_1 + a_{22}x_2 + \cdots + a_{2n}x_n = u_2$$
$$\cdots\cdots$$
$$a_{n1}x_1 + a_{n2}x_2 + \cdots + a_{nn}x_n = u_n$$

の,*行列式を用いた解の公式.係数を成分とする行列 $A=[a_{ij}]$ の行列式が 0 と異なるとき,上の連立方程式の解は

$$x_i = \frac{\begin{vmatrix} a_{11} & a_{12} & \cdots & u_1 & \cdots & a_{1n} \\ a_{21} & a_{22} & \cdots & u_2 & \cdots & a_{2n} \\ \vdots & \vdots & & \vdots & & \vdots \\ a_{n1} & a_{n2} & \cdots & u_n & \cdots & a_{nn} \end{vmatrix}}{\begin{vmatrix} a_{11} & a_{12} & \cdots & a_{1i} & \cdots & a_{1n} \\ a_{21} & a_{22} & \cdots & a_{2i} & \cdots & a_{2n} \\ \vdots & \vdots & & \vdots & & \vdots \\ a_{n1} & a_{n2} & \cdots & a_{ni} & \cdots & a_{nn} \end{vmatrix}}$$

$(i=1, 2, \cdots, n)$ により与えられる.これをクラメールの公式という.この公式は理論上有用であるが,実際に解を求めるには迂遠である.未知数と方程式の数が一致するとは限らない一般の連立方程式を解くには,消去法や*掃き出し法を用いるのが実用的である.

クラメール-ラオの不等式
Cramér-Rao's inequality
母数(パラメータ) $\theta=(\theta_1, \cdots, \theta_p)$ を持つ確率密度関数 $f(x, \theta)$ を想定して,これに従う n 個の独立な確率変数の実現値に基づいて母数 $\gamma(\theta)$ を推定することを考える.*フィッシャー情報行列 $I=[I_{ij}]$ (ただし, $i, j = 1, \cdots, p$) の逆行列を $J=[J_{ij}]$ (ただし, $i, j = 1, \cdots, p$) とすると,期待値が $\gamma(\theta)$ に一致するようなどんなうまい推定方式を考えても,その分散は

$$\frac{1}{n} \sum_{i=1}^{p} \sum_{j=1}^{p} J_{ij} \frac{\partial \gamma}{\partial \theta_i} \frac{\partial \gamma}{\partial \theta_j}$$

以上になる.これをクラメール-ラオの不等式という. → フィッシャー情報行列

クリーク
clique
グラフの頂点集合の部分集合であって,その中のどの 2 頂点も辺で結ばれているものをクリークという.クリークによって誘導される部分グラフ(*頂点誘導部分グラフ)は完全グラフであるが,そのことをクリークと呼ぶこともある.与えられたグラフに含まれるクリークの大きさ(頂点数)の最大値をそのグラフのクリーク数という. → パーフェクト・グラフ

くりこみ群
renormalization group

もとは統計力学における相転移の理論で生まれた概念で, 臨界現象の起こる場合に(長距離相関を示す代表的な長さをもとに)スケール変換を施す(くりこむ)と物理量の間に普遍的な関係が観察される. このとき自然に現れる相似変換群などをくりこみ群という. この視点から見ると, 確率論における中心極限定理は相似変換についてのくりこみに関する普遍法則である. また, 複素力学系の理論などでもこの概念が数学として有効に利用されている. 場の量子論における発散の困難に対する処方箋であるくりこみの研究でも重要である.

クリストッフェルの記号
Christoffel's symbol

接続の局所座標系による表示に現れる記号のことをいう. ∇ を(接ベクトル束の)*接続としたとき, 局所座標系 $(x^1,\cdots,x^n)$ をとり,
$$\nabla_{\frac{\partial}{\partial x^i}}\frac{\partial}{\partial x^j}=\sum_{k=1}^n \Gamma_{ij}^k \frac{\partial}{\partial x^k}$$
で Γ_{ij}^k を定義する. この Γ_{ij}^k が ∇ に対するクリストッフェルの記号である. $\begin{Bmatrix} k \\ ij \end{Bmatrix}$ とも書かれる(→ レヴィ・チヴィタ接続).

グリーン関数(常微分方程式の)
Green's function

例えば微分方程式 $d^2x/dt^2=f$ は境界条件 $x(0)=x(1)=0$ の下にただ 1 つの解を持ち,
$$Gf(t)=\int_0^1 G(t,s)f(s)ds,$$
$$G(t,s)=\begin{cases} s(t-1) & (t\geqq s) \\ t(s-1) & (t\leqq s) \end{cases}$$
とおけば解は $x=Gf$ と表される. このように, 微分作用素 L に対する境界値問題
$$Lx=f, \quad x(a)=0, \quad x(b)=0$$
の解が, 積分作用素 G を用いて
$$Gf(t)=\int_a^b G(t,s)f(s)ds$$
と書けるとき, 核関数 $G(t,s)$ を境界値問題のグリーン関数という.

境界値問題
$$Lx+\lambda x=f, \quad x(a)=x(b)=0$$
はそれと同値な積分方程式
$$x+\lambda Gx=Gf$$
に書き換えると取り扱いやすくなる. グリーン関数の概念は偏微分方程式に対しても拡張される.

グリーン関数(偏微分方程式の)
Green's function

偏微分方程式の*境界値問題の解の積分表示に現れる核関数. 例えば, $\mathbb{R}^n$ の有界な閉領域 D における*ラプラス方程式の*ディリクレ境界値問題
$$\Delta u=f \quad (x\in D), \quad u=0 \quad (x\in \partial D)$$
の解は, 境界 ∂D が滑らかならば, ある核関数 $G(x,y)$ を用いて $u(x)=\int_D G(x,y)f(y)dy$ と表示できる. この $G(x,y)$ が上の境界値問題のグリーン関数である. $G(x,y)$ は $x,y\in D, x\neq y$ で定義され, 以下の性質(1)-(3)を満たす関数として特徴づけられる.

(1) 変数 x に関し D の内部で $\Delta_x G(x,y)=0$ を満たす.

(2) $x\in \partial D$ のとき $G(x,y)=0$.

(3) $G(x,y)-E(x-y)$ は $x=y$ の近傍で滑らかな関数.

ここで Δ_x は変数 x に関する*ラプラシアン, また
$$E(x)=\begin{cases} \dfrac{1}{2\pi}\log|x| & (n=2) \\ -\dfrac{1}{2(n-2)\omega_n}\dfrac{1}{|x|^{n-2}} & (n\geq 3) \end{cases}$$
はラプラス方程式の*基本解(偏微分方程式の)を表す(ω_n は $n-1$ 次元単位球面の面積). 条件(3)は*超関数として $\Delta_x G(x,y)=\delta(x-y)$ が成り立つことを意味している.

グリーンの公式
Green's formula

xy 平面における有界領域 D の境界 ∂D が滑らかな閉曲線であるとき, C^1 級の関数 $P(x,y), Q(x,y)$ に対して
$$\iint_D \left(\frac{\partial Q}{\partial x}-\frac{\partial P}{\partial y}\right)dxdy$$
$$=\int_{\partial D}(P\,dx+Q\,dy)$$
が成り立つ. ただし ∂D には D の内部を左手に見る*向き(正の向き)をつけ, 右辺は ∂D に沿う*線積分を表す. これをグリーンの公式という. グリーンの公式は領域内部での積分と境界での積分の関係を述べたもので, 微分積分学の基本定理
$$\int_a^b F'(x)dx=F(b)-F(a)$$

の2次元版と位置づけられる.

また u, v を C^2 級の関数とし, $\operatorname{grad} u$, Δu をそれぞれ勾配ベクトルおよびラプラシアンとするとき, グリーンの公式で $P=-u\partial v/\partial y$, $Q=u\partial v/\partial x$ とおけば

$$\iint_D \operatorname{grad} u \cdot \operatorname{grad} v \, dxdy$$
$$= \int_{\partial D} u \frac{\partial v}{\partial n} ds - \iint_D u\Delta v \, dxdy,$$

また u, v の役割を取り替えた式を差し引くと

$$\iint_D (u\Delta v - v\Delta u) dxdy$$
$$= \int_{\partial D} \left(u\frac{\partial v}{\partial n} - v\frac{\partial u}{\partial n} \right) ds$$

が得られる. ここで $\partial v/\partial n$ は境界上での外向き法線方向の微分を表す. これらの式もグリーンの公式(あるいはグリーンの定理)と呼ばれる.

グリーンの公式はさらに3次元の領域や一般の*多様体に拡張される. ⇒ 発散(ベクトル場の), ストークスの定理

グリーンの定理　Green's theorem　⇒ グリーンの公式

久留島義太　くるしまよしひろ

Kurusima, Yosihiro

?-1757　江戸中期の独創的な数学者. *オイラーの関数や行列式の*ラプラス展開を彼ら以前に発見, 今日の言葉を使えば区間を2分して関数の極大極小を求める方法など, 優れた業績をあげた. 極貧で数学と酒以外には関心を示さなかったとも伝えられている. 自らは著作を残さず, 残された業績は弟子の記したものである. また, 『久留島喜内詰手百番』は詰め将棋の傑作として名高い.

クルル次元

Krull dimension

可換環 R の素イデアルの減少列(鎖という)

$$\mathfrak{p}_0 \supsetneq \mathfrak{p}_1 \supsetneq \mathfrak{p}_2 \supsetneq \cdots \supsetneq \mathfrak{p}_n$$

の長さ n の最大値を R のクルル次元, あるいは R の次元という. このとき鎖に現れるイデアルは $n+1$ 個であることに注意する. 例えば整数環 $\mathbb{Z}$ のクルル次元は1であり, 体 F 上の n 変数多項式環 $F[x_1, \cdots, x_n]$ のクルル次元は n である. ⇒ 高さ

グレゴリー-ニュートンの公式

Gregory-Newton's formula

微分法のテイラーの公式に対応する差分法の公式をいう.

h を正の定数とし, 滑らかな関数 $f(x)$ に対して

$$\Delta f(x) = f(x+h) - f(x),$$
$$\Delta^n f(x) = \Delta(\Delta^{n-1}f)(x) \ (n=2,3,4,\cdots)$$

と定めると次の公式が成り立つ.

$$f(x) = f(a) + \frac{\Delta f(a)}{h} \frac{x-a}{1!}$$
$$+ \frac{\Delta^2 f(a)}{h^2} \frac{(x-a)^{(2)}}{2!} + \cdots$$
$$+ \frac{\Delta^n f(a)}{h^n} \frac{(x-a)^{(n)}}{n!} + R_n.$$

ただし $(x-a)^{(n)}=(x-a)(x-a-h)\cdots(x-a-(n-1)h)$. R_n は剰余項で, $a<\xi<x$ を満たす適当な実数 ξ により

$$R_n = \frac{f^{(n+1)}(\xi)}{(n+1)!}(x-a)^{(n+1)}$$

と表される. 特に $f(x)$ が n 次以下の多項式の場合には $R_n=0$ である. また $h \to 0$ の極限でテイラーの公式が得られる. ⇒ 前進差分法, テイラーの定理(1変数)

クレブシュ-ゴルダン係数　Clebsch-Gordan coefficient　⇒ クレブシュ-ゴルダンの規則

クレブシュ-ゴルダンの規則

Clebsch-Gordan rule

$SL(2,\mathbb{C})$ のテンソル積表現(→ 表現のテンソル積)を既約分解する規則である. 例えば2次元の既約表現 $V=\mathbb{C}^2$ のテンソル積 $V \otimes V$ は3次元の既約表現(対称積 $S^2(V)$)と1次元の既約表現の直和になる. 一般に $SL(2,\mathbb{C})$ の $(m+1)$ 次元の複素既約表現 V_m に対し, 直和分解

$$V_m \otimes V_n = \bigoplus_{j=0}^{\min(m,n)} V_{m+n-2j}$$

が成り立つ. これをクレブシュ-ゴルダンの規則という. また, 右辺の既約表現 V_{m+n-2j} の基底ベクトルを $V_m \otimes V_n$ の基底ベクトルの1次結合で表したとき, 1次結合の係数をクレブシュ-ゴルダン係数という.

特殊ユニタリ群 $SU(2)$, リー環 $\mathfrak{sl}(2,\mathbb{C})$ の表現についても同じ規則が成り立つ. ⇒ $SL(2,\mathbb{C})$, $SU(2)$ の表現

グレブナー基底
Gröbner basis

多変数多項式環の構造を具体的に計算する際に有用な概念で，標準基底(standard basis)とも呼ばれる．連立代数方程式の解法など，*計算代数において頻繁に利用される．

2つの変数 x と y に関する実数係数の多項式 $f_1(x,y), \cdots, f_m(x,y)$ が与えられたとき，ある多項式 $h_1(x,y), \cdots, h_m(x,y)$ を用いて $f=h_1f_1+\cdots+h_mf_m$ と書けるような多項式 f の全体を $f_1, \cdots, f_m$ の生成するイデアルと呼び，$(f_1,\cdots,f_m)$ と表す．多項式 f が与えられたとき，これが，$(f_1,\cdots,f_m)$ に属するかどうかを判定するアルゴリズムを考えよう．

例として，
$$f_1 = x^3+x^2y+xy^2, \quad f_2 = x^2+y^3+3$$
として，$f=x^4+x^3+3x$ がイデアル (f_1, f_2) に属するかどうか判定しよう．

f_1 から $\underline{x^3} \stackrel{f_1}{\to} x^3-f_1 = -(x^2y+xy^2)$,
f_2 から $\underline{y^3} \stackrel{f_2}{\to} y^3-f_2 = -(x^2+3)$

という簡約規則を作って，これを適宜 f に適用していくと，

$$\begin{aligned} f &= \underline{x^4}+x^3+3x \\ &\stackrel{f_1}{\to} -x(x^2y+xy^2)+x^3+3x \\ &= -\underline{x^3}y-x^2y^2+x^3+3x \\ &\stackrel{f_1}{\to} (x^2y+xy^2)y-x^2y^2+x^3+3x \\ &= x\underline{y^3}+x^3+3x \\ &\stackrel{f_2}{\to} -x(x^2+3)+x^3+3x=0 \end{aligned}$$

となるので，$f \in (f_1, f_2)$ と判定される．しかし，このような簡約規則に基づく判定アルゴリズムはいつでもうまくいくとは限らない．

第2の例として，
$$f_1 = x^3y+xy+1, \quad f_2 = x^2y^2-y^2+1$$
として，$f=2xy^3-xy+y^2$ に対して $f \in (f_1, f_2)$ かどうかを判定しよう．上と同様に，

f_1 から $x^3y \stackrel{f_1}{\to} -(xy+1)$,
f_2 から $x^2y^2 \stackrel{f_2}{\to} y^2-1$

という簡約規則を作ると，f のどの項も x^3y, x^2y^2 の倍数ではないので，f を簡約(変形)することができず，$f \in (f_1, f_2)$ と結論することができない．しかし，実は $f=y^2f_1-xyf_2$ が成り立つので $f \in (f_1, f_2)$ となっている．

この問題点を解決するために，イデアルの生成元を追加して簡約規則を増やすことを考える．上の第2の例においては，f_1 と f_2 の最高次の項を打ち消すように
$$f_3 = yf_1-xf_2 = 2xy^2-x+y$$
を作ると，当然 $f_3 \in (f_1, f_2)$ であるから，
$$(f_1, f_2) = (f_1, f_2, f_3)$$
となる．新しく導入した生成元 f_3 に対応して新しい簡約規則 $xy^2 \stackrel{f_3}{\to} (x-y)/2$ ができるが，この簡約規則を用いれば
$$\begin{aligned} f &= \underline{2xy^3}-xy+y^2 \\ &\stackrel{f_3}{\to} (x-y)y-xy+y^2 = 0 \end{aligned}$$
となり，$f \in (f_1, f_2, f_3) = (f_1, f_2)$ と判定できる．

一般に，生成元の最高次の項を打ち消した多項式に簡約規則をできる限り適用していき，0 でない多項式で行き詰ったらその多項式を新たな生成元として追加していく手続きは，有限個の生成元を生成して終了し，こうして得られる生成元の集合 $\{f_1, \cdots, f_l\}$ は，任意の f に対して，「f が 0 に簡約される $\Longleftrightarrow f \in (f_1, \cdots, f_l)$」という性質を持っている．一般にこのような性質を持つ生成元の集合をグレブナー基底と呼ぶ．各生成元 f_i に対応する簡約規則は f_i に含まれる項の中であらかじめ定めた単項式の順序づけに関して最高次の項を左辺に選ぶので，グレブナー基底は単項式の順序づけに依存することになる．

最後に，グレブナー基底の一般的な定義を述べる．体 k の要素を係数とする変数 $x_1, \cdots, x_n$ に関する多項式の全体 $R=k[x_1, \cdots, x_n]$ は，通常の加法と乗法に関して環をなす．非負整数 $a_1, \cdots, a_n$ に対して単項式 $x_1^{a_1} \cdots x_n^{a_n}$ を x^a と略記する($a=(a_1, \cdots, a_n)$ である)．単項式全体の上の全順序 $\preceq$ で，

(1) $1 \preceq x^a$,
(2) $x^b \preceq x^c \Longrightarrow x^{a+b} \preceq x^{a+c}$

の2条件を満たすものを1つ定める．$f \in R$ に対し，f に含まれる単項式のうちで $\preceq$ に関して最大のものを init(f) と書く．R のイデアル I の有限部分集合 G が「任意の $f \in I$ に対して，init(g) が init(f) を割り切るような $g \in G$ が存在する」を満たすとき，G を I のグレブナー基底(あるいは標準基底)と呼ぶ．任意のイデアルはグレブナー基底を持ち，それは適当な規格化の下で一意に定まる．G の元 g に対して，init(g) を左辺とする簡約規則が対応しており，「init(g) が init(f) を割り切る」ことは，g に対応する簡約規則が init(f) に適用できることを意味する．グレブナー基底を構

成するには，2つの生成元からその最高次項を打ち消して作られる多項式に簡約規則をできる限り適用していき，0でない多項式で行き詰ったらその多項式を新たな生成元として追加していくというアルゴリズムを用いればよい．

クレロー型の微分方程式
differential equation of Clairaut's type

実軸上の微分可能な関数 $f(x)$ に対して，微分方程式
$$y = xp + f(p) \quad (p = dy/dx)$$
をクレロー型の微分方程式という．C を任意定数として $y=Cx+f(C)$ とおけば，この微分方程式の一般解が得られる．これらの解は幾何学的には直線の族を表す．また $dp/dx \neq 0$ のもとに，微分方程式を x に関して微分して得られる方程式 $x+f'(p)=0$ を $y=xp+f(p)$ と連立させて解くことにより，任意定数を含まない*特異解が得られる．この特異解は一般解の表す直線族の*包絡線になっている．例えば
$$y = xp + p^2$$
の一般解は直線族 $y=Cx+C^2$，特異解は放物線 $y=-x^2/4$ となる．

グロタンディック
Grothendieck, Alexander

1928-2014 線形位相空間論で重要な業績をあげたあと，代数幾何学に転じ，*圏論とホモロジー代数の手法を使ってスキーム理論を創始し，ヴェイユ予想の解決に大きく寄与した．問題を徹底的に一般化することによって，問題の本質を見出すグロタンディックの手法は代数幾何学の進展に偉大な貢献をしたのみならず，数学の他の分野にも大きな影響を与えている．代数幾何学に対する業績により 1966 年フィールズ賞を受賞した．

クロネッカー
Kronecker, Leopold

1823-91 数論に大きな貢献を行ったドイツの数学者．非構成的な存在証明に強い不信感を持った最初の数学者としても知られている．特に，カントルの創始した集合論には強硬に反対した．彼の思想は，「神は自然数をお創りになったが，他のすべてのものは人間の成せる業である」という言明に端的に現れている．

クロネッカーの記号　Kronecker's symbol　 $=$ クロネッカーのデルタ

クロネッカーの青春の夢
Kronecker's Jugendtraum

有理数体 $\mathbb{Q}$ の有限次拡大体で，$\mathbb{Q}$ の*アーベル拡大であるものは，ある $n \geq 1$ について，$\mathbb{Q}$ に 1 の原始 n 乗根 ζ_n を添加した体 $\mathbb{Q}(\zeta_n)$ の部分体として得られる（クロネッカーの定理，→ 円分体）．クロネッカーは，*虚 2 次体のアーベル拡大について，これに似たことが成立することを予想した．例えば，$\mathbb{Q}(i)$ の有限次拡大体で $\mathbb{Q}(i)$ のアーベル拡大であるものは，ある $n \geq 1$ について，*楕円曲線 $y^2 = x^3 - x$ の，位数が n の点 (α, β) をとって，$\mathbb{Q}(i)$ に α, β を添加した体 $\mathbb{Q}(i, \alpha, \beta)$ の部分体として得られる．$y^2 = x^3 - x$ は，$\mathbb{Q}(i)$ に*虚数乗法を持つ楕円曲線である．虚 2 次体 K について，K に虚数乗法を持つ楕円曲線を使って，K のアーベル拡大をすべて得ることができるであろう，というのが，「クロネッカーの青春の夢」である．この予想は，高木貞治が*類体論を使って証明した．

クロネッカーの定理　Kronecker's theorem　⇒ 円分体

クロネッカーのデルタ
Kronecker's delta

$$\delta_{ij} = \begin{cases} 1 & (i = j \text{ のとき}) \\ 0 & (i \neq j \text{ のとき}) \end{cases}$$

で定義される δ_{ij} のこと．

グロモフ–ハウスドルフ距離
Gromov-Hausdorff distance

*ハウスドルフ距離を，抽象的な距離空間（の等長同型類）全体のなす集合上の距離に発展させたものがグロモフ–ハウスドルフ距離である．グロモフにより定義されリーマン幾何学などに応用された．

クーロンの法則
Coulomb's law

「3 次元ユークリッド空間 $\mathbb{R}^3$ において，電荷 q_1, q_2 を持つ 2 つの荷電粒子の間に働く電気力は，距離の 2 乗に反比例し，電荷の積に比例する．また，2 つの粒子の電荷が同符号なら斥力，異符号なら引力を生じる」という法則のことである．これから，電荷密度 ρ の電荷系が引き起こす電磁場

E が

$$E(x) = \frac{1}{4\pi\varepsilon_0} \int_{\mathbb{R}^3} \frac{x-y}{\|x-y\|^3} \rho(y) dy$$

(∥ ∥ はベクトルの大きさ)となることが従う．ここで $\varepsilon_0 > 0$ は誘電率と呼ばれる定数である．この電場が満たす方程式

$$\varepsilon_0 \operatorname{div} E = \rho, \quad \operatorname{rot} E = 0$$

をクーロンの法則ということもある．⇒ ビオ-サヴァールの法則，静電磁場の法則

群

group

代数系の中で最も基本的なもの．図形の対称性や，文字列の置換など，多数の具体例を持ち，現代数学では欠かせない概念である．

集合 G の任意の 2 元 a, b に対して a, b の積と呼ばれる G の元がただ 1 つ定まり(この元を ab と表す)次の性質を持つとき群という．

(1) 積に対して結合法則が成り立つ．すなわち G の任意の元 a, b, c に対して $(ab)c = a(bc)$ が成り立つ．

(2) 単位元が存在する．すなわち G のすべての元 a に対して $ae = ea = a$ となる元 e が存在する．e を単位元という．

(3) 任意の元 a に対して $ab = ba = e$ となる G の元 b が必ず存在する．b を a の逆元といい，a^{-1} と表す．

以上を群の公理という．単位元はただ 1 つ存在し，a の逆元はただ 1 つ存在する．また，$(a^{-1})^{-1} = a$，$(ab)^{-1} = b^{-1}a^{-1}$ が成り立つ．

G の元の個数を群 G の位数といい，$|G|$ で表す．位数が有限のとき有限群，無限のとき無限群という．

群 G の部分集合 H が G の乗法に関して群になるとき部分群という．$gHg^{-1} = H$ がすべての $g \in G$ に対して成立する部分群 H を正規部分群という．

群 G とその部分群 H に対して
$$a \underset{r}{\sim} b \iff a^{-1}b \in H$$
なる*同値関係が定まる．これは
$$a \underset{r}{\sim} b \iff aH = \{ah \mid h \in H\} = bH$$
と定義することもできる．その商集合を G/H と記す(⇒ 右剰余類)．同様に同値関係を
$$a \underset{l}{\sim} b \iff ab^{-1} \in H$$
と定義し，商集合を $H \backslash G$ と記す(⇒ 左剰余類)．H が正規部分群であれば $G/H = H \backslash G$ となり

G/H は群となる．群 G_1 から群 G_2 への写像 $f: G_1 \to G_2$ は $f(ab) = f(a)f(b)$ が G_1 のすべての元 a, b に対して成立するとき，群の準同型写像という．準同型写像の核 $\{g \in G_1 \mid f(g) = e\}$ は G_1 の正規部分群である．⇒ 核(準同型の)，準同型定理

例 1 集合 $\{1, \cdots, n\}$ からそれ自身への*全単射全体は，合成を積とすることにより群の構造が入る．これを n 次の対称群(置換群)といい，その位数は $n!$ である．⇒ 置換

例 2 体 K 上の n 次正則行列全体は，行列の積を群の積，単位行列を群の単位元とする群の構造を持つ．これを行列群または一般線形群といい，$GL(n, K)$ あるいは $GL_n(K)$ で表す．これは K が有限体の場合を除いて無限群である．

群の概念は代数方程式の研究の中で，根の置換から*ガロアが発見したもので正規部分群の概念もガロアによる．空間の運動のなす群が 19 世紀以後の幾何学で重要な役割を果たした．19 世紀末に位相を持つ無限群，リー群が*リーによって導入され，数学の多くの分野さらに量子力学で重要な役割を果たした．整数行列の群のような離散群は，保型関数などの研究に重要であり，20 世紀前半以後大きく発展した．自明でない正規部分群を持たない有限群である有限単純群(→ 単純群)は，20 世紀後半に深く研究され，その分類は 1980 年代に多くの数学者の努力により完成した．

群環

group ring

有限群 $G = \{g_1, g_2, \cdots, g_n\}$ と体 k に対して形式和 $a_1g_1 + a_2g_2 + \cdots + a_ng_n$，$a_1, \cdots, a_n \in k$ の全体を $k[G]$ と記す．$k[G]$ の 2 元 $\alpha = \sum_{i=1}^{n} a_i g_i$，$\beta = \sum_{j=1}^{n} b_j g_j$ に対してその積を，G における積から定まるものとして定義する．すなわち，$\alpha\beta = \sum_{i,j=1}^{n} a_i b_j (g_i g_j)$．$k[G]$ は体 k 上の*代数(多元環)になる．これを体 k 上の群環という．群環は有限群の*表現で大切な役割をする．G の k 上の*線形表現を考えることと，$k[G]$ 加群を考えることは同じことである．実際，k 上の線形空間 V に G の線形表現が与えられると，すなわち，群の準同型写像 $\rho: G \to GL(V)$ が与えられると，$(a_1g_1 + \cdots + a_ng_n)x = a_1g_1x + \cdots + a_ng_nx$ $(a_i \in k, x \in V)$ とおいて，V を $k[G]$ 加群と見ることができる．(ここで $\rho(g_i)x$ を g_ix と略記した．) この線形表現が*既約表現であることは，V が $k[G]$ 加

群と見て*単純加群であることにほかならない．

無限群 G に対しても，群環 $k[G]$ を，G の元の k の元を係数とする形式的な線形結合(有限個を除いて係数が 0 とする)全体と定義することができる．しかし応用上に現れる無限群については，この代数的に定義された群環ではなく，G から $\mathbb{C}$ への関数の集合に*合成積で積を定めたものを群環として扱うことが多い．これは C^* 環になるが，それには関数をどういう範囲でとるかを注意深く選ぶ必要がある(→ C^* 環)．

群の表示
presentation of group

無限巡回群(すなわち整数全体が加法についてなす群) C_∞ は，ある $x \in C_\infty$ について，x を n 回掛けた元 x^n (n は整数，ただし，$n=-m$, $m \geq 1$ のときは x^n は x の逆元 x^{-1} を m 回掛けた元と定義する)の全体からなり，n と m が異なれば，x^n と x^m は異なる．このことを「C_∞ は 1 つの生成元を持ち関係式を持たない」という．一方，位数が 3 の巡回群 C_3 の元は，やはり $x \in C_3$ について，x を n 回掛けた元 x^n になる．しかし，$x^3 = e$ なる関係がある(e は単位元)．異なる n に関して x^n の間には，ほかにも $x^2 = x^{-1}$ などという関係があるが，これらはすべて $x^3 = e$ と群の公理から導かれる．例えば，$x^2 = x^3 \cdot x^{-1} = e \cdot x^{-1} = x^{-1}$ である．このことを，C_3 は，生成元 x と基本関係式 $x^3 = e$ で得られる，という．

さまざまな群がこのように生成元と関係式で表示されるが，非可換群の場合は，生成元と関係式がわかっても，群が必ずしもよくわかったとはいえない(→ 語の問題)．

正確には次のように定義する．集合 A を基底とする*自由群を F_A とする．$B = A \cup A^{-1}$ とおき ($A^{-1} = \{a^{-1} \in F_A \mid a \in A\}$)，$W_B$ を B をアルファベットとする語の集合として，R を W_B の部分集合とする．R を F_A の部分集合と考えたとき，F_A の中で R を含む最小の正規部分群を N と記す．剰余群 $G = F_A / N$ を (A, R) により表示される群といい，$\langle A | R \rangle$ と記す．A を生成元の集合という．A の元 a に対して，その $G = F_A / N$ での同値類をしばしば同じ記号で表す．このとき，A の元は群 G を*生成する．

$a_{i_1}^{\varepsilon_{i_1}} \cdots a_{i_m}^{\varepsilon_{i_m}}$ ($a_{i_j} \in A$, $\varepsilon_{i_j} = \pm 1$) が R の元であるとき，群 G のなかで，
$$a_{i_1}^{\varepsilon_{i_1}} \cdots a_{i_m}^{\varepsilon_{i_m}} = e \qquad (*)$$
なる等式が成立する (e は単位元)．これらを基本関係式という．

生成系と基本関係式を与えることは，群の表示を与えることと同値である．また $a_1 a_2^{-1} = a_3^{-1} a_4$ のように右辺が e でない等式があっても基本関係式という．この場合は，右辺の逆元を左辺に掛けて，$a_1 a_2^{-1} a_4^{-1} a_3 = e$ のように $(*)$ の形に帰着できる．

$\{1, 2, \cdots, n\}$ の置換全体からなる群 S_n (→ 置換群，対称群)は s_i ($i = 1, \cdots, n-1$) を生成元とし，
$$s_i^2 = 1 \quad (i = 1, \cdots, n-1),$$
$$s_i s_{i+1} s_i = s_{i+1} s_i s_{i+1} \quad (i = 1, \cdots, n-2),$$
$$s_i s_j = s_j s_i \quad (|i-j| \geq 2)$$
を基本関係式とする表示を持つ．実際，s_i が文字 i と $i+1$ を取りかえる置換(互換)を表すとすると，上の等式が容易にわかる(s_i の間の関係式がすべて上の関係式から導かれることを示すのはそれほど容易ではない)．

クンマー拡大
Kummer extension

体 K は 1 の原始 m 乗根を含むとする．拡大 $L = K(\sqrt[m]{a_1}, \cdots, \sqrt[m]{a_n})/K$, ただし $a_1, \cdots, a_n \in K$, を指数 m のクンマー拡大という．指数 m のクンマー拡大 L/K はアーベル拡大でありガロア群 $\mathrm{Gal}(L/K)$ のすべての元 σ に対して $\sigma^m = 1$ が成り立つが，逆にこの性質がクンマー拡大を特徴づける．

群論
group theory

群について研究する数学．*ガロアが方程式がべき根を使って解けることの意味を群を使って説明したことより，群論が誕生した．ガロアの理論は C. ジョルダン (C. Jordan) によって明確化された．S. *リーは偏微分方程式のガロア理論を考察する過程で連続群論に行き着き，後にリー群論が誕生する契機を作った．F. *クラインはそれまで知られていた種々の幾何学が群を使って説明できることを示し，それによって群の重要性が示された．しかし，これらの群は*置換群や空間の*変換群など具体的に表示できる群であった．群を公理的に定義する方法はバーンサイド (W. S. Burnside) やフロベニウス (F. G. Frobenius) に始まり，これから群がそれ自体として研究されるようになった．特に，フロベニウスは群を行列を使って表現する*表現論を創始し群論に新しい観点を導入した．

群論は抽象代数学の最初に発達した分野であり，群論に刺激を受けて 1930 年代の抽象代数学の発展が始まった．1930 年代後半からは有限群の研究が盛んになり，有限*単純群の分類は 1980 年代初頭に完成した．

ケ

系
corollary
定理の結論から直ちに得られる事柄を系という．

経験的確率
empirical probability
現代の数学では，確率空間上の測度としてアプリオリに与えられた公理論的確率から出発して物事を考える．これに対して，反復試行における大数の法則など，観測などの経験を基礎として考えた確率のことを経験的確率という．

経験分布
empirical distribution
試行結果から推測した確率分布をいう．例えば，確率変数列 $X_1,\cdots,X_n$ の経験分布とは，δ_x を x における点測度（すなわち，$\delta_x(A)=1$ $(x\in A)$; $=0$ $(x\notin A)$）として，$(1/n)\sum_{k=1}^{n}\delta_{X_k}$ のことである．経験分布は確率分布を値とする確率変数である．独立同分布の確率変数列の経験分布は，その分布に収束する．

計算可能関数
computable function
*帰納的関数のことをいうことが多いが，より一般に，ある計算モデルにおいて計算できる関数を意味することもある．⇒ 計算可能性

計算可能性
computability
「計算できる」とはどういうことか，あるいは，「アルゴリズム」とは何か，を数学的に定式化した概念であり，設定する計算モデルに依存する．チューリング機械やプログラムなどの代表的な計算モデルにおいて，計算可能な関数のクラスが*帰納的関数のクラスに一致する．この事実に基づき，帰納的関数を「計算できる関数」として認識しようという主張がチャーチ (A. Church) によって提唱され，現在広く受け入れられている（→ チャーチの提唱）．

計算幾何学

computational geometry

コンピュータ・グラフィックスやカー・ナビゲーションなどにおいては，幾何学的図形に関係した問題を計算機で効率良く処理する必要がある．計算幾何学は，伝統的な幾何学が*計算複雑度の理論と結びつくことによって1970年代に生まれた学問分野であり，幾何学的な問題に対する効率的アルゴリズムやデータ構造の開発，およびアルゴリズムの効率の限界を究明することをその主なテーマとしている．*ボロノイ図や凸包を計算する問題は計算幾何学の代表的な問題である．

計算尺

slide rule

乗法，除法，開平などの計算が近似的に簡単に行えるように工夫された定規である．固定された部分(固定尺)と動く部分(滑り尺)と目盛を合わせるためのカーソル部分からなる．固定尺と滑り尺には対数目盛が盛られている．

2つの対数目盛の定規を用意する．1つの定規は始点 A から $\log a$ (対数は常用対数)の位置に数字 a を記す．もう1つの定規は始点 B から同様に $\log c$ の位置に c の数字を記す．図のように数 a と数 c を合わせ，数 b の下の数字が d であれば，$\log b - \log a = \log d - \log c$ が成り立つ．すなわち $b/a = d/c$ が成り立つ．これより，例えば $a=1$ ととると $d=bc$ となり定規の目盛を読むだけで掛け算ができることになる．

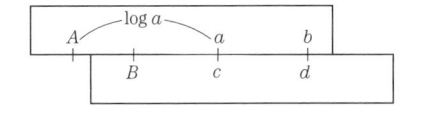

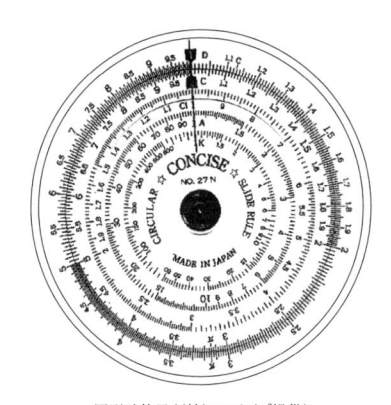

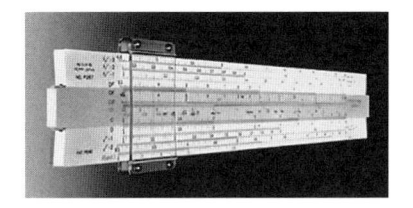

棒型計算尺((株)ヘンミ計算尺提供)

円型計算尺((株)コンサイズ提供)

計算代数

computational algebra

多項式の因数分解や*ユークリッドの互除法などの代数的な計算や $(\sin x)' = \cos x$ というような解析的な演算を計算機で実行するためのアルゴリズムを研究する分野を計算代数という．計算機代数(computer algebra)あるいは数式処理(symbolic manipulation)と呼ばれることもある．多項式は数学の研究対象として興味深いだけでなく実際の応用においても便利な数学的道具であるが，計算代数は両者を結ぶ役割を担っている．
⇒ グレブナー基底

計算複雑度

computational complexity

ある問題をある*アルゴリズムを用いて解くときに必要となる計算の量(演算の回数や記憶領域の大きさなど)をそのアルゴリズムの計算複雑度という．また，ある問題に対してどんなに優れたアルゴリズムを用いても下回ることのできない計算量の下限値をその問題の計算複雑度という(このとき，計算モデルを指定し，許されるアルゴリズムのクラスを特定する必要がある)．例えば，n 個の数を小さい順に並べかえる問題(ソーティング問題)の計算複雑度は，数の大小比較だけが許される計算モデルにおいて $n \log n$ のオーダーであることが知られている．⇒ コルモゴロフの複雑度

計算量

amount of computation

一般には，ある問題を解くときに必要となる演算の回数や記憶領域の大きさなどのことであるが，*計算複雑度を意味することも多い．

形式化された数学

通常の数学理論を公理化し，それを*論理記号などの記号を用いて記述したもの．形式化された数学は，意味を持たない記号の列であり，通常の数

学(非形式的数学)は形式的数学を「解釈」することにより得られる．→形式主義

形式主義
formalism

*ヒルベルトが，数学の基礎づけの際とった立場．ヒルベルトは，自然数論，実数論，集合論などの数学理論の無矛盾性を示すため，数学理論を形式化(→ 形式化された数学)し，それを「有限の立場」から研究することを提唱した．ここで「有限の立場」とは，直観的に確かめられうる対象と，それらに対する有限の操作に方法を限定することである．形式化される数学自身は，無限にかかわる内容を含んでいても構わない．これは，当時の直観主義からの批判にも応えるものでもあった．

しかし，*ゲーデルが 1931 年に不完全性定理を証明し，公理体系の無矛盾性の証明を行うには有限の立場からでは不十分であることがわかりヒルベルトの計画は頓挫した．しかし，形式主義を推進するために開発された手法は「証明論」として数理論理学の重要なテーマになっている．

形式的随伴作用素(微分作用素の)
formal adjoint operator

例えば，区間 $[a,b]$ 上の線形微分作用素
$$P = \sum_{k=0}^{n} a_k(x) \left(\frac{d}{dx}\right)^k$$
に対し
$$P^* = \sum_{k=0}^{n} \left(-\frac{d}{dx}\right)^k \overline{a_k(x)}$$
のように定義域を明示せず，微分作用素の形だけに着目して考えた随伴作用素を形式的随伴作用素という．これは，$[a,b]$ の境界付近で 0 となる任意の滑らかな関数 f, g に対して
$$\int_a^b (Pf)(x)\overline{g(x)}dx = \int_a^b f(x)\overline{(P^*g)(x)}dx$$
を満たすようなただ 1 つの作用素である．偏微分作用素の場合にも同様に定義される．

形式的べき級数
formal power series

文字 x を考え，*収束を考慮しないで形式的に考えたべき級数 $a_0+a_1x+a_2x^2+\cdots$ のこと．係数 a_n は実数や複素数などにとる．形式的べき級数に対して，次のようにして和，積，微分などの演算を考えることができる．

$$\sum_{n=0}^{\infty} a_n x^n + \sum_{n=0}^{\infty} b_n x^n = \sum_{n=0}^{\infty} (a_n + b_n) x^n,$$
$$\left(\sum_{n=0}^{\infty} a_n x^n\right)\left(\sum_{n=0}^{\infty} b_n x^n\right)$$
$$= \sum_{n=0}^{\infty} \left(\sum_{k=0}^{n} a_k b_{n-k}\right) x^n,$$
$$\frac{d}{dx}\sum_{n=0}^{\infty} a_n x^n = \sum_{n=0}^{\infty} n a_n x^{n-1}.$$

とくに $a_0 \neq 0$ ならば形式的べき級数 $\sum_{n=0}^{\infty} a_n x^n$ は，積についての逆元をもつ．また $b_0=0$ のとき 2 つの形式的べき級数 $\sum_{n=0}^{\infty} a_n x^n$, $\sum_{n=1}^{\infty} b_n x^n$ の合成 $\sum_{n=0}^{\infty} a_n \left(\sum_{m=1}^{\infty} b_m x^m\right)^n$ も形式的べき級数となる．

実数を係数とする形式的べき級数全体を $\mathbb{R}[[x]]$, 複素数を係数とする形式的べき級数全体を $\mathbb{C}[[x]]$ で表す．一般に体 K を係数とする形式的べき級数全体を $K[[x]]$ と記し，形式的べき級数環と呼ぶ．これらは可換環で，*ネーター環である．形式的べき級数は $a_0 \neq 0$ であれば $K[[x]]$ の*可逆元となるので $K[[x]]$ は (x) を唯一の極大イデアルとして持つ局所環である．形式的べき級数環 $K[[x]]$ の商体を $K((x))$ と記す．$K((x))$ の元は有限個の負べきの項を含む形式的*ローラン級数である．→収束べき級数

径数
parameter

助変数，パラメータともいう．→媒介変数，局所径数表示

係数
coefficient

*多項式 x^3+4x^2+5x+2 で x^3 の係数は 1, x^2 の係数は 4, x の係数は 5 である．一般には n 変数 $x_1, \cdots, x_n$ の多項式 $\sum a_{i_1,\cdots,i_n} x_1^{i_1} \cdots x_n^{i_n}$ に対しては $x_1^{i_1} \cdots x_n^{i_n}$ の係数は $a_{i_1,\cdots,i_n}$ である．なお，ax^2y+bxy を x, y の多項式と見たときには x^2y の係数は a であるが，x の多項式と見たときには x^2 の係数は ay であり，y の多項式と見たときには，この多項式は $(ax^2+bx)y$ と書けるので，y の係数は ax^2+bx である．

係数行列
coefficient matrix

連立方程式

$a_{11}x_1 + a_{12}x_2 + \cdots + a_{1n}x_n = b_1$
$a_{21}x_1 + a_{22}x_2 + \cdots + a_{2n}x_n = b_2$
……
$a_{m1}x_1 + a_{m2}x_2 + \cdots + a_{mn}x_n = b_m$

に対して,

$$A = \begin{bmatrix} a_{11} & a_{12} & \cdots & a_{1n} \\ a_{21} & a_{22} & \cdots & a_{2n} \\ \vdots & \vdots & \cdots & \vdots \\ a_{m1} & a_{m2} & \cdots & a_{mn} \end{bmatrix}$$

を係数行列という. また,

$$\widetilde{A} = \begin{bmatrix} a_{11} & a_{12} & \cdots & a_{1n} & b_1 \\ a_{21} & a_{22} & \cdots & a_{2n} & b_2 \\ \vdots & \vdots & \cdots & \vdots & \vdots \\ a_{m1} & a_{m2} & \cdots & a_{mn} & b_m \end{bmatrix}$$

を拡大係数行列という. 上の連立方程式が解を持つための必要十分条件は, A の*階数が $\widetilde{A}$ の階数に等しいことである. ⇒ 行列

径数表示
parametrization

助変数表示, パラメータ表示ともいう. ⇒ 媒介変数, 局所径数表示

ケイリー・グラフ
Cayley graph

*有限生成の*群 G の*生成元を $g_1, \cdots, g_n$ とするとき, G を頂点集合とし, 各 $g \in G$ と gg_j および gg_j^{-1} $(j=1,\cdots,n)$ を辺で結んでできる*無向グラフを G のケイリー・グラフという. 特に, G が $g_1, \cdots, g_n$ を生成元とする*自由群ならば, G のケイリー・グラフは*木である.

ケイリー数
Cayley number

ケイリー代数の元をケイリー数または 8 元数という. ケイリー代数とは, 以下のように定義される, 実数体 $\mathbb{R}$ 上 8 次元の, 結合法則が成り立たない非可換*代数である.

$\mathbb{H}$ を*4 元数体とする. ケイリー代数は, e を $\mathbb{H}$ に含まれない特別な元とし, $a+be$ $(a,b\in\mathbb{H})$ の形のもの全体に,

$(a+be) + (c+de) = (a+c) + (b+d)e$,
$(a+be)(c+de) = (ac - \overline{d}b) + (da + b\overline{c})e$
$(a,b,c,d \in \mathbb{H})$

によって和と積を定義したものである. ここに, $\overline{d}, \overline{c}$ は 4 元数の共役を表す. ケイリー代数では結合法則は一般に成り立たないが, $(zw)z = z(wz)$ は常に成立する.

ケイリー数 $z = a+be$ $(a,b\in\mathbb{H})$ に対し, その共役ケイリー数 $\overline{z}$ を $\overline{a} - be$ と定義すると, ケイリー数 z, w に対し,

$\overline{z+w} = \overline{z} + \overline{w}, \quad \overline{zw} = \overline{w}\,\overline{z}, \quad z\overline{z} = \overline{z}z$

が成り立つ. $N(z) = z\overline{z}$ とおくと, $N(zw) = N(z)N(w)$ も成立し, ケイリー数 $z = a+be$ $(a = x_1 + x_2 i + x_3 j + x_4 k, b = x_5 + x_6 i + x_7 j + x_8 k$ $(x_1,\cdots,x_8 \in \mathbb{R}))$ に対し,

$\overline{z}z = z\overline{z} = x_1^2 + x_2^2 + \cdots + x_8^2$

となる.

ケイリー数はイギリスの数学者グレーブスとケイリーによって独立に発見された.

ケイリー–ハミルトンの公式
Cayley-Hamilton formula

A を n 次正方行列とし, $\chi_A(x) = \det(xI_n - A)$ を A の*特性多項式とする (I_n は n 次単位行列). このとき $\chi_A(A) = 0$ が成り立つ. これをケイリー–ハミルトンの公式(定理)という. 例えば 2 次行列 $A = \begin{bmatrix} a & b \\ c & d \end{bmatrix}$ の場合, $\chi_A(x) = x^2 - (a+d)x + ad - bc$ であり,

$$A^2 - (a+d)A + (ad-bc)I_2 = 0$$

が成立する. ⇒ 最小多項式(行列の)

ケイリー変換
Cayley transformation

n 次行列 A がエルミート行列とすると, n 次単位行列 E に対して行列 $E + iA$ は正則である. したがって, 逆行列 $(E+iA)^{-1}$ を持つ.

$$U = (E - iA)(E + iA)^{-1} \quad (1)$$

はユニタリ行列になる. U は固有値 -1 を持たない. 逆に, 固有値 -1 を持たないユニタリ行列 U に対して, 逆行列 $(E+U)^{-1}$ が存在し,

$$A = -i(E - U)(E + U)^{-1} \quad (2)$$

とおくと, A はエルミート行列である. 変換 (1), (2) をケイリー変換という. すなわち, エルミート行列と, -1 を固有値として持たないユニタリ行列は, ケイリー変換によって 1 対 1 対応する.

計量
metric

距離構造のこと. 特に内積から決まる距離を指すことが多い. ⇒ リーマン計量

計量線形空間
metric vector space

*内積を持つ実線形空間および*エルミート内積をもつ複素線形空間のことである.

径路積分　path integral　＝ファインマン径路積分

KAM 理論
KAM theory

カム理論ということもある. 太陽系の安定性の1つの数学的定式化にかかわる数学の理論である. 惑星の運動は, (天文学的に)短時間の範囲では, それぞれの公転や自転の周期を多重周期としてもつ*準周期運動が, 衛星や小惑星などの影響などによって*摂動されたものと考えられる. したがって, 太陽系の安定性の問題は, ハミルトン力学系における準周期運動の摂動に関する安定性の問題であると考えてよい. この問題を解く際には小分母の問題(→ 小分母)と呼ばれる困難が現れるが, 解が収束するような初期値の集合の測度が正であることが証明される. この定理およびその証明のために開発された諸手法などを含めて, コルモゴロフ(A. N. Kolmogorov), その弟子アーノルド(V. I. Arnol'd), および著しい改善をしたモーザー(J. Moser)の3人の頭文字をとって, KAM理論という. なお, これとは逆の方向で, 3次元トーラス上の微分同相写像の摂動では*カオスが出現し得ることが, リュエル(D. P. Ruelle)とターケンス(F. Takens)により, 証明されている.

K 系　K-system　＝コルモゴロフ系

ゲーゲンバウエル多項式　Gegenbauer polynomial
⇒ 超球多項式

ゲージ変換　gauge transformation　⇒ ゲージ理論

ゲージ理論
gauge theory

*ベクトル・ポテンシャル A ($\mathbb{R}^4$ 上の1次*微分形式)に対して, 電磁場は dA で与えられる. ここで, A を $A+df$ (f は実数値関数)で置き換えても, $d(A+df)=dA$ であるから, 同じ電磁場を表す. A を $A+df$ で置き換える変換をゲージ変換と呼ぶ.

*非可換ゲージ場, すなわち1次微分形式 A_{ij} を成分とする $n\times n$ 行列 $A=[A_{ij}]$ に対して, 可逆 $n\times n$ 行列に値を持つ写像 $g=[g_{ij}]$ を考えて, $g^*A=g^{-1}Ag+g^{-1}[dg_{ij}]$ とおく. A が定める場 $F_A=dA+A\wedge A$ と g^*A が定める場 F_{g^*A} は関係式 $F_{g^*A}=g^{-1}F_Ag$ で結びついている. A に g^*A を対応させる変換もゲージ変換という.

このようなゲージ変換で不変な量にもとづく場の理論をゲージ理論という.

幾何学の言葉では, g は*ベクトル束の*自己同型, A は*接続, F_A はその*曲率である.

ゲージ変換全体は行列値関数全体であるから, 無限次元である. 座標変換のように, 上で述べたものとは異なる変換もゲージ変換と見る立場もあり, その意味では無限次元の変換群はすべてゲージ変換群とみなすことができる. そのような広い意味では, 現在の物理学ではすべての力がゲージ理論で記述可能であると考えられている. ゲージ場の基本方程式は, 幾何学に現れる*非線形方程式の典型例であり, 20世紀後半以後*微分幾何学, *位相幾何学で活発に研究されている.

桁落ち
loss of significant digits, cancelling

ほぼ等しい数の差を数値的に計算するときに計算結果の精度が著しく悪化する現象をいう. 例えば, $x=1.000001$ と $y=0.999999$ の差を計算すると $x-y=0.000002$ となって有効桁数が1桁となってしまう. 桁落ちは計算式を式変形することで回避できることもある. 例えば, 2次方程式 $ax^2+bx+c=0$ $(a\neq 0)$ の解(根) α_+, α_- は

$$\alpha_\pm = \frac{-b\pm\sqrt{b^2-4ac}}{2a}$$

という公式で与えられるが, a, b, c の値によっては, 分子の計算で桁落ちが生じる可能性がある. そこで, $\alpha_\pm$ を精度良く求めるには, $b\geq 0$ のときは α_+ を

$$\alpha_+ = \frac{-2c}{b+\sqrt{b^2-4ac}}$$

の形に, $b<0$ のときは α_- を

$$\alpha_- = \frac{-2c}{b-\sqrt{b^2-4ac}}$$

の形に式変形してから数値を代入すればよい. ⇒ 分母の有理化

結合分布
joint distribution

同時に与えられた2つ(以上)の確率変数を組にして考えたときの確率分布をいう. ⇒ 周辺分布

結合法則　associative law　＝結合律

結合律
associative law

2項演算 $x\circ y$ の与えられた代数系において，$(x\circ y)\circ z=x\circ(y\circ z)$ が成り立つとき，これを結合律という．結合法則ともいう．結合律の成り立つ代数系では，$x_1\circ x_2\circ\cdots\circ x_n$ を2項ずつ計算するのに，その順番によらないことがわかる．→ 演算，群

結婚定理
marriage theorem

集合 S の空でない部分集合の集まり $\{B_1,\cdots,B_n\}$ に対して，各 B_i $(i=1,\cdots,n)$ から1つずつ元を選んでそれらがすべて相異なるようにできるためには，$T=\{1,\cdots,n\}$ のすべての部分集合 W に対して，

$$\left|\bigcup_{i\in W}B_i\right|\geqq|W|$$

が成り立つことが必要十分である．これを結婚定理という．この不等式条件の必要性は明らかなので，定理の主張はこれが十分条件にもなっているという点にある．

実質的に同じ内容を2部グラフ (S,T,A) に完全マッチングが存在するための条件として述べることができる．T の部分集合 W に対して，W のどれかの頂点と隣接する S の頂点の集合を $\Gamma(W)$ とするとき，完全マッチングが存在するためには $|S|=|T|$ であって，任意の $W\subseteq T$ に対して $|\Gamma(W)|\geqq|W|$ が成り立つことが必要かつ十分である．2つの頂点集合を男女の集合，マッチングを結婚とみたてて，これを結婚定理(あるいは発見者の名前を冠してホールの結婚定理)と呼ぶ．この定理の精密化として，最大マッチングの大きさに関して，$\max\{|M||M:マッチング\}=\min_{W\subseteq T}(|\Gamma(W)|-|W|+|T|)$ という関係式も知られている．これは，*最大マッチング最小被覆の定理と同等である．→ 最大最小定理

結晶群
crystallographic group

結晶のマクロな対称性を記述するユークリッド空間の運動群の部分群．一般に，ユークリッド空間 $\mathbb{R}^n$ の*運動群 $E(n)$ の*離散部分群 Γ で，商位相空間 $E(n)/\Gamma$ がコンパクトになるものを結晶群という．→ ビーベルバッハの定理

結節点
node

(1) 点 P を通る曲線が，P において*自己交叉し，複数個の接線を持つとき，P を結節点という．
(2) *特異点(ベクトル場の)を参照．

決定可能性
decidability

例えば，「与えられた自然数が素数であるか」という*決定問題は，自然数 x が与えられたとき，x より小さい自然数 y のすべてについて x が y で割り切れるかどうかを確かめれば解くことができる．このように，ある決定問題に対し，それを判定する有限回の機械的手続き(*アルゴリズム)が存在するとき，その問題は決定可能であるという．一方，決定可能でないことが証明されている有名な問題としては，与えられた*チューリング機械が与えられた入力に対して停止するかどうかを判定する問題(チューリング機械の停止問題)がある．→ 計算可能性

決定問題
decision problem

例えば，「与えられた自然数が素数であるか」という問題のように，集合論的な意味ではっきり記述される対象が与えられた性質を持つかどうかを判定する問題を決定問題と呼ぶ．決定問題は，それを解く*アルゴリズムの存在が示されたとき，肯定的に解かれたといい，逆に，そのようなアルゴリズムの存在が否定されたとき，否定的に解かれたという．例えば，整数を係数とする多項式 $f(x_1,\cdots,x_n)$ が与えられたとき，$f(x_1,\cdots,x_n)=0$ を満たす整数 $x_1,\cdots,x_n$ が存在するかどうかを決定する問題(ヒルベルトの第10問題(→ ヒルベルトの問題))は，1970年にマチヤーセヴィッチ(Y. V. Matiyasevich)によって否定的に解決された．→ 決定可能性

KdV 方程式
KdV equation

ソリトン方程式(→ ソリトン)の代表例の1つである．未知関数 $u=u(t,x)$ に対する非線形方程式

$$u_t=\frac{3}{2}uu_x+\frac{1}{4}u_{xxx}$$

を KdV 方程式という．ここで $u_t=\partial u/\partial t$,

$u_{xxx}=\partial^3 u/\partial x^3$ などと記す．この特異な形をした方程式は，1834年にスコット・ラッセル (Scott Russell) が観測した長い浅い運河における孤立波の満たす波動方程式として，1895年にコルテヴェーク (Korteweg) とド・フリース (de Vries) によって与えられた．長く忘れ去られていたが，1960年代になって，可積分系の理論が展開されるようになり，無限次元の*ハミルトン系として見なおされた．

KdV 方程式は，線形微分作用素
$$L = \frac{d^2}{dx^2} + u,$$
$$B = \frac{d^3}{dx^3} + \frac{3}{2}u\frac{d}{dx} + \frac{3}{4}u_x$$
を用いて $dL/dt=LB-BL$ と*ラックス表示できる．また*逆散乱法によって*初期値問題を解くことができ，N ソリトン解や*テータ関数を用いた*準周期解など，豊富な厳密解を持つ．

ゲーデル
Gödel, Kurt

1906-78 チェコスロバキアのブルノ (Brno) に生まれ，ウィーン大学で数学と物理学を学んだ．1931年自然数論や集合論などの公理体系が無矛盾であれば，その体系のなかでは正しいとも間違いであるとも証明することのできない命題があることを主張する不完全性定理を示し，数学界に衝撃を与えた．1940年以降プリンストン高等科学研究所に職を得てアメリカに渡り，プリンストンで生涯を終えた．

ゲーデル数
Gödel number

有限個または可算無限個の記号からなる数学の体系では，その体系で定式化されるすべての命題に対して，自然数を1つずつ重複しないように対応させることができる．このとき，命題に対応させた自然数をその命題のゲーデル数と呼ぶ．アルファベットと →, ↦, (,) だけを記号とする体系で，→ に 0, ↦ に 1, (に 2,) に 3, a に 4, b に 5, c に 6 を対応させる場合を考える．この場合，例えば，命題
$$(a \to b) \mapsto (c \to a) \to (c \to b)$$
は，まず記号を読み換えて有限数列 2,4,0,5,3,1,2,6,0,4,3,0,2,6,0,5,3 にする．次に素因数分解を逆利用して，自然数 $2^2 3^4 5^0 7^5 11^3 13^1 17^2 19^6 23^0 29^4 31^3 37^0 41^2 43^6 47^0 53^5 59^3$ を対応させることができる．

ゲーデル数はゲーデルの不完全性定理の証明の主要なアイデアであると同時に，理論計算機科学の基礎づけでも重要な役割を果たした．

ケーニグ-エゲルヴァーリの定理　Kőnig-Egerváry theorem　= 最大マッチング最小被覆の定理

ケーニグの定理　Kőnig theorem　= 最大マッチング最小被覆の定理

ケーニヒスベルグの橋の問題
Königsberg bridge problem

プロシアの古都ケーニヒスベルグ（現在のカリーニングラード）では，川に2つの中洲があり，昔，7つの橋がかかっていた．この7つの橋をちょうど一度ずつ渡るように散歩することができるかという問題を「ケーニヒスベルグの橋の問題」と呼ぶ．*オイラーは，この問題を「橋を辺とする*グラフが一筆書き可能か」という形に定式化し，橋をちょうど一度ずつ渡るような散歩が不可能であることを明快に示した．

実際，グラフが一筆書きで書ける必要十分条件は，奇数個の辺をもつ頂点の数が，2以下であることである．⇒ オイラー閉路，グラフ理論

KP 方程式
KP equation

Kadomtsev-Petviashvili 方程式の略称である．2次元*KdV 方程式ともいう．KdV 方程式など多くの可積分系を特殊な場合として含み，ソリトン方程式の解の代数的構造理論において最も基本的な役割を果たす．⇒ ソリトン，タウ関数

ケプラー
Kepler, Johannes

1571-1630 ドイツの天文学者，数学者．神学の勉強のためチュービンゲン大学に入学し，基礎学科の1つとして天文学をコペルニクスの地動説を支持するメストリン (1550-1631) に学ぶ．1594年に大学の推薦を受けて，グラーツにあるプロテスタント教団が経営する高校（大学への準備校）で数学教授の職を得た．1596年には『宇宙の神秘』を出版し，当時知られていた太陽系の惑星の数6と正多面体の個数5との間には関係があると主張し，太陽系の幾何学的なモデルを提出した．その後，プロテスタントに対する迫害を逃れてプラハ

に移住し，デンマーク出身の天文学者ティコ・ブラーエ(Tycho Brahe)の助手になった．ティコの火星の運動に関する膨大な観測データから，ケプラーの第1法則，第2法則を発見し，『火星天文学』(1609, 通常『新天文学』と呼ばれる)の中で発表した．第3法則の発見には膨大な計算が必要となり，発見されたばかりの対数を用いて計算し，1619年『宇宙の和声』(Harmonice mundi, 『宇宙の調和』とも訳される)の中で初めて発表された．

この他に，アルキメデスの方法を用いて，多くの種類の回転体の体積を求めた．ケプラーは最後のルネッサンス人に属し，占星術師としても有名であった．ケプラーの学術大系は占星術，数の神秘主義などに基づいており，宇宙の調和への限りない信念があり，ケプラーの3法則と正多面体を用いた太陽系の幾何学モデルの間に矛盾はなかった．月へ旅行し，月からみた天体の動きを記した短編小説『ケプラーの夢』も有名である．

ケプラーの法則
Kepler's law

ドイツの天文学者ケプラーはデンマークの天文学者ティコ・ブラーエ(Tycho Brahe)の観測結果をもとに，*アポロニオスの円錐曲線論を使って，太陽系の惑星の運動を次の3法則にまとめた．

(1) 惑星は太陽を1焦点とする楕円軌道を描く．

(2) 惑星と太陽を結ぶ線分は等しい時間に等しい面積を描く(面積速度不変の法則)．

(3) 惑星の公転周期の2乗は楕円軌道の長径の3乗に比例する．

この3法則は*ニュートン力学を産み出す原動力となった．

ゲーム理論
game theory

ゲーム理論は，複数の意思決定主体(例えば企業など)が合理的な行動をとる状況を数学的に取り扱うための方法論であり，経済学やオペレーションズ・リサーチなどで用いられる．*フォン・ノイマンとモルゲンシュテルン(O. Morgenstern)の著書『Theory of Games and Economic Behavior』(1944)がその出発点とされる．ゲームの形式はいろいろあるが，*協力ゲームと*非協力ゲームに大別される．→ 囚人のジレンマ，ゼロ和2人ゲーム

ケーラー多様体
Kähler manifold

代数多様体の性質から微分幾何学的な部分だけを取り出したもの．*複素トーラス $\mathbb{C}^n/\Gamma\;(\Gamma\cong\mathbb{Z}^{2n})$ には，$\mathbb{C}^n$ の普通の計量から，エルミート計量 $h_{i\bar{j}}=h(\partial/\partial z^i,\partial/\partial \bar{z}^j)=1\;(i=j); =0\;(i\neq j)$ が定まる($z^i, i=1,\cdots,n$ は $\mathbb{C}^n$ の標準的な(複素)座標)．これから決まる微分2形式 $\omega=\sum_{i,j}h_{i\bar{j}}dz^i\wedge d\bar{z}^j=\sum_i dz^i\wedge d\bar{z}^i$ は閉形式である．

このように，複素多様体 M 上にエルミート計量 h があり，$h_{i\bar{j}}=h(\partial/\partial z^i,\partial/\partial \bar{z}^j)$ から決まる微分2形式 $\omega=\sum_{i,j}h_{i\bar{j}}dz^i\wedge d\bar{z}^j$ が閉形式であるとき，ケーラー多様体と呼び，h をケーラー計量，ω をケーラー形式と呼ぶ．

複素射影空間やその複素部分多様体はケーラー多様体である．複素トーラスはいつもケーラー多様体であるが，代数多様体でない場合がある．

K 理論
K-theory

K 理論は代数幾何学のリーマン-ロッホの定理のグロタンディックによる研究に始まり，アティヤ-ヒルツェブルフにより位相幾何学に移植された理論で，整数論にも多くの応用を持つ．また，楕円型作用素の*指数定理で基本的な役割を果たしている．

体上の(有限次元)ベクトル空間はその次元(自然数)で同型類が定まり，ベクトル空間の直和は，次元の和(加法)に対応する．自然数全体は加法で群をなさないが，これを群にしたのが，整数全体 $\mathbb{Z}$ である．以上のことが，体の0次代数的 K 群は $\mathbb{Z}$ である，ということの意味である．

一般の環 R 上の加群の同型類はより多いので，R の代数的 K 群は $\mathbb{Z}$ とは限らないアーベル群である．

以上で，「環上の加群」を「空間 X の上の*ベクトル束」で置き換えたのが，位相的 K 群 $K(X)$ である．位相的 K 群は*コホモロジー群とよく似た性質を持っていて，位相空間の圏からアーベル群の圏への反変函手になる．

ケルヴィン変換
Kelvin transformation

ケルヴィン変換は調和関数を調和関数に写す変換の1つである．$\mathbb{R}^n$ の単位球に関する反転変換

$$y_j = x_j/r^2$$
$$(j = 1, \cdots, n, \ r = \sqrt{x_1^2 + \cdots + x_n^2})$$

のもとで, $v(y) = r^{n-2}u(x)$ とおくと $\Delta_y v = r^{n+2}\Delta_x u$ が成り立つ. ここで Δ_x, Δ_y はそれぞれ変数 x, y に関する*ラプラシアンを表す. v を u のケルヴィン変換(Kelvin transform)という. 特に u が調和関数であれば v も調和関数となる.

圏
category

ベクトル空間 V とその双対空間 V^* とは同型であるが, V と V^* の間の*カノニカル(自然)な同型の取り方は定まらない. 一方, 双対空間の双対空間 V^{**} と V の間には自然な同型が定まる. このような違いを明らかにするには, 「カノニカルな同型」という概念を明確に定式化する必要がある. このような必要から生まれてきたのが圏論で, アイレンバーグ(S. Eilenberg)とマックレーン(S. MacLane)によって創始された.

厳密には次のように定義する. 圏 $\mathcal{C}$ とは集合 $\mathrm{Ob}(\mathcal{C}),\ A, B, C \in \mathrm{Ob}(\mathcal{C})$ に対して集合 $\mathrm{Hom}(A, B)$, および写像 $\circ: \mathrm{Hom}(B, C) \times \mathrm{Hom}(A, B) \to \mathrm{Hom}(A, C)$ が定まり次の性質を持つことをいう.

(1) $f \in \mathrm{Hom}(A, B)$, $g \in \mathrm{Hom}(B, C)$, $h \in \mathrm{Hom}(C, D)$ に対して, $h \circ (g \circ f) = (h \circ g) \circ f$.

(2) $A \in \mathrm{Ob}(\mathcal{C})$ に対して, $1_A \in \mathrm{Hom}(A, A)$ が存在する. かつ $f \in \mathrm{Hom}(A, B)$ に対して $1_B \circ f = f \circ 1_A = f$ が成り立つ.

$\mathrm{Ob}(\mathcal{C})$ の元を圏 $\mathcal{C}$ の対象(object), $\mathrm{Hom}(A, B)$ の元を A から B への射(morphism), $\circ$ を射の合成, 1_A を恒等射と呼ぶ(圏論では $\mathrm{Ob}(\mathcal{C})$ を集合論の意味での集合とは仮定せず類であるとすることが多い. これは例えば, 集合全体の圏を考えると $\mathrm{Ob}(\mathcal{C})$ が集合にならないからである. その立場では $\mathrm{Ob}(\mathcal{C})$ が集合である圏は小圏(small category)と呼ばれる).

圏の間に*函手という概念を考えることができる(また函手の間の同型が定義される). このとき最初に述べた例は, V を V^* に対応させる(反変)函手は, V を V に対応させる函手と同型でないが, V を V^{**} に対応させる函手は, V を V に対応させる函手と同型である, というように理解される.

元
element

集合とは「もの」の集まりであり, その「もの」のことを元または要素という. x が集合 A の元であることを, $x \in A$ と表し, そうでないことを, $x \notin A$ と表す. ⇒ 集合

言語
language

数学でいう言語とは, 文法(文字の繋がり方の規則)に従った文字列の集まりのことである. 詳しくいえば, 有限個の文字からなる集合(アルファベットという)から, 文字を与えられた規則に従って有限個選んで並べて得られる列(語という)の集合を考えたとき, この集合の部分集合を(数理)言語という. 例えば, $\{0, 1\}$ をアルファベットとするとき, 0 と 1 が交互に並び, 最初と最後が 0 であるという規則に従う有限列の全体 $\{0, 010, \cdots, 0101\cdots 10, \cdots\}$ は言語である. ある言語を定義する方法には, 大別して, その生成規則を与える方法と, 与えられた文字列がその言語に属するかどうかを判定する手順(アルゴリズム)を与える方法の2つがある. 正規言語と呼ばれる言語のクラスは有限オートマトンによって認識される言語のクラスと一致する.

原始関数
primitive function

区間 I 上で定義された関数 $f(x)$ に対して, 導関数が $f(x)$ となる関数, つまり $F'(x) = f(x)$ を満たす I 上の関数 $F(x)$ を $f(x)$ の原始関数という. すなわち, 原始関数を求めることは微分する操作とは逆の操作である.

$F(x)$ が $f(x)$ の原始関数であるとき, 任意の定数 C に対し $F(x) + C$ も原始関数である. 逆に $f(x)$ の任意の原始関数 $G(x)$ はある定数 C' を用いて $G(x) = F(x) + C'$ と表される.

$f(x)$ の原始関数の全体を

$$\int f(x)dx$$

と表し, これを $f(x)$ の不定積分(indefinite integral)という. $f(x)$ の原始関数のひとつを $F(x)$ とするとき, 不定積分を

$$\int f(x)dx = F(x) + C$$

のように表すことが多い. C を積分定数という.

関数の和に対する微分の公式 $(aF_1(x) + bF_2(x))' = aF_1'(x) + bF_2'(x)$ から, $f(x), g(x)$ の原始関数が存在すれば, $f(x) + g(x)$ の原始関数も存在して

$$\int (af(x) + bg(x))dx$$
$$= a\int f(x)dx + b\int g(x)dx$$

となることがわかる．これを不定積分の線形性という．

$x=\varphi(t)$ とするとき，合成関数の微分法により $(d/dt)f(\varphi(t))=f'(\varphi(t))\varphi'(t)$ であるから
$$\int f(x)dx = \int f(\varphi(t))\frac{d\varphi}{dt}dt$$
となる（置換積分）．

積の微分法（ライプニッツの公式）から
$$\int f(x)g'(x)dx = f(x)g(x) - \int f'(x)g(x)dx$$
が得られる（部分積分）．

例 1 $((n+1)^{-1}x^{n+1})'=x^n$ であるから
$$\int x^n dx = \frac{1}{n+1}x^{n+1} + C$$
である．ただし，$n\neq -1$．

例 2 $y=\arcsin x$ に対して，$\sin y=x$ の両辺を x で微分すれば $\cos y(dy/dx)=1$ となるから，
$$\frac{dy}{dx} = \frac{1}{\cos y} = \frac{1}{\sqrt{1-x^2}}.$$
よって
$$\int \frac{1}{\sqrt{1-x^2}}dx = \arcsin x + C.$$

例 3 $y=\arctan x$ に対して，$\tan y=x$ の両辺を x で微分すれば $(1/\cos^2 y)(dy/dx)=1$ となるから，
$$\frac{dy}{dx} = \cos^2 y = \frac{1}{x^2+1}.$$
よって
$$\int \frac{1}{x^2+1}dx = \arctan x + C.$$

以下に基本的な関数の原始関数を示しておこう（$a\neq 0$ とする）．
$$\int \frac{1}{x}dx = \log|x| + C,$$
$$\int \frac{dx}{\sqrt{a^2-x^2}} = \arcsin\frac{x}{|a|} + C,$$
$$\int \frac{dx}{\sqrt{x^2+a}} = \log|x+\sqrt{x^2+a}| + C,$$
$$\int \sqrt{a^2-x^2}\,dx$$
$$= \frac{1}{2}\left(x\sqrt{a^2-x^2} + a^2 \arcsin\frac{x}{|a|}\right) + C,$$
$$\int \sqrt{x^2+a}\,dx$$
$$= \frac{1}{2}(x\sqrt{x^2+a} + a\log|x+\sqrt{x^2+a}|)$$
$$\quad + C,$$
$$\int e^x dx = e^x + C,$$
$$\int \log x\,dx = x\log x - x + C,$$
$$\int \sin x\,dx = -\cos x + C,$$
$$\int \cos x\,dx = \sin x + C,$$
$$\int \frac{dx}{\cos^2 x} = \tan x + C.$$

これらを確かめるには，右辺を微分すればよい．

原始関数の定義を見る限りにおいては，与えられた関数 $f(x)$ の原始関数を求めるには，色々な関数の導関数を求めて，その中から $f(x)$ に一致するようなものを探し出すアドホックな方法しか考えられない．例えば，$1/\sqrt{1-x^4}$ の原始関数を求めようとするとき，「公式集」を見ても導関数が $1/\sqrt{1-x^4}$ となるようなものは見つけられない．では $1/\sqrt{1-x^4}$ の原始関数は存在しないのか，という問題が生じる．

実は原始関数が定積分の概念に結びつくことを使って，任意の連続関数の原始関数の存在が保証される．すなわち，区間 $[a,b]$ で定義された連続関数 $f(x)$ に対し $[a,x]$ 上の定積分
$$F(x) = \int_a^x f(x)dx$$
を x の関数と見ると $F'(x)=f(x)$ である（微分積分学の基本定理）．よって $f(x)$ は原始関数を持ち，
$$\int f(x)dx = \int_a^x f(x)dx + C$$
となる．

一般に，初等関数の原始関数は初等関数とは限らない．その代表的な例が上で挙げた $1/\sqrt{1-x^4}$ の原始関数である．$\int (1/\sqrt{1-x^4})dx$ は*楕円関数の逆関数になる．⇨ 原始関数（有理関数の），原始関数（無理関数の），積分

原始関数（無理関数の）
primitive function
　一般には，*無理関数の原始関数を*初等関数で表すことはできないが，特別な場合はそれが可能である．

(1) $f(x,y)$ を 2 変数の*有理関数とするとき，
$$I = \int f(x, \sqrt{ax^2+bx+c})dx$$
は次のように変数変換することにより，有理関数の原始関数(→ 原始関数(有理関数の))を求めることに帰着される．i) $a>0$ であるとき，$t=\sqrt{ax^2+bx+c}+\sqrt{a}x$ とおくと
$$x = \frac{t^2-c}{2\sqrt{a}t+b}$$
となるから，*置換積分により
$$I = \int f\left(\frac{t^2-c}{2\sqrt{a}t+b}, t-\sqrt{a}\frac{t^2-c}{2\sqrt{a}t+b}\right) \\ \times \frac{d}{dt}\left(\frac{t^2-c}{2\sqrt{a}t+b}\right)dt.$$
ii) $a<0$ であるとき，$b^2-4ac\leqq 0$ であれば根号内が正であるような区間が存在しないから，考察の対象から外す．$b^2-4ac>0$ とすると，$ax^2+bx+c=a(x-\alpha)(x-\beta)$，$\alpha<\beta$ と因数分解することにより，区間 $[\alpha,\beta]$ 上の関数，と考える．
$$t = \sqrt{\frac{x-\alpha}{\beta-x}}$$
とおけば，
$$x = \frac{\alpha+\beta t^2}{1+t^2},$$
$$\sqrt{ax^2+bx+c} = \sqrt{-a}(\beta-\alpha)\frac{t}{1+t^2}$$
となるから，置換積分により t についての有理関数の積分となる．

(2)
$$\int f\left(x, \left(\frac{ax+b}{cx+d}\right)^{1/n}\right)dx$$
については，$t^n=(ax+b)/(cx+d)$ とおけば，$x=(b-dt^n)/(ct^n-a)$ であるから，置換積分により，t についての有理関数の積分になる．

原始関数(有理関数の)

primitive function

*有理関数 $f(x)/g(x)$ ($f(x),g(x)$ は実係数多項式)の*原始関数は，次のようにして求められる．まず，多項式
$$a_0 x^n + a_1 x^{n-1} + \cdots + a_n$$
の原始関数は
$$\frac{1}{n+1}a_0 x^{n+1} + \frac{1}{n}a_1 x^n + \cdots + a_n x + C$$
である．一般の場合には $f(x)/g(x)$ の*部分分数分解を用いることによって，多項式の原始関数の他に
$$\int \frac{1}{(x-a)^m}dx, \quad \int \frac{rx+s}{(x^2+px+q)^n}dx$$
を求めればよい．第 1 の原始関数は，積分定数は省略すると
$$\int \frac{1}{(x-a)^m}dx$$
$$= \begin{cases} \dfrac{1}{(1-m)(x-a)^{m-1}} & (m \geqq 2) \\ \log|x-a| & (m=1) \end{cases}$$
である．2 番目については，分母において $x^2+px+q=(x-b)^2+c$ ($b=-p/2$, $c=q-p^2/4$) と書き直し，
$$\int \frac{(x-b)}{((x-b)^2+c)^n}dx$$
$$= \begin{cases} \dfrac{1}{2(1-n)((x-b)^2+c)^{n-1}} & (n \geqq 2) \\ \dfrac{1}{2}\log((x-b)^2+c) & (n=1) \end{cases}$$
および，次の*漸化式を使えばよい．$I_n = \int (1/(x^2+c)^n)dx$ とするとき，$n\geqq 1$ について
$$I_{n+1} = \frac{1}{2nc}\left(\frac{x}{(x^2+c)^n} + (2n-1)I_n\right),$$
$$I_1 = \begin{cases} \dfrac{1}{\sqrt{c}}\arctan\dfrac{x}{\sqrt{c}} & (c>0) \\ -\dfrac{1}{x} & (c=0) \\ \dfrac{1}{2\sqrt{|c|}}\log\dfrac{x-\sqrt{|c|}}{x+\sqrt{|c|}} & (c<0). \end{cases}$$

$\int (f(x)/g(x))dx$ は，有理式，$\log h(x)$ ($h(x)$ は 1 次式または 2 次式)，および $\arctan(x-k)$ (→ 逆 3 角関数)の線形結合で表される．

原始帰納的関数　primitive recursive function　→ 帰納的関数

原始既約多項式

primitive irreducible polynomial

位数が素数 p の有限体 $GF(p)$ と，その n 次拡大体 $GF(p^n)$ (→ 有限体)を考える．$GF(p^n)$ は $GF(p)$ 上の n 次既約多項式の根 α によって生成されるが，もし，$1, \alpha, \alpha^2, \cdots, \alpha^{p^n-1}$ がすべて異なるならば $GF(p^n)=\{0, 1, \alpha, \alpha^2, \cdots, \alpha^{p^n-2}\}$ という単純な形に表現されるので，いろいろな計算に便利である．このような既約多項式を原始既約多項式と呼ぶ．

原始元
primitive element
体 K が k にただ1つの元 α を*添加して得られるとき，$K=k(\alpha)$ と書き，体の拡大 K/k を単純拡大という．また，添加する元を原始元という．

原始根
primitive root
p を素数とすると，体 $\mathbb{Z}/p\mathbb{Z}$ の 0 以外の元の全体 $(\mathbb{Z}/p\mathbb{Z})^\times$ は乗法について*位数 $p-1$ の巡回群をなす．整数 a の定める $\mathbb{Z}/p\mathbb{Z}$ での剰余類 $\bar{a}$ がこの巡回群 $(\mathbb{Z}/p\mathbb{Z})^\times$ の生成元であるとき，a は p を法とする原始根であるという．例えば $2^2 \equiv 4 \pmod 5$, $2^3 \equiv 3 \pmod 5$ であるから，2 は 5 を法とする原始根であるが，$4^2 \equiv 1 \pmod 5$ であるから，4 は 5 を法とする原始根ではない．以下に素数 p とそれに対応する原始根 a の表を記す（いろいろある原始根のなかで最小のものをとった）．→ 有限体，原始元

素数 p と原始根 a

p	a	p	a	p	a
3	2	23	5	53	2
5	2	29	2	59	2
7	3	31	3	61	2
11	2	37	2	67	2
13	2	41	7	71	7
17	3	43	3	73	5
19	2	47	5	79	3

原始多項式
primitive polynomial
整数を係数とする多項式 $f(x) \in \mathbb{Z}[x]$ は，その係数の最大公約数が1であるとき，原始多項式という．2つの原始多項式の積は原始多項式である（これをガウスの補題ということがある）．

有理数を係数とする零と異なる多項式 $f(x) \in \mathbb{Q}[x]$ は，正の有理数 c と原始多項式 $g(x) \in \mathbb{Z}[x]$ により
$$f(x) = cg(x)$$
の形の積に一意的に表される．

減少関数
decreasing function
単調減少関数のこと．→ 単調関数

減少数列 decreasing sequence ＝単調減少列

懸垂（位相空間の）
suspension
位相空間 X に対して，$X \times [0,1]$ で $X \times \{0\}$ と $X \times \{1\}$ を1点に縮めた空間（→ 商位相）を X の懸垂といい SX あるいは ΣX で表す．例えば n 次元球面の懸垂は $n+1$ 次元球面である．

懸垂（力学系の）
suspension
*多様体 M から M 自身への*微分同相写像 f が与えられると，直積 $M \times [0,1]$ において，点 $(x,1)$ と $(f(x),0)$ とを同一視して貼り合わせることにより，多様体 $\widetilde{M}$ が定まる．その上には，$M \times [0,1]$ 上でベクトル場 $\partial/\partial s$ の生成する*流れ $(x,s) \mapsto (x, s+t)$ $(0 \leq s, s+t \leq 1)$ から，流れ F_t が自然に定まる．これを f の懸垂という．

このとき，例えば，f の*周期軌道は，同じ周期を持つ懸垂 F_t の周期軌道に対応する．また，f が*不変測度 m を持てば，$M \times [0,1]$ 上の*直積測度 $m(dx)ds$ から自然に定まる $\widetilde{M}$ 上の測度 μ は，F_t の不変測度となる．懸垂は，一般の*位相力学系 (X, f) や*保測力学系 (X, f, m) に対しても同様にして定義することができ，*離散力学系 f の性質の多くが懸垂という流れの性質に翻訳される．*ポアンカレ写像はこの操作の逆を局所的に行ったものである．なお，保測力学系 (X, f, m) に対しては，「天井」$s=1$ を一般化して，m に関して可積分な正値関数 $\phi(x)$ をとり，$\widetilde{X} = \{(x,s) | x \in M, s \in [0, \phi(x)]\}$ において，$(x, \phi(x))$ と $(f(x), 0)$ を同一視すれば，保測な流れ F_t を定義することができる．この場合も懸垂ということがある．

減衰振動
damped oscillation
振幅が時間とともに減少していく振動のことである．振動数 ω_0 の*単振動に，摩擦などの抵抗 $a(dx/dt)$ （a は正定数）が加わる場合，振動を表す*微分方程式
$$\frac{d^2 x}{dt^2} + a\frac{dx}{dt} + \omega_0^2 x = 0$$
の解は，$a < 2\omega_0$ のもとに
$$Ae^{-(a/2)t} \sin(\omega t + \alpha) \quad (\omega = \sqrt{\omega_0^2 - a^2/4})$$
で与えられる．

懸垂線
catenary

2点に端を固定した一様な密度を持つ鎖を吊り下げたときにできる曲線. $y=a\cosh(x/a)$ と表される. 放物線に形が似ており, *ガリレオ・ガリレイは実際それを放物線と信じていたという.

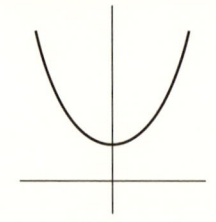

原像 preimage → 逆像

検定
test

観測データに基づいて主張の妥当性を示す際に用いられる統計的推測の基本的な手法である. 妥当性を示したい主張と反対の主張を仮説として設定し, もし仮説が正しいならば観測データの出現する確率はきわめて低いからそのような仮説はおそらく誤りである, という形の議論を用いる. 仮説検定ともいう. → 推定

原点
origin

ユークリッド空間での $0=(0,\cdots,0)$ のことをいう. → 座標

源点
source

位相力学系において, 不安定な不動点のことをいう. 微分可能力学系 (X, f) の場合, 不動点 x は, その周りのすべての方向が拡大的, つまり, 微分 $df(x)$ の固有値の絶対値がすべて 1 より大きいならば源点である. 双曲型不動点の一種で, 軌道を流線と見た様子から, 湧点(湧き出し点)ともいう. 虚部が0でなく絶対値が1より大きな固有値があれば, 流線は渦を巻きながら湧き出す. 微分可能な流れについても同様に源点が定義される.

『原論』 Elements → ユークリッドの『原論』

コ

語
word

いくつかの文字(アルファベットとも呼ぶ)を決めたとき, その文字を有限個並べたものが語である. 並べる文字の数を語の長さと呼ぶ. 空な語も考え, それを $\emptyset$ や ε などで記す. 2つの語 w_1, w_2 を繋げる操作 $w_1 w_2$ により, 語の全体には空語 $\emptyset$ を単位元とする*半群の構造が入る. → 語の問題

高位の無限小
infinitesimal of higher order

区間 $(0, a)$ で定義され, $x \to 0$ で0となる実数値関数 $f(x), g(x)$ について, $\lim_{x \to 0}|f(x)|/|g(x)|=0$ が成り立つとき, $x=0$ において $f(x)$ は $g(x)$ よりも高位の無限小, また $g(x)$ は $f(x)$ よりも低位の無限小であるという. 例えば x^2 は x よりも高位の無限小であり, $\sqrt{x}$ は x よりも低位の無限小である. 極限値 $\lim_{x \to 0} f(x)/g(x)$ が存在して0でないとき, 関数 $g(x)$ は $f(x)$ と同位の無限小であるという. ($f(x)/g(x), g(x)/f(x)$ がともに $x \to 0$ で有界であることを同位の無限小という場合もある.)

光円錐
light cone

t, x, y, z を座標とする*ミンコフスキー空間で, $t^2=x^2+y^2+z^2$ を満たす点全体を(原点を頂点とする)光円錐という(ここで光速 c を 1 と規格化した). これはある時刻に原点にいる光子が通過し得る時空の点全体である.

ミンコフスキー空間のベクトルは*空間的であるか, *時間的であるか, 光円錐上の点の位置ベクトルであるかのどれかである.

公開鍵暗号 public key cryptography → 暗号

高階差分 higher order difference → 差分

高階導関数
higher order derivative

関数 $f(x)$ の導関数 $f'(x)$ が微分可能であれば,

$f'(x)$ の導関数 $f''(x)$ を考えることができる．これを $f(x)$ の 2 階の導関数(2 次導関数ということもある)という．同様に，3 階以上の導関数を考えることができ，これらを総称して高階導関数という．➡ C^k 級

効果的
effective

例えば，整数を係数とする連立方程式
$$a_{11}x_1 + \cdots + a_{1n}x_n = 0$$
$$\cdots\cdots$$
$$a_{m1}x_1 + \cdots + a_{mn}x_n = 0$$
は，$n>m$ とするとき，自明でない整数解 $(x_1,\cdots,x_n)$ を持つことを証明できる．しかし，解の「大きさ」については何も言っていないという意味で，これは定性的な定理である．一方，ジーゲル(C. L. Siegel)は，上の方程式が
$$\max_{1\leq j\leq n} |x_j| \leq 2\left(2n \max_{i,j}(1,|a_{ij}|)\right)^{m/(n-m)} \quad (*)$$
を満たす自明でない整数解を持つことを証明した．これは定量的定理である．しかも具体的に解を求める場合，この不等式を満足する整数の組 $(x_1,\cdots,x_n)$ は有限個しかないから，有限回の手段で解を探し出すことができる．すなわち，解を求める*アルゴリズムが存在する．この意味で，ジーゲルの定理の評価式 (*) は効果的であるといわれる．また，(*) の右辺の定数のように，与えられた方程式のデータから具体的な値が計算できる定数を効果的な定数(あるいは強定数)という．

効果的(作用が)
effective

忠実な作用ともいう．群 G が集合 X に*作用しているとする．G の相異なる元は X に相異なる作用をもたらすとき，つまり，$g_1, g_2 \in G$, $g_1 \neq g_2$ なら，写像 $X \ni x \mapsto g_1 x \in X$ と $X \ni x \mapsto g_2 x \in X$ が写像として異なるとき，G は X に効果的に作用するという．これは，$x \mapsto gx$ が X の恒等写像となる G の元 g は G の単位元に限られることと同値である．➡ 作用(群の)

交換関係
commutation relation

行列や作用素，あるいは一般に非可換な代数の 2 つの元の積と，順序を交換した積との差の間に生じる関係．例えば，微分作用素 $(Af)(x)=df/dx$ と掛け算作用素 $(Bf)(x)=xf(x)$ の間には，交換関係 $AB-BA=I$（恒等作用素）がある．

交換子
commutator

群 G の元 a, b に対して $aba^{-1}b^{-1}$ を a, b の交換子と呼び，通常 $[a,b]$ と記す．$[a,b]=e$ (e は単位元)となることと，$ab=ba$ であることは同値である．また $[b,a]=[a,b]^{-1}$ が成り立つ．

交換子群
commutator group

群 G のすべての*交換子 $[a,b]=aba^{-1}b^{-1}$ $(a,b\in G)$ から生成される G の部分群を交換子群と呼び $[G,G]$ と記す．交換子群 $[G,G]$ は群 G の正規部分群であり，剰余群 $G/[G,G]$ はアーベル群である．交換子群は，剰余群 G/H がアーベル群である G の正規部分群 H のうちで，最小のものである．

また，G の部分群 H_1, H_2 について，$[a,b]$ ($a\in H_1$, $b\in H_2$) 全体が生成する G の部分群を，H_1 と H_2 の交換子群と呼び，$[H_1, H_2]$ と書く．➡ 可解群, べき零群

交換法則　　commutative law　　=交換律

交換律
commutative law

代数系における 2 項演算 $x \circ y$ が，$x \circ y = y \circ x$ を満たすとき，交換律が成り立つという．交換法則ともいう．➡ アーベル群, 環

広義一様収束
uniform convergence in the wider sense, locally uniform convergence

$\mathbb{R}^n$ や $\mathbb{C}^n$ において，関数列がその定義域内の任意の有界閉集合の上で一様収束することをいう．コンパクト一様収束または局所一様収束ともいう．連続関数の列が広義一様収束すれば，その極限も連続関数である．また領域上の正則関数列が広義一様収束すれば，その極限も正則関数になる．➡ 一様収束, 等連続, アスコリ-アルツェラの定理, 正規族

広義解
generalized solution

ある種の偏微分方程式においては，その微分の意味を広い意味に解釈することにより，通常の意

味で微分可能でない関数も解とみなしうる場合がある．このような解を広義解と呼ぶ．*古典解に対比される概念である．線形方程式や半線形方程式で扱われる*弱解(弱い解)は，その代表的な例であり，また，ある種の非線形方程式で用いられる粘性解も，広義解の一種である．例えば1次元*波動方程式 $u_{tt}=c^2 u_{xx}$ の*一般解は，f, g を*C^2 級関数として

$$u(x,t) = f(x-ct) + g(x+ct)$$

の形で与えられるが，たとえ関数 $f(x), g(x)$ が微分可能でなくても，上式は広義解(弱解)になることが示される．

近代的な*偏微分方程式の理論では，古典解だけでなく，広義解が重要な役割を演じる局面が多い．その理由は，まず第1に，方程式が記述する物理的問題あるいは幾何学的問題の性格上，*衝撃波のように古典解の枠組で捉えきれない対象を扱う必要性がしばしば生じるからである．第2に，たとえ古典解を求めたい場合でも，まず広義解という広いクラスの中で解を探し，得られた広義解が実は古典解になっているかどうかを後で論じる方が早道である場合が多いからである．→偏微分方程式，古典解，弱解

広義積分
improper integral

$\int_0^1 (1/\sqrt{x})dx$ のように区間の端点で発散する関数の積分や，$\int_0^\infty e^{-x}dx$ のように無限区間における積分については，区分求積法に基づく定積分の定義は直接には適用できず，リーマン積分の極限として考える必要がある．

$(a, b]$ で連続な関数 $f(x)$ に対して，極限値

$$\lim_{c>a, c\to a}\int_c^b f(x)dx$$

が存在するとき，これを広義積分といい，

$$\int_a^b f(x)dx$$

で表す．同様に $[a, b)$ で連続な関数について

$$\int_a^b f(x)dx = \lim_{c<b, c\to b}\int_a^c f(x)dx$$

と定める．$(a, c]$ および $[c, b)$ でそれぞれ広義積分が存在するとき

$$\int_a^b f(x)dx = \int_a^c f(x)dx + \int_c^b f(x)dx$$

と定める．ただし上で $a=-\infty$ や $b=\infty$ の場合も含むものとする．例えば

$$\int_{-\infty}^\infty e^{-x^2}dx = \lim_{L\to\infty}\int_{-L}^0 e^{-x^2}dx + \lim_{M\to\infty}\int_0^M e^{-x^2}dx = \sqrt{\pi}.$$

実軸上の点 $x=a$ の近傍で

$$|f(x)| \leq K|x-a|^s \quad (K, s \text{ は定数で } s > -1)$$

が成り立てば広義積分 $\int_a^b f(x)dx$ は収束する．また $x\to\infty$ のとき

$$|f(x)| \leq K|x|^{-s} \quad (s > 1)$$

が成り立てば $\int_a^\infty f(x)dx$ は収束する．

多重積分の場合にも広義積分を考えることができる．例えば平面の領域 D 上の広義積分は，D の有界な閉部分集合の増大列 $K_1 \subset K_2 \subset \cdots, \bigcup_{n=1}^\infty K_n = D$ を考え，$\iint_{K_n}f(x,y)dxdy$ が $n\to\infty$ の極限で $\{K_n\}$ の取り方によらずに一定値 A に収束するならば，$f(x, y)$ の D 上の広義積分を

$$\iint_D f(x,y)dxdy = A$$

によって定める．

交項級数 alternating series →交代級数

公差 common difference →等差数列

格子
lattice

1次独立な2個の平面ベクトル $\boldsymbol{v}_1, \boldsymbol{v}_2$ に対し，$m\boldsymbol{v}_1+n\boldsymbol{v}_2$ (m, n は整数)の全体を平面格子といい，各点を格子点という．例えば座標平面で x, y 座標がともに整数となる点全体は格子である．

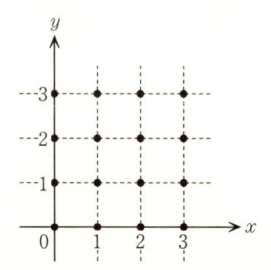

より一般に，n 次元ユークリッド空間 $\mathbb{R}^n$ の n 個の1次独立なベクトル $\boldsymbol{v}_1, \cdots, \boldsymbol{v}_n$ をとって，$m_1\boldsymbol{v}_1+\cdots+m_n\boldsymbol{v}_n$ ($m_1, \cdots, m_n \in \mathbb{Z}$) と表される点の全体を $\mathbb{R}^n$ の格子といい，格子の各点を格子点という．格子は抽象的には $\mathbb{Z}^n$ と同型な加法

格子点　lattice point　⇒格子

格子点問題
lattice-point problem

一般に，$\mathbb{R}^n$ の有界な部分集合 A に含まれる格子 $\mathbb{Z}^n$ の元(格子点)の個数を調べる問題．A として，半径 R の円板 $\{(x,y)\in\mathbb{R}^2|x^2+y^2\leq R^2\}$ を考え，この中の格子点の個数を $a(R)$ とする．R を大きくしたとき，
$$a(R)\sim\pi R^2$$
であるが，残余項 $a(R)-\pi R^2$ を評価する問題を，円問題(circle problem)という．⇒ミンコフスキーの定数

高次導関数　higher order derivative　＝高階導関数

公準
postulate

ユークリッドの『原論』では，量に関する一般的性質を公理とし，幾何学理論の前提となる性質を公準と呼んでいる(→平行線の公理)．

恒真論理式
universally valid formula

数理論理学における用語である．常に正しい論理式．例えば，*命題論理においては，論理式の中の命題変数に真偽のいずれの値を代入しても真値を取る論理式をいう．
　例　$P\vee\neg P,\ (P\wedge(P\rightarrow Q))\rightarrow Q$

光錐　light cone　＝光円錐

剛性
rigidity

元来は「形が変わらない」という意味の物理学における用語である(→剛体，剛体運動)．数学においては，幾何学的対象が*摂動しても自分自身と同じになるとき，剛性を持つという．
　例えば，3 次元空間内の球面を長さを保つように(すなわち*第 1 基本形式を保ったままで)変形すると，変形したものはもとの球面に 3 次元空間の合同変換で移すことができる．これを，球面は剛性を持つという．同様の性質は凸集合の境界になっている曲面(→卵形面)でも成立する(コーン・フォッセンの定理)．一方，3 次元空間内の平面は，長さを変えずに折り曲げることができるので，剛性を持たない．
　リー群の*離散的な部分群において，それを摂動したものがもとの離散的な部分群と共役(→共役部分群)になることも剛性という．$SL(2,\mathbb{R})$, $SL(2,\mathbb{C})$ 以外の単純リー群の離散群は剛性を持つことが知られている．

合成関数
composite function

関数 $y=g(x)$, $z=f(y)$ に対して，$f(y)$ の変数 y に $g(x)$ を代入して得られる関数 $f(g(x))$ を，$y=g(x)$, $z=f(y)$ の合成関数という．$g(x)$ が $f(y)$ の定義域に入るような x 全体が，合成関数 $f(g(x))$ の定義域である．多変数関数についても，合成関数の定義が同様になされる．

合成関数の微分
derivative of composite function

$g(x)$ が x で微分可能，$f(y)$ が $y=g(x)$ において微分可能であれば，*合成関数 $z=f(g(x))$ は x で微分可能であり，
$$\{f(g(x))\}'=f'(g(x))g'(x)$$
が成り立つ．ライプニッツの記法を用いれば
$$\frac{dz}{dx}=\frac{dz}{dy}\frac{dy}{dx}$$
となる．
　多変数関数 $f(y_1,\cdots,y_n)$ および $y_1=g_1(x_1,\cdots,x_m),\cdots,y_n=g_n(x_1,\cdots,x_m)$ の合成関数 $h(x_1,\cdots,x_m)=f(g_1(x_1,\cdots,x_m),\cdots,g_n(x_1,\cdots,x_m))$ の偏微分については，
$$\frac{\partial h}{\partial x_i}=\sum_{j=1}^{n}\frac{\partial f}{\partial y_j}\frac{\partial g_j}{\partial x_i}$$
が成り立つ．⇒連鎖律，ヤコビ行列

合成写像
composition of maps

2 つの写像 $S:X\rightarrow Y$, $T:Y\rightarrow Z$ が与えられたとき，$(T\circ S)(x)=T(S(x))$ により定義される写像 $(T\circ S):X\rightarrow Z$ を S と T の合成写像という．
　3 つの写像 $S:X\rightarrow Y$, $T:Y\rightarrow Z$, $U:Z\rightarrow W$ に対して，結合律 $U\circ(T\circ S)=(U\circ T)\circ S$ が成り立つ．写像に関する結合律にもとづき，行列環，

置換群などの，結合律を満たす代数の種々の例が構成される．→写像

構成主義
constructionism

直観主義をさらに推し進めた，すべての数学的対象は，具体的な構成(アルゴリズム)によって定義されなければならないという考えをいう．この考えを極端に推し進めると数学的内容が乏しくなってしまうので，この考えに全面的に賛成する数学者は少ない．しかし，数学的対象を具体的なアルゴリズムによって定義することは，コンピュータと関連して重要な研究分野である．

合成数
composite number

*素数ではない2以上の整数のこと．例えば，$4=2^2$, $54=2\cdot3^3$, $273=3\cdot7\cdot13$ など．

合成積　convolution　→たたみ込み(ℝ上の)

交線
line of intersection

3次元空間の中の互いに平行でない2平面の交わりである直線のことをいう．もっと広い意味では，3次元空間内の2つの2次元曲面が*横断的に交わるときの交わりのことである．この意味の交線は曲線である．

構造
structure

*群とは集合 G とその上の2項演算・が定まり結合法則 $(g_1\cdot g_2)\cdot g_3 = g_1\cdot(g_2\cdot g_3)$ などのいくつかの公理を満たすものを指す．また*距離空間は，集合 X とその上の距離 $d(x,y)$ が定まっているものを指す．

このように，数学の対象は，集合にいくつかのものを付加して得られることが多い．この付加するもののことを構造と呼ぶ．

構造安定
structurally stable

例えば，ある微分方程式が構造安定であるというのは，その方程式を摂動して，係数を少し変化させたり，小さな項を付け加えても，解全体の様子があまり変わらないことをいう．線形常微分方程式の場合，行列 A が双曲型(ここでは固有値の実部がすべて0でないこと)であれば，行列 B が A に十分近く，ベクトル b が十分小さいとき，方程式 $dx/dt=Bx+b$ と $dx/dt=Ax$ の解全体の様子はあまり変わらず，適当な座標変換により，一方の解曲線を他方の解曲線に変換することができる．自然界の現象で，測定誤差などがあってもふつうに観測でき認識されるものは，このような意味での構造安定性を持つと考えられる．

構造安定性の概念は，最初，ポントリャーギン(L. S. Pontryagin)たちによって「粗い安定性」という名称で円板上の常微分方程式 $dx/dt=a(x,y), dy/dt=b(x,y)$ の定性的な性質(例えば，不動点や周期軌道の数)による分類のために導入され，その後スメール(S. Smale)たちにより力学系などに対しても拡張された．しかし，考える対象に応じて，どのような摂動を許すか(例えば $a(x,y), b(x,y)$ の何階の導関数まで近いことを要求するか)，どの程度変わらないか(座標変換にどの程度の滑らかさを要求するか)などについて指定する必要があり，細かく分類されている．

例えば，アノソフ微分同相写像(→アノソフ力学系)は構造安定な微分可能力学系の代表例であるが，十分滑らかな摂動に対して位相共役が存在するという意味で，構造安定である．

構造群　structure group　→ファイバー束

構造主義(数学における)
structuralism

集合とその上の*構造が数学の主たる研究対象であるという考え方である．哲学・思想における構造主義と区別して，数学的構造主義ということがある．*ブルバキはこの立場をとったので，ブルバキズムという言葉も似た意味に使われる．

数学的構造主義は，20世紀における数学の抽象化や，ヒルベルトらの幾何学基礎論などを背景に，*公理主義を推し進めたものとして現れた．個別的に知られている諸概念から，共通の性質を持つものを取り出し，個々の特殊性には訴えない理論を作るのが数学的構造主義である．群，環，体，線形空間などの*代数系，*位相空間などが，数学的構造主義の観点から扱うことのできる数学的対象の代表例である．

数学的構造主義では，例えば，ユークリッド空間での開集合やその上の点列の収束だけを考える代わりに，位相空間という一般的な構造を考える．位相空間は，集合と，その部分集合の族で「開集

合の公理」(→ 位相空間)を満たすものの組として定義される．そして，点列の収束などの概念がこの枠組の中で導入される．ユークリッド空間などは位相空間の例として扱われる．

数学的構造主義は，次々と現れる抽象的な数学上の概念を整理するのに有効であった．その後の数学の進展によって，「集合とその上の構造」という枠組で捉えるより，*圏と*函手を用いて考えるほうがより適切である数学的対象が見出されている．また，個々の具体的な数学的対象と一般的な数学的構造のどちらが数学研究において強調されるかは，数学研究の流れや，研究者によって異なり，どちらが適切な立場かは一概には言えない．

構造定数
structure constant

*多元環が有限個の基底 $a_1, \cdots, a_n$ を持つとき，
$$a_i \cdot a_j = \sum_{k=1}^{n} c_{ij}^k a_k$$
となるスカラー c_{ij}^k が存在するが，これらを構造定数という．構造定数は，等式 $\sum_{h=1}^{n} c_{ij}^h c_{hk}^l = \sum_{h=1}^{n} c_{ih}^l c_{jk}^h$ を満たす．

*リー環が有限個の基底 $e_1, e_2, \cdots, e_m$ を持つとき
$$[e_i, e_j] = \sum_{k=1}^{m} c_{ij}^k e_k$$
と書くことができるが，このとき $\{c_{ij}^k\}$ をリー環の構造定数という．構造定数は，等式 $\sum_{h=1}^{n}(c_{ij}^h c_{hk}^l + c_{jk}^h c_{hi}^l + c_{ki}^h c_{hj}^l) = 0$ を満たす．

構造定数がわかれば，多元環やリー環の構造が決定される．

拘束運動
constrained motion

束縛運動ともいう．3次元ユークリッド空間において，質点が，ある曲線や曲面あるいは領域内に，運動する場所を制限されているとき，質点は拘束運動をしているという．そのとき質点が曲線や曲面あるいは領域内にとどまるように制限するために働く力を，拘束力あるいは束縛力という．

例えば，平面内において，質量 m の質点 M が，原点を中心として半径 R の円周上を，速度 v の等速円運動をするとする．この場合，M は中心方向に mv^2/R の拘束力を受ける．一般に，平面内の曲線 C 上に拘束された質量 m の質点 M の運動は，速度の大きさを v とするとき，拘束条件 $(\dot{\boldsymbol{x}}, \boldsymbol{n}) = 0$ ($\dot{\boldsymbol{x}}$ は位置ベクトル $\boldsymbol{x}$ の時間微分，$(\cdot, \cdot)$ は内積を表す)の下に，運動方程式 $m\ddot{\boldsymbol{x}} = (mv^2/R)\boldsymbol{n}$ で与えられる．ここで，$\boldsymbol{n}$ は C の曲率中心へ向かう*単位法ベクトル，R は曲率半径，$(mv^2/R)\boldsymbol{n}$ が拘束力である．

また，質点 M が，3次元ユークリッド空間の曲面 S 上に拘束された運動をする場合，拘束条件 $(\dot{\boldsymbol{x}}, \boldsymbol{n}) = 0$ の下に，運動方程式は
$$m\ddot{\boldsymbol{x}} = mQ(\dot{\boldsymbol{x}}, \dot{\boldsymbol{x}})\boldsymbol{n} \qquad (*)$$
で与えられる．ここで，$\boldsymbol{n}$ は $(\ddot{\boldsymbol{x}}, \boldsymbol{n}) \geqq 0$ を満たす単位法ベクトル，$Q(\cdot, \cdot)$ は S の*第2基本形式を表す．(すなわち，$X(u,v)$ が S の径数表示，$Ldu^2 + 2Mdudv + Ndv^2$ が第2基本形式(→ 曲面の微分幾何)，$\boldsymbol{x}(t) = X(u(t), v(t))$ とするとき，$Q(\dot{\boldsymbol{x}}, \dot{\boldsymbol{x}}) = L\dot{u}^2 + 2M\dot{u}\dot{v} + N\dot{v}^2$ である．) $mQ(\dot{\boldsymbol{x}}, \dot{\boldsymbol{x}})\boldsymbol{n}$ が拘束力である．$(*)$ は M が S 上の*測地線に沿って運動することを意味する．

2点以上の質点の運動でも，点が自由に動き回るわけではなく，何らかの「拘束」を受けているとき，拘束運動という．3次元空間内の n 点拘束運動では，$\mathbb{R}^{3n}$ の*部分多様体内の曲線を考えることになる．また，剛体の運動なども，剛体を構成する各点の間に，距離が一定などの関係があるので，拘束運動とみなせる．⇒ 剛体運動，ホロノーム拘束

高速自動微分
fast automatic differentiation

例えば計算機のプログラムのように，n 個の変数 $x_1, \cdots, x_n$ の関数 $f(x_1, \cdots, x_n)$ の計算の仕方が四則演算などの基本的な演算の列として与えられているとき，偏導関数値 $\partial f/\partial x_j$ $(j=1, \cdots, n)$ を高速かつ高精度に計算する方法である．差分近似(→ 前進差分)は，関数 f の評価が $n+1$ 回必要なので効率が悪く，また，差分化による離散化誤差も含まれてしまうのに対し，「合成関数の微分の公式(→ 連鎖律)」に立脚した高速自動微分法を用いれば，関数 f の評価に必要な計算量の定数倍(例えば 4~5 倍という n によらない定数倍)の計算量ですべての偏導関数の値 $\partial f/\partial x_j$ $(j=1, \cdots, n)$ を計算でき，しかも，差分化による誤差を含まないという利点がある

高速フーリエ変換
fast Fourier transform, FFT

信号の実時間処理などの応用においては，*フー

リエ変換を高速に計算する必要がある．長さ N の系列の*離散フーリエ変換をその定義に従って計算すると N^2 のオーダーの手間がかかってしまうが，1960 年代の中頃に，これを飛躍的に少ない手間（$N \log N$ のオーダー）で計算するアルゴリズムが発見された．これを高速フーリエ変換と呼ぶ．高速フーリエ変換の発見は，*計算量に関する考察が実用に結びついた例として名高い．

剛体
rigid body

剛体とは，力が加わってもその 2 点間の距離が不変な物体をいう．ニュートン力学では通常，物体を剛体として扱う．剛体の位置は，ある特定の位置からの*合同変換によって定まる．

剛体運動
motion of rigid body

*ニュートンの運動方程式に従う物体（質点系）の運動において，質点相互の距離が変わらないとき，剛体運動という．剛体運動は，拘束運動の例である．剛体に外力が作用しないときは，自由な剛体運動といわれる．歴史的には，*オイラーがコマの運動として自由な剛体運動を扱ったので，自由な剛体運動を*オイラーのコマともいう．実際，コマの問題では，一様な重力下で（重心とは限らない）固定点を持つ剛体の運動を扱う． → 剛体，オイラーの方程式（剛体の），コマの運動

交代級数
alternating series

交互に正の項と負の項が現れる級数のこと．交項級数ともいう．交代級数 $a_1-a_2+a_3-a_4+\cdots$ は条件 $a_1 \geqq a_2 \geqq a_3 \geqq a_4 \geqq \cdots \geqq 0$, $\lim_{n\to\infty} a_n=0$ が成り立てば収束する．ライプニッツの級数 $1-1/3+1/5-1/7+\cdots=\pi/4$ は有名な例である．

交代行列
alternating matrix, skew symmetric matrix

正方行列 A とその転置行列 ${}^tA$ について，${}^tA=-A$ が成り立つとき A を交代行列という．例えば 3 次の交代行列は，

$$\begin{bmatrix} 0 & a & b \\ -a & 0 & c \\ -b & -c & 0 \end{bmatrix}$$

の形のものである．交代行列の対角成分はすべて 0 である．

交代群
alternating group

n 個の文字の置換のなす群（置換群）の中で，*偶置換全体は部分群をなすが，これを n 次交代群といい，A_n により表す．その位数は $n!/2$ である．$n \leqq 4$ のとき，A_n は可解群である．また，$n \geqq 5$ のとき，A_n は*単純群である．この事実は，$n \leqq 4$ のとき n 次代数方程式は加減乗除と根号で解けり，$n \geqq 5$ のときは一般には代数的に解けないことに対応している（→ 代数的に解ける）． → 可解群

交代形式
alternating form

実ベクトル空間 V 上の*双線形形式 $F: V \times V \to \mathbb{R}$ が $F(v,u)=-F(u,v)$ を満足するとき，F を交代形式（または反対称形式，歪対称形式）という．V の基底を使って F を行列表示すると，対応する行列は交代行列になる．

一般の体 F 上の線形空間 V に対しても，交代形式は同様に定義される． → 交代行列，シンプレクティック形式，双線形形式

後退差分　backward difference　→ 差分

交代式
alternating polynomial

n 変数多項式 $f(x_1,\cdots,x_n)$ について，x_i と x_j $(i \neq j)$ を入れ替えると，*符号が変わって $-f(x_1,\cdots,x_n)$ になるものを交代式という．例えば $n=2$ の場合，$f(x_1,x_2)=x_1-x_2$ やその奇数べきは交代式である．交代式とは，$\{1,\cdots,n\}$ のすべての*置換 σ に対して

$$f(x_{\sigma(1)},\cdots,x_{\sigma(n)}) = \mathrm{sgn}(\sigma)f(x_1,\cdots,x_n)$$

が成り立つものといってもよい．ここで $\mathrm{sgn}(\sigma)$ は σ の符号を表す．

差積
$$\Delta(x_1,\cdots,x_n) = \prod_{1 \leqq i < j \leqq n}(x_j-x_i)$$

は交代式であり，すべての交代式は*対称式 $g(x_1,\cdots,x_n)$ を用いて

$$\Delta(x_1,\cdots,x_n)g(x_1,\cdots,x_n)$$

と表される．差積は*ヴァンデルモンドの行列式でも表される． → 対称式

交代定理　theorem of alternatives　⇒ フレドホルムの択一定理

交代テンソル
skew symmetric tensor, alternating tensor

$T^{i_1\cdots i_k}$ を成分とする(反変)テンソル T が交代テンソルであるとは,添え字の入れ替えで符号だけ値が変わること,すなわち,$T^{i_1\cdots i_a\cdots i_b\cdots i_k}=-T^{i_1\cdots i_b\cdots i_a\cdots i_k}$ であることをいう.共変テンソルについても同様に定義する.共変交代テンソル場は*微分形式のことである.⇒ テンソル,対称テンソル

後退方程式　backward equation　⇒ コルモゴロフ方程式

交点
intersection point

A, B が曲線や曲面などの図形であるとき,その共通部分 $A\cap B$ に属する点のことを,A と B の交点という.

例 $y=x^2-c$ で表される放物線 A_c と x 軸 B の交点は,$c>0$ なら $(\sqrt{c},0),(-\sqrt{c},0)$ の2点,$c<0$ なら交点はなく,$c=0$ なら $(0,0)$ の1点である.$c=0$ の場合の交点は*接点でもある.

交点数(位相幾何における)
intersection number

$y=x^2-1$ のグラフと x 軸を考えると,この2つは2点で交わっている.しかし,前者を連続に変形し,$y=x^2+1$ のグラフと x 軸にすると,この2つは交わらない.このような現象を押し,連続変形で変わらないように,「交点の数」の定義を修正したものが,交点数である.交点数は,それぞれの交点に正負の符号を決めて ±1 のいずれかを対応させ,その総和をとったものである.最初の例では,$y=x^2-1$ のグラフと x 軸の交点には,一方には +1 が,もう一方には −1 が対応し(以下で述べるように放物線と x 軸に向きを入れて考える必要があり,それに応じてそれぞれの交点の符号が変わる),総和は0になる.

2本の平面曲線 L_1 と L_2 の交点数は次のように定義する.L_1 と L_2 はどの交点でも接していないとし,また,両者には向きを与えておく.このとき,図1のように交わっている交点 p には $\varepsilon_p=+1$,図2のように交わっている交点 p には $\varepsilon_p=-1$ を対応させ,和 $\sum_{p\in L_1\cap L_2}\varepsilon_p$ を交点数 $L_1\cdot L_2$ と定義する.このようにすると,交点が有界な範囲にとどまる限り連続変形では交点数は不変に保たれる.L_1 と L_2 が接しているときは,どちらかを少し変形して,接していないようにしたあと,上の定義を適用する(→ 横断的).

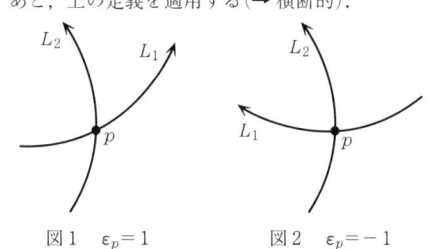

図1　$\varepsilon_p=1$　　図2　$\varepsilon_p=-1$

n 次元の向きの付いた多様体 M の中に,m 次元多様体 M_1 と $n-m$ 次元多様体 M_2 があり横断的であるとき,おのおのの交点 $p\in M_1\cap M_2$ に対して,接ベクトル空間 $T_p(M_1)$ の向きを保つ基底 $e_1,\cdots,e_m$ と,$T_p(M_2)$ の向きを保つ基底 $f_1,\cdots,f_{n-m}$ を並べた $e_1,\cdots,e_m,f_1,\cdots,f_{n-m}$ が $T_p(M)$ の向きを保つ基底であれば $\varepsilon_p=+1$,そうでなければ $\varepsilon_p=-1$ とする.このとき和 $\sum_{p\in M_1\cap M_2}\varepsilon_p$ を交点数 $M_1\cdot M_2$ と定義する.

交点数をホモロジーの言葉で定式化することができる.それを用いて,向きのつく閉多様体 M のベッチ数 $b_i(M)$ に関するポアンカレの双対定理 $b_i(M)=b_{\dim M-i}(M)$ が示される.

交点数(代数幾何における)
intersection number

複素射影平面 $P^2(\mathbb{C})$ 内の*代数曲線 C, D が*横断的に交わるとき,その交点の個数を交点数という.C, D が(横断的とは限らないが)有限個の点で交わるときは,おのおのの交点に対して,以下のようにして定まる局所交点数の和として交点数を定義する.

C, D が点 $P=(1:0:0)$ で交わっているとき,斉次座標 $(x_0:x_1:x_2)$ に対して,$x=x_1/x_0$,$y=y_1/y_0$ とおき,C, D がそれぞれ,$f(x,y)=0$,$g(x,y)=0$ で定義されているとする.形式的べき級数環 $\mathbb{C}[[x,y]]$ の,f, g で生成されるイデアルによる剰余環 $\mathbb{C}[[x,y]]/(f,g)$ は,$\mathbb{C}$ 上のベクトル空間として有限次元である.その次元

$$\dim_{\mathbb{C}} \mathbb{C}[[x,y]]/(f,g)$$

を点 P での C と D の局所交点数という.点 P で C と D が横断的に交われば,$\mathbb{C}[[x,y]]/(f,g)\cong\mathbb{C}$

であり，局所交点数は 1 である．
　C が m 次代数曲線，D が n 次代数曲線のとき，その交点数は mn である（→ ベズーの定理）．
　交点数は一般の代数曲面上の代数曲線の間の交点数に一般化される．高次元の場合や一般の体上の代数多様体の場合にも一般化されている．さらに，一般の，$M_1, M_2 \subset N$ で $\dim M_1 + \dim M_2 > \dim N$ の場合を含めた交点理論が建設されている．

交点理論
　intersection theory
　n 次元代数多様体 V の r 次元部分多様体 X と s 次元部分多様体 Y に対して $X \cap Y$ に含まれる $r+s-n$ 次元既約部分多様体 W を考え，W に沿う X と Y の交わりの重複度 $i(X, Y, W; V)$ が定義できる．この交わりの重複度の性質に関する理論を交点理論と呼び，代数幾何学でさまざまな角度から研究されている．

合同（図形の）
　congruence
　平面上の 2 つの多角形が合同であるのは，対応する辺の長さおよび角の大きさがすべて等しいときである．一般の平面図形 A と B が合同であるとは，回転，平行移動，（直線についての）対称移動のいずれかである T があって，T が A を B に移すことを指す．
　立体図形の場合には，（ある軸の周りの）回転，平行移動，（ある平面についての）対称移動のどれかである T があって，T が A を B に移すとき，A と B は合同であるという． → 合同変換（幾何学での）

合同（整数の）
　congruence
　自然数が与えられたとき，2 つの整数 a, b の差 $a-b$ が n の倍数であるとき a は n を法として b と合同であるといい
$$a \equiv b \pmod{n}$$
と記す．このとき
$a \equiv a \pmod{n}$,
$a \equiv b \pmod{n} \Longrightarrow b \equiv a \pmod{n}$,
$a \equiv b \pmod{n}, b \equiv c \pmod{n} \Longrightarrow a \equiv c \pmod{n}$
が成立し，n を法として合同という関係は*同値関係であることがわかる．この同値関係による整数の全体 $\mathbb{Z}$ の商集合（同値類全体の集合）を $\mathbb{Z}/n\mathbb{Z}$ と記す．例えば，$n=6$ の場合，$\mathbb{Z}/6\mathbb{Z}$ は，$\bar{0}, \bar{1}, \bar{2}, \bar{3}, \bar{4}, \bar{5}$ の 6 つの元からなり（ここに $\bar{a}$ は a の属する同値類を表す），
$$\bar{0} = \bar{6} = \overline{12} = \cdots, \quad \overline{-5} = \bar{1} = \bar{7} = \cdots$$
などが成り立つ．また，
$$a \equiv b \pmod{n}, \quad c \equiv d \pmod{n}$$
であれば
$$a + c \equiv b + d \pmod{n},$$
$$ac \equiv bd \pmod{n}$$
であるので $\mathbb{Z}/n\mathbb{Z}$ は可換環の構造を持つことがわかる．例えば，$\mathbb{Z}/6\mathbb{Z}$ において，和や積は，
$$\bar{3} + \bar{4} = \bar{7} = \bar{1}, \quad \bar{3} \cdot \bar{4} = \overline{12} = \bar{0}$$
のようになる．
　この整数の合同は，可換環 R のイデアル I を法とする合同の例であり，$\mathbb{Z}/n\mathbb{Z}$ は，剰余環 R/I の例である．$a, b \in R$ に対して $a - b \in I$ のとき a は I を法として b と合同であるといい
$$a \equiv b \pmod{I}$$
と記す．整数の合同のときと同様にこの関係は同値関係になり，この同値関係による R の商集合（同値類全体の集合）を R/I と記す．整数のときと同様に，R/I は可換環の構造を持ち，R の I による剰余環といわれる．→ 剰余環，商集合

恒等演算子
　identity operator
　*恒等変換を与える演算子． → 演算子

恒等行列　identity matrix　= 単位行列

合同公理
　axiom of congruence
　幾何学基礎論のヒルベルトの公理系の中で，線分と角についての合同の概念を規定する公理群である．その 1 つは次のように述べられる．「A, B を直線 l 上の 2 点，A' を直線 l' 上の点とする．このとき，l' 上で A' の与えられた側にある点 B' を選んで，AB と $A'B'$ が合同であるようにできる」．

恒等式
　identity
　例えば，次式
$$(x+y)^2 = x^2 + 2xy + y^2,$$
$$(x+y)(x-y) = x^2 - y^2$$
のように常に成り立つ等式を恒等式という．結果

として左辺と右辺にどのような値を代入しても等号が成立する．

合同式
congruence

$4\equiv 10\,(\bmod\,6)$, $11\equiv 3\,(\bmod\,8)$ のような式のこと．また $x^2-1\equiv 0\,(\bmod\,7)$ のような方程式を考えることもできる． ⇒ 合同(整数の)，合同方程式

恒等指標
identity character

自明な*指標ともいう．群の指標で値がすべて 1 であるもの．アーベル群の*指標群を考えるときは恒等指標，群の*表現の指標を考えるときは自明な指標ということが多い．

恒等写像
identity mapping

集合 X から X への*写像 $f\colon X\to X$ は X のすべての元 x に対して $f(x)=x$ となるとき f を恒等写像という．id_X と記すことが多い．

恒等置換
identity permutation

$\sigma(i)=i\ (i=1,\cdots,n)$ である $\{1,\cdots,n\}$ の*置換を恒等置換という．これは $\{1,\cdots,n\}$ から自分自身への恒等写像にほかならない．

合同部分群
congruence subgroup

*モジュラー群 $SL(2,\mathbb{Z})$ (整数成分を持つ 2 次の正方行列で，その行列式が 1 であるもの全体からなる群．$SL_2(\mathbb{Z})$ とも表記する)の代表的な部分群の系列．*保型関数の理論で重要な役割を果たす．

自然数 N に対し，
$$\varGamma(N)=\left\{\begin{bmatrix}a & b\\ c & d\end{bmatrix}\in SL(2,\mathbb{Z})\,|\right.$$
$$\left. b\equiv c\equiv 0,\ a\equiv d\equiv 1\,(\bmod\,N)\right\}$$

は $SL(2,\mathbb{Z})$ の指数有限の部分群になる．$SL(2,\mathbb{Z})$ の部分群で，ある $\varGamma(N)$ を含むものを，合同部分群という．主なものに，$\varGamma(N)$ 自身のほか，次のものがある．

$$\varGamma_0(N)=\left\{\begin{bmatrix}a & b\\ c & d\end{bmatrix}\in SL(2,\mathbb{Z})\,|\right.$$
$$\left. c\equiv 0\,(\bmod\,N)\right\},$$
$$\varGamma_1(N)=\left\{\begin{bmatrix}a & b\\ c & d\end{bmatrix}\in SL(2,\mathbb{Z})\,|\right.$$
$$\left. c\equiv 0,\ a\equiv d\equiv 1\,(\bmod\,N)\right\}.$$

恒等変換
identity transformation

任意の元を自分自身に写す変換を恒等変換という．恒等写像ともいう．

合同変換(幾何学での)
congruence transformation

*ユークリッド幾何学では，図形を回転や平行移動，さらには折り返し(対称移動)を繰り返して他の図形と重ね合わせることができるときに，2 つの図形は合同であるという．この図形の運動を写像の立場から見たものが合同変換である．

*ユークリッド空間(あるいは*非ユークリッド空間) E から自分自身への写像 $T\colon E\to E$ が*全単射であり，しかも 2 点間の距離を変えないとき，合同変換という．すなわち，2 点 $p,\ q$ の距離を $d(p,q)$ と表すとき，$d(T(p),T(q))=d(p,q)$ がすべての点 $p,q\in E$ に対して成り立つような全単射 T が合同変換である．

E の中の 2 つの図形 K_1, K_2 に対して，ある合同変換 T により $T(K_1)=K_2$ となるとき，K_1 と K_2 は*合同であるという．

ユークリッド空間の合同変換は，直交行列による線形変換と平行移動の合成で表されるような，*アフィン変換である．

一般の*距離空間に対して，*等長変換が同様にして定義される．ユークリッド空間の等長変換とは，合同変換のことである．

合同変換(行列の)
congruence transformation

正方行列 A に対して，正則行列 S を用いて $S^\mathrm{T}AS$ を対応させる変換をいう(S^T は S の転置行列)．A が対称行列のとき，合同変換によって行列の対称性は保存され，さらに，(実行列の場合)正，0，負の固有値の個数(重複度を含めて数える)も保存される(→ シルベスターの慣性法則)． ⇒ 相似変換(行列の)

合同変換群
group of congruence transformations

ユークリッド空間の合同変換全体は，合成を積と見ることで群になる．これを合同変換群という（運動群ともいう）．合同変換 T は直交行列 A とベクトル V を使って，$P \mapsto AP+V$ と表される（ここで点 P の位置ベクトルをやはり P と書き，また，ベクトルは縦ベクトルとみなした）．T に (A,V) を対応させることで，合同変換群は*直交群 $O(n)$ と $\mathbb{R}^n$ の*半直積と同型である（n は空間の次元）．

合同方程式
congruence equation

整数係数の多項式により与えられる方程式で，等号を自然数 n を法とする合同に置き換えたもの．解も自然数 n を法とする合同類として求める．

例　$x+5 \equiv 3 \pmod{7}$ の解は，$x \equiv 5 \pmod{7}$ である．

線形合同方程式 $ax \equiv b \pmod{n}$ が解を持つための必要十分条件は，a,n の最大公約数 (a,n) が b を割り切ることである．

2 次の合同方程式 $ax^2+bx+c \equiv 0 \pmod{n}$ については，整数解をもつかどうかは，*平方剰余を考えてわかる．

一般に，合同方程式は，環 $\mathbb{Z}/n\mathbb{Z}$ の元を係数とする多項式に対する方程式とみなされる．特に n が素数 p であるときは，有限体 $\mathbb{Z}/p\mathbb{Z}$ 上の方程式である．

合同類
congruence class

正整数 m に対して，m を法として整数 a に*合同な数全体，すなわち $a-b$ が m の倍数となる整数 b の全体を a の合同類という．a の属する*剰余類ということも多い．

勾配
gradient

(1) 直線の勾配　xy 平面の直線が x 軸となす角を α とするとき $\tan \alpha$ をこの直線の勾配あるいは傾きという．直線の式が $y=mx+n$ で表されていれば，m が勾配である．

(2) 関数の勾配　関数をその*勾配ベクトル場に写す微分作用素のことである．記号 grad で表す．

勾配系
gradient system

$\mathbb{R}^n$（内の領域）において，ある関数 $V(x)$ により，$dx_i/dt = -\partial V/\partial x_i \ (1 \leq i \leq n)$ の形で与えられる*常微分方程式を勾配系といい，$V(x)$ をポテンシャルという．このとき，任意の*積分曲線 $x(t)$ に沿って，$d(V(x(t)))/dt \leq 0$ が成り立つ．つまり，ポテンシャル $V(x)$ は*リャプノフ関数であり，$V(x)$ の等高面（→等高面表示）を調べれば解の挙動がわかる．なお，勾配系は一般の多様体の上で考えることができ，幾何学的にも有用である．→リャプノフ関数，モース理論，位置エネルギー

公倍元
common multiple

多項式 $P_1, \cdots, P_n$ のすべてで割り切れる多項式をこれらの多項式の公倍元という．公倍元の中で次数が一番低い多項式を*最小公倍元という．すべての公倍元は最小公倍元に多項式を掛けたものである．例えば $x^2(x-1)^2$ は，$x^2(x-1)$ と $x(x-1)^2$ の最小公倍元である．→公倍数

公倍数
common multiple

正整数 $m_1, \cdots, m_n$ の共通の倍数を公倍数という．最小の公倍数を最小公倍数という．公倍数は最小公倍数の倍数である．例えば 12 と 30 の最小公倍数は 60 である．→公倍元

勾配ベクトル場
gradient vector field

$\mathbb{R}^n$ の開集合で定義された微分可能な関数 $f(x)$ に対して，その勾配ベクトル場とは $(\partial f/\partial x_1, \cdots, \partial f/\partial x_n)$ を指し，$\mathrm{grad}\, f$ で表す（あるいは*ナブラを用いて ∇f とも書く）．また，点 p での勾配ベクトル $\mathrm{grad}_p f$ とは $\mathrm{grad}\, f$ の p での値を指す．$\mathrm{grad}_p f$ の方向は f が一番早く増加する方向で，大きさはその方向への f の増加の速さになる．ある関数の勾配ベクトル場になるベクトル場を単に勾配ベクトル場と呼ぶ．

多様体上では*リーマン計量 g_{ij} が定まっているとき，関数 f のリーマン計量 g_{ij} についての勾配ベクトル場は

$$\sum_{i,j} g^{ij} \frac{\partial f}{\partial x^i} \frac{\partial}{\partial x^j} \quad (*)$$

で定義する（ここで g^{ij} は g_{ij} の逆行列の成分である）．$(*)$ は $\mathbb{R}^n$ のユークリッド計量 $\sum dx_i^2$ の場合にもとの定義と一致する．$(*)$ は座標不変で，したがってリーマン多様体上のベクトル場が $(*)$ で

定まる. → ベクトル場

公比　common ratio　→ 等比数列

降べきの順
descending order of power
多項式で，ある文字に着目して，その文字に関して最高次の項を左端にしてそれから右へ行くに従って次数が次第に低くなるように並べて書くことをいう．多項式 $x^3y+x^2y^3+2xy^4+y$ は x に関して降べきの順になっているが，y に関して降べきの順に書くと $2xy^4+x^2y^3+(x^3+1)y$ となる．→ 昇べきの順

項別積分
termwise integration
連続関数を項とする級数 $\sum_{n=1}^{\infty} f_n(x)$ が $[a,b]$ 上で一様収束すれば
$$\int_a^b \left(\sum_{n=1}^{\infty} f_n(x)\right) dx = \sum_{n=1}^{\infty} \int_a^b f_n(x) dx$$
が成り立つ．このようなとき，級数 $\sum_{n=1}^{\infty} f_n(x)$ は項別積分可能であるという．→ 極限の順序交換，一様収束

項別微分
termwise differentiation
C^1 級の関数 $f_n(x)$ を項とする級数 $\sum_{n=1}^{\infty} f_n(x)$ が $[a,b]$ の 1 点で収束し，かつ $\sum_{n=1}^{\infty} df_n/dx$ が $[a,b]$ で一様収束するならば，$\sum_{n=1}^{\infty} f_n(x)$ も収束して
$$\frac{d}{dx}\left(\sum_{n=1}^{\infty} f_n(x)\right) = \sum_{n=1}^{\infty} \frac{d}{dx} f_n(x)$$
が成り立つ．このようなとき，級数 $\sum_{n=1}^{\infty} f_n(x)$ は項別微分可能であるという．

公約元
common divisor
多項式 $P_1,\cdots,P_n$ すべてを割り切る多項式を公約元という．次数が最大の公約元を最大公約元という．公約元は最大公約元の約元である．例えば $x(x-1)$ は，$x^2(x-1)$ と $x(x-1)^2$ の最大公約元である．→ 公倍元

公約数

common divisor
正整数 $m_1,\cdots,m_n$ の共通の約数を公約数という．最大の公約数を最大公約数という．例えば 12 と 30 の公約数は 1, 2, 3, 6 であり，最大公約数は 6 である．公約数は最大公約数の約数である．最大公約数は*ユークリッドの互除法で求めることができる．正整数 a,b の最大公約数を d，最小公倍数を m とすると，$dm=ab$ が成り立つ．例えば $a=12, b=30$ のときは，$6\times 60=12\times 30$.

公理
axiom
*ユークリッドの『原論』は，いくつかの「明らかと思われる事実」から出発して，すべての結果を演繹するように書かれていた．そこでは「出発点となる明らかと思われる事実」が公理および公準と呼ばれた．(『原論』では公理と公準を区別しているが，現代数学では特に区別しない.)

*非ユークリッド幾何学の発見により，公理は「自明な真理」ではなく，数学の理論を展開するための基本的前提として設定しておくものと認識されるようになった．

現代数学においては，研究対象が持つべき共通の性質をすべて書き上げ，そこから，これらの性質をもとに，種々の定理を演繹していく．この出発点となる性質を公理と呼ぶ．→ 演繹法，公理系

公理系
axiom system
*公理の集まりのこと．

ユークリッド幾何学の公理系や集合論の公理系(→ 公理的集合論)では，あるひとつの数学的対象(例えば前者ではユークリッド空間)を研究するのに，その対象が満たすべき性質を書き上げ，その全体を公理系とし，公理だけを用いて定理を証明していく．

一方，群の公理，位相空間の公理などでは，数多くの，しかし一定の種類の数学的対象から，共通の性質を抜き出し，その全体を公理系として定式化し，多くの対象に対して共通の性質をいっぺんに導いていく．このような場合には，公理系はある数学的概念(あるいは構造)を定める(したがって，「群の公理」と「群の定義」の間に大きな違いはない).

数学理論の公理系に対しては，*無矛盾性が要請される．ここで公理系が無矛盾であるとは，その公理系から，ある命題 P とその否定 $\neg P$ が両方

とも証明されることがないことを指す．

*モデルを作ることで，ある公理系が無矛盾なら別の公理系も無矛盾であることが示されることがある．例えば，非ユークリッド幾何学のモデルをユークリッド幾何学の中で構成することにより，ユークリッド幾何学が無矛盾ならば，非ユークリッド幾何学も無矛盾であることが示される．

また，公理の間の独立性もしばしば考察される．ここで，公理系が独立とは，どの公理も他の公理から証明されることがないことを指す．公理 A の否定 $\neg A$ と公理 $A_1,\cdots,A_n$ を合わせた公理系が無矛盾であれば，公理 A が公理 $A_1,\cdots,A_n$ から独立であることが証明される．

例えば，平行線の公理の否定と，それ以外のユークリッド幾何学の公理を合わせたもの，すなわち非ユークリッド幾何学の公理系は無矛盾であるから，平行線の公理はそれ以外のユークリッド幾何学の公理から独立である．

→ 独立性(公理系の)，完全性(公理系の)，公理，非ユークリッド幾何学

公理主義

広い意味での公理主義は，数学の理論は無前提的な公理系から出発し，演繹体系として構築されるべきという立場である．ヒルベルトは，『幾何学の基礎』の中でこの考え方を表明した．さらにこの公理主義を徹底したものは*形式主義といわれる．

公理的集合論
axiomatic set theory

カントルによって創始された集合論は，あらゆる数学の基礎となったが，パラドックスがおこり(→ラッセルのパラドックス)，数学者を悩ませた．これを解決するために，集合論の公理化が必要であった．

また，*連続体仮説のような，集合論固有の問題を考察するためにも，集合論の公理化は不可欠である．

集合論の公理化は，ツェルメロ(E. Zermelo)によって始められ，フレンケル(A. Fraenkel)によってほぼ完全な公理系が与えられた．この公理系は，ツェルメロ-フレンケルの集合論，あるいは ZF 集合論と呼ばれる．任意の集合 A の*べき集合 2^A が集合であるという公理(べき集合公理(axiom of power set))，無限集合が存在することを意味する無限公理(axiom of infinity)，*選択公理，*置換公理，*正則性公理などがその主要な公理である．

ZF 集合論の公理系には，任意の論理式に対して，それぞれ公理が定まるものが含まれているので，公理の数は無限個である．類(class)という概念を導入することで，それを避け，公理の数を有限個にしたのが，ベルナイス-ゲーデル(Bernays-Gödel)の集合論(BG 集合論)と呼ばれる体系で，ZF 集合論とは同値である．

合流
confluence

微分方程式において，複数の特異点が限りなく近づいた極限でより高次の特異点が生じることを特異点の合流という．例えば微分方程式(1): $z^2 dy/dz + y = 0$ は $z=0$ に*不確定特異点を持っている．この方程式は近接した 2 つの*確定特異点 $z=0, \varepsilon$ を持つ微分方程式(2): $z(z-\varepsilon)dy/dz + y = 0$ の極限と考えられる．実際，(2)の解は定数倍を除いて $y = (1-\varepsilon/z)^{-1/\varepsilon}$ で与えられるが，これは 2 つの確定特異点を無限に近づけた極限 $\varepsilon \to 0$ において(1)の解 $y = e^{1/z}$ に収束する．

合流型超幾何関数
confluent hypergeometric function

*超幾何微分方程式において独立変数 x を x/β で置き換え $\beta \to \infty$ の極限をとると，微分方程式
$$x\frac{d^2u}{dx^2} + (\gamma - x)\frac{du}{dx} - \alpha u = 0 \quad (*)$$
が得られる．これを合流型超幾何微分方程式という．この操作は超幾何微分方程式の 2 つの確定特異点 $x=1, \infty$ を合流させることに相当する(→合流)．

超幾何級数に上の極限操作を施して得られる級数
$$\sum_{n=0}^{\infty} \frac{\alpha(\alpha+1)\cdots(\alpha+n-1)}{\gamma(\gamma+1)\cdots(\gamma+n-1)} \frac{x^n}{n!}$$
$$= 1 + \frac{\alpha}{\gamma}x + \frac{\alpha(\alpha+1)}{\gamma(\gamma+1)} \frac{x^2}{2!} + \cdots$$
はすべての x で収束し，(*)の解になる($\gamma \neq 0$, $\gamma \neq$ 負の整数)．これを合流型超幾何級数と呼んで $F(\alpha, \gamma; x)$ と記す．関数と見たときは合流型超幾何関数という．

指数関数や*ベッセル関数は $F(\alpha, \gamma; x)$ を用いて表すことができる．合流型超幾何関数は超幾何関数とともに特殊関数の重要なクラスをなしている．

合流型超幾何級数　confluent hypergeometric series
⇒ 合流型超幾何関数

公理論的確率論
axiomatic probability theory
確率という言葉には多面性があり，それが何であるかは古くから論じられてきたむずかしい問題であるが，現代数学としての確率論では公理論的に確率空間を与えて，確率をその上の(可算加法的な)測度と捉え，偶然量(確率変数)を「確率空間の上で定義された関数」と定義する．これにより，哲学的論争や定義の曖昧さが排除され，微分方程式論その他の数学との関係も明白となって，数学としての確率論が，20世紀中葉以後，急速に発展してきた．A. N. コルモゴロフ(1933)に始まるこのような立場を公理論的確率論，または測度論的確率論という．

互換　transposition　⇒ 置換

国際数学教育委員会
International Commission on Mathematical Instruction (ICMI)
国際数学連合のなかの委員会の1つ．国際数学教育会議(ICME)を主催する．

国際数学教育会議
International Congress on Mathematical Education (ICME)
4年に一度開かれる数学教育に関する国際会議．2000年に第9回大会が千葉県幕張市で，2004年に第10回大会がコペンハーゲンで開かれた．

国際数学者会議
International Congress of Mathematicians (ICM)
4年に一度開かれる数学者の会議．さまざまな分野の講演や研究発表が行われる．国際数学連合(IMU)が主催．1897年に第1回，1900年に第2回が開かれ，そのときヒルベルトが23の問題を提唱したことでも知られる．1936年からは，数学のノーベル賞と言われるフィールズ賞，1982年からは，計算機科学分野の研究に与えられるネヴァンリンナ賞の授賞式も同時に行われる．2006年からは，さらにガウス賞が加わる．1990年には京都で開かれた．

国際数学連合
International Mathematical Union (IMU)
1919年に創設された数学分野の国際的組織．フィールズ賞の授賞式で著名な*国際数学者会議を主催する．

黒色雑音
black noise
ブラウン運動などを決める*白色雑音とは対極にある雑音で，フォック空間で表現できる成分をまったく持たないものとして定義される．フィルトレーションの同型問題において重要である．

誤差
error
近似値の真値からの乖離(食い違い)を誤差という．*数値計算誤差，*打ち切り誤差，*相対誤差，*丸め誤差，*離散化誤差などいろいろな種類がある．⇒ 誤差法則

コサイクル　cocycle　⇒ コホモロジー

コサイン　cosine　⇒ 3角比，3角関数

誤差法則
Gaussian law of errors
一般に，互いに影響し合わない小さな誤差が集積するとき，その和の分布は*ガウス分布(正規分布)とみなしてよい．これをガウスの誤差法則または単に誤差法則という．また，その数学的定式化である*中心極限定理を誤差法則ということもある．ただし，実際のデータについて，その構造が未知の場合，ガウス分布に従うか否かを判定するのは一般に困難であり，生物や社会現象などに安易にあてはめると，誤った結論を導くことも多いので，注意を要する．

コーシー
Cauchy, Augustin Louis
1789-1857　フランスの数学者．19世紀前半の数学において，最大の貢献を行った数学者の一人．800編の論文がある．18世紀まで曖昧なまま運用されていた極限，連続性，収束などの概念を批判的に検討して ε-δ 論法やコーシー列の概念を導入し，解析学の基礎づけを与えた．重要な業績として，微分方程式の初期値問題に対する解の存在定理，および定積分の計算法を目標にして展開した複素変数の関数の理論がある．特に，複素関数の研究においては，コーシーの積分定理や留数の概

念などを確立し，その後の関数論の発展の基礎を造った．

コーシー–アダマールの公式
Cauchy-Hadamard's formula
べき級数 $\sum_{n=0}^{\infty} a_n x^n$ の収束半径(→べき級数)を r とすれば，つねに $1/r = \overline{\lim_{n\to\infty}} \sqrt[n]{|a_n|}$ が成り立つ．ただし $1/0=\infty$，$1/\infty=0$ と規約する．これをコーシー–アダマールの公式という．→上極限(数列の)，収束半径

コーシー–コワレフスカヤの定理
Cauchy-Kovalevskaya theorem
未知関数 $u(t,x)$ に関する偏微分方程式
$$\frac{\partial^m u}{\partial t^m} = F\left(t, x, u, \cdots, \frac{\partial^{k+l} u}{\partial t^k \partial x^l}, \cdots\right)$$
において，右辺には $k+l \leqq m$ かつ $k<m$ を満たす導関数のみが含まれるとする．方程式の係数が解析的ならば，解析関数 $\{v_k(x)\}$ $(k=0,\cdots,m-1)$ を初期条件とする初期値問題
$$\frac{\partial^k u}{\partial t^k}(t_0, x) = v_k(x) \quad (0 \leqq k \leqq m-1)$$
の解は考えている点 $(t,x)=(t_0,x_0)$ の近傍でただ1つ存在する．これをコーシー–コワレフスカヤの定理という．変数や未知関数の数が多い場合にも拡張される．→コーシー問題(偏微分方程式の)

コーシー–シュワルツの不等式　Cauchy-Schwarz inequality
＝シュワルツの不等式

コーシーの折れ線近似
Cauchy's polygonal approximation
常微分方程式の*初期値問題 $dx/dt=f(t,x)$，$x(t_0)=x_0$ に対して，時間幅 $h>0$ を固定して，$t_n=t_0+nh$，$x_1=x_0+hf(t_0,x_0)$，$x_2=x_1+hf(t_1,x_1)$，$\cdots$ により定まる点 (t_0,x_0)，(t_1,x_1)，$\cdots$ を結んで得られる折れ線は，解の近似値として用いられる．これをコーシーの折れ線近似という．右辺 $f(t,x)$ が x についてリプシッツ連続ならば，$h\to 0$ のとき，この折れ線近似の極限が初期値問題の解となり，解の存在定理の証明ができる．

コーシーの行列式
Cauchy's determinant
$x_1,\cdots,x_n,y_1,\cdots,y_n$ に対して n 次正方行列 A の (i,j) 成分が $(x_i-y_j)^{-1}$ のとき

$$\det A = \frac{\prod_{i<j}(x_i-x_j)(y_j-y_i)}{\prod_{i,j}(x_i-y_j)}$$

となる．これをコーシーの行列式という．

コーシーの係数評価
Cauchy's estimate
関数 $f(z)$ が閉円板 $|z|\leqq r$ の近傍で正則ならば，テイラー展開 $f(z)=\sum_{n=0}^{\infty} c_n z^n$ の係数 c_n は，n が大きいとき，たかだか $1/r^n$ 程度に増大する．すなわち $|z|=r$ における $|f(z)|$ の最大値を M とすれば $|c_n|\leqq M/r^n$ が成り立つ．これをコーシーの係数評価という．→コーシー–アダマールの公式

コーシーの積分公式
Cauchy's integration formula
*正則関数のある点での値を，その点を囲む曲線上の積分で表示する公式である．長さをもつ単純閉曲線 C とその内部を含む領域で $f(z)$ が正則ならば，C の内部にある点 z に対し
$$f(z) = \frac{1}{2\pi i} \int_C \frac{f(\zeta)}{\zeta - z} d\zeta$$
が成り立つ．ここで C には内部を左手に見る向きをつけるものとする．このとき $f(z)$ の導関数も
$$f^{(n)}(z) = \frac{n!}{2\pi i} \int_C \frac{f(\zeta)}{(\zeta - z)^{n+1}} d\zeta$$
と表示される $(n=1,2,\cdots)$．→線積分

コーシーの積分定理
Cauchy's integral theorem
D は複素平面上の領域で，その境界 Γ は長さをもつ*単純閉曲線であるとする．いま，関数 $f(z)$ が $D\cup\Gamma$ を含む領域で*正則ならば，
$$\int_\Gamma f(z)dz = 0$$
が成り立つ．より一般に，D の境界が m 個の閉曲線 $\Gamma_1,\Gamma_2,\cdots,\Gamma_m$ からなる場合には，
$$\sum_{k=1}^m \int_{\Gamma_k} f(z)dz = 0$$
が成り立つ．ただし各 Γ_k 上の積分路は，D を左手に見ながら進む向きにとるものとする．これらをコーシーの積分定理という．複素関数論における最も基本的な定理で，次の形で用いられることも多い：*単連結な領域 D 上の正則関数 $f(z)$ に対し，D 内の(閉曲線とは限らない)曲線 Γ に沿う積分

$$\int_\Gamma f(z)dz$$

の値は Γ の始点と終点だけで定まり，D の中で Γ を連続的に変形しても変わらない．

この定理の逆，「領域 D で連続な関数 f とその内部が D に含まれる D 内の任意の単純閉曲線 Γ に対して

$$\int_\Gamma f(z)dz = 0$$

が成り立てば f は D で正則である」をモレラ (Morera) の定理という．→ 正則関数，線積分，コーシーの積分公式

コーシーの存在と一意性定理(常微分方程式の)
Cauchy's existence and uniqueness theorem

常微分方程式の初期値問題の*局所解の存在と一意性を同時に保証する定理のこと．

$\mathbb{R}^n$ における*常微分方程式の*初期値問題

$$\frac{d\boldsymbol{x}}{dt} = \boldsymbol{f}(t,\boldsymbol{x}), \quad \boldsymbol{x}(t_0) = \boldsymbol{x}_0$$

において，右辺の関数 $\boldsymbol{f}(t,\boldsymbol{x})=(f_1,\cdots,f_n)$ は領域 $D: |t-a| \leq r, |\boldsymbol{x}-\boldsymbol{b}| \leq R$ で連続とする．ここで $\boldsymbol{x}=(x_1,\cdots,x_n)$, $|\boldsymbol{x}|=\sqrt{x_1^2+\cdots+x_n^2}$ である．さらにリプシッツの条件「ある定数 L に対し $|\boldsymbol{f}(t,\boldsymbol{x})-\boldsymbol{f}(t,\boldsymbol{y})| \leq L|\boldsymbol{x}-\boldsymbol{y}|$」が成り立つならば，少なくとも区間 $|t-a| \leq \min(r, R/M)$ 上で定義された解がただ1つ存在する．ただし，$M = \max_{(t,\boldsymbol{x})\in D} |\boldsymbol{f}(t,\boldsymbol{x})|$．このような解を局所解という．解は逐次近似により構成できる．また，*不動点定理を用いた証明もある．解の存在は右辺の連続性の条件のもとで成立する(ペロンの存在定理)が，リプシッツ条件を仮定しないと解が1つとは限らない．→ 逐次近似，縮小写像の原理，コーシーの折れ線近似，延長(常微分方程式の解の)，リプシッツ条件

コーシーの判定条件　Cauchy's convergence criterion
→ 収束判定法(級数の)，コーシー列

コーシー分布
Cauchy distribution

$a>0$, b をパラメータとして，確率密度関数 $a/(\pi((x-b)^2+a^2))$ で与えられる確率分布をコーシー分布という．この分布は点 b に関して対称であるが，平均は存在しない．→ 安定分布

コーシー問題(偏微分方程式の)
Cauchy problem

未知関数 $u(x_1,\cdots,x_n)$ に対する m 階の偏微分方程式について，次の条件を満たす解を求めることをコーシー問題あるいは初期値問題という．

$$\left.\frac{\partial^k u}{\partial x_1^k}\right|_{x_1=0} = v_k(x_2,\cdots,x_n) \quad (0 \leq k \leq m-1).$$

ここで $v_0,\cdots,v_{m-1}$ は与えられた関数で，初期条件または初期データと呼ばれる．方程式が正規形，すなわち最高階の導関数について $\partial^m u/\partial x_1^m = \cdots$ と解かれた形であり，係数と初期データが解析的ならば，コーシー問題の解はただ1つ存在する(*コーシー-コワレフスカヤの定理)．

より一般に，滑らかな超曲面 S の上に初期データを与えてコーシー問題を考えることもある．S が*非特性的ならば，S を $x_1'=0$ に写す適当な変数変換 $x_i'=f_i(x_1,\cdots,x_n)$ により，正規形の場合に帰着される．これに対し S が*特性的ならば，コーシー問題の解は一般の初期データに対して存在するとは限らず，解の一意性も成り立たない．→ 初期値問題

弧状連結
arcwise connected, path-connected

Ω を n 次元ユークリッド空間の部分集合としたとき，Ω が弧状連結であるとは，その任意の2点が Ω 内において連続な道でつなげることを指す．すなわち，任意の $p,q\in\Omega$ に対して，連続写像 $l:[0,1]\to\Omega$ が存在して，$l(0)=p$, $l(1)=q$ となることをいう．例えば，$x^2+y^2>1$ で表される平面の領域は弧状連結であるが，$x^2-y^2>1$ で表される平面の領域は弧状連結でない．同様にして *位相空間が弧状連結という概念も定義される．

n 次元ユークリッド空間の開集合に関しては弧状連結であれば*連結であり，逆に連結であれば弧状連結である．

コーシー-リーマンの微分方程式
Cauchy-Riemann differential equation

コーシー-リーマンの方程式，コーシー-リーマンの関係式ということもある．複素平面の領域 D において定義された正則関数 $f(z)=u(x,y)+iv(x,y)$ $(z=x+iy)$ に対し，実部 $u(x,y)$, 虚部 $v(x,y)$ は次の偏微分方程式を満たす．

$$\frac{\partial u}{\partial x} = \frac{\partial v}{\partial y}, \quad \frac{\partial u}{\partial y} = -\frac{\partial v}{\partial x}$$

これを，コーシー–リーマンの(微分)方程式という．逆に $u(x,y)$, $v(x,y)$ がこの方程式を満たせば，関数 $f(z)=u(x,y)+iv(x,y)$ は正則である．

コーシー–リーマンの方程式から，$u(x,y)$, $v(x,y)$ はともに*調和関数であることがわかる．

一般に，$\mathbb{C}^n$ の領域で定義された n 変数複素関数 $f(z_1,\cdots,z_n)$ が正則であるための条件は $z_j=x_j+iy_j$ と置いたとき，それぞれの j について，コーシー–リーマンの方程式が満たされることである．→ 正則関数

コーシー–リーマンの方程式　Cauchy-Riemann equation
＝コーシー–リーマンの微分方程式

コーシー列
Cauchy sequence

実数または複素数の数列 $\{x_n\}_{n=1}^\infty$ が収束することは，次の性質と同値である．

任意の正の数 ε に対して，$m,n>N$ ならば $|x_m-x_n|<\varepsilon$, が成り立つような N を見出すことができる(N は ε ごとに選べばよい)．

この性質が成り立つとき，$\{x_n\}_{n=1}^\infty$ はコーシー列，あるいは基本列であるという．

一般にユークリッド空間，あるいは距離 d を持つ距離空間 X において，点列 $\{p_n\}$ がコーシー列であるとは，任意の正の数 ε に対して，$m,n>N$ ならば $d(p_m,p_n)<\varepsilon$ が成り立つように N を選ぶことができることをいう．任意のコーシー列が収束するとき，距離空間 X は完備であるという．完備でない場合にも，コーシー列の極限にあたる点を付け加えることによって，X を含む完備な距離空間を構成することができる．→ 完備(距離空間が)，完備化

5 心 (3 角形の)
five centroids

3 角形の*内心，*外心，*重心，*垂心，*傍心のことをいう．

コセット
coset

群の剰余空間における各剰余類のこと．→ 群

小平邦彦　こだいらくにひこ
Kodaira, Kunihiko

1915-97　複素多様体論の創始者．東京大学理学部数学科を卒業後，物理学科に再入学し物理も修めた．2 階線形常微分方程式の固有関数展開や調和積分論で重要な業績をあげ，東京大学理学部物理学科の助教授であった 1948 年に渡米し 1967 年に帰国するまでアメリカで研究を続けた．スペンサー(D. C. Spencer)との共同研究により複素多様体の変形理論を作り，また小平の消滅定理，射影多様体の特徴づけや複素解析曲面の分類理論で顕著な業績をあげた．

わが国初のフィールズ賞を 1954 年に受賞した．

コダッチの方程式(曲面論の)
Codazzi's equation

ガウスの方程式とともに，曲面論の基本的な関係式である．マイナルディ(Minardi)-コダッチの関係式とも呼ばれる．

第 1 基本形式を $\sum g_{ij}du^idu^j$, 第 2 基本形式を $\sum h_{ij}du^idu^j$ とする(→ 曲面の微分幾何)．g_{ij} の定める*クリストッフェルの記号を Γ_{ij}^k と記すと，コダッチの方程式は

$$\frac{\partial h_{ij}}{\partial u^k}-\frac{\partial h_{ik}}{\partial u^j}+\sum_{l=1}^2 \Gamma_{ij}^l h_{kl}-\sum_{l=1}^2 \Gamma_{ik}^l h_{jl}=0$$

である．*ワインガルテンの公式をもう 1 回微分することにより得られる．

弧長
arc length

*曲線の長さのこと．

弧長径数　parameter of arc length　→ 弧長表示

弧長表示
parametrization by arc length

曲線が*径数表示 $l:[a,b]\to\mathbb{R}^2$ で与えられている場合に，l が弧長表示であるとは，任意の $a\leq s\leq t\leq b$ に対して，l の $[s,t]$ の部分の長さが $t-s$ であることをいう．すなわち，曲線の長さそのものを径数にとった表示のことを弧長表示と呼び，その径数を弧長径数と呼ぶ．式で表すと

$$\left\|\frac{dl}{dt}\right\|=1$$

が弧長表示の条件である．原点を中心とした円周上の点 P の径数として，OP と x 軸との角度(ラジアンで測った)をとると，これは弧長表示である．より一般に $\|dl/dt\|$ が定数である場合を弧長表示という場合もある．

任意の曲線は弧長表示を持ち，向きの取り方を決めておけば，弧長表示は 1 通りである．

コッホ曲線
Koch curve

1904年にコッホが発表したこの曲線は，いかなる微小部分の長さも無限大であり，また，いかなる点においても接線を持たない．その構成方法は次の通りである．まず初めに，長さが a の線分を与える．この線分を3等分し，中央の長さ $a/3$ の線分を，それを底辺とする正3角形の残りの2辺で置き換える．すると長さが $a/3$ である4本の線分からなる折れ線ができる（図を参照）．次に，この4本の線分のそれぞれを，先ほどと同様の手順によって折れ線で置き換える．この操作を繰り返していった極限で得られる曲線がコッホ曲線である．

この曲線は自己相似構造を有する*フラクタル図形であり，その*ハウスドルフ次元は $\log 4/\log 3 \approx 1.2618\cdots$ になることが知られている． ⇒ 曲線の長さ

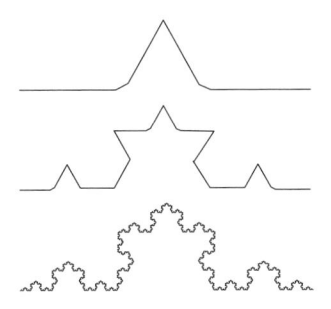

固定点　fixed point　⇒ 不動点

固定部分群　isotropy group　＝等方部分群

古典解
classical solution

広義解に対して，普通の意味の解を指す言葉である．与えられた偏微分方程式の階数を m とするとき，この方程式の解で C^m 級であるもの（すなわち m 回連続微分可能であるもの）を古典解という．例えばポアソン方程式 $u_{xx}+u_{yy}=f(x,y)$ の古典解とは，2階までの偏導関数 $u, u_x, u_y, u_{xx}, u_{xy}, u_{yx}, u_{yy}$ がすべて連続であるような解である．なお，熱方程式 $u_t=u_{xx}+u_{yy}$ のように時間変数と空間変数についての階数が異なる方程式においては，それぞれの階数に見合った連続微分可能性を有していればよい（つまり，全変数 (x,y,t) について C^1 級，空間変数 (x,y) について C^2 級）． ⇒ 広義解，弱解

古典確率論
classical probability theory

測度論をもとに展開されている現代確率論に対して，19世紀初頭のラプラスの時代までに完成され，現在では高等学校などの教科書に見られる確率論のことをいう．確率を同様に確からしい根元事象に基づいて定義し，場合の数を母関数などを駆使して計算することで，2項分布についての大数の法則や中心極限定理（*ド・モアヴル-ラプラスの定理）などが証明された． ⇒ 確率論，母関数

古典群
classical group

行列が作る群のうち，すべての n 次可逆行列からなる群（一般線形群） $GL(n)$ ，行列式が1のすべての n 次可逆行列からなる群（特殊線形群） $SL(n)$ ， n 次直交行列からなる群（直交群） $O(n)$ ， n 次ユニタリ行列からなるユニタリ群 $U(n)$ ， $2n$ 次シンプレクティック行列からなるシンプレクティック群 $Sp(n)$ などの古くから知られた重要な行列群を，古典群と総称する．

古典力学
classical mechanics

*ニュートン力学などを*量子力学に対比させて古典力学という．

古典論理
classical logic

通常使われている，*排中律を使う論理のことをいう．直観主義論理，様相論理，多値論理など排中律を仮定しない論理と対比するときに用いられる．

コード　code　＝符号（情報の）

弧度法
radian

角の大きさを半径1の円周における弧の長さで表す方法をいう．単位はラジアン．

例えば， $30°=\pi/6$ ， $45°=\pi/4$ ， $90°=\pi/2$ ， $180°=\pi$ である．

3角関数の極限や微積分は弧度法を用いると，式が見やすくなる．例えば， $\lim_{\theta \to 0}(1/\theta)\sin\theta=1$ ，

$(d/d\theta)\sin\theta=\cos\theta$ などが，θ を弧度法で表すと成り立つ． → 度数法

語の問題
word problem

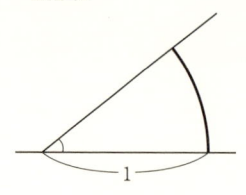

*語の書換え規則が指定されているときに，与えられた語を別の与えられた語に書換え規則の適用を繰り返して変換するアルゴリズムの有無を問う*決定問題のことをいう．書換え規則が群の生成元と関係式によって指定されているとき，群の語の問題と呼ぶ．ノビコフ(P. S. Novikov)により，そのようなアルゴリズムのない群の存在が示され，群の語の問題は一般的には否定的に解決された(1955)．なお，このような群の例として，2個の生成元と32個の関係式で定義される群が知られている(W. W. Boone)．

個別エルゴード定理　individual ergodic theorem →
エルゴード定理

コホモロジー
cohomology

ホモロジーと共に現代数学の諸方面でしばしば現れる重要な概念である．

*ホモロジーは*鎖複体から定まる．鎖複体ではその基本となるのは，境界をとるという作用素 $\partial_k: C_k \to C_{k-1}$ であり，これは次数を1つ下げる（このことは k 次元の図形の境界が $k-1$ 次元であるという事実に対応する）．コホモロジーはこれと双対的な概念で，鎖複体の双対空間である双対鎖（コチェイン）複体から定まる．双対鎖複体 $\{(C^k, \delta^k)\}_{k=0,1,2,\cdots}$ は*アーベル群の列 C^k と，$\delta^{k+1}\delta^k=0$ を満たす*準同型の列 $\delta^k: C^k \to C^{k+1}$ とからなる．$\{(C^k, \delta^k)\}_{k=0,1,2,\cdots}$ は (C^*, δ^*) と略記されることもある．双対鎖複体 (C^*, δ^*) のコホモロジー群 $H^k(C^*, \delta^*)$ は，$\operatorname{Ker}\delta^k$ の $\operatorname{Im}\delta^{k-1}$ による*剰余類群である．$\operatorname{Ker}\delta^k$ の元のことをコサイクルという．

多様体 M の*微分 k 形式全体を $\Lambda^k(M)$ と書くと，*外微分 d は，$\Lambda^k(M) \to \Lambda^{k+1}(M)$ なる準同型写像（線形写像）を決めるので，双対鎖複体が定まる．これをド・ラム複体と呼び，そのコホモロジー群をド・ラム・コホモロジー群と呼ぶ．

ド・ラム・コホモロジー群などのコホモロジー群には，しばしば積が定まる．ド・ラム・コホモロジー群の場合には，積は微分形式の積(*ウェッジ積)から定まる．

そのほか，*層係数コホモロジー群や，*リー環，*群のコホモロジー群など多くのコホモロジー群がある．

コマの運動
motion of top

3次元空間における*剛体運動を記述するには，剛体に固定した1点の運動と，固定点の周りでの剛体の回転運動とにわけて考えればよい．後者の代表例はコマの運動である．定点で支えられた剛体を一般にコマということがある．例えば外力のない場合，コマの運動は*オイラーの微分方程式で表される．

重力のような一定の外力がある場合，軸対称な形のコマについては運動方程式を具体的に解くことができる．外力のはたらく方向を z 軸とすると，コマは z 軸に対してある傾きをもった軸を中心に回転するが，同時にコマの軸自身が z 軸の周囲を回転し，その傾きも周期的に変化する．コマの軸の回転を歳差運動，傾きの変化を章動という．→ コワレフスカヤのコマ

固有関数
eigenfunction

例えば*微分作用素や*積分作用素のような*関数空間上の*線形作用素についての*固有ベクトルのことである．つまり，関数空間 X からそれ自身への線形写像 $T: X \to X$ に対して，X に属する関数 f は，ある複素数 λ に対して $Tf = \lambda f$ を満たすとき，T の固有関数といい，λ を固有値という．この概念は関数空間をどのように選ぶかに依存して決まる．例えば，$X = L^2(\mathbb{R})$，$T = d^2/dx^2$ のとき，$f(x) = \exp(i\alpha x)$ は，$Tf = \lambda f$，$\lambda = -\alpha^2$ を満たすが，$f \notin X$ である．よって，f は T の固有関数ではない．→ スペクトル

固有関数系
system of eigenfunctions

*固有関数からなる集合のことであるが，考えている空間での位相的*基底（あるいはその一部）であることを意識している場合に固有関数系という．

固有関数展開
eigenfunction expansion

例えば，周期 2π の周期関数 $f(x)$ が与えられて，微分方程式 $d^2u/dx^2=u+f$ を解くには，フーリエ展開 $f(x)=a_0+\sum_{n=1}^{\infty}(a_n\cos nx+b_n\sin nx)$ を用いれば，$A_n=a_n/(1+n^2)$, $B_n=b_n/(1+n^2)$ として，解 $u(x)$ のフーリエ展開 $u(x)=A_0+\sum_{n=1}^{\infty}(A_n\cos nx+B_n\sin nx)$ を求めることができる．ここで，$\cos nx, \sin nx$ は（周期 2π の 2 乗可積分関数のつくる空間の上で考えたときの）微分作用素 $T=d^2/dx^2$ の固有関数系である．

一般に，微分作用素や積分作用素の固有関数系を用いて，関数を上のような級数で表すことを固有関数展開という．これは，有限次元線形空間における固有ベクトル展開の一般化であり，理論上も応用上もよく用いられる極めて有効な概念である． ⇒ スツルム–リウヴィル方程式

固有空間
eigenspace

*線形空間 V の*線形変換 T の*固有値 λ に対して，λ に対する*固有ベクトルの全体 $E(\lambda)=\{x\mid Tx=\lambda x\}$ は，0 でない元を含む*線形部分空間となる．これを固有値 λ の固有空間という．また，一般化固有ベクトルの全体 $\widetilde{E}(\lambda)=\{x\mid (T-\lambda I)^k x=x, k=1,2,\cdots\}$ を一般化固有空間という．

固有写像
proper map

位相空間 X から Y への連続写像 f に対して，Y の任意のコンパクトな部分集合の逆像がコンパクトであるとき，f は固有であるという．例えば，$f(x,y)=x^2+y^2$ は $\mathbb{R}^2$ から $\mathbb{R}$ への写像として固有写像であるが，$g(x,y)=x^2-y^2$ は固有写像でない．

固有振動
proper oscillation

弦の長さや張力などの特性から特定の周期の場合のみ振動が持続する．このような振動を固有振動という．例えば，両端を固定した長さ L の弦の振動の場合，$u(x,t)=\sin(n\pi x/L)\sin(n\pi vt/L)$ ($x\in[0,L]$, $n=1,2,\cdots$) は固有振動を表す．ただし，v は波の速さである． ⇒ 強制振動

固有多項式　eigenpolynomial ＝特性多項式

固有値
eigenvalue

両端を固定した弦をはじくと，弦に固有なある振動数をもつ音（とその倍音）だけが生じる．このような事実は，弦の振動を支配する*線形作用素の固有値の概念を用いて説明できる．物理学において，固有値は重要な物理量として現れることが多く，とくに*量子力学では基本的な意味を持つ．

複素数を成分とする n 次正方行列 A に対し，$\lambda\in\mathbb{C}$ および 0 でないベクトル $x\in\mathbb{C}^n$ が存在して
$$Ax = \lambda x$$
が成り立つとき，λ を A の固有値，x を A の固有値 λ に対応する固有ベクトルという．固有値は n 次方程式 $\det(\lambda I-A)=0$ (I は単位行列) の根である．これを A の特性方程式または固有方程式という．特性多項式における根 λ の重複度を固有値 λ の重複度という．

A の要素が実数であっても，固有値や固有ベクトルの要素は実数になるとは限らない．例えば
$$A = \begin{bmatrix} \cos\theta & -\sin\theta \\ \sin\theta & \cos\theta \end{bmatrix}$$
の固有値は $e^{\pm i\theta}=\cos\theta\pm i\sin\theta$ であり，$0<\theta<\pi$ のとき A は実の固有値を持たない．

固有値の概念は*線形空間 V からそれ自身への*線形変換 f に対しても定義される．複素数 λ に対して
$$V(\lambda) = \{x \in V \mid f(x) = \lambda x\}$$
が 0 でないベクトルを含むとき，λ を f の固有値といい，$V(\lambda)$ を固有値 λ に対する固有空間という．

V の基底を決めると，f は行列 A で表される（→ 行列表示）．このとき，線形変換 f の固有値は，行列 A の固有値に一致する．V の別の基底をとったとき，f を表す行列は PAP^{-1} (P はある正則行列) になる．A の固有値と PAP^{-1} の固有値は一致する．

n 次元線形空間 V の*基底として f の固有ベクトル $x^{(i)}$ ($i=1,\cdots,n$) がとれるならば，この基底について f は*対角行列で表される．このとき f は対角化可能であるという．対角化可能であるためには f の*最小多項式が*重根を持たないことが必要十分である．特に特性方程式が重根を持たなければ f は対角化可能である．

n 次正方行列 A は，n 次縦ベクトルの全体からなる線形空間の線形変換と考えられるが，この

線形変換が対角化可能であるための必要十分条件は，PAP^{-1} が対角行列となる*可逆行列 P が存在することである．このとき，A を対角化可能な行列という．→ 特性方程式(行列の)，特性根，固有ベクトル，固有空間，行列，線形変換，対角化

固有値問題
eigenvalue problem

固有値および固有ベクトルを求める問題を，固有値問題という．固有値問題は，正方行列 A のべき A^n などの A の関数(→ 行列のべき級数)を求めることや，*2次形式の最大値・最小値を求めること，あるいは定数係数線形常微分方程式を解くことなどに有用である．

固有値問題は，無限次元線形作用素にも拡張される．例えば，微分作用素 d^2/dx^2 を周期1の滑らかな関数の空間に作用させた場合，固有値問題は周期境界条件つき微分方程式

$$\frac{d^2}{dx^2}f(x)=\lambda f(x), \quad f(x+1)=f(x)$$

を考えることであり，固有値は $\lambda=0, -4\pi^2n^2$ $(n=1,2,\cdots)$，固有ベクトル(固有関数ともいう)は，$1, \cos 2n\pi x, \sin 2n\pi x$ $(n=1,2,\cdots)$ になる．この例は，もっと一般の(偏)微分作用素にも拡張され，物理学などで応用されている．

固有な連続写像 proper continuous mapping = 固有写像

固有ベクトル
eigenvector

*行列 A の*固有値の1つを λ とする．$A\boldsymbol{x}=\lambda\boldsymbol{x}$ を満たす 0 でないベクトル $\boldsymbol{x}$ を，固有値 λ に対する A の固有ベクトルという．例えば，

$$\begin{bmatrix}2&1\\1&2\end{bmatrix}\begin{bmatrix}1\\1\end{bmatrix}=3\begin{bmatrix}1\\1\end{bmatrix}$$

であるから，$\begin{bmatrix}1\\1\end{bmatrix}$ は固有値 3 に対応する $\begin{bmatrix}2&1\\1&2\end{bmatrix}$ の固有ベクトルである．*線形写像 $T:V\to V$ の固有値 λ に対する固有ベクトルとは，$T(\boldsymbol{x})=\lambda\boldsymbol{x}$ を満たす 0 でない V の元 $\boldsymbol{x}$ のことである．→ 固有値，固有空間

固有ベクトル展開
eigenvector expansion

n 次元ユニタリ空間 V のエルミート内積を $(\cdot,\cdot)$ とし，V からそれ自身への線形エルミート変換 A を考える．A の固有値 α_j $(1\leqq j\leqq n)$ に対する固有ベクトル v_j であって，$\{v_1,\cdots,v_n\}$ が V の正規直交基底をなすものが存在する(→ エルミート行列)．このとき，任意の $v\in V$ に対して

$$v=\sum_{j=1}^n(v,v_j)v_j, \quad Av=\sum_{j=1}^n\alpha_j(v,v_j)v_j$$

が成り立つ．これを v の固有ベクトル展開という．→ ユニタリ空間，エルミート変換，固有値，固有ベクトル，固有空間

固有方程式 characteristic equation = 特性方程式(行列の)

孤立点
isolated point

A を n 次元ユークリッド空間 $\mathbb{R}^n$ の部分集合，$x\in A$ としたとき，x が A の孤立点であるとは，$\lim_{n\to\infty}x_n=x$ となるような $x_n\in A, x_n\neq x$ がないことを指す．

$\mathbb{R}$ の部分集合 $A=\{x\in\mathbb{R}\mid x^3-3x+2\leqq 0\}$ は $(-\infty,-2]\cup\{1\}$ であり，1 は A の孤立点であるが，例えば -2 は孤立点ではない．

一般に，*位相空間 X の部分集合 A において，点 $p\in A$ が孤立点であるとは，p の*近傍 U で，$U\cap A=\{p\}$ となるものが存在することをいう．

孤立特異点
isolated singularity

複素関数 $f(z)$ が点 c を除いてその近傍 $0<|z-c|<r$ で正則であるとき，c を $f(z)$ の孤立特異点という($1/\sqrt{z-c}$ のように1価関数でない場合には孤立特異点とはいわない)．

このとき $f(z)$ は $0<|z-c|<r$ で正負のべきを含む級数

$$f(z)=\sum_{n=-\infty}^\infty a_n(z-c)^n$$

に展開できる．これを c におけるローラン展開という．係数 a_n は積分

$$a_n=\frac{1}{2\pi i}\int_{|z-c|=r'}f(z)(z-c)^{-n-1}dz$$

で与えられる($0<r'<r$)．負べきからなる部分 $\sum_{n=-\infty}^{-1}a_n(z-c)^n$ をローラン展開の主要部と呼ぶ．このとき次のいずれか1つが成り立つ．

(1) 主要部が 0 の場合：$f(z)$ は $|z-c|<r$ で正則である．c を正則点という．

(2) 主要部が有限項からなる場合：ローラン展

開は $k≧1, a_{-k}≠0$ として
$$\frac{a_{-k}}{(z-c)^k} + \cdots + \frac{a_{-1}}{z-c} + a_0 + \cdots$$
の形になる．このとき c を極，k を極の位数という．特に位数 1 の極を単純極という．

(3) 主要部が無限項からなる場合：c を真性特異点という．

$f(z)$ が領域 $|z|>R$ で正則であるとき，$z=1/w$ とおけば $w=0$ は $f(1/w)$ の孤立特異点になる．このとき $f(z)$ は*無限遠点 $z=\infty$ に孤立特異点を持つという．$f(1/w)$ の $w=0$ でのローラン展開を z 変数で表すと $f(z)= \sum_{n=-\infty}^{\infty} a_n z^n \ (|z|>R)$ の形になる．これを無限遠点におけるローラン展開という．無限遠点における主要部は $\sum_{n=1}^{\infty} a_n z^n$ と定める． ⇒ 留数

孤立特異点（代数多様体の）
isolated singularity

$x^2+y^2+z^n=0, n≧2$，の原点 $(0,0,0)$ のように，代数多様体の点 P は*特異点であるが，P の近傍で P 以外の点は特異点でないとき，P をこの代数多様体の孤立特異点という．

コルテヴェーク-ド・フリース方程式
Korteweg-de Vries equation
= KdV 方程式

ゴールドバッハの問題
Goldbach's problem

「4 以上のすべての偶数は，2 つの素数の和で表されるか」（例えば $4=2+2, 6=3+3, 8=3+5, 10=3+7$）．ゴールドバッハとオイラーの間で交わされた手紙（1742）の中で述べられた問題である．現在でも未解決であり，その困難さは，素数が整数の乗法的性質として特徴づけられるのに対して，ゴールドバッハの問題は加法的な形をしていることにある．

ゴルトン-ワトソン過程
Galton-Watson process

英国における家系の広がりや断絶の調査・研究から生まれた確率モデルのことをいう．分枝過程の簡単な場合である．

コール-ホップ変換　Cole-Hopf transformation ⇒
バーガース方程式

コルモゴロフ
Kolmogorov, Andrei Nikolaevich

1903-87 ロシアの数学者．ほとんどいたるところ発散する*級数を 19 歳のとき構成．初期にはホモロジー論などの研究もある．著書『確率論の基礎概念』（1933）で*公理論的な確率論を不動のものとし，拡散過程に対するコルモゴロフの前進・後退方程式，乱流におけるコルモゴロフ則，関数空間の大きさ（→ ε エントロピー）とヒルベルトの第 13 問題の解決，天体力学における安定性問題に関する*KAM（コルモゴロフ-アーノルド-モーザー）理論の創始，*力学系の不変量としてのエントロピー（→ コルモゴロフ-シナイのエントロピー）の導入などなど，晩年の有限文字列の複雑さ（Kolmogorov complexity）に至るまで多様で深い業績を残した．

コルモゴロフ-アーノルド-モーザーの理論
Kolmogorov-Arnold-Moser theory

略して，KAM 理論ということが多い．⇒ KAM 理論

コルモゴロフ系
Kolmogorov system

K 系ともいう．*カオス的な*力学系の典型と考えられている*アノソフ力学系やリーマン面上の*測地流，スタジアム内の*撞球問題などの流れは（自然な不変確率測度（→ 不変測度）の下で）極めて高い*混合性をもち，それゆえ，どのような非自明な分割に関しても*測度論的エントロピーは正である（完全正エントロピーをもつという）．そのような混合性をもたらす構造を抽象化して得られた保測力学系（→ 保測変換）のクラスがコルモゴロフ系であり，次のように定義される．

保測力学系 $(X, T_t, \mathcal{F})$ は，以下の 3 条件 (1)-(3) を満たす分割の増大列（*情報増大列）$\{\xi_t\}$ $(-\infty<t<\infty)$ が存在するとき，コルモゴロフ系という．

(1) $T_t^{-1}\xi_s = \xi_{t+s}$，かつ，$t>s$ のとき ξ_t は ξ_s の細分．

(2) $\xi_t(-\infty<t<\infty)$ は $\mathcal{F}$ を生成する．

(3) 尻尾は自明（tail trivial），つまり，すべての ξ_t の共通部分は自明な分割である．

なお，ベルヌーイ系はコルモゴロフ系であり，物理的に意味のある力学系に限れば，コルモゴロフ系であってベルヌーイ系でないものは知られていない．

コルモゴロフ-シナイのエントロピー
Kolmogorov-Sinai entropy

= 測度論的エントロピー

コルモゴロフの拡張定理
Kolmogorov's extension theorem

確率過程を構成する際などに必須で，有限次元空間の上の確率測度の情報から，無限次元空間の上の確率測度の存在を主張する定理である．T を無限集合として，*直積位相空間 $\Omega = \mathbb{R}^T$ 上に確率測度 μ が与えられれば，T の任意の有限部分集合 S に対して，自然な射影 $\pi_S: \Omega \to \mathbb{R}^S$ の像として，有限次元空間 $\mathbb{R}^S$ 上の確率測度 $\mu_S = \mu(\pi_S^{-1} \cdot)$ が定まる．このとき，確率測度の族 $\{\mu_S\}$ は次の一致条件 (consistency condition) を満たす：$S' \subset S$ のとき，$\mu_{S'} = \mu_S(\pi_{S,S'}^{-1} \cdot)$．ただし，$\pi_{S,S'}: \mathbb{R}^S \to \mathbb{R}^{S'}$ は自然な射影とする．コルモゴロフの拡張定理はこの逆を主張する定理である．つまり，確率測度の族 $\{\mu_S | S \subset T, S$ は有限集合$\}$ が一致性条件を満たせば，Ω 上の確率測度 μ が存在して，$\mu_S = \mu(\pi_S^{-1} \cdot)$ が成り立つ．なお，この定理は，一致条件を満たす確率測度の族の射影極限の存在定理として一般化されている．

コルモゴロフの複雑度
Kolmogorov complexity

コルモゴロフはデタラメさ，ランダムネスとは何かという問いかけの中から，晩年は有限列のデタラメさの研究に没頭し，その程度を測る量として，有限列を生成するために必要なオートマトンの内部状態の数(正しくはその下限)の対数を用いることを提唱した．この量を複雑度という．複雑度は，ある定数 C を除いて一意に決まる．複雑度は有限列を生成するのに必要なプログラムの長さの対数，定数 C はプログラム言語を翻訳するプログラムの長さの対数に相当する．長さ n の有限列の複雑度を n で割ったものの極限は，その列が力学系に由来する場合には，コルモゴロフとシナイの提唱した測度論的エントロピーとなる(→ コルモゴロフ-シナイのエントロピー)．⇒ 計算複雑度

コルモゴロフ方程式
Kolmogorov equation

拡散過程を記述する偏微分方程式は2種類あり，1つは分布密度関数の時間発展を記述するフォッカー–プランク(の前進)方程式であり，もう1つがコルモゴロフ(の後退)方程式である．前者は物理などでよく用いられるが，数学としては後者が扱いやすい．拡散過程を $X(t)$ として，$X(0) = x$ のときの平均値 $u(t,x) = E_x[f(X(t))]$ が満たす方程式がコルモゴロフ方程式である．例えば，1次元拡散過程が*確率微分方程式
$$dX(t) = a(t, X(t))dB(t) + b(t, X(t))dt$$
の解のとき，コルモゴロフ方程式は
$$\frac{\partial u}{\partial t} = \frac{1}{2} a(t,x)^2 \frac{\partial^2 u}{\partial x^2} + b(t,x) \frac{\partial u}{\partial x},$$
フォッカー–プランク方程式は
$$\frac{\partial u}{\partial t} = \frac{1}{2} \frac{\partial^2 (a(t,x)^2 u)}{\partial x^2} - \frac{\partial (b(t,x)u)}{\partial x}$$
となる．

コワレフスカヤ
Kovalevskaya, Sof'ya Vasil'evna

1850-91 ロシア出身の女性数学者．ハイデルベルク大学のケーニヒスベルガーのもとで数学を学び，1870年ベルリン大学に入学を希望したが，女性は入学が許可されなかったことからワイエルシュトラスに個人的に指導を受け，ゲッチンゲン大学から学位を得た．1884年からストックホルム大学に職を得，89年教授になった．剛体の運動(→ コワレフスカヤのコマ)や偏微分方程式の初期値問題の研究で有名．文学的才能にもめぐまれ1889年に小説「ラエフスキ家の姉妹」を出版し好評を博した．

コワレフスカヤのコマ
Kovalevskaya's top

一定の重力の下で定点の周りに回転する*剛体をコマと呼ぶ．コマの運動方程式を具体的に解くことは一般にはできないが，次の3つの場合には可能である：
(1) 無重力の場合．
(2) 軸対称性を持つ場合．
(3) ある特殊な対称性が満たされる場合．

(1)はオイラーのコマ，(2)はラグランジュのコマと呼ばれ，ともに*楕円関数を用いて解かれる．(3)はコワレフスカヤが発見し，*アーベル関数を用いて解を与えたもので，これをコワレフスカヤのコマと呼ぶ．コマの運動方程式が*可積分系になる場合は以上で尽くされる．⇒ コマの運動，オイラーの方程式(剛体の)

根
root

n 次多項式 $f(x)$ を1次式の積
$$f(x) = a_0(x-\alpha_1)(x-\alpha_2)\cdots(x-\alpha_n)$$
に*因数分解したとき，各 α_i をこの多項式の根(こん)という．また，因数分解に $(x-\alpha_i)$ がちょうど m 回現れるときに α_i を m 重根という．特に2重根は単に重根という．また，方程式 $f(x)=0$ に対しても α_i を根という．一方，$f(\alpha)=0$ となる α を方程式 $f(x)=0$ の解という．したがって方程式の根はすべて方程式の解である．

係数が一般の n 次方程式は n 個の異なる解を持つが，係数を特別な値にするといくつかの解が重複して同じ値になることがある．係数を特殊化した方程式を因数分解することによって，一般方程式の異なる解がどれだけ重複したかわかる．すなわち m 乗根を持てば m 個の解が重複することがわかる．

わが国の中学校，高等学校の数学では「根」の意味で「解」を用いるが，これは誤用である．多項式の根は上記の意味をもつが，「多項式の解」という用語は意味をなさない．⇒ 代数学の基本定理，代数的閉体

根基(イデアルの)
radical

可換環 R のイデアル I に対して
$\{a \in R \mid a^m \in I$ となる正整数 m が存在する$\}$
は R のイデアルになる(正整数 m は a によって異なってよい)．これをイデアル I の根基といい $\sqrt{I}$ と記す．イデアル I の根基 $\sqrt{I}$ は I を含む R の素イデアルの共通部分と一致する．これを I の根基の定義とすることもできる．$\sqrt{I}=I$ であるイデアルを被約イデアルという．

根基(可換環の)
radical

単位元1を持つ可換環 A の*極大イデアルの共通部分 J を A のヤコブソン根基といい，$\mathfrak{R}(A)$ と記す．

単位元1を持つ可換環 A の*べき零元の全体は環 A のイデアルをなす．これを $\mathfrak{N}(A)$ と記し，可換環 A のべき零根基という．可換環 A のべき零根基は零イデアル (0) の根基 $\sqrt{(0)}$ (→ 根基(イデアルの))に他ならない．可換環 A のべき零根基は A のすべての素イデアルの共通部分と一致する．したがって $\mathfrak{N}(A) \subset \mathfrak{R}(A)$ が成り立つ．

根基(リー環の)
radical

リー環 $\mathfrak{g}$ の可解イデアル($\mathfrak{g}$ のイデアルをリー環と見たとき*可解リー環となるもの)全体の和は $\mathfrak{g}$ の可解イデアルになる．これは可解イデアルの包含関係で最大の可解イデアルである．この最大可解イデアルをリー環 $\mathfrak{g}$ の根基という．

根系 root system ＝ルート系

根元事象
atom

例えば，大小2つのサイコロを同時に投げるとき，起こり得る事象はいろいろあるが，事象を場合分けできる限り分けると，「大小でそれぞれ i と j の目が出る」($i, j=1, 2, 3, 4, 5, 6$) という36個の事象になる．このようにもうそれ以上分けられない事象を根元事象という．また，このサイコロの計36個の根元事象のように，どれも同じ程度に起こるとき，「同様に確からしい(equally probable)」といい，これをもとに確率が定義できる．⇒ 確率，確率空間

根号
radical sign

a の n 乗根を $\sqrt[n]{a}$ と記すが，記号 $\sqrt[n]{}$ を根号という．⇒ 累乗根

混合型(偏微分方程式の)
of mixed type

楕円型，放物型，双曲型のいずれであるかが場所によって異なるような偏微分方程式のこと．*トリコミ方程式はその代表例である．⇒ 偏微分方程式

混合境界条件 mixed boundary condition ⇒ 境界値問題

混合性
mixing property

変換 T，空間 X 上の測度を μ とする*保測変換 (X, T, μ) について，任意の2つの可測集合 A, B に対して $\lim_{n \to \infty} \mu(T^{-n}A \cap B) = \mu(A)\mu(B)$ が成り立つとき，強混合的または単に混合的という．任意の2乗可積分関数 f, g に対して

$$\lim_{n\to\infty} \int_X f(T^n x)g(x)\mu(dx)$$
$$= \int_X f(x)\mu(dx) \int_X g(x)\mu(dx)$$

が成り立つこととも言い換えられる.このとき,任意の2つの可測集合 A, B に対して

$$\lim_{n\to\infty} \frac{1}{n}\sum_{k=0}^{n-1} |\mu(T^{-k}A\cap B) - \mu(A)\mu(B)| = 0$$

(弱混合性)が成り立つ.弱混合的ならば,任意の2つの可測集合 A, B に対して

$$\lim_{n\to\infty} \frac{1}{n}\sum_{k=0}^{n-1} \mu(T^{-k}A\cap B) = \mu(A)\mu(B)$$

(エルゴード性)が成り立つ.また,*コルモゴロフ系は強混合的である.以上のような性質を総称して混合性ということもある.

根と係数の関係

relation between roots and coefficients

2次方程式 $ax^2+bx+c=0$ の根を α_1, α_2 とするとき,

$$\alpha_1 + \alpha_2 = -\frac{b}{a},$$
$$\alpha_1\alpha_2 = \frac{c}{a}$$

となる.この根と係数の関係は,n 次の代数方程式 $a_0x^n + a_1x^{n-1} + \cdots + a_n = 0$ の場合に次のように拡張される.$\alpha_1, \cdots, \alpha_n$ を(重複度も込めた)根とするとき,

$$\alpha_1 + \cdots + \alpha_n = -\frac{a_1}{a_0},$$
$$\sum_{i<j} \alpha_i\alpha_j = \frac{a_2}{a_0},$$
$$\cdots\cdots$$
$$\alpha_1\cdots\alpha_n = (-1)^n \frac{a_n}{a_0}.$$

ここで左辺の式は,$\alpha_1, \cdots, \alpha_n$ の*基本対称式である.

根の公式

formula giving roots

代数方程式の係数を用いてその根を計算するための公式をいう.2次方程式 $ax^2+bx+c=0$ に対する根の公式

$$x = \frac{-b \pm \sqrt{b^2-4ac}}{2a}$$

はよく知られているが,高次の方程式に対しても,根号を使った代数的な公式が存在するかどうかが問題となる.3次,4次の方程式については公式が存在する(→ 3次方程式の根の公式,4次方程式の根の公式).しかし5次以上では根号による根の公式は存在しない(→ ガロア理論).

コンパクト(作用素の)

compact

ヒルベルト空間などの線形位相空間上の作用素は,有界閉集合をコンパクト集合に写すとき,コンパクト作用素という.例えば,有界閉区間 $[a,b]$ 上の2乗可積分関数の空間 $L^2([a,b])$ 上で連続な核関数 $k(x,y)$ が定める積分作用素 $Tf(x) = \int_a^b k(x,y)f(y)dy$ はコンパクトである.ヒルベルト空間からそれ自身へのコンパクト作用素のスペクトルは離散的,すなわち 0 以外に集積点を持たない固有値だけである.正規コンパクト作用素に対しては*固有ベクトル展開が可能である.コンパクト作用素を完全連続作用素ともいう.

コンパクト(集合あるいは位相空間が)

compact

有界閉区間や $\mathbb{R}^n$ 内の有界閉集合(例えば閉円板)の持つ好ましい性質を一般の距離空間や位相空間でも通用する形に抽象した概念である.例えば,コンパクトな距離空間上の連続関数は一様連続であり,また,コンパクトな空間上の連続関数は必ず最大値を持つ.

距離空間(より一般に位相空間,あるいは,それらの部分集合)K は,K の点からなる任意の点列が,収束部分列を持ち,かつ,その極限が K の点であるとき,*点列コンパクトであるという(→ ボルツァーノ-ワイエルシュトラスの定理).

位相空間 X やその部分集合 K がコンパクトであるとは,K の任意の開被覆が有限部分被覆を含むことをいう(→ ハイネ-ボレルの定理).距離空間やその部分集合に対しては,点列コンパクト性とコンパクト性は一致する.距離空間のコンパクトな部分集合は*全有界である(→ 相対コンパクト).

位相空間や距離空間がコンパクトであるとき,コンパクト空間と呼び,それらの部分集合がコンパクトであるとき,コンパクト集合と呼ぶ.*ハウスドルフ空間のコンパクトな部分集合は閉集合になる.

コンパクトな位相空間の有限個,あるいは無限個(非*可算無限でもよい)の*直積は*直積位相に関してコンパクトである(→ ティホノフの定理).

コンパクト性は位相空間論の基本概念である.
　なお,まれに位相空間のコンパクト性の定義に,ハウスドルフ空間であることを含めることがあり,その場合はハウスドル空間であることを仮定しないものを準コンパクトと呼ぶ.

コンパクト一様収束
uniform convergence on compact sets, compact-uniform convergence

関数列が定義域内の任意のコンパクトな部分集合上で*一様収束することをいう.*広義一様収束と同値である.

コンパクト化
compactification

コンパクトでない位相空間に「境界」を付け加えて(→ 理想境界),コンパクトな空間にすることをいう.例えば,$\mathbb{C}$ に無限遠点を付け加えると,球面(*リーマン球面)になる.また,非ユークリッド平面を円板の内部 $D^2=\{(x,y)\,|\,x^2+y^2<1\}$ とみなすと,円周を付け加えた $\overline{D^2}=\{(x,y)\,|\,x^2+y^2\leq 1\}$ はそのコンパクト化である.考察している問題に応じて,いろいろなコンパクト化がある.
　一般に,位相空間 X に対して,コンパクトな位相空間 Y と,X から Y の部分集合 X_1 への位相同型写像が与えられ,X_1 が Y の中で稠密な(すなわち,X_1 の閉包が Y になる)とき,Y を X のコンパクト化という.
　*局所コンパクトな位相空間は,無限遠点を1点付け加えてコンパクト化ができる.このコンパクト化を1点コンパクト化と呼ぶ.X 上の任意の有界連続関数が $\overline{X}$ まで連続に拡張できるようなコンパクト化 $\overline{X}$ が多くの場合に一意に存在することが知られていて,ストーン-チェック(Stone-Čeck)のコンパクト化と呼ばれている.

コンパクト開位相
compact open topology

位相空間 X から Y への連続写像全体のなす空間 $C(X,Y)$ に入れる標準的な位相の1つで,広義一様収束の一般化である.X のコンパクト部分集合 K と Y の開集合 U に対して,$f(K)\subset U$ なる $f\in C(X,Y)$ 全体を $\mathcal{U}(K,U)$ とする.部分集合族 $\{\mathcal{U}(K,U)\}$ は位相空間の開集合系の基の公理を満たすので,$C(X,Y)$ の位相を定める.これがコンパクト開位相である.
　X がコンパクトで Y が距離空間のときは,$F_i\in$ $C(X,Y)$ が $F\in C(X,Y)$ にコンパクト開位相で収束することと,F_i が F に一様収束すること,すなわち $\displaystyle\lim_{i\to\infty}\sup_{x\in X}d(F_i(x),F(x))=0$ は同値である(d は Y における距離を表す).

コンパクト群
compact group

$SO(n)$ や $SU(n)$ のように*位相空間として*コンパクトな*位相群をコンパクト群という.

コンパクト群の表現論
representation of compact group

1925年に*ワイルがコンパクトリー群の有限次元表現を初めて考察し,既約表現の指標公式,次元公式を得た.それ以後,コンパクト群の表現が研究されるようになった.コンパクト群の有限次元表現はユニタリ表現と同値である.さらに,コンパクト群 G の既約ユニタリ表現はすべて有限次元であり,G の任意のユニタリ表現は既約表現の直和に分解される.特に,コンパクト群が連結リー群である場合は,既約ユニタリ表現は完全に分類され,その指標も計算されている.

コンパクト力学系
compact dynamical system

空間 X が*コンパクト空間で,写像 f が*同相写像である力学系 (X,f) のことである.コンパクト力学系は扱いやすく,例えば,*ω 極限集合は決して空にはならない.また,(X,f) の不変確率測度は必ず存在する(1つとは限らない).なお,写像 $f:X\to X$ の可逆性を仮定せず,単に,連続写像である場合を指す場合もある.このとき,以下のようにして,可逆なコンパクト力学系 $(\widetilde{X},\widetilde{f})$ に拡張することができる.
$\widetilde{X}=\{(x_n)_{n\in\mathbb{Z}}\,|\,x_n\in X,\ x_{n+1}=f(x_n)\}$,
$\widetilde{f}$ はシフト:$\widetilde{f}((x_n)_{n\in\mathbb{Z}})=(x_{n+1})_{n\in\mathbb{Z}}$.

コンパクトリー群
compact Lie group

直交群 $O(n)$,特殊直交群 $SO(n)$,ユニタリ群 $U(n)$ のように,位相群としてコンパクトなリー群をコンパクトリー群という.連結なコンパクトリー群 G に対応するリー環 $\mathfrak{g}$ は実リー環であり,コンパクト実リー代数と呼ばれる.コンパクト実リー代数 $\mathfrak{g}$ の複素化(係数を拡大して複素数体上のリー環と考えたもの,$\mathfrak{g}^{\mathbb{C}}=\mathfrak{g}\otimes_{\mathbb{R}}\mathbb{C}$)は複素単純リー

環と可換なリー環の直和である．したがって単連結コンパクト単純リー群と複素単純リー環とは1対1に対応する．複素単純リー環 A_l, B_l, C_l, D_l に対応するコンパクト単純リー群は古典コンパクト単純リー群と呼ばれ，それぞれ $SU(l+1)$, $SO(2l+1)$, $Sp(l)$, $SO(2l)$ が対応する．ただし特殊直交群 $SO(n)$ は連結であるが単連結でなく（基本群は $\mathbb{Z}/2\mathbb{Z}$)，その普遍被覆群は $Spin(n)$ である．複素単純リー環 E_6, E_7, E_8, F_4, G_2 に対応するコンパクト単純リー群は例外(型)コンパクト単純リー群と呼ばれる（→ 単純リー環）．

コンパクトリー群の有限次元表現はユニタリ表現と同値であり，したがって完全可約である．→ コンパクト群の表現論，ピーター–ワイルの定理

サ

鎖 chain チェインのこと. → チェイン

最簡交代式 simplest alternating polynomial → 差積

再帰性
recurrence

力学系あるいは確率過程について，任意の測度正の集合から出発した軌道がその集合に戻る確率が1であり，その集合に無限回戻ることを再帰性という．保測力学系が再帰的であること(*ポアンカレの再帰定理)は，今日から見れば力学系理論の最初の定理であると同時に，19世紀後半にボルツマン(L. Boltzmann)が証明したと主張した熱力学の非可逆性に対するツェルメロ(E. F. Zermelo)たちの反論に根拠を与えたことでも有名である．回帰性ということもあり，とくに，位相空間上で，空でない開集合の測度がつねに正の場合には，より強く，任意の開集合から出発した軌道がその集合に戻る確率が1であり，その集合に無限回戻ることがいえる．また，不変測度が有限で再帰的なことを正再帰的(positively recurrent)，無限で再帰的なことを零再帰的(null recurrent)と区別することもある．再帰的でないことを非再帰的あるいは過渡的(transient)という．なお，20世紀前半までは，より強い性質を指すこともあったので歴史をたどる場合は注意を要する．

最急降下線 brachistochrone, line of steepest descent → 最速降下線

最急降下法
steepest descent method

(1) 漸近挙動の計算法の1つで，*鞍点法のことである．また，その精密化を指すこともある．最大傾斜法ということもある．

(2) 数値計算法の1つで，関数 $f(x)=f(x_1,\cdots,x_n)$ の最小値を数値計算で求めるための最も素朴な手法であり，最急勾配法ともいう．適当な初期点 $x^{(0)}$ から始めて，関数値が最も減る方向に動くことを繰り返して最小点を探す方法であるが，一般には，最小でない極小点に到達してしまう場合もあるので，計算結果を吟味する必要

がある．点列 $x^{(0)}, x^{(1)}, \cdots$ は，漸化式 $x^{(k+1)} = x^{(k)} - \alpha^{(k)} d^{(k)}$ で生成する．基本形は，$x^{(k)}$ における勾配ベクトル $\nabla f(x^{(k)}) = (\partial f/\partial x_j)|_{x=x^{(k)}}$ を用いて方向ベクトルを $d^{(k)} = \nabla f(x^{(k)})$ と定め，ステップサイズ $\alpha^{(k)}$ を $f(x^{(k)} - \alpha d^{(k)})$ を最小にする非負実数 α として定めるものである．通常は，適当な正定値対称行列(f のヘッセ行列の $x^{(k)}$ における近似) $H^{(k)}$ を導入して，$d^{(k)} = (H^{(k)})^{-1} \nabla f(x^{(k)})$ と定めることによって収束を速める．⇒ 準ニュートン法

最急勾配法 steepest descent method = 最急降下法

サイクル cycle

(1) *力学系においては，周期軌道をサイクルということがある．例えば，極限周期軌道はリミット・サイクルともいう．

(2) 空間 X のホモロジー群(→ ホモロジー)を計算するには，*鎖複体 (C, ∂) を作り，そのホモロジー群を計算する．鎖複体 (C, ∂) のサイクルとは，$\partial c = 0$ を満たす C の元 c である．輪体とも呼ばれる．X の境界のないコンパクト部分多様体 M は，サイクルを定める(M に多少の特異点があっても，その次元が M の次元より 2 以上小さければやはり M はサイクルを定める)．

(3) *グラフにおいて，*閉路のことをサイクルとも呼ぶ．

サイクロイド cycloid

車輪が地面を転がるときに，車輪についたバルブが描く軌跡のことである．下図のように，半径 r の円を x 軸に接して滑らずに転がすとき，円周上の定点の軌跡をサイクロイドという．

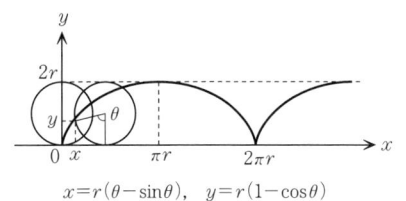

$x = r(\theta - \sin\theta), \quad y = r(1 - \cos\theta)$

歳差運動 precession ⇒ コマの運動

最小公倍数 least common multiple ⇒ 公倍数

最小作用の原理 principle of least action

ニュートンの運動方程式の解が，作用量を表す汎関数の最小値問題の解と一致するという原理で，*変分原理の典型である．モーペルテュイやオイラーに始まり，ラグランジュ，ハミルトンによって以下に述べる形になった．この形のものを，ハミルトンの最小作用の原理，あるいはハミルトンの原理ともいう．

位置エネルギー $U(\boldsymbol{x})$ が定める力の下で空間内を運動する質点の場合には次のようになる．$\boldsymbol{x}_0, \boldsymbol{x}_1 \in \mathbb{R}^3$ とする．$\boldsymbol{x}(a) = \boldsymbol{x}_0, \boldsymbol{x}(b) = \boldsymbol{x}_1$ なる曲線 $\boldsymbol{x} = \boldsymbol{x}(t): [a, b] \to \mathbb{R}^3$ が，運動方程式

$$m \frac{d^2 \boldsymbol{x}}{dt^2} = -\operatorname{grad} U \qquad (*)$$

を満たす必要十分条件は，$\boldsymbol{x}(a) = \boldsymbol{x}_0, \boldsymbol{x}(b) = \boldsymbol{x}_1$ なる曲線全体の集合の上の関数と見なした作用量

$$E(\boldsymbol{x}) = \int_a^b L(\boldsymbol{x}(t), \dot{\boldsymbol{x}}(t)) dt$$
$$= \int_a^b \left(\frac{m}{2} \sum_{i=1}^3 (\dot{x}_i(t))^2 - U(\boldsymbol{x}(t)) \right) dt$$

が $\boldsymbol{x}$ で極値になっていることである．

このことは，E に関する*オイラー–ラグランジュ方程式

$$\frac{d}{dt} \frac{\partial L}{\partial \dot{x}_i} - \frac{\partial L}{\partial x_i} = 0$$

が運動方程式$(*)$になることからわかる．

また，曲面 $\Sigma \subset \mathbb{R}^3$ の上を動く質点が外部から力を受けないで運動するときには，$\boldsymbol{x}: [a, b] \to \Sigma$ の作用量は*エネルギー汎関数

$$\frac{m}{2} \int_a^b \sum_{i=1}^3 (\dot{x}_i(t))^2 dt$$

である．このときの最小作用の原理によれば，運動方程式の解を与える $\boldsymbol{x}: [a, b] \to \Sigma$ は，Σ に含まれる両端を固定された曲線の中でエネルギーが最小のものである．そのような $\boldsymbol{x}$ は測地線である．

より大きい自由度を持つ系でも同様に定式化される．例えば，空間内の n 個の質点からなる系の場合，$3n$ 次元の*配位空間内の曲線 $\boldsymbol{x}: [a, b] \to \mathbb{R}^{3n}$ の集合で定義された作用量を考えると，その臨界点が運動方程式の解を与える．⇒ 変分法

最小実現 minimal realization

実係数の有理関数 $h(s)$ で $h(\infty) = 0$ を満たすものに対して $h(s) = c^T (sI - A)^{-1} b$ となる実正方行列 A，実ベクトル b, c が存在する．このような

(A, b, c) の中で A の次数(サイズ)が最小であるものを $h(s)$ の最小実現と呼ぶ. 線形ダイナミカル・システムの*伝達関数が与えられたとき, 最小次元の状態空間表現を求めることに相当する. 最小実現は本質的に一意に定まることが知られている.

最小全域木
minimum spanning tree

連結な*無向グラフ (V, A) の各辺 $a \in A$ に実数値の重み $w(a)$ が与えられているとき, *全域木 (V, T) の中で辺の重みの総和 $\sum\{w(a)|a \in T\}$ が最小であるものを最小(重み)全域木と呼ぶ. 最小全域木は, 辺を重みの小さい順に並べて, 閉路が生じないという条件の下で辺を順番につけ加えていくという単純なアルゴリズム(*貪欲算法)によって求めることができる.

最小多項式(行列の)
minimal polynomial

A を n 次正方行列とする. 多項式 $f(x) = a_m x^m + a_{m-1} x^{m-1} + \cdots + a_1 x + a_0$ に対して, n 次正方行列 $f(A)$ を
$$a_m A^m + a_{m-1} A^{m-1} + \cdots + a_1 A + a_0 I$$
により定義する. ただし, I は n 次の単位行列とする.

$f(A) = 0$ なる最高次の係数が 1 の多項式 f の中で, 次数が一番低いものを A の最小多項式という. 最小多項式はただ 1 つ定まり, また $g(A) = 0$ なる任意の多項式 g は最小多項式で割り切れる(1 変数多項式の素因数分解の一意性を用いて示される). $A = \begin{bmatrix} 2 & 0 \\ 0 & 3 \end{bmatrix}$ の最小多項式は $(x-2)(x-3)$ で, $A = \begin{bmatrix} 1 & 1 \\ 0 & 1 \end{bmatrix}$ の最小多項式は $(x-1)^2$ である.

複素数を成分に持つ行列 A の最小多項式が重根を持たないことと, A が対角化可能であることは同値である.

$\chi_A(x) = \det(xI - A)$ を A の*特性多項式とすると, $\chi_A(A) = 0$ であるから(→ ケイリー–ハミルトンの公式), $\chi_A(x)$ は最小多項式 $f(x)$ で割り切れる. よって, n 次正方行列 A の最小多項式の次数は A の次数 n 以下である.

体 K の元を成分に持つ n 次正方行列 A に対しては, その最小多項式は, $f(A) = 0$ となるような, 最高次の係数が 1 の K 係数の多項式 f の中で, 次数が一番低いもののことと定義される. 最小多項式 f の*素因数分解を
$$f(x) = p_1(x)^{k_1} \cdots p_m(x)^{k_m}$$

として, M_i を行列 $p_i(A)^{k_i}$ が定める線形写像の*核とすると, 線形空間 K^n の*直和分解
$$K^n = M_1 \oplus \cdots \oplus M_m$$
が得られる. → 一般固有空間

最小多項式(体論における)
minimal polynomial

体 K の部分体 k を考える. 体 k に対して, $a \in K$ が*代数的であるとする. k の元を係数とする最高次の係数が 1 の多項式 $f(x)$ で, $f(a) = 0$ となるもののうち次数が最小のものを a の k 上の最小多項式という. これは既約多項式であり, 「a の k 上の既約多項式」とも呼ばれる. k の元を係数とする多項式 $g(x)$ で $g(a) = 0$ となるものは最小多項式で割り切れる.

例 1 $k = \mathbb{R}, K = \mathbb{C}, a = i$ のとき, $x^2 + 1$ は a の k 上の最小多項式である.

例 2 $\zeta \in \mathbb{C}$ を*1 の原始 n 乗根とする. ζ の $\mathbb{Q}$ 上の最小多項式は*円分多項式により与えられる.

a の最小多項式の次数は, a を k に*添加した体 $k(a)$ の k 上の*拡大次数 $[k(a):k]$ に等しい. → 代数的拡大, 有限次拡大

最小値 minimum → 最大値

最小点
minimizing point

最小値を与える点のこと. → 最大最小

最小 2 乗法
least squares method

観測データ (x_i, y_i) $(i = 1, \cdots, n)$ に基づいて 2 つの変数 x, y の間の関数関係を推定(あるいは近似)する手法の 1 つである. 未知パラメータ $a_1, \cdots, a_k$ を含んだ未知の関数形 $y = f(x, a_1, \cdots, a_k)$ をモデルとして設定し, モデルと観測データができるだけ良く合うようにパラメータ $a_1, \cdots, a_k$ の値を定める. このとき残差の 2 乗和 $\sum_{i=1}^{n}(y_i - f(x_i, a_1, \cdots, a_k))^2$ を最小にする $a_1, \cdots, a_k$ を採用するので, 最小 2 乗法の名がある. f を 1 次式として定めたものを回帰直線という.

最小費用流問題
minimum cost flow problem

ネットワークにおいて流量制約の下で費用を最小

化する流れを求める問題であり，交通網や通信網の解析に利用される．*有向グラフ (V, A)，各辺を流れる流量の上下限，および各辺を流れる単位流量あたりの費用を表す関数 γ が与えられたときに，各頂点における流量保存制約と各辺における容量制約を満たす流れ x の中で総費用 $\sum_{a \in A} \gamma(a) x(a)$ を最小にするものを求める問題を最小費用流問題という．この問題は数学的に美しい構造を有しており，最適解がポテンシャルと呼ばれるベクトルの存在によって特徴づけられるという著しい性質がある．さらに，費用関数 γ が整数値の場合には整数値のポテンシャルが存在し，各辺の流量の上下限が整数値の場合には整数値の最小費用流が存在するという特徴(最適解の整数性)を有している．これらの構造に基づいて，最小費用流問題には効率的な解法が知られている．

最小分解体　minimal splitting field　⇒ 分解体

彩色
coloring

グラフの頂点に色を塗って，辺で結ばれている頂点同士が異なる色になるようにすることを彩色あるいは頂点彩色という．できるだけ少ない色数で彩色することが問題とされ(グラフ彩色問題)，必要となる色数の最小値を与えられたグラフの彩色数と呼ぶ．⇒ 4 色問題

彩色数　chromatic number　⇒ 彩色

再生方程式
renewal equation

未知関数 u に関する
$$u(n) = \sum_{k=1}^{n} p(k) u(n-k) + f(k)$$
の形(またはこれの積分形)の方程式をいう．ただし，$p(k) \geqq 0, \sum_{k=1}^{n} p(k) = 1$．確率論でよく現れ，この形の特殊性から詳しい解析が可能となる．

最速降下線
brachistochrone, line of steepest descent

固定された 2 点 A, B を結ぶ曲線に沿って，質点が重力の影響下で転がり落ちるのに要する時間を最小にするような曲線を，最速降下線，最短降下線あるいは最急降下線という．A を原点とし，B の座標を (x_1, y_1) とする．求める曲線を，$y = f(x)$ により表すと，問題は
$$\int_0^{x_1} \sqrt{\frac{1 + (y')^2}{2gy}} \, dx$$
を最小にする $y = f(x)$ を求める問題になる(ここで g は重力の加速度を表す)．最速降下線の問題は 1696 年にヨハン・*ベルヌーイにより提出され，ベルヌーイ自身とニュートン，ライプニッツらにより解かれた．解は*サイクロイドである．最速降下線を求めることは，*変分法の勃興を促した．

最大公約因子　greatest common factor　⇒ 公約元

最大公約数　greatest common divisor, greatest common measure　⇒ 公約数

最大最小
maximum and minimum

ある集合 A 上で定義された実数値関数 $f(x)$ について，すべての点での値が A の特定の点 a での値以下，すなわち不等式 $f(x) \leqq f(a)$ $(x \in A)$ が成り立つとき，$f(a)$ を $f(x)$ の最大値といい，最大値を実現する点 a を最大点という．$-f(x)$ の最大値，最大点をそれぞれ $f(x)$ の最小値，最小点という．最大点，最小点は 1 つとは限らない．⇒ 極大・極小，最大値

最大最小原理
minimax principle

*最大最小定理のこと，あるいはそれを用いると最大点や最小点が決まるという原理のことをいう．例えば，*レイリー–リッツの方法は固有値を数値的に求める際にも有効な最大最小原理の 1 つである．

最大最小定理
minimax theorem

2 変数関数 $F(x, y)$ に対して，何らかの条件のもとで
$$\max_x (\min_y F(x, y)) = \min_y (\max_x F(x, y))$$
が成り立つことを述べた定理，あるいは，1 つの数学的対象に付随する 2 つの関数 $f(x)$ と $g(y)$ の間に
$$\max_x f(x) = \min_y g(y)$$
という形の等式が成り立つことを述べた定理を総称

して最大最小定理(あるいはミニマックス定理)と呼ぶ．

最大最小定理の例としては，*非線形計画法におけるラグランジュ双対定理，*凸関数に関する*フェンシェル双対定理，*線形計画法の双対定理，グラフの*メンガーの定理，ネットワークフロー問題における*最大流最小カットの定理，2部グラフにおける*最大マッチング最小被覆の定理，*マトロイドにおける*エドモンズの交わり定理などがある．

最大値
maximum

(1) 実数の集合 A とその要素 a について，$x \leq a$ がすべての $x \in A$ に対して成り立つとき，集合 A は最大値 a を持つという．例えば，閉区間 $[a,b]$ の最大値は b である．しかし，開区間 (a,b) や集合 $\{-1/n \mid n=1,2,\cdots\}$ は最大値を持たない．集合 A の最大値は $\max A$ と表す．不等号の向きを逆転して，同様に最小値 $\min A$ が定義される．$-\min A$ は集合 $B=\{-a \mid a \in A\}$ の最大値である．

(2) 実数に値をとる関数 $f(x)$ について，その値域の最大値があれば，その値を関数 $f(x)$ の最大値，また，値域の最小値があれば $f(x)$ の最小値という．関数 $f(x)$ の定義域が $[a,b]$ のとき，最大値を $\max_{a \leq x \leq b} f(x)$，最小値を $\min_{a \leq x \leq b} f(x)$ のように表す． ⇒ 最大最小，最大値の定理

最大値原理(調和関数の)
maximum principle

$\mathbb{R}^n$ の領域 D で定義された実数値*調和関数 $u(x)$ は，定数関数でない限り D の内点で最大値をとることはない．特に D が有界で $u(x)$ が境界 ∂D までこめて連続ならば，最大値をとる点は ∂D 上にある．最大値原理はより一般に2階*楕円型偏微分方程式や2階*放物型偏微分方程式の解，また*劣調和関数に対しても成立し，*境界値問題の解の一意性など多くの応用がある． ⇒ 調和関数

最大値の原理(正則関数の)
maximum principle

複素平面の領域 D で正則な関数 $f(z)$ の絶対値 $|f(z)|$ が領域の内点で最大になるならば，$f(z)$ は定数関数である．これを正則関数に対する最大値の原理，あるいは最大絶対値の原理という．

最大値の定理
maximum value theorem

有界閉区間上の実数値連続関数は最大値と最小値を持つ．また，$\mathbb{R}^n$, $\mathbb{C}^n$ でも，有界閉集合上の実数値連続関数は最大値と最小値を持つ．一般に，コンパクト集合上で定義された実数値連続関数の値域は有界閉集合となり，最大値と最小値の存在が保証される．これらを総称して最大値の定理という． ⇒ ボルツァーノ−ワイエルシュトラスの定理

最大値ノルム
maximum norm

有限閉区間 $[a,b]$ 上の実数(または複素数)値連続関数 $f(x)$ の*絶対値 $|f(x)|$ は最大値 $\max_{x \in [a,b]} |f(x)|$ を持つ．この値を最大値ノルムという．$f(x)$ の*一様ノルムにも一致する．

最大点
maximizing point

最大値を与える点のこと． ⇒ 最大最小

最大マッチング　maximum matching　⇒ マッチング

最大マッチング最小被覆の定理
maximum matching minimum cover theorem

グラフの辺集合の部分集合 M は，M に含まれるどの2辺も端点を共有しないときにマッチングと呼ばれる．また，頂点集合の部分集合 U は，任意の辺の両端点の少なくとも一方が U に含まれるとき被覆と呼ばれる．任意のマッチング M と任意の被覆 U に対して不等式 $|M| \leq |U|$ が成り立つ．2部グラフにおいては，この不等式を等号で成立させるような M と U が存在する，すなわち，$\max\{|M| \mid M: \text{マッチング}\} = \min\{|U| \mid U: \text{被覆}\}$ という関係式が成り立つ．これを最大マッチング最小被覆の定理(あるいは，ケーニヒ(Kőnig)の定理，ケーニヒ−エゲルヴァーリ(Kőnig-Egerváry)の定理)と呼ぶ．最小被覆の全体は美しい構造をもっており，これによって2部グラフが一意的に分解される(→ダルメジ−メンデルゾーン分解)． ⇒ 結婚定理

最大流最小カットの定理
maximum flow minimum cut theorem

*最大流問題において，流量の最大値がカットの容量の最小値に等しいことを主張する基本的な定理であり，これからグラフの*メンガー(Menger)の定理や2部グラフの*最大マッチング最小被覆の定理などを導出することもできる．

*有向グラフ (V, A)，容量関数 $c: A \to \mathbb{R}$，始点 $s \in V$，終点 $t \in V$ で定義される最大流問題を考える．頂点集合 V の部分集合 U で，s を含み t を含まないものをカットと呼び，カット U の容量 $\kappa(U)$ を U から出る辺の容量 $c(a)$ の和と定義する．流れ $x: A \to \mathbb{R}$ の s から t への流量を $F(x)$ とすると，各辺 $a \in A$ で容量制約条件 $0 \leq x(a) \leq c(a)$ が満たされていることにより，不等式 $F(x) \leq \kappa(U)$ が成り立つ．この不等式は制約条件を満たす任意の流れ x と任意のカット U に対して成り立つが，最大流最小カットの定理は，この不等式を等号で成立させるような x と U の存在，すなわち $\max_x F(x) = \min_U \kappa(U)$ という形の関係式を主張する定理(→ 最大最小定理)である．さらに，容量関数 c が整数値の場合には流れ x を整数値としてもよい(最大流の整数性)．なお，カットの容量を表す関数 κ は*劣モジュラー関数の典型例となっている．

最大流問題

maximum flow problem

交通網，通信網などのネットワークにおける流れの現象を記述するモデルに用いられる基本的な問題である．*有向グラフ (V, A)，各辺の流量の上限を表す容量関数 $c: A \to \mathbb{R}$，および始点 $s \in V$，終点 $t \in V$ が与えられたとする．始点 s から終点 t への流れを関数 $x: A \to \mathbb{R}$ によって表現し，始点と終点以外の頂点 v における流量保存の制約 $\sum_{a \in A} \{x(a) | a \text{ の始点} = v\} = \sum_{a \in A} \{x(a) | a \text{ の終点} = v\}$ を課す．このとき，s から t への流量は $F(x) = \sum_{a \in A} \{x(a) | a \text{ の始点} = s\} - \sum_{a \in A} \{x(a) | a \text{ の終点} = s\}$ である．

最大流問題とは，各頂点における流量保存制約と各辺 $a \in A$ における容量制約 $0 \leq x(a) \leq c(a)$ の下で流量 $F(x)$ を最大にする x (最大流)を求める問題である．流量 $F(x)$ の最大値はカットの容量の最小値に等しいという定理(*最大流最小カットの定理)がある．容量関数が整数値の場合には，整数値の最大流(すべての $a \in A$ に対して $x(a)$ が整数である最大流 x)が存在する(最大流の整数性)．この整数性のゆえに，最大流問題は組合せ的な問題の定式化にも利用される．最大流問題にはいくつかの効率的な解法が知られている．

最短降下線　brachistochrone　→ 最速降下線

最短線

shortest curve

平面や球面，あるいはもっと一般の距離空間において，2点を結ぶ曲線の中で長さが最小のものを最短線という(→ 曲線の長さ)．最短線は，平面では線分，球面では大円弧である．リーマン多様体では，最短線は*測地線である．

最短路問題

shortest path problem

有向グラフにおいて各辺の長さが与えられているとき，指定された始点から終点への有向道の中で長さが最小のもの(最短路)を見出す問題である．各辺の長さは正でなくとも構わないが，負の長さを持つ閉路は存在しないと仮定する．この仮定の下では，任意の2頂点に対して最短路の長さが有限値あるいは $+\infty$ として確定する．各辺の長さが非負の場合には，1つの始点から他の全点への最短路を*ダイクストラ法により求めることができる．負の長さの辺があっても次の漸化式により全頂点間の最短路長が計算できる(頂点集合を $\{v_1, \cdots, v_n\}$ とし，多重辺や自己閉路はないと仮定する)．まず，$l_{ii}^{(1)} = 0$ $(i = 1, \cdots, n)$ とおき，$i \neq j$ に対しては $l_{ij}^{(1)} = $ 辺 (v_i, v_j) の長さ(辺が存在しないときは $+\infty$)とおく．次に，$m = 1, 2, \cdots, n-2$ に対して，

$$l_{ij}^{(m+1)} = \min_{1 \leq k \leq n} (l_{ik}^{(m)} + l_{kj}) \quad (i, j = 1, \cdots, n)$$

を計算すると，$l_{ij}^{(n-1)}$ が頂点 v_i から頂点 v_j に至る最短路の長さを与える．このアルゴリズムの計算量は n^3 に比例する程度である．最短路問題に対して，より高速のアルゴリズムも知られている．

最適解

optimal solution

実行可能領域 S の上で目的関数 f を最小化する形の*最適化問題において，点 $x \in S$ が $f(x) \leq f(y)$ $(\forall y \in S)$ を満たすとき，x を最適解あるいは大域最適解という．これに対し，x のある近傍 D に対して，$D \cap S$ 上で $f(x) \leq f(y)$ が成り立つとき局所最適解という．局所最適解は大域最適解とは限らないが，S が*凸集合で f が*凸関数の場合(→ 凸計画法)には両者が一致するので扱いやす

い．現実問題への応用においては，大域最適解を求めることは困難なので局所最適解で代用することも多い．なお，最大化問題に対する最適解も同様に定義される．→ 極大・極小，数理計画法

最適化問題
optimization problem

工学や社会における現実問題を数学モデルとして定式化すると，コスト（または利益）などを表す関数を制約条件の下で最小化（または最大化）する問題の形になることが多い．これを最適化問題と呼ぶ．数学的には，制約条件から決まる集合（実行可能領域）S 上で定義された関数（目的関数）$f(x)$ を最小（または最大）にする x を求めよ，という問題である．変数 x は有限次元の実数ベクトルの場合が多いが，整数ベクトル（とりわけ $\{0,1\}$ ベクトル）の場合を考えることもあり，とくにその場合を離散最適化問題（あるいは*組合せ最適化問題）と呼ぶ．また，x が無限次元ベクトル（関数空間の要素）の場合は*変分法にあたる．最適化に関わる数学は*数理計画法と呼ばれ，応用数学の一大分野を形成している．→ オペレーションズ・リサーチ

最適性規準
optimality criterion

*最適化問題において，変数のある値が*最適解を与えていることを確認（証明）することは一般には容易でない．最適性と同値な判定し（使い）やすい条件を最適性規準と呼ぶ．例えば，$f(x)$ を最大化するという最適化問題において，$\max_x f(x) = \min_y g(y)$ という形の*最大最小定理が成り立っている場合には，ある $x=x^*$ が最適解であることを証明するには $f(x^*)=g(y^*)$ となるような $y=y^*$ を見つけてやればよい．つまり，最大最小定理が成り立つ状況では，「x^* が最適解 $\iff$ ある y^* が存在して $f(x^*)=g(y^*)$」という最適性規準が存在する．

サイバネティクス
cybernetics

数学のみならず生物学などの研究をした*ウィーナーが 1940 年代後半に提唱した機械系と生物系に共通の制御，通信，計算等を統一した学問分野の名称である．哲学などにも多大の影響を与えた．

最頻値
mode

統計データにおいて，最も標本数が多い階級値をいう．モードともいう．

ザイフェルト膜
Seifert surface

ザイフェルト曲面ともいう．3 次元ユークリッド空間の*結び目 K に対して，その境界が K であるような，向きの付いたコンパクトな曲面 Σ が存在することが知られている．Σ のことを K のザイフェルト膜と呼ぶ．図1のように結び目を平面上に描いたときには，図2のようにするとザイフェルト膜を張ることができる．

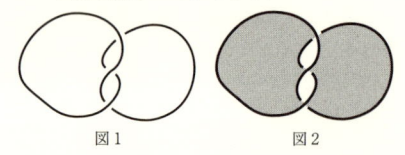

図1　図2

細分（区間や複体の）
subdivision

(1) 区間 $[a,b]$ の分割 $a=x_0<x_1<\cdots<x_n=b$ に対して，各小区間 $[x_{j-1},x_j]$ をさらに分割して得られたより細かい分割のことをいう．

(2) *単体複体を構成する単体を細かくとり直して，もとの単体複体と*同相な別の単体複体を作る操作も細分という．

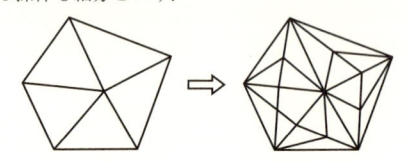

細分（分割や被覆の）
refinement

(1) 一般に，集合の 2 つの*分割 $\alpha=\{A_1,\cdots,A_n\}$ と $\beta=\{B_1,\cdots,B_m\}$ について，各 B_j がある A_i に含まれるとき，分割 β は α の細分である，あるいは，β は α より細かい（finer）という．また，任意の2つの分割 $\alpha=\{A_1,\cdots,A_n\}, \beta=\{B_1,\cdots,B_m\}$ に対して，分割 $\{A_i\cap B_j \mid 1\leq i\leq n, 1\leq j\leq m\}$ を α と β の細分といい，$\alpha\vee\beta$ と表す．

(2) 位相空間 X の開被覆 $\{V_\beta\}_{\beta\in B}$ が別の開被覆 $\{U_\alpha\}_{\alpha\in A}$ の細分であるとは，任意の V_β がある U_α に含まれることである．

最密充填格子
closest packed lattice

ユークリッド空間の*格子の中で，その格子点上に同じ半径の球を重ならないように置くときに密度（球部分の占める体積の比率）が最大となるものを最密充填格子という．2次元の場合の最密充填格子は，$(1,0)$, $(1/2, \sqrt{3}/2)$ を基底とする格子であり，その密度は $\pi/\sqrt{12}$ となる．一般に，球の位置を格子上に制限せず，ユークリッド空間内に同じ半径の球を最も密に詰め込む問題（最密充填問題）は，ケプラー（1611）以来の問題であり，2次元の場合は最密充填は格子で実現できるが，一般には数学としては未解決の問題である．ただし，3次元の場合には，計算機による肯定的な解決が発表されている（1997, Hales による）．

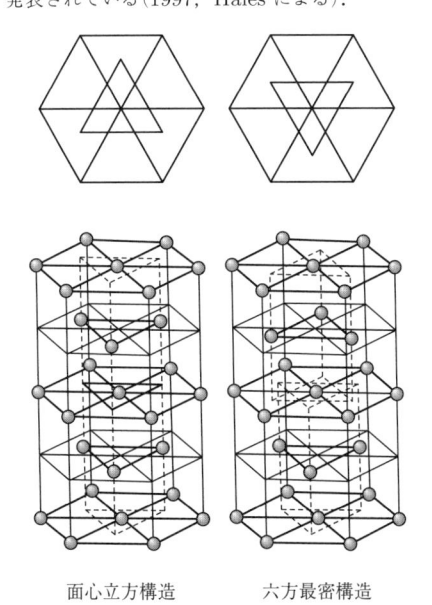

面心立方構造　　六方最密構造

最尤法　maximum likelihood method　→ 尤度

最良近似多項式
best approximation polynomial

ある次数以下という制限の下で，与えられた関数を最もよく近似する多項式をいう．関数の間の距離の選び方に応じて，*チェビシェフ多項式（有界区間の上での一様近似の場合），*エルミート多項式（ガウス分布に関する2乗平均近似の場合）などの直交多項式系が最良近似多項式になる．また，近似すべき関数の*フーリエ級数を $\sin nx, \cos nx$ までで打ち切った3角多項式は区間 $[0, 2\pi]$ 上の2乗平均に関する最良近似3角多項式となる．

最良定数（不等式の）
best constant

不等式などにおいて，ぎりぎりの評価を与える定数のことをいう．例えば，$x, y \geqq 0$ に関する不等式 $\sqrt{x} + \sqrt{y} \leqq C\sqrt{x+y}$ において $C = \sqrt{2}$ が最良定数である．一般に，適当な定数に対して不等式が成り立つことを示すのはやさしくても，最良定数を求める問題はむずかしく，不等式のもつ幾何学的な意味など，奥深い数学につながることが多い．

サイン　sine　→ 3角比, 3角関数

サーキット　circuit　= 単純閉路

作図問題
problem of geometrical construction

定規とコンパスだけで，要求された性質を持つ図形を描くことである．ここで定規は与えられた2点を結ぶ直線を作図することができる．また，コンパスは与えられた点を中心として与えられた線分の長さを半径とする円を描くことができる．定規とコンパスのこれ以外の使用法は認めない．

作図問題は古代ギリシアで考えられた．(i) 与えられた線分を n 等分すること，(ii) 与えられた角を2等分すること，(iii) 与えられた長方形と同じ面積の正方形を作図することなどが可能である．

一方，与えられた円と同じ面積を持つ正方形を作図すること（円積問題），与えられた角を3等分すること（角の3等分），与えられた立方体の体積の2倍の体積の立方体を作図すること（倍積問題）は，3大作図問題として知られ，いずれも定規とコンパスだけでは作図が不可能であることが知られている．また，正 n 角形が定規とコンパスだけで作図が可能であるような n は，ガウスによって

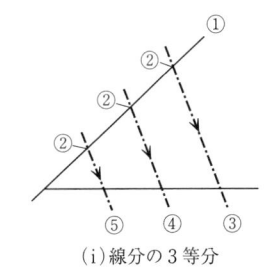

(i) 線分の3等分

(ii) 角の2等分

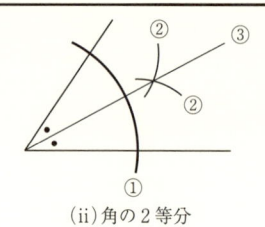

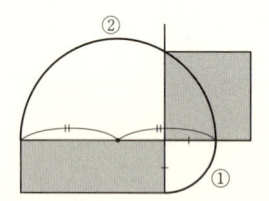

(iii) 与えられた長方形と同じ面積の正方形の作図

決定された(→ 正多角形の作図).

　定規とコンパスを上記のように使用して作図することは，代数的には2次方程式を解く問題に帰着される．例えば角 $60°$ を3等分することができれば，3倍角の公式 $\cos\theta = 4\cos^3(\theta/3) - 3\cos(\theta/3)$ より $z = \cos 20°$ とおくと $8z^3 - 6z - 1 = 0$ の根が作図できることになる．しかし，この3次方程式の根は平方根を使うだけでは求めることができない．そのことは*体の拡大の理論を使って示すことができる．

　この他にも，π が*超越数であること(円積問題)，*円分体の*ガロア群(正多角形)など，作図問題が体論と関わることが19世紀に発見され，体論の発展のきっかけにもなった．

　一方，可能な操作を厳密に定め，その有限回の繰り返しでできるかどうかを考える，という視点は，アルゴリズムの考え方の先駆でもある．

差集合
difference set

2つの集合 A, B について，A に属し B には属さない元全体 $A \cap B^c$ を，$A - B$ あるいは $A \setminus B$ により表し，A, B の差集合という．

差積
difference product

多項式
$$\prod_{1 \leq i < j \leq n} (x_j - x_i)$$
を n 変数 $x_1, \cdots, x_n$ の差積という．差積は*ヴァンデルモンドの行列式でも表される．→ 交代式，対称式

雑音
noise

言葉の由来は，ラジオやテレビを受信する際に，さまざまな要因により闖入(ちんにゅう)する好ましからざる信号であり，通常ランダムなものとして扱われる．一般に，物理量から本来のシステマティックな部分を除いた残りの部分を雑音と称し，通常，ランダムなゆらぎとして扱われる．数学としては，ブラウン運動の微分として得られる白色雑音など，独立で定常な増分を持つ(超関数に値をとる)確率過程を雑音ということが多い．

佐藤の超関数　Sato's hyperfunction　→ 超関数

佐藤幹夫　さとうみきお
Sato, Mikio

1928-　シュワルツの超関数とは別の発想に基づいて佐藤超関数論を創始し，線型微分方程式系の超局所解析に著しい成果をもたらした．不等式による量的評価を中心とする解析学に対比して，代数的方法を基本とするその立場は代数解析学と呼ばれる．概均質ベクトル空間，保型形式，佐藤のゲーム，数理物理学など多方面にわたって業績がある．なかでもソリトン方程式の解全体が無限次元グラスマン多様体の構造を持つことを明らかにした佐藤理論はよく知られている．

サードの定理
Sard's theorem

$\mathbb{R}^n$ の領域 U 上で定義されたベクトル値の*滑らかな写像 $F(x_1, \cdots, x_n) = (f_1(x_1, \cdots, x_n), \cdots, f_m(x_1, \cdots, x_n))$ に対して，$q \in \mathbb{R}^m$ がその臨界値であるとは，*ヤコビ行列 JF_p の*階数(ランク)が m より小さい点 $p \in U$ があり，$q = F(p)$ であることを指す．臨界値の集合の*ルベーグ測度は 0 である．これをサードの定理という．これにより，ほとんどすべての $q \in \mathbb{R}^m$ に対して，その逆像 $F^{-1}(q)$ が $n-m$ 次元の部分多様体であることがわかる(→ 陰関数定理，部分多様体)．サードの定理は横断正則性定理(→ 横断的)の証明の中心的な部分である．

座標
coordinates

ユークリッド平面(空間)の点に数の組を対応させること．*デカルト，*フェルマによって考えられたが，その源流は*アポロニオスの円錐曲線論にある．

平面に点 O で交わる 2 直線 l_1, l_2 を描き，それぞれの直線を，同じ単位の長さ 1 を持ち，O を原点とする*数直線と考える．平面上の点 P から l_1, l_2 に平行な直線 m_1, m_2 を引き l_1 と m_2, l_2 と m_1 との交点をそれぞれ P_1, P_2 と記す．P_1, P_2 がそれぞれ表す数 a, b の組 (a, b) を点 P の座標という．通常は l_1 を x 軸，l_2 を y 軸とし，合わせて座標軸と呼び，それぞれの交点が表す数 a を点 P の x 座標，b を点 P の y 座標という．逆に数の組 (a, b) に対して，x 軸の a を通り y 軸に平行な直線と，y 軸の b を通り x 軸に平行な直線との交点を P とすると，点 P の座標は (a, b) である．このように，座標によって平面上の点を指定することができる(図)．これを*斜交座標という．通常は直交する 2 直線 l_1, l_2 を使う場合が多い．このときは直交座標という．

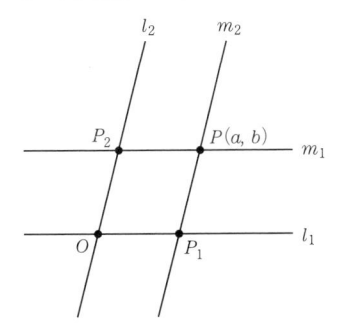

このように数学的な対象を数の組によって一意的に定めることができるとき，この数の組を座標という．例えば n 次元実ベクトル空間 V の基底 $\{v_1, \cdots, v_n\}$ が与えられると，V の任意の元 v は $v = a_1 v_1 + \cdots + a_n v_n\ (a_i \in \mathbb{R})$ と一意的に表示でき，v に対して座標 $(a_1, \cdots, a_n)$ を対応させることができる．座標はベクトル空間の基底の取り方によって変わってくる．

また，*極座標など，より一般の座標も考えられている(→ 曲線座標)．曲面などの*局所座標のことを座標と呼ぶこともある．

平面上の点を 2 つの数で表す考え方は，すでにオレーム(N. Oresme, 1323 頃-82) が持っていた．しかし，座標幾何学に繋がるこの考え方が数学に大きな影響を与えるには，デカルトまで待たなければならなかった．→ 斜交座標，直交座標系

座標環　coordinate ring　→ アフィン代数多様体

座標関数　coordinate function　→ 局所座標(多様体の)

座標幾何学　coordinate geometry　→ 解析幾何

座標近傍　coordinate neighborhood　→ 座標近傍系

座標近傍系
coordinate neighborhood system

図形(*多様体)の*開集合で，*ユークリッド空間の開集合と対応について座標を入れることができる，すなわち*局所座標系が定まるもののことを座標近傍という．より正確には位相空間 X の開集合 U がユークリッド空間の開集合と*同相なとき，U と同相写像 $\varphi: U \to \varphi(U) \subset \mathbb{R}^n$ の組を座標近傍といい，座標近傍の族を座標近傍系という．→ 局所座標

座標空間
coordinate space

座標を導入した空間のことである．$\mathbb{R}^3$ と同一視される．

座標系
coordinate system

平面，空間，(より次元が高い)ユークリッド空間，多様体などに*座標を与える与え方のことをいう．ユークリッド空間の場合には，*座標軸と単位の長さを与えれば，座標系が決まる．

座標軸
coordinate axis

平面あるいは空間上に*座標(正確には直交座標)を定めるには，原点，単位の長さと互いに直交する 2 個(空間の場合は 3 個)の方向を定める必要がある．すなわち，x 軸，y 軸(および z 軸)の方向を決める必要がある(→ 座標)．この 2 つないし 3 つの原点を通る直線(すなわち x 軸，y 軸(および z 軸))のことを座標軸と呼ぶ．4 次元以上でも同様である．

座標軸が必ずしも直交しない場合も座標が定まり，これを*斜交座標という．

座標平面
coordinate plane

*座標を導入した平面のこと．$\mathbb{R}^2$ と同一視される．

座標変換
coordinate transformation

平面上の点が直交座標では (x,y)，極座標では (r,θ) と表されるとすると，この 2 つの間には，$x=r\cos\theta$, $y=r\sin\theta$ なる関係がある．このように，ある点を異なる座標で表すときに両者の 1 対 1 の関係を与える規則を座標変換と呼ぶ．

より一般には，曲面(あるいは多様体) M が 2 つの*局所座標 $\varphi_1\colon U_1\to V_1$, $\varphi_2\colon U_2\to V_2$ を持つと(U_1, U_2 は M の開集合，V_1, V_2 は $\mathbb{R}^2$ または $\mathbb{R}^n$ の開集合)，共通部分 $U_1\cap U_2$ の 2 つの表示の関係が合成
$$\varphi_2\circ\varphi_1^{-1}\colon \varphi_1(U_1\cap U_2)\to\varphi_2(U_1\cap U_2)$$
で与えられる．これを座標変換という(→多様体).

座標変換は(可微分)同相写像である．

鎖複体
chain complex

図形の境界をとるという操作を代数化するときに現れる概念で，ホモロジーのもとになる概念である.「さふくたい」と読む．

例えば図の 3 角形のホモロジーを計算するために使われる鎖複体は次のように定義される．

P_1, P_2, P_3 を頂点とする 3 角形に対して，P_i と P_j を結ぶ辺を l_{ij} と書く．3 角形そのものを σ と書く．

頂点を生成元とする自由アーベル群を $C_0=\mathbb{Z}P_1\oplus\mathbb{Z}P_2\oplus\mathbb{Z}P_3$，辺を生成元とする自由アーベル群を $C_1=\mathbb{Z}l_{12}\oplus\mathbb{Z}l_{23}\oplus\mathbb{Z}l_{31}$ とし(ただし，$l_{ij}=-l_{ji}$ とみなす)，σ を生成元とする自由アーベル群を $C_2=\mathbb{Z}\sigma$ とする．$m\neq 0,1,2$ に対しては $C_m=0$ とする．

さらに，$\partial_2\sigma=l_{12}+l_{23}+l_{31}$, $\partial_1 l_{ij}=P_j-P_i$, $\partial_0 P_i=0$ と定義する．これを線形に拡張するとアーベル群の準同型写像 $\partial_m\colon C_m\to C_{m-1}$ が定まる($m=0,1,2$)．∂_m を境界作用素と呼ぶ．境界作用素を 2 回続けてとると零写像になる，すなわち $\partial_{m-1}\circ\partial_m=0$ が成り立つ．

このように，各整数 m に対してアーベル群 C_m が定義され，アーベル群 C_m から C_{m-1} へのアーベル群の準同型写像 $\partial_m\colon C_m\to C_{m-1}$ が定義され，$\partial_{m-1}\circ\partial_m=0$ がすべての m に対して成り立つとき，$\{(C_m, \partial_m)\}_{m=0,1,2,\dots}$ を鎖複体という．$\{(C_m, \partial_m)\}_{m=0,1,2,\dots}$ をしばしば (C_*, ∂_*) と略記する．C で表すことも多い．通常は有限個の m 以外では $C_m=0$ または $m<m_0$ では常に $C_m=0$ の場合を考えることが多い．

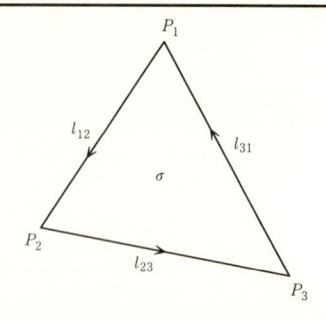

鎖複体 $C=(C_*, \partial_*)$ に対して $\mathrm{Ker}\,\partial_m$ を m 次輪体加群，$\mathrm{Im}\,\partial_{m+1}\subset C_m$ を m 次境界加群という．境界作用素は $\partial_m\circ\partial_{m+1}=0$ を満たすので m 次境界加群 $\mathrm{Im}\,\partial_{m+1}$ は m 次輪体加群 $\mathrm{Ker}\,\partial_m$ の部分アーベル群である．*剰余類群 $\mathrm{Ker}\,\partial_m/\mathrm{Im}\,\partial_{m+1}$ をこの鎖複体の m 次元ホモロジー群といい，$H_m(C)$ と記す．最初の 3 角形から作った鎖複体では $H_0(C)\cong\mathbb{Z}$, 他の次元のホモロジー群は 0 である．

図形から鎖複体を作ってその*ホモロジー群を計算することによって図形の*位相不変量を取り出すことができる．

差分
difference

h を固定した定数とするとき，
$$(\Delta x)(t) = x(t+h) - x(t)$$
を関数 $x(t)$ の差分(詳しくは前進差分)あるいは定差といい，$(\Delta x)(t)/h$ を差分商という．差分商において $h\to 0$ とした極限
$$\frac{dx}{dt}=\lim_{h\to 0}\frac{x(t+h)-x(t)}{h}$$
が微分係数である．前進差分のほか，後退差分 $x(t)-x(t-h)$, 中心差分 $x(t+h/2)-x(t-h/2)$ を考えることもある．また数列 $\{a_n\}_{n=1}^\infty$ において*階差 $b_n=a_{n+1}-a_n$ を差分ということもある．

$t^{(n)}=t(t-h)\cdots(t-(n-1)h)$ とおけば $\Delta t^{(n)}=nht^{(n-1)}$ が成り立つ．これは $(d/dt)t^n=nt^{n-1}$ の類似である．差分をとる操作 Δ を繰り返して 2 階の差分 $(\Delta^2 x)(t)=x(t+2h)-2x(t+h)+x(t)$ や，さらに高階の差分 $(\Delta^n x)(t)$ が定義できる．

差分と微分は形式的に並行した側面を持っているが，他方，

(1) $(d/dt)x(t)$ は $x(t)$ の 1 点の近傍の値だけで決まるのに対し $(\Delta x)(t)$ はそのような「局所性」を持たない

(2) $(d/dt)x=0$ の解は定数に限るが，$(\Delta x)(t)=0$ の解は周期 h の任意関数である

など本質的な違いもある．

差分商　difference quotient, divided difference　⇒ 差分

差分方程式
difference equation

h を固定した定数とするとき，関数 $x(t)$ に対する

$$F(x(t), x(t+h), x(t+2h), \cdots) = 0$$

の形の関係式を差分方程式という．例えば，ガンマ関数 $\Gamma(t)$ は差分方程式 $\Gamma(t+1)-t\Gamma(t)=0$ の解である．t を固定して $u_n=x(t+nh)$ とおけば差分方程式は $u_n, u_{n+1}, u_{n+2}, \cdots$ の間の*漸化式になる．⇒ 線形差分方程式

作用（群の）
action

A, B を $n \times n$ 可逆行列，v を n 次列ベクトルとすると，$A(Bv)=(AB)v$ が成り立ち，単位行列 I に対しては $Iv=v$ が成立する．これを $n \times n$ 可逆行列のなす群 $GL(n, \mathbb{R})$ が n 次列ベクトルのなす空間 $\mathbb{R}^n$ に作用するという．

このことを次のように一般化することができる．*群 G と*集合 X に対して，写像 $G \times X \to X$ が与えられているとする．(g, x) の像を $g \cdot x$ と記す．$g_1, g_2 \in G$, $x \in X$ に対して，$g_1 \cdot (g_2 \cdot x)=(g_1 g_2) \cdot x$, $e \cdot x=x$ （e は G の単位元），が成り立つとき，群 G は X に作用するという．

点 $x \in X$ に対して，$G_x=\{g \mid g \cdot x=x\}$ は G の部分群になる．これを点 x の*固定部分群という．また $G \cdot x=\{g \cdot x \mid g \in G\}$ を点 x を含む G の*軌道という．

集合 X に G が作用するとき，X の上の関係 $\sim$ を，$x \sim y \iff y=g \cdot x$ なる元 $g \in G$ が存在する，と定義すると，$\sim$ は*同値関係になる．この同値関係による*商集合を $G \backslash X$ と記す（X/G と記すことも多い）．$G \backslash X$ は*軌道空間と同一視できる．

なお，群 G と集合 X に対して写像 $X \times G \to X$ が与えられていて (x, g) が写される先を $x \cdot g$ と書いて $x \cdot (g_1 g_2)=(x \cdot g_1) \cdot g_2$ が成り立つとき，群 G は X に右から作用する，あるいは G は X への右作用を持つという．

これに対して $(g_1 g_2) \cdot x=g_1 \cdot (g_2 \cdot x)$ が成り立つ作用のことを，左作用ともいう．

右作用に対しても軌道が同様に定義され，商集合が定まる．X への G の右作用から定まる商集合は X/G と記す．

作用（力学での）　action　＝作用量

作用積分　action integral　＝作用量

作用素
operator

微分作用素や積分作用素を含む抽象概念．抽象ベクトル空間あるいは*関数空間などの*無限次元空間における*写像のことである．非線形のものを指すこともあるが，とくに*関数解析的な場面，すなわち線形代数的な着眼点から位相を考慮して解析するニュアンスが強い場合にこの言葉を用いることが多い．例えば，「バナッハ空間上の有界線形作用素」，「微分・積分作用素の固有関数展開」，「非線形作用素の写像度」などの使い方をする．

応用的な場面で，その代数的な側面に着目すると解法が得られる状況のときは，*演算子ということが多い．

作用素環
operator algebra

無限サイズの行列のなす環のこと．無限次元のベクトル空間では位相が大切であるから，その上の線形写像（行列）の環も，連続な線形写像からなるものを考える．すなわち，ヒルベルト空間 H の間の有界線形作用素 $T: H \to H$ の全体 $\mathfrak{B}(H)$ の*部分環を作用素環という．

通常は，$\mathfrak{B}(H)$ に位相を考え，この位相に関して*閉集合である部分環を考える．さらに，$\mathfrak{B}(H)$ は*随伴（共役）作用素を取る演算 $T \mapsto T^*$ をもつが，この演算に関して閉じた部分環を作用素環ということがある．⇒ C^* 環

作用素の半群
semigroup of operators

線形空間の線形変換の族 $\{T_t\}$ ($t \geq 0$) で，$T_s T_t=T_{s+t}, T_0=I$（I は恒等作用素）を満たすものを作用素の半群という．通常，線形空間としてはヒルベルト空間やバナッハ空間を考え，連続（有界）な線形変換を考える．

行列の指数関数との類似から，

$$A = \lim_{t\downarrow 0}\frac{1}{t}(T_t - I)$$

を考え，$T_t = \exp(tA)$ と考えたいところだが，一般には右辺の極限は存在せず，また何らかの意味で極限が考えられても，A は有界作用素になるとは限らない．→ ヒレ-吉田の定理

作用素ノルム
operator norm

*ノルム空間の間の*線形写像（作用素）$T: X \to Y$ に対して，

$$\|T\| = \sup_{x\in X,\ x\neq 0}\frac{\|Tx\|_Y}{\|x\|_X}$$

とおく．ここで，$\|\cdot\|_X, \|\cdot\|_Y$ は，それぞれ空間 X, Y のノルムとする．T が連続であるための必要十分条件は，$\|T\| < \infty$ となることである．$\|T\|$ を，T の作用素ノルムという．

X から Y への連続な線形写像全体 $\mathfrak{B}(X, Y)$ は，作用素ノルムに関してノルム空間になる．さらに，Y が*バナッハ空間であるときは，このノルムに関して $\mathfrak{B}(X, Y)$ もバナッハ空間である．特に $X = Y$ のときは，作用素 $T, S \in \mathfrak{B}(X, X)$ の積（合成）TS に関して不等式 $\|TS\| \leq \|T\|\|S\|$ が成り立つ．

作用量
action

*解析力学の用語で，滑らかな曲線 $C: x = x(t)$ $(a \leq t \leq b)$ に対して $\int_a^b L(\dot{x}(t), x(t))dt$ の形で与えられた*汎関数のことである（上の式で $\dot{x} = dx/dt$）．作用量積分，作用積分，作用などともいう．被積分関数 L をラグランジュ関数またはラグランジアンという．位置エネルギー $U(x_1, x_2, x_3)$ が定める力のもとで運動する質点の場合には

$$\int_a^b \left(\frac{m}{2}(\dot{x}_1^2 + \dot{x}_2^2 + \dot{x}_3^2) - U(x_1, x_2, x_3)\right)dt$$

である．→ ラグランジアン，最小作用の原理，ラグランジュ形式（力学の）

作用量積分　action integral　＝作用量

ザリスキー位相
Zariski topology

複素数体上の*代数多様体には，複素数の位相を用いて位相が定まる．それ以外の体，例えば有限体上の代数多様体にも位相を定義し，より幾何学的に研究することが可能である．そのとき用いられる位相がザリスキー位相である．代数多様体の上の*層を定義するにはザリスキー位相を用いる．アフィン代数多様体 V の座標環を R とするとき，R のイデアル J から定まる V に含まれる*代数的集合を V の閉集合と考えることによって位相を入れることができる．これをアフィン代数多様体のザリスキー位相という．一般の代数多様体 V はアフィン代数多様体の貼り合わせと考えることができるので，アフィン代数多様体のザリスキー位相から V のザリスキー位相を定めることができる．ザリスキー位相は*ハウスドルフ位相ではない．→ 射影多様体，代数多様体

散逸性
dissipativity

物理学の用語としては，熱平衡の対極にあるもので，摩擦を伴う力学などのように，力学的なエネルギー等が熱に変わり失われていく不可逆過程を散逸的という．数学では，エネルギーや測度などが減少する方程式，確率過程，力学系などについて，保存的に対比して，散逸的という言葉を使う．

3 角関数
trigonometric function

直角 3 角形の頂点の角度を使って辺の長さの比を表すのが*3 角比である．これらを角度の関数と考えたものが 3 角関数である．原点を O とする座標平面において，単位円周上の点 $P = (x, y)$ をとる．正の x 軸と直線 OP とのなす角を*弧度法で測ったものを θ $(0 \leq \theta < 2\pi)$ とするとき，余弦関数，正弦関数，正接関数はそれぞれ

$$x = \cos\theta,\quad y = \sin\theta,\quad \tan\theta = \frac{\sin\theta}{\cos\theta}$$

で定義される．*一般角の考え方を用いてこれらの関数を任意の実数 θ に広げて考えたものを，3 角関数という．

3 角関数は次の*周期性を持つ．
$\sin(\theta + 2\pi) = \sin\theta,\ \cos(\theta + 2\pi) = \cos\theta,$
$\tan(\theta + \pi) = \tan\theta.$
さらに 3 角関数について加法定理が成り立つ（→加法定理（3 角関数の））．

極限公式
$$\lim_{\theta \to 0}\frac{\sin\theta}{\theta} = 1$$

は最も基本的なものである．この公式から 3 角関数の*微分公式 $(d/d\theta)\sin\theta = \cos\theta,\ (d/d\theta)\cos\theta = -\sin\theta$ が得られる．

3角関数は*指数関数，*対数関数とともに，*多項式や*分数式，*無理式では表されない関数の代表的な例である(→ 初等関数).

フーリエに始まるフーリエ級数は，任意の周期関数を3角関数の無限和で表すもので，解析学の基本的な手段である(→ フーリエ級数).

3角関数は複素数を変数とする関数にも拡張することができる(→ オイラーの公式).

3角級数　trigonometric series　⇒ フーリエ級数

3角行列
triangular matrix
上または下3角行列のことをいう．⇒ 上(下)3角行列，LU分解

3角形分割　triangulation　= 単体分割

3角数
triangular number
初項1，公差1の*等差数列のn項までの和$n(n+1)/2$をn番目の3角数という．これは石を図のように3角形の形に並べたときの和となる．

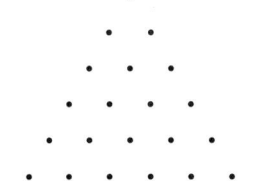

3角多項式
trigonometric polynomial
フーリエ級数が有限和である場合で，$a_0 + a_1 \cos x + b_1 \sin x + a_2 \cos 2x + b_2 \sin 2x + \cdots + a_n \cos nx + b_n \sin nx$，あるいは$\sum_{k=-n}^{n} c_k e^{ikx}$の形の関数のことをいう．後者の形で見れば，$e^{ix}$と$e^{-ix}$の多項式である．

周期2πの任意の連続関数は3角多項式によって一様に近似できることが知られている．⇒ フーリエ級数，ワイエルシュトラスの多項式近似定理

3角比
trigonometric ratio
正弦(サイン，sin)，余弦(コサイン，cos)およびそれらから導かれる，正接(タンジェント，tan)，正割(セカント，sec)，余割(コセカント，cosec)，余接(コタンジェント，cot)の総称である．直角3角形ABCで角BCAが直角，角ABCがθ，辺AB, BC, CAの長さがそれぞれc, a, bのとき，$\sin\theta = b/c$，$\cos\theta = a/c$，$\tan\theta = b/a$，$\sec\theta = c/a$，$\mathrm{cosec}\,\theta = c/b$，$\cot\theta = a/b$である(図)．

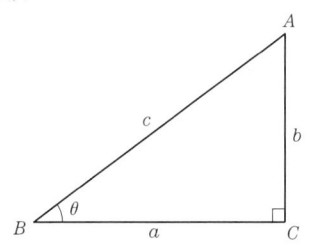

3角比を用いることで，3角形の内角，辺，面積などの間の関係を調べることができる(→ 3角法)．
⇒ 3角関数

3角不等式
triangle inequality
3角形ABCの辺の長さに関する不等式$AB < BC + CA$のことをいう．平面(空間)の中の一般の点A, B, Cに対しては$AB \leq BC + CA$が成り立ち，等号はCが線分AB上にあるときのみ成立する．

ユークリッドの『原論』においては，3角不等式は平行線の公理(第5公準)を使わずに導かれる定理である．また，2点を結ぶ曲線のなかで，直線が最短線を与えることを意味する定理である．

*距離の公理の1つである，不等式$d(x,z) \leq d(x,y) + d(y,z)$は，上の3角不等式を抽象化したものである．ヒルベルトは，この3角不等式を公理系の中心に据えた幾何学の研究を提案した(→ ヒルベルトの問題)．

3角法
trigonometry
*3角比を用いて図形を調べること．3角形の3辺の長さ，2辺の長さとその挟む角の大きさ，1辺の長さとその両側の角の大きさ，のどれかが与えられたとき，残りの辺の長さ，角の大きさを計算する方法(3角形の解法)などがその例である．

3項漸化式
three-term recurrence
数列$\{u_n\}$に対して$u_n = au_{n-1} + bu_{n-2}$ (a, b

は定数)の形の関係式を3項漸化式という.

例えば，*フィボナッチ数列は3項漸化式 $u_n=u_{n-1}+u_{n-2}$ から決まる数列である．このような数列の一般項は，2次方程式 $z^2=az+b$ の2根を α,β として，$u_n=A\alpha^n+B\beta^n$ (A,B は定数)となる．ただし，重根の場合は，$u_n=(A+Bn)\alpha^n$ となる．

u_n がベクトル値の場合や係数 a,b が n に依存する場合を考えることもある．*直交多項式は一般に3項漸化式を満たす．

3次曲線
cubic curve

複素射影平面 $P^2(\mathbb{C})$ 内で3次斉次式の零点 $F(x_0,x_1,x_2)=0$ で定義される代数曲線 C を3次曲線という．3次曲線 C が特異点を持たないときは射影変換によって標準形

$$x_0x_2^2-4x_1^3+g_2x_0^2x_1+g_3x_0^3=0 \quad (*)$$

に直すことができる．ここで $g_2^3-27g_3^2 \neq 0$ が成り立つ(すなわち(*)で定義される代数曲線が特異点を持たないための必要十分条件は $g_2^3-27g_3^2 \neq 0$ が成り立つことである)．非特異3次曲線には*アーベル群の構造を導入することができ，*楕円曲線になる．上記の標準形では無限遠点 $(0:0:1)$ が群の零元 0 になり，直線と3次曲線との交点を P_1, P_2, P_3 とすると $P_1+P_2+P_3=0$ となる．また，$P=(a_0:a_1:a_2)$ がこの非特異3次曲線の点であれば P の逆元 $-P$ は点 $(a_0:a_1:-a_2)$ で与えられる．一般の体の場合にも類似の理論が展開できる．
→ 楕円曲線

3次元空間
3-dimensional space

座標 x,y,z で表される自由度3のユークリッド空間のこと．

3次元多様体
3-dimensional manifold

曲面は*オイラー数と向きづけ可能性で，同相の意味で分類される(→ 曲面の位相幾何)．これは*ポアンカレが位相幾何学を創始する以前，19世紀に実質的には知られていた．3次元の場合へのその一般化は，位相幾何学の誕生とともにポアンカレによって問題とされた．2つの曲面が互いに同相であるかどうかは，*ホモロジー群によって判定できる．しかし，ホモロジー群が3次元球面と同じでも，3次元球面と同相でない3次元多様体が知られている(ポアンカレ球面)．より強く基本群が3次元球面と同じであるとすると，そのような多様体がすべて3次元球面と同相であることが，21世紀になって，ペレルマンによって証明されている．→ ポアンカレ予想

3次と4次の方程式の解法発見の歴史

3次と4次の代数方程式の解法に関しては，その発見について少々複雑なドラマがあるので年表風に簡単に解説する．なお，以下の出来事以前にアラビアの*オマル・ハイヤームが2次曲線の交点を使って3次方程式の正の根を幾何学的に表示していた．その成果を受けて3次方程式を代数的にどのように解くかが15世紀末から16世紀にかけてイタリア人の間で考えられ解決された．

登場人物 (すべてイタリア人)

シピオーネ・デル・フェッロ(Scipione del Ferro)(1465頃-1520)　ボローニャ大学教授

アントニオ・マリア・フィオーレ(Antonio Maria Fiore)　デル・フェッロの弟子

ジロラモ・*カルダノ(Girolamo Cardano)(1501-76)　ボローニャ大学教授

ニッコロ・タルターリャ(Niccolo Tartaglia)(1500頃-57)

ルドビコ・フェラーリ(Ludovico Ferrari)(1522-65)　カルダノの弟子

1514年以前　デル・フェッロによる $x^3+ax=b$ の解法の発見．ただし，その解法を公にせず，1520年に世を去る．

1514年(あるいは1515年)　デル・フェッロの弟子フィオーレがデル・フェッロから解法を教わる．

1535年　タルターリャが $x^3+ax^2=b$ の解法を発見したことを公表．これを聞いたフィオーレがタルターリャに数学試合を申し込む．実際には，そのときタルターリャは $x^3+ax^2=b$ の不完全な解法しか持っていなかったが，試合期間(50日)の最終日の10日前に完全な解法を発見，その翌日 $x^3=ax+b$ の解法も発見した．その結果，タルターリャの勝利となる．しかし，その解法を公にすることは拒んだ．

1539年　カルダノがタルターリャの解法を執拗に知りたがり，他には決して漏らさないという誓約の下でタルターリャの方法を伝授された．

1541年　タルターリャが一般の3次方程式の解法を得た．

1545年以前　カルダノの弟子フェラーリが4

次方程式の解法を発見.

1545 年 カルダノが『*アルス・マグナ』を出版.フェラーリによる 4 次方程式の解法も載せられた.その中でタルターリャへの誓約を破って 3 次方程式の解法を公にした.タルターリャが激怒し,カルダノの背信行為を責める.

1547 年 カルダノに代わって,フェラーリがタルターリャと論争.両者の間で数学試合が行われるが引き分け.

3 次方程式

cubic equation

$a_0 x^3 + a_1 x^2 + a_2 x + a_3 = 0$ $(a_0 \neq 0)$ を 3 次方程式という.解法(カルダノの公式)については,*3 次方程式の根の公式を参照.

解法発見にまつわる経緯については,*3 次と 4 次の方程式の解法発見の歴史の項を参照.

3 次方程式の根の公式

formula giving roots of cubic equation

カルダノの公式と呼ばれる.まず,一般の 3 次方程式
$$ax^3 + bx^2 + cx + d = 0$$
において,両辺を a で割り,未知数 $x = X - b/3a$ とおくことにより,2 次の項がない 3 次方程式
$$X^3 + 3pX + q = 0 \qquad (1)$$
を得る.この方程式に対する根の公式を求めればよい.$p=0$ なら根は,$-q$ のすべての 3 乗根である.以下 $p \neq 0$ とする.A を $q^2 + 4p^3$ の 1 つの平方根,B を $(-q+A)/2$ の 1 つの 3 乗根,$C = -p/B$ とおく($p \neq 0$ と仮定したので,$B \neq 0$ であり,p/B がとれる).$\omega = (-1+\sqrt{3}i)/2$ とするとき,(1) の 3 つの根は,
$$B+C, \quad \omega B + \omega^2 C, \quad \omega^2 B + \omega C$$
である.

例 $X^3 + 6X + 2 = 0$ は次のように解かれる.この場合 $p=q=2$.A として $2^2 + 4 \cdot 2^3 = 36$ の平方根 6 がとれ,B として,$(-2+6)/2 = 2$ の 3 乗根 $\sqrt[3]{2}$ がとれ,$C = -2/\sqrt[3]{2} = -\sqrt[3]{4}$.よって 3 根は,
$$\sqrt[3]{2} - \sqrt[3]{4}, \; \omega\sqrt[3]{2} - \omega^2\sqrt[3]{4}, \; \omega^2\sqrt[3]{2} - \omega\sqrt[3]{4}.$$

上に述べた (1) の根の公式の導き方を説明する.次の因数分解を使う.
$$\begin{aligned}X^3 - Y^3 - Z^3 - 3XYZ &= (X-Y-Z) \\ \times (X - \omega Y - \omega^2 Z)&(X - \omega^2 Y - \omega Z) \end{aligned} \quad (2)$$
Y, Z として
$$Y^3 + Z^3 = -q, \quad YZ = -p \qquad (3)$$

を満たすものを取れば,(1) は (2) の右辺の形になるから,根は
$$Y+Z, \quad \omega Y + \omega^2 Z, \quad \omega^2 Y + \omega Z$$
により与えられる.一方,(3) により,Y^3, Z^3 は 2 次方程式
$$t^2 + qt - p^3 = 0$$
の根であるから,
$$Y^3 = \frac{-q \pm \sqrt{q^2 + 4p^3}}{2}.$$
根の公式はこれから導かれる. → 3 次と 4 次の方程式の解法発見の歴史

3 重積(ベクトルの)

triple product

3 次元のベクトルが 3 つ与えられたとし,それらを縦ベクトルで表し $\boldsymbol{V}_1, \boldsymbol{V}_2, \boldsymbol{V}_3$ とする.これらを横に並べると 3×3 行列 $[\boldsymbol{V}_1, \boldsymbol{V}_2, \boldsymbol{V}_3]$ ができる.その行列式 $\det[\boldsymbol{V}_1, \boldsymbol{V}_2, \boldsymbol{V}_3]$ のことを 3 重積または,スカラー 3 重積と呼ぶ.*内積・と*外積 $\times$ を用いると,
$$\det[\boldsymbol{V}_1, \boldsymbol{V}_2, \boldsymbol{V}_3] = \boldsymbol{V}_1 \cdot (\boldsymbol{V}_2 \times \boldsymbol{V}_3)$$
が成り立つ.

3 重対角行列　tridiagonal matrix → ヤコビ行列

算術幾何平均

arithmetic-geometric mean

$a > b > 0$ に対し $a_0 = a, b_0 = b, a_{n+1} = (a_n + b_n)/2, b_{n+1} = \sqrt{a_n b_n}$ $(n \geq 0)$ と定めると $0 < b_0 < b_1 < \cdots < b_n < \cdots < a_n < \cdots < a_1 < a_0$ が成り立ち,$\{a_n\}_{n=0}^{\infty}, \{b_n\}_{n=0}^{\infty}$ は共通の極限値に急速に収束する.この極限を $M(a,b)$ で表し,a,b の算術幾何平均という.

ガウスは等式
$$\frac{\pi}{2M(a,b)} = \int_0^{\pi/2} \frac{d\varphi}{\sqrt{a^2 \cos^2\varphi + b^2 \sin^2\varphi}}$$
$$(*)$$
が成り立つことを発見し,これを 1 つの契機として楕円関数・モジュラー関数に到達した.ガウスの等式を示すだけならば次のランデン (Landen) 変換を使えば容易である.(*) の右辺を $I(a,b)$ とする.
$$\sin\varphi = \frac{2a \sin\phi}{a+b+(a-b)\sin^2\phi}$$
とおいて積分変数を φ から ϕ へ変換すると
$$\frac{d\varphi}{\sqrt{a^2 \cos^2\varphi + b^2 \sin^2\varphi}}$$

$$= \frac{d\phi}{\sqrt{a_1^2\cos^2\phi + b_1^2\sin^2\phi}}$$

となるから $I(a_0,b_0)=I(a_1,b_1)$ となる．これをくり返せば

$$I(a,b) = I(a_n, b_n)$$
$$= \lim_{n\to\infty} I(a_n, b_n)$$
$$= I(M, M) = \frac{\pi}{2M}$$

を得る．

算術級数定理(ディリクレの)
arithmetic progression theorem

a, n を互いに素な自然数とする．このとき，等差数列

$$a, a+n, a+2n, \cdots, a+kn, \cdots$$

の中に素数が無限個存在する．これをディリクレの算術級数定理という．これは，ユークリッドの『原論』において証明された「素数は無限個存在する」ことの精密化である．ディリクレは，この定理を証明するのに，ゼータ関数の一般化である*L関数の概念を使ったが，そのアイデアの原型はオイラーによる無限個の素数の存在証明にある．

算術平均　arithmetic mean　→ 相加平均，平均

3乗根
cubic root

3乗して a となる数を a の3乗根という．a が実数のときには a の実数の3乗根はただ1つあり，それを通常は $\sqrt[3]{a}$ と記す．0でない複素数の3乗根は，複素数の範囲では3個ある．→ 複素数

3垂線の定理
theorem of three perpendiculars

平面への垂線を直線への3垂線で述べた立体幾何の基本的な定理．平面 α 外の点 P から α 上の直線 m に下ろした垂線の足を Q，α 上で点 Q において引いた m への垂線を n とすると，点 P から平面 α への垂線 ℓ は点 P から n へ下ろした垂線と一致する．

3体問題
three-body problem

地球は太陽から重力を受けて太陽の周りを回るが，他の惑星，例えば木星の重力の影響も受ける．地球，太陽，木星のような，3つの星が重力で引き合いながら運動するとき，その運動を決定する問題のことを3体問題という．2つの星，例えば地球と太陽だけがあるときは，2体問題と呼ばれ，*ニュートンによってすでに解かれていた(→ ケプラーの法則)．2体問題に比べると3体問題ははるかに難しい問題で，多くの数学者の長年の努力にかかわらず未解決である．

一般には3体問題の解は大域的には解析関数で表すことはできない．このことは，*ポアンカレとブルンス(H. Bruns)によって19世紀後半に示され，微分方程式の解を具体的に求めることなく，その定性的な性質を調べる研究(力学系の大域的研究)が生まれるきっかけとなった．

3段論法
syllogism

3段階を経て結論や判断を出す推論の仕方で通常次の3つに分類される．

定言3段論法 「A ならば B である．B ならば C である．よって A ならば C である．」

仮言3段論法 「A である．A ならば B である．よって B である．」

選言3段論法 「A は B か C である．A は B ではない．よって A は C である．」

散発的単純群
sporadic simple group

有限単純群の中で，無限個の系列を作る群以外に26個の単純群が存在する．それらを散発的単純群，あるいは散在型単純群という．そのうち位数が最大のものは*モンスターという愛称を持つ．→ 単純群

3平方の定理　theorem of three squares　= ピタゴラスの定理

算法　algorithm　→ アルゴリズム

散乱理論
scattering theory

光や波などは，ある方向から入射すると，物体により散乱される．このとき，観測される散乱データを集めれば，散乱させた物体の性質(ポテンシャル)がわかる．この機構を*シュレーディンガー方程式などに基づいて数学的に解明する理論を散乱理論という．散乱のされ方を調べることを散乱問題，逆に散乱データからポテンシャルなどを決定する問題を逆散乱問題(→ 逆散乱法)という．

ジェット
jet

関数 f を 1 点 p で考えるのに,f の p での値 $f(p)$ だけでなく,f の p での微分の値 $(\partial f/\partial x_i)(p)$ やさらには高階の微分の値まで含めて,f の p での値の一般化のように考えるのが便利なことがある.これを f の p でのジェットと呼ぶ.

より正確に述べると,$\mathbb{R}^n$ の開集合で定義された関数 f の,p での k 階のジェットとは,f の p での k 階までの偏導関数を合わせたもの

$$\left(\frac{\partial^l f}{\partial x_{i_1}\cdots \partial x_{i_l}}(p);\ l=0,1,\cdots,k,\ 1\leqq i_j\leqq n\right)$$

である.多様体 M 上で定義された関数の場合には,合成関数の微分法則で高階偏導関数の座標変換による変換性が定まるので,それと同じ変換性を持つ量を各点 p で考えたものをジェット束という.ジェット束は M 上の*ベクトル束になる.M 上の関数に対して,そのジェットがジェット束の*切断として定まる.

ジェネラル・ナンセンス
general nonsense

数学の学問としての性格上,ある数学理論を構築するときに,矛盾さえ生じなければ他には何ら制限を受けることはない.しかし,それが数学として広く受け入れられるには,少なくとも,「動機づけが自然なこと」,「豊富な例を含むこと」,「審美眼に耐えること」が必要である.例えば,これらの条件を満たさず,ただ既知の理論を「一般化」したというだけというときには,その理論をジェネラル・ナンセンスであるという.「意味深い数学を始める前の形式的枠組」という,必ずしも否定的でない意味で使われることもある.

ジェネリック
generic

生成的,一般の,などと訳されるが,訳語は確定していない.生成的と一般のでは,多少ニュアンスが異なる(→ 生成的).

例えば,n 次の代数方程式 $x^n+a_1x^{n-1}+\cdots+a_n=0$ は,ほとんどすべての $a_1,\cdots,a_n$ に対して,複素数の範囲で,n 個の互いに異なる根を持つ.しかし,例外的な場合には重根を持ち,その結果,異なる根の数は n より小さくなる.このことを,「ジェネリックな(一般の)n 次方程式は相異なる n 根を持つ」と表現する.

この例のように,数学的な対象 X が,「まれにしか起こらない例外的な場合を除いて」ある性質 P を持つとき,「ジェネリックな X は P を持つ」という.「まれにしか起こらない例外的な場合」が正確には何を指すのかは,状況によって異なる.すなわち,「ジェネリックな」という言葉の厳密な数学的定義は,種々の状況で異なったものが採用される.

代数学,代数幾何学においては,数の組 $a=(a_1,\cdots,a_n)$ に対して対象 X_a が定まっているとき,有限個の恒等式ではない式(多項式)$Q_i(a_1,\cdots,a_n)=0\ (i=1,\cdots,k)$ を満たす場合を除いて P が満たされるとき,「ジェネリックな X_a は性質 P を持つ」という.例えば,n 次の代数方程式 $x^n+a_1x^{n-1}+\cdots+a_n=0$ は判別式 $D(a_1,\cdots,a_n)$ が 0 でなければ,n 個の根を持つ.

別の状況では,距離空間 $(\mathfrak{X},d)$ の点 a に対して対象 X_a が定まっているとき,「$\mathfrak{X}$ の可算個の稠密な開集合 U_i があって,X_a に対応する a がどの U_i にも含まれるとき,X_a に対して P が成り立つ」という性質を,「ジェネリックな X_a は性質 P を持つ」という.このとき,*ベールのカテゴリー定理により,X_a に対して P が成り立つような a は,$\mathfrak{X}$ で稠密である.このような用語法は,微分可能力学系,特異点などの研究によく現れる.

例えば,空間内のジェネリックな 2 つの曲線は交わらない.また,空間内のジェネリックな 2 つの曲面 Σ_1,Σ_2 に対して,その交わり $\Sigma_1\cap\Sigma_2$ は,曲線である(→ 横断的,一般の位置(図形の間の)).

*連続体仮説と*選択公理の*独立性の証明のためにコーエン(J. S. Cohen)が編み出した強制法(forcing)においても,ジェネリックという概念が重要な役割を果たす.

j 不変量
j-invariant

*楕円曲線
$$y^2 = 4x^3 - g_2x - g_3$$
$$(g_2,g_3\in\mathbb{C},\ g_2^3-27g_3^2\neq 0)$$
に対して

$$j = \frac{g_2^3}{g_2^3 - 27g_3^2}$$

をこの楕円曲線の j 不変量という.j 不変量が等しい楕円曲線は*同型であり,逆に同型な楕円曲線は同じ j 不変量を持つ.例えば $j=0$ である楕円曲線は $y^2 = x^3 - 1$ と同型である.

楕円曲線を 1 次元*複素トーラス $\mathbb{C}/(\mathbb{Z}+\mathbb{Z}\tau)$($\tau$ は*上半平面に属する複素数)と見るときは,j は τ の関数とみなせ,上半平面上の*正則関数となる.このとき,

$$j\left(\frac{a\tau+b}{c\tau+d}\right) = j(\tau)$$

がすべての $\begin{bmatrix} a & b \\ c & d \end{bmatrix} \in SL(2, \mathbb{Z})$ に対して成立する.$j(\tau)$ は保型関数であり,*楕円モジュラー関数と呼ばれる.

シェルピンスキーの鏃
Sierpiński gasket

フラクタル図形の代表例の 1 つである.正 3 角形を 1 辺の長さが半分の 4 つの小正 3 角形に分け,中央の(もとの正 3 角形の辺の中点を 3 頂点とする)小正 3 角形の内部を取り除く.次に,残りの小正 3 角形のそれぞれに同じ操作を施す.このような操作を無限回繰り返して得られる図形をシェルピンスキーの鏃(やじり)という.フラクタルの一種でそのハウスドルフ次元は $\log 3/\log 2$ である.この図形およびその上での解析学,確率論が現在活発に研究されている.

シェーンフリスの定理
Schoenflies' theorem

平面上に自分自身と交わらない閉曲線 L を考えると,L が囲む図形は*円板と*同相になる.これをシェーンフリスの定理という.シェーンフリスの定理の高次元化が研究されている.⇒ ジョルダンの閉曲線定理

4 角数
quadrangular number

平方数のこと.これは図のように正方形に左隅から石を敷き詰めていったときの石の総和に等しい(n 番目の 4 角数は n^2 となる).

時間的 time-like ⇒ 空間的

磁気単極子 magnetic monopole = モノポール

軸性ベクトル axial vector = 擬ベクトル

σ 加法族 σ-additive family = 可算加法族

σ コンパクト
σ-compact

たかだか可算個のコンパクト部分集合の和集合として表される位相空間を σ コンパクトという.$\mathbb{R}^n, \mathbb{C}^n$ は σ コンパクトであり,可分なヒルベルト空間(例えば $L^2(\mathbb{R})$)は*弱位相で考えれば σ コンパクトだが,$\mathbb{R}$ の非可算無限個の直積は σ コンパクトではない.⇒ パラコンパクト

σ 有限測度
σ-finite measure

例えば $\mathbb{R} = \bigcup_{k=1}^{\infty} [-k, k]$ のように,一般に測度 μ の定義された空間 X について,有限の測度を持つ可測部分集合の可算個の族 $\{X_k\}$($k=1, 2, \cdots$)で X を覆うことができるとき,μ を σ 有限測度,(X, μ) を σ 有限測度空間という.$\mathbb{R}^n$ 上のルベーグ測度は σ 有限測度である.

時系列
time series

観測値などを時間の順序に従って並べた系列で,通常は定常確率過程の見本過程と考えたものをいう.時系列の性質を,定常確率過程の推定あるいは検定により解析する諸手法は時系列解析と総称される.時系列解析では,時系列 X_t

($t=1, 2, \cdots, T$) に対して(平均を 0 とする), 時差 h の系列相関係数(serial correlation coefficient) $\widetilde{R}_h = 1/(T-|h|) \sum_{t=1}^{T-|h|} X_t X_{t+h}$ を用いて, 定常過程の自己相関 $R_h = E[X_t X_{t+h}]$ を推定したり, ピリオドグラム(periodogram)と呼ばれる量 $I_T(\lambda) = (1/T) \left| \sum_{t=1}^{T} X_t \exp(-i\lambda t) \right|^2$ を用いて, 周期性の判定やスペクトルの推測などを行う. なお, 電気工学などではピリオドグラムが観測量であり, パワー・スペクトル(power spectrum)と呼ばれる.

C^k 級
C^k-class

開区間 (a, b) 上で定義された実数値関数 $f(x)$ が k 階までの導関数を持ち, それらが (a, b) 上で連続であるとき, C^k 級の関数であるという. さらに, 任意の k に対して, $f(x)$ が C^k 級関数であるとき, f は C^∞ 級関数という. このことを単に滑らかな関数であるということもある. また, f が実解析関数であるとき, C^ω 級関数であるという.

多変数関数についても, k 階までのすべての偏導関数が存在し, それらが連続であるとき C^k 級関数といい, 任意の k に対して C^k 級関数であるとき, C^∞ 級関数あるいは滑らかな関数であるという.

$\mathbb{R}^n$ の閉領域 D 上で定義された関数 f については, f が D を含む開集合 U 上の C^k 級関数の制限となっているとき, D 上で C^k 級であるという.

*多様体上の関数が C^k 級であることは, 座標系を用いて定義される(→ 多様体).

*ベクトル値関数(あるいは $\mathbb{R}^n$ への写像)が C^k 級であるとは, 各成分が C^k 級であることをいう. 多様体への写像の場合は多様体を参照のこと.

次元
dimension

1 点は 0 次元, 直線は 1 次元, 平面は 2 次元である. これは数直線上の点が 1 つの実数で表され, 平面上の点が 2 つの実数の組 (x, y) による*座標をもつことによる. 一般に, その上の点を表すのに n 個の数が必要であるとき, その図形の次元は n である. これを正確にした次元の概念は, さまざまな数学的対象に対してさまざまになされている.

次元(位相空間の)
dimension

多様体とは限らない位相空間 X の次元を定義するにはいろいろな方法がある. 単に次元というと*被覆次元を指すことが多い. また, 次のようにして帰納的に定義される次元の概念もある.

(ア) 小さい帰納的次元

X の次元が -1 ならば X は空集合であると定める. $n-1$ 次元以下ということの定義がなされたとして, X の次元が n 以下であるとは, X の任意の点についてそれを含むいくらでも小さい近傍 U で, U の*境界の次元が $n-1$ 以下になるものが存在することであると定義する. X の次元が n 以下であって, $n-1$ 以下ではないとき, X の小さい帰納的次元は n であると定義する.

(イ) 大きな帰納的次元

X の次元が -1 ならば X は空集合であると定める. $n-1$ 次元以下ということの定義がなされたとして, X の次元が n 以下であるとは, $F \subset G$ である X の任意の閉集合 F と開集合 G に対し, U の境界の次元が $n-1$ 以下で $F \subset U \subset G$ を満たす開集合 U が存在することであると定義する. X の次元が n 以下であって, $n-1$ 以下でないとき, X の大きな帰納的次元は n であると定義する.

次元(可換環の)　dimension ⇒ クルル次元

次元(距離空間の)　dimension ⇒ ハウスドルフ次元

次元(線形(ベクトル)空間の)
dimension

線形(ベクトル)空間 V の次元とは, V に含まれる線形(1 次)独立なベクトルの数の最大値をいう. 互いに線形独立な無限個のベクトルが存在するときは, 線形空間は無限次元であるという. $F = \mathbb{R}, \mathbb{C}$, あるいは一般の体とするとき, F 上の n 次元(n は有限)線形空間は, F^n すなわち F の元 n 個の組のなす線形空間と同型である.

V の部分集合 $v_1, \cdots, v_n$ について
(1) $v_1, \cdots, v_n$ は線形独立である
(2) どの $v \in V$ に対しても, $v, v_1, \cdots, v_n$ は線形独立でない

となるものがあると, V の次元は n である. $\{v_1, \cdots, v_n\}$, $\{v'_1, \cdots, v'_m\}$ がともに(1), (2)を満た

すとき，$n=m$ である．また(1),(2)が満たされれば，$v_1,\cdots,v_n$ は V の基底である． → 基底

次元(多様体の)
dimension

多様体 M の各点 p の近傍はある n に対する $\mathbb{R}^n$ の開集合と同相である．この n が多様体の次元である．曲線の次元は 1, 曲面の次元は 2 である．多様体が連結でないときは，連結成分ごとに次元が決まる．複素多様体の場合には，各点の近傍はある n に対する $\mathbb{C}^n$ の開集合と同相である．この n を複素次元という．

次元(物理次元の)
dimension, physical dimension

物理量はそれぞれの基本的な性格にしたがって，[長さ]，[質量]，[時間]，[速度] のように分類でき，[長さ] は cm, m, km や尺，インチなどで測られ，[質量] は kg, g や貫，ポンドなどで，また，[時間] は秒(s)，分(min)などで測られる．これらの単位の間では，それぞれ換算が可能であり，例えば，1 尺 = 約 30.3 cm, 1 kg=1000 g, 1 min=60 s である．一方，[速度] は [長さ]/[時間] だから，その大きさは，毎秒何メートル，つまり，m/s などを単位として測られる．このような [長さ]，[質量]，[時間]，あるいは，

$$[速度] = [長さ] \cdot [時間]^{-1},$$
$$[加速度] = [長さ] \cdot [時間]^{-2},$$
$$[力] = [質量] \cdot [加速度]$$
$$\quad = [長さ] \cdot [質量] \cdot [時間]^{-2}$$

などを物理量の次元といい，[長さ]，[質量]，[時間] を基本量と考えるとき，それらの関係式で表される [速度]，[加速度]，[力] などを誘導量という．また，これらと独立な次元に [電荷] などがある．

数学的には，上のような関係式における [長さ]，[質量]，[時間] の「べき」を並べたベクトル $(1,0,-1), (1,0,-2), (1,1,-2)$ によって [速度]，[加速度]，[力] の次元が表されると考えると便利である．すると，基本量の選び方は，このベクトル空間の基底の取り方に対応している．次元を表すベクトルの成分は，一般には整数とは限らず有理数になる．

なお，例えば，[角度] は，度やラジアンで測る量であるが，その次元は，[長さ]/[長さ] であるので，零ベクトル $(0,0,0)$ に対応する．このような量を無次元量という． → 次元解析

次元解析
dimensional analysis

物理的に意味のある関係を表現する方程式は物理次元(physical dimension)(→ 次元(物理次元の))に関して整合的であるという原理に基づいて方程式の形を定めようとする考え方をいう．例えば，*単振子の周期 T が振子の長さ l と重力加速度 g だけで定まることがわかっているとして $T=c\cdot l^\alpha g^\beta$ の形(c は定数)を仮定し，未知の指数 α, β を定めたいとする．T, l, g の物理次元を $[T], [l], [g]$ と表すと，$[T]$=時間，$[l]$=長さ，$[g]$=(長さ)×(時間)$^{-2}$ である．関係式 $T=c\cdot l^\alpha g^\beta$ の物理次元の整合性 $[T]=[l]^\alpha [g]^\beta$ にこれを代入すると，時間=(長さ)$^{\alpha+\beta}$(時間)$^{-2\beta}$ となるので $\alpha=1/2, \beta=-1/2$ と決定される．すなわち，$T=c\sqrt{l/g}$ である．なお，無次元量である定数 c の値は次元解析からは決定できない．

試験関数　test function　→ 超関数

4 元数
quaternion

*複素数の体系を，加減乗除を持つようにさらに拡大した数の体系．*ハミルトン(1805-65)により，1843 年に発見された．

i, j, k なる形式的な記号を考え，その間の積を
$$ii = jj = kk = -1, \quad ij = -ji = k,$$
$$jk = -kj = i, \quad ki = -ik = j$$
で定める．実数 a, b, c, d を係数とした式 $a+bi+cj+dk$ を 4 元数という．4 元数の和を
$$(a + bi + cj + dk) + (a' + b'i + c'j + d'k)$$
$$= (a + a') + (b + b')i + (c + c')j + (d + d')k$$
で，積を
$$(a + bi + cj + dk) \cdot (a' + b'i + c'j + d'k)$$
$$= (aa' - bb' - cc' - dd') + (ab' + a'b$$
$$+ cd' - c'd)i + (ac' + ca' - bd'$$
$$+ db')j + (ad' + da' + bc' - b'c)k$$
で定義すると，加法は交換法則，結合法則を満たし，乗法は結合法則を満たす．また加法と乗法は分配法則を満たす．しかし，$ij=-ji\neq ji$ であるから，乗法は交換法則を満たさない．4 元数 $z=a+bi+cj+dk$ に対して，$|z|=\sqrt{a^2+b^2+c^2+d^2}$, $\bar{z}=a-bi-cj-dk$ とおき，それぞれその絶対値，共役と呼ぶ．0 でない 4 元数 $z=a+bi+cj+dk$ に対して $z^{-1}=\bar{z}/|z|^2$ とおくと，$z^{-1}\cdot z=z\cdot z^{-1}=1$ が成り立つ．これより 4 元数の全体 $\mathbb{H}$ は非可換な*体(*斜体)になることがわかる．$\mathbb{H}$ は 4 元数体

と呼ばれる．

実数体上の*多元環で，（斜）体であり，実数体上有限次元であるものは，実数体自身の他は，複素数体および4元数体に限られることが知られている．

さらなる一般化として，乗法の結合法則が部分的にしか満たされない*ケイリー数がある．

試行
trial

サイコロを投げたり，複数の玉の入っている袋から玉を取り出したりするように，確率論の対象となり得る再現性のある現象について実験や観測を試みることを試行という．2つの試行は「互いに他に影響を及ぼさない」とき互いに独立と呼ばれるが，そのきちんとした定義には事象の独立の概念が必要となる．→ 確率空間，独立(事象の)

自己共役作用素(ヒルベルト空間の)
self-adjoint operator

*エルミート行列を*ヒルベルト空間上の*線形作用素へ拡張した概念である．自己随伴作用素ともいう．*微分作用素のような*非有界作用素が重要であり，その場合には作用素の定義域および値域に注意する必要がある．

H を*内積 $(\cdot,\cdot)$ を持つ $\mathbb{C}$ 上のヒルベルト空間，$T: D \to H$ を稠密な定義域 D を持つ*エルミート作用素とする．T の*共役作用素 T^* は D 上では T に一致するが，一般に T^* の定義域は D より広い．$T^*=T$，すなわち T と T^* の定義域が一致するとき，T は自己共役作用素といわれる．特に T が*有界作用素である場合には，$D=H$ で，T は自己共役である．

エルミート行列の固有値がすべて実数であるように，自己共役作用素 T の*スペクトル $\sigma(T)$ は $\mathbb{R}$ に含まれる．エルミート行列が対角化されることの一般化として，T の*スペクトル分解定理が成り立つ．

与えられた作用素の自己共役性を実際に確かめるのは容易ではない．*対称作用素 T について，ある $\lambda \in \mathbb{C} \setminus \mathbb{R}$ で $\mathrm{Im}(T-\lambda I)=\mathrm{Im}(T-\overline{\lambda}I)=H$（Im は像のこと）となるものが存在するならば，$T$ は自己共役作用素である．

例1 ヒルベルト空間 $L^2(\mathbb{R})$ において，*コンパクトな*台を持つ1階*連続微分可能関数のなす部分空間を D_0 とする．微分作用素 $T_0=i(d/dx)$ は D_0 を定義域とする対称作用素である．いま $L^2(\mathbb{R})$ の元 $f(x)$ であって，*超関数の意味で $i(d/dx)f(x)\in L^2(\mathbb{R})$ を満たすもの全体を D とすると，T_0 は D を定義域とする自己共役作用素 T に拡張される．T のスペクトルは $\mathbb{R}$ 全体になる．

またヒルベルト空間 $L^2([0,1])$ において，1階連続微分可能かつ $f(0)=f(1)=0$ を満たす関数 $f(x)$ 全体を D_0 とする．$L^2([0,1])$ の元 $f(x)$ であって，超関数の意味で $i(d/dx)f(x)\in L^2([0,1])$ かつ境界条件 $f(0)=f(1)$ を満たすもの全体を D とすると，T_0 は D を定義域とする自己共役作用素 T に拡張される．T のスペクトルは $2\pi\mathbb{Z}$ 全体である．

例2 完備な*リーマン多様体 X 上の*ラプラシアン Δ は，X 上の*体積要素 dV を測度とするヒルベルト空間 $L^2(X;dV)$ において，自然に(境界条件を付すことなく)自己共役作用素に一意的に拡張される．

自己言及
self-reference

「この項に書いてあることはウソである」．このような命題を自己言及的という．もし，この命題を信用すれば「　」内の文章と矛盾する．信用しなければ「　」内の文章が正しいことになり，やはり矛盾する．自己言及のある命題は，しばしばパラドックスを生じる．→ うそつきのパラドックス，ラッセルのパラドックス

自己交叉
self-intersection

平面曲線 Γ が自分自身と交わるとき，自己交叉という．パラメータ表示 $\varphi: [0,1]\ni t\mapsto(\varphi_1(t),\varphi_2(t))\in\mathbb{R}^2$ を持つ Γ 上の点 P に対応する t の値が複数個あるとき(ただし φ が閉曲線のとき，すなわち $\varphi(0)=\varphi(1)$ のときは，$\varphi(0)=\varphi(t_0), 0<t_0<1$ となる t_0 が存在するとき) Γ は P で自己交叉するといい，この点を自己交叉点という．例えば図1の曲線は自己交叉点を持つ．

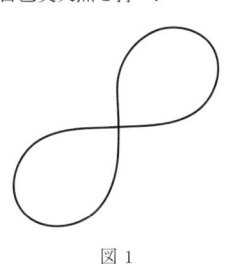

図1

2次元の場合，図2のような曲面を自己交叉を持つ曲面という．3次元以上でも同様である．→はめ込み

図2

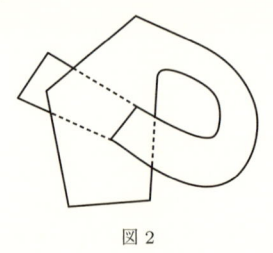

自己準同型
endomorphism
群や環などの代数系 A から自分自身への代数系の準同型写像を自己準同型写像という．

自己随伴作用素（ヒルベルト空間の） self-adjoint operator
= 自己共役作用素（ヒルベルト空間の）

自己相似解
self-similar solution
微分方程式などの解で，例えば，
$$u(ct, c^2 x) = cu(t, x)$$
のように，ある相似変換で不変なものをいう．解が爆発するときなど，*臨界現象においてしばしば自己相似解が現れる．

自己相似集合
self-similar set
平面あるいは空間の図形は，それぞれが図形全体の縮小像になっているような有限個の小図形からなっているとき，自己相似集合（図形）といわれる．*フラクタル集合の例として挙げられるものの多くは自己相似集合である．

自己相似集合を数学的に正確に定義するには，さまざまなものが提案されているが，その1つは，次の通りである．ユークリッド空間内の集合 K は，縮小する相似変換 $T_1, \cdots, T_n$ で，$T_i(K) \subset K$, $\bigcup_{i=1}^{n} T_i(K) = K$ を満たすものがあり，かつ，このような集合の中で極小であるとき，自己相似集合という．T_i として1つの相似変換を平行移動したものを考えることが多い．

例えば，平面上の*シェルピンスキーの鏃は4個の辺の長さを半分にする相似変換から定まる．また，$\alpha = 1/2 + (\sqrt{3}/6)\sqrt{-1}$ とし，$\mathbb{R}^2 = \mathbb{C}$ の縮小（相似）写像を
$$T_1(z) = \alpha z, \quad T_2(z) = (1-\alpha)\overline{z} + \alpha$$
により定義すると，*コッホ曲線が得られる．

*複素力学系に現れる*ジュリア集合や*マンデルブロ集合も自己相似集合の例である（ただし上に述べたよりももう少し弱い定義を採用する必要がある）．

自己相似則
self-similarity
関数や物理量が，例えば，$f(cx) = c^\alpha f(x)$ のように，ある相似変換に関して不変なとき，この関係を自己相似則という．特異点あるいは臨界点の近傍で現れることが多い．なお，$f(cx)/c^\alpha \to f(x)$ $(c \to 0)$ のように漸近的に成り立つ場合も自己相似則ということもある．

仕事
work
物体（質点）を時刻 t で位置 $c(t)$ にあるように動かすとする．時刻 t においてベクトル $\boldsymbol{F}(t)$ で表されている力が物体に働いているとき，その力がなす仕事とは，*線積分 $W = \int_a^b \boldsymbol{F} \cdot \dot{c}\, dt$ $(\dot{c} = dc/dt,$ $\cdot$ は内積）のことである．→位置エネルギー

自己同型
automorphism
群，環，体などの代数系 A から自分自身への全単射準同型を自己同型という．

自己同型群
automorphism group
群や環，体など，構造を持つ集合 X の構造を保つ X からそれ自身への全単射を自己同型といい，自己同型全体に合成による積を入れたものを自己同型群という．単位元は*恒等写像，逆元は*逆写像で与えられる．自己同型群を $\mathrm{Aut}(X)$ と表すことがある．

例　群 G の自己同型群 $\mathrm{Aut}(G)$ は，全単射 $f: G \to G$ で，$f(g_1 g_2) = f(g_1) f(g_2)$ $(g_1, g_2 \in G)$ を満たすもの全体からなる群である．

自己閉路
self-loop
*有向グラフにおいて，同じ頂点を始点と終点にもつ辺をいう．*無向グラフにおいては，同じ頂点を両端点とする辺をいう．

支持超平面
supporting hyperplane

n 次元ユークリッド空間内の*凸集合 C とその境界上の点に対して，この点を通って，C をその片側に含むような超平面が存在する．これを支持超平面という．→ 支持直線

支持直線
supporting line

ユークリッド平面内の*凸集合 C とその境界上の点に対して，この点を通って，C をその片側に含むような直線が存在する．これを支持直線という．C の境界が滑らかな曲線の場合には，支持直線は接線と同じことになるが，一般には，ある点を通る支持直線の傾きは一意に決まらない．→ 支持超平面

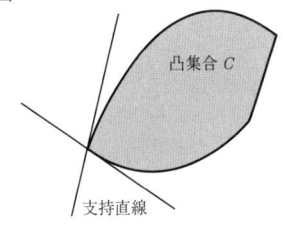

事象
event

例えば，サイコロを投げるときの「1 の目が出る」，「偶数の目が出る」のように，観測や実験の結果として起こりうる事柄を事象という．数学的には通常，可能なすべての試行結果からなる集合(確率空間という)を考え，事象はその部分集合として扱う．確率が測度で与えられているとき，事象は確率空間の可測集合である．→ 確率空間, 可測集合

辞書式順序
lexicographic order

国語辞書では単語をひらがなで表したときの最初の文字を五十音順で並べるが，最初の文字が一致するときは 2 番目の文字の五十音順に，2 番目も一致するときは 3 番目の文字の五十音順で並べる．この並べ方に倣って，例えば数字の組 (a,b,c) の大小関係を最初の数字の大小関係で，最初の数字が一致するときは 2 番目の数字の大小関係で，2 番目の数字も一致するときは 3 番目の数字の大小関係で，$(2,6,7)<(2,9,2)<(3,1,5)$ のように順序を入れることができる．これを辞書式順序という．

もっと一般に，*全順序集合 $X_1,\cdots,X_n$ の直積 $X_1\times\cdots\times X_n$ に，辞書における単語の並べ方に倣った方法で，辞書式順序を入れることができる．

次数
degree

(1) 多項式の次数については*多項式を参照.
(2) 拡大の次数については*拡大次数を参照.
(3) グラフの頂点に接続している辺の本数をその頂点の次数と呼ぶ．有向グラフにおいては，ある頂点を始点にもつ辺の本数を出次数，終点にもつ辺の本数を入次数と呼ぶこともある．

指数(楕円型作用素の)　index → 指数定理

指数(部分群の)
index

群 G の部分群 H について，*商集合 G/H が有限集合であるとき(→ 右剰余類)，H を指数有限な部分群という．これは $H\backslash G$(→ 左剰余類)が有限集合であることと同値であり，このとき G/H と $H\backslash G$ の個数は等しい．指数有限な部分群 H について，G/H の元の個数 $\sharp G/H(=\sharp H\backslash G)$ を H の G における指数といい，$[G:H]$ により表す．

G が有限群であるとき，$\sharp G=\sharp(G/H)\cdot\sharp H$ が成り立つ．したがって，H の位数は G の位数の約数である．特に G の元 s の位数は，s が生成する G の部分群の位数であるから，G の位数の約数である．このことから，n を G の位数とするとき，$s^n=1$ となる(ラグランジュの定理).

指数(べきの)
exponent

$x^3, x^{1/2}$ などにおける累乗の肩に乗った数，3，1/2 のことをいう．このとき，等式 $x^{\alpha+\beta}=x^\alpha x^\beta$ を指数法則という．指数を変数と考えたものが a^x ($a>0, a\neq 1$) などの*指数関数である．

指数(ベクトル場の)
index

球面上の連続なベクトル場には，必ず 0 になる点が存在するが，トーラス上には決して 0 にならないベクトル場が存在する．この事実は，ベクトル場の指数という言葉を用いて，次のように精密化することができる．多様体 M 上のベクトル場 V の*特異点 p が有限個で，p での指数を i_p とす

ると，
$$\chi(M) = \sum_p i_p$$
が成り立つ．ここで，右辺は特異点 p 全体をわたる和を表し，$\chi(M)$ は M のオイラー数を表す．これをホップの指数定理と呼ぶ．

上で使った用語を以下説明する．ベクトル場の特異点とはベクトル場が 0 になる点を指す．ベクトル場 V を特異点 p の周りで，座標を使って表し，$V = \sum V^i \partial/\partial x^i$ とする (p は $(x^1, \cdots, x^n) = (0, \cdots, 0)$ に対応するとする)．特異点 p が非退化とは，i, j 成分が $(\partial V^i/\partial x^j)(\mathbf{0})$ である行列が逆行列を持つことをいう．非退化な特異点 p に対して，この行列の実部が負の固有値の数(重複度を込めて数える)を d としたとき，p でのベクトル場 V の指数 i_p は $(-1)^d$ である．

2 次元の場合には，安定および不安定な特異点では指数は 1，*鞍点では指数は -1 である．

退化した場合も含めて特異点 p の指数は，次のように定義する．p を含む小さい球体の境界である $n-1$ 次元球面 S_ε^{n-1} を考え，$x \in S_\varepsilon^{n-1}$ に対して，
$$\frac{V(x)}{\|V(x)\|} = F(x) \in S^{n-1}$$
とおく．$F: S_\varepsilon^{n-1} \to S^{n-1}$ の*写像度を p での V の指数と呼ぶ．

指数(有限群の)
exponent

有限群 G のすべての元 g に対して $g^n = e$，e は G の単位元，を満足する最小の正整数 n を G の指数，またはべき指数という．

指数(臨界点の)
index

点 $x = a$ が C^2 級の関数 $f(x)$ $(x = (x_1, \cdots, x_n))$ の臨界点であるときには 2 次近似式 $f(x) = f(a) + Q(x-a) + o(\|x-a\|^2)$ が成り立つ．ここで，
$$Q(\xi) = \frac{1}{2} \sum_{i,j=1}^n \frac{\partial^2 f}{\partial x_i \partial x_j}(a) x_i x_j$$
である．この 2 次形式 $Q(x)$ を定める対称行列，つまり，$(\partial^2 f/\partial x_i \partial x_j)(a)$ を (i,j) 成分にもつ行列(*ヘッセ行列)の固有値の正のもの，0 に等しいもの，負のものそれぞれの(重複度を込めた)個数の組 (p, r, q) を臨界点 a の指数という(→ シルベスターの慣性法則)．なお，$r = 0$ のときは，q を指数ということもある．指数が $(n, 0, 0)$ ならば

$f(x)$ は $x = a$ において極小となり，$(0, 0, n)$ ならば極大となる．$r = 0$ かつ $pq \neq 0$ のときは極大でも極小でもない．また，$r \neq 0$ の場合には指数だけからは判定できない．⇒ モース関数

指数型分布族
exponential family of distributions

例えば，指数分布やガウス分布，ポアソン分布などのように，密度関数が $\exp f(x; c)$ の形で，$f(x; c)$ がパラメータ c をうまくとると 1 次式で書けるような確率分布の族をいう．ただし，x や c はベクトルでもよい．数理統計で最も扱いやすい確率分布族で，モデルの推定などにしばしば用いられる．

次数環　graded ring ＝次数つき環

指数関数
exponential function

正の数 a が与えられたとき，$-\infty < x < \infty$ に対して定義される正値連続関数 $f(x)$ で
$$f(x_1 + x_2) = f(x_1) f(x_2), \quad f(1) = a$$
となるものが一意的に存在する．そのような関数 $f(x)$ を a を底とする指数関数といい a^x と記す．$a^0 = 1$ であり，x が正整数 n に等しいとき，$a^n = a \cdot a \cdots a$ (n 個の積)，また $x = n/m$ (m, n は正整数)ならば，$a^{n/m} = \sqrt[m]{a^n}$ である．

指数関数のグラフは次のようになる．

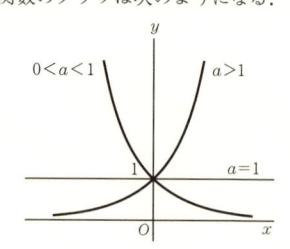

特に $a = e$ (*自然対数の底)のときが最も基本的である．
$$e^x = \lim_{n \to \infty} \left(1 + \frac{x}{n}\right)^n$$
が成り立つ．さらに $-\infty < x < \infty$ で
$$e^x = 1 + x + \frac{1}{2!}x^2 + \cdots + \frac{1}{n!}x^n + \cdots$$
と*べき級数展開される．指数関数 e^x を $\exp x$ と表すこともある．⇒ 指数関数(複素関数としての)，指数関数(行列の)

指数関数(行列の)
exponential function

正方行列を変数とする指数関数は，次のように定義される．A を正方行列とするとき，行列のべき級数

$$I + A + \frac{1}{2!}A^2 + \cdots + \frac{1}{n!}A^n + \cdots$$

は収束するから，これを $\exp A$ とおき，行列の指数関数という．$AB=BA$ なら $\exp(A+B)=\exp A \exp B$ が成り立つ．また，$\exp A$ は可逆行列になり，$(\exp A)^{-1}=\exp(-A)$ である．$e^{(t+s)A}=e^{tA}\cdot e^{sA}$ であり

$$\frac{de^{tA}}{dt} = Ae^{tA} = e^{tA}A$$

が成り立つ．また，

$$\det(\exp A) = e^{\operatorname{tr} A}$$

が成り立つ．ここで $\operatorname{tr} A$ は A のトレース(跡)である．⇨ 行列のべき級数

指数関数(複素関数としての)
exponential function

指数関数 e^x は，そのべき級数展開を複素変数に拡張することにより，複素平面全体で定義された正則関数になる．複素数 z のべき級数

$$1 + z + \frac{1}{2!}z^2 + \cdots + \frac{1}{n!}z^n + \cdots$$

は，$|z|<\infty$ で絶対収束する．これを e^z と定める．e^z は全複素平面上で正則である．

指数写像(リー群の)
exponential map

n 次の反対称行列 A に対する行列の指数関数 $\exp A$ は行列式 1 の直交行列になる．すなわち，$\exp$ は n 次の反対称行列全体 $\mathfrak{so}(n)$ から，行列式 1 の n 次の直交行列全体 $SO(n)$ への写像を与える．$\exp: \mathfrak{so}(n) \to SO(n)$ は指数写像の例である．

一般の*リー群 G に対しても，その*リー環 $\mathfrak{g}$ から G への写像 $\exp: \mathfrak{g} \to G$ が次のように定まり，写像 $\exp$ を指数写像と呼ぶ．$\mathfrak{g}$ を G 上の左不変ベクトル場全体とみなし，各 $X \in \mathfrak{g}$ に対して，それが生成する G の*1 径数変換群を $\mathrm{Exp}(tX)$ とする．e を G の単位元として $\exp X = (\mathrm{Exp}\,X)(e)$ とおく．⇨ リー環(リー群に付随する)

指数写像(リーマン多様体の)
exponential map

*リーマン多様体 (M,g) の点 p における接ベクトル V に対して，M の*測地線 $l: (-a,a) \to M$ で $l(0)=p,\ (dl/dt)(0)=V$ なるものが存在する．l が $t=1$ まで伸びているとき，$\mathrm{Exp}_p(V)=l(1)$ と書く．Exp_p を指数写像と呼ぶ．V が 0 に近ければ $\mathrm{Exp}_p(V)$ は定義されている．

例えば，球面 $S^2=\{(x,y,z)\mid x^2+y^2+z^2=1\}$ の $p=(0,0,1)$ での接空間を xy 平面とみなすと，その指数写像は，$\mathrm{Exp}_p(x,y)=((x\sin r)/r,(y\sin r)/r, \cos r),\ r=\sqrt{x^2+y^2}$ で与えられる．

指数写像 Exp_p を接ベクトル空間 $T_p(M)$ の 0 の近傍 U に制限すると，U と p の M での近傍との間の可微分同相写像になる．このようにして得られる p の周りの座標を測地座標(geodesic coordinates)と呼ぶ．

M がリーマン多様体として*完備であるための必要十分条件は，ある点 p において Exp_p が $T_p(M)$ 全体で定義されることである．M が完備ならば，すべての $p \in M$ において，Exp_p は $T_p(M)$ 全体で定義される．

指数増大　exponential growth　⇨ 指数的増大

次数つき環
graded ring

環 R について，加法群としての R の部分群の族 $\{R_n\}_{n\in\mathbb{Z}}$ が与えられ，$R_m \cdot R_n \subset R_{m+n}$ および

$$R = \bigoplus_{n\in\mathbb{Z}} R_n \quad (\text{直和})$$

が成り立つとき，R は族 $\{R_n\}_{n\in\mathbb{Z}}$ による次数つき環の構造を持つといわれる．R がさらに体 k 上の*代数(多元環)で，各 R_d が R の k 上の線形部分空間であるときは，k 上の次数つき代数と呼ばれる．

斉次元ばかりで生成される次数つき環のイデアルを斉次イデアルという．

例えば，体 k 上の n 変数多項式環 R は，R_n として n 次斉次多項式全体をとれば($n<0$ については $R_n=\{0\}$ ととる)，k 上の次数つき代数になる．このとき，斉次多項式ばかりで生成される R のイデアルが斉次イデアルである．

次数つき代数　graded algebra　⇨ 次数つき環

指数定理(楕円型作用素の)
index theorem

指数定理は 20 世紀の数学における最も重要な定理の 1 つで，多様体上の*大域的な量を曲率な

どの*局所的な量の積分で表す定理である．*ガウス-ボンネの定理，*リーマン-ロッホの定理，ヒルツェブルフの*符号定理などを特別な場合として含む．指数定理はアティヤ(M. F. Atiyah)とシンガー(I. M. Singer)によって，1960年代初頭に発見・証明された．

指数定理では，楕円型偏微分方程式系を，*多様体 M 上で考える．正確に述べると，M 上の*ベクトル束 E の*切断全体 $\Gamma(M, E)$ から，別のベクトル束 F の切断全体 $\Gamma(M, F)$ への微分作用素 $P: \Gamma(M, E) \to \Gamma(M, F)$ でその主表象(最高次の係数が定める行列)が可逆な写像を定めるものを考える．このような P を楕円型作用素という．

楕円型偏微分方程式系 $Pu=v$ の解がつくる空間の次元，すなわち P の*核の次元から，解を持つための v に対する条件の数，すなわち P の*余核の次元を引いた差を，指数(index)と呼び Index P と書く．すなわち

Index P = dim Ker P − dim Coker P.

P が楕円型作用素で M がコンパクトで境界がないとき，$P: \Gamma(M, E) \to \Gamma(M, F)$ は*フレドホルム作用素になる．すなわち，P の核，余核はともに有限次元であるので，指数が意味を持つ．

解を持つための条件の数や，解全体の空間の次元は，方程式の係数を少し変えると変わってしまうので，計算は困難である．しかし，その差である楕円型作用素の指数は，方程式の最高次の係数，すなわち主表象だけから決まり，また，主表象を少し動かしても，変化しない．楕円型作用素の指数を，主表象および，曲率のような幾何学的量すなわち*特性類を用いて計算する公式が，楕円型作用素の指数定理である．

M 上のベクトル束の列 E_i $(i=0, 1, \cdots, m)$ と微分作用素 $P_i: E_{i-1} \to E_i$ $(i=1, \cdots, m)$ があり，$P_i \circ P_{i-1} = 0$ が成り立ち，主表象が定める E_i の間の準同型が完全列であるものを，楕円型複体と呼ぶ．*ド・ラム複体はその例で，このときは，E_i の切断は微分 i 形式で，P_i は外微分である．

楕円型複体から，コチェイン複体(→コホモロジー) $\{(\Gamma(M, E_i), P_i)\}_{i=0,1,\cdots,m}$ が定まる．このコチェイン複体のコホモロジーの次元の交代和

$$\sum_i (-1)^i \dim(\text{Ker } P_i / \text{Im } P_{i-1})$$

を楕円型複体の指数と呼ぶ．楕円型複体の指数も，指数定理を用いることにより計算される．

ド・ラム複体の場合は，指数定理はガウス-ボンネの定理になる．そのほか，リーマン-ロッホの定理や，ディラック作用素(→ディラック方程式)の指数定理などがある．また，近年ヤン-ミルズ方程式(→ヤン-ミルズ理論)などの非線形方程式の解のなす空間(→モジュライ空間)の次元を計算するのにも使われている．

指数定理(ベクトル場の)
index theorem
ホップの指数定理のこと．⇒指数(ベクトル場の)

指数的減衰
exponential decay
区間 $[a, \infty)$ で定義された関数 $f(x)$ が正の定数 C, a を用いて，$|f(x)| \leq Ce^{-ax}$ のように評価されるとき，$f(x)$ は $x \to \infty$ において指数的に減衰するという．

指数的増大
exponential growth
関数 $f(x)$ が $x \to +\infty$ においてどのように増大するかを定性的に分類する際に用いられる概念であり，ある $c_1, c_2 > 0$, $a_1, a_2 > 0$ が存在して，十分大きいすべての x に対して

$$c_1 \exp(a_1 x) \leq f(x) \leq c_2 \exp(a_2 x)$$

が成り立つことをいう．しばしば，*多項式増大と対比され，急激な増大という意味合いをもって用いられることが多い．指数増大，「指数的爆発」ということもある．

指数分布
exponential distribution
密度関数 $f(x) = \dfrac{1}{c} e^{-x/c}$ $(x \geq 0)$ を持つ半無限区間 $[0, \infty)$ 上の*確率分布をいう．c は正のパラメータ．放射能の強さの減衰など自然界でもしばしば観察され，$f(T)/f(0) = 1/2$ で定まる $T = c \log 2$ を半減期という．分布関数は $F(x) = 1 - e^{-x/c}$．なお，$(-\infty, \infty)$ 上で $f(x) = a_1 e^{-x/c_1}$ $(x > 0)$; $a_2 e^{x/c_2}$ $(x < 0)$ の形の密度関数を持つ確率分布を両側指数分布という．

指数法則
exponential law
数 a と正整数 m, n に対して

$$a^m \cdot a^n = \underbrace{a \times \cdots \times a}_{m} \times \underbrace{a \times \cdots \times a}_{n} = a^{m+n}$$

である．また，正の数 a と正整数 n に対して，n 乗したら a になる正の数を $a^{1/n}$ と定義する．このような正の数はただ1つ存在し，a の n 乗べき根と呼ばれる．a が負の数のときは n 乗して a になる数は実数の範囲ではなく複素数となるので，通常 $a^{1/n}$ は考えない．ただし*複素関数論では $z^{1/n}$ を多価解析関数として考察する．

さらに正整数 m に対して $a^{m/n}$ を $(a^{1/n})^m$ と定義する．このとき $a^{m/n}=(a^m)^{1/n}$ が成り立つ．負の有理数 $-m/n$（m, n は正整数）に対して

$$a^{-m/n} = \frac{1}{a^{m/n}}$$

と定義する．さらに*実数 λ に対して，λ に近づく有理数列 $\{c_n/d_n\}$（$c_n, d_n(\neq 0)$ は整数）をとると，数列 $\{a^{c_n/d_n}\}$ はある実数に近づく．この極限値は有理数列 $\{c_n/d_n\}$ の取り方によらず，λ のみで決まるのでこの*極限値を a^λ と記す．これは*自然対数の底 e を用いると $e^{\lambda \log a}$（→ 対数）に等しい．

正の数 a, b と任意の実数 λ, μ に対して次の公式が成立する．これを指数法則という．

$a^\lambda \cdot a^\mu = a^{\lambda+\mu}, \quad \dfrac{a^\lambda}{a^\mu} = a^{\lambda-\mu}, \quad (a^\lambda)^\mu = a^{\lambda\mu},$

$a^\lambda \cdot b^\lambda = (ab)^\lambda, \quad \dfrac{a^\lambda}{b^\lambda} = \left(\dfrac{a}{b}\right)^\lambda.$

C^* 環
C^*-algebra

「シー・スター・カン」と読む．*作用素環の一種で，フォン・ノイマン環と並んで，作用素環の研究の主対象である．複素数体上の*バナッハ環に次の条件を満たす写像 $x \mapsto x^*$ が定義されているとき，B^* 環あるいはバナッハ $*$ 環という．

(1) $(\alpha x + \beta y)^* = \overline{\alpha} x^* + \overline{\beta} y^*$ $(\alpha, \beta \in \mathbb{C})$.
(2) $(xy)^* = y^* x^*$.
(3) $(x^*)^* = x$.
(4) $\|x\| = \|x^*\|$.

B^* 環がさらに次の条件を満足するとき C^* 環という．

(5) $\|x^* x\| = \|x^*\|^2$.

複素ヒルベルト空間 H からそれ自身への*有界線形作用素 $T: H \to H$ の全体は*共役作用素を T^* とすると上の(1)〜(5)が成り立ち C^* 環になる．

また，*コンパクトな*ハウスドルフ空間 X 上の複素数値連続関数全体のなす環 $C(X)$ に，$f^*(x) = \overline{f(x)}$ で $*$ を定めると C^* 環になる．これは可換な C^* 環の代表例であり，逆に単位元を持つ任意の可換な C^* 環はある $C(X)$ と同型である（ゲルファント-ライコフの定理）．

有限群 G の*群環は

$$\left(\sum_{g \in G} a_g g\right)^* = \sum_{g \in G} \overline{a}_g g^{-1}$$

と定義すると C^* 環になる．同様に，無限群の群環の完備化は C^* 環になる．

しずめ込み
submersion

$\mathbb{R}^n$ の開集合 U から $\mathbb{R}^m$ への滑らかな写像 $F: U \to \mathbb{R}^m$ は，その*ヤコビ行列の*階数がいたるところ m であるとき，しずめ込みという．多様体の間の写像の場合にも同様に定義される．例えば，$n \geq m$ のとき，$F(x_1, \cdots, x_n) = (x_1, \cdots, x_m)$ で定義される写像 $F: \mathbb{R}^n \to \mathbb{R}^m$ はしずめ込みである．

$F: U \to \mathbb{R}^m$ がしずめ込みであるとき，F の像に含まれる任意の点 p に対して，逆像 $F^{-1}(p)$ は U の部分多様体で，その次元が $n-m$ に等しいことが，*陰関数定理を使って示される．

示性数　genus　→ 種数

自然数
natural number

正の整数 $1, 2, 3, 4, 5, \cdots$ を自然数という．フランスなど 0 も自然数に含める国もある．自然数の集合を記号 $\mathbb{N}$ で表す．

有限個の「もの」の個数および「もの」の順序を記述する機能を持つ，数の中でもっとも基本的な体系である．有限集合の族を，1対1の関係で類別したとき，その類を表すのが自然数である．

自然数の間では加法および乗法ができる．

自然数全体は*無限集合であり，$\mathbb{N}$ から $\mathbb{N}$ への*単射 $S(n) = n+1, n \in \mathbb{N}$ が定義される．$\mathbb{N}$ は次の*ペアノの公理により特徴づけられる．

ペアノの公理　集合 $\mathbb{N}$ は特別な元 1 と，写像 $S: \mathbb{N} \to \mathbb{N}$ を持ち，以下の性質を満たす．

(1) $1 \notin S(\mathbb{N})$.
(2) S は*単射である．
(3) $\mathbb{N}$ の部分集合 A が，性質(a) $1 \in A$, (b) $x \in A$ ならば $S(x) \in A$（すなわち $S(A) \subset A$），を

満たせば，A=N．

(3)は自然数全体を特徴づける公理であり数学的帰納法に根拠を与えるものである．これらの公理をもとに，*加減乗除の演算が定義され，経験的に知られている自然数のすべての性質を導き出すことができる．

自然数の集合は，無限集合の中でもっとも小さい*濃度を持つ．

自然対数
natural logarithm

$e = \lim_{n \to \infty}(1+1/n)^n$ を底とする対数 $\log_e x$ のことをいう．底の e を省略して単に $\log x$ と表すことが多い．公式

$$\frac{d \log x}{dx} = \frac{1}{x}, \quad \log x = \int_1^x \frac{1}{x}dx$$

が成り立つ．

数学以外の理工学分野においては，記号 $\log x$ を*常用対数 $\log_{10} x$ の意味に使い，自然対数を記号 $\ln x$ で表すことも多い．対数を初めて定義した*ネピアの対数は，$x = 10^7(1-10^{-7})^y$ とおいて y を x で表すものであった．→ 自然対数の底

自然対数の底
base of natural logarithm

1748 年に*オイラーが『無限小解析入門(Introductio in Analysis Infinitorum)』の中で導入した定数 $e = \lim_{n \to \infty}(1+1/n)^n$ をいう．これは無限小数展開 $e = 2.71828\cdots$ と表される*超越数である．対数の創始者*ネピアにちなんで，ネピア数ということもある．この底を用いた対数(自然対数)を考えることは，それまでの実用を主目的とした対数の理論から，解析学の対象としての対数関数に移行する重要なきっかけを作った．*対数関数 $\log x$ を

$$\log x = \int_1^x \frac{1}{t} dt \quad (x > 0)$$

により定義する立場からは，自然対数 e は $\log e = 1$ により特徴づけられる．→ 対数関数

自然な natural → カノニカル

四則演算
four arithmetic operations

加法，減法，乗法，除法の演算のこと．

下3角行列
lower triangular matrix

対角成分より上の成分がすべて 0 である正方行列のこと．

$$\begin{bmatrix} a_{11} & 0 & \cdots & 0 \\ a_{21} & a_{22} & \cdots & 0 \\ \vdots & \vdots & \ddots & \vdots \\ a_{n1} & a_{n2} & \cdots & a_{nn} \end{bmatrix}$$

→ 上3角行列，行列

下に凹
downwards concave

関数について，凹であることをいう．→ 凸関数(1変数の)，凸関数(多変数の)

下に凸
downwards convex

関数について，凸であることをいう．→ 凸関数(1変数の)，凸関数(多変数の)

下に半連続 lower semicontinuous → 下半連続

下に有界
bounded from below

実数の集合 A が下に有界とは，A のどの数よりも小さい数が存在することをいう．$A = \{e^{-n} \mid n=1,2,3,\cdots\}$ は下に有界であるが，$A = \{-1,-2,-3,\cdots\}$ は下に有界でない．

実数値関数が下に有界とは，その値の集合が下に有界であることを指す．「上に有界」も同様に定義される．

CW 複体
CW-complex

ある種の有限性条件を満たす*胞複体のことをいう．例えば胞体の数が有限個である胞複体は CW 複体である．ここで，C は閉包有限性(closure finiteness)，W は弱位相(weak topology)の略で，ここでは省略した有限性条件のことである．

実解析関数
real analytic function

実変数 x の関数 $f(x)$ が*定義域の各点の周りで*収束べき級数に展開できるとき実解析的といい，$f(x)$ を実解析関数という．

実解析関数の*合成関数は実解析的である．また実解析関数の逆関数も*微分が消えない点で実解析的である．

実解析関数は，複素平面において，実軸のある近傍で解析的な関数に自然に拡張できる．実多変数 $x=(x_1,\cdots,x_n)$ の場合も同様に定義される．

実解析的　real analytic　⇒ 実解析関数

実行列
real matrix
実数を成分とする*行列のこと．

実係数多項式
polynomial with real coefficients
実数を係数とする*多項式のこと．

実験計画法
design of experiments
複数の要因に支配される特性値があるとき，要因をさまざまに組み合わせた実験を行い，要因の効果を分析したいとする．例えば，小麦の収量という特性値に対して，品種，収穫年，肥料という要因を想定して品種改良の効果を知りたいような状況である．特性値と要因の関係を表す数学モデルを設定し，モデルと実験データとの喰い違いを確率的に変動する誤差とみなして統計的手法によって分析を行うが，要因の値(因子レベルと呼ぶ)のすべての組合せに対して実験を行おうとすると実験の回数が非常に大きくなってしまって効率が悪い．少ない実験回数で高精度の分析ができるような因子レベルの組合せを考えることを実験計画という．実験計画は農事試験における実際の要請に基づいてフィッシャー(R. A. Fisher)によって始められたが，その後，有限体の理論などと結びついて，デザインと呼ばれる組合せ数学へと発展している．

実効定義域
effective domain
関数値として $\pm\infty$ もとりうる関数 $f:\mathbb{R}^n\to\mathbb{R}\cup\{-\infty,\infty\}$ を考えると便利なことがある．このような場合 $\{x\in\mathbb{R}^n|-\infty<f(x)<\infty\}$ を f の実効定義域という．

実軸　real axis　⇒ 複素平面

実射影空間
real projective space
実数 $\mathbb{R}$ 上の射影空間 $P^n(\mathbb{R})$ を n 次元実射影空間という．⇒ 射影空間(多様体としての)

実ジョルダン標準形
real Jordan normal form
n 次実正方行列 A が実数でない複素数の固有値 λ を持てば λ の複素共役 $\overline{\lambda}$ も固有値である．このとき，A の*ジョルダン標準形に*ジョルダン細胞

$$J(\lambda,k)=\begin{bmatrix} \lambda & 1 & & & O \\ & \lambda & 1 & & \\ & & \ddots & \ddots & \\ O & & & \lambda & 1 \\ & & & & \lambda \end{bmatrix}\Bigg\}k$$

が現れれば，$J(\overline{\lambda},k)$ もジョルダン細胞として現れる．このときジョルダン標準形を2つのジョルダン細胞が

$$\begin{bmatrix} J(\lambda,k) & O \\ O & J(\overline{\lambda},k) \end{bmatrix}$$

のように並ぶ形にとり，必要なら，λ と $\overline{\lambda}$ を入れかえて $\lambda=a+bi,\ b>0$ とする．この2つのジョルダン細胞の部分を $2k\times 2k$ 行列

$$R(a,b,k)=\begin{bmatrix} D & I_2 & & & O \\ & D & I_2 & & \\ & & \ddots & \ddots & \\ O & & & D & I_2 \\ & & & & D \end{bmatrix},$$

$$D=\begin{bmatrix} a & -b \\ b & a \end{bmatrix},\quad I_2=\begin{bmatrix} 1 & 0 \\ 0 & 1 \end{bmatrix}$$

に置き換えてできたものを実ジョルダン標準形という．n 次実正方行列 A に対しては $X^{-1}AX$ が実ジョルダン標準形になるような n 次実正方可逆行列 X を見出すことができる．

実数
real number
有限または無限小数で表される数である(→ 小数展開)．離散的な(とびとびの)量は整数で表されるが，連続量を表すには実数を必要とする．

実数は有理数と無理数の2つに分けられる．分数 b/a (a,b は整数，$a\neq 0$)で表される数が有理数である．有理数でない実数を無理数という．例えば $\sqrt{2}$ は無理数である．無理数はさらに*代数的数(整数係数の多項式の根になる数)と，それ以外

の*超越数に分類される．π や e は超越数の例である．実数全体の集合 $\mathbb{R}$ は有理数全体の集合 $\mathbb{Q}$ の完備化として定義される(→ 完備化)．

実数の間には，加法，減法，乗法，除法が定まり，結合法則，交換法則，分配法則が成り立つ．すなわち実数の全体 $\mathbb{R}$ は*体になる．これを実数体という．また実数の間には大小関係 $<$ が定まり，$a<b, b<c$ なら $a<c$, $a<b$ なら $a+c<b+c$, $a<b, c>0$ なら $ac<bc$ が成り立つ．この性質を，実数体は*順序体であるという．→ 完備(実数の集合が)

実数体
real number field
実数の全体 $\mathbb{R}$ は*体をなす．実数の全体が体であることを強調するとき実数体という．

実数部分　real part　＝実部

実線形空間
real linear space
n 次元*数ベクトルの全体 $\mathbb{R}^n$ のように，実数を掛ける演算が定まっている線形空間のことである．
線形空間の定義に現れる定数として，実数をとったのが実線形空間である．体 $\mathbb{R}$ 上の線形空間といっても同じである．

疾走線
cissoid
xy 平面で方程式 $y^2=-x^3/(x-a)$ $(a>0)$ で与えられる曲線のことである．x 軸の区間 $[0, a]$ を直径とする円 C を考える．点 A を直線 $x=a$ 上を動かし，線分 OA と C の交点を B とする．線分 OA 上で $OP=BA$ を満たす点 P の軌跡が疾走線になる．3 次以下の多項式 $f(x)$ に対して $y^2=f(x)/(x-a)$ の形の方程式で表される曲線のことを疾走線ということもある．

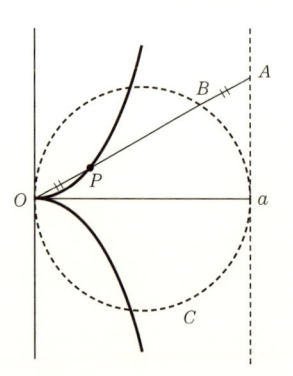

実部
real part
複素数 $z=x+iy$ $(x, y \in \mathbb{R})$ に対して，x を z の実部といい，$\mathrm{Re}\,z$ により表す．→ 複素数，虚部

実ベクトル空間
real vector space
*実線形空間のこと．

尻尾(分布の)
tail
$\mathbb{R}$ や $\mathbb{Z}$ 上の確率分布などにおいて，原点から遠く離れた部分をいう．一般に，高次のモーメントを持てば尻尾の確率は小さい．尻尾の確率を用いると緊密性(tightness)(測度の族の弱収束に関するプレコンパクト性)が判定できる．例えば，確率分布関数列 $\{F_n(x)\}$ $(n \geq 1)$ の尻尾の確率 $F_n(-x)+(1-F_n(x))$ が $x \to \infty$ のとき n について一様に 0 に収束すれば，収束する部分列が選べて，その極限も確率分布関数となる．

始点
initial point
基点ともいう．*有向線分 PQ や*幾何ベクトル $\overrightarrow{PQ}$ の始点は P である．辺や曲線分は 2 つの端点のうちどちらが始点かを定めることによって，向きがつく．→ 道

磁場
magnetic field
磁気を帯びた物体(磁石など)や電流の間に働く力を磁力という．磁力が空間の「状態の変化」によって伝わると考え，この空間の「状態の変化」を磁場(磁界)と呼ぶ．

磁場 $\boldsymbol{B}$ はベクトル場である．微小な磁石である磁気双極子を考える．磁気双極子の N 極の方向を向いた，磁気の強さと比例する大きさを持つベクトル，すなわち磁気モーメントを $\boldsymbol{m}$ とする．磁場 $\boldsymbol{B}$ がある空間内の 1 点 $\boldsymbol{x}$ に磁気双極子を置くと，N 極が $\boldsymbol{B}(\boldsymbol{x})$ の方向に向くように磁気双極子を回転させる力が働く．この力はベクトル $\boldsymbol{N}=\boldsymbol{m}\times\boldsymbol{B}(\boldsymbol{x})$ で表される(すなわち $\boldsymbol{N}$ の方向を軸とした回転をさせようとする，大きさ $\|\boldsymbol{N}\|$ の

力が働く）．ここで × は*ベクトル積を表す．

点 x での電流密度が $J(x)$ である電流の作る磁場は

$$B(x) = \frac{\mu_0}{4\pi} \int_{\mathbb{R}^3} J(y) \times \frac{x-y}{\|y-x\|^3} dy_1 dy_2 dy_3$$

である（*ビオ–サバールの法則）．ただし，μ_0 は透磁率と呼ばれる定数である．

磁場は電荷を帯びた動いている物質に力を及ぼす（→ ローレンツ力）．

変化しない磁場を静磁場という．静磁場は div $B=0$ を満たし，*ベクトルポテンシャルと呼ばれるベクトル場 A を用いて，$B=$rot A と表される．→ 電磁場，マクスウェルの方程式

指標（群の）
character

(1) アーベル群の指標　アーベル群 G の 1 次の*線形表現 $\chi: G \to \mathbb{C}^\times$ を指標という．→ 指標群

(2) 線形表現の指標　群 G の線形表現 $\rho: G \to GL(N, \mathbb{C})$ に対し，

$$\chi_\rho(g) = \operatorname{tr} \rho(g) \quad (g \in G)$$

を表現 ρ の指標という．ここで tr は*跡（トレース）を表す．G の単位元 1 における指標の値 $\chi_\rho(1)$ は表現の次数 N に等しい．また $g, h \in G$ に対して，$\chi_\rho(ghg^{-1}) = \chi_\rho(h)$ が成り立つ．すなわち指標は G の*共役類のなす集合上の関数と見ることができる．

逆に $\chi(ghg^{-1}) = \chi(h)$ を満たす χ は，指数の 1 次結合になる．

群 G の線形表現 ρ_1, ρ_2 が同値（→ 線形表現）であるための必要十分条件は $\chi_{\rho_1} = \chi_{\rho_2}$ が成り立つことである．既約表現（→ 線形表現）の指標を既約指標という．

有限群 G の異なる既約指標の個数は G の共役類の個数に等しい．G の異なる既約指標全体を $\{\chi_1, \chi_2, \cdots, \chi_m\}$ とすると，次の直交関係式が成り立つ．

$$\sum_{g \in G} \chi_i(g) \chi_j(g^{-1}) = \begin{cases} |G| & (\chi_i = \chi_j \text{ のとき}) \\ 0 & (\chi_i \neq \chi_j \text{ のとき}) \end{cases}$$

$$\sum_{i=1}^m \chi_i(g) \chi_i(h^{-1})$$
$$= \begin{cases} |G|/|C(g)| & (C(g) = C(h) \text{ のとき}) \\ 0 & (C(g) \neq C(h) \text{ のとき}) \end{cases}$$

ここで $C(g)$ は g の共役類，$|C(g)|$，$|G|$ はそれぞれ $C(g)$，G の元の個数である．有限群 G の

表現 $\rho: G \to GL(N, \mathbb{C})$ は*ユニタリ表現と同値であるので，$\chi_\rho(g^{-1}) = \overline{\chi_\rho(g)}$ $(g \in G)$ が成り立つ．ここで ‾ は複素共役を表す．指標の概念はリー群の場合に一般化される．

指標群
character group

アーベル群 G から $\mathbb{C}^\times$ への群の準同型写像 $\chi: G \to \mathbb{C}^\times$ の全体 $\widehat{G}$，すなわち群 G の 1 次元線形表現の全体 $\widehat{G}$ は χ_1, χ_2 の積を $\chi_1\chi_2(g) = \chi_1(g)\chi_2(g)$ $(g \in G)$ と定義することによってアーベル群となる．単位元は*恒等指標である．$\widehat{G}$ を指標群という．→ 指標（群の）

G を位数 n の有限アーベル群とするとき $g_1, g_2 \in G$，$\chi_1, \chi_2 \in \widehat{G}$ に対して

$$\frac{1}{n} \sum_{g \in G} \chi_1(g) \chi_2(g^{-1}) = \begin{cases} 1 & (\chi_1 = \chi_2) \\ 0 & (\chi_1 \neq \chi_2) \end{cases}$$

$$\frac{1}{n} \sum_{\chi \in \widehat{G}} \chi(g_1) \chi(g_2^{-1}) = \begin{cases} 1 & (g_1 = g_2) \\ 0 & (g_1 \neq g_2) \end{cases}$$

が成り立つ．これをアーベル群の指標の直交関係という．

G が可換なリー群の場合にも指標群は定義でき，直交関係も総和を積分に置き換えて成立する．直交関係はフーリエ級数やフーリエ変換と密接に関係する．

シフト
shift

数列 $\{a_n\}$ に対して添え字を 1 だけずらした数列 $b_n = a_{n+1}$（または $b_n = a_{n-1}$）を対応させる写像をシフトという．シフトは自然に，集合 A の無限直積空間 $A^{\mathbb{Z}} = \{\{a_n\} \, (n \in \mathbb{Z}) | a_n \in A\}$ 上の変換 $S: \{a_n\} \mapsto \{a_{n+1}\}$ と見ることができる．特に，A が有限集合の場合，S で不変な閉部分集合 X の上に S を制限して得られる力学系を記号力学系といい，しばしばこの記号力学系もシフトと呼ぶ．なお，差分方程式はシフトを用いて，例えば $u_{n+2} = au_{n+1} + bu_n$ を $S^2 u = aSu + bu$ のように表すことができる．

シフト（作用素，演算子）
shift operator

整数全体あるいは実数直線上の関数 $f(x)$ を定数 a だけずらす作用素 $T: f(x) \mapsto f(x+a)$ のことをいう．一般の群の上の関数についても同様の変換をシフト作用素ということがある．

志村-谷山予想
Shimura-Taniyama conjecture

有理数体上定義された*楕円曲線と,*上半平面で定義された*保型形式の間に L 関数を仲立ちとした対応が存在するという予想で,ワイルス(A. Wiles)が大きい部分を解決し,後に完全に解決された.ワイルスはその研究の応用として,*フェルマ予想を解決した.

例を挙げて説明する.有理数体上定義された楕円曲線 $E: y^2=x^3-x$ を考える.素数 $p \neq 2$ について,この定義方程式を mod p で考えることによって有限体 $\mathbb{Z}/p\mathbb{Z}$ 上定義された楕円曲線 $\overline{E}_p$ が生ずる.$\overline{E}_p$ の合同ゼータ関数(→ ヴェイユ予想)は,$\dfrac{1-a_p u+pu^2}{(1-u)(1-pu)}$ の形をしている.ここに $a_p=1+p-N_p$, N_p は $\overline{E}_p$ の $\mathbb{Z}/p\mathbb{Z}$ 有理点の個数となる.E の L 関数 $L(s,E)$ を,

$$L(s,E) = \prod_p \frac{1}{1-a_p p^{-s}+p^{1-2s}}$$

(p は 2 以外の素数を動く)と定義する.

一方,上半平面上の関数である*デデキントのエータ関数 $\eta(z)$ を使って
$$f(z)=\eta(4z)^2\eta(8z)^2=q\prod_{n\geq 1}(1-q^{4n})^2(1-q^{8n})^2$$
とおく(ここに $q=e^{2\pi i z}$)と,$f(z)$ は $SL(2,\mathbb{Z})$ の部分群

$$\Gamma_0(N) = \left\{ \begin{bmatrix} a & b \\ c & d \end{bmatrix} \in SL(2,\mathbb{Z}) \;\middle|\; c \equiv 0 \,(\mathrm{mod}\, N) \right\}$$

の $N=32$ に関する重さ 2 の保型形式となる.
$$f(z) = \sum_{n=1}^{\infty} b_n q^n$$
と展開し,f の L 関数 $L(s,f)$(f のゼータ関数ともいう)を
$$L(s,f) = \sum_{n\geq 1} b_n n^{-s}$$
と定義する.すると
$$L(s,E) = L(s,f)$$
が成り立つ(したがって,すべての p について $a_p=b_p$).代数的な存在である E と解析的な存在である f は異質のものであるから,この L 関数の一致は,不思議な事実といえる.

このように $\mathbb{Q}$ 上定義された楕円曲線 E が,$SL(2,\mathbb{Z})$ の合同部分群の重さ 2 のある保型形式 f と,$L(s,E)=L(s,f)$ の関係を通して対応する,という予想が志村-谷山予想である.

志村-谷山予想は,現在では,楕円曲線などの代数的な対象が住む世界と,上半平面上の保型形式などの解析的な対象が住む世界の間に,「ゼータ関数が一致すること」を仲立ちとする対応がある,という形の,もっと大きい予想(ラングランズ予想と呼ばれる予想)の一部となっている.

自明な
trivial

(1) 定義を満たし,それ以上簡単なものが考えられないような例につける形容詞.極端に簡単すぎて,初心者には盲点となることも多い.自明な群,自明な作用,自明な準同型写像,自明な部分空間など,非常にしばしば使われる.

(2) 字義通り,自ずから明らかなこと.いちいち証明を与えなくても,文脈から明らかな事実.自明とみなされる事実の総体はそれぞれの理論の前提となる枠組を示唆する.したがって,数学書を読む際には最初の 20 ページ程度に出てくる「自明」が自明でなければ,その基礎に立ち返って学ぶとよい.しかし,その一方で「自明である」と書かれている事柄の中には,著者の見落とした間違いが含まれていることもあり,注意を要する場合もある.

自明な群
trivial group

単位元のみからなる,元の個数が 1 個の群のこと.

自明な作用
trivial action

群 G の集合 X への作用は,もしすべての $g \in G$, $x \in X$ について,$gx=x$ が成り立つとき,自明な作用であるといわれる.

自明な準同型写像
trivial homomorphism

すべての元を単位元に写す*準同型写像のこと.

自明な部分空間(線形空間の)
trivial subspace

零ベクトルのみからなる部分空間のこと.

4 面体
tetrahedron

4 個の頂点と 4 個の面を持つ,3 角錐のこと.

射　morphism
（1）写像の概念の一般化．→ 圏
（2）代数多様体の射については → 代数多様体

シャウダーの不動点定理　Schauder's fixed point theorem　→ 不動点定理

射影　projection

*射影変換の考えのもとになった変換で，点光源のもとでの影絵を理想化すればこの変換となる．

空間内に，2 平面 π, π' と，これらの平面外の点 P が与えられたとき，平面 π の点 Q に対して，直線 PQ と平面 π' の交点 Q' を対応させると，π 上の平面図形 C は π' 上の平面図形 C' に移る．このような対応を射影といい，図形 C' は点 P からの射影によって得られた図形という．ただし，直線 PQ が平面 π' と平行な場合，対応する点 Q' は存在しない．このような例外点 Q の集合は，P を通って π' と平行な平面を π'' とすれば，直線 $l = \pi \cap \pi''$ となる．例えば C が円の場合，C の点と p とを結んでできる直線の全体は円錐となるので，この円錐と π' との共通部分である C' は円錐曲線である．さらに上記の直線 l と C との位置関係を考えると，l と C とが交わらなければ C' は楕円，l と C とが 2 点で交われば C' は双曲線，l と C とが接すれば C' は放物線である．このような状況を統一的に理解するには*射影空間の概念が必要となる．この意味の射影は配景対応，配景変換，中心射影などともいう．

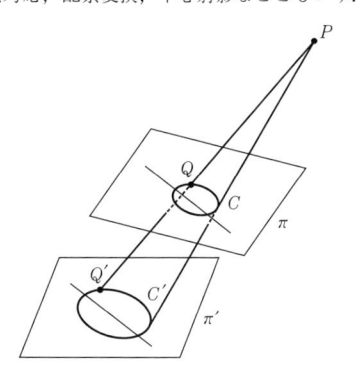

射影（作用素）　projection

（1）*正方行列 P について，$P^2 = P$ を満たすとき，射影または射影行列ということがある．
（2）*線形空間 V における射影あるいは射影作用素とは，*線形写像 $P: V \to V$ で，$P^2 = P$ を満たすものをいう．このとき，$I - P$（I は恒等写像）も射影であり，$P, I - P$ の*像と*核について，$\mathrm{Im}(I - P) = \mathrm{Ker}\, P$，$\mathrm{Im}\, P = \mathrm{Ker}(I - P)$ であり，*直和分解
$$V = \mathrm{Im}\, P \oplus \mathrm{Ker}\, P$$
が成り立つ．逆に，線形空間 V の直和分解 $V = W_1 \oplus W_2$ が与えられたとき，$v \in V$ の W_1 成分を Pv とおけば，射影 P が得られる．
（3）*直交射影を略して単に射影ということもある．とくに，*ヒルベルト空間 H においては，直交射影を単に射影あるいは射影作用素ということも多い．

射影（直積空間の）　projection

例えば，座標平面の点 (x, y) を x 軸上の点 $(x, 0)$ に対応させる写像は，第 1 成分または x 成分への射影という．一般に，2 つの空間 X, Y の直積空間 $Z = X \times Y$ の点 $z = (x, y)$ を X の点 x や Y の点 y に対応させる写像 $\pi_X(z) = x$，$\pi_Y(z) = y$ はそれぞれ射影である．とくに，$x = (x_1, x_2, \cdots, x_n) \in \mathbb{R}^n$ に対して，その第 i 成分 x_i を対応させる写像は自然な射影と呼ばれることがある．

射影加群　projective module

可換環 R 上の加群 P は，任意の R 加群の*完全系列
$$0 \to M_1 \to M_2 \to M_3 \to 0$$
に対して
$$0 \to \mathrm{Hom}_R(P, M_1) \to \mathrm{Hom}_R(P, M_2)$$
$$\to \mathrm{Hom}_R(P, M_3) \to 0$$
が常に完全系列であるとき射影 R 加群という．自由 R 加群は射影 R 加群である．R 加群 P が射影 R 加群であるための必要十分条件は自由 R 加群の直和因子となること，すなわち R 加群の直和 $P \oplus Q$ が自由 R 加群となるように R 加群 Q を見出すことができることである．任意の R 加群は射影 R 加群の剰余加群である．

環 R が非可換のときも左（右）R 加群に対して射影左（右）R 加群が定義でき，同様の性質を持つ．

射影幾何学
projective geometry

*射影変換によって不変な図形の性質を研究する幾何学.歴史的には絵画の遠近法(透視図法)の数学的な研究に起源をもち,ポンスレにより創始された.射影幾何学では楕円,放物線,双曲線は同一の幾何学的対象となる.*デザルグの定理,*パップスの定理は射影変換不変な命題であり,射影幾何学の典型的な定理である.

射影空間上の射影幾何学は次の公理で与えられる.

(1) 異なる2点 p, q を通る直線 pq がただ1つ存在する

(2) 1直線上には少なくとも3点が存在する

(3) 3点 p, q, r が1直線上にないとき,s, t をそれぞれ直線 pq, pr 上の点で,p, q, r と異なるとすれば,直線 st と直線 qr は1点で交わる.

(3)は「平面」上の異なる2直線は必ず1点で交わることを意味する.3次元以上の射影幾何学では*デザルグの定理が公理から証明され,ある体 K 上の射影空間上の幾何学であることが示される.一方,2次元射影幾何学ではデザルグの定理は公理として要請する必要がある.デザルグの定理を公理として要請しない2次元射影幾何学も構成できる.

⇒ 射影,有限射影平面

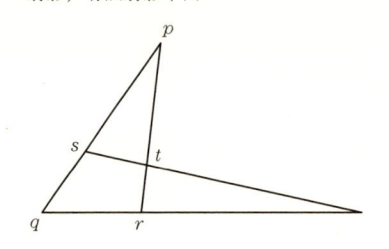

射影曲線
projective curve

1次元の*射影多様体を射影曲線という.*代数曲線ということも多い.

射影曲面
projective surface

2次元の*射影多様体を射影曲面という.*代数曲面ということも多い.

射影空間
projective space

*射影平面の一般化である.射影平面の高次元化で $\mathbb{R}^n$ に*無限遠点の集合(無限遠超平面)を付け加えてできる空間である.平面の場合は直線の向きが1つの無限遠点を定め,それに平行な直線どうしはその向きに対応する無限遠点で交わるとする.

n 次元実射影空間 $P^n(\mathbb{R})$ ($P^n_{\mathbb{R}}$, $\mathbb{R}P^n$ と記されることも多い)は $\mathbb{R}^{n+1} \setminus \{(0, \cdots, 0)\}$ を次の同値関係 $\sim$ で割ってできる*商空間である.

$$(a_0, \cdots, a_n) \sim (b_0, \cdots, b_n) \iff$$
$$(a_0, \cdots, a_n) = (\alpha b_0, \cdots, \alpha b_n) \text{ となる}$$
$$\alpha \in \mathbb{R} \setminus \{0\} \text{ がある}$$

言い換えると $n+1$ 個の数の組の比 $a_0 : \cdots : a_n$ が射影空間 $P^n(\mathbb{R})$ の1点に対応する.この点を $(a_0 : \cdots : a_n)$ と記す.また $\mathbb{R}^{n+1}$ の座標 $(x_0, \cdots, x_n)$ の比 $(x_0 : \cdots : x_n)$(または $[x_0, \cdots, x_n]$ とも記す)を射影空間 $P^n(\mathbb{R})$ の斉次座標,同次座標あるいは射影座標という.

射影空間 $P^n(\mathbb{R})$ の部分集合
$$U_0 = \{(a_0 : \cdots : a_n) \mid a_0 \neq 0\}$$
から n 次元実アフィン空間 $\mathbb{R}^n$ への写像
$$U_0 \to \mathbb{R}^n$$
$$(a_0 : \cdots : a_n) \mapsto \left(\frac{a_1}{a_0}, \frac{a_2}{a_0}, \cdots, \frac{a_n}{a_0}\right)$$
は*逆写像が $(c_1, \cdots, c_n) \mapsto (1 : c_1 : \cdots : c_n)$ で与えられることから*全単射となる.したがって射影空間 $P^n(\mathbb{R})$ は $\mathbb{R}^n$ に無限遠点の集合 $\{(0 : d_1 : \cdots : d_n) \mid (d_1 : \cdots : d_n) \in P^{n-1}(\mathbb{R})\}$ を付け加えたものと見ることができる.

1次元複素射影空間 $P^1(\mathbb{C})$ は,$U_0 \simeq \mathbb{C}$ と1点 $(0:1)$ を合わせたものである.$(0:1) = \infty$ と書くと,$P^1(\mathbb{C}) = \mathbb{C} \cup \{\infty\}$ である.これは*リーマン球面である.

複素数や*可換体 k を考えると,同様に,n 次元複素射影空間 $P^n(\mathbb{C})$ や*体 k 上の n 次元射影空間 $P^n(k)$ が定義できる.

$n+1$ 変数の*斉次多項式 $P_i(x_0, \cdots, x_n)$ ($i = 1, \cdots, k$) に対して,$\{(x_0 : \cdots : x_n) \mid P_i(x_0, \cdots, x_n) = 0, i = 1, \cdots, k\}$ と表される複素射影空間の部分集合を,射影的集合(→ 射影多様体)と呼ぶ.これは*代数幾何学の主要な研究対象である.

射影空間(多様体としての)
projective space

多様体の基本的な例.実数体上の*射影空間 $P^n(\mathbb{R})$ は可微分多様体,複素数体上の射影空間 $P^n(\mathbb{C})$ は複素多様体の構造を持つ.

$F=\mathbb{R}$ または $\mathbb{C}$ 上の n 次元射影空間 $P^n(F)$ の部分集合 $U_\alpha(\alpha=0,1,\cdots,n)$ を
$$U_\alpha = \{(x_0:x_1:\cdots:x_n) \mid x_\alpha \neq 0\}$$
により定める．$(x_0:x_1:\cdots:x_n)$ は斉次座標(→射影空間)を表す．写像 $\varphi_\alpha: U_\alpha \to F^n$ を
$$\varphi_\alpha((x_0:x_1:\cdots:x_n)) = \left(\frac{x_0}{x_\alpha}:\frac{x_1}{x_\alpha}:\cdots\right.$$
$$\left.:\frac{x_{\alpha-1}}{x_\alpha}:\frac{x_{\alpha+1}}{x_\alpha}:\cdots:\frac{x_n}{x_\alpha}\right)$$
により定義すると，φ_α は全単射である．さらに，$\alpha<\beta$ のとき，
$$\varphi_\beta \circ \varphi_\alpha^{-1}((x_1:\cdots:x_n))$$
$$= \left(\frac{x_1}{x_\beta}:\cdots:\frac{x_\alpha}{x_\beta}:\frac{1}{x_\beta}:\frac{x_{\alpha+1}}{x_\beta}:\cdots\right.$$
$$\left.:\frac{x_{\beta-1}}{x_\beta}:\frac{x_{\beta+1}}{x_\beta}:\cdots:\frac{x_n}{x_\beta}\right)$$
が成り立つ．このことから，$P^n(\mathbb{R})$ は可微分多様体，$P^n(\mathbb{C})$ は複素多様体となる．

また，商空間への*標準写像
$$\varphi: \mathbb{R}^{n+1}\setminus\{(0,\cdots,0)\} \longrightarrow P^n(\mathbb{R})$$
は*滑らかな写像である．この写像を n 次元単位球面
$$S^n = \{(x_0,\cdots,x_n) \in \mathbb{R}^{n+1} \mid x_0^2+\cdots+x_n^2=1\}$$
に制限した写像 $\pi: S^n \to P^n(\mathbb{R})$ も滑らかな全射である．$P^n(\mathbb{R})$ の各点の π による逆像は 2 点よりなり，それらは S^n の対蹠点(たいせきてん，$(a_0,\cdots,a_n)\in S^n$ と $(-a_0,\cdots,-a_n)\in S^n$)である．このことから，$n$ 次元射影空間 $P^n(\mathbb{R})$ は n 次元単位球面の対蹠点を同一視して得られる商空間と見ることができる．

複素射影空間 $P^n(\mathbb{C})$ では標準写像
$$\varphi: \mathbb{C}^{n+1}\setminus\{(0,\cdots,0)\} \longrightarrow P^n(\mathbb{C})$$
は正則写像であり，この φ を $2n+1$ 次元単位球面 $S^{2n+1}=\{(z_0,\cdots,z_n)\in\mathbb{C}^{n+1} \mid |z_0|^2+\cdots+|z_n|^2=1\}$ に制限した写像 π は滑らかな写像である．上と類似の考察によって，複素射影空間 $P^n(\mathbb{C})$ は群 $U(1)=\{u\in\mathbb{C} \mid |u|=1\}$ の S^{2n+1} への*作用 $S^{2n+1} \ni (z_0,\cdots,z_n)\mapsto(uz_0,\cdots,uz_n)$, $u\in U(1)$ による商空間と見ることができる．

$P^n(\mathbb{R})$ と $P^n(\mathbb{C})$ はいずれもコンパクトである．

射影作用素 projection → 射影(作用素)

射影代数多様体 projective algebraic variety ＝射影多様体

射影多様体
projective variety

*射影空間の中で斉次多項式の共通零点として表される代数多様体のことをいう．

n 次元複素射影空間 $P^n(\mathbb{C})$ の斉次座標を $(z_0:\cdots:z_n)$ と記すと，k 次斉次式 $F(z_0,\cdots,z_n)$ の零点を射影空間の中で考えることができる．
$$\{(a_0:\cdots:a_n) \mid F(a_0,\cdots,a_n)=0\}$$
($c\neq 0$ に対して $F(a_0,\cdots,a_n)=0$ であれば $F(ca_0,\cdots,ca_n)=c^k F(a_0,\cdots,a_n)=0$ であり，$(a_0:\cdots:a_n)=(ca_0:\cdots:ca_n)$ であることに注意．) この零点集合を k 次超曲面という．一般に有限個の斉次多項式 $F_1(z_0,\cdots,z_n),\cdots,F_m(z_0,\cdots,z_n)$ の共通零点
$$\{(a_0:\cdots:a_n) \mid F_i(a_0,\cdots,a_n)=0,\ 1\leq i \leq m\}$$
を射影的集合と呼ぶ．さらに一般に多項式環 $\mathbb{C}[z_0,\cdots,z_n]$ の斉次イデアル(斉次多項式から生成されるイデアル．→次数つき環) J に対して $V(J)$ を
$$V(J) = \{(a_0:\cdots:a_n) \mid G(a_0,\cdots,a_n)=0,$$
$$G\in J \text{ は斉次式}\}$$
と定義する．イデアル J は有限個の斉次式で生成されるので，$V(J)$ は射影的集合となる．また，射影的集合 V に対して V のすべての点で 0 になる斉次多項式から生成される $\mathbb{C}[z_0,\cdots,z_n]$ のイデアルを $I(V)$ と記す．このとき
$$I(V(J)) = \sqrt{J}$$
が成り立つ(*ヒルベルトの零点定理)．ここで $\sqrt{J}$ は J の*根基である．射影的集合の間に $W\subset V$ なる関係があるとき W は V の部分射影的集合という．このとき $I(W)\supset I(V)$ が成り立つ．さらに斉次イデアルの間に $I\subset J$ なる関係があるときは $V(I)\supset V(J)$ が成り立つ．

射影的集合 V が $V_1\neq V$, $V_2\neq V$ である 2 つの射影的集合の和 $V=V_1\cup V_2$ となるとき V は可約であるといい，可約でないとき既約といい，既約な射影的集合を射影多様体と呼ぶ．射影的集合 V が射影多様体であるための必要十分条件は $I(V)$ が*素イデアルであることである．$I(V)$ を V の定義イデアルという．射影多様体の間に $W\subset V$ なる関係があるとき W は V の部分多様体という．

$P^n(\mathbb{C})$ の点 $(a_0:\cdots:a_n)$ で $a_i\neq 0$ を満たすものの全体を U_i と記すと，U_i は n 次元アフィン空間 $\mathbb{C}^n$ と見ることができる(→射影空間(多様体としての))．射影多様体 V に対して $V\cap U_i$ は*アフィン代数多様体である．したがって射影多様体はアフィン代数多様体を貼り合わせてできる*代数

多様体と見ることができる.

$\mathbb{C}[z_0,\cdots,z_n]$ の斉次素イデアル I が定義する射影多様体 $V=V(I)$ に対して $\mathbb{C}[z_0,\cdots,z_n]/I$ を V の斉次座標環と呼ぶ. 斉次座標環の商体の*超越次数から 1 を引いたものを射影多様体の次元といい $\dim V$ と記す. この次元は $V\cap U_i$ が空集合でなければアフィン代数多様体 $V\cap U_i$ の次元と一致する. $\dim V=1$ である射影多様体を射影曲線または代数曲線, $\dim V=2$ である射影多様体を射影曲面または代数曲面という.

n 次元射影空間内の d 次元射影多様体 V の定義イデアル I が斉次多項式 $F_1,\cdots,F_m$ から生成されるとする. V の点 $P=(a_0:\cdots:a_n)$ で行列

$$\begin{bmatrix} \frac{\partial F_1}{\partial z_0}(a_0,\cdots,a_n) & \cdots & \frac{\partial F_1}{\partial z_n}(a_0,\cdots,a_n) \\ \vdots & \cdots & \vdots \\ \frac{\partial F_m}{\partial z_0}(a_0,\cdots,a_n) & \cdots & \frac{\partial F_m}{\partial z_n}(a_0,\cdots,a_n) \end{bmatrix}$$

の階数が $n-d$ より小さいとき点 P は V の*特異点であるという. 特異点でないとき, すなわち上の行列の階数が $n-d$ のとき正則点または非特異点であるという. 特異点を持たない射影多様体を非特異射影多様体という. この定義は代数多様体の場合の定義と一致する. また射影多様体 V の*定義体は定義イデアル $I(V)$ の生成元の係数の全体を含む体である.

以上の理論は $\mathbb{C}$ を代数的閉体である任意の可換体 k で置き換えても適用できる.

射影的極限 projective limit → 帰納的極限と射影的極限, 写像, 直積

射影的集合 projective set → 射影多様体

射影部分多様体 projective subvariety → 射影多様体

射影平面
projective plane

平面では平行な 2 直線は交わらないが, 無限遠のかなたで交わると考え, それらの点を平面につけ加えてできる図形を射影平面という. $\mathbb{R}P^2$, $P^2(\mathbb{R})$, $P^2_{\mathbb{R}}$ などと記す. 2 次元*射影空間のことである. 2 次元球面の直径の両端を同一視して得られる.

射影変換
projective transformation

複素数全体または実数全体を k と書く. $a_{ij}\in k$ $(i,j=0,\cdots,n)$ を成分とする可逆な $(n+1)\times(n+1)$ 行列 $A=[a_{ij}]$ を考える. (複素または実)*射影空間 $P^n(k)$ の点を斉次座標を用いて $(x_0:\cdots:x_n)$ で表す (→ 射影空間, 斉次座標). このとき, $(x_0:\cdots:x_n)$ を $(\sum_{j=0}^n a_{0j}x_j:\cdots:\sum_{j=0}^n a_{nj}x_j)$ に写す写像 φ_A が定まる. これを射影変換という. $n=1$, $k=\mathbb{C}$ のとき φ_A は 1 次分数変換になる. すなわち, $A=\begin{bmatrix} a & b \\ c & d \end{bmatrix}$ のとき, $\varphi_A(z)=(az+b)/(cz+d)$ である (ここでは, $(x:y)\mapsto x/y$ $(y\neq 0)$ で $k\cup\{\infty\}=P^1(k)$ とみなした).

0 でない k の元 α に対して, A と αA は同じ射影変換を定義する. 射影変換 φ_A の逆写像は A の逆行列が定める射影変換 $\varphi_{A^{-1}}$ である. $P^n(k)$ の射影変換の全体は写像の合成によって群になる. この群を $PGL(n,k)$ と記すと, 群の全射準同型写像: $GL(n+1,k)\to PGL(n,k)$ が A を φ_A に写すことにより定まる. この準同型写像の核は αI_{n+1} (ただし $\alpha\in k^\times=k\setminus\{0\}$) であり, $k^\times$ と同型な群である. ここで I_{n+1} は $n+1$ 次の単位行列である.

古典的には, 平面 H の射影変換は以下に述べる中心射影と平行射影を有限回繰り返して得られる変換をいう (配景対応, 配景変換ということもある). 空間の中の H のコピー H_1, H_2 を考える (アフィン変換を用いて H を H_1, H_2 と同一視する).

(1) H_1, H_2 に含まれない点 O をとる. H_1 の点 P_1 に対して, 直線 OP_1 が H_2 と交わる点を P_2 とする. 対応 $P_1\mapsto P_2$ が中心射影である.

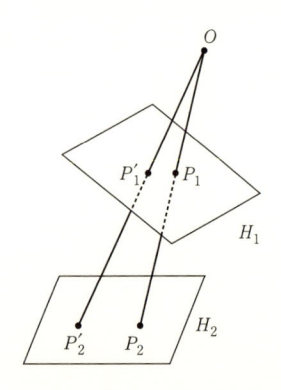

(2) H_1, H_2 に平行でない 1 つの直線 l をとる. H_1 の点 P_1 を通り l に平行な直線と H_2 の交点を P_2 とする. 対応 $P_1\mapsto P_2$ が平行射影である.

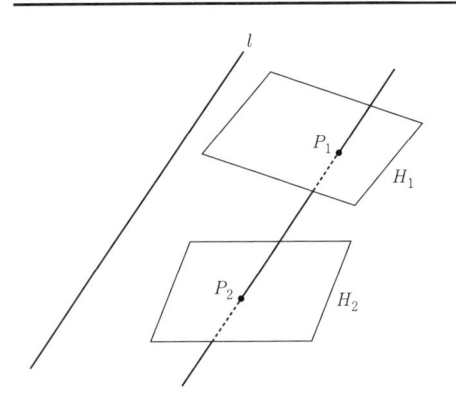

この定義では中心射影，平行射影を施せない $H(=H_1)$ の点が存在する．このような点の射影変換による「行き先」を考えるためには，平面 H に「無限遠直線」を付け加え，射影変換を射影平面から射影平面への定義に拡張する．こうすると，最初に述べた定義の $n=2, k=\mathbb{R}$ の場合になる．

弱位相(ノルム空間の)
weak topology

ノルム空間において*弱収束を考えたときの位相である．

X を*ノルム空間，X^* をその(位相的な)双対空間(→ 双対空間(ノルム空間の))とする．次の形の集合全体を点 $x_0 \in X$ の*基本近傍系として定められる X の位相を弱位相という．

$$\{x \in X \mid |f_k(x-x_0)| < \varepsilon \ (k=1,\cdots,n)\}.$$

ここで $f_1, \cdots, f_n$ は X^* の任意有限個の要素で，$\varepsilon > 0$ とする．弱位相に関する収束を弱収束という．

同様に，次の形の集合全体を点 $f_0 \in X^*$ の基本近傍系として定まる X^* の位相を，*-弱位相という．

$$\{f \in X^* \mid |f(x_k)-f_0(x_k)| < \varepsilon \ (k=1,\cdots,n)\}.$$

$x_1, \cdots, x_n$ は X の任意有限個の要素で，$\varepsilon > 0$ である．

弱位相や*-弱位相は*強位相より弱い．→ 弱収束，双対空間(ノルム空間の)

弱解
weak solution

広義解の一種である．関数方程式の解を，設定した関数空間 X の枠組で求めることができなくても，X の双対空間を用いて方程式を書き換えると解の概念を拡げられる場合がある．このような解を弱解という．

例　$\mathbb{R}^n$ の領域 D 上で定義された偏微分方程式

$$\sum_{i,j=1}^{n} \frac{\partial}{\partial x_i}\left(a_{ij}(x)\frac{\partial u(x)}{\partial x_j}\right) = f(x) \quad (1)$$

の解があるとすれば，コンパクトな台を持つ任意の滑らかな関数 $\varphi(x)$ に対し，部分積分により次の等式が成り立つ．

$$-\sum_{i,j=1}^{n}\left(a_{ij}\frac{\partial u}{\partial x_j}, \frac{\partial \varphi}{\partial x_i}\right) = (f, \varphi). \quad (2)$$

ここで $(u,v) = \int_D u(x)v(x)dx_1 \cdots dx_n$ である．(1)に解がなくても(2)を満たす解があるとき，これを解として採用し，(1)の弱解という．→ 広義解，古典解

弱収束
weak convergence

例えば数列空間 $l^2 = \{\boldsymbol{a} = \{a_n\}_{n \geq 1} \mid \sum_{n=1}^{\infty}|a_n|^2 < \infty\}$ において，ベクトル $\boldsymbol{e}_n = (\underbrace{0, \cdots, 0}_{n}, 1, 0, \cdots)$ は，互いの距離が $\|\boldsymbol{e}_m - \boldsymbol{e}_n\| = \sqrt{2}\ (m \neq n)$ であり m, n を大きくしても 0 にならないが，列 $\{\boldsymbol{e}_n\}\ (n \geq 1)$ は次のような弱い意味で 0 に近づくと考えることができる：任意の元 $\boldsymbol{a} \in l^2$ に対し，$a_n = (\boldsymbol{a}, \boldsymbol{e}_n) \to 0\ (n \to \infty)$．

一般に，ヒルベルト空間 X の点列 $\{x_n\}\ (n \geq 1)$ と $x \in X$ があり，任意の $y \in X$ に対して $\lim_{n \to \infty}(x_n, y) = (x, y)$ が成り立つとき，$\{x_n\}\ (n \geq 1)$ は x に弱収束するという．*強収束する点列は弱収束するが，上の例のように，逆は成り立たない．

可分なヒルベルト空間の点列 $\{x_n\}\ (n \geq 1)$ が有界であれば，弱収束する部分列 $\{x_{n_k}\}\ (n \geq 1)$ を取り出すことができる(強収束部分列は一般には存在しない)．この事実は $\mathbb{R}^n$ におけるボルツァーノ-ワイエルシュトラスの定理の類似であり，ディリクレの原理の証明などを始め，幅広い応用を持つ．

弱収束の概念はバナッハ空間の場合にも考えることができる．→ 弱位相(ノルム空間の)

弱収束(作用素列の)
weak convergence

H_1, H_2 を*ヒルベルト空間，$(\cdot, \cdot)$ を H_2 の内積とし，$T_n, T: H_1 \to H_2\ (n=1,2,\cdots)$ を連続線形作用素とする．すべての $x \in H_1, y \in H_2$ について，$\lim_{n \to \infty}(T_n x, y) = (Tx, y)$ が成り立つとき，$\{T_n\}\ (n \geq 1)$ は T に弱収束するという．→ 強収束(作用素列の)，ノルム収束(作用素列の)

弱定常過程
weakly stationary process

確率過程 $X(t)$ でその分布が時刻 t によらないものをいう．単に定常過程ともいい，t が多次元の場合は定常確率場ともいう．多くの物理現象などのモデルとして用いられる．1940年代にコルモゴロフはその理論を展開するとともに，発達した一様乱流のモデルとして用いている．

斜交座標　oblique coordinates　→ 座標

写像
map, mapping

2つの*集合 X, Y があり，X の各*要素 x に対して Y の要素 y が1つ対応しているとき，この対応を X から Y への写像といい，対応する要素を $y=f(x)$ のように表す．また，f が集合 X から Y への写像であることを，$f: X \to Y$ と表す．しばしば，$f(x)=y$ であることを，$x \mapsto y$，あるいは $f: x \mapsto y$ のように表す．

$n \times m$ 行列 A で表される線形写像 f とは m 次縦ベクトル x を，n 次縦ベクトル Ax に写す写像のことである(→ 行列，線形写像，行列の定める線形写像)．上記の記法で記すと，$f: \mathbb{R}^m \to \mathbb{R}^n$，$x \mapsto Ax$ である．

行き先(target)の集合 Y が実数や複素数の集合のときは，写像を*関数ということが多い．また，相似変換，ワイル変換，フーリエ変換などのように，行き先 Y と*定義域 X が一致しているときに，写像を*変換と呼ぶことも多い．

2つの写像 f_1, f_2 について，定義域が同じ集合で，定義域のどの要素 x に対しても $f_1(x)=f_2(x)$ であるとき，f_1 と f_2 は同じものと考え，等しいといい，$f_1 = f_2$ と書く．

写像 $f: X \to Y$ は「$f(x)=f(y)$ ならば $x=y$」が成り立つとき，*単射といい，f の*値域，つまり，X の*像 $f(X)=\{f(x) \mid x \in X\}$ が Y 全体のとき，*全射という．*全単射 f に対しては $f \circ f^{-1} = \mathrm{id}_Y$，$f^{-1} \circ f = \mathrm{id}_X$ を満たす*逆写像 f^{-1} が定義される．ただし，$\mathrm{id}_X, \mathrm{id}_Y$ は*恒等写像とする．また，2つの写像 $f: X \to Y$，$g: Y \to Z$ に対しては，*合成写像 $(g \circ f)(x) = g(f(x))$ が定義される．

集合論ではすべての概念を集合として定義するので，写像を次のように定義する．X から Y への写像とは，*直積集合 $X \times Y$ の部分集合 R で，次の性質を持つもののことである．「任意の $x \in X$ に対して，$(x, y) \in R$ なる $y \in Y$ がただ1つ存在する」．$f: X \to Y$ を写像とするとき，$R = \{(x, f(x)) \mid x \in X\}$ とおけば，上の性質を満たす R が得られる．R を写像 f のグラフという．

写像空間
mapping space

位相空間 X から Y への*連続写像全体のなす空間 $C(X, Y)$ に位相を入れたものである．通常は*コンパクト開位相を考える．例えば $X = S^1$(円)とすると，$C(S^1, Y)$ は Y の閉曲線全体のなす空間で*ループ空間と呼ばれる．

写像度
degree

向きの付いた境界のないコンパクトな曲面(あるいは次元が同じ多様体) M, N の間の連続写像 $\varphi: M \to N$ に対して，φ が M を覆う「枚数」のことを写像度という．

正確には*微分形式を用いて次のように定義できる．M, N が n 次元のとき，積分 $\int_M \varphi^* \omega$ を考える．ここで，ω は $\int_N \omega = 1$ なる N 上の任意の微分 n 形式で，φ^* は微分形式の*引き戻しである．この積分 $\int_M \varphi^* \omega$ は，$\int_N \omega = 1$ なる ω によらない整数になる．これを写像度という．

1点 $p \in N$ の逆像の任意の点 $x \in \varphi^{-1}(p)$ で φ のヤコビ行列(→ 微分(多様体の間の写像の))が可逆と仮定する．このとき，$x \in \varphi^{-1}(p)$ に対して，ϵ_x を φ の x でのヤコビ行列の行列式が正であるとき +1，負であるとき -1 と定めると，$\sum_{x \in \varphi^{-1}(p)} \epsilon_x$ は写像度に一致する(ただしヤコビ行列は，向きを保つ座標(→ 向き付け可能)を用いて定める)．

例えばリーマン球面 $\mathbb{C} \cup \{\infty\}$ から自分自身への写像 $z \mapsto z^k$ の写像度は k である．

写像度は写像の連続変形すなわち*ホモトピーで不変である．また*ホモロジー群を用いて定義することもできる．したがって微分可能とは限らない連続写像に対しても，写像度が定まる．

無限次元空間の間の写像に写像度が定義できる場合があり，非線形偏微分方程式の研究に応用されている．

斜体
skew field

積が非可換である*体を斜体という．例えば*4元数体は斜体である．

シャノン
Shannon, Claude Elwood

1916-2001 アメリカの数学者,数理工学者.情報理論の創始者であり,情報の伝達に関する基本的な概念を1948年ベル研究所において確立した.情報理論のエントロピーはシャノンのエントロピーと呼ばれる.またマサチューセッツ工科大学の数学科在籍中に論理演算を電気スイッチ系で実現する装置を考案し,初期のコンピュータの発展に大きく寄与した.

シャノン理論　Shannon theory　⇒情報理論

ジャンプ過程　jump process　＝跳躍過程

シューアの補題
Schur's lemma

群 G の2つの既約表現 $\rho: G \to GL(V)$, $\varphi: G \to GL(W)$ と線形写像 $f: V \to W$ に対して $f(\rho(g)v) = \varphi(g)f(v)$ がすべての $v \in V$, $g \in G$ に関して成り立てば,f は同型写像か零写像である.これをシューアの補題という.特に代数閉体上では f はスカラー倍の写像になる.シューアの補題は群の表現論で重要な役割をする. ⇒表現(群の)

主イデアル　principal ideal　⇒単項イデアル

主イデアル整域　principal ideal domain　⇒単項イデアル環

主因子
principal divisor

非特異射影曲線または*閉リーマン面 C 上の有理関数または有理型関数 h が点 $P_1, P_2, \cdots, P_s$ でそれぞれ $m_1, m_2, \cdots, m_s$ 位の零点を持ち,点 $Q_1, Q_2, \cdots, Q_t$ でそれぞれ $n_1, n_2, \cdots, n_t$ 位の極を持ち,他の点では零点も極も持たないとき,*因子 $m_1P_1 + \cdots + m_sP_s - n_1Q_1 - n_2Q_2 - \cdots - n_tQ_t$ を (h) と記し,h が定める主因子という.このとき主因子 (h) の次数 $\deg(h) = (m_1 + \cdots + m_s) - (n_1 + \cdots + n_t)$ は0である.

例えば,複素数体上で考え,$C = P^1(\mathbb{C})$ を複素平面 $\mathbb{C}$ に無限遠点を付け加えたものとし,$h = z(z-1)$(ここに z は複素平面 $\mathbb{C}$ の座標関数とする),h は点 0 $(= P_0$ と書く)で1位の零点,点 1 $(= P_1$ と書く)で1位の零点,無限遠点 $(= P_\infty$ と書く)で2位の極を持ち,

$$(h) = P_0 + P_1 - 2P_\infty$$

であり,その次数は,$1+1-2=0$ である.

主因子 $(g), (h)$ に対して $(g)+(h)=(gh)$ が成立する.高次元の代数多様体の主因子も定義されている.

主因子群
principal divisor group

非特異射影代数曲線または閉リーマン面 C 上の*主因子の全体 $\mathcal{P}(C)$ は*因子の加法に関してアーベル群をなす.これを主因子群という.主因子群は次数が0の C 上の因子の全体 $\mathcal{D}_0(C)$ のなす群の部分群である.剰余群 $\mathcal{D}_0(C)/\mathcal{P}(C)$ は*アーベル多様体の構造を持ち*ヤコビ多様体と呼ばれる.

自由アーベル群
free abelian group

加法群(アーベル群) G が次の性質を持つ部分集合 A を持つとき,自由アーベル群といわれる.「任意の $x \in G$ に対して,$a_1, \cdots, a_k \in A$ および整数 $n_1, \cdots, n_k$ で

$$x = n_1a_1 + \cdots + n_ka_k$$

となるものが一意的に存在する」.A を G の基底,あるいは $\mathbb{Z}$ 基底という.

基底 A が有限集合のときは,A の元の個数を G の階数といい,G を有限階の自由アーベル群という.有限階の自由アーベル群は無限位数の巡回群の有限個の直積と同型である.

任意の集合 A に対して,A を基底とする自由アーベル群 G は具体的に次のように構成できる.$a \mapsto n_a \in \mathbb{Z} \, (a \in A)$ $\{a \in A \mid n_a \neq 0\}$ が有限集合となるような対応として,形式的な有限和

$$\sum_{a \in A} n_a a$$

を考え,このような有限和全体に自然な加法演算

$$\sum_{a \in A} n_a a + \sum_{a \in A} m_a a = \sum_{a \in A} (n_a + m_a)a$$

を考えたものを G とすればよい.*普遍写像による定義は以下のようになる.次の性質を満たすアーベル群 G と,単射 $i: A \to G$ が存在する.

「任意のアーベル群 H と写像 $j: A \to H$ に対して,準同型写像 $f: G \to H$ で,$f \circ i = j$ を満たすものがただ1つ存在する」

アーベル群 G と単射 i の組 (G, i) は同型を除いて一意的に決まる.$i(A)$ は G の基底である.A と $i(A)$ を同一視する.G は A により生成さ

れる自由アーベル群である．

与えられた集合を基底とする自由アーベル群を構成することは，数学のいろいろな分野で行われる．一見形式的で，何ら深い構造は持たないように思われるが，実は極めて有用なものなのである．例えば，リーマン面 S の点全体を基底にする自由群は*因子群と呼ばれ，S 上の有理型関数の研究に使われる．また，位相空間 X の k 次元特異単体全体を基底とする自由群は，ホモロジー群を定義するのに必要である．また乗法に関しても自由アーベル群を考えることができる．例えば，正の有理数全体のなす乗法群は，素数全体を基底とする自由アーベル群である．これは素因数分解定理の言い換えである． → アーベル群の基本定理

自由エネルギー
free energy

大雑把にいえば，自由エネルギーとは，エネルギーからエントロピーの寄与を除いたもののことである．U を内部エネルギー，T を絶対温度，S をエントロピーとして，ヘルムホルツ (H. von Helmholtz) の自由エネルギー F は
$$F = U - TS$$
で定義される．逆に，熱力学の第2法則からの帰結の1つ「熱力学的に一様な系が等温準静的循環を行うとき，その仕事は0である」より，F の存在を導くこと，さらにそこからエントロピー S を導くこともできる．この他に，ギブズ (J. W. Gibbs) の自由エネルギー
$$G = F + pV$$
があるが，統計力学における平衡状態は，対応する条件の下で自由エネルギーの最小化問題により特徴づけられる (*ギブズの変分原理)．なお，確率論における*大偏差原理で現れる汎関数 I は，自由エネルギーとして解釈が可能である． → エントロピー (熱力学の)，エントロピー (統計力学の)，熱力学

重解
multiple solution

重複した解のこと．重解という言葉はめったに使わない．日本の学校数学では重根の意味で使われているが正しい用法ではない．

周回積分
contour integral

閉曲線に沿った (線) 積分のこと． → 複素積分

自由加群
free module

群の演算を加法で表した*自由アーベル群を自由加群という．自由アーベル群としての階数を自由加群の階数という．

整数の全体 $\mathbb{Z}$ は自由加群であり，$\mathbb{Z}$ の有限個もしくは無限個の直和は自由加群であり，これに同型な加群を自由加群という．

また，可換環 R 上の加群に関しては R の有限個もしくは無限個の直和と同型な R 加群を自由 R 加群という．*単項イデアル整域 R 上の自由 R 加群の部分 R 加群は自由 R 加群である．

周期 (関数の)
period

3角関数 $\sin x, \cos x$ は
$$\sin(x + 2\pi) = \sin x,$$
$$\cos(x + 2\pi) = \cos x$$
を満たす．この 2π のように実数全体 $\mathbb{R}$ で定義された関数 $f(x)$ が任意の x に対して，関係式 $f(x+a)=f(x)$ を満たすとき，a をこの関数の周期という．0 以外の周期を持つ関数を周期関数という．a が $f(x)$ の周期であれば na ($n \in \mathbb{Z}$) も $f(x)$ の周期になる．周期関数 $f(x)$ の周期のうちで最小の正の数を基本周期という．$\sin x, \cos x$ の基本周期は 2π，$\tan x$ の基本周期は π である．

複素平面 $\mathbb{C}$ 上で定義された*有理型関数 $f(z)$ に対しても周期が定義できる．$f(z)$ の周期がすべて $m_1\omega_1 + \cdots + m_l\omega_l$ ($m_i \in \mathbb{Z}$) の形に表され，かつ，これより少ない個数の複素数を用いては整数係数の1次結合として周期が表示できないとき，$\omega_1, \cdots, \omega_l$ を基本周期という．複素平面 $\mathbb{C}$ 上の 0 でない有理型周期関数は1個もしくは2個の基本周期を持つ．指数関数 e^z は基本周期 $2\pi i$ を持つ周期関数である．2個の基本周期を持つ有理型関数は*楕円関数である． → 概周期関数，フーリエ級数，楕円関数

周期 (リーマン面の)
period

ω を*閉リーマン面 R 上の正則な*微分形式，γ を R 上の閉じた道 (*閉曲線) とするとき，積分 $\int_\gamma \omega$ を ω の周期という．R 上の正則な微分形式の基底 $(\omega_1, \cdots, \omega_g)$ と，R の整数係数*ホモロジーの基底 $(\alpha_1, \cdots, \alpha_g, \beta_1, \cdots, \beta_g)$ とから作られる行列

$$\begin{bmatrix} \int_{\alpha_1} \omega_1 & \cdots & \int_{\alpha_1} \omega_g \\ \vdots & \vdots & \vdots \\ \int_{\alpha_g} \omega_1 & \cdots & \int_{\alpha_g} \omega_g \\ \int_{\beta_1} \omega_1 & \cdots & \int_{\beta_1} \omega_g \\ \vdots & \vdots & \vdots \\ \int_{\beta_g} \omega_1 & \cdots & \int_{\beta_g} \omega_g \end{bmatrix}$$

をリーマン面 R の周期行列という．

周期解
periodic solution

微分方程式の解で*周期関数となるものをいう．周期解の表す運動を周期運動という．例えば $\cos x$ や $\sin x$ は常微分方程式 $d^2y/dx^2 = -y$ の周期解であり，その*加法定理は*解の一意性定理から導くことができる．2体問題(太陽の重力の下での地球の運動)の*解曲線は楕円(円を含む)，双曲線，放物線のいずれかになるが，このうち楕円の場合が周期解である．→ 周期軌道，準周期解，ホップ分岐

周期関数　periodic function　→ 周期(関数の)

周期軌道
periodic orbit

力学系などについて，*周期点の軌道，つまり，有限時間で出発点に戻ってくる軌道のことである．閉じた軌道，閉軌道(closed orbit)ともいう．

周期行列　period matrix　→ 周期(リーマン面の)，楕円関数，アーベル積分，アーベル多様体

周期点
periodic point

微分方程式などについて，周期運動あるいは*周期解を与える出発点をいう．一般に，力学系 (X, f_t) について，点 $x \in X$ は，$f_T x = x$ となる $T > 0$ が存在するとき，周期点といい，T を周期という．なお，このような正数 T の最小値(最小周期)を周期ということもある．

写像 $f: X \to X$ についても，n 回の反復写像 f^n の不動点，つまり，$f^n x = x$ となる点を f の周期点という．→ 不動点，不動点定理

自由境界問題
free boundary problem

例えば湖面に氷が張る様子を方程式で記述するとき，氷と水の境界は時間とともに動いていく．このような動く境界を自由境界という．自由境界をもつ領域内部での微分方程式の解を求める問題を自由境界問題という．これに対し，通常の*境界値問題における境界を「固定境界」と呼ぶことがある．

自由群
free group

群の公理で要請される以外の関係式が，どれも成り立たない群のことをいう．

群の生成元を表すことになる n 個の記号 $g_1, g_2, \cdots, g_n$，およびその逆元を表すことになる記号 $g_{n+1}, \cdots, g_{2n}$ を用意する．これらを，有限個並べたもの $g_{k_1} g_{k_2} \cdots g_{k_m}$ で，次の条件(*)を満たすもの全体を $F\langle g_1, \cdots, g_n \rangle$ とする．(何も並んでいない列($m=0$ である列)も $F\langle g_1, \cdots, g_n \rangle$ の元であると見なし e で表す．)

条件(*)：「$g_i g_{n+i}$ および $g_{n+i} g_i$ は列 $g_{k_1} g_{k_2} \cdots g_{k_m}$ に含まれない」

$F\langle g_1, \cdots, g_n \rangle$ は以下定義する演算で群になる．$F\langle g_1, \cdots, g_n \rangle$ またはそれと同型な群を自由群と呼ぶ．n を自由群 $F\langle g_1, \cdots, g_n \rangle$ の階数といい，集合 $\{g_1, \cdots, g_n\}$ を $F\langle g_1, \cdots, g_n \rangle$ の基底という．

条件(*)を満たすとは限らない列全体をここでは $\widetilde{F}\langle g_1, \cdots, g_n \rangle$ と書く．

$$g_1 g_2 g_{n+1} g_1 g_3 \mapsto g_1 g_2 g_3$$

のように，$g_i g_{n+i}$ または $g_{n+i} g_i$ が列に含まれていたら，これらを取り去っていくことにより，$\widetilde{F}\langle g_1, \cdots, g_n \rangle$ の元 x に $F\langle g_1, \cdots, g_n \rangle$ の元 $\overline{x}$ を対応させることができる．$\overline{x}$ は x だけから定まり，写像 $x \mapsto \overline{x}$, $\widetilde{F}\langle g_1, \cdots, g_n \rangle \to F\langle g_1, \cdots, g_n \rangle$ が定まる．

$F\langle g_1, \cdots, g_n \rangle$ に積を

$$\overline{g_{k_1} g_{k_2} \cdots g_{k_m}} \cdot \overline{g_{h_1} g_{h_2} \cdots g_{h_l}} = \overline{g_{k_1} g_{k_2} \cdots g_{k_m} g_{h_1} g_{h_2} \cdots g_{h_l}}$$

で定めると，$F\langle g_1, \cdots, g_n \rangle$ は e が単位元，g_i の逆元が g_{n+i} であるような群になり，$g_1, \cdots, g_n$ はその生成元である．

n 個の元から生成される任意の群 G に対して，自由群 $F\langle g_1, \cdots, g_n \rangle$ からの*全射*準同型写像が存在し，G は $F\langle g_1, \cdots, g_n \rangle$ の*剰余群と同型である(→ 群の表示)．

群 G が*木に自由に作用(→ 自由な作用)していると，G は自由群になる．

終結式
resultant

2変数の代数方程式 $f(x,y)=0$, $g(x,y)=0$ から変数 y を消去するときに現れる行列式をいう。$f(x,y)$, $g(x,y)$ を y に関して*降べきの順に

$$f(x,y) = a_0(x)y^m + a_1(x)y^{m-1}$$
$$+ \cdots + a_{m-1}(x)y + a_m(x),$$
$$g(x,y) = b_0(x)y^n + b_1(x)y^{n-1}$$
$$+ \cdots + b_{n-1}(x)y + b_n(x)$$

と表したときの係数から作った $m+n$ 次の行列式 $R(f,g)$ を終結式と呼び、次式で表される。

$$R(f,g) = \begin{vmatrix} a_0 & a_1 & a_2 & \cdots\cdots & 0 & 0 \\ 0 & a_0 & a_1 & \cdots\cdots & 0 & 0 \\ & \vdots & & & \vdots & \\ 0 & 0 & 0 & \cdots & a_0 & a_1 & \cdots & a_m \\ b_0 & b_1 & b_2 & \cdots\cdots & 0 & 0 \\ 0 & b_0 & b_1 & \cdots\cdots & 0 & 0 \\ & \vdots & & & \vdots & \\ 0 & 0 & 0 & \cdots & 0 & b_0 & b_1 & \cdots & b_n \end{vmatrix} \begin{matrix} \} n \\ \\ \} m \end{matrix}$$

$R(f,g)$ は x のみの多項式であり、$R(f,g)=0$ が $f(x,y)=0$, $g(x,y)=0$ から y を消去して得られた x の方程式となる。変数が多い場合はこの方法を何度も適用して変数を消去することができる。
⇒ 関孝和

集合
set

現代数学の最も基本的な概念である。漠然とした「物の集まり」という概念は太古からあったが、明確な数学の概念としての集合は、19世紀後半に*カントルにより導入された。同時に、集合それ自体を調べる豊かな数学分野も創始された(→ 集合論)。一方、集合やそれにかかわるいくつかの概念は、便利な言葉として定着していて、数学を記述するのに不可欠の用語になっている。

集合とは、はっきりと区別できる「もの」の集まりである。集合 A を構成する「もの」を元または要素という。a が集合 A の要素であるとき、$a \in A$ と書き、a は A に属する(あるいは a は A に含まれる)という。a が A の要素でないときには、$a \notin A$ と書く。

集合を表すのに、2種類の記述法がある。その1つは、$\{1,3,5\}$, $\{2,4,8,\cdots\}$, $\{x^2, 3xy+1, y\}$ のように、その要素を並べて表す方法である。もう1つは

$\{n \mid n \text{ は } 5 \text{ 以下の自然数}\}$ (1)

$\{x^2+1 \mid x \text{ は } 1<x<3 \text{ なる実数}\}$ (2)

$\{(x,y) \in \mathbb{R}^2 \mid x^2+y^2 < 1\}$ (3)

$\{f: [0,1] \to \mathbb{R} \mid df/dx > 0\}$ (4)

のように、「もの」がその集合の要素になる条件を書く方法である。ここで、(1)は集合 $\{1,2,3,4,5\}$ を、(2)は $1<x<3$ なる実数 x について $y=1+x^2$ となる y の全体を、(3)は $x^2+y^2<1$ を満たす実数の組 (x,y) 全体、すなわち原点を中心とした半径1の円の内部を表す。(4)は区間 $[0,1]$ で定義され微分が常に正の実数値関数全体を表す。なお、(1)(2)(3)(4)で使われた縦棒($|$)のかわりに、コロン($:$)やセミコロン($;$)が使われることもある。

2つの集合 A, B について、A の要素がすべて B の要素であるとき、A は B の部分集合であるといい、$A \subset B$ または $B \supset A$ と書く。A の要素と B の要素が完全に一致するとき、A と B は等しいといい、$A=B$ と書く。$A=B$ でないときは、$A \neq B$ で表す。$A=B$ のとき $A \subset B$ である。また $A \subset B$ かつ $B \subset A$ ならば $A=B$ である。

$A \subset B$, $A \neq B$ であるとき、A は B の真部分集合であるといい、$A \subsetneq B$ または $A \subsetneqq B$ と書く。

A が B の部分集合であることを表す記号には、$A \subset B$, $A \subseteq B$, $A \subseteqq B$ などが使われる。なお、$A \subset B$ が、A が B の真部分集合であることを意味することもあるので注意が必要である。

集合の演算には、次のようなものがある。A, B を集合とする。

(a) *共通部分(あるいは*交わり)
$$A \cap B = \{x \mid x \in A \text{ かつ } x \in B\}.$$

(b) *和集合(あるいは*合併)
$$A \cup B = \{x \mid x \in A \text{ または } x \in B\}.$$

要素を1つももたない集合を*空集合といい、$\varnothing$ で表す。

*全体集合 X が決まっているとき、A の補集合 A^c が
$$A^c = \{x \in X \mid x \notin A\}$$
で定まる。

これらの集合の間の演算に対しては、下に述べるような演算規則が成り立っている。

(1)(和と共通部分に対する結合律) $A \cup (B \cup C)=(A \cup B) \cup C$, $A \cap (B \cap C)=(A \cap B) \cap C$.
(2)(和と共通部分に対する交換律) $A \cup B = B \cup A$, $A \cap B = B \cap A$.
(3)(空集合の性質) $A \cup \varnothing = A$, $A \cap \varnothing = \varnothing$.
(4) $A \cup A = A$, $A \cap A = A$.
(5)(分配律) $A \cap (B \cup C)=(A \cap B) \cup (A \cap C)$, $A \cup (B \cap C)=(A \cup B) \cap (A \cup C)$.

(6)(ドゥ・モルガンの法則) $(A\cup B)^c=A^c\cap B^c$, $(A\cap B)^c=A^c\cup B^c$.

集合関数
set function

部分集合に値(通常は実数)を対応させる関数.例えば,平面図形にその面積を対応させる関数は集合関数である.

集合族
family of sets

集合の集まり,すなわち,ある添え字集合 I の元 $i\in I$ に対して集合 X_i が決まっているもののことを,集合の族あるいは集合族という.測度論(→測度)などでは,ある集合の部分集合の集まりのことを集合族という.または,例えば,和集合,補集合をとるという操作に関して閉じているなど,それにある性質や構造を付加したものを指すこともある.*可算加法的な集合族を単に集合族ということもある.

集合被覆問題
set covering problem

ある集合の部分集合のそれぞれに「重み」と呼ばれる実数値が与えられているとき,「重み」の和が指定された値以下であるという条件の下で,和集合が全体集合になるようにいくつかの部分集合を選べるかどうかを判定する問題をいう.代表的な*NP 完全問題である. ⇒ 組合せ最適化

集合論
set theory

無限集合を研究する数学の一分野で,カントルに始まる.カントルは無限集合の大きさが 1 種類ではないことを示し(→ 対角線論法),無限集合の大きさをはかる概念として*濃度(あるいは*基数)を導入した.また,*連続体仮説を定式化した.*選択公理がツェルメロ(E. F. Zermelo)によって導入されるなど集合論は次第に整備されていき,ツェルメロ,フレンケル(A. A. Fraenkel),ベルナイス(P. I. Bernays)らによって公理化された(→公理的集合論).20 世紀初頭の集合論研究は,初期の*測度論や*位相空間論と関わりをもって進展した.ゲーデルは選択公理と連続体仮説の無矛盾性を証明し,また,コーエン(P. J. Cohen)は選択公理と連続体仮説の独立性を証明した. ⇒ 順序数

重根
multiple root

方程式 $x^2-cx+1=0$ は $c\neq 2$ のとき異なる 2 根を(複素数の範囲で)持つが,$c=2$ のときはただ 1 つの根 $x=1$ しか持たない.この根 $x=1$ は重根である.

一般に P を多項式としたとき $P(x)=0$ が $(x-a)^2$ で割り切れるとき $x=a$ を重根に持つという.これは,$y=P(x)$ のグラフが,x 軸と点 $(a,0)$ で接していることと同値である.また,$P(a)=P'(a)=0$ とも同値である(P' は P の微分).

多項式が重根を持つかどうかは*判別式が 0 になるかどうかで判定される.

P が $(x-a)^k$ で割り切れ,$(x-a)^{k+1}$ で割り切れないとし,$k\geqq 1$ とするとき,P の a での重複度は k であるという.

連立代数方程式 $P_1(x_1,\cdots,x_n)=\cdots=P_n(x_1,\cdots,x_n)=0$ に対しても,重根・重複度の概念が同様にして定義される.すなわち,$(x_1,\cdots,x_n)=(a_1,\cdots,a_n)$ が重根であるとは,方程式を満たし,さらに,*ヤコビ行列 $[\partial P_i/\partial x_j]$ $(i,j=1,\cdots,n)$ の行列式が $(a_1,\cdots,a_n)$ で 0 になることを指す.重複度の定義は 1 変数の場合よりずっと複雑である. ⇒ 根

従順な群
amenable group

*フォン・ノイマンにより導入された群の性質.一般に,群 G 上の*本質的に有界な実数値関数 f に実数 $m(f)$ が対応し,次の性質を満たすとき,m を G 上の(左)不変平均という.

(1) m は本質的に有界な実数値関数のなす線形空間 $L^\infty(G)$ から R への線形写像(線形汎関数)である.

(2) $m(f)\leqq\|f\|_{L^\infty}$ がすべての $f\in L^\infty(G)$ に対して成り立つ(ここで $\|f\|_{L^\infty}$ は L^∞ ノルム(→ L^p ノルム)).

(3) $m(1)=1$,ただし $m(1)$ の中の 1 は恒等的に 1 に等しい関数を表す.

(4) $h\in G$ と $f\in L^\infty(G)$ に対して,$h\cdot f\in L^\infty(G)$ を $(h\cdot f)(g)=f(hg)$ として定義するとき,$m(h\cdot f)=m(f)$ が成り立つ.

不変平均は,G の部分集合 A に対して,$m(A)=m(\chi_A)$ とおくことにより,G 上の左作用に関して不変な有限加法的確率測度を導く.右不変平均も同様に定義される(左不変平均が存在す

れば右不変平均が存在する）．不変平均が存在する群を従順な群という．次のことが知られている．

(1) 可換群は従順である．例えば，整数の加法群 $\mathbb{Z}$ は従順であるが，この事実を示すには，*選択公理を用いなければならない．
(2) 従順な群の部分群は従順である．
(3) 従順な群の剰余群は従順である．
(4) G の正規部分群 H および剰余群 G/H が従順な群であれば，G も従順である．

これらの事実から，*可解群は従順であることがわかる．一方，階数が 2 以上の*自由群は従順ではない．

重心

centroid, barycenter, center of mass, center of gravity

平面幾何（または初等幾何）の中でみられる 3 角形の*5 心の 1 つである．

平面内の 3 角形の頂点と対辺の中点を結ぶ 3 本の中線は 1 点で交わる．これを 3 角形の重心（centroid）という．重心は各中点を 2：1 に内分する点である．

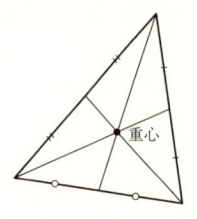

3 次元空間内の有限個の点 $P_i=(x_i,y_i,z_i)$ に質量 m_i の質点があると，この系の重心（barycenter）の位置ベクトルは $\sum m_i P_i / \sum m_i$ である．

また，3 次元空間内で，点 (x,y,z) での密度が $m(x,y,z)$ で与えられたとき，その重心の x 座標は積分

$$\frac{\iiint xm(x,y,z)dxdydz}{\iiint m(x,y,z)dxdydz}$$

である（y,z 座標についても同様）．重心は座標系の取り方によらずに定まる．

3 角形を一定の密度の板と考えたときの重心（center of mass, center of gravity）は最初の意味での 3 角形の重心になる．

囚人のジレンマ

prisoner's dilemma

*ゲーム理論における示唆的な現象を，2 人の共犯者の行動選択を例に説明したものである．共犯と思われる 2 人の容疑者が逮捕され，別々に取調べを受けている．2 人とも黙秘すればどちらも 2 年の刑，2 人とも自白すればどちらも 5 年の刑，一方が自白し他方が黙秘すれば，自白した方は半年の刑で黙秘した方は 10 年の刑を科されるとする．容疑者はそれぞれ，黙秘すべきか，自白すべきか，の選択を迫られる．自分が黙秘して相手が自白すると最悪の状態に陥るので，自白する方が安全と思われる．また，相手が黙秘の場合にも自分は自白した方が刑が軽くなる．それぞれがこのように考えて自白して，結局，2 人とも 5 年の刑を科されることになるであろう．しかし，もしも 2 人とも黙秘していれば，2 人とも 2 年の刑で済んだのであるから，2 人の選択は必ずしも最適でなかったことになる．ここに示した囚人の行動選択の問題は，非協力非ゼロ和ゲームとして定式化することができる．このゲームにおける均衡点は一意に定まり，「両者とも自白」という純戦略である．しかし，この均衡点は「両者とも黙秘」という戦略より劣っており，*パレート最適ではない．

集積点

accumulation point

$\mathbb{R}^m$ の部分集合 A に対し，点 x が A の集積点であるとは，A の要素からなる列 $\{a_n\}$ で $a_n \neq x$，$\lim_{n\to\infty} a_n = x$ となるものが取れることをいう．例えば $\{1, 1/2, 1/3, \cdots\}$ の集積点は 0 のみであり，開円板 $\{(x,y) \in \mathbb{R}^2 \mid x^2+y^2<1\}$ の集積点の全体は閉円板 $\{(x,y) \in \mathbb{R}^2 \mid x^2+y^2 \leqq 1\}$ である．

一般に位相空間 X の部分集合 A と点 $x \in X$ について，x の任意の近傍の中に x と異なる A の点が含まれるとき，x は A の集積点であるという．

なお，数列 $\{a_n\}$ から収束する部分列がとりだせるとき，その極限値を $\{a_n\}$ の集積値（accumulation value）という．$\{a_n\}$ を集合と見たときの集積点と集積値は一致するとは限らず，例えば $a_{2n-1}=1$, $a_{2n}=1/n$ で定まる数列の集積値は 0 と 1，集積点は 0 のみである．有界な数列の*上極限，下極限はそれぞれ集積値の最大値，最小値である．→孤立点，境界

収束（関数列の）

convergence

実数列などの場合とは異なって，関数列 $\{f_n\}$ ($n \geqq 1$) については互いに同値でない収束概念が

考えられ，状況に応じて使い分けられる．例えば区間 I で定義された関数列 $\{f_n\}$ について次の条件が成り立つとき，それぞれ関数 f に*各点収束，*一様収束，*L^2 収束するという：

(1) 各 $x_0 \in I$ ごとに $\lim_{n\to\infty} f_n(x_0) = f(x_0)$.
(2) $\lim_{n\to\infty} \sup_{x\in I} |f_n(x) - f(x)| = 0$.
(3) $\lim_{n\to\infty} \int_I |f_n(x) - f(x)|^2 dx = 0$.

このほかにもさまざまな収束概念が用いられる．これらの関係を調べることは，解析学の必須の研究課題であり，微分方程式の研究などに多くの応用をもつ．⇒ L^p 収束，弱収束，測度収束，一様収束

収束（集合列の）　convergence　⇒ 極限（集合列の）

収束（数列の）
convergence

実数の列 $\{a_n\}$ ($n=1, 2, \cdots$) が，n を限りなく大きくしていくとき（$n\to\infty$ のとき），ある実数 b に近づく場合に，数列 $\{a_n\}$ は b に収束する，あるいは，数列 $\{a_n\}$ の極限値は b であるといい，
$$\lim_{n\to\infty} a_n = b$$
と記す．厳密には，どんなに小さい正の数 ε に対しても，ある番号 N（ε に依存してよい）が存在して，$n \geq N$ であれば常に
$$|a_n - b| < \varepsilon$$
が成り立つようにできるとき，$\{a_n\}$ は b に収束するという（→ ε-δ 論法）．$\lim_{n\to\infty} a_n = b$ なる b があるとき，数列 $\{a_n\}$ は収束するという．数列 $\{a_n\}$ がどのような b にも収束しないとき $\{a_n\}$ は発散（divergence）するという．複素数からなる数列の極限値や収束も，まったく同じ式で定義する．

実（または複素）数列 $\{a_n\}$ が収束するための必要十分条件は，任意の正の数 ε に対して，適当な自然数 N を選べば，$m, n \geq N$ なる任意の m, n に対して，常に不等式
$$|a_m - a_n| < \varepsilon$$
が成り立つことである（コーシーの判定条件）．言い換えれば $\{a_n\}$ が*コーシー列をなすことが，$\{a_n\}$ が収束するための必要十分条件である．この判定条件は*実数の完備性と同値である．

実数列 $\{a_n\}$ が上に*有界で，かつ $a_n \leq a_{n+1}$ がどの n に対しても成り立てば，$\{a_n\}$ はその*上限に収束する．$\{a_n\}$ が下に有界で，かつ $a_n \geq a_{n+1}$ がどの n に対しても成り立てば，$\{a_n\}$ はその*下限に収束する．

一般に，収束する数列は有界である．逆に，有界な数列からは収束する*部分列を取り出すことができる．⇒ 極限，ボルツァーノ-ワイエルシュトラスの定理

収束（点列の）
convergence

数列の収束の概念は，*点列の場合に次のように一般化される．

$p_n = (x_n^1, \cdots, x_n^m)$ を $\mathbb{R}^m$ の点の列とし，$q = (y^1, \cdots, y^m)$ とする．すべての $i = 1, \cdots, m$ に対して
$$\lim_{n\to\infty} x_n^i = y^i$$
が成り立つとき，点列 $\{p_n\}$ は q に収束するといい，
$$\lim_{n\to\infty} p_n = q$$
と書く．このことは，
$$\lim_{n\to\infty} d(p_n, q) = 0 \qquad (*)$$
と同値である．ここで $d(p_n, q)$ は p_n と q の間の*ユークリッド距離である．

一般に，*距離空間 (X, d) の点列 $\{p_n\}$ と $q \in X$ に対して $(*)$ が成り立つとき，$\{p_n\}$ は q に収束するといい，$\lim_{n\to\infty} p_n = q$ と書く．

*位相空間 X の点列 $\{p_n\}$ と $q \in X$ に対して，p_n が q に収束するとは，q の任意の*近傍 U に対して，ある番号 N があって，$n \geq N$ ならば，$p_n \in U$ であることをいい，$\lim_{n\to\infty} p_n = q$ と書く．

収束域
domain of convergence

関数列 $\{f_n\}$ に対して，数列 $f_1(x), f_2(x), \cdots$ が*収束するような x 全体からなる集合を収束域という．

例　x が実数を動くとき，関数の列
$$f_n(x) = \sum_{m=1}^{n} \frac{x^m}{m}$$
の収束域は $[-1, 1)$ である．⇒ 収束半径

収束円　circle of convergence　⇒ べき級数

充足可能性問題
satisfiability problem

論理変数 x_i とその否定 $\bar{x}_i$ からなる和積形の論理式（例えば，$(x_1 \vee \bar{x}_2 \vee x_3) \wedge (\bar{x}_1 \vee x_2) \wedge (x_2 \vee x_3)$ ）に対して，その式が真になるような変数（上例

では x_1, x_2, x_3) の値(真または偽)が存在するかどうかを判定する問題をいう. *NP 完全であることが最初に示された問題である. → 組合せ最適化

収束半径
radius of convergence

複素数のべき級数 $a_0+a_1z+a_2z^2+\cdots$ は一般にある円の内部 $|z|<r$ で収束し, 外部 $|z|>r$ で発散するという性質を持つ($|z|=r$ なる z での収束については一概にいえない). このような r はただ 1 つ定まり, べき級数の収束半径という. ただし $z=0$ 以外で発散するときは $r=0$, またすべての z で収束するときは $r=\infty$ と約束する. 例えば $\sum_{n=0}^{\infty} z^{2n}$ の収束半径は 1, $\sum_{n=1}^{\infty} n^n z^n$ の収束半径は 0, $\sum_{n=0}^{\infty} z^n/n!$ の収束半径は ∞ である.

もし極限値 $r=\lim_{n\to\infty}|a_n|/|a_{n+1}|$ が存在するならば, 収束半径は r に等しい. 一般に, 収束半径 r はコーシー–アダマールの公式
$$\frac{1}{r}=\overline{\lim_{n\to\infty}}|a_n|^{1/n}$$
で与えられる. → べき級数

収束判定法(級数の)
convergence test

無限級数の収束は数列の収束の特別な場合と考えられるが, 収束の判定条件として級数独自のものがいくつかある. $\sum_{n=0}^{\infty}a_n$ の収束について次の十分条件はよく用いられる.

(1)(コーシーの判定法)
$$r=\lim_{n\to\infty}\sqrt[n]{|a_n|}$$
が存在するとき, $r<1$ なら収束し, $r>1$ なら発散する.

(2)(ダランベールの判定法)
$$r=\lim_{n\to\infty}\left|\frac{a_{n+1}}{a_n}\right|$$
が存在するとき, $r<1$ なら収束し, $r>1$ なら発散する.

(1), (2)において $r=1$ の場合は判定がつかないが, 正項級数の場合には次の判定法でおおむね間に合う.

(3)(ガウスの判定法) ある番号から先の項がすべて正であって, ある λ と $\delta>0$ に対し
$$\frac{a_{n+1}}{a_n}=1-\frac{\lambda}{n}+O\left(\frac{1}{n^{1+\delta}}\right) \quad (n\to\infty)$$
が成り立つとき, $\sum_{n=0}^{\infty}a_n$ は $\lambda>1$ なら収束, $\lambda\leq 1$ なら発散する.

交代級数については次の判定法がある.

(4)(ライプニッツの判定法) $c_1\geq c_2\geq\cdots\geq 0$, $\lim_{n\to\infty}c_n=0$ ならば $\sum_{n=1}^{\infty}(-1)^n c_n$ は収束する.

収束べき級数
convergent power series

0 でない*収束半径を持つべき級数のこと. → べき級数, 形式的べき級数

収束べき級数環
convergent power series ring

複素数を係数とする 1 変数収束べき級数全体は, 環をなす. これを収束べき級数環と呼び, $\mathbb{C}\{x\}$ と記す. 収束べき級数環は*形式的べき級数環 $\mathbb{C}[[x]]$ の部分環である.

多変数の収束べき級数環 $\mathbb{C}\{x_1,\cdots,x_n\}$ も同様に定義する.

従属変数　dependent variable　→ 独立変数

集団遺伝学
population genetics

メンデルの法則を始めとして, 生殖, 突然変異, 自然選択(淘汰)など遺伝子配位の変化を基礎として, 生物集団の人口の増減などを研究する分野をいう. 確率過程論としては, 退化した拡散係数を持つ自然な例を与える.

終点
end point

*有向線分 PQ や幾何ベクトル $\overrightarrow{PQ}$ の終点は Q である. 辺や曲線分に向きがついているとき, その 2 端点のうち*始点でないものが終点である. → 道, 始点

自由度
degree of freedom

ある物体の位置, より一般にはある系の状態が, n 個の実数のパラメータによって表されるとき, その系の自由度は n であるという. 例えば, 1 点 O を固定された(太さ 0 の)棒の位置は, 棒の上の 1 点 P の位置を与えると定まり, P の位置は OP の長さが一定であるという条件を除いて自由に定

まるから，この系の自由度は 3−1=2 である．

自由な作用
free action

群 G が集合 X に*作用しているとする．性質「g が単位元でなければ，任意の $x \in X$ に対して $g \cdot x \neq x$ である」が成り立つとき，G は X に自由に作用するという．これは，X の各点での*等方部分群がすべての単位元のみのとき G は X に自由に作用すると言い換えることができる．

例えば，G を G に，$g \cdot h = gh$（右辺は群の積）によって作用させると，この作用は自由である．しかし，G を G に $g \cdot h = ghg^{-1}$ で作用させると，$g \neq e, h = e$ に対して $g \cdot h = h$ が成り立つ（ここで e は単位元）．よってこの作用は自由ではない．

十分条件
sufficient condition

正しい命題「P ならば Q」において，P を Q であるための十分条件という．例えば，「4 で割り切れること」は「偶数であること」の十分条件である．⇒ 条件文，必要条件，必要十分条件

自由変数
free variable

論理式に含まれる変数の中で，限定作用素 $\forall, \exists$ に束縛されない変数を自由変数という．自由変数を含まない論理式が命題である．例えば，論理式 $\forall x_1 [R_1(x_1, x_2) \lor R_2(x_1, x_2, x_3)]$ においては，x_2, x_3 が自由変数である．

周辺分布
marginal distribution

直積空間に値をとる確率変数について，各座標の確率分布のこと．例えば，平面上で確率密度関数 $f(x, y)$ を持つ確率分布の x 軸上での周辺分布は，密度関数 $g(x) = \int_{-\infty}^{\infty} f(x, y) dy$ を持つ確率分布である．

従法線
binormal

陪法線ともいう．空間曲線の点 p での従法線とは，p を通り，接線と主法線の両方と垂直な直線のことをいう．その方向ベクトルである従法線ベクトルは，接ベクトルと主法線ベクトルの外積である．⇒ 曲線の微分幾何，主法線

主曲率
principal curvature

曲面に局所径数表示を定め，その*第 1 基本形式を $Edu^2 + 2Fdudv + Gdv^2$，*第 2 基本形式を $Ldu^2 + 2Mdudv + Ndv^2$ とする．このとき，λ についての 2 次方程式
$$\det \left(\lambda \begin{bmatrix} E & F \\ F & G \end{bmatrix} - \begin{bmatrix} L & M \\ M & N \end{bmatrix} \right) = 0$$
の根 λ_1, λ_2 を曲面の主曲率という．M のガウス曲率 K，平均曲率 H との関係は $K = \lambda_1 \lambda_2$, $H = (\lambda_1 + \lambda_2)/2$ である．1 点 p での第 1 基本形式が $du^2 + dv^2$ であるように径数表示を取り替えると，p での主曲率は第 2 基本形式の固有値である．このとき，固有ベクトルの方向を主方向という．主方向は $\lambda_1 \neq \lambda_2$ のとき定まる．

曲面 Σ をその上の 1 点 p での法線 $\boldsymbol{N}$ を含むさまざまな平面 π で切る．このとき，曲線 $\pi \cap \Sigma$ の点 p での曲率は λ_1 と λ_2 の間の数になり，π が λ_i に対応する主方向を含んでいれば，λ_i になる．

$\mathbb{R}^n$ の中の*超曲面に対しても，同様にして $n-1$ 個の主曲率が定まる．⇒ 曲面の微分幾何

主曲率曲線
line of principal curvature

曲面上の曲線で各点で主方向（→ 主曲率）に接している曲線のこと．曲率線ともいう．

縮小写像　contraction mapping　⇒ 縮小写像の原理

縮小写像の原理
contraction mapping principle

距離空間 (X, d) からそれ自身への写像 $f: X \to X$ について，ある定数 $0 < \mu < 1$ に対し不等式 $d(f(x), f(y)) \leq \mu d(x, y)$ $(x, y \in X)$ が成り立つとき，f を縮小写像という．(X, d) が完備であれば，縮小写像はただ 1 つ*不動点をもつ．実際，$f^n = f \circ \cdots \circ f$ を f の n 回*反復写像とするとき，任意の元 $x_0 \in X$ に対して，$\lim_{n \to \infty} f^n(x_0)$ が存在して不動点を与える．これを縮小写像の原理または縮小写像の定理といい，さまざまな方程式の解の存在証明などに用いられる．

縮小写像の原理は*不動点定理の一種であり，バナッハの不動点定理とも呼ばれる．⇒ 不動点定理

縮小写像の不動点定理　fixed point theorem of contraction map　⇒ 不動点定理

縮閉線
evolute
平面の中の曲線 C の法線の族に関する包絡線 C' のことをいう．C の曲率中心の描く軌跡が C' である．

例　楕円の縮閉線は*アステロイドである．
→ 伸開線

縮約（テンソルの）
contraction
n 次元空間上の*テンソル $T^{i_1,\cdots,i_l}_{j_1,\cdots,j_m}$ において同じ上*添え字と下添え字に関する和
$$S^{i_2,\cdots,i_l}_{j_2,\cdots,j_m} = \sum_{k=1}^{n} T^{k,i_2,\cdots,i_l}_{k,j_2,\cdots,j_m}$$
によって生ずる新しいテンソル $S^{i_2,\cdots,i_l}_{j_2,\cdots,j_m}$ をテンソル T の縮約という（縮約する添え字は上付きと下付きとを，1つずつどのようにとってもよい）．例えば，(1,1) 型のテンソル T^i_j は接空間から接空間への線形写像 $T_p(M) \to T_p(M)$ を定めるが，そのトレース $\sum_i T^i_i$ が縮約である．

上付きの添え字どうし，下付きの添え字どうしの縮約をすることがあるが，それにはリーマン計量（第 1 基本形式）g_{ab} を用いて添え字の上げ下げを行ってから縮約する．すなわち，例えば，
$$\sum_{a,b} g_{ab} S^{abi_3,\cdots,i_m}.$$

樹形図
dendrom
場合分けの様子や生物の系統などを樹状に描いた図である．樹状図とも呼ぶ．

主軸
principal axis
楕円において，中心を通る直線のうち，楕円内の長さが極値をとるものをいう．円でない楕円の主軸は 2 本あり，互いに直交する．一般に，2 次形式 $Q(x) = \sum_{i,j=1}^{n} a_{ij} x_i x_j$ についても，同様に，互いに直交する n 本の主軸を選ぶことができ，主軸の方向ベクトルは行列 $A = [a_{ij}]$ の固有ベクトルである．→ 慣性主軸

主小行列式
principal minor
n 次正方行列 $[a_{ij}]$（ただし，$i, j = 1, \cdots, n$）の*小行列式で行と列の番号の集合が同一のもの．
→ 小行列式，行列式

樹状図　dendrom　= 樹形図

種数
genus
向きづけ可能な*閉曲面の「穴」の数．球面の種数は 0，トーラスの種数は 1 である．M を閉曲面とするとき，種数 g は，実数係数の 1 次元*ホモロジー群 $H_1(M, \mathbb{R})$ の次元の半分に等しい．また種数 g の向きづけ可能な閉曲面 M の*オイラー数は $2 - 2g$ である．

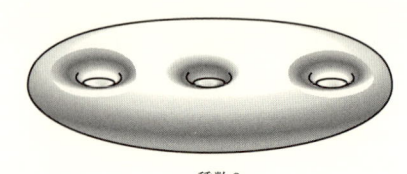

種数 3

朱世傑
Zhū Shì-jié
元の時代 13 世紀後半から 14 世紀前半にかけて活躍した中国の数学者．中国の数学者は暦の作成などに係わる官僚であったが，朱世傑は中国最初の民間人数学者であり，国内を周遊して数学を教えながら生計を立てていたと見られている．しかしその詳しい経歴はわかっていない．1299 年の序文を持つ『算学啓蒙』を著し，宋時代の方程式論，天元術を使って問題を解いた．また，1303 年に出版された『四元玉鑑』では，天元術では高次方程式が 1 変数しか取り扱えないことを改良して，4 変数までの高次方程式を取り扱う方法を創始した．『算学啓蒙』は朝鮮を経由してわが国にもたらされ，和算興隆のきっかけを作った数学書としても重要である．→ 中国の数学，朝鮮の数学，和算

主双対法
primal-dual method

関数 $f(x)$ の最大化問題（主問題）に対して，関数 $g(y)$ の最小化問題（双対問題）が付随していて，両者の間に $\max_x f(x) = \min_y g(y)$ という形の*最大最小定理が成り立つとする．その典型例は，*線形計画法における主問題と双対問題である．主双対法は，最大最小定理を利用して主問題と双対問題の最適解を同時に求める解法の総称である．最大最小定理より，任意の (x,y) に対して $\Delta(x,y) \equiv g(y) - f(x) \geq 0$ であり，しかも，ある $(x,y) = (x^*, y^*)$ に対して $\Delta(x^*, y^*) = 0$ が成り立つ．この (x^*, y^*) は $f(x^*) = \max f$, $g(y^*) = \min g$ を満たすので，それぞれ，主問題と双対問題の最適解になっている．$\Delta(x,y) \to 0$ となるように (x,y) を更新していくことによって主問題と双対問題を同時に解こうというのが主双対法の基本的な考え方である．

主値（積分の）
principal value

積分 $\int_{-a}^{b} dx/x$ $(a, b > 0)$ は*広義積分としては意味を持たない．すなわち
$$\int_{-a}^{-\varepsilon'} \frac{dx}{x} + \int_{\varepsilon}^{b} \frac{dx}{x} = \log \frac{b}{a} + \log \frac{\varepsilon'}{\varepsilon}$$
において $\varepsilon, \varepsilon' \to 0$ とした極限は存在しない．しかし $\varepsilon' = \varepsilon$ に限って極限をとれば，無限大になる部分が打ち消しあって確定値 $\log(b/a)$ が定まる．このように，広義積分
$$\lim_{\varepsilon, \varepsilon' \to 0} \left(\int_{a}^{c-\varepsilon'} f(x) dx + \int_{c+\varepsilon}^{b} f(x) dx \right)$$
は存在しないが $\varepsilon' = \varepsilon$, $\varepsilon \to 0$ とした極限が確定する場合，その極限値を積分 $\int_a^b f(x) dx$ の主値という．
無限区間の積分についても $\lim_{R \to \infty} \int_{-R}^{R} f(x) dx$ が存在するときこれを $\int_{-\infty}^{\infty} f(x) dx$ の主値という．

主値（多価関数の）
principal value

複素変数の対数関数や逆3角関数のような多価関数は扱いにくいので，便宜上1価関数となるように値域のとり方を決めて考えることがある．これを多価関数の主値という．→対数関数，逆3角関数

出生死亡過程
birth and death process

ブラウン運動，酔歩に次いで基本的なマルコフ過程である．状態空間が $\{0, 1, 2, \cdots\}$ の連続時間マルコフ連鎖で，時間発展を記述する方程式（コルモゴロフの後退方程式）が常微分方程式系 $du_0/dt = \lambda_0 u_1 - \lambda_0 u_0$, $du_i/dt = \lambda_i u_{i+1} + \mu_i u_{i-1} - (\lambda_i + \mu_i) u_i$ $(i \geq 1)$ で与えられるものをいう．ここで，定数 $\lambda_n > 0$ は瞬間出生率，$\mu_n > 0$ は瞬間死亡率を表す．ブラウン運動の時間変更で得られ，詳しく研究されている．また，物理学などでもしばしば用いられる．

10進法
decimal system

九千八百三を 9803 と表すように，日常使われている，アラビア数字 $0, 1, \cdots, 9$ を用いる数の記数法．*n 進法の $n = 10$ の場合である．古代から多くの文明で使われてきたが，これは手の指が併せて 10 本あることに由来すると考えられている．10 進法で表した数を 10 進数ということがある．

シュティーフェル多様体
Stiefel manifold

n 次元実ベクトル空間の k 次元部分ベクトル空間 W と，その正規直交基底を順序も含めて考えたもの（すなわち正規直交枠）$(e_1, \cdots, e_k)$ の組 $(W; e_1 \cdots, e_k)$ の全体を $V_{n,k}(\mathbb{R})$ と書き，シュティーフェル多様体と呼ぶ．$V_{n,k}(\mathbb{R})$ は微分可能多様体になる．（W とその正規直交とは限らない*枠の組全体を $V'_{n,k}(\mathbb{R})$ と書くが，これもシュティーフェル多様体と呼ぶことがある．）

シュティーフェル多様体は $n \times k$ 行列全体の集合の部分集合とみなせる．その上には，$n \times n$ 実直交行列全体 $O(n)$ が行列の掛け算で作用する．この作用は推移的で，等方部分群が $O(n-k)$ であるから，シュティーフェル多様体は商空間 $O(n)/O(n-k)$ と微分同相になる．

同様に複素ベクトル空間のユニタリ枠から複素シュティーフェル多様体 $U(n)/U(n-k)$ が定義される．

主表象
principal symbol

$\mathbb{R}^n$ の領域 D で定義された m 階の線形偏微分作用素

$$P\left(x, \frac{\partial}{\partial x}\right)$$
$$= \sum_{k_1+\cdots+k_n \leq m} a_{k_1\cdots k_n}(x) \frac{\partial^{k_1+\cdots+k_n}}{\partial x_1^{k_1}\cdots \partial x_n^{k_n}}$$

に対し,最高階 $r=m$ の項において微分記号 $\partial/\partial x_j$ を変数 ξ_j で置き換えると,$\xi=(\xi_1,\cdots,\xi_n)$ についての斉次 m 次多項式

$$P_m(x,\xi) = \sum_{k_1+\cdots+k_n=m} a_{k_1\cdots k_n}(x)\xi_1^{k_1}\cdots \xi_n^{k_n}$$

が得られる.これを $P(x,\partial/\partial x)$ の主表象または主要表象という.$P_m(x,\xi)$ は $D\times\mathbb{R}^n$ 上の関数である.

微分方程式 $P(x,\partial/\partial x)u=f$ の解の存在や滑らかさなどの性質は局所的には主表象で決定されることが多い.

主法線
principal normal

弧長パラメータで表した空間曲線 $l:(a,b)\to\mathbb{R}^3$ の主法線とは,$l(t_0)$ を通る,$(d^2l/dt^2)(t_0)$ 方向の直線を指す.$(d^2l/dt^2)(t_0)$ を主法線ベクトルという.l に一番近い円の中心は主法線上にある.単に法線といえば主法線を指す.→ 曲率(曲線の),曲率円,曲線の微分幾何,従法線

シュミットの直交化法
Schmidt's orthogonalization method

*計量線形空間の線形独立なベクトルの有限集合から,*正規直交系を構成する方法.グラム-シュミットの直交化法ともいう.

計量線形空間 L の元 $\boldsymbol{e}_1,\cdots,\boldsymbol{e}_n$ が線形独立であるとき,$\boldsymbol{f}_1,\cdots,\boldsymbol{f}_n$ を次のように帰納的に定義する.

(1) $\boldsymbol{f}_1 = \|\boldsymbol{e}_1\|^{-1}\boldsymbol{e}_1$.
(2) $\boldsymbol{f}_1,\cdots,\boldsymbol{f}_k$ がすでに構成されたとき,
$$\boldsymbol{f}=\boldsymbol{e}_{k+1}-\langle \boldsymbol{e}_{k+1},\boldsymbol{f}_1\rangle\boldsymbol{f}_1-\cdots-\langle \boldsymbol{e}_{k+1},\boldsymbol{f}_k\rangle\boldsymbol{f}_k,$$
$$\boldsymbol{f}_{k+1}=\|\boldsymbol{f}\|^{-1}\boldsymbol{f}$$

として,$\boldsymbol{f}_{k+1}$ を定義する.

このとき,$\boldsymbol{f}_1,\cdots,\boldsymbol{f}_n$ は L の正規直交系である.$\boldsymbol{e}_1,\cdots,\boldsymbol{e}_n$ が基底であれば,$\boldsymbol{f}_1,\cdots,\boldsymbol{f}_n$ は正規直交基底である.

多くの*直交関数系はシュミットの直交化法で構成される.→ ラゲールの陪多項式,ルジャンドル多項式

樹木　tree　＝木

主要表象　principal symbol　＝主表象

主要部(孤立特異点の)　principal part　→ 孤立特異点

ジュリア集合
Julia set

*複素力学系の研究は,20 世紀初頭のファトゥー(P. Fatou)やジュリア(G. M. Julia)による*有理関数 f の反復 $f^n=f\circ\cdots\circ f$ の研究に遡ることができ,複素平面の部分集合 $J=\{z\,|\,\sup_{n\geq 0}|f^n(z)|<\infty\}$ はジュリア集合と呼ばれる.$f_c(z)=z^2+c\,(c\in\mathbb{C})$ のとき,ジュリア集合は極めて複雑かつ美しいフラクタル構造を持つ.→ マンデルブロ集合

シュレーディンガー方程式
Schrödinger equation

量子力学における基礎方程式である.質量 m の粒子が 3 次元空間におけるポテンシャルの場 $V(x_1,x_2,x_3)$ の中を運動する場合,シュレーディンガー方程式は次の形に書ける.

$$i\hbar\frac{\partial \psi}{\partial t} = -\frac{\hbar^2}{2m}\Delta\psi + V\psi.$$

ここで $\psi(x_1,x_2,x_3,t)$ は波動関数であり,$\hbar=h/2\pi$ (ただし h は*プランク定数)である.方程式の右辺全体が粒子運動のハミルトニアンに相当し,$|\psi|^2$ は時空間座標 (x_1,x_2,x_3,t) における粒子の存在確率密度を表す.

量子力学においては,*不確定性原理により,系の未来の状態を完全に決定することはできないが,系の状態がどのような確率分布に従うかを予測することはできる.シュレーディンガー方程式は,そのような確率密度分布の時間的変化を因果的に決定する役割を負う.なお,一般次元のシュレーディンガー方程式も研究されている.

シュワルツの超関数　Schwartz' distribution　→ 超関数

シュワルツの不等式
Schwarz inequality

最も基本的な不等式の 1 つで,さまざまな応用と拡張がある.コーシー-シュワルツの不等式ともいう.

実数 $a_i, b_i\,(i=1,2,\cdots,n)$ に対して成り立つ不

等式
$$\left|\sum_{i=1}^{n} a_i b_i\right| \leq \left(\sum_{i=1}^{n} a_i^2\right)^{1/2} \left(\sum_{i=1}^{n} b_i^2\right)^{1/2}$$
や, 連続関数 $f, g: [a,b] \to \mathbb{R}$ の積分に対する不等式
$$\left|\int_a^b f(x)g(x)dx\right|$$
$$\leq \left(\int_a^b f(x)^2 dx\right)^{1/2} \left(\int_a^b g(x)^2 dx\right)^{1/2}$$
のことである. より一般に, 実ベクトルの*内積 $(\cdot, \cdot)$ に関する不等式 $|(u,v)| \leq (u,u)^{1/2}(v,v)^{1/2}$ をシュワルツの不等式という. ⇒ ヘルダーの不等式, ミンコフスキーの不等式, ヤングの不等式

シュワルツの補題
Schwarz's lemma

単位円の内部 $D: |z|<1$ において正則な関数 $f(z)$ が $f(0)=0$ かつ $|f(z)| \leq M$ を満たすならば, D 上の各点で $|f(z)| \leq M|z|$ が成り立つ. さらに $f(z)$ が 1 次関数 αz ($|\alpha|=M$) である場合を除き真の不等号 $|f(z)|<M|z|$ ($z \neq 0$) が成り立つ. この事実をシュワルツの補題という.

シュワルツ微分
Schwarzian derivative

変数 x に関する微分を $'$ で表すとき,
$$\{y;x\} = \frac{y'''}{y'} - \frac{3}{2}\left(\frac{y''}{y'}\right)^2$$
を y のシュワルツ微分という. 定数と異なる y が 1 次分数変換 $(ax+b)/(cx+d)$ ($ad \neq bc$) となるための必要十分条件は, シュワルツ微分 $\{y;x\}$ が恒等的に 0 となることである.

巡回拡大
cyclic extension

体 k のガロア拡大体 K は, そのガロア群 $\mathrm{Gal}(K/k)$ が*巡回群であるとき, 巡回拡大(体)と呼ばれる.

例 1 k が 1 の原始 n 乗根を含むとし, $a \in k$ とすると, k に a の n 乗根を*添加した体は, k の巡回拡大になる.

例 2 *有限体の有限次拡大体は必ず巡回拡大体である.

巡回行列
cyclic matrix

次のような n 次正方行列のこと.

$$C_n = \begin{bmatrix} 0 & 1 & 0 & \cdots & 0 \\ 0 & 0 & 1 & \cdots & 0 \\ \vdots & \vdots & \ddots & \ddots & \vdots \\ 0 & 0 & \cdots & 0 & 1 \\ 1 & 0 & \cdots & 0 & 0 \end{bmatrix}$$

縦ベクトル $\boldsymbol{x} = {}^t(x_1, x_2, \cdots, x_n)$ に対して, $C_n \boldsymbol{x}$ は, ${}^t(x_2, x_3, \cdots, x_n, x_1)$ に等しい.

巡回行列式
cyclic determinant

行列式
$$\begin{vmatrix} x_0 & x_1 & \cdots & x_{n-1} \\ x_{n-1} & x_0 & \cdots & x_{n-2} \\ \vdots & \vdots & \ddots & \vdots \\ x_1 & x_2 & \cdots & x_0 \end{vmatrix}$$
のこと. ζ を*1 の原始 n 乗根とするとこの行列式は
$$\prod_{k=0}^{n-1}(x_0 + \zeta^k x_1 + \zeta^{2k} x_2 + \cdots + \zeta^{(n-1)k} x_{n-1})$$
に等しい.

巡回群
cyclic group

1 つの元で生成される群. それが無限位数(→ 群の位数)であれば, 整数のなす加法群 $\mathbb{Z}$ と同型であり, 位数が n であれば, 剰余群 $\mathbb{Z}/n\mathbb{Z}$ と同型である.

例 1 自明でない群 G がそれ自身および自明な部分群 $\{e\}$ 以外に部分群を持たないならば, G は巡回群であり, その位数は素数である.

例 2 *有限体 k の 0 以外の元の作る乗法群は巡回群である.

例 3 p を 2 と異なる素数とする. p のべき p^m を法とする整数のなす環 $\mathbb{Z}/p^m\mathbb{Z}$ の可逆元のなす乗法群は, 位数 $(p-1)p^{m-1}$ の巡回群である (φ を*オイラーの関数とするとき $(p-1)p^{m-1}=\varphi(p^m)$ に注意).

⇒ 有限巡回群

巡回座標
circular coordinates

$2n$ 変数の*相空間上に定義された*ハミルトン力学系が, 正準変換による座標変換を行い, ハミルトニアン H が n 個の座標 $q_1, \cdots, q_n$ によらない

ようにできたとき, $q_1,\cdots,q_n$ を巡回座標と呼ぶ. q_i に*正準共役な運動量を p_i とすると, p_i は正準方程式の解に対して定数である. したがって, 系の運動は $p_1,\cdots,p_n$ が一定の部分に制限して考えてよく, このことを用いて方程式を解くことができる.

*ハミルトン-ヤコビの方程式を用いて, 巡回座標を求めることができる場合がある.

巡回セールスマン問題
traveling salesman problem

無向グラフまたは有向グラフにおいて各辺の長さが与えられたとき, 辺の長さの和が最小となる*ハミルトン閉路を求める問題である. グラフの頂点を都市とみたてて, すべての都市を巡回して出発地に戻るセールスマンとの類似からこの名がある. 巡回セールスマン問題は解くことが困難な問題であるが, *分枝限定法を基礎とした解法などが多く開発されている. ⇒ 組合せ最適化

巡回置換 cyclic permutation ⇒ 置換

循環小数
recurring decimal, repeating decimal

$5.167352352352\cdots$ のようにある桁から先で同じ数字の列を繰り返す*小数を循環小数という. 繰り返される数字の列を循環節という. 循環小数では
$$0.3333\cdots = 0.\dot{3}$$
$$5.167352352352\cdots = 5.167\dot{3}5\dot{2}$$
のように, 繰り返される数字の列の先頭と最後に黒丸を打って循環小数であることを示すことがある.
$$1 = 0.99999\cdots = 0.\dot{9}$$
であり,
$$0.53 = 0.53000\cdots = 0.53\dot{0}$$
のように, すべての有限小数もある桁から先, 0が繰り返される循環小数とみることができる. したがって, *有理数はすべて循環小数として表示できる. 逆に
$$0.0\dot{3}9\dot{7} = (0.\dot{3}9\dot{7}) \cdot \frac{1}{10}$$
$$= \left(\frac{397}{1000} + \frac{397}{1000^2} + \frac{397}{1000^3} + \cdots\right) \cdot \frac{1}{10}$$
$$= 397 \cdot \frac{\frac{1}{1000}}{1 - \frac{1}{1000}} \cdot \frac{1}{10}$$
$$= \frac{397}{999} \cdot \frac{1}{10} = \frac{397}{9990}$$
のようにすべての循環小数は分数として表現でき, 循環小数はすべて有理数であることがわかる.

循環節 period ⇒ 循環小数

循環連分数
recurring continued fraction

無限正規連分数(→ 連分数)$[a_0,a_1,\cdots,a_n,\cdots]$ において, ある番号から先では, 数 a_n が周期的に現れるとき, これを循環連分数(あるいは周期連分数)という. すなわち,
$$[a_0,a_1,\cdots,a_{n-1},a_n,\cdots,a_m,a_n,\cdots,a_m,\cdots]$$
($m \geq n$) と表される連分数である. 繰り返されるブロックをバーで示し,
$$[a_0,a_1,\cdots,a_{n-1},\overline{a_n,\cdots,a_m}]$$
と表す. $a_n,\cdots,a_m$ を循環節といい, $m-n+1$ を周期の長さという. $n=0$ のとき, 純粋循環連分数, $n \geq 1$ のとき混循環連分数という.

循環連分数の値は2次の*無理数(有理数 a,b と平方数でない自然数 D により, $a+b\sqrt{D}$ と表される無理数)であり, 逆も成り立つ. ⇒ ペルの方程式

循環論証
vicious circle

論理上の間違った論証の1つ. 命題 P を証明するのに, 途中で P を直接間接に仮定して論証を進めること. 循環論法ともいう.

準基(開集合系の)
subbase

位相空間の開集合の族 $\mathcal{O}$ の部分族 $\mathcal{V}=\{V_i\}_{i \in I}$ が, 次の性質を満たすとき, 開集合系の準基(あるいは位相の準基)と呼ぶ. 「$\mathcal{V}$ に属する有限個の集合の共通部分として表される部分集合全体が, 開集合系の*基となる」. 集合 X の部分集合族 $\mathcal{V}=\{V_i\}_{i \in I}$ が $X = \bigcup_{i \in I} V_i$ を満たせば, $\mathcal{V}$ を準基とするような位相が X に入る.

例えば, X を実変数実数値連続関数全体 $C(\mathbb{R})$ に*コンパクト一様収束で位相を与えたものとする. $a<b$, $c<d$ に対して $V_{a,b,c,d} = \{f \in C(\mathbb{R}) \mid a \leq t \leq b \text{ ならば } c<f(t)<d\}$ とおくと, $\mathcal{V}=\{V_{a,b,c,d} \mid a,b,c,d \in \mathbb{R},\ a<b,\ c<d\}$ は $C(\mathbb{R})$ の開集合系の準基である(→ コンパクト開

位相）．

位相空間の（任意個の）直積 $\prod_{\alpha \in A} X_\alpha$ に*直積位相を与える．$\alpha_0 \in A$ と，U なる X_{α_0} の開集合に対して，$\{(x_\alpha) \in \prod_{\alpha \in A} X_\alpha \mid x_{\alpha_0} \in U\}$ をとる．α_0 と U を動かしたときこれらの全体は開集合系の準基である．→ 位相空間

純虚数
purely imaginary number
虚数 $z=a+ib$ の実部 a が 0 で $b \neq 0$ であるとき，z を純虚数という．→ 複素数

準古典近似
semiclassical approximation
量子力学においてプランク定数 h が 0 に近いとみなした近似をいう．数学的には，シュレーディンガー方程式の解などについて，$h \to 0$ のときの極限を準古典近似ということも多い．準古典近似は*特異摂動であり，波動方程式の近似解法の 1 つである WKB 法はその代表例である．なお，準古典近似は量子化の逆と考えることができる．

準周期運動
quasiperiodic motion
m 次元トーラス $\mathbb{T}^m = \mathbb{R}^m / \mathbb{Z}^m$ 上の点の運動が，流れ $T_t(x_1,\cdots,x_m)=(x_1+\omega_1 t,\cdots,x_m+\omega_m t)$ で与えられるとき，実数 $\omega_1,\cdots,\omega_m$ が $\mathbb{Z}$ 上で線形独立（整数 $n_1,\cdots,n_m$ が $n_1\omega_1+\cdots+n_m\omega_m=0$ を満たすならば $n_1=\cdots=n_m=0$）ならば，すべての軌道は $\mathbb{T}^m$ で稠密になる．このような運動を準周期運動という．例えば，完全積分可能なハミルトン方程式は，$d^2q_i/dt^2 = -\omega_i^2 q_i$ $(i=1,\cdots,n)$ の形に変数変換できるから，あるトーラス上の準周期運動を与える．ただし，トーラスの次元 m は，ω_i のうち $\mathbb{Z}$ 上で線形独立なものの数となる．→ 完全積分可能（ハミルトン力学系が）

準周期解
quasiperiodic solution
微分方程式の解が独立変数に関して*準周期関数であるとき，準周期解という．例えば，連立常微分方程式

$$\frac{d^2x}{dt^2} = -x, \quad \frac{d^2y}{dt^2} = -\omega^2 y$$

は，定数 ω が無理数であれば，準周期解 $(x(t), y(t))=(\sin t, \sin \omega t)$ を持つ．

準周期関数
quasiperiodic function
例えば，実数 α と β の比が無理数であるときの $f(x)=a\sin\alpha x + b\sin\beta x$ $(a,b$ は 0 でない定数$)$ のように，複数の周期関数の重ね合わせで書ける $\mathbb{R}$ 上の関数のことである（α と β の比が有理数の場合，$f(x)$ は周期関数）．一般には非線形な重ね合わせも許し，とる値は多次元でもよい．m を 2 以上の自然数，実数 $\omega_1,\cdots,\omega_m$ は $\mathbb{Q}$ 上で線形独立として，各変数 y_i について周期 1 を持つ周期関数 $g(y_1,\cdots,y_m)$ を用いて，$f(x)=g(h(x))$，$h(x)=(\omega_1 x, \omega_2 x, \cdots, \omega_m x)$ の形に表される関数を準周期関数という．連続な準周期関数 $f(x)$ は，$\mathbb{R}$ 上で*有界かつ*一様連続であり，長時間平均

$$A[f] = \lim_{b-a \to \infty} \frac{1}{b-a} \int_a^b f(x)\,dx$$

をもち，$A[f]$ の値は，$[0,1]^m$ 上での g の積分に等しい．→ 概周期関数

順序
order
数の大小や，集合の包含などの関係を抽象化したもの．数学的*構造の例．→ 順序関係

順序関係
order relation
集合 X における*2 項関係 $\leqq$ が次の性質を満たすとき，順序関係あるいは単に順序という．

(1)（反射律）　$x \leqq x$

(2)（反対称律）　$x \leqq y$，$y \leqq x$ ならば，$x=y$

(3)（推移律）　$x \leqq y$，$y \leqq z$ ならば，$x \leqq z$

順序を持つ集合を順序集合といい，$(X, \leqq)$ などと表す．$x \leqq y$，$x \neq y$ であるとき，$x < y$ と表す．X の順序関係が，さらに次の性質を持つとき，線形順序（あるいは全順序）といい，X を線形順序集合（あるいは全順序集合）という．

(4) X の任意の 2 つの元 x, y に対して，$x \leqq y$ または $y \leqq x$ のいずれかが成り立つ．

例 1　数（整数，有理数，実数）の大小関係は線形順序関係である．

例 2　与えられた集合 X の部分集合全体のなす集合（X のべき集合）において，部分集合の間の包含関係 $\subset$ は順序関係であるが，線形順序ではない．

順序集合 X の部分集合 A は，X の順序関係によりやはり順序集合になる．→ 有界

順序公理
axiom of order
幾何学基礎論におけるヒルベルトの公理系の1つ．直線上に線形順序が入ることを保証する公理である．

順序集合
ordered set
順序関係の与えられた集合．→ 順序関係

順序数
ordinal number
*カントルは，自然数を大小関係の順に並べた後に，その極限 ω を加え，さらに，*整列集合をもとにして無限大の世界の中にも順序構造を考えた．これが順序数であり，小さい方から並べると，$0,1,\cdots,n,\cdots,\omega,\omega+1,\cdots,\omega+n,\cdots,\omega 2,\omega 2+1,\cdots,\omega^2,\cdots$ となる．

2つの整列集合 $(A,\leqq)$ と $(B,\leqq)$ は，順序を保つ全単射 $F: A\to B$ が存在するとき，同型であるといい，整列集合の同型に関する同値類を順序数という．順序数 α が順序数 β 以下である $(\alpha\leqq\beta)$ とは，α,β が代表する整列集合 $(A,\leqq),(B,\leqq)$ が選べて，A が B の部分集合であり，A の順序は，B の順序を A に制限したものになることをいう．任意の2つの順序数の間には，この意味で大小関係がある(整列集合全体は*公理的集合論の立場からは，集合でないので，これは直観的な定義である．→ 順序数のパラドックス)．

例えば，自然数 n に対応する順序数 n とは，$\{0,1,\cdots,n-1\}$ に普通の順序を入れてできる整列集合の同値類であり，これらが有限の順序数である．また，自然数全体 $\mathbb{N}$ に普通の順序を入れたものは整列集合であり，その同値類を ω で表す．ω はどの有限順序数よりも大きい．

順序数 α に対してその次に大きい順序数 $\alpha+1$ は，α が整列集合 $(A,\leqq)$ の同値類のとき，A に，そのどの元よりも大きい元 ∞ を付け加えて得られる整列集合 $(A\cup\{\infty\},\leqq)$ の同値類として定義する．この操作を繰り返せば，順序数 $\alpha+2=(\alpha+1)+1,\alpha+3=(\alpha+2)+1,\cdots,\alpha+n,\cdots$ が定義される．また，$\alpha 2$ とは，$(A,\leqq)$ と同型の2つの整列集合 $(A_1,\leqq),(A_2,\leqq)$ を並べて，A_2 の元は A_1 のどの元よりも大きいと定義して得られる整列集合 $(A_1\cup A_2,\leqq)$ の同値類である．ω や $\omega 2$ のように，$\alpha+1$ の形に書けない順序数を極限順序数という．

順序数 α に関する命題 P_α は，*数学的帰納法を拡張した超限帰納法によって証明することができる．すなわち，次の(1),(2),(3)が成り立てば，命題 P_α は常に真である．
(1) P_0 は真である．
(2) P_α が真であれば $P_{\alpha+1}$ も真である．
(3) 極限順序数 α に対して，P_β が，$\beta\leqq\alpha,\beta\neq\alpha$ のとき真であれば，P_α も真である．
→ 整列定理，基数，濃度

順序数のパラドックス
paradox of ordinal numbers
ブラリ・フォルティ(Burali-Forti)の逆理(1897)ともいう．順序数の全体 X が集合であるとすれば，整列集合 Ω となる．すると Ω も X の元となるから，$\Omega<\Omega$ となり，矛盾である(*公理的集合論における*順序数 α,β については，$\alpha<\beta$ と $\alpha\in\beta$ は同値である)．→ 順序数

順序体
ordered field
有理数の全体や実数の全体は，体の構造を持つばかりではなく，数の大小による線形順序(→ 順序関係)を持ち，それが加減乗除の演算と関連を持っている．これを一般化した概念が順序体である．体 k に，次の性質を持つ線形順序が与えられているとき，k を順序体という．
(1) $a\leqq b,\ c\leqq d \Longrightarrow a+c\leqq b+d$
(2) $a\leqq b \Longrightarrow -a\geqq -b$
(3) $a>0,\ b>0 \Longrightarrow ab>0$
順序体の標数は 0 である．
体 k において，
$$a_1^2+a_2^2+\cdots+a_n^2=-1$$
という関係が，どんな自然数 n と $a_i\in k$ に対しても成立しないとき，k を実体(じつたい)という．

順序体は実体であり，逆に実体には適当に順序を入れて順序体とすることができる．

アルチンは，実体の理論によりヒルベルトの第17問題(→ ヒルベルトの問題)を解決した．

順序同型
order isomorphism
*順序集合 $(X,\leqq),(Y,\leqq)$ の間の写像 $f: X\to Y$ が，
$$a\leqq b \Longrightarrow f(a)\leqq f(b) \quad (a,b\in X)$$
を満たすとき，順序を保つ写像または順序準同型写像という．さらに，f が全単射で逆写像 f^{-1}：

$Y \to X$ も順序準同型写像のとき，f を順序同型写像という．→ 順序数

準線　directrix　→ 焦点(2次曲線の)

準線形
　quasilinear
　未知関数の最高階の導関数を含む項だけに注目して1次式の形に書き表される微分方程式を準線形微分方程式という．通常は*非線形のものを指し，*線形方程式は含めない．*極小曲面方程式はその典型例の1つ．→ 半線形，偏微分方程式

準素イデアル
　primary ideal
　例えば，整数環 $\mathbb{Z}$ では，イデアル (p^n) (p は素数，$n \geq 1$) による剰余環 $\mathbb{Z}/(p^n)$ の零因子はすべてべき零である．このように，可換環 R のイデアル $\mathfrak{q}$ で，$\mathfrak{q} \neq R$ かつ $R/\mathfrak{q}$ の零因子がすべてべき零であるとき，$\mathfrak{q}$ を準素イデアルという．言い換えれば，$\mathfrak{q} \neq R$ かつ
$$ab \in \mathfrak{q},\ a \notin \mathfrak{q} \implies \text{ある自然数 } n \text{ により } b^n \in \mathfrak{q}$$
となるイデアル $\mathfrak{q}$ のことである．特に*素イデアルは準素イデアルである．

R の準素イデアル $\mathfrak{q}$ に対して，$\mathfrak{q}$ の*根基 $\mathfrak{p} = \sqrt{\mathfrak{q}}$ は素イデアルである．このとき $\mathfrak{q}$ を素イデアル $\mathfrak{p}$ に属する準素イデアルあるいは $\mathfrak{p}$ 準素イデアルという．

ネーター環 R においては，任意のイデアル $\mathfrak{a}$ は有限個の準素イデアルの共通部分として表される．例えば，$\mathbb{Z}$ において $(72) = (2^3) \cap (3^2)$．さらに，
$$\mathfrak{a} = \mathfrak{q}_1 \cap \cdots \cap \mathfrak{q}_n$$
が準素イデアル $\mathfrak{q}_i$ による無駄のない表現であれば(すなわち，右辺から1つでも $\mathfrak{q}_i$ を取り去れば，左辺と異なるとき)，根基の集合 $\{\sqrt{\mathfrak{q}_i} \mid i = 1, \cdots, n\}$ は $\mathfrak{a}$ により一意的に定まる．$\sqrt{\mathfrak{q}_i}$ を $\mathfrak{a}$ の素因子または $\mathfrak{a}$ の素イデアルという．

$\mathfrak{a} \subset \mathfrak{p}$ となる素イデアルのうちで極小なもの($\mathfrak{a} \subset \mathfrak{p}' \subsetneq \mathfrak{p}$ となる素イデアル $\mathfrak{p}'$ が存在しない $\mathfrak{p}$) は，$\mathfrak{a}$ の素因子である．これを $\mathfrak{a}$ の極小素因子という．

準同型　homomorphic　→ 準同型写像

準同型写像
　homomorphism
　群，環，体などの代数系において，その代数系の演算を保つ写像を準同型という．

(1) 群の準同型写像　群 G_1 から群 G_2 への写像 $\varphi: G_1 \to G_2$ は G_1 の任意の元 g, h に対して $\varphi(gh) = \varphi(g)\varphi(h)$ を満足するとき群の準同型写像という．φ が群の準同型写像であれば，G_1 の単位元を e_1，G_2 の単位元を e_2 とするとき $\varphi(e_1) = e_2$ が成立し，また $g \in G_1$ に対し $\varphi(g^{-1}) = \varphi(g)^{-1}$ も成立する．

$\operatorname{Ker}\varphi = \{g \in G_1 \mid \varphi(g) = e_2\}$ を φ の核という．$\operatorname{Ker}\varphi$ は G_1 の*正規部分群である．φ は $G_1/\operatorname{Ker}\varphi$ から G_2 への単射同型写像を引き起こす．φ が単射であることと，$\operatorname{Ker}\varphi$ が単位元のみからなることは，同値である．

(2) 環上の加群の準同型写像　環 R が与えられたとき，R 加群 M_1 から R 加群 M_2 への写像 $\varphi: M_1 \to M_2$ が任意の元 $r, s \in R$ と $a, b \in M_1$ に対して
$$\varphi(ra + sb) = r\varphi(a) + s\varphi(b)$$
を満足するとき R 準同型写像という．このとき，φ は加法群としての準同型写像になっているから $\varphi(0) = 0$，$\varphi(-a) = -\varphi(a)$ が成り立つ．R 準同型写像 φ の核 $\operatorname{Ker}\varphi = \{a \in M_1 \mid \varphi(a) = 0\}$ は M_1 の R 部分加群である．また φ は $M_1/\operatorname{Ker}\varphi$ から M_2 への単射同型写像を引き起こす．

(3) 環の準同型写像　環 R_1 から環 R_2 への写像 $\varphi: R_1 \to R_2$ は R_1 の任意の元 a, b に対して
$$\varphi(a+b) = \varphi(a) + \varphi(b),$$
$$\varphi(ab) = \varphi(a)\varphi(b)$$
を満足するとき環の準同型写像という．R_1 と R_2 とが単位元 1 を持つときは $\varphi(1) = 1$ と仮定することが多い．環の準同型写像は加法群としての準同型写像でもあるので R_1, R_2 の零元を 0 と記すと $\varphi(0) = 0$ が成り立ち，また $\varphi(-a) = -\varphi(a)$ が成り立つ．φ の核 $\operatorname{Ker}\varphi = \{a \in R_1 \mid \varphi(a) = 0\}$ は R_1 の*イデアルである．このとき φ は $R_1/\operatorname{Ker}\varphi$ から R_2 への単射同型写像を引き起こす．

(4) リー環の準同型写像　実数体または複素数体 K 上のリー環 $\mathfrak{g}_1, \mathfrak{g}_2$ の間の K 線形写像 $f: \mathfrak{g}_1 \to \mathfrak{g}_2$ は $f([X, Y]) = [f(X), f(Y)]$ ($X, Y \in \mathfrak{g}_1$) を満足するとき，リー環の準同型写像という．$\operatorname{Ker} f = \{X \in \mathfrak{g}_1 \mid f(X) = 0\}$ は $\mathfrak{g}_1$ の*イデアルであり，f は $\mathfrak{g}_1/\operatorname{Ker} f$ から $\mathfrak{g}_2$ への単射同型を引き起こす．
→ 準同型定理

準同型定理
　homomorphism theorem
　代数構造を保つ写像である準同型に対して成り立つ定理．像と核の間の関係を与える．群，環，

加群，リー環などさまざまな代数系に対して準同型定理が考えられる．

(1) 群の準同型定理　群の*準同型写像 $\varphi: G_1 \to G_2$ に対して φ の*核 $\mathrm{Ker}\,\varphi$ は G_1 の*正規部分群である．φ は*剰余群 $G_1/\mathrm{Ker}\,\varphi$ から G_2 への単射準同型写像 $\bar{\varphi}$ を引き起こす．すなわち，$G_1/\mathrm{Ker}\,\varphi$ と $\mathrm{Im}\,\varphi = \varphi(G_1)$ とが同型になる．特に φ が全射であれば $\bar{\varphi}$ は $G_1/\mathrm{Ker}\,\varphi$ から G_2 への同型写像である．

(2) 環上の加群の準同型定理　環 R に対して R 加群 M_1 から R 加群 M_2 への R 準同型写像 $\varphi: M_1 \to M_2$ の核 $\mathrm{Ker}\,\varphi$ は M_1 の R 部分加群であり，φ は剰余 R 加群 $M_1/\mathrm{Ker}\,\varphi$ から M_2 への単射準同型写像 $\bar{\varphi}$ を引き起こす．φ が全射であれば $\bar{\varphi}$ は $M_1/\mathrm{Ker}\,\varphi$ から M_2 への同型写像である．

(3) 環の準同型定理　環の準同型写像 $\varphi: R_1 \to R_2$ の核 $\mathrm{Ker}\,\varphi$ は R_1 の両側イデアルになり，φ は剰余環 $R_1/\mathrm{Ker}\,\varphi$ から R_2 への単射準同型写像 $\bar{\varphi}$ を引き起こす．φ が全射であれば $\bar{\varphi}$ は同型写像である．

準ニュートン法
quasi-Newton method

最適化問題を*ニュートン法で解く際の計算量を減らすために工夫されたものである．収束速度は幾分低下するので反復回数は増えるが，1 反復あたりの計算量が少ないので，全体の計算効率が向上する．n 次元ベクトル $x = (x_1, \cdots, x_n)$ を変数とする関数 $f(x)$ を最小化する問題を考えると，その停留条件式は $\nabla f(x) = 0$ となる．ここで，$\nabla f = (\partial f/\partial x_j \mid j=1,\cdots,n)$ は勾配である．停留条件を満たす $x = x^*$ を求めるために，適当な初期値 $x^{(0)}$ から始めて，近似解の列 $x^{(1)}, x^{(2)}, \cdots$ を $x^{(k+1)} = x^{(k)} + \Delta x^{(k)}$ の形で生成する．ニュートン法を用いると修正量は $\Delta x^{(k)} = -H(x^{(k)})^{-1} \nabla f(x^{(k)})$ となる．ここで，$H(x) = [\partial^2 f/\partial x_i \partial x_j]\,(i,j=1,\cdots,n)$ はヘッセ行列と呼ばれる対称行列である．準ニュートン法においては，逆行列 $H(x^{(k)})^{-1}$ の近似値 $L^{(k)}$ を $L^{(k+1)} = L^{(k)} + \Delta L^{(k)}$ の形で生成する（初期値 $L^{(0)}$ は適当に定める）．修正量 $\Delta L^{(k)}$ の定め方はいろいろあるが，通常，ランクが 2 以下の行列で，$L^{(k)} \to H(x^*)^{-1}\,(k \to \infty)$ となるように選ぶ．収束速度については，適当な条件の下で，$\lim_{k \to \infty} \|x^{(k+1)} - x^*\|/\|x^{(k)} - x^*\| = 0$ が成り立つ（これを超 1 次収束という）．

順列
permutation

与えられたいくつかのものの中から，一定個数のものを取り出し，一列に並べる並べ方の 1 つ 1 つをいう．n 個のものから r 個取った順列の総数は ${}_n P_r$ と表され，${}_n P_r = n(n-1)(n-2) \cdots (n-r+1)$ である．

集合 $A = \{a_1, a_2, \cdots, a_n\}$ から n 個取った順列 $(a_{i_1}, a_{i_2}, \cdots, a_{i_n})$ に対して，
$$\sigma(a_k) = a_{i_k} \quad (k = 1, 2, \cdots, n)$$
と置くことにより，A からそれ自身への*置換（全単射）が得られる．逆に，A の置換 σ に対して順列 $(\sigma(a_1), \sigma(a_2), \cdots, \sigma(a_n))$ が対応するから，n 個の元からなる集合 A から n 個を取る順列は，A の置換と同一視される．

商
quotient

整数 a, b に対して $a = qb + r,\ 0 \le r < |b|$ と表すとき，a を b で割った商は q，余り（または剰余）は r であるという．同様に 1 変数多項式 $A(x), B(x)$ に対して $A(x) = Q(x)B(x) + R(x)$，$R(x)$ の次数 $< B(x)$ の次数，と表すとき，$A(x)$ を $B(x)$ で割った商は $Q(x)$，余り（または剰余）は $R(x)$ であるという．

商位相
quotient topology

X を位相空間，$\varphi: X \to Y$ を写像とする．$\mathcal{O}$ を $f^{-1}(U) \subset X$ が開集合であるような U 全体からなる Y の部分集合の族とすると，$\mathcal{O}$ は開集合族の公理（→位相空間）を満たし Y の位相を定める．これを商位相という．φ を連続写像とするような Y の位相で最強（→位相の強弱）なものといってもよい．

$\varphi: X \to Y$ が，X 上の同値関係から定まる商集合上への標準写像であるとき，商位相を考えた Y を商空間あるいは商位相空間という．

*位相群 G が位相空間 X に連続に作用しているとき，$x \sim y$ を $x = gy$ なる $g \in G$ が存在することと定義して，X に同値関係が定まる．この商空間 X/G が群の作用に対する商空間（あるいは*軌道空間）である．

$X = SO(n),\ G = SO(n-1)$ とし，積で作用を定めると，商空間は $n-1$ 次元球面と同一視されるが，商位相は球面の通常の位相に一致する．

位相空間 X の部分集合 A が与えられたとき，

X において $x \neq y$ に対して, $x \sim y \Longleftrightarrow x, y \in A$ として定義される同値関係 $\sim$ による商空間を X/A で表して, X において A を 1 点に縮めた空間という. 例えば, D^n/S^{n-1} は S^n に同相である(ここで, D^n は n 次元球体で, S^{n-1} はその境界である $n-1$ 次元球面).

*接着した空間の定義にも, 商位相を用いる.

小円　small circle　⇒ 大円

上界
upper bound

実数の集合 A について, すべての $x \in A$ に対し $x \leq c$ が成り立つような実数 c を A の上界という. 例えば 0 以上の任意の数は集合 $A = \{-1, -1/2, -1/3, \cdots\}$ の上界である. また整数全体の集合には上界はない. 上界が存在するとき A は上に有界であるという.

同様に, すべての $x \in A$ について $c \leq x$ が成り立つとき c を A の下界といい, 下界が存在するとき A は下に有界であるという.

関数の上界(下界)とはその値の集合の上界(下界)を指す. 例えば $[0, \pi/2)$ 上で考えた関数 $\tan x$ は下に有界だが上に有界でない.

商環　quotient ring　= 剰余環

小行列式
minor, subdeterminant

$m \times n$ 行列 $[a_{ij}]$ (ただし, $1 \leq i \leq m, 1 \leq j \leq n$) の $i_1, \cdots, i_r$ 行と $j_1, \cdots, j_r$ 列の成分 a_{i_μ, j_ν} からなる r 次行列の行列式を r 次小行列式という.

上極限(関数の)
superior limit

$f(x)$ を必ずしも連続とは限らない実数値の 1 変数関数とする. 極限 $\lim_{r \to 0}(\sup\{f(x) | |x-a| < r\})$ を $x \to a$ のときの $f(x)$ の上極限といい, $\overline{\lim}_{x \to a} f(x)$ (または $\limsup_{x \to a} f(x)$)で表す. ただし, $\sup\{f(x) | |x-a| < r\}$ がつねに ∞ のときは上極限は ∞, また $r \to 0$ の極限が $-\infty$ に発散するときは $-\infty$ と定める. 上極限は必ず存在し, 有限の数または $\pm\infty$ である.

下極限 $\underline{\lim}_{x \to a} f(x)$ (または $\liminf_{x \to a} f(x)$)も同様に定義される. ⇒ 上限

上極限(集合列の)　superior limit　⇒ 極限(集合列の)

上極限(数列の)
superior limit

実数の列 $\{a_n\}_{n=1}^\infty$ が上に*有界なとき, $s_n = \sup_{k \geq n} a_k$ とおくと数列 $\{s_n\}_{n=1}^\infty$ は*単調非増大である. もしも $\{s_n\}_{n=1}^\infty$ が*収束するならば, *極限 $\lambda = \lim_{n \to \infty} s_n$ を $\{a_n\}_{n=1}^\infty$ の上極限といい, $\overline{\lim}_{n \to \infty} a_n = \lambda$ または $\limsup_{n \to \infty} a_n = \lambda$ と表す.

このとき任意に与えられた正数 ε に対して,

(1) 無限に多くの n について $a_n > \lambda - \varepsilon$

(2) ε に応じて決まる N が存在して $n \geq N$ なる n について $a_n < \lambda + \varepsilon$

となる.

$\lim_{n \to \infty} s_n = -\infty$ ならば $\{a_n\}_{n=1}^\infty$ の上極限は $-\infty$ と考え, $\overline{\lim}_{n \to \infty} a_n = -\infty$ と表す.

$\{a_n\}_{n=1}^\infty$ が上に有界でないときは, $\{a_n\}_{n=1}^\infty$ の上極限は ∞ と考え, $\overline{\lim}_{n \to \infty} a_n = \infty$ と表す.

同様に, 数列 $t_n = \inf_{k \geq n} a_k$ の極限として, 数列 $\{a_n\}_{n=1}^\infty$ の下極限 $\underline{\lim}_{n \to \infty} a_n = \lim_{n \to \infty} t_n$ (または $\liminf_{n \to \infty} a_n$)を考えることができる.

消去法
elimination method

連立方程式の解き方の 1 つである. 例えば, 3 つの未知変数 x_1, x_2, x_3 に関する連立方程式 $f_i(x_1, x_2, x_3) = 0$ $(i = 1, 2, 3)$ を解きたいとする. $f_1 = 0$ と $f_3 = 0$ を組み合わせて $g_1(x_1, x_2) = 0$ の形の方程式を導き, $f_2 = 0$ と $f_3 = 0$ を組み合わせて $g_2(x_1, x_2) = 0$ の形の方程式を導くことができたとすると, 2 個の変数 x_1, x_2 に関する連立方程式 $g_1(x_1, x_2) = 0$, $g_2(x_1, x_2) = 0$ が得られる. さらに, この 2 つの方程式を組み合わせて $h_1(x_1) = 0$ の形の方程式が導ければ, これより x_1 の値が求められ, これと $g_i(x_1, x_2) = 0$ $(i = 1$ または $2)$ から x_2 の値が求められ, 最後に, $f_i(x_1, x_2, x_3) = 0$ $(i = 1$ または 2 または $3)$ から x_3 の値が求められる. このように, 方程式を組み合わせて変数を消去していく解法を消去法という. 代数方程式の消去法は理論上は*終結式により, また*グレブナー基底を用いたアルゴリズムによって実行できる. 連立 1 次方程式の場合には*ガウスの消去法, あるいは*掃き出し法と呼ばれる.

商空間
quotient space
*商集合を図形とみなすとき，商空間と呼ぶ．多くの場合商位相を与えて，位相空間にする．→ 商位相，作用(群の)

商群　quotient group　＝剰余群

衝撃波
shock wave
非粘性*バーガーズ方程式 $\partial u/\partial t = \partial^2 u/\partial x^2 + u\partial u/\partial x$ や圧縮性*流体の方程式などの解にしばしば生じる不連続面のことをいう．またはそのような不連続面を持つ解を指す．衝撃波は*弱解の一種である．

象限
quadrant
xy 平面を x 軸と y 軸によって分けるとき得られる 4 つの領域を，それぞれ象限といい，反時計回りに，x 軸の正の部分と y 軸の正の部分に挟まれた領域を第 1 象限，x 軸の負の部分と y 軸の正の部分に挟まれた領域を第 2 象限，x 軸の負の部分と y 軸の負の部分に挟まれた領域を第 3 象限，x 軸の正の部分と y 軸の負の部分に挟まれた領域を第 4 象限という．xyz 空間を考えるときも，同様にして，合計 8 つの象限(octant)を考えることができる．一般に，$\mathbb{R}^n$ においては，各座標 x_i ($i=1,2,\cdots,n$) の正負に応じて，合計 2^n 個の象限がある．

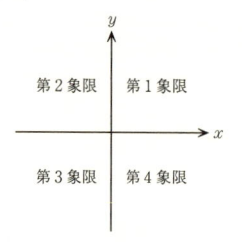

上限
upper limit
実数からなる空でない集合 A が上に*有界であるとき，A の*上界の最小値を A の上限といい，$\sup A$ で表す．言い換えると，A の上限 $b = \sup A$ とは，

(1) 任意の $a \in A$ に対して $b \geq a$

(2) $x \geq a$ が任意の $a \in A$ に対して成り立てば $x \geq b$

の 2 条件を満たす実数である．A が上に有界ならば上限は必ず存在する．この事実は実数の*完備性と同値である．A が上に有界でないときは $\sup A = +\infty$ と記す．

同様に A の下界の最大値を A の下限といい $\inf A$ で表す．A が下に有界でないときは $\inf A = -\infty$ と記す．

実数列 $\{a_n\}_{n=1}^{\infty}$ のなす集合の上限または下限を数列の上限または下限といい，それぞれ $\sup_{n \geq 1} a_n$，$\inf_{n \geq 1} a_n$ と記す．また定義域 D の実数値関数 $f(x)$ のとる値の集合の上限または下限を関数 $f(x)$ の上限または下限といい，それぞれ $\sup_{x \in D} f(x)$，$\inf_{x \in D} f(x)$ で表す．

条件収束　conditional convergence　→ 絶対収束(無限級数の)，絶対収束(積分の)

条件付き確率
conditional probability
条件付き確率は，比として定義される確率と，確率変数として定義される確率の 2 つに大別される．

(1) 1 つの試行において 2 つの事象 A, B を考えるとき，A が起こったという条件のもとで B が起こる条件付き確率は

$$P(B|A) = \frac{P(A \cap B)}{P(A)}$$

で与えられる(条件付き確率 $P(B|A)$ は $P_A(B)$ と表すこともある)．

確率変数 X が与えられているとき，事象 $A: X=a$ が起こったという条件のもとで事象 B が起こる条件付き確率 $P(B|A)$ は

$$P(B|X=a) \qquad (*)$$

のように表すことが多い．

条件付き確率は，確率の計算のいろいろな場面で用いられる．例えば，次の公式はその基本となる．事象 $A_1, A_2, \cdots, A_n$ が互いに排反で，$A_1 \cup A_2 \cup \cdots \cup A_n$ が全事象 Ω となるとき

$$P(B) = \sum_{i=1}^{n} P(B|A_i)P(A_i).$$

これより，事後の確率を与える*ベイズの定理が導かれる．

(2) 上の $(*)$ で定まる条件付き確率は，X の値 a に応じて決まる確率変数と考えることができる．

*確率空間 $(\Omega, \mathcal{F}, P)$ 上に確率変数 $X(\omega)$ が与えられたとき, 事象 $B \in \mathcal{F}$ に対して $X(\omega)=a$ という事象の上で

$$Y(\omega) = P(B|X(\omega) = a)$$

によって定義される確率変数 $Y(\omega)$ を確率変数 X で条件付けたときの B の条件付き確率といい, $Y(\omega)=P(B|X)(\omega)$ と表す.

より一般に, 確率空間 $(\Omega, \mathcal{F}, P)$ が可算生成 ($\mathcal{F}$ が可算個の集合 $A_1, A_2, \cdots$ から生成される可算加法的集合族) の場合, $\mathcal{F}$ の部分集合族 $\mathcal{G}$ が与えられれば, 次の条件を満たす確率変数 $P(B|\mathcal{G})(\omega)$ $(B \in \mathcal{F})$ が存在する. これを $\mathcal{G}$ で条件付けた条件付き確率という.

(1) $\int_A P(B|\mathcal{G})(\omega) P(d\omega) = P(A \cap B)$ $(A \in \mathcal{G})$.
(2) ほとんどすべての ω に対して $P(B|\mathcal{G})(\omega)$ が B について可算加法的な確率測度である.
(3) さらに, 条件付き平均は, 条件付き確率に関する平均である. つまり, 任意の可積分関数 $f(\omega)$ について, ほとんどすべての ω に対して

$$E[f|\mathcal{G}](\omega) = \int_\Omega f(\omega') P(d\omega'|\mathcal{G})(\omega)$$

が成り立つ.
⇒ 条件付き期待値

条件付き確率測度

conditional probability measure

*条件付き確率の精密化である条件付き確率測度は, 確率過程論あるいはエルゴード理論などを本格的に展開する際には必須の概念である. 確率空間 $(\Omega, \mathcal{F}, P)$ において, $\mathcal{F}$ の部分可算集合族 $\mathcal{G}$ が与えられると, ある自然な条件のもとで, 条件付き確率 $P(B|\mathcal{G})(\omega)$, $B \in \mathcal{F}$ から, ほとんどすべての $\omega \in \Omega$ について, 任意の $B \in \mathcal{F}$ に対して $Q_\omega(B) = P(B|\mathcal{G})(\omega)$ が成り立ち, かつ, 各 B に対して $\omega \mapsto Q_\omega(B)$ が可測関数になるような $Q_\omega(B)$ を構成できることが知られている. これを条件付き確率測度といい, 条件付き期待値は条件付き確率測度に関する期待値と, ほとんどすべての ω について一致する.

条件付き期待値

conditional expectation

X を確率変数とする.

(1) まず事象 B に対しては, $Y=X$ (B 上); $=0$ (B の外) として, $E[Y]/P(B)$ を B で条件付けたときの X の条件付き期待値といい, $E[X|B]$ と書く.

(2) また全事象 Ω の分割 $\alpha = \{A_1, \cdots, A_n\}$, $\bigcup A_i = \Omega$ に対しては, A_i 上での値を $E[X|A_i]$ として定めた確率変数を, 分割 α で条件付けたときの X の条件付き期待値といい, $E[X|\alpha]$ で表す. なお, より一般に例えば正方形の縦線への分割のような場合にも, 条件付き期待値の概念は拡張され, もし確率変数 X が 2 次モーメントを持つならば, その分割に関して可測で 2 乗可積分な関数の作る部分空間への直交射影と一致する.

(3) 別の確率変数 Z に対して, そのとる値により定まる分割に関する X の条件付き期待値を, Z で条件付けたときの X の条件付き期待値といい, $E[X|Z]$ と表す.
⇒ 条件付き確率

条件文

conditional statement

P, Q を命題とするとき, 「P ならば Q」という形の命題を条件文といい, $P \to Q$ と表す. 例えば, 「$2x-4=0$ ならば $x=2$ である」や「x が実数ならば $x \geqq 0$ である」は条件文である. 前者は正しい命題であり, 後者は x が負の数であれば間違いであるので, 間違った命題である.

条件文の真偽は, P, Q の真偽から次のように定まる (→ 真偽表). ただし T は命題が正しいことを, F は命題が間違いであることを意味する.

P	Q	$P \to Q$
T	T	T
T	F	F
F	T	T
F	F	T

⇒ 必要条件, 十分条件, 仮定

昇鎖律

ascending chain rule

*可換環 R の*イデアルのどんな増加列 $\mathfrak{a}_1 \subset \mathfrak{a}_2 \subset \cdots \subset \mathfrak{a}_n \subset \mathfrak{a}_{n+1} \subset \cdots$ についても, ある番号 m から先はイデアルが一致する, すなわち $\mathfrak{a}_m = \mathfrak{a}_{m+1} = \mathfrak{a}_{m+2} = \cdots$ が成り立つとき (m は増加列ごとに異なってもよい), 可換環 R では昇鎖律が成り立つという. これは可換環 R が*ネーター環であることと同値である.

商集合

quotient set

集合 X に*同値関係 $\sim$ が与えられたとき, この同値関係による*同値類を元とする集合 (すなわち

同値類全体の集合)を商集合といい $X/\sim$ と記す．元 $x\in X$ の同値類が定める商集合の点を $\bar{x}$ と記すとき，対応 $x\mapsto \bar{x}$ によって自然な*全射 $X\to X/\sim$ ができる（→ 標準写像）．X がベクトル空間，群，位相空間，環などである場合には，同値関係に適当な条件を課すと，商集合にも同種類の構造が定まる（→ 商線形空間，剰余類群，商空間）．集合 X が幾何学的な対象であるときは商集合の代わりに商空間ということが多い．

商集合は，感覚的には，同値なものどうしを同じものとみなし，同値なものどうしをまとめて1つの元と考えることにより得られる集合である．例えば，$X=\mathbb{Z}$ において，同値関係 $a\sim b$ を $a\equiv b \pmod{5}$ のこととすると，$\mathbb{Z}/5\mathbb{Z}$ は上の定義により，$5\mathbb{Z}, 1+5\mathbb{Z}, 2+5\mathbb{Z}, 3+5\mathbb{Z}, 4+5\mathbb{Z}$ という5つの剰余類からなる集合であるが，感覚的には，$\mathbb{Z}$ において，$0=5=10=\cdots, 1=6=11=\cdots$ などとみなしてしまってできる集合といえる．

小数
decimal

整数でない実数を*10進法で表したものを小数という．例えば，3.14 は $3+1/10+4/100$ を表す．小数点の記号 . は*ネピアの創始であるが，彼は 3·14 と記した．3.14 という記法は英国の数学者ウォリス（J. Wallis）が 1685 年に出版した著作で初めて用いられたとされている．一方，小数点として，を用いることも 17 世紀以来行われており，現在でも英国以外のヨーロッパでは小数の表記として 3,14 を用いていることが多い．

なお，*n 進法でも 10 進法と同様に小数を考えることができる．3 角関数表の原型となった弦の表では，古代バビロニアの 60 進法に基づいて，実質的に 60 進法の小数を小数点以下の部分で使っており，中世ヨーロッパに引き継がれて使われていた．上記の意味での 10 進小数はヨーロッパではシモン・ステヴァン（S. Stevin, 1548-1620）によってはじめて使われたが，古代中国では 0.1 を分，0.01 を厘，0.001 を毛などと呼んで小数を古くから使っていた．→ 小数展開

常数
constant

*定数のこと．やや古めかしいひびきはあるが，物理などでは普遍的な定数のことをいう．

小数展開
decimal expression

$\sqrt{2}=1.4142135\cdots, \pi=3.1415926\cdots$ のように，実数を小数で表すことを小数展開という．有理数は有限小数か*循環小数として表示できるが，無理数は循環しない無限小数となる．

一般に，正の実数 x は，0 から 9 の間の整数の列 $a_1,\cdots,a_n,\cdots$ と 0 以上の整数 a_0 により，

$$x = a_0 + \frac{a_1}{10} + \frac{a_2}{10^2} + \cdots$$
$$= \lim_{n\to\infty}\left(a_0 + \frac{a_1}{10} + \frac{a_2}{10^2} + \cdots + \frac{a_n}{10^n}\right)$$

と表すことができる．このとき，$x=a_0.a_1a_2\cdots$ と表して，これを x の小数展開という．例えば $0.2999\cdots = 0.3000\cdots$ などのように，ある桁以降がすべて 9 であるときは，9 が続く直前の桁の数を1つ増やし，あとは 0 でおきかえることができる．このおきかえを必ず行うことにすれば，小数展開は一意的である．

少数の法則
law of small numbers

2 項分布 $p_k=n!p^k(1-p)^{n-k}/k!(n-k)!$ において，平均 $\mu=np$ を一定に保って $n\to\infty$ とすると，極限はポアソン分布 $\pi_k=\mu^k e^{-\mu}/k!$ となる．これを少数の法則といい，大数の法則の対極に位置する．ポアソン分布は，稀に起こる事象の確率の代表的なものであり，19 世紀の教科書では，軍隊で馬に蹴られて死亡した人数の統計を例としていたという．

商線形空間
quotient linear space

*線形空間 L と，その*線形部分空間 M が与えられたとき，L の同値関係 $\sim$ を次のように定義する：
$$x \sim y \iff x - y \in M.$$
この同値関係による*商集合 $L/\sim$ には，標準写像 $\pi: L\to L/\sim$ が線形写像になるような線形空間の構造が一意的に入る．これを L の M による商線形空間といい，L/M により表す．$\dim L/M = \dim L - \dim M$ である．

商体
field of quotients, field of fractions

整数をもとに分数をつくると分数の全体は有理数体 $\mathbb{Q}$ になる．これと同様の操作を*整域 R に対して行うことができ R の商体 $Q(R)$ を構成する

ことができる．

整域 R に対して*分数の類似で形式的に
$$\frac{r}{s} \quad (r,s \in R,\ s \neq 0)$$
を考える．さらに，分数と同様に
$$\frac{r}{s} = \frac{r'}{s'} \iff rs' = r's$$
と定義する．このとき，集合
$$Q(R) = \left\{ \frac{r}{s} \,\middle|\, r,s \in R,\ s \neq 0 \right\}$$
を整域 R の商体という．R の分数体ともいう．さらに $r \in R$ と $r/1$ を同一視することによって $R \subset Q(R)$ と考える．商体の元 r/s と t/u に対して和，差，積を分数のときと同様に
$$\frac{r}{s} \pm \frac{t}{u} = \frac{ru \pm st}{su}, \quad \frac{r}{s} \cdot \frac{t}{u} = \frac{rt}{su}$$
と定義する．この定義によって $Q(R)$ は*体になる．$r/s \neq 0$ の*逆元は s/r で与えられる．

多項式環 $k[x_1,\cdots,x_n]$ の商体は，$x_1,\cdots,x_n$ についての有理式(分数式)のなす体である．

状態空間
state space

時間発展を伴う現象について観測される位置や形あるいは量を状態といい，その全体を状態空間という．例えば，マルコフ過程などの確率過程 $X(t)$ $(t \geq 0)$ では，確率変数 $X(t)$ のとる値が時刻 t における状態である．また，電流などの工学的現象においては，フーリエ変換をして得られるスペクトルに対して，電位や電圧など時間的に変化する量を状態という．

状態空間(解析力学での)
state space

空間内の n 個の質点からなる質点系の場合，質点の位置の座標と速度ベクトルの成分からなる $6n$ 次元のユークリッド空間が状態空間である．拘束運動の場合はその部分多様体になる．例えば，曲面 $\Sigma \subset \mathbb{R}^3$ 上に拘束された質点の運動の場合は，接ベクトル束 $T(\Sigma)$ が状態空間である．配位空間のことを状態空間と呼ぶこともある． ⇒ 配位空間

状態方程式(制御系の)
state space equation

制御系の特性を時刻 t における状態ベクトル $x(t)$，入力ベクトル $u(t)$，出力ベクトル $y(t)$ の間の関係式として表したものである．線形時不変系の状態方程式は，通常，$dx(t)/dt = Ax(t) + Bu(t)$, $y(t) = Cx(t)$ の形に書かれる．$x(t), u(t), y(t)$ のラプラス変換 $\widehat{x}(s), \widehat{u}(s), \widehat{y}(s)$ を用いて，状態方程式を $s\widehat{x}(s) = A\widehat{x}(s) + B\widehat{u}(s)$, $\widehat{y}(s) = C\widehat{x}(s)$ と書き直し，これから $\widehat{x}(s)$ を消去することによって*伝達関数 $G(s) = C(sI-A)^{-1}B$ による入出力関係の表現 $\widehat{y}(s) = G(s)\widehat{u}(s)$ が得られる． ⇒ 制御理論

商多様体
quotient manifold

H を*リー群 G の閉部分群であるリー群とするとき，G の H による左*剰余類の集合 G/H に*商位相を与えたものには滑らかな*多様体の構造が定まる．G/H をリー群 G のリー閉部分群 H による商多様体という．

例えば G を $(n+1) \times (n+1)$ 実直交行列全体 $O(n+1)$, H を $O(n)$ とし，H の元 A を G の元 $\begin{bmatrix} A & 0 \\ 0 & 1 \end{bmatrix}$ とみなすと，H は G の閉部分群になり，商多様体 $O(n+1)/O(n)$ が n 次元球面 S^n である．実際 $p_0 = {}^t(0,\cdots,0,1)$ とすると，$g \mapsto gp_0$ で写像 $O(n+1) \to S^n$ が定まるが，これは*標準写像 $O(n+1) \to O(n+1)/O(n)$ とみなせる．より一般にリー群 G が多様体 M に作用し，作用を表す写像 $G \times M \to M$ が C^∞ 級であるとする．さらに作用が*自由な作用であれば，商空間 $G \backslash M$ は多様体になる．これも商多様体という． ⇒ 等質空間，推移的(作用が)

上端
upper end

(1) 区間 $[a,b], (a,b], [a,b), (a,b)$ などに対する実数 b を区間の上端，a を下端という．

(2) 積分範囲が区間である定積分 $\int_a^b f(x)dx$ について，区間の端点 b をその上端，a を下端という．

焦点(2次曲線の)
focus

2次曲線(円錐曲線)は円錐の平面 h による切り口として現れる．このとき，円錐に内接し平面 h に接する球面の h との接点をこの円錐曲線の焦点という．焦点は*楕円，*双曲線では 2 個あり，*放物線ではただ 1 つである．

またこの内接球面と円錐との接点の全体は円であり，円錐の平面 h' による切り口として現れる．

この平面 h' と平面 h との交わりとして出てくる直線 d を円錐曲線の準線という．楕円, 双曲線は2個の準線 d, d' を持ち, 焦点 F, F' を結ぶ直線に直交している．

円錐曲線上の点 P と焦点との距離と点 P から準線 d への距離との比 e は一定である．これをこの円錐曲線の*離心率という．楕円は2個の焦点からの距離の和が一定である点の軌跡であり, 双曲線は2個の焦点からの距離の差の絶対値が一定である点の軌跡である．

楕円では一方の焦点から出た光が楕円に反射すると他方の焦点を必ず通る．

双曲線の焦点 F から出た光を他の焦点 F' に近い側の双曲線に反射させる．このとき, 反射光の進む方向と反対方向に延ばした直線は, 焦点 F' を通る(図1).

また, 放物線では軸に平行な光が放物線に反射すると焦点を通る(図2).

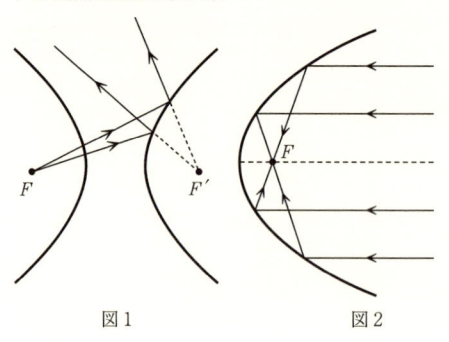

図1　図2

座標による記述は楕円, 双曲線, 放物線の各項を参照のこと．

章動　nutation　⇒ コマの運動

上半平面
upper half plane

複素平面 $\mathbb{C}$ において, 虚部が正であるような複素数の全体 $\mathfrak{h}=\{z\in\mathbb{C} \mid \operatorname{Im} z>0\}$ を上半平面という．⇒ 上半平面モデル, 保型関数

上半平面モデル
upper-half-plane model

上半平面 $\{x+iy\in\mathbb{C} \mid y>0\}$ を $\mathfrak{h}$ と記し, 平面の一部分とみなす．このとき,「点」などは通常の意味とし,「直線」を次のように解釈すると, *非ユークリッド幾何学の公理系が満たされる．これを上半平面モデルと呼ぶ．

「直線」とは x 軸に直交する円, または, x 軸と垂直な直線で上半平面の部分にあるものである．ここで, 括弧に入った「直線」は新たに考える「直線」を意味し, 括弧に入らないものは, 普通のユークリッド幾何の直線である．

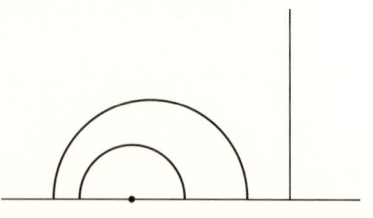

上半平面を用いると, ユークリッド幾何学の中に非ユークリッド幾何学の*モデルを作ることができる．
上半平面の曲線 $x(t)+iy(t) : (a,b)\to\mathfrak{h}$ に対してその長さを
$$\int_a^b \sqrt{\left(\frac{dx}{dt}\right)^2+\left(\frac{dy}{dt}\right)^2}\frac{1}{y(t)}dt$$
で定義する．すなわち $(dx^2+dy^2)/y^2$ という*リーマン計量を考える．このとき2点を結ぶ最短の曲線, すなわち測地線は, 上記の意味での「直線」になる．言い換えると, 非ユークリッド幾何学は $(dx^2+dy^2)/y^2$ なる計量を持った空間の幾何学とみなせる．

上半連続　upper semicontinuous　⇒ 下半連続

常微分方程式
ordinary differential equation

例えば
$$\frac{dy}{dx}=y$$
のように1変数の未知関数とその微分を含む方程式を常微分方程式という．ニュートンの*運動法則は常微分方程式の代表例である．

1変数の(一般には, ベクトル値の)未知関数 $x(t)=(x_1(t),\cdots,x_n(t))$ およびその導関数 $x'(t)$, $x''(t), \cdots, x^{(p)}(t)$ のとる値の間に関係式
$F_j(t,x(t),x'(t),\cdots,x^{(p)}(t))=0 \ (j=1,\cdots,m)$
が与えられたとき, これを p 階の常微分方程式といい, 未知関数 $x(t)$ を求めることを常微分方程式を解く, 求めた未知関数をその解という．

$m=n=1$ のとき p 階の単独微分方程式という．また, $m=n, p=1$ で関係式が

$$\frac{dx_j}{dt} = f_j(t, x_1, \cdots, x_n) \quad (j = 1, \cdots, n)$$

の形のとき，正規形の常微分方程式系という．またさらに，条件 $x_j(t_0)=a_j$ $(j=1,\cdots,n)$ が与えられた場合，初期値問題という．

*初等関数を含む多くの関数が，比較的簡単な微分方程式で特徴づけられることも，注目すべき事実である．

例1 *指数関数 $y=e^x$ は

$$\frac{dy}{dx} = y, \quad y(0) = 1$$

の一意的な解である．

例2 *3角関数 $y=\sin x$, $\cos x$ はそれぞれ次の方程式の一意的な解である．

$$\frac{d^2y}{dx^2} = -y, \quad y(0) = 0, \quad y'(0) = 1.$$

$$\frac{d^2y}{dx^2} = -y, \quad y(0) = 1, \quad y'(0) = 0.$$

上の例1，例2では x を複素変数と考えることもできる．

例3 *ワイエルシュトラスの $\wp$ 関数は

$$\frac{dy}{dx} = \sqrt{4y^3 - g_2 y - g_3} \quad (g_2, g_3 \text{ は定数})$$

を満たす $\mathbb{C}$ 上の2重周期をもつ*有理型関数である．
⇒ 偏微分方程式

常微分方程式の解の存在定理　existence theorem of solutions for ordinary differential equation ⇒ コーシーの存在と一意性定理(常微分方程式の)

常微分方程式の初期値問題　initial value problem for ordinary differential equation ⇒ コーシーの存在と一意性定理(常微分方程式の)

常微分方程式論の基本定理
fundamental theorem of theory of ordinary differential equations

常微分方程式の解の存在と一意性や径数依存性などに関する一連の定理の総称である．⇒ コーシーの存在と一意性定理(常微分方程式の)，解の径数依存性定理

小分母
small denominator, small divisor

*KAM 理論などにおいて証明の困難さをもたらし，「実数がどれだけ有理数によってよく近似できるか」という*ディオファントス問題と深く関わる小さな分母のこと．

例えば，次の問題に現れる．「$x=(x_1,x_2)$ の関数 $f(x)$ が x_1, x_2 それぞれについて周期1を持つ*実解析的な2重周期関数のとき，実係数 ω_1, ω_2 の線形偏微分方程式 $\omega_1(\partial u/\partial x_1) + \omega_2(\partial u/\partial x_2)=f(x)$ は2重周期解 $u(x)$ を持つか？」もしこのような解 $u(x)$ を持つならば，*フーリエ級数展開を考えて，$f(x)=\sum a_n e_n(x)$, $u(x)=\sum b_n e_n(x)$, $n=(n_1, n_2)$, $e_n(x)=\exp 2\pi i(n_1 x_1+n_2 x_2)$ とすると，$n\neq(0,0)$ のとき，

$$b_n = \frac{a_n}{2\pi i(n_1\omega_1 + n_2\omega_2)}$$

となる．この分母は，ω_1, ω_2 が $\mathbb{Q}$ 上で*線形独立(つまり，ω_1/ω_2 が無理数)と仮定しておけば，決して0にはならない．しかし，その値がいくらでも0に近くなるように整数の組 (n_1, n_2) が選べる．よって，$u(x)$ の収束は微妙な問題となる．このような分母を小さな分母，略して小分母という．上の問題では，ω_1/ω_2 が有理数に近くないという条件($|n_1\omega_1+n_2\omega_2|\geq C(n_1^2+n_2^2)^{-s}$, $C>0$, $s>2$)のもとで，級数 $u(x)$ は収束し，実解析関数となる．また，*ルベーグ測度に関してほとんどすべての実数の組 (ω_1, ω_2) はこの条件を満たすことが知られている．

昇べきの順
ascending order of power

多項式で，ある文字に着目して，その文字に関して最低次の項を左端にしてそれから右へ行くに従って次数が次第に高くなるように並べて書くことをいう．多項式 $y+2xy^4+x^2y^3+x^3y$ は x に関して昇べきの順になっているが，y に関して昇べきの順に書くと $(x^3+1)y+x^2y^3+2xy^4$ となる．
⇒ 降べきの順

乗法
multiplication

数や式の掛け算のこと．積ともいう．群，環，体での掛け算も乗法という．

情報幾何
information geometry

ある種の確率分布族，例えば指数型分布族は，リーマン幾何などに準じて幾何学的に取り扱うことができ，幾何学的な物の見方は，統計的推定な

どの研究において，しばしば有効な方法を与える．このような手法・立場を情報幾何という．

乗法群
multiplicative group

*群の演算を，乗法の記号 ab（あるいは $a \cdot b$）で表したことを強調するために乗法群ということがある．また*体 K の 0 以外の元全体 $K^{\times}$ は体の乗法に関して群をなす．これを体 K の乗法群という．さらに単位元 1 を持つ環 R の*可逆元全体のなす群を $R^{\times}$ により表し，これを R の(可逆元からなる)乗法群という．

情報増大系
filtration

確率過程において，時刻 t までに起こり得る事象の全体を $\mathcal{F}_t$ とすると，$\mathcal{F}_t$ は可算加法的な集合族(→可算加法族)で，時間とともに増大する．つまり，$t<s$ のとき $\mathcal{F}_t \subset \mathcal{F}_s$．この集合族の増大系 $\{\mathcal{F}_t\}$ を情報増大系あるいはフィルトレーションという．

乗法定理(確率の)
multiplication rule

事象 A が与えられたときの事象 B の条件付き確率を $P(B|A)$ とすると，定義より，$P(A \cap B) = P(A)P(B|A)$ が成り立ち，具体的な計算に役立つ計算規則である．これを確率の乗法定理という．

乗法付値 multiplicative valuation →付値

情報量
amount of information

情報という言葉のもつ1つの側面を，定量的に捉え，通信文などを最も効率的に送った場合の長さとして情報量を捉えたのは*シャノンであり，その情報がもたらした*エントロピーの減少量を情報量と解釈することができる．情報量の数学的な定義については*エントロピー(情報理論の)を参照．

情報理論
information theory

*シャノンに始まる情報理論は，単純化していえば，与えられた通信文を容量に限界のある通信路を経由して伝達するときに，適切な*符号化を用いて，できるだけ速く，誤りを少なくして効率的に伝達することを目的とするものである．情報路に

関する符号化と情報源に関する符号化の理論に大別される．また，近年は情報圧縮に関する数学的な研究も盛んである．情報理論は，実際の問題と深く関わりを持つ数理科学の分野であるが，シャノンにより「情報」を定量的に捉えるために導入された情報量あるいは*エントロピーの概念は，諸科学に大きな影響をもたらし，数学においても例えば力学系の不変量としてのエントロピー概念の誕生をもたらした．

証明
proof

いくつかの事実を前提にして，論理的に結論を導くこと．見出されたあるいは予想された数学的事実を，間違いなく確立するための手続きであると同時に，数学的事実の意味，内容，意義，ほかの事実との関係などを明らかにする手段でもある．

数学に証明が導入されたのは，ギリシア時代の幾何学が最初であろう．ギリシア以前の幾何学でも，多くの幾何学的事実が知られていた(例えば，*ピタゴラスの定理(3平方の定理)は，ほとんどの古代文明で，何らかの形で知られていた)．しかし，幾何学的事実が成り立つ前提を明らかにし，また，幾何学的事実の間の論理関係を明らかにすることで，それらを体系づけることは行われていなかった．

ギリシア時代において，一定の公理・公準を定めて，知られていた幾何学的事実を順に証明することで，体系だった記述を行うことが始まり，数学は大きく進歩した．それだけでなく，幾何学の公理体系は，理論を体系的に記述する方法のお手本として，物理学や哲学にいたるまで多くの学問の規範になった．

数学の発展は，まず新しい関係や法則の認識があり，ついで証明によってそれが数学的知見として確立されるという段階を経ることが多い．法則を認識することと証明を与えることは，どちらも重要な数学的営みである．

消滅演算子 annihilation operator →ボゾン

剰余 residue →商

常用対数
common logarithm

正数 x に対して $x = 10^y$ を満たす実数 y がただ1つ定まる．y を x の常用対数といい，$\log_{10} x$

あるいは略して $\log x$ で表す．

基本関係式

$\log_{10} 1 = 0$, $\log_{10} xy = \log_{10} x + \log_{10} y$

が成り立つ．$1 \leq a < 10$ が $0 \leq \log_{10} a < 1$ であるための必要十分条件である．また，$\log_{10} a$ の整数部分を指標という．$\log_{10} a$ の指標 s が $s \geq 0$ であれば a は $s+1$ 桁の数である．一方 $s<0$ であれば a は整数部分および小数点以下 $-s-1$ 桁まで 0 の小数である．常用対数は，*ネピアによる対数の創始を受けて，ヘンリー・ブリックス(1561-1631)によって導入され，最初の常用対数表は 1617 年にブリックスが出版した．

例 $\log_{10} 1000 = 3$, $\log_{10} \sqrt[3]{10} = 1/3$
⇒ 仮数

剰余環
residue ring

I を可換環 R のイデアルとする．加法群としての*剰余環 R/I には，R の乗法を用いて環の構造が入る．これを R の I による剰余環という．言い換えれば，R における同値関係 $\equiv$ を

$$a \equiv b \iff a - b \in I$$

により定義したとき，
$a \equiv b$, $a_1 \equiv b_1 \implies a + a_1 \equiv b + b_1$, $aa_1 \equiv bb_1$
であるから，*商集合 $R/\equiv (= R/I)$ は環の構造を持つ．

整数 n を法とする*合同

$$a \equiv b \pmod{n} \quad (a, b \in \mathbb{Z})$$

は，$\mathbb{Z}$ における n で生成されるイデアル (n) による同値関係と一致する．なお，$\mathbb{Z}/(n)$ を $\mathbb{Z}/n\mathbb{Z}$ と記すことも多い．

例 1 p を素数とするとき，$\mathbb{Z}$ のイデアル (p) による剰余環は，位数が p の体になる．しかし，例えば $\mathbb{Z}/(10)$ は，$\overline{25} = \overline{10} = \overline{0}$ ($\overline{a}$ は整数 a の mod 10 での同値類(剰余類))となるので，$\overline{2}$ や $\overline{5}$ の逆元が $\mathbb{Z}/(10)$ には存在せず，$\mathbb{Z}/(10)$ は体ではない．

例 2 F を体，$f(x)$ を F の元を係数とする既約多項式とすると，多項式環 $F[x]$ のイデアル $(f(x))$ による剰余環 $F[x]/(f(x))$ は，体になる．例えば，

$$\mathbb{R}[x]/(x^2+1) \simeq \mathbb{C}.$$

実際，$f(x) \in \mathbb{R}[x]$ を x^2+1 で割った余りを $a+bx$ とすると，$f(x) \equiv a+bx \pmod{x^2+1}$ なので，$\mathbb{R}[x]/(x^2+1) = \{a + b\overline{x} \mid a, b \in \mathbb{R}\}$ であり，また，$\overline{x}^2 = -1$ だから，$\mathbb{R}[x]/(x^2+1)$ は $a + b\overline{x}$ $(a, b \in \mathbb{R})$ 全体に $\overline{x}^2 = -1$ として積を定めたものとみなせ，$a+bi$ $(a, b \in \mathbb{R})$ 全体に $i^2 = -1$ として積が定まる $\mathbb{C}$ と同型になる(→ 複素数)．しかし，例えば $f(x) = x(x-1)$ の場合 $\mathbb{R}[x]/(x(x-1))$ は，$\overline{x}(\overline{x}-1) = 0$ (ここに $\overline{x}$ は x の mod $(x(x-1))$ での剰余類)となるので，$\overline{x}$ や $\overline{x}-1$ の逆元が $F[x]/(x(x-1))$ には存在せず，$\mathbb{R}[x]/(x(x-1))$ は体ではない．

R が非可換環であるときも，両側*イデアル I について，剰余環 R/I が同様に定義される．

剰余群
residue class group

群 G の*正規部分群 N に対して，*右剰余類集合 G/N には積を

$$(gN)(hN) = ghN$$

により定めることができて，群の構造を持つことがわかる(正規部分群については $gN = Ng$ $(g \in G$ であるから，右剰余類と左剰余類は一致する)．さらに標準的な写像 $\pi: G \to G/N$ $(\pi(g) = gN)$ は群の準同型写像である．群 G/N を G の N を法とする剰余(類)群あるいは商群または因子群という．π を標準準同型という．⇒ 剰余類

剰余項 remainder ⇒ テイラーの定理

剰余体
residue field

可換環 R のイデアル $\mathfrak{m}$ による*剰余環 $R/\mathfrak{m}$ は，$\mathfrak{m}$ が*極大イデアルのときは体となる．これを，R の $\mathfrak{m}$ による剰余体という．

剰余定理
remainder theorem

「多項式 $f(x)$ を $x-a$ で割ったときの余りは，$f(a)$ である」．これを剰余定理という．*因数定理は，この定理の系である．

剰余有限群
residually finite group

群 G が，G に対して有限な*指数を持つ部分群の列

$$G \supset G_1 \supset G_2 \supset \cdots$$

で $\bigcap_{n=1}^{\infty} G_n = \{1\}$ を満たすものを持つとき，G を剰余有限群という．例えば加法群 $\mathbb{Z}$ や，$SL(2, \mathbb{Z})$ などは，剰余有限群であるが，加法群 $\mathbb{Q}$ は剰余有限群ではない．

剰余類
residue class

(1) 群の剰余類　群 G の部分群 H が与えられたとき，$g \in G$ に対して G の部分集合 $gH = \{gh \mid h \in H\}$ を g の属する H に関する G の右剰余類という．G の任意の 2 元 g_1, g_2 に対して $g_1 H = g_2 H$ となるか $g_1 H \cap g_2 H = \emptyset$ となるかのいずれかが成り立つ．G の H に関する右剰余類のなす集合を G/H と記す．群 G に同値関係 $\sim$ を $g_1 \sim g_2 \iff g_1^{-1} g_2 \in H$ で導入すると，この同値関係による g の属する同値類が gH にほかならず，G/H はこの同値関係に関する商集合にほかならない．

同様に左剰余類 $Hg = \{hg \mid h \in H\}$ が定義できる．これは同値関係 $\sim$ を $g_1 \sim g_2 \iff g_1 g_2^{-1} \in H$ で定めたときの同値類と見ることができる．左剰余類のなす集合を $H \backslash G$ と記す．部分群 H が*正規部分群であれば $gH = Hg$ が成り立ち，右剰余類と左剰余類は一致する．

(2) 環の剰余類　可換環 R のイデアル I に対して $a, b \in R$ が $a - b \in I$ を満たすとき $a \sim b$ と定義すると $\sim$ は同値関係になる．この同値関係による商集合 $R/\sim$ を R/I と記し，各同値類をイデアル I に関する剰余類という．R/I は可換環の構造を持つ（→ 剰余環）．→ 可換環

剰余類群　residue class group　＝剰余群

初期境界値問題
initial-boundary value problem

初期条件と境界条件を同時に課して偏微分方程式を解く問題を初期境界値問題という．例えば両端の温度が一定値（例えば 0）に保たれている針金の温度変化を考えよう．針金の位置座標を $0 \leq x \leq L$ で表し，初期時刻での温度を $u_0(x)$ とすれば，時刻 t, 位置 x における温度 $u(t, x)$ は 1 次元の*熱方程式の初期境界値問題

$$\frac{\partial u}{\partial t} = \frac{\partial^2 u}{\partial x^2},$$
$$u(0, x) = u_0(x) \quad (0 \leq x \leq L),$$
$$u(t, 0) = u(t, L) = 0 \quad (0 \leq t)$$

として定式化される．この境界条件を等温境界条件という．両端を定温とする代わりに両端で熱の出入りがないとすれば，断熱境界条件

$$\frac{\partial u(t, 0)}{\partial x} = \frac{\partial u(t, L)}{\partial x} = 0 \quad (0 \leq t)$$

を課す問題になる．

初期値　initial value　→ 初期値問題

初期値問題
initial value problem

質点の運動は，ある時刻での位置 $x(t_0)$ と速度 $\frac{dx}{dt}(t_0)$ が決まれば，ニュートンの運動方程式 $m \frac{d^2 x}{dt^2} = F(t, x)$ から決定される．一般に微分方程式

$$\frac{d^n u}{dt^n} = f\left(t, u, \cdots, \frac{d^{n-1} u}{dt^{n-1}}\right)$$

において，ある t_0 で解と導関数の値 $u(t_0) = c_0$, $\cdots$, $\frac{d^{n-1} u}{dt^{n-1}}(t_0) = c_{n-1}$ を指定して解く問題を初期値問題またはコーシー問題といい，このような条件を初期条件，$c_0, \cdots, c_{n-1}$ を初期値または初期データという．初期値問題の解は*リプシッツ条件のもとでただ 1 つ存在することが保証される．→ コーシーの存在と一意性定理（常微分方程式の）

偏微分方程式に対しても初期値問題を考えることができる．例えば波動方程式の初期値問題

$$\frac{\partial^2 u}{\partial t^2} = \frac{\partial^2 u}{\partial x^2},$$
$$u(0, x) = u_0(x), \quad \frac{\partial u}{\partial t}(0, x) = u_1(x)$$

を解く問題である．この場合，初期値として与えるのは関数 $u_0(x), u_1(x)$ である．→ コーシー問題（偏微分方程式の），コーシー–コワレフスカヤの定理

除去可能な特異点
removable singularity

関数 $f(z)$ が複素平面の領域 $0 < |z - a| < r$ で正則で，$z \to a$ のとき $|f(z)|$ が有界であれば，$f(z)$ は a でも正則な関数に拡張することができる．このような場合に a は除去可能な特異点であるという．→ 孤立特異点

触点
adherent point

位相空間 X の部分集合 A に対して，A の閉包 $\overline{A}$ に属する点を A の触点という．言い換えれば，点 x の任意の近傍 U をとったとき，U が A の点を含むことが，x が A の触点であることの条件である．

初項
initial term
数列 $a_1, a_2, \cdots, a_n, \cdots$ の第 1 項 a_1 のことをいう.

初等関数
elementary function
微分積分学に現れる重要な関数の例には次のようなものがある：多項式(整式), 有理関数(分数式), べき関数, 3 角関数, 逆 3 角関数, 指数関数, 対数関数, 双曲線関数, 逆双曲線関数. これらのうちには $x^\alpha = e^{\alpha \log x}$ や $\cosh x = (e^x + e^{-x})/2$, $\cosh^{-1} x = \log(x + \sqrt{x^2 - 1})$ のように, ほかの関数を組み合わせて得られるものもある.

一般に, 上にあげた関数から出発して, (1) 加減乗除, (2) 合成関数を作る, (3) 代数方程式を解く, の操作を何度か繰り返して作られる関数を初等関数と呼ぶ.

初等関数は変数を複素数の範囲に広げて考えるとその性質を深く理解することができる. 例えば 3 角関数と指数関数はオイラーの関係式 $e^{iz} = \cos z + i \sin z$ で結びついており, この 2 つは本質的に同じ関数と考えられる. 複素変数の関数と見たとき基本的な初等関数は有理関数, 指数関数および対数関数であって, その他の初等関数は上に述べた操作の組合せで得られる.

初等関数の微分はまた初等関数であるが, 積分は一般に初等関数になるとは限らない. 後者からはしばしば興味深い新しい関数が生じる. ⇒ 超幾何関数, 楕円関数

初等幾何学
elementary geometry
平面や 3 次元の幾何学で, *補助線などを用いて, ユークリッドの公理系から種々の定理を証明していく幾何学を初等幾何学という. 19 世紀には総合幾何学とも呼ばれた. 座標や多項式を用いる解析幾何学や, 微分積分法を用いる微分幾何学が初等幾何学でない幾何学の例である.

助変数
parameter
径数, パラメータなどともいう. ⇒ 局所径数表示

除法
division
割り算のこと.

除法の原理
division principle
整数 a, b $(b \neq 0)$ に対して
$$a = qb + r, \quad 0 \leqq r < |b|$$
を満足する整数 q, r がただ 1 つ存在する. これを除法の原理という.

ジョルダン曲線
Jordan curve
平面の*単純閉曲線のことをいう. *ジョルダンの閉曲線定理が適用できるのでこの名がある. ジョルダン閉曲線, ジョルダンの曲線, ジョルダンの閉曲線ともいう. ⇒ ジョルダン弧

ジョルダン弧
Jordan arc
平面 E^2 上の連続曲線 $c: [a, b] \to E^2$ で, 写像として単射であるもののことをいう.

ジョルダン細胞
Jordan block
*ジョルダン標準形に現れる次のような形の正方行列のことをいう.

$$J(\lambda, k) = \begin{bmatrix} \lambda & 1 & & & O \\ & \lambda & 1 & & \\ & & \ddots & \ddots & \\ & O & & \lambda & 1 \\ & & & & \lambda \end{bmatrix} \Big\} k$$

(幅 k)

ジョルダン測度
Jordan measure
リーマン積分に対応する面積・体積概念の一般化をいう. 例えば平面上の有界集合 A については次のように定義される. A を有限個の小さな長方形 $R_1, \cdots, R_N$ で覆い, これらの面積の和 $\sum_{i=1}^{N} m(R_i)$ を A の面積の近似値と考える. ただし, $m(R)$ は長方形 R の面積を表す. あらゆる覆い方にわたる下限
$$m^*(A) = \inf \left\{ \sum_{i=1}^{N} m(R_i) \mid \bigcup_{i=1}^{N} R_i \supset A, \ N \geqq 1 \right\}$$
を A のジョルダン外測度という. また A に含まれ, 互いに重ならない長方形の面積の和は内側か

らの近似値と考えられる．それらの上限
$$m_*(A) = \sup\left\{\sum_{i=1}^N m(R_i) \mid \bigcup_{i=1}^N R_i \subset A,\right.$$
$$\left. R_i \cap R_j = \emptyset \ (i \neq j),\ N \geq 1\right\}$$
をジョルダン内測度という．両者が一致するとき，A をジョルダンの可測集合といい，共通の値
$$\overline{m}(A) = m^*(A) = m_*(A)$$
を可測集合 A のジョルダン測度と呼ぶ．ジョルダン可測な集合全体は有限加法族となり，ジョルダン測度 $\overline{m}$ はその上の有限加法測度になる．$\mathbb{R}^n$ 上のジョルダン測度も同様に定義される．

平面や空間の図形の面積・体積を厳密に定義しようとする試みは*カントル，シュトルツ(O. Stolz)，ハルナック(C. Harnack)らによって試みられた．カントルは平面の任意の有界集合 A に面積があると考え，それを m^* によって定義した．しかし，この定義によると面積の持つべき加法性
$$m^*(A \cup B) = m^*(A) + m^*(B) \quad (A \cap B = \emptyset)$$
が成り立たない．そこで*ペアノとジョルダン(C. Jordan)は，すべての有界集合に対して面積を定義することをせず，考える集合の範囲を狭く取ることにより，面積概念の厳密化に成功した．ジョルダンの面積理論はリーマン積分論の基礎として十分なものである一方，開集合や閉集合でも可測でないものがあるなど，不十分な部分もある．測度をさらに一般の集合に拡張し，解析学への応用に十分な性質を持つように定義したのがルベーグの測度論である．$\Rightarrow$ 測度，外測度，可測集合

ジョルダン代数
Jordan algebra

実数を成分とする n 次正方行列 X, Y に対し，積 $X \star Y$ を
$$X \star Y = \frac{1}{2}(XY + YX)$$
によって定義する．ただし XY, YX は通常の行列の積である．この積 $\star$ は結合法則を満足しないが，
$$X \star Y = Y \star X,$$
$$(X \star X) \star (Y \star X) = (X \star X \star Y) \star X$$
を満足する．このように体 K 上のベクトル空間 R に積 $\star$ が定義されていて，積に関して結合法則は成り立たないが，積と和の間の分配法則は満たし，かつ積について，R の任意の元 a, u に関して可換則
$$a \star u = u \star a$$

と弱い形の結合法則
$$(a \star a) \star (u \star a) = (a \star a \star u) \star a$$
が成り立つとき，R をジョルダン代数という．

ジョルダンの曲線定理　Jordan curve theorem　= ジョルダンの閉曲線定理

ジョルダンの閉曲線　Jordan closed curve　= 単純閉曲線

ジョルダンの閉曲線定理
Jordan curve theorem

C を平面内の*単純閉曲線とする．「平面から C を除いた集合 $\mathbb{R}^2 \setminus C$ は2つの領域に分かれ，一方は有界でもう一方は有界でない」．この事実をジョルダンの閉曲線定理または単にジョルダンの曲線定理と呼ぶ．一見，自明なことのように見えるが，連続曲線の「形」は通常考えるより複雑であり，証明も決して簡単ではない．$\Rightarrow$ シェーンフリスの定理

ジョルダン標準形
Jordan normal form

与えられた線形変換を基底によって行列表示したときの，最も「単純な」形．一般には線形変換は対角化できないが，対角行列に一番近い標準形が，ジョルダン標準形である．

n 次正方行列のジョルダン標準形とは*ジョルダン細胞 $J(\lambda, k)$ を斜めに並べて，
$$\begin{bmatrix} J(\lambda_1, k_1) & & & O \\ & J(\lambda_2, k_2) & & \\ & & \ddots & \\ O & & & J(\lambda_s, k_s) \end{bmatrix} \quad (*)$$
$$(k_1 + \cdots + k_s = n)$$
と表される行列である．

複素数を成分に持つ任意の正方行列 A に対して，$P^{-1}AP$ がジョルダン標準形になる可逆行列 P が存在する．これを行列 A のジョルダン標準形と呼ぶ．行列のジョルダン標準形は，ジョルダン細胞を並べ替えることを除いてただ一通りに決まる．(この定理は，複素成分の行列にかぎらず，代数的閉体の元を成分にする行列に対しても成立する．実行列の範囲では，固有値が実にならないことがあるので，ジョルダン標準形にはできないことがある．)$\Rightarrow$ 実ジョルダン標準形

A のジョルダン標準形が $(*)$ であるとき，A の最

小多項式は，λ_i がすべて異なれば，$(t-\lambda_1)^{k_1}\times\cdots\times(t-\lambda_s)^{k_s}$ である．λ_i のなかに等しいものがあるときは，λ_i を，重複しないように並べて，$\lambda^{(1)},\cdots,\lambda^{(l)}$ とおき，$k^{(j)}=\max\{k_i\,|\,\lambda_i=\lambda^{(j)}\}$ とすると，$(t-\lambda^{(1)})^{k^{(1)}}\cdots(t-\lambda^{(l)})^{k^{(l)}}$ が最小多項式である．

線形写像に言い換えると次のようになる．有限次元複素ベクトル空間を V とすると，任意の線形写像 $A:V\to V$ に対して，V のある基底が存在して，その基底で A を表す行列はジョルダン標準形になる．

$A:V\to V$ を基底 $\{e_1,\cdots,e_n\}$ で表した行列がジョルダン標準形(*)であるとすると，$\{e_1,\cdots,e_{k_1}\}$ は固有値 λ_1 に属する*一般固有空間に属し，$\{e_{k_1+1},\cdots,e_{k_1+k_2}\}$ は固有値 λ_2 に属する一般固有空間に属する，等々が成り立つ．このことを用いると，A の固有値を求め，固有値 λ のそれぞれに対して，$(A-\lambda I)^m\ (m=1,2,\cdots)$ の*核を計算することでジョルダン標準形を求めることができる．

例えば
$$A=\begin{bmatrix}2 & -1 & 1\\ 2 & 2 & -1\\ 1 & 2 & -1\end{bmatrix}$$
に対して，$\det(\lambda I-A)=(\lambda-1)^3$ である．また，$(A-I)^2\neq 0$ で，$(A-I)^2\boldsymbol{x}=0$ なる $\boldsymbol{x}$ は ${}^t(3,3,0)$ と ${}^t(0,9,9)$ の1次結合であり（ここで ^{t} は転置を表す），$(A-I)\boldsymbol{x}=0$ なる $\boldsymbol{x}$ は，${}^t(0,3,3)$ のスカラー倍である．さらに，$(A-I)\,{}^t(2,-1,0)={}^t(3,3,0)$，$(A-I)\,{}^t(3,3,0)={}^t(0,9,9)$．よって，$A$ のジョルダン標準形は次の式で与えられる．

$$\begin{bmatrix}0 & 3 & 2\\ 9 & 3 & -1\\ 9 & 0 & 0\end{bmatrix}^{-1} A \begin{bmatrix}0 & 3 & 2\\ 9 & 3 & -1\\ 9 & 0 & 0\end{bmatrix} = \begin{bmatrix}1 & 1 & 0\\ 0 & 1 & 1\\ 0 & 0 & 1\end{bmatrix}$$

⇒ 線形代数，単因子

ジョルダンブロック　Jordan block　= ジョルダン細胞

ジョルダン分解(行列の)
Jordan decomposition

n 次正方行列 T に対して，次の条件を満たす n 次正方行列 S,N が存在する．

(1) $T=S+N,\ SN=NS$.
(2) S は*半単純行列．
(3) N は*べき零行列．
(4) S,N は定数項がない T の多項式．

この条件を満たす S,N は T により一意的に決まる．S を T の半単純部分，N を T のべき零部分といい，このような分解をジョルダン分解という．例えば，$\lambda(\lambda-\mu)a\neq 0$ のとき $T=\begin{bmatrix}\lambda & a & 0\\ 0 & \lambda & 0\\ 0 & 0 & \mu\end{bmatrix}$ に対して $S=\begin{bmatrix}\lambda & 0 & 0\\ 0 & \lambda & 0\\ 0 & 0 & \mu\end{bmatrix}$ は T の半単純部分，$N=\begin{bmatrix}0 & a & 0\\ 0 & 0 & 0\\ 0 & 0 & 0\end{bmatrix}$ は T のべき零部分である．

$$Q(x)=\frac{x(x-\lambda)(x-\mu)}{\lambda(\lambda-\mu)},\quad P(x)=x-Q(x)$$

とおくと $P(x),Q(x)$ は定数項のない多項式であり，$N=Q(T),\ S=P(T)$ と表示される．

ジョルダン分解(有界変動関数の)　Jordan decomposition ⇒ 有界変動関数

ジョルダン-ヘルダーの定理
Jordan-Hölder's theorem

ジョルダン-ヘルダー-シュライエルの定理ともいう．

R 加群 M が*組成列 $M=M_0\supsetneq M_1\supsetneq\cdots\supsetneq M_n=\{0\}$ を持つとき，その長さ n は一定であり，どんな単純 R 加群が組成因子 M_{k-1}/M_k として何度現れるかも一定である（同型なものが現れたら，同じものが現れたと数える）．一般の群でも群の組成列に対して同様のことが成り立つ．

シルベスターの慣性法則
Sylvester's law of inertia

実*2次形式の基本的な性質である．

$$F(x_1,\cdots,x_n)=\sum_{i,j}^n a_{ij}x_ix_j$$

を2次形式とする．ただし，a_{ij} はすべて実数とし，$a_{ij}=a_{ji}$ とする．対称行列 $A=[a_{ij}]$ に対する対角化の理論(→ 対称行列)を用いれば，適当な正則行列 P を取ることにより，

$$F(\boldsymbol{x})=F(P(\boldsymbol{y}))$$
$$=y_1^2+\cdots+y_p^2-y_{p+1}^2-\cdots-y_{p+q}^2$$

とすることができる．これを $F(\boldsymbol{x})$ の標準形あるいはシルベスターの標準形という．例えば $4x_1x_2-x_3^2=y_1^2-y_2^2-y_3^2$，ここに $x_1=(y_1+y_2)/2$，$x_2=(y_1-y_2)/2$，$x_3=y_3$．

2次形式の標準形は一意に定まる．すなわち，2つの正則行列 P,Q による変換 $\boldsymbol{x}=P(\boldsymbol{y}),\ \boldsymbol{x}=Q(\boldsymbol{z})$

について，
$$F(P(\boldsymbol{y})) = y_1^2 + \cdots + y_p^2 - y_{p+1}^2 - \cdots - y_{p+q}^2,$$
$$F(Q(\boldsymbol{z})) = z_1^2 + \cdots + z_s^2 - z_{s+1}^2 - \cdots - z_{s+t}^2$$

となるとき，$p=s, q=t$ である．これを，シルベスターの慣性法則という．また，(p,q) を2次形式の符号という．p は対称行列 A の正の固有値の個数，q は負の固有値の数である．

この定理は，固有値問題の数値解法に利用される（→ 2分法）．

シルベスターの標準形　Sylvester's normal form　→

シルベスターの慣性法則

自励系

autonomous system

未知関数 $u(t)$ に対する1階の常微分方程式 $du/dt = f(u,t)$ において，右辺の f が*独立変数 t に依存しないもの，すなわち $du/dt = f(u)$ という形に表される方程式を自励系という．ここで u や f はベクトル値であってもよく，したがって $du/dt = f(u,v), dv/dt = g(u,v)$ のような連立方程式も自励系である．自励系は，内的メカニズムによってのみ状態が変化する物理的系の数学モデルと位置づけられる．→ 力学系

なお，独立変数は t と書かれる必要はなく，例えば $dy/dx = g(y)$ なども自励系である．また，$d^2x/dt^2 = -k^2 x$ のような高階の方程式も，上の形の1階の連立方程式に変形できるから自励系である．

偏微分方程式の場合は，方程式
$$\frac{\partial u}{\partial t} = \Delta u + f(u)$$
のように，方程式の係数の中に独立変数が直接現れないものを自励系という．

シローの定理

Sylow's theorem

有限群の構造定理の中で，最も強力かつ重要な定理の1つ．G を有限群とするとき，G の位数 $|G|$（G の元の個数）が G の構造に影響を与えていることを示す定理．

p を素数とし，$|G|$ が p^e で割り切れ，p^{e+1} で割り切れないような e をとる．このとき次のことが成立する．

(1) 位数 p^e の部分群が存在する（これを G の p シロー部分群という）．

(2) G の p シロー部分群は互いに共役である（部分群 G_1, G_2 は $G_1 = hG_2h^{-1}$ となる $h \in G$ が存在するとき互いに共役であるといわれる）．

(3) G の p シロー部分群の個数から1を引いたものは p で割り切れる．

(4) G の部分群で，位数が p のべきであるものは，G のある p シロー部分群に含まれる．

伸開線

involute

平面曲線 Γ, C に関して，Γ の*縮閉線が C であるとき，Γ を C の伸開線という．平面において，与えられた曲線 C に巻きつけた糸を曲線のある点からピンと張ったまま開いていくときにできる曲線 Γ のことである．→ 縮閉線

秦九韶

Qín Jiǔ-sháo

1202頃-61頃　南宋の数学者．宋の官吏でもあり，晩年は梅州（現在の広東省梅県）の知事となって，そこで死去した．天文学，音律にも造詣が深く，1247年に9章からなり各章に問題を9問を載せた『数書九章』を著した．この本の中で，連立1次方程式を文字を使って表し，また昇べきの順に係数を並べた形で高次方程式を記述し，ホーナー法と類似の方法で方程式を解いた．『数書九章』では1次の不定方程式を扱っている．これは暦の問題から出たもの．そこでは「天元一」が天元術とは異なる形で使われている．→ 中国の数学

塵劫記

寛永4年（1627）に*吉田光由によって初版が刊行された江戸初期の数学書．中国数学の伝統を受け継ぎ，問題と解答および解法を記している．当時，多くの人たちに必要であったそろばんの学習書でもあったが，それにとどまらず，商業，大工などの技術者に必要とされる数学が網羅されている．さらに，数学的に興味を引く多くの問題を載せ，江戸時代を通してベストセラーであった．また，この本によって数学に興味を持つ人が増加し，和算興隆の基礎をつくった．

数多くの海賊版が出版されたこともあり，吉田光由は『塵劫記』を何度も改訂して出版した．なかでも，寛永18年（1641）に出版した3巻本の『新編塵劫記』の巻末には解答を載せない問題（遺題と呼ばれる）を出して，当時の数学者に解答を求めた．以後，数学書の巻末に解答をつけない問題

を載せてその解答を求める「遺題継承」が風習となり，数学の進展に大きく寄与した．*関孝和の『発微算法』は沢口一之の『古今算法記』の遺題に解答したものである．

『塵劫記』は数学の教科書のお手本とされ，「塵劫記」の名を冠した数学の教科書が江戸時代から明治時代初期にかけて 300 種類以上出版された．⇒ 和算

進行波
traveling wave

波形を変えずに一定の速度で進む波のことをいい，$f(x-vt)$ (v：定数) の形で表される．例えば水の波における*KdV 方程式の孤立波解 (ソリトン) や，神経伝達モデルであるホジキン-ハクスレー (Hodgkin-Huxley) 方程式のパルス波は，いずれも進行波の例である．音の波や電磁波は空間内を球面状に広がるが，局所的に観測すれば進行波で近似できる．進行波は，この他，さまざまな物理現象，社会現象のモデルの中で観測される．数学的に見れば，方程式の非常に特殊な解にすぎないが，解全体の構造を調べる上で重要な情報を与えてくれる場合が多い．

真数
anti-logarithm

1 以外の正の数 a を底とする*対数 $y=\log_a x$ は $x=a^y$ を意味するが，x を対数 y の真数という．

真性特異点
essential singularity

領域 $0<|z-c|<R$ で定義された有理型関数が，$|z-c|<R$ では有理型でないとき，c は $f(z)$ の真性特異点といわれる．言い換えれば，$f(z)$ は $z=c$ で極を有することもなく，また正数 δ をどのように小さくとっても $|z-c|<\delta$ で $f(z)$ は正則ではないとき，c は $f(z)$ の真性特異点である．例えば $z=0$ は $e^{1/z}$ の真性特異点である．

$f(z)$ が $0<|z-c|<R$ で有理型で，c が $f(z)$ の極の集積点ならば，c は $f(z)$ の真性特異点である．

真性特異点の複雑さを示す次のカゾラティ-ワイエルシュトラスの定理は，*ピカールの大定理の先駆となったものである．「$f(z)$ が $0<|z-c|<R$ で有理型で，c が $f(z)$ の真性特異点ならば，任意の正数 δ, ε (ただし $\delta \leqq R$) および複素数 γ に対して
$$0<|z-c|<\delta, \quad |f(z)-\gamma|<\varepsilon$$

を満たす z が必ず存在する」．⇒ 孤立特異点

心臓形
cardioid

*カーディオイドの和名．

振動
oscillation, vibration

自然現象や方程式の解について，周期的に繰り返される運動のことをいう．最も簡単な場合は，*線形常微分方程式 $d^2x/dt^2=-\omega^2 x$ で記述される場合で，A, α を定数として $x(t)=A\cos(\omega t+\alpha)$ の形に書ける．これを調和振動 (harmonic oscillation) または単振動といい，周期の逆数 $\omega/2\pi$ を振動数 (frequency) という．非線形な常微分方程式における発振現象，つまり，平衡状態から振動が生じる現象は，安定な*不動点が不安定化して，*ホップ分岐が起こることによることが多い．

なお，例えば $x(t)=Ae^{-t}\cos\omega t$ のような減衰振動 (damped oscillation) など，振動という言葉はより広い意味で使われることも多い．

振動 (数列の)
oscillation

実数の列 $\{a_n\}_{n \geqq 1}$ が，$n \to \infty$ のとき収束せず $+\infty$ にも $-\infty$ にも発散しないとき，振動するという．⇒ 発散 (数列の)

振動数
frequency

周期的運動において，各状態が単位時間当たりに繰り返される回数をいう．*周期の逆数に等しい．物理学では秒を単位に測り，周期の基本単位はヘルツ Hz である．

振動積分
oscillatory integral

例えば，$\int_0^\infty f(x)\sin nx\,dx$ のように，被積分関数が振動する形の積分を振動積分という．フーリエ変換など，さまざまな場合に現れるが，プラスとマイナスが打ち消し合って小さな (あるいは有限の) 値になっていることが多く，数値計算や漸近評価の際には特別の工夫が必要となる．⇒ 停留位相法

振幅 (数列または関数の)
oscillation

実数列 $\{a_n\}_{n=1}^{\infty}$ に対し, $\sum_{n=1}^{\infty}|a_n-a_{n+1}|$ をその振幅という. また $[a,b]$ 上の実数値関数 $f(x)$ に対して, $\sup_{x,x'\in[a,b]}|f(x)-f(x')|$ を $f(x)$ の $[a,b]$ 上での振幅という.

振幅(単振動の)　amplitude　→ 単振動

シンプソンの公式
Simpson's rule

区間上の積分の近似値を与える数値積分法の1つである. 関数 $f(x)$ の積分 $\int_a^b f(x)dx$ を近似するために, $[a,b]$ を $2n$ 等分してその分点を順に $a=x_0<x_1<\cdots<x_{2n}=b$, 対応する $f(x)$ の値を $y_0, y_1, y_2, \cdots, y_{2n}$ とし刻み幅を $h=(b-a)/2n$ とおく. $x_{2k-2}, x_{2k-1}, x_{2k}$ の3点で $f(x)$ と同じ値をとる2次関数を区間 $[x_{2k-2}, x_{2k}]$ 上で積分することによって, $\int_{x_{2k-2}}^{x_{2k}} f(x)dx$ の近似値として
$$\frac{h}{3}(y_{2k-2}+4y_{2k-1}+y_{2k})$$
が得られる. これを $k=1,\cdots,n$ について加え合わせた和
$$\frac{h}{3}\left(y_0+y_{2n}+2\sum_{k=1}^{n-1}y_{2k}+4\sum_{k=1}^{n}y_{2k-1}\right)$$
は $\int_a^b f(x)dx$ の近似値を与える. これをシンプソンの公式という. $f(x)$ が4回微分可能ならば $f(x)$ の4階導関数を $f^{(4)}(x)$ として, この誤差は
$$\max_{x\in[a,b]}\left|\frac{(b-a)f^{(4)}(x)}{180}h^4\right|$$
で抑えられる. → 数値積分法, 台形公式

真部分集合
proper subset

集合 A, B について, A が B の部分集合であり ($A \subset B$) しかも $A \neq B$ であるとき, A は B の真部分集合といわれる. $A \subsetneq B$, $A \subsetneq B$ などと記す. → 集合

シンプレクティック幾何学
symplectic geometry

ハミルトンの正準方程式
$$\frac{dq_i}{dt}=\frac{\partial H}{\partial p_i},\quad \frac{dp_i}{dt}=-\frac{\partial H}{\partial q_i}$$
は正準変換(すなわち微分2形式 $\omega=\sum_i dq_i \wedge dp_i$ を保つ変換)で不変である. このことから, 微分2形式 ω が与えられた $2n$ 次元の*多様体を「解析力学をその上で考えられる空間」とみなすことができる. このような空間, より正確にはシンプレクティック多様体の幾何学を, シンプレクティック幾何学と呼ぶ.

一般に $2n$ 次元多様体 M とその上の微分2形式 ω の組 (M, ω) は, $d\omega=0$ が成り立ち, さらに ω^n がどの点でも0にならないときシンプレクティック多様体という.

多様体の*余接束, *複素射影空間の*複素部分多様体(より一般に*ケーラー多様体)などがシンプレクティック多様体の典型例である.

シンプレクティック行列
symplectic matrix

n 次正方行列 A, B, C, D からできる $2n$ 次正方行列 $M=\begin{bmatrix} A & B \\ C & D \end{bmatrix}$ が $2n$ 次正方行列 $J=\begin{bmatrix} O & I_n \\ -I_n & O \end{bmatrix}$ (I_n は n 次単位行列) に対して $^tMJM=J$ を満たすときシンプレクティック行列という. シンプレクティック行列の行列式は1である.

シンプレクティック群
symplectic group

実数を成分とする $2n$ 次の*シンプレクティック行列の全体は群をなす. これを $Sp(n)$, あるいは $Sp(n, \mathbb{R})$ と記し, シンプレクティック群という. 一般の体 K を係数に持つシンプレクティック行列の全体を $Sp(n, K)$ と記す. $Sp(n)$ のかわりに $Sp(2n)$ と記す場合もあるので記号に注意する必要がある.

シンプレクティック形式
symplectic form

$2n$ 次元空間(相空間, 多様体)上の2次微分形式 ω について, $\omega=\sum_{i=1}^{n}dq_i \wedge dp_i$ と表されるような局所座標 q_i, p_i が存在するとき, ω をシンプレクティック形式といい, q_i, p_i を正準座標系という. 非退化な2次の閉微分形式をシンプレクティック形式といってもよい(*ダルブーの定理). シンプレクティック形式を保つ変換が正準変換である. → シンプレクティック幾何学, 余接束

シンプレクティック内積
symplectic inner product

ベクトル空間の双線形反対称かつ非退化な内積のことをいう．すなわち，V をベクトル空間としたとき，$\langle \cdot, \cdot \rangle : V \times V \to \mathbb{R}$ であって，
$$\langle av_1 + bv_2, w \rangle = a\langle v_1, w \rangle + b\langle v_2, w \rangle,$$
$$\langle v, w \rangle = -\langle w, v \rangle$$
が，$v, v_1, v_2, w \in V$ $(a, b \in \mathbb{R})$ に対して満たされ，さらに，$\langle v, w \rangle = 0$ がすべての $w \in V$ に対して成り立つ v は 0 に限るもののことをシンプレクティック内積という．

シンプレクティック内積が存在するベクトル空間 V は偶数次元で，
$$\langle e_i, f_i \rangle = 1,$$
$$\langle e_i, f_j \rangle = 0 \quad (i \neq j),$$
$$\langle e_i, e_j \rangle = \langle f_i, f_j \rangle = 0$$
を満たす基底 $\{e_1, \cdots, e_n, f_1, \cdots, f_n\}$ を持つ．この基底に関して，シンプレクティック内積は行列
$$J_n = \begin{bmatrix} O & I_n \\ -I_n & O \end{bmatrix}$$
で表される．ここで I_n は n 次の単位行列である．

線形変換 $A: V \to V$ がシンプレクティック内積を保つとき，すなわち，$\langle Av, Aw \rangle = \langle v, w \rangle$ が任意の $v, w \in V$ に対して成り立つとき，A を上記の基底 e_i, f_j で表すと，*シンプレクティック行列になる．

信頼区間
confidence interval

統計的手法の 1 つである区間推定においては，着目するパラメータ(母数)の値を，観測データに基づいて区間の形で推定する．この区間を信頼区間と呼ぶ．また，この区間がパラメータの真の値を含む確率を信頼水準または信頼度と呼ぶ．

信頼水準　confidence level　⇢ 信頼区間

信頼度　reliability　= 信頼水準

真理表
truth table

真理値表ともいう．いくつかの命題 $P_1, \cdots, P_n$ を論理記号 $\vee$(または)，$\wedge$(かつ)，$\neg$(否定)，$\rightarrow$(ならば)で組み合わせた合成命題 $f(P_1, \cdots, P_n)$ の真偽は，$P_1, \cdots, P_n$ の真偽で決まる．その決まり方を表の形で与えたものが真理表である．

特に，

(1) $P \vee Q$：「P または Q である」
(2) $P \wedge Q$：「P かつ Q である」
(3) $P \rightarrow Q$：「P ならば Q である」
(4) $\neg P$：「P ではない」

の形の合成命題に対しては，次のような真理表が成り立つ．ただし，T は真(truth)，F は偽(false)を表す(T, F の代わりに 1, 0 を使うこともある)．

P	Q	$P \vee Q$
T	T	T
T	F	T
F	T	T
F	F	F

P	Q	$P \wedge Q$
T	T	T
T	F	F
F	T	F
F	F	F

P	Q	$P \rightarrow Q$
T	T	T
T	F	F
F	T	T
F	F	T

P	$\neg P$
T	F
F	T

ス

錐
cone

$\mathbb{R}^n$ の部分集合 C が次の性質を満たすとき,錐と呼ぶ.「C に属する任意のベクトル x と $a>0$ について,ax も C に属する」.

例えば,$\mathbb{R}^3$ の原点を通る平面 $\pi_1,\cdots,\pi_k$ がそれぞれ 1 次方程式 $a_ix+b_iy+c_iz=0$ で表されるとき,不等式 $a_ix+b_iy+c_iz\leqq 0$ $(i=1,\cdots,k)$ を同時に満たす集合 C は錐である.

直線を含まないような錐を固有な錐という.例えば,第 1 象限($\mathbb{R}^2$ の部分集合)は固有な錐であるが,半平面は固有な錐ではない.

$\mathbb{R}^n$ の錐 C に対して,POQ の角度がどの $Q\in C$ に対しても 90 度以下になる点 P の集合は錐になる.これを双対錐という.例えば,不等式 $y\geqq 0$,$-x+y\leqq 0$ で表される錐の双対錐は,不等式 $x\geqq 0$,$x\geqq -y$ で表される.

錐(位相空間の)
cone

位相空間 X に対して,$X\times[0,\infty)$ で $X\times\{0\}$ を 1 点に縮めた空間(→ 商位相)を X の錐といい CX と書く.n 次元球面 S^n の錐は $n+1$ 次元球体 D^{n+1} と同相である.錐 CX はいつも *可縮である.

推移確率
transition probability

マルコフ連鎖やマルコフ過程のようなランダムな運動において,ある時刻にある状態から出発した粒子が未来のある時刻にどこにいるかを与える確率を,一般に,推移確率という.離散時間の定常マルコフ連鎖では,状態 i から出発して単位時間で状態 j に移る確率 p_{ij} が推移確率である.定常マルコフ過程では,x から出発して t 時間後に集合 A の中に粒子がいる確率 $p(t,x,A)$ が推移確率である.これに関してはチャップマン-コルモゴロフ方程式と呼ばれる等式

$$\int_{y\in S} p(s,x,dy)p(t,y,A) = p(s+t,x,A)$$

が成り立つ.逆に,空間 S 上の確率の族 $p(t,x,A)$ がチャップマン-コルモゴロフ方程式を満たせば,S を状態空間とするマルコフ過程が定まる.

推移的(作用が)
transitive

2 次元球面 $S^2=\{(x,y,z)\in\mathbb{R}^3|x^2+y^2+z^2=1\}$ を縦ベクトルの集合と見なす.3 次直交行列の作る群 $SO(3)$ は,S^2 上に行列の積で作用する.このとき,任意の $x,y\in S^2$ に対して,$y=Ax$ なる $A\in SO(3)$ が存在する.

このように,群 G が,集合(または空間)X に作用し,X の任意の 2 点 $p,q\in X$ に対して,$q=gp$ なる $g\in G$ がつねに存在するとき,G は X に推移的に作用する,または群 G の X への作用は推移的であるという.→ 作用(群の),等質空間

推移半群
transition semigroup

時間的に定常なマルコフ過程 X_t において,状態空間上の(有界で可測な)関数 f に対して期待値 $E[f(X_t)|X_0=x]$ を $T_tf(x)$ とおくことによって作用素 T_t を定めれば,半群性 $T_tT_s=T_{t+s}$ $(t,s\geqq 0)$ が成り立つ.この T_t $(t\geqq 0)$ をマルコフ過程の推移半群という.状態空間 S 上で定義された推移確率 $p(t,x,A)$ を用いれば,$T_tf(x)=\int_S p(t,x,dy)f(y)$ であり,半群性はチャップマン-コルモゴロフ方程式(→ 推移確率)から従う.

推移律
transitivity

例えば,*順序関係 $x\leqq y$ や *同値関係 $x\sim y$ のように,*2 項関係 R に対して「xRy かつ yRz ならば xRz」が成り立つとき,R は推移律を満たすという.

吸い込み点　sink　= 沈点

垂心
orthocenter

3 角形の 5 心の 1 つである.3 角形の 3 頂点から対辺におろした 3 本の垂線は 1 点で交わる.この点を垂心と呼ぶ.→ 5 心(3 角形の)

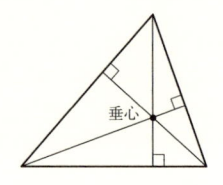

垂線
perpendicular

1点 P から(P を通らない)直線 l におろした垂線とは，P を通り，l と直角に交わる直線 m のことをいう．また垂線の足 F とは，m と l の交点のことをいう．線分 PF を垂線と呼ぶこともあり，その長さを垂線の長さという．

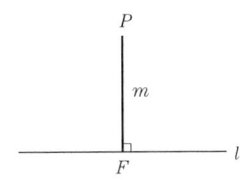

また1点 P から平面 α におろした垂線とは，P を通り α と直角に交わる直線 m のことをいい，交点を垂線の足という．ここで，m が α と直角に交わるとは，交点を通る α 上の任意の直線と直交することをいう．一般に，n 次元ユークリッド空間の点 P と線形部分空間 α についても同様に定義できる．垂線の足は P との距離が最小になる α 上の点である．

垂線の足　foot of perpendicular　⇒ 垂線

推定
estimation

観測データに基づいてその数学モデルのパラメータを定める際に用いられる統計的推測の基本的な手法である．例えば，n 個のデータ $x_1, \cdots, x_n$ が同じ分布に従う独立な確率変数の実現値と考えられるとき，その確率分布の分散 σ^2 を推定するには，*標本分散を用いてもよいが，*不偏分散を用いるとその期待値が σ^2 になって好都合である．
⇒ 検定

随伴行列
adjoint matrix

(m,n) 型の複素行列 A の (i,j) 成分を a_{ij} とするとき，(i,j) 成分が $\overline{a}_{ji}$ であるような (n,m) 型の行列を A^* により表し，A の随伴行列という．行列の転置と複素共役を使えば，$A^* = {}^t(\overline{A}) = \overline{{}^t A}$ である．n 次の複素列ベクトルのなす線形空間 $\mathbb{C}^n$ の標準的エルミート内積
$$\langle \boldsymbol{x}, \boldsymbol{y} \rangle = \sum_{k=1}^n x_k \overline{y}_k$$
について，A^* は
$$\langle A\boldsymbol{x}, \boldsymbol{y} \rangle = \langle \boldsymbol{x}, A^*\boldsymbol{y} \rangle$$
を満たし，さらに A^* はこの式で特徴づけられる．

随伴作用素　adjoint operator　＝共役作用素

随伴表現(リー環の)
adjoint representation

*リー環 $\mathfrak{g}$ の元 X に対して
$$(\mathrm{ad}\, X)(Y) = [X, Y] \quad (Y \in \mathfrak{g})$$
と定めると，写像 $\mathrm{ad}\, X: \mathfrak{g} \to \mathfrak{g}$ はリー環 $\mathfrak{g}$ をベクトル空間とみたときの線形変換となる．対応 $X \mapsto \mathrm{ad}\, X$ は $\mathfrak{g}$ から $\mathfrak{g}$ の線形変換の全体のなすリー環 $\mathfrak{gl}(V)$ へのリー環としての準同型写像になっている．これを $\mathfrak{g}$ の随伴表現という．

随伴方程式
adjoint equation

実 (m, n) 行列 A に対して，${}^t A$ を A の*転置行列とする．$x \in \mathbb{R}^n$ に関する線形方程式 $Ax = 0$ に対して，$y \in \mathbb{R}^m$ に関する線形方程式 ${}^t Ay = 0$ を随伴方程式という．方程式 $Ax = b$ が解をもつためには，b が ${}^t Ay = 0$ の任意の解 y と直交することが必要十分である．一般に複素行列 A に対しても $A^* y = 0$ を $Ax = 0$ の随伴方程式という．ここで A^* は A の*随伴行列である．

随伴方程式は，*随伴作用素を用いて微分方程式や積分方程式などの無限次元線形空間の場合に拡張される．

酔歩
random walk, drunkard's walk

硬貨を繰り返し投げて，表が出れば右に1だけ，裏が出れば左に1だけ直線上を進む点のふるまい方は，単位時刻ごとに動く偶然現象の代表的なモデルであり，酔歩と呼ばれる．n 回目に硬貨を投げたとき表が出ることを $Z_n = 1$，裏が出ることを $Z_n = -1$ で表せば，$\{Z_n\}_{n=1}^\infty$ は独立な確率変数列であり，時刻 n における点の位置は和 $X_n = x + Z_1 + Z_2 + \cdots + Z_n$ で表される．ただし，$X_0 = x$ は出発点とする．

硬貨投げが公平でない酔歩を考えることもあり，右に行く確率を p，左に行く確率を q (ただし $p + q = 1$)とすれば，時刻 n での2乗平均行程は $\sqrt{n}$ に比例し，$E[(X_n - x)^2]^{1/2} = \sqrt{npq}$ となる．また，酔歩が不公平で $p \neq q$ ならば，大数の法則により，$p > q$，$p < q$ に応じて，確率1で酔歩は $+\infty$，$-\infty$ に発散する．一方，公平で $p = q$ のときは，酔歩は確率1で出発点に無限回戻ってく

る (再帰性). しかし, 戻ってくるまでの時間 (再帰時間) の平均は無限大である. また, 中心極限定理より, $(X_n - n(p-q))/\sqrt{n}$ の分布は, $n\to\infty$ のとき, 平均が 0 で分散が pq のガウス分布に近づく. 多次元の正方格子 $\mathbb{Z}^d$ 上でも, 単位時間後に隣接点に動く確率を指定すれば, 酔歩を定めることができ, 同様のことがいえる. ただし, 2 次元の公平な酔歩は再帰的であるが, 3 次元以上では非再帰的となり, 出発点にはたかだか有限回しか戻らない. さらに, 有限または無限のグラフの上の酔歩などさまざまな一般化がある.

数学基礎論
foundations of mathematics

*数理論理学や*超数学とほぼ同じ意味で, 論理を扱う数学の一分野である. 数学基礎論は, ラッセルのパラドックスなどが現れた 19 世紀末に始まった. ヒルベルトらの*形式主義は数学の無矛盾性の証明を目指したが, ゲーデルの*不完全性定理は有限の立場 (→ 形式主義) で数学の無矛盾性を証明することはできないことを示した. ゲンツェン (Gentzen) は, 有限の立場より緩い制限のもとで自然数論の無矛盾性を証明した.

数学基礎論は計算機科学とも密接に結びついている. また, 数学理論の*モデルを調べるモデル理論も数学基礎論の一分野で, *超準解析もその一部である. → 公理主義, 論理主義, 直観主義

『数学原論』　Éléments de Mathématique　→ ブルバキ

数学的期待値
mathematical expectation

= 期待値. 日常語ととくに区別したいときに用いる.

数学的帰納法
mathematical induction

自然数 n についての命題 $P(n)$ が与えられたとき, すべての n について $P(n)$ が真であることを証明するには, (1) $P(1)$ は真である, (2) $P(n)$ が真ならば, $P(n+1)$ も真である, の 2 つを示せばよい. *パスカルにより最初に用いられたといわれるこのような証明法を数学的帰納法という. 19 世紀に*ペアノが与えた自然数の公理系 (→ ペアノの公理) の中では, 数学的帰納法はその中心になる公理で, 自然数全体の集合の最も重要な特徴を与えるものである.

数学モデル
mathematical model

自然現象の解析や工学・社会科学における問題の解決に数学を利用するには, 現実世界の問題をそれに対応する数学の問題で置き換えなければならない. この置き換えたものを数学モデルと呼ぶ. 例えば, 万有引力によって太陽のまわりを回る惑星の運動を記述するのに, 太陽や惑星を質量を持った点 (質点) とみなし, ニュートンの運動方程式を適用して惑星の運動を論じるのはその例である. 数学モデルは, 数学的に取り扱いやすいものであると同時に, 現実問題の本質を反映したものであることが重要である. したがって, 数学モデルの構築に当たっては, 数学に関する知識や理解と現実問題に関する知識や経験の両方が必要となる. 数学的な意味での明快さと単純性を有し, しかも, そこから得られる解析結果が現実問題に対して有用な解決を与えるモデルが, 優れた数学モデルである. 通常は, 数学モデルの構築, その数学的解析, 結果の正当性・妥当性の検証, 数学モデルの変更というプロセスを何度か繰り返すことになる.

数空間
numerical space

実数の n 個の組 $(x_1, \cdots, x_n)$ 全体からなる集合 $\mathbb{R}^n$ を n 次元数空間ということがある. ユークリッド平面, ユークリッド空間は, *直交座標系をとることによりそれぞれ 2 次元数空間, 3 次元数空間と同一視される. このことから, n 次元数空間は高次元ユークリッド空間を表現するものと考えられる.

数体　number field　→ 代数体

数値解析
numerical analysis

積分や方程式の解などの値, あるいは近似値を数値的に求める手法の開発を目標とする数学の分野, もしくは, それらの手法に数学的な根拠を与えることを目標とした解析学をいう. あるいは, 数値計算などを利用して数学的対象の研究や自然現象の解明, 工学的な設計などを行うことを総称して数値解析という.

数値計算
numerical computation

数学で計算というと式変形を指すことが多い．例えば，$(x+y)^2$ を計算すると $x^2+2xy+y^2$ となり，x^3+2x を微分すると $3x^2+2$ となり，$x^2+2bx+c=0$ を解くと $x=-b\pm\sqrt{b^2-c}$ となる．式変形による計算に対比して，具体的な数値を計算することを数値計算と呼ぶ．数学を現実の問題に応用するときには，計算した結果の具体的な数値が必要なので，数値計算の考え方は実用上大変重要である．数値計算に関する数学は計算機科学と結びついて応用数学の一大分野となっており，数値解析学という名前で呼ばれる．→ 数値解析，ニュートン法，数値積分法，数値微分

数値計算誤差
computational error

計算機で実行できる実数の計算は有限桁の浮動小数点数による近似計算であり，数学の理想世界とは違った側面がある．数値計算の誤差は，極限を有限で打ち切ったり近似式を用いたりする計算法そのものから生じる誤差と，実数を有限桁の浮動小数点数の形で扱うために生じる誤差の2つに大別される．前者を離散化誤差，打ち切り誤差，公式誤差，理論誤差，近似誤差などと呼び，後者を丸め誤差と呼ぶ．

数値積分法
method of numerical integration

定積分 $I=\int_a^b f(x)dx$ の近似値を数値的に求める方法をいう．積分区間 $[a,b]$ の中に有限個の点 $x_1,\cdots,x_n$（分点という）をとり，適当な重み $w_1,\cdots,w_n$ を定めて，$I_n=\sum_{i=1}^n w_i f(x_i)$ の形の有限和を I の近似値として用いる．分点と重みを定めることによって1つの数値積分公式が定まる．*台形公式，*ガウス公式，*2重指数関数型公式(DE公式)，*シンプソンの公式など，目的に応じていろいろなものがある．

数値微分
numerical differentiation

関数 $f(x)$ の計算の仕方が与えられているときに導関数 $f'(x)$ の近似値を差分によって計算する方法である．刻み幅 h を適当に設定して，*前進差分 $(f(x+h)-f(x))/h$ や*中心差分 $(f(x+h)-f(x-h))/2h$ を用いることが多い．→ 高速自動微分

数直線
numerical line

直線上に1点 O をとり，原点と呼ぶ．もう1つの点 E を選ぶ（ふつうは E は O の右側にとる）と，次のようにして，直線上の点 P と実数 x を対応させることができる：線分 OP の長さが $\overline{OP}$ のとき，点 P が O から見て E と同じ側にあるときは $x=\overline{OP}/\overline{OE}>0$，反対側にあるとき $x=-\overline{OP}/\overline{OE}<0$，$P=O$ のとき $x=0$，$P=E$ のとき $x=1$．

このように実数の集合 $\mathbb{R}$ との1対1対応を定めた直線を数直線，x を P の座標という．また，O から見て E の方向を正の方向，その反対を負の方向という．

実数の全体 $\mathbb{R}$ に上記のような幾何学的解釈を与えたものが数直線であるということができる．→ 実数

数の幾何学
geometry of numbers

格子点と凸体の幾何学を使って数の研究を行う数論の一分野．ミンコフスキーによって本格的に研究が始められた．ミンコフスキーが Geometrie der Zahlen（数の幾何学）と呼んだことからこの名前がついた．

n 次元ユークリッド空間 $\mathbb{R}^n$ の n 個のベクトル v_j $(j=1,\cdots,n)$ が $\mathbb{R}^n$ の基底であるとき，v_j $(j=1,\cdots,n)$ の整数係数の1次結合の全体 $L=\{\sum_{j=1}^n m_j v_j \mid m_j \in \mathbb{Z}\}$ を $\mathbb{R}^n$ の格子という．v_j $(j=1,\cdots,n)$ からできる $n\times n$ 行列の行列式 $\det(v_1,\cdots,v_n)$ の絶対値を $d(L)$ と記す．これは $\Delta=\{\sum_{j=1}^n a_j v_j \mid 0\leqq a_j \leqq 1\}$ の体積に他ならない．$\mathbb{R}^n$ の凸集合 S が原点に関して対称，すなわち $u\in S$ であれば $-u\in S$ が成り立ち，S の体積が $2^n d(L)$ 以上であれば $S\cap L$ は3点以上を含む．これをミンコフスキーの定理という．

*連分数の理論も格子を使うことによって幾何学的に取り扱うことができる．また，無理数を有理数で近似する問題も数の幾何学に属する．

数の体系
system of numbers

人類は進化の過程で $1, 2, 3, \cdots$ と無限に続く自然数を獲得し、さらに社会活動を通して自然数の四則演算ができるようになった。また、四則演算の必要性から負の数や分数が導入され、さらに $\sqrt{2}$ など無理数の存在が発見されて有理数、無理数を含めた実数が必要であることが次第に認識されるようになってきた。

なお、rational number(有理数)の原義は比(ratio)を持つ数の意味で、有比数と訳すほうが原義に忠実であり、また irrational number(無理数)は比を持たない数が本来の意味である。ユークリッドの『原論』では比の理論の観点から正の実数に関する精密な議論を展開している。

解析学の厳密な基礎付けの必要性から実数の性質を明確にする必要が生じ、19 世紀後半に実数論が完成した。

一方、*複素数は『アルス・マグナ』の中で 2 次方程式の根としてカルダノによって初めて扱われたが、長い間、虚の数と考えられ、数とは認められなかった。しかし、*オイラーは複素数を解析学に積極的に使用し、*オイラーの公式 $e^{i\theta}=\cos\theta+i\sin\theta$ を導いて複素数の有用性を示した。さらに*ガウスは代数学の基本定理を示し、複素数係数の代数方程式は複素数内に必ず根を持つことを示し、代数的には複素数まで考えれば十分であることを示した。さらに*コーシーや*リーマンによる複素関数論や代数関数論の建設によって複素数は虚の数ではなく数学上極めて重要な数であることが判明した。

複素数をさらに拡張する試みは種々行われ、*ハミルトンたちによって*4 元数が発見された。4 元数は非可換な数である。さらに*ケイリー数も見出されたが、ケイリー数では積の結合法則が成り立たない。今日では数の体系は*体や*環の理論に拡張されている。

数平面
numerical plane

座標系が指定された平面を数平面と呼ぶこともある。通常、2 つの実数の組 (x, y) で平面上の点に*直交座標を与え、xy 平面ともいう。複素数 $z=x+iy$ で座標を与えた場合は複素数平面と呼ぶこともある。ただし、複素平面またはガウス平面と呼ぶのが通例であり、複素数平面と呼ぶのは高等学校のみである。→ 座標, 複素平面

数ベクトル
numerical vector

$(x_1,\cdots,x_n)$ のように横または縦に数を並べてつくるベクトルをいう。それぞれ横ベクトル(行ベクトル)または縦ベクトル(列ベクトル)という(→ ベクトル)。$x_1,\cdots,x_n$ のそれぞれを $(x_1,\cdots,x_n)$ の成分(第 1 成分,$\cdots$,第 n 成分)という。

数ベクトルは*幾何ベクトルと並ぶベクトルの代表的な表現法である。

数ベクトルの全体には、加法、スカラー倍の演算が次のように定まる。

(1) (和) $(x_1,\cdots,x_n)+(y_1,\cdots,y_n)=(x_1+y_1,\cdots,x_n+y_n)$

(2) (零ベクトル) 零ベクトルは $(0,\cdots,0)$

(3) (スカラー倍) $c(x_1,\cdots,x_n)=(cx_1,\cdots,cx_n)$

この演算は*線形空間の公理を満足するので、数ベクトル全体は線形空間をなす。

n 個の成分をもつ数ベクトルを、n 次(あるいは、n 次元,n 項)ベクトルという。→ 幾何ベクトル, ベクトル, ベクトル空間, 線形空間

数理計画法
mathematical programming

工学や社会における現実問題を*最適化問題として定式化して解析する手法あるいはそれを研究する学問分野のことであり、応用数学の大きな分野を形成している。→ オペレーションズ・リサーチ, 数学モデル

数理経済学
mathematical economics

数理的な手法を用いた経済学、あるいは、経済学的な動機から出発した数学をいう。

数理生物学
mathematical biology

生物学的現象を数理的に研究する分野、または、そこで得られた生物モデルの数学をいう。

数理統計学
mathematical statistics

統計学の数学的理論やそこに由来する諸問題を扱う数学の一分野である。検定、推定、予測などを主な対象とする。

数理ファイナンス
mathematical finance

実社会での応用を強調するときには，金融工学，理財工学などともいう．ギリシア古典時代の葡萄，江戸時代の大坂での米の取引などに起源を持つといわれるが，20世紀末から盛んになった金融派生商品(derivative)の取引などにおいて，公平もしくは適正な価格が問題となり，確率微分方程式における*伊藤の公式に基づくブラック-ショールズの公式などが広く用いられるなど，数学的研究も盛んになっている．

数理論理学
mathematical logic

数学の理論を展開する際にその骨格となる論理の構造を研究する分野をいう．*数学基礎論とほぼ同義である．⇒ 論理，記号論理

数列
sequence, progression

自然数 $1,2,3,\cdots$ のそれぞれに対して数 $a_1, a_2, a_3, \cdots$ が定まっているとき，これを数列という(添え字の番号を 0 からはじめる場合もある)．有限数列 $a_1,\cdots,a_N$ は $\{a_n\}_{1\leq n\leq N}$ あるいは $\{a_n\}_{n=1}^N$, $\{a_n\}$ $(n=1,\cdots,N)$ などのように，無限数列は $\{a_n\}_{n\geq 1}$, $\{a_n\}_{n=1}^\infty$ などのように表す．第 n 番めの数 a_n を第 n 項という．第 1 項は初項ともいい，有限数列の場合，最後の項 a_N を末項ともいう．n がすべての整数にわたる両側無限の数列 $\{a_n\}_{n=-\infty}^\infty$ を考えることもある．

数列の周期
period of sequence

無限数列 $\{a_n\}_{n\geq 1}$ において，ある正整数 p があって，すべての n に対し $a_n=a_{n+p}$ が成り立つとき，このような p のうち最小のものを周期という．

数論
number theory

「*整数論」と同じ意味に使われる．

数論幾何学
arithmetic geometry

*代数体や有限体，局所体上の*代数多様体を研究する分野を指す．複素数体など，代数閉体上の代数幾何学と異なり，例えば有理数体上の代数多様体の有理点の研究(言い換えると，有理数係数の方程式の有理数解の研究)などを，代数幾何と整数論の方法を融合させて行う．

なお狭義には数論幾何学は，次の分野を指す．代数体 K の*素イデアルの全体は*代数曲線の点全体と類似の性質を持っている．代数体ではさらに無限素点(→ 素点)が存在する．この無限素点も点と考え，代数体と代数曲線の類似をさらに深めることができる．この考えを，代数体上定義された代数多様体に適用して，素イデアル上ではこの素イデアルを法とする代数多様体の*還元によって*正標数の代数多様体を考え，無限素点の上では*複素多様体にケーラー計量をもったものと考えて代数多様体の数論的な性質を*代数幾何学的に取り扱おうとする幾何学．

数論的関数
arithmetic function

自然数に対して複素数値をとる関数 $f(n)$ を数論的関数という．*オイラーの関数や*メビウスの関数は最も典型的な数論的関数である．

数論的関数(計算理論における)
number-theoretic function

自然数 $\{0,1,2,\cdots\}$ の上で定義され，自然数の値をとる関数をいう．⇒ 帰納的関数

スカラー
scalar

通常の実数あるいは実数値関数を*ベクトル(場)や*テンソル(場)から区別するために使われる．すなわち，座標変換を行っても不変な量のことをスカラーまたはスカラー場と呼ぶ．

例えば，流体の速度はベクトル(場)であるが，流体の密度はスカラー(場)である．

また，体 F 上の*線形空間の元をベクトルと呼ぶのに対して，F の元をスカラーという．⇒ ベクトル，テンソル

スカラー行列
scalar matrix

対角成分がすべて等しい対角行列．a をスカラー，I を単位行列とするとき，aI と表される行列である．

スカラー曲率
scalar curvature

*曲率テンソルを1回*縮約して得られる*リッチ曲率をさらに縮約して得られるのが，スカラー曲率である．すなわち，曲率テンソルを R^i_{jkl}，*リーマン計量を g_{ij}，その逆行列の成分を g^{ij} で表すと，スカラー曲率は $\sum_{i,j,k} g^{ij} R^k_{jik}$ である．スカラー曲率はスカラー，すなわち関数である．

スカラー3重積　scalar triple product　→外積

スカラー・ポテンシャル
scalar potential
*ベクトル場 V がある関数 f の*勾配ベクトル場 $\operatorname{grad} f$ と一致するとき，f を V のスカラー・ポテンシャルと呼ぶ．→位置エネルギー，保存系

スキーム理論
scheme theory
スキームを概型ということがある．古典的な代数幾何学では，例えば $f(x,y)=x^3-y^2-1=0$ のように方程式で定義される図形 $C\subset\mathbb{C}^2$ を考察の対象とするが，$(a,b)\in C$ であればイデアル $(\overline{x}-a, \overline{y}-b)$ は可換環 $R\equiv\mathbb{C}[x,y]/(f(x,y))$ の極大イデアルであり，逆に*ヒルベルトの零点定理により可換環 R の極大イデアルはすべて $(\overline{x}-a, \overline{y}-b)$，$a,b\in\mathbb{C}$，$a^3-b^2-1=0$，の形をしており，$C$ の点 (a,b) に対応する．ただし，$\overline{x},\overline{y}$ は x,y の剰余類を表す．代数多様体を定義する方程式は座標 x，y の取り方によって変わってくるが，座標環 R の同型類は座標の取り方によらずに一意的に決まり，しかも幾何学的な情報をイデアルが持っている．一般に*代数閉体上で定義された*アフィン代数多様体の点はアフィン代数多様体の座標環の極大イデアルに対応する．

グロタンディックは極大イデアルだけでなく，すべての素イデアルを点と考えるとさらに柔軟な理論が展開できることを見出した．すなわち，可換環 R のすべての素イデアル $\mathfrak{p}$ を点と考え，可換環 R の素イデアルの全体 $\operatorname{Spec}(R)$ に*ザリスキー位相を導入し，さらに*付環空間の構造を入れることができる．これをアフィンスキームという．素イデアル $\mathfrak{p}$ が定める点 $[\mathfrak{p}]$ 上の付環空間の構造層の茎は R の $\mathfrak{p}$ による*局所化 $R_\mathfrak{p}$ である．付環空間は局所的にアフィンスキームと同型のときスキームと呼ばれる．スキームを導入することによって，代数幾何学で取り扱うことのできる幾何学的対象が増え，*ホモロジー代数や*圏論的な

手法を自由に使うことが可能になった．

スケジューリング問題
scheduling problem
自動車工場などで，決められた製品を決められた納期までに生産するためには，いつ誰がどの設備を使ってどのような作業を行うかを決める必要がある．あるいは，世界中を飛び回っている国際線の運航を実現するには，いつ誰がどの飛行機に乗務するかを決める必要がある．このように，限られた資源(人，設備，燃料，…)を用いて多数の作業を時間的に効率良く行うためにはどうすればよいか，という問題をスケジューリング問題と呼ぶ．*オペレーションズ・リサーチにおける代表的な問題であり，現実の問題に適した*数学モデルの構築と最適化手法の開発が行われている．

スケール極限
scaling limit
例えば微分方程式について解が爆発(→解の爆発)するときなどに，爆発する点を中心に空間と時間に関して相似変換を施すと，解が普遍性を持つ極限に収束することがある．このようなとき，その極限をスケール極限という．またその相似変換の仕方と普遍性をスケール則という．

例えば，次の中心極限定理はスケール極限の確率論における代表的な例である：平均0，分散 σ^2 を持つ同じ独立な分布に従う n 個の確率変数の和をとり，$1/\sqrt{n\sigma^2}$ 倍すると，$n\to\infty$ の極限で標準ガウス分布が得られる．

スケール則　scaling law　→スケール極限

図式
diagram
複数の集合間の写像の間の関係を明確にするため，各集合(を表す記号)を適当な位置に図示し，写像をそれらを結ぶ矢印として書き表したもの．ダイヤグラムと呼ぶことが多い．→可換図式

スターリングの公式
Stirling's formula
n が大きいとき，階乗 $n!$ の*漸近挙動は公式
$$n! \sim \sqrt{2\pi}\, n^{n+1/2} e^{-n}$$
で表される．これをスターリングの公式という．これは*ガンマ関数に対する次の漸近公式の特別な場合である．$|z|\to\infty$ のとき

$$\Gamma(z) \sim e^{-z} z^{z-1} \sqrt{2\pi z}$$
$$\times \exp\left[\sum_{n=1}^{\infty} \frac{(-1)^{n-1} B_{2n} z^{1-2n}}{2n(2n-1)}\right]$$
$$(|\arg z| < \pi)$$

ここで，B_{2n} は*ベルヌーイ数を表す．これもスターリングの公式と呼ばれる．

スツルムの鎖　Sturmian chain　⇒ スツルムの定理

スツルムの定理
Sturm's theorem

実係数の代数方程式の，実根の位置に関する定理である．

$f(x)$ を実係数の多項式とし，その導関数を $f_1(x)$ とおく．次のように余りが 0 になるまで割り算を続けていき，$f_2(x), f_3(x), \cdots, f_m(x)$ を定義する：
$$f(x) = q_1(x) f_1(x) - f_2(x),$$
$$f_1(x) = q_2(x) f_2(x) - f_3(x),$$
$$\cdots$$
$$f_{m-1}(x) = q_m(x) f_m(x).$$

このようにして得られた関数列 $f(x), f_1(x), \cdots, f_m(x)$ をスツルムの関数列という．

実数 a に対して，数列
$$f(a), f_1(a), \cdots, f_m(a)$$
を考え，その符号変化の回数を $V(a)$ により表す．このときもし方程式 $f(x)=0$ が重根を持たなければ，$f(x)=0$ の $a<x\leqq b$ 内にある実根の個数は，$V(a)-V(b)$ に等しい．これをスツルムの定理という (1829)．

スツルム-リウヴィル方程式
Sturm-Liouville equation

次の形の 2 階常微分方程式のことをいう．
$$-\frac{d^2 u}{dx^2} + p(x)\frac{du}{dx} + q(x) u = 0.$$
ここで $p(x), q(x)$ は実数値連続関数である．この左辺を $\mathcal{L}u$ とおき，$\rho(x)$ を正の関数とする．このとき，有限区間 (a,b) 上で固有値問題
$$\mathcal{L}u = \lambda \rho(x) u$$
を適当な境界条件の下で考えたものをスツルム-リウヴィルの固有値問題という．その*固有値 $\lambda_1 < \lambda_2 < \lambda_3 < \cdots$ はすべて単純で $\lambda_k \to \infty$ $(k\to\infty)$ を満たす．さらに λ_k に属する*固有関数は，(a,b) 内にちょうど $k-1$ 個の零点を持つ．これをスツルム-リウヴィルの定理という．

スティルチェス積分
Stieltjes integral

*リーマン積分の一般化として考えられたものである．

区間 $[a,b]$ 上で定義された実数値関数 $y=f(x)$ および*有界変動関数 $g(x)$ を考える．$[a,b]$ の分割 $\Delta: a=x_0<x_1<\cdots<x_{n-1}<x_n=b$，および小区間 $[x_{i-1}, x_i]$ 内の分点 ξ_i $(i=1,2,\cdots,n)$ をとり，
$$S(f;g,\Delta,\xi) = \sum_{i=1}^{n} f(\xi_i)\bigl(g(x_i) - g(x_{i-1})\bigr)$$
とおく．分割 Δ の細かさを
$$\mathrm{mesh}(\Delta) = \max_{i=1,\cdots,n} |x_i - x_{i-1}|$$
と定義する．$\xi = \{\xi_i\}_{i=1}^{n}$ のとり方によらずに極限 $\lim_{\xi_i \to 0} S(f;g,\Delta,\xi)$ が存在するとき，f は g に関してスティルチェス積分可能であるといい，極限を
$$\int_a^b f(x) dg(x)$$
により表す．これをスティルチェス積分という．連続な f は，任意の有界変動関数 g に関してスティルチェス積分可能である．

スティルチェス変換
Stieltjes transform

$\mathbb{R}$ 上の*有界変動関数 $\rho(x)$ について，$\rho(x)$ の $\mathbb{R}$ 上での*全変動が有限と仮定する．$\rho(x)$ による*スティルチェス積分
$$F(z) = \int_{-\infty}^{\infty} \frac{d\rho(x)}{z-x}$$
は，複素平面の領域 $\mathrm{Im}\, z \neq 0$ において z の正則関数になる．これを $\rho(x)$ のスティルチェス変換という．

逆に，$\rho(x)$ は，$F(z)$ から定数差を除いて一意的に定まる．すなわち，a, b $(a<b)$ が $\rho(x)$ の連続点のとき，等式
$$\rho(b) - \rho(a)$$
$$= -\lim_{\varepsilon > 0, \varepsilon \to 0} \frac{1}{2\pi i} \int_a^b (F(x+i\varepsilon) - F(x-i\varepsilon)) dx$$
が成り立つ．

ステファン問題
Stefan problem

固相，液相，気相など，異なる相が共存する系における拡散現象を扱う問題をいう．*自由境界問

題の代表的な例である．水面に浮かぶ氷が温度変化とともに形や大きさを変える過程はその典型例である．この場合，拡散する量は熱量である．氷の温度が $0°C$ に固定されていて温度変化が水の領域だけで起こる場合のように，拡散が1つの相でのみ生じる問題を1相ステファン問題と呼び，隣接する2つの相の両方で拡散が生じる問題を2相ステファン問題と呼ぶ．空間1次元の1相ステファン問題は，水の温度を $\theta(x,t)$，時刻 t における水と氷の境界の位置を $x=l(t)$，水の領域を $0<x<l(t)$ とすると，

$$\frac{\partial \theta}{\partial t} = k \frac{\partial^2 \theta}{\partial x^2} \quad (0 < x < l(t),\ t > 0),$$

$$\theta(l(t),t) = 0, \quad \frac{\partial l}{\partial t} = -a \frac{\partial \theta(l(t),t)}{\partial x}$$

という形に書ける．ただし，初期条件と $x=0$ における境界条件は省略した．上記の最後の条件は，水の領域が広がる速さが境界点における温度勾配に比例することを意味しており，ステファン条件と呼ばれる．

ステファン問題においては，たとえ拡散を支配する方程式が線形であっても，相と相との境界の位置が解に依存するため，重ね合わせの原理が成り立たない．つまり，ステファン問題は*非線形の問題である．

ストークス現象
Stokes phenomenon

同一の関数であっても，*漸近挙動を見る方向によって異なる形が現れる現象をいう．例えば，関数 $F(z)=\int_z^\infty e^{-t^2/2}dt$ は $z\to\pm\infty$ においてそれぞれ異なる*漸近展開

$$F(z) \sim \begin{cases} e^{-z^2/2}\left(\dfrac{1}{z}+\cdots\right) & (z \to +\infty), \\ \sqrt{2\pi}+e^{-z^2/2}\left(\dfrac{1}{z}+\cdots\right) & (z \to -\infty) \end{cases}$$

を持つ．この関数を複素 z 平面に広げて考えたとき，虚軸 $\mathrm{Re}\,z=0$ を境目にして第1式が第2式に変化する．このように漸近挙動が不連続的に変わる境界線をストークス線という．

ストークスの公式
Stokes' formula

3次元空間の中の境界を持つ曲面を M とし，$\boldsymbol{V}$ を M の接ベクトル場とする（→ベクトル場）．M には向きが付いているとすると，M の境界 ∂M にも向きが決まる．次の公式をストークスの公式と呼ぶ．

$$\int_M \mathrm{rot}\,\boldsymbol{V}\,\Omega_M = \int_{\partial M} \boldsymbol{V} \cdot d\boldsymbol{S} \quad (1)$$

ここで，左辺の $\mathrm{rot}\,\boldsymbol{V}$ は曲面上のベクトル場の回転であるスカラー（関数）（$\boldsymbol{V}$ が M の近傍のベクトル場 $\widetilde{\boldsymbol{V}}$ に拡張されるときは，ベクトル場 $\mathrm{rot}\,\widetilde{\boldsymbol{V}}$ と M の単位法ベクトル $\boldsymbol{n}$ の*内積 $\mathrm{rot}\,\widetilde{\boldsymbol{V}}\cdot\boldsymbol{n}$），$\Omega_M$ は*面積要素で，右辺はベクトル場の*線積分である．さらに M が $\varphi(s,t)$ で径数表示されているとき，(1)の左辺は

$$\int \mathrm{rot}\,\widetilde{\boldsymbol{V}} \cdot \left(\frac{\partial\varphi}{\partial t} \times \frac{\partial\varphi}{\partial s}\right) dt\,ds$$

である（ここで，$\cdot$ は内積，$\times$ は*外積である）．

ベクトル場 $\widetilde{\boldsymbol{V}}=(V_1,V_2,V_3)$ の代わりに，微分形式 $v=V_1 dx+V_2 dy+V_3 dz$ を用いると，(1) は

$$\int_{\partial M} V_1 dx + V_2 dy + V_3 dz$$
$$= \int_M \left(\frac{\partial V_2}{\partial x} - \frac{\partial V_1}{\partial y}\right) dx \wedge dy$$
$$+ \left(\frac{\partial V_3}{\partial y} - \frac{\partial V_2}{\partial z}\right) dy \wedge dz$$
$$+ \left(\frac{\partial V_1}{\partial z} - \frac{\partial V_3}{\partial x}\right) dz \wedge dx \quad (2)$$

となる．微分形式の積分と外微分を用いると，(2)は次のように書かれる．

$$\int_M dv = \int_{\partial M} v \quad (3)$$

(3)式のように書くと，ストークスの公式は高次元に一般化される（ストークスの定理）．すなわち，M を向きの付いた n 次元多様体，∂M をその境界，v を M で定義された $n-1$ 次の微分形式とすると，やはり(3)式が成立する．

高次元のストークスの公式は，さらに，一般化されて（→積分（微分形式の）），ド・ラムの定理の証明の半分を与える．

ストークスの公式を1次元の場合に考えると，微分積分学の基本定理になる．また，*ガウスの発散定理もストークスの公式(3)の特別な場合である．ストークスの公式は微分積分学の基本定理の高次元への自然な一般化であり，ベクトル解析や多様体上の微分積分学で基本的な役割を果たす．

ストークスの定理 Stokes' theorem ⇒ ストークスの公式

ストーンの定理
Stone's theorem

A がエルミート行列であるとき，指数関数 $T_t = e^{itA}$ は任意の実数 t についてユニタリ行列で，$T_t T_s = T_{t+s}$, $T_0 = I$ を満たす．逆に $A = \lim_{t \to 0}(T_t - I)/it$ はエルミート行列になる．同様の 1 対 1 対応がヒルベルト空間におけるユニタリ作用素の群 $\{T_t\}_{t \in \mathbb{R}}$ と自己共役作用素 A の間に成立する．これをストーンの定理という．

スネルの法則　Snell's law　＝屈折の法則

スパイラル　spiral　＝螺旋

スピノル
spinor

電子を記述する特殊相対性理論と整合的な量子力学的理論を考えていたディラック（P. A. M. Dirac）は，基礎方程式として*ディラック方程式を発見したが，その未知関数である量の座標変換性は通常のベクトルやテンソルとは異なっていた．この量をディラックはスピノルと呼んだ．

行列式が 1 の 3×3 実直交行列全体を $SO(3)$，行列式が 1 の 2×2 複素ユニタリ行列全体を $SU(2)$ と書く．$\gamma_1 = \begin{bmatrix} i & 0 \\ 0 & -i \end{bmatrix}$, $\gamma_2 = \begin{bmatrix} 0 & 1 \\ -1 & 0 \end{bmatrix}$, $\gamma_3 = \begin{bmatrix} 0 & i \\ i & 0 \end{bmatrix}$ とおくと，$g \in SU(2)$ に対して $g \gamma_i g^{-1} = \sum_j a_{ij} \gamma_j$ なる行列 $A = [a_{ij}] \in SO(3)$ が定まる．写像 $SU(2) \to SO(3)$, $g \mapsto A$ は準同型で 2 対 1 になる（→ 被覆空間）．特に，$SO(3)$ の単位元の近く（あるいはリー環）と $SU(2)$ の単位元の近く（あるいはリー環）は同型である．この対応を用いると，$SO(3)$ の単位元の近くの元 A は $SU(2)$ の元すなわち 2×2 複素行列 $\psi(A)$ とみなせる．

ベクトルは，実数値関数 v_i ($i = 1, 2, 3$) を成分に持ち，$SO(3)$ の元 A が定める $\mathbb{R}^3$ の座標変換で
$$\begin{bmatrix} v_1(x,y,z) \\ v_2(x,y,z) \\ v_3(x,y,z) \end{bmatrix} \mapsto A \begin{bmatrix} v_1(x,y,z) \\ v_2(x,y,z) \\ v_3(x,y,z) \end{bmatrix}$$
のように変換される量である．これに対しスピノルとは，複素数値関数 w_j ($j = 1, 2$) を成分に持ち，$SO(3)$ の単位元に近い元 A が定める $\mathbb{R}^3$ の座標変換に対して
$$\begin{bmatrix} w_1(x,y,z) \\ w_2(x,y,z) \end{bmatrix} \mapsto \psi(A) \begin{bmatrix} w_1(x,y,z) \\ w_2(x,y,z) \end{bmatrix}$$
で変換される量である．

A を $SO(3)$ の単位元から連続的に動かしていくと，A が単位元に戻っても，$\psi(A)$ は単位元に戻るとは限らない．例えば，A_t を z 軸を中心とした t ラジアンの回転とすると，$A_{2\pi}$ は単位行列 I であるが，$\psi(A_{2\pi})$ は $-I$ である．

このとき変換されたスピノルも符号が変わる．

スピノルの概念は高次元にも一般化され重要な役割を果たしている．座標変換性が上記のように普通と異なるので，多様体の上でスピノルを定義するには，多様体にスピン構造と呼ばれる構造（あるいはスピン $\mathbb{C}$ 構造）が定まっている必要がある．

上では 3 次元ユークリッド空間に正定値の計量を入れた場合（$SO(3)$ はその合同変換を定める）を述べたが，物理では*ローレンツ計量の場合がより重要である．⇒ スピン表現

スピン
spin

素粒子の量子力学的状態を表す自由度の 1 つで，非負の半整数 $s = 0, 1/2, 1, 3/2, \cdots$ で表される．一般に粒子の波動関数は空間の合同変換に対し回転群 $SO(3)$ の表現，あるいは $SU(2)$ のスピン表現にしたがって変換を受ける．この表現が $2s + 1$ 次元の既約表現であるとき，粒子のスピンは s であるという．スピンの 2 倍をスピン量子数という．⇒ スピノル，スピン表現

スピン表現
spin representation

リー群 $SU(2)$ と $SO(3)$ の間には $SU(2) \to SO(3)$ なる 2 対 1 の準同型があり，特にリー環の同型を定めることが知られている（→ スピノル）．$SO(3)$ の表現は $SU(2)$ の表現を定めるが，$SU(2)$ の表現で，$SO(3)$ の表現にならないものがある．これをスピン表現という．$SO(n)$ に対しても，同様に $Spin(n)$（スピノル群）という群と準同型 $Spin(n) \to SO(n)$ があり，$Spin(n)$ の表現で $SO(n)$ の表現にはならないものをスピン表現と呼ぶ．

特に*スピノルと関係する 2^m 次元（ただし $n = 2m$ または $n = 2m + 1$）の $Spin(n)$ の表現をスピン表現という場合もある．$n = 2m + 1$ のとき，この表現は既約であるが，$n = 2m$ のときは同値でない 2 つの 2^{m-1} 次元既約表現の直和となる．

スプライン　spline　⇒ スプライン関数

スプライン関数
spline function

区間がいくつかの小区間に分けられているとき，各小区間上で m 次多項式で，かつ，$m-1$ 階までの導関数が全域で連続な関数を m 次スプライン関数と呼ぶ．スプライン関数による*補間(スプライン補間)は，1946 年にシェーンベルグ(I. J. Schoenberg)によって提案され，1960 年代以後いろいろな分野で盛んに応用されるようになった．スプラインとは，元来，滑らかな曲線を引く簡単な製図具であり，この製図具によって描かれる滑らかな曲線は上の意味で 3 次スプライン関数になる．

スペクトル
spectrum

行列の固有値の概念を，より一般の線形作用素に拡張したものをいう．固有値はすべてスペクトルであるが，固有値でないスペクトルも現れうる．まず，正方行列 A の場合，λ がその固有値であることと，$\lambda I - A$ (I は単位行列)が逆行列を持たないこととは同値である．これを一般化して，有限次元または無限次元の線形空間(より詳しくは，ヒルベルト空間やバナッハ空間) X からそれ自身への線形作用素 $T: X \to X$ を考える．逆作用素 $(\lambda I - T)^{-1}$ (I は恒等作用素)が有界線形作用素として存在しないとき，複素数 λ を T のスペクトルといい，その全体をスペクトル集合または単にスペクトルという．ここで，T の定義域は空間 X 内で稠密と仮定するが，必ずしも全空間でなくてもよい．

例えば，$L^2(\mathbb{R})$ の作用素 $T = -d^2/dx^2$ のスペクトル集合は $[0, \infty)$ となる．各 $\lambda \geq 0$ に対して，$Tf = \lambda f$ の解 $f(x) = \exp(\pm i\sqrt{\lambda} x)$ は $L^2(\mathbb{R})$ の要素でないので，これらのスペクトルは固有値とはならず，連続スペクトルと呼ばれるものになる．一般にスペクトルは，点スペクトル(固有値)と連続スペクトル，および剰余スペクトルという 3 種類に大別される．

スペクトルは，線形作用素の性質を詳しく調べる上で欠かせない概念である．量子力学では，(作用素として表される)物理量のとり得る値がスペクトルにほかならない．また，微分方程式における安定性解析や，発展方程式論，確率論などの分野でもスペクトルは重要な役割を演じる．→ レゾルベント，スペクトル分解

スペクトル(力学系の)
spectrum

不変測度 μ を持つ力学系 (X, μ, T) に付随して $Uf(x) = f(Tx)$ で定義されるユニタリ作用素 U のスペクトルを，この不変測度付き力学系のスペクトルという．スペクトルは力学系の同型に関する不変量であり，*点スペクトルのみ(純点スペクトル)を持つ力学系の場合，スペクトルが一致すれば同型である(ハルモスの定理)．さらに，純点スペクトルを持つ力学系は*ワイル変換(コンパクトな可換群の平行移動)と同型である．

スペクトル集合　spectrum set　→ スペクトル

スペクトル半径
spectral radius

正方行列 T に対して，次の極限 $r(T)$ が存在して，その値は行列の空間のノルムの取り方によらない．

$$r(T) = \lim_{n \to \infty} \|T^n\|^{1/n}$$

これを T のスペクトル半径という．$r(T)$ は，T の固有値の絶対値の最大値に等しく，とくに，T が*非負行列ならば，その最大固有値を与える．一般に，バナッハ空間からそれ自身への有界線形写像 T のスペクトル半径 $r(T)$ は，*作用素ノルム $\|\cdot\|$ を用いて，上の式で定義され，T の*スペクトルの絶対値の最大値に等しい．→ ペロン-フロベニウスの定理

スペクトル分解
spectral decomposition

ヒルベルト空間上の自己共役作用素については，有限次元行列の対角化に相当する表示が成り立ち，スペクトル分解と呼ばれる．スペクトル分解は自己共役作用素を取り扱う基本的手段で，固有値問題や作用素の半群をはじめ幅広く用いられる．→ 単位の分解

スペクトル分解定理　spectral decomposition theorem
→ 単位の分解

スミス標準形
Smith normal form

整数を要素とする(正方形とは限らない)行列 A に対して，*単模行列(行列式の値が 1 または -1 である整数行列) U, V をうまく選んで $B = UAV$

が次の条件を満たすようにできる：
(1) $B=[b_{ij}]$ は対角行列である．すなわち，$b_{ij}=0\ (i\neq j)$．
(2) ある整数 r に対して，$0<b_{11}\leqq b_{22}\leqq\cdots\leqq b_{rr}$，$b_{ii}=0\ (i\geqq r+1)$ であり，各 $i=1,\cdots,r-1$ に対して b_{ii} は $b_{i+1,i+1}$ の約数．
このような行列 B は A によって一意的に定まる．これを A のスミス標準形あるいは単因子標準形と呼び，$b_{11},b_{22},\cdots,b_{rr}$ を A の単因子と呼ぶ．スミス標準形は，任意のアーベル群が巡回群の直和に分解されるという事実の行列による表現である．より一般に，単項イデアル整域(→ 単項イデアル環，整数環や 1 変数多項式環など)上の行列に対してもスミス標準形が考えられる．⇒ 単因子

セ

整
integral

$y^2-x^3=0$ のとき y/x は $X^2-x=0$ の根になっている．すなわち y/x を
$$R=\mathbb{C}[x,y]/(y^2-x^3)$$
の商体 L の元と考えると，R 係数のモニック多項式(最高次の係数が 1 の多項式)の根である．このように整域 R を含む*体 L の元 a が R 係数のモニック多項式 $X^n+a_1X^{n-1}+a_2X^{n-2}+\cdots+a_n$ $(a_j\in R)$ の根であるとき R 上整であるという．
⇒ 代数的整数，整閉

整域
integral domain

乗法についての単位元 1 を持つ*可換環 R は，次の(1), (2)を満たすとき，整域という．
(1) R は*零因子を持たない．すなわち $a\neq 0$, $b\neq 0$ かつ $ab=0$ となる元 a,b が存在しない．
(2) R は 0 のみからなる環 $\{0\}$ ではない．
整数の全体がなす環 $\mathbb{Z}$ や可換体 k 上の多項式環 $k[X_1,X_2,\cdots,X_n]$ が典型的な整域の例である．

整イデアル
integral ideal

*代数的整数環の*イデアルのこと．*分数イデアルと区別するために用いられる．

正因子
positive divisor

非特異射影曲線または閉リーマン面 C の*因子 $\sum_{i=1}^{m}n_iP_i$ は $n_i\geqq 0$ のとき，正因子という．整因子，有効因子ともいう．

整因子(代数曲線の)　positive divisor　= 正因子

正割　secant　セカント．⇒ 3 角比

整関数
entire function, integral function

多項式，3 角関数 $\sin z$, $\cos z$, 指数関数 e^z, ガンマ関数の逆数 $\Gamma(z)^{-1}$ など，複素平面全体で

*正則な関数をいう．

正規拡大
normal extension

体 F の*有限次拡大体 K は，K の任意の元 α の F 上の*最小多項式 $f_\alpha(x)$ のすべての根が K に含まれるとき，正規拡大であるという．これは，K が，F の元を係数とするある多項式 $f(x)$ のすべての根 $\alpha_1,\cdots,\alpha_n$ を F に*添加して得られる体であるということと同値である．例えば，有理数体 $\mathbb{Q}$ の拡大 $\mathbb{Q}(\sqrt{2},\sqrt{5})$ は，$\mathbb{Q}$ に $(x^2-2)(x^2-5)$ のすべての根を添加して得られるから，正規拡大であり，$\mathbb{Q}$ の拡大 $\mathbb{Q}(\sqrt[3]{2})$ は，$\sqrt[3]{2}$ の $\mathbb{Q}$ 上の最小多項式 x^3-2 の根のうち $\sqrt[3]{2}(1+\sqrt{3}i)/2$ を含まないから，正規拡大ではない．

正規拡大がさらに*分離拡大であるときを*ガロア拡大という．標数 0 の体については，体の拡大はつねに分離拡大なので，正規拡大とガロア拡大は同じことになる．

正規化群
normalizing group

群 G の部分群 H に対して
$$N_G(H) = \{g \in G \mid gHg^{-1} \subset H\}$$
とおくと，$N_G(H)$ は G の部分群であり，H は $N_G(H)$ の正規部分群である．$N_G(H)$ を H の G における正規化群という．→ 中心化群

正規環
normal ring

整域 R はその*商体のなかで*整閉であるとき，正規環という．例えば 3 変数複素数多項式環 $\mathbb{C}[x,y,z]$ のイデアル $(x^2+y^2-z^m)$，$m \geq 1$ による剰余環 $\mathbb{C}[x,y,z]/(x^2+y^2-z^m)$ は正規環である．一方，$R=\mathbb{C}[x,y]/(x^2-y^3)$ の場合は x,y の剰余類 $\overline{x},\overline{y}$ に対して R の商体の元 $\overline{x}/\overline{y}$ は R には属さないが，R 上整であるので R は正規環ではない．

正規行列
normal matrix

n 次の複素正方行列 A の*随伴行列を A^* と記す．$A^*A=AA^*$ が成り立つとき，A は正規行列といわれる．

正規行列 A に対して，
$$B = \frac{1}{2}(A+A^*), \quad C = \frac{1}{2i}(A-A^*)$$
と置けば，B,C はエルミート行列であり，$BC=CB$ かつ $A=B+iC$ となる．

正規行列 A は，あるユニタリ行列 U により，U^*AU を対角行列にすることができる（B,C を*同時対角化すればよい）．→ エルミート行列

正規空間　normal space　→ 分離公理

正規形（微分方程式の）
normal form

単振動の方程式 $d^2u/dt^2=-k^2u$ は，$v=du/dt$ とおけば
$$\frac{d}{dt}\begin{bmatrix}u\\v\end{bmatrix}=\begin{bmatrix}0&1\\-k^2&0\end{bmatrix}\begin{bmatrix}u\\v\end{bmatrix}$$
と書ける．一般に次のような形の 1 階常微分方程式を，常微分方程式の正規形という．
$$\frac{du}{dt}=f(t,u)$$
ここで u や f はスカラー値またはベクトル値の関数である．
$$\frac{d^m u}{dt^m}=g\left(t,u,\frac{du}{dt},\cdots,\frac{d^{m-1}u}{dt^{m-1}}\right)$$
という形の m 階常微分方程式は，新たな未知関数 $v_k=d^ku/dt^k$ $(k=1,2,\cdots,m-1)$ を導入することにより，$u,v_1,\cdots,v_{m-1}$ に関する正規形に変換できる．一般の単独 m 階の常微分方程式 $f(t,u,du/dt,\cdots,d^mu/dt^m)=0$ は，*陰関数定理が適用できれば正規形に（局所的には）変換することができる．

正規言語　regular language　→ 言語

正規数
normal number

実数 a を小数展開したとき，0 から 9 までの数字の現れる*頻度がすべて等しく 1/10 であるとき，a は 10 進正規数であるという．一般に，実数 a を r 進法（→ n 進法）で小数展開したとき，0 から $r-1$ までの現れる頻度が等しく $1/r$ の場合，r 進正規数といい，すべての $r \geq 2$ に対して r 進正規数のとき，a は正規数であるという．例えば，2 進正規数の具体例は 2 進小数展開 0. 0 1 00 01 10 11 000 001 010 011 100 101 110 111 0000 0001 … により構成できる．また，区間 $[0,1]$ 内の正規数の全体はルベーグ測度 1 を持つ（ボレルの正規数定理）．しかし，例えば，$\pi, e, \sqrt{2}$ のような具体的な数が正規数であるかどうかを判定することはたいへん

正規族
normal family

複素平面の領域 D 上で正則な関数の族 $\mathcal{F}$ が次の性質を持つとき，$\mathcal{F}$ は正規族をなすという：「関数列 $\{f_n\}_{n\geq 1}$ の各元が $\mathcal{F}$ に属するならば，広義一様収束する部分列 $\{f_{n_k}\}_{k\geq 1}$ を選び出すことができる」．D の各点で $\mathcal{F}$ が一様に有界，すなわち $\sup_{f\in\mathcal{F}}|f(z)|<\infty$ $(z\in D)$ が成り立つならば，$\mathcal{F}$ は正規族になる．この定理はアスコリ-アルツェラの定理の複素関数版である．

正規族の概念は，リーマンの写像定理など基本的な存在定理の証明に用いられる．→ 広義一様収束，アスコリ-アルツェラの定理

正規代数多様体
normal algebraic variety

*代数多様体 V の任意のアフィン開集合の座標環が正規環であるとき正規多様体という．正規多様体の特異点集合は余次元が 2 以上の代数的集合である．したがって代数曲線が正規代数多様体であるための必要十分条件は特異点を持たないこと，すなわち非特異代数曲線であることである．

正規直交基底
orthonormal basis

計量線形空間 L の*正規直交系で，かつ*基底をなすもの．必ず存在し，*シュミットの直交化法を用いて見出すことができる．

正規直交基底(ヒルベルト空間の)
orthonormal basis

エルミート内積 $(\cdot,\cdot)$ を持つ複素ヒルベルト空間 H において，H のベクトルの列 $e_1, e_2, \cdots$ が*正規直交系，すなわち $(e_i, e_j)=\delta_{ij}$ (δ_{ij} は*クロネッカーの記号)とする．次の互いに同値な条件(1)-(4)が成り立つとき，$e_1, e_2, \cdots$ は完備である，あるいは H の完全正規直交系(または正規直交基底)をなす，という．

(1) H の任意のベクトル $\boldsymbol{x}$ について $\boldsymbol{x}=\sum_{k=1}^{\infty}(\boldsymbol{x},\boldsymbol{e}_k)\boldsymbol{e}_k$ が成り立つ．

(2) $\boldsymbol{e}_1, \boldsymbol{e}_2, \cdots$ が張る線形部分空間は H の中で*稠密である．

(3) H の任意のベクトル $\boldsymbol{x}$ について $(\boldsymbol{x},\boldsymbol{x})=\sum_{k=1}^{\infty}|(\boldsymbol{x},\boldsymbol{e}_k)|^2$ が成り立つ．これをパーセヴァルの等式という．

(4) すべての k について $(\boldsymbol{x},\boldsymbol{e}_k)=0$ ならば，$\boldsymbol{x}=\boldsymbol{0}$ である．

*可分なヒルベルト空間は，常に正規直交基底を持つ．→ 基底(無限次元ベクトル空間の)

例 $L^2([-\pi,\pi])(\to L^2$ 空間)は，内積
$$(f,g)=\int_{-\pi}^{\pi}f(x)\overline{g(x)}dx$$
によりヒルベルト空間になるが，$(2\pi)^{-1/2}e^{\sqrt{-1}kx}$ $(k=0,\pm 1,\pm 2,\cdots)$ は正規直交基底になる(→ フーリエ級数)．

実ヒルベルト空間に対しても同様に定義される．

正規直交系
orthonormal system

*計量線形空間 $(L,\langle\cdot,\cdot\rangle)$ の部分集合 S は，次の性質を満たすとき正規直交系といわれる．

(1) 任意の $\boldsymbol{x}\in S$ に対して，$\|\boldsymbol{x}\|=1$．

(2) 任意の異なる $\boldsymbol{x},\boldsymbol{y}\in S$ について，内積 $\langle\boldsymbol{x},\boldsymbol{y}\rangle=0$．

L が有限次元で，S が L を張るときは，S は L の*正規直交基底である．

正規部分群
normal subgroup

群 G の部分群 N が，任意の $g\in G$ について $gNg^{-1}\subset N$ を満たすとき，G の正規部分群といわれる．このとき，群 G の部分群 N に関する*右剰余類と*左剰余類は一致する．$gNg^{-1}\subset N$ という条件は，$gNg^{-1}=N$ という条件と同値である．G/N は群の構造を持つ．→ 群，剰余群

アーベル群の部分群はすべて正規である．

$n\times n$ 可逆実行列全体のなす群 $GL(n,\mathbb{R})$ を G とすると，行列式が 1 の行列のなす部分群 $SL(n,\mathbb{R})$ はその正規部分群である．一方，上3角行列全体は部分群であるが，正規部分群ではない．

正規分布
normal distribution

*ガウス分布を参照．統計学などではガウス分布を正規分布ということが多い．

正規変換
normal transformation

*計量線形空間 $(L,\langle\cdot,\cdot\rangle)$ の線形変換 $T: L\to L$

に対して
$$\langle u, T^*v \rangle = \langle Tu, v \rangle \quad (u, v \in L)$$
によって線形変換 $T^*: L \to L$ を定義する. T が $T^*T = TT^*$ を満たすとき, 正規変換といわれる.
*正規直交基底を用いて T を行列として表すとき (→ 行列表示), *正規行列となるもの, といってもよい.

正行列
positive matrix
すべての成分が正の数であるような行列のこと. ⇒ ペロン-フロベニウスの定理

制御理論
control theory
ダイナミクスを持つシステムを思い通りに動かすための方法を, 産業界の工学システムに実際に適用することを前提としており, 数理的に研究する学問体系である. 制御対象を数式で表現するためのモデリングの理論, 数式モデルに基づいて最適な制御系を得るための制御系設計の理論, 得られた制御系の性能評価を行うための制御系解析の理論などが含まれる. *微分方程式, *複素関数, *線形代数, *変分法, *凸解析, *数理計画法, *確率論など, さまざまな数学的道具が有効に用いられる. ⇒ ウィーナー・フィルター, 可観測性, 可制御性, カルマン・フィルター, 状態方程式(制御系の), ポントリャーギンの最大原理, 最小実現

正規連分数 normal continued fraction ⇒ 連分数, 連分数展開

正弦 sine サイン. ⇒ 3 角比, 3 角関数

制限(写像の)
restriction
集合の間の写像 $f: X \to Y$ と X の部分集合 A が与えられたとき, $g: A \to Y$ を $g(a) = f(a)$ $(a \in A)$ と置いて定義する. g を f の A への制限といい, $f|_A$ により表す. ⇒ 写像

正弦関数 sine function ⇒ 3 角関数

正弦級数展開
sine series expansion
正弦のみを用いたフーリエ展開のこと. 例えば, 一般に区間 $[0, L]$ 上の 2 乗可積分関数 $f(x)$ は $[-L, L]$ に奇関数として拡張することにより, $a_1 \sin(\pi x/L) + a_2 \sin(2\pi x/L) + \cdots$ の形の正弦展開ができる. ⇒ フーリエ級数

正弦定理
sine theorem
3 角形の頂点の内角をそれぞれ A, B, C, その対辺の長さを a, b, c とすると,
$$\frac{\sin A}{a} = \frac{\sin B}{b} = \frac{\sin C}{c}$$
が成り立つ. これを正弦定理と呼ぶ.

正項級数
positive series
すべての項 a_n が非負である級数 $\sum_{n=1}^{\infty} a_n$ を正項級数という. 正項級数は, 部分和 $s_n = \sum_{k=1}^{n} a_k$ のなす数列が有界であれば収束し, 有界でなければ発散する.

斉次
homogeneous
同次ともいう.
2 変数関数 $f(x, y)$ は, すべての実数 t に対して $f(tx, ty) = t^m f(x, y)$ を満たすとき, m 次斉次関数という. ここで m は整数でなくてもよい. また, $t > 0$ のときに限りこの性質を持つとき, 正の方向に m 次斉次という. 例えば, $f(x, y) = x^2 + xy - y^2$ は 2 次斉次で, $f(x, y) = |x| + \sqrt{|x||y|}$ は正の方向に 1 次斉次である. m 次斉次関数 f が微分可能ならば, $x \partial f/\partial x + y \partial f/\partial y = mf$ が成り立つ. n 変数関数の場合や, 一般にベクトル空間上の関数についても同様に m 次斉次式が定義される. ⇒ オイラーの恒等式

斉次 1 次写像 homogeneous linear mapping = 斉次線形写像

整式
polynomial
*多項式のこと.

斉次座標 homogeneous coordinates ⇒ 射影空間

斉次座標環 homogeneous coordinate ring ⇒ 射影多様体

斉次式
homogeneous polynomial

$x_1^2 x_3 - x_1 x_2 x_3 + x_3^3$ のようにすべての項が同じ次数である多項式を斉次式(斉次多項式)または同次式(同次多項式)という．次数が n の斉次式を n 次斉次式という．

斉次線形写像
homogeneous linear map

$\mathbf{0}$ を $\mathbf{0}$ に写す*1 次写像のこと．定数項がない1次写像といってもよい．単に*線形写像といったとき，$\mathbf{0}$ が $\mathbf{0}$ に写ることが仮定されていることが多いが，このことをはっきりさせたいときに使う．

斉次多項式　homogeneous polynomial　→ 斉次式

斉次方程式
homogeneous equation

連立 1 次方程式 $A\boldsymbol{x}=\boldsymbol{f}$ は，$\boldsymbol{f}=0$ のとき斉次方程式といい，$\boldsymbol{f}\neq 0$ のとき非斉次方程式という．*微分作用素 A についても同様に，$Ax=0$ を斉次方程式という．また，n 変数の方程式 $F(x_1,\cdots,x_n)=0$ で $F(x_1,\cdots,x_n)$ が*斉次式のとき，斉次方程式ということもある．→ 線形常微分方程式

正射影
orthogonal projection

*内積 $(\cdot,\cdot)$ を持つ有限次元ベクトル空間 E の部分ベクトル空間 F に対してその直交補空間 $F^\perp$ を $F^\perp=\{v\in E\,|\,(v,u)=0,\forall u\in F\}$ と定義すると，E の任意のベクトル v は $v=v_1+v_2$ ($v_1\in F,\ v_2\in F^\perp$) と一意的に書くことができる．$v$ に対して v_1 を対応させる写像 P_F は E から F への線形写像である．これを F への正射影という．直交射影ということもある．

正準運動方程式
canonical equation of motion

ハミルトン方程式のこと．→ ハミルトン系

正準共役な運動量　canonically conjugate momentum
→ 正準共役な座標

正準共役な座標
canonically conjugate coordinates

*ラグランジアンが $L(q_1,\cdots,q_n,\dot{q}_1,\cdots,\dot{q}_n)$ であるとき($\dot{q}_i$ は q_i の時間微分)，q_i に正準共役な座標，あるいは正準共役な運動量とは，$\partial L/\partial \dot{q}_i$ のことで，$p_i=\partial L/\partial \dot{q}_i$ と書かれる(→ 一般運動量).

$q_1,\cdots,q_n,\dot{q}_1,\cdots,\dot{q}_n$ に $q_1,\cdots,q_n,p_1,\cdots,p_n$ を対応させる変換(*ルジャンドル変換)が，微分同相写像である場合が通常扱われる．その場合には $q_1,\cdots,q_n,p_1,\cdots,p_n$ は相空間の座標を与え，それが正準座標になる．→ 正準座標

正準座標
canonical coordinates

*ハミルトン方程式は $2n$ 個の座標 $q_1,\cdots,q_n,p_1,\cdots,p_n$ を用いて，
$$\frac{dq_i}{dt}=\frac{\partial H}{\partial p_i},\quad \frac{dp_i}{dt}=-\frac{\partial H}{\partial q_i}$$
と表される．この $q_1,\cdots,q_n,p_1,\cdots,p_n$ のことを正準座標といい，座標 $(q_1,\cdots,q_n)$ と $(p_1,\cdots,p_n)$ とは互いに正準共役であるという．$\sum_{j=1}^n dp_j\wedge dq_j$ が*シンプレクティック形式を与える．数学的には，シンプレクティック多様体 (X,ω) (→ シンプレクティック幾何学)のシンプレクティック形式 ω が $\omega=\sum_{j=1}^n dp_j\wedge dq_j$ と表されるような局所座標系 $(q_1,\cdots,q_n,p_1,\cdots,p_n)$ を正準座標という．→ 正準共役な座標

正準変換
canonical transformation

*ハミルトン方程式の形を保つ変換が正準変換である．正準座標 $(q_1,\cdots,q_n,p_1,\cdots,p_n)$ から定まるシンプレクティック形式 $\omega=\sum_{j=1}^n dp_j\wedge dq_j$ を用いると，次のように特徴づけることができる．

変換
$$P_i=P_i(q_1,\cdots,q_n,p_1,\cdots,p_n),$$
$$Q_i=Q_i(q_1,\cdots,q_n,p_1,\cdots,p_n)$$
が正準変換であるとは，座標 $(Q_1,\cdots,Q_n,P_1,\cdots,P_n)$ から定まるシンプレクティック形式 $\Omega=\sum_{j=1}^n dP_j\wedge dQ_j$ に対して，
$$\sum_{j=1}^n dP_j\wedge dQ_j=\sum_{j=1}^n dp_j\wedge dq_j$$
であることをいう．このとき，次のことが成り立つ(以下 $\boldsymbol{q}=(q_1,\cdots,q_n)$ などと略記する)．$h(\boldsymbol{q},\boldsymbol{p})$ をハミルトン関数とし，その変数を $Q_1,\cdots,Q_n,P_1,\cdots,P_n$ に変換したものを $H(\boldsymbol{Q},\boldsymbol{P})$ とする．すなわち

$$H(\boldsymbol{Q}(\boldsymbol{q},\boldsymbol{p}),\boldsymbol{P}(\boldsymbol{q},\boldsymbol{p})) = h(\boldsymbol{q},\boldsymbol{p})$$

であるとする.このとき,$(\boldsymbol{q}(t),\boldsymbol{p}(t))$ が正準方程式

$$\frac{dq_i}{dt} = \frac{\partial h}{\partial p_i}, \quad \frac{dp_i}{dt} = -\frac{\partial h}{\partial q_i}$$

を満たすことと,$P_i(t)=P_i(\boldsymbol{q}(t),\boldsymbol{p}(t))$, $Q_i(t)=Q_i(\boldsymbol{q}(t),\boldsymbol{p}(t))$ が,正準方程式

$$\frac{dQ_i}{dt} = \frac{\partial H}{\partial P_i}, \quad \frac{dP_i}{dt} = -\frac{\partial H}{\partial Q_i}$$

を満たすことは同値である.

正準変換を構成する典型的な方法として*母関数を用いるものがある.

また,$Q_i=Q_i(\boldsymbol{q})$ なる変換に対して,

$$P_i(\boldsymbol{q},\boldsymbol{p}) = \sum_j p_j \frac{\partial q_j}{\partial Q_i}(\boldsymbol{q})$$

とおくと,$(\boldsymbol{q},\boldsymbol{p})\mapsto(\boldsymbol{Q},\boldsymbol{P})$ は正準変換になる.

正準変換の概念は,シンプレクティック多様体の間のシンプレクティック同相(すなわちシンプレクティック形式を保つ可微分同相写像)に一般化される.

正準方程式
canonical equation

ハミルトン方程式を指すことが多い.→ハミルトン系

正準理論
canonical theory

*正準座標による*ハミルトン形式を用いて展開する力学の理論のこと.

星状領域
star-like domain, star-shaped domain

1点 p_0 を含む平面内の領域 D で,D の任意の点と p_0 とを結ぶ線分が D に含まれるとき,D は星状領域であるという.原点を含む凸集合は星状領域である.図の領域は星状領域であるが,凸ではない.星状領域は*可縮である.

整数
integer

0 と自然数 $1,2,3,\cdots$,および負の数 $-1,-2,-3,\cdots$ を整数という.自然数を正の整数または正整数,負の数 $-1,-2,-3,\cdots$ を負の整数または負整数ということがある.減法が常に可能なように自然数の体系を拡張した数の体系ということができる.

整数解
integer solution

方程式 $x^2+y^2=z^2$ は $(x,y,z)=(3,4,5)$, $(x,y,z)=(5,12,13)$ などのようにすべてが整数である解を持つ.このように整数係数の方程式 $F_1(x_1,x_2,\cdots,x_n)=0$, $\cdots$, $F_m(x_1,x_2,\cdots,x_n)=0$ に対して整数 $a_1,\cdots,a_n$ が方程式の解であるとき整数解という.$n\geq3$ のとき $x^n+y^n=z^n$ が $abc\neq0$ である整数解 $(x,y,z)=(a,b,c)$ を持たないというのが*フェルマ予想である.→不定方程式,ディオファントス方程式

整数環
integer ring

整数の全体 $\mathbb{Z}$ は足し算,引き算,掛け算に関して可換になる.これを整数環という.また,*代数的整数環を整数環ということもある.

整数基
integer basis

n 次*代数体の n 個の代数的整数 $\omega_1,\omega_2,\cdots,\omega_n$ によって K の整数環(→代数的整数環)$\mathcal{O}_K$ の任意の元 α が $\alpha=a_1\omega_1+a_2\omega_2+\cdots+a_n\omega_n$ $(a_1,a_2,\cdots,a_n\in\mathbb{Z})$ と一意的に表されるときに,$\omega_1,\cdots,\omega_n$ を K の整数基という.整数基は必ず存在し,K の整数環 $\mathcal{O}_K$ はアーベル群として $\mathbb{Z}^n$ と同型,すなわち階数 n の $\mathbb{Z}$ 上の*自由加群である.

例えば,$1,i$ は $\mathbb{Q}(i)$ の整数基であり $1,(1+\sqrt{5})/2$ は $\mathbb{Q}(\sqrt{5})$ の整数基である.

整数計画法
integer programming

変数が整数値を取ることを制約条件に含む*最適化問題を整数計画問題といい,工学や社会における現実問題を整数計画問題の形に定式化して解析する手法は整数計画法という.

整数計画問題の典型例は,線形計画問題に整数制約を加えた

目的関数 $\sum_{j=1}^{n} c_j x_j \longrightarrow$ 最大化

制約条件 $\sum_{j=1}^{n} a_{ij} x_j \leqq b_i \quad (i=1,\cdots,m)$

$x_j \in \mathbb{Z} \quad (j=1,\cdots,n)$

というような形の問題(整数線形計画問題)である.組合せ最適化問題の多くは,このような形に定式化できる.また,整数変数の値を 0 または 1 に制限することにより論理的な条件も表現できるので,整数計画問題は,現実問題のモデル化の手段として頻繁に利用される.しかし,線形計画問題とは異なり,一般の整数線形計画問題を効率的に解くことは不可能であろうと考えられている.厳密な最適解を得るための実用的な汎用解法として,*緩和問題を利用した分枝限定法が広く用いられる. → 数理計画法,線形計画法

整数多面体
integer polyhedron

$\mathbb{R}^n$ における有界な凸多面体であって,頂点(端点)がすべて整数ベクトル(すべての成分が整数であるベクトル)であるものをいう.非有界な場合を含めた定義は,「有理数を係数にもつ有限個の線形不等式によって記述される $\mathbb{R}^n$ の領域で,すべての次元の面(不等式において不等号のいくつかを等号におきかえて記述される領域)が整数ベクトルを含むもの」である.

整数論
number theory

整数の性質を研究する分野.さらに,整数を一般化した代数的整数を研究する分野を意味する.数論ともいう.

生成
generate

例えば,群や環などのような数学的な対象は,一定の条件や公理により構造を与えられた集合である.その集合を B として,B の部分集合 A について,A を含んでいてその条件や公理を満たす集合 B' が必ず B を含むとき,A は B を生成するという.また,B は A を含む最小の群である,あるいは,A は群 B の生成系であるなどという.なお,「生成する」は,A の要素から出発して,その条件や公理に与えられている操作を繰り返すと,B のすべての要素が得られる場合についていうことが多い. → 生成元

生成(イデアルにおける)
generate

可換環 R の部分集合 S に対して,S を含む最小のイデアルを,S により生成されるイデアルという.$S=\{s_1,\cdots,s_n\}$ のとき,それは

$$\{r_1 s_1 + \cdots + r_n s_n \mid r_1,\cdots,r_n \in R\}$$

に一致し,$(s_1, s_2, \cdots, s_n)$ と記す.1 つの元により生成されるイデアルは,*単項イデアルと呼ばれる. → イデアル,環

生成(可換環における)
generate

可換環 B の部分環 A と,B の部分集合 S について,A と S を含む最小(包含関係に関して)の B の部分環 B' が存在する.B' は A と S から,加法,減法,乗法を用いてつくることのできる B の元全体に一致する.B' は S が A 上生成する B の部分環といい,$A[s]_{s \in S}$ のように表す.これは,A の元を係数とする多項式 $f(x_1,\cdots,x_n)$ に S の元を代入した,$f(s_1,\cdots,s_n) \ (s_1,\cdots,s_n \in S)$ の形の元(例えば,$s_1^3 + s_2^2 \ (s_1, s_2 \in S)$ など)全体に一致する.

生成(群における)
generate

群 G の部分集合 S について,S を含む最小(包含関係に関して)の G の部分群 H が存在する.H を S が生成する部分群という.H は,$s_1^{\varepsilon_1} \cdots s_n^{\varepsilon_n}$ $(s_i \in S, \ \varepsilon_i = \pm 1)$ の形の元全体からなる集合と一致する.$G=H$ のとき,G は S で生成されるという.

生成(集合族の)
generate

例えば,開区間(閉区間,半開区間としても以下同様)の全体から,可算和と補集合をとる操作を組み合わせて有限回施すと,可算加法的なボレル集合族を作ることができる.また,ボレル集合族は,開区間の全体を含んで,可算和と補集合をとる操作に関して閉じた最小の集合族である.このことを,開区間の全体はボレル集合族を生成するという.

生成(体における)
generate

体 K の部分体 k と,K の部分集合 S について,S が k 上生成する K の部分体とは,k に S

の元を*添加してできる体のことで, k と S から四則演算を用いてつくることのできる K の完全体に一致し, $k(s)_{s\in S}$ のように表す.

生成演算子 creation operator ⇒ ボゾン

生成関数 generating function ⇒ 母関数, 母関数(正準変換の)

生成関数(ラグランジュ部分多様体の)
generating function

*ラグランジュ部分多様体を構成するのに用いられる関数である. $\mathbb{R}^{2n}$ の座標を $x_1,\cdots,x_n, y_1,\cdots,y_n$ とし, *シンプレクティック形式 $\omega = \sum dx_i \wedge dy_i$ を考える(以後 $\boldsymbol{x}=(x_1,\cdots,x_n), \boldsymbol{y}=(y_1,\cdots,y_n)$ と書く).

ラグランジュ部分多様体 $L \subset \mathbb{R}^{2n}$ に対して, $\pi: L \to \mathbb{R}^n, \pi(\boldsymbol{x},\boldsymbol{y})=\boldsymbol{x}$ が微分同相写像であれば, L はある関数 $S(x_1,\cdots,x_n)$ を用いて, $y_i = \partial S/\partial x_i$ $(i=1,\cdots,n)$ と表される. S がこの場合の生成関数である.

$\pi: L \to \mathbb{R}^n$ が微分同相写像とは限らない場合には, 変数を増やした関数 $S(x_1,\cdots,x_n,z_1,\cdots,z_m)$ を考える. $\widetilde{L}$ を
$$\left\{ (\boldsymbol{x},\boldsymbol{z}) \,\bigg|\, \frac{\partial S}{\partial z_i}(\boldsymbol{x},\boldsymbol{z})=0, i=1,\cdots,m \right\}$$
なる $\mathbb{R}^{n+m}$ の部分多様体とし, $i: \widetilde{L} \to \mathbb{R}^{2n}$ を
$$i(\boldsymbol{x},\boldsymbol{z}) = \left(\boldsymbol{x}, \frac{\partial S}{\partial x_1}\bigg|_{(\boldsymbol{x},\boldsymbol{z})}, \cdots, \frac{\partial S}{\partial x_n}\bigg|_{(\boldsymbol{x},\boldsymbol{z})} \right)$$
とおいたとき, $i(\widetilde{L})$ が部分多様体ならば, それはラグランジュ部分多様体になる. これが L であるとき, この S を L の生成関数という.

生成元
generator

例えば, 位数 n の巡回群 G は $\{e,g,g^2,g^3,\cdots,g^{n-1}\}$ と表示でき, g のべきによって G の元はすべて表される ($g^0=e$ と考える). このことを巡回群 G は元 g から生成されるといい, 元 g のことを群 G の生成元という. 一般に群 G のすべての元が G の元 $g_1,\cdots,g_n$ と $g_1^{-1},\cdots,g_n^{-1}$ の積で表すことができるとき(表し方はただ一通りとは限らない), 元 $g_1,\cdots,g_n$ は G を生成する, あるいは $g_1,\cdots,g_n$ は G の生成元であるという.

また, 代数系 R の元 $\{a_\lambda\}_{\lambda \in \Lambda}$ (Λ は無限集合でもよい)が代数系の演算を使って R の元をすべて表すことができるとき $\{a_\lambda\}_{\lambda \in \Lambda}$ を R の生成元, あるいは生成系であるという. R 加群 M のときは $\{m_\lambda\}_{\lambda \in \Lambda}$ (Λ は無限集合でもよい)の R 係数の有限個の1次結合として M のすべての元が書けるとき $\{m_\lambda\}_{\lambda \in \Lambda}$ を R 加群 M の生成元という.

生成作用素(流れの)
generating operator, generator

n 次元ユークリッド空間の領域 X で, $x=(x_1,\cdots,x_n)$ についての常微分方程式 $dx_i/dt=a_i(x)$ $(i=1,\cdots,n)$ の解 $x(t)$ を考えると, 任意の滑らかな関数 $f(x)$ に対して, $f(x(t))$ の時間変化は $(d/dt)f(x(t))=(Af)(x(t))$ によって記述される. ただし,
$$(Af)(x) = \sum_{i=1}^n a_i(x) \frac{\partial f}{\partial x_i}(x).$$
このとき, 偏微分作用素 $A=\sum_{i=1}^n a_i(x) \partial/\partial x_i$ を, 上の微分方程式が定める流れ (X,T_t) の生成作用素という. 素朴な意味でのベクトル場 $a(x)={}^t(a_1(x),\cdots,a_n(x))$ と同一視して, 1階の偏微分作用素 A をベクトル場と呼び, (X,T_t) をベクトル場 A の生成する流れということも多い.

生成作用素(半群の)
generating operator, generator

*熱方程式の解は, *熱核
$$p(t,x) = (2\pi t)^{-1/2} \exp\left(\frac{-x^2}{2t}\right)$$
を用いて $T_t f(x) = \int_{-\infty}^\infty p(t,x-y)f(y)dy$ と書くことができる. $T_0=I$ として, $\{T_t\}$ $(t \geq 0)$ は L^2 空間 $L^2(\mathbb{R})$ 上の作用素で, 半群をなす: $T_{t+s}=T_t T_s$ $(t,s \geq 0)$ かつ $t \to 0$ のとき $T_t f \to f$ が成り立つ. f が滑らかなとき, 微分作用素 $Af=(1/2)d^2f/dx^2$ を用いて熱方程式を抽象的に書き直せば, $(d/dt)T_t f=AT_t f$ となる. 一般に, 作用素の半群 $\{T_t\}$ $(t \geq 0)$ に対してこのような関係にある作用素 A を $\{T_t\}$ $(t \geq 0)$ の無限小生成作用素または単に生成作用素という. ⇒ ヒレ-吉田の定理

生成消滅過程 birth and death process ＝ 出生死亡過程

生成的
generic

*ジェネリックの訳語. ジェネリックは*一般的

と訳されることもあるが，単なる一般ではなくて，一番一般的なことを意味し，考えている対象の性質がそこで考察すると理解できる場合を指す．例えば，有理数を係数とする1変数多項式 $P(X)$ は X に超越数(例えばπ)を代入して0になれば，多項式としても0である．すなわち，超越数はこの問題に関しては生成的である．

正接
tangent

タンジェント． ⇒ 3角比，3角関数

正接関数　tangent function　⇒ 3角比，3角関数

正則　holomorphic　⇒ 正則関数

正則関数
holomorphic function

複素平面の点 c の近傍で定義された複素関数 $f(z)$ に対し，複素数 h を 0 に近づけたときの極限値

$$f'(c) = \lim_{h \to 0} \frac{f(c+h) - f(c)}{h}$$

が確定するならば，$f(z)$ は点 c で複素微分可能または単に微分可能であるという．ある領域の各点で微分可能な関数を正則関数という．

複素平面のなかで h を 0 に近づける仕方にはさまざまな可能性があり，例えば h を実数としてもよいし，$h=ik$ (k は実数)で $k \to 0$ としてもよい．どのように極限をとっても得られる極限値は同じである，というのが上の定義の意味である．例えば $f(z)=\bar{z}$ は複素微分可能ではない．

$f(z)=u(x,y)+iv(x,y)$ ($z=x+iy$, u, v は実数値関数)と表すとき，$f(z)$ が複素微分可能となる必要十分条件は，実部 $u(x,y)$，虚部 $v(x,y)$ が実2変数関数として微分可能であって，かつコーシー-リーマンの方程式

$$\frac{\partial u}{\partial x} = \frac{\partial v}{\partial y}, \quad \frac{\partial u}{\partial y} = -\frac{\partial v}{\partial x}$$

を満たすことである．

正則関数は常に何回でも微分可能になり，さらに各点で収束するべき級数に展開することができる．これは実変数の微分可能関数と比べて著しい違いである．これらの性質をはじめとして，正則関数に関する多くの事実は*コーシーの積分公式から導かれる．

正則関数の理論は19世紀に*ガウス，*コーシー，*リーマン，*ワイエルシュトラスらによって確立されたもので，理論上も応用上もきわめて重要である．

正則木
regular tree

各頂点の*次数が同じである*木をいう．

正則行列
regular matrix

*可逆行列のこと． ⇒ 行列

正則局所環
regular local ring

*クルル次元が d の*局所環 R の極大イデアルが d 個の元で生成されるとき R を正則局所環という．例えば n 変数形式的べき級数環 $\mathbb{C}[[x_1,\cdots,x_n]]$ はクルル次元が n であり，$(x_1,\cdots,x_n)$ が極大イデアルであるので正則局所環である．一方，3変数形式的べき級数環 $\mathbb{C}[[x,y,z]]$ のイデアル $(x^2+y^2-z^m)$, $m \geq 1$ による剰余環 $R=\mathbb{C}[[x,y,z]]/(x^2+y^2-z^m)$ のクルル次元は 2 である．R の極大イデアル $\mathfrak{m}$ は x, y, z の剰余類で生成され，$m \geq 2$ であれば生成元をどのように選んでも最低3個の元が必要であることがわかるので，R は正則局所環ではない．$m=1$ のときは極大イデアルは x, y の剰余類で生成されるので正則局所環である．

正則局所環は*素元分解環である． ⇒ 特異点(代数多様体の)

正則空間　regular space　⇒ 分離公理

正則グラフ
regular graph

各頂点の*次数が同じである*グラフをいう．

正則写像
holomorphic map

$\mathbb{C}^n$ の領域 D から $\mathbb{C}^m$ の領域への写像 F を $F=(f_1,\cdots,f_m)$ と表したときのおのおのの成分 f_i が*正則関数になっているとき，F を正則写像という．*複素多様体に対しても同様に定義される．

正則樹木　regular tree　＝正則木

正則性
regularity

性質が良いことを示す言葉であり，文脈に応じていろいろな意味に用いられる． → 正則性(解の)，正則関数，正則行列，正則空間，正則表現，正則領域

正則性(解の)
regularity
偏微分方程式の解の持つ解析性，滑らかさなどを指す言葉である．方程式に応じいろいろな意味に用いられるので注意を要する．

正則性公理
axiom of regularity
*公理的集合論の公理の 1 つ．$x_{n+1} \in x_n$ が $n=1,2,\cdots$ に対して成り立つような集合の無限列 $x_1, x_2, \cdots$ がないことはその帰結である．「$A \neq \emptyset$ ならば，$x \cap A = \emptyset$ なる $x \in A$ が存在する」と述べられる．*フォン・ノイマンによって導入された．

正則性定理(楕円型方程式の解の)
regularity theorem
U を $\mathbb{R}^n$ の開集合とし，$P: C^\infty(U) \to C^\infty(U)$ を滑らかな係数を持つ*楕円型微分作用素とするとき，次のことをいう．「$f \in C^\infty(U)$ に対して，$Pu=f$ を満たす解 u が存在すれば，u も U 上で滑らか，すなわち $u \in C^\infty(U)$ である」．この事実を楕円型方程式に対する解の正則性という．

正則点(代数多様体の) regular point → 特異点

正則点(微分方程式の) regular point → 確定特異点

正則点(複素関数の) regular point → 孤立特異点

正則同型
holomorphically equivalent
複素平面の領域 D_1, D_2 の間に正則関数による全単射 $f: D_1 \to D_2$ があって，逆写像 $f^{-1}: D_2 \to D_1$ も正則となる場合，D_1 と D_2 は正則同型という．また，*等角同値，*正則同値，*共形同値あるいは解析的に同型であるともいう．D_1, D_2 が正則同型ならば特に微分同相である．例えば上半平面 $\text{Im}\, z > 0$ は写像 $f(z)=(z-i)/(z+i)$ により単位円板 $|w|<1$ と正則同型である．他方，複素平面 $\mathbb{C}$ は単位円板と微分同相だが正則同型でない．実際，$\mathbb{C}$ を $|w|<1$ へ写す正則関数は*リウヴィルの定理により定数に限る．

正則同型の概念は複素多様体に拡張される．→ 等角写像

正則パラメータ
regular parameter
$l(t)=(l_1(t), l_2(t))$ と表示された曲線について，このパラメータが正則パラメータであるとは，微分 dl/dt がベクトルとして 0 にならないことをいう．正則パラメータで表される曲線は*滑らかである．円のパラメータ表示を $(\cos t, \sin t)$ と与え，区間 $(0, 2\pi)$ に t を制限して考えると，これは正則パラメータである．他方 $l(t)=(t^2, t^3)$ は $t=0$ での微分が消えるので正則パラメータでない．実際それが表す曲線は O でとがっている(図)．

空間曲線 $l: (a,b) \to \mathbb{R}^3$ や一般の多様体の曲線の正則パラメータも同様に定義する．

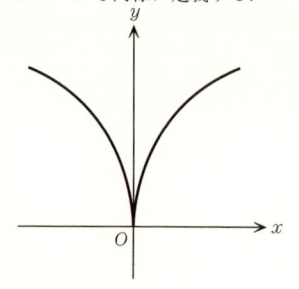

正則表現
regular representation
有限群 G 上の複素数値関数全体のなす線形空間 $\mathbb{C}[G]$ において $f \in \mathbb{C}[G]$, $g, h \in G$ に対して
$$(\rho_l(g)f)(h) = f(g^{-1}h),$$
$$(\rho_r(g)f)(h) = f(hg)$$
とおくことにより，$\mathbb{C}[G]$ を表現空間とする*線形表現 ρ_l, ρ_r が得られる．ρ_l を左正則表現，ρ_r を右正則表現という．

有限群の任意の既約表現は正則表現の部分表現と同値である．

無限群に対しても G 上の関数の空間を適当に設定することにより，正則表現を定義することができる．

正則領域
domain of holomorphy
複素平面 $\mathbb{C}$ の任意の開集合 U に対して，U 上の*正則関数 f で，U より大きい開集合には決し

て*解析接続されないものが存在することが知られている．一方，$\mathbb{C}^2$ から原点を除いた集合を U とすると，U 上の正則関数は必ず原点まで解析接続される(ハルトークスの拡張定理)．

$\mathbb{C}^n$ の領域 U 上のある正則関数が，U のすべての境界点の近傍で，U を超えて解析接続されることがないとき，U を正則領域という．

$\mathbb{C}^n$ の*擬凸領域は正則領域である．

正多角形の作図
construction of regular polygon

正 3 角形，正方形，正 5 角形などの作図は，古代ギリシアで知られていた(→ 作図問題)．一般にどのような正 n 角形が作図可能かを問う問題を，正多角形の作図の問題または*円周等分の問題ともいう．ガウスによって，次のように解かれた．「正 n 角形の作図が(定規とコンパスだけで)可能であるための必要十分条件は，n が次のような形に素因数分解できることである．$n=2^k \cdot p_1 \cdots p_m$．ここで，$p_i$ はすべて異なる素数であり，しかも $p_i = 2^{2^{h_i}}+1$ の形である(すなわち，p_i は*フェルマ数である)」．このことから，$n=7, 11, 13, 14$ に対しては作図不可能であり，$n=17=2^{2^2}+1$ については作図可能であることがわかる．正 17 角形が作図可能であることを，弱冠 19 歳のガウスが発見したことが，円周等分の問題に留まらず，近代整数論の出発点となった．

正多面体
regular polyhedron, regular polytope

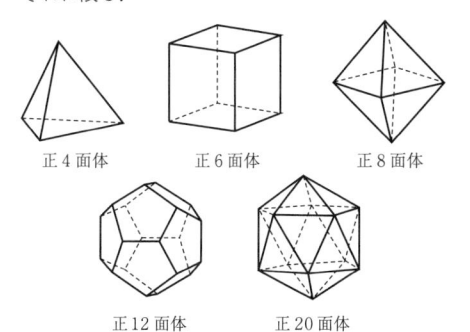

3 次元ユークリッド空間において，凸多面体 K の面がすべて合同な正多角形で，各頂点に集まる辺の個数が頂点の取り方によらないとき，K を正多面体という．正多面体は正 4 面体，正 6 面体，正 8 面体，正 12 面体，正 20 面体の 5 種類で，それに限る．

正4面体　　　正6面体　　　正8面体

正12面体　　　正20面体

正多面体の面の中心を線分で結ぶことによって正多面体が生じる．こうして生じた正多面体はもとの正多面体と双対であるという．正 4 面体は自分自身に双対であり，正 6 面体と正 8 面体は互いに双対，正 12 面体と正 20 面体とは互いに双対である．→ 双対性

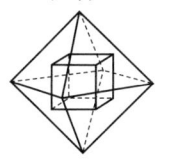

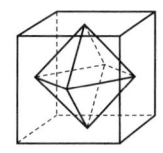

正多面体群
regular polyhedral group

中心が原点の正多面体 P を考える．3 次元直交群 $O(3)$ の元 g で，P の点を P に移すものの全体は，$O(3)$ の有限部分群である．これを正多面体群という．正 k 面体のとき正 k 面体群という．通常は，これらにさらに，平面の原点を中心とする正多角形を不変にする 2 次元直交群 $O(2)$ の部分群である*2 面体群を合わせて正多面体群という．3 次元ユークリッド空間の合同変換のなす有限群は正多面体群であることが知られている．

正 4 面体群は 4 次の*交代群 A_4 と群として同型である．正 8 面体と正 6 面体が互いに双対であることより，正 8 面体群と正 6 面体群は一致し，4 次の*対称群と同型である．同様に，正 12 面体群と正 20 面体群は一致し，5 次交代群 A_5 と同型である．

正値エルミート行列
positive Hermitian matrix

正定値エルミート行列のこと．→ 正定値

正値対称行列　positive definite symmetric matrix ＝
正定値対称行列

正値保存性
positivity preserving property

例えば，A が非負行列ならば，ベクトル $x=(x_1, x_2, \cdots, x_n)$ の各成分 x_i が非負のとき，Ax の各成分も非負である．この線形変換 $x \mapsto Ax$ のように，変換が非負性を保つとき，正値保存性を持つ，または正値保存的という．なお，一般には，ベクトル空間内の*錐を指定して正値性の意味を定める．

正定値

positive definite

正値ともいう．n 次実対称行列 $A=[a_{ij}]$（ただし，$i,j=1,2,\cdots,n$）は，任意の 0 でないベクトル $x=(x_1,x_2,\cdots,x_n)\in\mathbb{R}^n$ に対して，$(Ax,x)=\sum_{i,j=1}^n a_{ij}x_ix_j>0$ $[<0,\geqq 0,\leqq 0]$ となるとき，正定値 [負定値，非負定値(nonnegative definite)（または半正定値 positive semidefinite），非正定値(nonpositive definite)（または半負定値 negative semidefinite)] であるという．

2次形式 $\sum_{i,j=1}^n a_{ij}x_ix_j$ が正定値とは，行列 $A=[a_{ij}]$ が正定値であることをいう．

n 次エルミート行列 $A=[a_{ij}]$ $(i,j=1,2,\cdots,n)$ は任意の 0 でないベクトル $z=(z_1,z_2,\cdots,z_n)\in\mathbb{C}^n$ に対して，$(Az,z)=\sum_{i,j=1}^n a_{ij}z_i\overline{z}_j>0$ $[<0,\geqq 0,\leqq 0]$ となるとき，正定値 [負定値，非負定値（または半正定値)，非正定値（または半負定値)] であるという．行列 A を正定値 [負定値，非負定値（または半正定値)，非正定値（または半負定値)] エルミート行列という．

正定値(負定値，非負定値，半正定値，非正定値，半負定値)である対称行列，エルミート行列を正定値(負定値，非負定値，半正定値，非正定値，半負定値)行列という．

以下はそれぞれ行列 A が正定値であるための必要十分条件である：

(1) すべての $m=1,2,\cdots,n$ に対して，小行列式 $\det[a_{ij}]>0$ (ただし，$i,j=1,\cdots,m$).

(2) すべての固有値が正．

→ 極大極小の判定，共分散，ガウス分布，2次形式

正定値関数

positive definite function, function of positive type

正定型関数などともいう．連続関数 $f:\mathbb{R}\to\mathbb{C}$ は，任意の自然数 n と実数 $x_1,x_2,\cdots,x_n$，複素数 $z_1,z_2,\cdots,z_n$ に対して，
$$\sum_{j,k=1}^n f(x_j-x_k)z_j\overline{z}_k \geqq 0$$
が成り立つとき，正定値という．このとき，ある非負測度 μ が存在して，
$$f(x)=\int_{-\infty}^{\infty}\exp(\sqrt{-1}\,tx)\mu(dt)$$
と書ける(ボホナーの定理)．2次元以上の場合も同様のことがいえる．

正定値行列　positive definite matrix　→ 正定値

正定値対称行列　positive definite symmetric matrix　→ 正定値

正定値2次形式　positive definite quadratic form　→ 正定値

静電磁場の法則

law of static electromagnetic field

時間によらない電場，磁場を静電場と静磁場といい，合わせて静電磁場という(→ 電磁場)．静磁場に関する*クーロンの法則と*ビオ-サヴァールの法則をまとめたものを静電磁場の法則という．電荷密度 ρ と電流密度 i が与えられたとき，静電場 E と静磁場 B は次の方程式を満たす．
$$\varepsilon_0\,\mathrm{div}\,E=\rho,\quad \mathrm{rot}\,E=0,$$
$$\mathrm{div}\,B=0,\quad \mathrm{rot}\,B=\mu_0 i.$$
ただし，ε_0,μ_0 は正定数である．これは*マクスウェルの方程式の特別な場合である．

精度保証付き数値計算

validated numerical computation, numerical computation with guaranteed accuracy

計算機内での数値計算は有限回の有限桁演算からなる．したがって，積分や微分といった極限操作を含む演算は和や差分といった有限操作で近似され，計算に現れる実数は有限桁数の有理数で近似される．例えば，$x=\pi\,(=3.14159\cdots)$ と $y=e\,(=2.71828\cdots)$ の積を 10 進 3 桁で計算すると，$x\times y\cong 3.14\times 2.72=8.5408\cong 8.54$ のようになる．この計算結果から，πe の真の値は 8.54 に近いであろうと期待されるが，その近さ(誤差)について厳密な不等式評価は得られない．精度保証付き数値計算は，複雑な計算過程の結果として得られる近似値の精度を不等式の形で厳密に保証する技術である．極限操作を有限操作で置き換えたときの近似度を数学的な定理(*不動点定理やノルム評価式など)によって保証し，有限桁演算から生じる演算の近似度を*区間解析によって保証する．

正標数の体

field of positive characteristic

素数 p に対して剰余環 $\mathbb{Z}/p\mathbb{Z}$ は体となり，この体の単位元 1 を p 回足すと 0 となる．このように，*可換体の単位元 1 を有限回足して 0 にな

る，すなわち $\underbrace{1+1+\cdots+1}_{n}=0$ となる n が存在すれば，このような n の最小値は素数 p である．このとき，体は*標数 p の体であるといい，p を特に特定する必要がないときは正標数の体という．

成分(行列，ベクトルの)　element, component　⇒ 行列，数ベクトル

成分表示(ベクトルの)

representation by components

*幾何ベクトルを*数ベクトルで表すこと．平面または空間に(直交または斜交)座標を決めておく．すると $\overrightarrow{OP}$ を P の座標 (x,y) (または (x,y,z)) に対応させることで，幾何ベクトルは数ベクトルに1対1に対応する．このとき，数ベクトル (x,y) (または (x,y,z)) を $\overrightarrow{OP}$ の成分表示という．

整閉

integrally closed

*整域 R は，その*商体 K の元で R 上*整であるものがすべて R の元であるとき，整閉であるという．例えば，整域 $R=\mathbb{Z}[\sqrt{5}]=\{a+b\sqrt{5} \mid a,b\in \mathbb{Z}\}$ は整閉ではない．その商体 $\mathbb{Q}(\sqrt{5})$ の元 $\alpha=(1+\sqrt{5})/2$ は $\alpha^2-\alpha-1=0$ を満たすから R 上整であるが，R に含まれないからである．整数環 $\mathbb{Z}$ やもっと一般に代数体 K の整数環 $\mathcal{O}_K$，また体上の n 変数多項式環 $F[x_1,\cdots,x_n]$ は，整閉である．整閉である整域を正規環という．

整閉包

integral closure

*整域 R を含む*体 L の元で R 上*整であるものの全体は環になる．これを整域 R の体 L での整閉包という．有理整数環 $\mathbb{Z}$ の*代数体 L での整閉包は L の整数環 $\mathcal{O}_L$ である．

星芒形　asteroid　＝アステロイド

正葉線

folium of Descartes

方程式 $x^3+y^3=3axy$ で表される曲線のこと．葉状形ともいう．デカルトがメルセンヌへの手紙の中でこの曲線について初めて言及したのでデカルトの正葉線と呼ばれることも多い．パラメータ t を使って $x=3at/(1+t^3),\ y=3at^2/(1+t^3)$ と表示することができる．

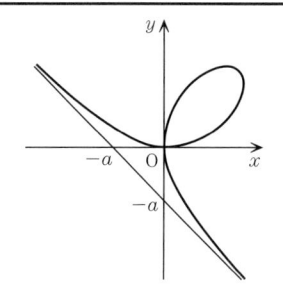

整列集合

well-ordered set

*線形順序集合で，しかも任意の空でない部分集合 A が最小元(任意の $a\in A$ に対して $b\leqq a$ となる A の元 b)を持つものを整列集合という．例えば，自然数の集合は，通常の順序(大小関係)により整列集合であるが，整数の集合や実数の集合は線形順序集合ではあるが整列集合ではない．⇒ 順序数

整列定理

well-ordering theorem

任意の集合に対し，それが，*整列集合となるような*順序が存在する．これを整列定理という．ツェルメロ(E. F. Zermelo)により 1904 年に証明された．この定理を証明するために，ツェルメロは選択公理を導入したが，これらは互いに同値である．直観的にいえば，どのような集合も，その元をあたかも自然数のように「並べる」ことができることを主張する定理である．しかし，その具体的な「並べ方」については，この定理は何も教えてくれない．

跡　trace　⇒ トレース

積

product

乗法(掛け算)のこと．また，掛け算の結果得られた結果も積という．

積(微分形式の)

product, wedge product

*微分形式の間には積(外積ともいう) $\wedge$ が定まる．微分 k 形式と微分 l 形式の間の積は微分 $k+l$ 形式である．$\wedge$ は $(u_1+u_2)\wedge v=u_1\wedge v+u_2\wedge v$, $(u\wedge v)\wedge w=u\wedge(v\wedge w)$, および，
$$u\wedge v=(-1)^{\deg u\cdot\deg v}v\wedge u$$

を満たす.ここで deg は微分形式の次数を表す.
特に $dx^i \wedge dx^i = 0, dx^i \wedge dx^j = -dx^j \wedge dx^i$ である.

$$u = \sum_{1 \leq i_1 < \cdots < i_k \leq n} u_{i_1,\cdots,i_k} dx^{i_1} \wedge \cdots \wedge dx^{i_k},$$

$$v = \sum_{1 \leq j_1 < \cdots < j_l \leq n} v_{j_1,\cdots,j_l} dx^{j_1} \wedge \cdots \wedge dx^{j_l}$$

のときは,

$$u \wedge v = \sum u_{i_1,\cdots,i_k} v_{j_1,\cdots,j_l} dx^{i_1} \wedge \cdots \wedge dx^{i_k} \wedge dx^{j_1} \wedge \cdots \wedge dx^{j_l}$$

である.
微分形式 u, v を反対称テンソルとみなし,その成分を $u_{i_1,\cdots,i_k}, v_{j_1,\cdots,j_l}$ とすると,$u \wedge v$ の成分は

$$(u \wedge v)_{h_1,\cdots,h_{k+l}} = \frac{1}{(k+l)!} \times \sum_\sigma \mathrm{sgn}(\sigma) u_{\sigma(h_1),\cdots,\sigma(h_k)} v_{\sigma(h_{k+1}),\cdots,\sigma(h_{k+l})}$$

である(流儀によっては,$1/(k+l)!$ の代わりに $1/k!l!$ になることもある).ここで総和は $\{1,\cdots,k+l\}$ の置換 σ の全体でとる.また,$\mathrm{sgn}(\sigma)$ は偶置換 σ に対しては $+1$,奇置換 σ に対しては -1 である.

積事象
product event
共通事象のことをいう.直積事象と紛らわしいので今は一部で使われるのみである.

積集合　product set　⇒ 直積

積尽法　method of exhaustion　= 取り尽くし法

関孝和　せきたかかず
Seki, Takakazu
1640 頃-1708　江戸時代前期の数学者で,宋・元時代の方程式論である天元術にヒントを得て文字式の表示法(傍書法と呼ばれる)を確立し,和算の基礎を造った.多変数の連立方程式から変数を消去するために世界で初めて*終結式と*行列式の理論を作り,またベルヌーイ数をベルヌーイとは独立に導入し,さらに円周率の計算ではエイトケン加速(→ 加速法)を使うなど優れた業績をあげた.江戸時代の和算の多くは,関の業績を引き継いだものである.
関孝和の数学への関心は改暦のためであったとする説もあるが,天文,暦法に関する著作で関著と断言できるのは現在の所,中国の天文書に訓点を施した『関訂書』(1686)のみである. → 和算

積の法則
product rule
数え上げの原則の1つで,2種類のものを自由に組み合わせられるとき,その場合の数は,それぞれについての場合の数の積に等しいこと.

積分
integral
積分と称されるものは数多いが,2種類に大別される.
第1は微分の逆演算を定める積分で,不定積分がこれに当たる(→ 原始関数).例えば時刻 0 から t までに動点が進む道のり $F(t)$ を,動点の速度 $f(t)$ から求めることは,$F(t)$ の微分が $f(t)$ であるから,微分の逆演算である.微分方程式を解くことを「積分する」というのもこの見方の例である.
第2の積分は,微少な量の「無限個の和」を求める操作であり,定積分と呼ばれる.例えば,2次元の図形を無限個の線分の集まりとみなして面積を求めることが,それに当たる.正値関数のグラフ $y = f(x)$ と直線 $x = a, x = b, y = 0$ で囲まれた図形の場合,線分 $\{(x,y) | x = t, 0 \leq y \leq f(t)\}$ の長さが $f(t)$ であるから,その面積は積分 $\int_a^b f(t) dt$ である.歴史的には,ギリシア時代のアルキメデスによる球面積の公式の導出などにこの考え方は現れている.ちなみに,積分の記号 $\int$ は和(sum)を表す s を縦に長くのばした形である.
これら2種類の積分が同じものであるということが,*微分積分学の基本定理であり,その発見によって,面積などを組織的に計算する方法が確立し,微分積分学が成立した.定積分は,*リーマン積分として厳密な形で定式化される.また,微分積分学の基本定理は,その多次元版である*微分形式の積分と*ストークスの定理に一般化される.
物の「密度」(微小な部分にある物の量)が各点で定まっているとき,その総和を求めることも積分である.これは密度積分と呼ばれる.関数 $f(x)$ の重み付き積分 $\int f(x) w(x) dx$ (→ 重み関数)や*スティルチェス積分 $\int f(x) dF(x)$ はその例である.この見方は,測度および測度に関する積分に発展した(→ ルベーグ積分).ここからは,測度に関する微分(*ラドン-ニコディム微分という)の概念な

ども誕生しており，微分積分学は別の方向へ拡張される．

積分（1 変数関数の）
integral

閉区間上の関数 $f:[a,b]\to\mathbb{R}$ に対し，（関数値）×（微小区間の長さ）の総和 $\sum_{i=1}^{N} f(\xi_i)\Delta x_i$ をリーマン和という．ここで $a=x_0<x_1<\cdots<x_N=b$, $\Delta x_i=x_i-x_{i-1}$, また $\xi_i\in[x_{i-1},x_i]$ とする．$\Delta x_i\to 0$ としたときのリーマン和の極限が積分 $\int_a^b f(x)dx$ である（→ リーマン積分）．f が連続ならば積分は存在し，次の基本性質を持つ：

$$\int_a^b (\alpha f(x)+\beta g(x))\,dx$$
$$=\alpha\int_a^b f(x)dx+\beta\int_a^b g(x)dx$$
$$(\alpha,\beta \text{ は定数}), \qquad (1)$$

$$\int_a^b f(x)dx \geqq 0$$
$$(a\leqq b, f(x)\geqq 0 \text{ のとき}), \qquad (2)$$

$$\int_a^b f(x)dx+\int_b^c f(x)dx=\int_a^c f(x)dx$$
$$(a\leqq b\leqq c). \qquad (3)$$

また F が f の原始関数，すなわち $F'(x)=f(x)$ ならば

$$\int_a^b f(x)dx=F(b)-F(a) \qquad (4)$$

が成り立つ（→ 微分積分学の基本定理）．したがって原始関数がわかれば積分の値が求められる（→ 原始関数）．実際の計算には*部分積分や積分変数の変換（→ 置換積分法）があわせて用いられる．

上では $a\leqq b$ としているが，$a>b$ のときに

$$\int_a^b f(x)dx=-\int_b^a f(x)dx$$

と定めれば，(3)は任意の a,b,c について成り立つ．言い換えると，a から b へ向きのついた線分に対して積分 $\int_a^b f(x)dx$ が定義され，線分の向きを変えると符号が変わる．この見方は*線積分や微分形式の積分に受け継がれる．⇒ 積分（微分形式の）

積分（多変数関数の）
integral

区分和の極限としての積分（→ 積分（1 変数関数の））は 2 変数の関数 $f(x,y)$ に対しても一般化され，区間 $[a,b]\times[c,d]$ 上の積分や，より一般に*面積確定の有界集合 D 上のリーマン積分

$$\iint_D f(x,y)dxdy$$

が定義される（→ 多重積分）．

具体的に与えられた積分を計算するには，1 変数の積分の繰り返しに帰着させることが基本である（→ フビニの定理）．例えば f が連続で，集合 D が連続関数 $\varphi(x),\psi(x)$ を用いて $D=\{(x,y)|a\leqq x\leqq b,\ \varphi(x)\leqq y\leqq\psi(x)\}$ と表されるとき，

$$\iint_D f(x,y)dxdy$$
$$=\int_a^b\left(\int_{\varphi(x)}^{\psi(x)} f(x,y)dy\right)dx$$

が成り立つ．また変数変換によって D の形状や被積分関数の形を簡易化することも有効である（→ 変数変換公式（積分の））．

n 変数関数の積分についても同様のことが成り立つ．変数が多い場合には積分記号を省略して $\int_D f(x_1,\cdots,x_n)dx_1\cdots dx_n$ のように表すことが多い．

積分（微分形式の）
integral

(1) $\mathbb{R}^n$ の開集合での積分　$\mathbb{R}^n$ の開集合 U 上で定義された微分 n 形式 $u=fdx^1\wedge\cdots\wedge dx^n$ の積分は

$$\int_U u=\int_U fdx^1\cdots dx^n \qquad (1)$$

である．可微分同相 $F:(y^1,\cdots,y^n)\mapsto(x^1,\cdots,x^n)$, $x^i=F^i(y^1,\cdots,y^n)$ $(i=1,\cdots,n)$ による U の逆像が $V=F^{-1}(U)$ であるとき，u は

$$F^*u=f\circ F\det(\partial x^j/\partial y^i)dy^1\wedge\cdots\wedge dy^n$$

に引き戻される（→ 引き戻し）．このことと積分の*変数変換公式より，$\det(\partial x^j/\partial y^i)>0$ のとき

$$\int_U u=\int_V F^*u \qquad (2)$$

が成り立つ．すなわち微分形式の積分は，座標不変な概念である．

(2) 多様体上の積分　向きの付いた n 次元多様体 M 上の微分 n 形式 u の積分 $\int_M u$ が次のように定義される．

M の向きに適合した*座標近傍系 $(U_\alpha,\varphi_\alpha;\alpha\in A)$ と，それに従属した*1 の分解 $1\equiv\sum\chi_\alpha$ をとる．$\varphi_\alpha^{-1}=\psi_\alpha$, $V_\alpha=\varphi_\alpha(U_\alpha)$ とおくと，$\psi_\alpha^*(\chi_\alpha u)$ は，$\mathbb{R}^n$ 上の微分形式なので，その積分 $\int_{V_\alpha}\psi_\alpha^*(\chi_\alpha u)$ が(1)で定まる．

$$\int_M u = \sum_\alpha \int_{V_\alpha} \psi_\alpha^*(\chi_\alpha u)$$

と定義する．式(2)を用いると，この定義が1の分解や座標近傍系の取り方によらないことがわかる．

向き付け不能なn次元多様体では，微分n形式の積分は定義されない．また，多様体の向きを入れ替えると，微分n形式の積分は符号が変わる．

微分n形式のn次元多様体上の積分について，*ストークスの定理が成立する．

リーマン計量g_{ij}が定まっているとき，微分n形式

$$\Omega = \sqrt{\det(g_{ij})}\,dx^1 \wedge \cdots \wedge dx^n$$

が，M全体で定義され，体積要素と呼ばれる．Mがコンパクトなときその積分$\int_M \Omega$はMの体積である．

(3) 特異チェインでの積分　標準単体Δ^kから多様体MへのC^∞級の写像$\sigma: \Delta^k \to M$のことを，滑らかな特異k単体(→特異単体)と呼ぶ．滑らかな特異k単体の実係数の1次結合$c=\sum c_i \sigma_i$を，滑らかな特異kチェインと呼ぶ．微分k形式uの滑らかな特異チェインc上の積分が，

$$\int_c u = \sum c_i \int_{\sigma_i} u = \sum c_i \int_{\Delta^k} \sigma_i^* u$$

で定義される．ここで，右辺は式(1)で定義する．特異kチェインcの境界∂cが定義され，微分$k-1$形式vに対して，ストークスの定理

$$\int_{\partial c} v = \int_c dv$$

が成り立つ．この式は*ド・ラムの定理の証明の重要なステップである．

積分(微分方程式の)
integral

微分方程式を解くことを積分するということがある．また*第1積分を単に積分ということがある．

積分因子　integrating factor　⇒完全微分形

積分演算子　integral operator　＝積分作用素

積分核　kernel of integral operator　⇒核関数

積分可能
integrable

(1) 関数についてその定義域での積分が定まることをいう．略して可積分ともいう．⇒リーマン積分，ルベーグ積分

(2) 微分形式，外微分方程式系，分布などが*完全積分可能なことを，積分可能と呼ぶことがある．

積分可能条件　integrability condition　＝可積分条件

積分幾何学
integral geometry

図形の長さ，面積，体積など*積分を用いた幾何学的不変量の性質や関係を探り，図形や空間の構造を明らかにする幾何学の一部門である．歴史的には，*ビュフォンの針の問題やクロフトンの問題「凸曲線C_1の内部に凸曲線C_2があるとき，C_1に交わる直線がC_2にも交わる確率を求めよ」のような幾何学的確率の問題に始まる．これらは，線分や直線等の図形の集合の上に確率を考えてその部分集合の確率を求める問題であり，ポアンカレとエリー・カルタンは，これを等質空間上の不変測度を求める問題と捉えて，積分幾何学に方向付けを与えた．積分幾何学は，その後も数学の1つの底流として多くの分野に影響を与えている．

積分記号下の微分
differentiation under integral sign

関数$f(x)$が連続関数$F(x,t)$を用いて積分

$$f(x) = \int_a^b F(x,t)dt$$

で与えられているとき，もし偏導関数$\partial F/\partial x$が連続ならば，$f(x)$は微分可能で，

$$f'(x) = \int_a^b \frac{\partial F(x,t)}{\partial x}dt$$

が成り立つ．これを積分記号下の微分という．多変数の場合にも同様のことが成り立つ．証明は*フビニの定理を用いればよい．標語的にいえば「結果よければすべてよし」であり，形式的に微分した式が意味を持てば，積分記号下の微分ができる．

*広義積分の場合には，さらに「抑え込み」の条件が必要である．例えば$f(x)=\int_a^\infty F(x,t)dt$の場合，$x$によらずに$|(\partial F/\partial x)(x,t)|\leq \varphi(t)$が成り立ち，かつ$\int_a^\infty \varphi(t)dt<\infty$となる関数$\varphi(t)$が見つかれば積分記号下の微分ができる．例えば，$K>x>0$のとき$\varphi(t)=e^{-t}t^K$ととれば，上の条件が成り立ち，

$$\frac{d}{dx}\int_1^\infty e^{-t}t^x dt = \int_1^\infty e^{-t}t^x \log t\, dt.$$

積分曲線
integral curve

ある空間(あるいは平面)領域 D 内にベクトル場 $v(x)$ が与えられているとき, D 内の曲線で, その上の各点での接ベクトルが $v(x)$ に平行であるものを, ベクトル場 v の積分曲線という.

例えば, $v(x,y)=(-y,x)$ の積分曲線は $l(t)=(r\cos(t+c), r\sin(t+c))$ (r, c は定数)で与えられる.

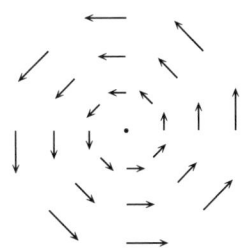

ベクトル場が電場, 磁場, 流体の*速度場であるとき, その積分曲線は, それぞれ電気力線, 磁力線, 流線と呼ばれる. 積分曲線の概念は, 多様体上のベクトル場に対してもそのまま拡張できる.

積分曲面
integral surface

3 次元空間の微分 1 形式 $u=u_1 dx+u_2 dy+u_3 dz$ を考える. 曲面 Σ が u の積分曲面であるとは, u の Σ への制限が 0 であることである. 言い換えると, 任意の接ベクトル $(V_1, V_2, V_3) \in T_p(\Sigma)$ に対して, $V_1 u_1(p)+V_2 u_2(p)+V_3 u_3(p)=0$ であることである.

Σ がパラメータ s, t を用いて, $(\varphi_1(s,t), \varphi_2(s,t), \varphi_3(s,t))$ で与えられるときは
$$\left(\frac{\partial \varphi_1}{\partial s}\right)u_1 + \left(\frac{\partial \varphi_2}{\partial s}\right)u_2 + \left(\frac{\partial \varphi_3}{\partial s}\right)u_3 = 0,$$
$$\left(\frac{\partial \varphi_1}{\partial t}\right)u_1 + \left(\frac{\partial \varphi_2}{\partial t}\right)u_2 + \left(\frac{\partial \varphi_3}{\partial t}\right)u_3 = 0$$
が Σ が積分曲面であるための条件である.

各点を通る積分曲面が存在するとき, u は完全積分可能と呼ばれる(→ 完全積分可能(分布, 外微分方程式系が)).

積分作用素
integral operator

積分を用いて関数に関数を対応させる作用素のこと. D を $\mathbb{R}^n$ の領域, $k(x,y)$ を $D \times D$ 上の関数として

$$(Kf)(x) = \int_D k(x,y) f(y) dy$$

で定義される作用素 K を $k(x,y)$ を*核関数とする線形の積分作用素という. → 積分方程式, コンパクト(作用素の)

積分多様体   integral manifold   → 分布

積分定数   integral constant   → 原始関数

積分不変式
integral invariant

ポアンカレによって*解析力学に持ち込まれた概念である.

$2n$ 次元*相空間 (p,q) における*ハミルトン・ベクトル場の生成する*1 径数変換群 φ_t によって, 図形 A が図形 $\varphi_t(A)$ に写されるとする. k 次微分形式 ω の $\varphi_t(A)$ での積分 $\int_{\varphi_t(A)} \omega$ がどのような k 次元の図形 A に対しても, t に依存しないとき, すなわち $\int_{\varphi_t(A)} \omega = \int_A \omega$ が成り立つとき, この積分を φ_t に関する積分不変式あるいは絶対積分不変式という. A を曲面, $\omega = dq_1 \wedge dp_1 + \cdots + dq_n \wedge dp_n$ を*シンプレクティック形式とすると, 積分 $\int_A \omega$ は絶対積分不変式である.

また, 図形の境界になっているような任意の図形 B に対して $\int_{\varphi_t(B)} \theta$ が t に依存しないとき, この積分を φ_t に関する相対積分不変式という. B がある曲面 A の境界である閉曲線(すなわち $B=\partial A$), $\theta=p_1 dq_1 + \cdots + p_n dq_n$ の場合は, *ストークスの公式と $d\theta = \omega$ より $\int_B \theta = \int_A \omega$ が成り立つので, $\int_A \omega$ が絶対積分不変式であることより, $\int_B \theta$ が相対積分不変式であることが従う.

上の 2 例は, ハミルトン・ベクトル場の生成する 1 径数変換群が*正準変換(あるいはシンプレクティック微分同相)からなること, すなわち*引き戻し $\varphi_t^* \omega$ が ω に等しいことの帰結であるが, ポアンカレの時代には微分形式の概念は確立の途上であり, 先に積分不変式の概念を用いた記述がなされた.

積分方程式
integral equation

関数 $f(x), k(x,y)$ を既知とするとき,
$$\int_a^b k(x,y) u(y) dy = f(x), \quad (1)$$
$$u(x) - \int_a^b k(x,y) u(y) dy = f(x), \quad (2)$$

$$\int_a^x k(x,y)u(y)dy = f(x), \quad (3)$$

$$u(x) - \int_a^x k(x,y)u(y)dy = f(x) \quad (4)$$

などのように未知関数 $u(x)$ の積分を含む方程式を積分方程式という．上の(1)-(4)は線形な積分方程式であり，(1),(2)は*フレドホルム型積分方程式，(3),(4)は*ヴォルテラ型積分方程式と呼ばれる．(1),(2)において，*積分核が対称，つまり $k(x,y)=k(y,x)$ のとき，積分方程式は対称であるという．未知関数について非線形な積分方程式を考えることもある．

積分方程式は*微分方程式と深く関連する．例えば正規形の*常微分方程式の*初期値問題

$$\frac{du}{dx} = f(x,u), \quad u(x_0) = u_0$$

は非線形な積分方程式

$$u(x) = u_0 + \int_{x_0}^x f(t,u(t))dt$$

と同値であるが，後者の形に書き直すと解の存在や一意性などが見やすくなる．*固有値問題も積分方程式に変換して調べることが多い．例えば境界値問題

$$\frac{d^2u}{dx^2} + \lambda u = g, \quad u(0) = u(1) = 0$$

は

$$k(x,y) = \begin{cases} \lambda y(1-x) & (0 \leqq y \leqq x) \\ \lambda x(1-y) & (x \leqq y \leqq 1) \end{cases}$$

を積分核とする(2)の形の積分方程式になる(→ グリーン関数(常微分方程式の))．

歴史的には質点の落下時間から曲線の形を求めたアーベルの研究(1823)が積分方程式論の始まりといわれる(→ アーベルの積分方程式)．

なお，微分と積分の両方を含む形の方程式を積分微分方程式という．

積分路 path of integration, contour → 複素積分

積率 moment → モーメント

ゼータ関数
zeta function

19世紀以来，*リーマンのゼータ関数を原型とするさまざまなゼータ関数が定義されてきた．リーマンのゼータ関数が*素数分布の研究に決定的ともいえる役割を果たしたように，他のゼータ関数もそれぞれの分野で重要な応用を持つ．ここではそのいくつかを説明する．

(1) 環や*代数多様体から生ずるゼータ関数．環や代数多様体など代数的な対象から生ずるゼータ関数に，ハッセ(H. Hasse)のゼータ関数，デデキントのゼータ関数，合同ゼータ関数，楕円曲線のゼータ関数などがある．

まず，ハッセのゼータ関数は，リーマンのゼータ関数を，整数環 $\mathbb{Z}$ に付随するゼータ関数と考え，整数環をいろいろな可換環に一般化して定義されるゼータ関数である．R を $\mathbb{Z}$ 上有限個の元で生成される可換環(→ 生成(可換環における))とする．R の*極大イデアル $\mathfrak{m}$ について，*剰余体 $R/\mathfrak{m}$ は有限体になる．$R/\mathfrak{m}$ の位数を $N(\mathfrak{m})$ と書き，R のハッセのゼータ関数 $\zeta_R(s)$ を，

$$\zeta_R(s) = \prod_{\mathfrak{m}} \frac{1}{1 - N(\mathfrak{m})^{-s}}$$

と定義する．ここに $\mathfrak{m}$ は R の極大イデアルを動く．$R=\mathbb{Z}$ の場合，これはリーマンのゼータ関数になる．なぜなら，$\mathbb{Z}$ の極大イデアルとは (p) (p は素数)のことであり，$N((p))=|\mathbb{Z}/(p)|=p$ だからである．代数体 K の整数環 $\mathcal{O}_K$ のハッセのゼータ関数が，*デデキントのゼータ関数であり，*代数的整数論で重要な役割を果たす．

合同ゼータ関数は*有限体 $GF(q)$ 上の代数多様体 X に対して定義されるもので，X の $GF(q^m)$*有理点の個数 N_m を用いて

$$Z(X,u) = \exp\left(\sum_{m=1}^\infty \frac{N_m}{m} u^m\right)$$

と定義されるもので，このゼータ関数と X の性質の関係に関し，*ヴェイユ予想が提起され，それに関する研究が代数幾何学の発展をもたらした．

代数体上の代数多様体に対しても，ゼータ関数が定義される．例えば有理数体上の楕円曲線のゼータ関数は，*志村-谷山予想，*バーチ-スウィンナートン・ダイヤー予想に関係する．

これらのゼータ関数は互いに関係があり，例えば，$f(x)$ を整数係数の，重根を持たない3次式とすると有理数体上の楕円曲線 $E: y^2 = f(x)$ のゼータ関数 $L(s,E)$ は，多項式環 $\mathbb{Z}[x]$ を拡大した環 $R=\mathbb{Z}[x,\sqrt{f(x)}]$ のハッセのゼータ関数 $\zeta_R(s)$ と関係し，$\zeta_R(s)^{-1}$ にほぼ等しい．

これらの代数的な対象から生ずるゼータ関数に関しては，対象の代数的な性質とゼータ関数の解析的な性質の関係が，重要な問題となり，未解決の問題も多い(例えば，バーチ-スウィンナートン・ダイヤー予想)．

(2) *保型形式のゼータ関数．これは解析的な対象から生ずるゼータ関数である．$f(z)$ を上半平面で定義された保型形式とし，

$$f(z) = \sum_{n=0}^{\infty} a_n q^n, \quad ここに \quad q = e^{2\pi i z}$$

と展開するとき，

$$L(s,f) = \sum_{n=1}^{\infty} a_n n^{-s}$$

とおいて，これを f のゼータ関数という．$L(s,f)$ は，複素平面全体に*有理型関数として*解析接続されることが知られている．

一般的な保型形式論から見ると，上半平面で定義された保型形式は，もっと広い代数群の保型形式と呼ばれるものの一部であり，そのような一般化された保型形式に対してもゼータ関数が定義されている．

志村-谷山予想は，(1)に述べた代数的な対象から生ずるゼータ関数が，(2)に述べた解析的な対象から生ずるゼータ関数に一致するという，一般的な予想の一部と解される．解析的な対象から生ずるゼータ関数は，複素平面全体に有理型関数として解析接続されるといった，解析的に良い性質を持つ関数であることが示しやすい．一方，代数的対象から生ずるゼータ関数については，それはふつう困難であり，「ハッセのゼータ関数や代数体上の代数多様体のゼータ関数は複素平面全体に有理型関数として解析接続されるであろう」というハッセの予想があり，未解決の大きな問題である．志村-谷山予想が解決されたことは，このハッセの予想が，有理数体上の楕円曲線の場合に解決されたことにもなっている．

(3) セルバーグ(A. Selberg)のゼータ関数．これは，リー群 G とその離散部分群 Γ に付随するゼータ関数である．

$G=SL(2,\mathbb{R})$ (2次の*特殊線形群)の場合は，リーマン面に関する幾何学的な言葉で言い表すことができる．M を負の定曲率 -1 を持つコンパクト2次元多様体とする(以下，リーマン面という)．M の中の*閉測地線 c に対して，$c_k(s)=c(ks)$ として定義される曲線も閉測地線(c の k 重巻)であるが，他の閉測地線の k 重巻 ($k \geq 2$) として表されないような閉測地線を，素な閉測地線と呼ぶことにする．

セルバーグのゼータ関数 $\zeta_M(s)$ は，次のようにオイラー積表示により定義される．$\mathfrak{p}$ が素な閉測地線全体を渡るとき，$l(\mathfrak{p})$ を $\mathfrak{p}$ の長さとして

$$\zeta_M(s) = \prod_{k=0}^{\infty} \prod_{\mathfrak{p}} \{1 - \exp(-(s+k)l(\mathfrak{p}))\}$$

とおく．

リーマンのゼータ関数が素数の分布の研究に役立ったように，セルバーグのゼータ関数は，閉測地線の研究などに役立つ．セルバーグのゼータ関数については，*リーマン予想の類似が，セルバーグによって証明されている．

接空間($\mathbb{R}^n$ の部分多様体の)
tangent space

$M \subset \mathbb{R}^n$ が m 次元*部分多様体であるとき，点 p での M の接空間($T_p(M)$ と書く)とは，M に含まれ p を通る曲線の*速度ベクトルになっているような，p を始点とする幾何ベクトル全体を指す．p の周りで M が $f_1 = \cdots = f_{n-m} = 0$ で表されているとき，接空間は $(V_1, \cdots, V_n)$ なる数ベクトルで

$$\sum_{i=1}^{n} V_i \frac{\partial f_j}{\partial x_i}(p) = 0 \quad (j=1,\cdots,n-m)$$

を満たすもの全体からなる m 次元ベクトル空間と同一視される．また，$\varphi: U \to \mathbb{R}^n$ ($U \subset \mathbb{R}^m$) なる点 p の近傍での M の局所径数表示が与えられると，点 p での接空間の基底は

$$\frac{\partial \varphi}{\partial t_i}(t_0) \quad (i=1,\cdots,m)$$

である(ここで $(t_1 \cdots, t_m)$ は $U \subset \mathbb{R}^m$ の座標であり，$\varphi(t_0)=p$ とした)．

接空間(曲面の)　tangent space　⇒ 接平面

接空間(多様体の)
tangent space

曲面の*接平面や，$\mathbb{R}^n$ の部分多様体に対する*接空間の概念をさらに*多様体の場合に一般化することができる．曲面の接平面は，一見，曲面の空間への入り方にもよる概念のように思えるが，実際には曲面の径数表示を変えたときに接平面の表示がどのように変わるかを調べ，それをもとに多様体 M の点 p での接空間 $T_p(M)$ を定義することが可能である．$T_p(M)$ は M と同じ次元のベクトル空間である．

n 次元可微分多様体 M 上の p に対して，p の近傍で定義された滑らかな関数全体を C_p と表す(定義域は固定しない)．C_p は，自然な加法とスカラー倍により，$\mathbb{R}$ 上の線形空間になる．線形写像 $V: C_p \to \mathbb{R}$ が任意の $f, g \in C_p$ に対して

$$V(fg) = V(f)g(p) + f(p)V(g) \quad (1)$$

を満足するとき点 p での接ベクトルという(これは微分のもつ性質(ライプニッツ則)である). 点 p における接ベクトル全体を $T_p(M)$ と表す. $V, W \in T_p(M), a, b \in \mathbb{R}$ に対して,

$$(aV + bW)f = aV(f) + bW(f)$$

によりスカラー倍と和を定義すれば, $aV+bW \in T_p(M)$ であり, $T_p(M)$ は $\mathbb{R}$ 上の n 次元線形空間になる. $T_p(M)$ を p における接空間という.

p の周りの局所座標 $(x_1, x_2, \cdots, x_n)$ を用いると, 接ベクトル V は

$$V = \sum_{j=1}^{n} V^j \left(\frac{\partial}{\partial x_j} \right)_p \quad (2)$$

と表される(V^j は実数). ここで(2)は, 関数 $f(x_1, \cdots, x_n)$ を

$$V(f) = \sum_{j=1}^{n} V^j \frac{\partial f}{\partial x_j}(p)$$

に対応させる線形写像 $V: C_p \to \mathbb{R}$ とみなすと, (1)を満たし接ベクトルになる.

別の座標系 $(y_1, y_2, \cdots, y_n)$ に対して V を

$$V = \sum_{j=1}^{n} W^j \left(\frac{\partial}{\partial y_j} \right)_p$$

と表示すると, 数ベクトル $\boldsymbol{V} = (V^1, V^2, \cdots, V^n)$ は数ベクトル $\boldsymbol{W} = (W^1, W^2, \cdots, W^n)$ と

$$V^j = \sum_{k=1}^{n} \frac{\partial x_j}{\partial y_k}(p) W^k$$

で結びついている.

$l: (a, b) \to M$ を $l(c)=p$, $c \in (a, b)$ なる曲線とすると, $f \in C_p$ に $(df(l(t))/dt)(c)$ を対応させる対応は, (1)を満たし, 接ベクトルになる. これを $(dl/dt)(c)$ で表し, l の p での接ベクトル(あるいは速度ベクトル)という.

接触形式
contact form

$(q_0, q_1, \cdots, q_n, p_1, \cdots, p_n)$ を座標とする $2n+1$ 次元ユークリッド空間 $\mathbb{R}^{2n+1}$ の微分 1 形式 $\theta = dq_0 - \sum_{i=1}^{n} p_i dq_i$ は接触形式の典型例である. このとき

$$\theta \wedge (d\theta)^n = \pm dq_0 \wedge dq_1 \wedge \cdots \wedge dq_n$$
$$\wedge dp_1 \wedge \cdots \wedge dp_n$$

はどこでも消えない $\mathbb{R}^{2n+1}$ 上の微分 $2n+1$ 形式である.

$\mathbb{R}^n$ の開集合 U 上定義された関数 $f(q_1, \cdots, q_n)$ に対して, 写像 $F: U \to \mathbb{R}^{2n+1}$ を $F(q_1, \cdots, q_n) = (f, q_1, \cdots, q_n, df/dq_1, \cdots, df/dq_n)$ で定義すると, $F(U)$ 上で $dq_0 - \sum_{i=1}^{n} p_i dq_i = 0$ が成り立つ.

$f(q_1, \cdots, q_n)$ を未知関数とする, 1 階偏微分方程式

$$H(f, q_1, \cdots, q_n, df/dq_1, \cdots, df/dq_n) = 0 \quad (*)$$

が与えられているとする. このとき*埋め込み $F: U \to \mathbb{R}^{2n+1}$ が, $H(F(q_1, \cdots, q_n))=0$ を満たし, かつ $F(U)$ 上 $dq_0 - \sum_{i=1}^{n} p_i dq_i=0$ が成り立てば, F あるいは $F(U)$ は方程式 $(*)$ の解の一般化と見なすことができる. → 1 階偏微分方程式の解法

$2n+1$ 次元多様体上の微分 1 形式 θ が接触形式であるとは, $\theta \wedge (d\theta)^n$ がどこでも 0 にならないことをいう. 接触形式が与えられた $2n+1$ 次元多様体を接触多様体(contact manifold)という.

$\mathbb{R}^{2n+2}$ の凸集合(あるいは, $\mathbb{C}^{n+1}$ の*擬凸領域)の境界であるような, 滑らかな $2n+1$ 次元部分多様体 M に対して, $\theta = i_N \omega$ は接触形式である. ここで, $\boldsymbol{N}$ は*法ベクトル, i は*内部積, $\omega = \sum_{j=1}^{n+1} dq_j \wedge dp_j$ は $\mathbb{R}^{2n+2}$ (座標 q_j, p_j) の*シンプレクティック形式である.

接触変換
contact transformation

接触形式を不変にする $\mathbb{R}^{2n+1}$ (あるいは接触多様体)の変換のことをいう. 1 階偏微分方程式の研究で重要である. → ルジャンドル変換(解析力学での)

接する
tangent

曲線 L が曲面 S に点 P で接するとは, $P \in L \cap S$ で, P での S の接平面が L の P での*接ベクトルを含むことをいう. 2 つの曲面 S_1, S_2 が $P \in S_1 \cap S_2$ で接するとは, S_1, S_2 の点 P での接平面が一致することをいう.

接線
tangent line

曲線 C 上の異なる 2 点 P_i, Q_i を, C 上の 1 点 P に近づけていくと, 直線 $\overline{P_i Q_i}$ は C と 1 点 P を共有する直線 L に近づく. L を C の P における接線という.

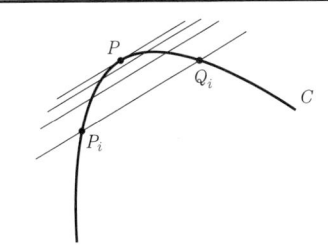

座標平面で $y=f(x)$ と表される曲線 C の, (x_0, y_0) における接線は, $y-f(x_0)=f'(x_0)(x-x_0)$ である.

C のパラメータ表示が $(x(t), y(t))$ のとき, 接線は $x=x'(t_0)(t-t_0)+x_0, y=y'(t_0)(t-t_0)+y_0$ である.

また C が $f(x,y)=0$ の形で表されるとき, 接線は $f_x(x_0, y_0)(x-x_0)+f_y(x_0,y_0)(y-y_0)=0$ (ただし $f_x=\partial f/\partial x, f_y=\partial f/\partial y$) となる. この接線の方程式を $ax+by=c$ と記すと, f が多項式の場合, 連立方程式 $f(x,y)=0, ax+by=c$ は (x_0, y_0) を重根に持つ.

曲面などの場合にも接線の概念は一般化される. → 接平面, 接ベクトル, 接空間($\mathbb{R}^n$ の部分多様体の)

接束
tangent bundle

多様体の接空間を集めたものをいう. 接ベクトル束ともいう. 多様体 M の点 $x \in M$ での接空間を $T_x(M)$ と表す. $T_x(M)$ と $T_y(M)$ は $x \neq y$ なら交わらないものと考え, 和集合 $\bigcup_{x \in M} T_x(M)$ を作ると, これは $2n$ 次元の可微分多様体 $T(M)$ をなす. これを多様体 M の接束という. $T(M)$ は *ベクトル束になる. 接束の切断がベクトル場である.

接続
connection

ベクトル場のベクトル場による微分は, そのままでは座標変換不変な意味を持たない. 座標変換不変な微分すなわち*共変微分を定めるには, 余分なデータを与えなければならない. この余分なデータを接続という. ベクトル場のベクトル場による微分を定義するのに必要な接続は, 接ベクトル束の線形接続といわれるものであるが, より一般のベクトル束やファイバー束に対しても接続の概念が定義される. 例えば, 電磁場のベクトル・ポテンシャルは 1 次元複素ベクトル束の接続と見なすことができる. 非可換ゲージ理論でもゲージ場は数学的には接続のことである.

接続の概念はレヴィ・チヴィタ(Levi-Civita)による平行性(すなわち*平行移動)に起源をもつ. É.*カルタンは, 座標変換のヤコビ行列が $n \times n$ 行列の作るある群 G に常に含まれるような変換に付随した幾何学を考案した. これは G 構造の幾何学と呼ばれ, その基礎は G を構造群とするファイバー束の接続である. 接続の概念は, 20 世紀中頃までに整備され, 現在の微分幾何学の基礎となっている.

接続行列(グラフの)
incidence matrix

グラフの構造を表す行列で, 行番号は頂点の番号, 列番号は辺の番号に対応する. *有向グラフの場合には, 接続行列の (i,j) 要素は, 頂点 i が辺 j の始点のとき $+1$, 終点のとき -1, その他のとき 0 と定義される. *無向グラフの場合には, 接続行列の (i,j) 要素は, 頂点 i が辺 j の端点のとき 1, その他のとき 0 と定義される.

接続行列(直交多項式の)
connection matrix

一般に 2 種類の直交多項式 $\{p_n(x)\}$ と $\{q_n(x)\}$ (ともに $n \geq 0$) の間には 3 角行列を用いた線形関係

$$p_n(x) = \sum_{m=0}^{n} a_{nm} q_m(x)$$

がある. これを接続関係式といい, $[a_{mn}]$ (ただし, $m, n \geq 0$) を接続行列または遷移行列(transition matrix)と呼ぶ.

接続行列(微分方程式の)
connection matrix

線形常微分方程式において, ある特異点 A での局所解 f_A を延長して他の特異点 B に到達したとき, f_A は特異点 B での局所解 f_B の線形結合で表される. これを表示する行列のことを接続行列という. フックス型方程式のモノドロミー行列の計算は局所解の間の接続行列の計算に帰着される. → モノドロミー群

絶対幾何学
absolute geometry

ユークリッド幾何学において, 平行線の公理(第

5公準)を用いないで行われる幾何学.「3角形の合同定理(2辺夾角,2角夾辺,3辺相等)」,「2等辺3角形の底角は等しい」,「対頂角は等しい」,「3角形の外角は,それに隣接しない内角より大きい」,「3角形の2辺の和は,他の1辺より大きい(3角不等式)」,「2直線の錯角が等しければ交わらない」,「3角形の内角の和は,2直角に等しいか,それ以下である」などが,絶対幾何学における定理である.

絶対収束(積分の)
absolute convergence

*広義積分 $\int_a^b f(x)dx$ において $\int_a^b |f(x)|dx$ が存在するとき絶対収束するという.このときもとの広義積分も収束する.一方,例えば $\int_0^\infty (\sin x/x)dx$ は存在するが絶対収束はしない.このような場合は条件収束するという.

絶対収束(無限級数の)
absolute convergence

級数 $\sum_{n=0}^\infty a_n$ において,各項の絶対値をとって作った級数 $\sum_{n=0}^\infty |a_n|$ が収束するならば,もとの級数も収束する.このとき $\sum_{n=0}^\infty a_n$ は絶対収束するという.収束するが絶対収束しないとき条件収束するという.例えば $1-1/2+1/3-1/4+\cdots$ は条件収束する.

絶対収束する級数は有限和と同様の性質を持ち,扱いやすい.例えば項の順番を変更しても同じ値に収束する.また $A=\sum_{n=0}^\infty a_n$ および $B=\sum_{n=0}^\infty b_n$ が絶対収束すれば,数列 $c_n=\sum_{m=0}^n a_m b_{n-m}$ に対応する級数 $C=\sum_{m=0}^\infty c_m$ も収束して $C=AB$ が成り立つ.

条件収束の場合は項の順序を変えると収束するとは限らず,収束しても一般には値が変わるので注意を要する. ⇒ 収束(数列の),級数

絶対値
absolute value

実数 a に対して,
$$|a| = \begin{cases} a & (a \geq 0) \\ -a & (a < 0) \end{cases}$$
とおいて,$|a|$ を a の絶対値という.絶対値について,次の性質が成り立つ.

(1) $|a|=0 \iff a=0$,
(2) $|ab|=|a||b|$,
(3) $|a+b|\leq |a|+|b|$,
(4) $|a-b|\geq ||a|-|b||$,
(5) $a>0$ に対して,$|x|\leq a \iff -a\leq x\leq a$.

また*複素数 $\alpha=a+bi$ (a,b は実数)に対しては,絶対値 $|\alpha|$ は
$$|\alpha| = \sqrt{a^2+b^2}$$
と定義する.このとき(1)-(4)の性質が成り立つ.

絶対値の概念は,多くの一般化を持つ.特に体 K から0以上の実数の全体 $\mathbb{R}_{\geq 0}$ への写像 $|\cdot|: K \to \mathbb{R}_{\geq 0}$ が上記の(1),(2),(3)の性質を持つとき K の絶対値という.(4)は(3)から常に導かれるが,(5)は一般の体の絶対値では意味を持たない.体 K が絶対値 $|\cdot|$ を持つとき,K の任意の2元 x,y に対して $d(x,y)=|x-y|$ とおくと,K の*距離になる. ⇒ ノルム,付値,非アルキメデス的付値

絶対類体
absolute class field

*類体論は,代数体 K の有限次*アーベル拡大 L において,K の整数環 $\mathcal{O}_K$(→ 代数的整数環)の*素イデアルがどのように分解するかについての法則を与える.*ヒルベルトはそのうちで,$\mathcal{O}_K$ の素イデアルすべてが L で不分岐になる場合を考察し,類体論の端緒を開いた.ヒルベルトは,代数体 K に対し,K の有限次アーベル拡大 L で,次の(1)を満たすものがただ1つ存在し,それが(2)(3)を満たすことを予想した.

(1) $\mathfrak{p}$ を $\mathcal{O}_K$ の (0) でない素イデアルとするとき,$\mathfrak{p}$ が L において*完全分解するための必要十分条件は,$\mathfrak{p}$ が*単項イデアルであること.

(2) ガロア群 $\mathrm{Gal}(L/K)$ は K のイデアル類群と同型である.とくに,拡大次数 $[L:K]$ は,K の*類数に等しい.

(3) $\mathcal{O}_K$ の (0) でない素イデアルは,すべて L において不分岐である.

このヒルベルトの予想はフルトヴェングラー(P. Furtwängler)によって1907年に解決された.この L を,K の絶対類体,あるいはヒルベルト類体という.K が実素点を持たなければ(→ 素点),絶対類体は,(3)を満たす K の有限次アーベル拡大 L のうち最大のものになる.例えば $K=\mathbb{Q}(\sqrt{-5})$ のとき,K の類数は2であり,K の絶対類体は K の2次拡大 $\mathbb{Q}(\sqrt{-5},\sqrt{-1})$

である.

ヒルベルトは閉リーマン面 R の不分岐被覆が R の基本群を使って記述できることにヒントを得て，すべての素イデアルが不分岐となるアーベル拡大に関する類体論の構想を得たが，*高木貞治はヒルベルトの考えを一般化することによって，分岐を持つ場合も含めてすべてのアーベル拡大を扱う類体論を構築した.

絶対連続
absolutely continuous

実数直線上の*連続関数は，その連続性を子細に調べると，*有界変動関数であっても，いろいろな場合がある.

例1 $f(x)$ を*階段関数とするとき $f(x)$ の積分 $F(x)=\int_a^x f(x)dx$ は，$f(x)$ の不連続点を除けば，微分可能で $F'(x)=f(x)$ が成り立つ.

例2 *カントル集合 $C=\{x\in[0,1]|x$ の3進展開($\to n$ 進法)の係数に1が現れない$\}$ の上だけで増加して $F(0)=0$, $F(1)=1$ となる単調非減少で連続な関数 $F(x)$（悪魔の階段という）が存在する.このとき，*ほとんどいたるところで $F'(x)=0$ である.

上の例1を一般化したのが，絶対連続な関数であり，絶対連続な関数 $F(x)$ とは，ある可積分関数 $f(x)$ により，$F(x)=\int_a^x f(x)dx+C$, $C=F(a)$ と書ける関数であり，ほとんどいたるところで，$F(x)$ は微分可能で，$F'(x)=f(x)$ が成り立つ.

一般に，*測度空間 $(X,\mathcal{F},m)$ において，集合族 $\mathcal{F}$ 上の測度あるいは可算加法的な集合関数 μ は，条件「$m(A)=0$ ならば $\mu(A)=0$」を満たすとき，m に関して絶対連続であるという．この条件は，「$m(A_n)\to 0$ のとき，$\mu(A_n)\to 0$」と同値である．また，実数直線上の単調非減少関数 $F(x)$ が絶対連続であることは，*スティルチェス積分から決まる測度 $\mu(A)=\int_A dF(x)$ が*ルベーグ測度 m に関して絶対連続であることと同値である（ふつうはこれを定義として採用し，関数 $f(x)$ の存在を証明する）.

有限な測度 μ が m に関して絶対連続ならば，非負可積分関数 $f(x)$ によって，
$$\mu(A)=\int_A f(x)m(dx),\quad A\in\mathcal{F}$$
と表現できる（*ラドン-ニコディムの定理）．この関数 $f(x)$ を m に関する μ の*ラドン-ニコディム微分といい，$f=d\mu/dm$ と書く.

以上のことは，可算加法的な集合関数について

も自然に拡張される．ただし，ラドン-ニコディム微分 $f(x)$ は非負とは限らない.

なお，上の例2のような関数は特異連続関数といい，ある*測度零の集合が選べて，その外部にある区間上ではそれぞれの定数値をとる関数と定義される．また，測度 μ は，$m(A)=0$ かつ $\mu(A^c)=0$ となる集合 $A\in\mathcal{F}$ が存在するとき，m に関して特異であるという.

任意の有界変動関数は絶対連続な関数と特異連続な関数の和であり，任意の測度は絶対連続な測度と*特異測度の和である.

切断（デデキントの） cut $\Rightarrow$ デデキントの切断

切断（ベクトル束の）
section

*接束の切断とは，接ベクトル場のことである．一般のベクトル束 $\pi:E\to X$ の切断とは，連続写像 $s:X\to E$ であって，$\pi\circ s(p)=p$ なるもののことをいう．すなわち，$p\in X$ にそのファイバー E_p の元 $s(p)$ を与える対応である.

X 全体でなく，その一部 $U\subseteq X$ を定義域とする切断も，同様に定義する.

$(U_\alpha,\varphi_\alpha)$ がベクトル束の座標近傍（$\to$ ベクトル束）で $g_{\alpha,\beta}$ が変換系（$\to$ ベクトル束）とすると，切断 s を与えることは，$s_\alpha:U_\alpha\to\mathbb{R}^n$ で，$s_\alpha(q)=g_{\alpha,\beta}(q)s_\beta(q)$ が任意の $q\in U_\alpha\cap U_\beta$ に対して成り立つものを与えることと同値である.

多様体の上の C^k 級ベクトル束に対して，s_α が C^k 級である切断を C^k 級の切断という.

接着した空間
space obtained by attaching

平面 $\mathbb{R}^2$ と円板 $D^2=\{(x,y)\,|\,x^2+y^2\leq 1\}$ に対して，円板の境界部分を図1のように平面に貼り合わせると，図2のような図形になる．これが接着した空間の例である.

貼る（境界の円周を貼る）

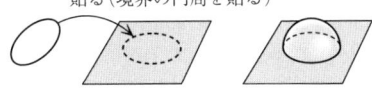

図1　　　　図2

正確には次のように定義する．共通部分を持たない位相空間 X,Y と X の閉集合 A，連続写像 $f:A\to Y$ が与えられたとする．*直和 $X\cup Y$ において，$a\in A$ が $f(a)\in Y$ と同値であると定義したときに得られる*商空間を $Y\cup_f X$ により表し，Y

に X を f で接着した空間という．

接点
point of contact

曲線 C の接線 L があったとき，その接点とは L が C に接している点を指す．→ 接する

節点　node　→ グラフ (グラフ理論の)

摂動
perturbation

微分方程式などについて，係数を少し動かしたり，小さな項を付け加えることをいう．ただし，通常，その結果がもとのものに補正項を付け加えた範囲に留まっていると考えられるときだけを，摂動という．例えば，ε を実数として，ハミルトン関数 $H=H_0+\varepsilon H_1$ に対するハミルトン方程式の解 $x(t)$ が ε についての収束べき級数 $x(t)=x_0(t)+\varepsilon x_1(t)+\varepsilon^2 x_2(t)+\cdots$ に展開できるとき，H は H_0 の摂動と考え，このような展開を摂動展開という．ただし，物理学などにおいては，漸近級数による展開も摂動展開ということもある．また，惑星運動における*永年摂動のように，摂動項が，時間とともに増加したり，あるいは，振動しながら振幅が増大することもある．

ZF 集合論
ZF set theory

ツェルメロ-フレンケルの集合論のこと (→ 公理的集合論)．ただし ZF 集合論というときは，*選択公理を含めない場合が多く，選択公理を含んでいることを明示するときは ZFC 集合論という．

接平面
tangent plane

曲面 S の点 P での接ベクトル全体の集合は 2 次元の線形空間すなわち平面になる．言い換えると，2 つの (S の点 P での) 接ベクトル V_1, V_2 と実数 a, b に対して，aV_1+bV_2 も再び接ベクトルである．この平面を S の点 P での接平面と呼ぶ．接平面の元が接ベクトルである．

S が方程式 $f(x,y,z)=0$ で与えられるときは $P=(x_0, y_0, z_0)$ での接平面の方程式は

$$(x-x_0)\frac{\partial f}{\partial x}(x_0, y_0, z_0)$$
$$+(y-y_0)\frac{\partial f}{\partial y}(x_0, y_0, z_0)$$
$$+(z-z_0)\frac{\partial f}{\partial z}(x_0, y_0, z_0)=0.$$

曲面が P の近くで，径数表示 $\varphi: U \to \mathbb{R}^3$ をもつとする (U は $\mathbb{R}^2$ の開集合)．$\varphi(s,t)=(\varphi_1(s,t), \varphi_2(s,t), \varphi_3(s,t))$ とおく．すると，$P=\varphi(s_0, t_0)$ での接平面の基底は

$$\begin{pmatrix} \dfrac{\partial \varphi_1}{\partial s}(s_0, t_0) \\ \dfrac{\partial \varphi_2}{\partial s}(s_0, t_0) \\ \dfrac{\partial \varphi_3}{\partial s}(s_0, t_0) \end{pmatrix}, \begin{pmatrix} \dfrac{\partial \varphi_1}{\partial t}(s_0, t_0) \\ \dfrac{\partial \varphi_2}{\partial t}(s_0, t_0) \\ \dfrac{\partial \varphi_3}{\partial t}(s_0, t_0) \end{pmatrix}$$

である．

接ベクトル
tangent vector

曲線 C の点 P での接線の方向ベクトルを曲線 C の P での接ベクトルという．

V が曲面 S の点 $P \in S$ での接ベクトルであるとは，S に含まれ P を含むある曲線 C が存在して，V が P での C に対する接ベクトルであることをいう．

より一般の多様体に対しても接ベクトルを定義することができる．接ベクトルを集めたものが接空間である．→ 接線，接平面，接空間 (多様体の)，速度ベクトル

接ベクトル空間　tangent space　→ 接空間 (多様体の)

接ベクトル束　tangent vector bundle　＝ 接束

接ベクトル場　tangent vector field　→ ベクトル場

切片
intercept

*座標平面上に描いたグラフについて，座標軸との交点，または，その座標をいう．例えば，直線 $x/a+y/b=1$ $(ab\neq 0)$ の x 切片は a，y 切片は b である．

セミノルム
seminorm

ノルムの条件を弱めた概念で，半ノルムともいう．X を $\boldsymbol{F}=\mathbb{R}$ または $\mathbb{C}$ 上の*線形空間とする．実数値関数 $p: X \to \mathbb{R}$ が性質

(1) $p(x) \geqq 0$
(2) $p(\alpha x) = |\alpha| p(x) \ (\alpha \in \boldsymbol{F})$
(3) $p(x+y) \leqq p(x) + p(y) \ (x, y \in X)$

を満たすとき,セミノルムという.

例えば,$[0,1]$ 上の無限回微分可能関数の全体 $X = C^\infty([0,1])$ に対し,
$$p_k(f) = \int_0^1 \left| \frac{d^k f(t)}{dt^k} \right| dt$$
$$(f \in X, k = 0, 1, 2, \cdots)$$

とおくと,それぞれの p_k はセミノルムになる.
→ ノルム

セル

cell

胞体のことをセルともいう. → 胞複体

セル・オートマトン

cellular automaton

同一の機能を持つ*有限オートマトンを規則的に配置し,相互に接続した形のオートマトンをいう.各有限オートマトンは,自分の近傍のオートマトンの状態から次の状態を決定する.1948 年頃にフォン・ノイマンが 2 次元に配置されたセル・オートマトンによって自己増殖機械を実現したことはよく知られている.この他にもセル・オートマトンは,並列計算機,力学系,生物系の数学モデルとして広く研究されている.

セル力学系

cellular dynamical system, cell dynamics

例えば,$0 \oplus 0 = 1 \oplus 1 = 0$, $0 \oplus 1 = 1 \oplus 0 = 1$ として,$y_n = x_{n-1} \oplus x_{n+1}$ と定めれば,0 または 1 からなる両側無限列 $x = (\cdots, x_{-1}, x_0, x_1, \cdots)$ の空間 $X = \{0,1\}^\mathbb{Z}$ 上の変換 $y = f(x)$ が定義され,*シフト S $((Sx)_n = x_{n+1})$ と可換 ($f(Sx) = Sf(x)$) になる.その軌道を順に並べると,図

```
···00000000001000000000···
···00000000010100000000···
···00000000100010000000···
···00000001010101000000···
···00000010000000100000···
···00000101000001010000···
···00001000100010001000···
···00010101010101010100···
···00100000000000000100···
```

のような興味深い軌跡を描く(→ シェルピンスキーの鏃).一般に,A を有限集合として,無限直積空間 $X = A^\mathbb{Z}$ 上のシフトと可換な連続変換 $f: X \to X$ は,$y = f(x)$ の各座標 y_n が $y_n = F(x_{n-k}, x_{n-k+1}, \cdots, x_{n+k})$ の形で与えられることが 1950 年代には知られていた.このような変換を,1 次元格子 $\mathbb{Z}$ 上のセル力学系といい,F を局所写像(local map)という.多次元の格子 $\mathbb{Z}^n$ でも同様に,セル力学系が定義される.例えば*熱方程式や*波動方程式のような空間的に一様な偏微分方程式の離散化はすべてセル力学系であるが,一方で,セル力学系は上の例のように偏微分方程式では書けない時間発展を記述でき,さまざまな非線形現象のモデルとして用いられている.なお,1 次元で $k=1$ のとき,写像 F は小さい順に $000, 001, \cdots, 111$ における値を並べれば決まる.この 8 個の 2 進数(→ 2 進法)を 10 進数として読んだものをウルフラム数(Wolfram number)ということがある. → 記号力学系,離散化

ゼロサム・ゲーム　zero-sum game　→ ゼロ和 2 人ゲーム

ゼロ点　zero point　= 零点

ゼロ和 2 人ゲーム

zero-sum two-person game

2 人のプレイヤーからなるゲームで,両者の利得の和が常に 0 であるものをいう.第 1,第 2 のプレイヤーがそれぞれ i 番目,j 番目の戦略をとったときの第 1 のプレイヤーの利得(=第 2 のプレイヤーの損失)を a_{ij} とすると,両者の戦略を行番号と列番号にもつ行列 $A = [a_{ij}]$ ($i = 1, \cdots, m$; $j = 1, \cdots, n$) によってゲームが記述される.第 1 のプレイヤーが戦略 i を選んだとすると,第 2 のプレイヤーは a_{ij} を最小にする戦略 j を選ぶであろう.したがって,第 1 のプレイヤーにとっては,このときの利得を最大にする i を選ぶという行動規準が合理的であり,そのときの利得は $\max_i \min_j a_{ij}$ となる.同様の行動規準を第 2 のプレイヤーについて考えると,第 2 のプレイヤーの損失は $\min_j \max_i a_{ij}$ となる.一般には,$\max_i \min_j a_{ij} \leqq \min_j \max_i a_{ij}$ であって,この両者は等しくないので,均衡が存在しない.しかし,戦略を確率的に選ぶこと(混合戦略)を許せば両者が等しくなるような最適戦略が存在することが知られている(→ ミニマックス定理).

ゼロワン則　zero-one law　⇒ 01(レイイチ)法則

遷移確率　transition probability　⇒ 推移確率

全域木　spanning tree　⇒ 極大木

遷移行列
transition matrix
推移行列ともいう．⇒ マルコフ連鎖

漸化式
recurrence relation
数列 $\{a_n\}_{n=1}^{\infty}$ や関数列 $\{f_n(x)\}_{n=1}^{\infty}$ において，引き続く何項かの間に成り立つ関係式
$$F_n(a_n, a_{n-1}, \cdots, a_{n-k}) = 0$$
を漸化式という．最初の k 項がわかっていれば，漸化式を用いて一般の項を順に求めていくことができる．

例　不定積分 $I_n = \int (x^2+c^2)^{-n} dx$ に部分積分を施すと $n \geq 1$ について漸化式
$$I_{n+1} = \frac{1}{2nc^2} \Big(\frac{x}{(x^2+c^2)^n} + (2n-1)I_n \Big)$$
が導かれる．これと
$$I_1 = \frac{1}{c} \arctan \frac{x}{c} + C$$
から $I_2, I_3, \cdots$ は順に計算できる．⇒ 3項漸化式

漸近安定
asymptotically stable
*微分方程式の解 $x(t)$ について，初期値を少し*摂動しても，解はすべて，時間 $t \to \infty$ のとき，もとの解 $x(t)$ に漸近することをいう．とくに，*不動点 x_0 が漸近安定とは，ある x_0 の近傍から出発した解 $y(t)$ すべてについて，$\lim_{t \to \infty} y(t) = x_0$ が成り立つことをいう．不動点 x_0 が漸近安定ならば，*リャプノフ安定である．定数係数の線形常微分方程式
$$\frac{dx_i}{dt} = \sum_{j=1}^{n} a_{ij} x_j \quad (i = 1, \cdots, n)$$
の不動点 $x=0$ が漸近安定であるための必要十分条件は，係数行列 $A=[a_{ij}]$ のすべての固有値の実部が負となることである．一般の微分方程式については，*線形化方程式の固有値を調べたり，*リャプノフ関数を構成することにより，漸近安定性を検証することが多い．また，不動点 x_0 が，物理的な意味で安定な平衡状態に対応するならば，少し摂動してももとの平衡状態に緩和(→ 緩和現象)する

から，x_0 は漸近安定である．
漸近安定性の概念は*距離空間 X 上の*位相力学系 (X, f_t) に対しても自然に拡張され，点 x の*軌道 $f_t x$ が漸近安定とは，点 x を中心とするある半径 $\delta > 0$ の球 $B = \{y \in X | d(y, x) < \delta\}$ が選べて，B 内のどの点 y から出発した軌道 $f_t y$ に対しても，$\lim_{t \to \infty} d(f_t y, f_t x) = 0$ となることである．なお，*微分可能力学系などについては，漸近安定を単に安定ということもある．⇒ 安定(力学系における)，リャプノフ安定，線形化方程式(微分方程式の)，安定多様体

漸近級数
asymptotic series
$x=a$ の近傍で定義された関数を項とする形式級数 $\sum_{n=1}^{\infty} \varphi_n(x)$ が，ある関数の $x=a$ における*漸近展開を表しているとき，これを漸近級数という．

漸近挙動
asymptotic behavior
数列 $\{a_n\}$ $(n=1, 2, \cdots)$ の $n \to \infty$ のときのおおまかな振舞いが，わかりやすい数列 $\{b_n\}$ $(n=1, 2, \cdots)$ によって表されるとき，$\{a_n\}$ の漸近挙動は $\{b_n\}$ であるといい，$a_n \sim b_n \ (n \to \infty)$ のように表す．区間 $[a, \infty)$ 上の関数 $f(x)$ の $x \to \infty$ での振舞いについても同様の言い方をする．

例　ガウスの分布関数
$$F(x) = \frac{1}{\sqrt{2\pi}} \int_{-\infty}^{x} e^{-t^2/2} dt$$
の $x \to \infty$ での漸近挙動は
$$F(x) \sim 1 - \frac{1}{\sqrt{2\pi}} e^{-x^2/2} \frac{1}{x}$$
で与えられる．
⇒ 漸近展開，漸近的に等しい

漸近線
asymptotic line
双曲線 $x^2 - y^2 = 1$ を考えると，原点から遠いところではこの曲線は 2 直線 $y = \pm x$ に近づいていく．この2直線のことを漸近線と呼ぶ．このように，無限に遠くまで延びている平面曲線 C に対し，曲線上の点が無限遠に遠ざかっていくとき，その点からの距離が限りなく 0 に近づく直線があれば，この直線を曲線 C に対する漸近線という．

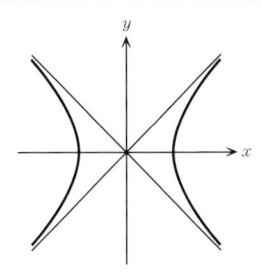

正確には次のように定義する．曲線 C が媒介変数表示 $x=x(t), y=y(t)$ により与えられ，$x(t)^2+y(t)^2\to\infty$ $(t\to\infty)$ とする．
$$\lim_{t\to\infty}(ax(t)+by(t)+c)=0$$
となる a,b,c が存在するとき，直線 $ax+by+c=0$ を C の漸近線という．

漸近的に等しい
asymptotically equal

2つの関数 $f(x),g(x)$ について，
$$\lim_{x\to\infty}\frac{f(x)}{g(x)}=1$$
であるとき，
$$f(x)\sim g(x) \quad (x\to\infty)$$
のように表し，$f(x)$ と $g(x)$ は $x\to\infty$ のとき漸近的に等しいという言い方をする．$\lim_{n\to\infty}a_n/b_n=1$ を満たす数列 $\{a_n\}_{n=1}^{\infty}$, $\{b_n\}_{n=1}^{\infty}$ についても同様である．例えば $n!$ は $n\to\infty$ のとき $\sqrt{2\pi}\,n^{n+1/2}e^{-n}$ に漸近的に等しい(→ スターリングの公式)．

漸近展開
asymptotic expansion

例えば x の大きい値に対して積分
$$I=x\int_x^{\infty}\frac{e^{x-t}}{t}dt$$
の近似値を求めたいとする．部分積分を繰り返し施すと
$$I=1-\frac{1}{x}+\frac{2!}{x^2}-\cdots+\frac{(-1)^N N!}{x^N}+R_N,$$
$$R_N=(-1)^{N+1}(N+1)!x\int_x^{\infty}\frac{e^{x-t}}{t^{N+2}}dt$$
という式が得られる．x の値を固定したとき級数 $\sum_{n=0}^{\infty}(-1)^n n!/x^n$ は収束しないが，$|R_N|\le N!/x^N$ が成り立つので，x が大きいときに部分和 $\sum_{n=0}^{N}(-1)^n n!/x^n$ が I の有効な近似式になっている．

一般に $x\ge R$ において定義された関数 $f(x)$ に対し，各 $N=0,1,2,\cdots$ に対して定数 C_N が存在し
$$\left|f(x)-\sum_{n=0}^{N-1}\frac{a_n}{x^n}\right|\le\frac{C_N}{x^N}$$
が成り立つとき，形式級数 $a_0+a_1/x+a_2/x^2+\cdots$ を $f(x)$ の $x\to+\infty$ における漸近展開といい，
$$f(x)\sim a_0+\frac{a_1}{x}+\frac{a_2}{x^2}+\cdots$$
と表す(無限級数として $\sum_{n=0}^{\infty}a_n/x^n$ が発散していてもよい)．漸近展開が存在すれば，その係数 a_n は $f(x)$ から一意的に定まる．

$x\to-\infty$ や $x\to 0$ での漸近展開なども同様に定義される．

線グラフ
line graph

無向グラフ $G=(V,E)$ に対して，その辺集合 E を頂点集合とするグラフで，$e,e'\in E$ が端点を共有するときに e と e' を結ぶ辺を持つ無向グラフを，もとのグラフ G の線グラフという．

線形位相空間
linear topological space

ヒルベルト空間やバナッハ空間のように，線形空間に位相が定義され，線形結合をとる演算が連続な写像になっているものを線形位相空間という．*超関数の理論に関連して研究されている．⇒ 位相空間，ヒルベルト空間，バナッハ空間，セミノルム，線形空間

線形応答
linear response

物理系をブラック・ボックスと見て，入力に対して線形な出力を想定して解析するとき，その出力を線形応答という．統計力学では，平衡状態にある系に弱い刺激あるいは外力を加えたときの線形応答を記述する理論を線形応答理論といい，応答関数は一般に2つの物理量のゆらぎの相関関数となることが知られている．

線形化(写像の)
linearization

*ノルム空間 X の開集合 U からノルム空間 Y への写像 $F:U\to Y$ に対して，

$$DF_{x_0}(v) = \lim_{t \to 0} \frac{1}{t}\left(F(x_0+tv) - F(x_0)\right)$$
$$(v \in X)$$

とおいて定義した線形写像 $DF_{x_0}: X \to Y$ を，(もし存在すれば) F の $x_0 \in U$ における線形化という．$DF_{x_0}(v)$ は F の x_0 における方向微分とも呼ばれる．$F(x_0)=y_0$ とするとき，方程式 $\{x \mid F(x)=y\}$ の，解 $x=x_0$, $y=y_0$ のまわりでの様子を知りたいときに，この線形化が役に立つことがある．

*逆関数定理は，写像の線形化である*ヤコビ行列の可逆性から写像の局所的な可逆性を導く定理である．→ 線形化方程式(微分方程式の)，変分法，フレシェ微分，ガトー微分

線形化方程式(微分方程式の)
linearized equation

方程式の解，例えば平衡解や周期解のまわりで方程式を1次近似して得られる線形方程式をいう．微分方程式の世界での接線に当たる極めて有用な概念である．

例えば，微分方程式 $df(t)/dt = P(f)$ の1つの解を f_0 とする．f_0 に近い関数 $f_\varepsilon = f_0 + \varepsilon g$ が同じ方程式を満たすとし，ε について2次以上を無視すれば $dg(t)/dt = dP(f)/df \cdot g(t)$ という $g(t)$ に対する線形微分方程式が得られる．この方程式を元の方程式の線形化方程式と呼ぶ．

ある解の近くにどのくらい他の解があるか，方程式を少し変化させたとき解がどのように変わるか，などの問題を考えるときは線形化方程式を調べることが有力であり，安定性解析や分岐問題の解析によく用いられる．

線形関係
linear relation

1次関係ともいう．線形空間のベクトル $x_1, \cdots, x_k$ とスカラー $a_1, \cdots, a_k$ についての関係式
$$a_1 x_1 + \cdots + a_k x_k = 0$$
を線形関係という．→ 線形従属

線形空間
linear space

ベクトル空間ともいう．平面や空間では実数倍や和が定義できるという幾何ベクトルの持つ性質を抽象化したもので線形構造を持つ集合のことである．現代数学の基本的概念の1つである．

F を実数の全体 $\mathbb{R}$ または複素数の全体 $\mathbb{C}$ とする．集合 L が次の2条件(I), (II)を満たすとき，L を F 上の線形空間(あるいはベクトル空間)という．F が実数の全体のときは実線形空間(実ベクトル空間)あるいは $\mathbb{R}$ 上の線形空間，F が複素数の全体のときは複素線形空間(複素ベクトル空間)あるいは $\mathbb{C}$ 上の線形空間という．L の元をベクトルという．F の元をスカラーということがある．

(I) L の2つのベクトル x, y に対して，和と呼ばれる L のベクトル $x+y$ が定まり，次の法則を満たす．

(1) (交換律) $x+y=y+x$
(2) (結合律) $(x+y)+z=x+(y+z)$
(3) (零ベクトルの存在) すべてのベクトル x に対して $x+0=x$ となるベクトル 0 が存在する．0 を零ベクトルという．
(4) (逆ベクトルの存在) ベクトル x に対して $x+y=0$ となるベクトル y が存在する．y はただ1つ定まり，それを $-x$ と記す．

(II) 任意の $a \in F$ と $x \in L$ に対し，スカラー倍と呼ばれる L のベクトル ax が定まり，次の法則が成り立つ．

(1) $a(bx)=(ab)x$
(2) $(a+b)x=ax+bx$
(3) $a(x+y)=ax+ay$
(4) $1x=x$

ここで $a, b \in F$, $x, y \in L$．

例1 平面あるいは空間の幾何ベクトルの全体は，通常の和とスカラー倍により $\mathbb{R}$ 上の線形空間(ベクトル空間)である．

例2 n 次元の*数ベクトル全体 $\mathbb{R}^n$ は，ベクトルの和とスカラー倍により $\mathbb{R}$ 上の線形空間(ベクトル空間)である．

例3 F の元を成分に持つ型が (m,n) の行列全体 $M(m,n;F)$ は，行列の和とスカラー倍により，F 上の線形空間(ベクトル空間)である．

以上の定義は F が一般の体の場合にも意味を持ち，体 F 上の線形空間(ベクトル空間)が定義できる．

線形群
linear group

体 F 上の n 次正方行列の集合 $M(n,F)$ の部分集合として得られる群．特に $F=\mathbb{R}$ または $\mathbb{C}$ のときが重要で，次のような群が典型的な例である．→ リー群とリー環，古典群

(ア) 一般線形群

$M(n,F)$ の中の可逆な行列全体は，行列の乗法により群をなす．これを $GL(n,F)$ と表して，体

F 上の一般線形群という．

（イ）特殊線形群

$$SL(n,F) = \{A \in M(n,F) \mid \det A = 1\}$$

と置くと，これは $GL(n,F)$ の部分群であり，体 F 上の特殊線形群と呼ばれる．

（ウ）直交群

$$O(n) = \{A \in M(n,\mathbb{R}) \mid {}^t A A = A {}^t A = I_n\}$$

は，直交群と呼ばれる．

（エ）特殊直交群（回転群）

$$SO(n) = \{A \in M(n,\mathbb{R}) \mid {}^t A A = A {}^t A = I_n, \det A = 1\}$$

は $O(n)$ の部分群であり，特殊直交群（あるいは回転群）と呼ばれる．

（オ）ユニタリ群

$$U(n) = \{U \in M(n,\mathbb{C}) \mid U^* U = U U^* = I_n\}$$

は $GL(n,\mathbb{C})$ の部分群であり，n 次のユニタリ群と呼ばれる．ここで U^* は U の*随伴行列である．

（カ）特殊ユニタリ群

$$SU(n) = \{U \in M(n,\mathbb{C}) \mid U^* U = U U^* = I_n, \det U = 1\}$$

は特殊ユニタリ群といわれる．

（キ）ローレンツ群

*2 次形式

$$x_1^2 + \cdots + x_p^2 - x_{p+1}^2 - \cdots - x_n^2$$

を不変にする n 次実正方行列の全体を $O(p, n-p)$ により表し，符号数 $(p, n-p)$ のローレンツ群という．⇒ ローレンツ変換

線形計画法
linear programming

線形の等式・不等式で記述された制約条件の下で，線形の目的関数を最大・最小化する*最適化問題を線形計画問題と呼ぶ．線形計画法とは，現実の社会のさまざまな問題を線形計画問題の形に定式化して数理的に扱う方法論を指す．線形計画法は，1947 年にダンツィク（G. Dantzig）によって創始され，現在に至るまで，さまざまな産業・社会活動を支える基本的な道具となっている．現実問題から生じる線形計画問題においては，変数の数が数万以上になることも珍しくない．

線形計画問題は，一般に，

$$\text{目的関数} \quad \sum_{j=1}^{n} c_j x_j \quad \longrightarrow \text{最大化}$$
$$\text{制約条件} \quad \sum_{j=1}^{n} a_{ij} x_j \leq b_i \quad (i=1,\cdots,m)$$
$$x_j \geq 0 \quad (j=1,\cdots,n)$$

のように書かれる．ここで，x_j $(j=1,\cdots,n)$ が最適化すべき変数であり，a_{ij}, b_i, c_j $(i=1,\cdots,m; j=1,\cdots,n)$ は問題を記述するパラメータである．上の線形計画問題に対して，もう 1 つの線形計画問題

$$\text{目的関数} \quad \sum_{i=1}^{m} b_i y_i \quad \longrightarrow \text{最小化}$$
$$\text{制約条件} \quad \sum_{i=1}^{m} a_{ij} y_i \geq c_j \quad (j=1,\cdots,n)$$
$$y_i \geq 0 \quad (i=1,\cdots,m)$$

を考え，前者の双対問題という（これに対し，前者を主問題と呼ぶ）．両者に実行可能解（制約条件を満たす解）が存在するならば，任意の実行可能解 x, y に対して

$$\sum_{j=1}^{n} c_j x_j \leq \sum_{i=1}^{m} b_i y_i$$

が成り立ち，さらに，目的関数の最適値は一致する（線形計画法の双対定理）．それぞれの実行可能解 x, y がともに最適解であるための必要十分条件は，相補性（相補スラック条件）

各 $j=1,\cdots,n$ に対し，
$$x_j = 0 \quad \text{または} \quad \sum_{i=1}^{m} a_{ij} y_i = c_j,$$

各 $i=1,\cdots,m$ に対し，
$$y_i = 0 \quad \text{または} \quad \sum_{j=1}^{n} a_{ij} x_j = b_i$$

が成り立つことである．このように，線形計画問題は，主問題と双対問題を同時に考えることによって，*線形相補性問題の形に定式化される．

線形計画問題の解法には，大別して，単体法と内点法がある．*単体法は，実行可能解のなす凸多面体の稜線を目的関数を改善する方向にたどることによって最適頂点に到達するアルゴリズムであり，ダンツィクによって考案されて以来，理論的・実際的改良を経ながら線形計画問題の主要な解法であり続けている．一方，*内点法は 1980 年代にカーマーカー（N. Karmarkar）らによって考案された解法（→ カーマーカー法）であり，実行可能解のなす凸多面体の内部の滑らかな曲線を近似的に追跡することによって最適解に到達するものである．

線形形式
linear form ⇒ 線形汎関数

線形結合
linear combination

線形代数における最も重要な概念の 1 つ．1 次結合ということも多い．

実数の全体または複素数の全体を F と記し, F 上の線形空間 L におけるベクトル $\boldsymbol{x}_1, \boldsymbol{x}_2, \cdots, \boldsymbol{x}_k$ について,
$$a_1\boldsymbol{x}_1 + a_2\boldsymbol{x}_2 + \cdots + a_k\boldsymbol{x}_k \quad (a_i \in F)$$
と表されるベクトルを $\boldsymbol{x}_1, \boldsymbol{x}_2, \cdots, \boldsymbol{x}_k$ の線形結合(あるいは1次結合)という.

$\boldsymbol{y}$ が $\boldsymbol{y}_1, \cdots, \boldsymbol{y}_h$ の線形結合であり, 各 $\boldsymbol{y}_i$ $(i=1, \cdots, h)$ が $\boldsymbol{x}_1, \cdots, \boldsymbol{x}_k$ の線形結合であれば, $\boldsymbol{y}$ は $\boldsymbol{x}_1, \cdots, \boldsymbol{x}_k$ の線形結合である.

S を L の部分集合とするとき, S に属する有限個のベクトルの線形結合により表されるベクトルの全体は, L の線形部分空間になる. これを S により張られる部分空間という. 以上の定義は F が一般の体の場合にそのまま拡張できる.

環 R 上の*加群 M についても,
$a_1\boldsymbol{x}_1 + a_2\boldsymbol{x}_2 + \cdots + a_k\boldsymbol{x}_k$ $(a_i \in R, \boldsymbol{x}_i \in M)$
の形の元を $\boldsymbol{x}_1, \boldsymbol{x}_2, \cdots, \boldsymbol{x}_k$ の線形結合ということがある.

線形差分方程式
linear difference equation

未知関数について1次である差分方程式のことである. *重ね合わせの原理が成り立ち, 線形微分方程式と類似した性質を持つ. 定数係数の場合は具体的な解法が知られている. ⇒定数係数線形差分方程式

線形作用素
linear operator

無限次元線形空間 X から Y への線形写像を, X から Y への線形作用素ということがある. X 全体ではなく X の稠密な部分集合上で定義されている線形写像の場合も, X から Y への線形作用素と呼ぶことがある. ⇒線形写像, 作用素

線形写像
linear map

1次関数 $y=ax$ の一般化. 1次写像ともいう. L_1, L_2 を $\mathbb{R}$ 上の*線形空間とする. 写像 $T: L_1 \to L_2$ は $a, b \in \mathbb{R}$, $\boldsymbol{u}, \boldsymbol{v} \in L_1$ に対して
$$T(a\boldsymbol{u} + b\boldsymbol{v}) = aT(\boldsymbol{u}) + bT(\boldsymbol{v})$$
を満たすとき, 線形写像といわれる. $L_1 = L_2$ であるとき, T を線形変換ということがある. (m, n) 型の実行列 A に対して, 写像 $T_A: \mathbb{R}^n \to \mathbb{R}^m$ を $T_A\boldsymbol{x} = A\boldsymbol{x}$ により定義する($\mathbb{R}^k$ は k 次縦ベクトルの全体と考える)と, T_A は線形写像であり, 逆に $T: \mathbb{R}^n \to \mathbb{R}^m$ が線形写像であれば, $T = T_A$ となる (m, n) 型の実行列 A がただ1つ存在する. これにより, (m, n) 型の実行列 A と, $\mathbb{R}^n$ から $\mathbb{R}^m$ への線形写像とは, 同じものとみなすことができる (A と T_A を同一視する). $\mathbb{R}$ のかわりに一般の体としてもよい. ⇒行列が表す線形写像, 行列表示

線形写像 $T: L_1 \to L_2$ について,
$$\operatorname{Ker} T = \{\boldsymbol{x} \in L_1 \mid T(\boldsymbol{x}) = \boldsymbol{0}\}$$
を T の核(kernel)といい,
$$\operatorname{Im} T = \{T(\boldsymbol{x}) \mid \boldsymbol{x} \in L_1\}$$
を T の像(image)という. $\operatorname{Ker} T$ は L_1 の線形部分空間であり, $\operatorname{Im} T$ は L_2 の線形部分空間である. T が*単射であるための必要十分条件は, $\operatorname{Ker} T = \{\boldsymbol{0}\}$ となることである.

線形従属
linear dependence

1次従属ともいう. 線形空間のベクトル $\boldsymbol{x}_1, \boldsymbol{x}_2, \cdots, \boldsymbol{x}_k$ に関して, 少なくとも1つは0でない k 個の定数 $a_1, \cdots, a_k$ によって
$$a_1\boldsymbol{x}_1 + a_2\boldsymbol{x}_2 + \cdots + a_k\boldsymbol{x}_k = \boldsymbol{0}$$
が成り立つとき, $\boldsymbol{x}_1, \boldsymbol{x}_2, \cdots, \boldsymbol{x}_k$ は線形従属(linearly dependent)であるという.

例えば, 行ベクトル $\boldsymbol{x}_1 = (1, 0)$, $\boldsymbol{x}_2 = (0, 1)$, $\boldsymbol{x}_3 = (2, 3)$ の間には, $2\boldsymbol{x}_1 + 3\boldsymbol{x}_2 + (-1)\boldsymbol{x}_3 = \boldsymbol{0}$ という線形関係が存在するから, 線形従属である. $\boldsymbol{x}_1, \boldsymbol{x}_2, \cdots, \boldsymbol{x}_k$ が線形従属であるための必要十分条件は, これらが張るベクトル空間の次元が $k-1$ 以下であることである. $\boldsymbol{x}_1, \boldsymbol{x}_2, \cdots, \boldsymbol{x}_k$ が列ベクトルであるときは, これらを並べて書いた行列 $[\boldsymbol{x}_1, \boldsymbol{x}_2, \cdots, \boldsymbol{x}_k]$ の*階数が $k-1$ 以下であることと同値である. 線形従属は, 線形独立の反意語である. ⇒線形独立

線形順序　linear order　⇒順序関係

線形順序集合　linearly ordered set　⇒順序関係

線形常微分方程式
linear ordinary differential equation

未知関数とその導関数に関して1次式である常微分方程式をいう. 未知関数が1個の場合(単独方程式という), 線形常微分方程式とは次の形のものである:
$$\frac{d^n x}{dt^n} + a_1(t)\frac{d^{n-1} x}{dt^{n-1}} + \cdots + a_n(t) x = b(t).$$
この方程式はベクトル値関数 $\boldsymbol{x} = (x, dx/dt, \cdots,$

$d^{n-1}x/dt^{n-1}$) について書き直せば1階線形常微分方程式系の特別な場合に帰着する．

係数 $a_i(t)$ が区間 I で連続のとき，線形常微分方程式の*局所解は常に I 全体に延長することができる．$b(t)\equiv 0$ の場合を斉次方程式という．斉次方程式の解の全体は n 次元線形空間となる．特に定数係数の場合には指数関数を用いて一般解が与えられる．→1階線形常微分方程式系

線形性
linearity

線形空間 X で定義された量 $f(x)$ が $f(ax+by)=af(x)+bf(y)$ $(x,y\in X, a,b$ は定数$)$ を満たすとき，f は線形性を持つという．

線形相補性問題
linear complementarity problem

正方行列 $[a_{ij}]$（ただし，$i,j=1,\cdots,n$）とベクトル (b_i) $(i=1,\cdots,n)$ が与えられたときに，非負性条件
$$x_i \geq 0, \quad \sum_{j=1}^{n} a_{ij}x_j + b_i \geq 0 \quad (i=1,\cdots,n)$$
に加えて相補性条件
$$x_i = 0 \text{ または } \sum_{j=1}^{n} a_{ij}x_j + b_i = 0$$
$$(i=1,\cdots,n)$$
を満たすベクトル (x_i) $(i=1,\cdots,n)$ を求める問題をいう．線形相補性問題は，線形計画問題（→線形計画法）を特殊ケースとして含んでいる．

線形代数
linear algebra

*行列やベクトルの演算や計算を源とし，これらやその一般化に関する数学を総称して線形代数という．例えば，行列 A とベクトル b が与えられたときに，$Ax=b$ を満たすベクトル x を求める問題や，正方行列 A に対して，$Ax=\lambda x$ を満たすベクトル x とスカラー(実数，複素数) λ を求める問題（→固有値問題）は線形代数の代表的な問題である．線形代数は，20世紀半ば以後，微分積分学とともに数学の共通の基礎をなす分野と考えられるようになり，簡明で自己完結的な理論体系を形づくっている．同時に，演算を計算機で実行するための数値計算技術も確立されており，実際問題への応用において最も頻繁に用いられる「役に立つ数学」でもある．このように数値的な側面を強調するとき，数値線形代数(numerical linear algebra)という．

(m,n) 型の行列 $A=[a_{ij}]$ $(1\leq i\leq m, 1\leq j\leq n)$ はその成分 a_{ij} を長方形に並べた表であるが，n 次元縦ベクトル $\boldsymbol{x}={}^t(x_1,\cdots,x_n)$ に対して $y_i=\sum_{j=1}^{n} a_{ij}x_j$ を成分とする m 次元縦ベクトル $\boldsymbol{y}={}^t(y_1,\cdots,y_m)$ を対応させる*線形写像と見ることができる．例えば，I を*単位行列として，*対角行列 $A=aI$ が定める線形写像は，原点を中心として長さを a 倍する相似変換であり，平面上で行列 $\begin{bmatrix} \cos\theta & -\sin\theta \\ \sin\theta & \cos\theta \end{bmatrix}$ が定める線形変換は角度 θ の回転である．逆に，n 次元の*線形空間から m 次元の線形空間への任意の線形写像は，それぞれの空間に*基底を定めれば (m,n) 型の行列によって表現できる．

線形写像の*行列表示は基底の選び方に依存して変わるので，基底の取り方に依らない量(不変量)を抽出することや，逆に，基底をうまく選ぶことによって，対角行列などの見やすい便利な形(標準形)にすることが理論上も応用上も大切である．例えば，行列 A の*階数は，基底の選び方によらない不変量で，可逆行列(正則行列)P,Q を用いた PAQ という形の変換を施してもその値は変わらない．このときの標準形は，対角成分に階数に等しい個数の1が並び，他の成分はすべて0である行列である．これに対し，1つの空間からそれ自身への線形写像を表す正方行列 A に対しては，$P^{-1}AP$ という形の変換を考えるのが自然であり，この変換による不変量として固有値がある．この場合の標準形は*ジョルダンの標準形と呼ばれるものになる．この他にも，*対称行列，*エルミート行列，*正規行列の*対角化などさまざまな標準形がある．標準形の考え方は理論的に重要なだけでなく，応用においても有用であり，その存在と一意性に加えて，数値計算法についても詳しく研究されている．

線形代数の考え方は無限次元にも拡張でき，例えば，解析学の対象である*積分方程式 $u(x)-\int_{\alpha}^{\beta} k(x,y)u(y)dy=f(x)$ $(\alpha\leq x\leq\beta)$ の解 $u(x)$ を，上述の方程式 $Ax=b$ の場合と同様にして代数的に求めることができる．ただし，無限次元ゆえ，積分や級数の収束の問題には注意を払う必要がある．→連立1次方程式，行列式，代数系，線形常微分方程式，線形計画法

線形同型写像
linear isomorphism

2つの線形空間 L_1, L_2 の間の線形写像 $T: L_1 \to L_2$ は，それが全単射であるとき，線形同型写像といわれる．

線形同値(因子の)
linear equivalence

1次同値ともいう．非特異射影曲線(または閉リーマン面) C 上の因子 D_1, D_2 は，$D_1 = D_2 + (f)$ となる C の*主因子 (f) が存在するとき線形同値であるといい，$D_1 \sim D_2$ と記す．

線形同値(群の線形表現の)
linear equivalence

G を群，V_1, V_2 を体 F 上の線形空間とする．G の*線形表現 $\rho_1: G \to GL(V_1)$，$\rho_2: G \to GL(V_2)$ について，ある線形同型写像 $T: V_1 \to V_2$ で，任意の $g \in G$ に対して $\rho_2(g)T = T\rho_1(g)$ となるものが存在するとき，ρ_1, ρ_2 は線形同値であるといい，T をそれらの間の線形同値写像という．

線形独立
linear independence

1次独立ともいう．ベクトル $x_1, x_2, \cdots, x_k$ が与えられたときに，定数 $a_1, a_2, \cdots, a_k$ に対して
$$a_1 x_1 + a_2 x_2 + \cdots + a_k x_k = 0$$
が成り立つのは $a_1 = a_2 = \cdots = a_k = 0$ の場合に限るとき $x_1, x_2, \cdots, x_k$ は線形独立(linearly independent)であるという．

$x_1, x_2, \cdots, x_k$ が線形独立であるための必要十分条件は，これらが張るベクトル空間の次元が k であることである．$x_1, x_2, \cdots, x_k$ が列ベクトルであれば，これらを並べて書いた行列 $[x_1, x_2, \cdots, x_k]$ の階数が k であることとも同値である．

例 列ベクトルのなす線形空間 $\mathbb{R}^n$ における*基本ベクトルは線形独立である．

線形独立は線形従属の反意語である． → 線形従属

線形汎関数
linear functional

線形形式，1次形式ともいう．

F を実数の全体または複素数の全体とし，V を F 上の線形空間とする．V の元 v に対して，F の元 $f(v)$ を対応させる関数 $f: V \to F$ であって，
$$f(av + bw) = af(v) + bf(w)$$
が任意の $v, w \in V, a, b \in F$ に対して成り立つものを，V 上の線形汎関数という． → 双対ベクトル空間

n 次元数ベクトル全体のなす線形空間 $\mathbb{R}^n$ 上の線形汎関数とは，
$$f(x_1, \cdots, x_n) = c_1 x_1 + \cdots + c_n x_n$$
$$(c_1 \cdots, c_n \in F)$$
と表される関数 f のことである．

一般の体 F 上の線形空間の場合にも，同様にして，線形汎関数が定義される．

V が*ヒルベルト空間などの*位相線形空間の場合には，線形汎関数 f は連続と仮定される．すなわち，$|f(v)| \leq c\|v\|$ ($\|v\|$ は v のノルム)がどの $v \in V$ に対しても成り立つような v によらない数 c が存在すると仮定される．例えば，V を $[0,1]$ 上の連続関数全体 $C^0([0,1])$ とすると，$g \in C^0([0,1])$ に $f(g) = \int_0^1 g(x)dx$ を対応させる $f: C^0([0,1]) \to \mathbb{R}$ は線形汎関数である． → 双対空間(ノルム空間の)

なお，線形形式，1次形式という言葉は，有限次元の線形空間の場合に多く使われ，線形汎関数という言葉は，位相線形空間の場合に多く使われる．

線形微分方程式
linear differential equation

未知関数について線形である微分方程式をいう．単独方程式の場合，微分作用素 $\partial/\partial x$ を用いて $P(x, \partial/\partial x)u = f$ と表される．斉次方程式($f = 0$ の場合)は，u_1, u_2 が解であるとき，その1次結合 $c_1 u_1 + c_2 u_2$ もまた解になるという特徴を持つ(→ 重ね合わせの原理)．

自然科学に現れるラプラス方程式，波動方程式，熱方程式，シュレーディンガー方程式など多くの重要な方程式は線形である． → 線形常微分方程式，線形偏微分方程式，微分方程式

線形表現
linear representation

群を行列を使って表すことである．*群の構造を調べるのに，比較的よくわかっている群への準同型写像を作ることにより研究する分野を表現論というが，特に詳しく研究されているのが*一般線形群への準同型写像である線形表現である．

群 G と体 F 上の線形空間 V があるとき，$g \in G$ に V から V への線形変換 $\rho(g): V \to V$ が対応し
$$\rho(g_1) \circ \rho(g_2) = \rho(g_1 g_2),$$
$$\rho(g^{-1}) = \rho(g)^{-1}$$
が成り立つとき，(V, ρ) を G の V における線形

表現, V を表現空間という. V または ρ を G の表現ということもある. また,「体 F 上の線形空間 V における」を強調するときは (V,ρ) を体 F 上の表現ともいう. 線形空間 V から V への可逆な線形変換の全体を $GL(V)$ と記すと, 表現 (V,ρ) は群の準同型写像 $\rho: G \to GL(V)$ に他ならない. また, $g\in G, v\in V$ に対して $gv=\rho(g)v$ と定義すると G は V に*作用する.

V が有限次元のときは, 有限次元表現といい, V の次元を表現の次数という. 特に 1 次の表現は, G から $F^*=F\setminus\{0\}$ を乗法について群とみたものの中への準同型写像にほかならない. 1 次の表現で $\rho(g)=1$ $(g\in G)$ で定義される表現を自明な表現という.

V として特に n 次元列ベクトルのなす線形空間 F^n を取れば, $GL(V)=GL(n,F)$ であり, この場合は特に G の F における n 次の行列表現という言い方をする.

同じ群 G の, それぞれ線形空間 V, V' における線形表現を ρ, ρ' とする. ρ を ρ' に変換するような線形同型写像 $\tau: V\to V'$ が存在するとき, すなわち,
$$\tau\circ\rho(g) = \rho'(g)\circ\tau \quad (g\in G)$$
が成り立つとき, ρ と ρ' は同値であるといわれる. 有限次元表現は行列表現に同値である.

例 群 G が集合 X に作用しているとき, 関数空間 $C(X,F)=\{f: X\to F\}$ を表現空間とする線形表現が次のように定義される.

$g\in G, f\in C(X,F)$ に対して,
$$(\rho(g)f)(x) = f(g^{-1}x).$$
こうして得られる線形表現を, 群作用から得られる表現という. 特に, $X=G$ とし, G の X への左作用(→ 作用(群の))を考えれば, G の $C(G,F)$ への線形表現が得られるが, これを左正則表現(→ 正則表現)という.

(V,ρ) が G の表現であるとき, V の*双対線形空間 V^* の元に対して
$$(\rho^*(g)\varphi)(v) = \varphi(g^{-1}v), \quad \varphi\in V^*, v\in V$$
と定めることによって表現 (V^*, ρ^*) が定義される. これを (V,ρ) の双対表現あるいは随伴表現という.

G の部分群 H の表現が与えられると, それをもとに G の表現をつくることができる(→ 誘導表現).

(V,ρ) が群 G の表現であるとき, 線形部分空間 W が,「$g\in G, v\in V$ ならば $\rho(g)v\in W$」を満たすとき, W を表現 ρ の不変部分空間という. このとき, ρ は W における G の表現を定める. これを部分表現という. (V,ρ) が V 自身と $\{0\}$ 以外の部分表現をもたないとき, 既約表現であるという.

$(V_1,\rho_1), (V_2,\rho_2)$ が G の表現であるとき, 直和 $V_1\oplus V_2$ における G の表現が定まる. これを表現の直和といい, $(V_1\oplus V_2, \rho_1\oplus \rho_2)$ と記す.

表現 (V,ρ) が有限個の既約表現 (V_i,ρ_i) $(i=1,\cdots,m)$ の直和 $(V_1\oplus\cdots\oplus V_m, \rho_1\oplus\cdots\oplus\rho_m)$ と同型であるとき, 表現 (V,ρ) は完全可約であるという.

体 F の*標数が 0 であれば, 有限群の任意の有限次元表現(すなわち V が有限次元線形空間である表現 (V,ρ))は完全可約である. 正標数の体 F 上の線形表現のことを*モジュラー表現という. モジュラー表現では完全可約でない表現が存在する.

表現に*指標を対応させることができ, 指標の性質から表現の性質を導くことができる. 例えば, 群 G の標数 0 の体 F 上の互いに同値でないすべての既約表現を $(V_1,\rho_1),\cdots,(V_n,\rho_n)$ とすると
$$\sum_{i=1}^{n}(\dim_F V_i)^2 = |G|$$
が成り立つ. ここで $|G|$ は群 G の位数である.

*リー群の表現では, ρ が連続な表現が重要である(→ ユニタリ表現).

線形不等式

linear inequality

例えば $2x-y\leqq 3$ や $2x>y+3$ のように, 左辺に移項すると着目している変数について 1 次式になる不等式をいう. 一般に, 変数 $x_1,\cdots,x_n$ に関する線形不等式は, 適当な実数 $a_1,\cdots,a_n,c$ を用いて $\sum_{j=1}^{n}a_jx_j\leqq c$ あるいは $\sum_{j=1}^{n}a_jx_j<c$ の形に書き表すことができる. 例えば, $2x>y+3$ は $-2x+y<-3$ と書き直せる. 複数の線形不等式を同時に考えるときには, 線形不等式系, あるいは連立線形不等式という. → 線形不等式論, 多面体, 半平面, ファルカスの補題, 線形計画法

線形不等式論

theory of linear inequalities

線形不等式系およびそれの記述する多面体に関する理論体系で, 経済学や最適化(とくに*線形計画法)への応用がある.「与えられた不等式系に解が存在するためには, それに付随する別の不等式系が解を持たないことが必要かつ十分である」と

いう形の二者択一定理が成り立つ. 二者択一定理にはいろいろな変種があるが, *ファルカスの補題はその代表例である.

線形部分空間
linear subspace

線形空間 L の空でない部分集合 M が, 次の性質を満たすとき, L の線形部分空間あるいは単に部分空間と呼ばれる.
 (1) $x, y \in M$ ならば, $x + y \in M$
 (2) M の元のスカラー倍は M の元である.
言い換えれば, ベクトル和とスカラー倍で閉じた集合が部分空間である.

例 n 次元行ベクトルのなす線形空間 $L = \mathbb{R}^n$ において,
$$M = \{(x_1, \cdots, x_n) \mid x_1 + \cdots + x_n = 0\}$$
は, 線形部分空間である. しかし,
$$\{(x_1, \cdots, x_n) \mid x_1^2 + \cdots + x_{n-1}^2 - x_n^2 = 0\}$$
は線形部分空間ではない.
2 つの線形部分空間 M_1, M_2 の共通部分 $M_1 \cap M_2$ は線形部分空間である. また,
$$M_1 + M_2 = \{x + y \mid x \in M_1, y \in M_2\}$$
も線形部分空間である.

線形変換
linear transformation

*線形空間 V から V 自身への*線形写像のことをいう(逆写像を持つものに限る場合もある). V の基底を決めると, 正方行列で表される. → 行列表示, 1 次変換

線形偏微分方程式
linear partial differential equation

未知関数およびその偏導関数についての 1 次式の形に書き表せる偏微分方程式のことをいう. *ラプラスの方程式 $\Delta u = 0$, *ポアソンの方程式 $\Delta u = f(x)$, *熱方程式 $u_t = \Delta u$, *波動方程式 $u_{tt} = \Delta u$ などは代表的な例である. また, *シュレーディンガー方程式や*マクスウェル方程式も重要な線形偏微分方程式である. 線形偏微分方程式の際だった特徴は, *重ね合わせの原理が成り立つことである. → 線形微分方程式

線形方程式
linear equation

1 次方程式を線形方程式ということがある. また, 連立 1 次方程式を行列を使って $Ax = b$ の形に書いて線形方程式または線形方程式系ということがある. さらに, 微分方程式を考察しているときは線形微分方程式を単に線形方程式ということがある.

全国紙上数学談話會

大阪帝国大学数学教室が編集事務を引き受けて, 昭和 9 年 (1934) から昭和 20 年 2 月 267 号まで発行されたガリ版刷の和文の機関誌. さらに, 昭和 24 年 7 月 15 号まで第二輯が刊行された.
若手数学者の研究活動を助成する目的で刊行され, 多くの数学者が研究発表の場として利用し, 日本の数学の進展に大きく寄与した. *伊藤清の「Markoff 過程ヲ定メル微分方程式」など 20 世紀数学に大きな貢献をした論文も掲載された.

全事象
universal event

考えている試行の結果の中で「どれが起こってもよい」という事象をいう. すべての事象は全事象の部分であり, 全事象の余事象は空事象である.

全射
surjection

上への写像のことをいう. すなわち, 写像 $f: A \to B$ は, 各 $b \in B$ に対して $f(a) = b$ となる $a \in A$ があるとき, 全射という.

全順序   total order   → 順序関係

全順序集合   totally ordered set   → 順序関係

全商環
ring of total quotients

整数のなす環から有理数のなす体を構成する方法を, 可換環に一般化して得られる概念. R が整域のときは*商体である.
可換環 R の*零因子でない元の全体を U とすると, U は積に関して閉じた集合(→ 局所化(環の))である. $R \times U$ に次のようにして関係 $\sim$ を導入する.
$$(r, u) \sim (r', u') \iff ru' = r'u$$
この関係は同値関係であり, その同値類を r/u で表すことにする. 同値類の集合(商集合) Q は, 次のように定義される加法と乗法を持つ.
$$r/u + r'/u' = (ru' + r'u)/uu',$$
$$(r/u)(r'/u') = rr'/uu'.$$

この演算に関して, Q は可換環になることが確かめられる. $r/1$ と r を同一視することにより, Q は R を部分環として含む環である. Q を R の全商環という.

線織面
ruled surface
直線が動いてできる曲面のことをいう. 一葉双曲面, 双曲放物面, 円柱, 円錐が線織面の例である. 線織面を描く直線を母線という.

線織面は, 空間内の曲線 $\boldsymbol{x}(u)$ とそれに沿う単位ベクトル場 $\boldsymbol{n}(u)$ によって, $\boldsymbol{S}(u,v)=\boldsymbol{x}(u)+v\boldsymbol{n}(u)$ なる局所径数表示を持つ.

代数幾何学では, 射影直線と代数曲線の直積 $P^1 \times C$ と*双有理同値な*代数曲面を線織面という.

前進差分
forward difference
導関数 $f'(x)$ の近似として, 適当な刻み幅 h を設定して $(f(x+h)-f(x))/h$ を用いることを前進差分という. 近似誤差は h のオーダーである. ⇒ 後退差分, 差分

前進方程式　forward equation　⇒ フォッカー-プランク方程式

全正行列
totally positive matrix
すべての*小行列式が正である実正方行列のこと. ⇒ 正行列

線積分
line integral
*区分的に滑らかな関数で*径数表示された*平面曲線 $C: l(t)=(x(t),y(t))$ $(t\in[a,b])$ に対して
$$\int_a^b \left(f(x(t),y(t))\frac{dx}{dt} + g(x(t),y(t))\frac{dy}{dt} \right) dt$$
の形の積分を曲線 C に沿う線積分という. 略して
$$\int_C (f(x,y)dx + g(x,y)dy)$$
と表す. この積分は径数 t の取り方によらない. 微分形式の概念を用いるならば, 線積分とは1次微分形式 $\omega=f(x,y)dx+g(x,y)dy$ の C に沿う積分にほかならない. ω を形式的にベクトル場 $\boldsymbol{V}=(f,g)$ と微小ベクトル $d\boldsymbol{s}=(dx,dy)$ の内積のようにみなして, 線積分を $\int_C \boldsymbol{V}\cdot d\boldsymbol{s}$ と表すこともある.

例　C が*単純閉曲線で, $\omega=(-ydx+xdy)/2$ のとき,
$$\int_C \omega$$
は, C により囲まれた領域 D の符号つきの*面積(Area(D))を表す. 実際, $d\omega=dx\wedge dy$ であり, *ストークスの公式により,
$$\int_C \omega = \int_D d\omega = \int_D dxdy = \pm\mathrm{Area}(D)$$
となる. ここで, 符号は, C が正の*向きに回るときは $+$, 負の向きに回るときには $-$ をとる. 一般の閉曲線の場合は, C による平面の分割の中で有界な領域を $D_1,\cdots,D_n$ とすると,
$$\int_C \omega = \sum_{i=1}^n r_i \,\mathrm{Area}(D_i)$$
となる. ここで, r_i は領域 D_i の点 p_i の周りの C の*回転数を表す. ⇒ 積分

線素
line element
曲線 L に沿ったベクトル場 $\boldsymbol{V}$ の*線績分を $\int_L \boldsymbol{V}\cdot d\boldsymbol{s}$ などとも表すが, この $d\boldsymbol{s}$ のことを線素という. 曲線の接ベクトルと平行な微小な長さのベクトルとみなせる. ($\boldsymbol{V}\cdot d\boldsymbol{s}$ は線素とベクトル場 $\boldsymbol{V}$ の値であるベクトルの間の内積で, 微小なスカラー(数)である.) 線素そのものは数学的に厳密な概念ではない.

全疎　nowhere dense, rare　⇒ ベールのカテゴリー

全体集合
universal set
集合 X の部分集合に対してさまざまな演算を考える場合に, X のことを全体集合という. 例えば, A の補集合は A に入らない元全体であるが, これを考えるには, A を含む全体集合 X を決めておく必要がある.

線対称
line symmetry
平面図形 S がある直線 l に関しての折り返しで不変なとき線対称という. すなわち, 直線 l に関する*対称移動 T で $T(S)=S$ が成り立つようなものがあるとき線対称という. 例えば, 線対称な3角形は2等辺3角形(正3角形を含む)である.

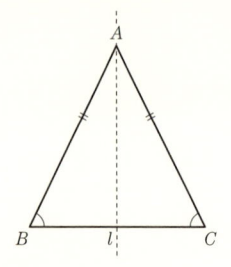

また，平面図形 S, S' に対して，直線 l に関する対称移動 T によって $T(S)=S'$ のとき S と S' は線対称であるという．⇒ 対称(y 軸に関して)，対称移動

選択公理
axiom of choice

限りなく続く推論のプロセスを避けるための論理的約束事の1つである．例えば，靴のペアが無限個与えられていて，それぞれのペアから1つを「選ぶ」ことを考える．この場合，例えば左足の靴と宣言すれば一挙に「選ぶ」ことができる．しかし，靴下のペアが与えられた場合は，左右に区別がないから，各ペアから1つずつ選び出す以外に方法がない(ラッセルの例)．しかも，この「行為」は限りなく続き，終了しない．したがって，靴下の場合のように，「選ぶ」ための具体的方法がない場合にも一挙に「選べる」ことを保証するためには，論理的な約束を前提としなければならない．この約束事を選択公理という．

数学的には次のように定式化される．互いに交わらない集合の族 $\{A_i\}$ $(i \in I)$ があったとする．I も集合であるとする．このとき，それぞれの A_i から元を1つずつ選んだ集合が存在する，すなわち，$B \cap A_i$ がどの i に対しても1つの元からなる集合であるような B が存在する，というのが選択公理である．

選択公理は，無限集合を扱うのにもっとも強力な手段であり，現代数学の多くの結果がこの公理に負うている．例えば，*コンパクト空間の(一般には無限個の)積が再びコンパクトであることを主張する*ティホノフの定理，*ルベーグ可測でない集合の存在，環の任意のイデアルに対して，それを含む*極大イデアルが存在すること，*代数的閉包の存在，*ハーン-バナッハの定理などでは，選択公理を用いることがその証明に不可欠である．さらに，選択公理を用いると任意の集合が整列可能であること，すなわち整列集合であるような順序関係が存在することが証明できる(*整列定理)．逆に整列定理を使えば選択公理を証明することができ，両者は同値な命題である．証明に選択公理を用いるときは，それと同値な*ツォルンの補題を用いることも多い．

一方，*バナッハ-タルスキーの逆理など一見常識と反するようなことが選択公理から導けることも知られている．

選択公理が無矛盾であること，すなわち集合論の公理系から選択公理を除いたものが矛盾を含まなければ，選択公理を付け加えても矛盾を含まないことが，*ゲーデルによって証明されている．また，選択公理の独立性，すなわち集合論のほかの公理から選択公理を導けないことが，コーエン(P. J. Cohen)によって証明されている．⇒ 集合論

全単射
bijection

2つの集合の間の1対1の対応を与える写像をいう．全射かつ単射な写像のことである．*逆写像が存在するような写像といってもよい．⇒ 写像

全張木　spanning tree　⇒ 極大木

尖点
cusp

(1) 平面代数曲線の尖点　平面代数曲線の特異点の一種．例えば，$y^2 = x^3$ のグラフを書いてみると，原点のところが，とんがって，特異点になっている．このような特異点が尖点である．正確には次のとおり．

平面曲線 $f(x, y) = 0$ の原点が特異点であれば
$$f(x, y) = a_{11}x^2 + 2a_{12}xy + a_{22}y^2 + 3\text{次以上の項}$$

と書ける．2次の項の判別式 $a_{12}^2 - a_{11}a_{22}$ が 0 でかつ，$f(x, y)$ が形式的べき級数環 $\mathbb{C}[[x, y]]$ で既約のとき，特異点は尖点であるという．$y^2 - x^3 = 0$ や $y^2 - x^5 = 0$ の原点は尖点であるが $y^2 - x^4 = 0$ は原点で可約 $(y^2 - x^4 = (y+x^2)(y-x^2))$ であり尖点ではない．

(2) 数論の尖点　$SL(2, \mathbb{Z})$ は上半平面 H に $\tau \mapsto (a\tau+b)/(c\tau+d)$ ($\begin{bmatrix} a & b \\ c & d \end{bmatrix} \in SL(2, \mathbb{Z})$) の形で作用し，商空間 $H/SL(2, \mathbb{Z})$ は*楕円モジュラー関数 j によって複素平面 $\mathbb{C}$ と正則同型になる．この商空間に1点を付け加えて1次元射影空間 $P^1(\mathbb{C})$ と考えることができる．この付け加えるべ

き点は上半平面では Im $\tau\to\infty$ となる点が収束した先,無限遠点と考えることができる.これを $SL(2,\mathbb{Z})$ に関する尖点という.離散部分群 Γ で
$$[\Gamma:\Gamma\cap SL(2,\mathbb{Z})]<\infty,$$
$$[SL(2,\mathbb{Z}):\Gamma\cap SL(2,\mathbb{Z})]<\infty$$
となるもの($[G:X]$ は G の部分群 X の G での*指数)に関しても,商空間 H/Γ に有限個の点を付け加えると閉リーマン面になる.この付け加えるべき点には上半平面の Im $z\to\infty$ に対応する無限遠点と実軸上のいくつかの点が対応する.これらの点を群 Γ に対する尖点という.

(3) ⇀ くさび

尖点形式　cusp form　→ 保型形式

全微分

total differential

微分可能な関数 $f(x)$ について,ある点 a における x の微小増分 Δx に対応する $f(x)$ の増分 $\Delta f(a)=f(a+\Delta x)-f(a)$ は第 1 近似として $\Delta f(a)\fallingdotseq f'(a)\Delta x$ で与えられる.そこで形式的なシンボル
$$df(x)=f'(x)dx$$
を考え,これを $f(x)$ の全微分という.全微分は座標変換に関して不変な概念である.実際 $x=\varphi(t)$ とすると
$$df(\varphi(t))=f'(\varphi(t))\varphi'(t)dt=f'(\varphi)d\varphi$$
が成り立つ.

同様に n 変数の連続微分可能な関数 $f(x_1,x_2,\cdots,x_n)$ に対してシンボル
$$df(x)=\sum_{j=1}^{n}\frac{\partial f(x)}{\partial x_j}dx_j$$
を考え,これを全微分という.→ 微分形式

全微分可能

totally differentiable

関数 $f(x_1,\cdots,x_n)$ が点 $a=(a_1,\cdots,a_n)$ において全微分可能とは,1 次式で近似できること,すなわち定数 $\alpha,\beta_1,\cdots,\beta_n$ が存在して,$x\to a$ のとき
$$f(x)=\alpha+\sum_{j=1}^{n}\beta_j(x_j-a_j)+o(\|x-a\|)$$
が成り立つことをいう($o(\|x-a\|)$ は,*ランダウの記号).このとき $f(x)$ は $x=a$ で連続かつ偏微分可能であり,$\alpha=f(a),\beta_j=(\partial f/\partial x_j)(a)$ となる.逆に偏導関数 $\partial f/\partial x_j$ $(j=1,\cdots,n)$ が存在して連続ならば,$f(x)$ は全微分可能である.

全微分方程式

total differential equation

未知関数 $y=y(x_1,\cdots,x_n)$ に対する次の形の微分方程式を全微分方程式という.
$$\frac{\partial y}{\partial x_i}=f_i(x_1,\cdots,x_n,y)\quad(i=1,\cdots,n)\quad(1)$$

(1)に解が存在したとすると,$\partial^2 y/\partial x_i\partial x_j=\partial^2 y/\partial x_j\partial x_i$ であるから,(1)の両辺を x_j で偏微分したものと,(1)の i を j に変えてから x_i について偏微分したものの右辺を比べることにより次の条件を得る.
$$\frac{\partial f_i}{\partial x_j}+\frac{\partial f_i}{\partial y}f_j=\frac{\partial f_j}{\partial x_i}+\frac{\partial f_j}{\partial y}f_i\quad(2)$$

これを*可積分条件という.逆に,考えている領域が単連結のとき,可積分条件が満たされれば(1)は解を持つ.

微分形式を用いると(1)は
$$dy=\sum_{i=1}^{n}f_i dx_i\quad(3)$$
と書くことができる.可積分条件(2)は(3)の右辺の*外微分が(1)を代入すると 0 となる(閉微分形式である)ことと同値である.

前ヒルベルト空間

pre-Hilbert space

必ずしも*完備とは限らない無限次元計量線形空間(→ 計量線形空間)のことをいう.前ヒルベルト空間 X の内積を $(\cdot,\cdot)$ とするとき,*距離
$$d(x,y)=\sqrt{(x-y,x-y)}\quad(x,y\in X)$$
に関し,X を*完備化したものは*ヒルベルト空間になる.

例　$\mathbb{R}$ 上のコンパクトな*台を持つ滑らかな関数全体のなす空間 $C_0^\infty(\mathbb{R})$ 上に,
$$(f,g)=\int_{\mathbb{R}}f(x)\overline{g(x)}dx$$
により内積を入れたとき,$C_0^\infty(\mathbb{R})$ は前ヒルベルト空間である.この完備化は 2 乗可積分関数のなすヒルベルト空間 $L^2(\mathbb{R})$ (→ L^2 空間)と同一視される.

全不連結

totally disconnected

2 点以上を含む部分集合がすべて不連結な位相空間のことをいう.完全不連結ともいう.$\mathbb{Q}$(有理数全体),*カントル集合,p 進数全体などは全不連結である.

線分
line segment

直線の一部をいう．すなわち直線 L の 2 点 P, Q に対して，L 上の点で P と Q の間にある点からなる部分を線分 PQ という．

全変動　total variation　→ 有界変動関数

全変分　total variation　= 全変動

全有界
totally bounded

n 次元ユークリッド空間の*有界集合を一般化したものが全有界集合である．

*距離空間 (X, d) は次の性質を満たすとき全有界あるいはプレコンパクトといわれる．任意の正数 ε に対して，X の有限*開被覆 $U_1, \cdots, U_n$ で各 U_i の*直径が ε よりも小さいものが存在する（個数 n は ε に依存する）．

*完備な距離空間 (Y, d) の*相対コンパクトな部分集合 X に，Y の距離から定まる距離 d を与えると，(X, d) は全有界である．

*アスコリ-アルツェラの定理は連続関数からなる集合が一様収束の位相に対応する距離に関して，全有界である十分条件を与える（→ 正規族）．

ソ

素イデアル
prime ideal

R を単位元 1 を持つ可換環とする．R のイデアル $\mathfrak{p}$ で，次の(1), (2)を満たすものを，素イデアルという．
(1) $ab \in \mathfrak{p}\ (a, b \in R)$ であれば $a \in \mathfrak{p}$ または $b \in \mathfrak{p}$.
(2) $\mathfrak{p} \neq R$.

例えば整数環 $\mathbb{Z}$ の素イデアルとは，素数 p が生成するイデアル (p) および (0) のことである．また，F を*可換体とし，R を n 変数*多項式環 $F[x_1, \cdots, x_n]$ とするとき，イデアル (x_1), $(x_1, x_2), \cdots, (x_1, \cdots, x_n)$ や，既約多項式 f の生成するイデアル (f) は素イデアルである．*極大イデアルは素イデアルである（逆は成り立たない）．イデアル $\mathfrak{p}$ が素イデアルであることと，イデアル $\mathfrak{p}$ による*剰余環 $R/\mathfrak{p}$ が*整域であることは，同値である．特に R のイデアル (0) が素イデアルであることと，R が整域であることは同値である．

素因子
prime factor

素因数のこと．→ 素因数分解

素因数　prime factor　→ 素因数分解

素因数分解（整数の）
factorization in prime factors

任意の自然数は，$720 = 2^4 \cdot 3^2 \cdot 5$, $308 = 2^2 \cdot 7 \cdot 11$ などのように素数の積に分解される．詳しくは，n を 1 と異なる自然数とするとき，素数 $p_1 < \cdots < p_k$ および自然数 $m_1, \cdots, m_k$ により，
$$n = p_1^{m_1} \cdots p_k^{m_k}$$
のように一意的に表される（$p_1, \cdots, p_k$ を素因数という）．これを素因数分解定理という．

素因数分解定理により，正の有理数のなす乗法群は，素数全体を基底とする自由アーベル群であることがわかる．

素因数分解（多項式の）
factorization in prime factors

体 K 上の n 変数多項式 $f(x_1, \cdots, x_n)$ は，$x^3 + y^3 + z^3 - 3xyz$

$= (x+y+z)(x^2+y^2+z^2-yz-zx-xy)$
のように既約多項式 $f_i=f_i(x_1,\cdots,x_n)$ の積 $f=f_1^{m_1}f_2^{m_2}\cdots f_k^{m_k}$ として定数倍を除いて一意的に表される．これを多項式における素因数分解定理という．

層
sheaf

開集合 $U\subset\mathbb{C}^n$ に対して，その上の正則関数全体の集合（あるいは，滑らかな関数全体の集合，連続な関数全体の集合，など）を対応させ，これを $\mathcal{O}(U)$ で表す．$V\subset U$ に対して，$f\in\mathcal{O}(U)$ をその V への制限に対応させる写像 $i_{UV}:\mathcal{O}(U)\to\mathcal{O}(V)$ が定まる．$\mathbb{C}^n$ の各開集合 U ごとのさまざまな環 $\mathcal{O}(U)$ が，互いに関連しながら存在している．このようなものが層である．この例の場合は「$\mathbb{C}^n$ 上の環の層」である．層の正確な定義はあとで述べる．

層の概念はルレイ（L. Leray）により導入された．*岡潔は多変数複素関数論の研究の中で，層と実質的に同等な概念を用いており，不定域イデアルと呼んでいた．アンリ・カルタン（H. Cartan）は岡の不定域イデアルがルレイの層と同等なものであることを見抜き，それに基づいて岡の結果を整理した．それ以後，層は多変数複素関数の研究で不可欠な概念になった．セール（J.-P. Serre）は代数幾何学の研究に，層とそのコホモロジーを導入し，また，有限体上の代数幾何学でも，*ザリスキー位相を用いることで，層と層係数コホモロジーを考えることができることを示した．*グロタンディックはこれに基づいて，そのスキーム（→ スキーム理論）の定義で，層の理論を用い，さらに，「その上の層の概念が定義できるもの」に，空間（位相空間）の概念そのものを一般化した．一方，*小平邦彦は*複素多様体の研究に層の理論を応用し，微分幾何学的方法と併せて，重要な成果を上げた．層の理論は*佐藤幹夫による超関数の理論でも，重要であり，さらに，D 加群の研究など微分方程式やリー群の表現論などでも用いられている．

位相空間 X の開集合 U に対して，集合 $\mathcal{F}(U)$ が定まり，また，$V\subset U$ に対して，写像 $i_{UV}:\mathcal{F}(U)\to\mathcal{F}(V)$ が定まっていて，$W\subset V\subset U$ に対して，$i_{VW}\circ i_{UV}=i_{UW}$ が成り立つとき，準層といい，さらに次の条件を満たすとき，層という．

(1) $U=\bigcup_\alpha U_\alpha$, $s_\alpha\in\mathcal{F}(U_\alpha)$ とする．もし，
$$i_{U_\alpha\, U_\alpha\cap U_\beta}(s_\alpha)=i_{U_\beta\, U_\alpha\cap U_\beta}(s_\beta)$$

がすべての α, β に対して成り立てば，$s\in\mathcal{F}(U)$ で $i_{UU_\alpha}(s)=s_\alpha$ なる s がただ 1 つ存在する．

最初にあげた例では $X=\mathbb{C}^n$, $\mathcal{F}(U)=\mathcal{O}(U)$, i_{UV} は「V への制限」であり，条件(1)は共通部分で一致する正則関数の族は，貼り合わせて和集合上の正則関数を作ることができる，という性質に対応する．

$\mathcal{F}(U)$ の元を層 $\mathcal{F}$ の U 上の切断という．

層の定義で $\mathcal{F}(U)$ が群，環，などで，i_{UV} が準同型であるとき，組 $(\mathcal{F}(U),i_{UV})$ を群，環，などの層という．また，環の層上の加群の層も同様に定義される．

$U\subset\mathbb{C}^n$ に対して，その上の正則関数全体 $\mathcal{O}(U)$ を対応させる対応は層になる．これは，一般の複素多様体でも同様に定義でき，複素多様体の構造層という．構造層は，環の層になる．C^k 級関数の層も同様に定義される．

可微分多様体 M があるとき，開集合 $U\subset M$ に U 上の C^∞ 級ベクトル場全体 $\mathfrak{X}(U)$ を対応させる対応は層を定める．これは接ベクトル束（→ ベクトル束）の場合であるが，同様にして，M 上のベクトル束 E に対して E の（C^∞ 級の）切断のなす層が定まる．これらは，C^∞ 級関数の層上の加群の層になる．

群，環，加群の層の準同型，直和，商，完全系列などが定義される．

層 $\mathcal{F}$ に対して，その点 p での芽が，関数の芽と同様に定義される．これら全体に然るべき位相を入れたものを考え，これを層の定義に用いる流儀もある．⇒ 茎

像
image

写像 $f:X\to Y$ と，X の部分集合 A が与えられたとき，Y の部分集合 $\{f(a)\,|\,a\in A\}$ を，A の f による像といい，$f(A)$ により表す．$A=X$ のときは，単に f の像といい，Image f, Im f, $f(X)$ などと記す．⇒ 写像

双 1 次
bilinear

双線形のこと．⇒ 双線形形式，双線形写像

増加関数
increasing function

単調増加関数のこと．⇒ 単調関数

増加数列　increasing sequence　＝単調増加列

相加平均
arithmetic mean

実数 $a_1,\cdots,a_n$ に対して $m=(a_1+\cdots+a_n)/n$ を $a_1,\cdots,a_n$ の相加平均または算術平均という. m は $|m-a_1|^2+\cdots+|m-a_n|^2$ を最小にするような値として特徴づけられる. → 平均

増加率
increase rate

関数 $f(x)$ の 2 点 x_1, x_2 ($x_1<x_2$) における値の差の比
$$\frac{f(x_2)-f(x_1)}{x_2-x_1}=\frac{f(x_1+h)-f(x_1)}{h}$$
$$(h=x_2-x_1)$$
を x_1 から x_2 までの $f(x)$ の増加率または平均変化率という. また
$$\lim_{x_2\to x_1}\frac{f(x_2)-f(x_1)}{x_2-x_1}$$
が存在するとき, この極限値, すなわち微分係数 $f'(x_1)$ を, x_1 における $f(x)$ の増加率という. → 微分係数

相関
correlation

(1) 相関関数の略.
(2) 統計では, 2 つの統計量の間に比例関係が認められるとき, 相関は正であるといい, 右下がりの直線のまわりに統計量が分布していれば, 負の相関があるという. これを定量的に測るのが*相関係数である.

相関関数(時系列の)
correlation function

確率変数列(→ 確率変数) $X_1, X_2,\cdots$ に対して*相関
$$R(n,m)=E[(X_n-E[X_n])(X_m-E[X_m])]$$
$$(n,m\geq 1)$$
は, X_n $(n\geq 1)$ が*定常ならば, 差 $n-m$ の関数となる. $R(n)=R(n+m,m)$ を自己相関数(autocorrelation function), 略して単に相関関数という. 相関関数は*正定値関数である. 連続時間の*定常確率過程の場合も同様に定義できる. また, 保測力学系(→ 保測変換)の*相関関数はその特別な場合である. とくに, 定常な*ガウス過程は, 平均と相関関数だけで分布が定まる.

なお, 数列あるいは*時系列データ $x_1, x_2,\cdots$ に対して*長時間平均が存在すれば, $R(m)=\overline{(x_n-\overline{x})(x_{n+m}-\overline{x})}$ を相関関数と呼ぶ. ただし, ¯ は n についての長時間平均を表す. 例えば, $\overline{x}=\lim_{N\to\infty} N^{-1}\sum_{n=1}^N x_n$. 相関関数のフーリエ変換は*パワー・スペクトルと呼ばれる. 厳密にいえば, これらは 2 次の相関であり, 3 次以上の相関を考えることもある. さらに, 統計力学などでは, n 次元格子の上で相関関数を扱う.

相関関数(力学系における)
correlation function

保測力学系 (X, T_t, m) (→ 保測変換)が与えられたとき, 空間 X 上で不変確率測度 m に関して 2 乗可積分な関数 f, g に対して, $r(t)=\int_X f(x)g(T_t x)m(dx)-\bar{f}\bar{g}$ を, f と g との相関関数という. ただし, $\bar{f}, \bar{g}$ は m に関する積分を表す. とくに, $f=g$ のときは, f の自己相関数または, 単に相関関数という. 相関関数は*正定値関数であり, 任意の f, g に対して相関関数が $t\to\infty$ で 0 に収束することが, (X, T_t, m) の*混合性である. 測地流などのアノソフ力学系は自然な不変確率測度をもち, 滑らかな関数 f, g の相関関数 $r(t)$ は $t\to\infty$ で指数関数的に減衰する. なお, 不変確率測度 m のもとで, X を確率空間と考えれば, $T_t x$ $(t\in\mathbb{R})$ は定常過程の見本過程であり, 上の定義は, 定常過程としての相関関数の定義と同じものである.

相関係数
correlation coefficient

2 つの*確率変数 X, Y が 2 次*モーメントを持つとき, それぞれの平均を m_X, m_Y, 分散を $\sigma^2(X), \sigma^2(Y)$ として
$$r(X,Y)=\frac{E[(X-m_X)(Y-m_Y)]}{\sigma(X)\sigma(Y)}$$
(E は*期待値)を X と Y の相関係数といい, $r(X,Y)$ の符号に応じてそれぞれ正, 負の相関がある, $r(X,Y)=0$ のとき相関がないという. また, 標本データ(→ 標本) $(x_1, y_1),\cdots,(x_n, y_n)$ が与えられたとき, $P((X,Y)=(x_i, y_i))=1/n$ となる確率変数 X, Y に対する相関係数をこれらの統計データの相関係数という. このとき, (m_X, m_Y) を通る傾き $r(X,Y)$ の直線をこのデータに関する*回帰直線という. → 最小 2 乗法

相関数
phase function

＊ハミルトン–ヤコビ方程式を満たす $2n$ 次元相空間上の関数を相関数という．

双曲型不動点
hyperbolic fixed point

微分可能力学系 (X, f) の＊不動点 x は，微分 $df(x)$ が絶対値 1 の固有値を持たないとき，双曲型不動点という．つまり，不動点 x における接ベクトル空間 $T_x(X)$ が，安定な方向 $E_x^s = \{v \in T_x(X) | \lim_{n \to \infty} |df^n(x)v| = 0\}$ と不安定な方向 $E_x^u = \{v \in T_x(X) | \lim_{n \to \infty} |df^{-n}(x)v| = 0\}$ に直和分解 $T_x(X) = E_x^s \oplus E_x^u$ ができることをいう（微分可能な流れについては，流れの方向を E_x^0 として，直和分解は $T_x(X) = E_x^0 \oplus E_x^s \oplus E_x^u$ である）．とくに，$E_x^s = \{0\}$ の場合が＊源点，$E_x^u = \{0\}$ の場合が＊沈点，$E_x^u \neq \{0\}, E_x^s \neq \{0\}$ の場合が＊鞍点である．ハミルトン系などの保存系においては，双曲型不動点はすべて鞍点である．

双曲型偏微分方程式
partial differential equation of hyperbolic type

波動方程式の解は，有限の速度で伝播し，＊影響領域，＊依存領域などが定まる．このような特徴を持つ偏微分方程式は一般に双曲型と呼ばれ，次のように定義される．

2 階線形偏微分方程式

$$\sum_{i,j=1}^n a_{ij}(x) \frac{\partial^2 u}{\partial x_i \partial x_j} + \sum_{i=1}^n b_i(x) \frac{\partial u}{\partial x_i} + c(x) u = f(x) \quad (*)$$

において，2 次形式

$$Q(x_0; X) = \sum_{i,j=1}^n a_{ij}(x_0) X_i X_j$$

が負の固有値をただ 1 つ持ち，他の固有値はすべて正であるとき，この方程式は x_0 で双曲型であるという．領域の各点で双曲型の方程式を単に双曲型という．波動方程式

$$\sum_{i=1}^n \frac{\partial^2 u}{\partial x_i^2} - \frac{\partial^2 u}{\partial t^2} = 0$$

は双曲型偏微分方程式の典型例である．

超曲面 S の各点 x_0 で，$Q(x_0; X)$ の負の固有値に属する固有ベクトルが S の接線でないとき，S は非特性的という．このとき S 上で u および u の法線方向の微分を与えると，$(*)$ は S の近くでただ 1 つの解をもつ．

双曲型という概念は，連立系や非線形偏微分方程式にも一般化される．＊マクスウェルの方程式や＊ディラック方程式は 1 階の双曲型偏微分方程式系の重要な例である．

双曲型力学系　hyperbolic dynamical system　→ アノソフ力学系

双曲幾何学
hyperbolic geometry

＊非ユークリッド幾何学のことをいう．3 次元空間にミンコフスキー計量 $g = -dt^2 + dx^2 + dy^2$ を考え，$t^2 - x^2 - y^2 = 1$ なる曲面上，すなわち 2 葉双曲面上に g から定まる＊計量を考えると，＊非ユークリッド空間になる．

双曲空間　hyperbolic space　＝ 非ユークリッド空間

双曲 3 角関数　hyperbolic trigonometric function　→ 双曲線関数

双極子
dipole

棒磁石の方向と磁場の強さを一定に保って長さを無限小にした極限を，N 極と S 極が一致した対という意味で，双極子という．プラス極とマイナス極の電荷対についても同様の極限を考え，双極子という．

物理では，この理想化された極限と見なしてよい程度の近接した 2 極も双極子というが，数学的には，＊デルタ関数（の定数倍）の方向微分であり，＊2 重層ポテンシャルを与える超関数である．実際，例えば，$\varepsilon \to 0$ のとき，N 極の座標が $(0, 0, -\varepsilon)$，S 極の座標が $(0, 0, \varepsilon)$ で，強さが μ/ε の棒磁石のつくる磁場 B_ε の極限 B は，$r = \sqrt{x^2 + y^2 + z^2}$ として，2 重層ポテンシャル

$$-\mu \frac{z}{r^3} \left(= -\mu \int_{\mathbb{R}^3} \frac{1}{r} d\left(\frac{\partial}{\partial z} \delta(x, y, z) \right) \right)$$

で与えられる．

双曲正弦関数　hyperbolic sine　→ 双曲線関数

双曲正接関数　hyperbolic tangent　→ 双曲線関数

双曲線
hyperbola

平面の 2 定点 F, F' からの距離の差が一定な点の軌跡を F, F' を*焦点とする双曲線という. F, F' を通る直線を x 軸, 線分 FF' の垂直 2 等分線を y 軸とする直交座標を使うと双曲線は
$$\frac{x^2}{a^2} - \frac{y^2}{b^2} = 1$$
で表される. このとき焦点の座標は $(\pm\sqrt{a^2+b^2}, 0)$ である. また, $e=\sqrt{1+(b/a)^2}$ を*離心率という. 焦点 $(\sqrt{a^2+b^2}, 0)$ $((-\sqrt{a^2+b^2}, 0))$ に対する*準線は $x=a/e$ $(x=-a/e)$ で与えられる. 双曲線は円錐の平面による切り口として現れる.
→ 円錐曲線, 2 次曲線, 漸近線

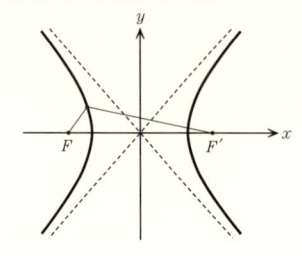

双曲線関数
hyperbolic function
$$\cosh t = \frac{e^t + e^{-t}}{2}, \quad \sinh t = \frac{e^t - e^{-t}}{2}$$
で定められる関数をそれぞれ双曲線余弦関数, 双曲線正弦関数という. 双曲余弦関数, 双曲正弦関数と呼ぶこともある.

t が実数を動くとき, $x=\cosh t$, $y=\sinh t$ を座標とする点 $P(x,y)$ は直角双曲線 $x^2-y^2=1$ の $x>0$ の部分をくまなく動く. またこのとき双曲線の頂点を $A(1,0)$, 原点を $O(0,0)$ とすれば, 線分 OP, OA と双曲線の弧 AP が囲む図形の面積が $|t|/2$ になる.

3 角関数にならって双曲線正接関数 $\tanh t = \sinh t / \cosh t$ なども定義される. これらを合わせて双曲線関数という. 双曲線関数についても 3 角関数に類似した加法公式が成り立つ. → 加法定理(3 角関数の)

指数関数 e^t のべき級数展開を用いれば, 双曲線関数のべき級数展開が得られる.
$$\cosh t = 1 + \frac{t^2}{2!} + \frac{t^4}{4!} + \cdots + \frac{t^{2n}}{(2n)!} + \cdots,$$
$$\sinh t = t + \frac{t^3}{3!} + \frac{t^5}{5!} + \cdots + \frac{t^{2n+1}}{(2n+1)!} + \cdots.$$
変数を複素数の範囲に広げて考えれば, *オイラーの公式 $e^{it}=\cos t + i \sin t$ から $\cosh t = \cos it$,

$\sinh t = -i \sin it$ となり, 双曲線関数は本質的に 3 角関数と同じものであることがわかる.

双曲線正弦　hyperbolic sine　→ 双曲線関数

双曲線正接　hyperbolic tangent　→ 双曲線関数

双曲線余弦　hyperbolic cosine　→ 双曲線関数

双曲的　hyperbolic　→ 楕円的

双曲放物面　hyperbolic paraboloid　→ 2 次曲面

双曲面　hyperboloid　→ 2 次曲面

相空間
phase space

3 次元空間の 1 つの質点からなる系の運動を記述する場合, 位置の座標を表す 3 つの実数 (q_1, q_2, q_3) と運動量ベクトルの成分を表す 3 つの実数 (p_1, p_2, p_3) を座標とする 6 次元ユークリッド空間 $\mathbb{R}^6$ を相空間という. n 個の質点からなる系の場合は, 相空間は $6n$ 次元ユークリッド空間である. 拘束(→ ホロノーム拘束)がある場合には, 相空間は部分多様体になる. 例えば, 曲面 $\Sigma \subset \mathbb{R}^3$ 上だけを動く質点がなす系の場合, 相空間は Σ の*余接束 $T^*(\Sigma)$ である. *ハミルトン方程式は相空間上で考える. 数学的には*シンプレクティック多様体として定式化される. phase space は位相空間と訳されることもある(→ 位相空間(力学における)). なお, 相空間は, 位置などを表す*配位空間(状態空間)と区別して用いられることもあり, 例えば, 単振動(= 振動)の方程式 $d^2x/dt^2=-x$ の配位空間は直線 $\mathbb{R}$, 相空間は平面 $\mathbb{R}^2$ である(相平面という).

相互法則　reciprocity law　→ 平方剰余の相互法則

掃散
sweeping out

空間の領域 $D \subset \mathbb{R}^3$ で*優調和関数 $f(x)$ があるとき, 部分集合 $K \subset D$ の外部では $f(x)$ に一致し, K の内部では調和であるような関数 $g(x)$ を $f(x)$ の K についての掃散という. K が a を中心とする半径 R の球体の場合, 掃散は次の式で与えられる(*ポアソン積分).

$$g(x) = \begin{cases} f(x) & (x \notin K), \\ \dfrac{1}{4\pi R} \displaystyle\int_{\|y-a\|=R} \dfrac{R^2 - \|y-a\|^2}{\|x-y\|^3} f(y) d\sigma_y & (x \in K) \end{cases}$$

ただし $d\sigma_y$ は球面 $\|y-a\|=R$ 上の面積要素である．

掃散の考え方を用いて*グリーン関数の構成ができる．掃散は近代ポテンシャル論の発展の礎となった考え方である．

相似
similar

(1) 図形の相似　ある図形 X の大きさを定数倍して，別の図形 Y と*合同になるとき，2つの図形 X と Y は相似であるという．すなわち，X, Y が3次元空間内（あるいは平面内）の図形であるとき，X, Y が相似であるとは，写像 $F: X \to Y$ と正の定数 c があって，$cd(x,y)=d(F(x),F(y))$ が任意の $x,y \in X$ に対して成り立つことを指す．ここで $d(x,y)$ は2点の*距離を表す（同じ定義で2つの*距離空間が相似であることも定義する）．相似な2つの多角形の対応する角は等しい．

相似な図形 X, Y に対して，Y と合同な図形 Y' で X と*相似の位置にある図形が存在する．

(2) 行列の相似　2つの n 次正方行列 A, B は，ある n 次の可逆行列 P により，$A=P^{-1}BP$ となるとき，互いに相似であるという．A, B が相似であるとき，A, B の*特性多項式は一致する．特に A, B の*特性根は重複度も込めて一致する．相似という関係は，n 次正方行列全体のなす集合の上の*同値関係である．

相似拡大
similar enlargement

図形 X をそれと相似な図形で，大きさがより大きい図形にすること．⇒ 相似

相似則
similarity law

微分方程式の解（または解の集合）などが，ある相似変換もしくは相似変換群に関して不変なとき，相似則を満たすという．爆発解など特別の意味を持つ解の場合が多い．ガウス分布など代表的な確率分布の大部分も相似則を満たす．流体の運動でも，レイノルズ数が同じならば数センチメートルから数百キロメートルのスケールでカルマン渦などの現象が相似になる．また，大陸や海岸線の形状がフラクタルであるなど，自然界でも相似則は普遍的に見られる現象である．

相似の位置にある
homothetic

平面あるいは空間内の2つの図形 X, Y が相似の位置にあるとは，1点 P と実数 λ，および全単射 $T: X \to Y$ があって，任意の $Q \in X$ に対して，次の3条件が成り立つことをいう（図1）．

(1) 3点 $P, Q, T(Q)$ は一直線上にある．
(2) $PT(Q)$ の長さは PQ の長さの λ 倍である．
(3) $P, Q, T(Q)$ は，$\lambda>1$ ならば $P, Q, T(Q)$ の順に，$1>\lambda>0$ ならば $P, T(Q), Q$ の順に，$\lambda<0$ ならば $T(Q), P, Q$ の順に並んでいる．

P を相似の中心，λ を相似比という．

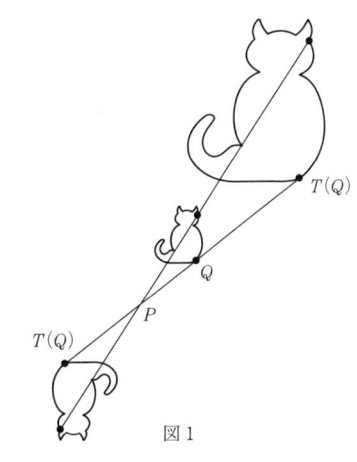

図1

相似の位置にある図形は相似であるが，相似な図形は相似の位置にあるとは限らない（図2）．しかし X と Y が相似ならば，Y に合同な図形 Y' で X と相似の位置にあるものがある．このことは次の2つのことからわかる．「P を相似の中心とし，相似比が λ の相似の位置に X と Y があることと，ベクトルの等式 $\overrightarrow{PT(Q)}=\lambda\overrightarrow{PQ}$ が成

図2

り立つことは，同値である」．「任意の相似変換は，合同変換と $\overrightarrow{PT(Q)} = \lambda \overrightarrow{PQ}$ なる変換 T の合成である」．

相似の中心　center of homothety, center of similitude
→ 相似の位置にある

相似比　ratio of magnification　→ 相似の位置にある

相似変換
similarity transformation
平面あるいは空間 E からそれ自身への全単射 T が，ある正数 λ により $d(T(p),T(q))=\lambda d(p,q)$ $(p,q\in E)$ を満たすとき，T を相似変換と呼ぶ（ここで，d はユークリッド距離である）．

平面上の 2 つの 3 角形 ABC と $A'B'C'$ が相似であるとき，$T(A)=A'$, $T(B)=B'$, $T(C)=C'$ となる相似変換 T がただ 1 つ存在する．

相似変換の概念は，一般の距離空間に対しても定義される．

相似変換（行列の）
similarity transformation
正方行列 A に対して，正則（可逆）行列 P を用いた $P^{-1}AP$ の形の変換をいう（P^{-1} は P の逆行列）．相似変換によって行列の階数や固有値は保存される．→ 合同変換（行列の），直交変換（正方行列の）

相似変換群
similarity transformation group
平面あるいは空間の相似変換全体は写像の合成により群をなすが，これを相似変換群という．

像集合　image set　＝像

相乗平均
geometric mean
n 個の正の実数の組 $a_1, a_2, \cdots, a_n$ に対して $(a_1 a_2 \cdots a_n)^{1/n}$ をその相乗平均または幾何平均という．相乗平均の*対数は n 個の正の実数の対数の*相加平均である．

相図
phase portrait
*相空間の肖像画の意味であって，*微分方程式の解全体の様子や*力学系の軌道全体の様子について，その概要を図で表したものである．とくに，相空間が平面の場合は，相平面図という．なお，例えば温度と圧力を座標軸にとって*相転移の様子を表した図（phase diagram）も日本語では相図という．

双線形形式
bilinear form
双 1 次形式ともいう．$\mathbb{R}^n$ と $\mathbb{R}^m$ の直積 $\mathbb{R}^n \times \mathbb{R}^m$ 上の実数値関数

$$f(v,w) = \sum_{i=1}^{n}\sum_{j=1}^{m} a_{ij} x_i y_j \qquad (1)$$

を $\mathbb{R}^n \times \mathbb{R}^m$ 上の双線形形式という．ここで $v=(x_i)_{i=1}^n \in \mathbb{R}^n$, $w=(y_j)_{j=1}^m$, a_{ij} $(i=1,\cdots,n; j=1,\cdots,m)$ は実数である．このとき，$v, v_1, v_2 \in \mathbb{R}^n$, $w, w_1, w_2 \in \mathbb{R}^m$, $a, b \in \mathbb{R}$ に対して

$$f(av_1 + bv_2, w) = af(v_1, w) + bf(v_2, w), \quad (2)$$
$$f(v, aw_1 + bw_2) = af(v, w_1) + bf(v, w_2) \quad (3)$$

が成り立つ．逆に (2), (3) を満たす $f: \mathbb{R}^n \times \mathbb{R}^m \to \mathbb{R}$ は必ず (1) のように表される．

$n=m$ の場合，すなわち双線形形式 $f: \mathbb{R}^n \times \mathbb{R}^n \to \mathbb{R}$ を考える．f が対称であるとは，$f(v,w)=f(w,v)$ がどの $v, w \in \mathbb{R}^n$ に対しても成り立つことをいう．この条件は n 次正方行列 $[a_{ij}]$ が対称行列であることと同値である．対称双線形形式 (1) を考えることと，2 次形式 $\sum_{i=1}^{n}\sum_{j=1}^{n} a_{ij} x_i x_j$ を考えることは同値である．→ 交代形式

体 K 上の線形空間 V, W に対して，$V \times W$ 上の双線形形式とは，双線形写像 $f: V \times W \to K$ のことで，$V=K^n$, $W=K^m$ のときは $a_{ij} \in K$ を用いて (1) のように表される．

双線形写像
bilinear mapping
体 K 上の線形空間 V, W, Z に対して，写像 $f: V \times W \to Z$ がそれぞれの変数に関して K 線形であるとき，すなわち

$$f(av_1 + bv_2, w) = af(v_1, w) + bf(v_2, w),$$
$$a, b \in K,\ v_1, v_2 \in V,\ w \in W,$$

および

$$f(v, aw_1 + bw_2) = af(v, w_1) + bf(v, w_2),$$
$$a, b \in K,\ v \in V,\ w_1, w_2 \in W$$

が成り立つとき，f は双線形写像あるいは，双 1 次写像であるという．とくに Z が K であるとき，

f は双線形形式といい，双 1 次形式ともいう．双線形写像 $V\times W\to Z$ とテンソル積 $V\otimes W$ から Z への線形写像は 1 対 1 に対応する（→ テンソル積，普遍写像性による定義）．→ 線形写像

相対位相
relative topology
*誘導位相ともいう．位相空間 X の部分空間 A に定まる位相のことをいう．A の開集合とは X の開集合 U と A の交わり $U\cap A$ のことである，と定義する．→ 誘導された位相，部分位相空間

相対エントロピー relative entropy → エントロピー（確率の），エントロピー（分割の）

相対極小モデル relatively minimal model → 代数曲面

相対誤差
relative error
誤差を表すのに，その真の値に対する比を用いることがある．それを相対誤差という．

相対コンパクト
relatively compact
位相空間（あるいは距離空間）X の部分集合 V は，その閉包がコンパクトであるとき相対コンパクトであるという．V が X のあるコンパクト集合に含まれるといっても同値である．ユークリッド空間の部分集合が，相対コンパクトであることと有界であることは同値である．

距離空間 X の相対コンパクトな部分空間は*全有界である．完備距離空間 X の部分集合 A に X の距離から定まる距離を入れるとき，A が全有界なら A は相対コンパクトである．

相対次数（素イデアルの）
relative degree
*代数体の拡大 K/k で k の素イデアル $\mathfrak{p}$ は K の*整数環 $\mathcal{O}_K$ では $\mathfrak{p}\mathcal{O}_K=\mathfrak{P}_1^{e_1}\mathfrak{P}_2^{e_2}\cdots\mathfrak{P}_g^{e_g}$ と素イデアル分解される．体 $\mathcal{O}_K/\mathfrak{P}_i$ は体 $\mathcal{O}_k/\mathfrak{p}$ の拡大体であり，その拡大の次数 f_i を素イデアル $\mathfrak{P}_i$ の k に関する相対次数という．
$$[K:k]=\sum_{i=1}^{g}e_if_i$$
が成立する．

相対性原理 principle of relativity → アインシュタインの相対性原理，ガリレイの相対性原理

増大度（有限生成群の）
growth order
群 G が有限生成とは，G の有限部分集合 $A=\{g_1,\cdots,g_n\}$ があって，任意の G の元 g が A の元の積で表される，すなわち
$$g=g_{i_1}^{\epsilon_1}g_{i_2}^{\epsilon_2}\cdots g_{i_r}^{\epsilon_r} \quad (*)$$
となっていることをいう（ϵ_i は ± 1）．このとき，自然数 N に対して，$r\leq N$ であるような $(*)$ の表示を持つ g（すなわち N 個以下の $g_i^{\pm 1}$ の積である g）の個数を表す関数 $f(N)$ を G の増大度関数と呼ぶ．増大度関数 $f(N)$ が N を大きくしたときどのくらい速く大きくなるかは群の大きさを表す（増大度は G が無限群のときだけ意味のある概念である）．

増大度関数は生成元の集合 A によるが，その速くなる大きさの程度は G だけで決まる．すなわち別の有限集合 $B\subset G$ から同様に定義した増大度関数を $h(N)$ とすると，N によらない数 C（≥ 1）があって，$C^{-1}h(N)\leq f(N)\leq Ch(N)$ が成り立つ．

増大度関数 f に対して $f(N)<CN^k$ なる C, k が存在するとき，群 G の増大度は多項式増大，$C_2e^{c_2N}<f(N)<C_1e^{c_1N}$ なる C_1,C_2,c_1,c_2 があるとき，指数増大という．$\mathbb{Z}^k$ の増大度は多項式増大，また，2 つ以上の生成元 $x_1,\cdots,x_n$ を持つ*自由群 F_n や*種数が 2 以上の曲面の*基本群の増大度は指数増大である．→ 多項式増大，指数的増大

相対度数
relative frequency
統計データを整理するときに，度数を総度数で割ったものである．相対頻度ともいう．

相対度数分布表
relative frequency table
相対度数を表の形に整理したものをいう．

相対頻度 relative frequency ＝相対度数

相対不変式 relative invariant → 不変式

相対論的運動方程式
equation of relativistic motion
4 次元*ミンコフスキー時空 $\mathbb{R}^4$ の座標を $x=$

(x_1, x_2, x_3, t), 計量を $ds^2 = c^2 dt^2 - dx_1^2 - dx_2^2 - dx_3^2$ (c は光速度)とする.

ミンコフスキー時空における運動を表す曲線(世界線) $\varphi: [a, b] \ni t \mapsto \varphi(t) \in \mathbb{R}^3$ の微分は常に*時間的である. すなわち, $\|d\varphi/dt\| < c$ ($\|\cdot\|$ は3次元ユークリッド・ノルム)が成り立つ. 固有時 τ を

$$\tau(t) = \int_0^t \sqrt{c^2 - \left\|\frac{d\varphi}{dt}\right\|^2} \, dt$$

で定義する. $\boldsymbol{x} = (\varphi, t)$ を τ を媒介変数とする曲線とみるとき, τ による微分 $d\boldsymbol{x}/d\tau = (dx_1/d\tau, dx_2/d\tau, dx_3/d\tau, dt/d\tau)$ を4次元速度, その微分 $d^2\boldsymbol{x}/d\tau^2$ を4次元加速度という. このとき, 運動方程式は

$$m_0 \frac{d^2 \boldsymbol{x}}{d\tau^2} = \boldsymbol{F}$$

である. ここで, m_0 は質点の静止質量または固有質量. $\boldsymbol{F} = (F_1, F_2, F_3, F_0)$ は4次元力で, 例えば, 電磁場の中を運動する荷電粒子に働くローレンツ力 $(F_1, F_2, F_3) = e(\boldsymbol{E} + (d\varphi/dt) \times \boldsymbol{B})$ ($\boldsymbol{E}$ は電場, $\boldsymbol{B}$ は磁場)に対応する4次元力は, $\boldsymbol{F} = (F_1, F_2, F_3, F_0)$ である. ただし, $F_0 = (1/c) e \boldsymbol{E} \cdot (d\varphi/dt)$ であり, 電場が単位時間に行う仕事の $1/c$ である.

上のような記述は*ローレンツ変換によって不変である.

双対基底 dual basis → 双対ベクトル空間

双対空間(ノルム空間の)

  dual space

$\boldsymbol{F}$ を $\mathbb{R}$ または $\mathbb{C}$ とする. 一般に, $\|\cdot\|$ をノルムとする $\boldsymbol{F}$ 上の*ノルム空間 X に対して, X 上の連続(有界)*線形汎関数 $f: X \to \boldsymbol{F}$ の全体を X^* により表し, X の(位相的)双対空間という. X^* は線形結合 $(\alpha f + \beta g)(x) = \alpha f(x) + \beta g(x)$ ($\alpha, \beta \in \boldsymbol{F}$, $f, g \in X^*$, $x \in X$) と, ノルム $\|f\| = \sup_{x \in X, x \ne 0} |f(x)|/\|x\|$ により*バナッハ空間になる. 写像 $X \times X^* \ni (x, f) \mapsto f(x) \in \boldsymbol{F}$ は x, f に関して双線形であり, しばしば $f(x) = \langle x, f \rangle$ と書かれる.

$x \in X$ に対して, $F_x(f) = f(x)$ ($f \in X^*$) とおくと, F_x は X^* 上の連続線形汎関数となり, $F_x \in (X^*)^*$ と考えることができる. さらに, $\|F_x\| = \|x\|$ で, 対応 $x \mapsto F_x$ は X から $(X^*)^*$ への*単射を与え, ノルムを保つ. この単射を用いて, $X \subset$ $(X^*)^*$ と考える. 一般には, $X = (X^*)^*$ ではない. X がバナッハ空間で, $X = (X^*)^*$ が成り立つとき, X は反射的であるといわれる.

例 X が*L^p 空間のとき, その双対空間は L^q 空間 ($1/p + 1/q = 1$) で, X は, $1 < p < \infty$ のとき反射的であるが, $p = 1, \infty$ のときは反射的ではない.

双対空間(ベクトル空間の) dual space = 双対ベクトル空間

双対グラフ

  dual graph

平面上に*グラフ G が与えられたとき, 面(辺に囲まれた領域)内に点を1点ずつ選び, 2つの面が辺を共有していれば, それらの点を辺で結ぶことにすると, 新たな*平面グラフができる. これを G の双対グラフという. 双対グラフの頂点集合はもとのグラフ G の面の集合, 辺集合は G の辺集合と同一視できる. 一般の平面グラフについては, 連結度が3以上ならば, 平面への埋め込み方によらず双対グラフが一意的に定まり, 双対グラフの双対グラフはもとのグラフとなる. なお, より一般のグラフに対する抽象的な定義もある.

双対性

  duality

通常は「ソウツイセイ」と読むが, まれに「ソウタイセイ」と読むこともある. *正多面体の面の中心を線分で結ぶともう1つの正多面体が生じ, この操作を二度繰り返すと, もとと相似の正多面体が得られる. また平面*射影幾何学においては, ある命題が正しければ「点」と「線」の役割を入れ替え「含む」と「含まれる」の関係を逆にした命題もそのまま成立する. このように, ある数学的対象や概念に伴って, しばしばそれと対をなす対象や概念が現れる. この現象を総称して双対性と呼び, 後者を前者の双対という. 多くの場合, 双対の双対はもとの対象に一致し, 2つの対象は互いに他を決定するという関係になっている.

2つの対象が双対の関係にあることを主張する双対定理は数多い. 例えば*フーリエ級数の理論では, 滑らかな周期関数 $f(x)$ から*フーリエ係数 $\{c_n(f)\}_{n \in \mathbb{Z}}$ が定まり, 逆に後者から $f(x)$ が再現される. これは円周 $\mathbb{R}/\mathbb{Z}$ 上の関数と, 数列すなわち $\mathbb{Z}$ 上の関数の間の双対性を述べた定理とみることができる. 双対性を考察することは問題に

対するより深い理解をもたらし,実用的にも非常に重要である. ⇨ 線形計画法,最大最小定理

双対線形空間　dual linear space ＝双対ベクトル空間

双対ベクトル空間
dual vector space

双対空間,双対線形空間ともいう.

実ベクトル空間 V から実数のなす 1 次元ベクトル空間 $\mathbb{R}$ への線形写像全体を V の双対ベクトル空間といい V^* と記す. $\varphi, \psi \in V^*$, つまり,線形写像 $\varphi, \psi: V \to \mathbb{R}$ と $c \in \mathbb{R}$ に対して,和を $(\varphi+\psi)(v)=\varphi(v)+\psi(v)$, スカラー倍を $(c\cdot\varphi)(v)=c\varphi(v)$ $(v \in V)$ と定義することによって V^* はベクトル空間になる.

複素数体上あるいは体 F 上のベクトル空間の双対ベクトル空間も同様に定義される.

$e_1, \cdots, e_n$ が V の基底であるとき, $e^i \in V^*$ を $e^i(e_i)=1$, $e^i(e_j)=0$ $(i \neq j)$ で定義すると, $e^1, \cdots, e^n$ は V^* の基底となる. これを $e_1, \cdots, e_n$ の双対基底と呼ぶ. 特に双対ベクトル空間の次元は,もとのベクトル空間の次元に等しい.

線形写像 $T: V \to W$ に対し,線形写像 $T^*: W^* \to V^*$ が, W の双対ベクトル空間のベクトル $\varphi \in W^*$ に対して,
$$T^*(\varphi)(v) = \varphi(T(v)), \quad v \in V$$
により定義される. T^* を T の転置写像という. V と W の基底を使って T を*行列表示し, T^* を双対基底を使って行列表示すると, T を表現する行列と T^* を表現する行列は,互いの*転置行列になっている.

$v \in V$ に対し, $V^* \ni \varphi \mapsto \varphi(v) \in \mathbb{R}$ は, V^* の双対空間 $(V^*)^*$ の元となり,こうして,自然な線形写像 $V \to (V^*)^*$ が得られる. これは V が有限次元ベクトル空間であれば同型写像である. ベクトル空間 V が*関数空間などの無限次元空間であるときには,この線形写像は一般には同型にならない. この場合は双対ベクトル空間の元は単に線形というだけでなく,何らかの位相に関する連続性を仮定することにより,同型が成り立つようになることが多い.

双対問題
dual problem

*線形計画法における主問題に対する双対問題が代表例である. 与えられた*最適化問題に付随して定義される別の最適化問題であって,適当な条件の下で,両者の最適値が一致したり,一方の問題を解くことによって,他方の問題が容易に解ける形になるなど,相互に密接な関係を持つものがあれば,それを双対問題という. 問題の解法や感度解析に有用となる双対問題を構成することは, *数理計画法における重要な課題である. 双対問題は,物理的にも自然な意味を持つ場合が多い. ⇨ 凸関数の双対性, フェンシェル双対定理, 半正定値計画法, 最適性規準, 主双対法

相転移
phase transition

例えば,常温常圧の下では気体である CO_2 を冷却・加圧していくと,液体や固体(ドライアイス)になる. 一般に,温度や圧力などのパラメータのある値を境にして,相が劇的に変化するとき,相転移が起こるといい,そのようなパラメータ値を相転移点という. 相転移と臨界現象の理論は,物理学においては 1970 年前後には確立されたが,その考えは数学にも大きな影響を与え,数理物理学の研究対象であるのみならず,非線形偏微分方程式論や確率論などに新しい視点を提供した.

例えば, $S_n = \sum_{k=1}^{n} k^{-\alpha}$ $(n=1, 2, \cdots)$ は, $\alpha=1$ を境に収束・発散を異にするので, $\alpha=1$ を相転移点と考えることができる. さらに, $n \to \infty$ のとき

(1) $\alpha>1$ ならば, S_n は収束する.
(2) $\alpha<1$ ならば, $S_n/n^{1-\alpha}$ が収束する.
(3) $\alpha=1$ ならば, $S_n/(\log n)$ が収束する.

このように,相転移点の片側では α によらない現象,反対側では α ごとに決まる現象が起こることがしばしばある. さらに,相転移点では特殊な興味深い現象が生じることが多い. このような例としては,独立同分布確率変数列の和について,中心極限定理と安定法則(安定分布への収束)がある.

また,力学系における分岐現象も相転移の好例である. 例えば,区間 $[0,1]$ 上の力学系(ロジスティック写像) $x \mapsto f_a(x)=ax(1-x)$ はパラメータ a を 0 から少しずつ大きくしていくと, $a=1$ を境に,不動点 $x=0$ が不安定化して不動点 $x=1-1/a$ が安定化し,さらに, a を大きくすると,この不動点が不安定化し,安定な 2 周期点が出現し,順次, 2 周期点が 4 周期点, 4 周期点が 8 周期点と,ある値 $a=a_n$ を境に安定な周期が 2 のべき乗 2^n に「相転移」していく. さらに, a が $a_\infty = \lim_{n \to \infty} a_n$

を超えると，カオスが出現する．この $a=a_\infty$ は臨界点と呼ぶべきもので，この近傍では，ファイゲンバウムの臨界現象と総称されるくりこみに関する普遍性がある．

総度数
total frequency
データの総数のことである．

増分
increment
関数 $f(x)$ の $x=a+h$ での値と $x=a$ での値との差 $f(a+h)-f(a)$ を $x=a$ における $f(x)$ の増分という．

増分の公式
$f(x)$ が $x=a$ の近傍で微分可能なとき，$x=a$ での $f(x)$ の増分 $f(a+h)-f(a)$ は，$|h|$ が十分に小さいとき，近似的に
$$f(a+h)-f(a) \approx f'(a)h$$
と表される．これを増分の公式という．したがって，$f'(a)>0$ のとき，
$$f(a+h) > f(a) \quad (h>0),$$
$$f(a+h) < f(a) \quad (h<0),$$
また $f'(a)<0$ のとき
$$f(a+h) < f(a) \quad (h>0),$$
$$f(a+h) > f(a) \quad (h<0)$$
である．

相平面　phase plane　⇒ 相空間

相平面図　phase plane portrait　⇒ 相図

相補スラック条件　complementary slackness condition
⇒ 線形計画法

相補性　complementarity　⇒ 線形計画法，線形相補性問題

双有理幾何学
birational geometry
2つの*代数多様体はその*有理関数体が同型であるときに双有理同型であるという．例えば，2次元複素射影空間 $P^2(\mathbb{C})$ と1次元複素射影空間の直積 $P^1(\mathbb{C}) \times P^1(\mathbb{C})$ の関数体はともに2変数有理関数体となり，両者は双有理同型な代数多様体だが代数多様体としては同型でない．双有理同型である代数多様体を1つの類として議論する幾何学を双有理幾何学という．代数多様体の分類理論は双有理幾何学の一分野である．⇒ 双有理写像

双有理写像
birational mapping
代数多様体 V から W への*有理写像 $\varphi: V \to W$ に対して
$$\psi \circ \varphi = \mathrm{id}_V, \quad \varphi \circ \psi = \mathrm{id}_W$$
となる有理写像 $\psi: W \to V$（すなわち φ の逆写像）が存在するとき φ は双有理写像であるという．例えば $P^1(\mathbb{C}) \times P^1(\mathbb{C})$ の点 $((x_0:x_1),(y_0:y_1))$ に $P^2(\mathbb{C})$ の点 $(x_1 y_1: x_0 y_1: x_0 y_0)$ を対応させる有理写像 φ と $P^2(\mathbb{C})$ の点 $(z_0:z_1:z_2)$ に $P^1(\mathbb{C}) \times P^1(\mathbb{C})$ の点 $((z_2:z_0),(z_2:z_1))$ を対応させる有理写像 ψ に対して，有理写像の合成 $\psi \circ \varphi$ は写像が定義されている点では
$$\psi \circ \varphi(((x_0:x_1),(y_0:y_1)))$$
$$= ((x_0 y_0 : x_1 y_0),(x_0 y_0 : x_0 y_1))$$
$$= ((x_0:x_1),(y_0:y_1))$$
となり，有理写像として $P^1(\mathbb{C}) \times P^1(\mathbb{C})$ から自分自身への恒等写像になる．同様に $\varphi \circ \psi$ も $P^2(\mathbb{C})$ から自分自身への恒等写像になる．

*ブローアップや*ブローダウンは双有理写像の例である．双有理写像 $\varphi: V \to W$ は*有理関数体の同型写像 $\varphi^*: k(W) \to k(V)$ を引き起こす．逆に有理写像 $\varphi: V \to W$ が有理関数体の同型を引き起こせば双有理写像である．双有理写像 $\varphi: V \to W$ があるとき，V と W とは双有理同値である，または双有理同型であるという．

*代数曲面に対しては双有理写像はブローアップとブローダウンの合成であることが示される．

双有理同型　birational isomorphism　⇒ 双有理写像

双有理同値　birational equivalence　⇒ 双有理写像

添え字
index
数学では，それぞれの数に対して，数が決まっているようなものを扱うことがしばしばある．このとき，n に対して決まる数を x_n のように書き表す．この n が添え字である．x_n は数とは限らず，図形上の点などの場合もある．また n でなく別の文字を用いてもよい．いくつかの数の組に対して数が決まる場合には，x_{ijk} などのように複数の添え字をつける．また，添え字そのものにまた

添え字がつき x_{n_m} などと表すことが必要な場合もある．この場合の m を 2 重添え字と呼ぶ．

ベクトルやテンソルや微分形式を(座標を用いて)表すときには，i,j,k のような 1 から n(空間の次元)まで動く添え字を用いて，X_{ij}^k のように表す．この例は $(1,2)$ 型の*テンソルである．添え字が ij のように下側についているときは下付きの添え字，添え字が k のように上側についているときは上付きの添え字と呼ぶ．テンソルの添え字は，反変成分に対応するものは上付きの添え字に，共変成分に対応するものは下付きの添え字にするのがルールである．例えば，ベクトルは，V^i あるいは $\sum V^i \partial/\partial x^i$ のように上付きの添え字で表し，(2 階共変テンソルである)計量は g_{ij} あるいは $\sum g_{ij} dx^i dx^j$ のように，下付きの添え字で表す．その意味では，座標関数は $x^1, \cdots, x^n$ のように上付きの添え字で表すべきであるが，必ずしもこの規則に従わない場合もある．

添え字の上げ下げ
raising and lowering of index

テンソル $T_{j_1 \cdots j_l}^{i_1 \cdots i_k}$ があったとき，リーマン計量 g_{ij} を用いて，上付きの添え字を下付きの添え字にかえること，あるいはその逆ができる．すなわち $\sum_b g_{ab} T_{j_1 \cdots j_l}^{i_1 \cdots i_{m-1}, b, i_{m+1} \cdots i_k}$ によって上付きの添え字が $(i_1, \cdots, i_{m-1}, i_{m+1}, \cdots, i_k)$，下付きの添え字が $(a, j_1, \cdots, j_l)$ であるテンソルや $\sum_b g^{ab} T_{j_1 \cdots j_{m-1}, b, j_{m+1} \cdots j_l}^{i_1 \cdots i_k}$ によって上付きの添え字が $(a, i_1, \cdots, i_k)$，下付きの添え字が $(j_1, \cdots, j_{m-1}, j_{m+1}, \cdots, j_l)$ であるテンソルを作ることができる．この操作を添え字の上げ下げという(ここで $[g^{ab}]$ は $[g_{ab}]$ の逆行列である)．

素解　elementary solution　= 基本解

疎行列
sparse matrix

ほとんどすべての要素(成分)が 0 である行列を指す実用的な概念である．例えば，偏微分方程式の離散化から生じる行列においては，通常，1 つの行に含まれる非ゼロ要素の数は行列の大きさとは関係ない一定数 c 以下であり，その結果，n 次正方行列に含まれる非ゼロ要素の数は cn 以下となり，非ゼロ要素の割合は c/n 以下となる(例えば $c=10$)．

疎行列とは逆に，ほとんどすべての要素が非ゼロである行列を*密行列と呼ぶ．行列が疎行列か密行列かによって数値計算アルゴリズムの効率や必要な記憶領域の量が大きく影響されるので，疎行列用と密行列用に分けてアルゴリズムを論じるのが普通である．

束
lattice

*順序集合 $(L, \preceq)$ の元 $x \in L$ に対して，$x \preceq a$ を満たす $a \in L$ を x の上界と呼び，$b \preceq x$ を満たす $b \in L$ を x の下界と呼ぶ．任意の 2 元 $x, y \in L$ に対して，x と y の共通の上界の中に最小元が存在し，かつ，共通の下界の中に最大元が存在するとき，順序集合 $(L, \preceq)$ は束をなすという．

束 $(L, \preceq)$ において，x と y の共通上界の最小元を $x \vee y$，共通下界の最大元を $x \wedge y$ と書くことによって，2 項演算 $\vee, \wedge$ を定義し，演算 $\vee, \wedge$ をそれぞれ「結び」，「交わり」と呼ぶ．

分配律
$$x \wedge (y \vee z) = (x \wedge y) \vee (x \wedge z),$$
$$x \vee (y \wedge z) = (x \vee y) \wedge (x \vee z)$$

を満たす束を分配束と呼ぶ．ある集合 S の部分集合の全体は，典型的な分配束である(集合の合併と共通部分をとる演算が「結び」，「交わり」になる)．もっと一般に，集合 S の部分集合を要素とする集合 L が，集合の合併と共通部分に関して閉じている(すなわち，任意の $A, B \subseteq S$ に対して，$A, B \in L \Rightarrow A \cup B, A \cap B \in L$)ならば，$L$ は分配束をなす．逆に，任意の分配束は，ある集合 S とある集合 L を用いてこのような形に表現されることが知られている(バーコフ(Birkhoff)の表現定理)．

族
family

集合という言葉を用いると紛らわしい状況のとき，その代わりに族という．例えば，ある集合上の関数族，ある集合の部分集合からなる集合族などがその例である．

属する　belong to　⇒ 集合

測地距離
geodesic distance

球面 $S^2 = \{(x, y, z) \mid x^2 + y^2 + z^2 = 1\}$ 上の 2 点，例えば北極 $(0, 0, 1)$ と南極 $(0, 0, -1)$ を考える．この 2 点間の距離は，3 次元空間内で考え

ると2であるが, 球面に含まれるこの2点を結ぶ最短線は子午線で, その長さは π である. π の方を, 北極 $(0,0,1)$ と南極 $(0,0,-1)$ の間の測地距離という. 曲面 Σ 上の2点 p, q に対して, 2点間の測地距離とは, 2点を結ぶ曲線の長さの下限を指す. 同じ定義でリーマン多様体上の2点の測地距離も定義する.

測地線
geodesic

直線の概念のリーマン幾何学における一般化である. ユークリッド空間における直線は, その上の2点を結ぶ最短線(→曲線の長さ)である. *リーマン多様体 M 上の曲線 $l(t)=(l^1(t),\cdots,l^n(t))$ が, その上の2点を結ぶ最短線であると, *クリストッフェルの記号 Γ^i_{jk} を用いた常微分方程式

$$\frac{d^2 l^i}{dt^2} + \sum_{j,k} \Gamma^i_{jk} \frac{dl^j}{dt} \frac{dl^k}{dt} = 0 \quad (*)$$

が満たされる. (*)を満たす曲線のことを測地線と呼ぶ.

(*)は次の条件と同値である.「$|a-b|$ が十分に小さい a, b に対して, l の区間 $[a,b]$ への制限は, $l(a)$ と $l(b)$ を結ぶ最短線である」.

測地的3角形
geodesic triangle

リーマン多様体において, 各辺が測地線であるような3角形を, 測地的3角形という.

測地流
geodesic flow

リーマン多様体において, 各点での単位ベクトルをその方向への*測地線に沿って t 時間に距離 t だけ運動(*平行移動)させて得られる流れを測地流という. 測地流は単位球面束(長さ1の接ベクトル全体)上の微分可能力学系である. *閉リーマン面上の測地流の研究は1930年代に始まり, *アノソフ力学系として一般化された. 閉リーマン面は負定曲率曲面であり, より一般にコンパクトな負曲率空間の場合に, 測地流はアノソフ力学系になる. → K系, アノソフ力学系

速度
velocity

時刻 t での質点の位置を $c=c(t): [a,b] \to \mathbb{R}^3$ とするとき, $\boldsymbol{v}(t)=\dot{c}(t)\,(=dc/dt)$ を, 時刻 t における速度ベクトルという. また, $\|\boldsymbol{v}(t)\|$ を速度の大きさあるいは単に速さという.

測度
measure

集合の*面積・体積や事象の*確率を一般化した概念である.

測度は公理的には次のように述べられる. $\mathcal{F}$ を, 集合 Ω の部分集合からなるある*可算加法族とする. $\mathcal{F}$ 上で定義された関数 $\mu: \mathcal{F} \to [0,\infty) \cup \{\infty\}$ が, $\mu(\emptyset)=0$, および次の可算加法性を満たすとき, $(\Omega, \mathcal{F})$ 上の(非負)測度という: $\{A_n\}\,(n=1,2,\cdots)$ を互いに交わらない $\mathcal{F}$ の可算列とするとき,
$$\mu\left(\bigcup_{n=1}^{\infty} A_n\right) = \sum_{n=1}^{\infty} \mu(A_n).$$

測度があると, それに伴って関数の積分の概念を自然に定義することができる.

なお, 非負性をはずした測度を考えることもあり, そのことを強調する場合は符号つき測度と呼ぶ. → 可測集合, 測度空間, ルベーグ積分

測度空間
measure space

測度の与えられた空間をいう. すなわち集合 Ω, 可算加法族 $\mathcal{F}$ およびその上の測度 m の組 $(\Omega, \mathcal{F}, m)$ を測度空間という. → 測度

測度収束
limit in measure

$f(x), f_n(x)\,(n=1,2,\cdots)$ を有限区間 $[a,b]$ 上の可測関数とし, 正数 ε に対して $A_n(\varepsilon)=\{x \in [a,b]\,|\,|f_n(x)-f(x)|>\varepsilon\}$ とおく. ε を固定するごとに $\lim_{n\to\infty} m(A_n(\varepsilon))=0\,(m$ はルベーグ測度)が成り立つとき, $\{f_n(x)\}\,(n=1,2,\cdots)$ は $f(x)$ に測度収束するという. $\{f_n(x)\}\,(n=1,2,\cdots)$ が $f(x)$ にほとんどいたるところ収束するならば測度収束する. 逆は必ずしも成り立たない. 確率論においては, 確率測度に関して測度収束することを確率収束するという.

速度場
velocity field

*オイラー座標で考えた, 流体の流れを表すベクトル場を速度場という. ある時刻 t における, ユークリッド空間内の流体の1点 (x_1, x_2, x_3) での速度を $\boldsymbol{v}(x_1, x_2, x_3)$ として定まるベクトル場

v のことをその流体運動の速度場という．速度場の*積分曲線を流線と呼ぶ．速度場が時間によらず一定である流れを定常流，そうでないものを非定常流と呼ぶ．

速度ベクトル(曲線の)
velocity vector

曲線 $l:(a,b)\to\mathbb{R}^n$ の $c\in(a,b)$ での速度ベクトル $(dl/dt)(c)$ とは，c の t での微分である n 次元ベクトルのことである．

部分多様体 $M\subset\mathbb{R}^n$ に対して，点 $p\in M$ での M の*接空間 $T_p(M)$ は p を通り M に含まれる曲線の速度ベクトル全体と一致する．

多様体 M の曲線 $l:(a,b)\to M$ の場合にも速度ベクトルの概念が定義される(→ 接空間(多様体の))．

速度ポテンシャル
velocity potential

ユークリッド空間における流体の*速度場を v とする．*渦なしの流れ，すなわち $\mathrm{rot}\,v=0$ なる流れでは，ベクトル解析の一般論により $v=\mathrm{grad}\,\Phi$ を満たすスカラー値関数 Φ が(少なくとも局所的に)存在する．これをその流れの速度ポテンシャルという．非圧縮性*流体の場合は Φ は*調和関数になる．さらに，平面上の流れの場合には複素関数論を応用することができる．

測度零
measure zero

集合の測度が 0 であることをいう．詳しくは，測度空間 $(\Omega,\mathcal{F},m)$ において $m(A)=0$ を満たす可測集合 A，あるいはその部分集合を指していう．測度零の集合をすべて可測集合に追加して得られる測度空間を $(\Omega,\mathcal{F},m)$ の完備化という．⇒ 外測度，零集合

測度論的エントロピー
metric entropy

*シャノンの情報量にヒントを得て*コルモゴロフとシナイが導入したエントロピーで，不変測度 μ 付きの*力学系 (X,T,μ) に現れる軌道の多様さをはかる量である．測度論的エントロピーは，*同型の下での不変量であり，$h(X,T,\mu)$，$h_\mu(T)$ などで表される．A を有限のアルファベットとして T が $X=A^\mathbb{Z}$ 上のシフトの場合，X の元 $x=(x_n)$ の座標 $x_0,\cdots,x_{n-1}$ から決まる有限分割を α_n として，$h_\mu(T)=\lim_{n\to\infty}H_\mu(\alpha_n)/n$ (極限はつねに存在)と定義される．ただし，一般に有限分割 $\beta=\{B_i\}$ のエントロピー $H_\mu(\beta)$ を
$$H_\mu(\beta)=-\sum\mu(B_i)\log\mu(B_i)$$
で定義する．とくに，*ベルヌーイ系ならば，つまり，μ が上の確率 $p(a)$ ($a\in A$) の直積確率測度とすると，この系のエントロピーは
$$h_\mu(T)=H(\alpha_1)=-\sum_{a\in A}p(a)\log p(a)$$
となる．また，マルコフ系，つまり，m が定常分布 $p(a)$ ($a\in A$)，推移確率 $q(a,b)$ ($a,b\in A$) を持つマルコフ連鎖から決まる確率測度ならば，
$$h_\mu(T)=\frac{H(\alpha_2)}{2}=-\sum p(a)q(a,b)\log q(a,b)$$
である．エントロピーの一致する2つのベルヌーイ系は互いに同型であり，エルゴード的なマルコフ系は同じエントロピーを持つベルヌーイ系と同型である(オルンスタインの同型定理)．

一般の不変測度付き力学系に対する定義はやや複雑であるが，$h(X,T,\mu)$ は，(X,T,μ) のベルヌーイ因子(準同型像として得られるベルヌーイ系)のエントロピーの上限に等しい(シナイの準同型定理)．

測度論的確率論　measure theoretic probability theory
⇒ 公理論的確率論

束縛条件　constraint　⇒ ホロノーム拘束，拘束運動

素元
prime element

整数環 $\mathbb{Z}$ の中での素数と類似の性質により規定される，整域の元のこと．

整域 R の 0 と異なる元 p について，単項イデアル pR が素イデアルであるとき，p は素元といわれる．つまり，p が素元であるとは，p は 0 でも可逆元でもなく，「もし $a,b\in R$ の積 ab が p の倍元(pc ($c\in R$) の形の元)ならば，a と b の少なくとも一方は p の倍元である」という条件が成り立つことである．

整数環では素元は素数またはその -1 倍のことである．

素元分解整域　unique factorization domain　＝ 一意分解整域

粗視化
coarse graining

例えば，区間内の点について，右半分にあるか左半分にあるかだけを観察する場合のように，*微視的な系から粗い情報を取り出すことを粗視化という．

素数
prime number

*自然数で，それを割り切る数(*約数)が 1 とそれ自身しかないもの．ただし，1 は素数と考えない．

例えば，50 までの自然数の中に現れる素数は次のようになる．

2,3,5,7,11,13,17,19,23,29,31,37,41,43,47

1 を除く，素数以外の自然数を合成数という．素数が自然数全体の中で重要な役割を果たす理由は，*素因数分解定理が成り立つからである．

素数は無限個ある．この事実は，ユークリッドの『原論』で証明されており，その後多くの別証明が与えられた．

自然数が素数であるか否かを判定すること，あるいは自然数の素因数分解を見つけることは，*暗号理論で重要である．与えられた自然数が素数であることを判定するのは，その平方根までの自然数で割り切れないことを確かめればよいが，大きな自然数についてはこの方法は手間がかかり，実際的ではない．いくつか，有効な判定法が知られている．→ エラトステネスのふるい，合成数，ゼータ関数

素数定理
prime number theorem

正の実数 x を越えない素数の個数を $\pi(x)$ と記すと，$\lim_{x\to\infty} \pi(x)/(x/\log x)=1$ が成り立つ．この事実を素数定理と呼ぶ．これは，

$$\pi(x) \sim \frac{x}{\log x}$$

とも書かれ(ここに $\sim$ は両辺の比が $x\to\infty$ のとき 1 に収束することを意味する)，

$$\pi(x) \sim \int_2^x \frac{dt}{\log t}$$

と同値である($\pi(x)$ との差を考える場合は，$x/\log x$ よりも $\int_2^x(1/\log t)dt$ の方が良い近似を与える)．素数定理はガウスが経験的に見出して予想し，リーマンはゼータ関数の零点に関する予想(リーマン予想)から素数定理が出ることを示し

た．その後，1896 年にアダマールとド・ラ・ヴァレ・プサン(C. de la Vallée-Poussin)によって，リーマンのゼータ関数の複素解析的性質を使って独立に証明された．なお，複素関数論を使わない素数定理の「初等的」証明も，セルバーグ(A. Selberg)とエルデシュ(P. Erdös)により独立に与えられた(1949)．リーマン予想が正しければ，素数定理よりもずっと良い $\pi(x)$ の評価が得られる．→ 素数分布

素数の個数
number of primes

素数が無限個存在することは古代ギリシア以来知られていたが，素数が自然数の中でどのように分布しているか(*素数分布)が整数論の重要な問題となった．正の実数 x を越えない素数の個数 $\pi(x)$ についてゼータ関数などを用いて多くの結果が得られている．→ 素数定理，素数分布

素数分布
distribution of prime numbers

素数の出現の仕方はランダムであり，とらえどころがないように見える．しかし，特別な偏りを持たないすぐれてランダムな分布のもつきれいな法則が素数分布には現れる．正の実数 x を超えない素数の個数を $\pi(x)$ と記すと

$$\pi(x) \sim x/\log x \sim \int_2^x \frac{dt}{\log t}$$

($\sim$ は両辺の比が $x\to\infty$ のとき 1 に収束すること)が成立し，*素数定理と呼ばれる．さらに詳しく言えば，

$$\pi(x) = \int_2^x \frac{dt}{\log t} + O(x\exp(-c\sqrt{\log x}))$$

が成り立つ($c>0$)．ここで，記号 $O(\cdot)$ は*ランダウの記号であり，この $A=B+O(C)$ の形の式は，$|(A-B)/C|$ が $x\to\infty$ のとき有界であることを意味する．

素数定理の証明で本質的に使われるゼータ関数の性質は，$\zeta(s)$ が $\operatorname{Re} s \geq 1$ には零点を持たないことである．もし，零点の存在しない領域が $\operatorname{Re} s > 1-\varepsilon$ まで広がっていることがわかれば，

$$\pi(x) - \int_2^x \frac{dt}{\log t}$$

の評価はさらによくなる．このようなことから，素数定理の精密化とゼータ関数の零点の「在り処」とは密接に関係するのである．一方，$\operatorname{Re} s=1/2$ には無限個の零点が存在することが知られてい

る．この「限界」に当たる事実として，「$\zeta(s)$ の $0<\operatorname{Re} s<1$ の範囲での零点がすべて $\operatorname{Re} s=1/2$ 上にある」という*リーマン予想は
$$\pi(x)=\int_{2}^{x}\frac{dt}{\log t}+O(\sqrt{x}\log x)$$
と同値であることが知られている．

また，自然数 m と，m と互いに素な整数 a をとるとき，$p\equiv a\,(\bmod\,m)$ を満たす素数 p が無限にある．これは，*算術級数定理と呼ばれ，m を法とする*ディリクレの L 関数が，$s=1$ で零点を持たないことから導かれる．さらに詳しく，x を超えない素数 p で $p\equiv a\,(\bmod\,m)$ を満たす素数 p の個数は，$\sim x/(\varphi(m)\log x)$ である（$\varphi(m)$ は *オイラーの関数，$\sim$ は両者の比が $x\to\infty$ のとき 1 に収束することを意味する）．これは m を法とするディリクレの L 関数が $\operatorname{Re} s\geq 1$ において零点を持たないことを使って証明される．→ 素数の個数

組成列（加群の）
composition series

環 R 上の加群 M の部分加群の列
$$\mathcal{C}:M=M_0\supset M_1\supset\cdots\supset M_n=\{0\}$$
で，各 M_{k-1}/M_k が単純 R 加群であるものを，M の組成列という．これは群の*組成列の，R 加群の世界における類似物である．組成列が与えられると，M を単純 R 加群 M_{k-1}/M_k ($1\leq k\leq n$) が積み重なってできたもの，と解釈できるようになる．

組成列はいつも存在するとは限らない．R が体のとき，R 加群とは R 上の線形空間のことであり，単純 R 加群とは 1 次元の線形空間のことであり，R 加群 M が組成列を持つための必要十分条件は，M が有限次元であることと同値である．

組成列（群の）
composition series

群の構造を調べるのに，単純群のそれに帰着させるための概念．

群 G の部分群の列
$$\mathcal{C}:G=H_0\supset H_1\supset\cdots\supset H_n=\{1\}$$
で，各 H_k が H_{k-1} の正規部分群であるとき，$\mathcal{C}$ を正規鎖という．正規鎖が与えられると，群 G を，「群 H_{k-1}/H_k ($1\leq k\leq n$) が積み重なってできたもの」と解釈し，群 G の性質を，G より小さい群 H_{k-1}/H_k の性質をもとにして考えていけるようになる．正規鎖で，剰余群 H_{k-1}/H_k がすべて *単純群であるものを，組成列という．組成列とは，もうそれ以上細分できない正規鎖であるといえる．ここで正規鎖を細分するとは，H_{k-1} の正規部分群 H で $H_{k-1}\supsetneq H\supsetneq H_k$ となるものをつけ加えて新しい正規鎖を得ることである．そのような H は，H_{k-1}/H_k の正規部分群で，H_{k-1}/H_k 自身とも*単位群とも異なるものに対応するから，H_{k-1}/H_k が単純群ならそのような H は存在せず，組成列は細分できない．だから，組成列は，G をもっと簡単な H_{k-1}/H_k からわかろうとするときの最善のものであり，G を単純群 H_{k-1}/H_k をもとに理解しようとするものである．

有限群は必ず組成列を持つ．したがって有限群の研究は原理的には，有限単純群の研究とその「積み重なりぐあい」の研究に帰着されることになり，これが有限単純群が重視されその分類（→ 単純群）が試みられた理由である．

組成列に関しては*ジョルダン-ヘルダーの定理が基本的である．

素体
prime field

単位元 1 と 0 を含む最小の*体を素体という．正整数 n に対して，体の単位元 1 の和
$$\underbrace{1+1+\cdots+1}_{n}$$
を n と略記すると，*標数が $p\geq 2$ の素体は $\{0,1,2,\cdots,p-1\}$ よりなることがわかり $\mathbb{Z}/(p)$ ($=\mathbb{Z}/p\mathbb{Z}$) と同型な体である．標数 0 の素体は有理数体 $\mathbb{Q}$ である．

祖冲之　そちゅうし
Zǔ Chōng-zhī

429-500 祖沖之とも書く．中国南朝宋，斉時代の天文学者，数学者，機械技術者．それまで使われていた元嘉暦が天体現象とあわなくなってきたので，宋の大明 6 年(462)に大明暦を作った．また，円周率の計算を行い，粗い近似値（粗率）として 22/7，より精密な近似値（密率）として 355/113 を見出した．数学上の業績は『綴術』(てつじゅつ) という著作にまとめ，古代中国の最高の数学書とされたが，理解できる人がいなくなって忘れ去られ，現存していない．また，技術者としては指南車や水力で米を挽く水碓磨などを作成したと伝えられている．また，『述異記』という怪奇短編小説の著作もある．

祖冲之の子である祖暅之(そこうし)は*劉徽(りゅうき)が『九章算術』の注釈のなかで未解決の問題として残した球の体積の公式を求める問題を解決し,また大明暦を施行させることに尽力した. → 中国の数学

素点
place

$\mathbb{Q}$ の素点とは,*p 進付値に対応する素数 p,および,絶対値のことである.

*代数体 K の自明でない*乗法付値の同値類を素因子または素点という.素点を定める付値が*非アルキメデス的付値のときは付値環の極大イデアルは K の*整数環 $\mathcal{O}_K$ の素イデアルに対応する.

一方,素点を定める付値が*アルキメデス的付値のときは,素点は無限素点と呼ばれ K の実数体 $\mathbb{R}$ と複素数体 $\mathbb{C}$ への埋め込み(体としての単射準同型)に対応する.$\mathbb{R}$ への埋め込みに対応する場合を実素点,$\mathbb{C}$ への埋め込みに対応する場合を複素素点という.

体 k 上の1変数*代数関数体 K の自明でない k 上の乗法付値の同値類を素因子または素点という.素点は K によって一意的に定まる非特異射影曲線の点と1対1に対応する. → 付値

ソボレフ空間
Sobolev space

*関数解析を用いて微分方程式を研究するためには,完備な関数空間で,その元に対して微分が意味を持つ空間が有用である.そのような関数空間の典型がソボレフ空間で,ロシアの数学者ソボレフによって考えられた.

2 乗可積分やp 乗可積分な関数の空間 $L^2(\mathbb{R})$,$L^p(\mathbb{R})$ などは完備であるが,その元の微分は同じ空間には収まらない.そこで,k 階微分までが L^2 関数の範囲でできる関数全体を考え,これを $W_k^2(\mathbb{R})$,$H_k^2(\mathbb{R})$,$S_k^2(\mathbb{R})$,$L_k^2(\mathbb{R})$ などと表す.同様に k 階微分までが L^p 関数の範囲でできる関数全体を考え,これを $W_k^p(\mathbb{R})$,$H_k^p(\mathbb{R})$,$S_k^p(\mathbb{R})$,$L_k^p(\mathbb{R})$ などと表す.これらの総称がソボレフ空間である.

$W_k^2(\mathbb{R})$ には
$$\|f\|^2 = \int_{\mathbb{R}} \sum_{l=0}^{k} \left|\frac{d^l f}{dx^l}\right|^2 dx \quad (*)$$
なるノルム(ソボレフノルム)が定まり完備である.$W_k^p(\mathbb{R})$ も同様である.$W_k^2(\mathbb{R})$ はさらにヒルベルト空間になる.

ソボレフ空間をより正確に定義する1つのやり方は,一度*超関数まで広げ,超関数の意味の微分が L^2 や L^p に含まれるような超関数全体として定義することである.

コンパクトな台をもつ C^∞ 級関数全体の集合に $(*)$ なるノルムを考え,その*完備化をとることによってもソボレフ空間が定義できる.

多変数の場合 $(W_k^2(\mathbb{R}^n))$ や,$\mathbb{R}^n$ の開集合 U 上で定義されている関数の場合 $(W_k^2(U))$ にも同様に定義される($\mathbb{R}^n$ の開集合 U が一般の場合には,ソボレフ空間の2つの定義の間には微妙な違いがある).

L^2 関数 f に対して,$f \in W_k^2(\mathbb{R})$ であることと f のフーリエ変換 $\hat{f}(\xi)$ に対して,積分
$$\int_{\xi \in \mathbb{R}} (1+|\xi|^2)^k |\hat{f}(\xi)|^2 d\xi$$
が有限であることとは同値である.同様な特徴づけが W_k^p に対しても可能である.この特徴づけを使うと,自然数とは限らない任意の実数 k に対して W_k^2,W_k^p が定義される.

係数が滑らかでその任意の階数の微分が有界である l 階線形微分作用素 P は,$W_k^p(\mathbb{R}^n) \to W_{k-l}^p(\mathbb{R}^n)$ なる*有界線形作用素を定める.この事実および*レリッヒの定理,*ソボレフの埋め込み定理などを用いると,ソボレフ空間を用いて偏微分方程式に関するさまざまな研究が可能で,それが現代の偏微分方程式の研究の中心の1つをなしている.

ソボレフ空間は*ベクトル場,*微分形式,*テンソル,*ベクトル束の*切断,*多様体上の関数や多様体の間の写像などの場合にも拡張される.

ソボレフの埋め込み定理
Sobolev's embedding theorem

ソボレフの埋蔵定理とも呼ばれる.「十分大きな階数の微分が L^2 関数の範囲でできる関数は連続である」という定理とその一般化である次の定理をいう.

f がソボレフ空間 $W_k^p(\mathbb{R}^n)$ に属するならば,$kp < n$ のとき $f \in L^{np/(n-kp)}(\mathbb{R}^n)$ で,$0 \leq m < k-n/p$ のとき f は C^m 級である.とくに,$f \in \bigcap_k W_k^p(\mathbb{R}^n)$ ならば,f は C^∞ 級関数である.

ソボレフの埋め込み定理は,*楕円型偏微分方程式などの偏微分方程式の解の*正則性や存在を調べる上で基礎となる定理である.

ソボレフの補題
Sobolev's lemma

関数 f, g の積 fg や合成 $f \circ g$ のソボレフノルム (→ ソボレフ空間) を, f や g のソボレフノルムを用いて評価する補題のことをいう. 非線形偏微分方程式をソボレフ空間を用いて研究する上で基本的である.

疎密波
compression wave

弾性体の中を密度の大小が伝わる波のことである. *縦波の一種である.

ソリトン
soliton

水の波などにおけるパルス状の孤立波であって, 互いの衝突後も壊れずに伝わっていくものをソリトンと呼ぶ. *KdV 方程式の 1 ソリトン解
$$\psi(x,t) = \frac{2\kappa^2}{\cosh^2(\kappa(x+\kappa^2 t))} \quad (\kappa : 定数)$$
は 1 次元直線上を伝わる孤立波を表し, ソリトンの典型例である. KdV 方程式や, *KP 方程式, *戸田方程式などでは 2 個以上のソリトンを表す厳密解も知られており, これらの微分(差分)方程式を総称してソリトン方程式と呼ぶことがある. ソリトンの数理的研究は 1960 年代以降に急進展した. → 可積分系

ソリトン方程式 soliton equation → ソリトン

存在域
domain of existence

解析関数の解析接続, あるいは微分方程式の解の延長によって得られる, 関数あるいは解の存在する最大の領域をいう.

存在と一意性
existence and uniqueness

数学で代数方程式あるいは微分方程式を研究するときは, その解を求める方法が長らく研究されてきた. すなわち, 2 次方程式の根の公式, 微分方程式に対してその解を既知の関数の組合せで表すこと, などがそれに当たる. 19 世紀の終わりから 20 世紀の初頭にかけて, 解を既知の関数の組合せでは表すことができない微分方程式などが多く存在し, 理論的にも応用上も重要であることがわかってきた. このような方程式に対しては, その研究の第一歩として, 解が確かに存在すること, すなわち存在定理の証明が研究の目的となる. 例えば, 複素数の範囲では代数方程式に必ず根が存在すること(代数学の基本定理), 適切な数の初期条件を定めた常微分方程式は, 十分小さい区間の範囲では必ず解が存在すること, などがそのような存在定理の代表例である.

また, 方程式が自然現象を表すモデルであるときなどでは, 方程式が確かに現象を決定するかどうかなどが重要である. その数学的な検証には, 与えられた初期条件などのもとで, 方程式の解がただ 1 つしかないこと, すなわち一意性を示さなければならない. ニュートンの運動方程式は, ある瞬間の位置と速度を与えると, ただ 1 つしか解を持たない. 常微分方程式の解の一意性定理から従うこの事実は, ニュートンの運動方程式が, 力学現象のモデルとして適切であることの, 数学的な根拠の 1 つである.

20 世紀以後, 数学が直接的な考察が困難な対象を扱うことがますます頻繁になるにつれて, 数学的な対象の定義などが, 間接的なやり方で行われることが増えてきた. したがって, そのような対象が存在し一意である, という定理が数学において重要性を増している.

孫子の剰余定理 Chinese remainder theorem = 中国の剰余定理

タ

体
field

四則演算(加減乗除)ができる数の体系(より正確には*代数系)を体という．すなわち，集合 K に加法 + と乗法・が定義され(乗法の記号・は省略されることが多い)，以下の条件(体の公理)を満足するとき K(より正確には $(K,+,\cdot)$)を体という．

(1) K は加法に関して*加群である．すなわち，以下の条件を満足する．

 (a) K の任意の2元 a,b に対して $a+b=b+a$ が成り立つ．

 (b)(結合律) $a+(b+c)=(a+b)+c$ が成り立つ．

 (c) 任意の元 $a\in K$ に対して $a+0=a$ を満たす元 $0\in K$ が存在する(この元 0 を零元という)．

 (d) K の任意の元 a に対して $a+b=0$ となる元 b が存在する(b を加法に関する a の逆元あるいはマイナス元と呼び，$-a$ と記す)．

(2) 積・は次の性質を持つ．

 (a)(結合律) $a\cdot(b\cdot c)=(a\cdot b)\cdot c$ が任意の3元 $a,b,c\in K$ に対して成り立つ．

 (b) 任意の元 $a\in K$ に対して $a\cdot 1=1\cdot a=a$ が成り立つ元 1 で，0 と異なるものが存在する(1 を単位元と呼ぶ)．

 (c) 零元でない任意の元 $a\in K$ に対して $a\cdot b=b\cdot a=1$ を満たす元 b が存在する(この元 b を a の逆元といい，a^{-1} あるいは $1/a$ と記す)．

(3)(分配律) 任意の元 $a,b,c\in K$ に対して
$$a\cdot(b+c)=a\cdot b+a\cdot c,$$
$$(b+c)\cdot a=b\cdot a+c\cdot a.$$

以上の体の公理から，零元，単位元，加法および乗法の逆元はただ1つしかないことを示すことができる．体 K の減法 $a-b$ を $a+(-b)$ と定義する．また，割り算 $a\div b$ は $b\neq 0$ のときに $a\cdot b^{-1}$ と定義するが，通常は割り算の記号は使わず ab^{-1} などと記す．

*環の定義と比べてみると，体とは環であって，0 以外の元が乗法について*群をなすもの，といえる．

体 K の任意の元 a,b に対して，つねに $a\cdot b=b\cdot a$ が成立するとき可換体という．有理数の全体 $\mathbb{Q}$(有理数体)，実数の全体 $\mathbb{R}$(実数体)，複素数の全体 $\mathbb{C}$(複素数体)は可換体である．可換体を単に体ということが多い．

可換体 K の元を係数に持つ n 次既約多項式
$$f(x)=x^n+a_1x^{n-1}+\cdots+a_{n-1}x+a_n$$
の根 α に対して
$K(\alpha)=\{b_0+b_1\alpha+\cdots+b_{n-1}\alpha^{n-1}\mid b_i\in K\}$
は可換体となる．$K(\alpha)$ を体 K に α を添加(付加ということもある)してできた体という．

積の交換律 $ab=ba$ の成立しない体を非可換体(あるいは斜体)という．ハミルトンの*4元数体 $\mathbb{H}$ は非可換体の代表的な例である．

台
support

関数 f の台とは，f が 0 にならない点の集合 $\{x\mid f(x)\neq 0\}$ の閉包である．言い換えると，点 x が関数 f の台に含まれないことは，x のある近傍 U で f が恒等的に 0 であることと同値である．

ダイアグラム diagram ＝図式

大域 global →大域的性質

大域解
global solution

微分方程式などで，方程式に意味があるところ全体で定義された解を大域解という．例えば，$f(x,y)=\mathrm{Re}(\sqrt{x+iy})$ (Re は実部を表す)は，正則関数の実部なので，*ラプラスの方程式 $\Delta f=0$ を満たす．$f(x,y)$ は，例えば $\{(x,y)\in\mathbb{R}^2\mid x>0\}$ の範囲では 1 価に定まり，$\Delta f=0$ の解を与える．しかし，$(x,y)=(0,0)$ の周りを 1 回りすると，符号が変わってしまうので，大域解にはならない．→局所解

大域解析学
global analysis

偏微分方程式などの解析的対象の，その定義域全体に関わる性質を研究する研究分野をいう．多様体などの上に定義された偏微分方程式について，位相幾何学的性質と解析的性質の関係を調べることはその中心的な内容の 1 つである．*指数定理は大域解析学の代表的な定理の 1 つである．

大域最適解 global optimal solution, global optimum → 最適解

大域的性質
global property

図形やその上の関数などが与えられたとき，その大域的な性質とは，図形全体にわたった様子をみて初めてわかる性質をいう．

例 1 *多様体は十分小さい部分に制限するとユークリッド空間の開集合と同一視できるから，局所的には「個性」がない．しかし多様体全体では複雑な位相構造を持つことが多い．多様体全体に関わる性質を多様体の大域的性質という．一方，局所的な性質とは，図形のそれぞれの点の近くだけを見てわかる性質を指す．例えば，$\mathbb{R}$ と円周 S^1 とは，局所的には同型だが大域的には同型ではない．

例 2 $X=\mathbb{C}\backslash\{0\}$ において，z を X の座標関数（点 $a\in X$ で値 a をとる関数）とすると，X 上局所的には，$z=f(z)^2$ となる正則関数 $f(z)$ や $z=e^{g(z)}$ となる正則関数 $g(z)$ が存在するが，大域的には存在しない．

第 1 可算公理
first countability axiom

位相空間 X の各点が，たかだか可算個の近傍からなる基本近傍系を持つとき，X は第 1 可算公理を満たすという．距離空間は第 1 可算公理を満たす．第 1 可算公理を満たす位相空間では，点列の収束により定まる位相ともとの位相が一致する．

第 1 基本形式
first fundamental form

曲面あるいはそれを一般化した*リーマン多様体上の曲線の長さを定める基本的な量である．局所径数表示 $X(u,v)=(x(u,v),y(u,v),z(u,v))$ で表される曲面の第 1 基本形式は
$$E=\langle X_u, X_u\rangle, \quad F=\langle X_u, X_v\rangle,$$
$$G=\langle X_v, X_v\rangle$$
とおいて $ds^2=Edu^2+2Fdudv+Gdv^2$ である．ここで X_u, X_v は X の u,v に関する偏微分であり，$\langle \cdot,\cdot \rangle$ はユークリッド空間の標準的内積を表す．第 1 基本形式は，曲面をリーマン多様体と考えたときの*リーマン計量の局所座標表示に当たる．一般のリーマン多様体の場合，第 1 基本形式はリーマン計量の別名で，古典的な表現では，$ds^2=\sum_{i,j=1}^n g_{ij}dx_i dx_j$ と表される ⇒ 曲面の微分幾何

第 1 積分
first integral

$x=(x_1,\cdots,x_n)$ を未知関数とする微分方程式系 $dx_i/dt=F_i(x_1,\cdots,x_n)$ $(i=1,\cdots,n)$ において，関数 $I(x)$ が「任意の解 $x(t)$ に対して $(d/dt)I(x(t))=0$」という性質を持つとき，$I(x)$ を第 1 積分あるいは保存量という．

例えば質点の運動方程式 $dx/dt=p$, $dp/dt=-V'(x)$ に対し，全エネルギー $I(x,p)=p^2/2+V(x)$ は第 1 積分である．*ハミルトン系については，I が第 1 積分であることとハミルトニアン H との*ポアソン括弧式 $\{I,H\}$ が 0 であることとは同値である．

第 1 積分があれば，$I(x)=c$（c は定数）からある x_i を消去することにより未知関数の数を減らすことができる．⇒ 可積分系

第 1 変分公式
first variational formula

*変分法において汎関数の微分を計算して得られる式を第 1 変分公式という．例えば*測地線の方程式は汎関数「長さ」の第 1 変分公式から導かれる．

第 1 補充法則　first complementary law　⇒ 平方剰余の相互法則

第 1 類の集合
set of first category, thin set, meager set

⇒ ベールのカテゴリー．なお，第 1 類でない集合を第 2 類の集合という．

第 1 種境界条件　boundary condition of the first kind
⇒ 境界値問題

第 1 種不連続点
discontinuity point of the first kind

区間上で定義された関数 $f(x)$ について，区間内部の点 x_0 で $f(x)$ が不連続であるが，右極限 $f(x_0+0)=\lim_{x\to x_0, x>x_0} f(x)$ および左極限 $f(x_0-0)=\lim_{x\to x_0, x<x_0} f(x)$ がともに存在するとき，点 x_0 は第 1 種不連続点または跳躍点といい，$f(x_0+0)-f(x_0-0)$ を x_0 における跳躍という．第 1 種でない不連続点は第 2 種不連続点という．また，左右両極限を持つ点を，たかだか第 1 種の不連続点ということもある．

大円
great circle

球面を球の中心を通る平面で切ったとき,切り口に現れる円を大円と呼ぶ.球面上の2点を通る球面上の最短線(すなわち測地線)は大円の一部である.球の中心を通らない平面で切った場合の切り口に現れる円を小円という.

対応
correspondence

2つの*集合 A, B について,A の*要素 a ごとに B の要素 b が定まっているとき,A から B への対応という.このとき,B のどの要素 b についても,b に対応する A の要素 a が1つしかないとき,1対1の対応といい,A の要素が複数あるとき,多対1の対応という.また,B のどの要素 b についても b に対応する A の要素 a が存在するとき,A から B の上への対応という.対応を写像ということが多いが,対応は写像より広い意味で用いられる.例えば,A の要素 a に B の複数の要素が対応する1対多の対応などを考えることもある. ⇒ 1対1の対応, 写像, 関数

退化
degenerate

いくつかの数の組などで名前がついた,数学的対象の族 $\{X_a\}$, $a=(a_1, \cdots, a_n)$ があって,X_a の定性的な性質がある特定の a_0 の値で変わり,次元が小さくなる,特異点が生まれる,固有値が重なる,など何らかの意味で X_{a_0} が「つぶれる」とき,X_a はその a_0 で退化するという.「つぶれる」というのがなにを表すかは,状況によって異なるので,退化するというのが,なにを意味するのかの正確な意味は,数学的な対象の種類によって変わり,それぞれ定義する必要がある.

例えば,2次形式 $ax^2+2bxy+cy^2$ が退化するとは,行列 $\begin{bmatrix} a & b \\ b & c \end{bmatrix}$ の行列式が0になることをいう.

また,xy 平面で $x^2+y^2=c$ $(c\in\mathbb{R})$ で表される図形 X_c を考えると,$c>0$ では円,$c=0$ では1点である.このとき X_c は $c=0$ で1点に退化するという.

物理学などでは,退化を「縮退」ということが多い.

対角化

diagonalization

正方行列 A の対角化とは,可逆行列(正則行列)P を取って,$P^{-1}AP$ を*対角行列 B にすることをいう.このとき $A=PBP^{-1}$ となる.対角化ができると,A に関する問題が,対角行列についての問題になって簡単に解決できることが多い.例えば $k\geqq 1$ について $A^k=PB^kP^{-1}$ が成り立ち,B^k は簡単にわかるから A^k が計算できる.

*正規行列,特に*実対称行列は対角化可能である.

しかし,例えば,$\begin{bmatrix} 1 & \lambda \\ 0 & 1 \end{bmatrix}$ $(\lambda\neq 0)$ のように対角化できない行列もある.

n 次複素正方行列 A が対角化できるための必要十分条件は,A の*固有ベクトル全体が $\mathbb{C}^n$ を張ることである.すなわち,A の固有ベクトルからなる $\mathbb{C}^n$ の基底を $\{v_1,\cdots,v_n\}$ とし,$Av_i=\lambda_i v_i$ とするとき,列ベクトル $v_1,\cdots,v_n$ を並べた n 次正方行列を $P=[v_1,\cdots,v_n]$ とすると
$$P^{-1}AP = \begin{bmatrix} \lambda_1 & & 0 \\ & \ddots & \\ 0 & & \lambda_n \end{bmatrix}$$
である.A の*最小多項式を $\Phi_A(x)$ とすると,A が対角化可能であるための必要十分条件は,$\Phi_A(x)$ が重根を持たないことである.

線形空間 V 上の線形変換 T の対角化とは,V の基底をうまくとって,T の*行列表示が対角行列になるようにすることである.

V のある基底に関する T の行列表示が A であるとする.このとき T が対角化できることと,A が対角化できることは同値である. ⇒ 固有値

ヒルベルト空間の線形作用素の*スペクトル分解は,対角化の考え方の無限次元への一般化と考えることができる. ⇒ ジョルダン標準形

対角化可能行列
diagonalizable matrix

半単純行列ともいう.行列 A は,適当な可逆行列(正則行列)P をとると $P^{-1}AP$ が*対角行列になるとき,対角化可能といい,A を対角化可能行列という.

対角行列
diagonal matrix

正方行列で,*対角成分以外の成分がすべて0であるもの.対角行列どうしは互いに可換であり,対角行列の和,差,積は,それぞれの対角成分の和,

差，積をとってできる対角行列になる．対角成分が $\lambda_1,\cdots,\lambda_n$ である対角行列を，$\mathrm{diag}(\lambda_1,\cdots,\lambda_n)$ と表すことがある．

対角成分
diagonal element

n 次の正方行列 A の (i,j) 成分を a_{ij} とするとき，$a_{11},a_{22},\cdots,a_{nn}$ を A の対角成分あるいは対角要素という．⇒ 行列

対角線集合
diagonal set

集合 X の直積 $X\times X$ の部分集合 $\Delta(X)=\{(x,x)\in X\times X|\ x\in X\}$ のことをいう．3つ以上の X の直積に対しても，定義される．

対角線論法
diagonal argument

実数全体の集合 $\mathbb{R}$ に自然数を用いて順番をつけることはできない．すなわち，$\mathbb{R}=\{a_1,a_2,a_3,\cdots\}$ のように表すことはできない．*カントルはこのことを次のようにして証明した．$\mathbb{R}=\{a_1,a_2,a_3,\cdots\}$ であるとする．a_k を無限小数で表しその小数点以下 k 桁目を $b_k\in\{0,1,2,\cdots,9\}$ とおく．$c_k\in\{1,2,\cdots,8\}$ を b_k と異なるようにとり，$c=0.c_1c_2\cdots$ なる数を構成する．c の小数点以下 k 桁目は a_k の小数点以下 k 桁目と異なるから，c はどの a_k とも異なる．これは，$c\in\mathbb{R}$ および $\mathbb{R}=\{a_1,a_2,a_3,\cdots\}$ であることと矛盾する．

同様な論法はカントル以後さまざまな場面で用いられている．これをカントルの対角線論法と呼ぶ．

$$a_1=3.876541\cdots$$
$$a_2=1.012831\cdots$$
$$a_3=2.345671\cdots$$
$$a_4=5.300009\cdots$$
$$a_5=4.009912\cdots$$

帯球関数
zonal spherical function

n 次元ユークリッド空間 $\mathbb{R}^n$ において原点 O を通る直線 L を1つ固定する．点 P と原点 O との距離を r，OP と L とのなす角を θ とするとき，$\mathbb{R}^n$ 上の斉次*調和多項式であって r と θ のみにより

$$r^m f(\cos\theta)\quad (m=0,1,2,\cdots)$$

と表されるものを帯球(調和)関数あるいは第1種帯球関数という．$t=\cos\theta$ とおくとき，$y=f(t)$ は

微分方程式

$$(1-t^2)\frac{d^2y}{dt^2}-(n-1)t\frac{dy}{dt}+m(m+n-2)y=0$$

を満たす多項式である．$f(t)$ は，$n=2$ のとき*チェビシェフ多項式，$n=3$ のとき*ルジャンドル多項式という．⇒ 直交多項式，超球多項式

帯球調和関数　zonal harmonics　⇒ 帯球関数

対偶
contraposition

命題「$P\to Q$」(P ならば Q である)に対して，命題「$\neg Q\to\neg P$」(Q でなければ P でない)をその命題の対偶という．例えば，「$x^2=2$ ならば x は無理数である」の対偶は，「x が有理数ならば，$x^2=2$ ではない」である．ある命題が真であることと，その対偶が真であることとは同値である．したがってある命題を証明するにはその対偶を証明すればよい．

ダイクストラ法
Dijkstra method

*最短路問題において辺の長さが非負の場合に1つの始点から他の全頂点への最短路を効率良く求めるアルゴリズムである．

有向グラフ (V,A)，各辺の長さ(非負)を表す関数 $l:A\to\mathbb{R}$，および始点 $s\in V$ が与えられたとする．ダイクストラ法においては，始点 s からの最短路長が確定した頂点の集合 U と，最短路長の上限値が判明した頂点の集合 W を保持し，各頂点 $v\in V$ の最短路長あるいはその上限値を変数 $p(v)$ で表す．また，s から v に至る最短路において v の直前にある頂点を $\alpha(v)$ に記録する．アルゴリズムは概略次のように書ける．まず，$p(s)=0$，$p(v)=+\infty\ (v\in V\setminus\{s\})$，$W=\{s\}$，$U=\emptyset$ とおき，$W=\emptyset$ となるまで，次の(1),(2)を繰り返す．

(1) $u\in W$ の中で $p(u)$ が最小である $u=u_0$ を選び，$W=W\setminus\{u_0\}$，$U=U\cup\{u_0\}$ と更新する．

(2) 頂点 u_0 を始点とする各辺 $a\in A$ に対して，a の終点を v として，$v\in V\setminus U$ かつ $p(v)>p(u_0)+l(a)$ の場合には，$p(v)=p(u_0)+l(a)$，$W=W\cup\{v\}$，$\alpha(v)=u_0$ と更新する．

ステップ(1)において効率よく u_0 を見出すためのデータ構造が工夫されている．

台形公式
trapezoidal rule

積分(→定積分)の近似計算の方法である．区間 $[a,b]$ 上の関数 $f(x)$ に対して，$[a,b]$ を n 等分し，各分点に対応する $f(x)$ の値を順に $y_0, y_1, \cdots, y_n$ とする．i 番目の小区間上の積分を，上辺 y_{i-1}，底辺 y_i，高さ $(b-a)/n$ の台形の面積

$$\frac{b-a}{2n}(y_{i-1}+y_i)$$

で近似し，$i=1,2,\cdots,n$ にわたって総和すれば，次のように積分の近似値が得られる．

$$\int_a^b f(x)dx \approx \frac{b-a}{2n}(y_0+y_n+2(y_1+y_2+\cdots+y_{n-1}))$$

これを台形公式という．→ 数値積分法，シンプソンの公式

対合
involution

「ついごう」とも読む．集合 X 上の*全単射の*変換 T が $T^2=I$ (I は恒等写像)を満たすとき，T を対合という．また x, Tx は互いに対合的であるという．

第3基本形式(曲面の)
third fundamental form

*曲面 M の局所径数表示を $X(u,v)=(x(u,v), y(u,v), z(u,v))$ とする(→局所座標(曲面の))．$\boldsymbol{n}(u,v)$ を M の単位法ベクトルとする．$e=\langle \boldsymbol{n}_u, \boldsymbol{n}_u \rangle$, $f=\langle \boldsymbol{n}_u, \boldsymbol{n}_v \rangle$, $g=\langle \boldsymbol{n}_v, \boldsymbol{n}_v \rangle$ とおき，$edu^2+2fdudv+gdv^2$ を曲面 M の第3基本形式という($\langle \cdot, \cdot \rangle$ は*標準的内積を表す)．$eg-f^2 \neq 0$ であることと，*ガウス写像 $f: M \to S^2$ のヤコビ行列が可逆であることは同値である．

第3種境界条件　boundary condition of the third kind
→ 境界値問題

対称(原点に関して)
symmetry

ユークリッド空間 $\mathbb{R}^n$ の中の集合 A が，*変換 $x \mapsto -x$ に関して不変であるとき，A は原点に関して対称であるという．$n=2$ のとき，関数 $y=f(x)$ のグラフが原点に関して対称なための必要十分条件は $f(x)$ が奇関数であることである．→ 点対称

対称(y 軸に関して)
symmetry

平面上の集合 A が，変換 $(x,y) \mapsto (-x,y)$ に関して不変であるとき，A は y 軸に関して対称であるという．関数 $y=f(x)$ のグラフが y 軸に関して対称であるための必要十分条件は $f(x)$ が偶関数であることである．→ 線対称

対称移動
symmetry transformation

平面をある直線 l に関して折り返したときに，平面上の図形 d が移る先を d' とするとき，d と d' は*線対称であるといい，直線 l に関して折り返すことを(直線 l に関する)対称移動という．一方，平面上の1点 P を中心として図形 d を 180° 回転してできる図形を d'' とすると d と d'' は点対称であるといい，点 P を中心として 180° 回転させることを，(点 P に関する)対称移動という．

平面の対称移動は $\mathbb{R}^2$ の*1次変換で表される．例えば，点 $P=(p_1,p_2)$ に関する対称移動は $(x_1,x_2) \mapsto 2P-(x_1,x_2)$ で表される．また原点を通る直線 l に直交する単位ベクトル e ($(e,e)=1$)を使うと，直線 l に関する対称移動は $x=(x_1,x_2) \mapsto x-2(x,e)e$ で表される．

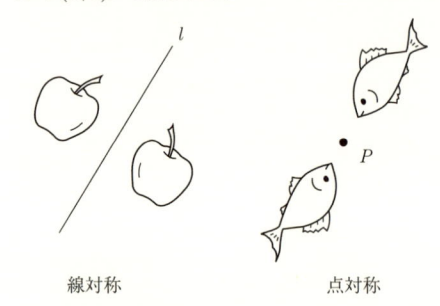

線対称　　　　　　　　点対称

この考え方は高い次元の*ユークリッド空間内の図形に拡張できる．

点 $a \in \mathbb{R}^n$ に関する点対称移動は $x \mapsto 2a-x$ で表される．また，ユークリッド空間 $\mathbb{R}^n$ でのベクトルの内積を (x,y) で表すと，e を単位法ベクトル $((e,e)=1)$ とする超平面 $(x,e)=0$ に関する対称移動は*鏡映と呼ばれ $x \mapsto x-2(x,e)e$ で表される．

対称行列
symmetric matrix

正方行列 A がその転置行列 ${}^tA$ と一致するとき，A を対称行列という．すなわち $a_{ij}=a_{ji}$ である正方行列 $[a_{ij}]$ のことである．実数を成分とする対称行列は対角化可能であり，固有値はすべて実数であ

る．詳しく言えば，A を実数を成分とする n 次の対称行列とするとき，${}^tUAU=\mathrm{diag}(\lambda_1,\cdots,\lambda_n)$ $(\lambda_1,\cdots,\lambda_n$ は実数$)$ となる直交行列 U が存在する．ここで，右辺は，対角成分が $\lambda_1,\cdots,\lambda_n$ の対角行列を表す．$\to$ エルミート行列

対称空間
symmetric space

平面での $180°$ 回転に当たる等長変換が各点で定まっている空間をいう．リーマン多様体 M の点 p と p に十分近い点 q をとる．q と p を結ぶ最短測地線を q からみて p の反対側に，長さ $d(p,q)$ だけ延ばした点を $\sigma_p(q)$ と書く．

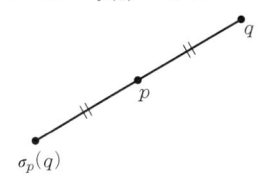

任意の p に対して σ_p が (局所) 等長変換となるとき，M を局所対称空間という．また，σ_p が M 全体の等長変換に常に拡張できるとき，M を対称空間という．対称空間は*等質空間である．

*射影空間 (複素，実，4 元数のいずれも)，*グラスマン多様体など多くの重要な空間が対称空間である．*定曲率空間は局所対称空間で，単連結なら対称空間である．コンパクトリー群 G では $\sigma_g(h)=gh^{-1}g^{-1}$ となり，G は対称空間である．

局所対称空間は曲率テンソル R の共変微分が 0 であるという性質 $\nabla R=0$ で特徴づけられる．カルタン (É. Cartan) によって，対称空間は完全に分類されている．

対称区分け
symmetric partition

正方行列を区分けするときは，特別な区分けをした*ブロック行列を考えると便利なことが多い．例えば，
$$A=\begin{bmatrix} A_{11} & A_{12} & \cdots & A_{1p} \\ A_{21} & A_{22} & \cdots & A_{2p} \\ \vdots & \vdots & \ddots & \vdots \\ A_{p1} & A_{p2} & \cdots & A_{pp} \end{bmatrix}$$
において，各 A_{ss} $(s=1,\cdots,p)$ が正方行列となるものを考え，このような区分けを対称区分けという．

対称区分けされた正方行列
$$A=\begin{bmatrix} A_{11} & O & \cdots & O \\ O & A_{22} & \cdots & O \\ \vdots & \vdots & \ddots & \vdots \\ O & O & \cdots & A_{pp} \end{bmatrix}$$
が可逆であるための必要十分条件は，$A_{11}, A_{22}, \cdots, A_{pp}$ がすべて可逆なことである．このとき A の逆行列は
$$A^{-1}=\begin{bmatrix} A_{11}^{-1} & O & \cdots & O \\ O & A_{22}^{-1} & \cdots & O \\ \vdots & \vdots & \ddots & \vdots \\ O & O & \cdots & A_{pp}^{-1} \end{bmatrix}$$
により与えられる．$\to$ ブロック行列

対称群
symmetric group

置換群ともいう．n 次の置換全体は群をなす．これを n 次対称群といい S_n や $\mathfrak{S}_n$ と記す．$\to$ 置換

対称形式
symmetric form

体 k 上のベクトル空間 V 上の*双線形形式 $F: V\times V\to k$ が $F(x,y)=F(y,x)$ を常に満足するとき対称形式あるいは，対称双線形形式という．V の*基底を選ぶと V のベクトルは縦ベクトルで表示される．このとき双線形形式 $F(x,y)$ は縦ベクトル x, y と正方行列 A を使って ${}^tyAx$ と表示できるが，対称形式であることは A が*対称行列であることを意味する．

対称差
symmetric difference

2 つの集合 A, B に対して，$(A\setminus B)\cup(B\setminus A)$ を対称差といい，$A\triangle B$ と表すことが多い．

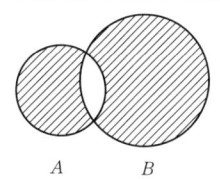

集合 X のすべての部分集合からなる集合 (*べき集合) 2^X は，対称差を加法とする*アーベル群である．実際，空集合が零元，$A\in 2^X$ のマイナス元は A 自身である (特に，2^X の零元以外のすべての元の*位数は 2 である)．

対称作用素
symmetric operator

内積 $(\cdot,\cdot)$ を持つヒルベルト空間 H において，稠密な定義域 $D(T)$ を持つ線形作用素 $T: D(T) \to H$ が，任意の $x, y \in D(T)$ に対して
$$(T(x), y) = (x, T(y))$$
を満たすとき，T を対称作用素という．対称作用素の固有値は実数である．

対称作用素 T と $\lambda \in \mathbb{C}$ に対して，直交直和分解 $H = \mathrm{Im}(T - \lambda I) \oplus \mathrm{Ker}(T^* - \bar{\lambda} I)$ （T^* は*共役作用素）が成り立つ．→ 自己共役作用素（ヒルベルト空間の）

対称式
symmetric polynomial

例えば $x^2 + y^2 + z^2$ や xyz は変数 x, y, z をどのように入れ替えても形が変わらない．一方，$(x-y)(x-z)(y-z)$ はどの2つの変数を入れ替えても符号が変わる．一般に，多項式 $f(x_1, \cdots, x_n)$ が変数のどの2つ x_i, x_j を入れ替えても不変であるときに対称式といい，また常に符号が変わるときに交代式という．対称式は変数の任意の*置換に対して不変な多項式である．

多項式 $(t+x_1)\cdots(t+x_n)$ を $t^n + s_1 t^{n-1} + \cdots + s_n$ と展開するとき，係数 $s_1, \cdots, s_n$ は $x_1, \cdots, x_n$ の対称式になる．例えば $s_1 = x_1 + x_2 + \cdots + x_n$，$s_n = x_1 x_2 \cdots x_n$．$s_i$ を i 次基本対称式という．基本対称式の多項式 $P(s_1, \cdots, s_n)$ はまた対称式である．逆に任意の対称式は基本対称式の多項式としてただ一通りに表すことができる．これを対称式の基本定理という．→ 交代式

対称式の基本定理　fundamental theorem on symmetric polynomials　→ 対称式

対称軸
axis of symmetry

線対称な図形 A とはある直線に沿った折り返しで不変な図形を指すが，この直線のことを A の対称軸という．

対称性
symmetry

対称性をそなえた事物に接するとき，われわれは「美しい」という感覚を呼び覚まされる．古来人類は対称性に深い関心を払ってきた．プラトンの正多面体，アラビアのモスク，薬師寺の五重塔，などその例は枚挙にいとまがない．数学では図形や式の対称性によく出会う．これらは入れ替え，折り返し，回転など何らかの操作に関する不変性として現れる．数学的にはこの「操作」は*置換群，*鏡映群，*回転群など*群の作用として捉えることができる．

数学において，対称性を見逃さず正しく把握することは重要である．それは思考の整理・節約のためという以上に，問題の本質がそこに現れることが多いからである．代数方程式がいつ根号で解けるかを解明したガロアの理論では，根の置換による対称性が決定的な役割を演じる．歴史的にはそこから群の概念が生まれた．今日の数学は群を抜きにして語ることはできない．またあからさまには見えない隠れた対称性が支配する現象（→ タウ関数）や変形されて現れる対称性（→ 量子群）なども知られている．

対称積（集合の）
symmetric product

集合 X の n 個の直積 $X^n = X \times \cdots \times X$ には n 次*対称群 S_n が $\sigma(x_1, \cdots, x_n) = (x_{\sigma(1)}, \cdots, x_{\sigma(n)})$ により*作用するが，この作用の*軌道空間 X^n / S_n を X の対称積という．

$X = \mathbb{C}$ （複素数体）とするとき，$(z_1, \cdots, z_n) \in X^n$ に $(s_1, \cdots, s_n) \in \mathbb{C}^n$ （s_i は $z_1, \cdots, z_n$ の i 次対称式）を対応させる写像は対称積 $\mathbb{C}^n / S_n$ から $\mathbb{C}^n$ への全単射を誘導する．これは根と係数の関係と*代数学の基本定理の帰結である．

対称積（線形空間の）
symmetric tensor product

線形空間 V の n 個の*テンソル積 $V^{n\otimes}$ には，n 次の*置換 $\sigma: i \to \sigma(i)$ $(1 \leq i \leq n)$ による作用 $\sigma(v_1 \otimes v_2 \otimes \cdots \otimes v_n) = v_{\sigma(1)} \otimes v_{\sigma(2)} \otimes \cdots \otimes v_{\sigma(n)}$ が定義される．任意の σ に関して不変な $V^{n\otimes}$ の元の全体 W は $V^{n\otimes}$ の部分空間をなす．W を V の対称積という．V の次元を r とすると，W の次元は重複組合せの数 $\binom{n+r-1}{n}$ に等しい．→ 対称テンソル，外積（線形空間の）

対称テンソル
symmetric tensor

テンソル T であって，その成分 $T_{i_1, \cdots, i_k}$ が添え字の入れ替えに関して不変であるもののことをいう．すなわち，$T_{i_1, \cdots, i_j, \cdots, i_l, \cdots, i_k} = T_{i_1, \cdots, i_l, \cdots, i_j, \cdots, i_k}$ が $1 \leq j \leq l \leq k$ なる任意の j, l

に対して成り立つテンソルが対称テンソルである．計量テンソル g_{ij} などが代表的な例である．→ テンソル

対称マルコフ過程
symmetric Markov process
*マルコフ連鎖は，推移確率行列(→ 推移確率)が*対称行列のとき，対称という．一般には，推移作用素が(適当な*L^2 空間上で)対称なことをいう．

対称律
law of symmetry
*2 項関係 xRy において，
$$xRy \implies yRx$$
が成り立つこと．→ 関係，同値関係

対心点定理　antipodal point theorem　→ ボルスークの対蹠点定理

対数
logarithm
1 と異なる正の数 a が与えられたとき，任意の正の数 x に対して $a^y = x$ を満足する実数 y がただ 1 つ存在する(→ 指数関数)．これを，a を底とする x の対数といい，$y = \log_a x$ と記す．また y を変数 x の関数と見て対数関数という．$\log_a 1 = 0$, $\log_a a = 1$ であり，加法公式 $\log_a(x_1 x_2) = \log_a x_1 + \log_a x_2$ $(x_1, x_2 > 0)$ が成り立つ．単に $\log x$ と記したときは，数学では*自然対数を意味することが多いが，理工学分野では*常用対数の意味に使い，自然対数は $\ln x$ で表すことが多い．*情報量については $\log_2 x$ を単に $\log x$ と書くことが多い．

対数は 1614 年*ネピアによって，掛け算を簡単に計算するための手段として導入された．天文学での計算の他に，当時盛んになった航海術の計算に使われ，またたく間にヨーロッパに普及した．実際の対数計算には，1617 年にブリッグス(H. Briggs)が提唱した常用対数が用いられた．

代数
algebra
*単位元 1 を持つ*可換環 K が*環 A に*作用し $1a = a$ $(a \in A)$, $\lambda(a+b) = \lambda a + \lambda b$, $(\lambda + \mu)a = \lambda a + \mu a$, および $\lambda(ab) = (\lambda a)b = a(\lambda b)$ $(\lambda, \mu \in K, a, b \in A)$ が成り立つとき A は K 代数であるという．K 多元環ということもある．可換体 k 上の n 変数多項式環 $k[x_1, \cdots, x_n]$ は k 代数である．また，可換体 k の元を成分として持つ $n \times n$ 行列の全体 $M(n, k)$ も k 代数である．→ 構造定数

代数学
algebra
古代の数学ですでに，数値計算によって必要な答えを見出しただけでなく，方程式を立てそれを解くことによって答えを見出す努力がなされた．その際に，問題を幾何学的に表現して解くことが行われた．古代中国では連立 1 次方程式の係数を算木を使って表すことによって，連立方程式を記述し，消去法によって方程式を解いた．文字を使わないことを除けば，今日の連立方程式の解き方と実質的に同一であるが，問題解法のアルゴリズムとしてのみ捉えられ，それ以上の進展はなかった．方程式を一般的に表現する方法が確立してから方程式論に本質的な進展があったと考えられる．

文字式は，紀元 3 世紀頃アレキサンドリアで活躍したと伝えられる*ディオフォントス，インドでは 5 世紀に*ブラフマグプタによって導入され，中国では南宋から元にかけての時代につくられた．特に，南宋から元の時代の中国の方程式論は，1 変数高次方程式の係数を並べることによって方程式を記述し，さらに算木を使って方程式の根を望むべき精度で求めることができるほどに，高度に発達したものだった．ただ，ここでも，方程式の解法のアルゴリズムのほうが重要視された．

今日の代数学はアラビアの数学者*アル=フワーリズミーに始まると考えられる．彼は言葉を使って方程式を表現し，方程式の移項や項の簡約の概念を導入した．そして 2 次方程式をいくつかの標準形に直して，図形を用いてその正の根を求めた．アル=フワーリズミーの著書『アル=ジャブルとアル=ムカバラの計算』(Kitāb fi al-jabr wa al-muqābala)の移項を意味する al-jabr から algebra という代数を意味する言葉が生まれたといわれる．

アラビアの方程式論はルネッサンス期のヨーロッパに輸入され，タルターリャ，*カルダノによる 3 次方程式の解法，フェラーリによる 4 次方程式の解法が見出された．この時点ではまだ文字方程式の記法は確立していなかった．文字式は*ヴィエトの試みを受けて*デカルトによってほぼ今日と同じ形の記法が確立し，その後の数学の進展に大きく貢献した．特に，デカルトは解析幾何学を創始し，ある種の幾何学の問題が方程式を使って解く

ことができることを示し，代数学の進展を促した．

フェラーリ以降，長い間5次方程式の解法の研究が行われたが成功しなかった．*ラグランジュは3次，4次方程式の解法を分析して，根の置換の概念に到達し，ガロア理論の誕生を準備した．一般の5次方程式は方程式の係数から四則演算とべき根を取る操作によって解く（代数的に解く）ことができないことが*アーベルによって示された．さらに，アーベルは代数的に5次方程式が解ける十分条件として，今日の言葉を使えば，方程式の*ガロア群がアーベル群であることを見出した．

アーベルの理論は*ガロアによって明確にされた．ガロアは有理数体 $\mathbb{Q}$ に方程式の係数を添加してできる体（正確には1のべき根を添加しておく必要がある）K を考え，体 K に方程式の根を添加してできる体 L の体 K での同型写像として方程式の根の置換を捉えることによって，方程式の代数的な解法の意味を明確にした．このガロアの考察によって，群や体などの代数系が数学の研究対象となっていった．

ガロアの理論とともに*ガウスによる数論の研究（特に2次体と2次形式の研究）と代数学の基本定理の証明も，その後の代数学の進展に重要な働きをした．さらにクンマー（E. E. Kummer）による理想数はデデキントによってイデアル論として書き直され，*ヒルベルトはガロア理論とイデアル論とを使って代数的整数論を構築し，数論のその後の進展のみならず，代数学の進展にも大きく貢献した．

19世紀には不変式論が盛んであり，不変式の具体的な基底を求め，それが有限個であることを示すことが研究の中心であった．ヒルベルトは，ヒルベルトの基底定理を証明して，不変式の基底を直接求めなくても，それが有限個であることを証明し，当時の数学界に衝撃を与えた．一方，*リーマンによる代数関数論は代数幾何学の進展を促し，ヒルベルトの不変式論とともに多項式環の理論が進展する契機をもたらした．

このように，具体的な方程式を解くことや不変式の具体的な基底を求める研究から，方程式一般や群，環，体などの代数系を考察する研究に代数学の関心が移っていき，20世紀初頭に抽象代数学が誕生した．

今日では，代数学は代数系を研究する学問であるということができる．そこで重要な役割をするのは代数系のもつ構造を明らかにし，対象間の関係として同型や準同型を考えることである．この研究態度はさらに，ある特徴をもった数学的な対象全体をひとまとめにして圏として捉え，圏の間の関係を函手として表現する手法へと発展し，今日の数学の基本的な考え方の1つとなっている．また，代数的な手法は代数学を越えて数学の種々の分野で重要な働きをしている．

代数学の基本定理
fundamental theorem of algebra

*複素数を係数に持つ1変数*多項式

$$f(z) = z^n + a_1 z^{n-1} + \cdots + a_{n-1} z + a_n$$

は複素数内に必ず*根を持つ．これを代数学の基本定理という．この事実は，複素数を係数にもつ*代数方程式

$$f(z) = z^n + a_1 z^{n-1} + \cdots + a_{n-1} z + a_n = 0$$

は複素数内に必ず解を持つと言い換えることもできる．このとき，*因数定理により

$$f(z) = (z-\alpha_1)^{m_1} \cdots (z-\alpha_l)^{m_l}$$

と因数分解できる．*体論の言葉を使えば，代数学の基本定理は，複素数体は*代数的閉体であることを意味する．

代数学の基本定理は，ダランベールにより不完全な形で証明され（1746），*ガウスにより厳密に証明されたが（1798），当時は複素数の概念が一般には認知されていなかったこともあり，ガウスは次のような形で表現した．

「実係数多項式 $a_0 x^n + \cdots + a_{n-1} x + a_n$ は実係数の1次式と2次式に因数分解される」

$$a_0 (x-\alpha_1) \cdots (x-\alpha_h)$$
$$\times \{(x-\beta_1)^2 + \gamma_1^2\} \cdots \{(x-\beta_k)^2 + \gamma_k^2\}$$

一方，*アーベルとガロアの定理によれば，5次以上の代数方程式は係数の加減乗除と*根号による根の公式を一般には持たない．この事実は代数学の基本定理に反しない．根が存在することと，根が根号という特別な手段を用いて表されるかどうかということは，別のことだからである．

代数関係式
algebraic relation

代数的な関係式を略して，代数関係式という．例えば，数または量 $x, y, z, \cdots$ が*多項式 $f(x, y, z, \cdots)$ を用いた関係式 $f(x, y, z, \cdots) = 0$ を満たすとき，代数関係式という．

対数関数
logarithmic function

一般に，$a > 0$，$a \neq 1$ として，a を底とする x

の*対数 $\log_a x$ を正の実数 x の関数と見るとき，a を底とする対数関数という．とくに，自然対数，つまり，e を底とする対数関数を単に対数関数といい，$\log x$ と書く．その導関数は，$(\log x)'=1/x$ であり，等式 $\log x=\int_1^x dy/y$ が成り立つ．また，$|x|<1$ のとき，$\log(1+x)=x-x^2/2+x^3/3-\cdots=\sum_{n=1}^{\infty}(-1)^{n-1}x^n/n$ となる．

代数関数
algebraic function

複素数を変数とする 2 変数多項式 $f(z,w)$ に対して，$f(z,w)=0$ を w について解いて得られる z の多価(解析)関数を，代数関数という．代数関数論は，ガウス，アーベル，ヤコビによる*楕円関数の研究を出発点に，リーマンとワイエルシュトラスにより一般化，厳密化された．

対数関数(複素関数としての)
logarithmic function

$x>0$ において定義された対数関数 $\log x$ を複素平面に解析接続して得られる関数のこと．指数関数 e^z の逆関数でもある．$z\neq 0$ に対して，1 と z を結ぶ，0 を通らない曲線に沿う複素積分

$$\log z=\int_1^z \frac{1}{t}dt$$

により得られる関数といってもよい．曲線の取り方により，$\log z$ の値は $2\pi i$ の整数倍だけ異なるから，複素関数としての対数関数は多価関数である．

代数関数体
algebraic function field

$\mathbb{C}(x,\sqrt{x^3+1})$ のように複素数体 $\mathbb{C}$ 上の 1 変数有理関数体 $\mathbb{C}(x)$ の*有限次拡大体である体を，$\mathbb{C}$ 上の 1 変数代数関数体，あるいは単に，代数関数体という．*閉リーマン面上の有理型関数の全体(これは*代数曲線の有理関数の全体と同じである)は代数関数体になる．逆に代数関数体 K に対してはその上の有理型関数の全体が K と同型になる閉リーマン面あるいは代数曲線(非特異射影曲線)がただ 1 つ存在する．

一般に体 F 上の n 変数有理関数体 $F(x_1,\cdots,x_n)$ の有限次拡大体である体を，F 上の n 変数代数関数体という．

代数関数論
theory of algebraic functions

代数関数体の性質を調べる数学の一分野である．主として 1 変数代数関数体の場合を指す．この場合は，*代数曲線(非特異射影曲線)，あるいは，閉リーマン面の性質を調べることと数学的には同じになる．

複素数体上の 1 変数代数関数体は，閉リーマン面との対応(→ 代数関数体)が重要である．

有限体上の 1 変数代数関数体は代数体と類似する部分が多く，数論との類似で研究されている．

代数幾何学
algebraic geometry

有限個の*多項式の共通零点が定める図形の性質を研究する数学の一分野である．実際には有限個の多項式の共通零点が定める図形を貼り合わせてできる*代数多様体を研究の対象とする．さらに多項式の共通零点が定める図形は*可換環の*素イデアルの言葉を使って定義し直すことができ，スキームにまで図形の考え方を拡張して考える．複素数体上の代数多様体は*複素多様体や*複素解析空間として*解析学と*位相幾何学の手法を使って研究することができる．これは*代数曲線を*リーマン面として考察することに対応する．

代数幾何学は射影幾何学の拡張として 19 世紀以来研究されてきたが，素朴な直観にたよる議論が多く，その厳密な取り扱いは 20 世紀数学の大きな課題となった．リーマンによるリーマン面の解析的な議論を M. ネーター(M. Noether)は代数曲線の理論としてとらえ直し，代数幾何学の本格的な進展が始まった．19 世紀末から 20 世紀初頭にかけて，エンリケス(F. Enriques)やカステルヌオヴォ(Castelnuovo)らによって進展した*代数曲面論は幾何学的直観に頼りすぎていたために理解するのが容易でなかった．ザリスキー(O. Zariski)は 20 世紀初頭に発達した抽象代数学の手法を使って代数幾何学の基礎づけを行い，一方 A. ヴェイユ(A. Weil)は代数曲線の*ゼータ関数に関する*リーマン予想の類似を証明するために，任意の可換体上での代数幾何学を建設した．さらに，代数多様体のゼータ関数に対する*ヴェイユ予想を解決するために*グロタンディックはスキーム理論を建設し，代数幾何学はその様相を大きく変えた．

代数曲線
algebraic curve

複素射影平面 $P^2(\mathbb{C})$ 内で m 次既約斉次多項式

の零点

$$F(x_0, x_1, x_2) = 0$$

として定義された図形を m 次平面曲線という．一般に1次元の*代数多様体を代数曲線という．通常は*特異点を持たない1次元射影多様体を代数曲線という．この意味での代数曲線は平面曲線の特異点を除去することによって得られ，次元の高い複素射影空間に埋め込むことができる．代数曲線は1次元*複素多様体と考えることもでき，これを閉リーマン面と呼ぶ．閉リーマン面はリーマンによって考察され，複素解析的な観点から代数関数論が建設された．リーマンの議論をM.ネーターは幾何学的に捉え直して代数幾何学としての代数曲線論が誕生した．

代数曲線は代数幾何学のみならず数論でも重要な働きをする．→ 不定方程式

代数曲面

algebraic surface

3次元複素射影空間 $P^3(\mathbb{C})$ 内で n 次既約斉次多項式の零点

$$F(x_0, x_1, x_2, x_3) = 0$$

として定義された図形(射影代数多様体)を n 次曲面という．一般に2次元*代数多様体を代数曲面という．通常は*特異点を持たない2次元*射影多様体を代数曲面と呼ぶことが多い．この意味での代数曲面は一般には高い次元の射影空間に埋め込まれているが，一方では，3次元射影空間 P^3 内で既約斉次多項式 $F(x_0, x_1, x_2, x_3)=0$ で定義される曲面の特異点を除去して構成することもできる．

代数曲面ではその*双有理同型類の幾何学を考える*双有理幾何学が重要である．代数曲線の場合には，種数が0の場合，1の場合と2以上の場合の3つのクラスに大別することができるが，この分類に対応して代数曲面の場合は大きく4つのクラスに分類される．1つのクラスは代数曲線 C と射影直線 $P^1(\mathbb{C})$ の積 $C \times P^1(\mathbb{C})$ と双有理同型である曲面からなる．3次元射影空間 $P^3(\mathbb{C})$ 内の特異点を持たない2次曲面と3次曲面はこのクラスに属する．一方，3次元射影空間 $P^3(\mathbb{C})$ 内の特異点を持たない4次曲面(これはK3曲面と呼ばれる代数曲面の例になっている)や2次元*アーベル多様体に双有理同値な曲面は別のクラスに属する．さらに3次元射影空間 $P^3(\mathbb{C})$ 内の特異点を持たない n 次曲面($n \geq 4$)は一般型代数曲面という上の2つのクラスとは別のクラスに属している．残りのクラスに属する代数曲面 S は楕円曲面と呼ばれ，S からある代数曲線 C への写像(代数多様体の*射) $f: S \to C$ で C のほとんどの点 P に対して，逆像 $f^{-1}(P)$ が*楕円曲線となるものが存在する曲面である．

代数曲面の双有理幾何学ではこれ以上*ブローダウンすることのできない代数曲面(*相対極小モデルという)を考えれば十分である．射影平面と双有理同型な代数曲面を有理曲面という．P^2 や $P^1 \times P^1$ は有理曲面であり相対極小モデルでもある．代数曲面の双有理幾何学は19世紀末のイタリア学派によって始められ，多くの業績があげられたが，直観に基づく議論であったのでその厳密な基礎づけが代数幾何学の課題となり，20世紀の代数幾何学が進展するきっかけとなった．

代数群

algebraic group

*代数多様体 V が群の構造を持ち，群の演算 $V \times V \ni (a, b) \mapsto a \cdot b \in V$, $V \ni a \mapsto a^{-1} \in V$ が代数多様体の射になっているものを代数群という．*楕円曲線は加法に関して代数群となる．また n 次複素一般線形群 $GL(n, \mathbb{C})$ はアフィン代数多様体であり，行列の掛け算に関して代数群である．

代数系

algebraic system

数の四則演算(加減乗除)の一部と演算法則を抽象化した構造を持つ集合のこと．代表的な例は，*群，*環，*体，*線形空間，*リー環などである．

代数体

algebraic number field

有理数体 $\mathbb{Q}$ の代数的拡大体を代数体といい，そのうち $\mathbb{Q}$ の*有限次拡大であるものを有限次代数体ということもあるが，今日では，後者，すなわち $\mathbb{Q}$ の有限次拡大体を，単に代数体ということが多い．数体ともいう．

代数多様体

algebraic variety

代数幾何学の主要な対象である．*アフィン代数多様体を貼り合わせたものをいう．射影空間の中の，有限個の斉次多項式の零点集合である*射影多様体が典型例である．代数多様体には*ザリスキー位相を入れることができる．ザリスキー位相による開集合がアフィン代数多様体の構造を持つときアフィン開集合という．代数多様体の性質の

多くはアフィン開集合を使って記述できる．例えば，代数多様体の写像 $f:V\to W$ に関しては，f をアフィン開集合に制限したものがアフィン代数多様体の射であるとき，f を代数多様体の射であると定義する．

代数多様体は解析幾何学，射影幾何学などで古くから研究されてきたが，リーマンによるリーマン面（1 次元代数多様体），イタリア学派の代数曲面論（2 次元代数多様体），ファン・デル・ヴェルデン（van der Waerden），ザリスキー（O. Zariski）らによる研究を経て，多様体の定義をまねてヴェイユによって厳密な定義が与えられた．のちにグロタンディックによりスキームに一般化された．

代数的
algebraic

体 K の拡大体 L の元 α は，体 K の元を係数とするある代数方程式 $a_0x^n+a_1x^{n-1}+\cdots+a_n=0$ $(n\geq 1,\ a_0,\cdots,a_n\in K,\ a_0\neq 0)$ の解となるとき K 上代数的であるという．

代数的位相幾何学
algebraic topology

代数的手法を使う位相幾何学の分野のことをいう．*ポアンカレのパイオニア的仕事を契機として 20 世紀に発展した．ホモロジー群，コホモロジー群，基本群，ホモトピー群など，位相空間の「不変量」として，代数系を対応させ，位相的性質を代数的性質に移して研究する．

代数(的)拡大
algebraic extension

体の*拡大 L/K で L の各元が K 上代数的であるとき，すなわち K 係数の多項式 $f(X)$ の根となっているとき，L/K は代数拡大または代数的拡大であるという．また L は K 上代数的であるともいう．体の拡大 L/K で L が K 上のベクトル空間として有限次元のときはこの拡大は代数的拡大である．この場合有限次代数的拡大，また単に有限次拡大という．

代数的関係
algebraic relation

体の拡大 L/K で L の 2 元 x,y が K の元を係数とする 2 変数多項式 $f(X,Y)$ に代入したとき 0 になる，すなわち $f(x,y)=0$ であるとき，x と y の間には代数的関係があるという．

代数的集合　algebraic set　⇢ アフィン代数多様体

代数的数
algebraic number

有理数を係数とするある代数方程式
$$a_0x^n+a_1x^{n-1}+\cdots+a_n=0$$
$$(n\geq 1,\ a_0,\cdots,a_n\in\mathbb{Q},\ a_0\neq 0)$$
の根となる複素数のこと．有理数体 $\mathbb{Q}$ の*代数的閉包に属する数といってもよい．

代数的数ではない複素数を*超越数という．例えば $\sqrt[3]{2}$ は代数的数だが，円周率 π は超越数である．代数的数の全体は可算集合である．この事実はカントルによって 19 世紀後半に証明された．このことがカントルの集合論に対する賛否の嵐をまきおこす一因になった．

代数的数体　algebraic number field　＝ 代数体

代数的整数
algebraic integer

*代数的数のうちで，最高次の係数が 1 の，整数を係数とするある代数方程式
$$x^n+a_1x^{n-1}+\cdots+a_n=0$$
$$(n\geq 1,\ a_1,\cdots,a_n\in\mathbb{Z})$$
の根となるものを代数的整数という．代数的数は有理数係数の代数方程式の根であり，その方程式の係数の分母を払えば，整数係数の代数方程式の根にはなるが，そのとき最高次の係数を 1 にできるとは限らない．

例えば $\sqrt{2}$ や $(1+\sqrt{5})/2$ や 1 の n 乗根は，それぞれ $x^2-2=0$, $x^2-x-1=0$, $x^n-1=0$ の解になるから代数的整数であるが，$\sqrt{2}/2$ や $(1+\sqrt{5})/4$ は代数的整数ではない．

有理数については，代数的整数であることと整数であることは同値である．

代数的整数の全体は環をなす．

代数的整数環
ring of algebraic integers

有理数体 $\mathbb{Q}$ の有限次拡大体 k に含まれる代数的整数全体を $\mathcal{O}_k$ により表す．$\mathcal{O}_k$ は環になる．$\mathcal{O}_k$ を k の代数的整数環あるいは単に k の整数環という．$\mathcal{O}_k$ では 0 以外のイデアルは素イデアルの積に順序を除いて一意的に分解でき，$\mathcal{O}_k$ は*デデキント整域である．

代数的整数論
algebraic number theory

代数体 k とその整数環 $\mathcal{O}_k$ の関係を，$\mathbb{Q}$ と $\mathbb{Z}$ の関係の一般化と考え，$\mathbb{Q}$ と $\mathbb{Z}$ に対する考察を，k と $\mathcal{O}_k$ に対して一般化するのが代数的整数論である．

代数的整数論の萌芽はガウスの仕事(18世紀末)に見られ，さらにクンマーの理想数に関する仕事(19世紀半ば)も代数的整数論へのパイオニアワークと考えられる．実際，現在ガウスの整数と呼ぶものは代数体 $\mathbb{Q}(\sqrt{-1})$ の整数環である $\mathbb{Z}[\sqrt{-1}]$ の元であり，また，クンマーが扱ったのは，1 の原始 n 乗根 ζ_n で生成される体 $\mathbb{Q}(\zeta_n)$ の整数環 $\mathbb{Z}[\zeta_n]$ の理論であった．クンマーの理想数の概念を集合論的に定式化したイデアル論を用いて，デデキントは一般の整数環に対する代数的整数論を考察した(19世紀半ばすぎ)．ヒルベルト(19世紀末)は*類体論の構想を得，高木貞治はヒルベルトの構想を拡張し，類体論を完成させた(1920年頃)．クンマーの研究はまた*岩澤理論に発展した(20世紀後半)．

代数的対応
algebraic correspondence

代数曲線 C_1 の点 P と，代数曲線 C_2 の点 Q との対応が代数的な関係式で表されるとき，代数的対応という．点 P に C_2 の n 個の点が，Q に m 個の点が対応するとき，この代数的対応は (m,n) 対応であるという．

例えば 2 個の 2 次曲線 C_1, C_2 が与えられたとき，C_1 の点 P から C_2 へ接線 l を引き l と C_2 との接点を P' と記す．点 P に点 P' を対応させると，点 P から C_2 へは 2 本の接線が引けるので P' は P に対して 2 個対応する．逆に P' に対応する P も 2 点ある．このことから点 P に点 P' を対応させる対応は $(2,2)$ の代数的対応であることを示すことができる．

代数的独立
algebraic independence

体 K を体 k の拡大体とする．K の部分集合 S は次の性質を満たすとき，k 上代数的独立であるといわれる．

任意有限個の相異なる元 $a_1, \cdots, a_n$ を S から取り出したとき，多項式環 $k[x_1, \cdots, x_n]$ から K への準同型 $f(x_1, \cdots, x_n) \mapsto f(a_1, \cdots, a_n)$ が単射である．

代数的独立でないときは，代数的従属といわれる．例えば，体 $\mathbb{C}(z)(\sqrt{z^3+1})$ の元 z と $\sqrt{z^3+1}$ は，$f(x_1, x_2) = x_1^3 + 1 - x_2^2$ に代入すると $f(z, \sqrt{z^3+1}) = 0$ となるので，$\mathbb{C}$ 上代数的従属である．

*代数的数 $\alpha_1, \cdots, \alpha_n$ が $\mathbb{Q}$ 上線形独立であれば $e^{\alpha_1}, \cdots, e^{\alpha_n}$ は $\mathbb{Q}$ 上代数的に独立な超越数である(リンデマン-ワイエルシュトラス)．一方，円周率 π と自然対数の底 e が，$\mathbb{Q}$ 上代数的独立であるか代数的従属であるか，つまり $f(\pi, e) = 0$ となる有理数係数の 0 でない多項式 $f(x_1, x_2)$ が存在しないかするかは，まだわかっていない．

代数的トーラス
algebraic torus

体 K の*乗法群 $K^\times = K \setminus \{0\}$ の有限個の直積のこと．アーベル群の構造を持つ．

代数的に解ける
algebraically solvable

2 次方程式 $ax^2 + bx + c = 0$ の根は方程式の係数を使って $(-b \pm \sqrt{b^2 - 4ac})/2a$ で与えられる．このように，方程式の根が方程式の係数の四則演算とべき根を取る操作によって得られるとき，方程式は代数的に解けるという．5 次以上の一般の方程式は代数的に解けない．方程式が代数的に解けるための必要十分条件は方程式の*ガロア群が*可解群になることである．

代数的符号
algebraic code

有限体 F 上の n 次元線形空間のある線形部分空間の元全体からなる*符号(線形符号という)のように，代数的に構成される符号を代数的符号という．有限体上の*代数曲線を用いたゴッパ(Goppa)符号は代数的符号の重要な例である．

代数的閉体
algebraically closed field

可換体 K の元を係数とするどのような 1 変数多項式

$$a_0 X^n + a_1 X^{n-1} + \cdots + a_{n-1} X + a_n$$

$(n \geq 1, a_0, \cdots, a_n \in K, a_0 \neq 0)$ も K 内に必ず根を持つとき，K を代数的閉体，あるいは代数閉体という．言い換えれば，K の元を係数とする多項式が必ず K の元を係数とする 1 次式の積に分解することが，K が代数的閉体であるための必要十

分条件である．*代数学の基本定理により複素数体 $\mathbb{C}$ は代数的閉体である．

代数的閉包
algebraic closure

体 K に対して，K の拡大体 F が*代数的閉体であり，しかも K の*代数的拡大であるとき，F を K の代数的閉包という．例えば複素数体 $\mathbb{C}$ は実数体 $\mathbb{R}$ の代数的閉包である．また*代数的数全体は有理数体 $\mathbb{Q}$ の代数的閉包である．

代数的閉包に関して，次が成り立つ．
(1) 任意の体 K は代数的閉包を持つ．
(2) K_1, K_2 を K の代数的閉包とするとき，K_1, K_2 は K 上同型である（K 上で恒等写像となる K_1 から K_2 への体の同型写像が存在する）．
⇒ 代数的閉体

大数の強法則
strong law of large numbers

独立同分布な（つまり互いに独立で同じ分布に従う）確率変数列 $\{X_n\}$ が平均 m を持つとき，事象「$\lim_{n \to \infty} (X_1 + \cdots + X_n)/n = m$」は確率 1 で起こる．これを大数の強法則という．なお，$\{X_n\}$ が平均を持たない場合，上の極限が発散する確率が 1 となる．⇒ 大数の法則，エルゴード定理

大数の弱法則
weak law of large numbers

経験法則としての*大数の法則の数学的な表現の 1 つである．*確率変数列 $\{X_n\}$ は，*独立で同じ分布に従うものとして，見本平均を $\overline{X}_n = (X_1 + \cdots + X_n)/n$ とする．このとき，任意の誤差 $\epsilon > 0$ に対して $\lim_{n \to \infty} P(|\overline{X}_n - m| > \epsilon) = 0$ が成り立つ．この定理を大数の弱法則という．この結論は次と同値である：任意の有界連続関数 $f(x)$ に対して $\lim_{n \to \infty} E[f(\overline{X}_n)] = f(m)$．これを用いて*ワイエルシュトラスの多項式近似定理の近似多項式を具体的に与えることができる（ベルンシュタインの定理ともいう）．大数の弱法則を精密化したものに*大数の強法則がある．⇒ チェビシェフの不等式，ワイエルシュトラスの多項式近似定理，大数の強法則

大数の法則
law of large numbers

例えば，硬貨投げにおいて表が出る確率も裏がでる確率もともに 1/2 であり，サイコロを投げるとき，出る目の平均は $(1+2+3+4+5+6)/6 = 7/2$ であることは，経験的な事実と考えられていて，故意に細工がされている可能性がある場合などを除けば，これに対して異議を唱える人は稀であろう．それは，実験や観測などを繰り返し行えば，このような経験的な事実を検証できるという確信に基づいている．

この経験的な法則を一般的に定式化すれば，次のようになる．これを大数（たいすう）の法則という．

反復試行の結果を数値で表して，n 回目の試行結果を X_n とすると，n 回目までの見本平均 $\overline{X}_n = (X_1 + \cdots + X_n)/n$ は $n \to \infty$ のとき，一定の値 m に近づいていく．その値 m がこの試行の平均値である．とくに，n 回目の試行で事象 A が起こることを $X_n = 1$，起こらないことを $X_n = 0$ で表したときには，この値 m が事象 A の起こる確率 $P(A)$ である．

したがって，大数の法則を前提とすれば，実験データや観察の結果から未知の確率の値を求めることができる．また，確率は，このような繰り返しによってきまる量と考えるとき，経験的な確率と呼ばれる．

このような経験的な大数の法則を，*確率空間の考えに基づいて確率変数列についての定理として数学的に定式化したものが，*大数の弱法則や*大数の強法則である．なお，このような数学的な大数の法則を単に，大数の法則ということも多い．

対数微分法
logarithmic derivative

関数の積 $F(x) = f_1(x) f_2(x) \cdots f_n(x)$ の微分は $F(x)$ の対数を微分することで計算できる．この方法を対数微分法という．すなわち，

$$\frac{d \log F(x)}{dx} = \sum_{j=1}^{n} \frac{d \log f_j(x)}{dx}$$

一方，

$$\frac{d \log F(x)}{dx} = \frac{1}{F(x)} \frac{dF(x)}{dx},$$

$$\frac{d \log f_j(x)}{dx} = \frac{1}{f_j(x)} \frac{df_j(x)}{dx}$$

より，

$$\frac{dF(x)}{dx} = \sum_{j=1}^{n} \frac{F(x)}{f_j(x)} \frac{df_j(x)}{dx}$$

が得られる．

代数方程式
algebraic equation

未知数 x に関する方程式
$$a_0x^n + a_1x^{n-1} + \cdots + a_{n-1}x + a_n = 0$$
を n 次の代数方程式という．代数方程式の根を求める問題は，すでに古代文明において始まっている．*2 次方程式については，負の根や虚根を除外するなどの限界はあったものの，古くから根の公式が知られていた．3 次以上の方程式については，特別な場合にディオファントスが扱っていたが，一般の場合は 16 世紀まで待たねばならなかった(→ カルダノの公式，フェラーリの解法)．

より一般に，多変数の*多項式 $F_i(x_1,\cdots,x_n)$ $(i=1,\cdots,m)$ に対して $F_1(x_1,\cdots,x_n)=0, \cdots, F_m(x_1,\cdots,x_n)=0$ を代数方程式という．多項式の係数が実数のときは実数係数の方程式，複素数のときは複素数係数の方程式という．数の組 $(a_1,\cdots,a_n)$ が $F_1(a_1,\cdots,a_n)=0, \cdots, F_m(a_1,\cdots,a_n)=0$ を満足するときこの方程式の解という．

対数ポテンシャル
logarithmic potential

平面上の関数 $u(x,y)=\log r, r=\sqrt{x^2+y^2}$ は，$r=0$ を除いて定義された*調和関数である．この関数の定数倍や線形結合
$$\sum_i m_i u(x-a_i, y-b_i)$$
を対数ポテンシャルという．より一般に，μ を測度とすると，
$$v(x,y) = \int u(x-a, y-b)\mu(dadb)$$
は，μ の台の外で調和関数となる．これを μ の対数ポテンシャルという．なお，物理的には，v は電荷の分布が μ のときの静電ポテンシャルである．

2 次元の*劣調和関数は調和関数と対数ポテンシャルとの和に分解できる．→ ニュートン・ポテンシャル

対数容量   logarithmic capacity   → 導体ポテンシャル

対数螺旋
logarithmic spiral

極座標表示 (r,θ) で，$r=ae^{k\theta}$ $(a>0)$ により表される曲線のこと．

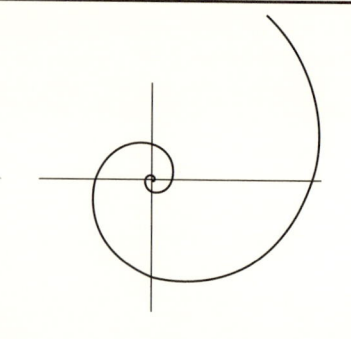

体積
volume

空間図形(立体)の，空間に占める大きさを表す量のことである．その厳密な定式化については，*ジョルダン測度，あるいはその拡張である*ルベーグ測度の項を参照．→ 角錐の体積，球の体積と表面積

体積要素
volume element

(1) 曲面の体積要素 → 面積要素
(2) リーマン多様体の体積要素 → 積分(微分形式の)

対頂角
vertical angle

図のように 2 直線が点 O で交わっているとき，角 AOB の対頂角とは角 DOC のことである．対頂角は等しい(合同である)．

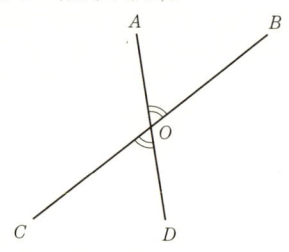

対等(集合の)
equipotent

2 個の集合 A, B に対して，*全単射 $f: A \to B$ が存在するとき B は A に対等であるという．→ 基数，濃度

ダイナミカル・システム
dynamical system

時間発展を伴う物理的，工学的，あるいは生物学的，社会学的なシステムを指す．工学においてダイナミカル・システムというと，ロボットや化学プラントなどのイメージであり，制御の対象と位置づけられる．ダイナミカル・システムは，通常，入力や外乱を表す外力項を含んだ形の微分方程式あるいは差分方程式で記述され，その解析や設計には関数解析，線形代数，微分幾何学，最適化など，さまざまな数学が利用される．なお，数学では dynamical system は*力学系を指す．→ 制御理論

ダイナミック・プログラミング dynamic programming → 動的計画法

第 2 可算公理
second countability axiom

位相空間 X が第 2 可算公理を満たすとは，X の可算個からなる開集合系の*基が存在することをいう．距離空間は*可分であれば第 2 可算公理を満たすが，一般に逆は成り立たない．第 2 可算公理を満たす位相空間は，*第 1 可算公理を満たし，かつ可分である．

第 2 基本形式
second fundamental form

曲面論において，*第 1 基本形式は曲面の上の幾何学を決定する量であるが，第 2 基本形式は曲面の空間への「入り方」を反映する基本量である．局所径数表示 $X(u,v)=(x(u,v),y(u,v),z(u,v))$ で表される曲面の単位法ベクトルが $\bm{n}(u,v)$ であるとき，
$$L = \langle X_{uu}, \bm{n}\rangle, \quad M = \langle X_{uv}, \bm{n}\rangle,$$
$$N = \langle X_{vv}, \bm{n}\rangle$$
とおくと，$Ldu^2+2Mdudv+Ndv^2$ が第 2 基本形式である（ここで X_{uu}, X_{uv} などは X の u,v に関する偏微分であり，$\langle\cdot,\cdot\rangle$ は $\mathbb{R}^3$ の標準的内積を表す）．第 2 基本形式は $\mathbb{R}^n$ の*超曲面の場合や，さらに一般に n 次元リーマン多様体の $n-1$ 次元部分多様体の場合に一般化される．→ 曲面の微分幾何

第 2 種境界条件 boundary condition of the second kind ＝ノイマン境界条件

第 2 種不連続点 discontinuity point of the second kind → 第 1 種不連続点

第 2 不完全性定理
second incompleteness theorem

「どの公理系も，その中で自分自身の無矛盾性を証明できない」という定理をいう．*ゲーデルによって得られた．

正確に述べると，公理系 S が自然数論の公理系を含むと仮定し，また，S の公理の数は簡単のため有限とする．すると，*ゲーデル数の概念を用いて，S が無矛盾であるということを，自然数に関する命題に翻訳できる．この命題が，S の公理を用いては証明できない，というのが，第 2 不完全性定理である．

*ヒルベルトの形式主義のプロジェクトは，数学を形式化された公理の上に厳密に形式的に定式化し，さらに，それが無矛盾であること，とくに一番基礎的な自然数論が無矛盾であることを，証明しようというものであった．第 2 不完全性定理は，このプロジェクトがそのままでは遂行できないことを示し，衝撃を与えた．

第 2 変分公式
second variational formula

*変分法において，汎関数の*臨界点が，極小値あるいは極大値を与えるかどうかを調べるには，汎関数の 2 階微分を調べる必要がある．この 2 階微分を表す公式を第 2 変分公式という．例えば，臨界点での汎関数の 2 階微分の定める対称形式（*ヘッセ行列の無限次元版）が正定値ならば，臨界点は極小値を与える．

ヤコビ方程式（→ ヤコビ場）は汎関数「長さ」の第 2 変分公式から定まる線形微分方程式である．→ 変分法

第 2 補充法則 second complementary law → 平方剰余の相互法則

第 2 余弦定理 second cosine theorem → 余弦定理

体の拡大
field extension

複素数体 $\mathbb{C}$ の部分集合 $\mathbb{R}$ は四則演算で閉じている．このように体 K の部分集合 k が，K の 0 と 1 を含み，K の加減乗除の演算で閉じているとき，すなわち，$x,y\in k$ について，
$$x\pm y\in k, \quad xy\in k, \quad xy^{-1}\in k \ (y\neq 0)$$
が常に成り立つとき，k を K の部分体といい，K を k の拡大体という．

代表系
system of representatives

同値関係の与えられた集合 X において,各同値類に対してその*代表元を1つ決め,それらを集めてできる X の部分集合を,代表系または*完全代表系という.

$X=\mathbb{Z}$ 上に
$$a \sim b \iff a \equiv b \pmod{3}$$
で同値関係を入れたとき,例えば $\{1,2,3\}$ はその代表系である.代表系のとり方は1通りではなく,例えば,$\{0,1,2\}$ も代表系である.

代表元
representative

同値関係の与えられた集合 X において,同値類から1つの元を選んだとき,これをその同値類の代表元という.

代表値
measure of central tendency

統計資料について,そのデータ全体の様子を把握するために用いられる数値で,*平均値,*中央値,*最頻値などがある.また,資料をある幅の階級に分けたとき,それぞれの階級の中央の値をその代表値,または単に*階級値という.

対辺
opposite side

3角形 ABC の頂点 A の対辺とは辺 BC のことをいう.

大偏差原理
large deviation principle

例えば,公平な硬貨投げの試行の結果,n 回目に表が出たことを $X_n=1$,裏が出たことを $X_n=0$ と表すと,大数の法則が成り立ち,見本平均 $\xi_n=(X_1+X_2+\cdots+X_n)/n$ は確率1で平均値 $1/2$ に近づく.このとき,見本平均 ξ_n の平均値 $1/2$ からの偏差を $\sqrt{n}$ 倍に拡大して見れば,$n\to\infty$ のときその分布はガウス分布に収束する(*中心極限定理).一方,偏差 $\xi_n-1/2$ の値そのものに着目して確率の増大率 $(1/n)\log P(\xi_n\in(a,b))$ を考えると,$a<1/2<b$ のときは 0 に収束し,一般には,$-\min_{a\le x\le b} I(x)$ に収束する.ただし $I(x)=x\log x+(1-x)\log(1-x)+\log 2$ とする.一般に,大数の法則のような極限法則が成り立つとき,そこからの偏差に関してこのような対数的極限が存在して,ある汎関数 $I(x)$ に関する変分問題の最小値で表現できることを,その極限法則に関して大偏差原理が成り立つという.これは平衡系の古典統計力学におけるギブズの変分原理の一般化でもある.大偏差原理に対して中心極限定理を小偏差原理ということがある.

タイル張り
tiling

平面を互いに合同な図形で隙間なく埋め尽くすことをいう.平面に*不連続群が*等長的に作用(→作用(群の))しているときは,その*基本領域を用いてタイル張りを作ることができる.一方,不連続群の作用からは得られないタイル張りも存在する.また,2種類以上の有限種類のタイルを使って,平面を隙間なく埋め尽くすこともタイル張りということがある.下図のペンローズ(R. Penrose)のタイル張りはその例である.

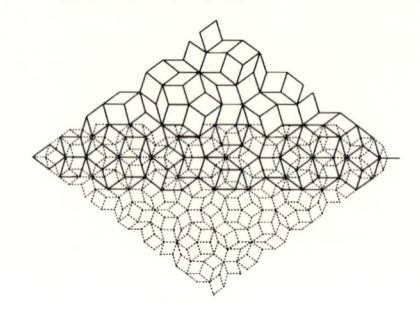

タウ関数
tau function

*ソリトン方程式の理論において普遍的な役割を果たす従属変数をいう.広田良吾により導入され活用された.

代表的なソリトン方程式である*KP方程式の階層では,その解全体が無限次元*グラスマン多様体をなすことが知られている.このときタウ関数を従属変数にとって書いたKP方程式はグラスマン多様体の定義方程式と解釈される.また解の空間には無限次元リー環が働くが,その作用を表すにはタウ関数を用いるのが最も直接的である.

タウバー型定理
Tauberian theorem

アーベルの定理の逆にあたる定理をいう.$|x|<1$ で収束するべき級数 $f(x)=a_0+a_1x+\cdots+$

$a_n x^n + \cdots$ について，$\lim_{x<1, x\to 1} f(x)$ が存在するとき，級数 $a_0 + a_1 + \cdots + a_n + \cdots$ が収束し，その値が $\lim_{x<1, x\to 1} f(x)$ に等しいかどうかを問題にする．これらが成り立つための条件を示す定理群を総称して，タウバー型の定理という．

例えば na_n が 0 に収束すれば，$f(x) = \sum_{n=0}^{\infty} a_n x^n$ は $|x|<1$ で収束し，$\lim_{x<1, x\to 1} f(x) = s$ から $\sum_{n=0}^{\infty} a_n = s$ が導かれる（タウバーの定理）．

より一般に，F を右連続な単調非減少関数として，そのラプラス積分
$$\varphi(\lambda) = \int_0^\infty e^{-\lambda x} dF(x)$$
の $\lambda \to \infty$ の振る舞いから $F(x)$ の $x \to 0$ での振る舞いを与える定理をタウバー型定理と総称し，逆に $F(x)$ の振る舞いから $\varphi(\lambda)$ の振る舞いを与える定理をアーベル型定理という．例えば $\alpha > 0$ として $\varphi(\lambda) \sim \Gamma(\alpha+1)\lambda^{-\alpha}$ ($\lambda \to \infty$) のとき，$F(x) \sim x^\alpha$ ($x \to 0$) が成り立つ．ただし，$\Gamma(\alpha+1)$ は*ガンマ関数で，$\sim$ は両辺の比が 1 に収束することを意味する．⇒ アーベルの定理（級数についての）

楕円
ellipse

平面上の 2 定点 F, F' に対して，そこからの距離の和が一定な点の軌跡を，F, F' を焦点とする楕円という．F, F' を通る直線を x 軸，線分 FF' の垂直 2 等分線を y 軸とする直交座標を使うと楕円は $(x/a)^2 + (y/b)^2 = 1$ ($a>b$) で表される．このとき*焦点の座標は $(\pm\sqrt{a^2-b^2}, 0)$ である．また，$\sqrt{1-b^2/a^2}$ を楕円の*離心率という．直線 $x = a/e$ ($x = -a/e$) は焦点 $(\sqrt{a^2-b^2}, 0)$ $((-\sqrt{a^2-b^2}, 0))$ に対する*準線という．楕円は円錐の平面による切り口として現れる．⇒ 円錐曲線，2 次曲線

楕円型不動点
elliptic fixed point

平面上の*ハミルトン系において，不動点 x は，x を取り囲む閉軌道でその近傍が埋め尽くされているとき，楕円型不動点という．一般には，不動点 x が，x をその内部に含み，流れ（もしくは変換）に関して不変な閉曲面によって，その近傍が埋め尽くされているとき，楕円型不動点という．

楕円型偏微分方程式
partial differential equation of elliptic type

u を未知関数とする 2 階線形偏微分方程式
$$\sum_{i,j=1}^n a_{ij}(x) \frac{\partial^2 u}{\partial x_i \partial x_j} + \sum_{i=1}^n b_i(x) \frac{\partial u}{\partial x_i} + c(x)u = f(x)$$
において，2 次形式 $\sum_{i,j=1}^n a_{ij}(x_0) X_i X_j$ のすべての固有値が正であるとき，上の微分方程式は x_0 で楕円型であるといい，各点で楕円型であるとき，単に楕円型という．ラプラスの方程式 $\sum_{i=1}^n \partial^2 u/\partial x_i^2 = 0$ は楕円型偏微分方程式の典型例である．楕円型方程式の係数が滑らかならば，その解も滑らかである．また，係数が実解析的ならば，解も実解析的である．

ラプラス方程式の*境界値問題は重要で，詳しく研究されている（→ ディリクレ問題）．一般に，楕円型方程式の境界値問題が解を持つための条件は，境界値に対する有限個の 1 次式で表される．また解全体は有限次元のアフィン空間をなす．このことを楕円型方程式の境界値問題は適切であるという．

楕円型の概念は 2 階以外の微分方程式や非線形微分方程式についても一般化される．

楕円関数
elliptic function

3 角関数は周期性，加法定理，微分方程式などいくつかの特徴的な性質を持っている．楕円関数は，これらの特徴を保ちつつ 3 角関数を 2 つの独立な周期を持つ場合に拡張した関数である．歴史的には楕円積分の逆関数として楕円関数が発見された（→ 楕円積分）．

ω_1, ω_2 を $\omega_1 \omega_2 \neq 0$, $\omega_1/\omega_2 \notin \mathbb{R}$ を満たす複素数とする．集合 $\Gamma = \{m\omega_1 + n\omega_2 | m, n \in \mathbb{Z}\}$ を周期格子という．複素平面上の有理型関数 $f(u)$ が 2 重周期性
$$f(u + \omega_1) = f(u + \omega_2) = f(u)$$
を持つとき，$f(u)$ を楕円関数という．2 重周期性から，楕円関数は $0, \omega_1, \omega_2, \omega_1 + \omega_2$ を頂点とする平行 4 辺形 P 上の値によって完全に定まる．P を平行移動して得られる図形を周期平行 4 辺形という．3 角関数の場合と異なり，いたるところ正則な楕円関数は定数に限る．また定数以外の楕円関数は P 内に重複度を込めて 2 個以上の極を持つ．

楕円関数のもっとも基本的な例として，

$$\wp(u) = \frac{1}{u^2} + \sum_{\substack{\omega \in \Gamma \\ \omega \neq 0}} \left(\frac{1}{(u-\omega)^2} - \frac{1}{\omega^2} \right)$$

がある.これを*ワイエルシュトラスの $\wp$(ペー)関数という. $\wp(u)$ は微分方程式

$$\wp'(u)^2 = 4\wp(u)^3 - g_2\wp(u) - g_3 \quad \left(\wp'(u) = \frac{d\wp}{du}\right)$$

を満足する (g_2, g_3 は $g_2^3 \neq 27g_3^2$ をみたす定数). 円周 $x^2+y^2=1$ の点が $(x,y)=(\cos\theta, \sin\theta)$ と表されるように, $(\wp(u), \wp'(u))$ は*代数曲線 $y^2 = 4x^3 - g_2x - g_3$ のパラメータ表示を与える.この曲線を*楕円曲線という. sin, cos により似た形の楕円関数としては*ヤコビの楕円関数(sn, cn など)がある.

楕円関数の和,積,商および導関数はまた楕円関数である.楕円関数の全体は*体をなし,これを楕円関数体と呼ぶ.任意の楕円関数は $\wp(u)$ と $\wp'(u)$ の有理式として得られる.また任意の2つの楕円関数 $f(u), g(u)$ の間には $F(f(u), g(u))=0$ ($F(x,y)$ は多項式)の形の関係がある. $\wp(u+v)$ を u あるいは v の関数と見たものも楕円関数であるから, これは $\wp(u), \wp'(u), \wp(v), \wp'(v)$ の有理式で表される.これから $\wp$(ペー)関数の加法定理が得られる(→ 加法定理(楕円関数の)). → 楕円関数論, 楕円曲線, 楕円積分

楕円関数体

elliptic function field

*楕円曲線の*関数体を楕円関数体という.有理関数体 $\mathbb{C}(x)$ の2次拡大体

$$\mathbb{C}(x, \sqrt{4x^3 - g_2x - g_3}), \quad g_2^3 - 27g_3^2 \neq 0$$

の形をしている.

楕円関数論

theory of elliptic functions

楕円関数の理論は歴史的には*楕円積分の研究から始まった.ファニャーノ(C. Fagnano)の結果に基づき,*オイラーは加法公式を発見し,また*ルジャンドルは楕円積分の詳細な分類を行った.これらの研究は実変数の範囲に限定されていた.

楕円関数論の本格的な展開が行われたのは19世紀に入ってからである. *アーベル, *ヤコビは楕円積分の逆関数を複素関数として考察し,それが2重周期の有理型関数になることを発見した.これによって楕円関数の本質が一挙に明らかにされ,さらに一般のアーベル関数論の端緒が開かれた.ヤコビはまたテータ関数の理論を開拓した.

これより先に*ガウスも独自の研究により楕円関数および楕円モジュラー関数を発見している.

楕円関数論およびその発展である代数関数論は19世紀数学の精華というべき美しい理論であり,今日でも解析学,整数論,代数幾何学など多くの分野における発展の源泉である.また,一方で振り子やコマの力学など実際の問題にも古くから活用されてきた.楕円関数に深い関係を持つ楕円曲線の理論は,符号・暗号理論に重要な応用を持っている. → 楕円関数, 楕円曲線, アーベル積分

楕円曲線

elliptic curve

*代数曲線の代表例であり,代数幾何学,数論,複素関数論などで基本的である.

2次元*射影空間 $P^2(\mathbb{C})$ 内で $y^2z = 4x^3 - g_2xz - g_3z^3$ ($g_2^3 \neq 27g_3^2$, $(x:y:z)$ は $P^2(\mathbb{C})$ の斉次座標)が定める射影曲線 C を楕円曲線という.楕円曲線は*種数1の代数曲線である. C の無限遠点 $(0:0:1)$ を 0 とし,楕円曲線 C 上の3点 P_1, P_2, P_3 が直線上にあるときに $P_1+P_2+P_3=0$ と定義することによって C の点の間に加法を導入することができ, C はアーベル群になる.この加法は点の座標を使って代数的に書き表すことができ,これは1次元*アーベル多様体であることがわかる.楕円曲線上の点はワイエルシュトラスの $\wp$(ペー)関数を用いてパラメータ表示することができ,楕円曲線は1次元*複素トーラスと*複素多様体として同型である.

楕円曲線は任意の体上で考えることができる.有限体上の楕円曲線の理論は,情報化社会で重要な符号・暗号理論に応用されている. → 楕円関数, アーベル積分

楕円座標

elliptic coordinates

極座標などと共に直交曲線座標の一種である.正の数 $a>b>c$ を固定して

$$f(x,y,z;\lambda) = \frac{x^2}{a+\lambda} + \frac{y^2}{b+\lambda} + \frac{z^2}{c+\lambda}$$

とおく.空間の点 $P(x,y,z)$ に対して, $f(x,y,z;\lambda)=1$ は λ の3次方程式になり,区間 $(-c, \infty), (-b, -c), (-a, -b)$ 内に1つずつ実根 u, v, w を持つ.逆に u, v, w がそれぞれの区間を動くとき, $f(x,y,z;u)=1$ は楕円面, $f(x,y,z;v)=1$ は1葉双曲面, $f(x,y,z;w)=1$ は2葉双曲面で,これらは互いに直交し,交

点 $P(x, y, z)$ が第 1 象限にただ 1 つ定まる。(u, v, w) を点 P の楕円座標という。

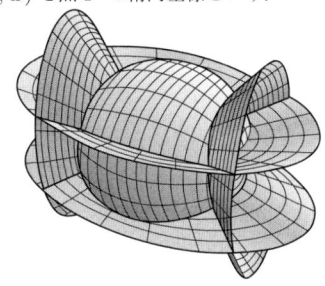

楕円積分
elliptic integral

$a > b > 0$ のとき，楕円 $u^2/a^2 + v^2/b^2 = 1$ の点 $A = (0, b)$ から $(u, v) = (a \sin \varphi, b \cos \varphi)$ までの弧長 s は $x = \sin \varphi$, $k^2 = 1 - b^2/a^2$ とおくことにより

$$s = \int_0^\varphi \sqrt{a^2 \cos^2 \varphi + b^2 \sin^2 \varphi} \, d\varphi$$
$$= a \int_0^x \frac{\sqrt{(1-x^2)(1-k^2 x^2)}}{1-x^2} dx$$

と表される。これは第 2 種楕円積分と呼ばれる。一方

$$\int_0^x \frac{1}{\sqrt{(1-x^2)(1-k^2 x^2)}} dx$$
$$= a \int_0^\varphi \frac{d\varphi}{\sqrt{a^2 \cos^2 \varphi + b^2 \sin^2 \varphi}}$$

は第 1 種楕円積分と呼ばれる。これらは x の初等関数で表すことはできない。

一般に $R(x, y)$ を有理式，$P(x)$ を重根を持たない多項式とするとき，不定積分

$$I = \int R(x, \sqrt{P(x)}) dx$$

が初等関数になるのは $P(x)$ の次数が 2 以下の場合に限る。$P(x)$ が 3 次式または 4 次式のとき，I を楕円積分と呼ぶ。

楕円積分は，数学のいろいろなところに登場する。振幅の小さい振り子は調和振動子の運動で近似されるが，振幅の大きい振り子の運動を記述するには，楕円積分が必要である。また，対称コマの運動を記述するのにも利用される (→ コマの運動)。

第 1 種楕円積分 (定積分)

$$I(a, b) = \int_0^{\pi/2} \frac{d\varphi}{\sqrt{a^2 \cos^2 \varphi + b^2 \sin^2 \varphi}}$$

は *算術幾何平均と密接な関係があることをガウスが発見した。これは楕円関数およびモジュラー関数の発見につながっている。

楕円積分は 18 世紀までは実数の範囲で研究され，加法公式が発見された。19 世紀に至って逆関数を複素関数として考察することにより楕円積分の本質が明らかにされ，楕円関数の美しい理論に結実した。⇒ 楕円関数，楕円関数論，アーベル積分

楕円的
elliptic

ある数学的な対象が大きく 3 通りに分けられ，それぞれが 2 つの対蹠的（たいせきてき）な対象，およびそれらの退化した場合の対象と考えられるときに，これらの対蹠的な対象を楕円的，双曲的と呼び，残りの退化したものを放物的と呼ぶ。何を楕円的と呼ぶかは歴史的な事情によって決まることが多いが，楕円的というときは何らかの意味で有限的で閉じていると考えられる場合が多い。

例えば非ユークリッド幾何学で楕円的な場合は曲率が正の幾何学，すなわち球面上の幾何学であり，双曲的な場合は曲率が負の場合で，*ロバチェフスキーと*ボヤイによる*非ユークリッド幾何学である。直線 l 以外の点 P を通って l と平行な直線は，楕円的非ユークリッド幾何学では 1 本もなく，一方，双曲的非ユークリッド幾何学では無数に存在する。ユークリッド幾何学では平行線はただ 1 本しか存在せず，放物的な場合にあたる。

楕円放物面　elliptic paraboloid　⇒ 2 次曲面

楕円面　ellipsoid　⇒ 2 次曲面

楕円モジュラー関数
elliptic modular function

正整数 n の約数の k 乗の和 $\sigma_k(n) = \sum_{d|n, d \geq 1} d^k$ を使って

$$E_4(\tau) = 1 + 240 \sum_{n=1}^\infty \sigma_3(n) e^{2\pi i n \tau},$$
$$E_6(\tau) = 1 - 504 \sum_{n=1}^\infty \sigma_5(n) e^{2\pi i n \tau}$$

と定義すると $E_{2k}(\tau)$ ($k=2, 3$) は上半平面 H における*正則関数であり，$SL(2, \mathbb{Z})$ に関する重さ $2k$ の*保型形式である。また

$$\Delta(\tau) = q \prod_{n=1}^\infty (1-q^n)^{24}, \quad q = e^{2\pi i \tau}$$

は上半平面 H における正則関数であり，$SL(2, \mathbb{Z})$ に関する重さ 12 の*尖点形式である。関係式

$$E_4(\tau)^3 - E_6(\tau)^2 = 1728\Delta(\tau)$$

が成り立つ.

$$j(\tau) = \frac{E_4(\tau)^3}{\Delta(\tau)}$$

を楕円モジュラー関数という. $j(\tau)$ は上半平面 H における正則関数であり, H で 0 となることはない. $\tau \in H$ から 1 次元*複素トーラス $E_\tau = \mathbb{C}/(\mathbb{Z}+\mathbb{Z}\tau)$ を作ると E_τ は

$$g_2(\tau) = \frac{(2\pi)^4}{2^2 3} E_4(\tau), \quad g_3(\tau) = \frac{(2\pi)^6}{2^3 3^3} E_6(\tau)$$

とおくと楕円曲線 $y^2 = 4x^3 - g_2(\tau)x - g_3(\tau)$ と同型になり, $j(\tau)$ はこの楕円曲線の*j 不変量と一致する.

楕円モジュラー関数 $j(\tau)$ は $q = e^{2\pi i \tau}$ に関して展開式

$$\begin{aligned}j(\tau) = &\, q^{-1} + 744 + 196884 q \\ &+ 21493760 q^2 + 864299970 q^3 \\ &+ 20245856256 q^4 + \cdots\end{aligned}$$

を持つ. この係数は*モンスターの*既約表現の次元と関係している. 楕円モジュラー関数は

(1) 上半平面における正則関数であり,
(2) $SL(2,\mathbb{Z})$ に関する*保型関数, すなわち $j\left(\dfrac{a\tau+b}{c\tau+d}\right) = j(\tau)$, $\begin{bmatrix} a & b \\ c & d \end{bmatrix} \in SL(2,\mathbb{Z})$ であり,
(3) q に関する展開式が $q^{-1} + a_0 + a_1 q + a_2 q^2 + \cdots$ の形になる

として特徴づけることができる. 楕円モジュラー関数は数論で大切な役割をする. ⇒ 虚数乗法, j 不変量, ムーンシャイン

互いに素
relatively prime

0 と異なる整数 m, n において, それらを割り切る共通の素数が存在しないとき, m, n は互いに素といわれる. これは, m と n の最大公約数が 1 であることと言ってもよい. 互いに素な整数 m, n に対して, $pm + qn = 1$ を満たす整数 p, q が存在する. 逆も成り立つ. これは, 一般に m, n の最大公約数を d とするとき, $pm + qn = d$ となる整数 p, q が存在するという事実の特別な場合 ($d=1$) である. この事実は, *ユークリッドの互除法から導かれる.

係数の体を固定したとき, 2 つの 1 変数多項式 $f(x), g(x)$ に対しても「互いに素」という概念が同様に定義される. すなわち, $f(x), g(x)$ を割り切る K の元を係数とする次数が 1 以上の多項式が存在しないとき, $f(x)$ と $g(x)$ は互いに素という. 1 変数多項式に対してもユークリッドの互除法が成り立つから, $f(x), g(x)$ が互いに素であれば, $p(x)f(x) + q(x)g(x) = 1$ を満たす多項式 $p(x), q(x)$ の存在がいえる.

互いに交わらない
disjoint

2 つ以上の集合 A_i ($i=1, 2, \cdots$) について, $i \neq j$ ならば $A_i \cap A_j = \emptyset$ となるとき, A_i は互いに交わらないという.

多価関数
multivalued function

通常の関数 $f(x)$ では, 与えられた x にただ 1 つの値 $f(x)$ が対応するが (1 価関数), 複数の値を対応させるようなものも関数と考え, これを多価関数という. 多値関数ということもある. 多価関数は, 逆関数や正則関数の解析接続を考えるとき自然に現れる概念である.

例えば, 複素数 $z = re^{i\theta}$ に対して $e^w = z$ を満たす複素数 w は

$$w = \log r + i\theta + 2\pi i n \quad (n \text{ は整数})$$

の形であるから, 対数関数 $\log z$ の値は $2\pi i$ の整数倍だけ不定とみるのが自然であり, 多価関数になる.

高木貞治　たかぎていじ
Takagi, Teiji

1875-1960　ヒルベルトの絶対類体の考えを一般化して*類体論をつくり, 代数体の*アーベル拡大の理論を構築した. 明治以降, わが国の数学を世界的なレベルに引き上げた最初の数学者である. 初学者のための数学書『解析概論』の著者としても著名.

多角形
polygon

有限個の線分に囲まれた平面の一部分をいう. 3 角形, 4 角形などの総称である.

高さ
height

(1) イデアルの高さ　*可換環 R の*素イデアル $\mathfrak{p}$ に対して, R の素イデアルからなる減少列 (鎖という)

$$\mathfrak{p} = \mathfrak{p}_0 \supsetneq \mathfrak{p}_1 \supsetneq \mathfrak{p}_2 \supsetneq \cdots \supsetneq \mathfrak{p}_n$$

の長さ n の最大値 (いくらでも長い列があれば ∞

と定義)を素イデアル $\mathfrak{p}$ の高さという．($\mathfrak{p}_0$ から始まることに注意.)

一般のイデアル $\mathfrak{a}$ に対しては $\mathfrak{a}$ を含む素イデアルの高さの最小値を $\mathfrak{a}$ の高さという．R の素イデアルの高さの最大値(すなわち R の素イデアルからなる鎖 $\mathfrak{p}_0 \supsetneq \mathfrak{p}_1 \supsetneq \mathfrak{p}_2 \supsetneq \cdots \supsetneq \mathfrak{p}_n$ の長さの最大値)を R のクルル次元，あるいは R の次元という．例えば整数環 $\mathbb{Z}$ のクルル次元は 1 であり，体 F 上の n 変数多項式環 $F[x_1, \cdots, x_n]$ のクルル次元は n である．

(2) 代数的数の高さ　α を*代数的数とするとき，α を根とする整数係数既約多項式 $a_0 x^n + a_1 x^{n-1} + \cdots + a_{n-1} x + a_n$ で，係数 $a_0, a_1, \cdots, a_n$ の最大公約数が 1 であるもの(±1 倍を除いて決まる)をとり，$|a_0|, |a_1|, \cdots, |a_n|$ の最大値を α の高さといい $H(\alpha)$ と記す．

たかだか可算
at most countable
*有限ないしは*可算なことをたかだか(高々)可算という．

建部賢弘　たけべかたひろ
Takebe, Katahiro
1664-1739　和算を最も高度な位置まで導いた江戸中期の数学者．関孝和に師事し，関の和算の改良と普及にも大きく寄与した．関孝和の『発微算法』(はつびさんぽう)に詳しい解説を付けた『発微算法演段諺解』(はつびさんぽうえんだんげんかい)を著し，関孝和の傍書法に基づく方程式論を解説して，和算の進展に寄与した．また，関孝和および賢弘の兄　賢明(かたあきら)とともに当時の和算の集大成である『大成算経』(たいせいさんけい)を著した．1716 年以後，将軍吉宗に仕え，吉宗に献上した『綴術算経』(てつじゅつさんけい，1722)およびそれとほとんど同じ内容の『不休綴術』(ふきゅうてつじゅつ)では，和算家には珍しく，自己の数学観を克明に表明した．円周率の計算ではリチャードソン加速を用いて関孝和の計算法を改良して，今日の言葉でいえば $(1/2)(\arcsin x)^2$ の無限級数展開を世界で初めて得るなど，当時の西洋の数学より進んだ業績もあげていた．また，改暦のための研究も行い，日本初の3角関数表『算暦雑考』を著している．不休と号した．→ 和算

多元環
algebra

体 F 上の*代数を，体 F 上の多元環ともいう．

多元体
division algebra
*多元環が体をなすとき，多元体という．

$\mathbb{R}$ 上で有限次元の多元体は，$\mathbb{R}$, $\mathbb{C}$, *4 元数体 $\mathbb{H}$ のどれかに同型である(フロベニウス，1877)．

多項係数
multinomial coefficient
*2 項係数の一般化である
$$\frac{n!}{p_1! p_2! \cdots p_m!} \quad (p_1 + \cdots + p_m = n, \quad p_i \geqq 0)$$
を多項係数という．→ 多項定理

多項式
polynomial
$x^3 + 5x + 1$ のように変数 x と定数 $a_0, a_1, \cdots, a_n$ から作られる式
$$f(x) = a_0 x^n + a_1 x^{n-1} + \cdots + a_{n-1} x + a_n$$
を x を不定元(変数)とする多項式といい，$a_0, a_1, \cdots, a_n$ をこの多項式の係数という．$a_0 \neq 0$ のとき，n をこの多項式の次数といい，a_{n-i} を i 次の係数という．$a_j = 0$ のとき項 $0 x^{n-j}$ はふつう省略して書かない．また，式に現れない項の係数は 0 であると約束する．$a_0 = 1$ のとき，$f(x)$ はモニックであるという．ax^n の形の多項式を単項式という．単項式も多項式の一種である．

2 つの多項式
$$f(x) = a_0 x^n + a_1 x^{n-1} + \cdots + a_{n-1} x + a_n,$$
$$g(x) = b_0 x^m + b_1 x^{m-1} + \cdots + b_{m-1} x + b_m$$
は $n = m$ かつ $a_0 = b_0, a_1 = b_1, \cdots, a_n = b_n$ であるとき $f(x)$ は $g(x)$ に等しいといい，$f(x) = g(x)$ と記す．また，2 つの多項式
$$g(x) = b_0 x^m + b_1 x^{m-1} + \cdots + b_{m-1} x + b_m,$$
$$h(x) = c_0 x^l + c_1 x^{l-1} + \cdots + c_{l-1} x + c_l$$
の和と差 $g(x) \pm h(x)$ は各次数の係数の和と差をとってできる多項式と定義する．また，積 $g(x) h(x)$ は $b_i x^i \cdot c_j x^j = b_i c_j x^{i+j}$ を使って項ごとに積をとり，同じ次数の項の係数を足した多項式として定義される．すなわち
$$g(x) h(x)$$
$$= b_0 c_0 x^{m+l} + (b_0 c_1 + b_1 c_0) x^{m+l-1}$$
$$+ \cdots + b_m c_l$$
と定義する．

多項式の係数としては可換体や可換環をとることができる．可換体 K の元を係数とし x を変数

とする多項式を K を係数とする多項式または K 上の多項式といい，その全体を K 上の多項式環といい，$K[x]$ と記す．$K[x]$ は上記の和，差，積によって可換環となる．同様に可換環 R の元を係数とし x を変数とする多項式の全体を R 上の多項式環といい，$R[x]$ と記す．$R[x]$ は可換環である．変数は x である必要はなく他の文字を使うことができる．

同様にして $5x_1^4 x_2 x_3^4 + 7x_2^3 + 4x_3 + 1$ のように $x_1, x_2, \cdots, x_n$ を変数とし，可換体 K または可換環 R を係数とする多変数の多項式

$$f(x_1, x_2, \cdots, x_n) = \sum_{i_1, i_2, \cdots, i_n \geq 0} a_{i_1 i_2 \cdots i_n} x_1^{i_1} x_2^{i_2} \cdots x_n^{i_n}$$

を考えることができる．ここで $ax_1^{i_1} x_2^{i_2} \cdots x_n^{i_n}$ ($i_\alpha \geq 0$, $\alpha = 1, \cdots, n$) の形の式を $x_1, x_2, \cdots, x_n$ の単項式といい，$\sum_{\alpha=1}^{n} i_\alpha$ をその次数という．2 つの多項式の和や差は多項式に現れる同じ単項式の係数の和や差をとることによって 1 変数多項式と同様に定義する．2 つの単項式の積を
$(x_1^{i_1} \cdots x_n^{i_n})(x_1^{j_1} \cdots x_n^{j_n}) = x_1^{i_1+j_1} \cdots x_n^{i_n+j_n}$
により定義する．2 つの多項式の積は各項（単項式）ごとに積をとり，同じ形の単項式の係数を足した多項式として定義する．

多変数多項式の全体を
$$K[x_1, x_2, \cdots, x_n], \quad R[x_1, x_2, \cdots, x_n]$$
と記し，それぞれ体 K 上の n 変数多項式環，環 R 上の n 変数多項式環という．このとき，例えば，$K[x_1, x_2]$ は環 $K[x_1]$ 上の多項式環 $K[x_1][x_2]$ と考えることができる．

体 K 上の n 変数多項式環 $K[x_1, x_2, \cdots, x_n]$ は*ネーター環である．また，ネーター環 R 上の n 変数多項式環 $R[x_1, x_2, \cdots, x_n]$ もネーター環である．

多項式環　polynomial ring　⇒ 多項式

多項式時間　polynomial-time　⇒ 多項式時間アルゴリズム

多項式時間アルゴリズム
polynomial-time algorithm

ある問題に対するアルゴリズムについて，その計算時間が問題例のサイズの関数として多項式で抑えられるときに，そのアルゴリズムを多項式時間アルゴリズムと呼ぶ．厳密には，チューリング機械の言葉を用いて定義される．例えば，頂点数が n, 辺数が m のグラフの一筆書き(すべての辺をちょうど 1 回だけ通って戻る道(*オイラー閉路))があるとき，それを見つけるのは簡単で，それまでに通っていない辺を任意に選んで進んでいけばよい．その手間(計算時間)は $n+m$ 程度であるから，これは多項式時間アルゴリズムである．これに対し，すべての頂点を丁度 1 回だけ通って戻る道(*ハミルトン閉路)を見つけるのは難しく，しらみつぶしに探すと $n!$ 程度の手間がかかり，多項式時間アルゴリズムは存在しないであろうと考えられている．

このように，問題を解くときの手間や数値計算の演算回数は問題に応じていろいろな場合がある．オイラー閉路の場合のように，手間の量や計算にかかる時間が問題のサイズの関数として多項式時間程度の場合は，比較的簡単で解きやすい問題である．他方で，ハミルトン閉路の場合のように，問題のサイズに関して指数時間(→ 指数的増大)あるいはそれ以上を必要とする問題は，実際に解くのが難しい問題である．⇒ 多項式増大，P=NP 問題

多項式増大
polynomial growth

関数 $f(x)$ が $x \to +\infty$ においてどのように増加するかを定性的に分類する際に用いられる概念である．ある $c > 0$ と自然数 p が存在して，十分大きいすべての x に対して $(0 \leq) f(x) \leq cx^p$ が成り立つことをいう．しばしば，*指数増大と対比され，緩やかな増大という意味合いをもって用いられることが多い．例えば，*計算複雑度の理論においては，ある問題群に対するアルゴリズムの計算量が問題例のサイズの関数として多項式増大するときには，そのアルゴリズムは効率の良いアルゴリズムであると認識される．

多項定理
multinomial theorem

2 項定理の一般化で，展開式
$$(x_1 + x_2 + \cdots + x_m)^n = \sum_{\substack{p_1 + \cdots + p_m = n \\ p_i \geq 0}} \frac{n!}{p_1! p_2! \cdots p_m!} x_1^{p_1} x_2^{p_2} \cdots x_m^{p_m}$$
を多項定理という．右辺に出てくる係数が*多項係数である．

多重円板
polydisk

複素平面の円板 $D(a;r)=\{z\in\mathbb{C}\,|\,|z-a|<r\}$ の直積集合 $D_1(a_1;r_1)\times\cdots\times D_n(a_n;r_n)=\{(z_1,\cdots,z_n)\in\mathbb{C}^n\,|\,|z_1-a_1|<r_1,\cdots,|z_n-a_n|<r_n\}$ を多重円板という. 多変数のべき級数を考える際のもっとも基本的な領域である.

多重指数
multi-index

多変数多項式や,高階の偏微分を表すのによく使われる.0または自然数からなる組 $\alpha=(\alpha_1,\cdots,\alpha_n)$ を多重指数という.$|\alpha|=|\alpha_1|+\cdots+|\alpha_n|$ を α の長さという.2つの多重指数 $\alpha=(\alpha_1,\cdots,\alpha_n)$, $\beta=(\beta_1,\cdots,\beta_n)$ の和 $\alpha+\beta$ は,$(\alpha_1+\beta_1,\cdots,\alpha_n+\beta_n)$ として定義する.$x=(x_1,\cdots,x_n)$ に対して $x^\alpha=x_1^{\alpha_1}\cdots x_n^{\alpha_n}$ とおく.また偏微分記号

$$\frac{\partial^\alpha}{\partial x^\alpha}=\frac{\partial^{\alpha_1}}{\partial x_1^{\alpha_1}}\cdots\frac{\partial^{\alpha_n}}{\partial x_n^{\alpha_n}}$$

もよく用いられる.これを D^α と書くこともある.

多重積分
multiple integral

1変数の場合と同様に,2変数関数の定積分(*リーマン積分)は次のように定義される.$f(x,y)$ を区間 $I=[a,b]\times[c,d]$ で定義された有界な関数とする.I を分割して $\Delta: a=x_0<x_1<\cdots<x_m=b,\ c=y_0<y_1<\cdots<y_n=d$ とし,各小区間 $[x_{i-1},x_i]\times[y_{j-1},y_j]$ 内の点 (ξ_{ij},η_{ij}) を選んでリーマン和

$$S=\sum_{i=1}^m\sum_{j=1}^n f(\xi_{ij},\eta_{ij})(x_i-x_{i-1})(y_j-y_{j-1})$$

を作る.分割の細かさ $\max(|x_i-x_{i-1}|,|y_j-y_{j-1}|)$ を0に近づけた極限で,分割 Δ や (ξ_{ij},η_{ij}) の取り方によらずに S が一定値 A に近づくとき,f はリーマン積分可能であるといい,

$$A=\iint_I f(x,y)dxdy$$

と記して2重積分という.$f(x,y)$ が連続であれば,2重積分の値は累次積分

$$\int_a^b\left(\int_c^d f(x,y)dy\right)dx$$

および順序を変えた積分に等しい(→ フビニの定理).

より一般に,*面積確定の有界集合 D における積分 $\iint_D f(x,y)dxdy$ の定義は,D を含む区間 I をとり,$I\setminus D$ で $f(x,y)=0$ と拡張することにより,区間上の積分に帰着される.3変数以上の場合にも積分は同様に定義され,総称して多重積分という.

多重線形形式　multilinear form　⇒ 多重線形写像

多重線形写像
multilinear mapping

体 F 上の n 個の線形空間 L_i と F 上の線形空間 M について,直積 $L_1\times\cdots\times L_n$ から M への写像 T が,$T(\boldsymbol{v}_1,\cdots,\boldsymbol{v}_n)$ $(\boldsymbol{v}_i\in L_i)$ の各 $\boldsymbol{v}_i$ について線形写像であるとき,つまり次の性質を持つとき,T を多重(n 重)線形写像という.すべての $1\leq i\leq n$ に対して

$$T(\boldsymbol{x}_1,\cdots,a\boldsymbol{x}_i+b\boldsymbol{y}_i,\cdots,\boldsymbol{x}_n)$$
$$=aT(\boldsymbol{x}_1,\cdots,\boldsymbol{x}_i,\cdots,\boldsymbol{x}_n)$$
$$+bT(\boldsymbol{x}_1,\cdots,\boldsymbol{y}_i,\cdots,\boldsymbol{x}_n).$$

n 重線形写像 $T:L_1\times\cdots\times L_n\to M$ は,*テンソル積 $L_1\otimes\cdots\otimes L_n$ から M への線形写像に1対1に対応する.

特に,$M=F$ であるとき,多重(n 重)線形形式という.2重線形写像,2重線形形式のことを,それぞれ*双線形写像,*双線形形式ともいう.

$L_i=F^{d_i}$ とすると,n 重線形形式 $T:F^{d_1}\times\cdots\times\cdots\times F^{d_n}\to F$ は

$$T(\boldsymbol{x}_1,\cdots,\boldsymbol{x}_n)$$
$$=\sum_{i_1=1}^{d_1}\cdots\sum_{i_n=1}^{d_n}T_{i_1\cdots i_n}x_{i_1}^{(1)}\cdots x_{i_n}^{(n)}\quad(*)$$

と表される.ここで $\boldsymbol{x}_k=(x_1^{(k)},\cdots,x_{d_k}^{(k)})\in F^{d_k}$, $T_{i_1,\cdots,i_n}\in F$.

$L_1=L_2=\cdots=L_n$ のとき,これを L と書くと,n 重線形写像 $T:L\times\cdots\times L\to M$(あるいは,$n$ 重線形形式 $T:L\times\cdots\times L\to F$)の対称性,交代性が次のように定義される.

T が対称多重(n 重)線形写像であるとは,

$$T(\boldsymbol{x}_1,\cdots,\boldsymbol{x}_i,\cdots,\boldsymbol{x}_j,\cdots,\boldsymbol{x}_n)$$
$$=T(\boldsymbol{x}_1,\cdots,\boldsymbol{x}_j,\cdots,\boldsymbol{x}_i,\cdots,\boldsymbol{x}_n)$$

が任意の $\boldsymbol{x}_1,\cdots,\boldsymbol{x}_n\in L$ と $1\leq i<j\leq n$ について成り立つことをいう.$(*)$ で表される T の場合,これは $T_{i_1\cdots i_n}$ が添え字 $i_1,\cdots,i_n$ の入れ替えに関して不変なことと同値である.⇒ 対称テンソル

$T:L\times\cdots\times L\to M$ が交代多重(n 重)線形写像であるとは,

$$T(\boldsymbol{x}_1,\cdots,\boldsymbol{x}_i,\cdots,\boldsymbol{x}_j,\cdots,\boldsymbol{x}_n)$$
$$=-T(\boldsymbol{x}_1,\cdots,\boldsymbol{x}_j,\cdots,\boldsymbol{x}_i,\cdots,\boldsymbol{x}_n)$$

が任意の $\boldsymbol{x}_1,\cdots,\boldsymbol{x}_n\in L$ と $1\leqq i<j\leqq n$ に対して成り立つことをいう．(*)で表される T の場合，これは $T_{i_1\cdots i_n}$ が添え字の入れ替えで符号だけが変わることと同値である（F の標数が 2 のときは，ある $i\neq j$ について $\boldsymbol{x}_i=\boldsymbol{x}_j$ ならば $T(\boldsymbol{x}_1,\cdots,\boldsymbol{x}_n)=0$ を定義にする）． → 交代テンソル

多重辺
multiple arc

*無向グラフにおいて，端点集合を共有する 2 つ以上の辺をいう．有向グラフにおいては，始点と終点をそれぞれ共有する 2 つ以上の辺をいう．平行辺とも呼ばれる．

多重連結
multiply connected

位相空間が*連結であって*単連結でないことをいう．平面の領域 D は，$n-1$ 個の穴があいているとき，n 重連結であるといわれる．

惰性群
inertia group

*代数体 K の*有限次ガロア拡大 L/K が与えられたとき，K の素イデアル $\mathfrak{p}$ は L の*整数環で $\mathfrak{p}\mathcal{O}_L=(\mathfrak{P}_1\mathfrak{P}_2\cdots\mathfrak{P}_g)^e$ と L の素イデアルの積に分解する．素イデアル $\mathfrak{P}_i$ の*分解群 $G_{\mathfrak{P}_i}$ の元 σ は剰余体 $\mathcal{O}_L/\mathfrak{P}_i$ の自己同型をひきおこすが，この自己同型が恒等写像であるもの全体のなす $G_{\mathfrak{P}_i}$ の部分群を $\mathfrak{P}_i$ の惰性群といい，$I_{\mathfrak{P}_i}$ と記す．$\mathfrak{p}$ が L/K で*分岐すること（つまり $e\geqq 2$ であること）と，$I_{\mathfrak{P}_i}\neq\{1\}$ であること（この条件は i のとり方によらない），が同値である．

たたみ込み（$\mathbb{R}$ 上の）
convolution

数直線 $\mathbb{R}$ 上の 2 つの関数 f,g に対して，積分
$$(f*g)(x)=\int_{\mathbb{R}}f(x-y)g(y)dy$$
で定義される x の関数を f,g のたたみ込み，あるいは合成積と呼ぶ．たたみ込みは積であり，交換律 $f*g=g*f$，結合律 $(f*g)*h=f*(g*h)$，分配律 $(af+bg)*h=a(f*h)+b(g*h)$ $(a,b\in\mathbb{R})$ を満たす．この積はフーリエ変換
$$\widehat{f}(\xi)=\int e^{-2\pi i\xi x}f(x)dx$$
により通常の積に写す．すなわち f,g が例えば 2 乗可積分で，フーリエ変換 $\widehat{f},\widehat{g}$ が定義できれば，$\widehat{(f*g)}(\xi)=\widehat{f}(\xi)\widehat{g}(\xi)$ が成り立つ．

たたみ込みは線形微分方程式に応用される．例えば熱方程式 $\partial u/\partial t=\partial^2 u/\partial x^2$ の有界で連続な解は，初期値 $u(0,x)=f(x)$ が有界で連続ならば，熱核 $g_t(x)=(4\pi t)^{-1/2}\exp(-x^2/4t)$ を用いて，$u=f*g_t$ と表示できる．

さらに，たたみ込みは確率論においては*独立性に解析的な表現を与える：*確率密度関数 f,g の定める確率分布に従う 2 つの*確率変数 X,Y が独立なとき，その和 $X+Y$ の確率密度関数は $f*g$ となり，逆もいえる．

特に，*定義域が半直線 $[0,\infty)$ の関数 f,g に対しては，積分 $(f*g)(x)=\int_0^x f(x-y)g(y)dy$ としてたたみ込み $f*g$ が定義され，*ラプラス変換できれば，たたみ込みは通常の積に写る．ヘヴィサイド（O. Heaviside）は 1893 年，この関係を応用して線形常微分方程式の解法を発見した．この方法は現在では数学的に正当化され，演算子法として広く利用されている． → 演算子法

たたみ込み（一般の群上の）
convolution

多次元ユークリッド空間 $\mathbb{R}^n$ あるいは多次元格子 $\mathbb{Z}^n$ においても $n=1$ の場合（→ たたみ込み（$\mathbb{R}$ 上の））と同様にたたみ込みが定義でき，使い道は広い．一般には，*局所コンパクト群 G の場合でも*ハール測度 m を（G が*有限群や*離散群ならば，和を）用いて，たたみ込み
$$(f*g)(x)=\int_G f(xy^{-1})g(y)m(dy)$$
が定義でき，群の表現論やその上の解析学においても同様に重要な役割を担っている．また，*超関数に対してもたたみ込みが定義されている．

たたみ込み（数列の）
convolution

数列 $a=\{a_n\}_{n\geqq 0}$，$b=\{b_n\}_{n\geqq 0}$ に対して，$c_n=\sum_{k=0}^n a_k b_{n-k}$ で定まる数列 $c=\{c_n\}_{n\geqq 0}$ を a と b とのたたみ込みといい，$c=a*b$ で表す．たたみ込みは積であって，

 (1) 交換律 $a*b=b*a$,
 (2) 結合律 $(a*b)*c=a*(b*c)$,
 (3) 分配律 $(\alpha a+\beta b)*c=\alpha(a*c)+\beta(b*c)$ （α,β は定数）

を満たす．また，数列 a の母関数を $Q_a(z)=\sum_{n=0}^\infty a_n z^n$ とすると，たたみ込みの母関数は母

数の積

$$Q_a(z)Q_b(z) = Q_{a*b}(z)$$

となる．なお，$a=\{a_n\}_{n=-\infty}^{+\infty}$, $b=\{b_n\}_{n=-\infty}^{+\infty}$ の形の数列に対してもたたみ込み

$$c = \{c_n\}_{n=-\infty}^{+\infty}, \quad c_n = \sum_{k=-\infty}^{\infty} a_k b_{n-k}$$

を考えることがある．→ 母関数，差分方程式，たたみ込み($\mathbb{R}$ 上の)

多値論理
many-valued logic

命題は，ふつうは*古典論理の枠内で真偽 2 つの値のどちらかをとると考えるが，*排中律を仮定せずに，可能性や必然性を表すために第 3 の値も考える 3 値論理や，さらに多くの値を考える立場も記号論理にはある．これらを総称して多値論理という．→ 記号論理

縦波
longitudinal wave

媒質の振動方向と波の進行方向とが一致する進行波のことである．音波が代表的な縦波である．→ 横波

縦ベクトル
column vector

成分を縦に並べた数ベクトル．列ベクトルともいう．→ 行列

谷口シンポジウム
Taniguchi International Symposium

数学者正田建次郎の親友であり，第三高等学校時代の秋月康夫と*岡潔の同級生であった谷口豊三郎(1901-94)は，父の遺志を受け継ぎ，1929 年に財団「谷口工業奨励会」を作り工学のみならず，物理学，化学の基礎的な研究に多大の資金援助をした．第二次世界大戦後，研究費の不足する数学界に対して，国内シンポジウム，国際シンポジウムに対して多くの援助を行い，戦後の困難な時期に外国人数学者を招くなど我が国の数学の進展に大きく貢献した．

1976 年には私財をもとに財団を改組して「谷口工業奨励会四十五周年記念財団」を作り，数学をはじめとする基礎的な学問のために国際シンポジウムを行うために多大の援助を行った．特に数学に対しては年 2 回の国際シンポジウム開催を支援し，これらの国際シンポジウムは谷口シンポジウムと呼ばれた．外国の数学者を招くのに困難な時代に，多くの若手外国人数学者を日本に招くことができ，我が国の数学の発展と国際交流に大きく貢献した．1974 年札幌で行われた「有限群論」の谷口シンポジウムを第 1 回として 1998 年奈良で行われた第 42 回谷口シンポジウムが最終となった．谷口シンポジウムの数学部門の責任者は 1974 年から 84 年までは秋月康夫，1984 年から 1999 年までは第 1 部門は*伊藤清，第 2 部門は村上信吾であった．「谷口工業奨励会四十五周年記念財団」は 2000 年にその役割を終えて解散した．

谷口豊三郎は東洋紡績の社長，会長として繊維産業の経営者として活躍したのみならず，谷口財団によって基礎学問を奨励援助した稀有の財界人であった．1970 年，日米繊維交渉の日本代表として渡米した際，国際的な相互理解の重要性に気づき，谷口シンポジウムでは内外の若手研究者を招き互いに理解し合う基礎を作ることを強調した．

日本数学会は関孝和賞を創設し，1995 年，最初の授賞者として谷口豊三郎氏を選び，その偉業を讃えた．

谷山-志村予想　Taniyama-Shimura conjecture　= 志村-谷山予想

WKB 法
WKB method

小さいパラメータ $\hbar$ を含む微分方程式

$$\hbar^2 \frac{d^2\psi(x)}{dx^2} + P(x)\psi(x) = 0$$

について，

$$\psi(x) = e^{iS(x)/\hbar},$$
$$S(x) = S_0(x) + \hbar S_1(x) + \hbar^2 S_2(x) + \cdots$$

の形で $\hbar \to 0$ での漸近解を構成する方法をいう．準古典近似の代表例で，ヴェンツェル(G. Wentzel)，クラマース(H. A. Kramers)，ブリュアン(L. Brillouin)らによって開発された．第 0 近似は $S_0(x) = \int^x \sqrt{P(y)}\,dy$ と定まる．以下の項は逐次に求められ，解の漸近展開を与えるが，この展開は $P(x)=0$ となる点(転回点という)の近傍では有効性を失う．

WKB 法の考え方は高次元の場合にも拡張され，線形偏微分方程式の漸近解の構成に利用される．

多変数関数
function of several variables

独立変数が複数ある関数のことをいう．

多変数複素関数
complex function of several variables

複素数を変数とする関数 $f(z_1,\cdots,z_n)$ が定義域の各点の近傍において収束する*べき級数(多変数の)に展開できるとき,f を解析関数という.解析関数であることと,各変数 z_i について正則関数であることとは同値になる.解析関数の局所的な性質は 1 変数の場合と大きく変わることはなく,コーシーの積分公式は多変数にも拡張される.

これに対し大域的には 1 変数の場合に見られない現象が生じる.例えばある領域で定義されたすべての正則関数がそれを真に含む領域に一斉に解析接続できることがある(ハルトークスの定理).解析関数の存在領域の問題は 20 世紀前半に中心的な課題として研究された.岡潔は懸案であった 3 大問題を解決し,この分野を大きく進展させた.岡潔,カルタン(H. Cartan)らの研究から生まれた*層の理論は現代数学の記述に不可欠な道具になっている.

多変量解析
multivariate analysis

統計学において,複数の要因が絡むと想定される資料からその要因を抽出し,定量化する手法あるいはそれを研究する分野である.多変量解析では通常,多次元のデータが平均を中心として,ある正定値の 2 次形式が定める多次元正規分布に従って分布していると想定し,その 2 次形式の主軸方向を要因,固有値の大きさをその要因のもつ重みと考えて解析する.

多面体
polyhedron

直方体,3 角錐,5 角柱などのように,3 次元空間内で,多角形をした有限個の面に囲まれた図形(領域)を多面体と呼ぶ.3 角錐は,片側に無限に延びているので,有界でない多面体であり,例えば 3 つの正 4 面体を面で貼り合わせてできる図形のように*凸集合でないものもある.また,球や円錐は多面体ではない.

一般に $\mathbb{R}^n$ において,有限個の 1 次不等式で定まる集合,すなわち,ある $a_{ij}\in\mathbb{R}$,$b_i\in\mathbb{R}$ ($i=1,\cdots,m; j=1,\cdots,n$) によって $P=\{x\in\mathbb{R}^n \mid \sum_{j=1}^n a_{ij}x_j \leq b_i \ (i=1,\cdots,m)\}$ の形に表現される集合 P を凸多面体(convex polyhedron)という.凸多面体は*凸集合であり,有界な凸多面体はその頂点(端点)の凸結合の全体に一致する(→ 端点表示).P の表現において,いくつかの不等式を等式に置き換えた集合 $F=\{x\in P \mid \sum_{j=1}^n a_{ij}x_j = b_i \ (i\in I)\}$ (ただし I は $\{1,\cdots,m\}$ の部分集合) を P の面(face)という.P 自身も P の面($I=\emptyset$ の場合)であるが,P とは異なる面の中で包含関係に関して極大なものを P の極大面(facet)と呼ぶ.内点をもつ有限個の凸多面体が境界以外で互いに交わらないとき,それらを極大面に沿って貼り合わせてできる図形が多面体である.

多様体
manifold

曲面や曲線の概念を高次元に一般化したもので,「曲がった」空間を数学的に表現するために*リーマンによって導入された.微分幾何学,微分位相幾何学,大域解析学など 20 世紀以後の数学の多くが多様体上で展開される.

可微分多様体(微分可能多様体ともいう)上の関数や可微分多様体の間の写像に対しては,その微分可能性や*微分が定義される.また,可微分多様体上には*(接)ベクトル,*ベクトル場,*微分形式,*テンソル(場)が定義される.これらを用いて,通常の多変数の微分積分学の多くの部分を可微分多様体上の微分積分学に一般化することができる.また,可微分多様体 M の上に*リーマン計量を与えると,M 上の曲線の長さ,M の部分多様体の面積・体積,M 上のベクトル場・テンソル場の*共変微分などが定まる.

*ハウスドルフ空間 M の各点の近傍が $\mathbb{R}^n$ の開集合と同相であるとき,M を位相多様体という.

重要なのは,その上で微分積分学が展開できる可微分多様体である.ハウスドルフ空間 M が n 次元の可微分多様体であるとは,M の*開被覆 $\bigcup_{\alpha\in A} U_\alpha = M$,写像 $\varphi_\alpha : U_\alpha \to \mathbb{R}^n$ があって,次の条件を満たすことをいう(正確には $(M,(U_\alpha,\varphi_\alpha)_{\alpha\in A})$ のことを可微分多様体と呼ぶ).

(1) φ_α は U_α と $\mathbb{R}^n$ の開集合 $V_\alpha = \varphi_\alpha(U_\alpha)$ の間の同相写像である.

(2) $U_\alpha \cap U_\beta \neq \emptyset$ のとき,$\mathbb{R}^n$ の開集合 $\varphi_\alpha(U_\alpha \cap U_\beta)$ から,$\varphi_\beta(U_\alpha \cap U_\beta)$ への写像 $\varphi_\beta \circ \varphi_\alpha^{-1}$ は可微分同相写像である(ここで $\varphi_\beta \circ \varphi_\alpha^{-1}$ は,φ_α の逆写像と φ_β の合成).

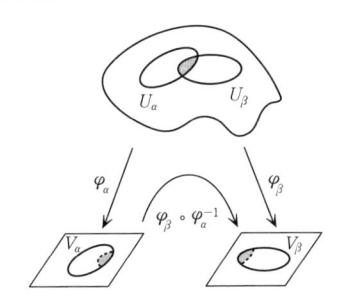

$(U_\alpha, \varphi_\alpha)$ のことを*座標近傍, φ_α を*座標系, $(U_\alpha, \varphi_\alpha)_{\alpha \in A}$ を M の*座標近傍系という. また, $\varphi_\beta \circ \varphi_\alpha^{-1}$ を*座標変換と呼ぶ. 多様体の定義で, *パラコンパクト性を仮定することも多い.

$\mathbb{R}^3$ の*曲面, あるいはより一般に $\mathbb{R}^N$ の*部分多様体は可微分多様体の代表例である. しかし, 可微分多様体の定義では, M があらかじめ $\mathbb{R}^N$ に含まれているとは仮定しない. 例えば, *射影空間や*グラスマン多様体などは, 通常, $\mathbb{R}^N$ の部分多様体としては定義しない. これらが多様体の代表例である.

ユークリッド空間について定義される概念で, 可微分同相写像(座標変換)で不変な概念は, 多様体上に一般化される. 例えば, 多様体上の連続関数 $f: M \to \mathbb{R}$ が*C^k 級であるとは, おのおのの $\alpha \in A$ に対して, 合成 $f \circ \varphi_\alpha^{-1}: V_\alpha \to \mathbb{R}$ が C^k 級であることを指す.

多様体 M から多様体 N への連続写像 $F: M \to N$ が C^k 級であるとは, 任意の C^k 級関数 $f: N \to \mathbb{R}$ に対して, 合成 $f \circ F: M \to \mathbb{R}$ が C^k 級であることをいう.

M の座標近傍系を $(U_\alpha, \varphi_\alpha)_{\alpha \in A}$, N の座標近傍系を $(U'_{\alpha'}, \varphi'_{\alpha'})_{\alpha' \in A'}$ とすると, F が C^k 級写像であることは, 次の条件と同値である. 「$F^{-1}(U'_{\alpha'}) \cap U_\alpha \neq \emptyset$ であれば, $\varphi_\alpha(F^{-1}U'_{\alpha'} \cap U_\alpha)$ から $\varphi'_{\alpha'}(F(U_\alpha) \cap U'_{\alpha'})$ への写像 $\varphi'_{\alpha'} \circ F \circ \varphi_\alpha^{-1}$ は C^k 級である」.

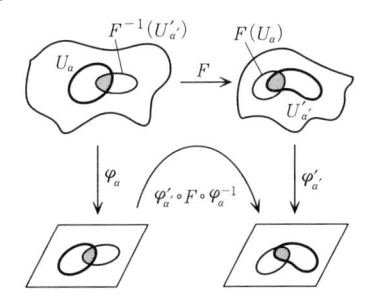

多様体 M の点 $p \in M$ で接空間 $T_p(M)$ が定義される(→接空間). このとき, C^1 級の写像 $F: M \to N$ の微分 $d_pF: T_p(M) \to T_{F(p)}(N)$ が決まる.

多様体の概念はリーマンの教授資格取得のための講演『幾何学の基礎をなす仮説について』に始まり, しだいに明確化されていったが, ワイル(H. Weyl)の『リーマン面』における 1 次元複素多様体の定式化をへて, ホイットニー(H. Whitney)によって現在の形になった. ホイットニーはさらに, じつはすべての多様体は, $\mathbb{R}^N$ の部分多様体と可微分同相であることを証明している.

可微分多様体, 位相多様体以外に, *単体複体に基づく組合せ多様体(PL 多様体, piecewise linear manifold)という概念も知られている.

ダランベルシアン
d'Alembertian

ダランベールの演算子, ダランベールの作用素ともいう. 偏微分演算子

$$\Box = \Delta - \frac{\partial^2}{\partial t^2}$$

のことを指し, $\Box$ という記号で表す. ここで $\Delta = \partial^2/\partial x_1^2 + \cdots + \partial^2/\partial x_n^2$ はラプラシアンである. 例えば波動方程式は $\Box u = 0$ と書ける.

ダランベールの演算子　d'Alembertian　= ダランベルシアン

ダランベールの解
d'Alembert's solution

空間 1 次元の波動方程式の初期値問題

$$\frac{\partial^2 u}{\partial t^2} = c^2 \frac{\partial^2 u}{\partial x^2} \quad (x \in \mathbb{R}, t \in \mathbb{R}),$$

$$u(x, 0) = u_0(x), \quad \frac{\partial u(x, 0)}{\partial t} = u_1(x)$$

の解はダランベールの公式

$$u(x, t) = \frac{1}{2}\left(u_0(x - ct) + u_0(x + ct)\right) + \frac{1}{2c}\int_{x-ct}^{x+ct} u_1(y) dy$$

で与えられる. これをダランベールの解という.

ダランベールの公式　d'Alembert's formula　= ダランベールの解

ダランベールの作用素　d'Alembertian ＝ダランベルシアン

ダランベールの判定法
d'Alembert's test
(1) 無限級数の収束判定法の1つ(→収束判定法).
(2) べき級数 $\sum_{n=0}^{\infty} a_n z^n$ において，極限値
$$r = \lim_{n \to \infty} \frac{|a_n|}{|a_{n+1}|}$$
が存在すれば収束半径は r に等しい．これをダランベールの判定法という．
→べき級数，収束半径

ダルブーの定理　微分形式の
Darboux's theorem
$\mathbb{R}^{2n}$ の開集合 U 上の*微分2形式 ω が閉形式である，つまり $d\omega=0$ であって，かつ $\overbrace{\omega \wedge \cdots \wedge \omega}^{n} = \omega^n$ がどこでも0にならないとすると，U を小さく取り直し，座標変換をすることにより
$$\omega = \sum_{i=1}^{n} dx_i \wedge dx_{i+n}$$
になるという定理がダルブーの定理である．仮定を満たす ω は*シンプレクティック形式と呼ばれ，ダルブーの定理はシンプレクティック形式の局所標準形を与える定理ともみなせる．

同様に $\mathbb{R}^{2n+1}$ の開集合 U 上の微分1形式 θ に対して，$\theta \wedge (d\theta)^n$ がどこでも0にならないとき，U を小さく取り直し，座標変換をすることにより $\theta = dx_{2n+1} - \sum_{i=1}^{n} x_i dx_{i+n}$ になるという定理も知られている(→接触形式).

ダルメジ-メンデルゾーン分解
Dulmage-Mendelsohn decomposition
方程式系 $Ax=b$ の係数行列 A の零/非零パターンに基づいて変数と方程式を適当に並べ替えることによって，大規模な問題をいくつかの小さな部分問題に分解できることがある．このようなブロック3角化(階層的分解)に関しては1950年代の終わりにグラフ理論的な立場から十分研究され，最も細かい分解が一意的に確定するという基本的な事実がダルメジとメンデルゾーンによって示され，現在ダルメジ-メンデルゾーン分解(あるいはDM分解)と呼ばれている．DM分解は，2部グラフに対する*最大マッチング算法と有向グラフに対する*強連結成分分解算法を利用して高速に求めることができる．

タレス
Thales
紀元前7世紀から紀元前6世紀にかけて活躍したと伝えられる，ミレトス出身のイオニア派の哲学者，天文学者，数学者．ほとんど伝説上の人物であるが，7賢人の一人，古代ギリシアの哲学と数学の祖といわれる．エジプトで神官から数学を学び，それに論理的な反省を加えてギリシア数学の基礎を築いた．相似図形の性質を用いてピラミッドの高さを計算したり，紀元前585年の皆既日食を予言したといわれる．「万物の根源は水である」としたと伝えられている．

単位イデアル
unit ideal
環 R が単位元1を含むとき，1を含む R のイデアル，すなわち R 自身のことを単位イデアルという．→イデアル

単位円
unit circle
半径が1の円のこと．

単位円板
unit disk
半径が1の円の内部のこと．

単位行列
unit matrix, identity matrix
*対角成分がすべて1で，他の成分がすべて0であるような正方行列のこと．記号 I や E で単位行列を表すことが多い．n 次の単位行列であることを示すためには I_n, E_n を用いる．n 次の単位行列 I_n は n 次正方行列のなす(非可換)*環における*単位元である．→行列

単位区間
unit interval
実数軸上の $0 \leq x \leq 1$ で表される閉区間 $[0,1]$ または $0 < x < 1$ で表される開区間 $(0,1)$ のこと．また $0 \leq x < 1$ で表される半開区間 $[0,1)$ なども単位区間と呼ぶことがある．

単位群
unit group
単位元のみからなる群． ⇒ 群

単位元
unit
群，環，体などの代数系において，自然数の掛け算での 1 の役割を果たす元．一般に*2 項演算 xoy において，任意の x に対して $eox=xoe=x$ を満たす元 e を単位元という．加法的に表現された演算では，単位元を零元という．

(1) 群の単位元 群 G の任意の元 g に対して $ge=eg=g$ となる元 e を単位元という．このような元はただ 1 つ存在する．⇒ 群

(2) 環の単位元 環 R の任意の元 a に対して $a1=1a=a$ となる元 1 を環 R の単位元という．このような元は存在すれば一意的である．⇒ 環

単位指標
unit character
群 G から $\mathbb{C}^*$ への写像 χ を $\chi(g)=1, \forall g \in G$ と定義すると G の*指標になる．これを単位指標という．

単一閉曲線　simple closed curve　＝単純閉曲線

単位の分解
resolution of identity
ヒルベルト空間 H 上の*自己共役作用素 A が与えられたとき，この作用素の*スペクトルに対応した空間 H の分解を指す．まず，簡単のため，A の*スペクトル $\sigma(A)$ が可算個の固有値（点スペクトル）
$$\lambda_1 < \lambda_2 < \lambda_3 < \cdots$$
のみからなる場合を考える．各 λ_k に対応する*固有空間を W_k とおき，H から W_k への*直交射影を P_k とおけば，
$$H = W_1 \oplus W_2 \oplus W_3 \oplus \cdots,$$
$$I = P_1 + P_2 + P_3 + \cdots,$$
$$A = \lambda_1 P_1 + \lambda_2 P_2 + \lambda_3 P_3 + \cdots$$
が成り立つ．ここで $\oplus$ は部分空間の*直和であり，I は恒等写像を表す．さて，各 $\lambda \in \mathbb{R}$ に対し，λ 以下の固有値に対する射影の和を
$$E_\lambda = \sum_{\lambda_k \leqq \lambda} P_k$$
とおいて射影の族 E_λ ($\lambda \in \mathbb{R}$) を定義すると，
$$E_\lambda E_\mu = E_{\min\{\lambda,\mu\}}, \quad \lim_{\lambda \to \mu+0} E_\lambda = E_\mu,$$
$$\lim_{\lambda \to -\infty} E_\lambda = 0, \quad \lim_{\lambda \to +\infty} E_\lambda = I$$
が成り立つ．さらに，E_λ の不連続点は，$\lambda = \lambda_k$ ($k=1,2,\cdots$) となり，A の固有値全体に一致する．これを単位の分解，または恒等写像の分解と呼ぶ．これは，A に連続スペクトルが現れる場合にもそのまま拡張できる．その場合，E_λ の不連続点の集合は A の固有値の全体と一致し，連続スペクトルの所では，E_λ は連続となる．なお，単位の分解を用いると，A を次のようなスティルチェス積分で表示できる．
$$A = \int_{-\infty}^{\infty} \lambda \, dE_\lambda.$$
これを A のスペクトル分解と呼ぶ．

単位の分割　partition of unity　＝1 の分割

単位ベクトル
unit vector
長さが 1 のベクトルのこと．

単位法ベクトル
unit normal vector
長さが 1 の法ベクトルのこと．⇒ 法ベクトル

単因子
elementary divisor
$\mathfrak{o}$ を整数の全体 $\mathbb{Z}$ または体 k を係数とする多項式の全体 $k[x]$ とする．$\mathfrak{o}$ の元を成分とする n 次正方行列 A に左右から $\mathfrak{o}$ の元を成分とする行列で $\mathfrak{o}$ の元を成分にもつ逆行列をもつものを掛けることによって

$$\begin{bmatrix} e_1 & & & & & & \\ & e_2 & & & & O & \\ & & \ddots & & & & \\ & & & e_r & & & \\ & & & & 0 & & \\ & O & & & & \ddots & \\ & & & & & & 0 \end{bmatrix}$$

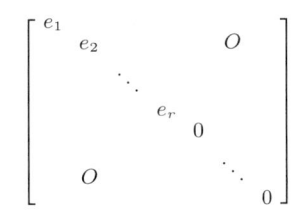

かつ $e_i \neq 0$ ($i=1,\cdots,r$) で e_i は e_{i+1} を割り切るようにできる．ここで r は行列 A の*階数である．$e_1, e_2, \cdots, e_r$ は ± 1（多項式の全体を考えているときは 0 でない定数倍）の違いを除いて，行列 A から一意的に決まる．これらを A の単因子という．

以上の結果は A が正方行列でない場合にも拡張できる．さらに単項イデアル整域の元を成分とする行列の場合にも拡張することができる．

*ジョルダン細胞 $J(\lambda, k)$ に対して，$A=xI_k-J(\lambda, k)$ とする(I_k は k 次単位行列)．A は $\mathbb{C}[x]$ の元を成分とする行列で，その単因子は $1, \cdots, 1, (x-\lambda)^k$ である．このことを用いると，xI_n-B の単因子を計算することで，n 次正方行列 B の*ジョルダン標準形を求めることができる．
→ スミス標準形

単因子標準形 normal form of elementary divisors ＝ スミス標準形

単関数
simple function

有限のステップを持つ階段関数の概念の一般化で，有限個の集合 $\{I_j \mid j=1, \cdots, n\}$ の上で定数値をとり，その外では 0 となる関数のことをいう．通常 I_j として区間，多次元区間あるいは可測集合などを考える．

単関数近似
approximation by simple function

リーマン積分を定義する際に用いられるリーマン和はある単関数の積分値になる．したがって，連続関数の積分値は，その関数を近似する単関数の列を選び，単関数の積分の極限値として定義できる．このような近似を単関数近似という．ルベーグ積分の場合にも積分値は単関数近似をもとに定義できる．これより，積分に関する等式や不等式は，単関数の場合に証明できれば，一般の場合にも成り立つことがわかる．

短完全系列 short exact sequence → 完全系列

単元 unit ＝ 可逆元

単元群
unit group

R を，乗法についての単位元を持つ環とする．R の*単元(*可逆元)の全体は環の乗法に関して群をなす．これを単元群という．

単語 word → 語

単項イデアル
principal ideal

可換環 R において，ある元 $a \in R$ により $I=(a)$ (ここに $(a)=aR=\{ax|x \in R\}$) と表されるイデアルを単項イデアルという．

単項イデアル環
principal ideal ring

*可換環 R において，すべての*イデアルが単項であるとき，すなわち，R のイデアルがある元 $a \in R$ により a の倍元の全体がなすイデアル(a の生成するイデアル)(a) となるとき，R を単項イデアル環という．さらに R が*整域であるときは単項イデアル整域といわれる(→ ユークリッド環)．

単項イデアル整域は*一意分解整域である．また，$\mathfrak{p}$ が 0 でない*素イデアルであるとき，$\mathfrak{p}$ は*極大イデアルである．

整数全体のなす環 $\mathbb{Z}$ や可換体 K 上の 1 変数多項式環 $K[x]$ は単項イデアル環である．しかし，可換体 K 上の 2 変数多項式環 $K[x,y]$ のイデアル (x,y) は単項イデアルでないので $K[x,y]$ は単項イデアル環ではない．

単項イデアル群
principal ideal group

代数体 K の 0 以外の元 α が生成する単項分数イデアル $(\alpha)=\alpha \mathcal{O}_K$ ($\mathcal{O}_K$ は K の整数環)の全体は，$(\alpha)(\beta)=(\alpha\beta)$ であることから，K の 0 でない分数イデアル全体が乗法についてなす群(K の*イデアル群)の部分群になる．これを P_K と記し，K の単項イデアル群という．

単項式 monomial → 多項式

単根
simple root

多項式 $f(x)=a_0x^n+a_1x^{n-1}+\cdots+a_n$ の根 α が重根でないとき，すなわち $x-\alpha$ が $f(x)$ の因数として 1 重にしか現れないとき単根という．方程式 $f(x)=0$ に関しても α が $f(x)$ の単根のとき，単根という．α が単根であるための必要十分条件は，$f(\alpha)=0, f'(\alpha) \neq 0$ である．

タンジェント tangent → 3角比, 3角関数

短軸
minor axis

楕円には 2 本の軸があり，2 焦点を結ぶ直線を

長軸，2 焦点を結ぶ線分の垂直 2 等分線を短軸という．楕円が方程式 $x^2/a^2+y^2/b^2=1$ で表され，$a<b$ のときは x 軸が短軸，y 軸が長軸である．$ax^2+2bxy+cy^2=1$ の場合は，行列 $\begin{bmatrix} a & b \\ b & c \end{bmatrix}$ の固有値のうち小さい方に属する固有方向が長軸，大きい方に属する固有方向が短軸である．

単射

injection

集合から他の集合の中への1対1の写像のこと．すなわち，集合 X から集合 Y への写像 f が単射であるとは，$a,b\in X$，$a\neq b$ なら，$f(a)\neq f(b)$ であること，あるいは対偶をとって，$f(a)=f(b)$ なら $a=b$ であることを意味する．→ 写像，全射，全単射

単射線形写像

injective linear map

線形写像 $T: L_1 \to L_2$ は，通常の写像として単射であるとき，単射線形写像といわれる．T の *核 $\mathrm{Ker}\, T$ が $\{0\}$ であることと同値である．

単純

simple

それ以上分解しないこと．既約という言葉も同様な意味であるが，単純との違いは一概にはいえない．単純群というのは単位元だけからなる部分群以外に*正規部分群を持たない群を指し，単純群には*部分群はあってもよい．多項式の根が単純とは，*重根でないことを指す．0 と自分自身以外の*部分表現（自明でない部分表現）を持たない*表現は*既約表現といい単純表現とはいわないが，*加群と見た場合には単純加群ともいう．

単純（アーベル多様体が）

simple

*アーベル多様体が自分自身でも $\{0\}$ でもないアーベル多様体を部分多様体として含まないとき，単純であるという．ただし $\{0\}$ のみからなるアーベル多様体は，単純といわない．

単純（固有値が）

simple

正方行列 A の*固有値 λ の*一般化された固有空間の次元が 1 のとき，固有値 λ は単純であるという．言い換えると，λ は A の*特性多項式の*単純根であるとき単純である．より一般には*線形作用素の固有値に関しても同様の定義ができる．

単純拡大

simple extension

*体 F に F 上代数的な元 α を 1 つ*添加してできる体 $F(\alpha)$ を体 F の単純拡大体，拡大 $F(\alpha)/F$ を単純拡大という．*有限次拡大 K/F は，*分離拡大なら（例えば体 F の標数が 0 なら常に分離拡大），単純拡大になる．

単純加群

simple module

環 R 上の加群 M は，M の部分 R 加群が M 自身と $\{0\}$ のみに限られるとき，単純 R 加群といわれる．ただし 0 のみからなる R 加群 $\{0\}$ は単純 R 加群とは呼ばない．

R が可換のとき，単純 R 加群とは，R のある*極大イデアル $\mathfrak{m}$ についての R 加群 $R/\mathfrak{m}$ と同型な R 加群のことである．G を有限群とするとき，複素数体 $\mathbb{C}$ 上の G の群環 $\mathbb{C}[G]$ 上の単純加群とは，G の $\mathbb{C}$ 上の*既約表現のことにほかならない．K を体とし，R を K 上の n 次正方行列環 $M(n,K)$，$M=K^n$ を K 上の n 次列ベクトル全体とし，$M(n,K)$ の K^n への作用によって M を R 加群とみるとき，M は単純 R 加群である．

単純環

simple ring

単位元を持つ環 A（非可換環でもよい）は，A の両側イデアルが A 自身と (0) 以外に存在しないとき，単純環といわれる．ただし 0 のみからなる環 $\{0\}$ は単純環とは呼ばない．

可換環については，単純環であることと体であることは同値である．可換体 k の元を成分とする n 次正方行列の全体 $M(n,k)$ のなす環は単純環である．→ イデアル

単純極 simple pole → 孤立特異点

単純グラフ

simple graph

*自己閉路も*多重辺ももたない*グラフをいう．組合せグラフともいう．

単純群
simple group

それ自身と単位群(単位元のみからなる群)以外の正規部分群を持たない群のこと.ただし単位群は,単純群とは呼ばない.

有限単純群の分類は長い間懸案の問題であったが,多くの群論の専門家の努力により,1981年に解決された.G を有限単純群とすれば,G は次にあげる単純群のいずれかと同型である.

I. 素数位数の巡回群
II. n 次の交代群($n \geq 5$)
III. リー型の単純群
IV. 26個の散発型単純群

リー型の単純群の例としては次の射影特殊線形群 $PSL(n, K)$ がある.ここで K を*有限体とし,$n \geq 2$ とし,
$$PSL(n, K) = SL(n, K)/H$$
で表される.ここに H は,*特殊線形群 $SL(n, K)$ に属する*スカラー行列全体である.このとき,$PSL(n, K)$ は,$n \geq 3$ なら単純群であり,$n=2$ でも,K が $\mathbb{Z}/2\mathbb{Z}$ または $\mathbb{Z}/3\mathbb{Z}$ である場合を除けば,有限単純群であり,リー型の単純群の代表的な例である.

また,散発型単純群の例としては,*モンスターと呼ばれる群がある.

単純根
simple root

1変数 n 次多項式 $f(x)=a_0 x^n + a_1 x^{n-1} + \cdots + a_n$ あるいは n 次方程式 $f(x)=0$ の*根(こん) α が重複していないとき,すなわち $x-\alpha$ は $f(x)$ を割るが $(x-\alpha)^2$ は $f(x)$ を割らないときに,α は多項式 $f(x)$ もしくは方程式 $f(x)=0$ の単純根という.

単純な曲線
simple curve

*自己交叉のない曲線のこと.正確には,閉区間 I から平面への単射連続写像(の像)のことである.単純弧あるいはジョルダン弧ということもある. → 単純閉曲線

単純閉曲線
simple closed curve

始点と終点が一致し,*自己交叉のない平面上の連続曲線のことをいう.正確には,円周 S^1 から平面への単射連続写像(の像)のことである.*ジョルダン曲線ともいう.円や多角形などの簡単な図形の他,2次元における*自励系であるような常微分方程式系の閉軌道も単純閉曲線の例である. → ジョルダンの閉曲線定理

単純閉路 simple cycle → 閉路

単純リー環
simple Lie algebra

*半単純リー環 $\mathfrak{g}$ の*イデアルが $\mathfrak{g}$ と 0 以外にないとき,単純リー環という.ただし,$\{0\}$ は単純リー環とは呼ばない.複素単純リー環(複素数体 $\mathbb{C}$ 上の単純リー環)およびコンパクトリー群のリー環は*ディンキン図形を用いて分類でき,古典型複素単純リー環および古典コンパクトリー群のリー環
$$A_l \ (l=1,2,\cdots), \quad B_l \ (l=2,3,\cdots),$$
$$C_l \ (l=3,4,\cdots), \quad D_l \ (l=4,5,\cdots)$$
と例外型複素単純リー環および例外型実コンパクト単純リー環
$$E_6, \quad E_7, \quad E_8, \quad F_4, \quad G_2$$
に分類されている. → 古典群,コンパクトリー群,半単純リー環

単純リー群
simple Lie group

連結リー群は,対応する*リー環が*単純リー環であるとき単純リー群という.特殊ユニタリ群 $SU(l+1)$,特殊直交群 $SO(2l+1)$,シンプレクティック群 $Sp(l)$,特殊直交群 $SO(2l)$ は古典型実コンパクト単純リー環 A_l, B_l, C_l, D_l にそれぞれ対応する実コンパクト単純リー群である.

単振子
simple harmonic oscillator

振幅の小さい振り子のことをいう.その運動は単振動である. → 単振動

単振動
simple oscillation

時間 t の変化に応じて,点 P の座標 x が
$$x = A\sin(\omega t + \alpha)$$
のように変化するとき,点 P の運動を単振動という.$|A|$ を振幅という.単振動を表す微分方程式は
$$\frac{d^2 x}{dt^2} + \omega^2 x = 0$$
である.

単数
unit

*代数体 K の*整数環 $\mathcal{O}_K$ の元(K の整数)a で,a^{-1} も K の整数となるものを K の単数という.すなわち K の単数とは,K の整数環 $\mathcal{O}_K$ の可逆元のことである.$K=\mathbb{Q}$ の場合は,単数は ± 1 である.K の単数全体は積に関してアーベル群をなす.これを K の単数群という.

例えば $\mathbb{Q}(\sqrt{2})$ の単数群は,$\{\pm(1+\sqrt{2})^n | n \in \mathbb{Z}\}$ である.代数体の単数群の構造は,*ディリクレの単数定理によって与えられる.→ 基本単数,単数基準,ディリクレの単数定理

単数基準
regulator

代数体 K に対し,K の*単数を用いて,単数基準という正の実数 R_K が定義される.例えば,K が実 2 次体のとき,K の単数 $\varepsilon>1$ で,K の単数全体が $\pm\varepsilon^n$ に一致するものがただ 1 つ存在する(→ 基本単数)が,K の単数基準 R_K は,$\log\varepsilon$ である.例えば $K=\mathbb{Q}(\sqrt{2})$ なら,
$$\varepsilon = 1+\sqrt{2}, \quad R_K = \log(1+\sqrt{2}).$$

一般の代数体 K については,K の*基本単数 $\varepsilon_1,\cdots,\varepsilon_r$ をとり,K のすべての無限素点(→ 素点)全体から 1 個を除いたものを $v_1,\cdots,v_r$ とし,実数 a_{ij} を次のように定義する.v_i が実素点(→ 素点)なら,a_{ij} は $K_{v_i}\simeq\mathbb{R}$ における ε_j の像の絶対値の対数,v_i が複素素点なら,a_{ij} は $K_{v_i}\simeq\mathbb{C}$ における ε_j の像の絶対値の対数の 2 倍.K の単数基準 R_K は,行列 $[a_{ij}]$ の*行列式の絶対値と定義される.これは,基本単数や,1 つ除いた無限素点のとり方によらない.

単数基準は*類数公式に現れる.

単数群　unit group　→ 単数

単体
simplex

線分,3 角形,4 面体(3 角錐)を高次元に一般化した概念である.N 次元ユークリッド空間 $\mathbb{R}^N$ ($N\geqq n$) の $n+1$ 個の*一般の位置にある点 $a_0,a_1,\cdots,a_n$ に対して,それらの*凸包を $a_0,a_1,\cdots,a_n$ を頂点とする n 単体といい,$[a_0,a_1,\cdots,a_n]$ により表す.0 単体は点,1 単体は線分,2 単体は 3 角形,3 単体は 4 面体である.

n 単体 $[a_0,a_1,\cdots,a_n]$ に含まれる点 p は,

$$\Delta^n = \{(t_0,\cdots,t_n) | t_0+t_1+\cdots+t_n = 1, 0\leqq t_i \leqq 1\}$$

の元 $(t_0,t_1,\cdots,t_n)$ により,一意的に $t_0a_0+t_1a_1+\cdots+t_na_n$ と表される.$(t_0,t_1,\cdots,t_n)$ を p の重心座標という.また,Δ^n を標準 n 単体という(図は標準 2 単体である).

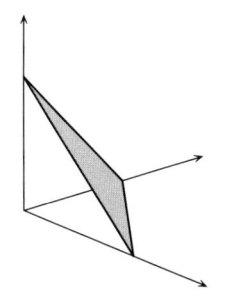

方程式 $t_{i_1}=\cdots=t_{i_k}=0$ を満たす標準 n 単体の点全体は,$n-k$ 単体 Δ^{n-k} と同一視される.これを標準 n 単体 Δ^n の面と呼ぶ.重心座標が標準 n 単体のある面に含まれる単体の点全体を単体の面という.

n 単体は n 次元の球体 $\{(x_1,\cdots,x_n)\in\mathbb{R}^n | \sum_{i=1}^{n} x_i^2 \leqq 1\}$ と*同相である.

単体写像
simplicial map

ユークリッド単体複体(→ 単体複体)の間の単体写像 $X\to Y$ とは,連続写像であって,単体を単体に写し,おのおのの単体に制限すると,*アフィン写像であるものをいう.単体複体の間の連続写像は,単体を細かく分割なおすと(→ 細分),単体写像で近似できることが知られている(単体近似定理).

単体複体
simplicial complex

いくつかの*単体を*面で貼り合わせて得られる図形のことをいう.一番次元の高い単体の次元のことを単体複体の次元という.1 次元単体複体は*単純グラフである.例えば,図 1,図 2 のような図形は単体複体である.ただし,図 3 のように単体がつぶれてしまっている図形は単体複体ではない.

単体複体 P に含まれている 0 単体を P の頂点,1 単体を P の辺,2 単体を P の面などという.

正確には次のように定義する.ある $\mathbb{R}^N$ に含まれ

図1　図2

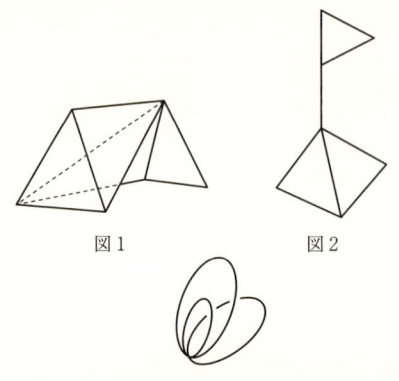

図3（3つの円周を1点でつないだもの）

る単体の集合 $\{\Delta_i^{n_i} | i \in I\}$ の和集合 $X = \bigcup_i \Delta_i^{n_i}$（正確には*局所有限な和集合）であって，次の条件が満たされているものを単体複体あるいはユークリッド単体複体という（ここで $\Delta_i^{n_i}$ は $\mathbb{R}^N$ のある一般の位置にある n_i+1 個の点の凸包である）．

「$i \neq j$, $\Delta_i^{n_i} \cap \Delta_j^{n_j} \neq \emptyset$ ならば，$\Delta_i^{n_i} \cap \Delta_j^{n_j}$ は，$\Delta_i^{n_i}$ および $\Delta_j^{n_j}$ の面である」．

単体分割
simplicial decomposition

図形に対してそれと同相な*単体複体を与えることを単体分割するという．3角形分割ということもある．例えば，正20面体の表面は単体複体で，球面の3角形分割を与えている．

図形を単体分割して考えることで，連続的なデータを含む図形の幾何学的なあるいは位相的な形状を，有限個のあるいは離散的なデータに還元し，組合せ的に図形を調べることができる（→ 単体複体，単体）．これを組合せ位相幾何学あるいは PL 位相幾何学という．組合せ位相幾何学では単体をさらに細かく分け直すという操作（→ 細分）が不可欠である（→ 単体写像）．したがってすべての問題が，有限の組合せ的な議論で解決されるというわけにはいかない．

図形（位相空間）が少なくとも1つの単体分割を持つとき，単体分割可能であるという．可微分多様体や多項式系の零点の集合は，単体分割可能であることが知られている．しかし位相多様体の中には単体分割をもたないものがある．

単体法
simplex method

線形計画問題（→ 線形計画法）の解法として，1947年にダンツィク（G. B. Dantzig）によって考案された手法である．制約条件を満たす多面体領域の端点を動きまわって最適解に到達する．アルゴリズムには長年にわたってさまざまな工夫が行われ，産業界でも広く利用されている．→ 内点法

単調関数
monotone function

区間 I 上で定義された実数値関数 $f(x)$ について
(1) $x_1 < x_2$ であるとき，$f(x_1) \leq f(x_2)$
(2) $x_1 < x_2$ であるとき，$f(x_1) \geq f(x_2)$
のいずれかが成り立つとき，f を単調な関数という．(1)の場合は単調増加あるいは単調非減少，(2)の場合は単調減少あるいは単調非増加という．さらに，
(1′) $x_1 < x_2$ であるとき，$f(x_1) < f(x_2)$
(2′) $x_1 < x_2$ であるとき，$f(x_1) > f(x_2)$
が成り立つときは，それぞれ狭義の単調増加関数，狭義の単調減少関数という．

単調減少　monotone decreasing　⇒ 単調関数

単調減少列
monotone decreasing sequence

$a_n \geq a_{n+1}$ がどの n に対しても成り立つような実数列 $\{a_n\}$ のこと．減少列，減少数列ともいう．下に有界な減少数列は収束する．

$a_n > a_{n+1}$ を満たす数列，すなわち狭義単調減少列を単調減少列ということもある．その場合は，$a_n \geq a_{n+1}$ を満たす数列は単調非増加列という．

単調増加　monotone increasing　⇒ 単調関数

単調増加列
monotone increasing sequence

$a_n \leq a_{n+1}$ がどの n に対しても成り立つような実数列 $\{a_n\}$ のこと．増加列，増加数列ともいう．上に有界な単調増加列は収束する．

$a_n < a_{n+1}$ を満たす数列，すなわち狭義単調増加列を単調増加列ということもある．その場合は，$a_n \leq a_{n+1}$ を満たす数列は単調非減少列という．

単調非減少　monotone nondecreasing　⇒ 単調関数

単調非増加　monotone nonincreasing　⇒ 単調関数

端点

extremal point, extreme point

区間の両端の点をいう．より一般に，*凸集合 C の点 v が次の性質を持つとき v を C の端点という：$v=cv_1+(1-c)v_2\ (0<c<1,\ v_1,v_2\in C)$ ならば $v_1=v_2=v$ となる．凸多角形の端点はその頂点であり，円板においては円周上の点はすべて端点である．⇒ 凸集合，凸結合，端点表示．

端点表示

representation by extremal points

凸集合 C において，要素 v を，*端点 v_i の*凸結合 $v=c_1v_1+\cdots+c_nv_n\ (c_i\geqq 0,\ c_1+\cdots+c_n=1)$ として表したものをいう．例えば，凸多角形内の点はすべてその頂点を用いて(ベクトルとして)端点表示できる．また，円周の内部の点は，円周上の点の凸結合として表示できるが，端点表示の仕方は 1 通りではない．有限次元空間においては，コンパクトな凸集合 C の任意の点は，C の端点の凸結合で表すことができ，このことは無限次元でも適当な仮定のもとで成立する．例えば，調和関数に対するポアソン核を用いた積分表示(→ポアソン積分)，正定値関数に関するボホナーの定理(→ 正定値関数)などは関数空間における端点表示である．

単独方程式

single equation

ただ 1 つの数式によって得られる方程式のこと．連立方程式に対する語．

単峰

unimodal

グラフの形が一山であること．例えば，*ガウス分布はその関数 $C\exp(-x^2)$ (C は定数)のグラフの形から，単峰な分布であるという．

断面曲率

sectional curvature

曲面のガウス曲率は，曲面の各点に曲がり具合の大きさを定める(→ ガウス曲率)．次元が 2 より大きい*リーマン多様体 M の場合に，M の各点 p と p での*接空間 $T_p(M)$ の 2 次元*部分線形空間 π をとり，Σ_p を p での指数写像 $\exp: T_p(M)\to M$ による π の像とするとき(→ 指数写像(リーマン多様体の))，Σ_p の p でのガウス曲率が断面曲率 K_π である．*曲率テンソル R を用いると，$K_\pi = g(R(E_1, E_2)E_2, E_1)$ である．ここで，E_1, E_2 は，π の*正規直交基底で，g はリーマン計量である．K_π は正規直交基底 E_1, E_2 の取り方にはよらない．断面曲率をきめると，逆に曲率テンソルが定まる．

断面曲率はリーマン多様体の曲がり方を測る量としては一番自然で幾何学的であるが，接空間の 2 次元部分線形空間全体を定義域とする関数であるので，扱いはそれほど容易ではない．断面曲率の符号や値の範囲をきめて，そのようなリーマン多様体を調べる研究がさまざまになされている．典型的な例として

(1)(定曲率空間)　すべての断面曲率が一定であるようなリーマン多様体のこと．例えば，$\mathbb{R}^n$ の半径 r の球面は断面曲率が $1/r$ に等しく，*双曲空間(ポアンカレ計量を持つ上半空間)は断面曲率が -1 であるような定曲率空間である．

(2)(正曲率多様体)　断面曲率がいたるところ正であるリーマン多様体のこと．

(3)(負曲率多様体)　断面曲率がいたるところ負であるリーマン多様体のこと．

単模行列

unimodular matrix

整数を要素(成分)とする正方行列で，行列式の値が 1 または -1 であるものを単模行列あるいはユニモジュラー行列という．線形方程式系 $Ax=b$ において，A が単模行列，b が整数ベクトルならば，解 x は整数ベクトルである．より一般に，環 R の元を要素(成分)とする正方行列で，行列式の値が R における可逆元であるものを R 上の単模行列という．⇒ 完全単模行列．

単葉関数

univalent function

複素平面の領域 D 上の正則関数 F が，D から複素平面 $\mathbb{C}$ への写像として 1 対 1 となっているとき，関数 F は単葉であるという．

単連結

simply connected

平面の*領域 Ω はその*補集合が*連結なとき単連結であるという．円板 $\{z\mid |z|<1\}$ は単連結であるが，アニュラス(円環) $\{z\mid 1<|z|<2\}$ は単連結でない．複素平面上の単連結な領域で*正則関数の閉曲線に沿った積分は 0 である(*コーシーの積分定理)．

単連結性は次のことと同値である.「領域 Ω に含まれる任意の閉曲線は, Ω 内で連続に変形して 1 点に縮めることができる」. 一般の*弧状連結な*位相空間でこのことが成り立つとき単連結であると定義する. 単連結であることと, *基本群が自明な群であることは同値である. 2 次元以上の球面は単連結である.

チ

値域
range

ある集合 S 上で定義された関数あるいは写像 f のとる値の全体 $f(S)$ のこと. f による S の像ともいう.

チェイン
chain

鎖(さ)ともいう. 空間 X のホモロジー群は, 空間 X から作られるチェイン複体(鎖複体)のホモロジー群として定義される. チェイン複体の元のことをチェインと呼ぶ. 空間 X のホモロジー群を定義するチェイン複体の取り方はいろいろある. 例えば, 特異チェイン複体の場合には, その元すなわち特異チェインは, 単体からの連続写像 $\sigma_i: \Delta^n \to X$ の形式的な 1 次結合 $\sum a_i \sigma_i$ である.

チェイン複体　chain complex　＝鎖複体(さふくたい)

チェザロ平均
Cesàro mean

数列 $\{a_n\}_{n=1}^{\infty}$ に対して, 部分和の平均 $b_n = (a_1 + \cdots + a_n)/n$, あるいは数列 $\{b_n\}_{n=1}^{\infty}$ のことをいう. 数列 $\{a_n\}_{n=1}^{\infty}$ が収束すれば, チェザロ平均 $\{b_n\}_{n=1}^{\infty}$ も同じ値に収束するが, 逆は一般には成り立たない. チェザロ平均を用いて収束しない数列の極限に意味づけを与えられる場合があり, フーリエ級数の収束の問題に関して重要な役割を果たす(→ フェイエールの定理).

一般に, 数列が収束しない場合にも, ある意味での極限を考えたくなる状況はしばしば起こり, チェザロ平均の重み $1/n$ の他にもさまざまな重みを考えることがある. 歴史的には, オイラーによる等式 $1-1+1-1+\cdots=1/2$ が有名である. これは $\sum_{n=0}^{\infty} (-1)^n x^n = (1+x)^{-1}$ において形式的に $x \to 1$ とすることにより, 左辺の発散級数に意味づけを与えたものである.

チェバの定理
Ceva's theorem

「3角形 ABC と平面上の1点 O があったとする(O は3角形の周上にはないとする). AO, BO, CO が BC, CA, AB またはその延長上と交わる点を P, Q, R とすると,
$$\frac{BP}{PC} \cdot \frac{CQ}{QA} \cdot \frac{AR}{RB} = 1$$
となる」という定理がチェバの定理である(1678). 逆も成り立つ.

チェバの定理と*メネラウスの定理に現れる線分の長さの比に関する式はまったく同じである. しかし, メネラウスの定理は, 正確には
$$\frac{BP}{PC} \cdot \frac{CQ}{QA} \cdot \frac{AR}{RB} = -1$$
と表されることに注意. ここで, 一般に AB, CD が同一直線上にあり, A から B に向かう方向と C から D に向かう方向が同じ場合は, AB/CD は通常の長さの比であり, 異なる場合は通常の比に負の符号をつけたものとする.

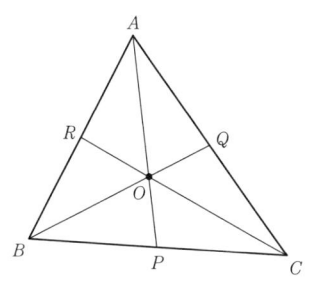

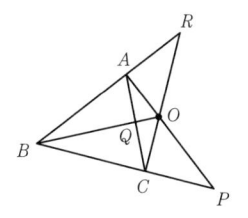

チェビシェフ多項式
Chebyshev polynomial

$\cos 2\theta = 2\cos^2\theta - 1$, $\cos 3\theta = 4\cos^3\theta - 3\cos\theta$ などのように, 一般に $\cos n\theta$ は n 次多項式 $T_n(x)$ を用いて $T_n(\cos\theta)$ と表される. $T_n(x)$ をチェビシェフ多項式という.

同様に $\sin(n+1)\theta/\sin\theta$ は $\cos\theta$ の n 次式で表される. $U_n(\cos\theta) = \sin(n+1)\theta/\sin\theta$ とおいて $U_n(x)$ を第2種チェビシェフ多項式という. $y(x) = T_n(x)$, $\sqrt{1-x^2}\,U_{n-1}(x)$ はチェビシェフの微分方程式
$$(1-x^2)\frac{d^2y}{dx^2} - x\frac{dy}{dx} + n^2 y = 0$$
の1次独立な解である. チェビシェフ多項式は直交関係
$$\int_{-1}^{1} \frac{T_m(x)T_n(x)}{\sqrt{1-x^2}}dx = 0 \quad (n \neq m)$$
を満たす. これは3角関数の直交性にほかならない.

チェビシェフ多項式は関数の最良近似問題に自然に現れる. ここでいう最小近似とは, 区間 $[-1,1]$ 上の連続関数 $f(x)$ を一様ノルム $\|f\|_\infty = \max_{x\in[-1,1]} |f(x)|$ に関して近似することである. 一般に, このとき任意の $f(x)$ について n 次以下の多項式 $P(x)$ で $\|f-P\|_\infty$ を最小とするものがただ1つ存在する. 特に $f(x) = x^{n+1}$ のときの最良近似多項式は $P(x) = x^{n+1} - T_{n+1}(x)/2^n$ で与えられる. 一般の $f(x)$ についてもチェビシェフ多項式による*直交多項式展開は良い近似を与える.

チェビシェフの不等式
Chebyshev's inequality

実数値確率変数 X が $E[X] = 0$, かつ, 2次モーメントを持つとき, *尻尾の確率を2次モーメントで評価することができて, 任意の $c > 0$ に対して不等式 $P(|X| > c) \leq E[X^2]/c^2$ が成り立つ. 一般に $f(x)$ が単調非減少ならば,
$$P(|X| > c) \leq E[f(|X|)]/f(c)$$
が成り立つ. これをチェビシェフの不等式という. 大数の法則の証明などに用いられる基本的な不等式である.

置換
permutation

数字の集合 $\{1, 2, \cdots, n\}$ から自分自身への写像 σ が*全単射のとき n 次の置換という. σ が数字 i を $\sigma(i)$ に置き換えると考えることができることからこの名称がある. 例えば, 数字の列 (1 2 3) を置換したものは, (置換しないものも含めて)
(1 2 3), (1 3 2), (3 2 1),
(2 1 3), (2 3 1), (3 1 2)
の6種類である.

置換 σ は $\sigma(i) = a_i$ $(i = 1 \cdots, n)$ のとき
$$\begin{pmatrix} 1 & 2 & 3 & \cdots & n \\ a_1 & a_2 & a_3 & \cdots & a_n \end{pmatrix} \quad (*)$$
と表示する. 上の段の数字は1から n までの順序は入れ替えてもよい. 例えば

$$\begin{pmatrix} 1 & 2 & 3 & \cdots & n \\ 2 & 1 & 3 & \cdots & n \end{pmatrix} = \begin{pmatrix} 2 & 1 & 3 & \cdots & n \\ 1 & 2 & 3 & \cdots & n \end{pmatrix}$$

である.逆に表示(*)において,$a_1, a_2, \cdots, a_n$ が 1 から n までの異なる数字であれば,$\sigma(i)=a_i$ と定義することによって σ は $\{1,2,\cdots,n\}$ から自分自身への全単射となり置換を定める.n 個の文字からなる文字列の置換は,$n!$ 個ある.

n 次の置換 σ, τ に対して置換の積 $\sigma\tau$ は写像の合成 $\sigma \circ \tau$ と定義する.すなわち

$$\tau = \begin{pmatrix} 1 & 2 & 3 & \cdots & n \\ b_1 & b_2 & b_3 & \cdots & b_n \end{pmatrix}$$

$$\sigma = \begin{pmatrix} 1 & 2 & 3 & \cdots & n \\ a_1 & a_2 & a_3 & \cdots & a_n \end{pmatrix}$$

のとき σ の表示の順序を入れ替えて

$$\sigma = \begin{pmatrix} b_1 & b_2 & b_3 & \cdots & b_n \\ c_1 & c_2 & c_3 & \cdots & c_n \end{pmatrix}$$

となるとき,積 $\sigma\tau$ は

$$\begin{pmatrix} 1 & 2 & 3 & \cdots & n \\ a_1 & a_2 & a_3 & \cdots & a_n \end{pmatrix} \begin{pmatrix} 1 & 2 & 3 & \cdots & n \\ b_1 & b_2 & b_3 & \cdots & b_n \end{pmatrix}$$

$$= \begin{pmatrix} 1 & 2 & 3 & \cdots & n \\ c_1 & c_2 & c_3 & \cdots & c_n \end{pmatrix}$$

となる.

一方,置換 σ による i の像を i^σ と記すと,積 $\sigma\tau$ を $i^{(\sigma\tau)}=(i^\sigma)^\tau$ と定義する流儀もある.この場合は積 $\sigma\tau$ は写像の合成 $\tau \circ \sigma$ に対応し,上記の積とは逆になるので注意を要する.

置換の積によって n 次の置換の全体は群をなす(単位元は恒等写像,逆元は逆写像).これを n 次の対称群または置換群という.

n 次の置換で i_1 を i_2 に,i_2 を i_3 に,$\cdots$,i_{l-1} を i_l に,i_l を i_1 に移し他を変えない置換を l 次巡回置換といい,$(i_1 \ i_2 \ \cdots \ i_l)$ と記す.2 次の巡回置換 (i,j) は互換と呼ばれる.すべての置換は互換の積として表示できる.偶数個の互換の積で表される置換を偶置換,奇数個の互換の積で表される置換を奇置換という.

以上は数字の集合 $\{1,2,\cdots,n\}$ の置換を考えたが,一般に有限集合 A の置換を考えることができる.→群,対称群,置換群,交代群

置換行列
permutation matrix

各行各列にちょうど 1 つの 1 があり,その他の要素はすべて 0 であるような n 次正方行列のこと.この行列を n 項縦ベクトルに乗ずると,ベクトルの要素の並べかえ(置換)が起きるので,この名がある.

置換群
permutation group

n 個の元からなる有限集合 X を考え,X からそれ自身への全単射全体の集合に写像の合成で積構造を定めたものは群をなす.これを n 次対称群または置換群といい,S_n または $\mathfrak{S}_n$ と記すことが多い.X と数字の集合 $\{1,2,\cdots,n\}$ との間には集合としての同型があり,n 次置換群は $\{1,2,\cdots,n\}$ の*置換の全体と見ることができる.対称群の部分群と同型であるような群を指して置換群という場合もある.任意の有限群 G は,G の各元 g を,g がもたらす写像 $G \ni x \mapsto gx \in G$ と対応させることにより,$X=G$ からそれ自身への全単射全体である対称群の部分群とみなすことができ,後者の意味の置換群と考えることができる.

置換公理
axiom of replacement

公理的集合論における公理の 1 つ.「x, y を含む命題 $P(x,y)$ があり,どんな x に対しても $P(x,y)$ が真となるような y はたかだか 1 つしかないとする.このとき,A が集合ならば,$\{y \mid P(x,y)$ が真である $x \in A$ が存在する$\}$ は集合である」という公理.*分出公理より強い.フレンケル(A. Fraenkel)によって導入された.

置換積分法
integration by substitution

$f(x)$ を区間 $[a,b]$ でリーマン積分可能な関数とし,関数 $g(t)$ は区間 $[\alpha, \beta]$ で連続微分可能かつ単調増加で $g(\alpha)=a, g(\beta)=b$ を満たすものとする.このとき

$$\int_a^b f(x)dx = \int_\alpha^\beta f(g(t)) \cdot \frac{d}{dt}g(t)dt$$

が成り立つ.この公式を用いて積分を求めることを置換積分法という.→変数変換公式(積分の)

置換表現
permutation representation

有限群 G から置換群への準同型写像のこと.集合 X の置換群を考えると,G の置換表現を考えることと G の X への作用(→作用(群の))を考えることは同じである.G から G への全単射全体は置換群 Σ とみなせるが,$g \in G$ に対して $\rho(g): G \ni h \mapsto gh \in G$ は Σ の元と見ることができ,$g \mapsto \rho(g)$ によって準同型写像 $\rho: G \to \Sigma$ が定義され,G の置換表現を与える.

逐次近似

successive approximation

$x=\Phi(x)$ の形の方程式の解を求めるとき，適当な初期値 x_0 を選んで，$x_n=\Phi(x_{n-1})$ によって逐次近似列 $\{x_n\}$ ($n\geqq 1$) を作り，その極限 $x=\lim_{n\to\infty} x_n$ として解 x を求める方法をいう．写像 Φ が*縮小写像ならばこの方法が適用できる．例えば，*コーシーの存在と一意性定理の証明に用いられ，常微分方程式の初期値問題 $dx/dt=f(t,x), x(t_0)=a$ に対しては，$x_0(t)\equiv a$，$x_n(t)=\Phi(x_{n-1})(t)=\int_{t_0}^t f(s,x_{n-1}(s))ds$ によって近似関数列 $\{x_n(t)\}$ を定めると，f に関するリプシッツ条件のもとで，$\{x_n(t)\}$ は局所解 $x(t)$ に収束する．

逐次代入

successive substitution

関数の列 $\{f_n(x)\}_{n=1}^\infty$ が与えられているとき，$x=x_0$ から出発して，$x_1=f_1(x_0)$，$x_2=f_2(x_1)=f_2(f_1(x_0))$，… のように次々に代入して $\{x_n\}_{n=0}^\infty$ を得る操作のことをいう．方程式の近似解を作る際に有力な考え方である．→ 逐次近似，反復法，ニュートン法，コーシーの存在と一意性定理（常微分方程式の）

地図（多様体の）

chart

*局所座標のことである．多様体の一部を，平たい空間（ユークリッド空間）に写したものであるから，この名がある．局所座標の全体は，地図帳 (atlas) ともいう．

地図投影法

map projection

球面上の図形を，なるべく正確に平面上に実現する方法．歴史的には，航海において，正確な方向や距離を海図に表現する必要性から生じた方法である．

実際には，球面（の一部）を，距離を保つように平面に写すことは不可能である（→ ガウスの驚異の定理）．そこで，距離は保たないが，角度や最短線など他のものを保つ地図がいろいろ考案されている．

例えば，メルカトル図法は球面から円柱への投影を等角になるように補正し，円柱を展開したものである．メルカトルの地図上での直線は，地球上では経線（子午線）との角が一定となるような曲線であるから，羅針盤を用いる航海や飛行機の操縦などで便利である．

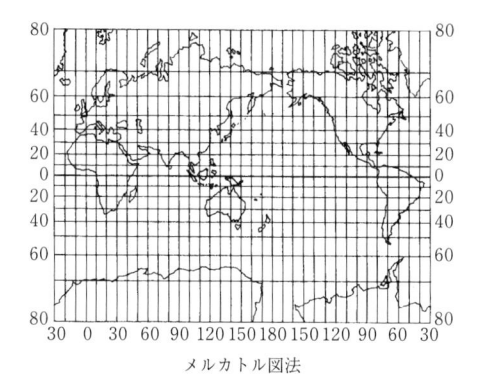

メルカトル図法

また，中心図法 (central projection) （または心射図法 (gnomonic projection)) は，球面を中心から1点で接する平面に投影して得られるが，球面上の2点の最短線（すなわち大円）が，直線に写されるという特徴を持ち，地図上で2点を結ぶ最短路を調べるのに便利である．

また，北極から，南極に接する平面に投影して得られる*立体射影は角度を保つ（→ 等角写像）．

周（チャウ）の定理

Chow's theorem

複素射影空間の複素閉部分多様体 M は，有限個の斉次多項式の共通零点からなる集合となること，すなわち射影代数多様体であることを主張する定理．

チャーチの提唱

Church's thesis

チャーチ-チューリングの提唱ともいう．「計算できる」とはどういうことか，あるいは，「アルゴリズム」とは何か，を数学的に厳密に定式化しようとする試みの中で，*チューリング機械やプログラムなどの代表的計算モデルにおいて計算可能な関数のクラスが*帰納的関数のクラスに一致することがわかった．この事実に基づき，帰納的関数を「計算できる関数」として認識しようという提案がチャーチ (A. Church) によってなされ，現在広く受け入れられている．

中央値　median　＝メジアン

中間体
intermediate field

体の拡大 L/K に対して $L\supset M\supset K$ である体 M を L と K の中間体という.

中間値の定理
intermediate value theorem

微分積分学の基本的な定理の1つである.

実数値関数 $f(x)$ が閉区間 $[a,b]$ で連続で,$f(a)\neq f(b)$ とすれば,$f(x)$ は $f(a)$ と $f(b)$ の間のすべての値をとる.特に,$f(a)f(b)<0$ ならば,$f(x)=0$ を満たす $x\in(a,b)$ が少なくとも1つ存在する.これを中間値の定理という.

この事実は一般の*位相空間に次のように拡張される.X を*連結な位相空間とし,$f:X\to Y$ を位相空間 Y への*連続写像とすると,像 $f(X)$ は連結である.

中国の剰余定理
Chinese remainder theorem

孫子の剰余定理ともいう.古代中国の数学書『孫子算経』にこの定理と関係する問題が初めて登場し,その後も中国の数学書の多くに類似の問題が記されたのでこの名前がある.3で割って余りが2,5で割って余りが3である整数は存在し,それは,$8+15n$ の形の整数である.このことを一般化したのが中国の剰余定理である.

正整数 $n_1,n_2,\cdots,n_k$ はどの2つも互いに素であるとし,$a_1,a_2,\cdots,a_k$ を整数とすると,
$a\equiv a_1\pmod{n_1},\quad a\equiv a_2\pmod{n_2},\quad\cdots,$
$a\equiv a_k\pmod{n_k}$
を満足する整数 a は必ず存在し,$n_1n_2\cdots n_k$ を法として一意的に決まる.これを中国の剰余定理,あるいは孫子の剰余定理という.これは,$x\pmod{n_1\cdots n_k}$ ($x\in\mathbb{Z}$) に,$x\pmod{n_i}$ を対応させることにより環の同型写像
$\mathbb{Z}/(n_1\cdots n_k)\mathbb{Z}\simeq(\mathbb{Z}/n_1\mathbb{Z})\times\cdots\times(\mathbb{Z}/n_k\mathbb{Z})$
が与えられる,ということにほかならない.→合同(整数の)

中国の数学
Chinese mathematics

古代中国の数学の起源は明らかではないが,現存する最古の数学書は漢の時代,紀元前186年に造られた墓から出土した『張家山漢墓竹簡』に含まれている『算数書』である.この『算数書』で,当時すでにかなり高度の数学が営まれていたことがわかる.紀元前後には数学の教科書である『九章算術』,天文学の教科書である『周髀算経』が今日残された形になったと推定されている.『周髀算経』ではピタゴラスの定理(3平方の定理)が使われている.

『九章算術』は数学の問題集であり,問題と答えおよび解法が記されていて,その後の中国のみならず漢字文化圏の数学の書物の書き方の手本となった.『九章算術』ではすでに負の数が使われ,負の数の足し算,引き算は自由に行われていた.また,計算には算籌(さんちゅう,算木)が使われ,算籌による10進位取り記数法が用いられていた.数字0の記号はなく,算籌では空位には何もおかないことによって0を表現した.『九章算術』は名前通り9つの章からなり,「方程」の章では連立1次方程式が取り扱われ,算籌を並べて方程式を表し,消去法を使って連立方程式を解いた.さらに『九章算術』では2次方程式も取り扱っている.

中国の数学は三国時代(220-280)と南北朝時代(439-589)に大きく発展した.正確な暦を作る必要があり,数学が必要とされたことが大きな理由と考えられる.当時,数学と天文学とは同時に学ばれ,数学者と天文学者は区別できない存在であった.4世紀頃に『孫子算経』が作られたと考えられているが,この本で中国で初めて不定方程式が取り扱われ,*中国の剰余定理(Chinese remainder theorem)に関する問題が取り扱われた.また,三国時代,魏の数学者であった*劉徽は『九章算術』の注釈書を作り『九章算術』の誤りを正し,解法がでてくる理由を記して,数学に証明が必要であることを,不完全な形ではあるが示した.このなかで,劉徽は円に内接する正多角形を使って円周率を上と下から評価する方法を記している.また,球の体積の公式を求めることができなかったことを,失敗した方法とともに記し,後世にその解法を求めると記した.この公式は後に5世紀後半から6世紀の数学者,天文学者,祖暅之(そこうし)によって解決された.5世紀南朝の宋と斉の数学者,天文学者,機械技術者であった*祖冲之(429-500)は円周率をさらに詳しく計算して『綴術(てつじゅつ)』を著した.『綴術』は最高の数学書とされたが,内容を理解する人が少なくなり,しだいに忘れ去られて現存していない.

随(581-618)・唐(618-907)時代に数学教育が整備され,大学のなかに「算学」(現在の数学科にあたる)が作られ,数学の学習修了者は官吏として登用する道が整備されたが,数学そのものは唐の

時代にはそれほど発達しなかった．わずかに王孝通が著した『緝古算経』(しゅうこさんけい)のなかで3次方程式が扱われたのが目につく．

宋(960-1279)の終わりから元(1271-1368)の時代に中国の数学は一大発展を遂げた．南宋の*秦九韶(1202頃-61頃)は『数書九章』を1247年に著し，金の*李冶(りや，李治とも記す，1192-1279)は1248年に『測円海鏡』，1259年に『益古演段』を著して，高次方程式を取り扱った．高次方程式論は天元術と呼ばれた．天元術は1変数の文字式を使った方程式論であり，実数の根を望む精度で計算することができた．ホーナー法と実質的に同じ方法が使われた．元の*朱世傑(生没年不詳)は『四元玉鑑』(1303)を著し，4変数の方程式論を展開した．また，13世紀南宋の楊輝は1270年代に『楊輝算法』を著した．この本の数学はそれほど高度のものではないが代数方程式の解法が記され，また方陣が含まれていた．関孝和が『楊輝算法』を書写したことが知られている．

宋の時代には中国では負の数の掛け算，割り算を含めて四則演算が自由にできるようになっていた．2項係数も知られており，パスカルの3角形も『四元玉鑑』などの数学書に現れている．パスカルの3角形は中国で発見されてアラビアに伝わり，そこからヨーロッパに伝わったと考えられている．また，元の時代に作られた暦，授時暦では3次補間を使った高度の数学が使われた．宋の時代には商業が発達し，この頃からそろばんが普及しはじめたと考えられている．

明(1368-1644)の時代になるとそろばんが普及し，そろばんを中心とする数学が盛んになるが，天元術は忘れ去られ，数学そのものの本質的な発展は止まってしまった．明の時代に数学を扱う官僚が廃止されたこともこのことに拍車をかけた．程大位(1533-?)によって書かれた『算法統宗』(1592)は『九章算術』の伝統を受け継いだそろばんを中心とした数学書であり，わが国にもたらされ，吉田光由の『塵劫記』のもとになったといわれている．明の末期からイエズス会の宣教師によってヨーロッパの数学，天文学，暦学が伝えられはじめた．マテオ・リッチ(中国名：利瑪竇(りまとう)，1552-1610)はクラヴィウスが注釈をつけたエウクレイデス(ユークリッド)の『原論』の最初の6巻を徐光啓(1562-1633)の助けを借りて中国語訳して『幾何原本』として1607年に出版した．「幾何」(ジーホ)はgeometryの音訳であるという説もあるが疑わしい．『原論』の残りの9巻はワイリー(A. Wylie, 1815-87)が李善蘭(1811-82)の助けを借りて中国語訳し1857年に出版した．明の時代に使われていた大統暦は次第に天体現象と合わなくなってきていた．西洋天文学に基づく改暦が試みられ，また西洋の天文学書の中国語訳が『崇禎暦書』(すうていれきしょ，1633)としてまとめられた．このようにして，しだいに中国では古来の数学が忘れ去られるようになっていった．

清(1616-1912)の時代になって*梅文鼎(ばいぶんてい，1633-1721)は暦の研究を行う一方で，古来の中国数学と西洋数学とを学び，その成果を『暦算全書』にまとめた．『崇禎暦書』の成果もこの中に含まれている．また，梅文鼎の孫，梅瑴成(ばいこくせい，1681-1763)たちは梅文鼎の成果を取り入れた数学の集大成『数理精蘊』(すうりせいうん，全53巻，1721年完成)を著した．『暦算全書』，『数理精蘊』は日本に輸入され，和算家はこの書を通して3角法や対数などの西洋数学を学んだ．この時代，中国の数学者の多くは中国古来の数学と西洋数学を学んだが，数学的には大きな進展はなかった．→朝鮮の数学，和算

忠実(作用が)　faithful　⇒ 効果的(作用が)

忠実(表現の)
faithful

群の*線形表現は，群の元に行列を対応させる写像であるが，この写像が単射ならばその表現は忠実であるという．これは群の線形表現を，線形空間への群の作用とみたとき，作用が忠実であること(→ 効果的(作用が))にほかならない．

抽象化
abstraction

整数の全体 $\mathbb{Z}$ や実数係数の多項式の全体 $\mathbb{R}[x]$ は足し算，引き算，掛け算ができ，分配法則が成り立っている．こうした性質を抽象化して*環あるいは*可換環の概念を得る．また有理数の全体 $\mathbb{Q}$，実数の全体 $\mathbb{R}$，複素数の全体 $\mathbb{C}$ は四則演算ができるが，その性質を抽象化して*体の概念を得る．このように多くの物や事柄や具体的な概念から，それらの範囲の全部に共通な性質を抜き出し，これを一般的な概念としてとらえること，そしてその思考作用を抽象化という．これは，共通でない性質は捨て去ることであるから，「抽象化」と「捨象化」は同一作用の両面である．どのような学術分野でも，ある対象を研究するには抽象化は不可欠

なプロセスであり，中でも数学ではそれが著しい．
抽象化によって物事の原理に至ることができ，その結果，より多くの現実の問題に応用できるようになることが多い．→ 構造主義(数学における)

柱状集合
cylindrical set

筒(状)集合ともいう．例えば，0 と 1 からなる数列 $x=(\cdots,x_{-1},x_0,x_1,x_2,\cdots)$ の空間，つまり，$\{0,1\}^{\mathbb{Z}}$ の中で，$x_0=1$, $x_1=1$, $x_2=0$ を満たす数列 x の全体のように，無限直積集合の中で，特定の有限個の座標の値を指定して得られる部分集合のことを柱状集合という．有限集合 A_n の無限直積 $X=\prod_{n=1}^{\infty} A_n$ において，柱状集合は，*直積位相に関して*開集合かつ*閉集合であり，また，X の上の*確率測度は，柱状集合の測度を与えれば，一意的に定まる．

抽象代数学
abstract algebra

19 世紀には群は多くの場合変換の群としてとらえられ，また多項式環や代数体など具体的なものを研究対象にしていた．こうした，具体的な対象の持つ性質を取り出して群や環，体を公理的に特徴づけて，具体的な対象によらずにその性質を研究する代数学を抽象代数学という．20 世紀前半に盛んに研究され，代数幾何学をはじめその後の数学の発展のもととなった．

中心(群の)
center

群 G において，G のすべての元と可換な元 g，すなわち任意の元 $h \in G$ に対して $gh=hg$ が成り立つような g の全体を，G の中心という．G の中心は G の*正規部分群である．

中心(対称の)　center　→ 回転対称

中心(リー環の)
center

*リー環 $\mathfrak{g}$ において，すべての $Y \in \mathfrak{g}$ に対して，$[X,Y]=0$ となるような $X \in \mathfrak{g}$ 全体を，$\mathfrak{g}$ の中心という．中心はリー環 $\mathfrak{g}$ のイデアルである．→ リー環

中心角　central angle　→ 円周角

中心化群
centralizer

群 G の元 g に対し，
$$C_G(g) = \{h \in G \mid hg = gh\}$$
とおくと，$C_G(g)$ は G の部分群であり，g は $C_G(g)$ の中心(→ 中心(群の))に属する．$C_G(g)$ を g の G における中心化群という．→ 正規化群

中心極限定理
central limit theorem

ガウスの*誤差法則ともいう．中心極限定理は，微小な誤差が集積する場合，その分布がガウス分布になることを主張するものであり，これが最初に証明されたのは 2 項分布の場合である(→ ド・モアブル-ラプラスの定理)．独立な実数値確率変数列 $\{X_n\}$ が平均 m，分散 σ^2 の同じ分布に従う場合，和 $X_1+\cdots+X_n$ の確率分布に関して次の定理が成り立つ：
$$\lim_{n\to\infty} P\left(a \leq \frac{X_1+\cdots+X_n-nm}{\sqrt{n\sigma^2}} \leq b\right)$$
$$= \int_a^b (2\pi)^{-1/2} \exp\left(-\frac{x^2}{2}\right) dx.$$
このような定理を中心極限定理という．中心極限定理はガウス分布のもつ普遍性を示している．なお，この名称は確率論における中心的な極限定理の意味であり，$\{X_n\}$ がマルチンゲールの場合，また $\mathbb{R}^n$ や関数に値をとる場合などさまざまな拡張が知られている．

中心差分
central difference

導関数 $f'(x)$ の近似として，適当な刻み幅 h を設定して
$$\frac{f(x+h)-f(x-h)}{2h}$$
を用いることを中心差分という．近似誤差は h^2 のオーダーである．また 2 階導関数 $f''(x)$ の近似
$$\frac{f(x+h)+f(x-h)-2f(x)}{h^2}$$
なども中心差分ということがある．→ 前進差分，後退差分，数値微分

中心射影　central projection　→ 射影，射影変換

中心力場
field of central force

原点を O とする，力を表す*ベクトル場 V で

あって，どの点 P でもそこでの V が，*位置ベクトル $\overrightarrow{OP}$ に平行であるとき，原点を中心とした中心力場と呼ぶ．原点以外を中心とした中心力場も同様に定義する．V が $\overrightarrow{OP}$ と同じ向きであるとき斥力，反対の向きであるとき引力という．

$\varphi(P)=\varphi(r)$ を原点からの距離 r にのみよる P の関数とすると，*勾配ベクトル場 $\mathrm{grad}\,\varphi$ は中心力場である．中心力場では，原点を中心とした*角運動量が保存される．

中線定理
bimedians theorem

$\triangle ABC$ の辺 BC の中点を M とすると
$$AB^2 + AC^2 = 2(AM^2 + BM^2)$$
が成り立つ．これを中線定理という．

また平行 4 辺形 $PQRS$ に関しては対角線の 2 乗の和 PR^2+QS^2 は平行でない 2 辺の長さの 2 乗の和 PQ^2+QR^2 の 2 倍に等しい．すなわち
$$PR^2 + QS^2 = 2(PQ^2 + QR^2)$$
が成り立つ．これを平行 4 辺形に関する中線定理という．

さらに，幾何ベクトル $\boldsymbol{u}, \boldsymbol{v}$ に対して
$$||\boldsymbol{u}+\boldsymbol{v}||^2 + ||\boldsymbol{u}-\boldsymbol{v}||^2 = 2(||\boldsymbol{u}||^2 + |\boldsymbol{v}||^2)$$
が成り立つ．これも中線定理という．*ノルム空間において中線定理が成り立てば，ノルムから内積 $\langle \cdot, \cdot \rangle$ が定まり
$$\langle u, v \rangle = \frac{1}{4}(||u+v||^2 - ||u-v||^2)$$
となる．

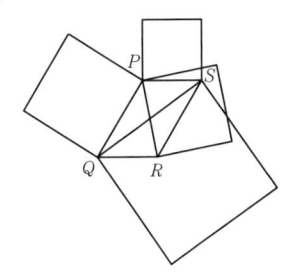

中点
middle point
線分上で両端から等距離にある点のこと．

中点連結定理
middle point theorem
「3 角形 ABC の 2 辺 AB, AC の中点を D, E とすると，DE は BC と平行で，長さは BC の半分である」という定理のこと．

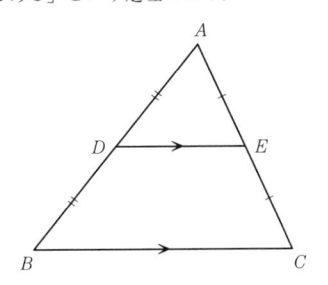

稠密
dense

任意の実数に対して，それにいくらでも近い有理数が存在する．すなわち，有理数全体の集合の閉包は実数全体の集合である．このことを有理数の集合 $\mathbb{Q}$ は実数の集合 $\mathbb{R}$ の中で稠密である，と表現する．

一般に，*距離空間や*位相空間 X の部分集合 A は，その*閉包 $\overline{A}$ が X と一致するとき，稠密であるといわれる．$\Rightarrow$ ワイルの定理

チューリング
Turing, Alan Mathison

1912-54 イギリスの数学者，計算機科学者．ケンブリッジ大学で学び，1935-36 年にかけて「計算可能な数」の研究を行い，その中で万能計算機(*チューリング機械)のアイデアを提出した．ケンブリッジ大学卒業後アメリカのプリンストン大学のチャーチ(A. Church)のもとで共同で帰納関数の研究を行い，コンピュータの基礎理論を進展させた．第二次大戦中は暗号解読の軍事研究に参加し，1948 年からはマンチェスター大学でコンピュータ・プログラミングの研究を行った．晩年には，化学物質の反応と拡散が生物の形態形成に影響を与えることを提唱し，反応拡散系の数学的解析を行い，数理生物学および非線形現象の数学的考察で重要な業績をあげた．

チューリング機械
Turing machine

1936 年に*チューリングにより提案された計算機械である．この機械で計算できることと*帰納的関数であることとが同値であり，この事実から，チューリング機械は*アルゴリズムの概念の数学的定式化とされる($\rightarrow$ 計算可能性，決定可能性，

P=NP 問題, NP 完全).

チューリング機械は, ヘッド, 制御部, テープの3つの部分からなり, テープは桝目に区切られ左右に無限に延びている. 制御部は, 有限個の状態を持ち, その中には受理状態と呼ばれる特別な状態がある. 機械の動作は, ヘッドの位置にある文字と制御部の状態に応じて, ヘッドの位置の文字を新たな文字に書き換え, 新たな状態に移り, さらに左右の桝目のどちらかにヘッドを移動することを繰り返す. 受理状態に至れば停止する. チューリング機械は*オートマトンの一種であり, その動作は*有限オートマトンと似ているが, 無限に延びたテープを持つことが特徴的である.

超越拡大
transcendental extension

体 k の拡大体 K が k 上代数的(→ 代数(的)拡大)でないとき, K を k の超越拡大体という. 例えば $\mathbb{R}$ や, 円周率 π を有理数体 $\mathbb{Q}$ に添加した体 $\mathbb{Q}(\pi)$ は $\mathbb{Q}$ の超越拡大体である.

とくに, K が k 上代数的に独立な元 $\alpha_1, \cdots, \alpha_n$ により生成されているときは, 純超越拡大体という. このとき, K は k 上の有理関数体ともいう. 実際, K は $\alpha_1, \cdots, \alpha_n$ を文字(不定元)とみなしての k 上の n 変数の分数式のなす体と同一視できる.

超越関数
transcendental function

独立変数 x とその関数 y との間に $P(x,y)=0$ (P は 0 でない多項式)の形の関係が恒等的に成り立つとき y を代数関数という. 代数関数でない関数を超越関数という. x の多項式や有理関数, 無理関数は代数関数である. それ以外の初等関数, すなわち指数関数, 対数関数, 3角関数, 逆3角関数, 双曲線関数などを初等超越関数という.

初等関数ではないが深く性質が調べられている重要な超越関数として, *ガンマ関数, *ベッセル関数, *超幾何関数, *楕円関数, *ゼータ関数などの特殊関数がある. → 初等関数, 代数関数, 特殊関数

超越次数
transcendence degree

体 K の有限生成拡大体 L は, 必ず, ある n について K 上の n 変数*有理関数体 $K(x_1,\cdots,x_n)$ の有限次拡大体と K 上同型になる. この n を L の K 上の超越次数という. また, L は K 上の n 変数代数関数体であるという. 体 L が K 上有限生成でない場合も, L の部分集合 S で, S に属する任意の有限個の元は常に K 上*代数的に独立であり, L は $K(S)$ 上代数的であるものが存在する. S の*濃度を L の K 上の超越次数という.

超越数
transcendental number

*代数的数でない複素数, すなわち有理数係数の代数方程式の根にならない数のこと. 超越数は無理数であるが, 無理数は超越数とは限らない. 例えば, $\sqrt{2}$ は, 無理数であるが, $x^2-2=0$ の根であるから超越数ではない. 自然対数の底 e, 円周率 π は超越数の例である. α, β が代数的数で, $\alpha \neq 0, 1$, かつ β が有理数でなければ, α^β は超越数である(ゲルフォント-シュナイダー, 1934). 例えば, $2^{\sqrt{2}}$ は超越数である.

カントルが示したように, 超越数は無限に「たくさん」存在する. 実際, 代数的数の全体は可算集合であるが(→ 代数的数), 実数の全体は非可算集合であるから, 超越数の全体は非可算である. しかし個々に与えられた実数が超越数であることを示すのは困難な問題である. *オイラーの定数 γ やリーマンのゼータ関数の奇数での値 $\zeta(2n+1)$, $e+\pi$ などは超越数かどうかわかっていない.

超関数
generalized function, distribution, hyperfunction

物理学や工学に現れる(ディラックの)*デルタ関数のような, 通常の意味の関数にはなり得ない対象を関数として取り扱うことを可能にする拡張された関数概念をいう. 全く異なった考え方に基づく理論として, 関数を積分値によって捉えるシュワルツの超関数(distribution), および正則関数の理想的境界値と捉える佐藤幹夫の超関数(hyperfunction)がある. 関数概念の拡張としては後者の方が真に広い.

何回でも微分可能であって, ある有限区間の外で恒等的に 0 になる関数の全体を $\mathcal{D}$ と記す. 関数 $f(x)$ に対し

$$T_f(\varphi) = \int_{-\infty}^{\infty} f(x)\varphi(x)\,dx$$

とおけば $\mathcal{D}$ 上の線形汎関数 $T_f: \varphi \mapsto T_f(\varphi)$ が定まる. この関係を抽象化して, $\mathcal{D}$ 上の線形汎関数で適当な連続性を持つもの(すなわち $\mathcal{D}$ の双対空間の元)を関数の拡張とみなし, シュワルツの超関

数あるいは分布と呼ぶ．例えば
$$T_\delta(\varphi) = \varphi(0) \quad (\varphi \in \mathcal{D})$$
で定義される超関数をデルタ関数という．$g=df/dx$ として T_g の定義に部分積分の公式を適用すれば，導関数 $(d/dx)f$ に対応する汎関数は $\varphi \mapsto -T_f((d/dx)\varphi)$ である．そこで超関数 T の導関数を
$$\frac{dT}{dx}(\varphi) = -T\left(\frac{d\varphi}{dx}\right)$$
と定める．この定義により*ヘヴィサイド関数 $Y(x)$ の導関数はデルタ関数になる．

空間 $\mathcal{D}$ の代わりに別の関数空間をとることにより，さまざまなクラスの超関数を考えることができる．基礎にとる関数空間の元を試験関数あるいはテスト関数という．

佐藤の超関数は正則関数を用いて次のように定義される．$F_\pm(z)$ を上(下)半平面 $\pm\mathrm{Im}\, z>0$ でそれぞれ正則な関数とする(実軸では特異点を持ってもよい)．組 $(F_+(z), F_-(z))$ の全体を考える．実軸をこめて正則な関数 $G(z)$ があって
$$\widetilde{F}_+(z) - F_+(z) = \widetilde{F}_-(z) - F_-(z) = G(z)$$
が成り立つとき，組 $(\widetilde{F}_+(z), \widetilde{F}_-(z))$ と $(F_+(z), F_-(z))$ は同値であると定める．この同値関係による同値類を形式和
$$F_+(x+i0) - F_-(x-i0)$$
で表し，定義関数 $(F_+(z), F_-(z))$ の定める佐藤超関数と呼ぶ．佐藤超関数の導関数は，定義関数の導関数が定める佐藤超関数と定義する．例えばヘヴィサイド関数は
$$Y(x) = \frac{i}{2\pi}(\log(x+i0) - \log(x-i0)),$$
デルタ関数は
$$\delta(x) = \frac{i}{2\pi}\left(\frac{1}{x+i0} - \frac{1}{x-i0}\right)$$
と定義される．多変数の場合の佐藤超関数は層係数コホモロジーを用いて定義される．

超関数は何回でも微分を考えることができるため，解析学，とりわけ線形偏微分方程式論に著しい応用を持っている．しかし普通の関数と違って超関数どうしの積は一般には意味を持たない．⇒ ソボレフ空間

超幾何関数

hypergeometric function

$(\alpha)_n = \alpha(\alpha+1)\cdots(\alpha+n-1)$ (これをポッホハマーの記号という)とおくとき，級数

$$\sum_{n=0}^{\infty} \frac{(\alpha)_n(\beta)_n}{n!(\gamma)_n} x^n$$
$$= 1 + \frac{\alpha\cdot\beta}{1\cdot\gamma}x + \frac{\alpha(\alpha+1)\cdot\beta(\beta+1)}{2!\cdot\gamma(\gamma+1)}x^2 + \cdots$$

を超幾何級数と呼び $F(\alpha,\beta,\gamma;x)$ で表す．超幾何級数は 2 項級数 $(1-x)^{-\alpha} = \sum_{n=0}^{\infty}(\alpha)_n x^n/n!$ の一般化である．特に α または β が 0 以下の整数 $-m$ のとき $F(\alpha,\beta,\gamma;x)$ は m 次多項式になる．これは*ヤコビ多項式と呼ばれる*直交多項式である．

$F(\alpha,\beta,\gamma;x)$ は $|x|<1$ で収束するが，さらに $x=0,1,\infty$ を*分岐点とする複素平面上の多価関数に*解析接続される．この解析関数を超幾何関数と呼ぶ．超幾何関数は*超幾何微分方程式の解になる．またオイラーの積分表示
$$F(\alpha,\beta,\gamma;x)$$
$$= \frac{\Gamma(\gamma)}{\Gamma(\beta)\Gamma(\gamma-\beta)}$$
$$\times \int_0^1 t^{\beta-1}(1-t)^{\gamma-\beta-1}(1-tz)^{-\alpha}dt$$
が成り立つ($\mathrm{Re}\,\gamma > \mathrm{Re}\,\beta > 0$)．*初等関数や多くの特殊関数は超幾何関数およびその極限である*合流型超幾何関数の特別な場合として表される．

超幾何級数　hypergeometric series　⇒ 超幾何関数

超幾何微分方程式

hypergeometric differential equation

定数 α,β,γ をパラメータに含む線形常微分方程式
$$x(1-x)\frac{d^2u}{dx^2}$$
$$+ (\gamma - (\alpha+\beta+1)x)\frac{du}{dx} - \alpha\beta u = 0$$

を超幾何微分方程式という．これは $x=0,1,\infty$ を確定特異点にもつ*フックス型微分方程式である．γ が整数でないとき，超幾何関数 $F(\alpha,\beta,\gamma;x)$ および $x^{1-\gamma}F(\alpha-\gamma+1,\beta-\gamma+1,2-\gamma;x)$ が超幾何微分方程式の 1 次独立な解になる．⇒ 超幾何関数

超球多項式

ultra-spherical polynomial

直交多項式であるヤコビ多項式の一種をいう．パラメータ λ をもつ m 次多項式
$$P_m^{(\lambda)}(x) =$$

$$\sum_{j=0}^{[m/2]} \frac{(-1)^j \Gamma(m-j+\lambda)}{\Gamma(\lambda)\Gamma(j+1)\Gamma(m-2j+1)} (2x)^{m-2j}$$

を m 次超球多項式あるいはゲーゲンバウエル多項式という（$[m/2]$ は $m/2$ を越えない最大の整数）．$\lambda=n/2-1$ のとき n 次元ユークリッド空間における斉次調和多項式の特別なクラスである帯球関数を与える．→ 直交多項式，ルジャンドル多項式，帯球関数

超球面
hypersphere

球面の概念を高次元化したものである．n 次元ユークリッド空間内の集合で，1 点 P からの距離が一定の値 R である点の集合をいう．R を超球面の半径という．P が原点のときは，座標 $(x_1, \cdots, x_n)$ を用いて $x_1^2 + \cdots + x_n^2 = R^2$ と表される．特に，$R=1$ のとき単位超球面という．

数学では，超球面を単に球面ということも多い．

超局所解析学
microlocal analysis

線形の偏微分方程式系はいくつかの未知関数 u_j $(1\leqq j \leqq N)$ と既知関数 f_i $(1\leqq i \leqq m)$，および微分作用素 $p_{ij}(x,\partial)$ によって $\sum_{j=1}^{N} p_{ij}(x,\partial)u_j = f_i$ $(1\leqq i \leqq m)$ と書かれる．ここで $p_{ij}(x,\partial)$ は $\partial_k = \partial/\partial x_k$ $(1\leqq k \leqq n)$ の多項式である．微分方程式の解の特異性を精密に記述するためには，変数 $x=(x_1,\cdots,x_n)$ のみならず微分 $(\partial_1,\cdots,\partial_n)$ に当たる変数 $\xi=(\xi_1,\cdots,\xi_n)$ を導入して (x,ξ) 空間で考察することが本質的に重要になる．この空間をもとの空間の*余接束という．これは解析力学の相空間に相当する．余接束上の解析学を超局所解析学という．

超曲面
hypersurface

曲面の概念の高次元への一般化で，n 次元ユークリッド空間 $\mathbb{R}^n$ の中の $n-1$ 次元*部分多様体をいう．写像 $f:\mathbb{R}^n \to \mathbb{R}$ を用いて，（局所的に）$X=\{(x_1,\cdots,x_n) \mid f(x_1,\cdots,x_n)=0\}$ で表される集合といってもよい（ただし X 上では，f の偏微分 $\partial f/\partial x_i$ のどれかは 0 でないことを仮定する）．

超限帰納法
transfinite induction

*整列集合 X の元 x についての命題 $P(x)$ が与えられたとき，すべての x について $P(x)$ が真であることを証明するには，例えば，
(1) X の最小元 x_0 に対して $P(x_0)$ は真である
(2) $y<x$ であるすべての y について $P(y)$ が真であるならば $P(x)$ は真である

の 2 つを示せばよい．このような証明法を超限帰納法という．X が自然数の集合のときが，*数学的帰納法である．

長時間平均
long-time average

関数 $f(t)$ に対して，$\lim_{T \to \infty} T^{-1}\int_0^T f(t)dt$ が存在するとき，この値を f の長時間平均という．f が周期関数，準周期関数あるいは概周期関数ならば，長時間平均が存在する．→ チェザロ平均，エルゴード定理，準周期関数

長軸　major axis　→ 短軸

超準解析
nonstandard analysis

解析学の創生期においては，無限小や無限大が議論の中にあらわれ自在に用いられたが，解析学の進展によって ε-δ 論法などを用いた厳密な議論が確立し，無限大や無限小は発見的考察の中でのみ用いられるようになった．1960 年頃に，数学基礎論の一分野であるモデル理論に基づき，無限小や無限大が登場する，数学的に厳密な解析学がロビンソン（A. Robinson）によって創始された．ロビンソンの研究は，実数やその上の解析学に限らないより一般の数学の体系に対してなされており，超準解析とはこの一般の場合を指す．位相空間論，測度論，確率論などさまざまな体系に対する超準解析が研究されている．実数や微分積分学に対する超準解析を*無限小解析と呼ぶこともあるが，これは微分積分学の創生期にライプニッツらが呼んだ無限小解析のそのままの正当化とは言いきれない．

以下，実数の場合を述べる．超準解析では，「無限に大きい数」や「無限に小さい数」を含むように実数を広げた，実数の超準モデルを考える．公理系 A の（集合論における）モデルとは，公理系 A にあらわれる概念を集合論の概念に当てはめ，A の公理が集合論の公理から証明されるようなものを指す．集合論のなかでは自然数が構成され，こ

れから有理数そして実数が通常のやり方で構成される(→ 実数). このように構成された実数 $\mathbb{R}$ は実数論のモデルである. しかし超準解析では次の性質 (1), (2), (3) を持つ $\mathbb{R}^*$ が構成できる.

(1) $\mathbb{R}$ で成り立つ命題は $\mathbb{R}^*$ で成り立つ.

(2) $*: \mathbb{R} \to \mathbb{R}^*$ なる単射 $(x \mapsto *x)$ が存在し, 四則演算, 大小関係などを保つ. さらに $*$ は $\mathbb{R}$ の元からなる集合に $\mathbb{R}^*$ の元からなる集合を対応させる対応や, $\mathbb{R} \to \mathbb{R}$ なる関数に $\mathbb{R}^* \to \mathbb{R}^*$ なる関数を対応させる対応などに拡張される.

次の(3)が中心的性質である. $P(a, b)$ が 2 つの実数 a, b についての実数論の命題とする. このとき P が有限生起的とは, 任意の有限個の実数 $a_1, \cdots, a_n \in \mathbb{R}$ に対して, $P(a_i, b)$ がどの $i = 1, \cdots, n$ に対しても成り立つような, $b \in \mathbb{R}$ が存在することをいう.

(3) $P(a, b)$ が有限生起的ならば, $\beta \in \mathbb{R}^*$ が存在し, 任意の $a \in \mathbb{R}$ に対して, $P(*a, \beta)$ が成り立つ.

例えば「$b > a$」という命題 $P(a, b)$ は有限生起的である. したがって, 任意の $a \in \mathbb{R}$ に対して $\beta > *a$ なる $\beta \in \mathbb{R}^*$ (すなわち無限に大きい数 β) が存在する. この β を用いると, $f: \mathbb{R} \to \mathbb{R}$ に対して, $\lim_{t \to \infty} f(t) = c$ であることが次のように定義される. 「(2)により f から定まる $*f: \mathbb{R}^* \to \mathbb{R}^*$ をとると, どんな $a > 0$, $a \in \mathbb{R}$ に対しても $-*a < (*f)(\beta) - c < *a$」.

超数学
metamathematics

数学の核である「証明」そのものを研究の対象にする数学. 数学理論を形式的体系として書き直し(→ 形式化された数学), 「証明」, 「定理」などを数学的概念として捉える. ヒルベルトにより創始された分野である. ゲーデルの完全性定理や不完全性定理はその例である. ⇒ 数学基礎論, メタ言語

朝鮮の数学
Korean mathematics

古代および中世の朝鮮の数学は中国の影響のもとで, 中国の数学の教育制度をまねる形で中国の数学が学ばれた.

新羅統一時代(668-935)の 682 年に設立された教育制度国学の中で数学に関して「算博士あるいは助教一人をして綴術・三開・九章・六章を教授させる」と朝鮮最古の史書『三国史記』に記されている. 三開と六章は中国にはなく, 日本の養老令(718)に含まれているので朝鮮独自の教科書と考えられている. 新羅の後の高麗王朝(918-1392)でも類似の制度が維持され, 数学者集団が官吏として養成された.

李朝になり, ハングルを制定したことでも有名な世宗(在位 1418-50)は自らも『算学啓蒙』の講義を受け, また上流階級の子弟に算学を学ぶことを奨励した. 『算学啓蒙』, 『楊輝算法』などが数学を必要とする官吏の採用試験に課せられ, 中国で忘れ去られた天元術が保存された. こうした中から天元術に関する問題を多数含んだ『九一集』を著した洪正夏(1684-?)のような優れた数学者がでた. 一方では, 近世朝鮮の数学は官吏である数学者集団によってだけ担われ, 実学的な側面が強く, 民間への普及はなく, 日本の和算とは対照的であった.

『算学啓蒙』は秀吉の朝鮮侵攻によって略奪品としてわが国へ伝わり, 和算が発展する契機となった. 朝鮮の数学と和算誕生との関係はほとんど研究されておらず, 現在のところ不明である. ⇒ 中国の数学, 和算

超楕円曲線
hyperelliptic curve

楕円曲線 $y^2 = 4x^3 - g_2 x - g_3$ を一般化した曲線. 重根を持たない n 次 ($n \geq 5$) の多項式 $f(x)$ に対して $y^2 = f(x)$ が定める*特異点を持たない*射影曲線 C を超楕円曲線という. n が奇数 $2g+1$ のときは C の*種数は g, 偶数 n が $2g+2$ のときも種数は g である. 超楕円曲線 C は射影直線 P^1 の 2 重*分岐被覆で分岐点の個数 $2g+2$ が 6 以上のものとして特徴づけることができる.

頂点(グラフの)　vertex　→ グラフ(グラフ理論の)

頂点(単体複体の)　vertex　→ 単体複体

頂点彩色　vertex coloring　→ 彩色

頂点誘導部分グラフ
vertex-induced subgraph

有向(または無向)グラフ (V, A) が与えられたとき, 頂点集合 V の部分集合 V' を指定し, V' に両端点が含まれる辺 $a \in A$ をすべて集めてできるグラフ (V', A') を, もとのグラフ (V, A) の頂

点誘導部分グラフという．

重複組合せ
repeated combination

n 個のものから，同一のものを何回も取ることを許して r 個取る組合せを，n 個のものから r 個取る重複組合せといい，その総数を ${}_nH_r$ により表す．このとき，r は n を超えてもよい．

$$\,_nH_r = {}_{n+r-1}C_r = \frac{(n+r-1)!}{r!(n-1)!}$$

である． → 組合せ

例 a, b から3個取る重複組合せは，aaa, aab, abb, bbb の ${}_{2+3-1}C_3 = 4$ 通りである．

重複根　multiple root　＝重根

重複順列
repeated permutation

n 個のものから，同一のものを何回も取ることを許して r 個取る順列を，n 個のものの r 重複順列といい，その総数を ${}_n\Pi_r$ により表す．

$${}_n\Pi_r = n^r$$

である． → 順列

例えば，a, b, c から2つ取る重複順列は，$aa, ab, ac, ba, bb, bc, ca, cb, cc$ の $3^2 = 9$ 通りである．

重複度（交点の）　multiplicity　→ 交点数（位相幾何における），交点数（代数幾何における）

重複度（固有値の）　multiplicity　→ 固有値

重複度　根の
multiplicity

多項式 $f(x)$ を*因数分解して
$f(x) = (x-\alpha_1)^{n_1}(x-\alpha_2)^{n_2}\cdots(x-\alpha_s)^{n_s}$
($\alpha_1, \cdots, \alpha_s$ は相異なる) となったとき*根 α_i の重複度は n_i であるという．

重複度を込めて
with multiplicity

代数方程式が重根を持つ場合，重複した根は本来は異なっているものがたまたま一致したとして考えると，例えば，n 次代数方程式は重複度を込めて n 個の根を持つ(*代数学の基本定理)，と例外なく表現でき便利である．このように，数学的な対象が重複して現れていると考えられるとき，「重複度を込めて」考えると例外を作らずに数学的

な事実を表現できる場合が多い．

超平面
hyperplane

「平面の中の直線」，あるいは「空間の中の平面」の高次元への一般化である．n 次元アフィン空間 A の中の，$n-1$ 次元アフィン部分空間を，A の中の超平面という．

跳躍過程
jump process

連続時間の確率過程 $X(t)$ で，その道が階段関数であるものを跳躍過程という．例えば，連続時間のマルコフ連鎖はすべて跳躍過程であり，また，$X(t)$ が2値 ± 1 しか取らないものはフリップ・フロップ過程(flip-flop process)とも称される．

調和解析
harmonic analysis

弦の振動は基音，倍音，3倍音などの固有振動(調和振動)と呼ぶ要素的な振動から成り立っている．与えられた振動を固有振動に分解して調べることを調和解析という．長さ $2L$ の弦の固有振動は $\cos(n\pi x/L), \sin(n\pi x/L)$ $(n=0,1,2,\cdots)$ であり，一般の振動をこれらに分解することは数学的には*フーリエ級数展開に当たる．区間の長さが無限に大きい極限で周波数 $n\pi/L$ は連続的に分布する．このときフーリエ級数は*フーリエ変換になる．

フーリエ級数やフーリエ変換は，円周または直線上の関数を微分作用素 $-(d/dx)^2$ の固有関数の重ね合わせとして表す展開である．同様に2次元球面上の関数に対しては，ラプラス作用素の固有関数である球面調和関数による展開が成り立つ．これらの事実はさらにリー群や対称空間に一般化される． → フーリエ解析

調和関数
harmonic function

例えば，3次元ユークリッド空間における万有引力の*ポテンシャル

$$u(x,y,z) = \frac{-1}{r} \quad (r = \sqrt{x^2+y^2+z^2})$$

は，原点を除いた領域でラプラスの方程式

$$\frac{\partial^2 u}{\partial x^2} + \frac{\partial^2 u}{\partial y^2} + \frac{\partial^2 u}{\partial z^2} = 0$$

を満たしている．このような関数 u のことを調和

関数という．（ラプラスの方程式は，重力場だけでなく静電場や渦と*湧き出しのない流体の場など多くの物理現象を記述する重要な方程式である．）

一般に n 次元ユークリッド空間におけるラプラスの方程式の解を調和関数という．1次元の調和関数は1次式 $ax+b$ である．2次元の場合，*正則関数 $f(z)=u(x,y)+iv(x,y)$ $(z=x+iy)$ の実部 $u(x,y)$，虚部 $v(x,y)$ はともに (x,y) の調和関数になる．逆に*単連結な領域では調和関数はある正則関数の実部として表される(→ 共役調和関数)．

より一般に，*リーマン多様体上の関数についても，*ラプラス-ベルトラミ作用素を使って，調和関数が同様に定義できる．⇒ 平均値の定理(調和関数の)，境界値問題，最大値原理(調和関数の)

調和級数
harmonic series

第 n 項が $1/n$ であるような級数
$$1+\frac{1}{2}+\frac{1}{3}+\frac{1}{4}+\cdots$$
のことをいう．$1/n \to 0$ $(n\to\infty)$ であるが，調和級数は発散する．s_n を n 項目までの部分和とするとき，$s_n - \log n$ は*オイラーの定数 γ に収束する．

調和写像
harmonic map

測地線や調和関数の一般化である．

2つのリーマン多様体 M, N の間の滑らかな写像 $f: M \to N$ に対して，そのエネルギー $E(f)$ が定義される(→ エネルギー汎関数(曲線の))．エネルギー汎関数 $f \mapsto E(f)$ の臨界点となっている写像 f を調和写像という．$f: M \to N$ を局所座標で $f(x^1,\cdots,x^n)=(f^1(x^1,\cdots,x^n),\cdots,f^m(x^1,\cdots,x^n))$ と表すと，f が調和写像であることは，2 階の非線形楕円型方程式
$$\Delta f^\alpha + \sum_{i,j=1}^{n}\sum_{\beta,\gamma=1}^{m} g^{ij}\Gamma^\alpha_{\beta\gamma}\frac{\partial f^\beta}{\partial x^i}\frac{\partial f^\gamma}{\partial x^j}=0$$
で特徴づけられる．ここで，Δ は M 上の*ラプラス-ベルトラミ作用素，$\Gamma^\alpha_{\beta\gamma}$ は N のリーマン計量から決まる*クリストッフェルの記号，g^{ij} は M の第1基本形式の係数 g_{ij} を成分とする行列の逆行列の成分である．

調和振動子
harmonic oscillator

実直線上において，質量 m の1質点の運動が
$$m\frac{d^2x}{dt^2}=-kx \quad (k>0 \text{ は定数})$$
により与えられるとき，これを原点を*平衡点とする調和振動子という．この*微分方程式の解は
$$x(t)=a\cos(\sqrt{k/m}\,t)+b\sin(\sqrt{k/m}\,t)$$
$(a,b$ は定数$)$ により与えられる．
$$\omega=\frac{1}{2\pi}\sqrt{\frac{k}{m}}$$
を固有振動数という．$U(x)=(1/2)kx^2$ と置けば，U が調和振動子に対する*ポテンシャルである．

もっと一般に，3次元ユークリッド空間の N 個の質点系において，i 番目の質点の座標を $(x_{3i-2}, x_{3i-1}, x_{3i})$ とするとき，原点を平衡点とする調和振動子系の運動方程式は，定数係数の*線形常微分方程式
$$\frac{d^2x_i}{dt^2}=-\sum_{j=1}^{3N} K_{ij}x_j \quad (i=1,\cdots,3N) \quad (*)$$
により与えられる．$[K_{ij}]$ は $3N$ 次の*正定値対称行列である．$[K_{ij}]$ の*固有値を λ_i $(1 \leq i \leq 3N)$ とするとき，$(*)$ の解は，各成分 x_i が $\cos\sqrt{\lambda_j}\,t$, $\sin\sqrt{\lambda_j}\,t$ $(1 \leq j \leq 3N)$ の1次結合で表される．

調和振動子系は，*滑らかなポテンシャルにより相互作用する一般の物理系の，平衡点の近傍における「近似」として，普遍的に登場する．

調和積分論
theory of harmonic integrals

多様体のコホモロジーを微分方程式を用いて研究する理論で，大域解析の典型的理論である．その起源は，リーマン面の正則な微分(正則関数を用いて $f(z)dz$ と表されるもの)の理論で，これは位相幾何学が大域解析に応用された最初の例であった．すなわち，種数が g のリーマン面上の正則な微分形式全体が g 次元のベクトル空間をなすということが，調和積分論の最初の重要な応用である．この理論は，ホッジ(W. Hodge)，ド・ラム(de Rham)，小平邦彦によって，高次元の多様体に一般化され，微分幾何学，位相幾何学，代数幾何学にさまざまな応用を持った．

$\mathbb{R}^n$ 上の微分 k 形式 $\sum a_{i_1,\cdots,i_k} dx_{i_1}\wedge\cdots\wedge dx_{i_k}$ が調和形式であるとは，係数 $a_{i_1,\cdots,i_k}$ $(x_1,\cdots,x_n$ の関数$)$ がラプラス方程式

$$\sum_{j=1}^{n}\frac{\partial^2}{(\partial x_j)^2}a_{i_1,\cdots,i_k}=0$$

を満たすことを指す．一般の多様体上の微分形式に対しても，リーマン計量を決めると，同様にラプラス-ベルトラミ作用素 Δ が定義されるが，$\Delta u=0$ なる微分形式 u が調和形式である．調和形式は閉形式である．

次の定理が調和積分論の基本定理でホッジ-小平の定理といわれる．「M をコンパクトで境界のないリーマン多様体とする．微分 k 形式 v が閉形式であれば，ある微分 $k-1$ 形式 w があり，$v-u=dw$ が成り立つような調和 k 形式 u がただ 1 つ存在する．」言い換えると，M のド・ラム・コホモロジー群の任意の元は調和形式を代表元に持つ．

調和多項式
harmonic polynomial

ラプラス方程式 $\Delta P=0$ を満たす多項式 $P(x_1,\cdots,x_n)$ のことをいう．→ 調和関数

調和平均
harmonic mean

正の実数 a,b に対して
$$\left(\frac{a^{-1}+b^{-1}}{2}\right)^{-1}=\frac{2ab}{a+b}$$
を調和平均という．

直積(位相空間の)
direct product

例えば，$\mathbb{R}$ と $\mathbb{R}$ の直積 $\mathbb{R}^2$ のように位相空間の族 $\{X_\alpha\}\,(\alpha\in A)$ について集合としての直積 $\prod_{\alpha\in A}X_\alpha$ に*直積位相を与えたものを直積位相空間または単に直積という．

直積(確率空間の)
direct product

2 つ以上の独立試行を同時に考えるとき必要な*確率空間である．例えば 2 つの試行 T_1,T_2 が独立なとき，T_i を記述する確率空間を $(\Omega_i,\mathcal{F}_i,P_i)$ $(i=1,2)$ として，直積空間 $\Omega=\Omega_1\times\Omega_2$ を考えて，それぞれの試行 T_i で事象 $A_i\in\mathcal{F}_i$ $(i=1,2)$ が起こる事象 A を Ω の部分集合 $A=A_1\times A_2$ と表し，その確率を積 $P(A)=P_1(A_1)P_2(A_2)$ で定めると，直積確率空間 $(\Omega,\mathcal{F},P)$ が構成でき，これら 2 つの独立事象 T_1,T_2 が同時に記述できる．一般に，T を添字集合として確率空間の族 $(\Omega_t,\mathcal{F}_t,P_t)$, $t\in T$ が与えられたとき，$\Omega=\prod_{t\in T}\Omega_t$ として，その要素 $\omega=(\omega_t)_{t\in T}\in\Omega$ の有限個の座標だけで決まる集合(筒集合(cylindrical set)という) $A=\{\omega|\,\omega_{t_i}\in A_{t_i},i=1,2,\cdots,n\}$, $A_{t_i}\in\mathcal{F}_{t_i}$ の確率を $P(A)=\prod_{i=1}^{n}P_{t_i}(A_{t_i})$ で定めると，*コルモゴロフの拡張定理により，直積確率空間 $(\Omega,\mathcal{F},P)$ が構成される．ただし，$\mathcal{F}$ は上のような筒集合から生成される可算加法的な集合族とする．

直積(群の)
direct product

群 $G_1,\cdots,G_n$ に対して，直積 $G_1\times\cdots\times G_n$ には次のようにして群の構造が入る．
$$(a_1,\cdots,a_n)(b_1,\cdots,b_n)=(a_1b_1,\cdots,a_nb_n),$$
$$(a_1,\cdots,a_n)^{-1}=(a_1^{-1},\cdots,a_n^{-1}).$$
$G_1\times\cdots\times G_n$ の単位元は，G_i の単位元を e_i とするとき，$(e_1,\cdots,e_n)$ により与えられる．無限個の群の族 $\{G_\lambda\}_{\lambda\in\Lambda}$ が与えられたときも同様に，直積 $\prod_{\lambda\in\Lambda}G_\lambda$ が定義できる．

G の部分群 $G_1,\cdots,G_n$ について，$i\neq j$ のとき G_i の元と G_j の元は可換であり，かつ G の各元が $g_1\cdots g_n$ $(g_i\in G_i)$ の形にただ一通りに表されるとき，G は部分群 $G_1,\cdots,G_n$ の直積であるという．実際この条件は，直積 $G_1\times\cdots\times G_n$ から G への写像 $(g_1,\cdots,g_n)\mapsto g_1\cdots g_n$ が群の同型写像であることと同値である．→ 半直積(群の)，直和(加群の)

直積(集合の)
direct product

2 つの集合 X,Y の直積とは，X の元 x と Y の元 y の組 (x,y) 全体を指し，$X\times Y$ と表す．すなわち
$$X\times Y=\{(x,y)\,|\,x\in X,\,y\in Y\}$$
である．$X\times Y$ を直積集合ということもある．*射影 $\pi_1:X\times Y\to X$, $\pi_2:X\times Y\to Y$ が $\pi_1(x,y)=x$, $\pi_2(x,y)=y$ で定義される．

有限個の集合 $X_1,X_2,\cdots,X_n$ の直積とは，各 X_i の元 x_i の順序のついた組 $(x_1,\cdots,x_n)$ 全体を指し，$X_1\times\cdots\times X_n$ と表す．射影 $\pi_i:X_1\times\cdots\times X_n\to X_i$ が $\pi_i(x_1,\cdots,x_n)=x_i$ で定まる．

一般の集合族 $\{X_\alpha\}_{\alpha\in A}$ (A は無限集合でもよい)の直積とは，$x_\alpha\in X_\alpha$ であるような組 $(x_\alpha)_{\alpha\in A}$ 全体のことで，$\prod_{\alpha\in A}X_\alpha$ と表す．射影

$\pi_{\alpha_0}: \prod_{\alpha \in A} X_\alpha \to X_{\alpha_0}$ が $\pi_{\alpha_0}(x_\alpha)_{\alpha \in A} = x_{\alpha_0}$ で定まる．

無限個の集合の直積を集合論的に正確に定義すると，次のようになる．X を X_α の和集合 $\bigcup_{\alpha \in A} X_\alpha$ とする．直積 $\prod_{\alpha \in A} X_\alpha$ とは，写像 $f: A \to X$ であって，$f(\alpha) \in X_\alpha$ となるものの全体である．

直積(多様体の)
direct product

多様体 M, N の直積(点の組全体) $M \times N$ は自然に多様体になる．M, N が微分可能多様体なら $M \times N$ も微分可能多様体になる．これを多様体の直積という．

直積位相
product topology

位相空間 X_α の直積集合 $\prod_{\alpha \in A} X_\alpha$ に入る位相のことで，成分ごとの収束が定める位相である．例えばユークリッド平面上の点列 $\{(x_n, y_n)\}$ が点 (x, y) に収束することは，$\{x_n\}$ が x に収束し，$\{y_n\}$ が y に収束することと同値である．

$\mathcal{O}_\alpha$ を X_α の開集合族とすると，$\alpha_0 \in A$ と $U \in \mathcal{O}_{\alpha_0}$ に対して，$\{(x_\alpha)_{\alpha \in A} \in \prod_{\alpha \in A} X_\alpha \mid x_{\alpha_0} \in U\}$ をとり，α_0 と U を動かした全体を考えると，これは位相空間の開集合系の*準基の公理を満たし，そこから定まる位相が直積位相である．これは，射影 $p_\alpha: \prod X_\alpha \to X_\alpha$ がすべての α に対して連続となる最弱位相であると直積位相を定義することと同値である．各 $\alpha \in A$ に対して X_α の開集合 U_α をとると，A が有限集合のときは $\prod U_\alpha$ は $\prod X_\alpha$ の開集合である．A が無限集合のときは $\prod_{\alpha \in A} U_\alpha$ は開集合とは限らないが，有限個の α を除いて $U_\alpha = X_\alpha$ のときは $\prod_{\alpha \in A} U_\alpha$ は常に，$\prod_{\alpha \in A} X_\alpha$ の開集合である．→ ティホノフの定理

直積事象
direct product of events

2つの試行 T_1, T_2 を同時に考えるとき，T_1 で事象 A，T_2 で事象 B が起こる事象を A と B の直積事象といい，$A \times B$ と表す．もしこの2つの試行が独立ならば，$P(A \times B) = P(A) P(B)$ となる．→ 事象

直積測度
product measure

実直線 $\mathbb{R}$ の2個の直積であるユークリッド平面 $\mathbb{R}^2$ 上の*ルベーグ測度 μ は，長方形 $R = [a_1, b_1] \times [a_2, b_2]$ に対して，
$$\mu(R) = (b_1 - a_1)(b_2 - a_2)$$
を満たす可算加法的な測度(→ 可算加法性)として特徴づけられる．

一般に，2個の*測度空間 $(X_1, \mu_1), (X_2, \mu_2)$ (μ_1, μ_2 はそれぞれの測度)に対して，*直積空間 $X_1 \times X_2$ 上の可算加法的な測度 μ であって，X_1, X_2 の*可測集合 A_1, A_2 を任意にとるとき，$\mu(A_1 \times A_2) = \mu_1(A_1) \mu_2(A_2)$ を満たす最小のものが，ただ1つ存在する．これを直積測度という．

直接解析接続　direct analytic continuation　→ 解析接続

直線からの距離
distance from line

xy 平面上の直線 $ax + by + c = 0$ と点 (x_1, y_1) の距離は，$|ax_1 + by_1 + c|/\sqrt{a^2 + b^2}$ である．

直線 L のベクトル方程式(→ 直線のベクトル方程式)が $t\boldsymbol{v} + \boldsymbol{p}$ であるとき，L と $\boldsymbol{x}$ を位置ベクトルとする点の距離は
$$\frac{\sqrt{\|\boldsymbol{x} - \boldsymbol{p}\|^2 \|\boldsymbol{v}\|^2 - ((\boldsymbol{x} - \boldsymbol{p}) \cdot \boldsymbol{v})^2}}{\|\boldsymbol{v}\|} \quad (*)$$
である．ここで，$\|\cdot\|$ はベクトルの大きさを，$\cdot$ は内積を表す．

x, y, z を座標とする3次元ユークリッド空間内の $(x - x_0)/\alpha = (y - y_0)/\beta = (z - z_0)/\gamma$ で表される直線と，点 (x_1, y_1, z_1) の間の距離は，$\boldsymbol{v} = (\alpha, \beta, \gamma)$, $\boldsymbol{p} = (x_0, y_0, z_0)$, $\boldsymbol{x} = (x_1, y_1, z_1)$ とおいて，$(*)$ で計算される．

直線のベクトル方程式
vector equation of line

*方向ベクトルが $\boldsymbol{v}$ で，1点 $\boldsymbol{p}$ を通る直線を L とする．L 上の点 $\boldsymbol{x}$ の位置ベクトルは t を径数として
$$\boldsymbol{x} = t\boldsymbol{v} + \boldsymbol{p} \quad (*)$$
と表される．これを直線のベクトル方程式と呼ぶ．

3次元の場合，$\boldsymbol{v} = (\alpha, \beta, \gamma)$, $\boldsymbol{p} = (x_0, y_0, z_0)$ とおくと，$(*)$ は $x = t\alpha + x_0$, $y = t\beta + y_0$, $z = t\gamma + z_0$ となる．$t \mapsto (t\alpha + x_0, t\beta + y_0, t\gamma + z_0)$ が直線

の*径数表示である．

直線の方程式
equation of line

xy 平面上の直線の方程式は，一般に $ax+by+c=0$ と表される．ここで，a,b のうち少なくとも 1 つは 0 ではない．もしも b が 0 でなければ，$y=-(a/b)x-c/b$ とも表される．また，2 点 $(x_1,y_1),(x_2,y_2)$ (ただし，$x_1 \neq x_2$) を通る直線は $y=((y_2-y_1)/(x_2-x_1))(x-x_1)+y_1$ と書ける．

3 次元ユークリッド空間での直線は 2 個の 1 次独立な線形方程式 $a_1x+b_1y+c_1z+d_1=0, a_2x+b_2y+c_2z+d_2=0$ で表される．

直和(位相空間の)
disjoint union

位相空間の族 $\{X_\alpha\}_{\alpha \in A}$ の集合としての*直和 $X=\coprod_{\alpha \in A} X_\alpha$ には，次のようにして位相を入れる．$O \subset X$ が開集合であるのは，すべての $\alpha \in A$ に対して，$O \cap X_\alpha$ が X_α の開集合となることである．

直和(加群の)
direct sum

有限個の加群 $M_1,\cdots,M_n$ に対して群としての*直積 $M_1 \times \cdots \times M_n$ を直和といい，$M_1 \oplus \cdots \oplus M_n$ と記す．無限個の加群の族 $\{M_\lambda\}_{\lambda \in \Lambda}$ に対しては，群としての直積 $\prod_{\lambda \in \Lambda} M_\lambda$ の元 $(\cdots, x_\lambda, \cdots)$ のうちで有限個の λ を除いて $x_\lambda=0$ となるものの全体は直積 $\prod_{\lambda \in \Lambda} M_\lambda$ の部分群をなす．これを $\{M_\lambda\}_{\lambda \in \Lambda}$ の直和といい，$\sum_{\lambda \in \Lambda} M_\lambda$ または $\bigoplus_{\lambda \in \Lambda} M_\lambda$ と記す．したがって無限個の加群の族に対しては直積と直和とは異なる．

直和(行列の)
direct sum

$A_1,\cdots,A_n$ をそれぞれ $l_1 \times m_1$ 行列，$\cdots$，$l_n \times m_n$ 行列とするとき $(l_1+\cdots+l_n) \times (m_1+\cdots+m_n)$ 行列

$$\begin{bmatrix} A_1 & O & \cdots & O \\ O & A_2 & \cdots & O \\ \vdots & \vdots & \ddots & \vdots \\ O & O & \cdots & A_n \end{bmatrix}$$

を，$A_1,\cdots,A_n$ の直和行列といい，$A_1 \oplus \cdots \oplus A_n$ と表す．ここで O は成分がすべて 0 である行列(零行列)である．

直和(集合の)
disjoint union

無縁な和ともいう．互いに交わらない 2 個以上の集合の*和集合のこと．X と Y の直和を $X \coprod Y$ または $X \sqcup Y$ と記す．集合族 $\{X_\alpha\}_{\alpha \in A}$ の直和は $\coprod_{\alpha \in A} X_\alpha$ と記す．

X_α が交わることもある場合の直和 $\coprod_{\alpha \in A} X_\alpha$ とは，あたかも X_α が交わらないかのように考えた，X_α の和のことであり，厳密には次のように定義する．X_α の和 $X=\bigcup_{\alpha \in A} X_\alpha$ を考え，直積 $A \times X$ の部分集合

$$\{(\alpha,x) \in A \times X \mid x \in X_\alpha, \alpha \in A\}$$

を直和 $\coprod_{\alpha \in A} X_\alpha$ と定義する．

直和(線形空間の)
direct sum

L_1,L_2 を線形空間とする．集合としての直積 $L_1 \times L_2$ に，次のようにして和 + と定数倍を定め線形空間の構造を入れる．
$$(\boldsymbol{u}_1,\boldsymbol{u}_2)+(\boldsymbol{v}_1,\boldsymbol{v}_2)=(\boldsymbol{u}_1+\boldsymbol{v}_1,\boldsymbol{u}_2+\boldsymbol{v}_2),$$
$$a(\boldsymbol{u}_1,\boldsymbol{u}_2)=(a\boldsymbol{u}_1,a\boldsymbol{u}_2)$$
($\boldsymbol{u}_1,\boldsymbol{v}_1 \in L_1, \boldsymbol{u}_2,\boldsymbol{v}_2 \in L_2, a$ は定数)．$L_1 \times L_2$ にこの線形構造を入れたものを，$L_1 \oplus L_2$ と表し，L_1, L_2 の直和という．同様に有限個の線形空間 $L_1,\cdots,L_n$ の直和 $L_1 \oplus \cdots \oplus L_n$ も定義される．

一般の線形空間の族 $\{L_\alpha\}_{\alpha \in A}$ に対しては，直積 $\prod_{\alpha \in A} L_\alpha$ の元 $(\boldsymbol{x}_\alpha)_{\alpha \in A}$ で，有限個の α を除いて $\boldsymbol{x}_\alpha=\boldsymbol{0}$ となるようなもの全体(言い換えれば $\{\alpha \in A \mid \boldsymbol{x}_\alpha \neq \boldsymbol{0}\}$ が有限集合となるようなもの全体)を

$$\sum_{\alpha \in A} L_\alpha \quad \text{あるいは} \quad \bigoplus_{\alpha \in A} L_\alpha$$

と表し，$\{L_\alpha\}_{\alpha \in A}$ の直和という．

直和(リー環の)
direct sum

*リー環 $\mathfrak{g}_1,\mathfrak{g}_2$ に対して対 (X_1,X_2) $(X_i \in \mathfrak{g}_i)$ の全体に括弧積を

$$[(X_1,X_2),(Y_1,Y_2)]=([X_1,Y_1],[X_2,Y_2])$$

と定義するとリー環になる．このリー環を $\mathfrak{g}_1 \oplus \mathfrak{g}_2$ と記し，リー環 $\mathfrak{g}_1,\mathfrak{g}_2$ の直和という．$(X,0)$ $(X \in \mathfrak{g}_1)$ の全体は $\mathfrak{g}_1$ と同一視され，$\mathfrak{g}_1 \oplus \mathfrak{g}_2$ のイ

デアルとなる．$\mathfrak{g}_2$ に関しても同様である．

直和分解
direct sum decomposition

線形空間 L の線形部分空間 M_1, M_2 について，直和 $M_1 \oplus M_2$ から L への線形写像 T を

$$T(\boldsymbol{x}_1, \boldsymbol{x}_2) = \boldsymbol{x}_1 + \boldsymbol{x}_2 \quad (\boldsymbol{x}_1 \in M_1, \boldsymbol{x}_2 \in M_2)$$

により定義する．T が線形同型写像であるとき，L は M_1, M_2 の直和に分解されるといい，$L = M_1 \oplus M_2$ と表す．$L = M_1 \oplus M_2$ であることは，L の任意のベクトル $\boldsymbol{x}$ が一意的に

$$\boldsymbol{x} = \boldsymbol{x}_1 + \boldsymbol{x}_2 \quad (\boldsymbol{x}_1 \in M_1, \boldsymbol{x}_2 \in M_2)$$

と表されることと同値であり，また

$$L = M_1 + M_2 \quad \text{かつ} \quad M_1 \cap M_2 = \{0\}$$

となることとも同値である．

直和分割(集合の)
disjoint decomposition

集合を互いに交わらない部分集合の和に分けることをいう．集合 A が部分集合 $A_i \subset A$ $(i \in I)$ の和集合になり(すなわち，$\bigcup_{i \in I} A_i = A$ であり)，$i \neq j$ ならば $A_i \cap A_j = \emptyset$ であるとき $\{A_i \mid i \in I\}$ を A の直和分割という．

直観主義
intuitionism

ブラウエル(L. E. J. Brouwer, 1881-1966)が提唱した排中律の無制限の使用に反対する数学的思想．特に，背理法による存在証明を認めず，「構成的」証明のみを受け入れる．

背理法による存在証明なしには現代数学を展開することは不可能といってもよい．しかし，直観主義者は背理法による証明を証明として認めない．直観主義の立場では，「性質 P を持つ対象が存在するかしないかいずれかである」という命題は，「そのような対象が実際に構成されるか，あるいは存在を仮定することにより矛盾を導く証明が実際に行われたときにだけ正しく，どちらの事実も未確定な場合は，上の命題は真とも偽とも言えない」ことになる．

直観主義はヒルベルトの提唱した形式主義と鋭く対立したが，数学の範囲が狭くなることもあり数学者の間では広くは受け入れられなかった．⇒ 排中律

直径

diameter

*距離空間 (X, d) の有界な部分集合 A に対して，$d(A) = \sup\{d(x, y) \mid x, y \in A\}$ とおいて，A の直径という．(X, d) がユークリッド平面，A が半径 r の(内部と周を含む)円のとき，$d(A)$ は円の通常の直径 $2r$ と一致する．

直径(グラフの)
diameter

無向グラフにおいて，2 つの頂点を結ぶ道の長さ(辺の本数)の最小値を，それらの頂点の距離と呼び，2 頂点間の距離の最大値をそのグラフの直径と呼ぶ．

直交
orthogonal

(1) 直線，曲線の直交　2 直線が直交するとは，その間の角度が 90°($\pi/2$ ラジアン)であることをいう．2 曲線が直交するとは，交点での接線が直交することをいう．

(2) 内積空間での直交　内積空間 L の元 $v, w \in L$ が直交するとは内積 $\langle v, w \rangle$ が 0 であることをいう．部分空間 $V, W \subset L$ が直交するとは，V の任意の元と W の任意の元が直交することをいう．

直交関数系
system of orthogonal functions

I を区間とし，$w(x)$ を I 上の関数とする．I 上の関数列 $\{f_n(x)\}_{n=1}^{\infty}$ が次の性質を満たすとき，重み関数 $w(x)$ に対する直交関数系という．

$$\int_I f_i(x) \overline{f_j(x)} w(x) dx = 0 \quad (i \neq j).$$

⇒ 直交多項式

直交基底
orthogonal basis

直交基ともいう．
内積空間 $(L, (,))$ の*基底 $\{v_1, \cdots, v_n\}$ であって，$i \neq j$ であれば $(v_i, v_j) = 0$ となっているもの(すなわち，お互いに直交しているもの)のことをいう．さらに v_i の大きさがすべて 1 であるものを正規直交基底という．

無限次元の*ヒルベルト空間の位相的基底も互いに直交するとき直交基底という．⇒ 基底(無限次元ベクトル空間(線形空間)の)

直交行列
orthogonal matrix

n 次の実正方行列 A は，${}^tAA=I_n$ を満たすとき，直交行列といわれる．ここで ${}^tA$ は A の*転置行列である．可逆な実行列で，逆行列が ${}^tA$ に一致するもの，といってもよい．直交行列は，$\mathbb{R}^n$ の*標準的内積 $\langle\cdot,\cdot\rangle$ を保つ行列として特徴づけられる．すなわち，A が直交行列であるための必要十分条件は，すべての $\boldsymbol{x},\boldsymbol{y}\in\mathbb{R}^n$ に対して
$$\langle A\boldsymbol{x}, A\boldsymbol{y}\rangle = \langle \boldsymbol{x},\boldsymbol{y}\rangle$$
が成り立つことである．→ 直交変換(正方行列の)，直交群

直交曲線座標
orthogonal curvilinear coordinates

u,v,w をパラメータとする空間内の曲面族 $f(x,y,z)=u,\ g(x,y,z)=v,\ h(x,y,z)=w$ があるとき，その交点の位置を表す量として (x,y,z) 座標の代わりに (u,v,w) を用いることができる．特にこれらの曲面族がどの2つも互いに直交しているとき，(u,v,w) を直交曲線座標という．例えば同心円柱群 $\sqrt{x^2+y^2}=r$，平面群 $\arctan(y/x)=\theta$，および平面群 $z=$ 一定，は各点で直交しているので直交曲線座標が定まる．これは円柱座標 (r,θ,z) と呼ばれる．→ 楕円座標

直交群
orthogonal group

n 次の*直交行列全体は，行列の積に関して群をなす．これを n 次の直交群といい，$O(n)$ により表す．

直交座標系
orthogonal coordinate system

デカルト座標(Cartesian coordinates)ともいう．平面(正しくはユークリッド平面)の場合，1点 O と，この点で直交する2直線を指定し，O を原点，2直線はそれぞれ方向と座標を定めて x 軸，y 軸と呼ぶ．このとき，平面上の点 P から x 軸と y 軸に下ろした垂線の足の座標がそれぞれ a,b のとき，それらの組 (a,b) を P の直交座標という．また，原点と x 軸，y 軸を定めることを座標系を与えるという．x 軸を横に，y を縦に取り，それぞれ右，上の方向を正の方向に選んで図示することが多い．3次元空間でも同様に，原点 O と x 軸，y 軸，z 軸を定めれば，直交座標系が決まる．高次元でも同様である．

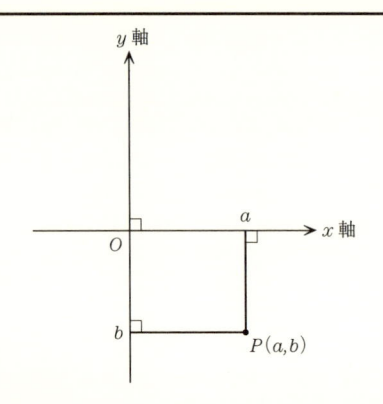

直交射影
orthogonal projection

(1) 平面上に直線 l のあるとき，平面の各点 A に対して，A から直線 l に下ろした垂線の足 A' を対応させる写像や，空間内に平面や直線のあるとき，空間の各点 A に対して，A から下ろした*垂線の足 A' を対応させる写像を直交射影という．

一般には，n 次元*ユークリッド空間の点 A からその線形部分空間に下ろした垂線の足 A' への対応 P を直交射影という．このとき，P は，対称な線形写像であり，$P^2=P$ が成り立つ．逆に，この性質を持つ線形写像 P は，部分空間 $\{x\,|\,Px=x\}$ への直交射影を表す．

(2) *ヒルベルト空間においては，内積(またはエルミート内積)を使って直交性が定義されるので，無限次元空間であっても自然に直交射影を考えることができる．

ヒルベルト空間 H の線形写像 $P: H\to H$ は，条件 $P^2=P$ を満たす自己随伴作用素($P^*=P$，つまり，ヒルベルト内積を (x,y) とするとき，$(Px,y)=(x,Py)$)であるとき，直交射影または単に射影という．このとき，直和分解 $H=\operatorname{Im}P\oplus\operatorname{Ker}P$ は直交直和分解となる．逆に*閉部分空間 W が与えられると，直交直和分解 $H=W\oplus W^\perp$ ($W^\perp$ は W の*直交補空間)が得られ，H の元にその W 成分を対応させることにより，直交射影 P が唯一定まり，$I-P$ は $W^\perp$ 成分への直交射影となる．→ 1の分解

直交多項式
orthogonal polynomial

$w(x)$ を区間 $I=(a,b)$ 上の正値連続関数とする．実数を係数とする n 次多項式 $P_n(x)$ の系列 $P_0(x),P_1(x),P_2(x),\cdots$ が条件

$$\int_a^b P_n(x)P_m(x)w(x)dx = 0 \quad (m \neq n)$$

を満たすとき，$\{P_n(x)\}_{n=0}^\infty$ を重み関数 $w(x)$ に関する直交多項式系，$P_n(x)$ を n 次の直交多項式という．

直交多項式系は，多項式全体のなす線形空間の，内積

$$(P,Q)_w = \int_a^b P(x)Q(x)w(x)dx$$

に関する直交基底にほかならない．$(P,Q)_w$ に関して関数列 $1, x, x^2, \cdots$ に*シュミットの直交化法を施せば $\{P_n(x)\}_{n=0}^\infty$ が得られる．$P_n(x)$ は重根を持たず，すべての根は実数で I の内部にある．また適当な定数 A_n, B_n, C_n が存在して 3 項漸化式

$$P_n(x) = (A_n x + B_n)P_{n-1}(x) - C_n P_{n-2}(x)$$

が成り立つなど，いろいろな性質が知られている．

直交多項式は与えられた実数値関数 $f(x)$ を多項式 $P(x)$ で近似する際に用いられる．近似の尺度として重みのついた L^2 ノルム

$$\|f - P\|_w = \left(\int_a^b |f(x) - P(x)|^2 w(x) dx\right)^{1/2}$$

を採用するとき最小 2 乗近似という．各自然数 n に対し，n 次以下の多項式 $P(x)$ のなかで $\|f-P\|_w$ を最小とするものがただ 1 つ定まり，$P(x) = \sum_{k=0}^n c_k P_k(x)$ $(c_k = (f, P_k)_w)$ で与えられる．この関係を形式的に

$$f(x) \sim \sum_{k=0}^\infty c_k P_k(x)$$

と表し，右辺を $f(x)$ の直交多項式展開という．

よく用いられる直交多項式に次のものがある．

(1) *ルジャンドル多項式 $(I=(-1,1), w(x)=1)$

(2) *チェビシェフ多項式 $(I=(-1,1), w(x)=1/\sqrt{1-x^2})$

(3) *ヤコビ多項式 $(I=(0,1), w(x)=x^{\gamma-1}(1-x)^{\alpha-\gamma})$

(4) *ラゲール多項式 $(I=(0,\infty),\ w(x)=e^{-x}x^\alpha)$

(5) *エルミート多項式 $(I=(-\infty,\infty),\ w(x)=e^{-x^2/2})$

(1)-(3) は*超幾何関数，(4),(5) は*合流型超幾何関数の特別な場合である．

直交直和

orthogonal direct sum

L を計量線形空間とし，M_1, M_2 を L の部分線形空間とする．L が M_1, M_2 の*直和であり，しかも任意の $\boldsymbol{x}_1 \in M_1, \boldsymbol{x}_2 \in M_2$ に対して

$$\langle \boldsymbol{x}_1, \boldsymbol{x}_2 \rangle = 0$$

が成り立つとき，L は M_1, M_2 の直交直和という．

また，L_1, L_2 のそれぞれが計量線形空間であるとき，直和 $L_1 \oplus L_2$ に次のようにして内積を入れる．

$$\langle \boldsymbol{x}_1 \oplus \boldsymbol{x}_2, \boldsymbol{y}_1 \oplus \boldsymbol{y}_2 \rangle = \langle \boldsymbol{x}_1, \boldsymbol{y}_1 \rangle + \langle \boldsymbol{x}_2, \boldsymbol{y}_2 \rangle$$

この内積を持つ $L_1 \oplus L_2$ を，L_1, L_2 の直交直和という．

直交変換(実線形空間の)

orthogonal transformation

内積 $\langle \cdot, \cdot \rangle$ が定まっている実線形空間 V の実線形変換 $T: V \to V$ に関して，$\langle Tv, Tw \rangle = \langle v, w \rangle$ が任意の $v, w \in V$ に対して成り立つとき T を直交変換という．正規直交基底を用いると，直交行列で表される．

直交変換(正方行列の)

orthogonal transformation

正方行列 A に対して，直交行列 S を用いた ^tSAS の形の変換 $A \mapsto {}^tSAS$ をいう．ここで，^tS は S の転置行列を表し，S が直交行列であるとは ^tSS が単位行列に等しいことである．$^tSAS = S^{-1}AS$ であるから，直交変換は*相似変換の特殊な場合にあたる．直交変換は，数値計算においても多用される．$\Rightarrow$ 合同変換(行列の)

直交補空間

orthogonal complement

内積 $(\cdot, \cdot)$ をもつ線形空間 V において，線形部分空間 M に対して，M のすべてのベクトルと直交するベクトル v の全体

$$M^\perp = \{v \in V \mid \text{すべての } u \in M$$
$$\text{に対して } (v, u) = 0\}$$

は，V の線形部分空間となる．これを M の直交補空間という．V が有限次元空間ならば，$(M^\perp)^\perp = M$ であり，直和分解

$$V = M \oplus M^\perp$$

が成り立つ．一般のヒルベルト空間 V では，$(M^\perp)^\perp$ は M の閉包となり，M が閉部分空間ならば，上の直和分解が成り立つ．なお，複素線形空間の場合も同様で，エルミート内積をもとにして直交補空間が定義される．

また，不定計量空間でも，その不定内積に関し

チルンハウス変換
Tschirnhaus transformation

n 次方程式 $a_0x^n+a_1x^{n-1}+\cdots+a_n=0$ を変数 $y=\lambda_0+\lambda_1x+\cdots+\lambda_{n-1}x^{n-1}$ を使って書き直すと y の n 次方程式 $y^n+b_1y^{n-1}+\cdots+b_n=0$ を得る．これをチルンハウス変換という．例えば $y=\sqrt[n]{a_0}\{x+a_1/(na_0)\}$ とおけば $b_1=0$ とでき，また $n\geqq 4$ の場合は λ_i に関する $n-1$ 次以下の方程式を解いて $y^n+b=0$ の形の方程式に変換できる．一般の 5 次方程式はチルンハウス変換によって $y^5+y+c=0$ の形の方程式には変換できるが，$y^5+b=0$ の形の方程式に変換するためには λ_i に関する 6 次以上の方程式を解かなければならない．
⇒ 代数的に解ける

沈点
sink

位相力学系において安定な不動点のことをいう．微分可能力学系 (X,f) の場合，不動点 x は，その周りのすべての方向が縮小的なこと．つまり，微分 $df(x)$ の固有値の絶対値がすべて 1 より小さいならば，沈点になる．双曲型不動点の一種で，軌道を流線と見た様子から，吸点(吸い込み点)ともいう．虚部が 0 でない固有値があれば，流線は渦を巻きながら吸い込まれる．微分可能な流れについても同様に沈点が定義される．

沈点(ベクトル場の)
sink

*ベクトル場 $v(x)$ の零点 a であって，a の近傍で $v(x)$ の方向がすべて a に吸い込まれる向きになっているものをいう．$-v(x)$ の*湧点である．

ツ

対
pair

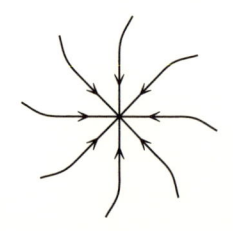

2 つの集合 A,B の元 $a\in A$, $b\in B$ を並べて得られる対象を a と b の対といい，(a,b) により表す．直積 $A\times B$ は，A の元と B の元の対全体からなる集合である．

対合　involution　⇒ 対合(たいごう)

通常点
ordinary point

2 次元射影空間内の*代数曲線の非特異点を通常点ということがある．また，*超楕円曲線を射影直線 P^1 の 2 次*分岐被覆として表したときに，*分岐点以外の点を通常点と呼ぶことがある．

通約的
commensurable

同種類の量の間の比 $\alpha:\beta$ が自然数の比と等しくなるとき通約的あるいは通約可能という．

ツェルメロの整列定理　Zermelo's well-ordering theorem　⇒ 整列定理

ツォルンの補題
Zorn's lemma

「帰納的順序集合は少なくとも 1 つ極大元を持つ」という命題である．ここで，順序集合 X が帰納的であるとは，X の任意の線形順序部分集合 Y(その 2 元の間に必ず順序関係があるような部分集合)において，Y のすべての元 y に対して $y\leqq a$ となる元 $a\in X$ が存在することをいう．また，a_0 が順序集合 X の極大元であるとは，$a_0\leqq x$ なる $x\in X$ は $x=a_0$ に限ることを意味する．例えば，一般の線形空間における基底の存在や体の代数的閉包の存在などは，ツォルンの補題により保証される．ツォルンの補題は選択公理と同値である．

筒集合　cylindrical set　＝柱状集合

ツリー
tree

鶴亀算

鶴と亀の総数と足の総数がわかっているときに鶴と亀の数を求める問題．さまざまな工夫をして初等的に解くことができるが，鶴や亀の数を未知数として文字をつかって表すと1次方程式の問題になる．鶴亀算や，それに類した，旅人算，流水算，植木算などは，かつては小学校数学の最高峰とみなされていた．1次方程式の問題と考えるとかんたんに解けるようになる問題であるが，方程式の考えを用いるための準備として，また数学は工夫して考えることによって解決することを納得する上で重要な役割を担っている問題である．鶴亀算は古代中国の数学書にその起源を持つ．

テ

底（対数の） base ⇒ 対数

低位の無限小 infinitesimal of lower order ⇒ 高位の無限小

DM 分解 DM-decomposition ＝ ダルメジ-メンデルゾーン分解

ディオファントス
Diophantos

英語読みではそのラテン語形 Diophantus から「ダイアファンタス」という．3世紀頃アレキサンドリアで活躍したと伝えられるギリシアの数学者．主著『数論』は文字を使って方程式を著した最初の数学書である．『数論』では未知数 x は ζ, x^2 は Δ^γ, x^3 は K^γ で表され，$3x^2+12$ は $\Delta^\gamma \overline{\gamma} \overset{\circ}{M} \iota \overline{\beta}$ と記されている．ここで，$\overset{\circ}{M}$ はこの記号以下は単なる数であることを表し，また当時は数字をギリシア文字を使って表し，文字の上に ￣ をつけて通常の文字と区別した．

17世紀に『数論』はギリシア語からラテン語に翻訳され，それを読んだフェルマは初等整数論の重要な定理をその本の余白に記した．フェルマ予想に関しては「驚くべき定理を証明したが，それを記すには余白が狭すぎる」と記されていた．

ディオファントス近似
Diophantine approximation

無理数は有理数により，いくらでも高い精度で近似することができる（有理数の稠密性）．そこで，与えられた正の無理数 x に対して，有理数 p/q で近似することを考えるとき，近似の精度を上げるには，分母 q は必然的に大きくしなければならない．すなわち，各 q に対して，

$$\varepsilon(x;q) = \min_p \left| x - \frac{p}{q} \right|$$

とおくと，$\varepsilon(x;q)$ を小さくするには q を大きくしなければならない．これに対して，次の3人の仕事が知られている．

(1)（ディリクレ） $\varepsilon(x;q) < q^{-2}$ を満たす q が無限個存在する．

(2)(リウヴィル) 任意の自然数 n と任意の正数 δ をどのように選んでも，$\varepsilon(x;q)<\delta q^{-n}$ を満たす q が存在すれば，x は*超越数である．この性質を満たす超越数を*リウヴィル数という．

(3)(ロス) x を*代数的数とするとき，$\alpha>2$ であれば，$\varepsilon(x;q)<q^{-\alpha}$ を満たす q は有限個である．

ディオファントス近似の問題は，有限個の無理数の同時近似や，不定方程式との関わりの下でも研究されている．より一般には，変数に整数や代数的整数を代入したときに関数のとる値の限界や分布を調べることをディオファントス近似という．

なお，ディオファントス近似という言葉は，ミンコフスキーの造語である．

ディオファントス方程式
Diophantine equation

$x^2+y^2=z^2$ などの整数係数の方程式の整数解を求めることをディオファントス方程式または*不定方程式を解くという．3 世紀頃にアレキサンドリアで活躍した数学者*ディオファントスの著書『数論』がこのような整数係数の方程式の整数解を問題にしたのでこの名前がある．不定方程式を解くアルゴリズムは存在しない(マチヤーセヴィッチによるヒルベルトの第 10 問題の否定的解決)．このためディオファントス方程式を解くためには問題に応じた種々の工夫が必要となり，数論や代数幾何学の興味ある問題を提供する．

定義
definition

ある概念の内容・意味や手続をはっきりと定めること．あるいはそれを述べたもの．

ある数学理論を構築するとき，理論の冒頭で扱われる概念に定義を与えることはできないことがしばしばある．その場合には，理論の冒頭に登場する概念には，定義を与えずにおく．その代わりに，複数の概念の間の関係を記述することになる．これが公理である． → 無定義用語

定義域(関数の)
domain

与えられた*関数の*独立変数が取りうる値の範囲をいう．関数を*写像の特別な場合と考えれば，定義域はあらかじめ定まっていると考えるが，*有理関数のように，式で与えられた関数に対して，それが確定した値を取るような独立変数の範囲を見出し，それを定義域とすることがある．例えば，$f(x)=1/x$ の定義域は，特に述べられていなければ，0 でない実数(または複素数)全体である．

定義域(写像の)　domain　→ 写像

定義イデアル
ideal of definition

(1) 射影多様体の定義イデアル　→ 射影多様体
(2) アフィン代数多様体の定義イデアル　→ アフィン代数多様体

定義可能　well-defined　＝ウェル・ディファインド

定義関数
indicator

ある集合の上で値 1 をとり，その外で 0 である関数をその集合の定義関数という．特性関数(characteristic function)ともいう．

例えば，集合 A,B の定義関数を $1_A(x), 1_B(x)$ とすれば，和集合，共通部分の定義関数はそれぞれ
$$\max\{1_A(x), 1_B(x)\} = 1_{A\cup B}(x),$$
$$1_A(x)1_B(x) = 1_{A\cap B}(x)$$
である．

定義体
field of definition

*代数多様体を定義するには，素体上に定義方程式の係数を添加してできる体を考えれば十分である．この体を含む体を定義体という．

定曲率空間
space of constant curvature

球面，平面，非ユークリッド平面の(ガウス)曲率は一定で，それぞれ 1, 0, -1 である．これらが 2 次元の定曲率空間である．

高次元では*断面曲率が一定の*リーマン多様体を，定曲率空間と呼ぶ．

定曲率空間は，半径 r の球面 $S^n(r)$(断面曲率が $1/r^2>0$ のとき)，n 次元ユークリッド空間 E^n(断面曲率が 0 のとき)，*双曲空間(*非ユークリッド空間)(断面曲率が負のとき)のどれかと局所的には等長的であることが知られている(完備かつ単連結である場合は大域的にも等長的である)．定曲率空間の自然な一般化として*対称空間がある．

底空間　base space　→ ファイバー束

定差 difference → 差分

定在波 standing wave ＝定常波

定常解
stationary solution

時間を表す変数に関する微分を含む微分方程式の解について，時間とともに変化しない解をいう．常微分方程式ならば，定数解のことである．

定常過程
stationary process

確率過程 $X(t)$ $(t\in\mathbb{R})$ は，時間をずらしても同じ分布のとき，定常過程という．とくに，定常なガウス過程は，関数論との相性がよく詳しく研究されている．

定常波
stationary wave

振幅の空間分布が時間によらず一定であるような波をいう．多くの場合，$\exp(i\omega t)\varphi(x)$ という変数分離形(→ 変数分離)で表示できる．弦や膜の*固有振動はその例となる．定在波ともいう．→ 進行波

定常分布(マルコフ連鎖の)
stationary distribution

推移確率行列 $P=(p(a,b)|a,b\in S)$ で定まる状態空間 S 上のマルコフ連鎖に対して，もし $\sum_{a\in S}\pi(a)p(a,b)=\pi(b)$ $(b\in S)$ を満たす確率分布 $\pi=(\pi(a)|a\in S)$ があれば，π をこのマルコフ連鎖の定常分布という．状態空間 S が有限集合ならば，定常分布は必ず存在する．もし，このマルコフ連鎖が既約ならば，定常分布はただ1つ存在する．

なお，確率分布に限定せずに，定常分布を考えることもある．

定常流
stationary flow

*速度場が時間によって変化しない流れのこと．この場合，流れに沿って運動する粒子の軌跡は*流線に一致する．→ 速度場

定数
constant

決まった数のこと．考えている問題や理論で値が変わらない文字を定数という．→ 変数

実線形空間についての記述で，定数のことをいう．同様に複素線形空間では複素数が定数で，体 F 上の線形空間では F の元が定数である．この意味の定数は，スカラーともいう．

定数係数線形差分方程式
linear difference equation with constant coefficients

与えられた定数 $c_0,\cdots,c_p$ および f_n $(n=p, p+1,\cdots)$ を係数とする線形の関係式 $c_0 u_n + c_1 u_{n-1}+\cdots+c_p u_{n-p}=f_n$ $(n=p,p+1,\cdots)$ を p 階の定数係数の線形差分方程式，または単に p 階の差分方程式という．多項式 $P(z)=\sum_{n=0}^{p}c_k z^k$ をその特性多項式という．*たたみ込みの記号を用いれば，この方程式は $(c*u)_n=f_n$ $(n\geq p)$ の形に表すことができ，$U(z)=\sum_{n=0}^{\infty}u_n z^n$ は $F(z)=\sum_{n=p}^{\infty}f_n z^n$ を用いて $U(z)=F(z)/P(z)$ と解ける．

定数係数線形常微分方程式
linear ordinary differential equation with constant coefficients

定数 $a_0,\cdots,a_n$ を係数とする線形常微分方程式
$$a_0\frac{d^n x}{dt^n}+a_1\frac{d^{n-1}x}{dt^{n-1}}+\cdots+a_n x=b(t)$$
をいい，$P(z)=a_0 z^n+a_1 z^{n-1}+\cdots+a_n$ を特性多項式という．$P(z)$ が重根を持たないとき，斉次方程式の場合$(b(t)\equiv 0)$，その一般解は $C_1 e^{\alpha_1 t}+\cdots+C_n e^{\alpha_n t}$ $(\alpha_1,\cdots,\alpha_n$ は $P(z)$ の根，$C_1,\cdots,C_n$ は任意定数$)$で与えられる．一般に α_i が m_i 重根であれば，$C_i e^{\alpha_i t}$ を $f_i(t)e^{\alpha_i t}$ $(f_i(t)$ は (m_i-1) 次多項式$)$ で置き換えたものが一般解になる．非斉次方程式の場合は*定数変化法を用いて一般解を求めることができる．その代数的な解法として*演算子法がある．連立方程式の場合には行列の指数関数を用いて解くことができる．→ 1 階線形常微分方程式系

定数項
constant term

多項式 $a_N x^N+\cdots+a_1 x+a_0$ やべき級数 $\sum_{n=0}^{\infty}a_n x^n$，ローラン級数 $\sum_{n=-\infty}^{\infty}a_n x^n$，フーリエ級数 $\sum_{n=-\infty}^{\infty}a_n e^{2n\pi\sqrt{-1}x}$ などにおいて，定数の

項 a_0 のことをいう.

定数変化法
variation of constant

ラグランジュの定数変化法ともいう.微分方程式 $dx/dt=ax$ の解は,a が定数ならば,$x(t)=Ce^{at}$ と書け,C は任意の定数である.解の一意性は,$C(t)=x(t)e^{-at}$ とおいて微分すれば,$C(t)$ が定数となることからわかる.このことを応用して,微分方程式 $dx/dt=ax+b(t)$ の解は次のようにして求まる.$x(t)=C(t)e^{at}$ と仮定すると,$dC/dt=e^{-at}b(t)$. これより,$C(t)$ を解けば,$x(t)=\int_{t_0}^{t}e^{a(t-s)}b(s)ds+C_0e^{at}$ (C_0 は定数).

この考え方は,一般の線形の微分方程式にさまざまな形で適用できる.斉次方程式の解を知れば非斉次方程式の解が構成できて極めて有用であり,定数変化法と呼ばれている.

定性的理論(常微分方程式の)
qualitative theory

微分方程式について解を具体的に計算することなしに,解がどのように振る舞うかを,定性的な視点からとらえる理論をいう.

例えば電気回路の振舞いを記述するファン・デル・ポル方程式
$$\frac{d^2x}{dt^2}+a(x^2-1)\frac{dx}{dt}+x=0$$
の場合,解の具体形を求めることはできないが,$a>2$ の場合はすべての解が $t\to\infty$ のとき 0 に収束し,$0<a<2$ の場合は $x(0)=(dx/dt)(0)=0$ 以外の初期値から出発した任意の解が特定の周期関数に漸近することが証明できる.このように,たとえ解の正確な形がわからなくても,*平衡点や周期解の個数を数えたり,それらの安定性を調べたり,解の漸近挙動($t\to\pm\infty$ のときの挙動)を論じたりすることは原理的に可能である.こうした解の性質を扱うのが常微分方程式の定性的理論である.定性的理論においては,微分方程式の個々の解をバラバラに追うのでなく,多数の解曲線の集まりを大域的に把握する視点が重要となる.そうしたアプローチの数学的枠組を与えるのが*力学系の概念である.

微分方程式の定性的理論は 19 世紀末にポアンカレが提唱した考え方で,それまで「解く」ことが中心であった微分方程式の研究に新しい視点を導入した.その端緒を開いたのは,彼が 1880 年代に発表した一連の論文で,そこでは連立常微分方程式が定める解曲線の振舞いを,解の具体的な式表示に頼ることなしに,幾何学的あるいは統計的観点から詳しく論じることに成功している.ポアンカレがこのような研究を始めた背景として,方程式の解を具体的に求めるというアプローチの限界が,当時次第に意識され始めたことがあげられる.とりわけ*3 体問題が*求積法で解けないことの発見は,この流れをさらに決定的なものとした.

常微分方程式の定性的理論は,その後リャプノフらの手を経て大きく発展し,そこから力学系と呼ばれる分野が形づくられていった.現在位相幾何学と呼ばれる幾何学の一分野の勃興に,この流れは大きく寄与した.今日では,無限次元力学系の枠組を用いて,偏微分方程式や関数微分方程式の定性的理論も盛んに研究されている. → 微分方程式,力学系,初期値問題

定積分
definite integral

例えば,
$$\int_a^b x^3 dx$$
のように,積分範囲が定まった積分のことであるが,特に,積分範囲が有界なリーマン積分についていう.これに対して,関数 $f(x)$ の*原始関数の全体を
$$\int f(x)dx$$
のように表し,$f(x)$ の不定積分という.

定値写像
constant mapping

写像 $f: X\to Y$ について,$f(x)$ が $x\in X$ によらない Y の元 y であるとき,f を y に値を持つ定値写像という.

ディニの定理
Dini's theorem

区間 $[a,b]$ で*連続な関数列 $\{f_n(x)\}_{n=1}^{\infty}$ が各点 x において増加列であり,しかもある連続関数 $f(x)$ に各点で収束するならば,この収束は一様である(→ 一様収束).この事実をディニの定理という.

*級数に対してはディニの定理はつぎのように言い換えられる:$[a,b]$ において $u_n(x)\geq 0$ ($n=$

$1, 2, \cdots$) が連続であり，$\sum_{n=1}^{\infty} u_n(x)$ が連続関数 $f(x)$ に各点で収束すれば，この収束は一様である.

ティホノフの定理
Tikhonov's theorem

コンパクト空間の族 $\{X_\alpha\}$ $(\alpha \in A)$ の直積空間(→ 直積(位相空間の)) $\prod_{\alpha \in A} X_\alpha$ はコンパクトであるという定理のことである．証明には*選択公理を使う．

ティホノフの不動点定理　Tikhonov's fixed point theorem　⇒ 不動点定理

テイラー級数
Taylor series

C^∞ 級の関数 $f(x)$ に対して，級数
$$\sum_{n=0}^{\infty} \frac{f^{(n)}(a)}{n!} (x-a)^n$$
を $x=a$ におけるテイラー級数という．ただし，$f^{(n)}(a)$ は関数 $f(x)$ の n 階導関数の $x=a$ における値を表す．これが $x=a$ の近傍で $f(x)$ に収束するとき，$f(x)$ は $x=a$ で解析的であるという.
　一般には $f(x)$ が C^∞ 級であってもテイラー級数が収束するとは限らず，収束しても $f(x)$ に一致するとは限らない．例えば $f(x)=e^{-1/x}$ $(x>0)$, $f(x)=0$ $(x\leq 0)$ で定義される $f(x)$ の $x=0$ におけるテイラー級数は恒等的に 0 であり，$f(x)$ と異なる.
　多変数の場合にも同様にテイラー級数が定義される．⇒ テイラー展開

ディラック方程式
Dirac equation

量子力学の基礎方程式である*シュレーディンガー方程式は，時間変数について 1 階，空間変数について 2 階の微分方程式であるため，時間と空間が混在したローレンツ変換について不変でない．電子のような高速で動く粒子の量子論では，この点が大きな問題になる．これを解決するために，ディラックは時間・空間両方について 1 階の微分方程式を発見し，電子の特殊相対性理論と整合的な理論を作り上げた．その基礎方程式をディラック方程式と呼ぶ.
　座標変換に関する変換性を考えると，ディラック方程式の未知関数はベクトルではなく*スピノルと呼ばれる量になる．ディラック方程式は 4 次元以外の場合にも考えることができ，ディラック作用素と呼ばれる．幾何学などでは時間変数を純虚数にして考えることが多い．この意味でのディラック作用素は，ラプラス作用素などと並ぶ基本的な楕円型の作用素で，アティヤ-シンガーの指数定理などで重要な役割を果たす．

テイラー展開
Taylor expansion

滑らかな関数 $f(x)$ の $x=a$ における m 次のテイラー近似式(→ テイラーの定理(1 変数の))において，その剰余項 R_m が $\lim_{m\to\infty} R_m = 0$ を満たすならば，べき級数展開
$$f(x) = \sum_{n=0}^{\infty} \frac{f^{(n)}(a)}{n!} (x-a)^n$$
が成り立つ．ただし，$f^{(n)}(a)$ は関数 $f(x)$ の n 階導関数の $x=a$ における値を表す．これを $f(x)$ の $x=a$ におけるテイラー展開という．特に $a=0$ のときマクローリン展開ともいう．⇒ テイラーの定理，マクローリン展開，解析関数，実解析関数

テイラーの公式　Taylor's formula　⇒ テイラーの定理(1 変数の)

テイラーの多項式近似定理　Taylor's polynomial approximation theorem　＝テイラーの定理

テイラーの定理(1 変数の)
Taylor's theorem

$f(x)$ が $x=a$ において $(m+1)$ 回連続微分可能ならば，次の意味で m 次多項式により近似することができる：
$$f(x) = \sum_{k=0}^{m} \frac{f^{(k)}(a)}{k!} (x-a)^k + R_m.$$
ここで $\lim_{x\to a} R_m/(x-a)^m = 0$．これをテイラーの定理あるいはテイラーの公式といい，右辺を m 次のテイラー近似式という．R_m は剰余項と呼ばれ，
$$R_m = \int_a^x \frac{(x-t)^m}{m!} f^{(m+1)}(t) dt$$
と表される．また $a<c<x$ (あるいは $a>c>x$)を満たす適当な c により
$$R_m = \frac{f^{(m+1)}(c)}{(m+1)!} \cdot (x-a)^{m+1}$$
とも表示できる．この形をラグランジュの剰余項という．

テイラーの定理(多変数の)
Taylor's theorem

テイラーの定理は多変数関数に対しても成立する．例えば2変数の関数 $f(x,y)$ が C^3 級の場合，各点 (a,b) の近傍で次のように2次式によって近似される．

$$f(x,y) = f(a,b) + f_x(a,b)(x-a)$$
$$+ f_y(a,b)(y-b)$$
$$+ \frac{1}{2}f_{xx}(a,b)(x-a)^2$$
$$+ f_{xy}(a,b)(x-a)(y-b)$$
$$+ \frac{1}{2}f_{yy}(a,b)(y-b)^2 + R_2$$

ここで $f_x = \partial f/\partial x$, $f_{xy} = \partial^2 f/\partial x \partial y$ などは f の偏微分係数を表す．また R_2 は剰余項で $\lim_{r \to 0} R_2/r^2 = 0$ $(r = \sqrt{(x-a)^2 + (y-b)^2})$ を満たす．

一般に，n 変数関数 $f(x) = f(x_1, \cdots, x_n)$ が $a = (a_1, \cdots, a_n)$ の近傍で C^{m+1} 級であるとき，

$$f(x) = \sum_{\substack{\alpha_1 + \cdots \\ + \alpha_n \leq m}} \frac{1}{\alpha_1! \cdots \alpha_n!} \frac{\partial^{\alpha_1 + \cdots + \alpha_n} f}{\partial x_1^{\alpha_1} \cdots \partial x_n^{\alpha_n}}(a)$$
$$\times (x_1 - a_1)^{\alpha_1} \cdots (x_n - a_n)^{\alpha_n} + R_m,$$
$$\lim_{x \to a} \frac{R_m}{\|x-a\|^m} = 0$$

が成り立つ．

定理
theorem

真であることが確かめられた数学的な言明を定理という．ただし，ふつう定理というと重要性をもったものを呼び，他の重要な数学的な事実を証明するために必要な事実は通常，補題(lemma)と呼ばれる．また，それ程重要でない場合は命題(proposition)と呼ばれることが多い． → 命題

ディリクレ
Dirichlet, Peter Gustav

1805-59 ドイツの数学者．フランスで学び，フーリエと知り合う．フーリエ級数の研究に関連して，関数概念を明確にした(それまでは，関数は何らかの「式」で表されるものとしていた)．ガウスの整数論に強い影響を受け，解析的手法を整数論に持ちこむことにより，素数分布を含む多くの結果を得た．1828年にベルリン大学教授，1855年にはゲッチンゲン大学の教授となった．

ディリクレ核
Dirichlet kernel

$[-\pi, \pi]$ 上の関数 $f(x)$ の*フーリエ係数を

$$a_m = \frac{1}{\pi} \int_{-\pi}^{\pi} f(x) \cos mx\, dx,$$
$$b_m = \frac{1}{\pi} \int_{-\pi}^{\pi} f(x) \sin mx\, dx$$
$$(m = 0, 1, 2, \cdots)$$

とするとき，*フーリエ級数の n 項目までの部分和は積分

$$\frac{a_0}{2} + \sum_{m=1}^{n} (a_m \cos mx + b_m \sin mx)$$
$$= \frac{1}{2\pi} \int_{-\pi}^{\pi} \frac{\sin(n + \frac{1}{2})(x-y)}{\sin \frac{1}{2}(x-y)} f(y)\, dy$$

で表される．ここに現れる

$$\frac{\sin(n + \frac{1}{2})(x-y)}{\sin \frac{1}{2}(x-y)}$$

をディリクレ核という． → フーリエ級数

ディリクレ関数
Dirichlet function

有理数では1，無理数では0の値をとる関数をディリクレ関数という．これは

$$\lim_{\nu \to \infty} (\lim_{k \to \infty} (\cos \nu! \pi x)^{2k})$$

と書くこともできる．ディリクレ関数は*リーマン積分可能ではないが*ルベーグ積分可能である．

ディリクレ基本領域
Dirichlet fundamental domain

距離空間 (X, d) に*離散群 G が作用して，$d(gx, gy) = d(x, y)$ が任意の $x, y \in X$, $g \in G$ に対して成り立つとする．$p \in X$ を止め，$\Omega = \{x \in X \mid \forall g \in G, \ gp \neq p \Rightarrow d(x, p) < d(x, gp)\}$ とおく．すなわち，gp の中で x から一番近いのが p であるような点 x 全体が Ω である．この Ω は*基本領域になりディリクレの基本領域と呼ばれる(→ 基本領域)．

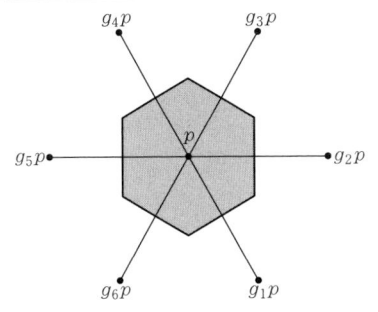

X が*定曲率空間などの場合には，ディリクレの基本領域は 2 点からの距離が等しい点の集合（ユークリッド空間の場合には超平面）を境界に持つ領域になる．

ユークリッド空間の場合のディリクレ基本領域は*ボロノイ図という概念に一般化される．

ディリクレ級数
Dirichlet series

$$\sum_{n=1}^{\infty} \frac{a_n}{n^s}$$

の形の無限和をディリクレ級数という．すべての自然数 n に対して $a_n=1$ の場合がリーマンの*ゼータ関数である．多くのゼータ関数や L 関数と呼ばれる関数が，ディリクレ級数として表示することができる．

ディリクレ形式
Dirichlet form

マルコフ過程論やポテンシャル論における基本的な概念の 1 つで，*ディリクレ積分の定める双線形形式

$$\mathcal{E}(u,v) = \int \left(\sum_{i=1}^{n} \frac{\partial u}{\partial x_i} \frac{\partial v}{\partial x_i} \right) dx_1 \cdots dx_n$$

およびその一般化である．

X を局所コンパクトで可分な*距離空間，m を X 上の*ラドン測度で*台が X 全体であるとする．X 上の 2 乗可積分な実数値関数のなす*ヒルベルト空間 $L^2(X,m)$ の*稠密な線形部分空間 L について，$L \times L$ 上の*対称形式 $\mathcal{E}$ が次の(1), (2), (3)の性質を満たすとき，$(\mathcal{E}, L)$ をディリクレ形式という．

(1)（非負性） $\mathcal{E}(u,u) \geq 0 \ (u \in L)$.
(2)（閉性） L は内積

$$\langle u,u \rangle_1 = \mathcal{E}(u,u) + \int_X u^2 dm$$

に関して*完備である．

(3)（マルコフ性） L において，$u \in L$ に対し，$v=\min\{1, \max\{u, 0\}\}$ とおくと，$v \in L$ であり，しかも，$\mathcal{E}(v,v) \leq \mathcal{E}(u,u)$ が成り立つ．

一般に，ディリクレ形式は拡散過程に対応し，例えば，さまざまな境界条件のもとでの*ブラウン運動は，それを反映した項を含むディリクレ形式を考えることによって構成することができる．ディリクレ形式はより一般化でき，有限次元空間だけでなく，*無限次元空間や*フラクタル上の*確率過程に対しても極めて有力な構成手段を与える．

ディリクレ指標
Dirichlet character

整数の全体から複素数の全体への写像 $\chi: \mathbb{Z} \to \mathbb{C}$ が次の条件を満足するとき正整数 m を法とするディリクレ指標という．

(1) $a \equiv b \pmod{m}$ であれば $\chi(a)=\chi(b)$
(2) $\chi(ab)=\chi(a)\chi(b)$
(3) $\chi(1)=1$
(4) a と m が共通因数を持つとき $\chi(a)=0$

ディリクレ指標は実質的には，m と素な整数の m を法とする剰余類が乗法に関してなすアーベル群 $(\mathbb{Z}/m\mathbb{Z})^\times$ の*指標 $\widetilde{\chi}: (\mathbb{Z}/m\mathbb{Z})^\times \to \mathbb{C}^\times$ に対応する．整数 a の $\mathbb{Z}/m\mathbb{Z}$ での像を $\bar{a}$ と記すと，ディリクレ指標 χ に対して $\widetilde{\chi}(\bar{a})=\chi(a)$ とおけば $(\mathbb{Z}/m\mathbb{Z})^\times$ の指標になり，逆に $(\mathbb{Z}/m\mathbb{Z})^\times$ の指標 $\widetilde{\chi}$ が与えられたとき $\bar{a} \in (\mathbb{Z}/m\mathbb{Z})^\times$ のときは $\chi(a)=\widetilde{\chi}(\bar{a})$，$\bar{a} \notin (\mathbb{Z}/m\mathbb{Z})^\times$ のときは $\chi(a)=0$ とおくとディリクレ指標になる．

m を法とするディリクレ指標 χ に対して，m の約数 $f \neq m$ を法とするディリクレ指標 χ^0 で，$(n,m)=1$ であれば $\chi(n)=\chi^0(n)$ を満足するものが存在するとき，ディリクレ指標 χ は非原始的であるといい，非原始的でないとき原始的という．

m を法とするディリクレ指標に対し，n と m が互いに素のとき $\chi(n)=\chi^0(n)$ となる，m の約数 f を法とする原始指標 χ^0 が必ず存在する．こういう f と χ^0 は χ によって一通りに定まり，χ の導手と呼ばれる．

ディリクレ積分
Dirichlet integral

n 次元領域 D の上で定義された微分可能な関数 $u(x)=u(x_1, \cdots, x_n)$ に対し，積分

$$\int_D |\nabla u|^2 dx$$

を u のディリクレ積分という．ここで $\nabla u=$

$(\partial u/\partial x_1, \cdots, \partial u/\partial x_n)$ であり，$\int_D dx$ は n 次元積分を表す．例えば $n=2$ の場合，これを通常の重積分の記号で書くと

$$\iint_D \left(\left(\frac{\partial u}{\partial x_1}\right)^2 + \left(\frac{\partial u}{\partial x_2}\right)^2\right) dx_1 dx_2$$

となる．u が適当な境界条件を満たせば，*グリーンの定理より

$$\int_D |\nabla u|^2 dx = \int_D (-\Delta u) u \, dx$$

が成り立つ．すなわちディリクレ積分は，微分作用素 $-\Delta$ に付随する 2 次形式にほかならない．このことから，ディリクレ積分は，*ラプラスの方程式や*熱方程式と密接な関係を持つ． → ディリクレの原理

ディリクレの L 関数
Dirichlet's L-function

算術級数定理の証明やディリクレの類数公式に用いるためにディリクレが考案した関数である．

正整数 m を法とする*ディリクレ指標 $\chi:\mathbb{Z}\to\mathbb{C}$ に対して

$$L(s,\chi) = \sum_{n=1}^{\infty} \frac{\chi(n)}{n^s}$$

をディリクレの L 関数という．例えば χ が $n\equiv 1 \pmod 4$ なら $\chi(n)=1$，$n\equiv 3 \pmod 4$ なら $\chi(n)=-1$，n が偶数なら $\chi(n)=0$ と定義されるディリクレ指標であれば，

$$L(s,\chi) = 1 - \frac{1}{3^s} + \frac{1}{5^s} - \frac{1}{7^s} + \frac{1}{9^s} - \cdots.$$

ディリクレの L 関数は $\operatorname{Re} s>1$ で絶対収束し，素数にわたる無限積表示(オイラー積表示)

$$L(s,\chi) = \prod_{\text{素数} p} \frac{1}{1-\chi(p)p^{-s}}$$

を持つ．

正整数 m を法とするディリクレ指標 χ が非原始的であれば χ の*導手 f を法とする原始的ディリクレ指標 χ^0 を使って

$$L(s,\chi) = L(s,\chi^0) \prod_{p|m} (1-\chi^0(p)p^{-s})$$

と書けるので，実質的に原始指標の場合を考えれば十分である．ディリクレの L 関数は複素平面 $\mathbb{C}$ 全体に有理型関数として解析接続でき，χ が単位指標でなければ $\mathbb{C}$ 全体で正則である． → 算術級数定理(ディリクレの)，ディリクレの類数公式

ディリクレの原理
Dirichlet's principle

滑らかな閉(超)曲面 S で囲まれた $\mathbb{R}^n$ 内の有界領域 D 上の*ディリクレ問題

$$\begin{cases} \Delta u = 0 & (x\in D) \\ u = \psi(x) & (x\in S) \end{cases}$$

を考えると，この偏微分方程式の解は，*ディリクレ積分 $\int_D |\nabla w|^2 dx$ を境界条件 $w|_S = \psi$ の下で最小にする関数として特徴づけられる．つまり，ディリクレ問題の解を求めることは，ディリクレ積分の最小化問題に帰着できる．これをディリクレの原理という．

この方法は，19 世紀前半の電磁気学に関するガウスや M. トムソン(後のケルビン卿)の研究で用いられていたが，ディリクレの講義を聴いてそのアイデアに啓発されたリーマンが，これを「ディリクレの原理」と呼んで複素関数論の研究(1850 年代)に活用したことで，この呼び名が定着した．ディリクレの原理は，偏微分方程式の解の存在問題を*変分問題に帰着するという画期的な方法であったが，そもそも肝心の変分問題が解を持つかどうか，すなわち，与えられた境界条件の下でディリクレ積分を最小にする関数が存在するかどうかは，ガウスもリーマンも厳密に議論していなかった．この点をワイエルシュトラスに鋭く指摘され，ディリクレの原理に基づく複素関数論の命題のリーマンによる証明は不信の眼で見られるようになった．こうしてディリクレの原理は，厳密性を欠く議論として数学の世界から遠ざけられていったが，19 世紀末にヒルベルトがディリクレの原理の厳密化に成功し，表舞台に返り咲いた．その後，関数解析学の発展とともにディリクレの原理のアイデアは強力な解析手法に成長し，線形および非線形偏微分方程式の研究に変分原理が盛んに用いられるようになった． → 変分法，変分原理

ディリクレの算術級数定理 Dirichlet's arithmetic progression theorem
→ 算術級数定理(ディリクレの)

ディリクレの単数定理
Dirichlet's unit theorem

代数体 K の*単数群 $\mathcal{O}_K^\times$ は，有限生成アーベル群であり，その階数(→ 階数(アーベル群)) r は，K の実素点(→ 素点)の個数を r_1，K の複素素点の個数を r_2 とすると，$r=r_1+r_2-1$ で与えられる．これをディリクレの単数定理という．r_1 は，K から実数体の中への体同型の個数であり，

$n=[K:\mathbb{Q}]$ とおくと，$n=r_1+2r_2$ である．K の単数群の中の，位数が有限の元全体 W_K は，K に含まれる1のべき根全体に一致し，巡回群である．したがって，W_K の位数を w_K と書くと，
$$\mathcal{O}_K^\times \simeq \mathbb{Z}^r \times \mathbb{Z}/w_K\mathbb{Z}.$$

例えば，K が実2次体の場合，$r_1=1$, $r_2=0$ となり，K の単数群の階数は1である．例えば，実2次体 $\mathbb{Q}(\sqrt{2})$ の単数群は，$\{\pm(1+\sqrt{2})^n \mid n\in\mathbb{Z}\}$．また，例えば K が虚2次体の場合，$r_1=0$, $r_2=1$ となり，K の単数群の階数は0，すなわち K の単数群は有限群である．例えば，虚2次体 $\mathbb{Q}(i)$ の単数群は，有限群 $\{\pm 1, \pm i\}$ である．⇒ 2次体

ディリクレの定理
Dirichlet's theorem

絶対収束級数は和の順序を変えても絶対収束しその極限値は変わらない．この事実をディリクレの定理という．

ディリクレの類数公式
Dirichlet's class number formula

*2次体の*類数を，K に対応する*ディリクレの L 関数と関係させて求める公式．

2次体 K は，1以外の平方数で割れない整数 m を用いて，$\mathbb{Q}(\sqrt{m})$ の形で書かれる．$m\equiv 1 \pmod 4$ のときは，$N=|m|$, $m\equiv 2,3 \pmod 4$ のときは，$N=4|m|$ とおく．($N=|D_K|$, D_K は，K の判別式(→ 判別式(代数体の))である．) このとき，N を法とする*ディリクレ指標 χ で，N を割らないすべての奇素数 p について
$$\chi(p) = \left(\frac{m}{p}\right)$$
となるものが，ただ1つ存在する．$\left(\frac{m}{p}\right)$ は*平方剰余を表す．これを K に対応するディリクレ指標と呼び，ディリクレの L 関数 $L(s,\chi)$ を，K に対応するディリクレの L 関数と呼ぶ．

例えば，$K=\mathbb{Q}(\sqrt{-1})$ なら $N=4$ であり，χ は，$n\equiv 1 \pmod 4$ なら $\chi(n)=1$, $n\equiv 3 \pmod 4$ なら $\chi(n)=-1$, n が偶数なら，$\chi(a)=0$ で与えられる．

K の類数を h_K とおく．まず，K が虚2次体，すなわち $m<0$ であるとする．虚2次体に関するディリクレの類数公式は，
$$h_K = \frac{w_K\sqrt{N}}{2\pi}L(1,\chi)$$

$$= -\frac{w_K}{2N}\sum_{a=1}^{N-1}\chi(a)a \quad (1)$$

である．ここで，w_K は K に属する1のべき根の個数であり，$K=\mathbb{Q}(\sqrt{-1})$ なら $w_K=4$, $K=\mathbb{Q}(\sqrt{-3})$ なら $w_K=6$, 他の虚2次体については，$w_K=2$. 例えば，$K=\mathbb{Q}(\sqrt{-1})$ なら，$N=4$, $w_K=4$ であり，ディリクレの類数公式から $h_K=-(4/8)(1-3)=1$.

次に K が実2次体，すなわち $m>0$ であるとする．K の*単数群は，$\mathbb{Z}\times\mathbb{Z}/2\mathbb{Z}$ に同型であり(→ ディリクレの単数定理)，K の単数群が $\{\pm\varepsilon^n \mid n\in\mathbb{Z}\}$ となる単数 $\varepsilon>1$ がただ1つ存在する．$R_K=\log(\varepsilon)$ とおいて，これを K の*単数基準という．実2次体に関するディリクレの類数公式は，
$$h_K = \frac{\sqrt{N}}{R_K}L(1,\chi)$$

$$= -\frac{1}{2R_K}\log\left(\prod_{a=1}^{N-1}(1-\zeta_N^a)^{\chi(a)}\right) \quad (2)$$

($\zeta_N=e^{2\pi i a/N}=\cos(2\pi a/N)+i\sin(2\pi a/N)$) である．例えば，$K=\mathbb{Q}(\sqrt{2})$ なら，$N=8$, $\chi(1)=\chi(7)=1$, $\chi(3)=\chi(5)=-1$, $\varepsilon=1+\sqrt{2}$ であり，ディリクレの類数公式より，
$$h_K = -\frac{1}{2\log(1+\sqrt{2})}\log\left(\prod_{a=1}^{7}(1-\zeta_8^a)^{\chi(a)}\right)$$
$$= -\frac{1}{2\log(1+\sqrt{2})}\log((1+\sqrt{2})^{-2}) = 1.$$

2次体 K の*デデキントのゼータ関数 $\zeta(s,K)$ は，
$$\zeta(s,K) = \zeta(s)L(s,\chi)$$
を満たす．このことと $\lim_{s\to 1}(s-1)\zeta(s)=1$ を用いると，一般の代数体に関する*類数公式から，上のディリクレの類数公式(1)(2)それぞれのはじめの等式が得られ，2つ目の等式は，$L(1,\chi)$ を解析的に計算して得られる．

ディリクレ問題
Dirichlet problem

D を $\mathbb{R}^n$ 内の領域とし($n\geq 2$)，S をその境界とするとき，D で調和で S 上では指定された値をとる(すなわち*ディリクレ境界条件を満たす)関数を求める問題をディリクレ問題という．具体的には次の形の*境界値問題として書き表される．
$$\begin{cases} \Delta u = 0 & (x\in D) \\ u = \psi(x) & (x\in S) \end{cases}$$

ここで $\psi(x)$ は，境界値を定める S 上の関数で，

$\Delta=\partial^2/\partial x_1^2+\cdots+\partial^2/\partial x_n^2$ である.領域 D が n 次元球 $|x|<R$ の場合,ディリクレ問題の解は*ポアソン積分を用いて与えられる.

ディリクレ問題は,自然科学や複素関数論への応用上の必要性から,19世紀に入って盛んに研究されるようになった.上で述べたように,D が球や半空間など特別のクラスの領域である場合は解の具体形が容易に求まるが,一般領域の場合には,そもそも解が存在するかどうかすら決して自明ではない.この解の存在証明のために,19世紀前半に2つのアプローチが生まれた.1つは*グリーン関数を用いて解を表示する方法であり,今1つはガウスやトムソンらによる変分原理に基づく方法で,後に*ディリクレの原理と呼ばれた.

しかしながら,一般領域におけるグリーン関数の存在は当時まだ証明されておらず,またディリクレ原理も本質的な困難をはらんでいたため,いずれも厳密な方法と呼ぶには程遠かった.これらの困難が解決されたのは,ようやく19世紀末のことである.20世紀に入ると,最大値原理に基づく*ペロンの方法と呼ばれる新しい存在証明が考案された.

今日では,グリーン関数法,ディリクレ原理,ペロンの方法は,非線形方程式を含む幅広い問題に適用できるよう一般化され,それぞれ重要な役割を演じている.さらに20世紀半ばになると,ブラウン運動を用いてディリクレ問題の解 $u(x)$ を期待値として表示できることもわかった.

なお,ディリクレ問題という呼称は,ラプラスの方程式に限らず,もっと一般の2階楕円型方程式に対する境界値問題に対して用いられることがある.例えば半線形方程式 $\Delta u+f(x,u)=0$ にディリクレ境界条件を課した境界値問題は,しばしば半線形ディリクレ問題と呼ばれる. ⇢ ノイマン問題,ポアソンの方程式

停留位相法
method of stationary phase

大きなパラメータ $t>0$ を含む*振動積分
$$F(t)=\int_{-\epsilon}^{\epsilon}e^{itf(x)}g(x)dx$$
の漸近展開を求める有力な方法である.ここで,$f(x),g(x)$ は滑らかな実数値関数とし,その台は $(-\epsilon,\epsilon)$ に含まれるとする.$f(x)$ の $x=0$ におけるテイラー近似が $f(x)=f(0)+ax^2+O(x^3)$ $(a\neq 0)$ の形であり,$x\neq 0$ に対して $f'(x)\neq 0$ ならば,$t\to\infty$ における*漸近展開

$$F(t)\sim\sqrt{\frac{\pi}{t|a|}}e^{itf(0)+(\pi i/4)\mathrm{sgn}(a)}\left(g(0)+O\left(\frac{1}{t}\right)\right)$$

が成り立つ($\mathrm{sgn}(a)=a/|a|$ は a の符号).*鞍点法において,原点を偏角 $(\pi/4)\mathrm{sgn}(a)$ の方向に通る積分路を選ぶことによって導出される.振動部分 $e^{itf(x)}$ の位相が一定となる積分路を選ぶことに相当するので,停留位相法という. ⇢ フレネル積分

停留解
stationary solution

変分問題などにおいて,汎関数の停留点(臨界点のこと)となっている解のことをいう.なお,この英語は,時間的に一様で定常な解の意味で用いられることもある.

停留点
stationary point

臨界点のこと.とくに,*汎関数の*臨界点を停留点ということが多い.

ディンキン図形
Dynkin diagram

*複素単純リー環 $\mathfrak{g}$ の*カルタン部分環 $\mathfrak{h}$(およびその双対空間 $\mathfrak{h}^*$)には*キリング形式から内積が定まり,$\mathfrak{g}$ のルート(→ ルート系)はユークリッド空間のベクトルと見なすことができる.このとき,*基本ルート $\alpha_1,\cdots,\alpha_l$ のなす角度と長さの相互関係を表すために次のような図形が用いられ,これを $\mathfrak{g}$ のディンキン図形という.

$A_l(l=1,2,\cdots)$ ∘—∘—∘ ⋯ ∘—∘ ($\alpha_1,\alpha_2,\alpha_3,\alpha_{l-1},\alpha_l$)

$B_l(l=2,3,\cdots)$ ∘—∘—∘ ⋯ ∘⇒∘

$C_l(l=3,4,\cdots)$ ∘—∘—∘ ⋯ ∘⇐∘

$D_l(l=4,5,\cdots)$ ∘—∘—∘ ⋯ ∘〈∘∘ ($\alpha_{l-2},\alpha_{l-1},\alpha_l$)

E_6 ∘—∘—∘—∘—∘ with α_4 branch

E_7 ∘—∘—∘—∘—∘—∘ with α_4 branch

E_8 ∘—∘—∘—∘—∘—∘—∘ with α_4 branch

F_4 ∘—∘⇐∘—∘

G_2 ∘⇛∘

複素単純リー環はディンキン図形と1対1に対応し,後者によって分類される.ディンキン図形は時として,特異点や複素多様体など,リー環と

直接の関係がない状況でも，組み合わせ的な構造を記述する際に現れる．→ 単純リー環

デカルト
Descartes, René

1596-1650 フランスの哲学者，数学者，自然科学者．文字式の記法を確立し，座標を導入して幾何学の問題を方程式の問題に帰着させることができることを，主著『方法序説』の付録「幾何学」の中で発表した．この「幾何学」のラテン語訳と注釈がオランダの数学者スホーテンによってなされ，その過程で*解析幾何学が誕生し普及した．

神学を中心とする中世スコラ的学問体系を破棄し，近代科学の発展が可能となる独自の哲学，科学方法論を提唱した．近代哲学，科学思想形成に果たした役割の大きさから近世哲学の父とも呼ばれる．

適切
well-posed, properly posed

アダマールの唱えた概念である．偏微分方程式の初期値問題あるいは初期境界値問題が関数空間またはその部分集合 X において適切であるとは，次が成り立つことをいう．

(1) X に属する任意の初期値に対して解が一意的に存在する．

(2) 任意の時刻 $t \geq 0$ における解の値が初期値に連続的に依存する．

これらの性質を持たない初期値問題は適切でないという．

熱方程式や波動方程式，シュレーディンガー方程式をはじめ，一般によく扱われる方程式の初期値問題や初期境界値問題は，いずれも適切である．一方，熱方程式を負の時間方向に解く問題は適切でない．また，*コーシー-コワレフスカヤの定理は上記の(1)の性質を保証するが(2)は保証しないので，そこで扱われる問題は必ずしも適切ではない．

なお，上記(1),(2)における「初期値」を「境界値」で置き換えれば，境界値問題に対する適切性の定義が得られる．例えばラプラスの方程式に対するディリクレ問題は適切であるが，ラプラスの方程式に対する初期値問題は適切でない．

これまで解析学の世界では適切な問題を中心に研究が進められ，数多くの理論的成果が得られてきたが，*逆問題のように，適切でないけれども物理的に重要な問題も少なからず存在する．適切でない問題に対する解析手法の更なる開発が，解析学における今後の課題の1つである．→ 偏微分方程式，初期値問題，初期境界値問題，一意性

適切でない
ill-posed, improperly posed → 適切

デザイン
design

一般に，デザインとは，有限集合 V において，ある規則を満たす部分集合の族 B が指定されたものをいう．例えば，(V, B) が次の2条件(1),(2)を満たすときブロック・デザインと呼び，B に属する V の部分集合をブロックという：

(1) 各ブロックの大きさは一定値 k

(2) V の任意の2つの要素に対して，それらを同時に含むブロックの個数も一定値 λ

(V, B) がブロック・デザインのとき，V の任意の要素に対してそれを含むブロックの個数は一定値 r となり，V の大きさ v，B に含まれるブロックの個数 b との間に，等式 $vr=bk$, $\lambda(v-1)=r(k-1)$ が成り立つ．

ブロック・デザインは，実験などにおいて人為的なミスを少なくして正確さを期すための実験計画(design of experiments)の方法に由来する．現在では，デザインの理論は組合せ数学の一分野をなしている．

デザルグ
Desargues, Girard

1591-1661 フランスのリヨンに生まれ，一時，技術者として働いていたが，後年になって幾何学の研究に打ち込み，芸術，建築そして遠近法に幾何学を応用した．パスカルにより才能を再評価され，デカルトとも親交があったが，その業績は長く忘れられていた．当時はデカルトの「代数的方法」が学界を風靡し，デザルグの「総合幾何学」的方法は時代遅れと見なされていたからである．しかし，1639年に発表された論文のコピーが1845年に発見され，ポンスレ(J.-V. Poncelet)が射影幾何学を創始するに至って，デザルグの業績は改めて見直されることになった．

デザルグの定理
Desargues' theorem

射影幾何学における定理の典型的な例である次の定理をいう．

「3角形 ABC と3角形 $A'B'C'$ の頂点を結ぶ直線 AA', BB', CC' が1点 O で交われば，AB

と $A'B'$ の交点 R, BC と $B'C'$ の交点 T, CA と $C'A'$ の交点 S は, 同一直線上にある」.

この逆も成立する. また, 3 角形 ABC と 3 角形 $A'B'C'$ が同一平面上にない場合でもデザルグの定理は成立する.

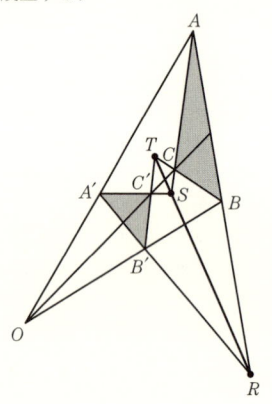

出次数
out-degree

「でじすう」と読む. → 次数

テスト関数　test function　→ 超関数

テータ関数(1 変数の)
theta function

有理関数が多項式の比で表されるように, *楕円関数を複素平面上いたるところ*正則な関数の比で表示することができる. このとき分母・分子に現れる関数がテータ関数である.

上半平面の点 τ ($\mathrm{Im}\,\tau > 0$) を固定し, $q = e^{\pi i \tau}$, $z = e^{\pi i u}$ と記す. 関数

$$\vartheta_1(u) = -i \sum_{n=-\infty}^{\infty} (-1)^n q^{(n+1/2)^2} z^{2n+1}$$

をヤコビのテータ関数という. $\vartheta_1(u)$ は u の*整数で, 擬周期性 $\vartheta_1(u+1) = -\vartheta_1(u)$, $\vartheta_1(u+\tau) = -e^{-\pi i \tau - 2\pi i u} \vartheta_1(u)$ を満たす. また $\vartheta_1(u) = 0$ となるのは $u = m + n\tau$ (m, n は整数)の場合に限る.

$f(u)$ を*基本周期 1, τ の楕円関数とし, 周期平行 4 辺形($0, 1, \tau, 1+\tau$ を頂点とする平行 4 辺形)を平行移動したものの内部における零点, 極をそれぞれ a_i, b_i ($i = 1, \cdots, N$) とする. このとき適当な定数 C と整数 m をとれば $f(u)$ は次のように「因数分解」される.

$$f(u) = C e^{-2\pi i m u} \prod_{i=1}^{N} \frac{\vartheta_1(u - a_i)}{\vartheta_1(u - b_i)}.$$

$\vartheta_1(u)$ とともに

$$\vartheta_2(u) = \sum_{n=-\infty}^{\infty} q^{(n+1/2)^2} z^{2n+1},$$

$$\vartheta_3(u) = \sum_{n=-\infty}^{\infty} q^{n^2} z^{2n},$$

$$\vartheta_4(u) = \sum_{n=-\infty}^{\infty} (-1)^n q^{n^2} z^{2n}$$

もよく用いられる. *ヤコビの楕円関数は適当な定数 a, A_1, A_2, A_3 により

$$\mathrm{sn}\,au = A_1 \vartheta_1(u)/\vartheta_4(u),$$
$$\mathrm{cn}\,au = A_2 \vartheta_2(u)/\vartheta_4(u),$$
$$\mathrm{dn}\,au = A_3 \vartheta_3(u)/\vartheta_4(u)$$

と表される.

テータ関数(多変数の)
theta function

1 変数のテータ関数は $\mathbb{C}^g$ 上の正則関数として一般化することができる. $g \times g$ 複素対称行列 τ で, その虚部 $\mathrm{Im}\,\tau$ が正定値であるものを考える.

$$\Theta(\tau, z) = \sum_{p \in \mathbb{Z}^g} \exp(\pi i p \tau^t p + 2\pi i p^t z)$$
$$(p = (p_1, \cdots, p_g),\ z = (z_1, \cdots, z_g))$$

は z に関して, $\mathbb{C}^g$ 上で広義一様絶対収束して $\mathbb{C}^g$ 上の正則関数となる. これをリーマンのテータ関数という. さらに $m = (m_1, \cdots, m_g) \in \mathbb{R}^g$, $m^* = (m_1^*, \cdots, m_g^*) \in \mathbb{R}^g$ に対して

$$\Theta_{mm^*}(\tau, z)$$
$$= \sum_{p \in \mathbb{Z}} \exp(\pi i (p+m) \tau^t (p+m)$$
$$+ 2\pi i (p+m)^t (z + m^*))$$

とおいたものをテータ指標(theta characteristic) (m, m^*) のテータ関数という. $\Theta_{mm^*}(\tau, z)$ は z に関して $\mathbb{C}^g$ 上で広義一様絶対収束して $\mathbb{C}^g$ 上の正則関数となる. $\Theta(\tau, z) = \Theta_{00}(\tau, z)$ である. $\Theta_{mm^*}(\tau, z)$ は次の形の擬周期性を持つ. $n' = (n_1', \cdots, n_g')$, $n'' = (n_1'', \cdots, n_g'') \in \mathbb{Z}^g$ に対して

$$\Theta_{mm^*}(\tau, z + n'\tau + n'')$$
$$= \exp(-\pi i (n'\tau^t n' + n''^t z) + 2\pi i (m^t n'' - n'^t m^*)) \Theta_{mm^*}(\tau, z)$$

テータ関数は 19 世紀以来現在に至るまで盛んに研究され, 種々の表示法がある. それらは変数 $z = (z_1, \cdots, z_g)$ の変換によって互いに移り合うが, 表示によって擬周期性の形が違ってくる. *アーベル関数は 2 つのテータ関数の商として表示することができる.

データ処理
data processing

収集したデータを何かの目的のために整理したり加工したりすることをいう。極めて一般的に用いられる用語である。

テータ定数
theta constant

*テータ関数(1 変数の) $\vartheta_i(u)$ で $u=0$ とおいた $\vartheta_i(0)$ をテータ定数あるいはテータ零値という。

デデキント
Dedekind, Julius Wilhelm Richard

1831-1916 ドイツの数学者。数の成り立ちについて深く考察し,実数に関する厳密な研究を行った。著書『連続性と無理数』,『数とは何か,また何であるべきか』は有名である。また数論や代数学における基礎理論の確立に貢献し,特にイデアルの概念を明確にしたことで知られる。

デデキント環　Dedekind ring　⇒ デデキント整域

デデキント整域
Dedekind domain

代数体 K の整数環 $\mathcal{O}_K$ では, 0 以外のイデアルは素イデアルの積に順序を除いて一意的に分解できる。このような性質を持つ整域をデデキント整域という。デデキント環ともいう。デデキント整域は,*整閉かつ*クルル次元が 1 のネーター整域として特徴づけることができる。*単項イデアル整域はデデキント整域である。したがって 1 変数多項式環はデデキント整域である。しかし n 変数多項式環 ($n\geq 2$) はクルル次元が n であり,デデキント整域ではない。

デデキントのエータ関数
Dedekind eta function

$$\eta(\tau) = q^{1/24} \prod_{n=1}^{\infty} (1-q^n), \quad q = e^{2\pi i \tau}$$

は上半平面 $\tau \in H$ で正則であり, $SL(2,\mathbb{Z})$ の元 $M = \begin{bmatrix} a & b \\ c & d \end{bmatrix}$ に関して

$$\eta\left(\frac{a\tau+b}{c\tau+d}\right) = \varepsilon(M)\sqrt{c\tau+d}\,\eta(\tau)$$

という変換をする。ここで $\varepsilon(M)$ は行列 M だけから一意的に決まる 1 の 24 乗根である。重さ 1/2 の*保型形式と考えることができる。

デデキントのゼータ関数
Dedekind zeta function

*リーマンのゼータ関数 $\zeta(s)$ の代数体版。
代数体 K の整数環 $\mathcal{O}_K$ のイデアル $\mathfrak{a}$(イデアル (0) は除く)についての和

$$\zeta(s,K) = \sum_{\mathfrak{a}} \frac{1}{N(\mathfrak{a})^s}$$

をデデキントのゼータ関数という。ここに $N(\mathfrak{a})$ は,*剰余環 $\mathcal{O}_K/\mathfrak{a}$(有限集合になる)の元の個数である。$K=\mathbb{Q}$ なら, $\zeta(s,K)=\zeta(s)$。$\zeta(s,K)$ は $\mathrm{Re}\,s>1$ で絶対収束し,$\zeta(s)$ の*オイラー積表示に類似した積表示

$$\zeta(s,K) = \prod_{\mathfrak{p}} \frac{1}{1-N(\mathfrak{p})^{-s}}$$

(ここに $\mathfrak{p}$ は $\mathcal{O}_K$ の素イデアル(素イデアル (0) は除く)を動く)を持ち,また複素平面全体に*有理型関数として解析接続できる。

デデキントの切断
Dedekind's cut

有理数の集合を*完備化して実数を構成する方法の 1 つである。

数直線を 2 つの部分に切り分け,それぞれに含まれる有理数全体 A, B を考えたものがデデキントの切断である。すなわち,有理数全体の集合 $\mathbb{Q}$ の部分集合の組 (A,B) であって,
(1) $A\neq\varnothing, B\neq\varnothing$
(2) $\mathbb{Q}=A\cup B$
(3) $a\in A, b\in B$ ならば $a<b$

を満たすものをデデキントの切断と呼ぶ。

実数 x に対して,x 以下の有理数全体を A_x, x より大きい有理数全体を B_x とおくと,(A_x,B_x) はデデキントの切断である(x より小さい有理数全体を A'_x, x 以上の有理数全体を B'_x とおいても,(A'_x,B'_x) はデデキントの切断である)。

逆に任意のデデキントの切断 (A,B) に対して,$(A,B)=(A_x,B_x)$ または $(A,B)=(A'_x,B'_x)$ であるような実数 x が存在する(これは実数の完備性の帰結である)。

デデキントの切断はエウドクソスによる古代の比の理論(→ ユークリッドの『原論』)のアイデアをもとにしている。

デデキントの判別定理
Dedekind's discriminant theorem

素数 p が有限次代数体 K で*分岐するための必要十分条件は p が K の*判別式 D_K を割り切

ることである．これをデデキントの判別定理という．例えば $K=\mathbb{Q}(\sqrt{3})$ の判別式は 12 であり（→判別式（代数体の）），$\mathbb{Q}(\sqrt{3})$ で分岐する素数は 2 と 3 である．

デュボア・レイモンの補題
du Bois Reymond's lemma

区間 $[a,b]$ 上の連続関数 $f(x)$ は，もし任意の連続関数 $h(x)$ との積の積分（→定積分）$\int_a^b f(x)h(x)dx$ が 0 ならば，恒等的に 0 となる．このとき，さらに $h(a)=h(b)=0$ と仮定してもよい．これをデュボア・レイモンの補題といい，変分問題における*オイラー-ラグランジュの方程式の導出などの基礎となる．なお，さらに $h(x)$ が*滑らかと仮定しても，また多項式と仮定しても同じ結論が得られる．また，$f(x)$ も*積分可能であればよい．多次元でも同様のことがいえる．

デルタ関数
delta function

時刻とともに媒質中に拡散していく一定量の物質分布を考えると，全質量が 1 点 $x=a$ に集中していた初期状態において，その分布関数 $\delta(x-a)$ は $(x-a)\delta(x-a)=0$ かつ
$$\int_{-\infty}^{\infty} \delta(x-a)f(x)dx = f(a)$$
を満たすと考えられる．関数 $\delta(x-a)$ は量子力学の記述に際し，物理学者ディラック(P. A. M. Dirac)が導入したもので，$x=a$ に台を持つデルタ関数と呼ばれる．同様に多変数のデルタ関数も考えることができ，$\delta(x_1-a_1)\cdots\delta(x_n-a_n)$（略記して $\delta(x-a)$）で表す．古典解析学の関数概念ではこのような関数を捉えることはできないが，現在では*超関数の概念により数学的な合理化がなされている．→超関数

デロスの問題
Deros' problem

*立方体倍積問題のこと．→作図問題

これをデロスの問題という理由は，次の古代ギリシアの伝説にもとづく．

ギリシアのデロス島では，長く伝染病に悩まされていた．神託によれば，祭壇を今の 2 倍の体積にせよとの命令であり，ある大工が 1 辺の長さを 2 倍にすることにより新しい祭壇を作った．神はこの大工の無知に怒り，伝染病は収まる気配はなかった．プラトンは，この伝説を聞いて，立方体の倍積問題を考えたといわれる．

デロネー 3 角形分割
Delaunay triangulation

平面上に点 $P_1, P_2, \cdots, P_n$ が与えられたとき，その凸包（多角形領域）を 3 角形領域に分割することを考える．ただし，それぞれの 3 角形領域の頂点は与えられた点の中から選ぶものとする．デロネー 3 角形分割は，3 点 P_i, P_j, P_k を通る円がその内部に他の点 P_l を含まないときに $\triangle P_i P_j P_k$ が選ばれているような 3 角形分割である．点 P_i の座標を (x_i, y_i) とするとき，新たに z 軸を導入して 3 次元空間の点 $Q_i=(x_i, y_i, x_i^2+y_i^2)$ ($i=1, 2, \cdots, n$) を考えると，点 $Q_1, Q_2, \cdots, Q_n$ の凸包の z 軸に関する下側境界を xy 平面に正射影したものは，$P_1, P_2, \cdots, P_n$ に対するデロネー 3 角形分割に一致する．デロネー 3 角形分割と*ボロノイ図は双対の関係にあり，デロネー 3 角形分割において P_i と P_j を結ぶ辺が存在するのは，ボロノイ図において P_i と P_j の勢力圏が隣り合っているときである．デロネー 3 角形分割は，最小角が最大となるような 3 角形分割となっており，有限要素法などにおける領域分割に利用される．

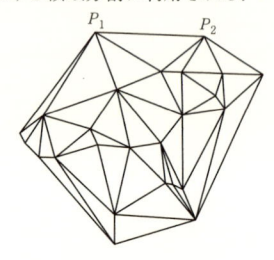

点
point

集合を幾何学的対象（図形）とみなしたとき，その要素を点と呼ぶ．

ギリシア時代のユークリッド幾何学の公理系においては，点とは部分のないものと定義されたが，この定義はヒルベルトらによる現代の公理系では，数学的な意味での定義にならないとして捨てられ，点は*無定義用語とされた．

添加（体の）
adjoin

体 K と K に含まれない数 α を含む最小の体を $K(\alpha)$ と記し，体 K に α を添加してできる体という．$K(\alpha)$ は，K の元と α を使って四則演算

によって表されるもの全体のなす体である．α が K 上*代数的であれば α の K 上の*最小多項式の次数を n とすると $K(\alpha)=\{a_0+a_1\alpha+a_2\alpha^2+\cdots+a_{n-1}\alpha^{n-1}\mid a_i\in K\}$ と書ける．一方 α が K 上*超越的であれば $K(\alpha)$ は α を変数とする K 上の 1 変数有理関数体となる．

複数個の元 $\alpha_1,\alpha_2,\cdots,\alpha_n$ を K に添加して得られる体 $K(\alpha_1,\cdots,\alpha_n)$ は K と $\alpha_1,\cdots,\alpha_n$ を含む最小の体である．これは K に α_1 を添加し，次に $K(\alpha_1)$ に α_2 を添加し，この操作を α_n の添加まで続けて得られる体と一致する．

展開
development, expansion

多項式の積を単項式の和の形に表すことをいう．また関数を無限級数に書き表すことを指していうこともある．⇒ テイラー展開，フーリエ級数，ローラン展開

展開環(リー環の)　enveloping algebra ＝ 包絡環(リー環の)

展開係数
expansion coefficient

関数 $f(x)$ の*べき級数展開 $\sum_{n=0}^{\infty}a_nx^n$ や*フーリエ展開 $a_0+\sum_{n=1}^{\infty}(a_n\cos nx+b_n\sin nx)$ などに現れる定数 a_n,b_n のことを n 次の展開係数という．とくに，a_0 は定数項ともいう．⇒ ローラン展開，母関数，固有関数展開

点過程
point process

ある空間上の有限個または無限個の粒子または点の配置 $X=\{x_i\}$ を状態としてもつ確率過程をいう．空間が実直線の場合は，粒子配置を，階段関数 $N(t)=$(区間 $(0,t]$ にある粒子数) $(t>0)$; $=-$(区間 $(t,0]$ にある粒子数) $(t\leqq 0)$ を用いて表すことが多い．*ポアソン過程が代表例であり，とくに点過程であることを強調するときはポアソン点過程という．

電磁波
electro-magnetic wave

電荷と電流が存在しない領域では，*マクスウェルの方程式から簡単な計算により，電場と磁場(→電磁場)は*波動方程式

$$\left(\Delta-c^{-2}\frac{\partial^2}{\partial t^2}\right)\boldsymbol{E}=0,\ \left(\Delta-c^{-2}\frac{\partial^2}{\partial t^2}\right)\boldsymbol{B}=0$$

(c は定数)を満たすことが確かめられる．例えば，正弦波
$$\boldsymbol{E}(\boldsymbol{x},t)=\boldsymbol{E}_0\sin(\omega t-\boldsymbol{k}\cdot\boldsymbol{x}),$$
$$\boldsymbol{B}(\boldsymbol{x},t)=\boldsymbol{B}_0\sin(\omega t-\boldsymbol{k}\cdot\boldsymbol{x})$$
は，$\omega\boldsymbol{B}_0=\boldsymbol{k}\times\boldsymbol{E}_0$, $\omega\boldsymbol{E}_0=-c^2\boldsymbol{k}\times\boldsymbol{B}_0$ のとき(のみ)マクスウェル方程式の解となる．ここで，ω は振動数，$\boldsymbol{k}$ は 3 次元定ベクトル，$\cdot$ は内積，$\times$ はベクトル積を表す．これは，この波の進行方向 $\boldsymbol{k}$ と $\boldsymbol{E},\boldsymbol{B}$ が互いに直交し，しかも進行速度 $\omega/|\boldsymbol{k}|$ が c に等しいことを意味している．すなわち，c の速さで進む*横波である．マクスウェルは，この事実に基づいて電磁波の存在を予言し，その後1888年にヘルツにより，その存在が確かめられた．

電磁場
electro-magnetic field

時間とともに変化する電場や磁場では，電場の変化が磁場を生み，磁場の変化が電場を生む．また，座標変換(ローレンツ変換)を行うと，磁場と電場は混ざり合って変換される．このように，電場と磁場は一体として扱う必要がある．これを電磁場という．電場を $\boldsymbol{E}(x,y,z,t)=(E_1,E_2,E_3)$, 磁場を $\boldsymbol{B}(x,y,z,t)=(B_1,B_2,B_3)$ とすると，電磁場は 4 次元時空(ミンコフスキー空間)の 2 次*微分形式
$$E_1dx\wedge dt+E_2dy\wedge dt+E_3dz\wedge dt$$
$$+B_1dy\wedge dz+B_2dz\wedge dx+B_3dx\wedge dy$$
とみなすことができる．

点集合論　general topology　⇒ 位相空間論

点スペクトル
point spectrum

平面上の*ラプラス作用素 $\Delta=\partial^2/\partial x^2+\partial^2/\partial y^2$ に対して，*固有値問題，すなわち，$\Delta f=\lambda f$ なる 0 でない関数 f が存在するような λ を求める問題を考える．周期 2π を持つ周期関数の範囲で考えると，$f=e^{i(nx+my)}\ (n,m\in\mathbb{Z})$ に対応して $\lambda=-(n^2+m^2)$ はとびとびの値のみが可能である．一方，f として $\mathbb{R}^2$ 上の関数を考えると，$f=e^{i(k_1x+k_2y)}\ ((k_1,k_2)\in\mathbb{R}^2)$ に対応して，$\lambda=-(k_1^2+k_2^2)$ は 0 以下のすべての実数値をとり得る．前者のような場合 λ を離散スペクトルまたは点スペクトル，後者の場合を連続スペクトルという．

スペクトルの概念は，正確にはヒルベルト空間（ないしバナッハ空間）H 上の，稠密な定義域をもつ線形作用素 A に対して定義される．$Af=\lambda f$ なる 0 でない $f \in H$ が存在するような λ，すなわち固有値を点スペクトルと呼ぶ．

スペクトルにはこの他連続スペクトルおよび剰余スペクトルと呼ばれるものがあるが，A が*自己共役作用素の場合は点スペクトルと連続スペクトルのみである．→スペクトル，レゾルベント，単位の分解

テンソル
tensor

ベクトル場，微分形式などの量は，座標を定めると，いくつかの添え字の付いた関数の組で表され，また座標変換を行ったときのこれらの関数の組は，ヤコビ行列の成分を用いた一定の変換法則に従って変化する．このような量をテンソルあるいはテンソル場と呼ぶ．

局所座標系 $(x^1,\cdots,x^n)$ を定めるごとに，$A_{i_1\cdots i_k}(1 \leq i_1,\cdots,i_k \leq n)$ なる関数の族が定まっており，別の局所座標系 $(y^1,\cdots,y^n)$ に対して定まる関数の族を $B_{j_1\cdots j_k}$ としたとき，

$$B_{j_1\cdots j_k} = \sum_{i_1,\cdots,i_k=1}^{n} A_{i_1\cdots i_k} \frac{\partial x^{i_1}}{\partial y^{j_1}} \cdots \frac{\partial x^{i_k}}{\partial y^{j_k}} \tag{1}$$

なる関係が成り立つものを，k 階の共変テンソル，または $(0,k)$ 型のテンソルという．また $A_{i_1\cdots i_k}$ を座標系 $(x^1,\cdots,x^n)$ に関する成分と呼ぶ．また，

$$B^{j_1\cdots j_l}$$
$$= \sum_{i_1,\cdots,i_l=1}^{n} A^{i_1\cdots i_l} \frac{\partial y^{j_1}}{\partial x^{i_1}} \cdots \frac{\partial y^{j_l}}{\partial x^{i_l}}$$

が成り立つとき l 階の反変テンソルまたは $(l,0)$ 型のテンソルといい，$A^{i_1\cdots i_l}$ をその成分という．共変と反変の混ざった (l,k) 型混合テンソル $A^{j_1\cdots j_l}_{i_1\cdots i_k}$ も考えられる．

例えば，(n 次元ユークリッド空間上の)*リーマン計量を $ds^2 = \sum g_{ij}dx^i dx^j$ としたとき，g_{ij} が $(0,2)$ 型テンソルであることは次のようにしてわかる．g_{ij} は曲線 $l(t)=(l^1(t),\cdots,l^n(t))$ に対して，その長さ L を

$$L = \sum_{i,j} \int g_{ij} \frac{dl^i}{dt} \frac{dl^j}{dt} dt$$

で定める．座標変換 $y^i = y^i(x^1,\cdots,x^n)$ を行うと，曲線は $m(t)=(m^1(t),\cdots,m^n(t))$，$m^i(t)=$ $y^i(l^1(t),\cdots,l^n(t))$ に変わる．ここで

$$h_{ab} = \sum_{i,j} \frac{\partial x^i}{\partial y^a} \frac{\partial x^j}{\partial y^b} g_{ij} \tag{2}$$

と定めると，

$$L = \sum_{a,b} \int h_{ab} \frac{dm^a}{dt} \frac{dm^b}{dt} dt$$

が成り立つ．g_{ij} の座標変換に関する変換法則(2)は(1)の $k=2$ の場合であるから，g_{ij} は $(0,2)$ 型テンソルである．

ベクトル場は反変テンソル($(1,0)$ 型テンソル)，微分形式は共変テンソルの例である．また，慣性テンソルは $(1,1)$ 型テンソル，曲率テンソルは $(1,3)$ 型テンソルである．

テンソルは成分ごとに掛ける，足すなどのさまざまな演算が可能で，同じ型のテンソルを足すことができる．テンソルに関数(スカラー)を掛けたものは同じ型のテンソルである．さらに，(l,k) 型のテンソルと (l',k') 型のテンソルを成分ごとに掛けると，$(l+l',k+k')$ 型のテンソルになる．そのほか*縮約，*添え字の上げ下げ，などの演算がある．また，*共変微分，*リー微分などの微分演算が可能である．→テンソル解析

テンソルは各点 p に多様体 M の*接空間 $T_p(M)$ および*余接空間 $T_p^*(M)$ の間のテンソル積の元を対応させる対応とみなせる(→テンソルとテンソル積)．

テンソルは数学のみならず物理学，工学など自然科学の広い分野で重要な手段である．

テンソル解析
tensor analysis

*テンソル場の微分積分法のことである．共変微分などの，種々の計算を行う．共変微分の順番を入れ替えると，その差として曲率が現れる．テンソル解析は微分幾何学の基本的な技法であると同時に，一般相対性理論を含む，数理科学の諸分野で広く使われる．

テンソル積
tensor product

n 次元ベクトル空間 V と m 次元ベクトル空間 W のテンソル積は，V の基底を $(e_1,\cdots,e_n)$，W の基底を $(f_1,\cdots,f_m)$ とするとき，$e_i \otimes f_j$ ($1 \leq i \leq n, 1 \leq j \leq m$) を基底とする nm 次元のベクトル空間であり $V \otimes W$ と書かれる．例えば V が n 次の縦ベクトルのなすベクトル空間，W を m 次の横ベクトルのなすベクトル空間とすると，テン

ソル積 $V \otimes W$ は $n \times m$ 行列の全体がなすベクトル空間と同型である．

e'_α, f'_β を V, W の別の基底とし，e_i, f_j との関係が，$e'_\alpha = \sum_i A^i_\alpha e_i, f'_\beta = \sum_j B^j_\beta f_j$ で与えられたとき，

$$e'_\alpha \otimes f'_\beta = \sum_{i,j} A^i_\alpha B^j_\beta e_i \otimes f_j \quad (*)$$

なる関係が成り立つ．

3つ以上のベクトル空間の間のテンソル積も同様に定義される．すなわち，n_γ 次元のベクトル空間 V_γ ($\gamma = 1, \cdots, N$) があって，V_γ の基底を $e_1^{(\gamma)}, \cdots, e_{n_\gamma}^{(\gamma)}$ とするとき，テンソル積 $V_1 \otimes \cdots \otimes V_N$ の基底は，$e_{i_1}^{(1)} \otimes \cdots \otimes e_{i_N}^{(N)}$ ($i_\gamma = 1, \cdots, n_\gamma$) である．また，基底の間の変換 $e'^{(\gamma)}_\alpha = \sum_\alpha A^{(\gamma)i}_\alpha e_i^{(\gamma)}$ に対する，$(*)$ の一般化は次の式で与えられる．

$$e'^{(1)}_{\alpha_1} \otimes \cdots \otimes e'^{(N)}_{\alpha_N}$$
$$= \sum_{i_1, \cdots, i_N} A^{(1)i_1}_{\alpha_1} \cdots A^{(N)i_N}_{\alpha_N} e_{i_1}^{(1)} \otimes \cdots \otimes e_{i_N}^{(N)}$$

以上の定義はベクトル空間の基底の取り方に依存している．基底を用いないでテンソル積を定義するには，以下のように*普遍写像性を用いる．基底の変換法則 $(*)$ もその立場からみると意味が明瞭になる．

ベクトル空間 $V \otimes W$ が（より正確には $(V \otimes W, G)$ が），ベクトル空間 V, W のテンソル積であるとは，次の性質が成り立つことを指す．

(1) G は直積 $V \times W$ から $V \otimes W$ への*双線形写像である．

(2) 直積 $V \times W$ からベクトル空間 Z への双線形写像 $F: V \times W \to Z$ をどのように与えても，下の図式を可換にする（すなわち，$f \circ G = F$ なる）線形写像 $f: V \otimes W \to Z$ がただ1つ存在する．

$$\begin{array}{ccc} V \times W & \xrightarrow{G} & V \otimes W \\ & F \searrow & \downarrow f \\ & & Z \end{array}$$

(1), (2) を満たす $(V \otimes W, G)$ は，同型を除いてただ1つ決まることが知られている．

最初の定義による $V \otimes W$ が (1), (2) を満たすことは，$G(e_i, f_j) = e_i \otimes f_j$ を双線形に拡張することによって，双線形写像 $G: V \times W \to V \otimes W$ が定まり，また，$F(e_i, f_j) = z_{ij}$ のとき，$f(e_i \otimes f_j) = z_{ij}$ を線形に拡張することによって線形写像 $f: V \otimes W \to Z$ がただ1つ定まることからわかる．

V_1, W_1, V_2, W_2 をベクトル空間，$A_i: V_i \to W_i$ ($i = 1, 2$) を線形写像とする．$(x, y) \mapsto A_1 x \otimes A_2 y$ は $V_1 \times W_1 \to V_2 \otimes W_2$ なる双線形写像を定めるので，線形写像 $V_1 \otimes W_1 \to V_2 \otimes W_2$ が定まる．これを $A_1 \otimes A_2$ と書き A_1 と A_2 のテンソル積という．

V, W が体 k 上のベクトル空間であるとき，そのテンソル積を $V \otimes_k W$ とも記す．

以上の普遍写像性によるテンソル積の定義は，環 R 上の R 加群のテンソル積にそのまま拡張される．R 加群 V と W のテンソル積は，$V \otimes_R W$ または $V \otimes W$ と記す．一般の環上のテンソル積はベクトル空間のテンソル積より複雑である．例えば，$\mathbb{Z}/m\mathbb{Z}, \mathbb{Z}/n\mathbb{Z}$ を $\mathbb{Z}$ 上の加群とみなすと，そのテンソル積 $(\mathbb{Z}/m\mathbb{Z}) \otimes (\mathbb{Z}/n\mathbb{Z})$ は，$\mathbb{Z}/l\mathbb{Z}$ である．ここに，l は m と n の最大公約数である．

n 個のベクトル空間 $V_1, \cdots, V_n$ のテンソル積 $V_1 \otimes \cdots \otimes V_n$ も普遍写像性を使って同様に定義することができる．特に $V_1 = \cdots = V_n = V$ のとき，このテンソル積を $V^{\otimes n}$ と略記することが多い．

非可換環 R 上の加群に対するテンソル積も同様に定まるが，左加群と右加群の区別に注意する必要がある．例えば，右 R 加群 V と左 R 加群 W のテンソル積 $V \otimes_R W$ が定まり，アーベル群である．さらに，V が両側 R 加群（左 R 加群かつ右 R 加群で，$(rx)r' = r(xr')$ が任意の $r, r' \in R$, $x \in V$ に対して成り立つ）であると，テンソル積 $V \otimes_R W$ は左 R 加群になる．群 G の部分群 H に対して，*群環 $k[G]$ は両側 $k[H]$ 加群であるので，任意の左 $k[H]$ 加群 W に対して左 $k[H]$ 加群 $k[G] \otimes_{k[H]} W$ が定まり，さらに $k[G]$ 加群になる（ここで k は可換体）（→ 誘導表現）．

テンソル代数
tensor algebra

L を体 F 上のベクトル空間とする．$T(L) = F \oplus L \oplus (L \otimes L) \oplus (L \otimes L \otimes L) \oplus \cdots$ は $\otimes$ を積と見ることで，F 上の*代数になる．$T(L)$ を L に伴うテンソル代数という．

テンソルとテンソル積
tensor and tensor product

接空間とその双対ベクトル空間を考え，それらのいくつかのコピーのテンソル積をとる．各点にこのテンソル積の元を対応させる対応が，*テンソルである．このように考えると，座標による表示を用いないテンソルの定義が得られる．

多様体 M と $p \in M$ に対して，接空間 $T_p(M)$ を

考える．$T_p(M)^{\otimes k}$ を $T_p(M)$ の k 個のテンソル積 $T_p(M) \otimes \cdots \otimes T_p(M)$ とする．また，$T_p^*(M)$ を $T_p(M)$ の*双対ベクトル空間とし，その m 個のテンソル積を $T_p^*(M)^{\otimes m}$ と記す．この 2 つのテンソル積 $T_p(M)^{\otimes k} \otimes T_p^*(M)^{\otimes m}$ をとる．各点 p に対して，$T_p(M)^{\otimes k} \otimes T_p^*(M)^{\otimes m}$ の元を対応させる対応を，(k, m) 型のテンソルと呼ぶ．

点 p の周りで多様体 M の局所座標系 $(x^1, \cdots, x^n)$ を定めると，$T_p(M)$ の基底 $\partial/\partial x^i$ が決まる．これから定まる $T_p^*(M)$ の*双対基底を dx^i と書く．すると，$T_p(M)^{\otimes k} \otimes T_p^*(M)^{\otimes m}$ の基底 $(\partial/\partial x^{i_1}) \otimes \cdots \otimes (\partial/\partial x^{i_k}) \otimes dx^{j_1} \otimes \cdots \otimes dx^{j_m}$ が定まる．この基底を用いて，$T_p(M)^{\otimes k} \otimes T_p^*(M)^{\otimes m}$ の元が

$$A = \sum_{i_1 \cdots i_k, j_1 \cdots j_m} A^{i_1 \cdots i_k}_{j_1 \cdots j_m} \frac{\partial}{\partial x^{i_1}} \otimes \cdots \otimes \frac{\partial}{\partial x^{i_k}} \otimes dx^{j_1} \otimes \cdots \otimes dx^{j_m}$$

と表されるとき，$A^{i_1 \cdots i_k}_{j_1 \cdots j_m}$ が (k, m) 型テンソルの成分である．

点対称

point symmetry

平面図形 A が 1 点 P に関して対称（あるいは点対称）であるとは，P を中心とした 180 度回転で A が不変なことをいう．P が原点 $(0,0)$ のとき A が点対称であるのは，変換 $(x, y) \mapsto (-x, -y)$ に関して A が不変であるときである．

P を中心として A を 180 度回転した図形を B とすると，A と B は点 P に関して（点）対称であるという．→ 対称（原点に関して）

天体力学

celestial mechanics

天体の運動のうち，重力以外のものを無視して，ニュートンの運動法則と万有引力の法則に従う運動を研究する分野を天体力学という（これに対して，例えば恒星の核融合反応なども考える場合を天体物理学という）．数学的には常微分方程式の問題に帰着する．天体力学は，常微分方程式の研究の発達の重要な動機となった．太陽と 1 惑星，地球と月などの 2 体問題（→ ケプラーの法則）は厳密に解くことができるが，*3 体問題は，特殊な場合を除いて，その解を既知の関数で表すことができない．

惑星の運動をはじめ，彗星や人工衛星などの運動の研究も天体力学の一部である．コンピュータを利用した数値的な近似計算なども行われている．

伝達関数

transfer function

線形な*ダイナミカル・システムの入力と出力の間の関係を周波数領域（*ラプラス変換の世界）で記述する関数である．時間 t の関数である入力 $u(t)$ と出力 $y(t)$ のラプラス変換をそれぞれ $\hat{u}(s), \hat{y}(s)$ とするとき，$\hat{y}(s) = G(s)\hat{u}(s)$ を満たす $G(s)$ が伝達関数である．通常，$G(s)$ は変数 s に関する実数係数の有理式である．入力や出力が多変数の場合には，$\hat{u}(s)$ や $\hat{y}(s)$ はベクトルであり，$G(s)$ は有理式を要素とする行列となる．

転置行列

transposed matrix

(m, n) 型行列

$$A = \begin{bmatrix} a_{11} & a_{12} & \cdots & a_{1n} \\ a_{21} & a_{22} & \cdots & a_{2n} \\ \vdots & \vdots & \cdots & \vdots \\ a_{m1} & a_{m2} & \cdots & a_{mn} \end{bmatrix}$$

に対して，その転置行列 ${}^tA$ を

$${}^tA = \begin{bmatrix} a_{11} & a_{21} & \cdots & a_{m1} \\ a_{12} & a_{22} & \cdots & a_{m2} \\ \vdots & \vdots & \cdots & \vdots \\ a_{1n} & a_{2n} & \cdots & a_{mn} \end{bmatrix}$$

として定義する．すなわち，${}^tA$ の (i, j) 成分は，A の (j, i) 成分に等しい．${}^tA$ は，(n, m) 型である．転置行列 ${}^tA$ は A^{T} と書かれることも多い．→ 双対ベクトル空間

転置写像　transposed mapping　→ 双対ベクトル空間

テント写像

tent map

関数 $f(x) = cx$ $(0 \leqq x \leqq 1/2)$; $= c(1-x)$ $(1/2 \leqq x \leqq 1)$ はテント型のグラフを持ち，$1 < c \leqq 2$ のとき，単位区間上の変換 $f: [0,1] \to [0,1]$ は，カオスの代表例を与える．これをテント写像と愛称する．

電場

electric field

電荷を帯びた物体どうしには力が働くが，これを一方の電荷を帯びた物体が空間の状態を変化させ，この変化した空間の状態が他方の電荷を帯びた物体に力を及ぼすと考える．この「空間の変化

した状態」が電場(または電界)である.

電場 E は*ベクトル場である. 電荷 e を帯びた微小な物体を 1 点 x に置いたとき, 電場から受ける力は, $eE(x)$ である.

また, 1 点 x_0 に置いた電荷 e を持つ微小な物体が作る電場は

$$E(x) = \frac{e}{4\pi\varepsilon_0} \frac{x - x_0}{|x - x_0|^3}$$

である. 時間的に変化しない電場を静電場という. 静電場は rot $E=0$ を満たし, *スカラーポテンシャル(すなわち電位) φ を用いて, $E = -\mathrm{grad}\,\varphi$ と表される. $\Rightarrow$ 電磁場, マクスウェルの方程式

電流
electric current

電荷の流れを電流という. 質量の流れの場合の密度関数と同様に電荷密度が定まる. また, 質量の流れの場合の*速度ベクトルと密度関数の積の類似が, 電流密度 $j(t, x)$ である(ここで t, x はそれぞれ時間および空間座標を指す). 電荷密度 ρ と電流密度が時間によらないとき, 定常電流と呼ばれる. 一般には*連続の方程式 $\partial\rho/\partial t + \mathrm{div}\,j = 0$ が成立する.

点列
sequence of points, point sequence

ユークリッド空間 $\mathbb{R}^n$ (あるいは距離空間, 位相空間など)の中の点からなる列のこと.

点列コンパクト
sequentially compact

位相空間 X の元からなる任意の点列が, 収束部分列を持つとき, 位相空間 X は点列コンパクトであるという.

距離空間など多くの位相空間では, 点列コンパクトであることと, コンパクトであることは同値である.

点列コンパクト性とコンパクト性の差は, 点列コンパクト性の定義では, 列という可算個の元からなるものの性質しか見ていない点である. したがって, より一般の位相空間を考える場合には, 時として, 可算個でない元からなる列と同様な概念が必要である. ムーア-スミス収束, フィルターなどという概念が, それに当たる. $\Rightarrow$ コンパクト(集合あるいは位相空間が)

ト

トイ・モデル
toy model

研究者にとってのおもちゃ. 数学や理論物理学などで, ある問題意識の下で, その本質を具現しかつ簡単で詳しく解析できて, 研究者として発見をし遊べる例. さらにはそこからの知見がその後の研究の進展あるいは分野の形成に大きく貢献することもある. 例えば, 平衡統計力学におけるイジング模型. 幾何学者にとっては, 円板や上半平面は歴史上新しい問題意識が生まれるたびに使われたトイ・モデルである. 研究を志向する学生諸君にとっては, もし簡単な例をトイ・モデルと認識できれば, ほとんどの場合その研究は成功する. なお, おもちゃのように簡単で深味のないという否定的な意味でトイ・モデルということもある.

同一視
identification

2 つの数学的対象の間に自然な 1 対 1 の対応 $A \leftrightarrow A'$ が定まっているとき, この 2 つを区別せず同じもののように扱うことがしばしばある. このような場合に, 「A を A' と同一視する」という.

例えば, 1 変数関数 $f(x)$ に対して, そのグラフ $\{(x, f(x)) \mid x \in \mathbb{R}\}$ を考えることで, f を与えることと, 平面の曲線 $C \subset \mathbb{R}^2$ で各 $a \in \mathbb{R}$ に対して, $C \cap \{(a, y) \mid y \in \mathbb{R}\}$ が 1 点であるものを与えることは, 同値である. このような場合に, 関数をそのグラフと同一視するという.

また, 同値関係による商集合をとる操作を, 同一視という言葉を使って, 以下の例のように表すことがある.

「*幾何ベクトルのなすベクトル空間とは, *有向線分全体の集合で, 平行移動で移りあうものどうしを同一視したものである」. 「*2 乗可積分関数全体の集合で, *ほとんどいたるところ等しい関数を同一視したものが, *L^2 空間である」.

現代数学では, 概念の上に概念を積み重ねる操作を繰り返すので, 適切な同一視を行わないと, 記述が煩雑になり理解が困難になる.

同位の無限小　infinitesimal of the same order　→ 高位の無限小

等位面
level surface

n 変数の関数 $f(x_1,\cdots,x_n)$ と数 a に対して，集合 $f^{-1}(a)=\{(x_1,\cdots,x_n)\,|\,f(x_1,\cdots,x_n)=a\}$ を等位面と呼ぶ．f が微分可能で，$f^{-1}(a)$ 上に f のすべての偏微分が消える点（臨界点と呼ぶ）がなければ，この等位面は $n-1$ 次元の多様体になる（→ 陰関数定理，部分多様体）．

多様体 M 上の関数 $f:M\to\mathbb{R}$ についても等位面 $f^{-1}(a)$ を考えることができる．$f^{-1}(a)$ が臨界点を含むとき，$a_1<a<a_2$ なる a_1,a_2 に対して，2 つの等位面 $f^{-1}(a_1),\,f^{-1}(a_2)$ の様子は大きく変わることがある．多様体上に与えられた関数の等位面の様子を調べることによって，多様体の位相構造を研究することができる（→ モース理論）．

等温座標
isothermal coordinates

曲面 M の局所座標 (x,y) で，それによる第 1 基本形式（リーマン計量の局所表示）が，
$$ds^2 = \lambda(x,y)(dx^2+dy^2)$$
となるものを等温座標という．任意の曲面は等温座標を持つ．等温座標どうしの変換は角度を保つ．また，等温座標 (x,y) に対して，$z=x+iy$ とおくと，等温座標の間の向きを保つ座標変換は，正則関数である．

等角写像　conformal mapping　＝共形写像

等角的同値　conformally equivalent　＝共形同値，正則同型

等確率
equiprobability

*確率が等しく一様であること．とくに，すべての*根元事象が等しい確率で起こること，あるいはそのときの確率のことをいう．事象が等しい確率で起こると想定して確率をきめることをいい，ベルヌーイの原理ともいう．

等化写像
identification map

集合 X 上に*同値関係 ~ が与えられたとし，*商集合 $X/\sim$ を考える．$x\in X$ に対して，その*同値類である $X/\sim$ の元 $\overline{x}$ を対応させる X から $X/\sim$ への写像 $x\mapsto\overline{x}$ を等化写像という．*標準写像ともいう．

導関数
derivative

開区間 (a,b) で微分可能な関数 $f(x)$ に対して，点 c での微分係数は
$$f'(c)=\lim_{h\to 0}\frac{f(c+h)-f(c)}{h}$$
で定義される．対応 $c\mapsto f'(c)$ を (a,b) 上の関数と見て $f'(x)$ で表し，$f(x)$ の導関数という．

撞球
billiards

撞球，つまり，玉突きは古典統計力学の最も簡単化したモデルと考えられ，20 世紀初頭より，多くの数学者や物理学者により研究されてきた．最も詳しく研究されているのは，2 次元トーラス上に 2 個の円板の形の粒子が互いに完全弾性衝突を繰り返す場合である．まずその重心の運動はトーラス上の慣性運動（測地流）であり，そのポアンカレ写像は*ワイル変換であって，傾きが有理数か無理数かに応じて周期運動または稠密でエルゴード的な運動となる．2 粒子の相対運動を考えると，トーラス上で，円板の外壁で完全弾性反射される質点の運動となり，シナイ (Y. G. Sinai) によりその*エルゴード性（*コルモゴロフ系であることも）が証明された．楕円内の撞球は可積分系となるのに対して，スタジアム（運動場のトラックのように，2 つの半円を 2 線分でつないだもの）内の撞球問題はコルモゴロフ系である．

撞球問題
billiard problem

玉突き（ビリヤード）は，壁および相互に完全弾性衝突する粒子からなる多体系の古典力学の典型例である．統計力学における*エルゴード問題の理論的な実験場となり，数学的な研究に本質的な諸課題を提供してきた．さまざまなモデルがあるが，例えば，長方形あるいは楕円の内部での 1 体の撞球問題は*エルゴード的でないが，*ワイル変換に帰着される 2 次元トーラス上の 2 体問題は，20 世紀初頭にエルゴード性が初めて検証された例である．ただし，*混合性は持たない．また，シナイ (Y. G. Sinai) たちにより研究されたスタジアム（運動場のトラックのように，2 つの半円を線分でつな

いだ図形)の内部での撞球問題はエルゴード性や高い混合性を持つ. 直線上の無限粒子系もエルゴード性, さらに*ベルヌーイ性が検証されているが, 多次元の完全弾性衝突する無限粒子系のエルゴード問題は, 19世紀のボルツマン(L. Boltzmann)の気体分子運動論以来の未解決問題である.

等距離写像
isometry

距離空間 (X,d) から (Y,ρ) への写像 f が, 等式 $\rho(f(x_1), f(x_2))=d(x_1,x_2)$ $(x_1,x_2 \in X)$ を満たすとき, f は等距離写像であるという. → 距離空間, 合同変換

等距離同型(リーマン多様体の) isometry ＝ 等長的

動径 radial vector → 一般角

同型
isomorphism

一般に, 1つの与えられた*構造を持つ2つの集合 X,Y の間の全単射 $\varphi: X \to Y$ が構造を保つとき, φ を(与えられた構造における)同型写像といい, X,Y は(互いに)同型であるといわれる. 位相構造を保つ同型写像は*同相写像と呼ばれる. また, 全射を仮定せずに $\varphi: X \to Y$ が X から $\varphi(X)$ への同型を与えたとき, φ は単射同型写像であるという.

同型(力学系の)
isomorphism

2つの保測力学系(→保測変換) (X,T,μ), (Y,S,ν) は, 次のような可測写像 $h: X \to Y$ が存在するとき, 同型という.

(1) h は測度空間 (X,μ) から (Y,ν) への同型写像, つまり, X,Y それぞれの測度0の集合を除いて, h は可逆であって, 逆写像も可測で, $\nu=\mu \circ h^{-1}$.

(2) $h \circ T = S \circ h$.

なお, 位相力学系あるいは微分可能力学系に関する同型概念は「共役(きょうやく)」と呼ばれる.

同型写像 isomorphism → 同型

同型定理(群の)
isomorphism theorem

群の全射準同型写像 $\varphi: G_1 \to G_2$ と G_2 の正規部分群 H_2 に対して, $H_1 = \varphi^{-1}(H_2)$ は G_1 の正規部分群であり, φ は G_1/H_1 から G_2/H_2 への同型写像を引き起こす. これを群の第1同型定理という.

群 G の2つの正規部分群 H,N が $H \supset N$ を満足するとき標準的写像 $G \to G/N$ は同型写像 $G/H \to (G/N)/(H/N)$ を引き起こす. これを第2同型定理という.

統計的確率
statistical probability

統計データに基づいて推定した確率のことをいう. あるいは, 公理論的な確率論を認めず, 統計に基づく確率論を構築したいという立場での確率.

統計分布
statistical distribution

統計データや時系列データの相対度数から決めた確率分布のことである. あるいは, 例えば物理学において, フェルミ(-ディラック)統計やボーズ(-アインシュタイン)統計などに従うアンサンブルの場合など, ある統計を意識したときの, 確率分布を統計分布という.

統計力学
statistical mechanics

例えば, 気体の温度や圧力など物理量は, 微視的に見れば, 極めて複雑で不規則な運動をする非常に多数の気体分子に関する平均量である. それゆえ, 確率論的な取り扱いが可能となる. このように考えて, 多粒子系の運動などの微視的な世界の力学法則から, 確率論的な考察を用いて統計法則として物理法則を演繹する理論的諸手法を統計力学という.

歴史的には, 統計力学の起源は気体分子運動論にあり, 19世紀後半に至り, ボルツマン(L. Boltzmann)が気体分子の速度分布則(*ボルツマン-マクスウェル分布)を証明するために*ボルツマン方程式に対するH定理を導き, エルゴード仮説を立てて*エントロピー(熱力学の)の意味づけを試みてボルツマンの原理 $S=k \log W$ を与えた. すなわち,「熱力学的状態のエントロピー S は, これに対応する微視的な状態の数 W の対数に比例する」. ギブズ(J. W. Gibbs)は熱平衡状態に限れば統計力学は簡明な形で定式化されることを示した(→ ギブズの変分原理, ギブズ分布).

このように古典力学を基礎とした統計力学を古典統計力学という．これに対して，微視的な力学として量子力学に基礎をおく統計力学を量子統計力学という．なお，物理学史としては，古典統計力学と現実との乖離がプランク(M. K. Planck)の量子論の誕生の契機となった．

熱平衡状態の統計力学(平衡統計力学)の中心問題の1つは相転移の問題であり，物理学としてはウィルソン(K. G. Wilson)の*くりこみ群の方法により大きく進展し，その後，数学としては*イジング模型などのギブズ場の研究として進んでいる．また，非平衡系の統計力学は，アインシュタインのブラウン運動の理論に源を持つ*揺動散逸定理に基礎をおく線形応答理論，あるいは，気体分子運動論を継承した運動論(kinetic theory)などの研究が数学としても進展している．

統計量
statistics

統計データ $x_1, x_2, \cdots, x_N$ の分布のもつ情報を集約するために用いられる量をいう．

(1) データの位置を表す尺度(代表値)としては，平均値 $\bar{x}=\sum_{i=1}^{N} x_i/N$，大きさの順にちょうど真中に位置する値(2つあるときはその平均)である*メジアン(中央値)，また，度数分布においては度数が最大となる値である*最頻値(モード)などが用いられる．

(2) 統計データの分布が平均からどの程度ばらついているかを示す量としては，標準偏差 $s=\sqrt{\sum_{i=1}^{N}(x_i-\bar{x})^2/N}$，分散 $V=s^2$，平均絶対偏差 $D=\sum_{i=1}^{N}|x_i-\bar{x}|/N$ などがある．

同型類
isomorphism class

同型の概念が存在する構造において，2つの同型な構造は同値であるとしたとき，この同値関係に関する同値類を同型類という．

等号つき不等式
inequality with equality

等号の可能性もある場合の不等式をいう．記号 $\leq, \leqq, \leqslant$ (あるいは $\geq, \geqq, \geqslant$) が用いられる．例えば，実数直線上で，関数 $x^2, x^2/4$ の大小を比較する場合，$x \neq 0$ ならば $x^2 > x^2/4$ であるが，$x=0$ ならば両者は等しい．ゆえに，実数直線上で，$x^2 \geqq x^2/4$．

等高面表示
representation by level surface

地形図の等高線は，ある地点 (x,y) での標高 $h(x,y)$ が一定であるような曲線群を描いたものである．一般に，曲線や曲面を適当な関数 $f(x_1,\cdots,x_n)$ を用いて $f=c$ の形で表す方法を等高面表示という．図形の表示方法にはこの他にもグラフ表示，パラメータ表示などいろいろあるが，等高面表示は図形の変化を(角ができたりちぎれたりするような場合も含めて)追跡するのに便利な方法として用いられる．

等差数列
arithmetic progression, arithmetic sequence

隣り合う項の差 $d=a_n-a_{n-1}$ が n によらず一定であるような数列 $\{a_n\}_{n\geq 1}$ を等差数列と呼ぶ．d を公差，a_1 を初項という．等差数列の和を等差級数という．

同次関数
homogeneous function

斉次関数のことをいう．→ 斉次

同次形微分方程式
homogeneous differential equation

$dy/dx=f(y/x)$ の形で与えられる微分方程式．→ 求積法

同次座標　homogeneous coordinates　＝斉次座標

同次式　homogeneous polynomial　＝斉次式

同時対角化
simultaneous diagonalization

2つの n 次正方行列 A, B に対して，可逆 n 次行列 P をみつけて $P^{-1}AP$, $P^{-1}BP$ がどちらも対角行列になるようにすることをいう．A, B が*対角化可能で，$AB=BA$ ならば，同時対角化可能である．3つ以上の行列に対してもいう．→ 対角化

同次多項式　homogeneous polynomial　＝斉次多項式

等質空間
homogeneous space

空間 X に群 G が作用し，任意の 2 点 $p,q\in X$ に対して，p を q に移す G の元 g があるとき(つまり $g\cdot p=q$ であるとき) X を等質空間という(言い換えると G の作用が*推移的であるとき，等質空間という)．通常は，G はリー群，X は多様体とし，作用は滑らか(→ リー変換群)と仮定し，さらに，X はリーマン多様体，G の元はその等長変換であるとする．

n 次元球面 S^n には，回転群 $SO(n+1)$ が推移的に作用するので，S^n は等質空間である．また，射影空間(実，複素，4 元数のいずれも)やグラスマン多様体，シュティーフェル多様体なども等質空間である．また対称空間は等質空間である．

リー群 G が多様体 X に推移的かつ滑らかに作用するとき，1 点 $p\in X$ での*等方部分群を H とすると，X は*右剰余類のなす集合 G/H と同相であり，また，G/H を商多様体とみなすと微分同相である(例えば，S^n は $SO(n+1)/SO(n)$ と微分同相である)．

さらに，*標準写像 $\pi: G\to G/H$ により，*ファイバー束ができる．

同時分布
simultaneous distribution

2 つ以上の確率変数を同時に考えたときの分布，つまり*結合分布のことをいう．

導手　conductor　→ ディリクレ指標

導集合
derived set

位相空間 X の部分集合 A の*集積点全体の集合は，A の導集合，あるいは導来集合といわれる．

等周不等式
isoperimetric inequality

平面内の(単純)閉曲線 C で囲まれた領域を Ω とする．C の長さを L，Ω の面積を S とすると，$S/L^2\leq 1/4\pi$ が成り立つ．この不等式を等周不等式という．等周不等式で等号が成立するのは，C が円のときでそれに限る．

閉曲線全体のなす集合上の関数 S/L^2 の最大値を求めるのが，等周問題である．その意味で，等周不等式は*変分法の典型例である．

等周不等式の曲がった空間や，高次元の場合，さらには離散的な場合への一般化が研究されている．

等周問題　isoperimetric problem　→ 等周不等式

同相
homeomorphism

*位相空間 X と Y の間に*同相写像が存在するとき，2 つの位相空間 X,Y は同相であるという．位相同型ともいう．

例えば球の表面と立方体の表面は同相である．一方，球の表面と立方体の表面はトーラスとは同相でないし，また円とも同相でない．このように，2 つの図形の定性的な性質，すなわち開いている穴の数やつながり方などが一致している図形を同相(homeomorphic)な図形と呼ぶ．同相な図形では，長さや面積などの定量的な性質は必ずしも一致しない．

同相写像
homeomorphism

位相空間 X から位相空間 Y への写像 f が全単射かつ連続であり，かつ逆写像 $f^{-1}: Y\to X$ が存在して f^{-1} も連続であるとき f を同相写像という．位相写像ともいう．

導体ポテンシャル
conductor potential

空間内の物体の表面に電荷 1 を与えたときのポテンシャルを数学としてとらえたものである．3 次元空間 $\mathbb{R}^3$ の部分集合 K に対して，K の上で 1 に等しく，K の外部で調和で，$|x|\to\infty$ のとき 0 になる関数 $f(x)$ があれば，これを K の導体ポテンシャル，または単にポテンシャルという．K が有界閉集合であればポテンシャル $f(x)$ は存在し，$\mu(\mathbb{R}^3\setminus K)=0$ となる*ラドン測度 μ を用いて

$$f(x) = \int_K \frac{1}{|x-y|}\mu(dy)$$

と表示できる．このとき $\mu(K)$ を K の容量という．K が中心 0，半径 R の球体ならば，$f(x)=R/|x|$ ($|x|>R$)，また $\mu(K)=R$ である．

2 次元の場合にも，同様にして 導体ポテンシャル が考えられるが，対応する K の測度 $\mu(K)$ は K の対数容量という．→ 掃散

到達時間
hitting time

確率過程や力学系において，ある点や集合に軌道が到達するまでの時間をいう．

同値
equivalence

「P ならば Q であり，かつ Q ならば P」という命題を $P \leftrightarrow Q$ で表し，「P と Q は同値である」と読む．すなわち，*論理記号を使えば，$(P \to Q) \wedge (Q \to P)$ は $P \leftrightarrow Q$ と同じことである．

同値関係
equivalence relation

整数 m, n に対し，$m-n$ が 5 の倍数になるときに $m \sim n$ と記すことにする．$m-m=0$ は 5 の倍数であるので

(1) $m \sim m$ が成り立つ．

$m-n$ が 5 の倍数であれば $n-m$ も 5 の倍数であるので

(2) $m \sim n$ であれば $n \sim m$ が成り立つ．

さらに $l-m$ が 5 の倍数であり，$m-n$ も 5 も倍数であれば $l-n$ も 5 の倍数であるので

(3) $l \sim m$，$m \sim n$ であれば $l \sim n$ が成り立つ．

このように(1)，(2)，(3)を満足する関係 "$\sim$" を同値関係という．正確には次のように定義する．

集合 X が与えられたとき，次の性質を満たす X の*2 項関係 $\sim$ を同値関係といい，$x \sim y$ であるとき，x と y は同値であるという．

(1) (反射律) すべての x に対して，$x \sim x$．

(2) (対称律) $x \sim y$ であるとき，$y \sim x$．

(3) (推移律) $x \sim y$，$y \sim z$ であるとき，$x \sim z$．

例えば，平面の直線全体の集合において，2 直線 l_1, l_2 が一致するか，あるいは平行であるとき，$l_1 /\!/ l_2$ と表すと，関係 $/\!/$ は同値関係である．

同値関係の考え方は，人類が古くから無意識に使っていた抽象的思考の 1 つであるが，それを上記のような定義として数学で扱うようになったのは比較的最近のことである．→ 同値類，商集合

等長埋め込み (リーマン多様体の)
isometric embedding

リーマン多様体 M の $\mathbb{R}^N$ への等長埋め込み $i: M \to \mathbb{R}^N$ とは，*埋め込みであって，各点 $p \in M$ での微分 $i_*: T_p(M) \to \mathbb{R}^N$ が内積を保つことをいう．

等長埋め込み $i: M \to \mathbb{R}^N$ では距離空間としての距離は必ずしも保たれない．すなわち，$p, q \in M$ での*測地距離 $d(p,q)$ と $i(p), i(q)$ のユークリッド距離は異なる．

任意のリーマン多様体 M に対して，十分高い次元のユークリッド空間 $\mathbb{R}^N$ への等長埋め込みが存在することが証明されている(ナッシュ)．

リーマン多様体の間の埋め込み $i: M \to N$ に対してもその微分がリーマン計量を保つとき，等長埋め込みという．

等長写像
isometry

等距離写像ともいう．2 つの距離空間 (X, d), (Y, σ) の間の写像 $F: X \to Y$ が距離を保ち(すなわち，$\sigma(F(x), F(y)) = d(x, y)$ が成り立ち)，また逆写像が存在するとき等長写像であるという．ここで，例えば X, Y が曲面などの部分多様体の場合には，距離は*測地距離を意味する．

距離空間 (X, d) から自分自身への等長写像のことを等長変換または等距離変換という．

X, Y がともにユークリッド空間 $\mathbb{R}^n$ のときは，等長変換とは*合同変換のことである．

曲面 $X = \{(\cos t, \sin t, s) \mid t \in (0, \pi), s \in (0, 1)\}$ と，$Y = \{(t, 0, s) \mid t \in (0, \pi), s \in (0, 1)\}$ を考え，それぞれに測地距離を与える．このとき $F(\cos t, \sin t, s) = (t, 0, s)$ は X から Y への等長写像であるので，X と Y は等長的である(図)．しかし，X を Y に写す，$\mathbb{R}^3$ の合同変換は存在しない．

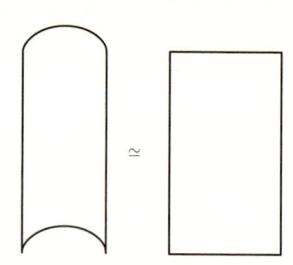

曲面のガウス曲率は等長変換で保たれる．すなわち $F: X \to Y$ が等長変換であると，p での X のガウス曲率は，$F(p)$ での Y のガウス曲率に等しい．したがって，球面の開集合は，平面の開集合に等長的ではない．このことは，長さを保つ地図が平面上には作ることができないことを意味する (→ ガウスの驚異の定理)．

等長的
isometric

2 つの距離空間(あるいは 2 つのリーマン多様体)が等長的であるとは，その間に*等長変換が存

在することをいう．等距離同型ともいう．

等長変換　isometric transformation　⇒ 等長写像

同値類
equivalence class

*同値関係 $\sim$ の与えられた集合において，x と同値な元全体のなす部分集合を x の同値類という．同値類全体は，X の分割(互いに交わらない部分集合の族で，その和集合が X になるもの)を生じ，逆に X の分割が与えられたとき，2つの元がその族の同じ部分集合に属するときに同値と定めれば，同値関係が得られる．

同値類を1つの元と考えたときの同値類全体のなす集合を商集合といい，$X/\sim$ と表す．X の元 x に，それを含む同値類を対応させることにより，X から $X/\sim$ への写像 π が得られる．これを同値関係から定まる標準写像という．X の部分集合 S が，各同値類の元をただ1つ含むとき，言い換えれば，π を S に制限した写像が S から $X/\sim$ への全単射であるとき，S を代表系という．*選択公理を使えば，代表系は常に存在し，特に標準写像は全射である．

例えば，実 $n+1$ 次元線形空間 V から零ベクトルを除いた $V\setminus\{0\}$ の2つの元 x,y に対して
$$x \sim y \iff x = \alpha y \text{ となる}$$
$$\alpha \in \mathbb{R}\setminus\{0\} \text{ が存在する}$$
と定義すると $\sim$ は同値関係になる．この場合，商集合は n 次元*射影空間と同一視される．

集合 X が群，環，線形空間などの代数系であるとき，特別な同値関係に対しては，その商集合も X の代数的構造を受け継ぐことが多い．例えば，正規部分群に関する剰余群，イデアルに関する剰余環，線形部分空間に関する商線形空間などが，その代表的例である．

同程度連続　equicontinuous　⇒ 等連続

動的計画法
dynamic programming

*最適化問題の中には，最適解の一部分が部分問題の最適解になるという性質を持つものがある．このような最適性原理が成り立つことに着目して，最適性方程式と呼ばれる漸化式を立てて最適化問題を解く手法を動的計画法あるいはダイナミック・プログラミングと呼ぶ．例として，*ナップサック問題

目的関数 $\sum_{j=1}^{n} c_j x_j \longrightarrow$ 最大化

制約条件 $\sum_{j=1}^{n} a_j x_j \leqq b$

$x_j \in \{0,1\} \quad (j=1,\cdots,n)$

を考えよう．ここで，$x_j\,(j=1,\cdots,n)$ が最適化の変数であり，$a_j, c_j\,(j=1,\cdots,n)$，b は問題を記述するパラメータ(正の整数)である．部分問題として，$j>k$ に対して $x_j=0$ と制限した問題を考え，その最適値を $d(k,b)$ とすると，漸化式
$d(k,b)$
$= \max\{d(k-1,b),\, c_k + d(k-1, b-a_k)\}$
が成り立つ．これがナップサック問題に対する最適性方程式である．この漸化式に従って順次計算すれば，元の問題の最適値 $d(n,b)$ が得られる．動的計画法は，*組合せ最適化に限らず，マルコフ決定過程，最適制御，変分法といった多方面に応用されている．

同等連続　equicontinuous　⇒ 等連続

等比級数
geometric series

等比数列 $a_n = ar^n$ を一般項とする級数のこと．等比級数の和は
$$\sum_{n=0}^{N} ar^n = \begin{cases} \dfrac{a(1-r^{N+1})}{1-r} & (r\neq 1) \\ (N+1)a & (r=1) \end{cases}$$
で与えられる．無限等比級数は $|r|<1$ で収束し
$$\sum_{n=0}^{\infty} ar^n = \frac{a}{1-r}$$
となる．⇒ 級数，等比数列

等比数列
geometric progression, geometric sequence

隣り合う項の比 $r = a_n/a_{n-1}$ が n によらず一定であるような数列 $\{a_n\}_{n\geq 0}$ を等比数列と呼ぶ．r を公比，a_0 を初項という．一般項は $a_n = a_0 r^n$ である．

動標構
moving frame

3次元空間 $\mathbb{R}^3$ の曲線 c があると，その各点で，*接ベクトル，主*法線ベクトル，*従法線ベクトルは $\mathbb{R}^3$ の正規直交基底を作る(⇒ 曲線の微分幾何)．このように，各点で正規直交基底ができ，それが点を動かすと動いていくとき，動標構とい

う．動標構の考え方は，19世紀のダルブー（J. G. Darboux）に起源があり，エリー・カルタン（É. Cartan）によって組織的に使われた．リーマン多様体 M に対しては，各点 $p \in M$ に対して接空間 $T_p(M)$ の正規直交基底 $(e_1(p),\cdots,e_n(p))$（n は M の次元）をとるのが動標構である．動標構の方法は，局所座標の方法，テンソルやベクトルを記号で表して特に基底を定めずに計算する方式（小林（昭七）-野水（克己）方式と呼ばれる）と並ぶ，多様体の微分積分学の典型的な計算法である．

等方群　isotropy group　＝等方部分群

等方部分群
isotropy subgroup

アイソトロピー群，固定部分群あるいは等方群ともいう．群 G が集合 X に*作用し $x \in X$ であるとき，$gx=x$ を満たす $g \in G$ の全体からなる G の部分群 G_x を x の等方部分群と呼ぶ．例えば，$n \times n$ 直交行列全体 $SO(n)$ を $n-1$ 次元単位球面 S^{n-1}（長さ1の n 次元実ベクトル全体とみなす）に行列の掛け算で作用させると，点 $(0,\cdots,0,1)$ の等方部分群は，$SO(n-1)$ に同型である．G が位相群，X が位相空間，作用が連続なときは，G_x は G の閉部分群である．

導来集合　derived set　＝導集合

同類項
similar term

n 変数の多項式
$$f(x_1,\cdots,x_n) = \sum a_{i_1\cdots i_n} x_1^{i_1} \cdots x_n^{i_n}$$
において同じ指数 $(i_1,\cdots,i_n)$ を持つ項を同類項という．同類項は1つにまとめることが多い．

等連続
equicontinuous

関数の集まりが同じ程度の連続性を持つことをいう．$\mathcal{F}$ を $\mathbb{R}^n$ の部分集合 I で定義された関数族とする．任意の $\varepsilon>0$ に対し，「$x,x' \in I$, $|x-x'|<\delta$, $f \in \mathcal{F}$ ならば $|f(x)-f(x')|<\varepsilon$」が成り立つように個々の $f \in \mathcal{F}$ に無関係な $\delta>0$ を選ぶことができるとき，$\mathcal{F}$ は I で等連続，あるいは同等連続または同程度連続な関数族であるという．

例えば $I=[0,1]$ 上の関数族 $\mathcal{F}_0=\{f \mid f$ は連続で $\sup_{x \in I} |f(x)| \leq 1\}$ は等連続ではない．他方 $I \times I$ 上の連続関数 $K(x,y)$ を固定して $(Kf)(x) = \int_0^1 K(x,y) f(y) dy$ と定めると，$\mathcal{F}_1 = \{Kf \mid f \in \mathcal{F}_0\}$ は等連続になる．

等連続性の概念は関数族の中から収束部分列を選ぶ際に有効である．⇒ アスコリ-アルツェラの定理，正規族

特異解　singular solution　⇒一般解

特異コホモロジー
singular cohomology

*特異ホモロジーの双対であるコホモロジー．空間のコホモロジーの一種である．

特異摂動
singular perturbation

常微分方程式系 $dx/dt=f(x,y)$, $dy/dt=\varepsilon g(x,y)$ や偏微分方程式 $\partial u/\partial t = \varepsilon \partial^2 u/\partial x^2 + f(x)\partial u/\partial x$ などでは $\varepsilon \to 0$ とした極限で方程式の性質が変わり，同じ範疇に入らない．$\varepsilon=0$ として得られる方程式を特異摂動極限，$\varepsilon \neq 0$ の方程式をその特異摂動という．特異摂動にはさまざまな場合があり，統一的な解析は極めて難しいが，個々の場合に数学的あるいは応用的に極めて興味深い現象が知られている．

特異測度
singular measure

$\mathbb{R}$ の点 a を固定し，$\mathbb{R}$ の部分集合 A に対し $a \in A$ のとき $\mu_a(A)=1$, $a \notin A$ のとき $\mu_a(A)=0$ と定義すると μ_a は測度になる．ルベーグ測度を m とすると，集合 $N=\{a\}$ について，$m(N)=0$, かつ $A \cap N = \varnothing$ ならば $\mu_a(A)=0$ が成り立つ．このように，基準となる測度 m に関して測度零の集合 N があり，測度 μ の全測度が N に集中しているような場合，μ を特異測度という．一般に，任意の測度は，基準になる測度に関して*絶対連続な測度と特異測度との和に分解できる．

特異単体
singular simplex

X を位相空間とするとき，標準 n 単体 Δ^n（→単体）から X への連続写像のことを，特異 n 単体という．この概念は，特異（コ）ホモロジーの理論で使われる．

特異値(行列の)
singular value

一般に長方形の行列 A に対して, ${}^tA$ と A の積 ${}^tAA$ の正の固有値の平方根を A の特異値という. 特異値の個数は A の階数に等しく, 平方和は A の成分の 2 乗和に等しい. 最大の特異値は, 2 乗ノルム $||x||=1$ であるベクトル x についての $||Ax||$ の最大値に等しい. 直交行列 P, Q による変換 PAQ によって特異値は不変に保たれる. また, A の特異値は ${}^tA$ の特異値に等しい. → 特異値分解

特異値分解
singular-value decomposition

任意の(一般に長方形の)行列 A を 2 つの直交行列 P, Q を用いて, $PAQ=\mathrm{diag}(\sigma_1,\cdots,\sigma_r,0,\cdots,0)$ の形に対角化することをいう. ここで $\sigma_1\geq\sigma_2\geq\cdots\geq\sigma_r>0$ である. $\sigma_1,\sigma_2,\cdots,\sigma_r$ は A の*特異値であり, A によって一意に定まる.

特異点(写像の)
singular point

$\mathbb{R}^n$ のある領域 D から $\mathbb{R}^m$ への微分可能な写像(あるいは $\mathbb{C}^n$ のある領域 D から $\mathbb{C}^m$ への正則な写像)

$$x=(x_1,\cdots,x_n)\mapsto(f_1(x),\cdots,f_m(x))$$

の $m\times n$ ヤコビ行列 $\left[\dfrac{\partial f_i}{\partial x_j}\right]$ の階数が $\min(m,n)$ に等しくない D の点のことを写像の特異点という. また, n 次元微分可能多様体から m 次元微分可能多様体への微分可能な写像や, n 次元複素多様体から m 次元複素多様体への正則写像の特異点も, 局所座標を用いて同様に定義される. → 陰関数定理, くさび, 折り目

特異点(代数多様体の)
singular point

平面曲線 $y^2=x^3$ や $y^2=x^2(x+1)$ の原点 $(x,y)=(0,0)$ のように, その点で代数多様体が「滑らか」でないときに特異点という. ヤコビ行列を使って特異点であるか否かが判定できる.

体 k 上の m 次元*アフィン代数多様体 $V\subset k^n$ の定義イデアル $I(V)$ の生成元を $f_1,\cdots,f_s$ として, ヤコビ行列

$$J=\begin{bmatrix}\partial f_1/\partial x_1 & \cdots & \partial f_1/\partial x_n \\ \vdots & \cdots & \vdots \\ \partial f_s/\partial x_1 & \cdots & \partial f_s/\partial x_n\end{bmatrix}$$

を考える. V の点 $P=(a_1,\cdots,a_n)$ での J の値 $J(a_1,\cdots,a_n)$ の*階数は $I(V)$ の生成元の取り方によらずに一意的に決まり $n-m$ 以下である. この階数が $n-m$ のときアフィン代数多様体は点 P で非特異であるといい, 点 P は V の非特異点あるいは正則点という. 階数が $n-m$ より真に小さいとき V は点 P で特異であるといい, 点 P は V の特異点であるという. 特異点を持たないアフィン代数多様体を非特異アフィン代数多様体という.

アフィン代数多様体 V の点 P での局所環 $\mathcal{O}_{V,P}$ (すなわち*座標環 $k[V]$ を点 P が定める*極大イデアル $\mathfrak{m}_P$ で局所化した環 $k[V]_{\mathfrak{m}_P}$) の言葉を使えばヤコビ行列の階数が $n-m$ のときは $\mathcal{O}_{V,P}$ が*正則局所環, 階数が $n-m$ より真に小さいときは $\mathcal{O}_{V,P}$ は正則局所環でない. したがって, 局所環の言葉を使って点 P が特異点であるか否かを定義することができる.

一般の*代数多様体に対しては, 代数多様体 V の点 P を含むアフィン開集合 V の中で点 P が V の特異点であるとき, 点 P は代数多様体の特異点であるという. これはアフィン開集合の取り方によらない. → アフィン代数多様体

特異点(微分方程式の) singular point → 確定特異点

特異点(ベクトル場の)
singular point

ベクトル場 V がある点 p で 0 になるとき, p を V の特異点という. ベクトル場の定める流れを図示すると, 下図のように, 特異点のところで流れの局所的なようすが他と異なっている.

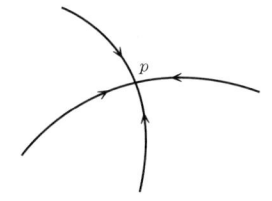

原点を特異点とする 2 次元ベクトル場 $V=(v_1,v_2)$ で, v_1,v_2 が x_1,x_2 について線形であるとき, その標準形は次のように与えられる.

(1) $v_1=\lambda x_1, v_2=\mu x_2$
(2) $v_1=\lambda x_1+x_2, v_2=\lambda x_2$
(3) $v_1=\alpha x_1-\beta x_2, v_2=\beta x_1+\alpha x_2$

それぞれの場合に, 原点は, (1)で λ,μ が同符号の場合は結節点(正の場合は湧点, 負の場合は沈

点), (1)で λ, μ が異符号の場合は鞍点, (2)の場合に結節点, (3)で $\alpha\beta\neq 0$ の場合は渦状点, (3)で $\alpha=0$ の場合は渦心点, になる. なお, 沈点を安定な特異点ということもある.

特異ホモロジー
singular homology

*特異単体の1次結合である特異複体から作られる*ホモロジーのこと.

特異連続　singularly continuous　→ 絶対連続

特殊解
special solution

微分方程式の*一般解に対比される概念で, 不定パラメータを含まない個々の解を指す. *特解ともいう. KdV方程式のソリトン解や3体問題のラグランジュの正3角形解などは, よく知られた特殊解の例である. 一般に特殊解は, 解全体の集合の中のごく一部を表すにすぎないが, 解の典型的な挙動を明らかにする上で役立つことが多い. また, 線形方程式の場合は, 一般解が特殊解の重ね合わせによって表現できる. → 常微分方程式, 偏微分方程式, 一般解

特殊関数
special function

初等関数に対比して,「中等関数」とも言うべき, それぞれに個性を持った一群の解析関数の総称である.

代表的な例として線形微分方程式で特徴づけられる*超幾何関数, *ベッセル関数, *エアリ関数, 非線形微分方程式を満たす*楕円関数, 微分方程式にはなじまず別の特徴づけを持つ*ガンマ関数, *ゼータ関数などがあげられる. いずれも多くの美しい関係式を満たし, 性質が深く調べられている.

歴史上, 特殊関数はさまざまな具体的問題を解く過程で導入された. 例えば, 円板上のラプラス方程式を*変数分離法によって解くと, 固有関数としてベッセル関数が現れる. 解析学の一般論はこのような個々の具体的な関数の蓄積を土台として築かれてきたという側面を持つ. 特殊関数は数理物理への応用にとどまらず, 微分方程式, リー群の表現論, 整数論など数学のさまざまな場面に現れる.

特殊線形群
special linear group

体 F の元を成分とする n 次の正方行列 $A\in M(n,F)$ であり, かつ $\det A=1$ となるものの全体を $SL(n,F)$ で表し, これを特殊線形群という. $SL(n,F)$ は, 一般線形群

$$GL(n,F)=\{A\in M(n,F)\mid \det A\neq 0\}$$

の部分群である.

特殊相対性理論
special theory of relativity

ニュートン力学における絶対時間と絶対空間の概念を捨て去り, 時間と空間を一体として考える力学理論をいう.

ニュートンの運動方程式は, 空間 $\mathbb{R}^3$ 方向だけを合同変換で写し, 時間方向は動かさない変換(ガリレイ変換)で不変である. 一方, 電磁現象の基本方程式であるマクスウェルの方程式は, $t^2-x^2-y^2-z^2$ を不変に保つ (t,x,y,z) の線形変換(*ローレンツ変換)と, $\mathbb{R}^4$ の平行移動の合成で表される変換で不変である. このことは, 特に, 電磁現象である光の速度が, どの慣性系から見ても一定であることを意味する. このように, この2つの物理学の基本理論には相克が存在する. アインシュタインは, ローレンツ変換不変な形に力学の基本方程式を書き換えた. 重力理論を取り込んだ*一般相対性理論と区別して, これを特殊相対性理論という.

特殊直交群
special orthogonal group

n 次の直交行列 U で, その行列式の値が1であるもの, すなわち

$${}^tUU=I_n,\quad \det U=1$$

となるもの全体は, 行列の積により群をなす. これを特殊直交群といい, $SO(n)$ により表す. 回転群ともいう. → 線形群

特殊ユニタリ群
special unitary group

n 次のユニタリ行列 U で, その行列式の値が1であるもの, すなわち

$$U^*U=I_n,\quad \det U=1$$

となるもの全体は, 行列の積により群をなす. これを特殊ユニタリ群といい, $SU(n)$ により表す. → 線形群

特性関数(確率分布の)
characteristic function

確率変数 X に対して関数 $\phi(\xi)=E[\exp(i\xi X)]$ をその特性関数という．もし X が期待値を持てば，つまり，$E[|X|]<\infty$ ならば，ϕ は連続微分可能で，$\phi'(0)=iE[X]$ となり，また，X が 2 次モーメントを持てば，ϕ は 2 回連続微分可能で，$\phi''(0)=-E[X^2]$ となる．また，X と Y が独立ならば X と Y の特性関数は
$$\phi_{X+Y}(\xi)=\phi_X(\xi)\phi_Y(\xi)$$
となる．逆に，この等式が成り立つならば X と Y は独立である．特性関数を用いた計算は確率論において極めて有用な手法である．

特性関数(集合の) characteristic function ＝定義関数

特性曲線 characteristic curve ⇒ 1 階偏微分方程式系，特性曲面(高階線形偏微分方程式の)

特性曲面(高階線形偏微分方程式の)
characteristic surface

2 階の線形偏微分方程式
$$\sum_{i,j=1}^n a_{ij}(x)\frac{\partial^2 u}{\partial x_i \partial x_j}+b\left(x_i,u,\frac{\partial u}{\partial x_i}\right)=0 \quad (1)$$
において，ベクトル $\xi=(\xi_1,\cdots,\xi_n)\in\mathbb{R}^n$ が
$$\sum_{i,j=1}^n a_{ij}(x)\xi_i\xi_j=0$$
を満たすとき，ξ を点 x における(1)の特性方向という．各点における法線が特性方向であるような超曲面は特性超曲面($n=3$ のときは特性曲面)という．すなわち $S:\varphi(x)=0$ が(1)の特性超曲面とは，S の各点で
$$\sum_{i,j=1}^n a_{ij}(x)\frac{\partial\varphi}{\partial x_i}\frac{\partial\varphi}{\partial x_j}=0 \quad (2)$$
が成り立つことである．例えば円錐 $x_1^2+x_2^2-x_3^2=0$ は波動方程式
$$\frac{\partial^2 u}{\partial x_1^2}+\frac{\partial^2 u}{\partial x_2^2}-\frac{\partial^2 u}{\partial x_3^2}=0$$
の特性曲面である．

(2)を $\varphi(x)$ に対する 1 階偏微分方程式と見たときの特性帯，特性曲線をそれぞれ(1)の陪特性帯，陪特性曲線という．特性超曲面は陪特性曲線の族で生成される．

これらの概念は $\sum_{i,j=1}^n a_{ij}(x)\xi_i\xi_j$ を*主表象に置き換えて m 階偏微分方程式に一般化され，コーシー問題において基本的な役割を果たす．⇒ 特性的，1 階偏微分方程式の解法，特性多様体，コーシー問題(偏微分方程式の)

特性根
characteristic root

正方行列 A の*特性方程式の根を，A の特性根という．複素行列の特性方程式の根は，複素数上で考えた固有値である．

特性錐
characteristic conoid

波動方程式
$$\frac{1}{c^2}\frac{\partial^2 u}{\partial x_1^2}-\frac{\partial^2 u}{\partial x_2^2}-\cdots-\frac{\partial^2 u}{\partial x_n^2}=0$$
では，ある点 $a=(a_1,\cdots,a_n)$ での値の影響は光円錐 $c^2(x_1-a_1)^2-(x_2-a_2)^2-\cdots-(x_n-a_n)^2=0$ を境界として，有限の速度で空間内を伝わっていく．一般の線形偏微分作用素について，光円錐にあたる概念を特性錐という．

微分作用素の*主表象を $p(x,\xi)$ とするとき，(x,ξ) 空間における常微分方程式系
$$\frac{dx_i}{dt}=\frac{\partial p}{\partial \xi_i},\quad \frac{d\xi_i}{dt}=-\frac{\partial p}{\partial x_i}\quad (1\leqq i\leqq n)$$
の*解曲線を陪特性曲線という．x 空間の 1 点 a を固定して，$p(a,\eta)=0$ を満たす点 (a,η) を通る陪特性曲線を考える．条件 $p(a,\eta)=0$ のもとに η を動かしたとき，これら解曲線の x 成分は x 空間の中で $n-1$ 次元の錐状の曲面を作る．この曲面を，a を頂点とする特性錐という．

線形偏微分方程式の解の特異性は特性錐にそって伝播することが知られている．⇒ 依存領域，特性多様体，双曲型偏微分方程式

特性多項式
characteristic polynomial

固有多項式ともいう．n 次の正方行列 A に対し，
$$f_A(z)=\det(zI_n-A)$$
は n 次の多項式であり，これを A の特性多項式という．ここで I_n は n 次単位行列を表す．λ が A の固有値であるための必要十分条件は $f_A(\lambda)=0$ である．

線形変換 $T:L\to L$ (L は n 次元線形空間)に対しても，T の*行列表示 A を用いて，T の特性多項式を，A の特性多項式として定義することができる．n 次の可逆行列 P について，$\det(zI_n-$

$P^{-1}AP$)=$\det(zI_n-A)$ となることから，これは T の行列表示によらない．→ 固有値，最小多項式

特性多項式(差分方程式の) **characteristic polynomial**
→ 差分方程式

特性多項式(微分方程式の) **characteristic polynomial**
→ 定数係数線形常微分方程式

特性多様体
characteristic variety

$\mathbb{R}^n$ の領域 D で定義された線形偏微分作用素に対し，*主表象 $p(x,\xi)$ の零点集合 $\{(x,\xi)\in D\times\mathbb{R}^n\mid p(x,\xi)=0\}\subset\mathbb{R}^{2n}$ をその特性多様体という．例えばラプラシアン $\Delta=\partial^2/\partial x_1^2+\partial^2/\partial x_2^2+\partial^2/\partial x_3^2$ の特性多様体は $\mathbb{R}^3\times\{0\}$，ダランベルシアン $\partial^2/\partial x_0^2-\Delta$ の特性多様体は $\mathbb{R}^4\times\{\xi_0^2=\xi_1^2+\xi_2^2+\xi_3^2\}$ である．
特性多様体は微分方程式の解の特異性の情報を担っており，超局所解析学において中心的な役割を果たす．→ 超局所解析学

特性的
characteristic

偏微分方程式の初期値を与える初期曲面 Γ が，その上の点 x_0 において特性的であるとは，そこで*特性曲線と Γ が接することをいう．Γ がどの点においても特性的でないとき，非特性的であるという．

特性方向 **characteristic direction** → 特性曲面(高階線形偏微分方程式の)

特性方程式(1 階偏微分方程式の) **characteristic equation** → 1 階偏微分方程式の解法

特性方程式(行列の)
characteristic equation

n 次正方行列 A の*特性多項式を $f_A(x)$ とするとき，方程式 $f_A(x)=0$ を，A の特性方程式，または，固有方程式という．「A の特性方程式の根＝A の固有値」である．→ 固有値

特性類
characteristic class

多様体の曲率を表す微分形式をうまく組み合わせて，多様体の微分可能構造だけで決まる(リーマ ン計量によらない)不変量(→ 位相不変量)を作ることができる(正確にはそれが表すド・ラム・コホモロジー類が不変量)．これを特性類と呼ぶ．オイラー類(Euler class)，ポントリャーギン類(Pontryagin class)(向きの付いた多様体に対して決まる)，チャーン類(Chern class)(複素多様体に対して決まる)などがある．オイラー類の積分がオイラー数に等しい，というのがガウス-ボンネの定理の高次元への一般化である．特性類は微分位相幾何学，微分幾何学で重要である．ベクトル束に対しても，その曲率から特性類を定義できる．これらは，楕円型作用素の*指数定理において重要な役割を果たす．

独立
independent

互いに影響されず我が道を行くというイメージの数学概念の多くは独立と呼ばれる．→ 線形独立，独立試行，代数的独立

独立試行
independent trial

直観的には，互いに他の試行結果に影響を及ぼさないとき，2 つまたはそれ以上の試行は独立という．→ 独立性(試行の)

独立集合
independent set

グラフにおいて，互いに辺で結ばれていない頂点を要素とする集合を独立集合という．安定集合ともいう．

独立性(確率変数の)
independence

有限個の実数値確率変数 $X_1,\cdots,X_n$ は，任意の区間 $I_1,\cdots,I_n$ に対して n 個の事象 $X_i\in I_i$ が独立なとき，独立という．このことは，任意の有界連続関数 $f_1,\cdots,f_n$ に対して積の平均が平均の積になり，$E[\prod_i f_i(X_i)]=\prod_i E[f_i(X_i)]$ が成り立つことと同値である．ただし $E[\ ]$ は平均を表す．とくに，$f_i(x)=\exp(\sqrt{-1}\lambda_i x)$ (λ_i は実数)の形のものに制限しても(つまり特性関数だけを考えても)，同値である．より一般に，(有限個あるいは無限個の)確率変数の族 $\{X_i\}$ は，任意の有限個の X_i を取り出すとき，X_i それぞれが値をとる空間の任意の可測集合 I_i に対して事象 $X_i\in I_i$ が

独立性(公理系の)
independence

公理系に含まれているどの公理も，他の公理から証明できないとき，公理系は独立であるという．*非ユークリッド幾何学の存在は，平行線の公理の他の公理からの独立性を意味する．また，*選択公理が集合論の他の公理から証明できないことを，選択公理の独立性という．⇒ ユークリッド幾何学

独立性(試行の)
independence

1つの確率空間 $(\Omega, \mathcal{F}, P)$ で記述される2つ以上の試行 T_i が独立とは，各 T_i についての事象 A_i を任意に選んだとき，これらの事象が独立であることをいう．このことは次のようにも言い換えられる．事象 T_i に関する事象の作る*可算加法族を $\mathcal{F}_i$，そこへの P の制限を P_i とし，$\mathcal{G}$ を $\mathcal{F}_i$ が生成する可算加法族，そこへの P の制限を Q とすると，確率空間 $(\Omega, \mathcal{G}, Q)$ は $(\Omega, \mathcal{F}_i, P_i)$ の直積である．

独立性(事象の)
independence

同じ確率空間の2つの事象 A, B については $P(A \cap B) = P(A)P(B)$ となることをいう．3つ以上(無限個でもよい)の事象 A_i については，そのうちの任意の有限個 $A_{i_1}, \cdots, A_{i_n}$ を選んだとき $P(A_{i_1} \cap \cdots \cap A_{i_n}) = P(A_{i_1}) \cdots P(A_{i_n})$ が成り立つことである．このとき，A_i の一部をその余事象に置き換えてもまた独立である．

独立変数
independent variable

2つの変数 x, y の間に関数関係があり，x の値から y の値が決まるとき，x を独立変数，y を従属変数という．⇒ 関数，陰関数

閉じている
closed

集合の要素の間に演算などの操作が与えられているとき，その操作の結果得られる要素が再びその集合に属すること．例えば，自然数の全体は，足し算と掛け算に関しては閉じているが，引き算に関しては閉じていない．

度数
frequency

観測データなどについて，ある値(もしくはあらかじめ決めたある範囲の値)を取る回数を度数という．度数はグラフで表すとわかりやすく，柱状グラフに表したものをヒストグラムという．また，度数の割合(相対度数)を確率と考えてその分布を度数分布といい，それを表にしたものを度数分布表という．

度数分布　frequency distribution　⇒ 度数

度数分布表　frequency distribution table　⇒ 度数

度数法
degree of arc

1回転を360°，したがって直角を90°とする角度の単位を用いて角度を測る方法をいう．古代バビロニアに始まった．1度は60分，1分は60秒と60進法が使われているのは古代バビロニアの名残である．⇒ 弧度法

戸田格子　Toda lattice　⇒ 戸田方程式

戸田方程式
Toda equation

ばねで鎖状につながれた N 個の粒子の運動を表す非線形微分方程式

$$\frac{d^2 y_n}{dt^2} = e^{-y_{n-1}+y_n} - e^{-y_n+y_{n+1}}$$

$$(n = 1, 2, \cdots, N)$$

を戸田方程式といい，特に周期境界条件 $y_{N+1} = y_1$ の下で考えるとき戸田格子と呼ぶ．戸田盛和によって発見された．ソリトン解や楕円関数解など多くの厳密解がある．可積分系の代表例の1つで，リー環を用いたいろいろな一般化が知られている．⇒ ソリトン

凸　convex　⇒ 凸集合，凸関数(1変数の)，凸関数(多変数の)

特解　particular solution　＝特殊解

凸解析
convex analysis

凸関数と凸集合に関する理論をいう．凸関数は一般に微分不可能なので，通常の微分積分学では

扱い難いが，極小値が最小値になるなどの良い性質をもっており，微分の代わりに方向微分や*劣微分を考えることができる．凸解析は*数理計画法の理論的骨格となっており，数理経済学その他への応用も多い．➡ 凸集合，凸関数(1変数の)，凸関数(多変数の)

凸関数(1変数の)
convex function

区間 I の各点 x で $f''(x) \geq 0$ を満たす関数 f は，任意の $x, y \in I$ と任意の $0 \leq t \leq 1$ に対して，不等式 $f(tx+(1-t)y) \leq tf(x)+(1-t)f(y)$ を満たす．つまり，この関数のグラフ上の任意の2点を結ぶ線分は，グラフの上側の部分にある．一般に，微分可能とは限らない関数に対しても，この性質を持つとき，凸(とつ)である，あるいは下に凸であるという．ここで，任意の相異なる x, y と任意の $0 < t < 1$ に対して狭義の不等号 $<$ が成り立てば，狭義凸という．例えば，$f(x) = |x|$ は凸関数であるが，狭義凸ではなく，$f(x) = x^2$ は狭義凸関数である．$-f(x)$ が凸のとき $f(x)$ は凹(おう)である，あるいは上に凸であるという．$f(x)$ が凸であるとき，たかだか可算個の例外点を除いて*導関数 $f'(x)$ が存在し，x について*単調非減少となる．$f(x)$ が2回連続微分可能な場合には $f(x)$ が凸であることと $f''(x) \geq 0$ であることは同値である．➡ 凸集合，イェンセンの不等式，凸関数(多変数の)，ルジャンドル変換(凸関数の)，支持直線

凸関数(多変数の)
convex function

$\mathbb{R}^n$ 内の*凸集合 C で定義された実数値関数 f は，任意の $x, y \in C$ と任意の $0 \leq t \leq 1$ に対して $f(tx+(1-t)y) \leq tf(x)+(1-t)f(y)$ が成り立つとき，凸(とつ)である(または下に凸である)という．ここで，任意の相異なる x, y と任意の $0 < t < 1$ に対して狭義の不等号 $<$ が成り立てば，狭義凸という．また，$-f(x)$ が凸のとき，$f(x)$ は凹(おう)である，あるいは上に凸であるという．f が凸関数であることと，$\mathbb{R}^{n+1}$ の部分集合 $\{(x, z) \mid z \geq f(x)\}$ (f のエピグラフという)が凸集合であることは同値である．エピグラフが閉集合ならば，1次関数の適当な族 $l_{p,\alpha}(x) = \sum_{j=1}^{n} p_j x_j + \alpha$, $p = (p_1, \cdots, p_n) \in \mathbb{R}^n$, $\alpha \in \mathbb{R}$, $(p, \alpha) \in \Lambda$ により，$f(x) = \max_{(p,\alpha) \in \Lambda} l_{p,\alpha}(x)$ と表される．また，f が2回連続微分可能な場合には，凸であることと，*ヘッセ行列 $[\partial^2 f / \partial x_i \partial x_j]$ (ただし，$i, j = 1, \cdots, n$)が*半正定値行列であることは同値である．とくに，対称行列 A の定める2次形式 $f(x) = {}^t x A x$ が凸であるためには，A が半正定値であることが必要十分である．なお，凸関数の概念は一般のベクトル空間で定義された実数値関数に対しても自然に定義される．➡ 凸集合，イェンセンの不等式，凸関数(1変数の)，ルジャンドル変換(凸関数の)，支持超平面，凸関数の双対性

凸関数の双対性
duality of convex functions

凸関数のもつ性質の中で，ルジャンドル変換を2回適用すると元に戻ることなどを指す(➡ ルジャンドル変換(凸関数の))．凸集合や凸関数の分離定理，*フェンシェル双対定理なども，これとほぼ同値の重要な性質であり，双対性の表現と理解されている．➡ 分離定理(凸集合の)，分離定理(凸関数の)，凸関数(1変数の)，凸関数(多変数の)

凸計画法
convex programming

*凸集合 S の上で凸関数 f を最小化する形の*最適化問題を凸計画問題といい，その数学的構造やアルゴリズムを研究する分野を凸計画法と呼ぶ(➡ 凸関数(1変数の)，凸関数(多変数の)，数理計画法)．線形計画問題(➡ 線形計画法)や半正定値計画問題(➡ 半正定値計画法)は代表的な凸計画問題である．凸計画問題においては，*大域最適解と*局所最適解は同じことになるので便利である．実行可能領域 S が，微分可能な凸関数 $g_i(x)$ ($i = 1, \cdots, m$) とアフィン関数 $h_j(x)$ ($j = 1, \cdots, l$) によって，$S = \{x \mid g_i(x) \leq 0 \ (i = 1, \cdots, m), h_j(x) = 0 \ (j = 1, \cdots, l)\}$ の形に記述されている場合，局所最適解であるための条件は*カルーシュ-キューン-タッカー条件によって与えられる．さらに，凸計画問題に対しては，*フェンシェル双対定理などの双対性が成り立ち(➡ 凸関数の双対性，最大最小定理，線形計画法，半正定値計画法)，これを利用した効率的なアルゴリズムが設計される(➡ 主双対法)．

凸結合
convex combination

$\mathbb{R}^n$ の点 $x_1, \cdots, x_m$ に対し，$a_1 + \cdots + a_m = 1$ を満たす非負の実数 $a_1, \cdots, a_m$ を用いて $a_1 x_1 +$

$\cdots+a_mx_m$ の形に表される点(あるいは,この形の表現式)を $x_1,\cdots,x_m$ の凸結合という.

凸集合
convex set

平面図形や空間図形に「穴」や「くびれ」がないという性質を定式化したものが凸集合という概念である.集合 $C\,(\subseteq\mathbb{R}^n)$ が凸集合であるとは,C に属する任意の2点に対し,それらを両端点とする線分が C に含まれることをいう.つまり任意の $x,y\in C$ と任意の $t\,(0\leqq t\leqq 1)$ に対して $tx+(1-t)y\in C$ が成り立つとき,C を凸集合と呼ぶ.凸集合は半空間の共通部分として表すことができる(→ 分離定理(凸集合の)).なお,凸集合は一般のベクトル空間においても自然に定義できる.→ 凸関数(1変数の),凸関数(多変数の)

凸多面体　convex polyhedron　⇒ 多面体

把手
handle

図1の曲面を図2のように変形するときつける斜線部の図形を把手(とって)あるいはハンドルという.把手をつけると穴の数(種数)が1増える.同様の構成が高次元でもあり,*微分位相幾何学で重要である.→ リーマン面

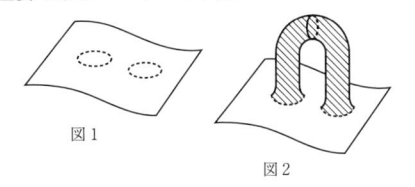

図1

図2

凸包
convex hull

ユークリッド空間の部分集合 S に対して,S を含む最小の凸集合を S の凸包と呼ぶ.

トートロジー
tautology

同義反復のこと.命題論理における論理式において,命題変数に任意の真偽値を代入しても真の値を取るとき,この論理式をトートロジーという.

　　例　$P\rightarrow(Q\rightarrow P)$

トポロジー　topology　＝位相幾何学

ド・モアヴルの公式
de Moivre's formula

等式 $(\cos\theta+i\sin\theta)^n=\cos n\theta+i\sin n\theta$ のことをいう.

ド・モアヴル–ラプラスの定理
de Moivre-Laplace theorem

*2項分布に対する中心極限定理で,値 k を取る確率が $p_k=\binom{n}{k}p^kq^{n-k}\,(p+q=1)$ のとき,任意の $a<b$ に対して,
$$\lim_{n\to\infty}\sum_{np+a\sqrt{npq}\leqq k\leqq np+b\sqrt{npq}}p_k=\frac{1}{\sqrt{2\pi}}\int_a^b e^{-x^2/2}\,dx$$
が成り立つことをいう.

ド・モルガンの法則
de Morgan's law

*補集合に関する性質.A,B を集合 X の部分集合とし,A^c により A の X における補集合を表すとき,次の公式が成り立つ.
$(A\cup B)^c=A^c\cap B^c,\quad(A\cap B)^c=A^c\cup B^c.$
⇒ 集合

トーラス
torus

円周 S^1 の n 個の直積 $T^n=S^1\times\cdots\times S^1$ を n 次元トーラスという.T^n は滑らかな n 次元多様体である(→ 直積(多様体の)).T^n は $\mathbb{R}^n/\mathbb{Z}^n$ とも表示でき,可換な*リー群である.$n=2$ のとき,浮き輪の表面のような形の図形として表される.

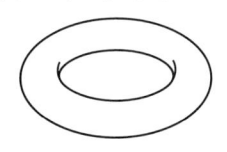

ド・ラムの定理
de Rham's theorem

平面 $\mathbb{R}^2$ 全体で定義されたベクトル場 $\boldsymbol{V}$ が,$\operatorname{div}\boldsymbol{V}=0$ を満たせば,$\boldsymbol{V}=\operatorname{grad}f$ なる関数 f が存在する.しかし,$\mathbb{R}^2$ から原点を除いた領域でしか定義されていないベクトル場 $\boldsymbol{V}$ の場合は,$\boldsymbol{V}=\operatorname{grad}f$ なる関数 f の存在には,$\operatorname{div}\boldsymbol{V}=0$ だけでなく,$\boldsymbol{V}$ の原点を中心とする円周上での線積分が0であると仮定する必要がある.(例え

ば，$V(x,y)=(y/r, -x/r)$ $(r^2=x^2+y^2)$ とすると，div $V=0$ だが，$V=$grad f なる関数 f は存在しない．) このような事実の高次元化が，ド・ラムの定理である．

高次元の場合はベクトル場の代わりに微分形式を使って次のように定式化する．*滑らかな多様体 M 上の k 次微分形式全体を $\Omega^k(M)$ と書く．外微分 d は $d_k: \Omega^k(M) \to \Omega^{k+1}(M)$ なる線形写像を導く（→外微分）．$d^2=0$ であるので，$(\Omega^k(M), d_k)_{k=0,1,2,\cdots}$ はコチェイン複体（→コホモロジー）である．これをド・ラム複体と呼び，そのコホモロジー群をド・ラム・コホモロジー群 $H_{\mathrm{Dr}}^k(M)$ と表す．すなわち，$H_{\mathrm{Dr}}^k(M)$ は $d_k: \Omega^k(M) \to \Omega^{k+1}(M)$ の核の，$d_{k-1}: \Omega^{k-1}(M) \to \Omega^k(M)$ の像による商ベクトル空間である．

ド・ラムの定理はド・ラム・コホモロジー群がほかのコホモロジー群，特に，特異コホモロジー群と同型であることを主張する．

$du=0$ である k 次微分形式 u に対して，$u=dv$ なる v が存在することと，u の任意の*サイクル上の積分が 0 であることが同値であることは，ド・ラムの定理の帰結である．→ポアンカレの補題

ド・ラム複体　de Rham complex　→ド・ラムの定理

トリコミ方程式
Tricomi equation

未知関数 $u(x,y)$ に関する偏微分方程式 $yu_{xx}+u_{yy}=0$ のことをいう．流体中を物体が超音速で移動する際に生じる現象のモデルである．方程式は混合型で，$y>0$ の範囲で楕円型，$y<0$ の範囲で双曲型になる．前者の領域を亜音速領域，後者を超音速領域という．

取り尽くし法
method of exhaustion

「正数の列 $a_1, a_2, \cdots, a_n, \cdots$ において $a_{n+1} \leq a_n/2$ ならば，任意の $a>0$ に対し a_n が a より小さくなる番号 n が存在する」．この事実を取り尽くし法あるいは積尽法という．無限のプロセスに伴う曖昧さを回避するため*エウドクソスにより発明された論法で，現代の*ε-δ 論法の先駆けと考えられる．→収束（数列の）

エウドクソスはこの論法と背理法を組み合わせることにより，3 角錐（4 面体）の体積を求めた．

*アルキメデスも，取り尽くし法を駆使することにより，円周の長さ，円の面積，球の体積や表面積を求めた．単位円に内接する n 角形の面積 A_n $(n=2^k, k=1,2,\cdots)$ は，それを n 個の 3 角形にわけ，高さ P_n を図のように計算することによって求められる．

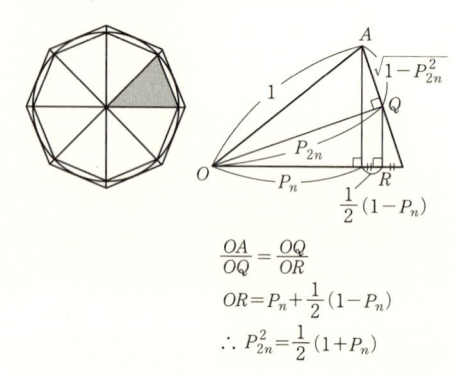

$$\frac{OA}{OQ} = \frac{OQ}{OR}$$
$$OR = P_n + \frac{1}{2}(1-P_n)$$
$$\therefore P_{2n}^2 = \frac{1}{2}(1+P_n)$$

内接 n 角形の小 3 角形の高さ P_n に対する漸化式

同様にして外接する n 角形の面積 B_n も計算され $A_4=2$, $B_4=4$, $A_8=2\sqrt{2}=2.8284\cdots$, $B_8=8(\sqrt{2}-1)=3.3137\cdots$ などが順に得られる．円の面積 S は $A_n < S < B_n$ を満たし，n を大きくすると $B_n - A_n$ はいくらでも小さくなり 0 に近づく．よって $n \to \infty$ での A_n の*極限（これは B_n の極限に等しい）が円の面積になる（→円周率）．この論法は*区分求積法によって定積分を求める方法と同じであり，その意味で微分積分学のはしりである．

ただし，以上の論法に見られるように取り尽くし法による古代ギリシアの議論は極限が存在することをあらかじめ前提としている点で，現代の立場からは不完全な議論である．

ドリフト
drift

漂流のことをいう．→拡散方程式

トレース
trace

*跡ともいう．n 次正方行列 $A=[a_{ij}]$ の対角成分の和 $a_{11}+a_{22}+\cdots+a_{nn}$ を跡（トレース）といい，tr A と記す．

A を (m,n) 型の行列，B を (n,m) 型の行列とするとき，tr $AB=$tr BA が成り立つ．特に，A が n 次正方行列で P が n 次可逆行列であるとき，

$\mathrm{tr}\, PAP^{-1}=\mathrm{tr}\, A$ が成り立つ．この事実から，一般の有限次元線形空間の線形変換 T に対して，その跡が定義される（T の*行列表示を取って，その跡として定義すればよい）．

$T: L \to L$ が有限次元計量線形空間の線形作用素であるとき，$e_1, \cdots, e_n (n=\dim L)$ を L の正規直交基底とすれば，
$$\mathrm{tr}\, T = \sum_{k=1}^{n} \langle Te_k, e_k \rangle$$
が成り立つ．

トレース（無限次元線形作用素の）
trace

無限次行列の対角成分は無限個あるから，そのトレース（あるいは跡(セキ)）すなわち対角成分の和は一般には定まらない．しかし，これが何らかの意味で定まり有用である場合がある．

H を内積 $\langle \cdot, \cdot \rangle$ をもつ*可分な*ヒルベルト空間，$(e_1, e_2, \cdots)$ を H の*完全正規直交基底とする．$T: H \to H$ を*有界線形作用素とするとき，$\sum_{i=1}^{\infty} |\langle Te_i, e_i \rangle| < \infty$ であるとき，T をトレース・クラスの線形作用素といい，$\mathrm{tr}\, T = \sum_{i=1}^{\infty} \langle Te_i, e_i \rangle$ を T のトレースという．$\mathrm{tr}\, T$ の値は，完全正規直交基底の取り方にはよらない．

連続関数 $k(x, y)$ （$(x,y) \in [0,1]^2$）を用いて，$T(f)(x) = \int_0^1 k(x,y) f(y) dy$ と表される*積分作用素 $T: L^2([0,1]) \to L^2([0,1])$ はトレース・クラスで，そのトレースは $\mathrm{tr}\, T = \int_0^1 k(x,x) dx$ で与えられる．

トレミーの定理
Ptolemy's theorem

円に内接する 4 角形 $ABCD$ について
$$\overline{AB} \cdot \overline{CD} + \overline{BC} \cdot \overline{DA} = \overline{AC} \cdot \overline{BD}$$
が成り立つ．これをトレミーの定理という．トレミーはプトレマイオスの英語風呼び方である．

貪欲算法
greedy algorithm

*組合せ最適化問題を解く際に，局所的に最良の選択（目先の利益の最大化）を行うことを繰り返して最適解を求めようとするアルゴリズムの総称である．例えば，有限集合 V，その部分集合の族 $\mathcal{I}$，および各要素 $i \in V$ の重み w_i が与えられたとき，$\mathcal{I}$ に属する部分集合 I の中で重みの和 $\sum_{i \in I} w_i$ が最大であるものを求める問題を考える．貪欲算法は，空集合 $I = \emptyset$ から始めて重みの大きい順に V の要素 i を I につけ加えられるかどうかを調べ，$I \cup \{i\} \in \mathcal{I}$ のときには $I = I \cup \{i\}$ と更新し，$I \cup \{i\} \notin \mathcal{I}$ のときには i を捨てることを順次行うというアルゴリズムである．一般には最適解に到達できるとは限らないが，$\mathcal{I}$ が V 上の*マトロイドの独立集合族ならば，この貪欲算法によって最適な $I \in \mathcal{I}$ が求められる．逆に，任意の重みに対して貪欲算法が最適解を与えるならば $\mathcal{I}$ はあるマトロイドの独立集合族になっていることが知られている．

ナ

内心
incenter

平面幾何(または初等幾何)における，3角形の5心の1つである．3角形の3辺のすべてと接する円を3角形の内接円と呼び，その中心 P を内心という．3角形の3つの内角の2等分線は1点で交わり，その交点が内心である．→5心(3角形の)

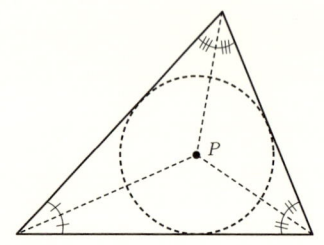

内積(幾何ベクトルの)
inner product

2つの幾何ベクトル $\overrightarrow{OP}, \overrightarrow{OQ}$ の内積 $\langle \overrightarrow{OP}, \overrightarrow{OQ} \rangle$ は，そのなす角 POQ を θ，ベクトルの大きさを $\|\overrightarrow{OP}\|, \|\overrightarrow{OQ}\|$ とすると，次の式で与えられる．
$$\langle \overrightarrow{OP}, \overrightarrow{OQ} \rangle = \|\overrightarrow{OP}\| \, \|\overrightarrow{OQ}\| \cos \theta$$
平面の場合，直交座標を決めて $\overrightarrow{OP}, \overrightarrow{OQ}$ の成分をそれぞれ $(a_1, b_1), (a_2, b_2)$ とすると，これは $a_1 a_2 + b_1 b_2$ に等しい．

内積(数ベクトルの)
inner product

2つの数ベクトル $x = (x_1, \cdots, x_n), y = (y_1, \cdots, y_n) \in \mathbb{R}^n$ に対して，
$$\langle x, y \rangle = x_1 y_1 + x_2 y_2 + \cdots + x_n y_n$$
と書き，これを x, y の内積という．*直交座標で幾何ベクトルを数ベクトルとみなすと，幾何ベクトルの内積は数ベクトルの内積に一致する．

内積を $x \cdot y, (x, y), (x|y)$ などと書くこともある．なお，エルミート内積を単に内積ということもある．→エルミート内積，外積，内積(線形空間上の)

内積(線形空間上の)
inner product

実線形空間 V の任意の2つの元 u, v に対して，次の(1), (2), (3)を満たす実数 $\langle u, v \rangle$ が与えられたとき，これを V 上の内積という：

(1)(対称性) $\langle u, v \rangle = \langle v, u \rangle$.
(2)(線形性) a, b が実定数のとき，$\langle au + bv, w \rangle = a \langle u, w \rangle + b \langle v, w \rangle$.
(3)(正値性) $\langle u, u \rangle \geqq 0$. $\langle u, u \rangle = 0 \Longleftrightarrow u = 0$.

このとき，$\|u\| = \sqrt{\langle u, u \rangle}$ をベクトル u の長さまたはノルムという．また，*シュワルツの不等式 ($|\langle u, v \rangle| \leqq \|u\| \, \|v\|$) および*中線定理 ($\|u + v\|^2 + \|u - v\|^2 = 2(\|u\|^2 + \|v\|^2)$) が成り立つ．エルミート内積を単に内積ということも多い．→エルミート内積，内積とノルム

内積空間
inner product space

計量線形空間ともいう．内積が与えられた線形空間を内積空間という．内積空間はノルム空間であり，収束の概念が自然に定義される．→ノルム空間，内積(線形空間上の)，ヒルベルト空間

内積とノルム
inner product and norm

実線形空間 V に*内積 $\langle \cdot, \cdot \rangle$ が与えられているとき，$\|v\| = \sqrt{\langle v, v \rangle}$ は*ノルムであり，*中線定理が成り立つ：$\|u + v\|^2 + \|u - v\|^2 = 2(\|u\|^2 + \|v\|^2)$．逆に，中線定理が成り立てばノルムから内積が定まる：$\langle u, v \rangle = (1/4)(\|u + v\|^2 - \|u - v\|^2)$．複素線形空間 V 上の*エルミート内積の場合にも同じ式でノルムが定まり，中線定理が成り立つ．逆に，中線定理を満たすノルムからエルミート内積が定義できる．中線定理を満たすノルムをヒルベルト・ノルムという．L^p ノルムは $p = 2$ に限り中線定理を満たす．→内積(線形空間上の)，ノルム

内接円 inscribed circle →内心

内挿 interpolation →補間

内測度
inner measure

A を n 次元ユークリッド空間 $\mathbb{R}^n$ の有界集合とする．A を含む十分大きな開区間 D の測度を $m(D)$ として，
$$m(D) - \{(D - A) \text{ の外測度}\}$$
を A の内測度という．A が有界でないときは，有

内点
interior point

$A\subset\mathbb{R}^n$ のとき，$p\in A$ が A の内点であるとは，p に十分近い点はすべて A の点であることをいう．すなわち $\varepsilon>0$ が存在して，$d(p,x)<\varepsilon$ ならば，$x\in A$ であること，言い換えると半径 ε の球が A に含まれることをいう（d はユークリッド距離）．例えば，(x,y) が閉円板 $A=\{(x,y)\in\mathbb{R}^2|x^2+y^2\leqq 2\}$ の内点であるための必要十分条件は，$x^2+y^2<2$ である．

p が A の内点であることと，p を含む $\mathbb{R}^n$ の開集合で，A に含まれるものがあることは同値である．

位相空間 X の部分集合 A について，$p\in A$ が内点であるとは，p を含む X の開集合で，A に含まれるものがあることを指す．⇒ 境界点

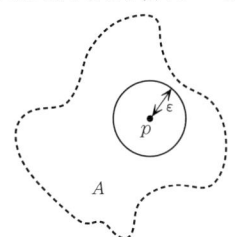

内点法
interior-point method

線形計画問題に対する*カーマーカー法を契機として発展した解法の総称である．*単体法が実行可能領域の端点(境界上の点)を生成するのに対して，実行可能領域の内点(内部の点)を生成して最適解を見出すのでこの名がある．大規模な問題(変数や制約式の個数が多い場合)に対して有効な解法であり，線形計画問題だけでなく，凸計画問題(→ 凸計画法)や半正定値計画問題(→ 半正定値計画法)へも拡張されている．

内部
interior

位相空間の部分集合 A の内部とは，A の*内点全体の集合のことをいう．開核ともいい，A^i, A° あるいは Int A などと表す．

界な部分集合列 $A_1\subset A_2\subset\cdots$ で $\bigcup_{k=1}^{\infty}A_k=A$ となるものを考え，A_k の内測度の極限値として A の内測度を定義する．⇒ 外測度，可測集合，測度

内部自己同型
inner automorphism

群 G の自己同型写像 $\varphi:G\to G$ が，G の元 a により，$\varphi(g)=aga^{-1}$ $(g\in G)$ と表せるとき，φ を a による内部自己同型写像という．

内部積（ベクトルと微分形式の）
internal product

テンソル解析の演算の 1 つである．微分形式 ω とベクトル場 X を 1 回縮約したもので $i_X\omega$ と表す．すなわち，$\omega_{i_1,\cdots,i_k}$ を成分とする反対称共変テンソル(すなわち k 次微分形式 $\sum \omega_{i_1,\cdots,i_k}dx^{i_1}\wedge\cdots\wedge dx^{i_k}$)を ω とすると，成分が X^i のベクトル場 $\sum X^i\partial/\partial x^i$ に対して，$i_X\omega$ は $\sum_j X^j\omega_{ji_1\cdots i_{k-1}}$ を $i_1,\cdots,i_{k-1}$ 成分とする反対称共変テンソルである．

k 次微分形式を，ベクトル場の k 個の組に関数を対応させる反対称な*多重線形写像とみると，$i_X\omega(X_1,\cdots,X_{k-1})=\omega(X,X_1,\cdots,X_{k-1})$ である．

内部問題　interior problem　⇒ 外部問題

内包公理
axiom of comprehension

性質 $P(x)$ を満たす x の全体 $\{x\,|\,P(x)\}$ が集合であるという公理．このままの形だと，*ラッセルのパラドックスのような矛盾が生じるので*公理的集合論では，次の分出公理にする．「A が集合で，$P(x)$ が x を含む命題のとき，$P(x)$ を満たす A の元 x 全体 $\{x\in A\,|\,P(x)\}$ は集合である」．通常の*ZF 集合論の体系には，分出公理より強い*置換公理が含まれている．

ナヴィエ-ストークス方程式
Navier-Stokes equation

流体の運動を*速度場に関する微分方程式で表したもの．とくに流体が非圧縮性で空間次元が 3 の場合は次の形に書かれる．
$$\frac{\partial \boldsymbol{u}}{\partial t}+(\boldsymbol{u}\cdot\mathrm{grad})\boldsymbol{u}=-\frac{1}{\rho}\mathrm{grad}\,p+\nu\Delta\boldsymbol{u}+\boldsymbol{K},$$
$$\mathrm{div}\,\boldsymbol{u}=0.$$
ここで未知関数 $\boldsymbol{u}=(u_1,u_2,u_3)$ は流れの速度場を表し，$\mathrm{div}\,\boldsymbol{u}=\sum_{i=1}^{3}\partial u_i/\partial x_i$ は発散，$(\boldsymbol{u}\cdot\mathrm{grad})\boldsymbol{u}$ は次式で定義されるベクトルを意味する．

$$u_1 \frac{\partial u_i}{\partial x_1} + u_2 \frac{\partial u_i}{\partial x_2} + u_3 \frac{\partial u_i}{\partial x_3} \quad (i=1,2,3).$$

また p は圧力, $K=(K_1,K_2,K_3)$ は外力, 定数 ρ は流体の密度, ν は運動粘性率を表す. 単にナヴィエ-ストークス方程式というと, この非圧縮性の場合を指すことが多い. とくに粘性が 0, すなわち完全流体の場合は, *オイラー方程式と呼ばれる.

ナヴィエ-ストークス方程式は 19 世紀半ばに導入された歴史の古い方程式であるが, 実際の流体の運動をきわめて精確に近似しており, 今日でも気象予測や船舶・航空工学をはじめ, さまざまな分野で重要な役割を演じている. その一方で, 流体運動はあまりにも複雑多様であるため, 例えば乱流の性質などのように, 理論的には未解明の部分が多い. 空間 2 次元で初期値の運動エネルギーが有限であれば $0 \leq t < \infty$ の範囲で大域解が存在することが知られているが, 空間 3 次元の場合にも常に大域解が存在するかどうかはわかっておらず, 解析学における最も困難な未解決問題の 1 つとして注目されている.

中山の補題
Nakayama's lemma

単位元 1 を持つ可換環 R のヤコブソン根基(→根基) J と有限 R 加群 M, N の間に $JM+N=M$ が成り立てば $M=N$ である. この事実を中山の補題, あるいはクルル-東屋-中山の補題という.

流れ(力学系の)
flow

連続時間を持つ*力学系のことである. ユークリッド空間の領域 X 上の常微分方程式から定まる流れはその代表例である. 一般に, X 上の流れ T_t は, 各 $x \in X$ に対して t の関数として $T_t x$ が連続(微分可能, 可測)なとき, 連続(微分可能, 可測)な流れという. 微分方程式から定まる流れは微分可能な流れであり, 逆に, 微分可能な流れは, $a(x)=(d/dt)T_t x|_{t=0}$ とおくと, 微分方程式 $dx/dt=a(x)$ から定まる流れである. ⇒ 測地流

流れ関数
stream function

非圧縮性流体の 2 次元の*流れを考えると, その*速度場 (u,v) の発散 $\partial u/\partial x + \partial v/\partial y$ は常に 0 であるから, ベクトル解析の一般論より (→ 発散), $\partial \Psi/\partial x = -v$, $\partial \Psi/\partial y = u$ を満たす関数 $\Psi(x,y)$ が少なくとも局所的に構成できる. この Ψ を流れ関数という. *渦なし流の場合, Ψ は*調和関数になる. ⇒ 速度ポテンシャル

流れ図
flowchart

計算機プログラムの計算の流れを図式的に表現したものである.

ナップサック問題
knapsack problem

1 つの線形不等式制約 $\sum_{i=1}^{n} a_i x_i \leq b$ の下で, 線形の目的関数 $\sum_{i=1}^{n} c_i x_i$ を最大にする整数ベクトル $(x_1, \cdots, x_n)$ を求める問題 ($a_1, \cdots, a_n, b, c_1, \cdots, c_n$ は正の実数). 大きさ(容量)が b である袋(ナップサック)に, 大きさが a_i で価値が c_i である物を x_i 個つめ込んで価値の総和を最大にすることに相当するのでこの名がある. NP 困難な問題であるが, 実際には効率良く解ける場合が多い. ⇒ 動的計画法

ナブラ
nabla

ベクトル解析において, 偏微分記号を要素とする形式的な 3 次元ベクトル $(\partial/\partial x, \partial/\partial y, \partial/\partial z)$ がしばしば用いられる. これを記号 ∇ で表しナブラと読む. ハミルトンがはじめて使った記号で, ヘブライの弦楽器の形に因んでいるという. 関数 f の勾配 $\mathrm{grad}\, f$ は
$$\nabla f = (\partial f/\partial x, \partial f/\partial y, \partial f/\partial z)$$
とも書かれる. またベクトル場 V の発散 div および回転 rot は, それぞれ形式的に ∇ との内積
$$\nabla \cdot V = \mathrm{div}\, V$$
およびベクトル積
$$\nabla \times V = \mathrm{rot}\, V$$
の形に書くことができ, 記憶しやすい.

滑らか
smooth

日常用語では, 「すべすべ, つるつる」というようなすべりやすい様子を表す言葉であるが, 数学では, 関数や写像の微分可能性の意味に使われる.

単に滑らかな関数・写像といったとき, 無限回微分可能であることをいうことが多いが, 文脈によっては必要な回数*連続微分可能という意味に使うこともある. ⇒ C^k 級

多様体が滑らかとは座標変換が滑らかであることを指す. ⇝ 多様体

軟化子
mollifier

与えられた関数を滑らかな関数によって近似する技法である. $\rho(x)$ を $\mathbb{R}^n$ 上滑らかで $\int_{\mathbb{R}^n} \rho(x)dx = 1$ を満たす非負関数とし, $\rho_\varepsilon(x) = \varepsilon^{-n} \rho(x/\varepsilon)$ ($\varepsilon > 0$) とおく. $f(x)$ が有界連続関数ならば, *たたみ込み $\rho_\varepsilon * f(x)$ は滑らかな関数で, 一様ノルムについて $\rho_\varepsilon * f \to f$ ($\varepsilon \to 0$) が成り立つ. 同様のことは L^2 空間など多くの関数空間において成立する. ρ_ε を軟化子という. $\rho(x) = \pi^{-n/2} e^{-|x|^2}$ のとき, $\rho_{\sqrt{2t}}(x)$ は*熱核である.

二

2 項演算　binary operation　⇝ 演算

2 項関係　binary relation　⇝ 関係

2 項係数
binomial coefficient

$0 \leq k \leq n$ を満たす整数 n, k に対して
$$\binom{n}{k} = \frac{n!}{k!(n-k)!}$$
を 2 項係数という. 記号 ${}_nC_k$ も用いられる. 2 項係数は整数であって
$$\binom{n}{0} = \binom{n}{n} = 1, \quad \binom{n}{n-k} = \binom{n}{k},$$
$$\binom{n}{k} = \binom{n-1}{k} + \binom{n-1}{k-1}$$
などの性質を持つ. ⇝ 2 項定理, パスカルの 3 角形

2 項定理
binomial theorem

$$\binom{n}{k} = \frac{n!}{k!(n-k)!}$$
と置くとき,
$$(a+b)^n = \sum_{k=0}^{n} \binom{n}{k} a^k b^{n-k}$$
が成り立つ. これを 2 項定理といい, $\binom{n}{k}$ を*2 項係数という.

2 項展開
binomial expansion

a を実数とするとき, $(1+x)^a$ の, $x=0$ の周りでのテイラー展開のこと.
$$(1+x)^a = 1 + \frac{a}{1!}x + \frac{a(a-1)}{2!}x^2 + \cdots$$
$$+ \frac{a(a-1)\cdots(a-n+1)}{n!}x^n + \cdots$$
a が自然数の場合は, これは 2 項定理の与える
$$(1+x)^a = \sum_{k=0}^{a} \binom{a}{k} x^k$$
になる.

2項分布
binomial distribution

n を自然数、$0 \leq p \leq 1$, $q = 1-p$ として、
$$P_k = \binom{n}{k} p^k q^{n-k} = \frac{n!}{k!(n-k)!} p^k q^{n-k}$$
で与えられる $\{0, 1, \cdots, n\}$ 上の確率分布を2項分布という。平均は np, 分散は npq である。確率 p の事象の n 回の反復試行においてちょうど k 回だけその事象の起こる確率が P_k に等しい。古くから有名な確率分布で、ド・モアヴル(de Moivre)、*ラプラスたちの古典確率論の段階ですでに、大数の法則、中心極限定理などが詳しく調べられている。平均を $np = \lambda$ に固定して $n \to \infty$ とすると、2項分布はポアソン分布に収束する(→ 少数の法則)。

2次拡大
quadratic extension

体 K の拡大体 L で拡大次数が2のものを、K の2次拡大という。体 K の元 a で $a = b^2$, $b \in K$ とは書けないものをとって K に $\sqrt{a}$ を添加した体 $K(\sqrt{a})$ を L とすると、L は K の2次拡大であり、K の*標数が2でなければ、K の2次拡大はすべてこのようにして得られる。→ 体, 2次体

2次関数
quadratic function

A, B, C は定数で A は0ではないとするとき、変数 x の関数 $f(x) = Ax^2 + Bx + C$ を2次関数という。A, B, C が実数のとき、これをグラフに描くと頂点が $(-B/2A, C - B^2/4A)$ の*放物線になる。

2次曲線
quadratic curve

2次式 $F(x, y) = ax^2 + 2bxy + cy^2 + dx + ey + f$ を用いて座標平面上で方程式 $F(x, y) = 0$ により与えられる図形は、それが曲線であるとき2次曲線と呼ばれる。このとき2次曲線は楕円(円も含む)、双曲線、放物線、2直線のいずれかになる。$F(x, y) = 0$ が直線(の和)のときは、2次曲線と呼ばないことも多い。→ 円錐曲線

2次曲面
quadratic surface

2次元球面 $x^2 + y^2 + z^2 = 1$ のように3次元ユークリッド空間 $\mathbb{R}^3$ 内で2次式 $F(x, y, z) = 0$ で定義される曲面を2次曲面という。点 O を通る直線が2次曲面と2点 A, A' で交わり、常に $OA = OA'$ が成り立つとき、点 O を2次曲面の中心という。球 $x^2 + y^2 + z^2 = 1$ は原点 $(0, 0, 0)$ が中心である。一方、楕円放物面 $2z = x^2/a^2 + y^2/b^2$ は中心を持たない。中心を持つ2次曲面(有心2次曲面)で特異点を持たないものは、適当に直交座標をとり、中心が原点であるように平行移動すると、次のいずれかの曲面になる。

$$\frac{x^2}{a^2} + \frac{y^2}{b^2} + \frac{z^2}{c^2} = 1 \quad 楕円面 \quad (a)$$

$$\frac{x^2}{a^2} + \frac{y^2}{b^2} - \frac{z^2}{c^2} = 1 \quad 1葉双曲面 \quad (b)$$

$$\frac{x^2}{a^2} - \frac{y^2}{b^2} - \frac{z^2}{c^2} = 1 \quad 2葉双曲面 \quad (c)$$

$$\frac{x^2}{a^2} + \frac{y^2}{b^2} = 1 \quad 楕円柱 \quad (d)$$

$$\frac{x^2}{a^2} - \frac{y^2}{b^2} = 1 \quad 双曲柱 \quad (e)$$

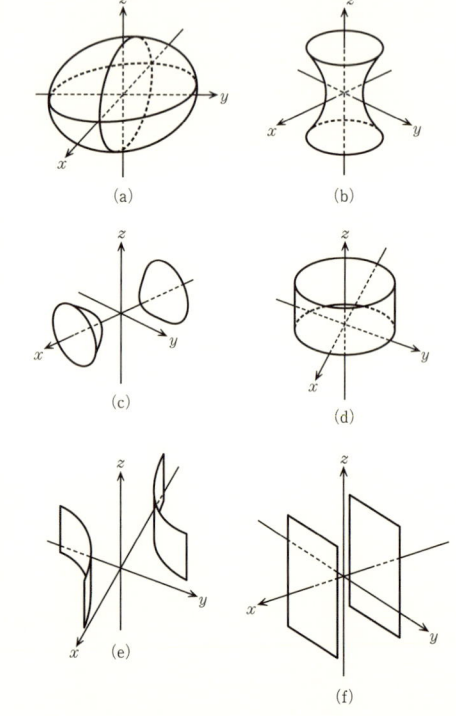

$$\frac{x^2}{a^2} = 1 \quad \begin{array}{l}2枚の平行な\\平面\end{array} \quad (f)$$

この楕円面, 1葉双曲面, 2葉双曲面の定義式で

$a=b$ のときは，z 軸のまわりの回転面になり，それぞれ回転楕円面，回転 1 葉双曲面，回転 2 葉双曲面と呼ばれる．

中心を持たない 2 次曲面 (無心 2 次曲面) で特異点を持たないものは，適当に直交座標を取り平行移動することによって，次のいずれかの曲面となる．

$$2z = \frac{x^2}{a^2} + \frac{y^2}{b^2} \quad \text{楕円放物面}$$

$$2z = \frac{x^2}{a^2} - \frac{y^2}{b^2} \quad \text{双曲放物面}$$

$$2z = \frac{x^2}{a^2} \quad \text{放物柱}$$

楕円放物面の定義式で $a=b$ のときは z 軸のまわりの回転面になり，回転楕円放物面と呼ばれる．

2 次曲面が特異点を持てば特異点は 2 重点であり，1 個だけ特異点を持つ 2 次曲面は特異点を頂点に持つ錐である．この場合，原点を特異点に持つように平行移動し，直交座標を適当に取ると定義方程式は $Ax^2+By^2+Cz^2=0$, $ABC\neq 0$ の形になる．

2 次近似

quadratic approximation

1 次式で近似したものを線形近似 (1 次近似) というのに対して，2 次式で近似したものを 2 次近似という．例えば $\exp x \approx 1+x$ は $x=0$ の近くでの指数関数の 1 次近似で，$\exp x \approx 1+x+x^2/2$ が 2 次近似である．また，$\exp x \approx 1+x+x^2/2+x^3/6$ は 3 次近似という．2 次近似は極大極小を調べるときに有効な概念であり，また，幾何学的には曲率の情報を与える．多変数の関数の場合も 2 次近似は重要な考え方である．2 変数の場合 2 次近似は幾何学的には 2 次曲面でグラフを近似することにあたる．なお，線形近似からのずれの部分のみを 2 次近似ということもあり，その場合は一般に *2 次形式を指す．

2 次形式

quadratic form

実数または複素数を係数とする 2 次斉次多項式を 2 次形式という．実数係数のときは実 2 次形式，複素数係数のときは複素 2 次形式という．2 次形式 $Q(x_1,\cdots,x_n)$ は実数または複素数を成分とする n 次 *対称行列 $S=[s_{ij}]$ と n 次 *横ベクトル $\boldsymbol{x}=(x_1,\cdots,x_n)$ によって $Q(\boldsymbol{x})=\boldsymbol{x}S\,{}^t\boldsymbol{x}$ と表示することができ，この対応により，実数または複素数を係数とする n 変数 2 次形式と実数または複素数を成分とする n 次対称行列が 1 対 1 に対応する．

行列 S の*階数を 2 次形式 Q の階数という．*線形変換 $x_i=\sum_{j=1}^{n} p_{ij}y_j$, $\det(p_{ij})\neq 0$ によって 2 次形式 $Q(\boldsymbol{x})=\boldsymbol{x}S\,{}^t\boldsymbol{x}$ は $Q'(\boldsymbol{y})=\boldsymbol{y}S'\,{}^t\boldsymbol{y}$, $S'=PS\,{}^tP$ に移る (→ 合同変換 (行列の))．ここで $P=(p_{ij})$ とおいた．このとき，2 次形式 Q と Q' は同値であるという．ただし，実 2 次形式のときは p_{ij} も実数であるとする．

階数 r の複素 2 次形式は $x_1^2+x_2^2+\cdots+x_r^2$ と同値である．階数 r の実 2 次形式は $x_1^2+\cdots+x_p^2-x_{p+1}^2-\cdots-x_{p+q}^2$, $r=p+q$ と同値になる．(p,q) は 2 次形式 Q から一意に定まる (*シルヴェスターの慣性法則)．(p,q) を 2 次形式 Q の符号数という．n 変数の実 2 次形式 Q の符号数が $(n,0)$ のとき 2 次形式は正定値 2 次形式または正の定符号形式，$(0,n)$ のとき負定値 2 次形式または負の定符号形式という．それ以外のときは不定値 2 次形式，あるいは 2 次形式は不定値であるという．

実係数正定値 2 次形式と実ベクトル空間上の内積は同一視できる．一方，例えば $\mathbb{C}^n$ の標準的エルミート内積 $\langle\cdot,\cdot\rangle$ について

$$\langle (x_1,\cdots,x_n),(x_1,\cdots,x_n)\rangle = \sum_{i=1}^{n}|x_i|^2$$

は複素 2 次形式ではない．

上記の 2 次形式の理論は任意の体 k 上で考えられる．体 k の標数が 2 と異なれば体 k 上の 2 次形式 ($=k$ の元を係数とする 2 次斉次式) と k の元を成分とする対称行列とが 1 対 1 に対応する．しかし体の標数が 2 のときは，例えば 2 次形式 $Q(x_1,x_2)=x_1x_2$ に対応する対称行列は存在しない．⇒ 双線形形式

2 次形式の標準形

canonical form of quadratic forms

例えば，実数係数の 2 次形式

$$Q(x,y) = ax^2 + 2bxy + cy^2$$

は，変数 (x,y) に適当な直交変換を施すと，

$$\alpha x'^2 + \beta y'^2$$

の形となる．これにより 2 次曲線 $Q(x,y)+dx+ey+f=0$ が楕円か双曲線か (または 2 直線か空集合) を判別できる．さらに，一般の線形変換を施せば，$\pm x''^2 \pm y''^2$ (または，$\pm x''^2$) とすることができる．

n 変数の実係数の 2 次形式

$$Q(x_1,\cdots,x_n) = \sum_{i,j=1}^{n} a_{ij}x_i x_j$$

も直交変換によって標準形

$$\alpha_1 x_1^2 + \alpha_2 x_2^2 + \cdots + \alpha_m x_m^2, \quad m \leq n$$

に直すことができる．さらに一般の線形変換を施すことによって $\alpha_i = \pm 1$ にすることができる．→ 標準形，対角化，ジョルダン標準形，シルベスターの慣性法則，シルベスターの標準形

2 次体
quadratic field

有理数体の*2次拡大のこと．平方数でない整数 m を用いて $\mathbb{Q}(\sqrt{m})$ と書ける体，といってもよい．$m>0$ のとき，つまり K が実数体 $\mathbb{R}$ の部分体であるとき，K は実2次体と呼ばれ，そうでないとき，虚2次体と呼ばれる．→ 2次体の整数論

2 次体の整数論
arithmetic of quadratic fields

2次体の整数論は，一般の代数体の整数論(*代数的整数論)の一部ではあるが，特有のわかりやすさ，おもしろさがある．2次体 K は，1以外の平方数で割れない整数 m を用いて，$K=\mathbb{Q}(\sqrt{m})$ と書ける．K の整数環(→ 代数的整数環) $\mathcal{O}_K$(有理数体 $\mathbb{Q}$ の整数環 $\mathbb{Z}$ の役割をするもの)は，$m \equiv 2, 3 \pmod{4}$ のとき

$$\{a+b\sqrt{m} \mid a,b \text{ は整数}\} = \mathbb{Z}[\sqrt{m}]$$

となり，$m \equiv 1 \pmod{4}$ のとき

$$\left\{a+b\frac{1+\sqrt{m}}{2} \,\middle|\, a,b \text{ は整数}\right\} = \mathbb{Z}\left[\frac{1+\sqrt{m}}{2}\right]$$

となる(例えば $K=\mathbb{Q}(\sqrt{2})$ なら $\mathcal{O}_K=\mathbb{Z}+\mathbb{Z}\sqrt{2}$, $K=\mathbb{Q}(\sqrt{5})$ なら $\mathcal{O}_K=\mathbb{Z}+\mathbb{Z}(1+\sqrt{5})/2)$．

奇素数 p で m を割らないものに関して，2次体の整数環 $\mathcal{O}_{\mathbb{Q}(\sqrt{m})}$ で p が生成するイデアル (p) は，平方剰余記号 $\left(\dfrac{m}{p}\right)$ (→ 平方剰余の相互法則) が 1 であれば2つの異なる素イデアル $\mathfrak{p}, \mathfrak{p}'$ の積 $(p)=\mathfrak{pp}'$ となり，$\left(\dfrac{m}{p}\right)=-1$ のときは (p) は素イデアルとなり，また，p が m の約数であるときは $(p)=\mathfrak{p}^2$ となる素イデアル $\mathfrak{p}$ がある．$p=2$ のときは，$m \equiv 1 \pmod 8$ のときは $(2)=\mathfrak{pp}'$ と2つの異なる素イデアルの積となり，$m \equiv 5 \pmod 8$ のときは (2) は素イデアルであり，$m \equiv 2, 3 \pmod 8$ のときは $(2)=\mathfrak{p}^2$ と素イデアルの2乗となる．

なお，*平方剰余の相互法則は $\left(\dfrac{m}{p}\right)$ がどうなるかを与える法則である．(例えば，平方剰余の相互法則を使うと，$\left(\dfrac{-3}{p}\right)=\left(\dfrac{p}{3}\right)$ となるから，これは $p \equiv 1 \pmod 3$ なら 1, $p \equiv 2 \pmod 3$ なら -1 だとわかる．) したがって平方剰余の相互法則は，2次体の整数環において (p) がどう分解するかを与える法則であり，もっと一般の分解法則である*類体論の一部とみなされる．

虚2次体の単数は，$\mathbb{Q}(i)$ の場合 $\pm 1, \pm i$, $\mathbb{Q}(\sqrt{-3})$ の場合 $1, \zeta, \zeta^2, \cdots, \zeta^5$, ここに $\zeta=(1+\sqrt{-3})/2$, 他の虚2次体では ± 1 である．実2次体の*単数全体は，ある単数 $\varepsilon>1$(*基本単数と呼ばれる)を用いて，$\{\pm \varepsilon^n \mid n \in \mathbb{Z}\}$ の形に表される(→ ディリクレの単数定理)．例えば $K=\mathbb{Q}(\sqrt{2})$ の場合 $\varepsilon=1+\sqrt{2}$．

2次体の*類数は，*ディリクレの類数公式で与えられる．

2 次同次関数
homogeneous function of degree 2

2次斉次関数ともいう．関数 $F(x_1, x_2, \cdots, x_n)$ は

$$F(rx_1, rx_2, \cdots, rx_n) = r^2 F(x_1, x_2, \cdots, x_n)$$

が成り立つとき2次同次関数，あるいは2次同次式という．

2 次方程式
quadratic equation

a, b, c は定数で a は 0 ではないとするとき，方程式 $ax^2+bx+c=0$ を2次方程式という．根は

$$x = \frac{-b \pm \sqrt{b^2-4ac}}{2a}$$

である．b^2-4ac を判別式という．a, b, c が実数のとき，判別式が正，負，0 に応じて，2次方程式は相異なる2個の実根，互いに複素共役な2個の虚根，実の重根を持つ．→ 桁落ち

2 次方程式の根の公式
formula giving root of quadratic equation

2次方程式 $ax^2+bx+c=0$ に対する根の公式は

$$x = \frac{-b \pm \sqrt{b^2-4ac}}{2a}$$

により与えられる．この公式を出発点とする数学理論は極めて多岐に渡り，しかもそれらの基礎にある考え方や結果がわれわれの社会に直接・間接に関わっている．

(1) $b^2-4ac<0$ の場合も根を持つと考える観点から*複素数が導入された．複素数の概念は，電気

(2) 高次の方程式に対して，2次方程式に対するのと同様な根の公式を求めようとする努力から*ガロア理論が誕生し，5次以上の方程式は四則演算とべき根のみを使った根の公式を持たないことが証明された．その発展の中で，抽象的代数系である群や体の概念が生まれた．現代科学や先端技術を，群や体の概念を抜きにして語ることはできない．

(3) 2次方程式は，複素数の範囲内で常に根を持つことが根の公式から結論されるが，高次代数方程式の根の存在についての問題は，根の公式の存在とは別個に論じられる．そして，ガウスにより，複素数を係数とする代数方程式には，常に複素数の範囲で根が存在することが証明された(→ 代数学の基本定理)．

(4) 根の存在が根の公式の存在を意味しないという事実は，数学の根底に関係する考え方に間接的に影響を及ぼしている．例えば，ある数学的対象の存在が有限回の操作で判定可能かを問う*アルゴリズムの問題，真な命題は常に証明可能かを問う数理論理学の問題など(→ 不完全性定理)，20世紀に発展したこれらの分野は計算機科学の勃興に深く関わっている．

⇒ 根の公式，3次方程式の根の公式，4次方程式の根の公式

2 重確率行列
doubly stochastic matrix

非負の実数を要素(成分)とする正方行列で，各行の和，各列の和がすべて1に等しいものを2重確率行列という．任意の2重確率行列は*置換行列の凸結合として書き表されることが知られている．⇒ 確率行列

2 重級数
double series

2つの添え字を持つ級数 $\sum_{m,n=1}^{\infty} a_{mn}$ のことをいう．部分和 $S_{mn}=\sum_{i=1}^{m}\sum_{j=1}^{n} a_{ij}$ が*2重数列として S に収束するとき2重級数 $\sum_{m,n=1}^{\infty} a_{mn}$ は和 S を持つ，あるいは S に収束するという．

絶対値をとって得られる2重級数 $\sum_{m,n=1}^{\infty} |a_{mn}|$ が収束するとき絶対収束するという．このときもとの2重級数 $\sum_{m,n=1}^{\infty} a_{mn}$ も収束する．さらに

$$\sum_{m=1}^{\infty}\left(\sum_{n=1}^{\infty} a_{mn}\right),\quad \sum_{n=1}^{\infty}\left(\sum_{m=1}^{\infty} a_{mn}\right)$$

も収束して上の2重級数の和に等しい．

2 重指数関数型公式
double exponential formula

高橋秀俊・森正武によって考案された高性能の数値積分公式である．定積分 $I=\int_{-1}^{1} f(x)dx$ に対して，*2重指数変換

$$\phi(t)=\tanh\left(\frac{\pi}{2}\sinh t\right)$$

による変数変換を施して

$$I=\int_{-\infty}^{\infty} f(\phi(t))\phi'(t)dt$$

の形とし，この右辺に刻み幅 h の*台形公式を適用して

$$I\approx h\sum_{k=-N_1}^{N_2} f(\phi(kh))\phi'(kh)$$

と近似すると，驚く程の高い精度が得られる(h, N_1, N_2 は適当に定める)．このように，与えられた積分を，被積分関数が2重指数関数的に減衰するような $(-\infty,+\infty)$ 上の積分に変換し，その後で台形公式を適用することによって得られる数値積分公式を2重指数関数型公式(DE公式)と総称する．DE公式は，端点に特異性を持つ積分に対しても有効である．

2 重指数変換
double exponential transformation

数値積分法などにおいて有用な変数変換である．与えられた変数 x を $x=\phi(t)$ によって新しい変数 $t\in(-\infty,+\infty)$ に変換し，$t\to\pm\infty$ のとき x が区間の端に2重指数関数的に急速に近づくようにする．例えば，区間 $(-1,1)$ 上の変数 x に対する代表的な変換関数は

$$\phi(t)=\tanh\left(\frac{\pi}{2}\sinh t\right)$$

である．⇒ 2重指数関数型公式

2 重周期関数
doubly periodic function

2つの基本周期を持つ*周期関数のこと．複素平面上有理型である2重周期関数を*楕円関数という．

1変数の(1価)有理型関数の範囲では $\mathbb{R}$ 上独立な周期を3つ以上持つ関数は定数以外に存在しな

い. ⇒ 楕円関数

2 重数列　double sequence

2つの添え字を持つ数列 $\{a_{mn}\}_{m,n=0}^{\infty}$ のこと.
2 重数列 $\{a_{mn}\}_{m,n=0}^{\infty}$ が $m,n\to\infty$ で極限 c に収束するとは，どのような小さい正の数 ε に対しても条件「$m,n \geq N$ ならば $|a_{mn}-c|<\varepsilon$」が成り立つように番号 N を選ぶことができることをいう．この意味の極限の存在と，添え字の一方を先に大きくした極限，例えば $\lim_{m\to\infty}(\lim_{n\to\infty}a_{mn})$ の存在とは一般に一致するとは限らないので注意を要する.

2 重層ポテンシャル　double layer potential
⇒ 1 重層ポテンシャル

2 重否定　double negation

命題 P に対して，その否定をさらに否定して得られる命題 $\neg(\neg P)$ のことをいう．数学的には，命題の 2 重否定は，もとの命題と同値である(排中律の帰結)．日常の使い方では「数学が好きでないわけではない」は数学が積極的に好きなことを意味せず，肯定的であっても積極的な肯定とはニュアンスが微妙に違うことに注意する必要がある.

2 乗可積分　square integrable

自乗可積分ともいう．関数 $f(x)$ について，$|f(x)|^2$ の積分値が有限であること．このとき $f(x)$ は L^2 関数であるという．⇒ L^2 空間

2 進法　binary system

実数を 0 と 1 を用いて表す記数法．コンピュータで用いられる．*n 進法の $n=2$ の場合である．例えば
$$11 = 2^3 + 2 + 1$$
であるので，11 の 2 進法による表記は 1011 になる．2 進法で表された数を 2 進数ということがある．⇒ 記数法

2 倍角の公式　formula of double angle

3 角関数の公式 $\sin 2\theta = 2\sin\theta\cos\theta$, $\cos 2\theta = \cos^2\theta - \sin^2\theta = 2\cos^2\theta - 1 = 1 - 2\sin^2\theta$, $\tan 2\theta = 2\tan\theta/(1-\tan^2\theta)$ のこと.

2 倍公式　duplication formula　⇒ ガンマ関数

2 部グラフ　bipartite graph

グラフの頂点集合を 2 種類(図では ⊙ と ●)に分けて，各辺の両端点がそれぞれ別の種類になるようにできるとき，このグラフを 2 部グラフという.

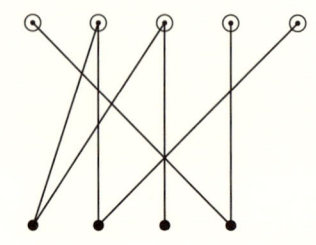

2 部グラフは，例えば，乗員と飛行機の関係のように，2 種類のものの関係を表現するのに適しており，工学や*オペレーションズ・リサーチなどにおいて多用される．⇒ 完全 2 部グラフ，割当問題，マッチング

2 分木　binary tree

*有向木であって，各頂点の出次数(→ 次数)が 0 または 2 であるものをいう.

2 分法(近似値計算の)　method of bisection

*中間値の定理を利用して，方程式の解を近似的に求める最も素朴な方法である．連続関数 $y=f(x)$ が区間 $a \leq x \leq b$ で定義され，例えば $f(a)>0>f(b)$ ならば，この区間の中点 c をとって 2 等分すると，$f(c) \geq 0$ ならばその右半分に $f(x)=0$ の解があり，$f(c) \leq 0$ ならば左半分に解がある．これを繰り返して解の近似値を求める方法が 2 分法である.

2 分法(固有値問題の解法)　method of bisection

実*対称行列の*固有値問題の解法の 1 つである．実対称行列 A と実数 σ に対して，$A-\sigma I$ のコレスキー分解 $A-\sigma I = LDL^{\mathrm{T}}$ を計算できたとする．ここで，L は正則な*下 3 角行列，D は*対角行列である．すると，*シルベスターの慣性法則に

より，A の固有値の中で σ より大きい，σ に等しい，σ より小さいものの個数（重複度をこめて数える）は，それぞれ，D の対角成分のうち正のもの，0のもの，負のものの個数（重複度をこめて数える）に等しい．σ をいろいろと変えることによって，A の固有値の範囲を限定することができる．通常，固有値を含むことがわかった σ の区間を半分にして固有値の範囲を限定していくことが多いので，この方法を2分法という．2分法は複素*エルミート行列に対しても拡張される．→ ランチョス法，QR 法

2 面角　dihedral angle　→ 角（2つの平面のなす）

2 面体群
dihedral group

正 n 角形を自分自身に移す*合同変換の全体がなす群のこと．正 n 角形の中心を中心とする $2\pi/n$ の回転 σ と，中心と1つの頂点を通る対称の軸に関する折り返し τ から生成される位数 $2n$ の有限群である．関係式
$$\sigma^n = e, \quad \tau^2 = e, \quad \sigma\tau\sigma = \tau$$
が成り立つ．逆に σ と τ で生成される群がこの関係式を持てば2面体群である（→ 群の表示）．σ は位数 n の部分群を生成し，それは2面体群の正規部分群である．また，$2\pi/n$ の回転 σ は2つの隣り合う対称の軸に関する折り返しの合成で得られるので，2面体群は位数2の2個の元から生成される有限群である．逆に位数2の2個の元から生成される有限群は2面体群である．→ 鏡映群

ニュートン
Newton, Isaac

1642-1727　イギリスの物理学者，数学者．17世紀の数学と物理学における革命的ともいえる業績をあげた．

ペストが流行して大学が閉鎖された学生時代の1665-6 年を郷里で過ごし，そこで，万有引力の法則，運動の基本法則，微分積分学の基本定理を発見したと伝えられている．ライプニッツと並んで微分積分学の創始者であり，その後の解析学の礎石を築いた．1687 年に出版された『プリンキピア』の中で展開されたニュートンの力学理論は，古典力学を決定的に確立した理論であり，長い間，物理現象を完全に記述する理論と目されていた．→ ニュートン力学

ニュートンの運動法則
Newton's law of motion

ニュートンが『プリンキピア』において，力学の基礎とした次の3つの法則のことである．

(1)（慣性の法則）　すべての物体は，その静止した状態を，あるいは直線上の一様な運動の状態を，外力によってその状態を変えられない限りそのまま続ける．

(2)（ニュートンの運動方程式）　速度の変化（加速度）は，及ぼされる起動力に比例し，その力が及ぼされる直線の方向に行われる．

(3)（作用反作用の法則）　作用に対し反作用は常に逆向きで大きさが等しい．あるいは，2物体の相互の作用は常に大きさが相等しく逆向きである．

ニュートンの運動方程式　Newton's equation of motion　→ 運動方程式

ニュートン法
Newton method

方程式 $f(x)=0$ の解を求めるのに，近似解 x_0 から出発してだんだんと正確な近似解を求めていく方法で，ニュートン-ラフソン法とも呼ばれる．x_0 が近似解であれば，真の解 x^* は小さい h により $x^*=x_0+h$ と表される．そこで，$0=f(x_0+h)\approx f(x_0)+hf'(x_0)$ より $h\approx -f(x_0)/f'(x_0)$ と定めると $x_1=x_0-f(x_0)/f'(x_0)$ が x_0 より良い近似解を与えると期待できる．このように考えて，漸化式 $x_{k+1}=x_k-f(x_k)/f'(x_k)$ $(k=0,1,2,\cdots)$ により近似解の列 $x_1, x_2, \cdots$ を生成する方法がニュートン法である．x_k が真の解 x^* に十分近づいたときの収束は速く，$|x_{k+1}-x^*|$ が $|x_k-x^*|^2$ 程度の大きさになるので，1 反復ごとに有効桁数が約2倍になり，効率がよい．ニュートン法はベクトル x を未知数とする連立方程式 $f(x)=0$ にも拡張され，*ヤコビ行列 $J(x)$ を用いて $x_{k+1}=x_k-J(x_k)^{-1}f(x_k)$ $(k=0,1,2,\cdots)$ となる．→ 準ニュートン法

ニュートン・ポテンシャル
Newton potential

3次元ユークリッド空間において，位置 $\boldsymbol{x}$ にある質量 m の質点が，原点にある質量 M の質点から受ける万有引力 $\boldsymbol{F}$ は
$$U(\boldsymbol{x}) = -\frac{GMm}{\|\boldsymbol{x}\|} \quad (G \text{ は重力定数})$$
をポテンシャル関数とするポテンシャル場

であり，$\boldsymbol{F}=-\operatorname{grad} U$ である．ここで $\|\boldsymbol{x}\|=\sqrt{x_1^2+x_2^2+x_3^2}$, $\boldsymbol{x}=(x_1,x_2,x_3)$ である．U をニュートン・ポテンシャルという．

ニュートン-ラフソン法　Newton-Raphson method
＝ニュートン法

ニュートン力学
Newtonian mechanics

*ニュートンの運動法則に基づく力学理論のこと．古代ギリシアにおける天体の運動の研究に起源を持つ力学は，*プトレマイオス，*ケプラー，*ガリレオ・ガリレイを経て*ニュートンの力学理論に発展した．ニュートンは，*ライプニッツとともに，微分積分学の創始者であり，彼の力学理論はユークリッド幾何学と微分積分学に基づいている．ニュートン力学のその後の展開は，解析学の進歩と不可分一体であり，*ラグランジュや*ハミルトンらにより整理・発展し，ニュートン力学が確立した．

しかし，19世紀末になると，ニュートン力学では説明できない物理現象が発見され，また，電磁気学との相克も指摘されるようになった．20世紀前半に，*アインシュタインによる力学理論（相対性理論）とハイゼンベルク（W. Heisenberg），シュレーディンガー（E. Schrödinger）らによる量子力学が登場し，基礎物理学はこの危機から脱出したが，それとともに，ニュートン力学の限界が明確になった．すなわち，高速度で運動する系や微小な系などに対しては，ニュートン力学は正確な結果を与えない．しかし，その限界内にある限りは，古典力学は有効であり，現在でも重要な役割を果たしている．

2 葉双曲面　hyperboloid of two sheets → 2 次曲面

任意関数
arbitrary function

任意に選んでよい関数のことである．例えば，微分方程式
$$\frac{\partial^2 F}{\partial x^2}-\frac{\partial^2 F}{\partial y^2}=0$$
の解は $F(x,y)=f(x+y)+g(x-y)$ と表される．この f,g はどんな 1 変数関数を選んでもよい．このような場合に，f や g を任意関数という．

実際には，連続関数，微分可能な関数，正則関数，有理関数，多項式など状況に応じて選択する．

→ 一般解

任意抽出法　random sampling　＝無作為抽出法

任意定数
arbitrary constant

任意に選んでよい定数のことである．例えば，$f(x)=x^2$ の原始関数は $x^3/3+C$ で*積分定数 C は任意に選べる．この C は任意定数である．

n 階の微分方程式の一般解は n 個の定数を含むが，この定数を微分方程式の解の任意定数という．
→ 常微分方程式，求積法

任意の
arbitrary, any

命題の内容に頻繁に現れる形容詞．数学では「すべての」と同じ意味で使われる．例えば，「性質 P を満たす任意の x に対して，Q が成り立つ」では，性質 P を満足するすべての x に対して Q が成り立つことを意味する．記号としては，$\forall$ が使用される．→ ある

ネ

根(ね)　root ⇒ 有向木

ネヴァンリンナ賞
Nevanlinna Prize

正確には Rolf Nevanlinna 賞と呼ばれる. 4年に一度開催される*国際数学者会議で, 計算機科学で優れた業績をあげた若手研究者に与えられる賞. 1982 年の国際数学者会議から授賞が始められた. これまでの受賞は次の通りである. Robert E. Tarjan(1982), Leslie G. Valiant(1986), A. A. Razborov(1990), Avi Wigderson(1994), Peter Shor(1998), Madhu Sudan(2002).

ねじれ(群の元の)
torsion

群 G の元で位数が有限なものを, ねじれを持つ元(torsion element), あるいはねじれ元という.

ねじれ(接続の)
torsion

多様体の接ベクトル束の接続 ∇ について, $T(X,Y)=\nabla_X Y-\nabla_Y X-[X,Y]$ として定義される X,Y に対して反対称な (1,2) 型*テンソル T のこと(ここで $[\cdot,\cdot]$ は括弧積を指す). 捩率, ねじれ率ともいう. その成分は, *クリストッフェルの記号 Γ^i_{jk} を用いると, $T^i_{jk}=\Gamma^i_{jk}-\Gamma^i_{kj}$ である. *レヴィ・チヴィタ接続のねじれは 0 である.

ねじれの位置
skew position

平面上の相異なる 2 直線は平行であるかあるいは 1 点で交わるかのどちらかである. 一方, (3次元ユークリッド)空間の中の 2 直線では, 平行でもないし, 交わらない場合がある. このような位置にある 2 直線をねじれの位置にあるという.

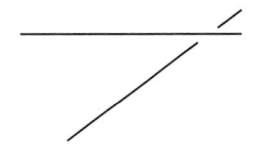

ねじれのない群
torsion-free group

単位元以外には*ねじれを持つ元を含まない群を, ねじれのない群という.

ねじれ率
torsion

捩率のこと. ⇒ 曲線の微分幾何, ねじれ(接続の)

ネーター
Noether, Amalie Emmy

1882-1935　ドイツの女性数学者. 代数幾何学者マックス・ネーター(1844-1921)の娘. 古典的な不変式論を研究した後, ヒルベルトに招かれてゲッチンゲン大学で微分不変式論の研究を行い, 作用積分で記述される力学系がリー群の対称性を持っているときにはそれに対応して保存量が存在するというネーターの定理を証明した.

当時のドイツでは女性の研究者は稀であり, 大学で正式に講義することができなかった. ヒルベルトは積極的にネーターの研究・教育環境の改善を試み, 大学で正式に講義はできるようにはなったが, 差別はなくならず, ゲッチンゲン大学では無給のポストにしか就くことはできなかった. ネーターは劣悪な環境のもとで抽象代数学の建設に携わり, たくさんの数学者を育て, 彼らとの共同研究によって抽象代数学は大きく発展した. 位相幾何学のホモロジーをホモロジー群として取り扱うように提案したのもネーターである. ユダヤ系であったネーターはナチスが政権を取るとゲッチンゲン大学を追われ, 1933 年 Byrn Mawr 女子大学の招聘を受けてアメリカへ渡った. 1935 年脳腫瘍の手術の失敗によって急死した.

ネーター環
Noetherian ring

*可換環 R のすべてのイデアルが有限個の元で生成されるとき R をネーター環という. この性質は R の*イデアルのどんな増大列
$$I_1 \subset I_2 \subset \cdots \subset I_n \subset \cdots$$
が与えられても, ある番号から先でイデアルは一致すること, すなわち
$$I_m = I_{m+1} = \cdots$$
と同値である.

代数学で取り扱う環はたいていネーター環である, と言っていいほどネーター環は多い. 体 K 上

の多項式環 $K[X_1, X_2, \cdots, X_n]$ はネーター環である．もっと一般に，体や整数環上有限個の元で生成される環はネーター環であり，ネーター環上有限個の元で生成される環はネーター環である．しかし無限変数の*多項式環 $K[X_1, X_2, \cdots, X_n, \cdots]$ はネーター環でない．

ネーターの定理
Noether's theorem

ハミルトン力学系(→ハミルトン系)において，*保存量あるいは*第1積分が存在することと，力学系に対称性が存在することは同値である．これをネーターの定理という．

すなわち，$2n$ 次元相空間(phase space)上の関数 Q があって，*正準方程式
$$\frac{dq_i}{dt} = \frac{\partial H}{\partial p_i}, \quad \frac{dp_i}{dt} = -\frac{\partial H}{\partial q_i} \quad (*)$$
の任意の解 $(\boldsymbol{q}(t), \boldsymbol{p}(t)) = (q_1, \cdots, q_n, p_1, \cdots, p_n)$ に対して，$Q(\boldsymbol{q}(t), \boldsymbol{p}(t))$ が t によらないとする．このとき，*ベクトル場
$$V = \sum_i \left(\frac{\partial Q}{\partial q_i} \frac{\partial}{\partial p_i} - \frac{\partial Q}{\partial p_i} \frac{\partial}{\partial q_i} \right)$$
を考えると，V による H の微分は 0 である．すなわち，V で生成される*1径数変換群で，方程式 (*) は不変である．この逆も成り立つ．

例えば，z 軸の周りの回転で不変な系では，*角運動量の z 軸方向の成分が保存される．また，x 軸方向の平行移動で不変な系では，運動量の x 軸方向の成分が保存される．→ 運動量写像，第1積分

熱核
heat kernel

熱方程式 $\partial u/\partial t = (1/2) \partial^2 u/\partial t^2$ の解 $u(t, x)$ で有界連続な初期値 $u(0, x) = f(x)$ を持つものは，
$$u(t, x) = \int_{-\infty}^{\infty} g(t, x, y) f(y) dy$$
と積分表示できる．ここで，$g(t, x, y) = g(t, x-y)$, $g(t, x) = (2\pi t)^{-1/2} \exp(-\|x\|^2/2t)$．この $g(t, x, y)$ または $g(t, x)$ を熱核という．一般に，熱方程式の解の積分表示を与える積分核を熱核という．→ 軟化子，ガウス核

熱伝導方程式 heat equation ＝熱方程式

ネットワーク
network

*グラフの頂点や辺にさまざまな特性値を与えたものをいう．電気回路，道路交通網，通信網などの数学モデルとして利用される．→ 最大流問題，最短路問題，最小費用流問題

熱方程式
heat equation

変数 t と $x = (x_1, \cdots, x_n)$ の関数 $u(t, x)$ に対する偏微分方程式
$$\frac{\partial u}{\partial t} = \Delta u$$
を熱方程式または熱伝導方程式という．ここで $\Delta = \partial^2/\partial x_1^2 + \cdots + \partial^2/\partial x_n^2$ は*ラプラシアンを表す．熱方程式で記述される代表的な物理現象として物質の熱伝導があげられる．このとき $u(t, x)$ は時刻 t, 点 x における物質の温度を表している．静止した媒質中の物質の拡散も熱方程式で表される．熱方程式は*発展方程式の典型的な例である．

フーリエは熱方程式を初めて導出し，*初期境界値問題の画期的な解法を発見した(→ フーリエ解析)．フーリエの方法は同時にそれまで曖昧であった関数概念に対して深刻な問題を提起し，19世紀解析学の深化の重要な契機となった．

熱力学
thermodynamics

熱的な現象を巨視的な立場から現象論として取り扱う古典物理学の一分野である．熱力学は物理学だけでなく化学や工学などに広く適用されており，生物学へも適用可能であると信じられている．熱とエネルギーの同等性は 1800 年前後から認識され，熱力学は3つの基本法則，すなわち，エネルギー保存の原理を表す第1法則，巨視的な動的現象の不可逆性を表す第2法則，および絶対零度への到達不可能性を表す第3法則を基礎原理にした体系として19世紀後半に確立された．第2法則は，第2種永久機関をつくることの不可能性などとも表現され，また，エントロピー増大の原理とも呼ばれている(→ エントロピー(熱力学の))．熱力学は物理学の分野としては例外的に哲学的な議論に基づいて構築されたが，公理的体系としての熱力学に着目した数学的研究もある．→ エントロピー(熱力学の)，自由エネルギー

ネピア
Napier, John

1550-1617 スコットランドの貴族で対数の概念を導入し，対数表を作成した．ネピアは大学で

神学と哲学を学んだが，天文学，数学にも多大な興味を示し研究した．天文学では莫大な量の計算が必要となることから，計算を簡明にするために対数の考えに到達した．1614 年に『Mirifici logarithmorum canonis descriptio』(驚くべき対数規則の記述)を出版した．この本の中で，対数関数の導入，平面・球面三角法への対数の応用と対数表を与え，また，小数点を用いて，整数部分と小数部分を分ける小数の記法を使い，今日の小数記法の基礎を作った．対数表作成の原理と詳しい計算表は，遺稿『Mirifici logarithmorum canonis constructio』(驚くべき対数規則の構成法)として 1619 年に出版された．

1614 年に提唱されたネピアの対数は $x=10^7(1-10^{-7})^y$ とおいて y を x で表すものであった．これは実質的には $(1-1/10^7)^{10^7}$ を底とする対数を考えることに対応している．ネピアは 1 の対数を 0 と取ると計算が簡明になることに気がついていた．ネピアの 1614 年の著作によって対数の重要性に気づき，ネピアと議論を交わしたヘンリー・ブリッグス(1561-1631)によって常用対数表が 1617 年に発表され，対数は急速に普及していった．17 世紀のヨーロッパでは，航海術で大量の数値計算が必要とされたことによる．

なお，logarithm はネピアの造語であり，ギリシア語の logos と arithmos(数)を組み合わせたものである．

ネピア数
Napier number

自然対数の底 e のことをいう． ⇒ 自然対数の底

ノ

ノイズ noise ＝雑音

ノイマン級数
Neumann series

バナッハ空間上の有界線形作用素 A のノルム(*作用素ノルム)が 1 より小であるとき，作用素 $I-A$ (I は恒等作用素)には逆 $(I-A)^{-1}$ が存在し，作用素の無限級数 $(I-A)^{-1}=I+A+A^2+\cdots$ で表される．これをノイマン級数という．

ノイマン境界条件　Neumann boundary condition ⇒ 境界値問題

ノイマン問題
Neumann problem

D を $\mathbb{R}^n$ 内の領域とし($n \geq 2$)，S をその境界とするとき，D で調和で S 上では*ノイマン境界条件を満たす関数を求める問題をノイマン問題という．具体的には次の形の*境界値問題として書ける．

$$\begin{cases} \Delta u = 0 & (x \in D) \\ \dfrac{\partial u}{\partial \nu} = \psi(x) & (x \in S) \end{cases}$$

ここで $\partial/\partial \nu$ は S 上での外向き法線方向の微分を表し，$\psi(x)$ は，与えられた S 上の関数である．*グリーンの定理から

$$\int_S \frac{\partial u}{\partial \nu} dS_x = \int_D \Delta u \, dx = 0$$

が成り立つので，ノイマン問題が解を持つためには $\int_S \psi(x) dS_x = 0$ が成り立つことが必要であるが，これは十分条件でもある．また，$u(x)$ を解の 1 つとすれば，任意の定数 C に対して $u(x)+C$ は解となる．これらの事実は，任意の連続な境界値に対して解が一意的に存在する*ディリクレ問題とは対照的である．

濃度
cardinality

*基数ともいう．有限とは限らない集合の要素の個数を表す概念．すなわち，有限集合の要素の個数を表す自然数を一般化したもの．

n 個の元からなる有限集合の濃度は n により表

す．また，空集合 $\emptyset$ の濃度は 0 であると定義する．集合 A の濃度を $|A|$ で表す．自然数全体の集合 $\mathbb{Z}$ の濃度は $\aleph_0$（アレフゼロ）により表す．また，実数全体の集合 $\mathbb{R}$ の濃度は $\aleph$（アレフ）により表す．2 つの集合の間に全単射（1 対 1 の対応）があるとき，かつこのときに限って，これらの集合の濃度は一致する．

有理数全体 $\mathbb{Q}$ の濃度は $\aleph_0$ であり，整数全体の濃度も，また偶数全体の濃度も $\aleph_0$ である．このように，集合 A の真部分集合 $B \subsetneq A$ の濃度が A の濃度と一致することがある．このことが 19 世紀後半にカントルが集合論を創始したときに，集合論が受け入れられない原因の 1 つになった．

2 つの集合 A, B について，A から B への単射が存在するとき（すなわち，A が B のある部分集合と 1 対 1 の対応があるとき），$|A| \leq |B|$ と表す．このとき

$$|A| \leq |B|, \ |B| \leq |A| \implies |A| = |B|$$

が成り立つ（ベルンシュタインの定理）．$|A| \leq |B|$ かつ $|A| \neq |B|$ であるとき，$|A| < |B|$ と表し，A の濃度は B の濃度より真に小さいという．

集合 A のすべての部分集合からなる集合を A のべき集合といい，2^A と記す．このとき $|A| < |2^A|$ が成り立つ．また，$\aleph_0 < \aleph = 2^{\aleph_0}$ が成り立つことは*対角線論法によって示すことができる．$\aleph_0$ と $\aleph$ の中間の濃度を持つ集合は存在しないというのが*連続体仮説である．

自然数では加法，乗法，べきが定義されるように濃度に対しても加法，乗法，べきを定義することができる．

ノルム
norm

幾何ベクトルの「大きさ」の概念を線形空間の元に対して一般化したものである．V を $\mathbb{R}$ または $\mathbb{C}$ 上の線形空間とする．V の元 $\boldsymbol{x}$ に実数 $\|\boldsymbol{x}\| \in \mathbb{R}$ が対応し，次の性質が満たされるとき，写像 $\boldsymbol{x} \mapsto \|\boldsymbol{x}\|$ を V のノルム（写像），$\|\boldsymbol{x}\|$ を $\boldsymbol{x}$ のノルムという．

(1) $\|\boldsymbol{x}\| \geq 0$ であり，$\|\boldsymbol{x}\| = 0$ ならば，$\boldsymbol{x} = \boldsymbol{0}$.
(2) $\|c\boldsymbol{x}\| = |c| \cdot \|\boldsymbol{x}\|$（$|c|$ は定数 c の絶対値）.
(3) $\|\boldsymbol{x} + \boldsymbol{y}\| \leq \|\boldsymbol{x}\| + \|\boldsymbol{y}\|$（3 角不等式）.

3 角不等式より，$d(\boldsymbol{x}, \boldsymbol{y}) = \|\boldsymbol{x} - \boldsymbol{y}\|$ は V 上の距離となる．なお，内積から定まるノルムをヒルベルト・ノルムという．

例えば $\boldsymbol{x} = (x_1, \cdots, x_n) \in \mathbb{R}^n$ に対して

$$\|\boldsymbol{x}\|_p = (|x_1|^p + \cdots + |x_n|^p)^{1/p} \quad (p \geq 1),$$

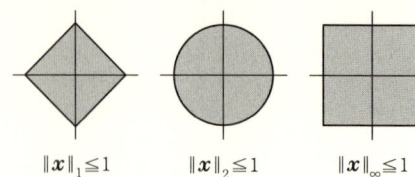

$$\|\boldsymbol{x}\|_\infty = \max(|x_1|, \cdots, |x_n|)$$

はいずれも $\mathbb{R}^n$ のノルムになる．$\Rightarrow$ ベクトル空間，距離，ノルム空間，内積とノルム

ノルム（イデアルの）
norm

*代数体 K の整数環 $\mathcal{O}_K$ のイデアル $\mathfrak{a}$ で (0) でないものに対し，剰余環 $\mathcal{O}_K / \mathfrak{a}$ は有限集合になり，その元の個数を $\mathfrak{a}$ のノルムと呼んで，$N(\mathfrak{a})$ と書く．イデアルの積に関して，$N(\mathfrak{ab}) = N(\mathfrak{a})N(\mathfrak{b})$ が成り立つ．$\Rightarrow$ デデキントのゼータ関数

ノルム環
normed ring

*ノルム空間 R が同時に*多元環であり，かつ，ノルムが積に関して $\|xy\| \leq \|x\| \|y\|$ $(x, y \in R)$ を満たすとき，R をノルム環という．通常は R が*完備であることを仮定し，バナッハ環ともいう．

ノルム空間
normed space

*ノルムが与えられた*ベクトル空間のことをいう．ノルム空間において，ベクトル $\boldsymbol{x}, \boldsymbol{y}$ の差のノルム $\|\boldsymbol{x} - \boldsymbol{y}\|$ は距離であり，収束の概念が自然に定まる．例えば，*極限は「$\lim_{n \to \infty} \boldsymbol{x}_n = \boldsymbol{x} \iff \lim_{n \to \infty} \|\boldsymbol{x}_n - \boldsymbol{x}\| = 0$」によって定義され，*コーシー列は，「$\lim_{m, n \to \infty} \|\boldsymbol{x}_m - \boldsymbol{x}_n\| \to 0$」によって定義される．ノルム空間 L は，任意のコーシー列が L の点に収束するとき，完備であるという．有限次元のノルム空間は完備であるが，無限次元のときは完備とは限らない．$\Rightarrow$ 距離，ノルム，距離空間，バナッハ空間

ノルム収束（作用素列の）
convergence in norm

*ヒルベルト空間または*バナッハ空間 X に働く*有界線形作用素 T の*作用素ノルムを $\|T\|$ とする．有界線形作用素の列 $\{T_n\}$ $(n \geq 1)$ がある有界線形作用素 S について $\lim_{n \to \infty} \|T_n - S\| = 0$ を満

たすとき，$\{T_n\}$ $(n\geq 1)$ は S にノルム収束すると
いう．$\{T_n\}$ がノルム収束すれば，強収束する(→
強収束(作用素列の)).

ノルム収束(点列の)　convergence in norm　⇒ 強収束

ノルムの同値性
equivalence of norms

ベクトル空間 V 上の 2 つのノルム $\|u\|$, $\|u\|'$ に対して，正定数 c, C が存在して，不等式 $c\|u\|\leq \|u\|'\leq C\|u\|$ $(u\in V)$ が成り立つとき，これらのノルムは同値であるという．同値なノルムから定まる収束の概念は一致する．有限次元ベクトル空間の場合には，2 つのノルムはつねに同値である．

ノンパラメトリック法
nonparametric method

統計的手法においては，例えば，正規分布を想定して平均と分散を推定するように，パラメータで規定される確率分布族を想定し，そのパラメータの値を議論することが多い．これとは対照的に，パラメータで規定される確率分布族を前提としない手法を総称してノンパラメトリック法と呼ぶ．ノンパラメトリック法という言葉は，統計的手法に限らずさまざまな文脈において用いられる．

ハ

場合の数
number of cases

ある事柄についてそれが起こる場合をすべてもれなく数え上げることは数学的なものの見方の第一歩である．このとき，起こる場合の総数を場合の数という．

π　pi　＝円周率

配位空間
configuration space

力学である瞬間の物体の位置と速度(運動量)のとりうる値全体を相空間と呼ぶが，物体の位置の取りうる値全体のことを配位空間という．例えば，3 次元空間内の n 個の質点からなる系の相空間は $\mathbb{R}^{6n}$，配位空間は $\mathbb{R}^{3n}$ である．また，長さが変わらない棒でつながれた 2 つの質点からなる系の配位空間は，$\mathbb{R}^3$ と球面の直積である．

倍イデアル
multiple ideal

*代数体の*整イデアル $\mathfrak{a}$ が整イデアルの積 $\mathfrak{bc}$ と等しいとき，イデアル $\mathfrak{a}$ はイデアル $\mathfrak{b}$ および $\mathfrak{c}$ の倍イデアルといい，$\mathfrak{b}, \mathfrak{c}$ は $\mathfrak{a}$ の約イデアルという．

媒介変数
parameter

平面曲線 C を表すのに，$x=x(t), y=y(t)$ のように，1 変数関数を 2 つ考え，$(x(t), y(t))$ を座標にもつ点全体が C であると表示することがある．この表示を曲線の媒介変数表示といい，変数 t を媒介変数，パラメータまたは助変数という．例えば，円は $(\cos t, \sin t)$ と媒介変数表示される．

空間曲線や曲面などについても同様である(曲面の媒介変数表示には(媒介)変数が 2 つ必要である)．径数表示，パラメータ表示などとも呼ばれる(→ 局所径数表示).

倍数
multiple

整数 n の整数倍を n の倍数という．m が n の

倍数ならば，n は m の*約数である．また，多項式 $f(x)$ の多項式倍を，$f(x)$ の倍数ということがある．

倍積問題（立方体の） duplication of cubic volume → 作図問題

ハイゼンベルク代数
Heisenberg algebra
関数 $f(x)$ に微分 df/dx を対応させる作用素を A，$xf(x)$ を対応させる作用素を B で表すと，これらの間には交換関係 $AB-BA=I$（I は恒等作用素）が成り立つ．この関係を抽象化して，文字 a, a^*, c を基底とする3次元のベクトル空間 H に括弧積を
$$[a, a^*] = c, \quad [c, a] = [c, a^*] = 0$$
と定めると，H は*リー環になる．これをハイゼンベルク代数と呼ぶ．この名称は量子力学の*不確定性原理に由来する．多項式 $f(x)$ に対して $af(x)=df/dx$, $a^*f(x)=xf(x)$, $cf(x)=f(x)$ と定めることにより，多項式の空間 $\mathbb{C}[x]$ への H の表現が得られる．この表現は既約になる．

複数（無限個でもよい）の組 $\{a_j, a_j^*\}$ と c を基底とするハイゼンベルク代数を考えることも多い．この場合，括弧積は $[a_j, a_k]=[a_j^*, a_k^*]=0$, $[a_j, a_k^*]=\delta_{j,k}c$（$\delta_{j,k}$ は*クロネッカーのデルタ），$[c, x]=0$ $(x=a_j, a_j^*, c)$ と定める．

排中律
law of excluded middle
どのような命題 P についても，P あるいはその否定 $\neg P$ のどちらか一方は必ず真であることを排中律という．論理記号では $P \lor \neg P$ と表される．排中律は*背理法の前提であり，$\neg P$ を仮定してそれから矛盾を導けば命題 P が証明できることになる．→ 直観主義

陪特性帯 bicharacteristic strip → 特性曲面（高階線形偏微分方程式の）

ハイネ-ボレルの定理
Heine-Borel's theorem
n 次元ユークリッド空間のなかの任意の有界閉集合 K に対して成り立つ次の性質を，ハイネ-ボレルの定理という．
「U_i を開集合とし，その和集合 $\bigcup U_i$ が K を含むとする．すると，K は U_i のうちの有限個の和集合に含まれる」．
コンパクト性の定義はこの定理の結論を抽象化したものである．→ 開被覆，コンパクト（集合あるいは位相空間が）

排反事象
exclusive event
2つの事象 A, B が同時に起こらないとき，つまり，$A \cap B = \emptyset$ のとき，互いに排反（事象）という．一般に，事象の族は，そのどの2つの共通事象も空なとき，排反（事象）であるという．

梅文鼎 ばいぶんてい
Méi Wén-dǐng
1633-1721 中国清代初期の数学者，天文学者．安徽省の豪族の家に生まれ，一生仕官せずに，暦法と数学の研究を行った．数学ではイエズス会の宣教師たちによってもたらされた西洋数学と中国古来の数学の両方に通じており，両者の手法を用いて研究を行った．当時の中国では宋元時代の方程式論（江戸時代の和算では天元術と呼ばれた）は失われており，西洋数学を使った梅文鼎の方程式論では天元術を越えることはなかった．梅文鼎の主要な業績は中国とヨーロッパの暦法の研究であり，数学の研究と併せて『暦算全書』としてまとめた．『暦算全書』は梅文鼎の孫である梅穀成（ばいこくせい，1681-1763）によって出版され，徳川吉宗の時代にわが国へ招来され，この本を通して和算家は西洋の暦法を学んだ．また，梅穀成たちは数学の集大成『数理精蘊』を編纂し，梅文鼎の成果を多数取り入れた．→ 中国の数学

陪法線 binormal ＝従法線

背理法
reductio ad absurdum, reduction to absurdity
ある命題を証明するのに，その命題の否定命題から矛盾を導くことによって証明する方法．*ユークリッドの『原論』では，素数が有限個しかないと仮定して矛盾を導き，素数が無限個あることが証明されている．現代数学でも存在定理の証明などにおいて背理法は不可欠な論法である．→ 排中律

ハウスドルフ位相
Hausdorff topology
ハウスドルフ空間の位相のこと．→ ハウスドル

フ空間

ハウスドルフ距離
Hausdorff distance

$\mathbb{R}^n$ の部分集合 A, B の間に定義される距離である．$\mathbb{R}^n$ の距離を d とし，どの $a \in A$ に対しても，$b \in B$ で $d(a,b) < \delta$ なるものが存在し，また，どの $b \in B$ に対しても，$a \in A$ で $d(a,b) < \delta$ なるものが存在するとき，A と B の間のハウスドルフ距離は δ より小さいという．

例えば，$A = \{(x,y) \mid x \in [0,1], \ y \in [-\varepsilon, +\varepsilon]\}$，$B = \{(x,0) \mid x \in [0,1]\}$ とすると，A と B の間のハウスドルフ距離は ε である．また，$A = \{x \in \mathbb{Q} \mid x \in [0,1]\}$，$B = [0,1]$ とすると，A と B の間のハウスドルフ距離は 0 である．

2 つの閉集合 $A, B \subset \mathbb{R}^n$ の間のハウスドルフ距離が 0 ならば，$A = B$ である．

距離空間の部分集合の間にも同様に定義でき，完備距離空間のコンパクト部分集合全体は，ハウスドルフ距離を距離とする完備距離空間になる．
→ グロモフ-ハウスドルフ距離

ハウスドルフ空間
Hausdorff space

位相空間 X は，どの相異なる 2 点 x, y に対しても，開集合 U, V で，$x \in U, y \in V, U \cap V = \emptyset$ なるものが存在するときハウスドルフ空間という．

集合 X に対して，X から有限集合を除いた集合だけが開集合であるような位相を考えることができる．X が無限集合であると，この位相に関して X はハウスドルフ空間でない．

ユークリッド空間 $\mathbb{R}^n$ などわれわれが普通出会う位相空間はほとんどハウスドルフ空間である．
→ 分離公理

ハウスドルフ次元
Hausdorff dimension

距離空間に対して定義される次元の一種である．$\mathbb{R}^n$ の部分集合 F の s 次元*ハウスドルフ測度 $\mathcal{H}^s(F)$ について，次のことが成り立つ．ある $t \geq 0$ が存在して，$s > t$ ならば $\mathcal{H}^s(F) = \infty$，$s < t$ ならば $\mathcal{H}^s(F) = 0$．この t を F のハウスドルフ次元という．

ハウスドルフ次元は自然数とは限らない．部分多様体のハウスドルフ次元はその普通の意味での次元に一致する．*カントル集合のハウスドルフ次元は $\log 2 / \log 3 = 0.6309\cdots$ である．

ハウスドルフ次元は，一般の距離空間においても定義される．

ハウスドルフ測度
Hausdorff measure

2 次元の図形の面積は r 倍の*相似変換で r^2 倍になる．3 次元の図形の体積は r 倍の相似変換で r^3 倍になる．

ユークリッド空間の部分集合に対して r 倍の相似変換で r^s 倍になるような測度を定義することができる．これを s 次元のハウスドルフ測度といい $\mathcal{H}^s$ で表す．ここで s は自然数である必要はなく，任意の正の実数でよい．ハウスドルフ測度は*フラクタルを調べるのによく用いられる．

普通に考えて次元が s より（真に）大きい図形は，その s 次元のハウスドルフ測度は無限大である．また，普通に考えて次元が s より（真に）小さい図形は，その s 次元のハウスドルフ測度は 0 である．

曲線の 1 次元ハウスドルフ測度は長さに，曲面の 2 次元ハウスドルフ測度は面積に一致する．また k 次元部分多様体の k 次元ハウスドルフ測度は k 次元の体積である．

ハウスドルフ測度は，一般の距離空間やその部分集合に対しても定義される．

$A \subset \mathbb{R}^n$ のハウスドルフ測度は次のように定義される．$p \in \mathbb{R}^n$ を中心とした，半径 r の球を $B_p(r)$ と書く．$r_i < \delta$ なる球 $B_{p_i}(r_i)$ による A の被覆 $\bigcup_i B_{p_i}(r_i) \supset A$ に対して，$\sum_i r_i^s$ を考え，このような被覆をいろいろとったときの，$\sum_i r_i^s$ の下限を $\mathcal{H}^s_\delta(A)$ と書く．極限 $\limsup_{\delta \to 0} \mathcal{H}^s_\delta(A)$ が s 次元ハウスドルフ測度 $\mathcal{H}^s(A)$ である．$s = n$ ならばハウスドルフ測度はルベーグ測度に一致する．

バーガース方程式
Burgers equation

未知関数 $u(t, x)$ に関する偏微分方程式
$$u_t + u u_x = \mu u_{xx}$$
のことをいう．ここで μ は正定数である．$\mu = 0$ の場合は非粘性バーガース方程式と呼ばれる．バーガース方程式は 1 次元流体運動のトイ・モデルとして，衝撃波や乱流の研究に役立つ．非線形の方程式であるにも拘らず，コール-ホップ変換
$$u = -2\mu \varphi_x / \varphi$$
により線形の熱方程式 $\varphi_t = \mu \varphi_{xx}$ に帰着できるので，一般解が容易に得られる．

掃き出し法　sweep-out method　＝ガウスの消去法

白色雑音
white noise

最も理想化された雑音の数学モデルである．そのスペクトルが一様で，一定の値をとることから白色と呼ばれる．数学的には，平均が 0 で，分散がデルタ関数 ($E[W(t)W(s)]=\delta(t-s)$) のガウス分布に従う超関数値の確率過程 $W(t)$ ($t\in\mathbb{R}$) と定義され，ブラウン運動 $B(t)$ を微分すれば得られる．物理では（理想化された）ゆらぎ (fluctuation) としてランジュヴァン方程式などに現れる．なお，多次元版もある．またスペクトルが一様でないものは色付き雑音 (colored noise) と呼ばれる．→ ガウス分布，ガウス過程，ブラウン運動，超関数

爆発　blow-up　→解の爆発

爆発（代数幾何における）　blow up　→ ブローアップ

箱数次元
box counting dimension, box dimension

ハウスドルフ次元はフラクタル集合を測る次元として数学的に意味のはっきりした概念であるが，応用上はその計算は極めて困難である．そこで，素性のよいフラクタルにおいてはこれと一致し，実用に耐える次元として，箱数次元がよく用いられる．平面図形について，これを覆うときに必要な 1 辺 a の正方形の個数を $N(a)$ とすると，もし面積 A を持つ図形ならば $A\sim N(a)a^2$ であり，この図形が長さ L の線分ならば，$L\sim N(a)a$ となる．そこで，$N(a)$ がほぼ a^D に比例するとき，この図形の箱数次元は D であるという．

パーコレーション
percolation

格子あるいはグラフにおいて各辺（または各頂点）が与えられた確率 p で通れるか通れないかがランダムに決まっているとき，例えば，1 点から通れる道が無限に延びているかどうかなどを論じる確率論の問題をパーコレーションの問題という．通常，相転移が起こり，臨界確率 p_c を境に，$p>p_c$ ならば無限に延びる道が存在し，$p<p_c$ ならば存在しない．

はさみ同値
scissors congruence

分割合同ともいう．

平面上の多角形は，線分に沿って有限回切り，切ったものを長さが等しい辺に沿って貼り合わせることで，長方形にすることができる．このことは次のことを意味する．「長方形の面積の公式と，有限回の切り貼りに関する面積の不変性だけから，任意の平面多角形の面積の公式が導ける」．

ヒルベルトはその 23 の問題の 1 つ（第 3 問題）として，平面多角形と同じことが 3 次元で成り立つかを問題にした．すなわち，「3 次元の多面体を平面に沿って有限回切り，それを合同な面に沿って貼り合わせることで，直方体にできるか」を問うた（無限回の切り貼りを許せば，これは可能であり，微積分法に基づく体積の計算は，この無限回の切り貼りを行っている，とみなせる）．この問題は，ヒルベルトが提出した直後に，ドイツの数学者デーン (M. Dehn) によって，否定的に解決された．すなわち，「正 4 面体は有限回の切り貼りでは直方体にできない」．

有限回の切り貼りで，いつ，2 つの多面体が移り合うかは，はさみ同値の問題と呼ばれ，現在に至るまで研究が続いている．この問題は，リー群のコホモロジーと関係があることがわかっている．

波数
wave number

単位時間内に繰り返される波の数，つまり *波長の逆数×2π のことである．一般に，物理量 $f(x)$ ($x\in\mathbb{R}^3$) は波の重ね合わせとして，つまりフーリエ変換
$$\widehat{f}(k) = \int_{\mathbb{R}^3} e^{ik\cdot x} f(x) dx$$
($k\in\mathbb{R}^3$, $k\cdot x$ は k,x の内積)

を介して観測あるいは解析されることが多い．このとき x を実空間の点というのに対して，k を波数ベクトル (wave vector) もしくは単に波数という．内積 $k\cdot x$ に関して，波数の空間は実空間の *双対ベクトル空間である．→ 波動

バースカラ 2 世
Bhāskara II

1114-?　インドの数学者，天文学者．1150 年に著した天文書『シッダーンタ・シローマニ』（天文学体系の額飾）の一部をなす数学書『リーラーヴァティー』と『ビージャ・ガニタ』で，算術と代数を扱っている．

算術書では，記数法，整数分数および零の演算，比例計算，計算幾何，級数，順列・組合せなどが述べられている．代数書の内容は，加減乗除，平方，平方根，1次と2次の方程式，不定方程式などである．2次方程式に負根を許したのはバースカラが最初であり，虚根を除けば，2次方程式を一般的に解いたのはバースカラである．さらに不定方程式 $x^2-Dy^2=1$ の解として

$$x = \frac{t^2+D}{t^2-D}, \quad y = \frac{2t}{t^2-D}$$

を与えている．⇒ インドの数学，ペルの方程式

パスカル
Pascal, Blaise

1623-62 フランスの数学者，思想家．*デザルグの影響を受けて 1640 年に円錐曲線に関するパスカルの定理を発見した．さらに 1642 年には計算器を発明し，1646 年頃から流体の性質に興味を持って実験を行い流体に関するパスカルの原理を発見した．1654 年にはフェルマと賭の問題に関して手紙のやりとりを行い，確率論が誕生するきっかけを作った．1654 年の終わり頃ジャンセニスト派の僧院ポール・ロワイヤルに入って一生を終えた．晩年はキリスト教に関心を持ちジェズイット派との論争や未完に終わった『パンセ』の執筆に力を注いだが，数学上ではパスカルの3角形，サイクロイドや回転体の体積の研究などを行った．

パスカルの3角形
Pascal's triangle

2項係数を，

$$\binom{n}{k-1}+\binom{n}{k}=\binom{n+1}{k} \quad (k=1,\cdots,n)$$

であることを用いて次々に求めていく方法を視覚化したもの．パスカルよりはるか以前に，中国，インドで知られていた．

```
          1
         1 1
        1 2 1
       1 3 3 1
      1 4 6 4 1
     1 5 10 10 5 1
```

第 n 行は，$(a+b)^{n-1}$ の展開に現れる 2 項係数である．

パスカルの定理
Pascal's theorem

「平面上の 6 点 $P_1, P_2, P_3, P_4, P_5, P_6$ がある*円錐曲線上にあるための必要十分条件は，この 6 点を頂点とする 6 角形の対辺の交点である 3 点 X, Y, Z が一直線上にあることである」という定理をいう．パスカルが 16 歳のとき証明した．

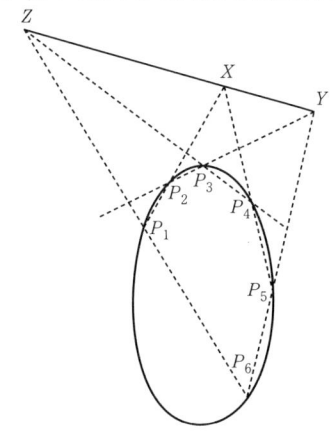

円錐曲線が 2 本の直線の和に退化した場合が，*パップスの定理である．

さらに，X, Y, Z が無限遠直線(→射影空間)上にある場合は，「A, B, C が直線 L 上に，A', B', C' が直線 L' 上にあり，L と L' は A, B, C, A', B', C' 以外の点で交わるとする．このとき，CB' と $C'B$ が平行，かつ CA' と $C'A$ が平行ならば，BA' と $B'A$ も平行である」という定理になる．この特別な場合がヒルベルトの『幾何学基礎論』でパスカルの定理と呼ばれている．

*ヒルベルトの公理系における結合公理，順序公理，そして「強い」平行線の公理「直線 l 上にない点 P を通って l に平行な直線はただ 1 つ存在する」を満足する幾何学は，もし上の特別な場合のパスカルの定理が成り立てば可換体上の2次元アフィン幾何学であり，逆も成り立つ．

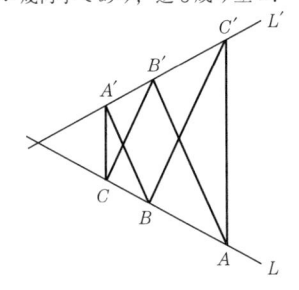

パーセヴァルの等式 Parseval's equality ⇒ フーリエ級数，正規直交基底(ヒルベルト空間の)

バーチ–スウィンナートン・ダイヤー予想
Birch - Swinnerton-Dyer's conjecture

有理数体上で定義された楕円曲線 E は，素数 p について，定義方程式を $\bmod p$ で考えることによって，有限個の素数 $p_1, p_2, \cdots, p_t$ を除いて，標数 p の素体 $\mathbb{Z}/p\mathbb{Z}$ 上定義された楕円曲線 $\overline{E}_p$ となる．この楕円曲線の合同ゼータ関数 (→ ヴェイユ予想) は $\dfrac{1-a_p u + p u^2}{(1-u)(1-pu)}$ の形をしており，$a_p = 1+p-N_p$，N_p は $\overline{E}_p$ の $\mathbb{Z}/p\mathbb{Z}$ 有理点の個数，となる．そこで

$$L(s, E) = \prod_{p \neq p_i} \frac{1}{1 - a_p p^{-s} + p^{1-2s}}$$

とおくと，この無限積は $\mathrm{Re}\ s > 3/2$ で収束して全複素平面 $\mathbb{C}$ に正則関数として解析接続されることがわかっている．楕円曲線 E の $\mathbb{Q}$ 有理点全体 $E(\mathbb{Q})$ はアーベル群になるが，その階数と *L 関数 $L(s, E)$ の $s=1$ での零点の位数が一致するという予想が，コンピュータによる計算結果をもとにバーチとスウィンナートン・ダイヤーによって提出され，現在も未解決である．

波長
wave length

周期的な波の空間的な周期のことをいう．例えば，1次元正弦波 (→ 正弦関数) $A\sin(kx-\omega t)$ (A, k, ω は正定数) の場合 $2\pi/k$ が波長，k が波数である．→ 波動

発散 (数列の)
divergence

数列 $\{a_n\}$ $(n=1, 2, \cdots)$ が収束しないことを発散するという．実数列の場合には，a_n が n とともに限りなく大きくなっていくとき，$\{a_n\}$ は $+\infty$ に発散するといい，$-a_n$ が $+\infty$ に発散するとき $\{a_n\}$ は $-\infty$ に発散するという．それ以外のとき振動するという．複素数列の場合にはこのような区別は意味を持たない．

発散 (ベクトル場の)
divergence

n 次元空間のベクトル場 $V=(V_1, \cdots, V_n)$ に対して，関数 (スカラー) $\sum_{i=1}^{n} \partial V_i/\partial x_i$ を V の発散あるいは湧き出しといい，$\mathrm{div}\ V$ で表す．
3次元の流体の速度場を $\boldsymbol{u}=(u_1, u_2, u_3)$，密度を ρ とするとき，空間の微小部分から，単位時間に単位体積あたり流れ出す量は $\mathrm{div}(\rho \boldsymbol{u})$ で与えられる．

$\mathrm{div}\ V = 0$ であるベクトル場 V は局所的には *勾配ベクトル場である ($V = \mathrm{grad}\ f$ なる f が存在する)．

パッシュの公理
Pasch's axiom

ユークリッド幾何学に対する*ヒルベルトの公理系の中の公理の1つで，「平面上の3角形 ABC の辺 BC 上の1点を通り，頂点 A, B, C のどれも通らない直線は辺 AB 上または辺 AC 上の1点を通る」という公理のことをいう．

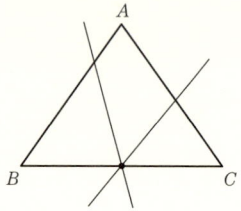

ハッセ図
Hasse diagram

*半順序関係を図式的に表したものである．半順序集合 $(S, \preceq)$ において，「$a \in S$ が $b \in S$ を被覆 (カバー) する」とは，$b \preceq a$ であって，かつ，$b \preceq c \preceq a$ を満たす c は a または b に限られることをいう．S の要素を xy 平面上の点としてうまく配置して，$b \preceq a$, $b \neq a$ であるときには a の y 座標が b の y 座標より大きくなるようにする．そして，ある要素が別の要素を被覆するときに，その2要素に対応する2点を線分で結ぶ．このようにしてできる図形が半順序集合 $(S, \preceq)$ のハッセ図である．

ハッセの原理
Hasse's principle

有理数体 $\mathbb{Q}$ に関することは，$\mathbb{Q}$ を実数体 $\mathbb{R}$ に埋め込んで考え，さらにすべての素数 p について $\mathbb{Q}$ を *p 進数体 $\mathbb{Q}_p$ に埋め込んで考えることで，わかるようになるという考えである．もっと一般に，代数体 K に関することは，K のすべての*素点 v について K を完備化 K_v に埋め込んで考えることで，わかるようになる，という考え方を指す．特に次で説明する「2次形式のハッセの原理」においては，この考え方がすぐれた定理に結実している．

$$f(x_1,\cdots,x_n) = \sum_{1\leqq i,j\leqq n} a_{ij}x_ix_j + \sum_{i=1}^n b_ix_i + c$$

$$(a_{ij}, b_i, c \in K)$$

を，代数体 K の元を係数とする，2 次以下の式とする．すると，$f(x_1,\cdots,x_n)=0$ が K において解を持つための必要十分条件は，K のすべての素点 v について，それが局所体 K_v において解を持つことである．また，$f(x_1,\cdots,x_n)$ が 2 次形式 $\sum_{1\leqq i,j\leqq n} a_{ij}x_ix_j$ である場合には，$f(x_1,\cdots,x_n)=0$ が K において自明でない解 ($x_1=\cdots=x_n=0$ ではない解) を持つための必要十分条件は，K のすべての素点 v について，それが局所体 K_v において自明でない解を持つことである．

この定理を，2 次形式のハッセの原理といい，歴史的には，この定理が示されたことで，p 進数体の重要性が確信されることになった．

発展方程式
evolution equation

次の形の微分方程式を発展方程式という．

$$\frac{\partial u}{\partial t} = F(t,x,u).$$

ここで右辺は一般に未知関数 u やその導関数 $\partial u/\partial x_j, \partial^2 u/\partial x_i \partial x_j, \cdots$ および t だけを含み，u の t に関する微分を含まない．熱方程式や KdV 方程式は典型的な例である．

線形の発展方程式は線形作用素 A を用いて

$$\frac{\partial u}{\partial t} = Au$$

と書ける．偏微分方程式の初期値問題・初期境界値問題においては，初期条件や境界条件に応じて A の働く関数空間を設定し，これを発展方程式とみなすことにより，関数解析学の方法が有効に用いられる．→ ヒレ-吉田の定理

パップスの定理
Papus' theorem

次の射影幾何学の典型的な定理のこと．

「平面上の 2 直線 l, l' と，l 上の 3 点 A, B, C，l' 上の 3 点 A', B', C' について，AB' と $A'B$ の交点，BC' と $B'C$ の交点，CA' と $C'A$ の交点は同一直線上にある」．
→ パスカルの定理

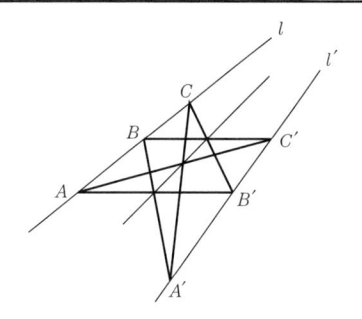

波動
wave

媒質内を近接作用により伝わる状態の変化をいう．多くの場合，空間内を伝わる波動は次の*波動方程式

$$c^2\frac{\partial^2 \Phi}{\partial t^2} = \frac{\partial^2 \Phi}{\partial x^2} + \frac{\partial^2 \Phi}{\partial y^2} + \frac{\partial^2 \Phi}{\partial z^2} \quad (*)$$

の解として表される．ここで，t は時間，x,y,z は空間の直交座標，c は伝播速度，Φ は媒質内の状態を表す．*電磁波の場合のように，Φ はベクトル場を表すこともある．F を任意の関数とするとき，$\Phi(t,\boldsymbol{x})=F(t-c^{-1}\boldsymbol{x}\cdot\boldsymbol{n})$ は $(*)$ の解である．ここで，$\boldsymbol{x}=(x,y,z)$，$\boldsymbol{n}$ は単位ベクトル，$\boldsymbol{x}\cdot\boldsymbol{n}$ は内積である．この解は，$\boldsymbol{n}$ の方向に進む波動を表し，平面波と呼ばれる．特に $\Phi(t,\boldsymbol{x})=A\sin(\omega t-\boldsymbol{k}\cdot\boldsymbol{x}+a)$ は正弦波 (あるいは余弦波) と呼ばれる．A は振幅，a は位相定数，$\boldsymbol{k}$ は波数ベクトル (→ 波数)，$\|\boldsymbol{k}\|$ は波数，$2\pi/\|\boldsymbol{k}\|$ は波長，ω は角振動数，$\omega/2\pi$ は振動数，$2\pi/\omega$ は周期．$\omega/\|\boldsymbol{k}\|$ は位相速度で，これは伝播速度 c に等しい．

波動関数
wave function

一般に波動現象を記述する時空間座標の関数のことであるが，特にシュレーディンガー方程式の解 $\psi(t,x_1,\cdots,x_n)$ を指すことも多い．→ 量子力学，シュレーディンガー方程式

波動光学
wave optics

光に関する現象を，光が波動方程式 (→ 波動) を満たす波であることによって説明する光学の一分野であって，物理光学ともいう．*回折現象などが研究される．*幾何光学に対する用語である．

波動方程式
wave equation

未知関数 $u(x,t)$ に対する次の形の偏微分方程式を波動方程式という．
$$\frac{1}{c^2}\frac{\partial^2 u}{\partial t^2} = \Delta u.$$
ここで c は正の定数で，$\Delta = \partial^2/\partial x_1^2 + \cdots + \partial^2/\partial x_n^2$ はラプラシアンを表す．弦や膜の振動，音波や真空中の電磁波などの物理現象は波動方程式で記述される．波動方程式は*双曲型偏微分方程式の代表的な例である．

波動方程式の初期値問題の解は具体的に表示することができる（→ ダランベールの解，キルヒホフの公式）．

$\|x-x^0\|=c\|t-t^0\|$ で表される円錐 $C(x^0,t^0)$ を特性錐という．ある点 (x^0,t^0) での解に関する情報は，特性錐 $C(x^0,t^0)$ の外部には影響せず，空間内を有限の速さ c で伝わっていく（→ 依存領域）．この性質を有限伝播性という．⇒ 偏微分方程式，ホイヘンスの原理，特性錐

鳩の巣論法　pigeonhole principle　＝部屋割り論法

バナッハ
Banach, Stefan

1892-1945　ポーランドの数学者．貧しい家庭に生まれ，苦学して大学の卒業資格を試験で得る．1919 年にルブフ工科大学の助手に採用され，1922 年に「抽象集合における作用素とその積分方程式への応用」により学位取得．現在バナッハ空間と呼ばれる抽象関数空間は，この論文において初めて定義された．1927 年に教授に任命され，1932 年には関数解析学における記念碑的著述である『線形作用素の理論』を発表した．いわゆるポーランド学派の中心メンバーとして，多くの数学者と共同研究を行ったが，1939 年のドイツ軍によるポーランド侵攻後は悲惨な生活を余儀なくされ，戦後まもなく 53 歳で亡くなった．

バナッハ環　Banach ring, Banach algebra　→ ノルム環

バナッハ極限
Banach limit

任意の有界実数列 $\{a_n\}$ に対して，実数 $\mathrm{Lim}_{n\to\infty} a_n$ が定義されていて次の性質 (1), (2) を満たすとき，$\mathrm{Lim}_{n\to\infty} a_n$ を一般極限またはバナッハ極限という．

(1) $\varliminf_{n\to\infty} a_n \leq \mathrm{Lim}_{n\to\infty} a_n \leq \varlimsup_{n\to\infty} a_n$.

(2) $\mathrm{Lim}_{n\to\infty}(\alpha a_n + \beta b_n) = \alpha \mathrm{Lim}_{n\to\infty} a_n + \beta \mathrm{Lim}_{n\to\infty} b_n$ (α, β は実数)．

バナッハ極限が存在することを示すには，*選択公理を必要とする．

バナッハ空間
Banach space

*ノルムが与えられた線形空間は，ノルムからきまる距離に関して*完備であるとき，バナッハ空間と呼ばれる．バナッハ空間は，*ヒルベルト空間(バナッハ空間の特別な場合)とともに解析学において基本的な空間である．例えば，有界閉区間 $[a,b]$ 上の連続関数の全体 $C([a,b])$ は*一様ノルム $\|f\| = \max_{a\leq x\leq b} |f(x)|$ に関してバナッハ空間となり，常微分方程式の解に関する*コーシーの存在と一意性定理は，このバナッハ空間における*不動点定理により証明することができる．バナッハ空間はノルムを明示して $(X, \|\cdot\|)$ のように表すことが多い．

可分なヒルベルト空間はすべてl^2 空間と同型であるが，例えば，代表的なバナッハ空間である*l^p 空間は，p が異なれば同型でない．$(X, \|\cdot\|)$ からそれ自身への有界な線形写像 $T: X \to X$ の全体 X^* は，ノルム $\|T\| = \sup_{x\in X, \|x\|\leq 1} |Tx|$ に関してバナッハ空間となる．これを $(X, \|\cdot\|)$ の双対(そうつい)空間と呼ぶ．$p\geq 1, q>1, 1/p+1/q=1$ ($p=1$ ならば $q=\infty$ とする)のとき，l^p 空間の双対空間は l^q 空間であるが，l^∞ の双対空間は l^1 には戻らない．

バナッハ-シュタインハウスの定理
Banach-Steinhaus theorem

バナッハ空間 X からノルム空間 Y への連続(有界)*線形作用素の列 $\{T_n\}$ ($n=1,2,\cdots$) が各点 $x\in X$ に対して有界，すなわち $\sup\|T_n x\|<\infty$ ($\|\cdot\|$ は Y のノルム)とする．このとき，T_n の*作用素ノルムも有界，すなわち $\sup\|T_n\|<\infty$ である．これをバナッハ-シュタインハウスの定理，あるいは共鳴定理，一様有界性定理などという．

特に，$\{T_n\}$ ($n=1,2,\cdots$) が各点で強収束，すなわち，各 $x\in X$ に対して，$\lim_{n\to\infty} T_n x$ が存在するとき，$Tx = \lim_{n\to\infty} T_n x$ により定めた T は連続

線形作用素で, しかも $\|T\| \leqq \varliminf_{n\to\infty} \|T_n\|$ が成り立つ.

バナッハ-タルスキーの逆理
Banach-Tarski's paradox

次の定理が*選択公理を用いると証明される.「大きさの異なる2つの球体 K と L に対して, K を適当に有限個に分割し, それらを同じ形のまま適当な方法で寄せ集めることにより, L を作ることができる」. これをバナッハ-タルスキーの逆理と呼ぶ.

この不思議な現象は, 分割に現れる図形が体積が定義できない図形であることからおこる.

平面におけるバナッハ-タルスキーの逆理の類似は成り立たない. すなわち,「大きさの異なる2つの円(内部と周を含む) K と L に対して, どのような方法でも K を有限個に分割し, それらを同じ形のまま寄せ集めることにより L を作ることはできない」. 体積と異なり, 面積は(*有限加法測度として)すべての図形に定義されることが違いの要因である. このような2次元と3次元の違いには, 回転群(→ 合同変換(幾何学での))の性質の差異(2次元の場合は可換, 3次元の場合は階数が2の*自由群を部分群として含むこと)が反映している.

バナッハの不動点定理　Banach's fixed point theorem
⇒ 不動点定理

バビロニアの数学
Babylonian mathematics

古代バビロニアの数学史料は楔形文字を記した粘土板である. 現存の粘土板は古代バビロニア(2000-1600 B.C.)の時代と紀元前 300 年以降セレウコス朝の時代に集中している.

バビロニアでは紀元前 2000 年頃から 60 進位取り記数法を用いていた. 60 進法での計算は掛け算や割り算が大変なので, 粘土板には掛け算や逆数の表が多数含まれている. 小数を含んだ数値計算が自由に行われ, 代数が特に発達していた. 3元1次の連立方程式や 2 次方程式を解くことができた. また, ピタゴラスの定理が知られており, $x^2+y^2=z^2$ を満足する整数を記した粘土板も残っている. 幾何学では, 3角形の相似の概念も理解され使われていた.

紀元前最後の 3 世紀間にバビロニアでは数理天文学が高度に発達し, その成果は古代ギリシアに引き継がれた. また, この時期には 60 進位取り記数法では空位の桁は空白を使って表すことが行われたが, 0 に当たる記号は登場しなかった. ⇒ ギリシアの数学

パーフェクト・グラフ
perfect graph

グラフの*頂点彩色において, 1つの*クリークに属する頂点にはすべて異なる色を塗る必要がある. したがって, 任意のグラフにおいて, 彩色数 $\geqq$ クリーク数, という不等式が成り立つ. 与えられたグラフのすべての*頂点誘導部分グラフにおいて上の不等式が等式で成り立つとき, もとのグラフをパーフェクト・グラフあるいは理想グラフと呼ぶ. パーフェクト・グラフの補グラフもパーフェクト・グラフである.

5点以上の奇数個の頂点を輪の形につないだグラフは明らかにパーフェクト・グラフでないが, 一般に, この形のグラフを「含まない」ことがパーフェクト・グラフであるための必要十分条件である.

パーフェクト・グラフは*組合せ最適化(とくに多面体的組合せ論)における重要な研究対象である. なお, パーフェクト・グラフと*完全グラフ(complete graph)は別の概念である.

ハミルトニアン
Hamiltonian

力学のハミルトン形式でもっとも基本的な量で, エネルギーという物理的な意味を持っている. ハミルトン関数とも呼ばれる(→ ハミルトン系). ラグランジアンが $L(q_1,\cdots,q_n,\dot{q}_1,\cdots,\dot{q}_n)$ であるとき(ここで $\dot{q}_i=dq_i/dt$), ハミルトニアンは

$$H(q_1,\cdots,q_n,p_1,\cdots,p_n)$$
$$=\sum_{i=1}^n q_i p_i - L(q_1,\cdots,q_n,\dot{q}_1,\cdots,\dot{q}_n)$$

である. ここで p_i は $p_i=\partial L/\partial \dot{q}_i$ で与えられる q_i と*正準共役な運動量であり, $(q_1,\cdots,q_n,\dot{q}_1,\cdots,\dot{q}_n)$ を $(q_1,\cdots,q_n,p_1,\cdots,p_n)$ に写す変換は微分同相写像であるとする.

*量子力学においてはハミルトニアンは量子化され作用素あるいは行列になる(→ 行列力学). ⇒ ハミルトン系, ハミルトン形式

ハミルトン
Hamilton, William Rowan

ハミルトン

1805-65 ダブリン生まれの数学者，物理学者，天文学者．光学と力学の研究を通して*ハミルトンの変分原理(ハミルトンの原理ということも多い)を見出し，解析力学，変分法の進展に寄与した．数学的には*4元数を発見し，その普及につとめたことで有名．19 世紀，4 元数は物理学でベクトルを表示するために使われた．今日でも物理学などでベクトルを $a\boldsymbol{i}+b\boldsymbol{j}+c\boldsymbol{k}$ と表示するのはその名残である．

ハミルトン関数　Hamiltonian function　=ハミルトニアン

ハミルトン系
Hamiltonian system

ハミルトン方程式，*正準方程式などともいう．座標 $(\boldsymbol{q},\boldsymbol{p})=(q_1,\cdots,q_n,p_1,\cdots,p_n)$ をもつ相空間 $\mathbb{R}^{2n}$ において，ある C^1 級関数 $H=H(\boldsymbol{q},\boldsymbol{p},t)$ により，

$$\begin{cases} \dfrac{dq_i}{dt} = \dfrac{\partial H}{\partial p_i} & (1 \leqq i \leqq n) \\ \dfrac{dp_i}{dt} = -\dfrac{\partial H}{\partial q_i} & (1 \leqq i \leqq n) \end{cases} \quad (*)$$

の形で与えられる $(\boldsymbol{q},\boldsymbol{p})$ に関する常微分方程式系をハミルトン(力学)系という．物理的には，q_i $(1\leqq i\leqq n)$ は位置，p_i $(1\leqq i\leqq n)$ は*運動量を表す．

関数 H を*ハミルトニアンあるいはハミルトン関数という．然るべくハミルトニアンを選ぶことにより，方程式 $(*)$ は*運動方程式と同値になる．例えば，ポテンシャル $U(q_1,q_2,q_3)$ が定める力を受けて運動する質点の場合には，ハミルトニアンとして $H=(1/2m)(p_1^2+p_2^2+p_3^2)+U(q_1,q_2,q_3)$ を選ぶと，$(*)$ は，$dq_i/dt=p_i, dp_i/dt=-\partial U/\partial q_i$ になり，運動方程式 $md^2q_i/dt^2=-\partial U/\partial q_i$ と同値である(→ ハミルトン形式)．

ハミルトン系はもっと一般には $(\boldsymbol{q},\boldsymbol{p})$ を正準座標とするシンプレクティック多様体上で定義される．

H が t に依らないならば，任意の解に沿って $H(\boldsymbol{q}(t),\boldsymbol{p}(t))$ は一定となる．つまり，H は*第1積分である．これは運動エネルギー保存則に対応する．$(\boldsymbol{q}(0),\boldsymbol{p}(0))$ を $(\boldsymbol{q}(t),\boldsymbol{p}(t))$ に写す変換 $\varphi_t:\mathbb{R}^{2n}\to\mathbb{R}^{2n}$ は体積を保つ(→ リウヴィルの定理(ベクトル場))．⇒ 保存系，正準変換，シンプレクティック形式

ハミルトン形式
Hamilton's formalism

*正準方程式に基づく力学の記述のことをいう．*相空間上で記述されるハミルトン形式は*正準変換で不変である．古典力学と量子力学の対応を考えるには，ハミルトン形式は不可欠である．

ハミルトン-ケイリーの定理　Hamilton-Cayley's theorem　→ ケイリー-ハミルトンの公式

ハミルトンの変分原理　Hamilton's variational principle
⇒ 最小作用の原理

ハミルトン閉路
Hamiltonian tour

グラフにおいてすべての頂点をちょうど 1 回通る閉路をいう．通常は無向グラフの場合を指すが，有向グラフにおいてすべての頂点をちょうど 1 回通る有向閉路を意味する場合もある．グラフがハミルトン閉路を持つための簡単な必要十分条件は知られていない．与えられたグラフがハミルトン閉路を持つかどうかを判定する問題は，典型的な*NP 完全問題である．⇒ 巡回セールスマン問題

ハミルトン・ベクトル場
Hamiltonian vector field

ハミルトン系に対応するベクトル場のこと．ハミルトニアンを $H(q_1,\cdots,q_n,p_1,\cdots,p_n)$ とすると，

$$\boldsymbol{X}_H = \sum_i \left(\frac{\partial H}{\partial p_i}\frac{\partial}{\partial q_i} - \frac{\partial H}{\partial q_i}\frac{\partial}{\partial p_i} \right)$$

が H により生成されるハミルトン・ベクトル場である．ハミルトン系の解は，$\boldsymbol{X}_H$ に対する(局所)*1 径数変換群に対応する．

ハミルトン方程式　Hamilton's equation　→ ハミルトン系

ハミルトン-ヤコビ方程式
Hamilton-Jacobi's equation

未知関数 S に対する次の形の*1 階偏微分方程式をハミルトン-ヤコビ方程式という．

$$\frac{\partial S}{\partial t} + H\left(q_1,\cdots,q_n,\frac{\partial S}{\partial q_1},\cdots,\frac{\partial S}{\partial q_n},t\right) = 0. \quad (1)$$

ここで $H(q,p,t)$ は $q=(q_1,\cdots,q_n)$, $p=(p_1,\cdots,p_n)$, t の既知関数を表す．(1)の解 S を相

関数という．(1)の*特性方程式は*ハミルトン系

$$\frac{dq_i}{dt} = \frac{\partial H}{\partial p_i},$$
$$\frac{dp_i}{dt} = -\frac{\partial H}{\partial q_i} \quad (1 \leqq i \leqq n) \quad (2)$$

になる．(1)は，例えば適当な*正準変換を施して変数分離形になれば，解くことができ，一般に，ハミルトン-ヤコビ方程式(1)の*完全解が得られれば，それからハミルトン方程式(2)の解が得られる．

逆に，(2)に付随する*作用量積分の最小化問題を考え(→最小作用の原理)，時刻 t までの道の始点を固定して，最小値 S を終点 (q,p) の関数とみれば，$dS = \sum_{i=1}^{n} p_i dq_i - Hdt$ が成り立つので，S は(1)の解になる．

ハミング距離
Hamming distance

2つの記号列 $x=(x_1,\cdots,x_n), y=(y_1,\cdots,y_n)$ に対して，$x_i \neq y_i$ である i の個数あるいはその割合を，x と y とのハミング距離と呼ぶ(→距離)．符号理論においては伝送誤りなどの度合として用いられる．

はめ込み
immersion

$\mathbb{R}^n$ の開集合 U(あるいは n 次元多様体 N)から，$\mathbb{R}^m$(あるいは m 次元多様体 M)への微分可能な写像 $F:U \to \mathbb{R}^m (F:N \to M)$ がはめ込みであるとは，F のヤコビ行列のランクが，どの点でも n であることを指す(このとき $n \leqq m$ である)．さらに F が単射ならば*埋め込みであるが，一般にはそうではなく，F の像は自分自身と交わっている(*自己交叉がある)．

任意の n 次元多様体は $\mathbb{R}^{2n}$ へのはめ込みを持つ．

波面
wave front

波において，同一時刻に同一位相を持つ連続した曲面をいう．例えば，3次元ユークリッド空間の平面波 $e^{i(\boldsymbol{k}\cdot\boldsymbol{x}-\omega t)}$ ($\boldsymbol{k}$ は波数ベクトル，$\cdot$ は内積)における平面 $\boldsymbol{k}\cdot\boldsymbol{x}=c$ (c 定数)，あるいは原点を中心とする球面波 $e^{i(|\boldsymbol{k}|r-\omega t)}/r$ (r は原点からの距離)における球面 $r=c$，などが波面の典型例である．

数学的には*波動方程式の*特性曲面の，ある時刻での断面を指す．

パラコンパクト
paracompact

位相空間 X の任意の開被覆に対して，その*細分として*局所有限な*開被覆がとれるとき，X をパラコンパクトという．パラコンパクト性は*1の分割の存在と密接な関係がある．

多様体はパラコンパクトとは限らない．滑らかなリーマン計量を持つ多様体はパラコンパクトである．通常，多様体を論じるときは，パラコンパクト性を仮定する．多様体の定義にパラコンパクト性を含める場合もある．位相多様体について，次の3条件は同値である．

(1) X は*第2可算公理を満たす．
(2) X は*σ コンパクトである．
(3) X はパラコンパクトで，しかも X の連結成分はたかだか可算個である．

パラドックス
paradox

ギリシア語の「一般に受け入れられた事柄」を意味する「ドクサ」と，「逆らう」を意味する「パラ」の複合語である．「逆説」あるいは「逆理」ともいう．常識的見解と矛盾するように見える見解，あるいは真理に矛盾するように見えて，実はそうではない説．→ うそつきのパラドックス，ガリレオのパラドックス，ラッセルのパラドックス

パラメータ
parameter

*媒介変数あるいは*径数のこと．→ 局所径数表示

パラメータ依存性
parameter dependence

径数依存性ともいう．一般的な言葉としても用いられるが，とくに微分方程式の解について用いられる．→ 解の径数依存性定理

張られる部分空間
spanned subspace

線形空間 L の部分集合 S に対して，S を含む L の最小の線形部分空間を，S で張られる(あるいは S が張る)部分空間といい，$\langle S \rangle$ により表す．$\langle S \rangle$ は，S の元からなる線形結合全体と一致する．

→ 生成

貼り合わせる
glue

(1) 空間を貼り合わせる　空間どうしをつないで新しい空間を作るとき,「貼り合わせる」ということがある．正確には商位相を使って位相を定義する．→ 接着した空間

(2) 関数, ベクトル場, などを貼り合わせる　空間 X ($\mathbb{R}^n$ の領域, 曲面, 多様体, 位相空間など)がその部分集合 U_i (多くの場合開集合) の和として $X=\bigcup U_i$ と表されているとする．U_i 上に関数 f_i が与えられ, 共通部分 $U_i \cap U_j$ で $f_i=f_j$ となっているとき, M 上の関数 f が $x\in U_i$ ならば, $f(x)=f_i(x)$ とおくことにより定まる．これを f_i を貼り合わせてできる関数という．

$f_i(x)=f_j(x)$ が成り立たない場合にも, U_i に従属する*1の分割 χ_i を用いて, $f=\sum \chi_i f_i$ として関数を作ることができる．これも貼り合わせてできる関数と呼ぶことがある．

同様な構成はベクトル場, テンソル場などさまざまなものに対して行われる．

張る　span　→ 張られる部分空間

ハール関数系
Haar system of orthogonal functions
*階段関数

$$\chi(x) = \begin{cases} 1 & (0 \leq x < 1/2) \\ -1 & (1/2 \leq x < 1) \\ 0 & (それ以外) \end{cases}$$

からスケール変換によって作られる階段関数の系 $\chi_{mk}(x)=2^{m/2}\chi(2^m x-k)$ ($0\leq k\leq 2^m-1$, $m=0,1,2,\cdots$) をハール関数系という．

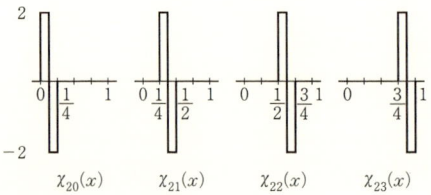

これらは正規直交関係
$$\int_0^1 \chi_{mk}(x)\chi_{nl}(x)dx = \begin{cases} 1 & (m=n \text{ かつ } k=l) \\ 0 & (それ以外) \end{cases}$$

を満たし, $L^2((0,1))$ において完全な直交関数系になる (すなわち完全正規直交系である)．ハール関数系は*ウェーブレット解析などで用いられる．
→ 直交関数系, L^2 空間

ハール測度
Haar measure

平面図形の面積は平行移動や回転によって変わらない．このように何らかの変換のもとで不変であるような測度を一般に不変測度という．位相群 G の上で定義された測度 μ が, 左移動により不変, すなわち任意の可測集合 A と $g\in G$ について $\mu(gA)=\mu(A)$ (ただし $gA=\{gx|x\in A\}$) が成り立つとき, μ を左不変な測度という．局所コンパクトな位相群には, 0 でない左不変な測度が定数倍を除いてただ1つ存在する．これを G の左不変ハール測度という．同様にして, 右不変ハール測度が定義される．可換群やコンパクト群では両者は一致し, 不変ハール測度または単にハール測度という．例えばルベーグ測度は加法群 $\mathbb{R}^n$ の不変ハール測度である．また単位円周 $S^1=\{(\cos\theta,\sin\theta)\}$ を平面の回転群と見たとき, $d\theta$ が不変ハール測度である．

パレート最適
Pareto optimum

複数の目的関数 $f_1,\cdots,f_m$ を同時に最大化しようとする*最適化問題において, すべての目的関数を同時に改良することのできない解をパレート最適解と呼ぶ．すなわち, x^* がパレート最適解であるとは, 他のどんな解 x を取っても, (1) すべての $i=1,\cdots,m$ に対して $f_i(x)\geq f_i(x^*)$, および, (2) ある $i=i_0$ に対して $f_{i_0}(x)>f_{i_0}(x^*)$, の2つの条件を同時に満たすことはできないことである．

パワー・スペクトル
power spectrum

*時系列や*力学系あるいは*確率過程において, *相関関数の*フーリエ変換の絶対値の2乗のことをいう．例えば, 定常過程の見本データ $X(t)$ からその周期性を推定するために, ピリオドグラム

$I_T(\omega) = \left|\int_{-T}^{T} X(t)e^{-\omega t}dt\right|^2 / 2T$ を調べる方法がよく用いられる．もし，$I_T(\omega)$ が，$T\to\infty$ のとき 1 点 $\omega=\omega_0$ でのみ発散し，それ以外で 0 に収束するならば，$X(t)$ は周期関数である．このとき，$X(t)$ のフーリエ変換はデルタ関数 δ_{ω_0} の定数倍であるが，数値的には 1 点 ω_0 の上に鋭いピークを持つ棒グラフのような曲線として観測あるいは計算され，そのパワー・スペクトルは点スペクトルと呼ばれる．

一般に，パワー・スペクトルが有限個の点スペクトルからなれば，$X(t)$ は*準周期関数である．また，*混合性の高い系，例えば*コルモゴロフ系では，パワー・スペクトルは波数軸(ω 軸)にほぼ平行な曲線を描く．このようなとき，パワー・スペクトルは白色であるといい，*カオスの判定条件の 1 つである．とくに，*ホモクリニック点を持つ力学系から得られる時系列では，その曲線はある点で，例えば $(\omega-\omega_0)^{-1}$ のような逆べき型の発散をすることがある．これが $1/f$ ゆらぎという言葉の由来である(f は波数 frequency の頭文字)．なお，パワー・スペクトルは，電気工学などにおいては，*波数空間でのエネルギー分布を表し，直接に測定可能なデータであるとして，時系列の解析に利用されている．

半円則
semicircle law
*密度関数のグラフが半円になる確率分布，もしくは，この分布が極限として現れる極限定理のこと．乱雑行列(random matrix)の理論などに現れ，ウィグナー(E. P. Wigner)の半円則ともいう．

半開区間
half-open interval
その端の一方だけが閉じた区間 $(a,b], [a,b)$，$(-\infty,b], [a,\infty)$ のこと．$\to$ 区間

汎関数
functional
関数 f に対して数を対応させる対応のことを汎関数と呼ぶ．関数の作る集合上の関数が汎関数である．例えば，円板 $D: x^2+y^2\leq 1$ 上で定義された関数 f に
$$I(f) = \int_D \left(\left(\frac{\partial f}{\partial x}\right)^2 + \left(\frac{\partial f}{\partial y}\right)^2\right)dxdy$$
を対応させる写像は汎関数の例であり，ディリクレ汎関数($\to$ ディリクレ積分)と呼ぶ．より一般に写像に対して数を対応させる対応も汎関数と呼ぶ．汎関数の最大最小問題が変分法の中心問題である．$\to$ 変分法

半空間
half-space
$\mathbb{R}^n$ の部分集合 $\mathbb{R}_+^n$ を
$$\mathbb{R}_+^n = \{(x_1,\cdots,x_n) \in \mathbb{R}^n \mid x_n \geq 0\}$$
とおいて，上半空間という．上の定義で $x_n>0$ としたものを上半空間という場合がある．また条件 $x_n\leq 0, x_n<0$ によって下半空間を定義する．

一般に $\mathbb{R}^n$ の超平面は空間を 2 つに分けるが，それぞれを半空間という．

半群
semigroup
*群の定義において，結合法則は残し，単位元と逆元についての公理を取り除いて得られる概念．

例えば，自然数全体は加法に関して半群である．

半減期　half life, half-value period　$\to$ 指数分布

パンこね変換
baker's transformation
*エルゴード理論において，*ワイル変換と対極にある基本的な変換である．正方形 $\{(x,y) \mid 0\leq x,y\leq 1\}$ を横に 2 倍に引き伸ばし，縦は 1/2 倍に縮めて，その右半分を，左半分の上に移して得られる変換

$$f(x,y) = \begin{cases} \left(2x, \dfrac{y}{2}\right) & \left(0 \leq x < \dfrac{1}{2}\right) \\ \left(2x-1, \dfrac{y+1}{2}\right) & \left(\dfrac{1}{2} \leq x < 1\right) \end{cases}$$

をパンこね変換という(図 1)．

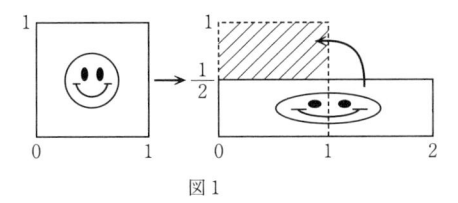

図 1

その命名に相応しく，この変換は高い混合性を持ち，*ルベーグ測度 $dxdy$ を不変測度として，*ベルヌーイ系であり，その測度論的エントロピーは $h=\log 2$ である．実際，x,y を 2 進小数表示すれ

ば，その各桁は，確率 $1/2$ ずつで $0, 1$ の値をとる独立な同じ分布に従う確率変数となり，f は，0 と 1 からなる記号列空間上のシフトとして表現できる．なお，この変換の x 座標だけに着目したものは 2 進変換と呼ばれ，2 進変換を可逆な変換に自然に拡張したものがパンこね変換である．また，パイこね変換と呼ばれることもあったが，近年では，この言葉は，次式で定義される変換 (cutting pie transformation, 図 2) を指すことが多い．

$$g(x, y) = \begin{cases} \left(2x, \dfrac{y}{3}\right) & \left(0 \leqq x < \dfrac{1}{2}\right) \\ \left(2x-1, \dfrac{y+2}{3}\right) & \left(\dfrac{1}{2} \leqq x < 1\right) \end{cases}$$

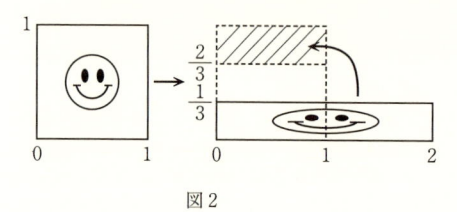

図 2

反射原理
reflection principle

鏡映原理ということも多い．偏微分方程式などにおいて，ある直線や平面に関する対称性に着目すると，たちどころに解が得られることがある．これを反射原理と総称する．例えば，半直線 $[0, \infty)$ 上で原点に*ノイマン境界条件をおいた*熱方程式の解は直線上の熱方程式の原点対称な解となるので，解が具体的に求まり (ケルヴィンの鏡映原理)，同様に 1 次元*ブラウン運動や*酔歩では到達時間の分布が計算できる (アンドレの鏡映原理)．

反射律
reflexive law

反射法則ともいう．$\Rightarrow$ 同値関係

半順序
partial order, semiorder

*順序のことで，全順序ととくに区別するときに半順序という．半順序をもつ集合のことを半順序集合という．

反正則関数
antiholomorphic function

複素変数の複素数値関数 $f(z)$ は，$g(z) = f(\overline{z})$ が正則なとき，反正則関数といわれる．多変数関数でも同様である．$\Rightarrow$ コーシー–リーマンの方程式

半正定値
positive semidefinite

非負定値のこと．$\Rightarrow$ 正定値

半正定値行列
positive semidefinite matrix

非負定値行列のこと．$\Rightarrow$ 正定値

半正定値計画法
semidefinite programming

制約条件の中に，実対称行列に対する半正定値性の条件を含むような最適化問題 (これを半正定値計画と呼ぶ) の数学的構造やアルゴリズムを研究する分野である．*線形計画法を対称行列の空間に拡張した問題と位置づけられ，線形計画法と類似の双対定理が成り立ち，最適解は*内点法によって効率よく求められる．制御システムの設計，対称行列の固有値に関する最適化，*組合せ最適化の*緩和問題などに利用される．

半正定値計画は，一般に，

目的関数 $\operatorname{tr}(CX) \longrightarrow$ 最小化
制約条件 $\operatorname{tr}(A_i X) = b_i \quad (i = 1, \cdots, m)$
X: 半正定値対称行列

のように書かれる．ここで，X は最適化の変数である対称行列，$A_1, \cdots, A_m, C$ は与えられた対称行列，$b_1, \cdots, b_m$ は与えられた実数，tr はトレースである．上の半正定値計画問題に対して，もう 1 つの問題

目的関数 $\sum_{i=1}^{m} b_i z_i \longrightarrow$ 最大化
制約条件 $\sum_{i=1}^{m} A_i z_i + Y = C$
Y: 半正定値対称行列

を考え，これを双対問題という．ここで，Y と $z = (z_1, \cdots, z_m)$ が最適化の変数である．任意の実行可能解 X, Y, z に対して，$\operatorname{tr}(CX) \geqq \sum_{i=1}^{m} b_i z_i$ が成り立つ (弱双対性) が，適当な条件の下では，上の 2 つの問題の最適値 (目的関数の最小値と最大値) が一致する (強双対性)．

半線形
semilinear

例えば $tu_t + u_x = u^2$ や $u_t + uu_x = u_{xx}$ のよ

反対称行列　antisymmetric matrix　= 交代行列

反対称形式　antisymmetric form　= 交代形式

反対称作用素　antisymmetric operator　= 歪対称作用素

反対称テンソル　antisymmetric tensor　= 交代テンソル

反対称変換　antisymmetric transformation　= 歪対称変換

反対称律
antisymmetric law
*順序関係が満たす法則の1つ．$x \leqq y$, $y \leqq x$ ならば，$x=y$ という法則である．

半単純行列
semisimple matrix
*対角化可能行列のこと．また*最小多項式が単根のみを持つ行列といっても同じことである．

半単純性(線形変換の)
semisimplicity
線形変換 T は，*対角化可能なとき半単純であるといわれる．半単純な線形変換は基底をうまくとると対角行列で表される．また，T が半単純であることと，T の任意の*不変部分空間 M に対して，M の補空間 M' で，T の不変部分空間になるものが存在することは同値である．

半単純性(多元環の)
semisimplicity
*代数(多元環)は，*単純環の直和となるとき，半単純であるという．

半単純リー環
semisimple Lie algebra
*リー環 $\mathfrak{g}$ の*根基(= 最大可解イデアル)が0となるとき，$\mathfrak{g}$ は半単純リー環という．実または複素リー環 $\mathfrak{g}$ が半単純であるための必要十分条件は $\mathfrak{g}$ の*キリング形式 $B(X, Y)$ が非退化であること，すなわち $B(X, Z)=0$ がすべての $Z \in \mathfrak{g}$ に対して成り立てば $X=0$ となることである(É. カルタンの定理)．半単純リー環は*単純リー環の直和になる．⇒ リー環

半単純リー群
semisimple Lie group
そのリー環が半単純であるようなリー群．⇒ 単純リー群

半直積(群の)
semidirect product
群 G の部分群 H, K について
(1) H は G の*正規部分群
(2) $H \cap K = \{e\}$, e は G の単位元
(3) $G = HK$ $(= \{hk \mid h \in H, k \in K\})$
が成り立つとき，G は H と K の半直積という．このとき，G の元は hk ($h \in H$, $k \in K$) の形に一意的に表される．
$$kh = khk^{-1}k$$
であり，H が正規部分群であることから，対応 $\rho(k): h \mapsto khk^{-1}$ は H の*自己同型写像(*内部自己同型写像)である．H の自己同型写像のなす群を $\mathrm{Aut}(H)$ と記せば，$\rho: K \to \mathrm{Aut}(H)$ は準同型写像であり，
$$kh = (\rho(k)h)k$$
と表すことができる．すなわち，ρ から G の構造が決まる．

逆に，群 H, K と準同型 $\rho: K \to \mathrm{Aut}(H)$ が与えられたとき，集合としての直積 $H \times K$ に次のような演算を入れる．
$$(h_1, k_1)(h_2, k_2) = (h_1(\rho(k_1)h_2), k_1 k_2)$$
この演算に関して，$H \times K$ は群になる．これを H と K の ρ による半直積という．$H' = \{(h, 1) \mid h \in H\}$, $K' = \{(1, k) \mid k \in K\}$ とおけば，$H \times K$ は上の意味での H' と K' の半直積になる．

例えば n 次元*運動群 $M(n)$ において，平行移動群 $\mathbb{R}^n$ は $M(n)$ の正規部分群，直交群 $O(n)$ は部分群であり，$M(n)$ は $\rho: O(n) \to \mathrm{Aut}(\mathbb{R}^n); \rho(A)(x) = Ax$ による $\mathbb{R}^n$ と $O(n)$ の半直積である．⇒ 直積(群の)

半直線
half-line
直線をその上の点で2つの部分に分けた一方をいう．

反転
inversion

平面に円 S を固定し,その中心を O,半径を R とする.平面の各点 P に対し,O と P を結ぶ半直線上にあって $\overline{OP}\cdot\overline{OQ}=R^2$ を満たす点 Q を対応させる変換 $P\mapsto Q$ を円 S に関する反転という.

S が複素平面上の原点を中心とする半径 1 の円の場合,反転は複素数を用いて $z\mapsto 1/\bar{z}$ と表される.

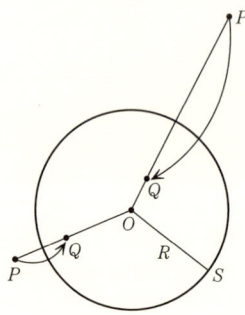

ハンドル　handle　＝把手(とって)

反応拡散方程式
reaction-diffusion equation

元来は各種化学物質の濃度が化学反応と拡散によって変化する様子を記述する数理モデルを意味したが,今日では次の形の半線形*拡散方程式の連立系を総じて反応拡散方程式と呼び,化学反応モデルに限らず生物学や物理学など幅広い分野で扱われている.

$$\frac{\partial u_i}{\partial t} = D_i \Delta u_i + f_i(u_1,\cdots,u_m)$$
$$(i=1,\cdots,m).$$

ここで $m\geqq 1$ であり,Δ はラプラシアンを表し,各 D_i は未知量 $u_i(x,t)$ の拡散の速さを示す係数である.また,f_i は反応項と呼ばれる非線形項であるが,分野により呼び方は異なる.反応拡散方程式の解はしばしば複雑な時空間パターンを呈することが知られており,非線形現象の代表的な数理モデルの 1 つとして盛んに研究されている.

半ノルム　seminorm　＝セミノルム

反撥集合
repeller

力学系において,閉集合が,時間を反転させると*吸引集合(アトラクタ)であるとき,反撥集合またはレペラという. ⇒ 吸引集合

ハーン-バナッハの定理
Hahn-Banach theorem

L を実または複素線形空間,M をその部分空間とし,$\|\cdot\|$ を L 上のノルムとする.M 上で定義された線形汎関数 $f: M\to\mathbb{C}$ が,$x\in M$ に対し
$$|f(x)| \leqq c\|x\| \quad (c \text{ は正定数})$$
を満たしているならば,この不等式を保存しつつ f を L 全体に線形に拡張することができる(ノルムの代わりにセミノルムとしてもよい).これをハーン-バナッハの定理という.まったく一般の線形空間で成り立つが,特に関数解析学の一般論において有効に用いられる.

反復試行
repeated trials

同じ実験や観測を繰り返す試行のことで,試行結果は独立で同じ分布に従う確率変数となる.1 回の試行で確率 p で起こる事象が n 回の試行の中で k 回起こる確率は 2 項分布に従う.

反復写像
iterated mapping

f を*集合 X からそれ自身への*写像とするとき,この写像を何回か繰り返し合成して得られる写像のことをいう.例えば,$f^2(x)=f(f(x))$,$f^3(x)=f(f(f(x)))$.一般に,反復写像 f^n は,帰納的に,$f^n=f\circ f^{n-1}$ によって順次定義できる.

反復積分　iterated integral, repeated integral　＝累次積分

反復法
iterative method

方程式 $f(x)=0$ の解 x を数値的に求めるために,それと等価な $x=g(x)$ の形の方程式に書き換え,適当な初期値 $x^{(0)}$ から $x^{(k+1)}=g(x^{(k)})$ $(k=0,1,\cdots)$ によって近似解の列 $x^{(1)},x^{(2)},\cdots$ を生成する方法を一般に反復法と呼ぶ.$x^{(k)}$ がある値 x^* に収束するならば,$x^*=g(x^*)$ であり,したがって $f(x^*)=0$ となっている.例えば,$f(x)=x^2-2$ のとき,等価な方程式 $x=(x^2+2)/2x$ に書き換えて $x^{(0)}=1.5$ から近似解列を生成すると,$x^{(1)}=1.4166\cdots$,$x^{(2)}=1.4142\cdots$ となり,$x^{(k)}$ は $\sqrt{2}$ に収束する.しかし,別の等価な方程式

$x=2/x$ に書き換えて $x^{(0)}=1.5$ から近似解列を生成すると, k が偶数のとき $x^{(k)}=1.5$, k が奇数のとき $x^{(k)}=1.3333\cdots$ のように振動して収束しない. このように, 反復法を考えるときには g の選び方が重要である. 代表的な反復法に*ニュートン法がある(上の最初の例はニュートン法である).

線形方程式系 $Ax=b$ に対しても, 行列 A が*疎行列の場合には, それを利用するために, しばしば反復法が用いられる. 正則な行列 M を用いて $A=M-N$ と表現すると, $Ax=b$ は $x=M^{-1}(b+Nx)$ と同値であり, これより, $x^{(k+1)}=M^{-1}(b+Nx^{(k)})$ という反復法が得られる. この反復法は $M^{-1}N$ の固有値の絶対値がすべて 1 より小さいときに収束する. 実際の計算手順は, ベクトル $c=b+Nx^{(k)}$ を計算してから方程式 $Mx^{(k+1)}=c$ を解くことになるので, この計算が容易にできるような M が選ばれる. → 逐次近似

半負定値 negative semidefinite → 正定値

半平面
half-plane
直線が平面を 2 つの部分に分けるその一方を半平面と呼ぶ. 1 次不等式 $ax+by+c<0$ で表される $((a,b)\neq(0,0))$.

判別式(代数体の)
discriminant
K を n 次*代数体とすると, K の判別式 D_K が次のように定義される. K の*整数基 $(\omega_i)_{1\leq i\leq n}$ をとる. K から $\mathbb{C}$ の中への体の同型写像(全部で n 個ある)すべてを, $\varphi_1,\cdots,\varphi_n$ とするとき, (i,j) 成分が $\varphi_i(\omega_j)$ である n 次正方行列の行列式の 2 乗が D_K である. これは整数基のとり方によらない.

例えば, $K=\mathbb{Q}(\sqrt{3})$ の整数基として $1,\sqrt{3}$ がとれ,
$$D_K = \begin{vmatrix} 1 & \sqrt{3} \\ 1 & -\sqrt{3} \end{vmatrix}^2 = 12.$$
→ デデキントの判別定理

判別式(方程式の)
discriminant
2 次方程式 $ax^2+bx+c=0\ (a\neq 0)$ の根を α_1, α_2 とするとき,
$$D = b^2 - 4ac = a^2(\alpha_2 - \alpha_1)^2$$
と表される. したがって, この D が 0 か 0 でないかによって重根があるかないかを判定できるので, この D のことを判別式という.

この判別式の定義を一般の代数方程式 $f(x)=a_0x^n+a_1x^{n-1}+\cdots+a_n=0$ に拡張するために, $f(x)$ の根を $\alpha_1,\cdots,\alpha_n$ とするとき
$$\Delta = \prod_{i<j}(\alpha_j - \alpha_i)$$
とおいて
$$D = a_0^{n(n-1)}\Delta^2$$
として定義する. 方程式 $f(x)=0$ が重根を持つための必要十分条件は, その判別式 D が 0 となることである.

3 次方程式 $x^3+bx^2+cx+d=0$ の判別式は $p=(3c-b^2)/9$, $q=(2b^3-9bc+27d)/27$ とおくとき, $D=-27(q^2+4p^3)$ により与えられる.

判別定理 Dedekind's discriminant theorem → デデキントの判別定理

反変 contravariant → 反変テンソル, 反変ベクトル

反変函手, 反変関手 contravariant functor → 函手, 関手

反変テンソル
contravariant tensor
$(p,0)$ 型のテンソルのこと. → テンソル, 共変テンソル

反変ベクトル
contravariant vector
古典的微分幾何学の用語で, 座標変換 $\overline{x}^i = \overline{x}^i(x^1, \cdots, x^n)$ により, その成分 $(\xi^1,\cdots,\xi^n)$ が $\overline{\xi}^j = \sum_{i=1}^n (\partial \overline{x}^j/\partial x^i)\xi^i$ という変換をうける量のことをいう. 最近では単にベクトルと呼ぶ. → 共変ベクトル

万有引力の法則
law of universal gravitation
ニュートンの重力法則のことをいう. 質量 m, m' の 2 質点の距離が r のとき, 質点に働く重力は, 他の質点の方向を向いており, その大きさは mm'/r^2 に比例する.

万有体
universal domain

*素体上に無限大の*超越次数を持つ代数的閉体を万有体という．

パンルヴェ方程式
Painlevé equation

微分方程式 $2y(dy/dt)=1$ の一般解 $y=\sqrt{t-C}$ は積分定数に依存する*分岐点 $t=C$ を持っている．一般に微分方程式の解が積分定数に依存する分岐点を持つとき，それを動く分岐点と呼ぶ．動く分岐点を持たない2階常微分方程式は，線形微分方程式や*楕円関数の微分方程式に帰着するものを除くと6種類ある．これらをパンルヴェ方程式という．例えばII型のパンルヴェ方程式は定数 α をパラメータとして $d^2y/dt^2=2y^3+ty+\alpha$ で与えられる．パンルヴェ方程式の別の側面として，線形常微分方程式の*モノドロミーを保って変形するための条件としても現れる．

パンルヴェ方程式は20世紀の初頭にパンルヴェによって発見された．その後しばらくのブランクを経たのち，数理物理への応用も契機となって現在再び活発な研究が進行している．

反例
counterexample

X を含む命題 $P(X)$ があったとき，「任意の X に対して，$P(X)$ が成り立つ」という命題 $\forall X P(X)$ を考える．もし，$P(X)$ が成り立たないような X を見つけることができれば，この命題は誤りである．このとき，$P(X)$ が成り立たないような X のことを，命題 $\forall X P(X)$ の反例と呼ぶ．

「平面上の任意の2直線は1点で交わる」という命題に対しては，交わらない2直線の例，すなわち平行な直線の組，が反例になる．

半連続
semicontinuous

上半連続または下半連続な関数を単に半連続な関数という．⇒ 下半連続

ヒ

比
ratio

同種類の2つの量 a, b があって，b が零でないときに，a が b の何倍にあたるかという関係を a の b に対する比といい，これを $a:b$ と記す．また a/b を比の値という．比 $a:b$ と $c:d$ の比の値が等しいとき，すなわち $a/b=c/d$ のとき，2つの比は等しいといい，$a:b=c:d$ と記す．この等式を比例式という．$a:b=c:d$ のとき，$ad=bc$ が成り立つ．

比の理論は*ユークリッドの『原論』第5巻で詳しく論じられ，比例式の間の関係も詳しく調べられた．比は古代ギリシア以来近世ヨーロッパに至るまで，分数のかわりに用いられた．分数の計算に代わるものとして，比例式の種々の変形が必要とされた．比例式 $a:b=c:d$ から $b:a=d:c$ が導かれることを反転の理，$(a+b):b=(c+d):d$ が導かれることを合比の理，$(a+b):(a-b)=(c+d):(c-d)$ が導かれることを合除比の理などと名前をつけて呼ぶのはその名残である．日本の学校数学では比と比の値は異なる概念として区別するが，歴史的にはそれほど明確な区別がなかった．

非アルキメデス的絶対値
non-Archimedean absolute value

*非アルキメデス的(乗法)付値のこと．

非アルキメデス的付値
non-Archimedean valuation

体 K から0以上の実数全体 $\mathbb{R}_{\geq 0}$ への写像 v が

(1) $v(a)=0 \iff a=0$
(2) $v(ab)=v(a)v(b)$
(3) $v(a+b) \leq v(a)+v(b)$

を満足するとき v を K の乗法付値または絶対値という．乗法付値 v は K の任意の2元 $a \neq 0, b$ に対して，$v(na)>v(b)$ となる正整数 n が存在するとき，アルキメデス的(乗法)付値という．このような n が存在しない $a \neq 0, b$ があるとき非アルキメデス的(乗法)付値という．

非アルキメデス的付値 v では $v(a) \neq 0$ のとき，正整数 n が大きくなっても $v(na)$ は大きくなる

とは限らず, *アルキメデスの原理が成り立たないのでこの名前がある. 非アルキメデス的付値では上記(3)の3角不等式よりも強い不等式
$$v(a+b) \leqq \max\{v(a), v(b)\}$$
が成り立つ. 逆に乗法的付値がこの強い不等式をどの a, b に対しても満足すれば非アルキメデス的付値である.

素数 p に対して有理数体 $\mathbb{Q}$ の p 進付値(→ p 進距離) v_p に対して $|m|_p = p^{-v_p(m)}$ とおくと非アルキメデス的乗法付値が得られる. この乗法付値を*p 進絶対値という. ⇒ p 進距離

P=NP 問題
P=NP problem

計算理論における重要な未解決問題の1つである.「*チューリング機械と呼ばれる計算モデルにおいて*多項式時間アルゴリズムを持つような問題のクラス P と, 非決定性チューリング機械と呼ばれる計算モデルにおいて多項式時間で計算できる問題のクラス NP とが一致するかどうか」という問題をいう. 多くの人は, P と NP は一致しないだろうと予想しているが, 2004 年の時点では, まだ証明されていない. なお, P が NP に含まれることは明らかである. ⇒ NP 完全

ビオ-サヴァールの法則
Biot-Savart law

電流が引き起こす*磁場に関する法則である. ビオ-サヴァールの法則を用いると3次元ユークリッド空間において, 電流密度 i の電流が引き起こす磁場 B が
$$B(x) = \frac{\mu_0}{4\pi} \int_{\mathbb{R}^3} \frac{i(y) \times (x-y)}{\|x-y\|^3} dy$$
$(dy = dy_1 dy_2 dy_3, \times$ は*ベクトル積$)$

になることがわかる. ここで $\mu_0 > 0$ は透磁率と呼ばれる定数である. ⇒ クーロンの法則, 静電磁場の法則

非可換環
noncommutative ring

*環の乗法が可換でないとき, すなわち $a \cdot b \neq b \cdot a$ となるような元 a, b があるとき, 環は非可換であるという. *体 K の元を成分とする $n \times n$ 行列の全体 $M(n, K)$ は行列の加法と乗法に関して環になり, 体 K 上の行列環と呼ばれ, $n \geqq 2$ なら非可換環である.

非可換幾何学
noncommutative geometry

空間 X に対してその上の連続関数全体のなす集合 $C(X)$ を考えると, $C(X)$ は関数の和と積によって環をなす. 関数の積 fg は $fg = gf$ を満たす. すなわち, $C(X)$ は可換環である.

必ずしも可換とは限らない環 A を考え, A がある「空間」上の関数全体であるかのごとくに考えて, 幾何学を展開しようとする試みが非可換幾何学である.

非可換群
noncommutative group

積が可換にならない, すなわち $g_1 g_2 \neq g_2 g_1$ となる 2 元 g_1, g_2 を含む群を非可換群という. 例えば $n \geqq 3$ のとき n 次対称群 S_n は非可換群である.

非可換ゲージ理論
noncommutative gauge theory

電磁場のベクトル・ポテンシャル A は 4 次元時空上の微分 1 形式で, その外微分 dA が電磁場を与える(→ ベクトル・ポテンシャル). これを一般化して, 微分 1 形式を成分とする $n \times n$ 正方行列 $A = [A_{ij}]$ を考えるのが非可換ゲージ理論である. この場合 $dA + A \wedge A$ が場に当たる. ⇒ ゲージ理論, ヤン-ミルズ理論

非可算集合
uncountable set

可算でない無限集合のこと. 非可算集合の濃度は, 可算集合の濃度より大きい. すなわち, A が非可算集合であれば, 自然数の集合 $\mathbb{N}$ から A への単射は存在するが, A から $\mathbb{N}$ への単射は存在しない. 実数全体の集合は非可算である. ⇒ 対角線論法

非可測集合
nonmeasurable set

ルベーグの測度論などにおいて, 可測でない集合を非可測集合という. ユークリッド空間のルベーグ測度に関する非可測集合の存在は, 選択公理を用いて証明される.

ピカールの小定理
little Picard theorem

整関数 $f(z)$ と複素数 a について, $f(z) = a$ を

満たす $z \in \mathbb{C}$ が存在しないとき a を $f(z)$ の除外値という．例えば 0 は e^z の除外値である．2 つ以上の除外値を持つ整関数は定数に限る．これをピカールの小定理という．

ピカールの大定理
great Picard theorem

$0 < |z| < r$ で定義された正則関数 $f(z)$ が $z=0$ において*真性特異点を持つ，すなわちどんな整数 m に対しても $z^m f(z)$ が $z=0$ で正則にはならないとする．このときある w_0 が存在して，$w \neq w_0$ であるどんな $w \in \mathbb{C}$ に対しても，$f(z)=w$ を満たす z が $0 < |z| < r$ に無限個ある．例えば，関数 $e^{1/z}$ は $w_0 = 0$ 以外の値を $z=0$ の近くで無限回とる．これをピカールの大定理という．*値分布論の嚆矢となった定理である．

ピカールの逐次近似法
Picard's successive approximation

常微分方程式の初期値問題
$$\frac{dx}{dt} = f(t, x), \quad x(t_0) = x_0$$
において，関数列 $\{x_n(t)\}$ $(n=0, 1, \cdots)$ を帰納的に $x_0(t) \equiv x_0$,
$$x_n(t) = x_0 + \int_{t_0}^{t} f(s, x_{n-1}(s)) ds \quad (n \geq 1)$$
によって定める．$f(t, x)$ が*リプシッツ連続ならば，$|t-t_0|$ が十分小さい範囲で $x_n(t)$ は一様収束し，その極限として局所解が得られる．このような解の構成方法をピカールの逐次近似法という．⇒ コーシーの折れ線近似

引き数
argument

例えば，関数電卓で「exp」を用いるとき，x の値を代入すれば，e^x の値が出力される．一般に，写像や関数については $y = f(x)$ と書いても，$v = f(u)$ と書いても同じ対応関係を表す．このように対応関係を表すときに，入力すべき変数を引き数という．引き数には，その値を代入することが許されている集合があらかじめ定められている．

コンピュータのプログラムにおいては，手続きや関数を表すプログラムに渡す（代入する）変数のことを引き数という．

引き戻し
pull back

一般に，写像 $F: X \to Y$ が与えられたとき，Y 上で定義された対象から，F を使って X 上の対象を構成することを，F による引き戻しという．引き戻しの向きは，写像の向きとは逆向きであることに注意．⇒ 反変函手，反変関手，反変ベクトル，押出し

例えば，写像 $F: X \to Y$ と Y 上の関数 $f: Y \to \mathbb{R}$ があれば，合成写像 $(f \circ F)(p) = f(F(p))$ は X 上の関数を定める．これを，写像 F による関数 f の引き戻しと呼ぶ．

$F: U \to V$ が（次元が等しいとは限らない）ユークリッド空間の開集合の間の，C^∞ 級の写像で，$u = \sum_{i_1, \cdots, i_k} u_{i_1, \cdots, i_k} dx^{i_1} \wedge \cdots \wedge dx^{i_k}$ が V 上の微分 k 形式であれば，U 上の微分形式 $\sum (u_{i_1, \cdots, i_k} \circ F) dF^{i_1} \wedge \cdots \wedge dF^{i_k}$ が定まる．ここで，$F = (F^1, \cdots, F^n)$ と表した（F^i は U 上の関数である）．この微分形式のことを，F による u の引き戻しと呼び，F^*u で表す．多様体上の微分形式の場合も同様である．

底空間を Y とする*ベクトル束あるいは*ファイバー束や，Y 上の*層は，写像 $F: X \to Y$ で，底空間を X とするファイバー束あるいはベクトル束や，X 上の層に引き戻される．

非協力ゲーム
noncooperative game

プレイヤー間で協定を結ぶことができないという状況設定のゲームのことである．その理論はナッシュ (J. F. Nash) によって創始された．各プレイヤーは，他のプレイヤーの戦略が与えられたときには，自分の利得が最大になるような戦略（最適反応戦略）を選ぶとする．各プレイヤーの選んだ戦略の組において，任意のプレイヤーの戦略が他のプレイヤーの戦略のもとでの最適反応戦略となっているとき，この戦略の組をナッシュ均衡と呼ぶ．ナッシュ均衡は非協力ゲームの理論において中心的な概念である．⇒ ゲーム理論

p 群
p-group

位数が素数 p のべきである有限群のこと．すべての p 群は*べき零群である．⇒ シローの定理

微係数　differential coefficient　= 微分係数．⇒ 微分可能

非再帰性
transience
*再帰性を持たないことをいう. → 再帰性

微視的　microscopic　→ 巨視的

非巡回グラフ
acyclic graph
*有向閉路を持たない*有向グラフのことをいう. *無閉路グラフともいう.

p 乗可積分
***p*-summable**
実数空間 $\mathbb{R}$ 上の実数値または複素数値の*可測関数 $f(x)$ が $\int_{-\infty}^{\infty}|f(x)|^p dx<\infty$ を満たすとき, $f(x)$ は $\mathbb{R}$ 上で p 乗可積分であるという. → L^p 空間

p 乗総和可能
***p*-summable**
p を正数とする. 実数列または複素数列 $\{a_n\}$ $(n\geq 1)$ であって $\sum_{n=1}^{\infty}|a_n|^p<\infty$ であるとき, $\{a_n\}$ は p 乗総和可能であるという. $p\geq 1$ ならば, これらの数列のなす集合は線形空間になる. → ミンコフスキーの不等式, l^p 空間

p シロー部分群　*p*-Sylow subgroup　→ シローの定理

p 進距離
***p*-adic distance**
素数 p に対して有理数体 $\mathbb{Q}$ に p 進付値 v_p を次のように定義する. 整数 m に対しては m が p^a で割りきれるが p^{a+1} で割りきれないとき $v_p(m)=a$, m/n に対しては $v_p(m/n)=v_p(m)-v_p(n)$ と定義する. ただし 0 に対しては $v_p(0)=\infty$ と定義する. v_p を p 進付値という.
$$d_p(x,y) = p^{-v_p(x-y)}$$
とおくと d_p は有理数体 $\mathbb{Q}$ 上の*距離となる. これを p 進距離という. 言い換えれば p 進距離は*p 進絶対値から定まる距離である. p 進距離では通常の*3 角不等式より強い
$$d_p(x,y) \leq \max\{d_p(x,z),d_p(z,y)\}$$
が成り立ち, x, y, z 間の距離は少なくとも 2 つは等しい. すなわち, 任意の 3 角形は 2 等辺 3 角形になる.

また, この距離から定まる位相(→ 距離の定める位相)に関して a を中心とする閉円板 $\{x\in\mathbb{Q}\mid d_p(x,a)\leq r\}$ $(r>0)$ は閉集合かつ開集合である. 同様に a を中心とする円 $\{x\in\mathbb{Q}\mid d_p(x,a)=r\}$ も閉集合かつ開集合であり, 通常の位相とは様相が異なっている. さらに, この距離空間は位相空間としては*完全不連結である.

代数体 K の素イデアル $\mathfrak{p}$ を使って同様に $\mathfrak{p}$ 進距離を導入することができる.

さらに一般に, 体 K が非アルキメデス的乗法付値 v (→ 非アルキメデス的付値) を持てば $d_v(x,y)=v(x-y)$ とおくことによって K に距離を入れることができる. これは p 進距離の一般化である. → p 進絶対値

p 進数
***p*-adic number**
素数 p に関して無限和
$$p+p^2+p^3+p^4+\cdots+p^n+\cdots$$
は通常の実数 $\mathbb{R}$ の*位相では収束しないが, *p 進絶対値 $|\cdot|_p$ では n 項までの和 a_n に対して $m\neq n$ ならば $|a_n-a_m|_p=p^{-\min\{m,n\}}$ となり, *p 進距離に関して $\{a_n\}$ は*コーシー列になる. この数列の p 進位相に関する極限値は $\dfrac{p}{p-1}$ になる. もっと一般に $k\in\mathbb{Z}$, $c_k,c_{k+1},c_{k+2},\cdots\in\mathbb{Z}$ に対し
$$c_k p^k + c_{k+1}p^{k+1} + c_{k+2}p^{k+2}+\cdots$$
は p 進距離に関して通常の実数ではなく, 有理数体 $\mathbb{Q}$ を p 進距離で*完備化してできる*p 進数体の元に収束する. このような数を p 進数という. すなわち, 有理数の数列 $\{a_n\}$ が p 進距離に関してコーシー列になるとき, その極限値を p 進数という. なお計算機科学では数を 2 進法で表現したとき, その数を 2 進数ということがある. この場合は数の表記法であり, 上で説明した p 進数の $p=2$ の場合ではない. → 2 進法, 記数法

p 進数体
***p*-adic number field**
有理数体の*p 進距離 $|\cdot|_p$ に関する*完備化を p 進数体といい $\mathbb{Q}_p$ と記す. p 進距離 $|\cdot|_p$ の性質により, p 進数体の元 x は $0, 1, \cdots, p-1$ を係数として
$$x = a_k p^k + a_{k+1}p^{k+1} + a_{k+2}p^{k+2}+\cdots$$
$(k\in\mathbb{Z})$ と書くことができる. $a_k\neq 0$ のとき $v_p(x)=k$ とおくと, $\mathbb{Q}_p$ 上の付値が定義できる. これは $\mathbb{Q}$ の p 進付値の p 進数体への自然な拡張

になっている．$|x|_p = p^{-k}$ とおくことにより，$\mathbb{Q}$ の p 進絶対値も $\mathbb{Q}_p$ に拡張される．

$\mathbb{Z}_p = \{x \in \mathbb{Q}_p \mid |x|_p \leq 1\}$ とおくと，$\mathbb{Z} \subset \mathbb{Z}_p$ であるが，さらに $|\cdot|_p$ は非アルキメデス的乗法付値であることより，$\mathbb{Z}_p$ は環の構造を持つ．この環を p 進整数環といい，$\mathbb{Z}_p$ の各元を p 進整数という．また $\mathfrak{m} = \{x \in \mathbb{Q}_p \mid |x|_p < 1\}$ とおくと，$\mathfrak{m}$ は p で生成される $\mathbb{Z}_p$ の極大イデアルであり，$\mathbb{Z}_p$ は*局所環である．$\mathbb{Z}_p$ は $\mathbb{Z}/p^n\mathbb{Z}$ の射影的極限（→帰納的極限と射影的極限）としても定義できる．$\mathbb{Q}_p$ は $\mathbb{Z}_p$ の*商体である．

同様に代数体 K の素イデアル $\mathfrak{p}$ に関して $\mathfrak{p}$ 進距離による K の完備化 $K_\mathfrak{p}$ を $\mathfrak{p}$ 進数体といい，同様に $\mathfrak{p}$ 進整数，$\mathfrak{p}$ 進整数環 $\mathcal{O}_{K_\mathfrak{p}}$ が定義できる．

p 進整数　p-adic integer　⇒ p 進数体

p 進整数環　p-adic integer ring　⇒ p 進数体

p 進絶対値　p-adic absolute value

p 進付値 v_p （→ p 進距離）が与えられたとき，$|x|_p = p^{-v_p(x)}$ とおくと $|\cdot|_p$ は*乗法付値（→非アルキメデス的付値）の公理を満足する．これを p 進絶対値という．$d_p(x,y) = |x-y|_p$ とおくことによって p 進距離になる．

p 進体　p-adic field

*p 進数体のことを p 進体ということも多い．

p 進付値　p-adic valuation　⇒ p 進絶対値

ヒストグラム　histogram　⇒ 度数

ひずみテンソル　strain tensor

変形で物体がひずむ度合を表す 2 階対称テンソル．もともと $\boldsymbol{a} = (a_1, a_2, a_3)$ にあった物体の部分が変形後に $\boldsymbol{x}(\boldsymbol{a}) = (x_1, x_2, x_3)$ に移っているとする．このとき，
$$x_i(\boldsymbol{a} + \Delta\boldsymbol{a}) - x_i(\boldsymbol{a})$$
$$= \Delta a_i + \sum_j U_{ij}\Delta a_j + \sum_j T_{ij}\Delta a_j + (2\text{ 次の項}),$$
$$U_{ij} = -U_{ji}, \quad T_{ij} = T_{ji}$$
と表す（$(U_{ij}+T_{ij})$ は変換 $\boldsymbol{a} \mapsto \boldsymbol{x}$ のヤコビ行列である）．$\Delta\boldsymbol{a} = (\Delta a_i)_{i=1,2,3}$ を $(\Delta a_i + \sum_j U_{ij}\Delta a_j)_{i=1,2,3}$ に写す変換は，2 次の項を無視すると長さを変えないので，T_{ij} が変形をきめる．

変換 $\boldsymbol{a} \mapsto \boldsymbol{x}$ による，標準的なユークリッド内積の引き戻しは
$$\sum_{k=1}^3 \frac{\partial x_k}{\partial a_i}\frac{\partial x_k}{\partial a_j}$$
$$= 1 + 2T_{ij} + \sum_k (U_{ik}+T_{ik})(U_{jk}+T_{jk})$$
である．
$$E_{ij} = T_{ij} + \frac{1}{2}\sum_k (U_{ik}+T_{ik})(U_{jk}+T_{jk})$$
をひずみテンソル（あるいは，ラグランジュひずみテンソル，グリーン-ラグランジュひずみテンソルなど）という．

微小なひずみを扱うときは，第 2 項は無視でき，$E_{ij} = T_{ij}$ である．

E_{ij} はラグランジュの方法（→ラグランジュ座標）による記述であるが，これをオイラーの方法で記述したもの，すなわち
$$e_{kl} = \sum_{i,j=1}^3 \frac{\partial a_i}{\partial x_k}\frac{\partial a_j}{\partial x_l}E_{ij}$$
をオイラーひずみテンソルと呼ぶ．

非斉次　inhomogeneous

斉次（同次）でないことをいう．例えば $x^2 + xy^3$ のように次数の異なる 2 つ以上の項を含む多項式を非斉次式という．また 0 でない右辺を持つ 1 次方程式 $A\boldsymbol{x} = \boldsymbol{y}$ を非斉次方程式という．

非正定値　nonpositive definite　⇒ 正定値

非正定値行列　nonpositive definite matrix　⇒ 正定値

被積分関数　integrand

*不定積分 $\int f(x)dx$ または*定積分 $\int_a^b f(x)dx$ において積分される関数 $f(x)$ を被積分関数という．

非線形　nonlinear

線形でないことを総称していう．幾何学的には直線や平面でなく曲がった空間を，微分方程式などにおいては重ね合わせの原理が成り立たないことを意味する．線形の問題に比べ，通常はるかに

複雑に(面白く)なる.

非線形計画法
nonlinear programming

実数ベクトル x を変数とする最適化問題

  目的関数 $f(x) \longrightarrow$ 最小化
  制約条件 $g_i(x) \leqq 0 \quad (i=1,\cdots,m)$
  $\qquad\qquad h_j(x) = 0 \quad (j=1,\cdots,l)$

において, 目的関数 f や制約関数 g_i, h_j のなかに1次関数でないものが含まれているものを非線形計画問題と呼ぶ. 非線形計画問題に関する最適性条件(→ カルーシュ-キューン-タッカー条件, ラグランジュの乗数法), 双対性理論, 数値解法アルゴリズムなどを研究する分野を非線形計画法と呼ぶ. → 線形計画法, 数理計画法

非線形シュレーディンガー方程式
nonlinear Schrödinger equation

*シュレーディンガー方程式に非線形項を付け加えた方程式. 適当に変数を正規化すれば

$$i\frac{\partial \psi}{\partial t} + \Delta \psi + f(\psi) = 0$$

という形に書ける. 応用上は $f(\psi)=a|\psi|^\alpha\psi$ の場合が重要であり, 方程式は特解としてソリトン解を持つ. とくに空間次元が 1 で $\alpha=2$ の場合は, 方程式は*可積分系となり, *逆散乱法や*広田の演算子の方法で一般解が求まる.

非線形微分方程式
nonlinear differential equation

線形でない偏微分方程式を総称していう. 重ね合わせの原理が成り立たないために線形の場合のように統一的に論じることは難しく, それぞれの方程式の特性に応じた扱いが必要になる.

非退化(双線形形式が)
nondegenerate

体 K 上の有限次元線形空間 M, N 上の双線形形式 $\Phi: M\times N\to K$ が M のすべての元 a に対して $\Phi(a,y)=0$ となる y は 0 しかなく, N のすべての元 b に対して $\Phi(x,b)=0$ となる x は 0 しかないとき, Φ は非退化であるという.

非退化な双線形形式 $\Phi: M\times N\to K$ が存在すれば M の次元と N の次元は等しい. $M=N=K^n$ のとき,

$$\Phi(V,W) = \sum_{i=1}^n a_{ij}x_iy_i$$

$(V=(x_1,\cdots,x_n), \quad W=(y_1,\cdots,y_n), \quad a_{ij}\in K, a_{ij}=a_{ji})$ と表されるが, Φ が非退化である必要十分条件は n 次正方行列 $[a_{ij}]$ が可逆なことである.

双線形形式 $\Phi: M\times N\to K$ が与えられたとき, 各 $a\in M$ に対して

$$\Phi(a,\cdot): N\ni x\mapsto \Phi(a,x)\in K$$

は K 上の線形写像であり, N の*双対空間 N^* の元を定める. このとき対応 $a\mapsto\Phi(a,\cdot)$ によって K 上の線形写像 $l_\Phi: M\to N^*$ が定義される. 同様に N の元 b に $\Phi(\cdot,b)$ を対応させることによって K 上の線形写像 $r_\Phi: N\to M^*$ が定義される.

Φ が非退化であることと l_Φ, r_Φ がともに同型であることとは同値である. このとき l_Φ と r_Φ とは互いに他の転置写像(→ 双対ベクトル空間)とみることができ, M と N^*, N と M^* は同一視することができる.

非退化(2次形式の)
nondegenerate

n 変数の実または複素 2 次形式は n 次対称行列 $S=[s_{ij}]$ によって

$$\sum_{i,j=1}^n s_{ij}x_ix_j$$

と表示される. $\det S\neq 0$ のときこの 2 次形式は非退化であるという. この定義は標数が 2 でない体上の 2 次形式にも適用できる.

ピタゴラス　Pythagoras ＝ピュタゴラス

ピタゴラス数
Pythagorean number

直角 3 角形の 3 辺の長さとして実現される自然数の組 (a,b,c) のこと. c を斜辺の長さとすれば, ピタゴラス(3 平方)の定理により $a^2+b^2=c^2$ であるから, この方程式の自然数解を求めればよい. それらが互いに素な場合は整数 m,n $(m>n>0)$ を用いて(必要ならば a と b とを入れかえることを許して)

$$(m^2-n^2, 2mn, m^2+n^2)$$

により与えられる. ただし, m,n は互いに素で, 一方が偶数で, 他方が奇数でなければならない.

ピタゴラス体
Pythagorean field

ユークリッド幾何学における定理は, ほとんど*連続性公理なしに成立する. 連続性公理を仮定しないユークリッド幾何学のモデルは, ピタゴラス

体を使って構成される．

体 F の元 $\alpha \in F$ に対して, F の拡大体 $F(\sqrt{1+\alpha^2})$ を F のピタゴラス拡大という. F のすべてのピタゴラス拡大が F と一致するときピタゴラス体という. 実数体 $\mathbb{R}$ や代数的数である実数全体はピタゴラス体である.

ピタゴラスの定理
Pythagorean theorem

3平方の定理ともいう. 初等(ユークリッド)幾何学の中で, 最もよく知られた定理である. $\angle C$ を直角とする直角3角形 ABC において
$$AC^2 + CB^2 = AB^2 \quad (*)$$
が成り立つ. 逆に, 3角形 ABC において $(*)$ が成り立てば, $\angle C$ は直角である.

図はピタゴラスの定理のいろいろな証明を示す.

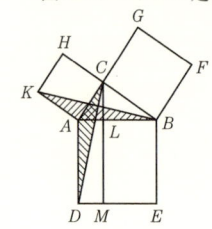

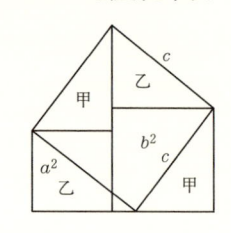

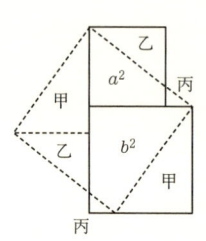

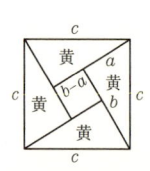

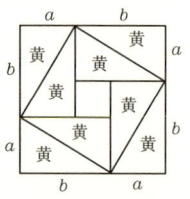

座標平面において, 2点 $P=(x_1, y_1)$, $Q=(x_2, y_2)$ を端点とする線分の長さは, ピタゴラスの定理から
$$\sqrt{(x_1-x_2)^2 + (y_1-y_2)^2}$$
により与えられる. 座標空間においては, 2点 $P=(x_1, y_1, z_1)$, $Q=(x_2, y_2, z_2)$ を端点とする線分の長さが,
$$\sqrt{(x_1-x_2)^2 + (y_1-y_2)^2 + (z_1-z_2)^2}$$
であることも, ピタゴラスの定理を2回使って導かれる. これらの類推から, $\mathbb{R}^n$ における2点 $(x_1, \cdots, x_n)$, $(y_1, \cdots, y_n)$ の間の距離を
$$\sqrt{\sum_{i=1}^n (x_i - y_i)^2}$$
として定義するのが自然である. 実際, この距離関数により, $\mathbb{R}^n$ は*距離空間になる. これをユークリッド距離(関数)という.

*計量線形空間における内積の概念の背景には, ピタゴラスの定理があるし, 現代幾何学の扱う図形である*リーマン多様体は, 無限小レベルでピタゴラスの定理が成り立つことを要請している.

左イデアル　left ideal　→ イデアル

左移動
left translation

群 G において, 各 $g \in G$ に対して左移動 $L_g: G \to G$, 右移動 $R_g: G \to G$ と呼ばれる写像を, それぞれ $L_g h = gh$, $R_g h = hg$ で定義する. G が*リー群であると L_g, R_g はともに G の微分同相写像である.

左加群　left module　→ 加群

左極限　left-side limit　→ 右連続

左極限値　left-side limit　→ 右連続

左作用　left action　→ 作用(群の)

左剰余類
left coset

*群 G の部分群 H に対して, $Hg = \{hg | h \in H\}$ を群 G の部分群 H に関する g の属する左剰余類という. これは G の同値関係「$g_1 \sim g_2 \iff g_1 g_2^{-1} \in H$」に関する g の属する*剰余類である. なお gH を左剰余類とする流儀もあり, この場合は左剰余類と右剰余類が本辞典と逆になる. → 剰余類, 右剰余類, 剰余群

左手系　left-hand system　→ 右手系

左微係数　left differential coefficient　→ 微分可能

左連続　left continuous　→ 右連続

ピーター-ワイルの定理
Peter-Weyl's theorem

「*コンパクトリー群 G 上の任意の連続関数は，G の有限次元表現の行列成分である関数の 1 次結合で一様収束の意味で近似できる」という定理である．例えば，$G=U(1)=\{e^{2\pi i\theta}|\theta\in\mathbb{R}\}$ とすると，G 上の連続関数は θ の周期関数 $f(\theta+1)=f(\theta)$ であり，G の表現は $e^{2\pi i\theta}$ を $e^{2\pi ik\theta}$ なる 1×1 行列に対応させる表現である（k は整数）．したがって，この場合のピーター-ワイルの定理は，任意の連続な周期関数が*3 角多項式の一様収束極限であるという定理になる．

この定理を用いて，コンパクトリー群の既約ユニタリ表現がすべて有限次元であることなどが証明される．

非調和比　anharmonic ratio　→ 複比

ビット
bit

binary digit からの造語で，2 進数の桁数を表す単位である．例えば，101 は 3 ビット，1011 は 4 ビットである．8 ビットを 1 バイト（byte）と呼ぶ．もともとはモールス信号の「トン」「ツー」の個数に由来し，単語や文などについて，記号化して 2 進数で表したときの桁数がその情報の量を表すと考えて，それを測る単位として用いられる．本などの 1 ページの中の文字情報はふつう 2～5 キロバイトである．

必要十分条件
necessary and sufficient condition

*必要条件かつ*十分条件であるものを必要十分条件という．すなわち，*条件文「P ならば Q」とその逆「Q ならば P」が両方とも正しいとき，Q は P の必要十分条件であるという．例えば，実数が有理数であるための必要十分条件は有限小数か*循環小数で表されることである．これは「有理数ならば有限小数か循環小数で表すことができる」も，「有限小数か循環小数で表すことができる数は有理数である」も正しい命題だからである．一方，「$a=2$ であれば $a^2=4$ である」は正しいが「$a^2=4$ であれば $a=\pm 2$」であるので $a^2=4$ は $a=2$ であるための必要条件ではあるが十分条件ではない．
→ 同値

必要条件
necessary condition

*条件文「P ならば Q」が真であるとき，Q を P の必要条件という．例えば開区間 (a,b) で微分可能な関数 $f(x)$ が点 $x_0\in(a,b)$ で極大値（→ 極大極小）をとれば $f'(x_0)=0$ が成り立つ．したがって $f'(x_0)=0$ が成り立つことは $f(x)$ が点 x_0 で極大値をとるための必要条件である．しかし $f'(x_0)=0$ であっても $f(x)$ は x_0 で極大値をとるとは限らない（極小値をとっても $f'(x_0)=0$ となる）ので $f'(x_0)=0$ は $f(x)$ が x_0 で極大値をとるための十分条件ではない．→ 十分条件，必要十分条件

非定常流
nonstationary flow

*速度場が時間によって変化する流れのこと．
→ 定常流

非同次　inhomogeneous　＝非斉次

非特異多様体　nonsingular variety　→ 特異点（代数多様体の）

非特異点　nonsingular point　→ 特異点（代数多様体の）

非特性的　noncharacteristic　→ 特性的

等しい（数学の一般的な言葉として）
equal

日常言語での「等しい」と数学での「等しい」は基本的には同じ意味であるが，数学の対象になるのは抽象化された事物であるので，等しいことの意味は，日常言語の場合ほど明らかではない．新しい概念を導入するときは，等しいことの定義をすることも多い．「2 つの*複素数 $a+bi$ と $c+di$ が等しいとは，$a=c$ かつ $b=d$ であることをいう」とか，「2 つの幾何ベクトルが等しいのは一方を平行移動してもう一方に重ねられることをいう」などがそれである．

3 辺の長さがすべて 1 の 3 角形を A，2 辺の長さが 1 でその間の角が 60 度の 3 角形を B とするときは，「A と B は等しい」というより，「A と B は合同である」といったほうがよいであろう．また，「*群 G が群 G' に等しい」というより，「群 G が群 G' と*同型である」というほうが正確な言い方である．しかし，円周の*ホモロジー

群は $\mathbb{Z}$ である($\mathbb{Z}$ に等しい)などという言い方は普通である.

等しいということと同型であることの違い,あるいは等しいことの数学における意味を考えていくと,*標準的に同型という概念や,*圏論という分野の成立する意義そのものに行き着く.

等しい(数として)
equal

A と B が等しいことを $A=B$ と記す.例えば
$$\frac{1}{3} = 0.3333333333\cdots$$
は分数 $1/3$ が無限小数 $0.3333333333\cdots$ と等しいことを意味する.この等号では無限小数 $0.3333333333\cdots$ が数として意味を持っていることも含んでいる.この両辺を3倍すると
$$1 = 0.9999999999\cdots$$
が得られる.この等号の意味は右辺の無限小数 $0.9999999999\cdots$ が定義する数が1に等しいことを意味する.この等号の右辺の意味は $a_n = 0.\underbrace{9999\cdots99}_{n}$ とおくとき $\lim_{n\to\infty} a_n$ を意味する.数列 $\{a_n\}$ が1に*収束することは $1-a_n = 1/10^n$ であることよりわかる.このように $A=B$ であることを主張するときには A と B の意味が確定していることが重要である.

ビネ-コーシーの公式
Binnet-Cauchy formula

サイズ (m,n) の行列 A とサイズ (n,m) の行列 B について,$m \leqq n$ とするとき

$$\det(AB) = \sum_{1 \leqq i_1 < \cdots < i_m \leqq n} \begin{vmatrix} a_{1,i_1} & \cdots & a_{1,i_m} \\ \vdots & \ddots & \vdots \\ a_{m,i_1} & \cdots & a_{m,i_m} \end{vmatrix}$$
$$\times \begin{vmatrix} b_{i_1,1} & \cdots & b_{i_1,m} \\ \vdots & \ddots & \vdots \\ b_{i_m,1} & \cdots & b_{i_m,m} \end{vmatrix}$$

が成り立つ.これをビネ-コーシーの公式という.

非負行列
nonnegative matrix

すべての成分が非負の行列を非負行列という.非負正方行列 $A=[a_{ij}]$ の,絶対値が最大の*固有値(最大固有値)はつねに非負であり,各成分が非負の*固有ベクトルが存在する.とくに,A の成分がすべて正ならば,最大固有値は正で,固有ベクトルは(定数倍を除いて)ただ1つ存在する(ペロンの定理).非負正方行列 A は,各 i,j に対して,A のあるべき乗 A^n の (i,j) 成分が正になるとき,既約であるという.既約非負行列に対しても,最大固有ベクトルはただ1つ存在する(フロベニウスの定理).非負行列の例として,*マルコフ連鎖の*推移確率を表す行列がある.→ ペロン-フロベニウスの定理

被覆
covering

(1) 一般に,集合 X の部分集合からなる族 $\{X\}_{\alpha \in A}$ が $X = \bigcup_{\alpha \in A} X_\alpha$ を満たすとき,$\{X\}_{\alpha \in A}$ を X の被覆という(→ 開被覆).また $Y \subset X$ で,$Y \subset \bigcup_{\alpha \in A} X_\alpha$ なるとき,$\{X\}_{\alpha \in A}$ は Y の被覆であるという.

(2) *被覆空間,あるいは*被覆写像のこと.

被覆空間
covering space

$\mathbb{C}$ から $\mathbb{C}\setminus\{0\}$ への写像 $\exp: z \mapsto e^z$ は全射であり,局所的には連続な逆写像 $\log$ を持っているが,単射ではなく,全体では逆写像を持っていない.この写像 $\exp$ は被覆写像の例であり,$\mathbb{C}$ は $\mathbb{C}\setminus\{0\}$ の被覆空間であるという.

一方,例えば,$X = \{z \in \mathbb{C} \mid |z| < 1\}$ とし,X から $\mathbb{C}$ への写像 π を $\pi(z) = (z-1)^3$ とすると,この写像も局所的には逆写像を持つが,1点の逆像 $\pi^{-1}(w)$ は,w を動かすと,1点になったり,2点になったり,空集合になったりで,一定でない.このようなものは被覆空間とは呼ばない.

一般に位相空間 X から位相空間 Y への連続写像 $\pi: X \to Y$ が全射であって,次の性質を満たすとき,被覆写像といわれる.「Y の任意の点 y に対して,y の近傍 U があって,π を $\pi^{-1}(U)$ の各連結成分 V に制限した写像 $\pi|_V: V \to U$ は同相写像である」.X を Y の被覆空間という.

被覆写像 $\pi: X \to Y$ において,1点 p の逆像 $\pi^{-1}(p)$ の点の数は一定であるが,これが有限個 n であるとき,被覆の次数は n であるといい,X は Y の n 重被覆であるという.

$S^1 = \{z \in \mathbb{C} \mid |z| = 1\}$ とみなし,$\pi: \mathbb{R} \to S^1$ を $\pi(x) = e^{2\pi i x}$ と定義すると,π は被覆写像である.また,整数 n に対して,$\pi_n: S^1 \to S^1$ を $\pi_n(z) = z^n$ とおくと,これは次数 n の被覆写像である.n 次元実*射影空間 $P^n(\mathbb{R})$ の各点は $\mathbb{R}^{n+1}$ のな

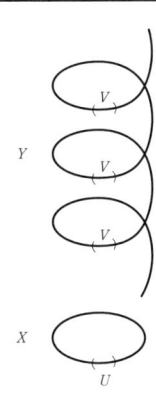

かの原点を通る直線と見ることができ $S^n=\{x\in\mathbb{R}^{n+1}||x|=1\}$ から $P^n(\mathbb{R})$ への写像 π が, x を原点と x を通る直線に対応する $P^n(\mathbb{R})$ の点に写すことで得られる. π は被覆写像で, 1 点の逆像は 2 点からなるから, 2 重被覆である.

群 G が空間 X に*作用し, 作用が固有不連続(→ 不連続群)で不動点がないとき, 商空間 X/G に商位相を入れると, 標準的な写像 $X\to X/G$ は被覆写像になる. 例えば, $X=\mathbb{R}^n$ のとき $G=\mathbb{Z}^n$ を $(k_1,\cdots,k_n)\cdot(x_1,\cdots,x_n)=(x_1+k_1,\cdots,x_n+k_n)$ とすると, 商空間 X/G は n 次元トーラスである. すなわち $\mathbb{R}^n$ は n 次元トーラスの被覆空間である.

被覆空間は*基本群と深い関係がある(→ 被覆変換群).

なお, リーマン球面 $\mathbb{C}\cup\{\infty\}$ からそれ自身への写像 $z\mapsto z^2$ は上の意味での被覆写像ではないが, このようなものを分岐被覆と呼ぶ. ⇒ 分岐被覆(多様体の)

被覆群
covering group

*位相群あるいは*リー群の*被覆空間は再び位相群あるいはリー群である. これを被覆群と呼ぶ. 例えば, $SU(2)$ は $SO(3)$ の 2 重被覆なので被覆群である(→ スピノル).

被覆次元
covering dimension

ルベーグ次元ともいう. 被覆の重なり具合をもとに定義した次元の概念である. ユークリッド空間の部分集合(または位相空間)について, どのような*開被覆をとってもそれより*細分である開被覆で, その要素が他の開集合の $n+2$ 個以上とは共通点を持たないようにできるとき, その集合の被覆次元は n 以下であるという.

被覆変換群
covering transformation group, deck transformation group

被覆写像 $\pi: X\to Y$(→ 被覆空間)の被覆変換とは, $\varphi: X\to X$ なる同相写像で, $\pi\circ\varphi=\pi$ なるものをいう. 被覆変換全体は合成を積として群をなし被覆変換群と呼ばれる. $\pi:\mathbb{R}\to S^1$, $\pi(x)=e^{2\pi ix}$ の被覆変換群は $\varphi_n(x)=x+n$ なる変換 φ_n $(n\in\mathbb{Z})$ からなり, $\mathbb{Z}$ と同型である.

被覆写像 $\pi: X\to Y$ が次の性質を持つとき, 正規被覆という.「$x,x'\in X$, $\pi(x)=\pi(x')$ ならば, $\varphi(x)=x'$ なる被覆変換 φ が存在する」. 正規被覆 $\pi: X\to Y$ に対して, Y は X の被覆変換群 G による商空間 X/G である.

単連結な空間 X の被覆空間は X 自身である. *局所連結かつ*局所弧状連結な空間 X を考える. X には単連結な被覆空間 $\widetilde{X}$ が存在する. これを普遍被覆空間と呼ぶ. X の被覆空間は基本群 $\pi_1(X)$ の部分群と対応する. また正規被覆空間は $\pi_1(X)$ の正規部分群と対応する. この事実は体論における*ガロア理論の類似である.

非負定値行列　nonnegative definite matrix　⇒ 正定値

微分
differential

*微分可能な関数について, 微分係数や導関数を求めることを微分する(differentiate)という. また, その操作を微分(differentiation)といい, 微分に関する理論や手法を微分法と総称する. また関数の増分 $\Delta f=f(x+h)-f(x)$ の極限として仮想的な「無限小増分」$df=f'(x)dx$ を指すこともある. ⇒ 全微分

通常の数学では「無限小増分」dy, dx は意味を持たないが, ライプニッツが行ったように, 導関数 dy/dx を形式的に微分 dy と dx の商とみなすことにより, 微分積分学の公式が見やすくなる. 例えば, 合成関数の微分公式

$$\frac{dz}{dx}=\frac{dz}{dy}\frac{dy}{dx}$$

や, 置換積分の公式

$$\int f(x(t))\frac{dx}{dt}dt=\int f(x)dx$$

などがそうである.

微分(多様体の間の写像の)
differential

滑らかな多様体 M, N の間の滑らかな写像 $\varphi: M \to N$ に対して,次のように定義される接空間の間の線形写像 $\varphi_*: T_p(M) \to T_{\varphi(p)}(N)$ のことをいう.

u を多様体 M の点 p における接ベクトルとする(→接空間(多様体の)). p を通る滑らかな曲線 $c: (-\varepsilon, \varepsilon) \to M$ $(c(0)=p)$ で*速度ベクトル $(dc/dt)(0)$ が u であるものをとる. φ と c の合成によって得られる N の中の曲線 $\varphi \circ c : (-\varepsilon, \varepsilon) \to N$ の, 点 $q = \varphi(p)$ における速度ベクトル $(d(\varphi \circ c)/dt)(0)$ を $\varphi_*(u)$ とする.

p, q の周りの局所座標系 $(x_1, \cdots, x_m), (y_1, \cdots, y_n)$ を用いると

$$\varphi_*\left(\frac{\partial}{\partial x_j}\right) = \sum_{j=1}^{n} \frac{\partial y_i}{\partial x_j} \frac{\partial}{\partial y_i}$$

と表される. すなわち,接空間 $T_p(M)$ の基底 $\{\partial/\partial x_j\}_{j=1}^m$ と $T_q(N)$ の基底 $\{\partial/\partial y_i\}_{i=1}^n$ に関する φ_{*p} の行列表示は, φ を局所座標系で表したときの写像 $y_i = y_i(x_1, \cdots, x_m)$ の*ヤコビ行列 $[\partial y_i / \partial x_j]$ (すなわち (i,j) 成分が $\partial y_i / \partial x_j$ である (n,m) 型行列)である.

微分位相幾何学
differential topology

*代数的位相幾何学の手法と同時に微分積分学の手法を用いて,おもに可微分多様体の位相幾何学的性質を調べる幾何学のこと. *特性類の研究や*モース理論をその源流として,*エキゾチック球面が発見され,5次元以上への*ポアンカレ予想の一般化が証明された 1950 年代に成立した.

微分因子
differential divisor

*標準因子のこと.

微分演算子　differential operator　＝微分作用素. → 演算子

微分可能
differentiable

関数 $f(x)$ が,その定義区間内の 1 点 $x=c$ で近似的に 1 次式で表されるとき,すなわち,ある定数 A があって

$$f(x) = f(c) + A(x-c) + o(|x-c|) \quad (*)$$

が成り立つとき, $f(x)$ は $x=c$ で微分可能とい

う ($o(|x-c|)$ は $|x-c|$ より*高位の無限小を表す). 係数 A を $f(x)$ の微分係数(略して微係数)あるいは微分商といい,

$$f'(c), \quad \frac{df}{dx}(c)$$

などと記す. 微分係数はまた

$$f'(c) = \lim_{x \to c} \frac{f(x) - f(c)}{x - c}$$

とも表される. 幾何学的には $y = f(x)$ で表される曲線の接線の傾きが微分係数である.

近似式(*)が $x < c$ の範囲で成り立つ場合には $f(x)$ は左微分可能といい, A を左微(分)係数という. 右微分可能, 右微(分)係数も同様に定義される. $f(x)$ が区間 I の各点で微分可能のとき I で微分可能という. 例えば $I = (a, b]$ のときは $x = b$ でも左微分可能であることを要請する.

$f(x)$ が区間 I の各点で微分可能のとき, I の各点 c に対して $f'(c)$ を対応させる(ただし a または b が I の点であるときは, a では左微係数を, b では右微係数を対応させる)ことによって, I 上の関数 $f'(x)$ が定義される. これを $f(x)$ の導関数という. また $f'(x)$ が I 上の連続関数であるとき, $f(x)$ は I で連続微分可能であるという. さらに $f'(x)$ が I で微分可能であるとき 2 回微分可能であるといい, $f'(x)$ の導関数 $(f'(x))'$ を $f''(x)$ または $f^{(2)}(x)$ と記し, $f(x)$ の 2 次導関数という. 以下同様にして, $f(x)$ が I で $(n-1)$ 回微分可能のとき, $(n-1)$ 階導関数 $f^{(n-1)}(x)$ が定まり, $f^{(n-1)}(x)$ がさらに I で微分可能のとき, $f(x)$ は I で n 回微分可能といい, $f^{(n-1)}(x)$ の導関数 $(f^{(n-1)}(x))'$ を $f^{(n)}(x)$ と記して $f(x)$ の n 階導関数という. また, $f^{(n)}(x)$ が I で連続のとき $f(x)$ は I で n 回連続微分可能であるという. 積の n 階導関数については*ライプニッツの公式が成り立つ.

多変数関数の微分可能性については → 全微分可能, 偏微分

微分可能構造
differentiable structure

可微分多様体 M の座標系 $(U_\alpha, \varphi_\alpha)$ $(\alpha \in A)$ は M 上の微分可能構造を決めている.

別の座標系 $(U'_{\alpha'}, \varphi'_{\alpha'})$ $(\alpha' \in A')$ が定める微分可能構造が, $(U_\alpha, \varphi_\alpha)$ $(\alpha \in A)$ が定める微分可能構造と等しいとは, 任意の $U_\alpha \cap U'_{\alpha'}$ なる α, α' に対して, 合成 $\varphi'_{\alpha'} \circ \varphi_\alpha^{-1}: \varphi_\alpha(U_\alpha \cap U'_{\alpha'}) \to \varphi'_{\alpha'}(U_\alpha \cap U'_{\alpha'})$ が微分同相写像であることをい

う．2つの座標系を合わせたものが，座標系になるといってもよい．

微分可能多様体　differentiable manifold　→ 多様体

微分可能力学系
differentiable dynamical system

微分可能構造を持つ*力学系のことである．つまり，空間 X が*多様体で，$f: X \to X$ が*微分同相写像のとき，(X, f) を微分可能力学系といい，f の滑らかさに応じて C^r 級微分可能力学系などという．通常，コンパクトな多様体 X を考えることが多い．なお，連続時間を持つ場合は，微分可能な流れ (X, f_t) ということが多く，ベクトル場 $V(x) = (d/dt)(f_t x)|_{t=0}$ と 1 対 1 に対応し，X 上の微分方程式 $dx/dt = V(x)$ が定める流れが f_t となる．

微分幾何学
differential geometry

微分幾何学とは，図形の長さ，面積，体積，角度，曲がり方，など定量的な性質を研究する学問である．古代ギリシアの時代には，幾何学の対象は多くは 3 角形などの直線図形で，曲線図形としては円，球，円錐，双曲線など限られた図形だけが対象とされてきた．勝手な曲がり方をした曲線図形は，ギリシア時代に知られていた方法では扱うことができなかった．*デカルトに源をもつ解析幾何学によって，多項式（正確には多項式の共通零点集合）で表された図形を研究する道が拓かれた．微分積分学の進歩によって，多項式とは限らない，より一般の関数を使って表された図形を考えることができるようになった．

*ガウスは一般の関数によって表現された曲面に対して，その曲がり方を表す量である曲率を導入した．曲率は，曲面を表すのに用いられる関数の微分を用いて定義される．これに続いて*リーマンは，次元が一般の曲がった図形を研究する幾何学，リーマン幾何学を創始した．ここでも，微分積分学が重要な役割を果たす．微分幾何学は，微分積分学を用いて，一般の曲がった図形の，定量的な性質を調べる学問である．20 世紀以後，微分幾何学は位相幾何学，リー群論，代数幾何学，大域解析学などと結びつき，さらなる発展を遂げている．

微分形式
differential form

積分 $\int f(x)dx$ のなかの記号 dx は $\int$ と合わせて初めて意味を持ち，単独では意味を持たない．しかし，dx をベクトル $\partial/\partial x$ の双対であるとみなすと，dx に数学的に厳密な意味を与えることができる．さらに，$dx \wedge dy$ などそれらの積を考えると，積分の変換法則の形が見やすい，ベクトル解析の諸微分（回転，発散など）を統一的に扱えるなどの利点がある．これが微分形式である．

$\mathbb{R}^n$ の開集合上の微分 k 形式（k 次微分形式ともいう）u は，局所座標 $x^1, \cdots, x^n$ を用いると，

$$u = \sum_{1 \leqq i_1 < \cdots < i_k \leqq n} u_{i_1, \cdots, i_k} dx^{i_1} \wedge \cdots \wedge dx^{i_k} \quad (1)$$

のように表される．ここで $u_{i_1, \cdots, i_k}$ は関数である．k を微分形式 u の次数という．微分形式には積 $\wedge$ が定まる（→ 積（微分形式の））．$U \subset \mathbb{R}^n$，$V \subset \mathbb{R}^m$ を開集合とし $F: U \to V$ を可微分写像とすると，V 上の微分形式 u は U 上の微分形式に引き戻される（→ 引き戻し）．特に F が可微分同相写像の場合を考えると，微分形式の座標変換が定まる．実際 $x^j = x^j(y^1, \cdots, y^n)$ $(j = 1, \cdots, n)$ を座標変換とすると，(1)式の u は y^j を用いて，

$$u = \sum_{\substack{1 \leqq i_1 < \cdots < i_k \leqq n, \\ 1 \leqq j_1 < \cdots < j_k \leqq n}} \det\left(\frac{\partial x^{i_a}}{\partial y^{j_b}}\right) u_{i_1, \cdots, i_k}$$
$$\times dy^{j_1} \wedge \cdots \wedge dy^{j_k} \quad (2)$$

になる．上の式の中の行列式は，(a, b) 成分が $\partial x^{i_a}/\partial y^{j_b}$ である $k \times k$ 行列（ヤコビ行列の小行列）の行列式である．

(2)を座標変換の式とみなして，多様体上の微分形式が定義される．

微分 k 形式は反対称共変 k テンソルである．実際，反対称共変 k テンソルの座標系 $x^1, \cdots, x^n$ に関する成分を $u_{i_1, \cdots, i_k}$ としたとき，(1)で微分形式 u が定まり，変換法則(2)が満たされる．

よって，多様体 M 上の微分 k 形式 u は，各点 p に対して，接空間 $T_p(M)$ から $\mathbb{R}$ への反対称 k 重線形写像 $u(p): T_p(M)^{k\otimes} \to \mathbb{R}$ を定める．特に微分 1 形式は各点 p に余接ベクトルを定める対応である．

言い換えると，微分 k 形式 u とは，k 個のベクトル場 $V_1, \cdots, V_k$ に対して，関数 $u(V_1, \cdots, V_k)$ を与える対応であって，

(1) $V_1, \cdots, V_k$ について線形
(2) 関数 f について，
$u(V_1, \cdots, fV_i, \cdots, V_k) = fu(V_1, \cdots, V_k)$

(3) 反対称，すなわち，
$$u(V_1, \cdots, V_i, \cdots, V_j, \cdots, V_k)$$
$$= -u(V_1, \cdots, V_j, \cdots, V_i, \cdots, V_k)$$
なるものである．

微分形式 u には外微分 du が定まる(→ 外微分)．また，向きの付いた n 次元多様体 M 上で微分 n 形式 u の積分 $\int_M u$ が定まる．さらに，微分 k 形式 u の(滑らかな)特異 k 単体 σ 上での積分 $\int_\sigma u$ が定まる(→ 積分(微分形式の))．

微分係数　differential coefficient　→ 微分可能

微分作用素
differential operator

関数に対して，その導関数に依存する関数を対応させる作用素のことをいう．1 変数の場合は常微分作用素，多変数の場合は偏微分作用素という．現れる導関数のうち最も高い微分の階数を作用素の階数という．例えば
$$\Delta = \sum_{j=1}^n \frac{\partial^2}{\partial x_j^2}$$
で定義される*ラプラシアンは線形の 2 階偏微分作用素である．

微分作用素環
ring of differential operators

滑らかな係数の線形偏微分作用素の和と積は再び線形偏微分作用素になる．n 次元数空間の領域 X における滑らかな係数の*線形偏微分作用素 $A(x, \partial/\partial x)$ の全体は作用素の和，積に関して $\mathbb{R}$ 上の非可換な*代数(多元環)をなす．これを X 上の微分作用素環といい，$\mathcal{D}_X$ で表す．

非分散的　nondispersive　→ 分散的

微分商　differential quotient　→ 微分可能

微分積分学の基本公式　fundamental formula of calculus　→ 微分積分学の基本定理

微分積分学の基本定理
fundamental theorem of calculus

関数の微分は幾何学的には曲線の*接線を求めること，また積分は曲線に囲まれた図形の*面積を求めることに対応するが，この一見異なる 2 つの間に関係がある．以下の命題が微分積分学の基本定理である．

$f(x)$ を区間 $[a,b]$ で連続な関数とする．$[a,b]$ の任意の点 c をとり固定する．このとき定積分
$$F(x) = \int_c^x f(t) dt$$
は上端 x の関数として $[a,b]$ において微分可能で，
$$\frac{d}{dx} F(x) = f(x)$$
が成り立つ．すなわち $F(x)$ は $f(x)$ の*原始関数である．逆に $[a,b]$ 上の連続的微分可能な関数 $F(x)$ に対して
$$F(x) - F(c) = \int_c^x F'(t) dt$$
が成り立つ．上のような等式を微分積分学の基本公式という．

「基本定理」の名称が物語るように，この定理は解析学の発展の基礎である．

なお，「基本定理」は $f(x)$ が*ルベーグ可積分の場合にも拡張される．その場合には $F(x)$ は*絶対連続な関数である．→ 原始関数，微分可能，積分(1 変数関数の)

微分同相　diffeomorphic　= 可微分同相

微分同相写像　diffeomorphism　= 可微分同相写像

微分と積分の順序交換　interchange of differentiation and integration　→ 積分記号下の微分

微分方程式
differential equation

未知関数およびその導関数(または偏導関数)のとる値の間に関係式が与えられたとき，これを微分方程式といい，その未知関数を求めることを微分方程式を解く(または積分する)，求めた未知関数をその解という．また，その関係式に含まれる導関数の階数の最大値を微分方程式の階数といい，未知関数が 1 変数関数のときは常微分方程式，多変数のときは偏微分方程式という．未知関数 f の微分(全微分) df あるいは未知の微分形式についての関係式が与えられた場合には全微分方程式と称する．また，未知の汎関数とその変分(→ 変分法)に関する関係式が与えられたときは汎関数の変分方程式と呼ばれる．

常微分方程式はガリレオによる自由落下の法則の導出をその萌芽として，17 世紀に微分，積分あるいは古典力学と一体のものとして誕生した．ニュートン力学における関係式：質量×加速度＝

力，や，曲線を求める問題における接線の満たすべき関係式などその始まりである．線形の偏微分方程式は熱，波，電磁気などの研究とともに 19 世紀に大きく展開した．変分方程式の誕生は意外に早く 18 世紀で，*最速降下線などの曲線論に始まる．さらに，ランダムな運動を記述するものとして確率微分方程式が 20 世紀半ばに誕生している．→ 常微分方程式，コーシーの解の存在と一意性定理（常微分方程式の），線形常微分方程式，偏微分方程式，熱方程式，波動方程式，ラプラスの方程式，変分法，確率微分方程式

微分方程式の大域理論
global theory of differential equations

（常）微分方程式には，*3 体問題の方程式のように，解を既知の関数で表すことができないものが多くある．このような方程式に対して，その性質を，解を具体的に書き下すことなく調べる研究が，20 世紀以後多く行われている．その多くは解の大域的・定性的性質（→ 大域的性質）を問題にする．すなわち，*周期解があるかどうか，周期解や*特異点は*安定か，解は時刻無限大でどう振舞うか：周期解や特異点に近づくのか，あるいは無限に発散するのか，さらには有界にとどまるが周期解にも特異点にも近づかないのか，また*力学系と見たとき*エルゴード的か，などさまざまな問題が研究されている．このような研究は，微分方程式の大域理論と呼ばれる．

微分法の公式
derivative formula

導関数の計算は，線形性 $(af(x)+bg(x))'=af'(x)+bg'(x)$ $(a,b\in\mathbb{R})$，積の微分（→ ライプニッツの公式），*合成関数の微分などの性質と基本的な関数の導関数を組み合わせることによって行われる．よく用いられる関数の基本的な公式には表に示したようなものがある．

微分類
differential class
*標準類のこと．

ビーベルバッハの定理
Bieberbach's theorem

n 次元ユークリッド空間 $\mathbb{R}^n$ の合同変換群に含まれる離散的な部分群（*結晶群）の構造に関する次のような定理．*ヒルベルトの問題の中の第 18 番目の問題に関連する．

（1）G を結晶群とするとき，G と平行移動群 $\mathbb{R}^n$ との共通部分 L は格子であり，しかも L は G の中で有限指数を持つ．

（2）$\mathbb{R}^n$ のアフィン変換群の中で，結晶群の共役類の数は有限である（これが，ヒルベルトの第 18 問題に対する解答になっている）．

G が捩れを持たない場合には，(1) は「平坦なコンパクト・リーマン多様体は平坦トーラスをその有限等長変換群で割った商多様体として得られる」ことを意味している．

ビーベルバッハの予想
Bieberbach's conjecture

$f(z)=z+\sum_{n=2}^{\infty}a_n z^n$ が単位円板 $D^2=\{z\,|\,|z|<1\}$ で収束し，$f: D^2\to\mathbb{C}$ が単射ならば，$|a_n|\leq n$ であろうという予想で，ド・ブランジ（L. de Branges）により証明された（1984）．

非ホロノーム拘束　nonholonomic constraint　⇒ ホロノーム拘束

ピュイズー級数
Puiseux series

$$z^{1/3}+z^{2/3}+z+z^{4/3}+z^{5/3}+\cdots$$

のように $z^{1/n}$（n は 2 以上の整数）の収束べき級数を，このような級数を初めて考案したフランス人数学者ピュイズーに因んで，z のピュイズー級数という．複素数 z の関数として $z^{1/n}$ は*多価関数であるので，ピュイズー級数は収束域内で z の多価関数を定める．

2 次元複素数空間 $\mathbb{C}^2$ の中の $(0,0)$ を通る*代数曲線 $f(z,w)=0$ の，$(0,0)$ の近傍において，

$F(x)$	$F'(x)$
x^a	ax^{a-1}
e^x	e^x
$\log x$	$1/x$
$\sin x$	$\cos x$
$\cos x$	$-\sin x$
$\tan x$	$1/\cos^2 x$
$\arcsin x$	$1/\sqrt{1-x^2}$
$\arctan x$	$1/(1+x^2)$
$f(x)g(x)$	$f'(x)g(x)+f(x)g'(x)$
$g(x)/f(x)$	$(f(x)g'(x)-f'(x)g(x))/f(x)^2$
$f(g(x))$	$f'(g(x))g'(x)$

$f_w(0,0)=0$ のとき w は z のピュイズー級数の形に表される.

非有界作用素
unbounded operator

関数に関数を対応させる線形写像(作用素)は,関数の空間とその位相を決めたとき,多くの重要な場合に連続ではない.また,その関数空間に含まれる任意の関数に対して定義されるとは限らない.例えば,区間 $[0,1]$ 上の微分可能な関数 $f(x)$ にその微分 $df(x)/dx$ を対応させる作用素は,*一様ノルム $\|f\|=\sup_{x\in[0,1]}|f(x)|$ が定める位相に関して連続でない.このような作用素を非有界作用素という.関数解析学では非有界作用素が中心的な役割を果たす. → 閉作用素,微分作用素

非遊走集合
nonwandering set

*位相力学系 (X,f) において,点 x は,適当な*近傍 U を選べば,ある近傍 U 内の点 y から出発するすべての軌道 $y, fy, \cdots, f^t y, \cdots$ が,ある時刻 T 以降 U 内に戻ることがない(つまり, $U \cap f^t(U)=\emptyset$ $(t \geq T)$ が成り立つ)とき,遊走点という.遊走点でない点を非遊走点と呼び,その全体を非遊走集合という.非遊走集合は閉集合となる.例えば*ポアソン安定な点は非遊走点である.通常,力学系の研究で興味があるのは非遊走集合である.

非ユークリッド幾何学
non-Euclidean geometry

*ユークリッド幾何学において,平行線の公理「平面上の任意の直線 L と L 上に無い点 P に対して, P を通り L と交わらない直線がただ1本存在する」を否定した「平面上の任意の直線 L と L 上に無い点 P に対して, P を通り L と交わらない直線が2本以上存在する」を仮定して得られる幾何学をいう.平行線の公理は*ユークリッドの『原論』では第5公準としてこの公理と同値な別の形で述べられている.ユークリッドの公理系の中で,第5公準は他の公理と較べて内容が複雑であったので,これを他の公理を使って証明する努力が長らく行われたが,非ユークリッド幾何学の確立によって,平行線の公理が他の公理からは証明できないことが明らかになった.

非ユークリッド幾何学は19世紀前半にロシアの数学者ロバチェフスキーとハンガリーの数学者ボヤイによって独立に発見された(それに先立って,ガウスも発見していたことが友人への手紙の内容から明らかになっている).ロバチェフスキー,ボヤイらは,非ユークリッド幾何学における3角法を確立し,非ユークリッド幾何学が矛盾なく組み立てられることの強い証拠を与えた.その後,ベルトラミにより,非ユークリッド幾何学が成り立つ平面(非ユークリッド平面)を,ガウス曲率が負の定数であるような曲面(空間の中の)として実現することが試みられた.

非ユークリッド幾何学は,他の幾何学,*射影幾何学やユークリッド幾何学の中にモデルを作ることができ,したがって,射影幾何学またはユークリッド幾何学が無矛盾であれば,非ユークリッド幾何学も無矛盾である(→ モデル).このことにより,平行線の公理がユークリッド幾何学の他の公理から導けないことの厳密な証明が得られる.

非ユークリッド幾何学のモデル(射影モデル)はクラインによって,与えられた.またポアンカレの与えたモデル(上半平面モデル)は,*複素関数論との関係などで重要である.(それ以前に,射影モデル,上半平面モデルは,ベルトラミによっても使われていた.)

より一般の曲がった空間の幾何学(→ リーマン幾何学)の立場からは,非ユークリッド幾何学は曲率がいたるところ -1 である空間の幾何学とみなすことができる.現在ではこの立場から*双曲幾何学として非ユークリッド幾何学が深く研究されている.

20世紀後半に至って,アメリカの数学者サーストンは,3次元の双曲幾何学が,3次元多様体の*位相幾何学で中心的な位置を占めることを示す,大きな証拠を見つけた.それ以後,3次元多様体論を双曲幾何学に基づいて研究することが盛んに行われるようになった.

非ユークリッド空間
non-Euclidean space

非ユークリッド幾何学が成り立つような,3次元の(あるいは一般次元の)空間をいう.*ロバチェフスキー空間,*双曲空間ともいう. → 定曲率空間,上半平面モデル

非ユークリッド平面
non-Euclidean plane

非ユークリッド幾何学が成り立つような,2次

元の平面をいう(平ら(flat)ではない). ロバチェフスキー平面ともいう.

ピュタゴラス
Pythagoras

ピタゴラスと呼ばれることもある. 古代ギリシアの数学者, 哲学者. 伝説上の人物であり, 実在したかどうかは定かでないが, 紀元前6世紀頃に活躍したと伝えられている. 伝説によれば, エジプトとバビロニアで学んだあと, イタリアにあるギリシアの植民都市クロトンで学校を開いた. 実際のところは, この学校は宗教的色彩の強いものであり, ピュタゴラスは教祖的役割を果たした.

数については, 偶数, 奇数, 素数, 完全数, 3角数, 4角数, ピタゴラス数などを研究し, 幾何に関しては, ピタゴラスの定理, 正5角形の作図, 黄金分割, 正多面体などを研究したといわれるが, ピュタゴラス自身の結果であるかどうかについては疑わしいとされる. ピュタゴラス教団の活動が古代ギリシアの数学発展の1つの原動力になったといわれている. ⇒ ギリシアの数学

ヒュパティア
Hypatia

370頃-415 アレキサンドリアで活躍した女性の哲学者, 数学者. 数学者テオン(Theon, 390頃)の娘で, 数学上の著作を残した最初の女性数学者とされている. 哲学と数学を教えた. アポロニオスとディオファントスの著作の注釈書を著したが, 現存していない. アレキサンドリアで数学と新プラトン主義の哲学を講義した. 彼女の新プラトン主義哲学を異端としたキリスト教徒の暴動で虐殺された. ギボン(E. Gibbon)の『ローマ帝国衰亡史』に彼女の英雄的死が書かれている. また, 彼女を主人公とするキングズリ(Ch. Kingsley)の小説がある. ⇒ ギリシアの数学

ビュフォンの針の問題
Buffon's needle problem

「等間隔 h の平行線が描かれている平面上に, 長さ l の針を無作為に落とすとき, 針が平行線の1つと交わる確率 p を求めよ」. これをビュフォンの針の問題という. 無作為に落とすので, 針の向きは単位円周上に一様分布し, 針の中心の位置は平面上で一様であると考えるのが自然で, $0<l<h$ のとき, 求める確率は $p=2l/\pi h$ となる. このようなときに, 円周率 π が現れることは多くの人の興味を惹き, *積分幾何学と呼ばれる分野や形に関する確率論に発展した問題である.

表現
representation

群や環などの代数系から比較的よく知られた同種の代数系への準同型写像を表現という. このような準同型を使って代数系を調べることや, 表現そのものを研究する数学の分野を表現論という.
⇒ 線形表現, 置換表現

表現のテンソル積
tensor product of representations

*群 G の2個の*線形表現をそれぞれ (ρ_1, V_1), (ρ_2, V_2) (V_1, V_2 は表現空間)とするとき, テンソル積 $V_1 \otimes V_2$ に, G の新たな表現

$$(\rho_1 \otimes \rho_2)(g) = \rho_1(g) \otimes \rho_2(g), \quad g \in G$$

が得られる. これを表現 $(\rho_1, V_1), (\rho_2, V_2)$ のテンソル積表現という. ⇒ テンソル積

表示(群の)
presentation

a で生成され $a^n=e$ となる関係を持つ群は n 次巡回群である. このように群を表すのに, 生成系と関係を使って表す方法を, 群の表示という.

A を群 G の生成系として, F_A により A を基底とする*自由群を表す. $\varphi: F_A \to G$ を $\varphi(a)=a$ ($a \in A$) を満たすように一意的に決まる準同型とする. A の*語からなる集合 R について R を含む F_A の最小の正規部分群 N_R が φ の核 $\mathrm{Ker}\,\varphi$ と一致するとき, G は生成系 A と関係系 R によって表示されるといい, $G=\langle A|R \rangle$ と表す.

群 G に対して, A と R が有限集合であるように取れるとき, G は有限表示群といわれる. 例えば, 種数(穴の数)が g の向き付け可能な閉曲面 M_g の*基本群は

$$\pi_1(M_g) = \langle a_1, \cdots, a_g, b_1, \cdots, b_g \\ | a_1 b_1 a_1^{-1} b_1^{-1} \cdots a_g b_g a_g^{-1} b_g^{-1} \rangle$$

のように表示される.

一般に, 生成系と関係系によって表示された群の構造を調べることは困難な問題である. 実際, そのような群が単位元だけからなるかどうかを判定するアルゴリズムは存在しない(→ 語の問題). 例えば,

$$x^{-1}yx = y^2, \quad y^{-1}zy = z^2, \quad z^{-1}xz = x^2$$

を満足する元 x, y, z により生成される群は単位元だけから成る群である.

一方，自然数 l, m, n について，関係 $x^l = y^m = (xy)^n$ を満たす x, y により生成される群は，
(1) $1/l + 1/m + 1/n \leq 1$ のときは無限群，
(2) $1 < 1/l + 1/m + 1/n = 1 + 2/g$ (g は自然数) のときは有限群であり，その位数は g である (Coxeter, Moser).

標準因子
canonical divisor

非特異射影曲線 (あるいは *閉リーマン面) C の 1 次*微分形式 ω の零点を $P_1, P_2, \cdots, P_s$，零点の位数をそれぞれ $m_1, m_2, \cdots, m_s$，極を $Q_1, Q_2, \cdots, Q_t$，極の位数をそれぞれ $n_1, n_1, \cdots, n_t$ とするとき C の因子 $m_1 P_1 + m_2 P_2 + \cdots + m_s P_s - (n_1 Q_1 + n_2 Q_2 + \cdots + n_t Q_t)$ を (ω) と記し，1 次微分形式 ω が定める標準因子という．曲線 C の*種数が g のとき，$\deg(\omega) = 2g - 2$ である．2 つの標準因子 $(\omega_1), (\omega_2)$ は*線形同値である．この線形同値類を標準因子類または標準類という．

標準形
canonical form

*ジョルダン標準形，*2 次形式の標準形，ベクトル場の*特異点の標準形，*楕円積分の標準形などが例である．数学的な対象を変数変換などによって，簡単で，その本質が見やすい形をしているものに変形できるとき，それを標準形と呼ぶ．

標準写像
canonical map

2 つの集合の間に，何らかの写像が*標準的に定義されるとき，標準写像という．

特に，集合 X 上に同値関係 $\sim$ が与えられているとし，$X/\sim$ をこの同値関係による*商集合とする．このとき，$x \in X$ をその同値類 $[x] \in X/\sim$ に対応させる写像：$X \to X/\sim$ を標準写像という．この意味での標準写像は*等化写像ともいう．

標準正規分布
standard normal distribution

平均が 0 で，分散が 1 の*正規分布のことをいう．多次元の場合は，平均が 0 で，*共分散が単位行列の正規分布のことをいう．

標準単体
standard simplex

$\mathbb{R}^{n+1}$ において，不等式 $x_0 \geq 0$, $x_1 \geq 0$, $\cdots$, $x_n \geq 0$, $x_0 + x_1 + \cdots + x_n = 1$ によって定義される図形のことである．$\Rightarrow$ 単体

標準的
canonical, standard

ユークリッド空間には，ユークリッド距離や，ルベーグ測度が定まっている．これらを，ユークリッド空間の標準的な距離，測度と呼ぶことがある．このように，一番普通に用いられる付加的な構造を表すのに，標準的な，という形容詞が用いられることがある．他の例では，球面の標準的なリーマン計量，射影空間の標準的な複素構造，などがある．

一方，与えられた構造から内在的に決まるものを *カノニカルあるいは標準的という．例えば，対象間で，その構造にのみ依存する形で，写像が「構成」できるとき，それを標準的な写像という．この意味の標準的については*圏を参照のこと．

標準的体積要素 (球面の)
standard volume element

$\mathbb{R}^n$ 内の単位超球面 S^{n-1} の体積要素は
$$\sum_{j=1}^n (-1)^{j-1} x_j dx_1 \wedge \cdots \wedge dx_{j-1} \wedge dx_{j+1} \wedge \cdots \wedge dx_n$$
で与えられる．これは回転群 $SO(n)$ に関して不変で，標準的体積要素という．

標準的内積
canonical inner product

数ベクトルのなす線形空間 $\mathbb{R}^n$ の標準的内積は
$$\langle \boldsymbol{x}, \boldsymbol{y} \rangle = x_1 y_1 + \cdots + x_n y_n$$
である．複素数空間 $\mathbb{C}^n$ の標準的内積は $\langle \boldsymbol{x}, \boldsymbol{y} \rangle = x_1 \overline{y_1} + \cdots + x_n \overline{y_n}$ である．ここで $\boldsymbol{x} = (x_1, \cdots, x_n)$, $\boldsymbol{y} = (y_1, \cdots, y_n)$ である．

標準的な基底
canonical basis

数ベクトルのなす線形空間 $\mathbb{R}^n$ の標準的な基底は，*基本ベクトルからなる基底である．

標準的な向き ($\mathbb{R}$ の)
canonical orientation

$\mathbb{R}^n$ の標準的な基底 $(1, 0, \cdots, 0), (0, 1, 0, \cdots, 0), \cdots, (0, \cdots, 0, 1)$ をこの順番で考えると，$\mathbb{R}^n$

の*向きが定まる．これを $\mathbb{R}^n$ の標準的な向きという．

標準偏差
standard deviation
*分散の正の平方根のことをいう．これは確率変数や統計データの散らばり具合を表す量である．

標準類　canonical class　→ 標準因子

標数
characteristic
体 k の単位元 1 について，$n1 = \underbrace{1 + \cdots + 1}_{n} = 0$
となる自然数 n が存在するとき，このような n の最小値 p は素数である．p を k の標数という．このような n が存在しないときは k の標数を 0 と定める．有理数体 $\mathbb{Q}$ や複素数体 $\mathbb{C}$ は標数 0 の体であり，素数 p に対して $\mathbb{Z}/p\mathbb{Z}$ は標数 p の体である．

k の標数が p の場合，任意の $a \in k$ に対して $pa = 0$ である．また $(a_1 + \cdots + a_n)^p = a_1^p + \cdots + a_n^p$ が成り立つ．

k の標数が 0 のとき k の*素体は有理数体である．標数が p のとき k の素体は $\mathbb{Z}/p\mathbb{Z}$ に同型である．

病的現象
pathological phenomenon
数学の理論においてその目指すところからはずれた事実を病的な現象といい，通常，しかるべき前提条件をおいてそれを排除する．したがって，パラダイムの変換が生じると，病的な現象は一転して豊かな例を提供することもある．例えば，20 世紀初頭において「いたるところ微分不可能な曲線」や「いたるところ連続でないルベーグ可測関数」などは病的な現象とみなされていたが，20 世紀末までに数学者の常識となった．

標本
sample
統計などで，考えている対象の全体(母集団という)から個々に選んだ例あるいはデータのことをいう．統計資料として選んだ標本の全体を標本集団といい，その度数から*確率を与えたものを標本空間という．確率論では，個々の試行結果のことで，見本ともいう．

標本空間　sample space　→ 標本

標本調査
sampling inspection
統計資料の集め方について，全部を調べる全数調査に対して，一部を抜き出して調べる方法をいう．その一部の抜き出し方については，単純な任意(または無作為)抽出法の他にも，対象を(例えば，年齢層に分けて)階層化してそれぞれから抽出するなどいくつかの方法がある．しかし，意識的もしくは(その個人あるいは社会の価値観などの反映による)無意識的なフェイクが起こりやすく，細心の注意が必要である．

標本標準偏差
sample standard deviation
n 個のデータ $x_1, \cdots, x_n$ に対して，標本分散の平方根 $\sqrt{(1/n)\sum_{i=1}^{n}(x_i - \overline{x})^2}$ を標本標準偏差という．ここで，$\overline{x} = (1/n)\sum_{i=1}^{n} x_i$ は標本平均である．
→ 標本分散

標本比率
sample proportion
標本調査において，母集団の大きさに対する標本の大きさの比率をいう．

標本分散
sample variance
n 個のデータ $x_1, \cdots, x_n$ に対して，
$$V = \frac{1}{n}\sum_{i=1}^{n}(x_i - \overline{x})^2$$
をその標本分散という．ここで，$\overline{x} = (1/n)\sum_{i=1}^{n} x_i$ は標本平均である．V は
$$V = \frac{1}{n}\sum_{i=1}^{n} x_i^2 - \left(\frac{1}{n}\sum_{i=1}^{n} x_i\right)^2$$
$$= (2 乗の平均) - (平均の 2 乗)$$
の形に書き換えることができる．$x_1, \cdots, x_n$ が同じ分布に従う独立な確率変数と考えられるとき，その確率分布の分散を σ^2 とすると，標本分散 V の期待値は σ^2 ではなくて $(n-1)\sigma^2/n$ に等しくなる．したがって
$$\frac{n}{n-1}V = \frac{1}{n-1}\sum_{i=1}^{n}(x_i - \overline{x})^2$$
を考えると期待値が σ^2 となって便利なことがあ

る．これを不偏分散と呼ぶ．期待値に偏りのない分散という意味である．

標本平均
sample mean

n 個の*標本 $x_1, x_2, \cdots, x_n$ についての*平均 $\overline{x}=(x_1+\cdots+x_n)/n$ を標本平均，*分散 $V=\{(x_1-\overline{x})^2+\cdots+(x_n-\overline{x})^2\}/n$ を標本分散という．単に平均，分散ということも多いが，「標本」という言葉をつけることによって，確率分布の*母数（パラメータ）としての平均，分散（母平均，母分散という）と区別する．通常，標本は*ガウス分布に従う*独立確率変数とみなして，標本平均や標本分散が母集団の平均や分散からずれる確率などを評価し，*推定などを行う．

表面積
surface area

3次元空間内の領域 Ω の境界が曲面 Σ であるとき，Σ の曲面積のことを，Ω（または Σ）の表面積と呼ぶ．→ 曲面積

ビリヤード　billiards　= 撞球

ヒルベルト
Hilbert, David

1862-1943　ケーニヒスベルグ生まれのドイツの数学者．19世紀後半から20世紀前半にかけて活躍し，20世紀数学の発展に大きな影響を与えた．不変論の研究から多項式環の性質を明確にし，それが可換環論の基礎的な研究の契機となった．彼はまたガロア理論を数体の拡大に適用して代数的整数論を発展させ，類体論の構想を提出し数論の発展に大きく寄与した．ユークリッド幾何学の完全な公理系を与え，さらにポテンシャル論におけるディリクレの原理の証明，積分方程式の研究を通してヒルベルト空間の基礎を造りあげるなど20世紀数学の進展の基礎となる大きな業績をあげた．さらに，当時反対の多かったカントルの集合論を積極的に支持し，数学の基礎づけとして形式主義の立場を提唱した．1900年パリで開かれた*国際数学者会議で提出した23の数学の問題はその後の数学の進展に大きな影響を与えた．
→ ヒルベルトの問題

ヒルベルト空間
Hilbert space

実数体上の線形空間 H は，*内積 (u, v) が与えられ，*ノルム $\|u\|=\sqrt{(u, u)}$ からきまる距離に関して*完備であるとき，ヒルベルト空間という．係数体が複素数体の場合は，*エルミート内積 (u, v) をもとにして，ヒルベルト空間が定義され，これらを区別したいときには，実ヒルベルト空間，複素ヒルベルト空間という．また，ヒルベルト空間を定める内積やエルミート内積を，ヒルベルト内積または単に内積ということもある．実ヒルベルト空間における内積，複素ヒルベルト空間におけるエルミート内積をヒルベルト内積または単に内積ということがある．

ユークリッド空間 $\mathbb{R}^n$ や $\mathbb{C}^n$ は有限次元のヒルベルト空間である．2乗総和可能な数列のつくる *l^2 空間や，2乗可積分関数のつくる *L^2 空間は，無限次元のヒルベルト空間の代表例である．

ヒルベルト空間では，$(u, v)=0$ によりベクトル u, v の直交性が定義できて，*正規直交基底などを考えることができ，*フーリエ解析を始めとする多くの分野で用いられる基本的な空間となっている．また，*ソボレフの埋め込み定理を介して，弱い意味の微分が定式化され，偏微分方程式の研究などの土台を与えている．なお，歴史的には，ヒルベルト空間の概念は量子力学の定式化と平行して確立された．→ ノルム空間，関数空間，関数解析学，作用素環

ヒルベルト-シュミットの内積
Hilbert-Schmidt inner product

n 次の（実または複素）正方行列の全体を M_n とするとき，$(A, B)=\mathrm{tr}(B^*A)$ $(A, B\in M_n, B^* = {}^t\overline{B})$ と置くことにより，M_n に*内積が入る．これをヒルベルト-シュミットの内積という．*ヒルベルト空間の場合に一般化される（→ トレース（無限次元線形作用素の））．

ヒルベルトの基底定理
Hilbert's basis theorem

体 k 上の多項式環 $R=k[x_1, \cdots, x_n]$ のイデアルは有限生成である．これをヒルベルトの基底定理という．これは体 k 上の多項式環 $R=k[x_1, \cdots, x_n]$ が*ネーター環であることを意味する．ネーター環を係数とする多項式環のイデアルも有限生成であり，ネーター環となる．

ヒルベルトの公理系
Hilbert's axioms

ヒルベルトによって，*ユークリッドの『原論』における幾何学の公理系を基に，その欠陥を埋めるように組み立てた幾何学の公理系をいう．1899年に出版された『幾何学基礎論』の中で，公理系の「独立性」，「無矛盾性」，「完全性」が詳しく吟味されている．すべての数学理論を公理系の上に構築する先駆けとなり，幾何学を超えて数学全般に大きな影響を与えた．さらに，ヒルベルト自身，幾何学の基礎づけの経験から，数学の基盤そのものへの反省を促され，数学基礎論の問題に導かれた．

その平面幾何学に関わる部分は点，直線，平面は，*無定義用語とし，「…の上にある」，「と…との間にある」，「合同」，「平行」などをそれらの間の述語としている．そして，平面幾何学に関わる公理は，2点を通る直線がただ1つ存在することなどを述べる「結合公理」群，直線上の点の位置関係を述べる「順序公理」群（*パッシュの公理はその1つ），線分と角の合同に関する性質を述べる「合同公理」群，平行線の公理，アルキメデスの公理と直線の完備性を主張する公理からなる「連続性公理」群，からなる．

ヒルベルトの問題
Hilbert's problems

1900年にパリの国際数学者会議において，ヒルベルトは次のような23題の未解決問題を提出し，20世紀に数学者が取り組むべき中心的課題として多大の影響を与えた．
(1) *連続体仮説の証明（解決）
(2) 算術の公理の無矛盾性
(3) 底面と高さの等しい2つの3角錐（4面体）は分割補充合同か？（否定的解決）
(4) 2点間の最短線としての直線の問題
(5) *位相群が*リー群になるための条件（解決）
(6) 物理学の公理的取り扱い
(7) 具体的数の無理数性と超越性（一部解決 → 超越数）
(8) *素数分布と*リーマン予想（未解決）
(9) 代数的数体の一般相互法則を確立すること（解決 → 類体論）
(10) ディオファントス方程式の可解性（否定的解決 → アルゴリズム，チューリング機械，決定問題，不定方程式）
(11) 代数的数体上の2次形式の理論の構築（解決）
(12) 任意の代数体上のアーベル拡大に関するクロネッカーの定理の拡張（解決 → 類体論）
(13) 一般の7次方程式を2変数の関数だけで解くことの不可能性（解決）
(14) ある種の関数系が有限生成であることの証明（解決）
(15) シューベルトの数え上げ幾何学の厳密な基礎づけ
(16) 実代数曲線と代数曲面の位相的問題
(17) 定符号形式の平方式による表示（解決 → 順序体）
(18) 合同な多面体による空間の埋め尽くし（解決）
(19) 正則変分問題の解の正則性
(20) 一般境界値問題
(21) 与えられたモノドロミー群を持つ線形微分方程式の存在（解決）
(22) 解析関数の保型関数による一意化
(23) 変分法の方法の発展

ヒルベルトの問題は，集合論，基礎論，幾何学，リー群，物理学，数論，関数，代数（幾何），不連続群，解析，複素解析幾何など多岐にわたっている．

(1)，(2)は，集合論と数学基礎論の問題であり，無限と数学自身の性格について反省を促し，数学のよって立つ基礎を確固たるものにしようという，数学の自己運動を促した．ヒルベルトの目論見については，否定的解決とは言え，ゲーデルのエポック・メーキングな結果につながった．幾何学の問題(3)，(4)は，体積や最短線としての直線に関するユークリッド幾何学の問題点を明らかにし（デーン，ブーズマン），リー群論の問題(5)はその後のリー群と等質空間の基礎理論の勃興に契機を与えた（岩澤，山辺，モンゴメリー）．物理学の数学的基礎づけの問題(6)は，数学と物理の相互発展に刺激を与え，場の量子論の公理的取り扱いなどにモラル・サポートを与えている．数論(7)，(8)，(9)，(10)，(11)，(12)の問題は，高木貞治による類体論の建設や，ゲルフォント（A.O.Gel'fond），ベーカー（A. Baker）らによる超越数論に結実した．問題(13)は，予期せぬ形でエントロピー理論に結びつくことになり，コルモゴロフによって拡張された形で考察された．代数（幾何）の問題(14)，(15)，(17)は，実数と類似の性質を持つ体の理論（アルチン）や，不変式の理論（永田），それにヴェイユやグロタンディックの代数幾何学の基礎づけに発展した．実代数幾何学の位相に関する問題(16)は，現在でも発展中の分野である．不連続群の問題(18)は，運

動群の中の離散部分群の分類の問題を超えて，モストウ(G. Mostow)の剛性定理やマルグリス(G.A.Margulis)の超剛性定理につながっていく．解析学の問題(19), (20), (21), (22), (23)では，偏微分方程式の精緻な理論が生み出され，現在も発展中である．複素解析幾何の問題(22)は，岡潔による多変数関数論や広中平祐による特異点解消理論に間接的ではあるが関連するといえる．

ヒルベルトノルム　Hilbert norm　⇒ 内積とノルム，ノルム，ヒルベルト空間

ヒルベルトの零点定理
Hilbert's Nullstellensatz, Hilbert zero point theorem

代数的閉体 k 上の多項式環 $R=k[x_1,\cdots,x_n]$ のイデアル $\mathfrak{a}$ の n 次元アフィン空間 k^n での共通零点を $V(\mathfrak{a})$ と記すとき，集合 $V(\mathfrak{a})$ の各点で零になる多項式の全体 $I(V(\mathfrak{a}))$ は R のイデアルになり，$I(V(\mathfrak{a}))$ は $\mathfrak{a}$ の*根基 $\sqrt{\mathfrak{a}}$ と一致する．これをヒルベルトの零点定理という．この定理では代数的閉体であることが重要である．例えば実数体上の多項式環 $\mathbb{R}[x,y]$ のイデアル (x^2+y^2) の $\mathbb{R}^2$ での共通零点は $(0,0)$ であるが，$(0,0)$ で零となる $\mathbb{R}[x,y]$ の多項式の全体はイデアル (x,y) となり，一方，イデアル (x^2+y^2) は素イデアルであって根基は自分自身であり，イデアル (x,y) より真に小さい．

ヒルベルト類体　Hilbert class field　⇒ 絶対類体

比例
proportional
例えばベクトルや関数など，一般に 2 つの量 A, B のあいだに $A=cB$ (c は 0 でない定数)という関係があるとき，これらは互いに比例するという．

非零因子
nonzero divisor
環の元で，零因子でないもの．⇒ 零因子

ヒレ-吉田の定理
Hille-Yosida theorem
*バナッハ空間における常微分方程式
$$\frac{du}{dt} = Au \quad (t>0),$$
$$\lim_{t\downarrow 0} u(t) = u_0$$
の解の存在に関する定理である．閉線形作用素 A がある*作用素の半群 $\{T_t\}_{t>0}$ の生成作用素になるための必要十分条件を，A の*レゾルベントを用いて述べたものである．関数解析の枠組で*熱方程式などの*発展方程式を扱う基礎となり，広い応用を持つ．

広田の演算子
Hirota's operator
関数 $f(x), g(x)$ に対し
$$D^n f \cdot g = \left(\frac{\partial}{\partial y}\right)^n (f(x+y)g(x-y))\Big|_{y=0}$$
を広田の(双線形)演算子という．ほとんどのソリトン方程式は，従属変数をタウ関数にとることにより広田の演算子を用いて表すことができる．⇒ タウ関数

頻度
frequency
*度数のこと．相対度数のことを相対頻度，略して単に，頻度ということもある．

頻度分布　frequency distribution　⇒ 度数分布

フ

ファイバー束
fiber bundle

空間 X, Y に対して，$\{(x,y)| x\in X, y\in Y\}$ を X と Y の直積という．直積を一般化した，「ねじれた積」がファイバー束である．例えば，ファイバー束の例であるメビウスの帯は，区間 $[0,1]$ の直積 $[0,1]\times[0,1]$ 上の同値関係 $(0,t)\sim(1,1-t)$ による同値類全体である．同値関係を $(0,t)\sim'(1,t)$ にすると $\sim'$ による $[0,1]\times[0,1]$ の同値類全体は，円 S^1 と区間の直積 $S^1\times[0,1]$ になるが，同値関係 $\sim$ では第2成分をねじっているので，メビウスの帯は直積 $S^1\times[0,1]$ とは異なる．

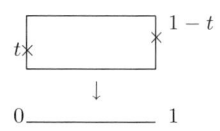

ファイバー束は次のように定義される．*位相空間 E, B と写像 $\pi: E\to B$ の3つ組 (E, B, π) が位相空間 F をファイバーとするファイバー束であるとは，B の開被覆 $\{U_i\}$ と，*同相写像 $\varphi_i: \pi^{-1}(U_i)\cong U_i\times F$ が存在して，φ_i と第1成分への射影 $U_i\times F\to U_i$ $((x,y)\mapsto x)$ の合成が，π の $\pi^{-1}(U_i)$ への制限に一致することを意味する．E を全空間，B を底空間，F をファイバー，π を射影（projection）と呼ぶ．*ベクトル束はファイバー束の代表例である．

メビウスの帯は S^1 を底空間，(x,y) の同値類を $\pi(x,y)=e^{2\pi ix}\in S^1=\{z\in\mathbb{C}\,|\,|z|=1\}$ に写す写像 π を射影とするファイバー束の全空間になる（ファイバーは $[0,1]$）．また，*ホップ写像 $S^3\to S^2$ は全空間 S^3，ファイバー S^1，底空間 S^2 のファイバー束を与える．

ファイバー束では，ファイバーの間の同相写像 $F\to F$ を使って直積をねじっている．（メビウスの帯の場合には，$t\mapsto 1-t$ がこれにあたる．）群 G が F に作用しているとき，ねじるのに用いる同相写像を，G の元の作用に限定した場合が重要である．このような G を構造群といい，正確には次のように定義する．*リー群 G が F に*作用しているとする．このとき，$U_i, \varphi_i: \pi^{-1}(U_i)\cong U_i\times F$ が定めるファイバー束の構造群が G であるとは，i,j に対して，$g_{ji}: U_i\cap U_j\to G$ なる連続写像が存在し，$x\in U_i\cap U_j, y\in F$ に対して，$(\varphi_j\circ\varphi_i^{-1})(x,y)=(x, g_{ji}(x)\cdot y)$ が成り立つことを意味する．この $\{g_{ji}\}$ のことを変換系と呼ぶ．

ファイバー束は*ゲージ理論で重要な役割を果たす．構造群のことをゲージ理論ではゲージ群と呼ぶ．

ファインマン-カッツの公式
Feynman-Kac formula

単にカッツの公式ともいう．$\mathbb{R}^n$ における拡散方程式
$$\frac{\partial u}{\partial t} = \frac{1}{2}\sum_{i,j=1}^n \frac{\partial^2 u}{\partial x_i \partial x_j} + \sum_{i=1}^n \frac{\partial u}{\partial x_i} + c(x)u$$
の解 $u(t,x)$ は，$c(x)\equiv 0$ の場合に対応する拡散過程 $X(t)$ に関する期待値により，
$$u(t,x) = E_x\left[f(X(t))\exp\int_0^t c(X(s))ds\right]$$
と積分表示できる．これはたいへん有用な公式であり，径路積分におけるファインマンの着想にヒントを得てカッツにより与えられたので，ファインマン-カッツの公式という．⇒ カメロン-マーチンの公式

ファインマン径路積分
Feynman path integral

量子力学の基礎方程式であるシュレーディンガー方程式
$$\sqrt{-1}\frac{\partial\varphi}{\partial t} = \left(\frac{1}{2m}\sum_{i=1}^3\frac{\partial^2}{\partial x_i^2} + V(x)\right)\varphi$$
の $\varphi(x_1, x_2, x_3, 0)=f(x_1, x_2, x_3)$ なる解をファインマンは
$$\varphi(x_1, x_2, x_3, t) = \int_{\{l:l(1)=(x_1,x_2,x_3)\}} g(l(0))e^{\sqrt{-1}S(l)}\mathfrak{D}l \quad (*)$$
ただし，
$$S(l) = \int_0^t\left(\frac{1}{2}m\left(\frac{dl}{dt}\right)^2 - V(l(t))\right)dt$$
と表示した．ここで，$\mathfrak{D}l$ は，道の空間すなわち $l:[0,1]\to\mathbb{R}^3$ 全体の「平行移動で不変な測度」である（ただし数学的には正当化されない）．この式は，拡散方程式に対する*ファインマン-カッツの公式と似ているが，指数関数の肩が純虚数である点が大きく異なる．ファインマン-カッツの公式は*ウィーナー測度を用いて，数学的に正確な式にな

るが，(*)は正当化がより困難である．

(*)のような積分をファインマン径路積分と呼ぶ．(*)は量子力学すなわち有限の自由度の系に対するものであるが，ファインマン径路積分は場の量子論すなわち無限自由度の系でより重要である．その場合は，$\mathcal{D}l$ は 4 次元時空の上の関数の空間での積分になる．場の量子論の量子化には，ファインマン径路積分を用いることが多い．ファインマンは場の量子論のファインマン径路積分を，粒子の生成消滅とかかわりの深いファインマン図形（あるいはファインマン・ダイアグラム）を用いて摂動展開する式を見出した．20 世紀末に至り，ファインマン径路積分を自在に用いた発見的考察から，数学的に興味深い式が多く導かれることがわかり，ファインマン径路積分に対する数学者の関心も深まっている．しかし，場の量子論のファインマン径路積分を厳密な数学の基礎におくことは，依然なされていない．

ファインマン積分
Feynman integral

場の量子論に現れるファインマン積分は 2 種類あって，1 つは*ファインマン径路積分であるが，もう 1 つはファインマン径路積分をファインマン図形による足し上げで表したときのそれぞれの項を計算するのに使われる有限次元空間上の積分である（ただし後者も発散することがある）．

ファジー
fuzzy

fuzzy は「曖昧な」という意味の英語である．曖昧性を含んだ現象を表現したり分析したりするために考案された数学的な概念や理論を指すときに用いる形容詞であり，*ファジー集合，*ファジー理論，ファジー最適化，ファジー制御などがある．

ファジー集合
fuzzy set

通常の集合論においては，全体集合の要素が，ある部分集合に属するかどうかは確定していると考えるが，現実の現象をモデル化する際には曖昧さを含んだ形で集合が扱えると便利なことがある．通常の集合は，その集合に属する要素に対して 1，属さない要素に対して 0 を対応させる特性関数（定義関数）で表されるのに対して，0 から 1 までの実数値をとる関数（帰属度関数）を考え，これを曖昧さをもった集合と解釈してファジー集合と呼ぶ．帰属度関数の値が 1 に近いほどその集合に属する可能性が高く，1 に等しい要素は完全にその集合に属すると考える．ファジー集合の概念は，1965 年にザデー (L. A. Zadeh) によって導入された．
→ ファジー，ファジー理論

ファジー理論
fuzzy theory

*ファジー集合を基礎とするさまざまな数学理論を総称してファジー理論という．ファジー理論は工学的な問題に多くの応用がある．

ファルカスの補題
Farkas' lemma

線形不等式系に関する基本的な事実で，ファルカス–ミンコフスキーの定理とも呼ばれる．行列 A とベクトル b に関して，2 条件

(1) $Ax=b$ を満たす非負ベクトル $x \geq 0$ が存在する

(2) ${}^t yA \geq 0$, ${}^t yb < 0$ を満たす y は存在しない

は同値であるという内容である．→ 線形不等式

ファルカス–ミンコフスキーの定理 Farkas-Minkowski's theorem ＝ファルカスの補題

不安定
unstable

一般には，安定でないことをいう．力学系などの用語としては，時間を反転したときに系が安定になることを指すことが多い．→ 安定（力学系における）

不安定集合 unstable set → 安定集合（力学系の）

不安定多様体 unstable manifold → 安定多様体

ファン・デル・ポル方程式
van der Pol equation

非線形振動を表す電気回路のモデルとして知られる常微分方程式で，$d^2x/dt^2+a(x^2-1)dx/dt+x=0$ という形に書かれる．ここで a は正定数である．$0<a<2$ のとき極限周期軌道を持つ．

フィックの拡散法則
Fick's diffusion law

*拡散に関する物理学の基本法則である．温度が一定な拡散運動においては，各方向の単位面積，単

位時間あたりの拡散量 J は，その方向の濃度 c の勾配に比例する．つまり，その方向を x 方向とすれば，$J=-D\partial c/\partial x$ が成り立つ．これをフィックの第 1 法則といい，比例定数 D を拡散係数と呼ぶ．したがって，濃度の時間変化は，Δ を*ラプラス作用素として，$\partial c/\partial t=D\Delta c$ に従う．これをフィックの第 2 法則という．数学的には，熱伝導に関する*フーリエの法則とまったく同じ内容である．→ 拡散方程式，熱方程式

フィッシャー情報行列
Fisher information matrix

母数（パラメータ）$\theta=(\theta_1,\cdots,\theta_p)$ で決まる確率密度関数 $f(x,\theta)$ について，

$$I_{ij}=\int f(x,\theta)\frac{\partial(\log f)}{\partial\theta_i}\frac{\partial(\log f)}{\partial\theta_j}dx$$
$$=-\int f(x,\theta)\frac{\partial^2(\log f)}{\partial\theta_i\partial\theta_j}dx$$

を (i,j) 要素とする p 次行列 $I=[I_{ij}]$（ただし，$i,j=1,\cdots,p$）をフィッシャー情報行列またはフィッシャー情報量という．フィッシャー情報行列は非負定値対称行列であり，これを計量として確率分布の空間に微分幾何学的な構造を考えることができる（→ 情報幾何）．確率変数の実現値に基づいて母数 θ の値を推定するときの精度の限界を与える重要な量である（→ クラメール-ラオの不等式）．→ 尤度

フィッシャー情報量　Fisher information　→ フィッシャー情報行列

フィボナッチ
Fibonacci

1170 頃-1250 頃　別名をピサのレオナルド（Leonardo Pisano）．イタリアのピサ出身の数学者．エジプト，シリア，ギリシア，シチリアなどに旅行し，その間にアラビア数学を含む多くの知識を吸収した．著書『算板の書』(Liber abacci) はインド記数法をヨーロッパに紹介した先駆的な書物である．→ ヨーロッパ・ルネッサンスの数学

フィボナッチ数列
Fibonacci's sequence

漸化式 $a_0=0, a_1=1, a_n=a_{n-1}+a_{n-2}\ (n\geqq 2)$ によって定まる数列 $0,1,1,2,3,5,8,13,\cdots$ をフィボナッチ数列と呼ぶ．a_n はすべて整数であるが，一般項を表すには

$$a_n=\frac{1}{\sqrt{5}}\left(\left(\frac{1+\sqrt{5}}{2}\right)^n-\left(\frac{1-\sqrt{5}}{2}\right)^n\right)$$

のように $\sqrt{5}$ が必要になる．
a_{n+1}/a_n は $n\to\infty$ のとき，*黄金比に収束する．なおフィボナッチ数列の定義として $a_0=a_1=1$ を採用する流儀もある．→ 母関数

フィールズ賞
Fields Medal

1924 年にカナダのトロントで開催された*国際数学者会議（ICM）において，「会議の開催される 4 年ごとに傑出した業績を挙げた 2 人の数学者に，金メダルを授与する」という決議がなされ，そのときの書記であったフィールズ氏（J. D. Fields）が寄付した基金をもとにして始められた賞である．「現在の研究で，かつ将来に発展が見込めるもの」を賞の対象にするというフィールズ氏の意思に合わせるため，受賞者としては会議の時点で 40 歳を超えない数学者に制限することになった．1966 年には，数学者の人口が増えたこともあって，それぞれの会議で 4 人を上限にして賞を授与することが決まった．

以下の受賞者リストに名前と共にあげてあるものは受賞時までの主要な業績であり，公式な受賞理由とは限らない．

受賞者リスト

1936 年

Lars Valerian Ahlfors (1907-96)　被覆面の理論

Jesse Douglas (1897-1965)　プラトー問題の解決

1950 年

Laurent Schwartz (1915-2002)　超関数の理論

Atle Selberg (1917-2007)　素数定理の初等的証明

1954 年

小平邦彦 (1915-97)　調和積分論

Jean-Pierre Serre (1926-)　位相幾何学とくにホモトピー論に関する業績

1958 年

Klaus Friedrich Roth (1925-2015)　ディオファントス近似

René Thom (1923-2002)　微分多様体のコボルディズム理論

1962 年

Lars Hörmander (1931-2012)　偏微分方程

式の一般論に関する業績
John Willard Milnor（1931-）　球面の微分構造および Hauptvermutung（基本予想）に関する業績
1966 年
Michael Francis Atiyah（1929-2019）　楕円型作用素の指数定理
Paul Joseph Cohen（1934-2007）　連続体仮説の独立性の証明
Alexander Grothendieck（1928-2014）　スキーム理論の建設
Stephen Smale（1930-）　5 次元以上のポアンカレ予想の解決
1970 年
Alan Baker（1939-2018）　超越数論
広中平祐（1931-）　複素代数多様体の特異点の解消
Serge Novikov（1938-）　微分トポロジーにおける研究
John Griggs Thompson（1932-）　有限群の研究
1974 年
Enrico Bombieri（1940-）　素数分布・曲面・微分方程式の理論に関する業績
David Bryant Mumford（1937-）　幾何学的不変式論など代数幾何学に関する業績
1978 年
Pierre René Deligne（1944-）　ヴェイユ予想の解決
Charles Louis Fefferman（1949-）　古典解析学の諸結果
Gregori Alexandrovitch Margulis（1946-）　セルバーグ予想の解決
Daniel G. Quillen（1940-2011）　アダムス予想などの解決
1982 年
Alain Connes（1947-）　作用素環論（III型ファクターの構造と分類）の研究
William P. Thurston（1946-2012）　葉層構造論および 3 次元多様体の研究
Shing-Tung Yau（1949-）　微分幾何学に現れる非線形偏微分方程式の研究
1986 年
Simon K. Donaldson（1957-）　ゲージ理論の 4 次元位相幾何学への応用
Gerd Faltings（1954-）　モーデル予想の解決
Michael H. Freedman（1951-）　4 次元ポア

ンカレ予想の解決
1990 年
Vladimir Drinfeld（1954-）　ラングランズ予想および量子群に関する業績
Vaughan F. R. Jones（1952-）　作用素環論および結び目のジョーンズ多項式の発見など
森重文（1951-）　ハーツホーン予想の解決および 3 次元代数多様体の極小モデル理論への貢献
Edward Witten（1951-）　理論物理学の方法の数学への応用に関する業績
1994 年
Jean Bourgain（1954-2018）　バナッハ空間に関する研究
Pierre-Louis Lions（1956-）　非線形偏微分方程式に関する研究
Jean-Christophe Yoccoz（1957-2016）　力学系に関する研究
Efim Zelmanov（1955-）　制限バーンサイド問題に関する研究
1998 年
Richard E. Borcherds（1959-）　ムーンシャイン予想の解決
W. Timothy Gowers（1963-）　組合せ論を用いた関数解析学の研究への貢献など
Maxim Kontsevich（1964-）　場の量子論の発想に基づく幾何などの研究
Curtis T. McMullen（1958-）　複素力学系に関する業績
なお，1998 年の*ICM では Andrew J. Wiles（1953-）は 40 歳を超えていたため，フィールズ賞に準じる特別賛辞が与えられた．
2002 年
Laurent Lafforgue（1966-）　関数体のラングランズ予想の解決
Vladimir Voevodsky（1966-2017）　モチーフとモチビックコホモロジーに関する業績

フィルター
filter

位相空間における近傍系の概念を一般化したものである．集合 X の部分集合の族 Φ が次の性質を持つとき，X のフィルターと呼ばれる．

(1) 空集合 $\emptyset$ は Φ に属さない．
(2) $A \subset B \subset X$ で，A が Φ に属すとき，B も Φ に属す．
(3) A, B が Φ に属すとき，$A \cap B$ も Φ に属す．

フィルトレーション
filtration

空間，代数系などを V としたとき，$V_i \subset V$ なる部分空間などの列で，$V_i \subseteq V_{i+1}$ かつ $\bigcup V_i = V$ となるものが与えられたとき，$\{V_i\}_{i=0,1,2,\cdots}$ を V のフィルトレーションと呼ぶ．

例えば，V を 1 変数多項式環 $\mathbb{R}[x]$ とし，V_i を i 次以下の多項式のなす部分環とすると，$\{V_i\}_{i=0,1,2,\cdots}$ はフィルトレーションになる．

フィルトレーション(集合族の)
filtration

確率論においては，時刻 t までに起こる事象全体のつくる可算加法族 $\mathcal{F}_t$ からなる増大列のことをいう．情報増大系ともいう．通常，$t<s$ ならば $\mathcal{F}_t \subset \mathcal{F}_s$ という増大性に加えて，右連続性 $\mathcal{F}_t = \bigcap_{s>t} \mathcal{F}_s$ を仮定する．

フィンスラー空間
Finsler space

*リーマン多様体の一般化である．リーマン多様体では，多様体の各点の接空間に内積が決まっていたが，内積とは限らないノルム $\|\cdot\|$ が決まっているのがフィンスラー空間である($\|-x\|=\|x\|$ が成り立たないノルム $\|\cdot\|$ にまで一般化されることもある)．

フェイエールの定理
Fejér's theorem

一般の連続関数 $f(x)$ のフーリエ級数は収束するとは限らないが，「フーリエ級数の第 n 項までの部分和を $s_n(x)$ とするとき，平均値(*チェザロ平均) $\sigma_n(x)=(s_0(x)+s_1(x)+\cdots+s_n(x))/n$ は $n\to\infty$ で $f(x)$ に収束する」．これをフェイエールの定理という．

フェイク
fake

故意にあるいは無意識に捏造された統計的結論をフェイクと呼ぶことがある．

統計において，正しいデータを得ること，また，その分布を同定することは基本的なことであるが，大変むずかしい問題であり，フェイクを見破るには多大の困難を伴う．例えば，コーシー分布の密度関数 $1/(\pi(1+x^2))$ のグラフの一部を見せられて，それがガウス分布でないことを主張するのは極めて困難である．また，とくに生き物を扱う実験などにおいては，予想外のデータが得られたとき，それが実験のミスでないと断定することはむずかしく，結果として平均的なデータのみを収集して公表することになりがちである．さらに社会経済的な影響のあるデータでは意図的にあるいは無意識に価値観が投影されないことの方がむしろ稀である．統計は各種のフェイクと隣り合わせであることを前提として判断するべきものである．

フェラーリの解法
Ferrari's solution

4 次方程式の根を求める方法．4 次方程式 $ax^4+bx^3+cx^2+dx+e=0$ $(a\neq 0)$ は*チルンハウゼン変換 $z=x+b/4a$ によって 3 次の項を含まない方程式 $z^4+pz^2+qz+r=0$ に変換される．この変換された方程式の係数を使って 3 次方程式(分解方程式と呼ばれる) $t^3-pt^2-4rt+(4pr-q^2)=0$ を作り，この 3 次方程式の 1 つの根を t_0 とすると，z は 2 つの 2 次方程式

$$z^2 \pm \sqrt{t_0-p}\left\{z - \frac{q}{2(t_0-p)}\right\} + \frac{t_0}{2} = 0$$

の根として得られる．これをフェラーリの解法という．→ カルダノの公式

フェルマ
Fermat, Pierre de

1601-65 フランスの数学者．法学を学び弁護士となり，1631 年以降はトゥールーズ地方議会議員となり，余暇に数学の研究を行った．*ディオファントスの『数論』のラテン語訳(1621)を読む過程で行った数論の研究は整数論の進展の基礎となった．*フェルマ予想も『数論』を読む過程で見出されたものである．また，アポロニオスの円錐曲線論を研究して解析幾何学を建設した．フェルマの*解析幾何学は*斜交座標の考えを含んでおり，*デカルトの解析幾何学より進んだ面があったが，フェルマの生前には発表されず後世に大きな影響を与えることはなかった．また，この研究を通して極大極小の問題や接線の問題などを研究し，*微分積分学の先駆的な業績をあげた．パスカルとの文通を通して*確率論の誕生にも寄与し，さらに光学の研究では*フェルマの原理を見出した．

フェルマ数
Fermat number

整数 $n\geqq 0$ に対して

$$F_n = 2^{2^n} + 1$$

の形の数をフェルマ数という．$F_0=3$，$F_1=5$，$F_2=17$，$F_3=257$，$F_4=65537$ は素数であるのでフェルマはすべてのフェルマ数は素数であろうと予想したが，オイラーが $F_5=641×6700417$ を示し，予想が正しくないことを示した．$n≧5$ のとき素数であるフェルマ数は知られていない．

フェルマ数は，正多角形の定規とコンパスを使った*作図問題に関連する．k 個の辺を持つ正多角形を定規とコンパスを使って作図することができるための必要十分条件は k が相異なる素数であるフェルマ数のいくつかの積と 2 のべきの積であることである．特に $17=2^{2^2}+1$ であるから，正 17 角形の作図が可能である．このことをガウスは 19 歳のときに発見した． ⇒ 正多角形の作図

フェルマの原理
Fermat's principle

光学において媒質内での光の経路を決める原理のことである．*最小作用の原理の原型となった．空間 $\mathbb{R}^3$ の点 x での屈折率を $\mu(x)$ とすると，「2 点 P_1, P_2 を通る光の経路は，$l(0)=P_1$，$l(1)=P_2$ なる曲線 $l:[0,1]\to\mathbb{R}^3$ のなかで，線積分

$$\int_0^1 \mu(l(t))dl$$

を極小にするものになる」と述べられる．μ はその点での光の速さに反比例するので，「P_1 から P_2 へ最短時間（局所的に最短時間）で行く経路である」と述べることもできる．これから，*屈折の法則が導かれる．⇒ 幾何光学，屈折の法則，変分原理

フェルマの小定理
Fermat's theorem

自然数 a が素数 p と互いに素であるとき，

$$a^{p-1} \equiv 1 \pmod{p}$$

が成り立つ．これをフェルマの小定理という．この定理の一般化として，次の事柄が成り立つ．a と n が互いに素であるとき，

$$a^{\varphi(n)} \equiv 1 \pmod{n}$$

である．ここで $\varphi(n)$ は*オイラーの関数である（オイラーの定理）．

フェルマの小定理は，*群の*位数に関する次の性質から直ちに導かれる．すなわち，有限群 G の位数を g とするとき，任意の $a \in G$ に対して，$a^g=1$ である．$\mathbb{Z}/n\mathbb{Z}$ の可逆元全体のなす乗法群を G ととると，その位数が $\varphi(n)$ であるから，$a^{\varphi(n)} \equiv 1 \pmod{n}$ を得る．

フェルマの大定理　Fermat's last theorem　⇒ フェルマ予想

フェルマ予想
Fermat conjecture

$x^n+y^n=z^n$ は $n≧3$ のとき自明でない整数の解を持たないという予想をフェルマ予想という．フェルマはディオファントスの『数論』のラテン語訳の余白に自分はこの定理を証明したが，余白が狭くて証明を記すことができないと記した．これをフェルマ予想，フェルマの大定理またはフェルマの最終定理という．フェルマ以降多くの数学者がこのフェルマ予想を解こうと努力した．なかでも 19 世紀のクンマーの試みは有名であり，ここから代数体のイデアルを考察する代数的整数論が誕生した．フェルマ予想は 1995 年ワイルス（A. Wiles）によって志村-谷山予想の重要な場合を証明することによって証明された．

フェルミオン
fermion

フェルミ粒子ともいう．⇒ ボゾン

フェルミ-ディラック統計　Fermi-Dirac statistic　⇒ ボーズ-アインシュタイン統計

フェンシェル双対定理
Fenchel duality theorem

「凸関数 $f:\mathbb{R}^n\to\mathbb{R}\cup\{+\infty\}$ と凹関数 $g:\mathbb{R}^n\to\mathbb{R}\cup\{-\infty\}$ に対し，その共役関数を

$$f^\vee(p) = \sup_{x\in\mathbb{R}^n}\left(\sum_{i=1}^n p_i x_i - f(x)\right),$$

$$g^\wedge(p) = \inf_{x\in\mathbb{R}^n}\left(\sum_{i=1}^n p_i x_i - g(x)\right)$$

と定義するとき，適当な仮定の下で，

$$\inf_{x\in\mathbb{R}^n}(f(x)-g(x)) = \sup_{p\in\mathbb{R}^n}(g^\wedge(p) - f^\vee(p))$$

が成り立つ」という定理をいう．*凸関数の双対性の 1 つの表現である．

数理計画法の分野では，$f(x)-g(x)$ を最小化する問題（左辺）と $g^\wedge(p)-f^\vee(p)$ を最大化する問題（右辺）とを互いに他の双対問題と呼ぶ．ある $x=x^*$ と $p=p^*$ に対して $f(x^*)-g(x^*)=g^\wedge(p^*)-f^\vee(p^*)$ が成り立つならば，x^* と p^* はそれぞれの問題の最適解となっている．⇒ 凸関数（1 変数

の），凸関数(多変数の)，共役関数(凸関数の)，ルジャンドル変換(凸関数の)，凸関数の双対性，分離定理(凸関数の)，最大最小定理

フォッカー–プランク方程式　Fokker-Planck equation　→ コルモゴロフ方程式

フォック空間
Fock space

もとは量子力学の概念で，量子状態を表示するために用いる無限次元のヒルベルト空間 F を n 粒子系を表す有限次元空間 H_n の直和 $F=\sum_{n=0}^{\infty} H_n$ の形に表したものである．例えば，$\mathbb{R}^n$ 上の変数の入れ替えで不変な関数で2乗可積分なもの全体を $H_n(n\geq 1)$, $H_0=\mathbb{C}$ とすると，フォック空間 F は和集合 $\bigcup_{n=0}^{\infty} \mathbb{R}^n$ の上の対称な関数 f で2乗可積分なもの全体となる．ただし，f のノルムは，
$$\|f\|^2 = \sum_{n=0}^{\infty} \frac{1}{n!} \int_{\mathbb{R}^n} |f(x)|^2 dx$$
で定める．1次元のウィーナー空間は確率積分を用いると，このフォック空間で表現でき，フォック空間による表現は応用上も有用である．

フォン・ノイマン
von Neumann, Johann Ludwig

1903-57　ハンガリー出身の数学者．ブダペストに生まれ，ベルリン大学，ブダペスト大学などで化学，後に数学を学び，24歳でベルリン大学講師になった．1930年にプリンストン大学教授，1933年にはプリンストン高等科学研究所教授となりアメリカに定住した．驚異的な記憶力と優れた数学的才能によって多くの分野で先駆的な業績を残した．1920年代には数学的基礎論の分野で活躍し，1930年代にはヒルベルト空間論，量子力学の数学的基礎づけ，エルゴード理論などで多くの仕事をした．アメリカでは作用素環，ゲーム理論，コンピュータの理論・製作に大きな貢献をした．

フォン・ノイマン環
von Neumann algebra

*C^* 環とともに*作用素環の研究の主要な対象である．
ヒルベルト空間 H からそれ自身への有界作用素 $H\to H$ 全体の作る環 $\mathfrak{B}(H)$ の単位元を含む部分環 $\mathfrak{A}$ であって，弱位相(作用素の*弱収束の定める位相)について閉集合であるものをいう．$\mathfrak{A}'=\{b\in \mathfrak{B}(H) \mid \forall a\in \mathfrak{A}, ab=ba\}$ とおくと，一般に，この操作を2回繰り返した $\mathfrak{A}''$ は $\mathfrak{A}$ を含む．$\mathfrak{A}''=\mathfrak{A}$ であることと，$\mathfrak{A}$ がフォン・ノイマン環であることは同値である(フォン・ノイマンの2重交換子定理)．

$\mathfrak{A}'\cap\mathfrak{A}$ が恒等写像の定数倍だけであるフォン・ノイマン環を因子環 (factor)，または単に因子という．$\mathfrak{B}(H)$ は因子環である．また，それ以外の因子環の例は，例えば，有限次元の行列環の無限個のテンソル積をしかるべきやり方で完備化することで構成できる．任意のフォン・ノイマン環は(一般には非可算無限個の)因子環の族に分解することができるので，因子環の研究はフォン・ノイマン環の理論の中心である．因子環の構造などのフォン・ノイマン環の研究は20世紀半ば以後大いに発展している．

不可逆過程
irreversible process

熱力学において，時間を逆に辿ってももとに戻らない過程のことをいい，エントロピーの増大を伴う．→ 不可逆性

不可逆性
irreversibility

時間反転するともとに戻らないことをいう．とくに，熱力学の第2法則を意識したときに用いられる．1872年にボルツマンは，ボルツマン方程式を提唱して*H定理を証明し，ボルツマン・エントロピーに関してエントロピー増大則が成り立つことを示したが，気体分子の運動のような力学から不可逆性が導出できるかどうか(ボルツマンの夢ということがある)は，1960年代後半から多くの研究者の努力にもかかわらず，未解決の大問題である．一方，ボルツマン・エントロピーから示唆を受けて提唱されたシャノンの情報量(またはエントロピー)，力学系におけるコルモゴロフ–シナイのエントロピーなどはそれぞれの分野で基本的な概念となっている．

不確定性原理
uncertainty principle

*量子力学においては，系の複数の量がゆらぎを持ち，同時には正確に確定しないことがある．例えば，粒子の位置が確定するとその*運動量は確定しない．より正確には，位置を表す*確率分布の

*標準偏差と，運動量を表す確率分布の標準偏差の積は，$h/(2\pi)$ (h は*プランク定数) より小さくはならない．この事実はハイゼンベルクによって発見され，不確定性原理と呼ばれる．

量子力学では観測可能な物理量は*ヒルベルト空間 H 上の*自己共役作用素で表され，H の元が系の状態を表す．ある物理量の値が確定した状態とは，その物理量に対応する作用素の*固有ベクトルである (固有状態という)．2 つの作用素 A, B が非可換すなわち $AB \neq BA$ であると，A, B の両方の固有状態ではない状態が現れる．このとき，対応する物理量の値が両方とも確定することはありえない．例えば，位置 (x 座標の値) に対応する作用素は x による掛け算，運動量 (の x 成分) に対応する作用素 p は $\partial/\partial x$ の定数倍であり，この両者は交換しない．

不確定特異点　irregular singular point　⇒ 確定特異点

不可能
impossible

数学の不可能と日常言語の不可能は似た意味であるが次の点で大きく異なる．数学で例えば「角の 3 等分を定規とコンパスだけで行うことは不可能である」というのは，それを試みた人の能力が不足しているからできなかったというのとははっきり異なり，誰がやろうと絶対にできないということを意味する．したがって，いったんこれが証明されると，どんなに高い能力を持つ人が，定規とコンパスだけで角を 3 等分する方法を見つけようとしても，絶対に発見することはできない．

これ以外にも，5 次方程式のべき根だけを用いた根の公式を見つけること，3 体問題の解を既知関数で表すこと，実数論の無矛盾性を有限の立場で証明すること，など多くの不可能であることが証明されていることがらがあり，これらの不可能性の証明は現代数学の重要な部分をなしている．

付環空間
ringed space

n 次元実アフィン空間 $\mathbb{R}^n$ の可微分多様体としての構造は，$\mathbb{R}^n$ の各点の近傍上の C^∞ 級関数の全体を考えることによってわかる．このように幾何学的な対象を空間そのものだけでなく，空間の各近傍での関数全体を使って特徴づける考え方が付環空間である．実際には*位相空間 X とその上の環の*層 $\mathcal{F}$ の組 $(X, \mathcal{F})$ を付環空間という．このとき X をこの付環空間の底空間，$\mathcal{F}$ を構造層という．例えば n 次元実アフィン空間 $\mathbb{R}^n$ とその上の C^∞ 級関数のなす層 $\mathcal{D}$ との組 $(\mathbb{R}^n, \mathcal{D})$ は付環空間である．さらに $\mathbb{R}^n$ の*開集合 U と層 $\mathcal{D}$ を制限したもの $\mathcal{D}|_U$ の組 $(U, \mathcal{D}|_U)$ も付環空間であるが，この付環空間を $(\mathbb{R}^n, \mathcal{D})$ を U に制限したものと呼ぶ．

2 つの付環空間 $(X, \mathcal{F}), (Y, \mathcal{G})$ は*同相写像 $f: X \to Y$ と X 上の環の層の同型写像 $\theta: f^{-1}\mathcal{G} \to \mathcal{F}$ が存在するとき同型であるという．付環空間 $(X, \mathcal{F})$ の底空間 X が*ハウスドルフ空間であり，開被覆 $\{U_j\}_{j \in J}$ を適当に取ると，付環空間 $(X, \mathcal{F})$ を各 U_j に制限してできる付環空間が $(\mathbb{R}^n, \mathcal{D})$ を $\mathbb{R}^n$ の開集合に制限してできる付環空間と同型であるとき可微分多様体と呼ぶ．これは通常の n 次元可微分多様体の定義と同値であることが証明できる．

同様に底空間 X がハウスドルフ空間である付環空間 $(X, \mathcal{F})$ は，次の性質を満たすとき，n 次元複素多様体とみなすことができる．ハウスドルフ位相空間 X の開被覆 $\{U_j\}_{j \in J}$ を適当に取ると各 U_j に制限してできる付環空間が，n 次元複素アフィン空間 $\mathbb{C}^n$ とその上の*正則関数のなす層 $\mathcal{O}_{\mathbb{C}^n}$ の組が作る付環空間 $(\mathbb{C}^n, \mathcal{O}_{\mathbb{C}^n})$ を $\mathbb{C}^n$ の開集合に制限してできる付環空間と同型である．

付環空間を使うことによって，多様体の概念を拡張することができる．*スキーム理論では付環空間の考え方が基本的である．

不完全性定理
incompleteness theorem

ゲーデルによって発見された定理で，数学基礎論の最も重要な定理である．第 1 不完全性定理は，「どんな公理系をとっても，(その公理系が自然数論の体系を含んでいれば) その公理系で定式化できる命題で，その公理系では証明することもできないし，その否定も証明できない命題が存在する」という定理である．

第 1 不完全性定理は「この命題は証明できない」という命題を*ゲーデル数を用いて自然数論の命題に翻訳することによって証明された (→ うそつきのパラドックス)．⇒ 第 2 不完全性定理

復元抽出
sampling with repetition

箱の中の玉を取り出すというような標本抽出の

場面において，取り出した玉をまた箱に戻してから次の玉を取り出すことを繰り返す標本抽出のやり方をいう．

復号化　decoding　→ 符号理論

複雑系
complex system
例えば，生態系や細胞の分化などのように，多数の多様な要素が複雑に絡み合う系のことである．人間の関与なども意識した社会・経済現象の研究でも複雑系という言葉が使われることがある．そのような系は，ある平衡状態からの摂動ととらえるアプローチが適用可能な範囲の外にあり，また，現象をより単純な現象の組合せとして理解しようとする要素還元主義的なアプローチを適用したのでは，解明が困難である．

この複雑系という視点は，非平衡系における散逸構造や自己組織化，*カオスなどの研究を経て，誕生した視点である．

複雑系研究の対象には，その性格を異にするさまざまな系が含まれていて，研究していく上での共通点はあるものの，個別の研究でさえむずかしいそれらの多くの系全体を画期的な統一的手段で一気に解明することは極めて困難なことであり，いまだなされていない．

一方，複雑系と呼ばれる系の研究が，21世紀における数学とその隣接分野におけるきわめて重要な研究対象であるということは疑う余地がない．

複雑度(計算の)　complexity　→ 計算複雑度

複雑度(コルモゴロフの)　complexity　→ コルモゴロフの複雑度

複素化(線形空間の)
complexification
実線形空間を拡大して複素線形空間にすること．L を n 次元*実線形空間とし，$e_1, \cdots, e_n$ をその基底とするとき，$e_1, \cdots, e_n$ を基底とする n 次元複素線形空間を，L の複素化と呼び，$L^{\mathbb{C}}$ あるいは $L_{\mathbb{C}}$ と書く．*テンソル積のことばで言えば，$L^{\mathbb{C}}$ は $\mathbb{C} \otimes_{\mathbb{R}} L$ である．

複素解析
complex analysis
複素数を変数とする解析関数の理論をいう．1変数の理論は 19 世紀にコーシー，リーマン，ワイエルシュトラスらによって形成された．なかでもガウス，アーベル，ヤコビ，ワイエルシュトラス，リーマンらによる楕円関数・代数関数の研究は著しい．多変数の理論は 1 変数と大きく異なる様相を持ち，本格的な研究は 20 世紀に行われた．

実変数の関数を対象とする実解析学上の問題に対しても複素解析が有効であることはしばしば起こる．実定積分の計算や調和関数，漸近解析への応用はそのような例である．実関数概念の一般化である*佐藤超関数は，複素解析関数の理想的境界値として定義される．→ 多変数複素関数

複素関数
complex function
複素数を変数とし複素数に値をとる関数である．普通「複素関数論」，あるいは単に「関数論」というときは，複素関数のなかでも特に重要な*正則関数の理論を指している．

初等関数や代数関数を含む多くの関数は，複素変数の関数と考えることにより深い理解が得られる．数学において，素数分布の問題(→ ゼータ関数，L 関数)など複素関数の考察が本質的な役割を果たす例は数多い．正則関数の等角写像としての性質は流体力学に応用される．→ 正則関数

複素共役
complex conjugate
複素数 $z = a + ib$ に対して，$a - ib$ を，z の(複素)共役といい，$\bar{z}$ により表す．複素共役に関しては
$$\overline{z_1 + z_2} = \bar{z}_1 + \bar{z}_2,$$
$$\overline{z_1 z_2} = \bar{z}_1 \bar{z}_2$$
が成り立ち，z に $\bar{z}$ を対応させる写像は*体の準同型写像である．→ 複素数

複素射影空間
complex projective space
複素数体 $\mathbb{C}$ 上の射影空間 $P^n(\mathbb{C})$ を n 次元複素射影空間という．→ 射影空間(多様体としての)

複素射影直線
complex projective line
1 次元複素*射影空間，すなわちリーマン球面 $\mathbb{C} \cup \{\infty\}$ のことをいう．$\mathbb{C}^2$ のなかの 1 次元複素線形部分空間全体でもある．→ 射影空間

複素数
complex number

2次方程式は、例えば $x^2+1=0$ のように、実数の範囲では根を持たない場合がある。そこで $i^2=-1$ となる「記号」i を導入し、実数 a,b により $a+ib$ と表されるものを数と考えて複素数と呼ぶ。実数 a は $a+i0$ という特別な複素数と考える。$\sqrt{-3}=i\sqrt{3}$ のように、0でない実数 b により $ib=0+ib$ と表される複素数を純虚数という。複素数の範囲では2次方程式は常に根を持つ。

複素数 $z=a+ib$ に対して、a を z の実部、b を z の虚部といい、それぞれ、$\mathrm{Re}\,z$, $\mathrm{Im}\,z$ と表す。$a-ib$ を z の複素共役(または単に共役)といい、$\bar{z}$ と表す。また、$\sqrt{a^2+b^2}$ を z の絶対値といい、$|z|$ と表す。平面の極座標 (r,θ) を用いれば $|z|=r$, $z=r(\cos\theta+i\sin\theta)$ と表すことができる(→極表示)。

複素数の加減乗除は、通常の文字式として計算し、i^2 が現れたらそれを -1 と置きなおして $a+ib$ の形に整理したものとして定める。次の演算規則が成り立つ。
$(a_1+ib_1)\pm(a_2+ib_2)=(a_1\pm a_2)+i(b_1\pm b_2)$,
$(a_1+ib_1)\cdot(a_2+ib_2)=(a_1a_2-b_1b_2)$
$\qquad\qquad\qquad\qquad+i(a_1b_2+a_2b_1)$,
$\dfrac{1}{a+ib}=\dfrac{a}{a^2+b^2}-i\dfrac{b}{a^2+b^2}$.

複素数全体を $\mathbb{C}$ により表すと、$\mathbb{C}$ は加減乗除の導入により*体になる(→複素数体の構成)。

2次方程式に限らず、実は複素数を係数とする1次以上の任意の代数方程式は、複素数の範囲で根を持つ(*代数学の基本定理)。つまり複素数の全体は、加減乗除のみならず「代数方程式の根を求める」という操作についても閉じた数の体系になっている(→数の体系)。

代数方程式を解く際に負の数の平方根が現れることが認識されたのは16世紀であるが、虚数(imaginary number)の名称にも見られるように「ありえない」数と長く考えられていた。18世紀に入って、虚数を使った形式的計算を進めても矛盾が生じないこと、むしろそのような数を積極的に扱う方が自然なことが次第に理解されてきた。ヴェッセル(Wessell, 1745-1818)、アルガン(Argand, 1768-1822)が*複素平面の考え方を導入し、ようやく複素数の「存在」が認められるようになった。彼らとは独立にガウスも複素数の幾何学的表現について書き記している。19世紀には*複素関数の理論が建設され、複素数は数学の内部に深く浸透した。応用上でも、電気回路では早くから複素数が積極的に用いられ、また量子力学の記述には複素数が不可欠である。今日では複素数は数理科学全般の基礎として広く用いられている。

複素数空間
space of complex numbers

複素数の集合 $\mathbb{C}$ の n 個の直積 $\mathbb{C}\times\cdots\times\mathbb{C}$ を $\mathbb{C}^n$ で表す。n 次元の複素数空間ということがある。

複素数体
complex number field

複素数の加減乗除により、複素数全体は体の構造を持つ。これを複素数体といい、$\mathbb{C}$ で表す。→複素数、体、複素数体の構成

複素数体の構成
construction of complex number field

歴史上複素数は「$i^2=-1$ を満たす仮想的な数 i」によって導入され、当初はこのような定義で矛盾がないか、不安があった。複素数体 $\mathbb{C}$ を定義する方法は次のようにいくつかある。どの方法でも得られる結果は同じ(同型な体)になる。

(1) 実数の組 (a,b) の集合に、加減乗除を次のように定めたものを複素数体と定義する。
$(a_1,b_1)\pm(a_2,b_2)=(a_1\pm a_2, b_1\pm b_2)$,
$(a_1,b_1)\cdot(a_2,b_2)$
$\quad=(a_1a_2-b_1b_2, a_1b_2+a_2b_1)$,
$(a,b)^{-1}=\left(\dfrac{a}{a^2+b^2}, -\dfrac{b}{a^2+b^2}\right)$.
このとき、(a,b) が $a+ib$ に対応する。

(2) 次の形の 2×2 の実行列全体は行列の和と積に関して体になる。
$$\begin{bmatrix} a & -b \\ b & a \end{bmatrix} \quad (a,b\text{ は実数})$$
これを複素数体と定義する。このとき、上の形の行列が $a+ib$ に対応する。

(3) 実数体 $\mathbb{R}$ を係数とする*多項式環 $\mathbb{R}[x]$ を考え、既約多項式 x^2+1 で生成されるイデアル (x^2+1) による剰余体 $\mathbb{R}[x]/(x^2+1)$ を複素数体と定義する。$\mathbb{R}[x]/(x^2+1)$ の元は $a+bx$ $(a,b\in\mathbb{R})$ で代表されるが、これに $a+ib$ を対応させることにより、$\mathbb{R}[x]/(x^2+1)$ は $\mathbb{C}$ と同一視される。

なお、仮想的な数を安易に導入すると危険なことは、次のような例に見られる。$j^2=-1$, $k^2=-1$, $jk=0$ となる仮想的数 j,k を考え、$a+bj+ck$ $(a,b,c\in\mathbb{R})$ の全体が結合律を満たす体系になっ

ているとする．このとき，$1=(-1)(-1)=j^2k^2=j(jk)k=0$ となって矛盾．この例は，実数を含む数の体系を構成するとき，場合によっては演算法則（今の場合は結合律）を放棄しなければならないことも意味している．例えば，*4元数は複素数の体系を加減乗除を持つようにさらに拡大したものだが，乗法の交換律は成立しない．⇨ 複素数，4元数

複素数平面　complex numerical plane　⇨ 複素平面

複素積分
complex integration

複素積分はべき級数とともに複素関数の理論の最も基本的な道具である．

C を複素平面の滑らかな曲線とする．C 上で連続な関数 $f(z)=u(x,y)+iv(x,y)$ $(z=x+iy)$ に対し，線積分
$$\int_C(udx-vdy)+i\int_C(udy+vdx)$$
を $f(z)$ の C に沿う積分といい，$\int_C f(z)dz$ で表す．C を積分路(path of integration)という．C の径数表示は $z=z(t)$ $(a\leq t\leq b)$ とするとき，
$$\int_C f(z)dz = \int_a^b f(z(t))\frac{dz}{dt}dt$$
が成り立つ．積分路の向きを変えると積分の値は符号が変わる．⇨ コーシーの積分定理

複素線形空間
complex linear space

複素数を成分とした n 次縦ベクトル全体（または n 次横ベクトル全体）$\mathbb{C}^n$ のように，複素数を掛ける演算が定まっている線形空間のことである．

線形空間の定義に現れる定数として，複素数をとったのが複素線形空間である．体 $\mathbb{C}$ 上の線形空間といっても同じである．

複素多様体
complex manifold

多様体の定義において，局所座標の定義における $\mathbb{R}^n$ を $\mathbb{C}^n$ に替え，座標変換の写像を正則写像に置き換えたものが，複素多様体である．このとき，n を複素多様体としての次元という．1次元複素多様体が*リーマン面である．複素射影空間，その中の多項式の零点集合（射影多様体），*複素トーラスなどが複素多様体の例である．複素多様体の間の写像が正則写像であること，複素多様体上の複素数値関数が正則関数であることなどが定義される．1変数（複素）関数論ではリーマン面が重要な役割を演じたが，多変数複素関数論においては，複素多様体が同様に重要な役割を演じる．また，代数幾何学を微分幾何学的な立場から研究するには複素多様体の言葉を用いる．*ド・ラム複体の複素多様体における類似物であるドルボー複体などがあり，そのコホモロジーはリーマン-ロッホ-ヒルツェブルフの定理(→ リーマン-ロッホの定理)などを用いて研究される．⇨ ケーラー多様体

複素トーラス
complex torus

$\mathbb{C}$ 上の*楕円曲線の*複素多様体としての高次元版である．$\mathbb{C}$ 上の楕円曲線は，$\mathbb{C}$ の元 ω_1,ω_2 で次の条件を満たすものを用いて，$\mathbb{C}$ の部分群 $\Lambda=\mathbb{Z}\omega_1+\mathbb{Z}\omega_2=\{m_1\omega_1+m_2\omega_2\mid m_1,m_2\in\mathbb{Z}\}$ による*商群 $\mathbb{C}/\Lambda$ の形に表される．条件とは，$\mathbb{C}$ を $\mathbb{R}$ 上の2次元線形空間と見たときに ω_1,ω_2 が $\mathbb{R}$ 上線形独立であることである．これを次のように高次元化する．$\mathbb{C}^g$ の $2g$ 個の元 ω_i $(1\leq i\leq 2g)$ を考える．$\mathbb{C}^g$ を $\mathbb{R}$ 上の $2g$ 次元の線形空間と見たとき，$\omega_1,\cdots,\omega_{2g}$ は $\mathbb{R}$ 上線形独立であるとする．$\mathbb{C}^g$ の部分群 $\Lambda=\mathbb{Z}\omega_1+\cdots+\mathbb{Z}\omega_{2g}$ による商群 $\mathbb{C}^g/\Lambda$ を，$\omega_1,\cdots,\omega_{2g}$ を基本周期とする複素トーラスといい $\mathbb{C}^g/\Lambda$ と記す．複素トーラスは複素多様体になる．（さらに $\mathbb{C}^g$ の計量から決まる計量でケーラー多様体になる．また複素トーラスの群の演算は複素多様体としての*正則写像であり，複素トーラスは複素*リー群にもなる．）⇨ アーベル多様体

楕円曲線はドーナツの表面，すなわち円周を S^1 と記すとき $S^1\times S^1$ と*同相であるが，g 次元複素トーラスは円周 S^1 の $2g$ 個の*直積と同相である．

$\mathbb{C}^g$ の元を横ベクトルとして表示し，ω_i を i 番目の行とする $2g\times g$ 行列を Ω と記す．Ω を $\mathbb{C}^g/\Lambda$ の周期行列と呼ぶ．$\mathbb{C}^g/\Lambda$ の代わりに T_Ω とも書く．$\omega_1,\cdots,\omega_{2g}$ が $\mathbb{R}$ 上線形独立であるという条件は，$\det(\Omega\overline{\Omega})\neq 0$ と同値である．また，$\Omega'=M\Omega X$, $M\in GL(2g,\mathbb{Z})$, $X\in GL(g,\mathbb{C})$ であることと，T_Ω と $T_{\Omega'}$ が複素多様体として同型であることは同値である．

複素部分多様体
complex submanifold

*複素多様体 M の部分集合 N は，その各点 $p\in N$ を中心とする座標近傍 U_p と局所座

標 $(z_1,\cdots,z_n)$ を適当に選ぶと $N \cap U_p$ が $\{q \in U_p \mid z_1(q)=0,\cdots,z_m(q)=0\}$ (m は点 p によらず一定) と表されるときに，余次元 m，次元 $n-m$ の複素部分多様体という．このとき N は $n-m$ 次元複素多様体である．

複素平面
complex plane

実数の全体 $\mathbb{R}$ が直線と対応するように，対応「複素数 $z=x+iy \longleftrightarrow$ 平面上の点 (x,y)」により，複素数全体 $\mathbb{C}$ を幾何学的には平面と見ることができる．ただし，$i=\sqrt{-1}$．これを複素平面あるいはガウス平面という．x 軸を実軸，y 軸を虚軸という．このとき，複素数 $z=x+iy, w=u+iv$ の和 $z+w=(x+u)+i(y+v)$ はベクトルとしての和 $(x+u, y+v)$ に，また，複素数 w を z 倍することはベクトル (u,v) を z の絶対値 $|z|$ 倍に拡大し，偏角 $\arg z$ だけ回転することに対応する．初等関数はすべて複素平面上の解析関数と考えると，その意味が明快になる．→ ベクトル，複素数，初等関数，解析関数，リーマン面

複素平面

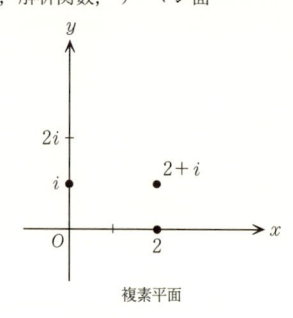

複素ベクトル空間
complex vector space

複素線形空間のこと．

複素力学系
complex dynamical system

例えば，*1次分数変換や2次式で定まる変換 $f_c(z)=z^2+c$ $(c \in \mathbb{C})$ から決まる*力学系のように，*複素関数から定まる複素平面 $\mathbb{C}$ あるいは*リーマン球面 $\mathbb{C} \cup \{\infty\}$ 上の力学系のことである．とくに，有理写像の場合が詳しく研究され，多変数の場合にも一般化されている．→ ジュリア集合，マンデルブロ集合

複体 complex → 単体複体，胞複体，鎖複体

複比
cross ratio

非調和比ともいう．1つの直線上に4点 A, B, C, D があるとき，$(AC/CB):(AD/DB)$ をこれら4点の複比といい，(AB, CD) により表す．正確には，AC, CB, AD, DB は*有向線分と考え，$AB=-BA$ とする．数直線上の4点 $A=x_1, B=x_2, C=x_3, D=x_4$ に対しては

$$(AB, CD) = \frac{x_3-x_1}{x_2-x_3} : \frac{x_4-x_1}{x_2-x_4}$$
$$= \frac{(x_3-x_1)(x_4-x_2)}{(x_4-x_1)(x_3-x_2)}$$

である．

平面上の1点を通る4直線すべてに交わる直線 l があり，その交点をそれぞれ A, B, C, D とすれば，l の取り方いかんにかかわらず，複比 (AB, CD) の値は一定である．これを複比の定理という．この定理は，平面の*射影変換に関して複比が不変であるという命題と同値である．

複比はさらに複素数，さらに*リーマン球面上の相異なる4点の組に拡張できる．リーマン球面上の相異なる4点の組 (z_1, z_2, z_3, z_4) に対して，

$$[z_1, z_2, z_3, z_4] = \frac{(z_3-z_1)(z_4-z_2)}{(z_4-z_1)(z_3-z_2)}$$

をそれらの複比あるいは非調和比という．ただし $\infty/\infty=1$ と約束する．例えば $[z, 1, 0, \infty]=z$ である．

*1次分数変換

$$f(z) = \frac{az+b}{cz+d} \quad (ad-bc \neq 0)$$

に対してつねに

$$[f(z_1), f(z_2), f(z_3), f(z_4)] = [z_1, z_2, z_3, z_4]$$

が成り立つ．逆に

$$[w_1, w_2, w_3, w_4] = [z_1, z_2, z_3, z_4]$$

ならば $w_i=f(z_i)$ $(1 \leq i \leq 4)$ となる1次分数変換 f が存在する．複比は4点の配置の，1次分数変換に関する不変量である．

符号
sign

0と異なる実数 a について，$a/|a|$ を a の符号という．

符号(情報の)
code

文字列，音声，画像などの情報を伝送したり記録したりする際には，情報を生のまま扱うよりも

別の形に変換した方が便利なことが多い．このように情報を変換したものを符号と呼ぶ．符号としては $\{0,1\}$ からなる列が用いられることが多い．
→ 符号理論，情報理論

符号(対称行列の)
signature

n 次の実対称行列 $A=[a_{ij}]$ から得られる2次形式
$$\langle A\boldsymbol{x}, \boldsymbol{x}\rangle = \sum_{i,j=1}^{n} a_{ij}x_i x_j$$
の符号を A の符号という(→ シルベスターの慣性法則)．重複度を込めた A の正の固有値の数を p, 負の固有値の数を q とするとき，A の符号は (p,q) である．$p-q$ を符号数と呼ぶこともある．

符号(置換の)　signature　→ 符号数

符号(2次形式の)　signature　→ シルベスターの慣性法則

符号化　coding　→ 符号理論

符号数
signature

任意の*置換 σ は*互換の積になる．置換 σ が m 個の互換の積であるとき σ の符号数を $\mathrm{sgn}\,\sigma = (-1)^m$ と定義する．これは，n 次の*差積
$$A(x_1, x_2, \cdots, x_n) = \prod_{1 \leqq i < j \leqq n} (x_i - x_j)$$
に対して
$$\prod_{1 \leqq i < j \leqq n}(x_{\sigma(i)} - x_{\sigma(j)})$$
$$= \mathrm{sgn}\,\sigma \prod_{1 \leqq i < j \leqq n}(x_i - x_j)$$
と定義することと同値である．n 次置換 σ にその符号数 $\mathrm{sgn}\,\sigma$ を対応させる写像は n 次*対称群から2次*巡回群 $\{1,-1\}$ への群の*準同型写像 $\mathrm{sgn}: S_n \to \{1,-1\}$ を定義する．この準同型写像の*核は n 次*交代群である．対称行列の符号数は *符号(対称行列の)参照．→ 偶置換，行列式

符号つき測度
signed measure

測度の定義において，負の値をとることも許したものをいう．ただし値 $\pm\infty$ はとらないとする．すなわち可算加法関数を符号つき測度という．
→ 可算加法関数

符号定理
signature theorem

$4n$ 次元の向きの付いた境界のないコンパクト多様体 M の $2n$ 次のコホモロジーには，積の構造を用いて，対称2次形式が定まる．この2次形式の正の固有値の数から負の固有値の数を引いた数を，M の符号数という．例えば，$2n$ 次元複素射影空間の符号数は 1 である．符号数を多様体の曲率(言い換えると*特性類であるポントリャーギン類)から決まる量(L 種数と呼ばれる)の積分で表す公式が符号定理である．符号定理はヒルツェブルフ(F. E. P. Hirzebruch)によって証明された．アティヤ-シンガーの*指数定理からも導かれる．

符号理論
coding theory

情報(例えば文字列，音声，画像)の伝送や記録のためには，情報を生のまま扱うよりも別の形に変換する方が便利なことが多い．情報を別の形にすることを符号化，元の形に戻すことを復号化と呼ぶ．符号理論は，情報を符号化して伝送，記録する際に生じる誤りの検出や訂正に便利な符号の存在や構成法を論じる学問体系である(*誤り検出符号，*誤り訂正符号)．有限体上の線形代数や代数幾何の理論が効果的に利用され，数学の結果が直ちに応用に結びつく分野となっている．

ブーゼマン関数
Busemann's function

粗くいうと，リーマン多様体 M の「無限遠点」からの距離のことである．M のリーマン計量から決まる測地距離を d と書き，$l:[0,\infty) \to M$ が距離を保つ写像とする(l は測地線になる)．このとき，$x \in M$ に対して，$\lim_{t \to \infty}(d(x, l(t)) - t)$ を対応させる関数がブーゼマン関数である．

M を平面 $\mathbb{R}^2$, l を $l(t)=(t,0)$ とすると，ブーゼマン関数は $(x,y) \mapsto -x$ である．

双子素数
twin prime numbers

$(5,7), (11,13), (17,19)$ のように，$q-p=2$ を満たす素数の組 (p,q) を双子素数という．双子素数は無限個存在すると予想されているが，未だ証明はなされていない．

付値

valuation

複素数を係数とする多項式 $P(x)$ に対して，複素数 α での零点の位数が m (すなわち α は $P(x)$ の m 重根)であるとき $v(P(x))=m$，α が根でないときは $v(P(x))=0$ と定義する．また多項式 $P(x)$, $Q(x)$ が定める有理関数 $F(x)=P(x)/Q(x)$ に対して $v(F(x))=v(P(x))-v(Q(x))$ と定義する．すなわち，$F(x)$ の点 $x=\alpha$ における位数(m 位の零点ならば m, m 位の極ならば $-m$)を $v(F(x))$ とおく．この定義によって複素数係数の 1 変数有理関数体 $\mathbb{C}(x)$ の 0 以外の元 $F(x)$ に対して整数 $v(F(x))$ がただ 1 つ定まり次の性質を持つ．

1. $v(F(x)G(x))=v(F(x))+v(G(x))$
2. $v(F(x)+G(x))\geqq \min\{v(F(x)),v(G(x))\}$

さらに 0 は α で無限位数の零を持つと考えることができるので $v(0)=\infty$ と約束する．点 α をかえることによって種々の v ができる．この考え方を一般化したのが付値である．

*体 K から整数の全体 $\mathbb{Z}$ に無限大 ∞ を付け加えたものへの写像 $v\colon K\to\mathbb{Z}\cup\{\infty\}$ が次の条件を満足するとき体 K の付値，正確には加法付値あるいは加法的付値という．

(1) $v(0)=\infty$ であり逆に $v(a)=\infty$ となるのは $a=0$ に限る．

(2) $v(ab)=v(a)+v(b)$.

(3) $v(a+b)\geqq \min\{v(a),v(b)\}$.

体 K の 2 つの加法付値 v,v' に対して
$$v(a)\leqq v(b) \iff v'(a)\leqq v'(b)$$
が成り立つとき v と v' は同値であるという．これは v と v' の付値環が一致することと同値である．$v(0)=\infty$ とおき，0 以外の K の任意の元 a に対して $v(a)=0$ とおくと，v は加法付値になる．これを K の自明な加法付値という．有理数体 $\mathbb{Q}$ の付値として，素数 p により決まる p 進付値(→ p 進絶対値)は自明でない加法付値の例である．一方，*リーマン面上の有理型関数の点 z_0 での位数を考えることによって，最初の例と同様に有理型関数のなす体の付値が定義できる．このことは，素数とリーマン面上の点が，付値を通じて類似な概念であることを示唆している．

加法付値 v に対して乗法付値あるいは乗法的付値 $|\cdot|_v$ を正の数 $\alpha>1$ を使って $|a|_v=\alpha^{-v(a)}$ と定義する．乗法付値 $|\cdot|_v$ は K から $\mathbb{R}$ への写像であり，次の性質を持つ．

(1) $|a|_v\geqq 0$ であり $|a|_v=0$ となるのは $a=0$ に限る．

(2) $|ab|_v=|a|_v|b|_v$.

(3) $|a+b|_v\leqq \max\{|a|_v,|b|_v\}$.

より一般に K から $\mathbb{R}$ への写像 w について

(1) $w(a)\geqq 0$ かつ $w(a)=0 \iff a=0$,

(2) $w(ab)=w(a)w(b)$,

(3) $w(a+b)\leqq c(w(a)+w(b))$ (c は a,b に依存しない正の定数)

が成り立つとき w を K の乗法付値という．(3)のかわりに，より強い条件

(3$'$) $w(a+b)\leqq \max\{w(a),w(b)\}$

を満足する乗法付値を非アルキメデス的乗法付値という(→ 非アルキメデス的付値)．$w(0)=0$ かつ K の 0 以外の任意の元 a に対して $w(a)=1$ となる乗法付値を自明な乗法付値という．

$\mathbb{R}$ や $\mathbb{C}$ の通常の絶対値は乗法付値である．

K の乗法付値 w,w' は，$w'(a)=w(a)^r$ が K のすべての元 a に対して成り立つような正数 r が存在するとき，同値であるという．加法付値 v,v' から作られる乗法付値 $|\cdot|_v, |\cdot|_{v'}$ が同値であるための必要十分条件は，v と v' が加法付値として同値であることである．

非アルキメデス的乗法付値 w に対して $w(a)=\alpha^{-v(a)}$ となる加法付値 v と正の数 $\alpha>1$ が必ず存在する．

乗法付値 w の与えられた体 K には，$d(x,y)=w(x-y)$ と置くことにより距離 d が定まる．付値をもつ体 K に関して，付値から定まる距離が完備なとき，K を完備付値体という．p 進数体は完備付値体である．

付値環

valuation ring

体 K の加法付値(→ 付値) $v\colon K\to\mathbb{Z}\cup\{\infty\}$ に対して
$$\mathfrak{O}_v=\{a\in K\mid v(a)\geqq 0\}$$
とおくと $\mathfrak{O}_v$ は環となる．この環 $\mathfrak{O}_v$ を付値環という．$\mathfrak{O}_v$ は局所環であり，その極大イデアルは
$$\mathfrak{m}_v=\{a\in K\mid v(a)>0\}$$
で与えられる．

フックス型微分方程式 　Fuchsian differential equation

⇒ 確定特異点

フックス群

Fuchsian group

古典的な保型関数論において，重要な役割を果たす群である．

2次の特殊線形群 $SL(2,\mathbb{R})$ の離散部分群 Γ が次の性質を満たすとき，（第1種）フックス群といわれる．上半平面 $H=\{z\in\mathbb{C}\,|\,\mathrm{Im}\,z>0\}$ に*1次分数変換により Γ を*作用させるとき，商空間 $\Gamma\backslash H$ には H の*ポアンカレ計量から定まる*測度 μ が入るが，この測度について $\mu(\Gamma\backslash H)$ は有限である．

*モジュラー群 $SL(2,\mathbb{Z})$ およびその有限指数を持つ部分群（特に*合同部分群）はフックス群である．

フックのテンソル
Hooke's tensor

弾性体をゆがめると，応力が生じる．ゆがみが小さいときは，*応力テンソル T^{ij} は*ひずみテンソル E_{kl} に線形に依存すると考えられる．これを一般化された*フックの法則といい，式で表すと，
$$T^{ij}=\sum_{k,l=1}^{3}c^{ijkl}E_{kl}$$
である．この比例定数 c^{ijkl} は4階のテンソルの成分をなす．これをフックのテンソルあるいは弾性率テンソルと呼ぶ．c^{ijkl} は $c^{ijkl}=c^{jikl}=c^{ijlk}=c^{klij}$ なる対称性を持ち，したがって，独立な成分は21個である．

フックの法則
Hooke's law

1次元弾性体（例えばバネ）の，力が働かないときの長さが L であるとする．このとき，弾性体を長さ L' に変形したとき，大きさが $|L'-L|$ に比例する（元の長さに戻る方向の）力（→応力テンソル）が働くという法則である．比例定数を弾性定数という．

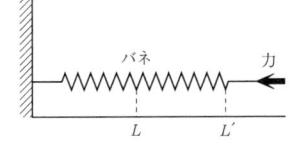

フックの法則に従う1次元弾性体の時刻 t での長さを $L(t)$ とし，$x(t)=L(t)-L$ と置くと，フックの法則とニュートンの運動方程式より，$d^2x/dt^2=-cx(t)$ が成り立ち，よって，$x(t)=C_1\sin(\sqrt{c}t-C_2)$ が導かれる．すなわち，*単振動が起こる．→フックのテンソル

不定
indeterminate

x に関する方程式 $ax=b$ の解は $a=b=0$ のとき一意に決まらない．このとき，方程式の解は不定であるという．また，分子と分母が0である分数は意味を持たない．このとき，この分数は不定であるという．例えば $(x-y)/(x+y)$ は $x=y=0$ で不定である．

不定域イデアル
ideal with indeterminate domain

岡潔が多変数関数論のレヴィ（Levi）の問題を解く過程で導入した概念であり，n 次元複素アフィン空間 $\mathbb{C}^n$ の点 P での正則関数のなす*芽の全体，すなわち*茎 $\mathcal{O}_{\mathbb{C}^n,P}$ の*イデアルのことである．不定域イデアルの考えはルレー（Leray）による*層の考えと本質的に同一であることがカルタン（H. Cartan）によって見出され，多変数関数論に層の理論が有効に使われるようになった．

不定形
indeterminate form

例えば，$(\sin x)/x$ において，いきなり $x=0$ とおくと $0/0$ となり，意味を持たない形になるが，$x\to 0\;(x\neq 0)$ としたときには極限値1が確定する．この種の見かけ上 $0/0$, $\infty\times 0$, ∞/∞ のようになる式を不定形という．不定形の極限値を求めるには，*平均値の定理やテイラー近似式，*ロピタルの定理などを使う．

不定元
indeterminate

多項式 $a_0x^n+a_1x^{n-1}+\cdots+a_{n-1}x+a_n$ などにおいて，x に特定の値や変数としての意味を与えず，形式的な文字として考えることがある．このような x を不定元という．

不定積分　indefinite integral　⇒ 原始関数

不定値
indefinite

$Q=x^2-2y^2$ のように2次形式 Q の値が正にも負にもなる場合に2次形式 Q は不定値であるという．実対称行列 $A=[a_{ij}]$ に対して，2次形式 $Q=\sum a_{ij}x_ix_j$ が不定値であるとき，A は不定値であるという．これは A が正の固有値も負の固有値ももつことと同値である．→正定値，符号（2次形式の）

負定値
negative definite

符号を反転させると，正定値であること． → 正定値

負定値行列　negative definite matrix　→ 正定値行列

不定値内積
indefinite inner product

ベクトル空間 V の*内積 $\langle u,v \rangle$ の満たすべき性質のうちで，(1) 対称性と (2) 線型性を満たし，(3) 正値性より弱い次の条件を満たすものを，不定値内積という．

(3') 非退化性　$\langle u,v \rangle=0$ が任意の v に対して成り立つならば，$u=0$ である．

このとき，$Q(u) = \langle u,u \rangle$ は*非退化な2次形式になる．*シルベスターの慣性法則により，Q は V の基底 (x_i, y_i) $(i=1,\cdots,p)$ を選んで $Q=x_1^2+\cdots+x_p^2-y_1^2-\cdots-y_q^2$ と表される．このとき，不定値内積 $\langle u,v \rangle$ は (p,q) 型であるという． → ミンコフスキー計量

不定方程式
indeterminate equation

一般には，(複数の)未知数に関する方程式の解が一意に定まらないとき，不定方程式といわれる．狭い意味では，整数係数の多変数多項式 $f(x_1,\cdots,x_n)$ が与えられたとき，未知数を自然数あるいは整数とする方程式 $f(x_1,\cdots,x_n)=0$ を不定方程式という．この場合は，*ディオファントス方程式と呼ばれることもある．

例1　$x^2+y^2=z^2$ のすべての自然数解は，必要ならば x と y を入れ替えることを許すと，
$$x = k(m^2 - n^2), \quad y = 2kmn,$$
$$z = k(m^2 + n^2)$$
により与えられる．ここで，k は任意の正の整数，m,n は $m>n$ かつ互いに素で，一方が偶数，他方が奇数である正の整数とする．

例2　n を3以上の自然数とするとき，$x^n+y^n=z^n$ の自明でない $(x,y,z$ がすべて0でない) 整数解が存在するかどうかはフェルマの問題(→ フェルマ予想)といわれた．

例3　互いに素な自然数 a,b について，不定方程式 $ax-by=1$ を考える．a/b を有限正規連分数(→ 連分数) $[a_0, a_1, \cdots, a_{n-1}]$ で表したとき，$[a_0, a_1, \cdots, a_{m-1}]$ $(m \leq n)$ を既約分数で表し，それを P_m/Q_m とする．このとき

$$P_n Q_{n-1} - P_{n-1} Q_n = (-1)^n$$

である．$a=P_n$，$b=Q_n$ であるから，この不定方程式の解として，$x_0=(-1)^{n-1}Q_{n-1}$，$y_0=(-1)^{n-1}P_{n-1}$ が取れる．一般の解は，t を整数として $x=x_0+bt$，$y=y_0+at$ により与えられる．$[a_0, a_1, \cdots, a_n]$ は a,b から*ユークリッドの互除法で求められる．

例4　D を平方因子を持たない自然数とするとき，$x^2-Dy^2=\pm 1$ は無限個の自然数解を持つ．この方程式を*ペルの方程式という．

ヒルベルトの第10問題(→ ヒルベルトの問題)は，不定方程式が解を持つかどうかを判定する*アルゴリズムの存在について問うている．チューリング機械の言葉を使えば，集合 A を

$$A = \{f \mid f=0 \text{ は整数解を持つ不定方程式}\}$$

により定義するとき，「集合 A はあるチューリング機械により判定可能かどうか」という問いである．答は否定的である(マチヤーセヴィッチ(Y. Matiyasevich), 1970)．

不等式
inequality

不等号 $>, <, \geq, \leq$ で左右両辺が結ばれた，大小関係を表す式のことである．「不等式 $a \leq x \leq b$ によって定義される区間 $[a,b]$」のように使われる．等式が，恒等式，方程式のように区別されているのに対して，不等式はすべてを総称しているので，注意を要する． → シュワルツの不等式，イェンセンの不等式

浮動小数点数
floating-point number

計算機の中では $\pi = 3.14159265358979\cdots$ のような無限桁の実数をそのまま扱うことはできないので，有限桁の数で近似的に表現する．さらに，科学技術計算などにおいては，(絶対値の)非常に大きい数や小さい数を扱う必要があるので，小数点の位置を固定せずに可変とした浮動小数点数が用いられる．浮動小数点数の体系は計算機ごとに決まっており，「β 進 n 桁」と呼ばれる体系においては，$x=0$ または

$$x = \pm f \times \beta^m, \quad f = \frac{x_1}{\beta} + \frac{x_2}{\beta^2} + \cdots + \frac{x_n}{\beta^n}$$

の形の数 x が表現可能な数である．ここで，x_k $(k=1,\cdots,n)$ は $1 \leq x_1 \leq \beta-1$，$0 \leq x_k \leq \beta-1$ $(k=2,\cdots,n)$ を満たす整数で，m はあらかじめ決まっている範囲内 $L \leq m \leq U$ の整数である．f

を x の仮数部(mantissa), m を x の指数部(exponent)という．浮動小数点数の体系は，基数(あるいは底) β, 桁数 n, 最小指数 L, 最大指数 U で特徴づけられる．

不動点
fixed point

集合 X からそれ自身への*写像 f が与えられたとき，$f(x)=x$ となる元 x を不動点という．グラフで考えれば，連続写像 $f:\mathbb{R}\to\mathbb{R}$ の不動点は，曲線 $y=f(x)$ と対角線 $y=x$ の交点(の x 座標)である．なお，不動点を固定点ということもある．また，集合 X 上に群 G が*作用しているとき，どの $g\in G$ に対しても $gx=x$ となる $x\in X$ をこの作用の不動点または固定点という． ⇨ 不動点定理

不動点集合
fixed point set

写像の不動点全体からなる集合のことである．

不動点定理
fixed point theorem

空間 X からそれ自身への写像 f が与えられたとき，$f(x)=x$ を満たす点 x を f の不動点といい，不動点が存在するための十分条件を与える定理を不動点定理と総称する．不動点定理は，応用も含めてさまざまな分野で使われる．例えば，常微分方程式の初期値問題 $dx/dt=a(x)$, $x(0)=x_0$ は，連続関数 $x(t)$ を連続関数 $y(t)=x_0+\int_0^t a(x(s))ds$ に対応させる写像を f とすれば，$f(x)=x$ の形になり，*縮小写像の原理により解くことができる．

(1) 縮小写像の原理　X が*完備な*距離空間で f が縮小写像であれば，ただ1つの不動点が存在する．バナッハの不動点定理ともいう．

以下では，不動点が存在するための十分条件のみを述べる．最初のものは*位相幾何学の発展の初期に得られた重要な定理である．

(2) ブラウワーの不動点定理　X が $\mathbb{R}^N$ 内の閉*凸集合またはそれと同相な閉集合で，f が連続写像．

(3) レフシェッツの不動点定理　X が有限多面体で，f が連続写像，f のレフシェッツ数が0でない．

(4) シャウダーの不動点定理　X が*バナッハ空間内の閉凸集合，f は連続写像で，その像 $f(X)$ が*コンパクト集合．

(5) ティホノフの不動点定理　X がバナッハ空間内のコンパクトな凸集合で，f が連続写像．

(6) 角谷(1911-2004)の不動点定理　$\mathbb{R}^n$ 内のコンパクト凸集合 C 上で定義され，空でない C の閉凸部分集合を値とする写像 f は，上半連続($\lim x_n=x$ のとき，$\bigcap_n \bigcup_{m\geq n} f(x_m)\subset f(x)$)ならば，不動点($x\in f(x)$)をもつ．

例えば，最後の角谷の定理は，数理経済学におけるナッシュ均衡解の存在に適用された．不動点定理は，応用上も極めて有力な手段であり，この他にもさまざまな形の不動点定理が知られている．⇨ 位相幾何学，関数解析学

プトレマイオス
Ptolemaios, Klaudios

2世紀アレキサンドリアで活躍したギリシアの天文学者，数学者．英語風にはトレミー(Ptolemy)と呼ばれる．127年頃から151年にかけてアレキサンドリアで天文観測を行っていたこと以外，その伝記については何もわかっていない．主著は13巻からなる『アルマゲスト』(ギリシア語の題名は『数学大系』であり，アラビア語訳されたとき偉大な書という意味の『アルマゲスト』と呼ばれるようになり，この名前が定着した)と『地理学入門』である．『アルマゲスト』は古代の天動説の完成書としての位置づけを持ち，導円・周天円の理論(宇宙の幾何学的中心が地球から少し離れたところにあり(離心)，各天体はそれを中心とする円(導円)上の点を中心とする別の小さな円(周天円)上を運行するという理論)を展開し，天体の観測結果を理論的にきわめて正確に再現した．コペルニクスの地動説が出されたとき，プトレマイオスの理論の方が観測結果によく合うため，ケプラーは最初コペルニクスの説を疑ったと伝えられている．⇨ ギリシアの数学，アラビアの数学

負の相関　negative correlation　⇨ 相関

負半定値
negative semidefinite

非正定値ともいう．⇨ 正定値

フビニの定理
Fubini's theorem

2つの変数 x,y の関数 $f(x,y)$ について，
(1) $f(x,y)$ の積分(および積分可能性)
(2) まず y について積分し，次に x について

積分したもの
(3) (2)で積分の順序を入れ替えたもの
の3者の関係を述べた定理を総称していう。例えば，有界閉集合 $D=\{(x,y)|a\leqq x\leqq b, c\leqq y\leqq d\}$ 上の連続関数については，2次元での積分 $\int_D f(x,y)dxdy$ と2つの累次積分 $\int_a^b(\int_c^d f(x,y)dy)dx$, $\int_c^d(\int_a^b f(x,y)dx)dy$ の値はすべて一致する．とくに後の2つの累次積分に着目すれば，フビニの定理は積分順序の交換が可能なことを主張している．これらは，ルベーグ積分の意味での可積分関数 f にも拡張できる．その際に，累次積分に現れる1回積分した関数の可測性がポイントである．

部分
sub-

数学では，全体に対して部分という意味の他に，構造を持った集合の部分集合に同じ種類の構造が定まるときに使う接頭辞である．部分群，部分(位相)空間，部分多様体，部分線形空間，部分距離空間などがその例である．部分(位相)空間の場合は，任意の部分集合に位相が定まるが，部分線形空間などでは，和，差，スカラー倍について閉じている部分集合にだけ，線形空間の構造が定まる．

部分位相空間
topological subspace

位相空間の部分集合に*誘導された位相を与えたもののこと．

部分加群 submodule → 加群

部分環 subring → 環

不分岐
unramified

*分岐しないこと．

不分岐拡大
unramified extension

代数体の拡大 L/K で K のすべての素イデアルが L で不分岐のとき不分岐拡大という．例えば，2次体 $K=\mathbb{Q}(\sqrt{-5})$ の2次拡大体 $L=K(\sqrt{5})$ では K のすべての素イデアルは L で不分岐であり，L/K は不分岐拡大である．

部分空間
subspace

*部分位相空間，*線形部分空間などのこと．

部分グラフ
subgraph

与えられた*グラフ $G=(V,E)$ について，グラフ $H=(U,F)$ が G の部分グラフであるとは，$U\subset V$, $F\subset E$ であって，H の各辺 $e\in F$ の端点が G における e の端点に一致していることをいう．→ 頂点誘導部分グラフ

部分群
subgroup

群 G の部分集合 H が，G の演算で群をなすとき，すなわち，
(1) $a,b\in H \Longrightarrow ab\in H$
(2) G の単位元 e について，$e\in H$
(3) $a\in H \Longrightarrow a^{-1}\in H$
を満たすとき，H を G の部分群という．→ 群，正規部分群

例1 n 次の*交代群は，n 次の*置換群の部分群である．

例2 特殊線形群 $SL(n,\mathbb{R})$，直交群 $O(n)$ は一般線形群 $GL(n,\mathbb{R})$ の部分群である．

部分集合
subset

与えられた集合 A,B について，B の任意の元が A の元でもあるとき，B を A の部分集合といい，$B\subset A$ と表す($B\subseteq A$, $B\subseteqq A$ などと表すこともある)．例えば，正の偶数からなる集合は自然数の集合の部分集合である．空集合 $\emptyset$ に対しては $\emptyset\subset A$ がどんな A に対しても成り立つ．また $A\subset A$ も成り立つ．$B\subset A$ であり $B\neq A$ であるとき B を A の真部分集合という．→ 集合，真部分集合

部分積分
integration by parts

関数の積に対する積分法の公式
$$\int_a^b f(x)g'(x)dx = [f(x)g(x)]_a^b - \int_a^b f'(x)g(x)dx$$
のことである．(ここで $[F(x)]_a^b$ は $F(b)-F(a)$ を表す．) これは積の微分公式から導かれる簡単な

公式であるが(→ 原始関数)，解析学における有用性には多大なものがある．ストークスの定理やその特別な場合であるガウスの定理，グリーンの公式などは，部分積分の公式の多変数への拡張であり，証明の中で部分積分の公式が使われる．偏微分作用素の随伴作用素や，超関数の微分の定義の背景にも，部分積分の公式がある．ある解析学者が言った言葉に，「もし行き詰まったら，とにかく部分積分をしてみよ」というものがあるように，極めて便利な公式なのである．

部分線形空間　linear subspace ＝線形部分空間

部分体
subfield
*体 K の部分集合 F が体 K の加法と乗法によって体となるとき，すなわち
(1) $a,b \in F \Longrightarrow a+b, a-b, ab \in F$
(2) $0, 1 \in F$
(3) $a \in F, a \neq 0 \Longrightarrow a^{-1} \in F$
を満たすとき，F を K の部分体という．*実数体 $\mathbb{R}$ は*複素数体 $\mathbb{C}$ の部分体であり，*有理数体 $\mathbb{Q}$ は実数体 $\mathbb{R}$ および複素数体 $\mathbb{C}$ の部分体である．

部分多様体
submanifold
(1) $\mathbb{R}^3$ 内の曲面の概念の高次元への一般化である．$\mathbb{R}^n$ の部分集合 M が m 次元の部分多様体であるとは，どの点 $p \in M$ に対しても，その近傍で定義された $n-m$ 個の関数 $f_1, \cdots, f_{n-m}$ があって，M が p の近くでは，$f_1 = \cdots = f_{n-m} = 0$ の解の集合として表せ，またヤコビ行列 $[(\partial f_i/\partial x_j)(p)]$ （$(n-m) \times n$ 行列）のランクが $n-m$ であることを指す．陰関数定理を用いると，このことから M が各点の周りで*局所座標を持つことがわかる．

例えば，$n-m$ 個の m 変数関数 $g_i(x_1, \cdots, x_m)$ を用いて，$x_{m+i} = g_i(x_1, \cdots, x_m)$ $(i=1, \cdots, n-m)$ と表せる多様体（すなわち $(g_1, \cdots, g_{n-m})$ のグラフ）は部分多様体である．また，$n-1$ 次元球面は $x_1^2 + \cdots + x_n^2 = 1$ と表せるので部分多様体である．

$\mathbb{R}^n$ の m 次元部分多様体 M には，曲面と同様にして，リーマン計量が定まる．すなわち，$\varphi: U \to \mathbb{R}^m$ を局所座標系，$\psi = (\psi_1(y_1, \cdots, y_m), \cdots, \psi_n(y_1, \cdots, y_m))$ をその逆写像とすると，
$$g_{ij} = \left\langle \frac{\partial \psi}{\partial y^i}, \frac{\partial \psi}{\partial y^j} \right\rangle$$

とおくと $\sum_{i,j=1}^{m} g_{ij} dy^i dy^j$ がリーマン計量である（$\langle \cdot, \cdot \rangle$ は $\mathbb{R}^n$ の標準的内積）．

(2) 多様体 N の部分多様体 M も，$\mathbb{R}^n$ の部分多様体と同様に定義される．

部分被覆
subcovering
位相空間 X の被覆 $\{U_\alpha\}$ $(\alpha \in A)$ に対して，その一部でも X を覆っているとき，すなわち $B \subset A$ に対して，$\bigcup_{\alpha \in B} U_\alpha = X$ であるとき，$\{U_\alpha\}$ $(\alpha \in B)$ を $\{U_\alpha\}$ $(\alpha \in A)$ の部分被覆という．

部分分数分解
decomposition to partial fraction
与えられた有理関数を，例えば
$$\frac{x^3+x}{x^2-1} = x + \frac{1}{x+1} + \frac{1}{x-1}$$

のように「純粋な分母」からなる項に分けておけば，その不定積分は容易に求めることができる．有理関数を，x の多項式，および定数項を含まない $1/(x-a)$ の多項式
$$\frac{c_1}{x-a} + \frac{c_2}{(x-a)^2} + \cdots + \frac{c_r}{(x-a)^r}$$

のいくつかの和に表すことを部分分数分解と呼ぶ．実数または複素数を係数とするどのような有理関数も，複素数の範囲ではただ一通りに部分分数分解することができる．また実数を係数とする有理関数の場合には，x の実係数多項式，$1/(x-a)^m$ （a は実数，$m \geq 1$）および
$$\frac{cx+d}{(x^2+px+q)^j} \quad (c,d,p,q \text{ は実数}, j \geq 1)$$

のいくつかの和に分解することができる．

複素関数論から見ると，部分分数分解とは極における主要部(→ 孤立特異点)の和への分解にほかならない．一般の有理型関数に対しても部分分数分解の類似が成り立つ．この場合，例えば
$$\frac{\pi^2}{\sin^2 \pi z} = \sum_{n=-\infty}^{\infty} \frac{1}{(z-n)^2}$$

のように一般には無限和を必要とする．

部分列
subsequence
数列ないし点列 $\{x_n\}$ $(n=1,2,\cdots)$ において，自然数列 $n_1 < n_2 < \cdots$ に応じた項を抜き出して作った列 $\{x_{n_k}\}$ $(k=1,2,\cdots)$ を部分列という．

不変系(アーベル群の) invariant → アーベル群の基本定理

不変式
invariant

例えば 2 次行列 $X=[x_{ij}]$ 全体には $g\cdot X = gXg^{-1}$ によって群 $G=GL(2,\mathbb{C})$ が作用するが，$F(X)=x_{11}x_{22}-x_{12}x_{21}$ はすべての $g\in G$ に対し $F(g\cdot X)=F(X)$ を満たし，この作用に関して形が変わらない多項式になっている．このように，*群 G が変数 $x_1,x_2,\cdots,x_n$ の張る*ベクトル空間 $V=\mathbb{C}x_1\oplus\mathbb{C}x_2\oplus\cdots\oplus\mathbb{C}x_n$ に*線形変換として作用しているとき，すべての $g\in G$ に対して
$$F(g(x_1),\cdots,g(x_n))=F(x_1,\cdots,x_n)$$
となる多項式または有理式 $F(x_1,\cdots,x_n)$ を群 G の不変式という．より一般に，群 G の*指標 $\chi:G\to\mathbb{C}^*$ について
$$F(g(x_1),\cdots,g(x_n))$$
$$=\chi(g)F(x_1,\cdots,x_n) \quad (g\in G)$$
が成り立つとき，F を*相対不変式という．

変数を係数とする n 次多項式 $f(x)=a_0x^n+a_1x^{n-1}+\cdots+a_n$ に 2 次*特殊線形群 $SL(2,\mathbb{C})$ を
$$(cx+d)^n f\left(\frac{ax+b}{cx+d}\right), \quad \begin{bmatrix} a & b \\ c & d \end{bmatrix}\in SL(2,\mathbb{C})$$
と作用させると $V_n=\mathbb{C}a_0\oplus\mathbb{C}a_1\oplus\cdots\oplus\mathbb{C}a_n$ の線形変換が定まる．$a_0,a_1,\cdots,a_n$ の多項式で $SL(2,\mathbb{C})$ に関する不変式となるものの全体は可換環をなす．19 世紀にはこの環の生成元を見出すことが不変式の重要な問題と考えられ，可換環論が誕生するきっかけとなった．

普遍写像性による定義
definition by means of universal mapping property

与えられたデータから，ある構造を持つ数学的対象を定義するとき，同種の構造を持つ他のすべての対象と比較することにより特徴づけること．普遍写像性を使うことによって*テンソル積や帰納的極限，射影的極限などを定義したのは*ブルバキであり，大変便利であるので広く使われているが初学者にはわかりづらいのが難点である．

例 1　集合 A が与えられたとき，A を生成系とする*自由群 F_A を次の普遍写像性を持つ群として定義することができる．

(1) 写像 $i:A\to F_A$ が存在する．

(2) A から任意の群 G への写像 $\varphi:A\to G$ が与えられたとき，準同型 $\Phi:F_A\to G$ で，$\Phi\circ i=\varphi$ となるものがただ 1 つ存在する．

例 2　L_1,L_2 を線形空間とするとき，テンソル積 $L_1\otimes L_2$ を次の普遍写像性を持つ線形空間として定義することができる．

(1) 双線形写像 $f_0:L_1\times L_2\to L_1\otimes L_2$ が存在する．

(2) 任意の線形空間 L と，任意の 2 重線形写像 $f:L_1\times L_2\to L$ に対して，線形写像 $g:L_1\otimes L_2\to L$ で，$g\circ f_0=f$ を満たすものがただ 1 つ存在する．

普遍写像性による定義では，求める対象は同型を除いて一意に定まることが直ちに証明されるが，そのような対象が存在するかどうかは自明ではない．

例 3 (自由群に対する一意性) $i_1:A\to F_{A,1}$ を普遍写像性を満たすもう 1 つの写像とする．例 1 の(2)により，$\Phi:F_A\to F_{A,1}$ で $\Phi\circ i=i_1$ となるものがただ 1 つ存在する．一方 i_1 に対する普遍写像性から，$\Psi\circ i_1=i_1$ となる写像 $\Psi:F_{A,1}\to F_A$ がただ 1 つ存在するが，やはり普遍写像性から $\Phi\circ\Psi,\Psi\circ\Phi$ ともに恒等写像である．

不変集合
invariant set

力学系 (X,f_t) について，空間 X の部分集合 A に対して $f_t(A)=A$ がつねに成り立つとき，A を不変集合という．また，離散力学系 (X,f) に対しては，$f(A)\subset A$ が成り立つ場合に，A を不変集合ということもある．なお，空間 X に群 G が作用している場合には，$GA=\{ga|a\in A,g\in G\}\subset A$ となる X の部分集合 A を G の作用に関する不変集合という．

不変測度
invariant measure

与えられた*変換や*流れ，あるいは*変換群などに関して不変な測度のことをいう．例えば，平面 $\mathbb{R}^2$ において，平行移動 $T_t:(x,y)\mapsto(x+ta,y+tb)$ $(t\in\mathbb{R})$ や角 θ の回転 $R_\theta:(x,y)\mapsto(x\cos\theta+y\sin\theta,-x\sin\theta+y\cos\theta)$ $(\theta\in\mathbb{R})$ は*面積要素 $dx\wedge dy$ を保存するから，*ルベーグ測度は，流れ T_t および変換 R_θ の不変測度である．

一般に，*位相空間 X の上の連続(または可測)な写像 $f:X\to X$ に対して(→位相力学系)，X 上の*測度 m が存在して，任意の*可測集合 A に対して $m(f^{-1}(A))=m(A)$ が成り立つならば，m は f に関する不変測度であるという．このとき 3 つ組 (X,f,m) は保測力学系(→保測変換)と

なる．

　力学系 (X, f) において，空間 X がコンパクト距離空間で，f が連続写像(→ コンパクト力学系)ならば，*確率測度であって不変測度となるもの(不変確率測度)が少なくとも1つ存在する(ボゴリューボフの定理)．一般には，不変確率測度は一意的ではないが，その全体は，(測度の弱位相(→ 弱位相(ノルム空間の)))に関して)コンパクトな凸集合となる．もし，例えば，*ワイル変換のように，不変確率測度が一意的ならば，その変換あるいは流れは*エルゴード的である．

　変換群に関する不変測度は，幾何学において重要な概念であり，さまざまな幾何学モデルがある．

　例えば，n 次元ユークリッド空間でのルベーグ測度(体積要素) $d\mu = dx_1 \wedge \cdots \wedge dx_n$ は平行移動や回転に関する不変測度である．

　xy 平面における単位円周 $(x^2+y^2=1)$ 上の測度 $d\theta$ ($x=\cos\theta, y=\sin\theta$)，2次元球面 $x^2+y^2+z^2=1$ 上の面積要素の測度 $dS = xdy \wedge dz + ydz \wedge dx + zdx \wedge dy$，さらに，高次元球面での*標準的体積要素は，回転に関する不変測度を与える．

　一方，*上半平面モデル $\mathfrak{h} = \{(x, y) | y>0\}$ において面積要素 $dx \wedge dy/y^2$ は*1次分数変換に関する不変測度である．

　一般に，局所コンパクトな位相群の*ハール測度は群の左作用または右作用(→ 作用(群の))に関して不変な測度の例である．その他，*対称空間のように，群が*推移的に作用する*等質空間に，群の作用に関して不変な測度が入る場合が知られている．なお，確率論における*ガウス測度は，回転に関する不変測度だが，平行移動に関しては不変ではない．

不変体
invariant field

*ガロア拡大 L/K の*ガロア群 $G = \mathrm{Gal}(L/K)$ の部分群 H に対して $L^H = \{x \in L | g(x) = x, \forall g \in H\}$ を H の不変体という．さらに一般に*群 G が*体 L に*作用しているとき G の部分群 H に対して上と同様に H の不変体 L^H を定義することができる．

不変部分空間
invariant subspace

線形空間 L の*線形変換 $T: L \to L$ に対して $T(W) \subset W$ となる L の線形部分空間 W を T の不変部分空間という． ⇒ 線形表現

不偏分散　unbiased variance　⇒ 標本分散

不変分布
invariant distribution

時間発展に関して変わらない確率分布のことをいう．⇒ 不変測度

不変ベクトル場
invariant vector field

*変換群で不変なベクトル場のことである．例えば，平面上のベクトル場 $x(\partial/\partial x) + y(\partial/\partial y)$ は原点を中心とした回転の作る群 $SO(2)$ で不変である．

ブラウワーの不動点定理　Brower's fixed point theorem　⇒ 不動点定理

ブラウン運動
Brownian motion

最も基本的な確率過程で，熱方程式に対応する拡散過程のことをいう．ウィーナー過程ともいう．出発点 $B(0) = x_0$ のブラウン運動 $B(t)$ ($t \geq 0$) とは，t について連続な確率過程で，任意の $n \geq 1$，$0 < t_1 < \cdots < t_n$, $a_1 < b_1, \cdots, a_n < b_n$ に対して

$$P_{x_0}(B(t_1) \in (a_1, b_1), \cdots, B(t_n) \in (a_n, b_n))$$
$$= \int_{a_1}^{b_1} \cdots \int_{a_n}^{b_n} g(t_1, x_1 - x_0) \cdots$$
$$\times g(t_n - t_{n-1}, x_n - x_{n-1}) dx_1 \cdots dx_n$$

を満たすものである．ただし，

$$g(t, x) = \frac{1}{\sqrt{2\pi t}} \exp\left(-\frac{x^2}{2t}\right)$$

は熱核(熱方程式 $\partial u/\partial t = (1/2) \partial^2 u/\partial x^2$ の基本解)とする．この1次元のブラウン運動で互いに独立なものを n 個並べて得られる $\mathbb{R}^n$ 値確率過程を n 次元ブラウン運動という．ブラウン運動の名称は1827年に植物学者ブラウンが水面上の花粉の破片がジグザグ運動をするのを発見したことに由来する．20世紀初頭のアインシュタインなどの統計物理学的な考察やバシュリエ(Bachelier)の株価変動モデルの研究を経て，ウィーナーにより数学的に定義され，存在が証明された．ブラウン運動は酔歩のスケール極限としても得られる．一般に，熱方程式と同様にリーマン多様体の上のブラウン運動も詳しく研究されている．

フラクタル
fractal

　自然数ではない次元を持つ図形のことをいう．曲面，曲線，多様体，代数方程式の零点集合など，数学で古くから研究されてきた図形は，いくつかの実数の組でその上の点の名前をつける（パラメータを与える）ことができる．この実数の個数が次元であった．したがって，次元は整数である．しかし，*カントル集合のように実数の組でその上の点の名前をつけることができない図形もある．この場合その*ハウスドルフ次元を計算すると，しばしば自然数でない値になる．カントル集合以外にも，*シェルピンスキーの鉄などの例がある．

　このような集合は，かつては病的で反例の構成には有効でもそれ自身研究対象として重要であるわけではない，とも考えられてきたが，近年に至って，自然界に現れる事物には，「ざらざらとした表面をもった物体」や「出入りの激しい海岸線」のように，自然数でない値を次元に持つ集合をその数学的モデルとするのが適当であるようなものが多くある，ということが，マンデルブロ（B. Mandelbrot）らによって指摘された．数学の内でも，力学系の研究などからはフラクタルと呼ぶべき図形は多く現れる．

　このような理由で，フラクタルの研究は近年盛んになってきた．フラクタルの上の解析学など，多くの研究が始まっている．自己相似性（→ 自己相似集合），すなわち，「X の一部 X_0 の長さを一斉にある定数倍すると，X の別の一部 X_1 にほぼ等長になる」などの性質が注目されている．

フラクタル次元
fractal dimension

　自然数ではない次元のことである．多くの場合ハウスドルフ次元である． → フラクタル，ハウスドルフ次元

ブラック・ボックス
black box

　物理学や工学などに由来する言葉で，暗箱ともいう．考えている系（システム）を，その詳細は不明でも，入力に応答して出力を返す写像と考えてその性質を解析するとき，ブラック・ボックスという．

プラトー問題
Plateau's problem

　3次元ユークリッド空間内の閉じた曲線を与え，これを境界とする*極小曲面を求める問題をいう．プラトー（J. A. F. Plateau）が実験的に考察したことからこの名前がついている．ダグラス（J. Douglas）とラドー（T. Radó）によって解が存在することが証明されている．

プラトン
Platon

　427-347 B.C.　古代ギリシアの哲学者．ソクラテスの弟子であり，アリストテレスとともに，西欧哲学に大きな影響を及ぼした．対話を主とした多くの著述がある．その中には，数学に関連する内容も含まれている（『メノン』『テアイテトス』）．アテネにアカデメイアを開きアリストテレスを始めとする多くの弟子を持った．アカデメイアはアカデミーの語源となっている．その門扉には「幾何学を知らざるもの，入るべからず」という言葉が記されてあったという伝説が伝えられている．宇宙の調和を正多面体で説明しようとしたことから，5種の正多面体をプラトン立体ということがある．プラトンの活動がギリシア数学の進展に寄与したといわれている． → ギリシアの数学

ブラフマグプタ
Brahmagupta

　598-?　インドの数学者．628年に数理天文学書である『ブラーフマ・スプタ・シッダーンタ』を著した．算術は第12章，代数は第18章で扱われている．代数では負数と零の法則を与え，2次方程式 $ax^2+bx=c$ を解いている．2次の不定方程式，中でも後年ペル（J. Pell）の方程式と呼ばれることになる方程式 $x^2-Dy^2=1$ を論じているのは注目すべきことである（その解を与えたのはジャヤデーヴァ（11世紀以前）である）．また，色を表す言葉の頭文字を使って未知数を表し，多元連立1次方程式を解いた．この本は8世紀後半アラビアに伝わり，アラビアの天文学で重要な役割をした． → インドの数学

プランク定数
Planck's constant

　*量子力学の基礎となる定数である．通常 $\hbar$ と記され，$\hbar=h/(2\pi)=1.054\times10^{-27}$（エルグ・秒）の形でよく用いられる．$\hbar$ をパラメータとみなして $\hbar\to0$ の極限を考えることを*準古典近似という． → 不確定性原理

プランシュレルの定理 Plancherel's theorem ⇒ フーリエ変換(多変数の)

フーリエ解析
Fourier analysis

フーリエ級数やフーリエ変換に基づく解析学をいう．歴史的にはフーリエが熱方程式の初期値問題を解く際に導入した方法にその起源がある．フーリエは「任意の」関数が3角関数の無限和で表されることを主張し，当時の数学界に論争を巻き起こした．この論争はそれまで曖昧であった関数概念を深く反省する契機となり，19世紀以降の実解析学の発展につながった．フーリエ解析は複素解析や関数解析と並んで解析学における最も基本的な方法の1つであり，微分方程式をはじめ広い分野に応用されている．また実用的な解析法としても重要で，物理学や工学においては不可欠の道具である．級数や積分を有限和で置き換えた離散フーリエ変換はコンピュータ内部での計算に用いられ，CT，画像処理，データ圧縮などの先端技術を支える数学的基盤になっている．⇒ フーリエ級数，フーリエ変換，離散フーリエ変換，高速フーリエ変換，相関関数(時系列の)，パワースペクトル

フーリエ級数
Fourier series

有限区間上の多くの関数は3角関数の無限和で表すことができる．

まず，$f(x)$ は 2π を周期とする周期関数とする．
$$a_n = \frac{1}{\pi}\int_{-\pi}^{\pi} f(x)\cos nx\, dx,$$
$$b_n = \frac{1}{\pi}\int_{-\pi}^{\pi} f(x)\sin nx\, dx$$
を $f(x)$ のフーリエ係数，それらを用いて作られた級数
$$\frac{a_0}{2} + \sum_{n=1}^{\infty}(a_n\cos nx + b_n\sin nx)$$
を $f(x)$ のフーリエ級数という．$f(x)$ が C^1 級ならば，そのフーリエ級数は一様収束して $f(x)$ に等しい．区分的に C^1 級の場合でも，不連続点 a で左右からの極限値 $f(a\pm 0)=\lim_{\varepsilon\to+0}f(a\pm\varepsilon)$ が存在するならばフーリエ級数は平均値 $(f(a+0)+f(a-0))/2$ に収束する．

区間 $(-\pi,\pi)$ で与えられた関数 $f(x)$ についても，これを周期性 $f(x+2\pi)=f(x)$ によって拡張すれば，フーリエ級数を考えることができる(ただし $x=n\pi$ (n: 整数) での値の決め方は不定性があり，$f(x)$ は一般にそこで不連続になり得る)．

一般には連続関数であってもフーリエ級数がある点で発散するような例がある．またべき級数とは異なり，フーリエ級数は収束しても微分可能になるとは限らない．一般の関数に対してフーリエ級数がいつ収束するか，収束するとき値が $f(x)$ に等しいかなどは実解析学上の問題として深く研究されている．

フーリエ級数はまた3角級数ともいわれる．$\sin nx$ のみ，または $\cos nx$ のみからなる場合それぞれ正弦級数，余弦級数という．複素数値関数を考える場合は
$$c_n = \frac{1}{2\pi}\int_{-\pi}^{\pi} f(x)e^{-inx}dx$$
を用いて
$$\sum_{n=-\infty}^{\infty} c_n e^{inx}$$
の形に書く方が自然であり扱いやすい．このとき c_n もフーリエ係数と呼ぶ．f の L^2 ノルム $\|f\|_2 = \left(\int_{-\pi}^{\pi}|f(x)|^2 dx\right)^{1/2}$ が有限ならば f のフーリエ級数は f に L^2 ノルムで収束し，
$$\sum_{n\in\mathbb{Z}}|c_n|^2 = \frac{1}{2\pi}\|f\|_2^2$$
が成り立つ．これをパーセヴァルの等式という．フーリエ級数の理論は L^2 空間における一般の直交関数系に対して拡張される．

フーリエ級数の例をいくつか挙げる．関数の定義区間は $(-\pi,\pi)$，また $|a|<1$ で，μ は整数でないとする．

$f(x)$	$f(x)$ のフーリエ級数
x	$2\sum_{n=1}^{\infty}(-1)^{n-1}\dfrac{\sin nx}{n}$
$\|x\|$	$\dfrac{\pi}{2} - \dfrac{4}{\pi}\sum_{n=1}^{\infty}\dfrac{\cos(2n-1)x}{(2n-1)^2}$
x^2	$\dfrac{\pi^2}{3} + 4\sum_{n=1}^{\infty}(-1)^n\dfrac{\cos nx}{n^2}$
$\dfrac{1-a^2}{1-2a\cos x+a^2}$	$1+2\sum_{n=1}^{\infty}a^n\cos nx$
$\dfrac{\sin\mu x}{\sin\mu\pi}$	$\dfrac{2}{\pi}\sum_{n=1}^{\infty}(-1)^n n\dfrac{\sin nx}{\mu^2-n^2}$

多変数の場合も同様にフーリエ級数がよく用いられる．例えば2変数の場合のフーリエ係数は
$$c_{mn} = \frac{1}{(2\pi)^2}\int_{-\pi}^{\pi}\int_{-\pi}^{\pi} f(x,y)e^{-imx-iny}dxdy$$

で与えられる．→ フーリエ解析，フーリエ変換，高速フーリエ変換，固有関数展開，ディリクレ核，フェイエールの定理

フーリエ係数　Fourier coefficient　→ フーリエ級数

フーリエ積分
Fourier integral

直線 $(-\infty, \infty)$ 上の関数 $f(x)$ を用いて，

$$\widehat{f}(\xi) = \int_{-\infty}^{\infty} f(x) e^{-i\xi x} dx$$

の形に書かれた積分をいう．ただし $i=\sqrt{-1}$ で，パラメータ ξ は実数とする．この積分を ξ の関数と見たものが実質的に*フーリエ変換である．なお形式的には，区間 $[-L, L]$ 上で関数 $f(x)$ の*フーリエ係数

$$c_n = \frac{1}{2L} \int_{-L}^{L} f(x) e^{-\pi i n x/L} dx$$

を考え，$L \to \infty, n \to \infty, n\pi/L \to \xi$ として $2Lc_n$ の極限をとれば，上のフーリエ積分 $\widehat{f}(\xi)$ が得られる．→ フーリエ級数

フーリエの法則
Fourier's law

熱伝導に関する基本法則をいう．等方的な物質内の空間座標 x，時刻 t における温度分布を $\theta(x, t)$ とするとき，各点における熱の流れ q は温度勾配 $\nabla \theta$ に比例し，$q = -K \nabla \theta$ と表される．この比例定数 K を熱伝導率と呼ぶ．→ 熱方程式

フーリエ変換（1変数の）
Fourier transformation

$\mathbb{R}$ 上の可積分関数 $f(x)$ に対して

$$\widehat{f}(\xi) = \int_{\mathbb{R}} f(x) e^{-2\pi i \xi x} dx$$

をそのフーリエ変換（Fourier transform）という．この操作のこともフーリエ変換（Fourier transformation）という．$f(x)$ が*急減少関数ならば逆変換の公式

$$f(x) = \int_{\mathbb{R}} \widehat{f}(\xi) e^{2\pi i \xi x} d\xi$$

が成り立つ．L^2 関数に対してもこれらの式は意味を持つ（→ 平均収束）．L^2 ノルム $\|f\|_2 = \left(\int_{\mathbb{R}} |f(x)|^2 dx \right)^{1/2}$ はフーリエ変換で不変に保たれる：$\|\widehat{f}\|_2 = \|f\|_2$．関数 $f(x)$ の x 倍 $xf(x)$，導関数 $(d/dx)f$ および合成積 $(f*g)(x) = \int_{\mathbb{R}} f(x-y) g(y) dy$ は次のように簡単な変換を受ける．

$$\widehat{(xf(x))}(\xi) = (-2\pi i)^{-1} \frac{d}{d\xi} \widehat{f}(\xi),$$

$$\widehat{\left(\frac{df}{dx} \right)}(\xi) = 2\pi i \xi \widehat{f}(\xi),$$

$$\widehat{(f*g)}(\xi) = \widehat{f}(\xi) \widehat{g}(\xi).$$

$f(x)$ が偶関数のときフーリエ変換 $\widehat{f}(\xi)$ も偶関数であって

$$\widehat{f}(\xi) = 2 \int_0^{\infty} f(x) \cos(2\pi \xi x) dx,$$

$$f(x) = 2 \int_0^{\infty} \widehat{f}(\xi) \cos(2\pi \xi x) d\xi$$

が成り立つ．同様に $f(x)$ が奇関数のときはフーリエ変換 $\widehat{f}(\xi)$ も奇関数であって

$$\widehat{f}(\xi) = -2i \int_0^{\infty} f(x) \sin(2\pi \xi x) dx,$$

$$f(x) = 2i \int_0^{\infty} \widehat{f}(\xi) \sin(2\pi \xi x) d\xi$$

となる．なおフーリエ変換の定義として

$$\widehat{f}(\xi) = \frac{1}{\sqrt{2\pi}} \int_{\mathbb{R}} f(x) e^{-i\xi x}$$

を採用することもある．→ フーリエ解析，フーリエ級数

以下にフーリエ変換の例をかかげる．$a > 0$ とする．

$f(x)$	$\widehat{f}(\xi)$
$e^{-x^2/a}$	$\sqrt{a\pi} \, e^{-a\pi^2 \xi^2}$
$1/(x^2 + a^2)$	$\dfrac{\pi}{a} e^{-2\pi a |\xi|}$
$\begin{cases} e^{-ax} & (x>0) \\ 0 & (x \leq 0) \end{cases}$	$\dfrac{1}{a + 2\pi i \xi}$
$\dfrac{\sin ax}{x}$	$\begin{cases} \pi & (|\xi| < a/(2\pi)) \\ 0 & (|\xi| > a/(2\pi)) \end{cases}$

フーリエ変換（多変数の）
Fourier transformation

$\mathbb{R}^n$ 上の*可積分関数 $f(x) \in L^1(\mathbb{R}^n)$ $(x = (x_1, \cdots, x_n))$ に対して，関数 $\widehat{f}(\xi)$ を

$$\widehat{f}(\xi) = \int_{\mathbb{R}^n} f(x) e^{-2\pi i \langle x, \xi \rangle} dx$$

と定義し，$f(x)$ のフーリエ変換（Fourier transform）という．ここで $\xi = (\xi_1, \cdots, \xi_n)$，また $\langle x, \xi \rangle$ は内積 $x_1 \xi_1 + \cdots + x_n \xi_n$ を表す．このとき

$$|\widehat{f}(\xi)| \leq \|f\|_{L^1} \quad (\xi \in \mathbb{R}^n)$$

が成り立つ($\|\cdot\|_{L^1}$ は L^1 ノルム).

$f(x)$ が,台がコンパクトな滑らかな関数のとき,$\widehat{f}(\xi)$ も滑らかな関数で $L^1(\mathbb{R}^n)$ に属する.そしてフーリエ逆変換の公式

$$f(x) = \int_{\mathbb{R}^n} \widehat{f}(\xi) e^{2\pi i \langle x,\xi \rangle} d\xi$$

が成り立つ.また等式

$$\int_{\mathbb{R}^n} |f(x)|^2 dx = \int_{\mathbb{R}^n} |\widehat{f}(\xi)|^2 d\xi \quad (*)$$

が成り立つ.これを*プランシュレルの定理という.フーリエ変換の定義はより一般に $f(x) \in L^2(\mathbb{R}^n)$ に対して拡張され,$(*)$ が成り立つ.

*急減少関数の空間 $\mathcal{S}$ に属する $f(x)$ のフーリエ変換 $\widehat{f}(\xi)$ は再び $\mathcal{S}$ に属し,$f(x)$ の*導関数が $\widehat{f}(\xi)$ の*多項式倍に,$f(x)$ の多項式倍は $\widehat{f}(\xi)$ の導関数の定数倍に写される.また,フーリエ変換は $\mathcal{S}'$ と呼ばれるクラスの超関数の空間に拡張される.これらの性質のため,フーリエ変換は定数係数の線形偏微分方程式を解析する強力な手段となっている.

なお,フーリエ変換の定義として,

$$(2\pi)^{-n/2} \int_{\mathbb{R}^n} f(x) e^{-i\langle x,\xi \rangle} dx$$

を採用することもある.

プリュッカー座標
Plücker coordinates

例えば,2次元複素ベクトル空間 $\mathbb{C}^2$ の1次元線形部分空間 L は,1次元*複素射影空間 $P^1(\mathbb{C})$ の点と次のように1対1に対応する.(a_1, a_2) を L の基底とするとき,L に $P^1(\mathbb{C})$ の点 $(a_1:a_2)$ を対応させる.これを一般化して,n 次元ベクトル空間 $\mathbb{C}^n$ の r 次元線形部分空間 L に,$m = \binom{n}{r} - 1$ として,L のプリュッカー座標と呼ばれる m 次元複素射影空間 $P^m(\mathbb{C})$ の点を対応させることができる.L の基底 $x^{(1)} = (x_{11}, \cdots, x_{1n}), \cdots, x^{(r)} = (x_{r1}, \cdots, x_{rn})$ をとり,$\binom{n}{r} = m+1$ 個の行列式の系

$$\begin{vmatrix} x_{1i_1} & \cdots & x_{1i_r} \\ x_{2i_1} & \cdots & x_{2i_r} \\ \vdots & \cdots & \vdots \\ x_{ri_1} & \cdots & x_{ri_r} \end{vmatrix}$$

(ここで,$1 \leq i_1 < i_2 < \cdots < i_r \leq n$)の*連比が定義する $P^m(\mathbb{C})$ の斉次座標をプリュッカー座標という.$\mathbb{C}^n$ の2つの r 次元部分空間 L, L' のプリュッカー座標が一致すれば $L = L'$ である.プリュッカー座標の間には,プリュッカーの関係式と呼ばれる2次の関係式が成

り立つ.

ブール代数
Boolean algebra

集合 A の*べき集合 $X = 2^A$ には,$x + y = x \cup y$(*和集合),$x \cdot y = x \cap y$(集合の共通部分)によって2項演算 $+, \cdot$ を定義することができ,

(1) $x + y = y + x, \; x \cdot y = y \cdot x$ (交換律)
(2) $x + (y + z) = (x + y) + z,$
$x \cdot (y \cdot z) = (x \cdot y) \cdot z$ (結合律)
(3) $x + (y \cdot x) = (x + y) \cdot x = x$ (吸収律)
(4) $x + (y \cdot z) = (x + y) \cdot (x + z),$
$x \cdot (y + z) = (x \cdot y) + (x \cdot z)$ (分配律)

が成り立つ.さらに,空集合を 0,全体集合 X を 1 とおき,1 項演算 $x \mapsto x'$ を $x' = x^c$(補集合)によって定義すると,任意の元 $x \in X$ に対して,$x + x' = 1, x \cdot x' = 0$ となる(相補律).一般に,集合 X に,上のような性質を持つ 2 つの 2 項演算 $(x, y) \mapsto x + y, x \cdot y$ と 1 項演算 $x \mapsto x'$ が与えられたとき,これをブール代数という.ブール代数 X において,$x + y = y$ のとき $x \preceq y$ と定義すると,$\preceq$ は X 上の順序となり,1 がその最大元,0 がその最小元となる.ブール代数はブール(G. Boole)が論理計算をモデルとして導入した代数系である.

フルネ–セレの方程式 Frenet-Serret formula ⇒ 曲線の微分幾何

ブルバキ
Bourbaki, Nicolas

ニコラ・ブルバキは,1934 年フランスにおいて『数学原論』刊行の共同作業に加わった数学者集団のペンネームである.1939 年に最初の巻が出版されて以来,集合論,代数学,実 1 変数関数論,位相線形空間,積分,リー群とリー環,可換環,スペクトル理論,可微分多様体,解析多様体についての巻が継続的に出版されたが,現在は一応終止符が打たれている.しかし,ブルバキ・セミナーの名のもとに,現在でも最先端の数学について質の高い報告が行われており,セミナーノートの出版が続いている.

初期のブルバキのメンバーは,アンリ・カルタン(Henri Cartan, 1904-),クロード・シュヴァレー(Claude Chevalley, 1909-84),ジャン・クーロン(Jean Coulomb),ジャン・デルサルト(Jean Delsarte, 1903-68),ジャン・デュ

ドネ(Jean Dieudonné, 1906-92), シャルル・エーレスマン(Charles Ehresmann, 1905-79), スツォレム・マンデルブロ(Szolem Mandelbrojt, 1899-1983), ルネ・ド・ポッセル(René de Possel, 1905-), アンドレ・ヴェイユ(André Weil, 1906-98)である.

ブルバキの活動の背景には, ヒルベルトの影響下でドイツにおける数学研究(特に代数学, 解析学)が現代化しつつあったことに比べて, フランスが概して古典的な数学に留まっていたことに対する若い世代の不満があったといわれる. したがって, フランスの大学における数学教育の改革が所期の目標であった. また, 数学の諸理論を, 1つの「原理」のもとに纏めようという機運は, 当時の数学の発展の状況下では自然なことであった.

ブルバキは, 20世紀前半に急速に進展した抽象的な数学を整理して, 明確に記述する点で大きく貢献し, 20世紀における数学の表現方法などに大きな影響を及ぼした.

プレコンパクト

precompact

前コンパクトともいう. 距離空間がプレコンパクトであるとは, それが*全有界であることをいう. プレコンパクト性は, 距離空間より広い範囲の位相空間にも定義されている.

フレシェ微分

Fréchet derivative

無限次元の*ノルム空間における微分または微分係数, あるいは導関数のことをいう. 合成関数の微分など有限次元の場合とほぼ同様のことが成り立つが, フレシェ微分に関する微分方程式は一般には解を持つとはかぎらない. 偏微分あるいは方向微分に相当するものは*ガトー微分と呼ばれる. 類似の概念として変分がある. → 第1変分公式

フレドホルム型積分方程式

integral equation of Fredholm type

変分問題などさまざまな場面で現れる積分方程式である. 閉区間 $[a,b]$ で定義された実数値連続関数 $f(x), k(x,y)$ に対して, 未知関数 $u(x)$ に対する方程式

$$\int_a^b k(x,y)u(y)dy = f(x), \qquad (1)$$

$$u(x) - \int_a^b k(x,y)u(y)dy = f(x) \qquad (2)$$

をそれぞれ第1種, 第2種のフレドホルム型積分方程式という. 反復核(iterated kernel)を
$$k_1(x,y) = k(x,y),$$
$$k_n(x,y) = \int_a^b k(x,z)k_{n-1}(z,y)dz \ (n \geq 2)$$

により定めるとき, $\int_a^b k(x,y)^2 dxdy < 1$ が成り立てば(2)の解は

$$u(x) = f(x) + \sum_{n=1}^{\infty} \int_a^b k_n(x,y)f(y)dy$$

で与えられる. この右辺はノイマン級数と呼ばれる. 第2種同次積分方程式

$$\phi(x) - \lambda \int_a^b k(x,y)\phi(y)dy = 0$$

が $\phi(x) \equiv 0$ 以外の解を持つとき, λ を固有値, $\phi(x)$ を固有関数という. また, 積分方程式

$$\psi(x) - \lambda \int_a^b k(y,x)\psi(y)dy = 0$$

をこの方程式の随伴(associated)方程式または転置(transposed)方程式という(→ フレドホルムの択一定理). 固有値 λ_n は有限個または可算無限個で, それぞれの多重度は有限であり, ある整関数 $D(z)$ の零点となる(→ フレドホルムの行列式). とくに積分核が対称, つまり $k(x,y)=k(y,x)$ のときは,

$$\sum_{n=1}^{\infty} \frac{1}{\lambda_n^2} = \int_a^b k(x,y)^2 dxdy$$

が成り立ち, 固有関数からなる完全正規直交系 $\{\phi_n(x)\} \ (n=0,1,\cdots)$ を用いれば, (2)の解は固有関数展開

$$u(x) = \sum_{n=1}^{\infty} \lambda_n^{-1} \langle f, \phi_n \rangle \phi_n(x),$$

$$\langle f, \phi_n \rangle = \int_a^b f(x)\phi_n(x)dx$$

で与えられる(ヒルベルト-シュミット展開). 以上の事柄は $k(x,y)$ が多次元の有界閉領域 D 上連続である場合に拡張される. より一般に条件 $\int_D k(x,y)^2 dxdy < \infty$ があれば同様な結果が成り立つ. このとき $k(x,y)$ をヒルベルト-シュミット型の核という. この条件を満たさない核は一般に特異核(singular kernel)といい, 連続スペクトルが現れるなど異なった様相を呈することが多い.

フレドホルム作用素

Fredholm operator

ヒルベルト空間の間の有界(連続)線形作用素 $T: H_1 \rightarrow H_2$ において, その核 $\text{Ker } T$ と余核 $\text{Coker } T$ がともに有限次元であるとき, T をフ

レドホルム作用素という．フレドホルム作用素 T の指数を

$$\text{Ind}\, T = \dim \text{Ker}\, T - \dim \text{Coker}\, T$$

により定義する．フレドホルム作用素の連続変形により，指数は一定の値を保つ．この事実はアティヤ-シンガーの*指数定理で重要である．

$K: H \to H$ が*コンパクト作用素ならば，$T = I + K$ はフレドホルム作用素であり，その指数は 0 である．⇒ 積分方程式

フレドホルムの行列式
Fredholm's determinant

*フレドホルム型積分方程式に対するフレドホルムの理論に現れる行列式をいう．連続な積分核 $K(x,y)$ を持つ閉区間 $[a,b]$ 上の積分作用素

$$Ku(x) = \int_a^b K(x,y)u(y)dy \qquad (1)$$

に対するフレドホルム型積分方程式

$$u - \lambda Ku = f \qquad (2)$$

を考える．

$$K\begin{pmatrix} x_1, \cdots, x_n \\ y_1, \cdots, y_n \end{pmatrix} = \det(K(x_i, y_j))$$

とおくと，

$$D(\lambda) = 1 + \sum_{n=1}^\infty \frac{(-\lambda)^n}{n!} \times$$

$$\int_a^b \cdots \int_a^b K\begin{pmatrix} x_1, \cdots, x_n \\ x_1, \cdots, x_n \end{pmatrix} dx_1 \cdots dx_n$$

はパラメータ λ の整関数となる．これをフレドホルムの行列式という．$D(\lambda)$ の零点の全体は同次積分方程式 $u - \lambda Ku = 0$ の固有値の全体と重複度を込めて一致する．行列式の概念は積分作用素 $I - \lambda K$ に対して拡張され，$\det(I-\lambda K) = D(\lambda)$ となる．さらに小行列式にあたる

$$D(x, y; \lambda) = \lambda K(x,y) + \sum_{n=1}^\infty \frac{(-1)^n \lambda^{n+1}}{n!}$$

$$\times \int_a^b \cdots \int_a^b K\begin{pmatrix} x_1, \cdots, x_n, x \\ x_1, \cdots, x_n, y \end{pmatrix} dx_1 \cdots dx_n$$

も整関数になり，$D(\lambda) \neq 0$ のとき (2) の解は

$$u(x) = f(x) + \int_a^b D(\lambda)^{-1} D(x, y; \lambda) f(y) dy$$

で与えられる．これは行列の場合のクラメールの公式の拡張で，フレドホルムの公式という．

フレドホルムの公式　Fredholm's formula　⇒ フレドホルムの行列式

フレドホルムの択一定理
Fredholm's alternative theorem

フレドホルムの交代定理ともいう．Ω を $\mathbb{R}^n$ の有界閉領域とし，$\Omega \times \Omega$ 上の連続関数 $K(x,y)$ を核関数とする*積分方程式

$$u(x) - \lambda \int_\Omega K(x,y) u(y) dy = 0 \qquad (1)$$

および随伴方程式 (→ 随伴作用素)

$$v(x) - \lambda \int_\Omega K(y,x) v(y) dy = 0 \qquad (2)$$

を考える．(1) または (2) が 0 以外の解 $\psi(x)$ を持つとき，λ をそれぞれの固有値，$\psi(x)$ を固有関数という．このとき連続関数 $f(x)$ を右辺とする非斉次積分方程式

$$u(x) - \lambda \int_\Omega K(x,y) u(y) dy = f(x) \qquad (3)$$

に対して，次の定理が成り立つ．

(i) λ が固有値でなければ，(3) はただ 1 つの解を持つ．

(ii) λ が固有値であれば，(3) が解を持つための必要十分条件は，随伴方程式 (2) のすべての解 (固有関数) $\psi(x)$ に対して直交条件 $\int_\Omega \psi(x) f(x) dx = 0$ が成り立つことである．

これをフレドホルムの択一定理という．

この定理は*バナッハ空間 X の*コンパクト作用素 $T: X \to X$ に対して次のように一般化される．X における方程式

$$u - \lambda Tu = f \quad (f \in X) \qquad (4)$$

と，双対バナッハ空間 (→ 双対空間 (ノルム空間の)) X^* における双対方程式 (T^* は T の共役作用素)

$$v - \lambda T^* v = g \quad (g \in X^*) \qquad (5)$$

に対して，$M = \{u \in X | u - \lambda Tu = 0\}$, $M^* = \{v \in X^* | v - \lambda T^* v = 0\}$ とおくと，次のいずれか一方のみが成立する．

(a) $M = M^* = \{0\}$ で，方程式 (4), (5) はすべての $f \in X$, $g \in X^*$ に対して解を持つ．

(b) $\dim_\mathbb{C} M = \dim_\mathbb{C} M^* = m$ ($1 \leq m < \infty$) であり，(4) が解を持つための必要十分条件は f が M^* と直交する ((5) が解を持つための必要十分条件は g が M と直交する) ことである．

フレネル積分
Fresnel's integral

定積分

$$\int_{-\infty}^\infty \sin \frac{\pi u^2}{2} du = 1,$$

$$\int_{-\infty}^{\infty} \cos\frac{\pi u^2}{2} du = 1$$

をフレネル積分という．一般に光の回折の理論に現れる積分

$$C(t) = \int_0^t \cos\left(\frac{\pi u^2}{2}\right) du,$$
$$S(t) = \int_0^t \sin\left(\frac{\pi u^2}{2}\right) du$$

や $\int_0^t e^{i\pi u^2/2} du = C(t)+iS(t)$ もフレネル積分という．$C(t), S(t)$ は合流型超幾何関数で表される．このように初等関数の不定積分は一般に初等関数になるとは限らない．→ ガウス積分

不連続群
discontinuous group

群そのものの性質ではなく，群の作用についての性質である．*離散群 G が*局所コンパクトな*ハウスドルフ空間 X に連続に作用しているとする．

(1) 任意の $x \in X$ に対し，G の相異なる元からなる任意の列 $\{g_n\}$ に対し，X の点列 $\{g_n x\}$ は集積点を持たないとき，G は X に不連続に作用しているという．

(2) 任意の $x \in X$ に対し，x のある近傍 U が存在して，$gU \cap U \neq \emptyset$ となる $g \in X$ は有限個であるとき，G は X に固有不連続に作用しているという．

例えば，行列式が 1 の 2×2 整数行列全体 $SL(2, \mathbb{Z})$ は，*1次分数変換によって，上半平面 $= \{z \in \mathbb{C} | \text{Im } z > 0\}$ に*ポアンカレ計量に関する*等長変換群として作用するが，この作用は固有不連続である．→ 基本領域

固有不連続な群の作用による商空間は(商位相について)ハウスドルフ空間になる．

ブローアップ (代数幾何における)
blow up

*代数曲面あるいは 2 次元*複素多様体の 1 点 P を 1 次元射影空間 $P^1(\mathbb{C})$ と同型の曲線 E におきかえて，再び代数曲面あるいは 2 次元複素多様体の構造を入れることができる．この操作をブローアップといい，E をブローアップで生じた例外曲線(代数曲面論では第 1 種例外曲線ということが多い)という．例外曲線 E の各点は点 P を通る直線(の一部分)の傾きに対応する．複素アフィン平面 $\mathbb{C}^2$ の原点でのブローアップは $\mathbb{C}^2 \times P^1(\mathbb{C})$ の部分多様体として

$$X = \{((z_1,z_2),(\zeta_0:\zeta_1)) \in \mathbb{C}^2 \times P^1(\mathbb{C}) \\ | z_1\zeta_1 - z_2\zeta_0 = 0\}$$

で与えられる．ここで (z_1, z_2) は $\mathbb{C}^2$ の座標，$(\zeta_0 : \zeta_1)$ は $P^1(\mathbb{C})$ の斉次座標である．$\mathbb{C}^2 \times P^1(\mathbb{C})$ から第 1 成分への射影から自然な写像 $\pi: X \to \mathbb{C}^2$ が定まり，これは代数曲面としての写像になっている．例外曲線 E は $(0,0) \times P^1(\mathbb{C})$ となり，π は $X \setminus E$ から $\mathbb{C}^2 \setminus \{(0,0)\}$ の同型写像になっている．また $\pi(E)$ は $\mathbb{C}^2$ の原点になっている．写像 π を例外曲線 E のブローダウンという．例外曲線 E の自己交点数 E^2 は -1 である．

一般の非特異代数曲面(または 2 次元複素多様体) S の点 P に対しても同様に P を $P^1(\mathbb{C})$ と同型な曲線 E に置き換えて，非特異代数曲面(または 2 次元複素多様体) $Q_P(S)$ と代数多様体の写像(または正則写像) $\phi: Q_P(S) \to S$ で，π は $Q_P(S) \setminus E$ と $S \setminus \{P\}$ の同型となるものが存在する．$Q_P(S)$ を S の点 P をブローアップして得られた代数曲面(複素多様体)といい，E を例外曲線という．π を $Q_P(S)$ のブローダウンという．

ブローアップより生じる例外曲線 E は $P^1(\mathbb{C})$ と同型な自己交点数 -1 の代数曲線と特徴づけることができる．代数曲面 S または 2 次元複素多様体 S が自己交点数 -1 で $P^1(\mathbb{C})$ と同型な代数曲線 E を含んでいれば，E を 1 点につぶすことができる．すなわち代数曲面 $\overline{S}$ または 2 次元複素多様体 $\overline{S}$ と代数多様体の写像または正則写像 $\pi: S \to \overline{S}$ で $\pi(E)$ は 1 点，π は $S \setminus E$ と $\overline{S} \setminus \{P\}$ との同型写像となるものが存在し，S は $\overline{S}$ を点 P でブローアップしたものであり，π はブローダウンである．代数曲面のときはブローアップを純代数的に定義することができる．

以上と同様にして，もっと一般的に非特異代数多様体(複素多様体) M の余次元 $m \geq 2$ の非特異部分多様体 Y に沿ったブローアップ $Q_Y(M)$ と代数多様体の射(正則写像) $\phi: Q_Y(M) \to M$ を定義できる．このとき $\phi^{-1}(Y)$ は例外多様体と呼ばれ，ϕ によって Y 上の $P^{m-1}(\mathbb{C})$ 束となる．写像 ϕ は $Q_Y(M)$ のブローダウンと呼ばれる．以上の定義はさらに任意の可換体上の非特異代数多様体に対して拡張することができる．

プログラム
program

情報の処理や計算の手順をコンピュータで実行するために，コンピュータのわかる言語(例えば，機械語，FORTRAN, C, Java など)によって具

体的に記述したものをいう．類似の言葉に「*アルゴリズム」があるが，アルゴリズムは計算手順の論理的な構造を指すことが多い．1つのアルゴリズムに対して，それを実行するためのプログラムは複数あるのが普通である．

ブローダウン　blow down　⇒ ブローアップ(代数幾何における)

ブロック行列
block matrix

通常，行列の成分は実数や複素数などの数であるが，例えば，

$$\begin{bmatrix} 3 & 2 & 1 & 3 & 2 \\ 1 & 2 & 0 & 6 & 2 \\ \hline 5 & 3 & 1 & 1 & 3 \\ 2 & 1 & 2 & 1 & 5 \end{bmatrix}$$

のように区分けして考えると，これは，

$$A_{11} = \begin{bmatrix} 3 & 2 \\ 1 & 2 \end{bmatrix}, \quad A_{12} = \begin{bmatrix} 1 & 3 & 2 \\ 0 & 6 & 2 \end{bmatrix},$$
$$A_{21} = \begin{bmatrix} 5 & 3 \\ 2 & 1 \end{bmatrix}, \quad A_{22} = \begin{bmatrix} 1 & 1 & 3 \\ 2 & 1 & 5 \end{bmatrix}$$

などの行列を成分とする行列と見ることができる．このように，行列の行番号と列番号をいくつかのブロックに分けて，行列を成分とする行列と見なすとき，これをブロック行列といい，

$$A = \begin{bmatrix} A_{11} & A_{12} \\ A_{21} & A_{22} \end{bmatrix}$$

のように表す．2つのブロック行列 $A=[A_{ij}]$ と $B=[B_{ij}]$ の和は，数を成分とする通常の行列と同様の計算規則で計算でき，和 $A+B$ の (i,j) ブロックは $A_{ij}+B_{ij}$ で与えられる．ただし，和を考えるときには，$A_{ij}+B_{ij}$ が定義されるようにブロックの大きさが整合していることが必要である．同様に，ブロック行列の積 AB は，(i,j) ブロックが $\sum_k A_{ik}B_{kj}$ であるようなブロック行列である．⇒ 対称区分け

フロベニウス自己同型
Frobenius automorphism

フロベニウス置換ともいう．1の原始 n 乗根 ζ を有理数体 $\mathbb{Q}$ に添加してできる*円分体 $L=\mathbb{Q}(\zeta)$ は $\mathbb{Q}$ 上のガロア拡大であり，$(a,n)=1$ のとき，対応 $\zeta \mapsto \zeta^a$ は体 L の自己同型 σ_a に拡張でき，$L/\mathbb{Q}$ のガロア群への同型 $(\mathbb{Z}/n\mathbb{Z})^\times \simeq \mathrm{Gal}(L/\mathbb{Q})$; $a \mapsto \sigma_a$ ができる．L の*整数環を $\mathcal{O}_L$ と記す．素数 p が n と素のとき，p は L で*不分岐であり，$p\mathcal{O}_L = \mathfrak{p}_1\mathfrak{p}_2\cdots\mathfrak{p}_g$ を L の整数環での素イデアルによる分解とすると，$\mathcal{O}_L/\mathfrak{p}_j$ は $\mathbb{Z}/p\mathbb{Z}$ のガロア拡大であり，$\mathbb{Z}/p\mathbb{Z}$ に元 $\bar{\zeta} = \zeta \pmod{\mathfrak{p}_j}$ を添加して得られ，ガロア群は対応 $\bar{\zeta} \mapsto \bar{\zeta}^p$ が引き起こす $\mathcal{O}_L/\mathfrak{p}_j$ の自己同型で生成される巡回群である．この自己同型は L の自己同型 σ_p を mod $\mathfrak{p}_j$ で考えたものにほかならない．σ_p は $\mathbb{Z}$ の素イデアル (p) のガロア拡大 $L=\mathbb{Q}(\zeta)/\mathbb{Q}$ でフロベニウス自己同型であるという．

同様に代数体 K のガロア拡大体 L/K と L で不分岐な K の素イデアル $\mathfrak{p}$ に対して $\mathfrak{p}$ のフロベニウス自己同型を定義することができる．

フロベニウス写像
Frobenius mapping

標数 p の有限体 F 上の n 次元射影空間 $P^n(F)$ において，写像 $\varphi: P^n(F) \to P^n(F)$ を
$$\varphi([x_0, x_1, \cdots, x_n]) = [x_0^p, x_1^p, \cdots, x_n^p]$$
とおくことにより定義する．φ をフロベニウス写像という．

F の素体 $F_p = \mathbb{Z}/p\mathbb{Z}$ の元を係数とする斉次多項式 $f(x_0, x_1, \cdots, x_n)$ に対して，
$$f(x_0, x_1, \cdots, x_n)^p = f(x_0^p, x_1^p, \cdots, x_n^p)$$
が成り立つことに注意すれば，F_p の元を係数とする有限個の斉次多項式の共通零点により与えられる代数多様体 X は，φ により不変である．φ の X への制限もフロベニウス写像といわれる．

フロベニウスの定理
Frobenius theorem

*外微分方程式系あるいは*分布が*完全積分可能であるための必要十分条件を与える定理をいう．⇒ 外微分方程式系，分布，完全積分可能(分布，外微分方程式系が)

分解群
decomposition group

*代数体 K の*有限次ガロア拡大 L/K が与えられたとき，$\mathcal{O}_K$ の素イデアル $\mathfrak{p}$ は L の*整数環で $\mathfrak{p}\mathcal{O}_L = (\mathfrak{P}_1\mathfrak{P}_2\cdots\mathfrak{P}_g)^e$ と L の素イデアルの積に分解する．このとき，$\{\sigma \in \mathrm{Gal}(L/K) \mid \sigma(\mathfrak{P}_i) = \mathfrak{P}_i\}$ を $\mathfrak{P}_i$ の分解群といい，$G_{\mathfrak{P}_i}$ と記す．$\mathfrak{p}$ が拡大 L/K で*完全分解するための必要十分条件は，$G_{\mathfrak{P}_i} = \{e\}$ (e は $\mathrm{Gal}(L/K)$ の単位元) となることである(この条件は $\mathfrak{P}_i$ の取り方によらない)．⇒ 惰性群，フロベニウス自己同型

分解体
splitting field

体 k の元を係数とする 1 変数多項式 $f(x)$ が体 k の*拡大体 K で $f(x)=a_0(x-\alpha_1)(x-\alpha_2)\cdots(x-\alpha_n)$ と 1 次式の積に因数分解できるとき, K を多項式 $f(x)$ の分解体という. $f(x)$ の*根 $\alpha_1, \alpha_2, \cdots, \alpha_n$ をすべて k に*添加してできる体 $k(\alpha_1, \cdots, \alpha_n)$ を含む体が, $f(x)$ の分解体である. $k(\alpha_1, \cdots, \alpha_n)$ を $f(x)$ の最小分解体という.

分割(区間の)
partition, division

区間 $[a,b]$ を, その両端の間に有限個の点を選んで分けたものを, $[a,b]$ の分割, それらの点を分点という. $[a,b]$ の分割は分点 x_i を用いて $\Delta: a=x_0<x_1<\cdots<x_n=b$ のように表すことが多い.
→ 分割(集合の)

分割(自然数の)
partition

自然数 n をいくつかの(互いに異なるとは限らない)自然数の和に分けるやりかたを n の分割という. ただし n 自身も 1 つの分割と考える. 例えば 5 の分割は $5=4+1=3+2=3+1+1=2+2+1=2+1+1+1=1+1+1+1+1$ の 7 通りある. 分割は*ヤング図形と対応し, *組合せ論や群の表現論(→ 線形表現, コンパクト群の表現, リー群の表現論)で重要な役割を果たしている.

n の分割の総数を $p(n)$ と表し, n の分割数という. 例えば $p(5)=7$.

分割数の*母関数は, $p(0)=1$ と規約して
$$\sum_{n=0}^{\infty} p(n) x^n = \frac{1}{(1-x)(1-x^2)(1-x^3)\cdots}$$
で与えられる.

(1) (ハーディ-ラマヌジャン, 1918) $n\to\infty$ とするとき
$$p(n) \sim \frac{1}{4\sqrt{3}\,n} \exp(\pi\sqrt{2n/3})$$
($\sim$ の意味は*漸近的に等しい.)

(2) (ラマヌジャンの合同性質) $p(5m+4)\equiv 0 \pmod 5$, $p(7m+5)\equiv 0 \pmod 7$, $p(11m+6)\equiv 0 \pmod{11}$.

(3) 分割数は保型形式論に関係する. $\eta(z)=q^{1/24}\prod_{n=1}^{\infty}(1-q^n)$ ($q=e^{2\pi i z}$)を*デデキントのエータ関数とすると, $p(n)$ は次のように, $q^{1/24}\eta(z)^{-1}$ の展開の係数である.
$$q^{1/24}\eta(z)^{-1} = 1 + \sum_{n=1}^{\infty} p(n) q^n$$

分割(集合の)
partition

与えられた*集合を, 互いに交わらない部分集合の和集合として表すことをいう. 言い換えれば, 集合 X の部分集合の族 $\{X_\alpha | \alpha \in A\}$ で次の 2 条件を満たすものを, X の分割という:

(1) $X_\alpha \cap X_\beta = \varnothing$ ($\alpha \neq \beta$).
(2) $\bigcup_{\alpha \in A} X_\alpha = X$.

このとき, 添え字集合 A が有限か無限かにより, 有限分割, 無限分割という. 分割の各要素 X_α は細胞(セル cell), アトム(atom)などとも呼ばれる.

集合 X の分割を与えることと, X 上に*同値関係を入れることは, 同じことである(→ 同値類).

分割数 partition number → 分割(自然数の)

分岐(素イデアルの)
ramification

2 次体 $L=\mathbb{Q}(\sqrt{3})$ の整数環 $\mathcal{O}_L$ では 3 が生成するイデアル (3) は $(3)=\mathfrak{P}^2$, $\mathfrak{P}=(\sqrt{3})$ と素イデアルの 2 乗になる. このとき, $\mathbb{Z}$ の素数 3 は(または, $\mathbb{Z}$ の素イデアル (3) は) 2 次拡大体 $L/\mathbb{Q}$ の素イデアル $\mathfrak{P}$ で 2 重に分岐するという. 一般に代数体の拡大 L/K で K の素イデアル $\mathfrak{p}$ が L の整数環 $\mathcal{O}_L$ で $\mathfrak{p}\mathcal{O}_L=\mathfrak{P}_1^{e_1}\mathfrak{P}_2^{e_2}\cdots\mathfrak{P}_g^{e_g}$ と素イデアルの積に分解するとき, $e_i \geq 2$ であれば $\mathfrak{p}$ は $\mathfrak{P}_i$ で e_i 重に分岐するといい, e_i を $\mathfrak{P}_i$ の分岐指数という. また $e_i=1$ であれば, $\mathfrak{p}$ は $\mathfrak{P}_i$ で不分岐であるという. $\mathfrak{p}$ がある $\mathfrak{P}_i$ で分岐するとき, $\mathfrak{p}$ は L で分岐するといい, $\mathfrak{p}$ が L で分岐しないとき, すなわち $e_i=1$ ($1\leq i \leq g$) であるとき, $\mathfrak{p}$ は L で不分岐であるという.

素数 p が代数体 L で分岐するための必要十分条件は p が L の*判別式の約数となることである.

分岐(力学系の)
bifurcation

力学系などにおいて, パラメータの値を動かすとき, ある値を境に, ある軌道から枝分かれして別の軌道が出現することがある. このような現象を分岐といい, 分岐のおこるパラメータの値全体の集合を分岐集合と呼ぶ. 例えば, $0\leq a \leq 4$ のとき, 2 次関

数 $f(x)=ax(1-x)$ が定める写像 $f:[0,1]\to[0,1]$ の*不動点は,

(1) $0\leq a<1$ ならば, $x=0$ のみで, *安定(実際, $f'(0)=a<1$).

(2) $a=1$ で, 不動点 $x=0$ は中立的になる ($f'(0)=1$).

(3) $1<a<3$ では, 不動点 $x=0$ は*不安定 ($f'(0)>1$)となり, $x=0$ から枝分かれして生まれた不動点 $x=q=1-1/a$ が安定となる($f'(q)=2-a\in(0,1)$).

(4) $a=3$ では, 2つ目の不動点 $x=q$ が中立化し, $f'(q)=-1$ となり,

(5) $3<a$ では, 不動点 $x=q$ も不安定($f'(q)<-1$)になり, $x=q$ から大小両側に熊手型に枝分かれして周期 2 の周期点 $x=p_\pm$ $(p_-<q<p_+, f(p_\pm)=p_\mp)$ が生まれて, a が 3 に近い範囲で, 安定な周期点となる.

ここで, (1) (3) (4) の範囲では, 力学系 ([0,1], f) はそれぞれ*構造安定であるが, (i) 「(1) から (2) を経て (3) へ」, (ii) 「(3) から (4) を経て (5) へ」のような変化は軌道全体の様子を大きく変える. このような現象を力学系の分岐といい, パラメータ値 $a=1,3$ あるいは $(a,x)=(1,0),(3,q)$ を分岐点という. このとき, (i) では $F(a,x)=f(x)-x$, (ii) では $F(a,x)=f(f(x+q))-(x+q)$ とおくと, $F(a,x)=0$ の解の数は, 分岐点を境に 1 個から複数に変わる. 分岐点 $a=1,3$ では, *陰関数定理の仮定が崩れて, $\partial F(a,x)/\partial x=0$ となっている. この $F(a,x)=0$ のような方程式を分岐方程式という.

分岐や分岐方程式の概念は, 一般の離散力学系や流れに自然に拡張され, 有限次元, 無限次元を問わず, 非線形現象などを調べるときに有用な手掛かりを与える. → ホップ分岐, 相転移, 臨界現象

分岐指数 ramification index → 分岐(素イデアルの)

分岐集合 branched locus → 分岐被覆(多様体の)

分岐集合(力学系の) bifurcation set → 分岐(力学系の)

分岐点
branch point
複素平面の原点を 1 周する曲線 $z(t)=re^{it}$ ($0\leq t\leq 2\pi$) に沿って関数 $\sqrt{z}$ の値を追跡していく

と, 始点 $z(2\pi)=z(0)$ に戻ったときには異なる値 $\sqrt{r}e^{i\pi}=-\sqrt{r}$ に変わっている.

このように, ある*関数要素 $(f(z),D)$ を点 z_0 の近傍を 1 周して解析接続した結果, もとと異なる*分枝が得られるとき, z_0 は $(f(z),D)$ が定める解析関数の分岐点であるという. → 解析接続, モノドロミー

分岐被覆(多様体の)
ramified covering, branched covering

自然数 m に対し, $P(z)=z^m$, $P(\infty)=\infty$ とおいて P をリーマン球面 $\mathbb{C}\cup\{\infty\}$ からそれ自身への写像とみなすと, $w\in\mathbb{C}\cup\{\infty\}$ の逆像 $P^{-1}(w)$ は $w\neq 0,\infty$ のとき m 個の点, $w=0,\infty$ のとき 1 点となる. このとき, P は点 $w=0,\infty$ で m 重に分岐するという. このような点を許して*被覆写像の概念を一般化したものが分岐被覆である.

曲面(実 2 次元多様体)の間の写像 $\pi:\Sigma_1\to\Sigma_2$ が次の性質を持つとき, 分岐被覆であるという:

(1) 有限集合 $S\subset\Sigma_2$ が存在して,
$$\pi:\Sigma_1\setminus\pi^{-1}(S)\longrightarrow\Sigma_2\setminus S$$
は被覆写像(→ 被覆空間)である.

(2) $q\in S, \pi(p)=q$ のとき, $p\in\Sigma_1, q\in\Sigma_2$ のまわりで座標 $(x_1,x_2), (y_1,y_2)$ をうまくとると, 写像 π は
$$y_1+\sqrt{-1}y_2=(x_1+\sqrt{-1}x_2)^e$$
の形で与えられ(e は 1 以上の整数), $\pi^{-1}(q)$ の少なくとも 1 点では $e\geq 2$ である. e は点ごとに異なってよい. このとき S を分岐集合, S の点を分岐点という. また $\pi^{-1}(q), q\in S$ の点 p で $e\geq 2$ となるものを π の Σ_1 での分岐点といい, e を点 p における分岐指数という.

多項式 $P(z)$ は, リーマン球面の間の写像 $P:\mathbb{C}\cup\{\infty\}\to\mathbb{C}\cup\{\infty\}$ と見なすことができる. このとき P の分岐集合は, z についての方程式 $P(z)=c$ が重根を持つような c の集合, 多項式 $P(z)$ の次数が 2 以上のときはさらに ∞ とからなる. 一般に, コンパクトで境界のない連結リーマン面の間の*正則写像 $\pi:\Sigma_1\to\Sigma_2$ は, 定数でなければ分岐被覆を定める. 分岐点でない点 q の逆像 $\pi^{-1}(q)$ は一定個数の点からなる. この個数を m とするとき, π は m 重分岐被覆であるという. π の Σ_1 での分岐点を $p_1,\cdots,p_s$, それぞれにおける分岐指数を $e_1,\cdots,e_s$ とし, Σ_i の種数が g_i とすると
$$2g_1-2=m(2g_2-2)+\sum_{j=1}^s(e_j-1)$$

が成り立つ．これをフルヴィッツ(A. Hurwitz)の公式という．

高次元の多様体に対しても分岐被覆の概念が定義される．n 次元多様体の間の分岐被覆の分岐集合は，$n-2$ 以下の次元の集合である．任意の 3 次元多様体 M に対して，3 次元球面 S^3 への分岐被覆 $\pi: M \to S^3$ であって，分岐集合が S^3 の結び目となるものが存在することが知られている．

分岐方程式
bifurcation equation

例えば，非線形な微分方程式や力学系について，不動点などの特別な軌道に着目して，パラメータとともにその軌道から他の軌道がどのように*分岐するかを記述するための方程式をいう．通常は，もとの方程式から，必要なパラメータ a を適切に選び出し，着目した軌道が $x=0 \in \mathbb{R}^n$ に対応するように変数変換して，$f_i(a,x)=0$ $(i=1,2,\cdots,n)$ の形に書いた方程式を分岐方程式と呼び，*陰関数定理(の退化した場合への精密化)を用いて，$x=0$ 以外の解が存在するかどうかを調べる．⇒ 分岐(力学系の)，ホップ分岐

分散
variance

実数値確率変数 X が 2 次モーメントを持つとき，平均を $m=E[X]$ として，$E[(X-m)^2]$ を X の分散といい，$V(X)$ と表す．$V(X)=E[X^2]-m^2$ とも表される．また，分散の平方根 $\sigma(X)=\sqrt{V(X)}$ を X の標準偏差という．⇒ モーメント，共分散

分散的
dispersive

波が分散的であるとは，その位相速度が振動数によって異なることをいう．非分散的であるとは，位相速度が振動数に依存しないことをいう．例えば*波動方程式の解が表す波は非分散的であり，*シュレーディンガー方程式の波は分散的である．光がレンズを通過する際に生じる色収差は，ガラスの中でマクスウェル方程式が分散性を有することに起因する．

分枝　branch　⇒ 解析接続

分枝過程
branching process

家系や粒子の分裂などを想定した確率モデルの総称である．例えば，ゴルトン-ワトソン過程は世代ごとに各個体が独立に子孫を残す場合で，数学的には，1 つの個体から次世代で生まれる個体数が k である確率 p_k の母関数を $F(z)=\sum_{k=0}^{\infty} p_k z^k$ として，第 i 世代の個体数の確率母関数 $F_i(z)$ は関数等式 $F_{i+1}(z)=F_i(F(z))$ で特徴づけられる．この場合，1 つの個体から生まれる個体数の期待値 $F'(1)$ が 1 に等しくても個体群の消滅してしまう確率が 1 となる．個体を多種類にした場合，年齢やエネルギーあるいは人口流入や空間的な移動を考慮した場合などさまざまなモデルが研究されている．

分枝限定法
branch-and-bound method

*組合せ最適化問題を厳密に解くためのアルゴリズムを設計する際の考え方の 1 つである．部分問題を生成することによる場合分け(分枝操作)を行い，最適値の評価値を作り出して最適解を含まない場合を調べずに済ますこと(限定操作)をくり返し行う．分枝操作と限定操作にはそれぞれの問題固有の構造が利用される．*巡回セールスマン問題や*ナップサック問題を含む多くの組合せ最適化問題に対して，実用性の高い厳密解法として広く用いられている．

分出公理　axiom of separation　⇒ 内包公理

分数
fraction

整数 a を整数 $b \neq 0$ で割った商を $\dfrac{a}{b}$ または a/b と書いたものを分数という．古代は a,b が正整数の場合のみを考えた．「1 m の紐を 3 等分したひとつは，$\dfrac{1}{3}$ m の紐である」場合は，分数 $\dfrac{1}{3}$ は量の分割を表し，「全校生徒の $\dfrac{4}{5}$ が出席した」という用法では分数 $\dfrac{4}{5}$ は割合を表し，また比 $m:n$ の比の値 $\dfrac{m}{n}$ として分数が登場する．このように，分数は分割，割合，比を表すものと考えられ，数として意識されるようになるまでには長い年月を要した．今日では割り算の商として分数を捉える．そのために a,b が整数の場合だけでなく*整域の元である場合にも，分数 $\dfrac{a}{b}$ が定義できる(→ 商体)．

分数イデアル
fractional ideal
*代数体の*整数環を $\mathcal{O}_K$ と記すとき, $\mathcal{O}_K$ の *イデアル $\mathfrak{a}$ と $\mathcal{O}_K$ の 0 でない元 α を使って, $\frac{\mathfrak{a}}{\alpha}$ (つまり $\left\{\frac{x}{\alpha}\middle| x\in\mathfrak{a}\right\}$) の形に書ける K の部分集合を, K の分数イデアルという. $\mathcal{O}_K$ のイデアルは K の分数イデアルでもあるが, $\mathcal{O}_K$ のイデアルであることを強調するときには整イデアルという. ⇒ イデアル群

分数関数　fractional function　= 有理関数

分数式　fractional expression　⇒ 有理式

分数体　fraction field　= 商体

分配束　distributive lattice　⇒ 束

分配法則
distributive law
分配律ともいう. 数の掛け算と足し算に関して
$$a(b+c) = ab+ac,$$
$$(b+c)a = ba+ca$$
が成り立つことを分配法則という. 環の定義でもこの分配法則が成り立つことを仮定する. また, 集合の演算では
$$A \cap (B \cup C) = (A \cap B) \cup (A \cap C)$$
が成り立つ. これを集合の演算 $\cap$ と $\cup$ に関する分配法則という.

分配律　distributive law　= 分配法則

分布
distribution
(1) 確率分布の略.
(2) $\mathbb{R}^n$ の開集合 U の各点 p に対して, $\mathbb{R}^n$ の k 次元部分線形空間 ξ_p が与えられ, ξ_p が p に対して滑らかに依存するとき, k 次元分布と呼ぶ. $\mathbb{R}^k$ の開部分集合 V 上で定義された微分可能写像 $F: V \to \mathbb{R}^n$ があり, 各点 $y \in V$ において $(\partial F/\partial y^1, \cdots, \partial F/\partial y^k)$ の値が $\xi_{F(y)}$ に含まれているとき, $F(V)$ をこの分布の積分多様体と呼ぶ.

開集合 U 上に, 各点で線形独立な値を持つ $n-k$ 個の 1 次微分形式 $u_1, \cdots, u_{n-k}$ が与えられると (⇒ 外微分方程式系), k 次元の分布 ξ_p を
$$\xi_p = \left\{ \boldsymbol{v} = (v^1, \cdots, v^n) \middle| \sum_j v^j u_{ij}(p) = 0 \right\}$$
で定めることができる. ただし, $u_i = \sum_j u_{ij} dx^j$. 分布が微分形式 u_i $(i=1, \cdots, n-k)$ から決まっているときは, $F(V)$ が積分多様体であることは, 引き戻し $F^* u_i$ $(i=1, \cdots, n-k)$ が 0 であるということと同値である. 例えば, $f_1, \cdots, f_{n-k}$ が関数で, $df_1, \cdots, df_{n-k}$ が各点で 1 次独立なとき, $df_1, \cdots, df_{n-k}$ が定める分布の積分多様体は, $f_1 = c_1, \cdots, f_{n-k} = c_{n-k}$ (c_i は定数) の解の集合として与えられる. ⇒ 完全積分可能

分布関数
distribution function
*確率分布関数の略. または, 確率分布関数 F の定義において, 確率に対応するための条件 $F(-\infty) = \lim_{x\to-\infty} F(x) = 0$, $F(\infty) = \lim_{x\to\infty} F(x) = 1$ を除いたものをいう. 例えば, 数直線上に多くの点があるとき, $F(x) =$ (区間 $(0, x]$ 内にある点の数) $(x>0)$; $= -$(区間 $(x, 0]$ 内にある点の数) $(x \leqq 0)$ をこれらの点の分布関数という.

分布曲線
distribution curve
確率分布などの分布は, その密度関数をグラフで描くと, その様子が理解しやすい. その曲線のことを分布曲線という. 例えば, 平均が 0 で分散が 1 のガウス分布の分布曲線は $y = (1/\sqrt{2\pi}) \exp(-x^2/2)$ で表される.

分布測度
distribution measure
確率分布を表す確率測度をいう. 確率測度が分布を表すことを強調するときに用いる言葉である.

分布の収束　convergence of distribution　⇒ 確率分布の収束

分母の有理化
rationalization of denominator
$$\frac{1-\sqrt{2}}{3+\sqrt{2}} = \frac{(1-\sqrt{2})(3-\sqrt{2})}{(3+\sqrt{2})(3-\sqrt{2})} = \frac{5-4\sqrt{2}}{7},$$

$$\frac{1-\sqrt{x+1}}{x+\sqrt{x+1}} = \frac{(1-\sqrt{x+1})(x-\sqrt{x+1})}{(x+\sqrt{x+1})(x-\sqrt{x+1})}$$
$$= \frac{2x+1-(x+1)\sqrt{x+1}}{x^2-x-1}$$

のように，無理数あるいは無理式を含む分数式において，分母・分子に共通のものを掛けて分母が無理数あるいは無理式を含まぬようにする式変形．→ 桁落ち

分離拡大
separable extension

体 K が体 k の代数拡大体であり，$a \in K$ の k 上の*最小多項式 $f(x)$ について，方程式 $f(x)=0$ が重根を持たないとき，a は k 上分離的といわれる．K の元がすべて k 上分離的であるとき，K を k の分離拡大という．→ ガロア拡大

k の任意の代数拡大が分離拡大であるとき，k を完全体という．標数 0 の体や有限体は完全体である．

分離公理
separation axiom

位相空間の性質．位相空間に十分に多くの開集合があり，通常の図形的直観と合うことを保証するのが分離公理で，次のような種類がある．以下 X を位相空間とする．

T_0： $x, y \in X$ が相異なるとき，$x \in U, y \notin U$ なる開集合 U が存在するか，または，$y \in U, x \notin U$ なる開集合 U が存在する．

T_1： 1点からなる集合 $\{x\} \subset X$ は閉部分集合である．

T_2： $x, y \in X$ が相異なるとき，$x \in U, y \in V, U \cap V = \emptyset$ なる開集合 U, V が存在する．この性質を満たす X を*ハウスドルフ空間という．

T_3： $F \subset X$ が閉集合 $x \in X \setminus F$ ならば，開集合 U, V で $x \in U, F \subset V, U \cap V = \emptyset$ なるものが存在する．この性質を満たす X を正則空間 (regular space) という．

T_4： $F, G \subset X$ が閉集合で $F \cap G = \emptyset$ ならば，開集合 U, V で $F \subset U, G \subset V, U \cap V = \emptyset$ なるものがある．この性質を満たす X を正規空間 (normal space) という．

距離空間，多様体などの通常の位相空間はこれらすべてを満たす．スキーム (→ スキーム理論) に*ザリスキー位相を与えると T_0 空間であるが，$T_1, \cdots, T_4$ はどれも満たされない．

分離定理 (凸関数の)
separation theorem

「*凸関数 $f: \mathbb{R}^n \to \mathbb{R} \cup \{+\infty\}$ と*凹関数 $g: \mathbb{R}^n \to \mathbb{R} \cup \{-\infty\}$ の間に $f(x) \geqq g(x)$ $(\forall x \in \mathbb{R}^n)$ の関係があるならば，適当な条件の下で，1次関数 $h(x) = \sum_{i=1}^n p_i x_i + c$ が存在して，不等式 $f(x) \geqq h(x) \geqq g(x)$ $(\forall x \in \mathbb{R}^n)$ が成り立つ」という定理をいう．これは，$y=f(x)$ のグラフが $y=g(x)$ のグラフの上側にあるならば両者を分離する1次関数が存在することを述べており，*凸関数の双対性の1つの表現である．→ 凸関数 (1変数の)，凸関数 (多変数の)，フェンシェル双対定理

分離定理 (凸集合の)
separation theorem

凸集合とそれに含まれない点に対して，両者を分離する (反対側に含む) 超平面が存在するという定理である．より正確には，C を $\mathbb{R}^n$ の*閉凸集合，y を C に含まれない点とするとき，あるベクトル $(p_1, \cdots, p_n)$ と実数 α が存在して $\sum_{i=1}^n p_i y_i > \alpha$ かつ，$\sum_{i=1}^n p_i x_i \leqq \alpha$ $(\forall x \in C)$ が成り立つ．一般に，あるベクトル $(p_1, \cdots, p_n)$ と実数 α によって $\{x \in \mathbb{R}^n \mid \sum_{i=1}^n p_i x_i \leqq \alpha\}$ の形に書ける集合を閉半空間という．凸とは限らない一般の集合 S に対して，それを含む閉半空間の全体を $\mathcal{H}(S)$ とすると，当然，$S \subseteq \bigcap_{H \in \mathcal{H}(S)} H$ であるが，S が閉凸集合ならば分離定理によって $S = \bigcap_{H \in \mathcal{H}(S)} H$ が成り立つ．

さらに，共通部分を持たない2つの凸集合に対しても，両者を分離する超平面が存在する．すなわち，C_1 と C_2 が凸集合で $C_1 \cap C_2 = \emptyset$ ならば，あるベクトル $(p_1, \cdots, p_n) \neq (0, \cdots, 0)$ に対して

$$\inf_{x \in C_1} \sum_{i=1}^n p_i x_i \geqq \sup_{x \in C_2} \sum_{i=1}^n p_i x_i$$

が成り立つ．ここで，C_1 と C_2 がともに閉集合で，しかも，少なくとも一方が有界ならば，等号つきの不等号 $\geqq$ を真の不等号 $>$ に置き換えることができる．$C_1 = \{y\}, C_2 = C$ の場合が最初に述べた場合にあたる．分離定理は，ハーン-バナッハの定理の有限次元版と考えることもできる．→ 支持超平面，ハーン-バナッハの定理

ペアノ
Peano, Giuseppe

1858-1932 イタリアの数学者．トリノ大学で学び，1890年から死ぬまでトリノ大学の教授であった．自然数の公理的取り扱いを最初に行った(→ペアノの公理)．また，現在*ペアノ曲線と呼ばれる，正方形を覆い尽くす連続曲線を発見した．

ペアノ曲線
Peano curve

正方形の内部を埋め尽くす連続曲線，すなわち，$f:[0,1]\to[0,1]\times[0,1]$ なる連続な全射 f がペアノ曲線である．f は単射にはとれない．また，$f:[0,1]\to[0,1]\times[0,1]$ が微分可能ならば，その像の*測度が 0 になるので，全射にはならない．したがって f は微分可能ではない．

ペアノ曲線を構成する方法の1つは，次の通りである．$t\in[0,1]$ を $t=0.t_1t_2t_3\cdots$ ($t_i\in\{0,1,2\}$) と3進法(→ n 進法)で表す．

$$x_i = \begin{cases} t_{2i-1} & t_j=1, j\leqq 2i-2 \text{ なる } j \text{ が偶数個} \\ 2-t_{2i-1} & t_j=1, j\leqq 2i-2 \text{ なる } j \text{ が奇数個} \end{cases}$$

$$y_i = \begin{cases} t_{2i} & t_j=1, j\leqq 2i-1 \text{ なる } j \text{ が偶数個} \\ 2-t_{2i-2} & t_j=1, j\leqq 2i-1 \text{ なる } j \text{ が奇数個} \end{cases}$$

とおき $f(t)=(x,y)$，$x=0.x_1x_2\cdots$，$y=0.y_1y_2\cdots$ と定義する．

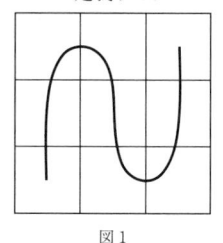

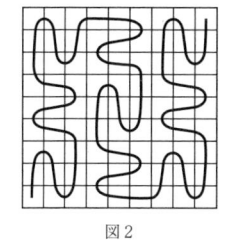

図1　　　　図2

幾何学的には次のように表される．図1のように $[0,1]^2$ を9個に区切り，図の順番にその9カ所をめぐる曲線を書く．次に9個の正方形のおのおのを9つに区切り，そのそれぞれに図1の図形を回転し $1/3$ に相似拡大した図形をおく(図2)．これを繰り返した極限が，上記のペアノ曲線 f である．

ペアノの公理
Peano's axiom

*ペアノが1891年に出版した論文「自然数の概念について」で述べた自然数論の公理系であって，現代の用語(とくに集合という言葉)を用いると次のように述べられる．

「集合 N と，その元 1，および写像 $S:N\to N$ が定まっていて，次のことが満たされる．

(1) $1\notin S(N)$,

(2) S は単射，

(3) 部分集合 $A\subset N$ が，1 を含み，「$a\in A$ ならば $S(a)\in A$」を満たせば，$A=N$」．

この公理における N は自然数全体の集合，S は「次の自然数」を与える関数に対応しており，(3)は数学的帰納法に対応する．

この公理だけを用いて，加法，乗法が定義され，それが自然数の加法，乗法について，われわれが知っている諸規則を満たすことが証明できる．その際に，デデキントの再帰定理と呼ばれる次の主張が，用いられる．

「$(N,1,S)$ がペアノの公理を満たすとする．任意の $y\in N$ と $\varphi:N\to N$ に対して，
$$f(1)=y, \quad f(S(x))=\varphi(f(x))$$
を満たす $f:N\to N$ がただ1つ存在する」．

加法 $+$ を定義するには，$a\in N$ に対して，デデキントの再帰定理を $y=a+1, \varphi=S$ に適用して得られる f を f_a として，$a+b=f_a(b)$ とする．また，乗法 $\times$ を定義するには，デデキントの再帰定理を $y=a, \varphi(x)=x+a$ に適用して得られる f を f'_a として，$a\times b=f'_a(b)$ とする．

ペアノの存在定理
Peano's existence theorem

常微分方程式の初期値問題
$$\frac{dx}{dt}=f(t,x), \quad x(t_0)=x_0$$
において，$f(t,x)$ がリプシッツ連続でない場合，解の一意性は必ずしも成り立たない．例えば $dx/dt=\sqrt{|x|}$ には，$x(0)=0$ を満たす解が無数に存在する．このような場合を含めて，$f(t,x)$ が (t_0,x_0) を含む領域で連続でありさえすれば，少な

くとも1つの局所解が存在する．これをペアノの存在定理という．⇒ コーシーの存在と一意性定理

閉円板
closed disk
平面上の点 $p=(x_0, y_0)$ と正の実数 r を用いて，$\{(x,y)|(x-x_0)^2+(y-y_0)^2 \leqq r^2\}$ のように表される点全体を p を中心とした半径 r の閉円板という．すなわち閉円板とは円の内部および境界のことである．

閉拡張　closed extension　⇒ 閉作用素

平滑化作用
smoothing effect
*熱方程式においては，初期値が微分可能な関数でなくても解は正の時刻では必ず滑らかになる．これを熱方程式の平滑化作用という．同様の性質は，他の*放物型偏微分方程式や摩擦を伴う弦の振動モデルにおいても見られる．平滑化作用を持つ方程式は，多くの場合，負の時間方向には*適切ではない．これは，これらの方程式が記述する現象が不可逆現象であることと密接に結びついている．より一般に，何らかの作用素 A が，必ずしも微分可能でない関数を常に滑らかな関数に写すとき，作用素 A は平滑化作用を持つという．

閉軌道
closed orbit
力学系における周期軌道のことをいう．⇒ 周期軌道

閉曲線
closed curve
始点と終点が一致する曲線のことをいう．円周 S^1 からの連続写像といってもよい．⇒ 閉測地線

閉曲面
closed surface
*境界のないコンパクトな曲面のことである．

閉曲面の分類　classification of closed surfaces　⇒ 曲面の位相幾何

平均
mean
いくつかの数または量の「中間」の値を持つ数または量，およびそれを求める演算の総称である．普通は相加平均 $\dfrac{1}{n}\sum_{j=1}^{n} a_j$ を指すことが多い．また $\sum_{j=1}^{n} p_j = 1$ を満たす正数 p_j を固定して，重み付きの相加平均 $\sum_{j=1}^{n} p_j a_j$ を考える場合もある．このほか「中間」の意味の取り方により，*相乗平均，*調和平均などがあり，さらに一般には，連続*狭義単調増加関数 $F(x)$ を用いた平均 $F^{-1}\left(\dfrac{1}{n}\sum_{j=1}^{n} F(a_j)\right)$ （F^{-1} は F の逆関数）が考えられる．連続的な量の（相加）平均は積分
$$\frac{1}{b-a}\int_a^b f(x)dx$$
で表される．⇒ 平均（確率変数の），相乗平均，調和平均，重み付き平均，チェザロ平均，長時間平均，期待値，イェンセンの不等式

平均（確率変数の）
mean
確率変数 X の取りうる値が実数値 $x_1, \cdots, x_n$ であり，その確率分布が $p_1, \cdots, p_n$ で与えられるとき，
$$E[X] = x_1 p_1 + \cdots + x_n p_n$$
をこの確率分布の平均，または確率変数 X の平均（あるいは（数学的）期待値）という．確率変数 X が実数の連続量を取る場合は，X の分布に対する*密度関数を $p(x)$ とするとき，X の平均は
$$E[X] = \int_{-\infty}^{\infty} xp(x)dx$$
である．一般に，(Ω, P) を確率空間，X をその上の確率変数（可測関数）とするとき，X の平均は
$$E[X] = \int_{\Omega} X(\omega)dP(\omega)$$
で定義される．確率変数 X の平均はその確率分布 P だけから決まる．

平均曲率
mean curvature
曲面 Σ の1点での*主曲率の和の $1/2$ のことを平均曲率と呼ぶ．平均曲率は曲面を法線ベクトル方向に少し動かしたとき，面積が変化する割合を表している．とくに，極小曲面の平均曲率は 0 である．

$\mathbb{R}^n$ の超曲面の場合にも，主曲率（$n-1$ 個ある）の和の $1/(n-1)$ を平均曲率と呼ぶ．

平均収束
limit in the mean
関数列 $\{f_n(x)\}$ について，*各点収束や*一様収束が議論しにくい状況のときに用いる概念．L^2 ノルム $\|f\|_2=(\int|f(x)|^2 dx)^{1/2}$ に関する平均収束を2乗平均収束という．例えば，$f(x)\in L^2(\mathbb{R})$ に対して積分 $\int_{-\infty}^{\infty}f(x)e^{-2\pi i\xi x}dx$ は一般には絶対収束しない．しかし $g_R(\xi)=\int_{-R}^{R}f(x)e^{-2\pi i\xi x}dx$ は存在し，$R\to\infty$ のとき $g_R(\xi)$ は $L^2(\mathbb{R})$ のある元 $\widehat{f}(\xi)$ に平均収束する．これが $f(x)$ の*フーリエ変換である．

一般に L^p ノルムに関する収束を p 乗平均収束という．⇒ ノルム収束

平均値の定理
mean value theorem
微分積分学における基本定理の1つである．
*ロルの定理から導かれる次の定理を(ラグランジュの)平均値の定理という．「$f(x)$ が $[a,b]$ で連続，(a,b) で微分可能ならば，
$$\frac{f(b)-f(a)}{b-a}=f'(c)\quad (a<c<b)$$
となる c が存在する」．$b=a+h$ とおけば，
$$f(a+h)=f(a)+hf'(a+\theta h)\quad (0<\theta<1)$$
となる θ が存在すること，と言い換えられる．また次の定理をコーシーの平均値の定理という．「$f(x)$ および $g(x)$ が $[a,b]$ で連続，(a,b) で微分可能であって，(a,b) で $g'(x)\ne 0$ であれば，
$$\frac{f(b)-f(a)}{g(b)-g(a)}=\frac{f'(c)}{g'(c)}\quad (a<c<b)$$
となる c が存在する」．

平均値の定理 (積分法の)
mean value theorem
微分積分学における基本定理の1つである．
区間 $[a,b]$ 上の連続関数 $f(x)$ に対し，
$$\int_a^b f(x)dx = f(c)(b-a)$$
となる c が $[a,b]$ 内に存在する．これを積分法における第1平均値の定理という．また $g(x)$ が単調増加ならば，
$$\int_a^b f(x)g(x)dx$$
$$=g(a)\int_a^{c'}f(x)dx+g(b)\int_{c'}^b f(x)dx$$
が成り立つような c' が $[a,b]$ 内に存在する．これを第2平均値の定理という．

平均値の定理 (調和関数の)
mean value theorem
n 変数の関数 u が調和関数ならば，任意の点 x における u の値は x を中心とする球面上の平均値に等しい．例えば2次元の場合には
$$u(x,y)=\frac{1}{2\pi}\int_0^{2\pi}u(x+r\cos\theta,y+r\sin\theta)d\theta$$
が成り立つ．逆にこの性質を満たす関数は調和関数である．平均値の定理から調和関数の*最大値原理が導かれる．

平均場近似
mean field approximation
相互作用をもつ多粒子系を，1粒子とそれを除く粒子系 X の分布とが相互作用する系と考える．そのとき，粒子に働く相互作用を，それ以外の粒子の分布に関して平均して得られる相互作用に置き換える近似をいう．相互作用を無視する自由場近似に次いで簡単な近似法であるが，相互作用が弱い場合には十分な近似が得られることもある．例えばボルツマン方程式は，希薄気体の分子運動は平均場近似できると仮定して導出された方程式である．

平均変化率　average change rate　⇒ 増加率

閉区間
closed interval
両端を含む区間 $[a,b]$ のこと．⇒ 区間

閉グラフ定理
closed graph theorem
X,Y をバナッハ空間とする．X 全体で定義された線形写像 $T: X\to Y$ が*閉作用素ならば，T は連続である．これを閉グラフ定理という．

閉形式
closed form
外微分が0である*微分形式のことである．

平行
parallel
平面上の2直線が，互いに交わらないとき，平行であるという．空間内の2直線については，それらが同一平面の上にあり，しかも交わらないと

平行移動
translation

n 次元ユークリッド空間 $\mathbb{R}^n$ における移動 $x \mapsto x+a$ のことである.ここで,$a \in \mathbb{R}^n$ は定ベクトル.並進運動ということもある.

平行移動(接続が定める)
parallel transport

多様体 M(の接束)に接続 ∇ が定まっていると,曲線に沿って接ベクトルを移動するやり方が定まり,異なる点の接空間を比較することができる.これが平行移動である.

接続 ∇ の定める*クリストッフェルの記号を Γ^i_{jk} とする.*媒介変数が t $(0 \leqq t \leqq 1)$ の滑らかな曲線 $c: x(t)$,$x(t)=(x_1(t), \cdots, x_n(t))$ に対して,c 上のベクトル場 $V=V(x(t))$ に関する*線形常微分方程式系

$$\nabla_{\frac{dx}{dt}} V = \sum_{i=1}^n \left\{ \frac{dV^i}{dt} + \sum_{j,k=1}^n \Gamma^i_{jk} \frac{dx^j}{dt} V^k \right\} \frac{\partial}{\partial x^i} = 0$$

を解くことにより,出発点 $x(0)$ での初期ベクトル $V(x(0))$ を終点 $x(1)$ での値 $V(x(1))$ に写す*線形写像 $\tau: T_{x(0)}(M) \to T_{x(1)}(M)$,$V(x(0)) \mapsto V(x(1))$ が得られる.τ を曲線 c に沿う平行移動という.

ユークリッド空間の場合には,$\Gamma^i_{kj}=0$ であるから,平行移動を与える微分方程式は $dV/dt \equiv 0$ であり,したがって V を標準的な基底で書くと,定数である.

ベクトル束 E に接続が定まっていると,E の $x(0)$ でのファイバー $E_{x(0)}$ から,$x(1)$ でのファイバー $E_{x(1)}$ への準同型写像が同様に得られる.

閉曲線に沿った平行移動が*ホロノミーである.

平行線の公理
axiom of parallel lines

*ユークリッド幾何学における基本的な公理の1つである.現在では,1795 年にプレイフェア(J. Playfair)により与えられた「与えられた直線 l と,その上にない点 p に対して,p を通り l と交わらない直線がただ1つ存在する」ことを平行線の公理という.ユークリッドの『原論』の中の5つの公準(公理)の内の第5公準「1直線が2直線に交わり,同じ側の内角の和が2直角より小さければ,この2直線は限りなく延長されると,2直角より小さい角のある側において交わる」と同値である.

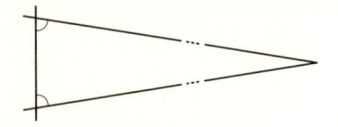

この公準には「限りなく延長される」という「無限」を含む表現もあって,ユークリッド以後の数学者の多くが,この公準が他の公理の帰結ではないかとの疑いを抱き,これを,他の公理,公準から証明することを試みた(なかでも 17, 18 世紀のイタリアの数学者サッケリ(G. Saccheri)の研究は重要である).平行線の公理が「他の公理,公準から証明できない」ことは,*非ユークリッド幾何学の確立によって明らかになった.さらに,ユークリッド幾何学の中に非ユークリッド幾何学のモデルを作ることにより,「ユークリッド幾何学が無矛盾ならば非ユークリッド幾何学も無矛盾である」ことが示され,平行線の公理が証明できないことは,完全に証明された.⇒ 不可能

平衡点
equilibrium point

一般に,平衡状態を表す点のことである.例えば,力学系の不動点(固定点)は,平衡状態を表すと考えるとき,平衡点という.⇒ 不動点,安定(力学系における)

平行辺   parallel arc   = 多重辺

平行6面体
parallelopiped

$\mathbb{R}^3$ の1次独立なベクトル a_1, a_2, a_3 を用いて,$\{p+t_1 a_1+t_2 a_2+t_3 a_3 | \ 0 \leqq t_i \leqq 1 \ (i=1,2,3)\}$ と表される図形のことをいう.その体積は $\det(a_1, a_2, a_3)$ である.

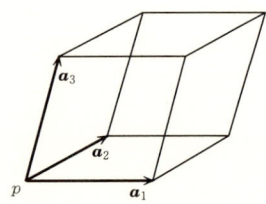

閉作用素
closed operator

閉区間 $[a,b]$ 上の連続関数列 $\{u_n(x)\}$ $(n\geq 1)$ が C^1 級であって，$u_n(x), u'_n(x)$ がそれぞれ $u(x)$, $v(x)$ に一様収束するならば，$u(x)$ も C^1 級であって $u'(x)=v(x)$ が成り立つ．このことを，「微分作用素 d/dx は（一様ノルム $\max|f(x)|$ を入れた連続関数の空間 $C^0([a,b])$ における作用素として）閉作用素である」と言い表す．

一般に，X, Y をバナッハ空間とする．稠密な定義域 $D(T)$ を持つ線形写像 $T: D(T) \to Y$ が次の性質を持つとき，閉作用素という：$D(T) \ni u_n$, $\lim_{n\to\infty} u_n=u$ かつ $\lim_{n\to\infty} T(u_n)=v$ ならば，$u \in D(T)$ であって，$T(u)=v$ が成り立つ（上の例では $X=Y=C^0([a,b])$, $D(T)=C^1([a,b])$, $T(u)=du/dx$ である）．この条件は T の*グラフ $\{(x, T(x))|x \in D(T)\}$ が直積空間 $X \times Y$ の中の*閉集合であることと同値である．

作用素 $T: D(T) \to Y$ に対して閉作用素 $S: D(S) \to Y$ であって，$D(S) \supset D(T)$ かつ $Su=Tu$ $(u \in D(T))$ を満たすものが存在するとき，T を前閉 (closable) といい，S を閉拡張という．閉拡張のうちで定義域が最小のものを T の閉包という．応用上現れる多くの作用素は前閉である． ⇒ 線形作用素，バナッハ空間，閉グラフ定理

閉写像
closed map

位相空間 X から位相空間 Y への写像 f について，X の任意の閉集合 A の像 $f(A)$ が Y の閉集合となるとき，f を閉写像という．

X が*コンパクト，Y が*ハウスドルフ空間であれば，任意の*連続写像 $f: X \to Y$ は閉写像である．

閉集合
closed set

*ユークリッド空間の部分集合 V が閉集合であるとは，V の元からなる任意の*収束点列の*極限（*触点）が再び V の点であることを指す．

閉区間 $[a,b] \subset \mathbb{R}$ は閉集合である．また，連続関数 $f(x,y)$ を使って，$\{(x,y) \in \mathbb{R}^2 | f(x,y) \leq c\}$ と表される集合は，平面 $\mathbb{R}^2$ の閉集合である．円周も平面 $\mathbb{R}^2$ の閉集合である．一方，開区間 (a,b) や，円板の内部 $\{(x,y) \in \mathbb{R}^2 | x^2+y^2<1\}$ は閉集合でない．

閉集合の*補集合は*開集合で，また，開集合の補集合は閉集合である．

有限個の閉集合の*和集合は閉集合である．また，（任意の個数の）閉集合の共通部分は閉集合である．しかし，無限個の閉集合の和集合は閉集合とは限らない．

一般の*位相空間では，開集合の補集合のことを閉集合と定義する．この定義は*距離空間に対しては，V の元からなる任意の収束点列の極限（触点）が再び V の点であることと一致する．

X の部分集合の族 $\mathcal{F}$ であって，次の性質を満たすものがあると，$\mathcal{F}$ の元が閉集合であるような位相が X に定まる．

(1) 空集合と X 自身は $\mathcal{F}$ の元である．
(2) $F_1, F_2 \in \mathcal{F}$ に対して，$F_1 \cup F_2 \in \mathcal{F}$.
(3) $\{F_\alpha\}$ を $\mathcal{F}$ の元からなる族とするとき，共通部分 $\bigcap_\alpha F_\alpha$ は $\mathcal{F}$ の元である．

上のように位相を定義するときは，開集合を閉集合の補集合として定義する．

並進不変
translation invariance

平行移動による変換で，ある量が不変であるならば，その量は並進不変であるという．例えば，n 次元ユークリッド空間において図形の体積は並進不変である．

ベイズの定理
Bayes theorem

A_i $(i=1,\cdots,n)$ が排反事象で，$\sum_{i=1}^{n} P(A_i)=1$ のとき，条件付き確率について
$$P(A_i|B) = \frac{P(A_i)P(B|A_i)}{\sum_{j=1}^{n} P(A_j)P(B|A_j)}$$
が成り立つ．これをベイズの定理といい，A_i が原因で B を結果と考えれば，結果 B を知った後に原因が A_i であった確率（事後確率）を与える．この文脈では，$P(A_i)$ を事前確率という．

閉測地線
closed geodesic

曲面 M，あるいは一般のリーマン多様体 M の測地線 $l: \mathbb{R} \to M$ が閉曲線であるとき，すなわち $l(t+T)=l(t)$ が任意の t に対して成り立つような $T \neq 0$ が存在するとき，閉測地線という．測地

線 $l:[a,b]\to M$ が, $l(a)=l(b)$ を満たしていても, $(dl/dt)(a)\neq(dl/dt)(b)$ である場合は, 閉測地線とは呼ばない.

球面の閉測地線は大円である. また, 楕円面 $(x/\alpha)^2+(y/\beta)^2+(z/\gamma)^2=1$ では, xy 平面, yz 平面, xz 平面との交わりは, それぞれ閉測地線であり, α, β, γ がすべて異なるとき, 楕円面の自己交叉を持たない閉測地線はこの3本に限られる.

M がコンパクトで境界がないとき, M の閉曲線 L が1点に連続変形可能でなければ, L に連続変形可能な曲線のうち, 長さが一番短いものが存在し, 閉測地線になる. また, 任意のコンパクトで境界がない M には, 少なくとも1本の閉測地線が存在することが知られている. → 変分法

閉多様体
closed manifold

境界のないコンパクト多様体のことをいう. 球面 S^n, 射影空間 $P^n(\mathbb{R})$, トーラス $T^n=S^1\times\cdots\times S^1$ などがその例である.

平坦
flat

(1) 曲率がいたるところ0であるようなリーマン多様体を, 平坦なリーマン多様体という. 完備で単連結な平坦なリーマン多様体はユークリッド空間と等長的である. また, コンパクトで境界がない平坦なリーマン多様体は, 平坦トーラスを有限群で割った形をしている(→ ビーベルバッハの定理).

(2) ベクトル束の接続の曲率が0のとき, 接続は平坦であるという. 平坦接続は基本群の表現と1対1に対応する. → ホロノミー

平坦加群
flat module

可換環 R 上の加群 F は, 任意の R 加群の*完全系列

$$0\to M_1\to M_2\to M_3\to 0 \quad (1)$$

に対して

$$0\to M_1\otimes_R F\to M_2\otimes_R F\to M_3\otimes_R F\to 0 \quad (2)$$

が常に完全系列であるとき平坦 R 加群という. この平坦加群の定義は R 加群の単射 $M_1\to M_2$ に対して $M_1\otimes_R F\to M_2\otimes_R F$ が単射であることと同値である.

また,「系列(1)が完全であるための必要十分条件は系列(2)が完全であること」が成り立つとき, R 加群 F は忠実平坦加群であるという.

可換環 R と R の任意の乗法的に閉じた集合 S による*局所化 $S^{-1}R$ は平坦 R 加群である. しかし忠実平坦とは限らない. 例えば有理数体 $\mathbb{Q}$ は整数環 $\mathbb{Z}$ の*商体であるが $\mathbb{Z}$ 加群として忠実平坦ではない. 一方, *局所環 R がネーター環でありその極大イデアルを $\mathfrak{m}$ とするとき, R の完備化 $\widehat{R}=\varprojlim_n R/\mathfrak{m}^n$ は忠実平坦 R 加群である.

環 R が非可換のときも左 R 加群, 右 R 加群に対して平坦加群を同様に定義できる.

平坦トーラス
flat torus

トーラスにはいたるところ曲率が0である計量が存在する. このような計量をもつトーラスを平坦トーラスという(2次元の場合, 平坦トーラスを作るには, 長方形で向かい合う辺を貼り合わせればよい. 高次元でも同様である).

閉凸集合
closed convex set

*凸集合は, *閉集合でもあるとき, 閉凸集合という.

閉半空間　closed half-space　→ 開半空間, 凸集合

閉部分空間
closed linear space

*線形位相空間の線形部分空間が*閉集合であるとき, 閉部分空間という. 有限次元の線形部分空間はつねに閉部分空間である. 閉部分空間を省略して単に部分空間と呼ぶことが多い.

閉部分群
closed subgroup

*位相群の部分群が閉集合であるとき, 閉部分群という. リー群の閉部分群はリー群である. 位相群 G の閉部分群 H による*商空間 G/H は*ハウスドルフ空間であるが, 例えば, 加法群 $\mathbb{R}$ の部分群 $\mathbb{Q}$ は閉部分群ではなく, 商空間 $\mathbb{R}/\mathbb{Q}$ はハウスドルフ空間ではない.

閉部分多様体
closed submanifold

通常, 多様体 M の部分多様体 N に対しては,

N の位相が M の位相の*誘導位相であると仮定するが，*ベクトル場の積分曲線（あるいはより一般に*分布の*積分多様体）やリー部分群などの場合には，これを仮定しないことがある．N が閉部分集合であると，N の位相が M の位相の誘導位相になる．部分多様体 N が閉部分集合であることを明示したいときは，閉部分多様体という．

閉包

closure

$\mathbb{R}^n$ の部分集合 A の閉包とは A の点列の*極限点全体の集合である．しばしば $\overline{A}$ などと表される．

どんな A に対してもその閉包 $\overline{A}$ は閉集合である．また集合 A の閉包 $\overline{A}$ は，A の補集合 A^c の*内部（開核）の補集合 $(\mathrm{Int}(A^c))^c$ である．

一般の位相空間 X の部分集合 A の場合には，閉包とは A を含む閉集合すべての共通部分を指す．

平方根

square root

2乗根，自乗根ともいう．2乗して a となる数を a の平方根という．0 の平方根は 0 のみであるが，$a\neq 0$ の平方根は 2 つある．$a>0$ のとき a の 2 つの平方根は正負の実数であり，正の平方根を $\sqrt{a}$ と記す．負の平方根は $-\sqrt{a}$ である．$a<0$ のときは a の平方根は*虚数単位 i を使うと $\pm\sqrt{|a|}i$ で与えられる．

平方剰余

quadratic residue

自然数 n と整数 a に対し，合同方程式
$$x^2 \equiv a \pmod{n}$$
が解を持つとき a は n を法として平方剰余，解を持たないとき平方非剰余という．a が n を法として平方剰余であるための必要十分条件は次の 2 つの条件が満たされることである．

(1) a が n のすべての素因数($\neq 2$)を法として平方剰余である，

(2) n が 4 で割り切れるとき，$a\equiv 1 \pmod 4$，n が 8 で割り切れるとき，$a\equiv 1 \pmod 8$ である．

以上により，a が n を法として平方剰余であるかどうかは，n が素数($\neq 2$)の場合の考察に帰着される．その場合は，*平方剰余の相互法則を使って，平方剰余であるかどうかを知ることができる．

平方剰余の相互法則

quadratic reciprocity law

p を 2 でない素数とする．p で割り切れない整数 a に対し，
$$\left(\frac{a}{p}\right) = \begin{cases} 1 & (a\text{ が }p\text{ を法とする平方剰余}) \\ -1 & (\text{そうでないとき}) \end{cases}$$
と定義してこれを平方剰余記号あるいはルジャンドルの記号という．$\left(\dfrac{a}{p}\right)$ は $a \pmod p$ で定まり，
$$\left(\frac{a}{p}\right)\left(\frac{b}{p}\right) = \left(\frac{ab}{p}\right)$$
が成り立つ．ルジャンドルの記号に関して次の法則が成り立つ．

(1) (オイラーの規準)
$$\left(\frac{a}{p}\right) \equiv a^{(p-1)/2} \pmod{p}.$$

(2) (平方剰余の相互法則) 奇素数 p, q $(p\neq q)$ に対して
$$\left(\frac{p}{q}\right)\left(\frac{q}{p}\right) = (-1)^{(p-1)(q-1)/4}.$$

(3) (平方剰余の相互法則の第 1 補充法則)
$$\left(\frac{-1}{p}\right) = (-1)^{(p-1)/2}.$$

(4) (平方剰余の相互法則の第 2 補充法則)
$$\left(\frac{2}{p}\right) = (-1)^{(p^2-1)/8}.$$

これを用いると，例えば素数 $p\neq 2, 3$ について，
$$\left(\frac{3}{p}\right) = (-1)^{(p-1)/2}\left(\frac{p}{3}\right)$$
$$= \begin{cases} 1 & (p\equiv 1, 11 \pmod{12} \text{ のとき}) \\ -1 & (p\equiv 5, 7 \pmod{12} \text{ のとき}) \end{cases}$$

このようにして平方剰余記号が計算できる．

相互法則はオイラーにより予想され，ガウスにより初めて証明された．ガウスが 7 種類の証明を与えたことからもわかるように，相互法則は初等整数論の頂点にある定理である．

平方数

square number

$1=1^2, 4=2^2, 9=3^2$ のように自然数の 2 乗になっている数を平方数という．

平方和

square sum

k 個の整数 $x_1, \cdots, x_k$ のそれぞれの 2 乗の和

$$x_1^2 + \cdots + x_k^2$$

を平方和という．k を固定したとき，どのような自然数 n が平方和で表されるかという問題が古くから考察され，*ディオファントスは，$k=4$（したがって $k \geqq 4$）であれば，任意の自然数が平方和であることを予想していた．オイラーはこれを証明しようとしたが果たせず，最終的に解決したのはラグランジュである(1770)．その方法は，*オイラーの恒等式(2次式に対する)を使うものである．すなわち，オイラーの恒等式により，任意の素数を 4 個の平方和で表すことに帰着するのである．

$k=3$ の場合は，ガウスにより次が証明された．「自然数 n が 3 個の平方和で表されるための必要十分条件は，n が $4^l(8h+7)$ の形の整数でないことである．ここで l, h は負でない整数とする」．この定理における必要性の証明は容易であるが，十分性の証明は難しい．

平面からの距離
distance from plane

座標 x, y, z を持つ 3 次元ユークリッド空間の中で，平面 $ax+by+cz+d=0$ と点 (x_0, y_0, z_0) の距離は

$$|ax_0 + by_0 + cz_0 + d|/\sqrt{a^2+b^2+c^2}$$

で与えられる．

平面曲線
plane curve

(1) 区間から平面 $\mathbb{R}^2$ への連続写像のこと．→ 曲線

(2) 射影平面で m 次斉次式の零点として表される曲線を m 次平面曲線という．

平面グラフ
planar graph / plane graph

グラフは，頂点を平面上に配置して辺で結ばれた頂点を曲線分で結ぶことによって，図形として描くことができる．このとき，辺が交わらないように描けるグラフを平面的グラフ(planar graph)と呼び，そのように描かれた平面図形を平面グラフ(plane graph)（あるいは埋め込み）と呼ぶ（平面グラフという言葉を平面的グラフの意味で用いることもある）．5 頂点からなる*完全グラフ K_5 や，3 頂点ずつの頂点集合を持つ*完全 2 部グラフ $K_{3,3}$ は平面的でないが，平面的グラフであるための必要十分条件は，$K_5, K_{3,3}$ の細分を部分グラフにもたないことである（クラトフスキーの定理）．平面性の判定とその埋め込みの構成には高速のアルゴリズムがあり，電気回路をチップ上に実現する際などに利用される．

平面的グラフ　planar graph　→ 平面グラフ

平面のベクトル方程式
vector equation of plane

空間内の平面は，その上の 1 点 $P_0(\boldsymbol{x}_0)$ と，その平面上にある 2 つの*1 次独立なベクトルを与えると，ただ 1 つに定まる．すなわち，平面上の点 $P(\boldsymbol{x})$（空間に原点 O を定めて，位置ベクトルが $\overrightarrow{OP}=\boldsymbol{x}$ となる点）はベクトル $\boldsymbol{x}_0=\overrightarrow{OP_0}$ と 1 次独立なベクトル $\boldsymbol{a}, \boldsymbol{b}$ $(\boldsymbol{a}, \boldsymbol{b} \neq 0)$ を決めると，1 つに定まり，平面上の任意の点 $P(\boldsymbol{x})$ は，2 つの実数 s, t を用いて次のように表示できる．

$$\boldsymbol{x} = s\boldsymbol{a} + t\boldsymbol{b} + \boldsymbol{x}_0. \quad (1)$$

このとき，(1)を平面のベクトル方程式という．(1)を $(s,t) \in \mathbb{R}^2$ を $\boldsymbol{x} \in \mathbb{R}^3$ に写す写像とみなすと，平面の*径数表示になる．

また，空間内の平面は，その上の 1 点 $P(\boldsymbol{x}_0)$ と，法ベクトル $\boldsymbol{n}$ を与えるとただ 1 つに決まる．したがって平面上の点 $P(\boldsymbol{x})$ は，内積 $(\cdot, \cdot)$ を用いて次のように表示することもできる．

$$(\boldsymbol{n}, \boldsymbol{x}) = c. \quad (2)$$

ただし，$c=(\boldsymbol{n}, \boldsymbol{x}_0)$ とする．この形の方程式(2)も平面のベクトル方程式という．

なお，3 次元以上の空間の場合でも(1)は平面を表す方程式であるが，(2)は超平面を表す方程式となる．

平面の方程式
equation of plane

x, y, z を座標に持つ 3 次元ユークリッド空間の中の平面は，方程式 $ax+by+cz+d=0$ で表される(a, b, c がすべて 0 であることはない)．この平面の法線ベクトルは (a, b, c) の定数倍である．

$c \neq 0$ の場合は，この方程式は $z=-(a/c)x-(b/c)y-d/c$ となる．この直線と xy 平面の交わりは $ax+by+d=0$ なる直線である．

平面波
plane wave

波面が平面である波のことをいう．この場合，波の運動は事実上，空間 1 次元の運動に帰着される．例えば*波動方程式の解 $u(x,t)$（ただし $x=(x_1,\cdots,x_n)$）が平面波を表すならば，波面に垂直

な単位ベクトルを $\boldsymbol{\mu}$ とおくと，
$$u(x,t) = v(\boldsymbol{\mu}\cdot\boldsymbol{x}, t)$$
という表示が成り立つ．ここで $v(z,t)$ は1次元波動方程式の解である．もっとも典型的な平面波として，正弦波 $\sin(\boldsymbol{k}\cdot\boldsymbol{x}-\omega t)$，余弦波 $\cos(\boldsymbol{k}\cdot\boldsymbol{x}-\omega t)$ ($\boldsymbol{k}=(k_1,\cdots,k_n)\in\mathbb{R}^n,\ \omega\in\mathbb{R}$) がある．⇒ 球面波

閉リーマン面　closed Riemann surface　⇒ リーマン面

閉路
cycle

無向グラフにおいては，頂点と辺の交互列 $v_0 a_1 v_1 a_2 v_2 \cdots v_{k-1} a_k v_k$ (ただし $v_0=v_k$ で，$i\neq j$ に対し $a_i\neq a_j$)で，各 $i=1,\cdots,k$ に対して，辺 a_i の両端点が $\{v_{i-1}, v_i\}$ であるもの（あるいはこれらの頂点と辺が作る部分グラフ）を閉路という．有向グラフにおいては，各 $i=1,\cdots,k$ に対して，辺 a_i の始点が v_{i-1}，終点が v_i であるものを有向閉路と呼び，単に閉路というときには向きを無視して得られる無向グラフにおける閉路を意味する．閉路の上の頂点 $v_0, v_1, \cdots, v_{k-1}$ がすべて異なるとき，単純閉路という．⇒ オイラー閉路，ハミルトン閉路

ヘヴィサイド関数
Heaviside function

演算子法に現れる関数で，$Y(x)=1\ (x>0)$，$Y(x)=0\ (x\leq 0)$ で定義される．電気回路の問題を解くためにヘヴィサイド(O. Heaviside)が導入した．$Y(x)$ は $x=0$ で不連続であるが，*超関数としての導関数は $(d/dx)Y(x)=\delta(x)$ ($\delta(x)$ はディラックの*デルタ関数)で与えられる．

ペー関数
$\wp$ function

関数 $1/x^2$ は周期 π をもつように足し合わせることができて，等式 $1/\sin^2 x = \sum_{n=-\infty}^{+\infty}(x-n\pi)^{-2}$ が得られる(→ 部分分数分解)．実数体上独立な2つの周期 ω_1, ω_2 について，周期関数になるように，同様の操作を収束するように変形して行うと

$$\wp(x) = \frac{1}{x^2} + {\sum_{m,n}}' \left(\frac{1}{(x-m\omega_1-n\omega_2)^2} - \frac{1}{(m\omega_1+n\omega_2)^2}\right)$$

が得られる．ここで ${\sum_{m,n}}'$ は $(m,n)=(0,0)$ 以外のすべての整数の組にわたる和を表す．これをワイエルシュトラスの $\wp$ (ペー) 関数という．$\wp$ は p のドイツ文字である．ペー関数は楕円関数のもっとも基本的な例である．⇒ 楕円関数

べき
power

同じ数や文字式を何回か掛け合わせたものをべき(冪)または累乗という．a を n 個掛け合わせたもの $\underbrace{a\times a\times\cdots\times a}_{n\text{ 個}}$ を a^n と記し，a の n 乗という．$a^m\cdot a^n = a^{m+n}$ が成り立ち，$a\neq 0$ のとき $m>n$ であれば $a^m/a^n=a^{m-n}$ が成り立つので，この関係が $m=n$ のときも成り立つように $a\neq 0$ のとき $a^0=1$ と定義する．さらに，自然数 m に対して $a^{-m}=1/a^m$ と定義すると，$a\neq 0$ のときすべての整数 m, n に対して
$$a^m\cdot a^n = a^{m+n},\quad (a^m)^n = a^{mn},$$
$$a^n\cdot b^n = (ab)^n$$
が成り立つ．これは*指数法則の一部である．

べき級数
power series

a_n, c を複素数として，変数 z について
$$a_0 + a_1(z-c) + a_2(z-c)^2 + \cdots + a_n(z-c)^n + \cdots$$
の形の無限級数を c を中心とするべき級数といい，a_n を n 次の係数という．べき級数は，$0\leq r\leq +\infty$ を満たすある r について，「$|z-c|<r$ では収束し，$|z-c|>r$ では発散する」という性質がある ($r=+\infty$ はすべての z で収束することを意味する)．r をべき級数の収束半径といい，複素平面における円 $\{z\in\mathbb{C}\,||z-c|=r\}$ を収束円という．収束円 $|z-c|=r$ 上の点については収束・発散に関しては，いろいろな場合があり，1点あるいは有限個の点のみで発散したり，すべての点で発散したりする．後者の場合 $|z-c|=r$ はべき級数が定義する正則関数の自然境界となる．べき級数は $|z-c|<r$ において何回でも微分可能で，
$$\frac{d}{dz}\sum_{n=0}^{\infty} a_n(z-c)^n = \sum_{n=1}^{\infty} na_n(z-c)^{n-1}$$
のように項別に微分できる．⇒ 収束半径，ダランベールの判定法，コーシー-アダマールの公式

べき級数(行列の)　power series　→ 行列のべき級数

べき級数(多変数の)
power series

$\mathbb{C}^2$ の 1 点 (a_1, a_2) を中心とする 2 重円板 $D=\{(z_1, z_2)\in\mathbb{C}^2\mid |z_1-a_1|<r_1, |z_2-a_2|<r_2\}$ $(r_1, r_2>0)$ における無限級数

$$\sum_{k_1,k_2\geq 0} c_{k_1 k_2}(z_1-a_1)^{k_1}(z_2-a_2)^{k_2}$$

が 2 重無限級数(→ 2 重級数)として収束するとき，2 変数の収束べき級数という．これは，D において 2 変数複素関数を定義する．

例えば，多項展開

$$(1-z_1-z_2)^{-\lambda}=\sum_{k_1,k_2\geq 0}\frac{(\lambda)_{k_1+k_2}}{k_1! k_2!}z_1^{k_1}z_2^{k_2}$$

は $|z_1|<r_1$, $|z_2|<r_2$ において収束する．ただし $(\lambda)_n=\lambda(\lambda+1)\cdots(\lambda+n-1)$ で，r_1, r_2 は $r_1+r_2<1$ を満たす任意の正数である．この例のように，1 変数の場合と異なり，多変数のべき級数では，収束半径にあたるものはただ 1 つには決まらない．

n 変数の収束べき級数も同様にして定義できる．
→ 多変数複素関数

べき根
radical root

累乗根ともいう．正整数 $n\geq 2$ に対して n 乗して a となる数，すなわち $x^n=a$ を満たす x のことを a の n 乗根という．$a\neq 0$ のとき，x が複素数の範囲で a の n 乗根は n 個存在する．0 の n 乗根は 0 のみである．

$a\neq 0$ が実数のとき，n が奇数であれば，a の n 乗根で実数であるものがただ 1 つ存在する．それを $\sqrt[n]{a}$ と記す．n が偶数であれば，$a>0$ のときのみ，実数である n 乗根が 2 つ存在する．そのうち正の n 乗根を $\sqrt[n]{a}$ と記す．このとき $-\sqrt[n]{a}$ も a の実数の n 乗根である．

a が複素数であるときは，$a=r(\cos\theta+i\sin\theta)$ と*極表示すると a の n 乗根は

$$\sqrt[n]{r}\left(\cos\frac{\theta+2k\pi}{n}+i\sin\frac{\theta+2k\pi}{n}\right)$$

$(k=0, 1, 2, \cdots, n-1)$ で与えられる．複素数 a に対しても n 乗根の記号として $\sqrt[n]{a}$ を使うことがあるが，その際はどの n 乗根を選んだのかを明確にしておく必要がある．

記号 $\sqrt[n]{\;}$ を根号という．$\sqrt[n]{a}$ のかわりに $a^{1/n}$ と記すこともある．また，$\sqrt[2]{a}$ は通常 $\sqrt{a}$ と記す．

べき集合
power set

集合 X が与えられたとき，X のすべての部分集合を元(要素)とする集合のこと(空集合および全体集合も含む)．2^X (または $\mathfrak{P}(X)$, $P(X)$)で表す．べき集合は X から $\{0,1\}$ への写像全体からなる集合と同一視される(実際 $f:X\to\{0,1\}$ に対して，$f^{-1}(0)\in 2^X$ を対応させればよい)．

例えば，$X=\{1,2,3\}$ のべき集合は，$\emptyset, \{1\}, \{2\}, \{3\}, \{1,2\}, \{2,3\}, \{1,3\}, \{1,2,3\}$ からなる．一般に，n 個の元からなる有限集合のべき集合は，2^n 個の元からなる(このことが，べき集合の記号を正当化している)．

べき単　unipotent　→ べき単元

べき単元
unipotent element

環の元 a で，$(a-1)^m=0$ となる自然数 m が存在するとき，a をべき単元という．n 次正方行列 A で $(A-I_n)^m=0$ となる自然数 m が存在するとき，A をべき単行列という．

べき等元
idempotent element

環の元 e で $e^2=e$ となるものをべき等元という．

べき零　nilpotent　→ べき零元，べき零リー環

べき零イデアル
nilpotent ideal

環のイデアル I の適当なべき I^n が零イデアルとなるとき，I をべき零イデアルという．→ イデアル

べき零行列
nilpotent matrix

ある自然数 n に対して，A^n が零行列となるような正方行列 A のこと．$\begin{bmatrix} 0 & a \\ 0 & 0 \end{bmatrix}$ などが例である．べき零行列の*固有値はすべて 0 であり，逆にすべての固有値が 0 である正方行列はべき零行列である．

べき零群

nilpotent group

群 G に対して,部分群の列 $G=G_1\supset G_1\supset G_2\supset\cdots\supset G_n\supset\cdots$ を,次のように帰納的に定義する.
$G_1=[G,G]$, $G_n=[G,G_{n-1}]$ $(n\geqq 2)$
ここで,一般に $[H,K]$ は交換子 $[h,k]=hkh^{-1}k^{-1}$ が生成する G の部分群を表す(→ 交換子群).$G_n=\{e\}$ となるような n が存在するとき,G をべき零群という.

有限群 G について,べき零群であることと,*p 群の直積であることは,同値である.特に p 群はべき零である.

例 1 アーベル群は $G_1=\{e\}$ であるからべき零群である.

例 2 F を可換体とするとき
$$G=\left\{\begin{bmatrix}1&a_{12}&a_{13}&\cdots&a_{1n}\\0&1&a_{23}&\cdots&a_{2n}\\0&0&1&\cdots&a_{3n}\\\vdots&\vdots&\vdots&\ddots&\vdots\\0&0&0&\cdots&1\end{bmatrix}\middle| a_{ij}\in F\right\}$$
はべき零群である.

べき零群は*可解群である.しかし,逆は成立せず,例えば 3 次*対称群は可解だが,べき零群ではない.

べき零元

nilpotent element

環の元 a で,$a^m=0$ となる自然数 m が存在するものを,べき零元またはべき零という.→ べき零行列

べき零リー環

nilpotent Lie algebra

*リー環 $\mathfrak{g}$ に対して
$\mathfrak{g}^1=[\mathfrak{g},\mathfrak{g}]$, $\mathfrak{g}^2=[\mathfrak{g},\mathfrak{g}^1]$, $\cdots$, $\mathfrak{g}^{l+1}=[\mathfrak{g},\mathfrak{g}^l]$, $\cdots$
はリー環の*イデアルの減少列(降中心列と呼ばれる)である.ここで,リー環のイデアル $\mathfrak{a},\mathfrak{b}$ に対し,$[X,Y]$, $X\in\mathfrak{a}$, $Y\in\mathfrak{b}$ の形の元の有限個の線形結合全体を $[\mathfrak{a},\mathfrak{b}]$ と記した.特に $\mathfrak{g}^k=0$ である正整数 k が存在するとき,リー環 $\mathfrak{g}$ はべき零であるという.対角成分が 0 である n 次*上 3 角行列の全体がなすリー環はべき零リー環の典型例である.

べき零リー群

nilpotent Lie group

べき零群である,リー群のことである.連結なリー群がべき零群であることと,そのリー環がべき零リー環であることは同値である.

ベクトル

vector

向き(方向)と大きさを持った量のことをいう.*数ベクトル,*幾何ベクトルなどが典型例である.ベクトルに対しては,和,スカラー倍などが定義される.例えば,ベクトル $\boldsymbol{a}$ と逆向きで同じ大きさを持つベクトルを $-\boldsymbol{a}$ と表すが,これは $\boldsymbol{a}$ の (-1) 倍と一致する.また大きさ 0 のベクトルを零ベクトルという.ベクトル $\boldsymbol{a}$ の 0 倍は零ベクトルである.

ベクトルは,古典物理学に現れる,運動する物体の速度や加速度,それに働く力などを表す,「大きさ」と「向き」を持つ量として登場した.ベクトルを用いることにより,物理現象を表す数式(運動方程式や電磁場の方程式など)が簡明に表現できるようになった.物理学などに現れる種々の「向きと大きさを持った量」の共通性が明確に認識され,ベクトルという概念がはっきりとしてくるのは 19 世紀以後のことである.

20 世紀になって,抽象代数学の発展の中で,ベクトルの概念もより整理された.現代数学の立場からは,和,スカラー倍などが定義され,いくつかの公理を満たす空間(*ベクトル空間)の元がベクトルである.ただし,ベクトルの大きさを考えるためにはベクトル空間に*内積を導入する必要がある.

現在では,ベクトルは科学の広い分野での基礎概念であり,現代数学の基礎にもなっている.→ ベクトル場,幾何ベクトル,数ベクトル,ベクトル空間,線形空間,線形代数

ベクトル解析

vector calculus

ベクトル場の微分積分のことをいう.*勾配(grad),*回転(rot),*発散(div)がベクトル場の微分の重要なものであり,またベクトル場の微分と積分を結びつける主要定理に*ガウスの発散定理や*ストークスの定理などがある.

ベクトル解析は電磁気学や連続体力学などに多くの応用がある.

ベクトル空間

vector space

*線形空間ともいう.ベクトルのなす集合で,

和・差・スカラー倍の操作について閉じているものがベクトル空間である．平面の幾何ベクトル全体，3次元幾何ベクトル全体，n 次元の数ベクトル全体，などがその例である．

ベクトルをそれぞれ考えるのではなく，同じ種類のベクトルを集めた集合を考えることで，ベクトルの間の*1次独立性や，ベクトルにベクトルを対応させる写像の線形性(→ 線形写像)などの，さまざまな重要な事柄を扱うことができるようになる．

幾何ベクトル，数ベクトルでは，和・差・スカラー倍の操作は，和に関する交換法則 $x+y=y+x$ や，スカラー倍と和に関する分配法則 $a(x+y)=ax+by$ (a,b は実数，x,y はベクトル) などの共通の性質を持っている．

これらの性質を並べて公理とし，その公理を満たすものを線形空間あるいはベクトル空間と定義する(→ 線形空間)．現代数学はそのような立場をとるので，先にベクトル空間の方が定義され，ベクトルはその元であると定義される．

ベクトル 3 重積　vector triple product　→ 外積

ベクトル積　vector product　＝外積

ベクトル束
vector bundle

位相空間 X の各点 p にベクトル空間 E_p が定まり，それが p を動かしたとき「連続につながっている」もの(特に E_p の次元は p によらない)をベクトル束という．E_p が複素ベクトル空間か実ベクトル空間かに応じて，複素ベクトル束，実ベクトル束という．例えば，多様体 M を X とすると，各点 $p \in M$ に対しては，*接空間 $T_p(M)$ が定まっている．これらが決めるベクトル束が接ベクトル束である．

正確には次のように定義する．位相空間の間の連続写像 $\pi: E \to X$ があり，また，おのおのの $p \in X$ に対して $E_p = \pi^{-1}(p)$ に n 次元の実ベクトル空間の構造が定まり，次の条件を満たすとき，n 次元の実ベクトル束という．

任意の $p \in X$ に対して，その*近傍 U と同相写像 $\varphi_U: \pi^{-1}(U) \to U \times \mathbb{R}^n$ であって，次の(1)，(2)を満たす．

(1) $\pi(w)=q$ ならば，$\varphi_U(w)$ の第1成分は q である．すなわち，次の図式が可換である．

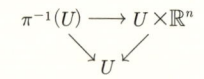

$$\begin{array}{ccc} \pi^{-1}(U) & \longrightarrow & U \times \mathbb{R}^n \\ & \searrow \ \swarrow & \\ & U & \end{array}$$

(2) (1)から，φ_U は $E_q \to \{q\} \times \mathbb{R}^n$ なる同相写像を定めるが，これは線形同型である．

このとき，(U, φ_U) をベクトル束の座標近傍という．座標近傍の集まり $\{(U_\alpha, \varphi_{U_\alpha})\}$ $(\alpha \in A)$ で，U_α が X を覆うもののことを座標近傍系という．また，E_p のことをファイバーという．

座標近傍 $(U_\alpha, \varphi_{U_\alpha})$, $(U_\beta, \varphi_{U_\beta})$ に対して，合成 $\varphi_{U_\alpha} \circ \varphi_{U_\beta}^{-1}$ は $(U_\alpha \cap U_\beta) \times \mathbb{R}^n \to (U \cap V) \times \mathbb{R}^n$ なる同相写像を定め，これは $g_{\alpha\beta}: U_\alpha \cap U_\beta \to GL(n, \mathbb{R})$ なる連続写像(ここで $GL(n, \mathbb{R})$ は $n \times n$ 正則行列全体を表す)を用いて，$\varphi_{U_\beta} \circ \varphi_{U_\alpha}^{-1}(q, v) = (q, g_{\alpha\beta}(q)v)$ と表される．

$g_{\alpha\beta}$ は $x \in U_\alpha \cap U_\beta \cap U_\gamma$ に対して，
$$g_{\alpha\gamma}(q) = g_{\alpha\beta}(q) g_{\beta\gamma}(q) \qquad (*)$$
という関係式を満たす．$g_{\alpha\beta}$ のことをベクトル束 E の変換系という．逆に(*)を満たす $g_{\alpha\beta}$ が与えられると，これを変換系にするベクトル束が定まる．

多様体 M の接ベクトル束の場合，U_α は M の多様体としての座標近傍，変換系は座標変換のヤコビ行列である．多様体上のベクトル束が C^k 級であるとは，変換系 $g_{\alpha\beta}$ を C^k 級の写像にとることができることを指す．

1次元のベクトル束のことを(実または複素)直線束という．M が n 次元複素多様体，$X \subset M$ が $n-1$ 次元複素部分多様体とし，座標 $M = \bigcup_{\alpha \in A} U_\alpha$ を用いて，$U_\alpha \cap X = \{x \in U_\alpha \mid f_\alpha(x) = 0\}$ と表されているとき，$g_{\alpha\beta} = f_\alpha / f_\beta$ は複素直線束の変換系になる．このように，複素直線束は因子と密接な関係にある．

ベクトル束は*ファイバー束である．ファイバーが $\mathbb{R}^n$ で構造群が $GL(n, \mathbb{R})$ であるファイバー束がベクトル束であると定義してもよい．この定義はベクトル束の上記の定義と同値である．$G \subset GL(n, \mathbb{R})$ を部分群とする．変換系 $g_{\alpha\beta}(q)$ が常に G に属するとき，ベクトル束の構造群は G であるという．例えば，向きが付く多様体の接ベクトル束の構造群は，行列式が正の $GL(n, \mathbb{R})$ の元全体 $GL_+(n, \mathbb{R})$ になる．

ベクトル空間の直和，テンソル積，双対空間，商ベクトル空間などの操作をファイバーごとに行うことで，ベクトル束に対しても同様な操作が定まる．

多様体上で線形微分方程式を考えるときは，ベクトル束の*切断を未知関数にするのが自然であり，その意味でベクトル束は多様体上の解析学で不可欠な概念である(→ 指数定理(楕円型作用素の))．また，多様体の接ベクトル束は，多様体の性質の多くの部分を含んでおり，微分位相幾何学では接ベクトル束の*位相不変量，特に*特性類が重要な役割を果たす．

ベクトル値関数
vector-valued function

ベクトルに値をとる関数のことである．関数の組 $(f_1(x), \cdots, f_n(x))$ といっても同じである．

ベクトル場
vector field

2 または 3 次元空間 $\mathbb{R}^2$, $\mathbb{R}^3$ のベクトル場とは，各点 P に対して，P を始点とする幾何ベクトル $\boldsymbol{V}(P)$ を対応させる対応のことである．図1は $\boldsymbol{V}(x,y) = (-y, x)$ なるベクトル場の図である．点 P にある物体に力 $\boldsymbol{F}$ が働き，力が P の位置にしかよらないとき，$\boldsymbol{F}(P)$ はベクトル場である．また，気体が空間内を運動していて運動の状態が時間によらず一定であるとする．各点 P に対して，その点での気体の速度を表すベクトル $\boldsymbol{V}(P)$ とその点での気体の密度 $\rho(P)$ の積 $\rho(P)\boldsymbol{V}(P)$ を対応させる．この対応 $P \mapsto \rho(P)\boldsymbol{V}(P)$ は気体の運動の様子を表すベクトル場である．

曲面 Σ 上のベクトル場，あるいは接ベクトル場とは，各点 $P \in \Sigma$ に対して P での Σ の接ベクトル $\boldsymbol{V}(P)$ を対応させる対応のことである．図2は，球面上のベクトル場，$\boldsymbol{V}(P) = \overrightarrow{OP} \times (0, 0, -1)$ の図である(× は外積)．

一般の多様体 M 上のベクトル場とは，各点 $P \in M$ に対して，接空間 $T_P(M)$ の元 $\boldsymbol{V}(P)$ を対応させる対応のことである．特に n 次元ユークリッド空間 $\mathbb{R}^n$ の場合には，その上のベクトル場は $P \in \mathbb{R}^n$ に対して，n 個の数の組 $\boldsymbol{V}(P) = (V_1(P), \cdots, V_n(P))$ を対応させる対応である．このとき，$V_i(P)$ のことをベクトル場 $\boldsymbol{V}(P)$ の成分と呼ぶ(いずれの場合も，何らかの滑らかさ，連続性を仮定する)．

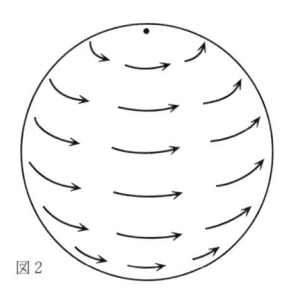

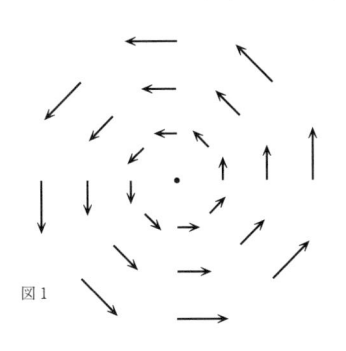

ベクトル場 $\boldsymbol{V}$ の*積分曲線とは，微分可能な曲線 $l: \mathbb{R} \to M$ であって，その接ベクトル $(dl/dt)(t)$ がベクトル場の $l(t)$ での値 $\boldsymbol{V}(l(t))$ と一致するもののことをいう．$\mathbb{R}^n$ 上のベクトル場 $\boldsymbol{V}(P) = (V_1(P), \cdots, V_n(P))$ の場合には，$l(t) = (l_1(t), \cdots, l_n(t))$ が積分曲線であることは，$l(t)$ が常微分方程式

$$\frac{dl_i}{dt} = V_i(l(t)) \quad (i = 1, \cdots, n)$$

を満たすことと同値である(→ 自励系)．

座標変換 $y_i = y_i(x_1, \cdots, x_n)$ に対して，$x_1, \cdots, x_n$ を座標とするベクトル場 $(v_1, \cdots, v_n)$ は，次の式で表されるベクトル場 $(V_1, \cdots, V_n)$ に変換される．

$$V_i = \sum_j \frac{\partial y_i}{\partial x_j} v_j \qquad (*)$$

逆にベクトル場を (*) のように変換される量として定義する流儀もある．曲面や多様体の上のベクトル場を，座標を用いて，ユークリッド空間のベクトル場とみなしたとき，(*) 式は得られたベクトル場の座標変換の規則を与える．

座標 $x_1, \cdots, x_n$ で考えたベクトル場 $(v_1, \cdots, v_n)$ を，$\sum_{i=1}^{n} v_i(\partial/\partial x_i)$ と表す．このとき，(*) 式は規則

$$\frac{\partial}{\partial y_j} = \sum_i \frac{\partial x_i}{\partial y_j} \frac{\partial}{\partial x_i}$$

と同値である(テンソル解析の*添え字の規則に従えば，ベクトル場の成分は上付きの添え字を用いて，$\sum_{i=1}^{n} v^i(\partial/\partial x^i)$ と表すべきであるが，必ずし

もこの規則は守られない）．

ベクトル場を与えることと，*局所1径数変換群を与えることは同値であり，ベクトル場は*力学系（あるいは*流れ）を定める．これによりベクトル場の*安定性などの性質を，対応する力学系の性質として定義する．

ベクトル場の和が成分ごとの和として定義される．また，ベクトル場にスカラー（関数）を掛けたものはベクトル場である．ベクトル場は*テンソル場に一般化される．

ベクトル・ポテンシャル
vector potential

磁場 B のように，発散 $\text{div}\, B$ が 0 であるベクトル場 B に対して，ベクトル場 A を用いて $B = \text{rot}\, A$ と表すことができる．この A のことを，B のベクトル・ポテンシャルと呼ぶ．

電場 $E = (E_1, E_2, E_3)$ と磁場 $B = (B_1, B_2, B_3)$ を合わせて，4次元時空上の微分2形式 $F = E_1 dt \wedge dx_1 + E_2 dt \wedge dx_2 + E_3 dt \wedge dx_3 + B_1 dx_2 \wedge dx_3 + B_2 dx_3 \wedge dx_1 + B_3 dx_1 \wedge dx_2$ を考えると，$dF = 0$ であるので，$F = dA$ なる微分1形式 A が存在する．この A のことも，ベクトル・ポテンシャルと呼ぶ．

F は（ある1次元ベクトル束の）曲率，A はその接続という幾何学的意味を持つ．

電磁場の量子化にはベクトル・ポテンシャルを考えることが不可欠である．

ベズーの定理
Bezout theorem

射影平面では2本の異なる直線は必ず1点で交わる．また，複素数で考えれば直線と2次曲線は2点で交わる．ただし，接する場合は交点が重なって2重に交わっていると考える．このように複素射影平面では m 次*平面曲線と n 次平面曲線は，共通部分が有限個の点であれば，重複度を込めてちょうど mn 個の点で交わる．これをベズーの定理という．⇒交点理論

B 関数　beta function　＝ベータ関数

ベータ関数
beta function

正の実数 α, β に対して定義される積分

$$B(\alpha, \beta) = \int_0^1 x^{\alpha-1}(1-x)^{\beta-1}\, dx$$

を α, β の関数とみてベータ関数という．ベータ関数は*ガンマ関数を用いて

$$B(\alpha, \beta) = \frac{\Gamma(\alpha)\Gamma(\beta)}{\Gamma(\alpha+\beta)}$$

と表される．

ヘッシアン
Hessian

ヘッセ行列の行列式のことをいう．ヘッセ行列自身のことをヘッシアンと呼ぶこともある．⇒ヘッセ行列

ヘッセ行列
Hessian matrix

多変数の微分積分学の基本概念である．
$\mathbb{R}^n$ 上の関数 f が2回連続微分可能なとき，その2階偏微分係数を並べて得られる対称行列

$$\begin{bmatrix} \dfrac{\partial^2 f}{\partial x_1 \partial x_1} & \dfrac{\partial^2 f}{\partial x_1 \partial x_2} & \cdots & \dfrac{\partial^2 f}{\partial x_1 \partial x_n} \\ \dfrac{\partial^2 f}{\partial x_2 \partial x_1} & \dfrac{\partial^2 f}{\partial x_2 \partial x_2} & \cdots & \dfrac{\partial^2 f}{\partial x_2 \partial x_n} \\ \vdots & \vdots & \ddots & \vdots \\ \dfrac{\partial^2 f}{\partial x_n \partial x_1} & \dfrac{\partial^2 f}{\partial x_n \partial x_2} & \cdots & \dfrac{\partial^2 f}{\partial x_n \partial x_n} \end{bmatrix}$$

を f のヘッセ行列という．この行列の行列式をヘッセ行列式またはヘッシアンという．ただし，ヘッセ行列のことをヘッシアンという場合もある．

ヘッセ行列は，*臨界点での関数の様子の決定，*モース理論，関数の凸性の判定（→凸関数（多変数の）），常微分方程式の定値解の漸近的安定性の判定（→漸近安定）などさまざまに使われる．

ベッセル関数
Bessel function

ベッセル（F. W. Bessel）によって組織的に研究された特殊関数で，ひろい応用をもつ．

原点の周りでの級数展開

$$J_\nu(x) = \left(\frac{x}{2}\right)^\nu \sum_{n=0}^\infty \frac{(-1)^n}{n!\, \Gamma(\nu+n+1)} \left(\frac{x}{2}\right)^{2n}$$

で表される解析関数を ν 次のベッセル関数と呼ぶ．

2次元のラプラス方程式の固有値問題を極座標に関して*変数分離法で解くと，動径成分に対し次の微分方程式が導かれる．

$$\frac{d^2u}{dx^2} + \frac{1}{x}\frac{du}{dx} + \left(1 - \frac{\nu^2}{x^2}\right)u = 0.$$

これをベッセルの微分方程式という．$\nu>0$ のとき，$x=0$ で有界な解は $J_\nu(x)$ の定数倍で与えられる．

ベッセルの微分方程式　Bessel's differential equation
⇒ ベッセル関数

ベッセルの不等式
Bessel's inequality

区間 $[-\pi,\pi]$ 上 2 乗可積分な関数 $f(x)$ のフーリエ係数を $c_n=(1/2\pi)\int_{-\pi}^{\pi}f(x)e^{-inx}dx$ とするとき，

$$\|f\|^2 \geqq \sum_{n=-\infty}^{\infty}|c_n|^2$$

が成り立つ．ただし $\|f\|^2=(1/2\pi)\int_{-\pi}^{\pi}|f(x)|^2dx$ である．これをベッセルの不等式という．この関係は，ヒルベルト空間 H の正規直交系 $\{e_n\}$ $(n\geqq 1)$ について成り立つ不等式

$$\|x\|^2 \geqq \sum_{n=1}^{\infty}|(x,e_n)|^2 \quad (x \in H)$$

の特別な場合であり，これもベッセルの不等式と呼ぶ．$\{e_n\}$ が*完全正規直交基底の場合は等号が成り立つ．⇒ フーリエ級数，正規直交基底(ヒルベルト空間の)

ベッチ数
Betti number

空間 X に含まれる k 次元の図形の間に，ホモロガス(→ ホモロジー)という関係を考えたときの，1 次独立な k 次元の図形の数のことを X の k 次のベッチ数と呼ぶ．正確には，位相空間 X の k 次のホモロジー群 $H_k(X,\mathbb{R})$ が有限次元であるとき，その次元をベッチ数といい，$b_k(X)$ により表す．イタリア人の数学者ベッチ(E. Betti)によって，ポアンカレによるホモロジー群の定義に先立って考えられた．n 次元球面 S^n のベッチ数は $b_0(S^n)=b_n(S^n)=1$, $b_1(S^n)=\cdots=b_{n-1}(S^n)=0$ である．

ヘテロクリニック点
heteroclinic point

微分可能力学系において，2 つの双曲型の不動点(鞍点)x,y があり，*安定多様体 $W^s(x)$ と不安定多様体 $W^u(y)$ が共通部分を持つとき，その共通部分に含まれる点 z をヘテロクリニック点という．その点の軌道をヘテロクリニック(自己漸近)軌道という．⇒ ホモクリニック点，力学系

ペトリ・ネット
Petri net

離散事象システムを表現したり解析したりするために 1962 年にペトリ(C. A. Petri)によって導入された数学モデルであり，非同期的，並列的，非決定的な事象生起を持つシステムのモデル化に適している．ペトリ・ネットは有向枝を持つ 2 部グラフの構造を持ち，その頂点は「プレース」と「トランジション」の 2 種類に分けられる．プレースの中に置かれた「トークン」と呼ばれるマークが一定の規則に従ってペトリ・ネットの中を動き回る様子が離散事象システムの状態遷移を表現する．

部屋割り論法
pigeonhole principle

部屋の数が n であるとき，$n+1$ 人以上の人間に対して部屋割りをしようとすれば，必ずある部屋は 2 人以上が割り当てられる．この事実は自明であるが，この論法はときに極めて強力で，部屋割り論法あるいは鳩の巣論法と呼ばれる．歴史的には，ディリクレがこの論法を用いて数論の結果を導いて以来，多くの問題に使われている．

例えば，「$n+1$ 個の自然数 $a_1, a_2, \cdots, a_{n+1}$ が与えられているとき，差 $a_i - a_j$ $(i \neq j)$ のうちの少なくとも 1 つは n により割りきれる」という命題は，「部屋」を $0, 1, \cdots, n-1$ として，$a_1, a_2, \cdots, a_{n+1}$ を n で割った余りを「部屋」に入れると考えれば，直ちに証明される．

ベール空間　Baire space　⇒ ベールのカテゴリー

ヘルダーの不等式
Hölder's inequality

区間 $[a,b]$ 上の実数値連続関数 $f(x), g(x)$ について成り立つ不等式

$$\int_a^b |f(x)g(x)|dx$$
$$\leqq \left(\int_a^b |f(x)|^p dx\right)^{1/p}\left(\int_a^b |g(x)|^q dx\right)^{1/q}$$

をヘルダーの不等式という．ただし，$1<p,q<\infty$, $1/p+1/q=1$ とする．$p=q=2$ の場合は*シュワルツの不等式である．

ヘルダーの不等式は，一般の測度空間上の関数に対して拡張される．⇒ L^p 空間

ヘルダー連続
Hölder continuous

実変数関数 $f(x)$ に対し正の定数 α と M が存在して $|f(x)-f(x')|\leq M|x-x'|^\alpha$ が成り立つとき, $f(x)$ は α 次ヘルダー連続であるという. 特に $\alpha=1$ のときリプシッツ連続という. → リプシッツ連続

ベルヌーイ (ダニエル 1 世)
Bernoulli, Daniel

1700-82 ベルヌーイ一族の一人. 1725-33 年ペテルブルグ・アカデミーの数学教授. 1733 年からはスイスのバーゼル大学で教授となる. 業績の大部分は物理学に関するものであり, 中でも流体力学の仕事で有名. 水圧の法則には彼の名が冠されている. 数学では確率論に大きな貢献がある.

ベルヌーイ (ヤコブ)
Bernoulli, Jakob

1654-1705 ベルヌーイ一族の一人. ニコラウス・ベルヌーイの長男. はじめは神学を修めたが, 数学, 物理学, 天文学にも興味をもち, これらの研究に専念. フランス, オランダ, イギリスに遊学し, 多くの数学者と交流した. 1687 年からバーゼル大学教授. *調和級数の発散, $1^k+2^k+\cdots+n^k$ の和の公式 (→ ベルヌーイ数), *2 項分布, *大数の法則など, 数多くの業績がある. また, ライプニッツの微分積分を研究し, 初めて「積分」という言葉を使用した (1690).

ベルヌーイ (ヨハン)
Bernouilli, Johann

1667-1748 ベルヌーイ一族の一人. ニコラウス・ベルヌーイの三男. はじめは医学を修めたが, 兄ヤコブと同様, 数学に転じた. 1705 年に兄の後を継いでバーゼル大学の教授になった. *最速降下線の問題の提出と解決で有名 (ヤコブとライプニッツもこれを解いた). この意味で変分学の創始者である.

ベルヌーイ一族
Bernoulli family

スイスの優れた数学者を輩出した一族. もともとはオランダに住んでいたが, ニコラウス・ベルヌーイ (1623-1708) の時代に宗教上の理由でスイスのバーゼルに移住. ベルヌーイ一家の系図は次の通りである. このうち, ニコラウス父子を除いた他がすべて数学者である.

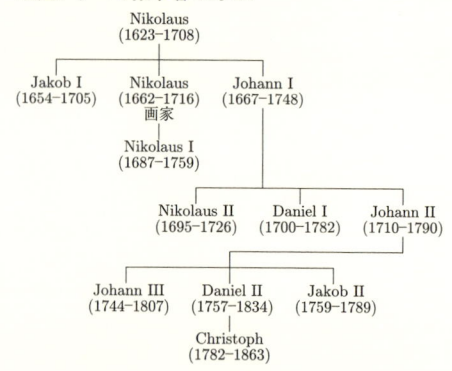

```
                Nikolaus
                (1623-1708)
        ┌───────────┼───────────┐
      Jakob I    Nikolaus     Johann I
     (1654-1705) (1662-1716)  (1667-1748)
                  画家
                Nikolaus I
                (1687-1759)

                              ┌────────┬────────┐
                          Nikolaus II Daniel I  Johann II
                          (1695-1726) (1700-1782)(1710-1790)
                              ┌────────┬────────┐
                          Johann III Daniel II  Jakob II
                          (1744-1807)(1757-1834)(1759-1789)
                                   Christoph
                                   (1782-1863)
```

ベルヌーイ系
Bernoulli system, Bernoulli scheme

不変測度を持つ*力学系の最も基本的なもので, ベルヌーイ試行をシフトに関する力学系 (→ 記号力学系) とみたもの. $p(a)$ $(a\in A)$ をアルファベット A 上の確率として, A の元からなる無限列 $x=(x_n)$ $(x_n\in A)$ つまり, 無限直積空間 $A^{\mathbb{Z}}$ の元 x に対して, シフト S を $Sx=(x_{n+1})$ で定めると, p の*無限直積測度 μ は S で不変な測度となる. このとき, 3 つ組 $(A^{\mathbb{Z}}, S, \mu)$ をベルヌーイ系という.

通信文がベルヌーイ系の場合を考察したシャノンの*情報理論 (1948) において, エントロピー $h=-\sum p(a)\log p(a)$ が導入された. ただし, 和はすべての $a\in A$ についてとる. この h は後に定義された*測度論的エントロピーの特別な場合であり, エントロピーはベルヌーイ系の同型に関する完全不変量である (オルンステイン (Ornstein) の同型定理). つまり, 同じエントロピーを持つ 2 つのベルヌーイ系は同型である. 例えば, $p=(1/4,1/4,1/4,1/4)$, $p'=(1/2,1/8,1/8,1/8,1/8)$ のとき, ともに $h=\log 4$ だから, 同型となる (メシャルキン (Meshalkin) の例). なお, 無限直積測度 μ の台 X を適切に定義すれば, 上の h は, 言語 X のエントロピー (→ エントロピー (言語の)) と一致し, さらに, (X,S) の*位相的エントロピーとも一致する. ⇒ パンこね変換

ベルヌーイ試行
Bernoulli's trial

硬貨やサイコロを繰り返し投げる*試行の一般化で, 試行の結果が, 有限集合に値をとる独立で同分

布の確率変数列となる試行のことをいう．例えば，有限集合 $\{1,\cdots,m\}$ 上に，確率 $p_1,\cdots,p_m$ ($p_i \geqq 0$, $p_1+\cdots+p_m=1$) を与えれば，1 つのベルヌーイ試行が定まり，各回の試行結果を X_n とすれば，確率 P は，各 $n=1,2,\cdots$ と $1\leqq i_1,\cdots,i_n\leqq m$ に対して $P(X_1=i_1,\cdots,X_n=i_n)=p_{i_1}\cdots p_{i_n}$ で与えられる．n 回までの試行で i が n_i 回現れる確率は，多項分布 $n!/(n_1!\cdots n_m!)\cdot p_1^{n_1}\cdots p_m^{n_m}$ となる．とくに，$p_1=\cdots=p_m=1/m$ のときは，公平 (fair) なベルヌーイ試行という．なお，*反復試行は，ほぼ同義であるが，ふつう 1 つの事象に着目するときなどに用いられる．→ ベルヌーイ系

ベルヌーイ数
Bernoulli number

関数 $x/(e^x-1)$ は $x=0$ において
$$\frac{x}{e^x-1}=1-\frac{x}{2}+\sum_{n=1}^{\infty}(-1)^{n-1}\frac{B_{2n}}{(2n)!}x^{2n}$$
の形にべき級数展開される (→ 母関数)．ここに現れる展開係数 $B_2, B_4, B_6,\cdots$ は有理数であり，ベルヌーイ数と呼ばれる．

ベルヌーイ数は
$$S_k(n)=1^k+2^k+\cdots+n^k$$
に対する公式を求めるために導入された．$S_1(n)=n(n+1)/2$, $S_2(n)=n(n+1)(2n+1)/6$ であるが，一般の k に対しては，ベルヌーイ数を用いて次のように表される．
$$S_k(n)=\frac{n^{k+1}}{k+1}+\frac{1}{2}n^k$$
$$+\frac{1}{k+1}\sum_{1\leqq h\leqq k/2}\binom{k+1}{2h}(-1)^{h-1}B_{2h}n^{k-2h+1}$$
ベルヌーイ数は整数論などで重要な役割を果たす．例えばリーマンのゼータ関数の偶数における値は π のべきとベルヌーイ数とを用いて表すことができる (→ リーマンのゼータ関数)．

ベルヌーイ多項式
Bernoulli polynomial

*ベルヌーイ数に関係する多項式 $B_n(x)$ であり，
$$\frac{te^{tx}}{e^t-1}=\sum_{n=0}^{\infty}B_n(x)\frac{t^n}{n!}$$
により定義される．$B_n=B_n(0)$ はベルヌーイ数である．ベルヌーイ数を使えば，
$$B_n(x)=\sum_{k=0}^{n}\binom{n}{k}B_k x^{n-k}$$
と表される．ベルヌーイ多項式は，
$$B_n(x+1)-B_n(x)=nx^{n-1},$$

$$\frac{dB_n(x)}{dx}=nB_{n-1}(x)$$
を満たす．

ベルヌーイの原理
Bernoulli's principle

例えば，サイコロの目の出る確率はどれも 1/6 と考えるように，*確率について，確からしさの程度の根拠がそれ以上は判然とせず，同じ程度と思われる事象の確率を*等確率と見る考え方をいう．最も素朴な確率の考え方で，等確率の原理ともいう．実際の例についてこの原理が適用可能かどうかはむずかしい問題であり，雑に適用すれば「山勘」に等しい．

ベールのカテゴリー
Baire's category

内点の有無や稠密性に着目した集合の分類である．この分類をもとにした議論により，例えば，完備な距離空間においては，可算個の稠密な開部分集合の共通部分が稠密であることなどが示され，バナッハの*開写像定理など関数解析の基本的な諸定理の証明の鍵となる．距離空間 (一般に，位相空間) X の部分集合 E は，その*閉包 $\overline{E}$ が*内点を持たないとき，全疎 (nowhere dense, rare) 集合といい，全疎集合のたかだか可算個の和集合として書ける集合 M を第 1 類 (first category) の (または，「痩せた」(meager, thin)) 集合という．第 1 類でない集合を第 2 類集合という．実数直線上の連続関数列が各点収束するとき，その*極限関数 $f:\mathbb{R}\to\mathbb{R}$ の不連続点の全体は第 1 類集合であり，また，コンパクト集合 X の部分集合 M が第 1 類ならば，その補集合 $M^c=X\setminus M$ は X で稠密 (つまり，$\overline{M^c}=X$) である (いずれもベールの定理という)．一般に，位相空間 X は，第 1 類集合の補集合が稠密であるとき，言い換えれば，可算個の稠密な開集合の共通部分がつねに稠密なとき，ベール空間という．完備距離空間は (位相空間として) ベール空間である．

ペルの方程式
Pell's equation

不定方程式 (→ ディオファントス方程式) の例．D を平方数でない自然数とするとき，自然数 x, y を未知数とする方程式
$$x^2-Dy^2=\pm 1$$
をペルの方程式という．

一般解は，*連分数の理論の応用としてラグランジュによって与えられた．ペルの方程式の名称は，オイラーによって与えられたが，ペル (1611-85) 自身はこのような方程式を扱ったことはなく，フェルマが研究を始めたものである．歴史的にはさらに古く，インドでは7世紀には*ブラフマグプタがペル方程式を考案し，12世紀には*バースカラ2世がペル方程式の解をいくつか与えている．

$\sqrt{D}$ の*連分数展開を $[a_0, a_1, \cdots]$ としたとき，それは*循環連分数になるが，その周期の長さを k とする．また，$[a_0, a_1, \cdots, a_n]$ を既約分数 P_n/Q_n で表す．このとき，$x^2 - Dy^2 = 1$ の正の解は，k が奇数ならば

$$x = P_{2\nu k-1}, \quad y = Q_{2\nu k-1} \quad (\nu = 1, 2, \cdots)$$

により与えられ，k が偶数のときは

$$x = P_{\nu k-1}, \quad y = Q_{\nu k-1} \quad (\nu = 1, 2, \cdots)$$

により与えられる．例えば $x^2 - 2y^2 = 1$ の場合，$\sqrt{2}$ の連分数展開は $[1, 2, 2, 2, 2, \cdots]$ なので $k=1$，正の解は $(P_1, Q_1) = (3, 2)$，$(P_3, Q_3) = (17, 12)$，… となる．

ペルの方程式は，実2次体(→2次体の整数論)の*単数に関係する．(x, y) を $x^2 - Dy^2 = \pm 1$ の整数解とすると，$(x + y\sqrt{D})(x - y\sqrt{D}) = x^2 - Dy^2 = \pm 1$ だから，$x + y\sqrt{D}$ は実2次体 $\mathbb{Q}(\sqrt{D})$ の単数である．

ヘルムホルツの定理
Helmholtz' theorem

連続体の力学における定理で，連続体の運動が，各点で「並進」，「回転」，「伸縮」の3つの変位の合成で表されることを述べたものである．1858年にヘルムホルツにより得られた．

原点 $\mathbf{0}$ の周りで定義されたベクトル場 $X = (\xi_1, \xi_2, \xi_3)$ に対して，ξ_i をテイラー展開して，x_i の2次以上の項を無視すると

$$\xi_i(\mathbf{x}) = \xi_i(\mathbf{0}) + \sum_{j=1}^{3} \frac{\partial \xi_i}{\partial x_j} x_j$$
$$= \xi_i(\mathbf{0}) + \frac{1}{2} \sum_{j=1}^{3} \left(\frac{\partial \xi_i}{\partial x_j} - \frac{\partial \xi_j}{\partial x_i} \right) x_j$$
$$+ \frac{1}{2} \sum_{j=1}^{3} \left(\frac{\partial \xi_i}{\partial x_j} + \frac{\partial \xi_j}{\partial x_i} \right) x_j$$

よって

$$X(\mathbf{x}) = X(\mathbf{0}) + \frac{1}{2} (\mathrm{rot}\, X)(\mathbf{0}) \times \mathbf{x} + S(\mathbf{x}).$$

ここで，S は対称行列 $[s_{ij}]$，

$$s_{ij} = \frac{1}{2} \left(\frac{\partial \xi_i}{\partial x_j} + \frac{\partial \xi_j}{\partial x_i} \right)$$

による線形変換である．右辺の第1項は定ベクトル $X(\mathbf{0})$ による「並進」$\mathbf{x} \mapsto \mathbf{x} + tX(\mathbf{0})$ に対する無限小変換，第2項は回転軸 $\mathbf{a} = (\mathrm{rot}\, X)(\mathbf{0})$ の周りの回転角 $t\|\mathbf{a}\|$ の回転により与えられる1径数変換群の無限小変換，第3項は互いに直交する3つの方向 (S の直交する3つの固有ベクトル)への「伸縮」を表す1径数変換群 $\mathbf{x} \mapsto (\exp tS)\mathbf{x}$ の無限小変換と考えられる．$\mathrm{tr}\, S = (\mathrm{div}\, X)(\mathbf{0})$ は「伸縮」に対する体積変化の割合を表している．対称行列 $[s_{ij}]$ は*ひずみテンソルの成分である．

ベルンシュタイン多項式
Bernstein polynomial

連続関数を多項式近似する重要な方法の1つである．

区間 $[0, 1]$ 上の連続関数 $f(x)$ が与えられているとき，n 次多項式

$$B_n(x) = \sum_{m=0}^{n} f\left(\frac{m}{n}\right) \binom{n}{m} x^m (1-x)^{n-m}$$

を $f(x)$ の n 次ベルンシュタイン多項式という．$n \to \infty$ のとき，$B_n(x)$ は $f(x)$ に一様収束する．
⇒ ワイエルシュトラスの多項式近似定理

ベルンシュタインの定理
Bernstein's theorem

2つの集合 X, Y に対して，X から Y への単射 $f: X \to Y$ と，Y から X への単射 $g: Y \to X$ が存在するとき，X と Y の間には全単射が存在する．これをベルンシュタインの定理という．集合の*濃度(基数)の理論の基礎となる定理．歴史的には，1896年にシュレーダー(A. Schröder)が報告し，翌年カントルが証明を与えたが，その証明には選択公理と同値な命題が使われていた．さらに翌年になって，ベルンシュタイン(F. Bernstein)が選択公理を使わない完全な証明を与えた．この理由から，シュレーダー–カントル–ベルンシュタインの定理ともいわれる．

ヘロンの公式
Heron's formula

辺の長さが a, b, c である3角形の面積は

$$\sqrt{s(s-a)(s-b)(s-c)}$$

ただし，$s = (a + b + c)/2$ で与えられる．この公式は，アレキサンドリアの数学者ヘロン(Heron)により発見され，ヘロンの公式と呼ばれる．

ペロンの方法
Perron's method

一般の n 次元領域 D 上の*ディリクレ問題

$$\begin{cases} \Delta u = 0 & (D\ 内) \\ u = g & (\partial D\ 上) \end{cases}$$

の解の存在を証明する方法の1つである．∂D 上での境界値が g 以下であるような*劣調和関数の全体を $\mathcal{M}_g$ とするとき，上の問題の解は

$$u(x) = \sup_{w \in \mathcal{M}_g} w(x)$$

で与えられる．この方法は*最大値原理(調和関数の)に根ざしており，同様の手法が，線形および非線形の種々の2階楕円型境界値問題の解の存在証明に適用できる．→ ディリクレの原理

ペロン-フロベニウスの定理
Perron-Frobenius' theorem

一般に，N 次の正方行列 $A=[a_{ij}]$ について，その成分 a_{ij} が非負であるとき，A を非負行列という．さらに，A^n の成分を $a_{ij}^{(n)}$ で表すとき，任意の i,j に対して $a_{ij}^{(n)}>0$ となる共通の n が存在するとき，A は既約な非負行列といわれる．

既約な非負行列 A は正の特性根を持つ．もし α が正の特性根の中で最大であれば，α は単純(根として重複度が1)であり，$A\boldsymbol{x}_0=\alpha\boldsymbol{x}_0$ となるベクトル $\boldsymbol{x}_0$ でそのすべての成分が正であるものが存在する．また，A のすべての特性根 λ について，$|\lambda|\leq\alpha$ が成り立つ．これをペロン-フロベニウスの定理という．力学系や数理経済学に応用をもつ．

辺(グラフの)　edge　→ グラフ(グラフ理論の)

辺(多角形の)　side　→ 多角形

辺(単体複体の)　face　→ 単体複体

変域　domain　→ 変数

偏角　argument　→ 極表示

偏角の原理
argument principle

複素平面の領域 D で定義された有理型関数 $f(z)$ が，D 内の単純閉曲線 C の内部に重複度も込めて N 個の零点と P 個の極を持つならば

$$N - P = \frac{1}{2\pi i}\int_C \frac{f'(z)}{f(z)}\,dz$$

が成り立つ．ただし C の内部は D に含まれ C 上には極も零点もないものとする．右辺を 2π 倍した量は z が C 上を1周するときの $f(z)$ の偏角の増加高を表しているので，この事実を偏角の原理と呼ぶ．

変化率
rate of change

微係数または微分商と同じ意味で，特に運動に対して用いられる．実数軸上を運動する点の座標が時刻 t の関数 $x=f(t)$ で与えられているとき，平均変化率の極限

$$\lim_{t_2 \to t_1}\frac{f(t_2)-f(t_1)}{t_2-t_1}$$

を時刻 t_1 における変化率という．

変換
transformation

一般に，集合 X からそれ自身への写像を変換という．変換として，全単射に限る場合もある．通常は，X が構造を持つときに，その構造を保つような変換を考える．

変換行列(基底の間の)
transformation matrix

線形変換の2つの基底 $(e_1,\cdots,e_n)$, $(e'_1,\cdots,e'_n)$ に対して $e_i=\sum_j a_{ji}e'_j$ により定まる $n\times n$ 行列 $A=[a_{ij}]$ を変換行列という．

変換行列(微分可能写像の)
transformation matrix

ヤコビ行列ともいう．$\mathbb{R}^m$ の領域 D から $\mathbb{R}^n$ の中への写像
$x=(x_1,\cdots,x_m) \mapsto u(x)$,
$u(x)=(u_1(x_1,\cdots,x_m),\cdots,u_n(x_1,\cdots,x_m))$
において，各 u_i が D 上微分可能であるとき，行列

$$\begin{bmatrix} \dfrac{\partial u_1}{\partial x_1} & \cdots & \dfrac{\partial u_1}{\partial x_m} \\ \vdots & & \vdots \\ \dfrac{\partial u_n}{\partial x_1} & \cdots & \dfrac{\partial u_n}{\partial x_m} \end{bmatrix}$$

をこの写像の変換行列という．

変換群
transformation group

空間に群が作用しているとき，この群のことを変換群という．→ 群，作用(群の)

変曲点
point of inflection

実1変数の実数値関数 $f(x)$ について，その凹凸が変わる境目の点のことをいう．$f(x)$ が C^2 級とし，$x<a$ で $f''(x)>0$, $x>a$ で $f''(x)<0$ が成り立つならば，$x=a$ が変曲点である．($x>a$ で $f''(x)>0$, $x<a$ で $f''(x)<0$ の場合も $x=a$ は変曲点である．) 例えば，$f(x)=x^3$ の変曲点は0．$f(x)=x^n$ の場合は，n が奇数であれば，$x=0$ が変曲点で，偶数であれば変曲点は存在しない．

偏差
deviation

平均的な値からのずれ，偏り．絶対偏差，平均偏差，平均2乗偏差などがある．

偏差値
standard score

選抜試験の成績の相対的な順位などを判定するための目安として用いられる数値で，得点などを*標準偏差を10，平均が50となるように換算したものである．数値の換算は

$$偏差値 = \frac{得点 - 平均点}{標準偏差} \times 10 + 50$$

で与えられる．本来は，正規分布に従う(とみなしてよい)統計データに対して，平均から標準偏差の何倍ずれているかを示す数値のことである．本来正規分布に従わないものについて偏差値を用いると，誤った結論を導くことがあるので注意を要する．

ベン図
Venn diagram

集合の演算を図示する方法．

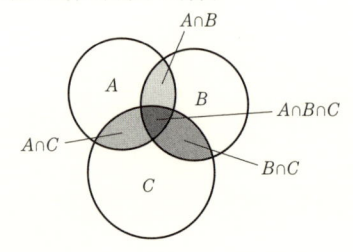

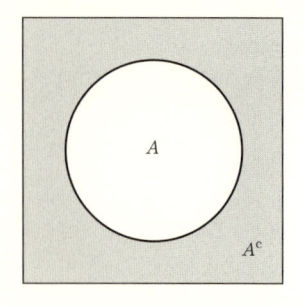

変数
variable

x^2-1 は x に実数や複素数を代入することができる．このように*集合 X の元を自由に代入できる文字 x (x の代わりに他の文字を用いてもよい)を変数といい，X をその変域という．このとき X の特定の1つの元を表す文字を定数という．一般に*関数 $f: X \to \mathbb{R}$ を $y=f(x)$ と表すとき x を独立変数，y を従属変数という．

変数分離(常微分方程式の)
separation of variables

微分方程式

$$P(y)\frac{dy}{dx} = Q(x) \qquad (*)$$

は両辺を積分して $\int P(y)dy = \int Q(x)dx$ と解くことができる．方程式(*)を変数分離形といい，(*)の形に微分方程式を書き直すことを変数分離という．微分方程式の初等的な解法としてもっともよく用いられる．→ 求積法

変数分離法
method of separation of variables

偏微分方程式 $\partial^2 u/\partial x^2 = \partial u/\partial t$ において，$u(x,t)=f(x)g(t)$ と仮定して方程式に代入すると

$$\frac{f''(x)}{f(x)} = \frac{g'(t)}{g(t)}$$

が得られる．左辺は x のみ，右辺は t のみの関数であるから，両辺は定数でなければならず，これを $-\lambda$ とおいて解けば $u(x,t)=e^{-\lambda t}(a\cos\sqrt{\lambda}x + b\sin\sqrt{\lambda}x)$ (a,b は定数) という解が見つかる．このように $(x_1, x_2, \cdots, x_n)$ の関数 $f(x_1, x_2, \cdots, x_n)$ に対して積の形 $f_1(x_1)\cdots f_n(x_n)$ ($f_i(x_i)$ は x_i だけに依存する関数)を仮定して解を探す方法を変数分離法という．方程式が線形のときはしばしばこの形の解を

*重ね合わせて一般の解が得られる．偏微分方程式の境界値問題が具体的に解ける例は数少ないが，大抵の場合，適当な座標変換を施した上で変数分離法により解かれている．

変数変換公式(積分の)
chain rule, change-of-variable formula

1 変数関数に対する置換積分の公式
$$\int_a^b f(x)dx = \int_\alpha^\beta f(x(u))\frac{dx}{du}du$$
は1次元の積分の変数変換公式の代表例であり，$x=x(u)$ のとき
$$dx = \frac{dx}{du}du$$
と置き換えればよい．なお u が α から β まで動くとき，$x=x(u)$ が区間 $[a,b]$ 内の値をとり，区間 $[\alpha,\beta]$ で単調関数かつ $x(\alpha)=a, x(\beta)=b$ であれば上の置換積分の公式は成り立つ．この公式は2重積分の場合に次のように拡張される．C^1 級の関数による変数変換 $x=x(u,v), y=y(u,v)$ によって，uv 平面の領域 $\tilde{D}$ が xy 平面の領域 D に1対1に写されるならば，D 上の連続関数 $f(x,y)$ に対して $\tilde{f}(u,v)=f(x(u,v),y(u,v))$ と置くとき
$$\iint_D f(x,y)dxdy$$
$$= \iint_{\tilde{D}} \tilde{f}(u,v)\left|\frac{\partial(x,y)}{\partial(u,v)}\right|dudv$$
が成り立つ．ここで
$$\left|\frac{\partial(x,y)}{\partial(u,v)}\right| = \left|\frac{\partial x}{\partial u}\frac{\partial y}{\partial v} - \frac{\partial x}{\partial v}\frac{\partial y}{\partial u}\right|$$
は写像 $(u,v)\mapsto(x,y)$ の*ヤコビ行列式の絶対値を表す．これも変数変換の公式という．

3 変数以上の場合にも同様の公式が成り立つ．

ヘンゼルの補題
Hensel's lemma

実数の世界においては，x^2-4 に近い多項式 $x^2-4.1$ は，x^2-4 の根 2 に近い根 $2.02\cdots$ を持つ．*p 進数の世界においてもこれと同様のことが成り立つと主張するのが，ヘンゼルの補題である．

p 整数係数の*モニック多項式 $F(x)$ が $F(x)\equiv g(x)h(x) \pmod{p}$ と整数係数のモニック多項式 $g(x), h(x)$ を使って標数 p の素体 $\mathbb{Z}/p\mathbb{Z}$ で因数分解でき，$\mathbb{Z}/p\mathbb{Z}[x]$ で $g(x) \pmod{p}$, $h(x) \pmod{p}$ が*互いに素であるとする．このとき，$F(x)=G(x)H(x), G(x)\equiv g(x) \pmod{p}$, $H(x)\equiv h(x) \pmod{p}$ となる p 進整数を係数とするモニック多項式 $G(x), H(x)$ が存在する．この事実をヘンゼルの補題という．

例えば，5 進数体 $\mathbb{Q}_5$ において x^2-4 に近い多項式 x^2+1 が x^2-4 の根 2 に近い根を持つこと，したがって $\mathbb{Q}_5$ には -1 の平方根が存在することを，ヘンゼルの補題を使って示そう．(なお，ここでは，$x^2-4\equiv x^2+1 \pmod{5}$ であることを，「x^2+1 が x^2-4 に近い」と言っている．) $x^2+1\equiv x^2-4\equiv (x-2)(x+2) \pmod{5}$ であり，$\mathbb{Z}/5\mathbb{Z}[x]$ で $x-2 \pmod{5}$ と $x+2 \pmod{5}$ は互いに素だから，ヘンゼルの補題から，$x^2+1=(x-a)(x-b)$, $x-a\equiv x-2 \pmod{5}$, $x-b\equiv x+2 \pmod{5}$ となる $a,b\in\mathbb{Z}_5$ が存在する．この a は，$a^2+1=0, a\equiv 2 \pmod{5}$ を満たしている．

ヘンゼルの補題は完備付値体の付値環に一般化することができる．

ペンタゴン
pentagon

5 角形のことである．

偏導関数　partial derivative　⇒ 偏微分

偏微分
partial differentiation, partial derivative

2 つ以上の変数に依存する関数 $f(x_1,\cdots,x_n)$ が与えられたとき，特定の変数 x_i 以外の変数の値を固定して，f を x_i で微分することを x_i で偏微分するという．また，微分した値を f の偏微分係数と呼んで
$$\frac{\partial f}{\partial x_i}, \quad \frac{\partial}{\partial x_i}f, \quad f_{x_i}$$
などで表す．例えば 2 変数関数 $f(x,y)$ の場合，点 $(x,y)=(a,b)$ において f が x あるいは y について偏微分可能であるとは，それぞれ次の極限値が存在することである．
$$f_x(a,b) = \lim_{h\to 0}\frac{f(a+h,b)-f(a,b)}{h},$$
$$f_y(a,b) = \lim_{k\to 0}\frac{f(a,b+k)-f(a,b)}{k}.$$

関数 f が領域 D の各点で x_i について偏微分可能なら，微分係数 $f_{x_i}(x)$ は再び D 上の関数になる．これを f の 1 階偏導関数(あるいは 1 次偏導関数)と呼ぶ．$f_{x_i}(x)$ がさらに変数 x_j について偏微分可能であるとき，これを x_j について微分したものを 2 階偏導関数と呼び，

$$\frac{\partial^2 f}{\partial x_j \partial x_i}, \quad \frac{\partial}{\partial x_j}\left(\frac{\partial}{\partial x_i}f\right), \quad f_{x_i x_j}$$

などと書き表す. C^2 級, すなわちすべての2階偏導関数が連続であればどちらの変数で先に微分しても結果は等しく, $\partial^2 f/\partial x_i \partial x_j = \partial^2 f/\partial x_j \partial x_i$ が成り立つ. しかし, 2階の偏導関数が存在しても連続でなければ, 偏微分の順序交換はできないことがある.

2階以上の偏導関数も帰納的に定義される. これらを高階偏導関数と呼ぶ. → 全微分可能, 方向微分

偏微分係数 partial differential coefficient, partial derivative → 偏微分

偏微分方程式

partial differential equation

複数個の独立変数の関数 u とその導関数の間に与えられた関係式を偏微分方程式という. 例えば2変数の偏微分方程式は

$$F(x, y, u, u_x, u_y, u_{xx}, u_{xy}, u_{yy}, \cdots) = 0$$

と書かれる (ここで $u_{xy} = \partial^2 u/\partial x \partial y$ などとする). 例えば

$$a(x,y)u_{xy} + b(x,y)u = c(x,y)$$

のように, 方程式が未知関数とその導関数に関して1次式であるものを線形偏微分方程式といい, そうでないもの, 例えば

$$u_{xx}u_{yy} - u_{xy}^2 = 0$$

のような場合を非線形偏微分方程式という. 一般には複数の未知関数を含む連立系も考える.

多くの物理法則は偏微分方程式の形に述べられる. 偏微分方程式は自然科学への応用において重要であると同時に, 数学においても基本的な役割を果たす. 例えば複素解析関数の理論はコーシー–リーマンの方程式の解の研究ということもできる. 幾何学の問題にもしばしば (多くは非線形の) 偏微分方程式が登場する (→ 極小曲面, ヤン–ミルズ理論).

偏微分方程式の研究は18世紀に生まれ, 当初は個々の方程式の解法が中心であったが, 次第に解の存在や性質, 初期値問題や種々の境界値問題などの一般的研究が盛んに行われるようになった. その過程でフーリエ解析, 関数解析, 超関数など解析学の新しい方法の展開を促した. → 1階偏微分方程式の解法, 楕円型偏微分方程式, 双曲型偏微分方程式, 放物型偏微分方程式

変分原理

variational principle

例えば, 平面上の点 P から直線 l に下ろした垂線の足 H の座標は, 点 P を通って l と直交する直線の方程式と l の方程式を連立させて求めることができるが, それと同時に, H は直線 l 上の点 Q で距離 PQ を最小にする点としても求められる. 一般に, 方程式の解などが, ある関数や汎関数の最大最小問題の解として特徴づけられてその本質が明快になり, かつ解くこともできることがある. このような考え方を変分原理という.

古典力学においてニュートンの運動方程式の解を特徴づける*最小作用の原理, 光学において光の経路を特徴づける*フェルマの原理, また, 統計力学において平衡状態を特徴づける*ギブズの変分原理などは, 物理学においてよく知られた変分原理である. 物理学では, 変分原理は理論に現れる微分方程式などを研究するための数学的手段であるよりも理論を基礎づける要請と見なされることが多い.

19世紀中頃, リーマンは*ディリクレの原理を用いて代数関数論を建設したが, ディリクレの原理の数学的証明に不備があることをワイエルシュトラスは指摘した. その結果, 変分原理は多くの数学者の関心を引き, 変分法が進展する契機となった.

現代数学においても, さまざまな局面で変分原理は発見され, あるいは再発見されて, 応用されている.

例えば, 確率論における*大偏差原理は1970年代に明確に認識されるようになった.

数値計算法においても変分原理は有用であり, 例えば, 線形方程式系 $Ax=b$ をノルム $\|Ax-b\|$ の最小化問題と捉えることによって, *共役勾配法などの数値解法が導かれる.

なお, *ミニマックス定理も変分原理の一種と考えることができる.

変分原理の歴史

スネル (R. W. Snell) が発見した*屈折の法則に対する力学的説明が, デカルトとフェルマによりなされた. 1744年, モーペルテュイ (P. L. M. Maupertuis) は, 光の経路は「作用量」を最小にするという考え方を提出した. ここで, m を質量, v を速度, s を経路の長さとするとき, 作用量は, mvs (の経路に沿った総和) として定義される. モーペルテュイは, さらに1746年に普遍的原理としての「最小作用の原理」を提唱し, 力学の問題に応用した. オイラーは, *最速降下線の

研究を機に，多くの力学の問題を変分法の観点から見なおし，その結果「最小作用の原理」の考えにモーペルテュイと独立に到達した．さらに，抵抗媒質の中の運動を例外として，多くの力学的問題の答えが，この原理の下に説明できることを示した(1744)．そして，モーペルテュイの形而上学的な観点に批判的であったダランベール(J. R. d'Alembert)による研究を媒介として，「最小作用の原理」を純粋に力学の原理として定式化したのがラグランジュ(1760年代)とハミルトン(1834)である．→ 変分法

変分法

calculus of variations

関数や曲線などを変数とする関数(*汎関数)に関する微分法，とくに汎関数の極大極小問題(*変分問題)の解法を変分法という．

例えば，始点Aと終点Bを固定した平面曲線のうちで，長さが最小のものは，線分ABである．一般に，$F(x,y,z)$を滑らかな関数として，始点(a,a')，終点(b,b')の曲線$c: y=y(x)$ $(a \leq x \leq b)$について，汎関数

$$J[y] = \int_a^b F(x, y(x), y'(x)) dx$$

の極大極小問題を考えると，*臨界点(または停留点)$y=y(x)$は，

$$F_y(x,y,y') - \frac{d}{dx} F_z(x,y,y') = 0 \quad (1)$$

を満たす必要がある．ただしF_y, F_zは変数y, zに関する偏微分を表す．この方程式(1)をオイラー-ラグランジュ方程式または単にオイラーの方程式という．

実際，曲線$y=y(x)$が臨界点ならば，境界条件$y_1(a)=y_1(b)=0$を満たす滑らかな関数$y_1(x)$を任意に選び，この方向にhだけずらした曲線の族$y=y(x)+hy_1(x)$ $(a \leq x \leq b)$を考えれば，$h=0$が$J[y+hy_1]$の臨界点となるから，

$$\left. \frac{d}{dh} J[y+hy_1] \right|_{h=0}$$
$$= \int_a^b \{F_y y_1(x) + F_z y_1'(x)\} dx$$
$$= \int_a^b \left\{ F_y y_1(x) - \left(\frac{d}{dx} F_z\right) y_1(x) \right\} dx$$
$$= 0 \quad (2)$$

が成り立つ(→ ガトー微分)．$y_1(x)$は任意だから，これより(1)が導かれる(→ デュボア-レイモンの補題)．なお，通常の微分法で微分dx, dyなどを用いるのと同様な意味で，例えば上の(2)の第2式を$\int_a^b \{F_y \delta y(x) + F_z \delta y'(x)\} dx$と表して，$\delta y$などを変分と呼ぶことも多い．

一般に，$\mathbb{R}^n$内の曲線$y=y(x)=(y_1(x),\cdots,y_n(x))$に対して，上と同様に始点と終点を固定して汎関数$J[y]=\int_a^b F(x,y(x),y'(x))dx$を考えれば，臨界点を与える関数(停留関数)が満たすべきオイラー-ラグランジュ方程式は

$$F_{y_i}(x,y,y') - \frac{d}{dx} F_{z_i}(x,y,y') = 0$$

$(i=1,\cdots,n)$ となる

さらに，例えば*極小曲面の問題のように曲面などの汎関数に関する変分法も研究されている．変分法は，*最速降下線を求める問題を契機として誕生し，18世紀のオイラーやラグランジュの時代にはさまざまな問題に適用された．しかし無限次元空間における関数の最大値の存在はむずかしい問題をはらんでおり(→ ディリクレの原理)，現代的な意味での変分法は20世紀後半になって完成した．この結果，偏微分方程式を変分問題に置き直して解の存在などを議論することもしばしば用いられる手法となっている．このような方法も変分法(variational method)という．→ 変分原理

変分問題

variational problem

*極大極小(あるいは最大最小)問題のことをいう．変分問題という場合は，多くは，無限次元空間上の関数すなわち汎関数に対する極大極小問題である．→ 変分法

偏連続

partially continuous

関数$f(x)=f(x_1,\cdots,x_n)$が，他の変数を固定してある変数x_iについて連続なとき，$f(x)$はx_iについて偏連続という．多変数関数としての連続性よりも弱い概念である．→ 連続関数(多変数の)

ペンローズのタイル張り　Penrose tiling　→ タイル張り

ホ

ポアソン安定
Poisson stable

位相力学系 (X, f_t) において，点 x から出発した正方向の軌道 $f_t x$ $(t \geq 0)$ が点 x の任意の近傍に無限回戻ってくるとき，正の向きにポアソン安定という．負の向きのポアソン安定も同様に定義される．正の向きにも負の向きにもポアソン安定なとき，両側ポアソン安定，または単にポアソン安定という．*ω 極限集合を $\omega(x)$ とすれば，正の向きのポアソン安定性は $x \in \omega(x)$ と同値である．
⇒ 安定(力学系における)，再帰性，回帰性

ポアソン核　Poisson kernel　⇒ ポアソン積分

ポアソン括弧式
Poisson bracket

変数 $q=(q_1,\cdots,q_n)$, $p=(p_1,\cdots,p_n)$ の関数 $f(q,p), g(q,p)$ に対して
$$\{f,g\} = \sum_{j=1}^{n}\left(\frac{\partial f}{\partial q_j}\frac{\partial g}{\partial p_j} - \frac{\partial g}{\partial q_j}\frac{\partial f}{\partial p_j}\right)$$
をポアソン括弧式という．ポアソン括弧式は線形性 $\{af+bg,h\}=a\{f,h\}+b\{g,h\}$ (a,b は定数)，反対称性 $\{g,f\}=-\{f,g\}$ の性質を持ち，またヤコビの恒等式 $\{f,\{g,h\}\}+\{g,\{h,f\}\}+\{h,\{f,g\}\}=0$ を満たす．(q,p) の滑らかな関数の全体 $C^\infty(\mathbb{R}^{2n})$ はポアソン括弧式に関してリー環になる．

任意の関数 $F(q,p)$ が与えられたとき，解析力学におけるハミルトンの正準方程式 $dq_j/dt=\partial H/\partial p_j$, $dp_j/dt=-\partial H/\partial q_j$ ($j=1,\cdots,n$) の解 $(q(t), p(t))$ に対して $F(t)=F(q(t),p(t))$ とおくと
$$\frac{dF}{dt} = \{F, H\} \quad (F(q,p) は任意の関数)$$
となる．これは正準方程式と同値な方程式と考えてよい．

ポアソン括弧式は*シンプレクティック多様体上でも定義される．

ポアソン過程
Poisson process

確率変数 $X_1, X_2, \cdots$ が互いに独立で，区間 $[0, 1/\lambda]$ (ただし $\lambda>0$) 上の一様分布に従うとき，$S_n = X_1 + \cdots + X_n$ として，$t \geq 0$ に対して $S_n \leq t$ となる最大の自然数 n を $N(t)$ とすると，$N(t)$ $(t \geq 0)$ は以下のような性質をもつ．

(1) t の関数として $N(t)$ は右連続な階段関数で，その跳躍はすべて 1 である．

(2) 半開区間 $(s, t]$ における増分を $N(s, t) = N(t) - N(s)$ とすると，これらの増分は，区間が共通部分をもたない限り，互いに独立である．

(3) $N(s,t)$ の分布は，差 $t-s$ だけによって決まるポアソン分布であり，その確率は，
$$P(N(s,t)=n) = \frac{(\lambda(t-s))^n \exp(-\lambda(t-s))}{n!}.$$

一般に，上の(1)と(2)を満たす確率過程 $N(t)$ をポアソン過程といい，その跳躍点 S_n の配置に着目する場合などにはポアソン点過程(Poisson point process)ともいう．なお，条件(3)も満たすポアソン過程は定常であるという．ポアソン点過程は，半直線 $[0, \infty)$ 上だけでなく，全直線やユークリッド空間，さらに一般の測度空間の上にも拡張されている．

ポアソン積分
Poisson integral

円板上の調和関数を，円周上の値を用いて表示する公式．半径 R の円に対し，極座標 $z = re^{i\theta}$ を用い，関数 $u(re^{i\theta})$ が $r<R$ で調和かつ $r \leq R$ で連続とする．このとき $U(\theta) = u(Re^{i\theta})$ とおけば次の積分表示が成り立つ．
$$u(re^{i\theta}) = \frac{1}{2\pi}\int_0^{2\pi} P(\theta, \varphi) U(\varphi) d\varphi,$$
$$P(\theta, \varphi) = \frac{R^2 - r^2}{R^2 + r^2 - 2rR\cos(\theta - \varphi)}.$$
右辺の積分をポアソン積分，$P(\theta, \varphi)$ をポアソン核という．ポアソン積分は円板における*ディリクレ問題の解を具体的に与えている．

ポアソン積分は次のように n 次元空間 $\mathbb{R}^n$ に拡張される．球面 $\|x\|=R$ 上の連続関数 $U(x)$ に対し，球の内部 $\|x\|<R$ での調和関数 $u(x)$ で，$\|x\| \leq R$ で連続かつ $u=U$ ($\|x\|=R$) となるものはただ 1 つ存在し，
$$u(x) = \int_S P(x,y) U(y) d\sigma_y \quad (\|x\| < R),$$
$$P(x,y) = \frac{-1}{\omega_n R}\frac{\|x\|^2 - \|y\|^2}{\|x-y\|^n}$$
で与えられる．ここで ω_n は n 次元単位球面の表

面積, $d\sigma_y$ は面積要素を表す.

なお半空間 $x_n>0$ 上の調和関数についても類似の公式がある.

ポアソンの方程式
Poisson's equation

次のような2階の偏微分方程式をいう.
$$\Delta u = g(x).$$
ここで $\Delta=\partial^2/\partial x_1^2+\cdots+\partial^2/\partial x_n^2$ は*ラプラシアンを表し, $g(x)=g(x_1,\cdots,x_n)$ は既知関数である. 例えば2次元の場合は
$$\frac{\partial^2 u}{\partial x_1^2} + \frac{\partial^2 u}{\partial x_2^2} = g(x_1, x_2)$$
という形になる. $g\equiv 0$ のときは, ラプラスの方程式である. ポアソンの方程式は, さまざまな物理現象のモデル方程式として古くから研究されている. 例えば*静電場のポテンシャル $\varphi(x)$ は, 電荷の存在する領域では $\Delta\varphi=-4\pi\rho(x)$ を満たす. ここで $\rho(x)$ は電荷密度である. φ を重力ポテンシャル, ρ を質量密度とすれば同じ式が成り立つ. また, 渦なし流の*速度ポテンシャル $\Phi(x)$ は, $\Delta\Phi=\mathrm{div}\,\boldsymbol{u}$ を満たす. ここで $\mathrm{div}\,\boldsymbol{u}$ は流れの湧き出しを表す.

ポアソンの方程式の特解は*ニュートン・ポテンシャルの形で得られる. また, ポアソンの方程式に対するディリクレ境界値問題の解は一意的に存在し, *グリーン関数を用いて表示できる. ポアソンの方程式は*楕円型偏微分方程式であり, 解 $u(x)$ は右辺のデータ $g(x)$ よりも常に強い滑らかさを有する.

ポアソンの和公式
Poisson's summation formula

$\mathbb{R}$ 上の C^1 級関数 $f(x)$ およびその導関数 $f'(x)$ が可積分であるとき, フーリエ変換を $\widehat{f}(k)=\int_{-\infty}^{\infty}e^{-2\pi ikx}f(x)dx$ とすれば
$$\sum_{k=-\infty}^{\infty}\widehat{f}(k) = \sum_{n=-\infty}^{\infty}f(n)$$
が成り立つ. これをポアソンの和公式という.

例 $f(x)=e^{-tx^2}\;(t>0)$ の場合, フーリエ変換 $\widehat{f}(k)=(\pi/t)^{1/2}e^{-\pi^2k^2/t}$ より
$$\sum_{n=-\infty}^{\infty}e^{-tn^2} = \sqrt{\frac{\pi}{t}}\sum_{k=-\infty}^{\infty}e^{-\pi^2k^2/t}$$
が得られる.

ポアソン分布
Poisson distribution

$\lambda>0$ をパラメータとして, $p_k=\lambda^k e^{-\lambda}/k!\;(k=0,1,2,\cdots)$ で与えられる確率分布をポアソン分布という. その平均は λ, 分散は λ である. 19世紀の教科書にこの確率分布に従う代表例として「馬に蹴られて死亡した兵士の数」と書かれていたように, 稀な現象を記述する代表的な確率分布である. → 統計分布

ポアンカレ
Poincaré, Henri

1854-1912 フランスの数学者. 多くの分野で後世に影響力のある業績を挙げた. 代数的位相幾何学と保型関数論のパイオニアである. 微分方程式の定性的理論を創始し, 天体力学における仕事は, 力学系の位相的研究の発展を促した. ホモクリニック軌道の存在が軌道のカオス的振舞いを導くことを観察していた. さらに特殊相対性理論の数学的定式化の一歩手前まで達していた. 『科学と方法』, 『科学の価値』などの啓蒙的著作も多い.

ポアンカレ群
Poincaré group

(1) 基本群のこと
(2) 2次形式
$$Q(t,x,y,z) = c^2t^2 - x^2 - y^2 - z^2$$
を保つ線形変換(すなわちローレンツ変換)と平行移動の合成全体のなす群のことをいう. 特殊相対性理論を規定する基本的な変換群として重要である.

ポアンカレ計量
Poincaré metric

単位円板 $D=\{(x,y)\mid x^2+y^2<1\}$ におけるリーマン計量
$$ds^2 = 4\frac{dx^2+dy^2}{(1-x^2-y^2)^2}$$
をポアンカレ計量という. ポアンカレ計量のガウス曲率は -1 である.

単位円板と上半平面 $H=\{x+iy\in\mathbb{C}\mid y>0\}$ は*等角同値であるので単位円板のポアンカレ計量を上半平面の計量に写すことができ $(dx^2+dy^2)/y^2$ になる. これを上半平面のポアンカレ計量という.

ポアンカレ写像
Poincaré map

例えば, 常微分方程式の周期軌道の周りにある解の様子は, その周期軌道と横断的に交わる*超曲面 S をとり, S 上の点 x から出発した軌道が次に S を横切る点を x' として, 写像 $T: x\mapsto x'$ によ

り記述できる(→ ポアンカレ-ベンディクソンの定理).正確には,T は周期軌道に近い S の点に対してだけ定義される.一般に,連続な流れ (X, f_t) に対しても,同様な写像 T を考えることができる.これをポアンカレ写像または帰還写像(return map)といい,戻ってくるまでの時間を帰還時間という.

離散力学系 (X, f) については,変換 f が不変確率測度 m をもち,エルゴード的な場合は,$m(S)>0$ である限り,任意の可測集合 S 上のほとんどすべての点に対して帰還写像が定義される.さらに,保測な流れは,帰還写像により定義される離散力学系の上の懸垂(特殊流(special flow)ともいう)により表現できる(Ambrose-角谷の定理).

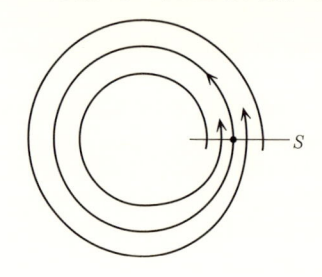

する.
(1) $\lim_{t\to\infty} c(t)$ は収束し,その極限でベクトル場 V は 0 になる.
(2) c の $t\to\infty$ での極限周期軌道が存在する.

これをポアンカレ-ベンディクソンの定理と呼ぶ.この定理から,球面上の常微分方程式 $dx/dt = V(x)$ は,右辺のベクトル場 $V(x)$ が値 0 をとらなければ,必ず周期軌道をもつことがわかる.ポアンカレ-ベンディクソンの定理の証明の鍵は*ポアンカレ写像にあり,平面上の流れ $f_t x$ についても次のような形のポアンカレ-ベンディクソンの定理が成り立つ:$f_t x$ が (t, x) について連続であり,その軌道が有界な領域 D から出ることがなければ,
(1) D 内に不動点が存在するか,または,
(2) D 内に極限周期軌道が存在する.

同様のことは,トーラス上のベクトル場などでは成立せず,ポアンカレ-ベンディクソンの定理には,球面の位相幾何学的性質がかかわっている.

ポアンカレの円板
Poincaré disk
*ポアンカレ計量を併せて考えた開円板のことで,非ユークリッド平面のモデルの 1 つである.→ 非ユークリッド幾何学,上半平面モデル

ポアンカレの補題
Poincaré's lemma
n 次元の球体 $D^n = \{(x_1, \cdots, x_n) \mid \sum x_i^2 < r^2\}$(あるいはもっと一般に凸領域)上で定義された k 次微分形式 u が $du=0$ を満たせば,$u=dv$ なる,D^n 上の $k-1$ 次微分形式 v が存在する.これをポアンカレの補題という.ポアンカレの補題は*微分形式の理論で重要な役割をする.→ 外微分,ド・ラムの定理

ポアンカレ-ベンディクソンの定理
Poincaré-Bendixon's theorem
微分方程式の定性的理論の端緒となった定理であり,周期軌道の存在を主張する定理として,応用上もきわめて有用な定理である.

球面 S^2 上のベクトル場 V を考える.V の積分曲線 $c: \mathbb{R} \to S^2$ に対して,次のどちらかが成立

ポアンカレ予想
Poincaré conjecture
「単連結な 3 次元コンパクト多様体は 3 次元球面 S^3 に同相である」という予想で,非線形熱方程式を用いてロシアの数学者ペレルマンが証明した.それに先立ち,「$n(\geqq 4)$ 次元球面とホモトピー同値な n 次元コンパクト多様体は,n 次元球面と同相である」という類似が証明されていた.

ホイヘンス
Huygens, Christiaan
1629-95 オランダの数学者,天文学者,物理学者.サイクロイドを用いて等時性を持つ振り子時計が作られることを発見.さらに多くの特殊な曲線の研究を行い,微分積分学建設への道を拓いた.確率論や光の波動論についての研究(ホイヘンスの原理)でも有名である.パリとロンドンに頻繁に遊学し,微分積分学の建設ではニュートンのライバルでもあり,ライプニッツにも大きな影響を与えた.

ホイヘンスの原理
Huygens' principle
3 次元ユークリッド空間において,光の波動説に基づく*波面の広がり方を説明する原理で,1678 年に*ホイヘンスが発表した.

時刻 t_0 での波面 S_0 が与えられたとき，時刻 $t>t_0$ での波面 S は，S_0 上の各点を中心とする半径 $c(t-t_0)$ の球面の*包絡面である．ここで，c は光の速さである．⇒ 波動方程式，依存領域

法
modulus

整数 $n \neq 0$ に対して整数 a, b の差 $a-b$ が n で割りきれるとき a と b は n を法として合同といい，
$$a \equiv b \pmod{n}$$
と記す．合同は*同値関係になる．さらに
$a \equiv b \pmod{n}, c \equiv d \pmod{n}$ のとき，
$a \pm c \equiv b \pm d \pmod{n}$（複号同順），
$ac \equiv bd \pmod{n}$
が成り立つ．これより同値関係による商集合 $\mathbb{Z}/\sim$ は可換環の構造を持つ．これを $\mathbb{Z}/n\mathbb{Z}$ と記す．

以上の考え方は可換環 R とそのイデアル $\mathfrak{a}$ に対して拡張することができる．R の元 a, b に対し，$a-b \in \mathfrak{a}$ のとき a と b は $\mathfrak{a}$ を法として合同といい，
$$a \equiv b \pmod{\mathfrak{a}}$$
と記す．合同という関係は同値関係であり，この同値関係による商集合を $R/\mathfrak{a}$ と記すと，これは可換環になる．この可換環を R のイデアル $\mathfrak{a}$ による*剰余環という．上の整数の場合は R が整数環 $\mathbb{Z}$ で，$\mathfrak{a}$ が n から生成されるイデアル (n) の場合に対応する．

包含関係
inclusion relation

集合 A, B について A が B の部分集合である（$A \subset B$）という関係を包含関係という．集合 X を固定すると，その部分集合全体（X のべき集合）は包含関係により*順序集合となる．

包含写像
inclusion mapping

集合 X の部分集合 A について，$i(a)=a$ $(a \in A)$ と定めて得られる写像 $i: A \to X$ を包含写像という．
一般に，集合 A から集合 X への単射があり，この単射によって A を X の部分集合と同一視するとき，包含写像ということもある．

包含排除の原理　principle of inclusion and exclusion, inclusion-exclusion principle 　＝包除原理

包含系

involutive system

$(x, z, p) = (x_1, \cdots, x_n, z, p_1, \cdots, p_n)$ を座標とする $2n+1$ 次元ユークリッド空間の領域 D において微分可能な r 個の関数 $\{F_k(x, z, p)\}_{k=1}^r$ に対して，未知関数 z に対する 1 階偏微分方程式系
$$F_k\left(x_1, \cdots, x_n, z, \frac{\partial z}{\partial x_1}, \cdots, \frac{\partial z}{\partial x_n}\right) = 0$$
$$(k = 1, \cdots, r) \qquad (*)$$
を考える．F_k の間のラグランジュ括弧式
$$[F_j, F_k] = \sum_{i=1}^n \left(\frac{\partial F_j}{\partial p_i}\left(\frac{\partial F_k}{\partial x_i} + p_i \frac{\partial F_k}{\partial z}\right) \right.$$
$$\left. - \left(\frac{\partial F_j}{\partial x_i} + p_i \frac{\partial F_j}{\partial z}\right) \frac{\partial F_k}{\partial p_i} \right)$$
が D の部分集合 $\{(x, z, p) \in D \mid F_k(x, z, p) = 0 \, (k=1, \cdots, r)\}$ 上ですべて 0 となるとき，方程式系 $(*)$ は包合的であるという．

このとき適当な正則条件の下で，$n-r$ 個の変数の任意関数 $\varphi_1, \cdots, \varphi_{n-r}$ を含む $(*)$ の解（一般解という）$z = f(x_1, \cdots, x_n; \varphi_1, \cdots, \varphi_{n-r})$ が存在する．また $n+1-r$ 個の任意定数 $C_1, \cdots, C_{n+1-r}$ を含む $(*)$ の解（完全解という）$y = g(x_1, \cdots, x_n; C_1, \cdots, C_{n+1-r})$ が存在する．⇒ 1 階偏微分方程式の解法，一般解，完全解，任意定数

方向微分
directional derivative

$\mathbb{R}^n$ の 1 点 p の近傍で定義された関数 f に対して，
$$(D_{\boldsymbol{u}} f)(p) = \lim_{t \to 0} \frac{1}{t}(f(p + t\boldsymbol{u}) - f(p))$$
が存在するとき，これを点 p におけるベクトル $\boldsymbol{u}$ 方向への，f の方向微分という．ベクトル $\boldsymbol{u}$ が $\boldsymbol{u} = (u_1, \cdots, u_n)$ とすれば，f が C^1 級のとき $(D_{\boldsymbol{u}} f)(p) = \sum_{i=1}^n u_i \, \partial f/\partial x_i$ となり，対応 $\boldsymbol{u} \mapsto (D_{\boldsymbol{u}} f)(p)$ は線形である．

方向ベクトル
direction vector

日常生活では方向を表すのに矢印で示すことが多いが，数学では長さ 1 のベクトルを用いる．これを方向ベクトルという．どの方向にもそちらを向いた方向ベクトルが 1 つだけある．

方向ベクトル（直線の）
direction vector

直線 L の方向ベクトルとは，L 上の相異なる 2 点 P, Q を用いて，$\overrightarrow{PQ}$ と表されるベクトルのことである．$\overrightarrow{直線 L}$ に向きを決めたときは，方向ベクトル $\overrightarrow{PQ}$ はその向きにとる．$ax+by+c=0$ で表される直線の方向ベクトルは $(-b, a)$ の定数倍である．

直線がベクトル方程式 $\boldsymbol{x}=\boldsymbol{x}_0+t\boldsymbol{a}$ で与えられたときには，$\boldsymbol{a}$ を方向ベクトルという．直線の方向ベクトルというとき，*単位ベクトルを考えることが多い．長さ 1 であることを明示するときは，直線の単位方向ベクトルという．

方向余弦
direction cosine

空間で，向きのついた直線が x 軸，y 軸，z 軸(*直交座標系)の正の向きとなす角をそれぞれ α, β, γ とするとき，$\cos\alpha, \cos\beta, \cos\gamma$ をこの直線の方向余弦という．このとき $\cos^2\alpha+\cos^2\beta+\cos^2\gamma=1$ が成り立つ．

平面上の直線に対しても同様に方向余弦が定義できる．

包除原理
principle of inclusion and exclusion, inclusion-exclusion principle

有限集合 S の部分集合 $A_1, A_2, \cdots, A_n$ が与えられたとき，その要素数に関して

$$|A_1 \cup A_2 \cup \cdots \cup A_n|$$
$$= \sum_i |A_i| - \sum_{i<j} |A_i \cap A_j|$$
$$+ \cdots + (-1)^{n-1}|A_1 \cap A_2 \cap \cdots \cap A_n|$$

が成り立つ．部分集合 A_i の S に関する補集合を $\overline{A_i}$ と表すと

$$|A_1 \cup A_2 \cup \cdots \cup A_n|$$
$$= |S| - |\overline{A_1} \cap \overline{A_2} \cap \cdots \cap \overline{A_n}|$$

であるから，上の公式から

$$|\overline{A_1} \cap \overline{A_2} \cap \cdots \cap \overline{A_n}|$$
$$= |S| - \sum_i |A_i| + \sum_{i<j} |A_i \cap A_j|$$
$$- \cdots + (-1)^n |A_1 \cap A_2 \cap \cdots \cap A_n|$$

も得られる．これらの公式を包除公式といい，これに基づいた数え上げの方法を包除原理と呼ぶ．包除原理は与えられた条件を満たす集合の要素数や確率を計算するのに利用される．部分集合 A_i が性質 P_i を満たす要素の集合を表しているとすると，第 1 の公式の左辺は $P_1, P_2, \cdots, P_n$ の少なくとも 1 つの性質を持つ要素の個数であり，第 2 の公式の左辺は $P_1, P_2, \cdots, P_n$ のどの性質ももっていない要素の個数を表している．包除原理は，加法性を持つ*集合関数 f に対して拡張され，

$$f(A_1 \cup A_2 \cup \cdots \cup A_n)$$
$$= \sum_i f(A_i) - \sum_{i<j} f(A_i \cap A_j)$$
$$+ \cdots + (-1)^{n-1} f(A_1 \cap A_2 \cap \cdots \cap A_n)$$

が成り立つ．

包除公式　inclusion-exclusion formula　⇒包除原理

傍心
excenter

3 角形の 5 心の 1 つである．

3 角形の 3 辺のうち 2 辺の延長ともう 1 つの辺に接した図のような円のことを*傍接円と呼び，その中心 O を傍心と呼ぶ．傍接円・傍心は 3 つある．1 つの内角の 2 等分線と，2 外角の 2 等分線の交点が傍心である．⇒5 心(3 角形の)

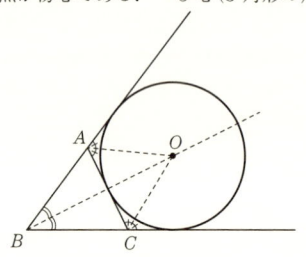

傍接円　escribed circle　⇒傍心

法線
normal line

(1) 平面の法線　空間内の平面 π の法線とは，π と直交する直線のことをいう．π が方程式 $ax+by+cz+d=0$ で表されているとき，法線の*方向ベクトルは (a, b, c) の定数倍である．P, Q, R が π 上にあり 1 直線上にない 3 点とすると，法線の方向ベクトルは $\overrightarrow{PQ} \times \overrightarrow{PR}$ の定数倍である．ここで × はベクトル積を表す(→ 平面の方程式，平面のベクトル方程式)．

平面の法線の方向ベクトルを，平面の*法ベクトルという．

(2) 曲線の法線　平面曲線 C とその上の点

p に対して, C の p での接線に直交する直線を法線と呼ぶ. $(x(t), y(t))$ で与えられた曲線の $p=(x(t_0), y(t_0))$ での法線は $s \mapsto (x(t_0) - s(dy/dt)(t_0), y(t_0) + s(dx/dt)(t_0))$ である. ただし, $(dx/dt)(t_0) = (dy/dt)(t_0) = 0$ ではないとする.

空間曲線 C の点 $p \in C$ での法線とは p での法ベクトルを方向ベクトルとする p を通る直線のことである.

(3) 曲面の法線 空間内の曲面 Σ とその上の点 p に対して, Σ の p での*接平面に直交する直線を法線と呼ぶ. Σ が $\{(x,y,z) | f(x,y,z)=0\}$ で与えられるとき, $p=(x_0, y_0, z_0)$ での Σ の法線は, $s \mapsto (x_0 + s(\partial f/\partial x)(p), y_0 + s(\partial f/\partial y)(p), z_0 + s(\partial f/\partial z)(p))$ である. 法線の方向ベクトルが法ベクトルである. $\mathbb{R}^n$ の $n-1$ 次元部分多様体(超曲面)に対してもその法線が同様に定義される.

法線微分
normal derivative

滑らかな閉曲面 S の近傍で定義された関数 $u(x)$ に対し, S の外向き単位法線ベクトル $\mathbf{n}$ に沿った微分 $\mathbf{n} \cdot \nabla u$ を(外向き)法線微分といい $\partial u/\partial n$, $\partial u/\partial \nu$ などと表す. S が原点を中心とする球面ならば, r を原点からの距離として法線微分は $\partial u/\partial r$ である.

法線ベクトル normal vector ＝法ベクトル

法線方向
normal direction

平面内の滑らかな*単純閉曲線 C は平面 $\mathbb{R}^2$ を内部 D_+ と外部 D_- に分ける(→ ジョルダンの閉曲線定理). C の法線ベクトルが D_- の方向に向いているとき, D_+ の外向き法線ベクトル(D_- の内向き法線ベクトル), D_+ に向いているとき, D_+ の内向き法線ベクトル(D_- の外向き法線ベクトル)といい, それらの向きをそれぞれ外向き法線方向, 内向き法線方向という.

一般に, 平面領域 D の境界 C が複数の滑らかな単純閉曲線からなっているときは, D の外部は複数の連結成分からなる. C の法線ベクトルは D の方向を向いているとき内向き法線ベクトル, D の外部を向いているとき, 外向き法線ベクトルといい, それらの向きをそれぞれ内向き法線方向, 外向き法線方向という.

空間内の連結な閉局面 Σ も空間 $\mathbb{R}^3$ を内部と外部に分けるので, 外向き法線方向, 内向き法線方向が同様に定義される.

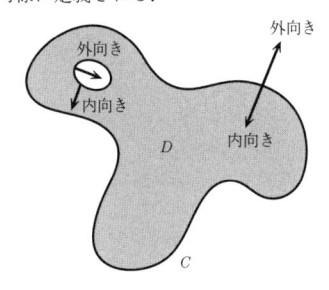

胞体 cell ⇒ 胞複体

方程式
equation

$x^2+3x+1=0$ や $x^3+3x^2=5x+2$ のように, 多項式＝多項式のかたちの等式を代数方程式という. 代数方程式において文字に数値を代入して等式が成り立つとき, その数値を方程式の解という. また

$$x+2y=5, \quad x^2+y^2=3$$

のように代数方程式をいくつか並べてすべての方程式を満足する解を求めるとき, これらの代数方程式系を連立方程式という. 古代中国の数学書『九章算術』で連立 1 次方程式の解法を扱った章が「方程」と呼ばれたことから方程式の名がつけられた. また

$$\frac{x+3}{x^2+x+1} + \frac{1}{x-2} = x$$

のように分数式を含む方程式を分数方程式といい,

$$\sqrt{x+2} + \sqrt{x^2-1} = 3x+2$$

のように無理式を含む方程式を無理方程式という.

$$e^z = 1$$

のように*超越関数を含む方程式を超越方程式という. さらに

$$\frac{d^2\varphi(x)}{dx^2} + a\frac{d\varphi(x)}{dx} + b\varphi(x) = 0$$

のように微分が入った未知関数に関する等式を微分方程式という. 1 変数の関数を扱う場合が常微分方程式, 2 変数以上の関数を扱う場合は偏微分方程式という. ⇒ 積分方程式, 関数方程式

方程式論
theory of equations

1 変数の代数方程式の根を求めること, および

方程式の根の持つ性質を調べる理論を方程式論という．歴史的にはすでに古代バビロニアで2次方程式が特別な場合解かれていた．方程式を文字を使って記述することができるようになるまでは具体的な方程式の解法が問題にされ，根の求め方は一般的に通用する方法で述べられることが多かった．13世紀後半から14世紀前半，中国の宋，金，元の時代に文字を使って連立1次方程式を記述する方法が確立した．また同時に1変数高次方程式を記述する方法も与えられた．

中国では実数根の近似値を精密に求める方法，今日のホーナー法と本質的に同一の方法が確立したが，方程式の根の一般論は発達しなかった．中国では古代から負の数が自由に使われていたが他の文明では負の数の取り扱いはインドを除いて余り発達せず，$x^3+2x=5x^2+1$ のように，正の数を係数とする方程式に書き直して方程式を考察することが多かった．

アラビアの数学者*アル=フワーリズミーが820年に出版した "Kitab al-jabr wa al-muqabalah" は代数学の本であるが，al-jabr は移項を，al-muqabalah は式の簡約化を意味し，正数係数の方程式に方程式を変形して根を幾何学的に求めることが議論された．al-jabr が代数学(algebra)の語源になった．

3次方程式の解法を記した書として有名な*カルダノ(1501-71)の著書『*アルス・マグナ』(1545)でも3次方程式を正数係数の方程式に分類しておのおのの場合に解法を記している．4次方程式はカルダノの弟子のフェラーリ(1522-65)によって3次方程式に帰着する形で解法が与えられた．その後5次方程式の解法が探し求められたが長い間成功しなかった．5次以上の一般の方程式に関しては，方程式の係数をつかって四則演算とべき根を取る操作で根を得ること(代数的に根を求めること)ができないことを*アーベルが示した．アーベルの証明の前に，*ラグランジュは3次，4次方程式の解法を詳しく分析し，それが根の間の*置換の性質と関係することを予見したが，*ガロアによって方程式の*ガロア群が定義され，代数的に解くことの*群論的な意味づけも含めて方程式のガロア理論が誕生した．

一方，方程式の根を求めるためには*実数だけを考えるのでは不十分で，*複素数まで数の考えを拡げる必要があることは，2次方程式と関係してカルダノが『アルス・マグナ』の中で論じた(3次方程式の解法では複素数として1の3乗根が登場するが，カルダノが扱ったのは実根だけであった)．しかし，複素数は長い間，虚の数として真の数としての扱いを受けなかったが，*ガウスは，複素数を係数とする1変数n次代数方程式は複素数内に必ずn個の根を持つこと(*代数学の基本定理)を示して，複素数の役割を明らかにした．

今日の代数学では2次以上の1変数の方程式論は体の拡大の理論として捉えることができ，連立1次方程式は*線形代数の中で，また2次以上の連立方程式は*代数幾何学で捉えるのが自然である．一方，方程式の根を具体的に求めることは応用上は極めて重要であり，コンピュータを使った効率のよい*数値計算法が種々工夫されている．
→ カルダノの公式，フェラーリの解法，アーベルの定理(代数方程式に関する)，ガロア理論

胞複体

cell complex

球面から1点を除くと円板(の内部)と*同相である．すなわち，球面は円板と1点の和になる．これが球面の胞複体への分割である．

n次元の円板
$$D^n = \{(x_1,\cdots,x_n)\mid x_1^2+\cdots+x_n^2 \leq 1\}$$
を考える．D^n の境界
$$S^{n-1} = \{(x_1,\cdots,x_n)\mid x_1^2+\cdots+x_n^2 = 1\}$$
から位相空間 Y への写像 $f: S^{n-1} \to Y$ があるとき，直和 $Y \cup D^n$ において $x \in S^{n-1} \subset D^n$ と $f(x) \in Y$ を同じ点とみなした空間のことを，Y に D^n を写像 f で接着した空間という(正確には*商位相を用いて定義する)．

*ハウスドルフ空間 X に対して，その部分集合 $X_i \subset X$ ($i=0,1,2,\cdots$) があって，

(1) X_0 は離散的な点の直和である(*離散位相を持つ)

(2) X は X_{i-1} にいくつかのi次元円板 D^i を接着した空間である

(3) $\bigcup X_i = X$

が成り立つとき，X の胞体分割が与えられたという．

$X_i - X_{i-1}$ はi次元円板 D^i の内部の直和であるが，これらの円板の閉包をi次元の胞体と呼ぶ(X_0 を0次元胞体と呼ぶ)．X の胞体への分割のことを，X の胞体分割という．胞体分割が与えられた空間を胞複体と呼ぶ．

図1のように球面に曲線分を両端で貼りつけた空間は，0胞体が2個，1胞体が2個，2胞体が1個の胞体分割を持つ(図2)．n次元複素*射影空

図1

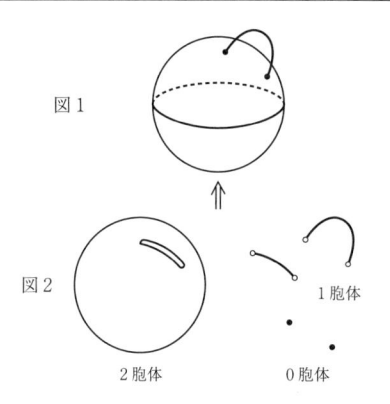

図2
2胞体　　　1胞体　　0胞体

間は $0, 2, \cdots, 2n$ 次元胞体がそれぞれ 1 個あるような胞体分割を持つことが知られている.

単体複体はそれぞれの単体が胞体であるような胞複体とみなせるが, 最初にあげた球面の例, 図1の例などいずれも単体分割ではない. 胞体分割をすると, ホモロジー群の計算ができることが知られている. ⇒ CW 複体

放物型境界

parabolic boundary

n 次元の空間領域 Ω における関数 $u(t, x)$ の *熱方程式

$$\frac{\partial u}{\partial t} = \Delta u \quad (x \in \Omega, \ 0 < t < T)$$

を考えると, これは $n+1$ 次元時空間内の柱状領域 $D = \Omega \times (0, T)$ の上で定義された方程式である. D の境界のうち, 側面と底面を合わせた部分, すなわち

$$\Sigma = (\partial \Omega \times [0, T]) \cup (\Omega \times \{0\})$$

を時空間領域 D の放物型境界と呼ぶ. Ω が有界領域であれば, 上記の熱方程式の解は, 放物型境界 Σ 上での値だけから一意的に定まる. また, $\overline{D}$ 上での解の最大値および最小値は, Σ 上で達成される. より一般の放物型偏微分方程式に対しても, 放物型境界が同様に定義される. ⇒ 最大値原理(調和関数の)

放物型偏微分方程式

partial differential equation of parabolic type

2 階の線形偏微分方程式

$$\frac{\partial u}{\partial t} = \sum_{i,j=1}^{n} a_{ij}(x) \frac{\partial^2 u}{\partial x_i \partial x_j} + \sum_{i=1}^{n} b_i(x) \frac{\partial u}{\partial x_i} + c(x)u + f(x)$$

において, 2 次形式 $\sum_{i,j=1}^{n} a_{ij}(x_0) \xi_i \xi_j$ の固有値がすべて正のとき, この微分方程式は x_0 で放物型であるという. 各点で放物型であるとき単に放物型という. 熱方程式 $\partial u / \partial t = \sum_{j=1}^{n} \partial^2 u / \partial x_j^2$ は放物型偏微分方程式の典型例である.

放物型の概念は 2 階以外の場合や非線形の微分方程式についても拡張されるが, 特に 2 階の放物型方程式は拡散方程式とも呼ばれ, 拡散現象の記述やブラウン運動の推移確率などに現れる. 放物型方程式の初期値問題では, 初期値が滑らかでなくとも正の時刻で解が滑らかになるという性質がある. ⇒ 平滑化作用, 熱方程式

放物線

parabola

平面内に直線 L とその上にない 1 点 O があるとき, L からの距離と O からの距離が等しい点全体をいう. このことをもとに糸と 3 角定規を使って, 放物線を作図することができる.

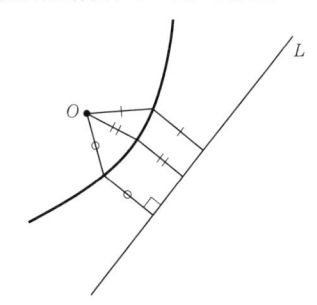

O を焦点, L を準線と呼ぶ. xy 平面において $y = ax^2$ のグラフは放物線であり, 焦点は $(0, a/4)$, 準線は $y = -a/4$ である. 円錐を*母線と平行な面で切ると放物線になる. ⇒ 円錐曲線

放物柱面　parabolic cylinder　⇒ 2 次曲面

放物的　parabolic　⇒ 楕円的

法平面

normal plane

空間曲線上の 1 点 P を通り, P での接線に垂直な平面のことをいう.

法ベクトル

normal vector

法線ベクトルともいう.

(1) **直線・平面の法ベクトル** 平面内の直線の法ベクトルとは，その直線の*方向ベクトルに垂直なベクトルのことである．

空間内の平面 π の法ベクトルとは，π の法線の方向ベクトルのことである．

(2) **曲線の法ベクトル** 平面曲線の法ベクトルは法線の方向ベクトルのことである．

空間曲線 C の $p \in C$ での法ベクトルとは，p で C に接する C に「一番近い円」の中心を O としたとき $\overrightarrow{PO}$ である．C が径数表示 $\boldsymbol{x}(t)=(x(t), y(t), z(t))$ で与えられているとき，$(d\boldsymbol{x}/dt)(t_0)$ と $(d^2\boldsymbol{x}/dt^2)(t_0)$ の張る 2 次元ベクトル空間内において，$(d\boldsymbol{x}/dt)(t_0)$ と直交する方向が法線ベクトルである．径数が*弧長径数であるとき，すなわち，$d\boldsymbol{x}/dt$ の大きさが一定であるときは，$(d^2\boldsymbol{x}/dt^2)(t_0)$ が法ベクトルの方向である． ⇒ 曲線の微分幾何

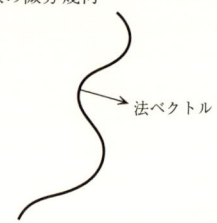

上で述べた法ベクトルを*主法線ベクトルと呼び，接ベクトル，主法線ベクトルの両方と垂直なベクトルを*従法線ベクトルということもある．

(3) **曲面，超曲面の法ベクトル** 空間内の曲面 Σ の点 p での法ベクトルとは，Σ の p での接平面と直交するベクトルのことである．

曲面が $f(x, y, z)=0$ で与えられるときは，法ベクトルは $\mathrm{grad}_p f$ およびそれに平行なベクトルである．曲面のパラメータが $\varphi(s, t)$ のときは，法ベクトルは $\partial \varphi / \partial s \times \partial \varphi / \partial t$ およびそれに平行なベクトルである（ここで × はベクトルの外積）．

長さ 1 の法ベクトルのことを単位法ベクトルと呼ぶ．単位法ベクトルはちょうど 2 つあるが，曲面に向きが決まっているときは，次のようにしてどちらを選ぶかが決まる．接平面には向きが決まるので，その基底 e_1, e_2 を向きと整合的であるように選ぶ．このとき，単位法ベクトル N を e_1, e_2, N が右手系をなすように（すなわち $\mathbb{R}^3$ の向きと整合的になるように）選ぶと，単位法ベクトルはただ一通りに決まる．

同様にして $\mathbb{R}^n$ の超曲面の法ベクトルも定義できる．

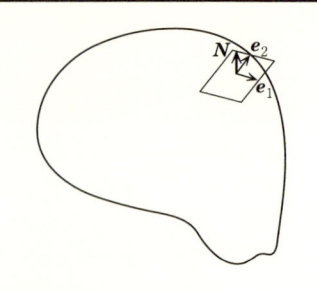

法ベクトル場
normal vector field

空間の中の曲面 S の各点 p に，その点の法ベクトル $\boldsymbol{N}(p)$ を対応させる連続な対応のこと．

包絡環（リー環の）
enveloping algebra

体 F 上の n 次の正方行列全体 $M(n, F)$ は，一方で行列の和と積およびスカラー倍により*多元環（代数）になり，他方で括弧積
$$[A, B] = AB - BA$$
により*リー環にもなる．一般の多元環も，括弧積を同様に定義することによりリー環の構造を入れることができる．すべてのリー環 $\mathfrak{g}$ がこのようにして得られるわけではない．しかし，$\mathfrak{g}$ を多元環に「拡大」することにより，リー括弧積と多元環の積に関係をつけることが可能である．

リー環 $\mathfrak{g}$ の線形空間としての*テンソル代数 $T(\mathfrak{g})$ を考える．すなわち，
$$T(\mathfrak{g}) = F \oplus \mathfrak{g} \oplus (\mathfrak{g} \otimes \mathfrak{g}) \oplus (\mathfrak{g} \otimes \mathfrak{g} \otimes \mathfrak{g}) \oplus \cdots$$
とする．そこで，
$$x \otimes y - y \otimes x - [x, y] \quad (x, y \in \mathfrak{g})$$
の形の元全体を含む $T(\mathfrak{g})$ における最小の両側イデアルを I とおき，
$$\mathfrak{U}(\mathfrak{g}) = T(\mathfrak{g})/I$$
とおいて，これを $\mathfrak{g}$ の包絡環，あるいは（普遍）展開環と呼ぶ．$\mathfrak{U}(\mathfrak{g})$ の中では，
$$[x, y] = xy - yx \quad (x, y \in \mathfrak{g})$$
が成り立つ（ここで，$xy-yx$ は，$x \otimes y - y \otimes x \in T(\mathfrak{g})$ の定める $\mathfrak{U}(\mathfrak{g})$ での類を表す）．

包絡線
envelope

xy 平面上の曲線族
$$f(x, y, a) = 0 \quad (a \in I)$$
が与えられているとする．ここで a は適当な区間 I 上を動く実パラメータで，a の値を固定するご

とに曲線が1つずつ定まっている．曲線 Γ が上の曲線族の包絡線であるとは，Γ が
$$\Gamma = \{(x_a, y_a) \,|\, a \in I\}$$
という形にパラメータ表示でき，しかも各点 (x_a, y_a) において Γ と曲線 $f(x,y,a)=0$ が接することをいう．包絡線 Γ の方程式は，連立方程式
$$f(x,y,a) = 0, \quad \frac{\partial}{\partial a} f(x,y,a) = 0$$
からパラメータ a を消去することで得られる．例えば直線族 $x\cos\theta + y\sin\theta - 1 = 0$ の包絡線は単位円 $x^2 + y^2 = 1$ である．なお，はじめの曲線族 $f(x,y,a)=0$ が何らかの1階常微分方程式の*一般解として与えられている場合は，その包絡線も同じ常微分方程式の解になるが，一般解には含まれないので*特異解になる．

包絡面

envelope, enveloping surface

空間内に曲面の族
$$f(x,y,z,a) = 0 \quad (a \in I)$$
が与えられているとする．ここで a は適当な区間 I 上を動く実パラメータで，a の値を固定するごとに曲面が1つずつ定まっている．曲面 S が上の曲面族の包絡面であるとは，S が上の曲面族に属さず，しかも S 上の各点でいずれかの曲面 $f(x,y,z,a)=0$ に接することをいう．包絡面の方程式は，
$$f(x,y,z,a) = 0, \quad \frac{\partial}{\partial a} f(x,y,z,a) = 0$$
からパラメータ a を消去することで得られる．例えば曲面族 $x^2 + y^2 + (z-a)^2 = 1$ の包絡面は円柱面 $x^2 + y^2 = 1$ である．なお，各曲面 $f(x,y,z,a)=0$ と包絡面 S が接する部分をこの曲面族の特性曲線と呼ぶ．包絡面は特性曲線が集まってできた曲面である．

補外　extrapolation　＝外挿

補間

interpolation

関数 $f(x)$ が未知であるが，その n 個の点 $x_1, \cdots, x_n$ における値 $y_1, \cdots, y_n$ が知られているとき，$g(x_1)=y_1, \cdots, g(x_n)=y_n$ となるような関数 $g(x)$ を求めて $f(x)$ の代用とすることを補間または内挿といい，g を補間公式または内挿公式という．g として $n-1$ 次の多項式を取る方法をラグランジュの補間法という．なお，内挿という言葉は x が既知データ $x_1, \cdots, x_n$ の範囲内にある場合に用いられ，範囲外にある場合は外挿という．⇒ 外挿

補間公式

interpolation formula

*補間のために用いられる種々の公式をいう．内挿公式ともいう．⇒ ラグランジュの補間公式

母関数

generating function

数列 $\{a_n\}$ $(n=0,1,\cdots)$ を調べる際に，それを係数とする級数 $f(x) = a_0 + a_1 x + a_2 x^2 + \cdots$ を考えると見通しよくなることがある．その $f(x)$ を数列 $\{a_n\}$ $(n=0,1,\cdots)$ の母関数または生成関数という．数列を定める規則が複雑な場合でも母関数は簡単になることがある．逆に母関数を与え，その展開係数として数列を定義することもしばしば行われる（→ ベルヌーイ数，分割数）．

定数係数の差分方程式によって与えられた数列の母関数は，差分方程式の*特性多項式を分母とする有理関数となり，それを展開すれば，一般項が容易に求められる．例えばフィボナッチの数列
$$a_0 = 0, \; a_1 = 1, \; a_n = a_{n-1} + a_{n-2} \quad (n \geq 2)$$
の母関数は $f(x) = x/(1-x-x^2)$ となる．a_n が確率の場合，$f(x)$ を確率母関数といい，$f'(1)$ は平均値，$(D^k f)(1)$ $(D = x\,d/dx)$ は k 次モーメントとなる．

母関数の作り方としては $\sum_{n=0}^{\infty} a_n x^n / n!$ など別の形も用いられる（→ エルミート多項式）．素数分布の研究に重要な*ゼータ関数なども一種の母関数と考えることができる．母関数は漸化式や対称性，増大度の評価など数列に関する問題を関数の性質に帰着させて調べる有効な手段である．古典確率論を集大成したラプラスの『確率論の解析的方法』の中核は母関数であった．⇒ 形式的べき級数

母関数（正準変換の）

generating function

正準変換を組織的に作るには，その母関数が用いられる．母関数のことを生成関数ともいう．

$q_1, \cdots, q_n, p_1, \cdots, p_n$ をある相空間の正準座標とする．$Q_1, \cdots, Q_n, P_1, \cdots, P_n$ を同じ空間の別の座標とする．$q_1, \cdots, q_n, p_1, \cdots, p_n$ を Q_1,

$\cdots, Q_n, P_1, \cdots, P_n$ に写す変換 φ の母関数 S とは次のように定義される.

$q_1, \cdots, q_n, Q_1, \cdots, Q_n$ も座標をなしている, すなわち, $[\partial p_i/\partial Q_j]\ (i,j=1,\cdots,n)$ なる $n\times n$ 行列が可逆と仮定する. $S(q_1,\cdots,q_n,Q_1,\cdots,Q_n)$ なる $q_1,\cdots,q_n,Q_1,\cdots,Q_n$ の関数があり,

$$p_i = \frac{\partial S}{\partial q_i}, \quad P_i = -\frac{\partial S}{\partial Q_i}$$

が成り立っていると, $Q_1,\cdots,Q_n,P_1,\cdots,P_n$ も正準座標になり, したがって φ は正準変換である. S をその母関数という.

S が*ハミルトン-ヤコビ方程式の解であるとき, S を母関数とする正準変換で変換すると, $Q_1,\cdots,Q_n,P_1,\cdots,P_n$ は*巡回座標になる.

母関数(ラグランジュ部分多様体の)　generating function　＝生成関数(ラグランジュ部分多様体の)

補間法　interpolation　→補間

補木
cotree

連結な無向グラフの辺集合の部分集合で, ある*全域木の補集合となっているものを補木という. *カットセットを含まない範囲でできるだけ多くの辺を含むもの(極大無カットセット集合)として特徴づけることもできる. 1つのグラフに補木はいくつもありうるが, 補木に含まれる辺の数は一定で, 辺数 − 頂点数 +1 に等しい.

補空間
complementary space

L を線形空間, M をその線形部分空間とするとき,
$$L = M \oplus M' \quad (*直和)$$
となる線形部分空間 M' を, M の(線形)補空間という.

与えられた線形部分空間の補空間は常に存在するが, 一意には決まらない. 実際, M の基底 $\{e_\alpha\}$ を拡大して, L の基底 $\{e_\alpha, f_\beta\}$ をつくるとき, $\{f_\beta\}$ で張られる部分空間が M の補空間になる.

補グラフ
complementary graph

*無向グラフに対して, 頂点間の辺の有無を反転させたグラフをもとのグラフの補グラフという. 補グラフの頂点集合はもとのグラフと同じものである. →パーフェクト・グラフ

保型関数
automorphic function

ポアンカレ, クラインにより創始された概念. 楕円関数が $\mathbb{C}$ の格子に関する周期関数であることに対比して, 保型関数は上半平面に作用する*フックス群に関する「周期」関数である.

古典的な保型関数は, 上半平面 $H = \{z \in \mathbb{C} \mid \mathrm{Im}\, z > 0\}$ 上で定義された有理型関数 $f(z)$ で, H に1次分数変換により作用する2次の特殊線形群 $SL(2,\mathbb{R})$ のフックス群 Γ に関する不変性

$$f\left(\frac{az+b}{cz+d}\right) = f(z), \quad \begin{bmatrix} a & b \\ c & d \end{bmatrix} \in \Gamma$$

を満たし, $\Gamma \backslash H$ に「無限遠点」を付け加えて得られる閉リーマン面上の有理型関数とみなされるものである.

保型形式
automorphic form

正整数 m に対して
$$g_m(\tau) = \sum_{(k,l) \in \mathbb{Z}^2 \backslash \{(0,0)\}} \frac{1}{(k\tau+l)^{2m}}$$

とおくと, $m \geq 2$ のとき, この無限和は*上半平面 $H = \{\tau \in \mathbb{C} \mid \mathrm{Im}\,\tau > 0\}$ で*広義一様収束して上半平面 H の*正則関数を定める. さらに $\begin{bmatrix} a & b \\ c & d \end{bmatrix} \in SL(2,\mathbb{Z})$ に対して

$$f\left(\frac{a\tau+b}{c\tau+d}\right) = (c\tau+d)^{2m} f(\tau) \quad (*)$$

が成立する. $\begin{bmatrix} 1 & 1 \\ 0 & 1 \end{bmatrix} \in SL(2,\mathbb{Z})$ であるので $g_m(\tau+1) = g_m(\tau)$ が成立し $g_m(\tau)$ は $q = e^{2\pi i \tau}$ の級数として展開でき

$$g_m(\tau) = a_0 + a_1 q + a_2 q^2 + \cdots$$

の形になる. このように上半平面 H の正則関数 $f(\tau)$ が $SL(2,\mathbb{Z})$ の元に関して $g_m(\tau)$ と同様の変換則(*)を満たし, さらに q に関する展開が有限個の負べきの項しか持たないとき, $f(\tau)$ を重さ $2m$ の保型形式という. q に負べきの項が現れないときは正則な保型形式, 正則でさらに定数項が q の展開に現れないとき尖点形式という. $g_m(\tau)$ は正則な重さ $2m$ の保型形式であるが尖点形式ではない. $E(\tau) = g_2(\tau)^3 - 27 g_3(\tau)^2$ は重さ 12 の尖点形式である.

同様に $SL(2,\mathbb{Z})$ の指数有限部分群に対しても保型形式を定義することができる. さらに一般に

$SL(2,\mathbb{R})$ の離散部分群に関する保型形式や多変数の保型形式も考えることができ，数論で大切な働きをする．

補元
complement

集合 S の部分集合の全体 $\mathfrak{P}(S)$ は包含関係に関して*束をなし，S が $\mathfrak{P}(S)$ の最大元，空集合 $\varnothing$ が $\mathfrak{P}(S)$ の最小元である．このとき S の部分集合 A に対してその補集合 $A^c = S \setminus A$ は $A \cup A' = S$, $A \cap A' = \varnothing$ を満たす．このように束 L が最大元 I と最小元 O を持つとき，元 $x \in L$ に対して $x \cup x' = I$, $x \cap x' = O$ となる元 $x' \in L$ が存在するならば x' を x の補元という．

保険数学
insurance mathematics

保険においては，その商品設計や運用のために統計を含む数学が必須であり，この目的に特化した一連の数学を保険数学という．保険数学には世界基準の資格「アクチュアリ」がある．

星型集合　star-like set　＝星状領域

補集合
complementary set, complement

集合 X の部分集合 A に対して，$\{x \in X \mid x \notin A\}$ を A の X における補集合といい，$X \setminus A$, $X - A$, A^c などと表す．⇒ 全体集合，集合

母集団
population

統計調査などにおいて，標本を抽出する対象となるもの全体のことをいう．例えば，日本全国の男子の身長を調査するときは，日本の男子全体が母集団であり，実際の調査は母集団のごく一部分（標本）を抽出して行われる．

母集団比率
population ratio

母集団における比率．

母集団分布
population distribution

*母集団において事象の確率をその*相対度数で与えたとき母集団分布という．

補助線
auxiliary line

初等幾何の証明問題において，問題文や問題の図に含まれていない線を引くことで，証明ができるようになることが多い．そのような線を補助線という．

例えば，「2辺が等しい3角形の2角は等しい」という命題は，線分 BC の中点を D とし，図の太線 AD を引くと，3角形 ABD と3角形 ACD の3辺がそれぞれ等しく合同であることから証明される．この太線が補助線である．

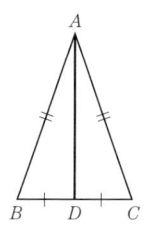

ボーズ-アインシュタイン統計
Bose-Einstein statistic

*量子力学において，n 個の同種粒子系の状態は波動関数 $\psi(x_1, \cdots, x_n)$ で表される．x_j は j 番めの粒子の位置を表す．波動関数がすべての変数 x_j に関して対称であるとき，粒子はボーズ-アインシュタイン統計に従うという．また反対称であるときはフェルミ-ディラック統計に従うという．⇒ ボゾン

母数（楕円積分の）
modulus

第1種楕円積分
$$\int_0^x \frac{dz}{\sqrt{(1-z^2)(1-k^2z^2)}}$$
において，パラメータ k をこの楕円積分の母数という．また $k' = \sqrt{1-k^2}$ を補母数という．
$$K(k) = \int_0^1 \frac{dz}{\sqrt{(1-z^2)(1-k^2z^2)}}$$
とおき，$K' = K(k')$ とすると $\tau = iK'/K$ は*上半平面の点になる．このとき
$$e^{i\pi\tau/4} = \left(\frac{k}{4}\right)^{1/2} \left[1 + 2\left(\frac{k}{4}\right)^2 + 15\left(\frac{k}{4}\right)^4 \right.$$
$$\left. + 150\left(\frac{k}{4}\right)^6 + 1707\left(\frac{k}{4}\right)^8 + \cdots\right]$$
という関係がある．基本周期が 1, τ のワイエルシュトラスの*ペー関数 $\wp(z)$ を使って $e_1 = \wp(1/2)$,

$e_2=\wp((1+\tau)/2)$, $e_3=\wp(\tau/2)$ とおくと
$$k^2 = \frac{e_2 - e_3}{e_1 - e_3}$$
と書くことができる.

母数(統計の)
parameter
統計分布がパラメータに依存するとき,そのパラメータのことを母数という.

母線
generator
円錐は1点を通る直線の族の軌跡であり,円柱は互いに平行な直線の族の軌跡である.このように軌跡として曲面を生成する直線のことを母線という.

保測変換
measure preserving transformation
面積や体積などを保つ変換のことをいう.変換 $T: X \to X$ と空間 X 上の非負測度 μ があり,任意の可測部分集合 B に対して $\mu(T^{-1}B)=\mu(B)$ が成り立つとき,変換 T は測度 μ を保存する,μ 保測変換である,不変測度 μ を持つなどといい,3つ組 (X,T,μ) を保測力学系あるいは不変測度付き力学系という.保測変換に対しては,*ポアンカレの再帰定理が成り立つ.なお,ふつうは不変測度 μ は確率測度と仮定するが,$\mu(X)=\infty$ の場合を考えることもある.

ボゾン
boson
*量子力学系において,同種の粒子がまったく同一の状態を占めることができる場合とできない場合がある.前者の場合をボゾン(ボーズ粒子),後者の場合をフェルミオン(フェルミ粒子)という.

ボゾンは*スピンが整数の場合,フェルミオンはスピンが半奇数の場合である.ボゾンは*ボーズ-アインシュタイン統計に従い,フェルミオンは*フェルミ-ディラック統計に従う.

量子力学の原理に従えば,粒子の生成消滅は線形演算子で表される.簡単のため粒子が1種類のみであるとし,ボゾンの生成演算子,消滅演算子をそれぞれ a^*, a で表すと,スピン0の場合,*ハイゼンベルク代数の交換関係 $aa^* - a^*a = I$ (I は恒等作用素)が成り立つ.またフェルミオンの生成演算子,消滅演算子 ψ^*, ψ は,スピン1/2 の場合クリフォード代数の交換関係 $\psi^2 = \psi^{*2} = 0$, $\psi\psi^* + \psi^*\psi = I$ に従う.1粒子状態の属するベクトル空間を V とすれば,粒子 n 個の状態を表すベクトル空間は,ボゾンの場合は V の n 次の対称積(→ 対称積(線形空間の)),フェルミオンの場合は n 次の外積(→ 外積(線形空間の))である.

ボゾンやフェルミオンの生成(消滅)演算子を利用して無限次元リー環の表現を構成することができる.この方法は*ソリトン方程式の変換群の記述にも用いられる.

保存系
conservative system
例えば,エネルギーなどを保存する力学系の意味であり,エネルギーなどの消失を伴う散逸系(→ 散逸性)に対比して用いられる言葉である.また,例えば,ユークリッド空間におけるルベーグ測度のように,空間に自然な測度が与えられているとき,それを不変測度としてもつ保測力学系も保存系ということがある.*ハミルトン系は,相空間の体積を保存する保存系の代表例である.一般に,時間発展する系は,着目している量が時間とともに不変な場合,保存系といい,その量を保存量と呼ぶ.波の方程式やマクスウェル方程式などはエネルギーを保存量とする保存系を記述する偏微分方程式である.

保存性
conservation
時間発展に関して,体積やエネルギーなどが変わらないとき,これらの量は保存される,または,保存量であるという.例えば,発散が0であるベクトル場による力学系の流れは体積を保存する.→ リウヴィルの定理(ベクトル場の)

保存則
conservation law
偏(常)微分方程式で表される系などにおいて,ある量(エネルギーなどの汎関数)が時間の経過で不変であるとき,これを保存量といい,このとき系には保存則が成り立つという.保存量の存在が,その物理的な意味から明らかな場合もある.保存則は解の存在証明などに必要なノルムの評価や解の性質を調べる際にたいへん有用である.例えば,1次元波動方程式 $\partial^2 u/\partial t^2 = \partial^2 u/\partial x^2$ の解 u において,積分

$$\frac{1}{2}\int_{-\infty}^{\infty}\left\{\left(\frac{\partial u}{\partial t}\right)^2+\left(\frac{\partial u}{\partial x}\right)^2\right\}dx$$

は，もしこれが有限ならば，保存量である．⇒ 保存性

保存量　conserved quantity　⇒ 第1積分，保存則

保存力
conservative force
*勾配ベクトル場で表される力のことをいう．勾配ベクトル場から力を受ける運動は，位置エネルギーを導入すると，位置エネルギーと運動エネルギーの和が保存されるので，保存力の名がある．

ホップ写像
Hopf map
3次元球面 $S^3=\{(x_1,y_1,x_2,y_2)\mid x_1^2+x_2^2+y_1^2+y_2^2=1)\}$ の点 (x_1,y_1,x_2,y_2) に対して，$(x_1,y_1)\neq(0,0)$ ならば，$\pi(x_1,y_1,x_2,y_2)=(x_2+iy_2)/(x_1+iy_1)\in\mathbb{C}$，$(x_1,y_1)=(0,0)$ ならば，$\pi(x_1,y_1,x_2,y_2)=\infty$ とおくと，*リーマン球面 $\mathbb{C}\cup\{\infty\}$ 上の点が定まる．こうして定まる写像 $\pi\colon S^3\to\mathbb{C}\cup\{\infty\}$ をホップ写像と呼ぶ．*立体射影でリーマン球面を球面とみなして $\pi\colon S^3\to S^2$ とも考える．

1点 p の逆像 $\pi^{-1}(p)$ は常に円 S^1 で，ホップ写像は S^1 をファイバーにする*ファイバー束になる（$S^3\neq S^2\times S^1$ であるから，このファイバー束は直積とは異なる）．また，異なる2点 $p,q\in S^2$ に対して，$\pi^{-1}(p)$ と $\pi^{-1}(q)$ の*まつわり数は1で $\pi^{-1}(p)\cup\pi^{-1}(q)$ はホップの*絡み目である．

ホップ写像は複素数を用いて構成されたが，同様に*4元数あるいは*ケイリー数を用いると，$\pi_\mathrm{H}\colon S^7\to S^4$，$\pi_\mathrm{K}\colon S^{15}\to S^8$ なる写像が構成され，これもホップ写像と呼ぶ．ここで，例えば，

$$\pi_\mathrm{H}(x_1,y_1,z_1,w_1,x_2,y_2,z_2,w_2)$$
$$=\frac{x_2+iy_2+jz_2+kw_2}{x_1+iy_1+jz_1+kw_1}\in\mathbb{H},$$
$$(x_1,y_1,z_1,w_1)\neq 0,$$
$$\pi_\mathrm{H}(0,0,0,0,x_2,y_2,z_2,w_2)=\infty$$

で，$S^4\cong\mathbb{H}\cup\{\infty\}$ とみなす．

ホップ代数
Hopf algebra
代数の演算とそれに双対的な演算を同時に持っている代数系である．例えば有限集合 X 上の複素数値関数全体 $A=\{f\mid f\colon X\to\mathbb{C}\}$ は，自然な和 $(f+g)(x)=f(x)+g(x)$ と積 $(fg)(x)=f(x)g(x)$ $(x\in X)$ に関して可換代数になる．さらに X が群であるとき，群の積演算 $m\colon X\times X\to X$, $(x,y)\mapsto xy$ から矢印の向きを逆にして

$$\Delta\colon A\to A\otimes A,$$
$$\Delta(f)(x,y)=f(xy)\quad(x,y\in X)$$

という（代数としての）準同型写像 Δ が定まる（$A\otimes A$ は $X\times X$ 上の関数全体と一致する）．同様に単位元 e，逆元 x^{-1} に対応してそれぞれ $\varepsilon\colon A\to\mathbb{C}$，$\varepsilon(f)=f(e)$，および $S\colon A\to A$，$(Sf)(x)=f(x^{-1})$ という準同型写像が定まる．これらは，群の演算法則を表す写像の向きを逆にした形の法則を満たしている．例えば積の結合法則は $m\circ(m\otimes\mathrm{id})\colon(x,y,z)\mapsto(xy)z$, $m\circ(\mathrm{id}\otimes m)\colon(x,y,z)\mapsto x(yz)$ という2つの写像 $X\times X\times X\to X$ が一致することであるが，対応して $A\to A\otimes A\otimes A$ という写像として $(\Delta\otimes\mathrm{id})\circ\Delta=(\mathrm{id}\otimes\Delta)\circ\Delta$ が成り立つ．

一般に可換とは限らない代数 A において，準同型写像 $\Delta\colon A\to A\otimes A$, $\varepsilon\colon A\to\mathbb{C}$ および反準同型写像 $S\colon A\to A$（$S(ab)=S(b)S(a)$ を満たす写像，A が可換ならば準同型写像と同じ）が定義され，これらの間に上に述べた関係が成り立つとき，ホップ代数という．位相幾何学において導入された概念であるが，*代数群や*量子群などの研究にも用いられる．

ホップの定理（ベクトル場に関する）　Hopf's theorem ⇒ 指数（ベクトル場の）

ホップ分岐
Hopf bifurcation
微分方程式などで記述される自然現象の中には，摂動を加えると，安定だった不動点が不安定化して，その不動点の周りに周期運動が現れ，その周期軌道は1点から始まり次第に大きくなっていくことがよくある．このような力学系の分岐をホップ分岐という．例えば，実数 a をパラメータとする行列 $A(a)$ と滑らかな関数 $b(x,a)=O(|x|)$ $(x\to 0)$ から決まる $\mathbb{R}^n$ 上の微分方程式 $dx/dt=A(a)x+b(x,a)$ に対して，$a=0$ を境にして，安定な不動点 $x=0$ からホップ分岐が起こる典型的な場合は，線形部分が次のような状況のときである．行列 $A(a)$ の固有値は，$a<0$ のときはすべて負の実部をもち，そのうち複素共役な1組だけが，$a=0$ のとき虚軸を横切り，$a>0$ のとき正の実部を持つ（解が有界に

留まるために $b(x,a)$ の満たすべき条件は省略).

ポテンシャル
potential

勾配ベクトル場 $\boldsymbol{V}=\mathrm{grad}\,f$ に対して, $-f$ をそのポテンシャルと呼ぶ. スカラー・ポテンシャルあるいは*位置エネルギーともいう. ⇒勾配ベクトル場, ニュートン・ポテンシャル, ベクトル・ポテンシャル

ポテンシャル・エネルギー potential energy = 位置エネルギー

ポテンシャル方程式
potential equation

ラプラスの方程式, ないし非斉次方程式である*ポアソンの方程式を指す.

ポテンシャル論
potential theory

狭い意味では*ニュートン・ポテンシャルや*調和関数などの性質を調べることを指す. ポテンシャルの概念は広く一般化され, 複素関数論, 実関数論, 偏微分方程式, 確率論などの分野と深いつながりを持つ. 広義にはその研究を指していう.

ホドグラフ法
hodograph method

2次元の定常流を示す xy 平面(物理面)で, 各方向の速度成分を (u,v) とするとき, (x,y) の代わりに (u,v) を独立変数として流れを解析する方法をいう.

ほとんどいたるところ
almost everywhere

測度空間において使われる数学の言葉である. ある性質は, それが成り立たない例外集合が測度0 であるとき, ほとんどいたるところで成り立つという.

例えば, 2つの関数 f,g に対し, 測度0の集合 N があって, $x\notin N$ のとき $f(x)=g(x)$ である場合, f と g はほとんどいたるところ等しいという. 関数列がほとんどいたるところ収束することを, *概収束するという.

カントル関数は, 0から1まで増加する連続関数であるが, ほとんどいたるところで微分は0である. 確率に関しては, 確率1で成り立つことを, ほとんど確実に成り立つという. ジグザグ運動の理想化であるブラウン運動は, ほとんど確実に, 時刻に関していたるところで微分不可能であることが知られている.

ほとんど確実に
almost surely

⇒ ほとんどいたるところ

確率論で確率1で起こることを意味する. これが数学用語であることに気付かなかったことによる誤訳が多いので有名である.

ホーナー法
Horner method

多項式を計算する際に演算の回数を減らして効率よく数値計算する方法である.

変数 x に関する多項式
$$P(x) = a_0 x^n + a_1 x^{n-1} + \cdots + a_{n-1} x + a_n$$
が係数 $a_0, a_1, \cdots, a_n$ によって定義されているとき, x が与えられるごとに $P(x)$ の値を計算するのに適した方法であり, $P(x)$ を
$$(\cdots((a_0 x + a_1)x + a_2)x + \cdots + a_{n-1})x + a_n$$
の形で計算する. この計算に必要な演算は, 乗算 n 回, 加算 n 回であり, x のべき乗 $x^2, x^3, \cdots, x^n$ を計算してから係数 a_i を掛けて加え合わせるのに比べて少なくて済む. しかも, 丸め誤差の影響を受けにくく, 精度良く計算できる.

*組立除法は上の計算を筆算で行う方法である.

なお, 高次代数方程式の近似解を求める方法にもホーナー法と呼ばれるものがある. その要点は上記の多項式 $P(x)$ の根の近似値 α に対して $P(x)=\sum_{k=0}^{n} A_k (x-\alpha)^{n-k}$ と変形することにある. 係数 A_k は次のように組立除法を繰り返して計算できる.

	a_0	a_1	a_2	$\cdots$	a_{n-1}	a_n
+)		$a_0'\alpha$	$a_1'\alpha$	$\cdots$	$a_{n-2}'\alpha$	$a_{n-1}'\alpha$
	$a_0'=a_0$	a_1'	a_2'	$\cdots$	a_{n-1}'	$a_n'=A_n$
+)		$a_0''\alpha$	$a_1''\alpha$	$\cdots$	$a_{n-2}''\alpha$	
	$a_0''=a_0'$	a_1''	a_2''	$\cdots$	$a_{n-1}''=A_{n-1}$	
	$\cdots$					

もし $\alpha+\beta$ が $P(x)$ の根であれば β は $P_1(x)=\sum_{k=0}^{n} A_k x^{n-k}$ の根である. β の近似値 α_1 が見つかれば, さらに上と同様の操作を $P_1(x)$ と α_1 に対して適用することができ, 次の近似値を求めることができる. 以下, この操作を続けることによって根の近似値の精度をあげることができる.

ホーナー(W. G. Horner, 1786-1837)は1819年にホーナー法を発見したが, 12, 13世紀の中国

ではホーナー法と同等の方法が既に使われており，小数点以下，望む精度で方程式の数値解を求めていた．

母標準偏差
population standard deviation
標本標準偏差に対して，母集団の標準偏差のことをいう．

母平均
population mean
母集団の平均．

補母数　complementary modulus　⇒ 母数（楕円積分の）

ボホナーの定理　Bochner's theorem　⇒ 正定値関数

ホモクリニック点
homoclinic point
*微分可能力学系 (X, f) において，双曲型の不動点(→ 鞍点) x があり，*安定多様体 $W^s(x)$ と不安定多様体 $W^u(x)$ が x 以外の共通部分を持つとき，その共通部分に含まれる x 以外の点 y をホモクリニック（または自己漸近）点といい，その点の軌道をホモクリニック（自己漸近）軌道という．

とくに，$W^s(x)$ と $W^u(x)$ がホモクリニック点 y で*横断的に交わるならば（このような y を横断的ホモクリニック点という），力学系 (X, f) は次の意味でカオス的である．「ある*不変閉部分集合 Λ と自然数 n が存在し，f^n を Λ に制限して得られる部分力学系は，ある*記号力学系 $(A^\mathbb{Z}, S)$ と位相*共役になる」．⇒ ヘテロクリニック点，力学系

ホモトピー
homotopy
2つの連続写像がホモトピック(homotopic)とは，一方が他方へ連続変形で移り合えることをいう．すなわち，$F: X \to Y$ と $G: X \to Y$ が位相空間の間の連続写像であるとき，F と G がホモトピックであるとは，連続写像 $H: X \times [0, 1] \to Y$ が存在し，$H(x, 0) = F(x)$, $H(x, 1) = G(x)$ であることを指す．この H のことを F と G の間のホモトピーと呼ぶ．

n 次元の球面 S^n から S^n への写像 F と G がホモトピックなのは，*写像度が等しいときである．

ホモトピーを使って，同相より弱い同値関係を空間の間に定義することができる．これを*ホモトピー同値と呼ぶ．ホモトピー同値は同相より考えやすいことがしばしばある．

ホモトピーは*ホモロジーと並ぶ位相幾何学の基本概念である．

ホモトピー群
homotopy group
*基本群の一般化である．n 次元球面から空間 X への連続写像全体は群をなす（正確には球面上の 1 点 p_0 と $x_0 \in X$ を決めておき，$F(p_0) = x_0$ なる連続写像 F だけを考え，ホモトピーにも同様なことを要請する）．これをホモトピー群と呼び $\pi_n(X)$ と書く．$\pi_1(X)$ は基本群に一致する．$\pi_1(X)$ は一般には非可換群であるが，$n \geq 2$ に対する $\pi_n(X)$ は可換群である．一般には，ホモトピー群を求めるのは容易でなく，球面のホモトピー群も完全には決定されてはいない．

ホモトピック　homotopic　⇒ ホモトピー

ホモトピー同値
homotopy equivalence
2つの位相空間 X, Y がホモトピー同値とは，連続写像 $f: X \to Y$, $g: Y \to X$ で，$g \circ f: X \to X$ および $f \circ g: Y \to Y$ がそれぞれ X, Y の恒等写像と*ホモトピックであるものが存在することをいう．

例えば，平面から原点を除いたもの $\mathbb{R}^2 \setminus \{0\}$ と円 $\{(x, y) \mid x^2 + y^2 = 1\}$ は同相ではないがホモトピー同値である．

ホモトピー不変量
homotopy invariant
*位相空間 X によって決まる量 $f(X)$ がホモトピー不変量であるとは，X と Y がホモトピー同値ならば $f(X) = f(Y)$ であることを指す．量だけでなく，群などの場合にも，「等しい」を「同型」に換えて同様に定義される．⇒ ホモトピー同値

オイラー数，ホモロジー群などは，ホモトピー不変量である．⇒ 位相不変量

ホモトピー類
homotopy class
位相空間 X から Y への2つの連続写像全体を $C(X, Y)$ と書く．$f, g \in C(X, Y)$ がホモトピック(→ ホモトピー)なとき $f \sim g$ と書くと，$\sim$ は

$C(X,Y)$ に同値関係を定める．～ の同値類をホモトピー類と呼ぶ．

ホモロガス
homologous

2つの k 次元サイクルが同じホモロジー類に属することをいう．→ ホモロジー

ホモロジー
homology

曲面 Σ に対して，Σ に含まれる2つの向きの付いた閉曲線 γ, γ' を考える．γ と γ' がホモロガスである ($\gamma \sim \gamma'$) とは，領域 D が存在し，その境界が γ と $-\gamma'$ であることをいう．ここで，$-\gamma'$ は γ' の向きを逆にしたものを指す（この定義は γ と γ' が交わっているときは多少不正確である）．曲面の向きの付いた閉曲線の集合に，ホモロガスなものを同値として同値関係を定めたとき，同値類全体は群になる．これを曲面の1次のホモロジー群という．より一般に，空間 M に含まれる k 次元の境界のない図形全体を考え，$k+1$ 次元の図形の境界になっているものは 0 として同値関係を入れたのが，k 次のホモロジー群である．

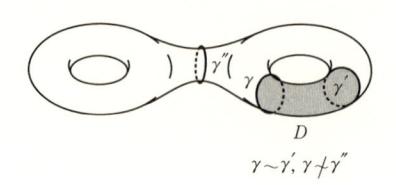

$\gamma \sim \gamma', \gamma \not\sim \gamma''$

上の説明で「k 次元の図形」と漠然と述べたが，正確に定義するには，いくつかのやり方がある．空間 M を*3角形分割してその k 次元*単体の集合を $\{\Delta_1^k, \cdots, \Delta_N^k\}$ としたとき，Δ_i^k の整数係数の1次結合 $\sum a_i \Delta_i^k$ を「k 次元の図形」としたのが，*単体複体のホモロジー論である．また，k 単体から M への連続写像 $\sigma: \Delta^k \to M$ を特異 k 単体と呼び，特異 k 単体 σ_i の1次結合 $\sum_i a_i \sigma_i$ を「k 次元の図形」とみなしたのが特異ホモロジー論である．どちらの場合にも，境界の概念が決まり，*鎖複体が定まる．

空間 X の k 次ホモロジー群を $H_k(X)$ または $H_k(X; \mathbb{Z})$ と書く．上では，整数係数の1次結合を考えたが，その代わりに，有理数係数，実数係数あるいは一般の可換環 R を係数とした1次結合を考えることができ，そのときは，$H_k(X; \mathbb{Q})$, $H_k(X; \mathbb{R})$, $H_k(X; R)$ と書く．

n 次元の球面 S^n のホモロジー群は，$H_k(S^n; \mathbb{Z}) = \mathbb{Z}$ $(k=0, n)$ で，その他の次数では 0 である．また，*種数が g の向き付け可能な閉曲面 Σ_g のホモロジー群は $H_0(\Sigma_g) = H_2(\Sigma_g) = \mathbb{Z}$, $H_1(\Sigma_g) = \mathbb{Z}^{2g}$ で，その他の次数では 0 である．

向き付け可能で境界のない n 次元コンパクト連結多様体 M について，$H_n(M) = \mathbb{Z}$ である．さらに，同型 $H_k(M; \mathbb{Q}) \cong H_{n-k}(M; \mathbb{Q})$ が成り立つ．これをポアンカレの双対定理と呼ぶ．

単体複体のホモロジー論，*特異ホモロジー論などさまざまなホモロジー論の定義の仕方があるが，通常の空間上ではすべて同一のホモロジー論を与えることが知られている．

同相な空間のホモロジー群は同型であるから，ホモロジー群を計算することで，2つの空間が同相でないことを示すことができる場合がある．すなわち，ホモロジー群は位相不変量である．（さらに，*ホモトピー同値な空間のホモロジー群は同型である．）ホモロジー群は空間を与えると多くの場合計算可能であり，ホモロジー群を用いた同相でないことの判定は多くの状況で有効である．

ホモロジー代数
homological algebra

ホモロジー代数とは，*鎖複体（すなわち加群 C_i と準同型 $\partial: C_i \to C_{i-1}$ の列で，$\partial \partial = 0$ を満たすもの）などを用いて，種々の代数系などを研究する分野を指す．鎖複体は位相幾何学の誕生時において，ホモロジー群の定義に現れた．ホモロジー代数という名前は，特定の対象を研究する分野というより，研究手法をいう．

ベクトル空間を扱う線形代数を，環の上の加群に一般化するとき現れる諸問題の研究はホモロジー代数の典型例である（→ 平坦加群，射影加群，移入加群）．ホモロジー代数学は*圏論などとも結びついて，幾何学の諸分野，代数幾何学，整数論，代数解析学など現代数学の多くの分野で重要な役割を果たしている．→ 鎖複体，ホモロジー，コホモロジー

ボヤイ
Bolyai, János

1802-60 ハンガリーの数学者．ガウス，*ロバチェフスキーと並んで，非ユークリッド幾何学の発見者の一人．彼の父 Wolfgang も幾何学者であり，1832 年に出版された父の本の付録として，非ユークリッド幾何学を発表した．すでに 1823 年

には新しい幾何学の存在には気づいていたと思われる．軍人として育てられたが，幾何学の研究に没頭し，父親を心配させた．息子ヤーノシュの非ユークリッド幾何学に関する仕事について，父がガウスに問い合わせたところ，賛辞とともにガウスがすでに同じことを考えていたとの返事を貰い，ヤーノシュは失望のあまりそれ以上の研究を放棄したといわれる．

ボルスークの対蹠点定理
Borsuk's antipodal point theorem

n 次元球面 S^n から $n-1$ 次元球面 S^{n-1} への写像 $F: S^n \to S^{n-1}$ で，$F(-x)=-F(x)$ なるものは存在しないという定理である．

ボルツァーノ-ワイエルシュトラスの定理
Bolzano-Weierstrass' theorem

「$\mathbb{R}^n$ の有界な点列は必ず収束部分列を持つ」という定理である．「$\mathbb{R}^n$ の有界閉集合は点列コンパクトである」と言い換えてもよい．コンパクトという概念が生まれる出発点となった定理である．これより，連続関数に対する最大値の定理，つまり，有界閉集合 $A \subset \mathbb{R}^n$ 上の連続関数 $f: A \to \mathbb{R}$ に対して，その最大値を実現する点 $p \in A$ が存在することが示される．

ボルツマン方程式
Boltzmann's equation

相互に衝突を繰り返す気体分子の運動に関して，ボルツマンが提唱した次の形の方程式をいう．分子の密度を $u(t,x)$ (x は速度，t は時間) とするとき，
$$\frac{\partial u}{\partial t} = \int_{\mathbb{R}^3} \int_{\|e\|=1} [u(t,x^*)u(t,y^*) - u(t,x)u(t,y)]Q(\|x-y\|,e)dyde.$$
ここで，x^*, y^* は速度 x, y を持つ 2 粒子が方向余弦 $e=(x-y)/\|x-y\|$ で衝突した後の速度，Q は散乱の性質から決まる非負の積分核，de は単位球面の面素．このとき，関数 $H[f]=\int f(x)\log f(x)dx$ は解 $u(t,\cdot)$ に沿って非増加関数となる．これをボルツマンの*H 定理という．

ボルツマン-マクスウェル分布
Boltzmann-Maxwell distribution

平衡統計力学における速度の分布は，数学的には*ガウス分布になる．この分布をボルツマン-マクスウェル分布という．ポアンカレはこのことを次のように明快に示した．n 粒子が平均エネルギー E を持つ系を考えて，$n\to\infty$ とすると，1 粒子の速度の分布は，半径 $\sqrt{2En}$ の $n-1$ 次元球面上の一様分布の 1 次元周辺分布の極限であるから，ガウス分布となる．

ホールの結婚定理　Hall's marriage theorem　⇒ 結婚定理

ボレル-カンテーリの補題
Borel-Cantelli's lemma

極限に関する事象の起こる確率を計算するための基本的な手法を与える，次の定理のことをいう．事象 A_n ($n\geq 1$) に対して，その補集合の確率の和が $\sum_{n=1}^{\infty} P(A_n^c) < \infty$ ならば，$P(\bigcup_{n=1}^{\infty} \bigcap_{m=n}^{\infty} A_m) = 1$．

例えば，事象 $A: \lim_{n\to\infty} X_n = 0$ は，事象 $A_n^{(k)}: |X_n| \leq 1/k$ を用いて，$\bigcap_{k=1}^{\infty} \bigcup_{n=1}^{\infty} \bigcap_{m=n}^{\infty} A_m^{(k)}$ と書ける．これより，$\sum_{n=1}^{\infty} P(|X_n|>1/k) < \infty$ ならば
$$P\left(\lim_{n\to\infty} X_n = 0\right) = 1$$
がいえる．

ボレル集合
Borel set

ボレル集合族に属する集合のことをいう．⇒ ボレル集合族

ボレル集合族
Borel σ-field, Borel field

開集合全体から生成される可算加法的な集合族，つまり，次の 2 つの操作を有限回または可算回繰り返して得られる集合族をいう．
(1) 可算和をつくる．
(2) 補集合をとる．
ユークリッド空間におけるルベーグ測度は，直方体の体積をもとにボレル集合族の上で定義された測度 (正しくはその完備化) である．

ボロノイ図
Voronoi diagram

平面上に n 個の点 $P_1, P_2, \cdots, P_n$ が与えられたとき，その中のどの点に最も近いかという規準によって平面を「勢力圏」に分割したものをボロノイ

図と呼ぶ. 平面上の 2 点間の距離を $d(\cdot,\cdot)$ と表すとき, 与えられた点 P_i の勢力圏は $\{P|d(P,P_i)<d(P,P_j), \forall j\neq i\}$ であり, P_i と他の点 P_k との垂直 2 等分線で囲まれた多角形領域となる. ただし, P_i が与えられた n 点の凸包の境界上にあるときには, P_i の勢力圏は非有界な領域となる. ボロノイ図は*計算幾何学における基本的なデータ構造であり, n 個の点に対するボロノイ図を $n\log n$ のオーダーの手間で計算するアルゴリズムが知られている. ボロノイ図にはさまざまな一般化があり, それらは地理情報処理や偏微分方程式の数値解析などに利用される.

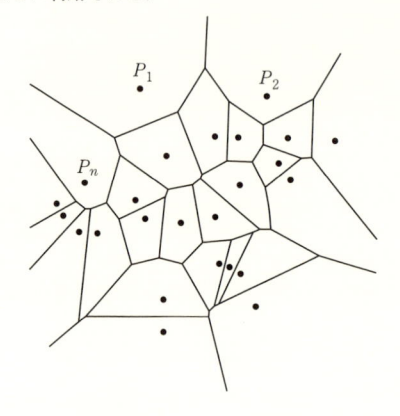

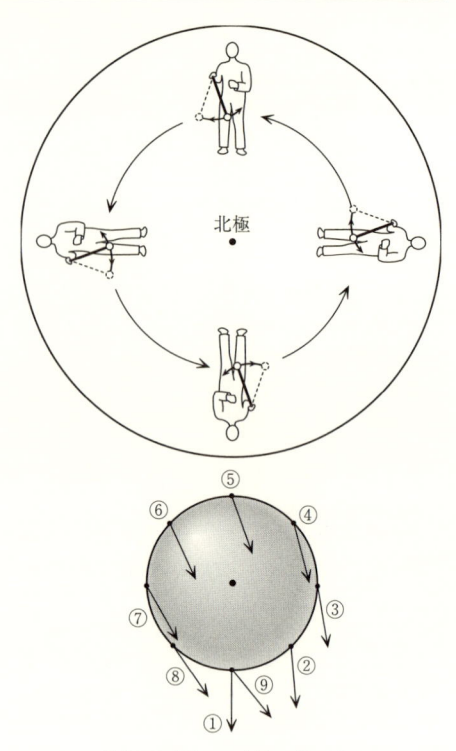

①から出発して 1 周して⑨に戻る

ボロノイ多面体
Voronoi polyhedron

*ボロノイ図における 1 つの勢力圏を表す多面体のことである.

ホロノミー
holonomy

振り子を持ってゆっくりと緯線にそって地球を 1 周すると, 帰ってきたとき振り子の振れる面が回転している(図). この事実をホロノミーの概念を使って説明することができる.

曲面あるいはリーマン多様体 M 上の道 $l:[0,1]\to M$ が $p=l(0)$ と $q=l(1)$ を結んでいるとき, *レヴィ・チヴィタ接続による*平行移動は, 接空間の間の線形写像 $T_p(M)\to T_q(M)$ を定める. とくに $p=q$ のとき, すなわち l が閉曲線の場合は, $T_p(M)\to T_p(M)$ が得られるが, これが閉曲線 l に沿うホロノミーである. 最初の例では, 緯線に沿った 1 回りを l とすると, 振り子の振れる面のずれる角度(= 球面の l に囲まれた部分の面積)だけの回転が $T_p(S^2)=\mathbb{R}^2$ に定まる. これ

が l に沿ったホロノミーと一致する.

p から出発して p に戻る閉曲線のホロノミー全体を集めたものは, $T_p(M)$ から自分自身への可逆な線形写像全体のなす群 $GL(T_p(M))$ の部分群になる. これをホロノミー群と呼ぶ. ホロノミー群は直交行列からなる. ホロノミー群が有限群ならば, 曲率は 0 である.

必ずしもレヴィ・チヴィタ接続とは限らない接続に対しても, 平行移動を用いて, (l に沿った)ホロノミー $T_p(M)\to T_p(M)$, ホロノミー群が定まる. さらに一般に, *ベクトル束 $E\to M$ に接続が与えられると(l に沿った)ホロノミー $E_p\to E_p$ が定まる. ここで E_p は E の p でのファイバーである.

ベクトル束の*接続の曲率が 0 であると, l に沿ったホロノミーは l の連続変形で不変であり, したがって, ホロノミーは基本群 $\pi_1 M$ からの準同型写像 $\pi_1 M\to GL(E_p)$ を定める.

常微分方程式の*モノドロミーはその方程式から決まるあるベクトル束とその上の曲率 0 の接続についてのホロノミーとみなすことができる.

ホロノーム拘束
holonomic constraint

質点が空間内を自由に動くことができず，その座標 (q_1,q_2,q_3) の間に $f(q_1,q_2,q_3)=0$ のような制限がつくとき，ホロノーム拘束と呼び，そのような系をホロノミック系 (holonomic system) と呼ぶ．例えば，1 点(原点)で固定されたブランコは，球面上を運動するので，$q_1^2+q_2^2+q_3^2-1=0$ なるホロノーム拘束がある．

質点が n 個あるとき，$3n$ 個の座標(配位空間の座標) $q_1,\cdots,q_{3n}$ の間の，$f_j(q_1,\cdots,q_{3n})=0$ $(j=1,\cdots,m)$ なる形の制限がホロノーム拘束である．例えば，長さが変わらない棒で結ばれた 2 点の運動は，$\sum_{i=1}^{3}(q_i-q_{i+3})^2-c=0$ なるホロノーム拘束を満たす．

ホロノミック系の相空間は，$f_j(q_1,\cdots,q_{3n})=0$ $(j=1,\cdots,m)$ で表される空間($\mathbb{R}^{3n}$ の部分多様体)の*余接空間である．すなわち $(q_1,\cdots,q_{3n}, p_1,\cdots,p_{3n})$ であって，$f_j(q_1,\cdots,q_{3n})=0$ $(j=1,\cdots,m)$ および，$\sum_{i=1}^{3n}p_i(\partial f_j/\partial q_i)=0$ $(j=1,\cdots,m)$ を満たすもの全体($\mathbb{R}^{6n}$ の部分多様体)である．

平面上の運動など次元が 3 以外の場合も同様である．

一方，運動に対する制限が，位置の間の関係式では与えられず，位置・速度の微分を含む関係式で与えられるとき，非ホロノーム拘束と呼ぶ．例えば，摩擦が大きいタイヤを持つ車を平面上で動かすときは，動きの方向は急には変えることができない．すなわち $d^2q/dt^2=cdq/dt$ なる関係式が成立する(c はある関数)．このような拘束を非ホロノーム拘束と呼ぶ．

非ホロノーム拘束は，$\mathbb{R}^{6n}$(タイヤの例のような平面上の運動の場合は $\mathbb{R}^{4n}$)上に*分布 ξ を考え，$(dq_1/dt,\cdots,dq_{3n}/dt,dp_1/dt,\cdots,dp_{3n}/dt)$ がこの分布に含まれるという条件を課すことになる．分布 ξ が完全積分可能であると，この拘束は積分多様体 $f_j=c$ の上に $(q(t),p(t))$ が乗っているという条件と同じであるので，ホロノーム拘束になる．

上で挙げたタイヤの例では，$\{(q_1,q_2,p_1,p_2)\,|\,(p_1,p_2)\neq 0\}$ で定義された分布 ξ で $\xi_{(q_1,q_2,p_1,p_2)}$ の基底が，$(p_1,p_2,0,0)$, $(0,0,1,0)$, $(0,0,0,1)$ であるものを考えていることになる．この分布は，微分形式 $u=p_2dq_1-p_1dq_2$ を用いて，$\xi=\{v\,|\,u(v)=0\}$ と表される．ξ が*完全積分可能なのは，外微分方程式 $u=0$ が完全積分可能なときであり，$u\wedge du\neq 0$ であるので，これはホロノーム拘束にならない非ホロノーム拘束である． ⇒ 分布，完全積分可能(分布，外微分方程式系が)，外微分方程式系

ホワイト・ノイズ　　white noise　=白色雑音

本質的下限　　essential infimum　⇒ 本質的上限

本質的上限
essential supremum

区間 $[a,b]$ 上の実数値*可測関数 $f(x)$ について，$[a,b]$ 上*ほとんどいたるところ $f(x)\leq\alpha$ が成り立つような実数 $\alpha\in\mathbb{R}$ が存在するとき，$f(x)$ は本質的に上に有界であるという．このような α の*下限を $f(x)$ の本質的上限といい，$\operatorname*{ess.sup}_{x\in[a,b]}f(x)$ あるいは略して ess.sup$f$ で表す．$-f(x)$ が本質的に上に有界であるとき，$f(x)$ は本質的に下に有界であるという．本質的下限 ess.inf f も同様に定義される．f が本質的に上に有界，かつ下に有界であるとき，f は本質的に有界であるという．*測度空間 (X,μ) 上の可測関数 $f\colon X\to\mathbb{R}$ についても同様に定義される．

本質的に有界
essentially bounded

*可測関数が本質的に有界とは，*測度零の集合上を除いて(つまり，*ほとんどいたるところで)，有界な可測関数と一致することをいう． ⇒ 本質的上限，L^p 空間

ポンスレの定理　　Poncelet theorem　=ポンスレの閉形定理

ポンスレの閉形定理
Poncelet's closure theorem

楕円 D_1 の内部に楕円 D_2 があるとき，楕円 D_1 の 1 点 P_0 から楕円 D_2 へ接線 l_0 を引き，この接線 l_0 と楕円 D_1 が交わる点を P_1 とおく．次に点 P_1 から楕円 D_2 に l_0 以外の接線 l_1 を引き，l_1 と D_1 との P_1 以外の交点を P_2 と記す．以下，この操作を続けて，$P_2,P_3,\cdots,P_n$ を選ぶ．もし $P_n=P_1$ となったとすると，同様の操作によって D_1 のどの点 Q_0 からはじめても $Q_n=Q_0$ となる．これをポンスレの閉形定理という．

この定理はポンスレがナポレオンのロシア遠征に従軍し，ロシア軍の捕虜になったときに発見した定理と伝えられている．この定理の基本は楕円の外側の点からは 2 本の接線を引くことができることにあり，証明では，複素数の範囲では，異なる 2 個の楕円は 4 点で交わることが重要になる．

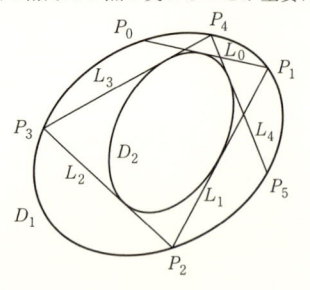

ポントリャーギンの最大原理

Pontryagin maximum principle

最適制御問題の解が満たすべき必要条件を与えたものである．最適解がハミルトニアンと呼ばれる関数を最大化するという形に述べられるので，最大原理の名がある．制御対象の状態ベクトル $x(t)=(x_1(t),\cdots,x_n(t))$ が微分方程式 $dx_i/dt=f_i(x,u,t)$ $(i=1,\cdots,n)$ に従うとする．ここで，制御の開始時刻 t_0，終了時刻 t_1，初期状態 x_0 は与えられているとし，$u(t)$ は区分的に連続な関数を成分にもつベクトルで，定めるべき制御を表す．評価関数が $J=F[x(t_1)]+\int_{t_0}^{t_1}f_0(x,u,t)dt$ の形であるとして，J を最小にする u を u^*，それに対応する x を x^* と表す．補助的な役割をするベクトル値関数 $p^*(t)=(p_1^*(t),\cdots,p_n^*(t))$ を微分方程式

$$\frac{dp_i^*}{dt}=-\sum_{j=1}^n\frac{\partial f_j}{\partial x_i}p_j^*+\frac{\partial f_0}{\partial x_i} \quad (i=1,\cdots,n)$$

および終端条件

$$p_i^*(t_1)=-\frac{\partial F}{\partial x_i} \quad (i=1,\cdots,n)$$

を満たすものとして導入する．ただし，$\partial f_j/\partial x_i$, $\partial f_0/\partial x_i$ は，$x=x^*(t)$, $u=u^*(t)$ における値，$\partial F/\partial x_i$ は $x=x^*(t_1)$ における値である．さらに，ハミルトニアンと呼ばれる関数 $H(p,x,u,t)=p^T f(x,u,t)-f_0(x,u,t)$ を考える．このとき，最適制御 u^* は各時刻 t においてハミルトニアンを最大化する．すなわち，$t_0\leqq t<t_1$ を満たす任意の t において不等式 $H(p^*(t),x^*(t),u^*(t),t)\geqq H(p^*(t),x^*(t),u(t),t)$ が任意の許容入力 u に対して成立する．この事実を最大原理と呼ぶ．最大原理は最適制御に限らず，*動的計画法において成り立つ原理である．→ 制御理論

ボンベリ
Bombelli, Rafael

1526-72/3 イタリアの数学者．彼の著作『代数』(l'Algebra)は，3 次方程式の解の表現の中に負数の平方根が現れるときに，それを捨て去らずに，複素数として取り扱った最初といわれる．例えば，$x^3=15x+4$ を解くのに，解の公式の中に $2+11\sqrt{-1}$ の立方根である $2+\sqrt{-1}$ が現れ，$x=2+\sqrt{-1}+2-\sqrt{-1}=4$ が根であることを導くといった具合である．

マ

マイナス元
minus element

加法と零元の与えられた代数系で，x に対して $x+x'=0$ を満たす元 x' を x のマイナス元という．加法に関する*逆元ともいう．線形空間の加法に対しては，マイナス元を逆ベクトルという言い方もする．乗法と単位元 1 の与えられた代数系における逆元と類似の概念である．

マクスウェルの方程式
Maxwell's equation

電磁場に関する基本方程式である．マクスウェル(J. C. Maxwell)により発見され(1873)，ヘルツ(H. R. Hertz)により整理簡明化された(1890)．真空においては，時間とともに変化する電場 E, 磁場 H の間に成り立つ次の方程式をマクスウェルの方程式という．

$$\begin{cases} \varepsilon_0 \text{ div } \boldsymbol{E}(t,\boldsymbol{x}) = \rho(t,\boldsymbol{x}) \\ \mu_0^{-1}\text{rot } \boldsymbol{H}(t,\boldsymbol{x}) - \varepsilon_0 \frac{\partial \boldsymbol{E}}{\partial t} = \boldsymbol{i}(t,\boldsymbol{x}) \\ \text{div } \boldsymbol{H}(t,\boldsymbol{x}) = 0 \\ \text{rot } \boldsymbol{E}(t,\boldsymbol{x}) + \frac{\partial \boldsymbol{H}}{\partial t} = 0 \end{cases}$$

ここで，ρ は電荷密度，i は電流密度，ε_0, μ_0 はそれぞれ真空の誘電率，透磁率を表す．この方程式の解は電磁波と呼ばれるが，$c=(\varepsilon_0\mu_0)^{-1/2}$ が光速に等しいことから，マクスウェルは光が電磁波の一種であることを結論した．マクスウェルの方程式はガリレイ変換によって不変ではない．アインシュタインは，これを不変にするような変換を考察することにより，特殊相対性理論の正当化に成功した．実際，電磁場の成分と電流密度の成分を使って微分形式

$$\Omega = H_3 dx_1 \wedge dx_2 + H_1 dx_2 \wedge dx_3 \\ + H_2 dx_3 \wedge dx_1 + E_1 dx_1 \wedge dt \\ + E_2 dx_2 \wedge dt + E_3 dx_3 \wedge dt,$$

$$\eta = \mu_0(i_1 dx_1 + i_2 dx_2 + i_3 dx_3) - \varepsilon_0^{-1}\rho dt$$

を定義すると，マクスウェルの方程式はミンコフスキー時空における方程式 $d\Omega=0$, $d^*\Omega=\eta$ として表される．

マクロスコピック　macroscopic ＝巨視的

マクローリン
Maclaurin, Colin

1698-1746 ニュートンの後の世代に属するイギリス(スコットランド)の数学者．エジンバラ大学教授．彼の著した解析の本はオリジナルな結果を多く含むが，マクローリン級数として知られるものは，すでにテイラーにより得られていた結果の特別な場合である．代数についての著述もある．

マクローリン展開
Maclaurin expansion

$x=0$ を中心とするテイラー展開のこと．基本的な関数のマクローリン展開は表のようになる．

e^x	$\sum_{n=0}^{\infty} \dfrac{x^n}{n!}$
$\cos x$	$\sum_{m=0}^{\infty} (-1)^m \dfrac{x^{2m}}{(2m)!}$
$\sin x$	$\sum_{m=0}^{\infty} (-1)^m \dfrac{x^{2m+1}}{(2m+1)!}$
$\log(1+x)$	$\sum_{n=1}^{\infty} (-1)^{n-1} \dfrac{x^n}{n}$
$(1+x)^\alpha$	$\sum_{n=0}^{\infty} \binom{\alpha}{n} x^n$
$\arcsin x$	$\sum_{n=0}^{\infty} \dfrac{(2n-1)!!}{(2n)!!} \dfrac{x^{2n+1}}{2n+1}$
$\arctan x$	$\sum_{n=0}^{\infty} (-1)^n \dfrac{x^{2n+1}}{2n+1}$

この表で $e^x, \cos x, \sin x$ の欄は $-\infty<x<\infty$ で，その他は $-1<x<1$ で収束する．また $(2n-1)!!=1\cdot 3\cdots(2n-1)$, $(2n)!!=2\cdot 4\cdots(2n)$ である．$\Rightarrow$ テイラー展開, べき級数

交わり
meet, intersection

集合の*共通部分のこと．$\Rightarrow$ 集合

交わりの重複度
multiplicity of intersection

複素数 x,y の連立方程式 $y=0$ と，$y-x^2=0$ を考える．その解は $(0,0)$ の 1 つだけである．方程式を少し動かして，$y=\varepsilon$, $y-x^2=0$ を考えると，解 $(0,0)$ は 2 つの解 $(\sqrt{\varepsilon},\varepsilon)$, $(-\sqrt{\varepsilon},\varepsilon)$ に分かれる．したがって，方程式を動かしても解の総数が変わらないと考えるためには，解 $(0,0)$ は解 2 つ分であると勘定するとよい．このことを解 $(0,0)$ の重複度は 2 であるという．

一般に n 変数の多項式 k 個 $P_i(x_1,\cdots,x_n)$ ($i=$

$1,\cdots,k$) がすべて 0 である点の集合 X と, n 変数の多項式 l 個 $Q_i(x_1,\cdots,x_n)$ $(i=1,\cdots,l)$ がすべて 0 である点の集合 Y が与えられたとする. $l+k=n$ であると, *ジェネリックには X と Y の交点は有限個の点からなる. さらに, ジェネリックには, X と Y の交点は P_i の次数 d_i, Q_j の次数 d'_j をすべて掛けた数 $\prod d_i \prod d'_j$ である. しかし, 「重根」の一般化にあたる現象がおきていると, 交点の数はこれより小さくなる. そこで, 交点 $p \in X \cap Y$ に対して, 重複度 m_p と呼ばれる自然数をうまく定義して, その総和が $\prod d_i \prod d'_j$ であるようにする(正確には, 複素射影空間の中で考え, 無限遠での交点も数える必要がある).

重複度 m_p は, X と Y が p の近くにおいて*特異点をもたず, また p で*横断的に交わっていれば 1 である. そうでないときは, X, Y を少し動かして X_ε, Y_ε を考え, 交わっている点の近くで両者が特異点をもたず, 交わりがすべて横断的であるようにする. このとき, $p \in X \cap Y$ の近くでの X_ε と Y_ε の交点の数を m_p とする.

最初に述べた例では, X を $y=0$ を満たす (x,y) の集合, Y を $y-x^2=0$ を満たす (x,y) の集合とすると, $p=(0,0)$ で X と Y は横断的でない. そこで, $y=\varepsilon$ を X_ε とすると, X_ε と Y は p の近くで 2 点で交わる. よって, $m_p=2$ である.

交わりの重複度は $l+k \neq n$ の場合や, 多項式の係数が複素数体とは限らない一般の体の場合など, いろいろな場合に一般化されている. → 交点数(位相幾何における), 交点数(代数幾何における)

マスケローニの作図
Mascheroni's construction

コンパスのみを用いた作図のことをいう. 定規とコンパスだけによる作図可能な作図問題は, 実はすべてコンパスのみにより作図可能である. ただし 2 点を決めると直線が定まるものと考える. これは 1799 年にイタリアのマスケローニにより証明された. デンマークのモーアは 1672 年にこの事実を発見していたが 20 世紀になるまで忘れ去られていた. → 作図問題

待ち行列理論
queuing theory

駅の切符売り場のように, サービス窓口に客が逐次到着し, 混んでいるときには行列を作って待った後にサービスを受けて去るというような混雑現象を数学的に解析するための理論である. 窓口の個数が c 個で, 客の到着が*ポアソン分布に従う確率変数, サービス時間が*指数分布に従う確率変数であるとする数学モデルが最も基本的な待ち行列のモデルであり, 通常, M/M/c という記号で示される(ケンドールの記号). 待ち行列理論は, 情報通信網などの解析に応用される.

マチンの等式
Machin's identity

歴史上円周率の近似値を求めるのに用いられた公式である. → 円周率

末項
last term

有限数列 $a_1,\cdots,a_N$ の最後の項 a_N のことをいう. → 数列

マッチング
matching

グラフの辺を要素とする集合は, それに含まれるどの 2 辺も端点を共有しないときにマッチングと呼ばれる. 辺の集合 M に含まれる辺の端点となっている頂点の全体を ∂M と表すとき,「M がマッチング $\iff |\partial M|=2|M|$」が成り立つ. マッチング M の中で $|M|$ が最大であるものを最大マッチングという. また, ∂M が頂点集合全体に一致するマッチングを完全マッチングという. 最大マッチングを見出すための効率的なアルゴリズムが知られている. → 最大マッチング最小被覆の定理, 割当問題, ダルメジ-メンデルゾーン分解

松永良弼　まつながよしすけ
Matunaga, Yosisuke

1690 頃-1744　江戸中期の数学者. *関孝和, *建部賢弘の数学を整理, 統一して, 関孝和を祖とする関流を確立した. 1739 年に著された『方円算経』の中で 3 角関数, 逆 3 角関数, 円周率 π, π^2 の無限級数展開が記されている. *久留島義太の友人であり, 良弼が久留島に宛てたと推測される書簡が『古人書簡』の名前で残されており, その中に,「和算家は奇巧な問題ばかりを考え無用のことばかりしている」という儒学者荻生徂徠の批判に対して, 久留島に数学を深め体系化することを勧めており, 良弼の数学観が表明されている. 良弼は著書の中で「当流」という言葉を使っており, 彼の時代から和算家がしだいに流派を意識するようになったことが窺われる. 関流が完成

したのは良弼の最大の弟子，山路主住(やまじぬしずみ，1704-72)によるといわれている． → 和算

マップ
map
*地図あるいは*写像のこと．

まつわり数
linking number
2つの交わらない(向きのついた)*結び目 K_1, K_2 からなる絡み目のまつわり数 $Lk(K_1, K_2)$ とは，K_1 を K_2 から遠く離すとき，途中で K_2 と交わる数を，符号を含めて数えた総数である．正確には次のように定義する．K_1 の*ザイフェルト膜を Σ としたとき，$Lk(K_1, K_2)$ は Σ と K_2 の*交点数，すなわち交点 $\Sigma \cap K_2$ の数を符号を含めて数えたものである．

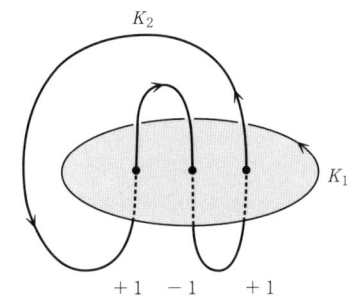

$Lk(K_1, K_2) = -Lk(K_2, K_1)$ が成り立つ．ホップ絡み目(→絡み目)のまつわり数は1である．まつわり数は*ガウス–クロネッカーの積分と一致．

マトリックス matrix = 行列

マトロイド
matroid
ベクトル空間における線形独立な要素の集合や，グラフにおける木に共通する組合せ的な性質を表現する，抽象的な離散構造である．マトロイドは単純な公理によって定義されているが，豊かな構造(→エドモンズの交わり定理)をもっており，いろいろな分野で基本的な離散構造と考えられている．とくに，離散最適化の分野においては，マトロイド構造と効率的なアルゴリズムの存在は不可分の関係にある(→貪欲算法)．

マトロイドの概念を具体的な行列に即して説明する．行列が1つ与えられたとして，その列番号の集合を V とする．例えば，行列が

$$\begin{array}{c} \begin{array}{ccccc} 1 & 2 & 3 & 4 & 5 \end{array} \\ \begin{bmatrix} 1 & 0 & 0 & 1 & 0 \\ 0 & 1 & 0 & 1 & 1 \\ 0 & 0 & 1 & 0 & 1 \end{bmatrix} = [a_1, \cdots, a_5] \end{array}$$

のとき，$V = \{1, \cdots, 5\}$ である．列ベクトルの線形独立性に着目して，V の部分集合 X を独立集合と従属集合に区別する．すなわち，$\{a_j \mid j \in X\}$ が線形独立，従属に応じて X を独立集合，従属集合と呼ぶ．独立集合の全体を $\mathcal{I}$ と書く．独立集合の部分集合は独立集合であるから，独立集合のうち包含関係に関して極大なもの(極大独立集合)に着目して基と呼び，基の全体を $\mathcal{B}$ と書く．同様に，従属集合を含む集合は従属集合であるから，極小従属集合に着目してサーキットと呼び，サーキットの全体を $\mathcal{C}$ と書く．上の例では，

$\mathcal{B} = \{\{1,2,3\}, \{1,2,5\}, \{1,3,4\}, \{1,3,5\},$
$\qquad \{1,4,5\}, \{2,3,4\}, \{2,4,5\}, \{3,4,5\}\},$
$\mathcal{C} = \{\{1,2,4\}, \{2,3,5\}, \{1,3,4,5\}\}$

である．

独立集合族 $\mathcal{I}$ は次の組合せ的な性質を持っている：

(I1) 空集合は $\mathcal{I}$ に含まれる．
(I2) $Y \in \mathcal{I}$ かつ $X \subseteq Y$ ならば $X \in \mathcal{I}$．
(I3) $X, Y \in \mathcal{I}$ かつ $|X| < |Y|$ ならば $X \cup \{y\} \in \mathcal{I}$ を満たす $y \in Y \setminus X$ が存在する．

基族 $\mathcal{B}$ は，(同時)交換公理と呼ばれる次の性質を持っている：

(B) 任意の $B, B' \in \mathcal{B}$ と $i \in B \setminus B'$ に対して，ある $j \in B' \setminus B$ が存在して $(B \setminus \{i\}) \cup \{j\} \in \mathcal{B}$ かつ $(B' \cup \{i\}) \setminus \{j\} \in \mathcal{B}$．

サーキット族 $\mathcal{C}$ は，次の性質を持っている：

(C1) 空集合は $\mathcal{C}$ に含まれない．
(C2) $C, C' \in \mathcal{C}$ かつ $C \subseteq C'$ ならば $C = C'$．
(C3) 任意の相異なる $C, C' \in \mathcal{C}$ と任意の $i \in C \cap C'$ に対して，$C'' \subseteq (C \cup C') \setminus \{i\}$ を満たす $C'' \in \mathcal{C}$ が存在する．

列ベクトルの線形独立性は，

$$\rho(X) = \mathrm{rank}\{a_j \mid j \in X\} \quad (X \subseteq V)$$

で定義される階数関数 $\rho: 2^V \to \mathbb{Z}$ によっても表現される．階数関数には次の性質がある：

(R1) $0 \leq \rho(X) \leq |X|$．
(R2) $X \subseteq Y \Longrightarrow \rho(X) \leq \rho(Y)$．
(R3) $\rho(X) + \rho(Y) \geq \rho(X \cup Y) + \rho(X \cap Y)$．

最後の(R3)は劣モジュラー性と呼ばれる(→劣モジュラー関数)．

このように，1つの行列から列ベクトルの線形独立性の組合せ的側面を表現する $\mathcal{I}, \mathcal{B}, \mathcal{C}, \rho$ が定義

でき、上に述べた性質(I), (B), (C), (R)を持つ。
ここで、性質(I), (B), (C), (R)は、もとの行列に言及することなく述べられているので、それぞれ、有限集合 V の上の集合族 $\mathcal{I}$, 集合族 $\mathcal{B}$, 集合族 $\mathcal{C}$, 集合関数 ρ に関する条件として意味をなす。さらに、(I)を満たす $\mathcal{I}$, (B)を満たす $\mathcal{B}$, (C)を満たす $\mathcal{C}$, (R)を満たす ρ は、離散構造としては同値であって、互いに他を一意的に定めることが知られている。例えば、$\mathcal{B}$ が与えられたとき、$\mathcal{I}=\{I|I$ を含む $B\in\mathcal{B}$ が存在する$\}$ によって $\mathcal{I}$ が定まり、集合族 $\{S|S$ を含む $B\in\mathcal{B}$ が存在しない$\}$ の極小元の全体として $\mathcal{C}$ が定まり、$\rho(X)=\max\{|X\cap B||B\in\mathcal{B}\}$ によって ρ が定まるという具合である。この意味で、条件(I), (B), (C), (R)は同一の離散構造の表現である。これをマトロイドと呼び、$(V,\mathcal{I}), (V,\mathcal{B}), (V,\mathcal{I},\mathcal{B},\mathcal{C},\rho), (V,\mathcal{I},\rho)$ などと書き表す。また、V を台集合、$\mathcal{I}$ を独立集合族、$\mathcal{B}$ を基族、$\mathcal{C}$ をサーキット族、ρ を階数関数と呼ぶ。

グラフ G に対して、その*極大木(の辺集合)の全体 $\mathcal{T}$ は上の条件(B)を満たす。したがって、G の辺集合を台集合とし、$\mathcal{T}$ を基族とするマトロイドが定まる。このマトロイドにおけるサーキットは、G における単純な*閉路(サーキット)に対応している。

マハーヴィーラ
Mahāvīra

9世紀のインドの数学者。インドの数学者には珍しく天文学の研究はしなかった。ジャイナ教で必要とされた大きな数の計算、順列・組合せなどから発展したジャイナ教の数学を集大成した。著書『ガニタ・サーラ・サングラハ』(計算・真髄・集成)のなかでは零に関する演算、分数の除法を逆数の乗法で行うこと、2次方程式、不定方程式などが扱われ、この本はジャイナ教の数学についてサンスクリットで現存する唯一の専門的な文献である。→ インドの数学

魔方陣
magic square

1から n^2 までの数を n 行 n 列の枡に区切られた正方形に配列し、各行および各列の数の和が一定の値 $n(n^2+1)/2$ となっているとき、この配列を魔方陣という。通常は、さらに対角成分の和もそれらと同じ値になるようなものを魔方陣ということが多い。左側は古代中国で知られていたもの

2	7	6
9	5	1
4	3	8

16	3	2	13
5	10	11	8
9	6	7	12
4	15	14	1

で、右側はデューラーの版画「メランコリー」の中に描かれている魔方陣である。

マリアヴァン解析
Malliavin calculus

マリアヴァンが提唱し(1978)、1980年代に確立した、*ウィーナー空間上の微分積分学およびそれに基づく解析学である。*ガウス測度に関する*部分積分の公式がこの理論の構築の鍵であった。他の無限次元空間での解析学と比べて、微分と積分が自然につながるところに特徴があり、すべての方向への微分を考えず、カメロン-マーチン空間と呼ばれるヒルベルト空間の方向だけの微分を考えることが、それを可能にした。退化した*楕円型方程式の解の*正則性や、*アティヤ-シンガーの指数定理に対する確率論的な証明に応用されたことでその有用性が示された。→ 確率解析

マルコフ
Markov, Andrei Andreevich

1856-1922 ロシアの数学者。確率論における業績が著しい。プーシキンの小説『エフゲニー・オネーギン』を素材に、文章中に現れる文字間のつながりについての統計的な分析を行い、文字の系列などのように事象が相次いで起こるとき、各事象の起こる確率がそれに先行する事象の影響を受ける場合を考察する必要があることを見出し、マルコフ過程の概念を導入した。

マルコフ過程
Markov process

未来の事象の確率が、現在のみで決まり、過去の履歴に依存しないという性質(マルコフ性)をもった確率過程をいう。ランダムな運動を記述する確率モデルとして用いられ、*ブラウン運動はその代表例である。*マルコフ連鎖の場合と同様に、マルコフ過程は*推移確率を与えれば決定される。

マルコフ鎖　Markov chain　＝マルコフ連鎖

マルコフ生成分割　Markov generating partition　→ アノソフ力学系

マルコフ分割
Markov partition

力学系の軌道の様子を調べる際には，空間の分割 $\{A_1,\cdots,A_n\}$ を取り，各時刻でどの部屋 A_i にいるかに応じて，添え字の列 $i_1,i_2,\cdots$ を用いて，軌道を記述することが多い．この文字列からもとの点が復元できるとき，分割 $\{A_1,\cdots,A_n\}$ は生成分割であるという．このとき現れる文字列の構造が簡単なことが望ましく，どの文字の後にもすべての文字が続き得るとき，その分割をベルヌーイ分割といい，直後に続き得る文字の集合は指定され，それ以外は自由なとき，マルコフ分割という．マルコフ生成分割が見つかれば，周期軌道やエントロピーその他の詳しい情報が得られる．例えば，絶対値 1 の固有値を持たないトーラスの群同型など，伸びる方向と縮む方向を持つ双曲型の力学系についてはマルコフ生成分割の存在が知られている．

マルコフ連鎖
Markov chain

単にマルコフ連鎖というときには，離散時間の場合を指し，時刻ごとにランダムに動く粒子の動きなどを記述する確率モデルの代表例である．

例えば*酔歩や*分枝過程のように，ある時刻 n で状態 i に粒子がいるとき，単位時間後に状態 j に跳び移る確率が，過去の履歴によらず，現在の状態 i のみで決まるとき，マルコフ連鎖といい，その確率を状態 i から j への推移確率（または遷移確率）という．つまり，時刻 n における状態を X_n で表すと，推移確率は $p_{ij}=P(X_{n+1}=j\,|\,X_n=i)$ であり，$i',i'',\cdots$ によらずに $P(X_{n+1}=j\,|\,X_n=i,X_{n-1}=i',X_{n-2}=i'',\cdots)=p_{ij}$ である（この性質をマルコフ性という）．

マルコフ連鎖は行列と相性がよく，推移確率を成分とする行列 $P=[p_{ij}]$（ただし，$i,j=1,\cdots,N$）を推移行列という．これを用いると，m 時間後に状態 j にいる確率 $P(X_{n+m}=j\,|\,X_n=i)$ は推移行列 P の m 乗 P^m の (i,j) 成分となる．また，X_n の分布を横ベクトル $q=(q_1,\cdots,q_N)$ で表すと，X_{n+1} の分布は qP となる．推移行列は，(1) $p_{ij}\geqq 0$，(2) 各 i について $\sum_{j=1}^N p_{ij}=1$，という 2 つの性質を持つ．逆に，このような行列（確率行列という）が与えられればマルコフ連鎖が 1 つ決まる．

マルコフ連鎖が既約とは，非負行列として P が既約なことをいう．有限な状態空間の上の既約マルコフ連鎖 X_n については，極限 $\pi_i=\lim_{n\to\infty}P(X_n=i\,|\,X_0=k)$ が存在し，$\pi=(\pi_1,\cdots,\pi_N)$ は出発点 $X_0=k$ によらない確率分布となる．一般に，この極限分布 π のように $\pi P=\pi$ を満たす分布をマルコフ連鎖の定常分布という．定常分布に関して $\pi_i p_{ij}=\pi_j p_{ji}$ が成り立つとき，マルコフ連鎖は対称と呼ばれ，可逆な偶然現象のモデルを与える．また，$h=-\sum_{i,j=1}^N \pi_i p_{ij}\log p_{ij}$ をマルコフ連鎖のエントロピーという．

なお，状態空間が離散的でない場合や，推移確率が時間的に定常でない場合もマルコフ連鎖ということがある．

マルコフ連鎖（連続時間の）
Markov chain

連続時間のマルコフ連鎖とは，連続時間 t をパラメータとする確率過程 X_t であって，離散時間のマルコフ連鎖と同様に，ある時刻 t で状態が $X_t=i$ のとき，s 時間後の未来に $X_{t+s}=j$ である確率が，状態 i と時間 s のみによって決まり，時刻 t 以前の過去の履歴に依存しないものをいう．

推移確率を成分とする行列 $P(s)=[p_{ij}(s)]$（ただし，$i,j=1,\cdots,N$）を推移確率という．

$P(s)P(t)=P(t+s)$ $(t,s\geqq 0)$ が成り立つので，$P(t),t\geqq 0$ を推移半群という．通常，$\lim_{t\to 0}P(t)=I$（I は単位行列）と仮定する．このとき，道 $t\mapsto X_t$ は確率 1 で右連続となる．

さらに，$A=\lim_{t\to 0}(1/t)(P(t)-I)$ が存在し，推移行列は微分方程式 $dP(t)/dt=AP(t)$ の解となる．この $A=[a_{ij}]$（ただし，$i,j=1,\cdots,N$）はマルコフ連鎖の無限小生成行列または単に生成行列と呼ばれ，

(1) $a_{ij}\geqq 0$ $(i\neq j)$,
(2) 各 i に対して $a_{ii}=-\sum_{j\neq i}a_{ij}\leqq 0$

という 2 つの性質を持つ．逆に，このような行列 A を与えれば，連続時間マルコフ連鎖がただ 1 つ定まり，$P(t)=\exp(tA)$ がその推移半群となる．

これらの事実を踏まえ，$a_i=-a_{ii}$ として，連続時間のマルコフ連鎖 X_t は，応用的な文献では，次のように表現される：$P(X(t+s)=j\,|\,X(t)=i)=a_{ij}s+o(s)$ $(j\neq i)$,　$P(X(t+s)=i\,|\,X(t)=i)=1$

$-a_i s + o(s)\ (s \to 0)$.

また，既約性も離散時間の場合と同様に定義され，有限状態の既約なマルコフ連鎖は定常確率分布をただ1つ持つ．なお，以上述べたものは厳密には，時間的に一様なマルコフ連鎖と呼ばれ，推移確率が時刻ごとに異なるマルコフ連鎖を考えることもある．→酔歩，分枝過程

マルチンゲール
martingale

マルチンゲールとはもともと馬具の一種である．賭遊びにも用いられ，その期待値の公平さに由来して，確率論において20世紀後半に確立された基本概念の1つの名称となった．実数値確率変数列 $X_1, X_2, \cdots$ は，各時刻 n までの情報 $\mathcal{F}_n$（例えば，$X_1, \cdots, X_n$ の値）のもとでの X_{n+1} の条件付き期待値 $E[X_{n+1}|\mathcal{F}_n]$ が X_n に等しいとき，マルチンゲールという．平均0の独立な確率変数列の和はマルチンゲールの最も簡単な例である．マルチンゲールの重要性は次のような一様評価（ドゥーブ(Doob)の不等式）が成り立つことによる：

$$P\left(\max_{0 \leq m \leq n} |X_m| \geq a\right) \leq \frac{1}{a} E[|X_n|] \quad (a > 0).$$

連続時間の場合も同様に，情報増大系 $\mathcal{F}_t (t \geq 0)$ が与えられ，確率過程 $X_t (t \geq 0)$ が $E[X_t|\mathcal{F}_s] = X_s\ (t \geq s)$ を満たすとき，マルチンゲールという．ブラウン運動は連続なマルチンゲールの代表例である．→確率過程，ブラウン運動，確率変数

丸め誤差
round-off error

計算機による数値計算において，実数値を有限桁の浮動小数点数の形で扱うために生じる誤差をいう．→数値計算誤差

マンデルブロ集合
Mandelbrot set

$c \in \mathbb{C}$ をパラメータとする2次写像の族 $f_c(z) = z^2 + c$ に対して，複素平面の部分集合 $M = \{c\,|\,\limsup_{n \to \infty} |f_c^n(0)| < \infty\}$ のことをマンデルブロ集合という．ただし，f_c^n は f_c の反復 $f_c^n = f_c \circ \cdots \circ f_c$ を表す．マンデルブロ集合は複雑で美しい*フラクタル構造をもち，しばしば*ジュリア集合と対比される．

ミ

右イデアル　right ideal　→イデアル

右移動　right translation　→左移動

右加群　right module　→加群

右極限　right-side limit　→右連続

右極限値　right-side limit value　→右連続

右作用　right action　→作用(群の)

右剰余類
right coset

*群 G の部分群 H に対して，$gH = \{gh\,|\,h \in H\}$ を群 G の部分群 H に関する g の属する右剰余類という．これは G の同値関係「$g_1 \sim g_2 \iff g_1^{-1} g_2 \in H$」に関する g の属する*剰余類である．なお Hg を右剰余類とする流儀もある．→剰余類，左剰余類，剰余類群

右手系
right-hand system

3次元空間における枠(順序のついた基底)あるいは座標系の種類である．右手の親指，人差し指，中指を図のような形にしたとき，

$e_1 =$ 親指の指す方向を持つベクトル
$e_2 =$ 人差し指の指す方向を持つベクトル
$e_3 =$ 中指の指す方向を持つベクトル

として，*枠 (e_1, e_2, e_3) を定める．この枠を右手系という．通常使う座標系は，この右手系を使って得られるものである．左手で同様にして作った

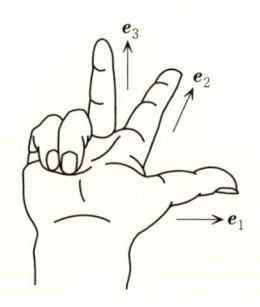

枠は，左手系と呼ばれる．3次元空間の枠は右手系であるか，左手系であるかのどちらかである．2つの枠 $(\boldsymbol{e}_1, \boldsymbol{e}_2, \boldsymbol{e}_3)$ と $(\boldsymbol{f}_1, \boldsymbol{f}_2, \boldsymbol{f}_3)$ が両方とも右手系であれば，それらは同じ*向きを定める．

右微分係数
right differential coefficient

微分積分学において，基本的な用語の1つ．

点 a の近傍で定義されている関数 $f(x)$ について，$h>0, h \to 0$ のとき
$$f(a+h) = f(a) + hA + o(h)$$
を満たす定数 A が存在するならば，A を $f(x)$ の a における*右微分係数という．つまり，A は右極限値 $\lim_{x>a, x\to a}(f(x)-f(a))/(x-a)$ である．また，
$$f(a-h) = f(a) - hB + o(h)$$
を満たす定数 B が存在するとき，B を左微分係数という．$A=B$ となっているならば，$f(x)$ は $x=a$ で微分可能で，a での微分係数 $f'(a)$ は A に等しい．⇒ 微分可能

右連続
right continuous

$x>a$ で定義されている関数 $f(x)$ に対し，x を右側から a に近づけたときの極限 $\lim_{x>a, x\to a} f(x)$ が存在するとき，これを $f(x)$ の $x=a$ における右極限(値)あるいは右からの極限(値)といい，$f(a+0), f(a+)$ などと表す．もし，$f(x)$ が $x=a$ でも定義されていて，$f(a+0)=f(a)$ ならば，$f(x)$ は a で右連続であるという．また，定義域の各点で右連続なとき，関数 $f(x)$ は右連続な関数という．不等号の向きを反転して $x<a$ で考えれば，左極限(値)，左連続が定義される．なお，右連続かつ左連続のとき，$f(x)$ は $x=a$ で連続であり，連続でないが左右それぞれの極限が存在するとき，a を第1種不連続点という．

ミクシンスキーの方法
Mikusiński's method

工学などで微分方程式などを解く場合によく使われる代数的方法である．その背後には以下のような数学的構造がある．$\mathbb{R}_+=\{x\in\mathbb{R}\,|\,x\geq 0\}$ において定義された複素数値連続関数の全体 $C^0(\mathbb{R}_+)$ は自然な加法とスカラー倍により線形空間をなすが，さらに*たたみ込み
$$(f*g)(x) = \int_0^x f(x-t)g(t)dt$$
$$(f, g \in C^0(\mathbb{R}_+))$$
により*可換環の構造を持つ．ティッチマルシュ(E. C. Titchmarsh)の定理により，この環は*零因子を持たない．そこで，$C^0(\mathbb{R}_+)$ の*商体を $\mathcal{C}$ により表し，$\mathcal{C}$ の要素をミクシンスキーの演算子という．

$\mathcal{C}$ の単位元 $\delta=a/a\ (a\neq 0)$ は，ディラックの*デルタ関数と考えることができる．1を値とする定数関数を同じ記号1で表すとき，
$$(1*f)(x) = \int_0^x f(t)dt$$
であるから，$1*f$ を If と記すことにすると，I は積分演算子である．$s=\delta/1$ は微分演算子であり，$a \in C^0(\mathbb{R}_+)$ が C^1 級ならば
$$s*a = a' + a(0)\delta$$
となることがわかる．特に $s*1=\delta$ である．⇒ 演算子法

ミクロスコピック microscopic ＝微視的

道
path

「路」の字を当てて「みち」と読むこともある．さまざまな文脈で使われる用語であるが，主に次のような意味がある．

(1) 区間 $[a,b]$ から位相空間 X への連続写像のことを道という．a および b の像をそれぞれ道の始点，終点という．

(2) 線積分 $\int_C (fdx+gdy)$ において，その上で積分を行う曲線 C を道という．

(3) *グラフにおける相異なる辺の列 $a_1, a_2, \cdots, a_k$ で，各 $i=1,\cdots,k-1$ に対して「a_i の終点$=a_{i+1}$ の始点」となっているものを道という．

未知数
unknown

*方程式の中に現れる，まだ知られていない求めるべき量を未知数という．例えば，方程式
$$x+y=3, \quad xy=2$$
を x, y について解きたいとき，x, y は未知数である．微分方程式などで，求めるべき未知の量が関数の場合には未知関数という．

密行列
dense matrix

ほとんどすべての要素が非零である行列を指す実用的な概念であり，*疎行列との対比で用いられる．行列が密行列か疎行列かによって，数値計算アルゴリズムの効率や必要な記憶領域の量が大きく影響されるので，密行列用と疎行列用に分けてアルゴリズムを論じるのが普通である．

密度(自然数の集合の)
density

頻度ということもある．自然数の集合 $\mathbb{N}$ の部分集合 A に対して，$A_n=\{a\in A\,|\,a\leqq n\}$ とおき，$\sharp A_n$ により，有限集合 A_n の元の個数を表す．もし，極限

$$\lim_{n\to\infty}\frac{1}{n}\sharp A_n$$

が存在するとき，これを A の密度ということがある．A を偶数全体とするとき，A の密度は $1/2$．A を素数全体とするとき，*素数定理により，A の密度は 0．

密度関数(確率分布に対する)
density function

$\mathbb{R}$ 上の確率分布 $F(x)$ に対して，

$$F(b)-F(a)=\int_a^b \rho(x)dx$$

を満たす関数 $\rho(x)$ が存在するとき，$\rho(x)$ を分布 F に対する密度関数という．

密度関数(数列の分布の)
density function

$0\leqq a_n\leqq 1$ を満たす実数列 $\{a_n\}$ $(n=1,2,\cdots)$ について，関数 $\rho(x)$ が存在し，$[0,1]$ 上の任意の連続関数 $f(x)$ に対して

$$\lim_{n\to\infty}\frac{1}{n}(f(a_1)+\cdots+f(a_n))$$
$$=\int_0^1 f(x)\rho(x)dx$$

が成り立つとき，$\rho(x)$ を $\{a_n\}$ $(n=1,2,\cdots)$ に対する密度関数という．⇒ 一様分布

密度定理
density theorem

区間 (a,b) 上の可積分関数 $f(x)$ の値は，ほとんどすべての点 c に対して

$$\lim_{n\to\infty}\frac{1}{|I_n|}\int_{I_n}f(x)dx=f(c)$$

となる．ただし，I_n は (a,b) の部分区間の減少列で，$\bigcap_{n=1}^{\infty}I_n=\{c\}$ とする．

同様の事実は，多次元のユークリッド空間や，一般の測度空間でも成り立つ．このような定理を密度定理という．⇒ ラドン-ニコディムの定理，絶対連続

未定係数法
method of indeterminate coefficient

例えば $1/(1+z+z^2)$ の原点を中心とするべき級数展開を求めるのに

$$\frac{1}{1+z+z^2}=a_0+a_1z+a_2z^2+\cdots$$

とおいて，両辺に $1+z+z^2$ を掛けて得られる等式

$$1=a_0+(a_0+a_1)z+(a_0+a_1+a_2)z^2$$
$$+(a_1+a_2+a_3)z^3+\cdots$$

から関係式

$$a_0=1,\quad a_0+a_1=0,\quad a_0+a_1+a_2=0,$$
$$a_1+a_2+a_3=0,\quad\cdots$$

を得て，$a_0=1, a_1=-1, a_2=0, a_3=1,\cdots$ と a_n を順次決めていくことができる．このように求める関数などの形があらかじめわかっているとき，いくつかの定数を未定として，与えられた関係式から決める方法をいう．例えば*定数係数線形常微分方程式

$$A\frac{d^2y}{dx^2}+B\frac{dy}{dx}+Cy=0$$

は $y=e^{\alpha x}$ の形の解を持つから，これを方程式に代入し，$A\alpha^2+B\alpha+C=0$ を解いて α を決めることができる．

ミニマックス定理
minimax theorem

*ゼロ和 2 人ゲームにおいて，混合戦略まで許せば 2 人のプレイヤーの利得が等しくなるような最適戦略が存在することを主張する定理である．n 次元確率ベクトル(成分の和が 1 に等しい非負ベクトル)の全体を P_n と表すと，任意の行列 $A=[a_{ij}]$ $(i=1,\cdots,m;\,j=1,\cdots,n)$ に対して

$$\max_{x\in P_m}(\min_{y\in P_n}x^{\mathrm{T}}Ay)=\min_{y\in P_n}(\max_{x\in P_m}x^{\mathrm{T}}Ay)$$

が成り立つという内容である．より一般に，2 変数関数 $F(x,y)$ に対して，何らかの条件の下で

$$\max_x(\min_y F(x,y))=\min_y(\max_x F(x,y))$$

が成り立つことを述べた定理を指すこともある．

→ 最大最小定理

見本過程
sample path

確率過程の実現値のことである．例えば，数理ファイナンスにおいては，株価変動の実績値をグラフに表したものを確率過程の見本過程とみなす．

見本平均
sample mean

確率変数列の実現値(見本)$X_1, \cdots, X_n$ の平均
$$(X_1 + \cdots + X_n)/n$$
のことをいう．見本平均は確率変数である．なお，統計データについては標本平均という． → 大数の法則，中心極限定理，大偏差原理

ミンコフスキー
Minkowski, Hermann

1864-1909 ロシア生まれのドイツの数学者．ケーニヒスベルグ大学の学生時代にヒルベルトと親交を結ぶ．ケーニヒスベルグ大学(1895)，チューリッヒ工科大学(1896)，ゲッチンゲン大学(1903)などの教授を歴任．チューリッヒでは，アインシュタインを教えたことがある．幾何学的アイデアによる数論の研究や，アインシュタインの特殊相対論を 4 次元ミンコフスキー空間の幾何学として基礎づけられることを示したことで有名である．

ミンコフスキー空間　Minkowski space　= ミンコフスキー時空

ミンコフスキー計量
Minkowski metric

相対性理論で用いられる $\mathbb{R}^4$ 上の不定値計量で，$c^2 dt^2 - dx^2 - dy^2 - dz^2$ と表される(c は光速度を表す)．

$\mathbb{R}^4$ 上の曲線 $l: [a, b] \to \mathbb{R}^4$, $l(s) = (l_0(s), l_1(s), l_2(s), l_3(s))$ に対して，ミンコフスキー計量は曲線の長さの 2 乗にあたる実数 $|l|^2$ を

$$|l|^2 = \int_a^b \left(c^2 \left(\frac{dl_0}{ds} \right)^2 - \left(\frac{dl_1}{ds} \right)^2 - \left(\frac{dl_2}{ds} \right)^2 - \left(\frac{dl_3}{ds} \right)^2 \right) ds$$

で定める．$|l|^2$ が非負とは限らない点が，通常の*計量と異なる．$|l|^2$ を保つ $\mathbb{R}^4$ の 1 次変換はローレンツ変換である．

ミンコフスキー計量は $\mathbb{R}^4$ の各点に
$$\langle (v_0, v_1, v_2, v_3), (w_0, w_1, w_2, w_3) \rangle$$
$$= c^2 v_0 w_0 - v_1 w_1 - v_2 w_2 - v_3 w_3$$
なる $(1, 3)$ 型の内積(→ 不定値内積)を与えるものと見なすことができる．

一般に多様体の各点に不定値の内積を与えるものを，不定値計量という(→ ローレンツ計量)．

ミンコフスキー時空
Minkowski space-time

ミンコフスキー計量を持つ 4 次元空間 $\mathbb{R}^4$ のことである．ミンコフスキー空間ともいう．特殊相対性理論の幾何学的定式化のためにミンコフスキーにより導入された．

ミンコフスキー次元　Minkowski dimension　→ 箱数次元

ミンコフスキーの格子点定理
Minkowski's lattice point theorem

平面上の楕円は，面積がある程度以上大きければ，整数の*格子点を含むと期待される．これに解答を与えるのが次のミンコフスキーの格子点定理(1891)である．

$\mathbb{R}^n$ において，L を*格子，K を原点対称な*凸集合とする．つまり，$x, y \in K$ のとき $-x \in K$ で
$$tx + (1 - t)y \in K \quad (0 \leqq t \leqq 1)$$
が成り立つとする．もし K の体積 $\mathrm{vol}(K)$ が不等式
$$\mathrm{vol}(K) \geqq 2^n \Delta(L)$$
を満たせば，K は L の格子点を少なくとも 1 つ含む．ただし，$\Delta(L)$ は格子 L の最小単位となる平行多面体の体積であり，L がベクトル $v_1, \cdots, v_n$ から張られる格子 $L = \{\sum_{i=1}^n m_i v_i | m_i \in \mathbb{Z}\}$ のとき，$\Delta(L) = |\det(v_1, \cdots, v_n)|$ である．上の不等式評価における*最良定数 2^n をミンコフスキーの定数ということがある．

ミンコフスキーの定数　Minkowski's constant　→ ミンコフスキーの格子点定理

ミンコフスキーの不等式
Minkowski's inequality

区間 $[a, b]$ 上の連続関数 $f(x), g(x)$ について成り立つ不等式

$$\left(\int_a^b |f(x)+g(x)|^p dx\right)^{1/p}$$
$$\leqq \left(\int_a^b |f(x)|^p dx\right)^{1/p} + \left(\int_a^b |g(x)|^p dx\right)^{1/p}$$

をミンコフスキーの不等式という．ただし，$1 \leqq p < \infty$ とする．

一般の測度空間上の関数に対して拡張され，L^p ノルムに関する3角不等式を与える．→ L^p 空間

ム

無縁
disjoint
2個の集合が交わらないこと．

無縁根
extraneous root, insignificant root

例えば無理方程式 $\sqrt{x^2+1}=2x-1$ を解くのに，両辺を2乗した2次方程式 $x^2+1=4x^2-4x+1$ を解くと $x=0, 4/3$ を得る．このうち $x=0$ はもとの無理方程式を満たさない．このような場合の $x=0$ のようなものを，無縁根という．

向き（空間の）
orientation

日常使われる言葉である．平面や曲面の「表・裏」を数学的に抽象化した概念である．*右手系という概念もその一種である．

線形空間の基底を順番も含めて考えたものを*枠という．一般に，有限次元実線形空間 V の2つの枠 $(e_1, \cdots, e_n)$ と $(e_1', \cdots, e_n')$ が与えられたとき，この2つが同じ向きを定めるとは，変換行列の行列式が正であることである．すなわち，$e_j' = \sum_i a_{ij} e_i$ のとき，a_{ij} を (i,j) 成分とする $n \times n$ 行列の行列式が正のとき，2つの枠は同じ向きを定めるという．

例えば，$(e_1, \cdots, e_n)$ の順番を入れ替えた枠 $(e_{\sigma(1)}, \cdots, e_{\sigma(n)})$ が $(e_1, \cdots, e_n)$ と同じ向きを定めることと，置換 σ が偶置換であることは同値である．

同じ向きを定めるという関係は，枠全体の集合に同値関係を定める．この同値類を線形空間の向きという．線形空間の向きはちょうど2つ存在する．

線形空間の向きの概念は，曲面さらには多様体に一般化される．→ 向き付け可能

向き（閉曲線の回る）
orientation

$c:[0,1] \to E$ を平面 E 内の*ジョルダン閉曲線とする．この曲線の進行方向を向いたときに，c の内部が左側にある場合は，c は正の向きに回る

といい，右側にある場合は負の向きに回るという．すなわち，正の向きとは時計の回る向きと反対の向きである．

向き付け可能
orientable

図の左側のような輪の形に貼り合わせたリボンは，表と裏を違った色に塗り分けることができる．一方，右側のようにリボンをねじったあとで輪にしたリボンは，表からある色で塗っていくと裏側に出てしまい，表と裏を塗り分けることができない．

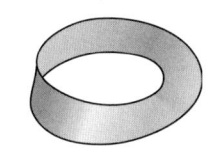

前者はアニュラスあるいは*円環と呼ばれる曲面で，後者は*メビウスの帯と呼ばれる曲面であるが，上で述べた事実は，アニュラスは向き付け可能であるが，メビウスの帯は向き付け可能でない，と表現される．

一般に $\mathbb{R}^{n+1}$ の超曲面 M が向き付け可能であるとは，$p \in M$ に連続に依存する*法ベクトル $\boldsymbol{N}_p$ が存在することを指す（→ 裏（曲面の））．

超曲面とは限らない一般の多様体に対しても，向き付け可能性は一般化される．粗くいうと，多様体 M に向きを決めるとは，おのおのの $p \in M$ に対して*接空間 $T_p(M)$ の向きを，p を動かしたとき「連続に」変わるように決めることである．正確には次のように定義する．微分可能多様体 M の*座標近傍系 (U_i, φ_i) で，$U_i \cap U_j \neq \emptyset$ なるすべての (i,j) に対して，座標変換 $\varphi_j \circ \varphi_i^{-1}: \varphi_i(U_i \cap U_j) \to \varphi_j(U_i \cap U_j)$ のヤコビ行列の行列式が正であるものが存在するとき，M は向き付け可能であるという．（最後の条件は座標変換が接空間の*向きを保つことを意味する．）

n 次元実*射影空間が向き付け可能であるのは，n が奇数のときでそのときに限る．

向き付け可能な多様体に対して，上の定義のような座標近傍系を1つ決める．このとき，任意の座標近傍 (V, ψ) が与えられたとき，$\psi \circ \varphi_i^{-1}: \varphi_i(V \cap U_i) \to \psi(V \cap U_i)$ のヤコビ行列式の符号は（V が連結ならば）$U_i \cap V \neq \emptyset$ なる i によらない．この符号が正のとき，(V, ψ) は向きに適合した座標であると呼ぶ．ある座標近傍系から出発してそれと向きが適合する座標近傍をすべて集めたものを「向き」と呼ぶ．連結で向き付け可能な多様体に対しては，「向き」はちょうど2つある．

n 次元多様体 M が向き付け可能であると，向きを保つ座標近傍に関して $\omega = f(x^1, \cdots, x^n) dx^1 \wedge \cdots \wedge dx^n$, $f > 0$ であるような微分 n 形式 ω が M 全体で定まり，どこでも 0 にならない．逆にどこでも 0 にならないいたるところ連続な，微分 n 形式 ω が存在すれば，M は向き付け可能である．さらに，ω を決めると，M の向きが決まる．f が正であれば，ω が決める向きと $f\omega$ が決める向きとは同じである．また，ω の定める向きと $-\omega$ の定める向きは異なる．$-\omega$ が定める向きを ω の定める向きの反対の向きと呼ぶ．

n 次元多様体上で微分 n 形式を積分（→ 積分（微分形式の））するには，M の向きを使う．

向き付け不能曲面
unorientable surface

向き付け可能でない曲面のことをいう．*メビウスの帯，*クラインの壺などがその例である．⇒ 向き付け可能

向きの付いた
oriented

*向き付け可能な曲面は（連結ならば）2つの向きを持つが，そのどちらかを指定したものが向きの付いた曲面，あるいは，有向曲面である．向きの付いた多様体も同様な意味である．

向きを保つ
orientation preserving

平面から平面への合同変換（等長変換）$F: \mathbb{R}^2 \to \mathbb{R}^2$ を考える．これは，平面を床に置いた紙だと思って，床から紙を離さずに動かしていくことで実現できる場合と，紙を床から持ち上げ，ひっくり返さなければ実現できない場合の両方がある．前者が向きを保つ合同変換で，後者が向きを保たない合同変換である．前者はある点を中心とした回転と平行移動の合成である．後者はある直線に関する対称移動（鏡映）としてかける．

一般に $\mathbb{R}^n$ の合同変換 F は，直交行列 A と $\boldsymbol{b} \in \mathbb{R}^n$ を用いて，$f(\boldsymbol{x}) = A\boldsymbol{x} + \boldsymbol{b}$ のように表される．この変換が向きを保つとは，$\det A = 1$ であることを指す．

可逆 $n \times n$ 行列 A で表される線形変換 $A: \mathbb{R}^n \to \mathbb{R}^n$ は，A の行列式が正であるとき向きを保つという．

無限
infinite

数学的な立場から無限を真正面から取り上げたのは,歴史的には古代ギリシアのエウドクソス(408 頃-355 B.C.頃)が最初と思われる.すなわち無限を扱う「論理」として「*取り尽くし法(積尽法)」(→ 極限)を確立し,それまでの「無限」の理解の曖昧さを除去した.その後「取り尽くし法」はエウクレイデス,アルキメデス(287-212 B.C.)により洗練されてきたが,いずれも,「無限」を回避して有限の立場で証明を与えようという立場である.

ニュートンとライプニッツによる微分積分学は,それまで限定的に用いられていた積尽法(極限論法)から大きく飛躍して,広いクラスに属する図形の接線や面積を求めることなど無限にかかわる多くの計算を可能にした.

さらに,19 世紀末の解析学の厳密化の過程で,コーシーらによって*ε-δ論法が確立し,微分積分学に現れる無限概念の見直しが行われた.

さらに,無限そのものを扱う手段として,集合論がカントルにより建設された.カントルは無限を実在のものとし,さらに濃度の概念を導入して,無限には複数の「種類」があることを明確に述べた.しかし,無限にまつわる種々のパラドックスが明らかになり,数学の基礎に対する深刻な反省が起こり,数理論理学が進展するきっかけとなった.
→ 集合論

無限遠直線 line at infinity → 射影平面,射影変換

無限遠点
point at infinity

(1) 位相空間 X の 1 点コンパクト化(→ コンパクト化)において,X に付け加えた点のことを無限遠点という.さらに一般に,Y を X のコンパクト化とするとき,$Y \setminus X$ に属する点を無限遠点という.

(2) *射影空間 $P^n(F)$ において,アフィン空間 F^n を
$$\{(1:x_1:\cdots:x_n) \in P^n(F) \mid x_i \in F\}$$
と同一視したとき,$P^n(F) \setminus F^n$ に属する点,すなわち,$(0:x_1:\cdots:x_n)$ と表される点を無限遠点という.F を $\mathbb{R}$ または $\mathbb{C}$ とし,$P^n(F)$ を自然な位相により位相空間と思えば,$P^n(F)$ は F^n のコンパクト化になっているから,(1)の意味での無限遠点でもある.

→ 孤立特異点,リーマン球面

無限遠平面
plane at infinity

*射影空間 $P^n(F)$ はアフィン空間 A^n を稠密な集合として含む.A^n の補集合は 1 つ次元の低い射影空間 $P^{n-1}(F)$ である.これを無限遠平面(正確には無限遠超平面)という.これはまた,A^n の中の各直線の無限遠点を集めた集合でもある.→ 射影空間,コンパクト化

無限回微分可能
infinitely differentiable

何回でも微分可能なことをいう.C^∞ 級ともいう.*解析関数は C^∞ 級であるが,C^∞ 級の関数であって解析関数でないものもたくさん存在する.例えば
$$f(x) = \begin{cases} e^{-1/x} & (x > 0) \\ 0 & (x \leq 0) \end{cases}$$
は $x=0$ で無限回微分可能であって $f^{(k)}(0)=0\,(k=1,2,\cdots)$ であるが,解析的でない.C^∞ 級関数には解析関数の*一致の定理にあたる性質がないので自由に「切り貼り」ができる柔軟性がある(→ 1 の分割).シュワルツの分布(*超関数)は無限回微分可能関数を理論構成の土台にしている.

無限級数
infinite series

実数あるいは複素数からなる数列 $\{a_n\}$ $(n=1,2,\cdots)$ に対して,$s_n=a_1+\cdots+a_n$ と置いて得られる数列 $\{s_n\}$ $(n=1,2,\cdots)$ を,一般項 a_n をもつ無限級数という.通例無限級数自身を $\sum_{n=1}^{\infty} a_n$ あるいは,$a_1+a_2+\cdots$ により表す.s_n は無限級数の部分和といわれる.数列 $\{s_n\}$ $(n=1,2,\cdots)$ が収束するとき,この無限級数は収束するという.そして,極限値 $s=\lim_{n \to \infty} s_n$ をこの無限級数の和といい,
$$\sum_{n=1}^{\infty} a_n = s$$
と記す.収束しない無限級数は発散するという.無限級数の和には次の性質がある.

(1) 無限級数に有限個の項を加えたり,あるいは取り去ったりしても,収束または発散という性質は変わらない.

(2) $\sum_{n=1}^{\infty} a_n$ が収束して,その和が s であると

き，$\sum_{n=1}^{\infty} aa_n$ も収束して，その和は as である．

(3) $\sum_{n=1}^{\infty} a_n$, $\sum_{n=1}^{\infty} b_n$ の双方が収束して，それぞれの和が s, t であるとき，$\sum_{n=1}^{\infty}(a_n \pm b_n)$ も収束して，その和は $s \pm t$ である．

(4) $\sum_{n=1}^{\infty} a_n$ が収束すれば，$\lim_{n\to\infty} a_n = 0$ であるが，逆は必ずしも成り立たない(→ 調和級数)．

⇒ 級数，交代級数，フーリエ級数，べき級数，収束判定法

無限行列　infinite matrix　= 無限次行列

無限降下法
infinite descent

フェルマが，「$x^4 + y^4 = z^4$ が自然数解を持たない」ことを証明するのに用いた方法．*数学的帰納法の変形である．

一般に無限降下法のアイデアは次のようなものである．*不定方程式
$$F(x_1, \cdots, x_n) = 0 \qquad (*)$$
が自然数解を持たないことを証明したいとする．$H(x_1, \cdots, x_n)$ を自然数 $x_1, \cdots, x_n$ を変数とする関数とし，次の性質を満たしていると仮定する．

(1) 任意の a に対して $H(x_1, \cdots, x_n) < a$ を満たす $x_1, \cdots, x_n$ の全体は有限個である．

(2) もし，$x_1, \cdots, x_n$ が方程式 $(*)$ の解であるとき，この解を使って
$$H(y_1, \cdots, y_n) < H(x_1, \cdots, x_n)$$
を満たす新しい解 $y_1, \cdots, y_n$ を作る方法がある．

さて，$F(x_1, \cdots, x_n) = 0$ が解を持つと仮定すると，(1)により，その中から $H(x_1, \cdots, x_n)$ を最小にする解 $x_1^0, \cdots, x_n^0$ を取ることができる．ところが(2)によって，
$$H(y_1, \cdots, y_n) < H(x_1^0, \cdots, x_n^0)$$
を満たす解 $y_1, \cdots, y_n$ が存在することになるから，これは $H(x_1^0, \cdots, x_n^0)$ の最小性に矛盾．

無限次行列
matrix of infinite degree

無限個の成分を持つ行列のことをいう．(m, n) 成分を a_{mn} で表すとき，$A = [a_{mn}]$ $(m, n \geq 1)$ あるいは $A = [a_{mn}]$ $(-\infty < m, n < \infty)$ などが典型的な例である．

無限次元

無限次元　infinite dimensionality

*線形空間 X の*基底が無限個の要素からなるとき，X は無限次元であるという(一般に線形空間の基底の濃度は基底の取り方によらずに一定である)．例えば，実数体上の多項式全体は基底として単項式からなる集合 $\{1, x, x^2, x^3, \cdots\}$ をとることができるので，無限次元である．また実数軸上の連続関数全体は有限個の要素からなる基底を持たないので，無限次元である．p 乗総和可能な数列の空間 l^p $(p \geq 1)$ や，p 乗可積分の空間 $L^p(\mathbb{R})$ $(p \geq 1)$ も無限次元である．

閉曲線全体 $(S^1 \to \mathbb{R}^2$ なる微分可能な写像全体)など局所座標が無限個の関数からなる多様体も考えることができる(これを無限次元多様体と呼ぶ)．

無限次元空間の数学的研究は，多大の困難を伴うが，実り多い研究であり，また多くの数学の分野の最重要な部分が，これとかかわっている．

無限次元空間　infinite dimensional space　⇒ 無限次元

無限次元線形空間　infinite dimensional linear space　⇒ 無限次元

無限集合
infinite set

有限集合 A とは，ある自然数 n に対して，集合 $\{1, \cdots, n\}$ との間に1対1の対応が存在する集合である．有限でない集合が，無限集合である．整数全体の集合，実数全体の集合などが無限集合の例である．

無限集合は次のように特徴づけることもできる．集合 A から A の真部分集合への1対1対応があることと，A が無限集合であることは同値である．

無限集合にも「大きさ」の違いがある．例えば，自然数の全体の集合よりも，実数全体の集合の方が大きい(→ 基数，濃度，可算集合)．カントルによって発見されたこの事実により，無限集合とその大きさについて，豊かな数学が展開されるようになった．⇒ 集合論

無限小
infinitesimal

「限りなく0に近い量」を想定した言葉である．微分積分発祥の当初，関数の微分係数 df/dx は「無限小 df と dx の比」と考えられ，0/0 の意味

を巡って混乱が生じた．また積分 $\int_a^b f(x)dx$ は「無限小の無限和」による有限の値と考えられた．19世紀の解析学による厳密化を経て，極限の概念が明確になり，これらの概念は曖昧さなく捉えられるようになった．例えば df/dx は有限量の比の極限値

$$f'(x) = \lim_{h \to 0} \frac{f(x+h) - f(x)}{h}$$

として定義される．

現在では無限小量としての df や dx を実体として取り入れた数学的枠組も考えられている．→ 超準解析

無限小解析
infinitesimal calculus

微分積分学の別名で，その発達の初期にライプニッツらによって使われ始めた．英語では無限小解析を単に calculus ということが多い．近年では *超準解析に基づく無限小解析もある．

無限小数
infinite decimals

*小数

$$a_0.a_1a_2a_3\cdots\cdots$$

は，ある番号から先がすべて 0 になる，すなわち $a_{k+1}=a_{k+2}=\cdots=0$ のとき通常は 0 を並べるのを略して $a_0.a_1a_2\cdots a_k$ と記して有限小数という．有限小数でない小数を無限小数という．また $0.15323232\cdots$ のようにある番号から先は同じ形の数字のかたまりが繰り返し現れるとき*循環小数という．循環小数でない無限小数は*無理数であり，逆に無理数を小数で表すと循環小数でない無限小数になる．

無限小変換
infinitesimal transformation

変換の族 $\varphi_t: X \to X$ ($t \in [0, \varepsilon)$, $\varphi_0(x)=x$) があり微分 $d\varphi_t/dt|_{t=0}$ が何らかの意味をもつとき，これを φ_t から定まる無限小変換という．例えば*多様体 M の局所*1 径数変換群 φ_t があると，それを微分して M 上のベクトル場

$$V(p) = \left.\frac{d\varphi_t(p)}{dt}\right|_{t=0}$$

が得られる(→ベクトル場)．また，リー群 G が多様体 M に作用しているとき，その無限小変換は G の*リー環から M のベクトル場の作るリー環への準同型を定める．無限小変換を考えること

からリー群の概念が生まれた．

無限数列
infinite sequence

有限でない数列，すなわち，番号が自然数または整数全体にわたる数列 $\{a_n\}$ ($n \geqq 1$), $\{a_n\}$ ($-\infty < n < \infty$) のことである．

無限積
infinite product

無限乗積ともいう．実数または複素数の数列 $\{a_n\}$ ($n=1,2,\cdots$) に対し，第 n 部分積 $p_n = a_1 \cdots a_n$ から定まる数列 $\{p_n\}$ が 0 でない値 p に収束するとき，無限積 $\prod_{n=1}^{\infty} a_n$ は p に収束するといい，その値も $\prod_{n=1}^{\infty} a_n$ で表す．$\{p_n\}$ が 0 に収束するか，あるいは発散するとき，無限積は発散するという．無限積が収束すれば $\lim_{n \to \infty} a_n = 1$ であるが，逆は一般には成り立たない．$a_n = 1 + u_n$ とおくとき，$\prod_{n=1}^{\infty}(1+|u_n|)$ が収束するとき無限積 $\prod_{n=1}^{\infty}(1+u_n)$ は絶対収束するという．そのため必要十分条件は $\sum_{n=1}^{\infty}|u_n|$ が収束することである．絶対収束する無限積は因子の順序を変えても値は変わらない．

例えば正弦関数 $\sin x$ は，すべての x で絶対収束する無限積

$$\sin x = x\left(1 - \frac{x^2}{\pi^2}\right)\left(1 - \frac{x^2}{4\pi^2}\right)\left(1 - \frac{x^2}{9\pi^2}\right)\cdots$$
$$= x\prod_{n=1}^{\infty}\left(1 - \frac{x^2}{n^2\pi^2}\right)$$

として表すことができ，因数分解の拡張と見ることもできる．

無限大
infinity

素朴には「無限に大きい量」で，記号 ∞ によって表されるが，ふつうの四則演算は適用できない．数学では通常 ∞ を数としてでなく，「限りなく大きくなっていく状況」すなわち極限を表す言葉として用いる．

記述を簡潔にするための便宜として，実数の全体に記号 $+\infty$, $-\infty$ をつけ加えて考えることがある．この場合 $a \in \mathbb{R}$ に対しては $-\infty < a$, $a < +\infty$, $a \pm \infty = \pm\infty$, また $a \cdot (\pm\infty) = \pm\infty$ ($a > 0$),

$a \cdot (\pm\infty) = \mp\infty\ (a<0)$, $(\pm\infty) + (\pm\infty) = \pm\infty$(複号同順)などと約束するが，$(\pm\infty) - (\pm\infty)$ は定義しない．

なお，実数の体系を拡大して無限大や無限小を文字通り 1 つの数として扱う数学的枠組も考えられている(→ 超準解析)．

無限直積測度
infinite product measure

有限集合 $X = \{1, 2, \cdots, k\}$ 上に確率 p があるとき，有限個の直積集合 $X^N = X \times \cdots \times X$ には直積の確率測度が定まって，事象 $\{(x_1, \cdots, x_N) \mid x_1 = a_1, \cdots, x_m = a_m\}$ (ただし $m \leqq N$) の確率は $p(a_1)p(a_2) \cdots p(a_m)$ となる．無限直積空間 $Y = X^{\mathbb{N}}$ の場合にも，Y 上の確率測度 μ であって，柱状集合
$$[a_1 a_2 \cdots a_m]$$
$$= \{x = (x_n)_n \in Y \mid x_1 = a_1, \cdots, x_m = a_m\} \quad (a_1, \cdots, a_m \in X)$$
の測度が
$$\mu([a_1 a_2 \cdots a_m]) = p(a_1)p(a_2) \cdots p(a_m)$$
となるようなものがただ 1 つ定まる．このように，一般に無限個の確率測度から直積空間上に確率測度が定義される．これを無限直積測度という．

無限連分数
infinite continued fraction

無限個の実数または複素数 $a_0, a_1, a_2, \cdots$; $b_1, b_2, \cdots$ の列に対して，次のような有限*連分数の列 $\{x_n\}$ $(n=1, 2, \cdots)$ を考える．
$$x_n = a_0 + \cfrac{b_1}{a_1 + \cfrac{b_2}{a_2 + \cfrac{\ddots}{\quad + \cfrac{b_{n-1}}{a_{n-1} + \cfrac{b_n}{a_n}}}}}$$

極限 $\lim_{n \to \infty} x_n$ が存在するとき，その極限値を
$$a_0 + \cfrac{b_1}{a_1 + \cfrac{b_2}{a_2 + \cfrac{\ddots}{\quad + \cfrac{b_{n-1}}{a_{n-1} + \cdots}}}}$$
と表し，無限連分数という．

例えば黄金数 $(1+\sqrt{5})/2$ は無限連分数の表示

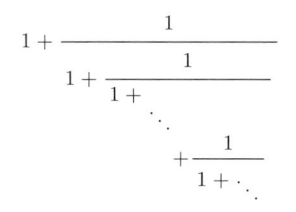

$$1 + \cfrac{1}{1 + \cfrac{1}{1 + \cfrac{\ddots}{\quad + \cfrac{1}{1 + \cdots}}}}$$

を持つ．

無向グラフ
undirected graph

辺に向きのついていない(あるいは向きを考えない)*グラフをいう．頂点集合 V と辺集合 A をもつグラフを (V, A) と書き表すことがある．

無作為抽出法
random sampling

標本調査において，乱数などを利用してランダムに標本を抽出すること，またはその手法をいう．伝統的には，乱数表や正 20 面体のサイコロなどが用いられた．

無作為標本
random sample

*無作為抽出法で選ばれた標本をいう．

矛盾
contradiction

ある命題 P とその否定 $\neg P$ が同時に成立すること，つまり，命題 $P \wedge \neg P$ のことである．この命題は，P の真偽に拘らず，常に偽であり，これを仮定すれば，任意の結論が真となる．矛盾という言葉は，『韓非子』の中の逸話をもとに，明治 15(1882) 年ごろから論理学用語として用いられるようになった．

結び目
knot

3 次元空間の中の*自己交叉のない*閉曲線のことをいう．結び目といったときは，自己交叉が起こらないように連続変形されるものどうしは，同じ結び目とみなす．平面内の円に連続変形されるものを自明な結び目と呼ぶ．

図 1 の結び目はトレフォイル結び目，図 2 の結び目は 8 の字結び目と呼ばれる．どちらも自明でなく，また互いに連続変形で移りあわない．

図1　　　図2

結び目 $K \subset \mathbb{R}^3$ が自明であるための必要十分条件は，補集合 $\mathbb{R}^3 \setminus K$ の*基本群が $\mathbb{Z}$ と同型であることである．（この定理は 20 世紀初頭にドイツの数学者デーン (M. Dehn) によって述べられたが，証明に 1 か所不完全な部分があった．1950 年代にパパキリアコポロス (C. D. Papakyriakopoulos) と本間龍雄によって，このギャップは埋められた．）

この定理も示すように，結び目の重要な不変量は $\mathbb{R}^3 \setminus K$ の基本群である．ただし，基本群は非可換群で扱いが難しいので，アレクサンダー多項式など他の不変量がいろいろ考えられている．ジョーンズ多項式，ヴァシリエフ不変量など，20 世紀末に多くの不変量が新たに発見された．それらは，場の理論ともかかわっている．結び目の理論は，化学や DNA の研究などにも応用されている．

無相関
uncorrelated

相関の無いこと，すなわち，2 つの確率変数 X, Y に対して，その期待値を m_X, m_Y とするとき，$(X-m_X)(Y-m_Y)$ の期待値が 0 に等しいことをいう．独立な確率変数は無相関であるが，一般には，逆は成り立たない．

無定義用語
undefined term

ユークリッドの『原論』では，「点は部分を持たないものである」，「線とは幅のない長さであり，直線はその上にある点について一様に横たわる線である」という「定義」が与えられている．このような「定義」は直観的に理解できても，数学的には不完全である．「部分」，「幅」，「長さ」とは何かを定義しなければならないからである．また，たとえ，これらの用語を定義しても，さらにその定義に現れる新しい用語を定義する必要があり，この繰り返しは無限に続いてしまう．そこで，現代数学の立場では「点」や「直線」は定義をしない無定義用語とし，「異なる 2 点を通る直線がただ 1 本ある」などの公理で両者の関係のみを与える立場をとる．

数学理論における公理系の「存在理由」を見抜き，その考え方を徹底的に適用したのが，ヒルベルトの幾何学基礎論である．「点や直線の代わりに，机や椅子と言ってもまったく構わない」とヒルベルトは言ったと伝えられるが，これは逆説的に無定義用語の意義を表したものである．しかし，実際には無定義用語を直観的に理解しながら数学の推論を行うのが普通である．

無閉路グラフ
acyclic graph

*有向閉路を持たない*有向グラフのことをいう．*非巡回グラフともいう．

無矛盾性
consistency

ある公理系が無矛盾であるとは，どの命題 P に対しても，P とその否定 $\neg P$ がともに証明されることがないことを指す．

もちろん，意味のある公理系は無矛盾でなければならない．しかし，公理系が無矛盾であることを証明することは不可能であることが多い（→ 第 2 不完全性定理）．一方，相対的な無矛盾性，すなわちある公理系 A が無矛盾であれば別の公理系 B も無矛盾であることは，モデルを作るなどで証明されることがある（→ モデル）．

無理関数
irrational function

無理式で定められる関数のこと．⇒ 無理式

無理式
irrational expression

有理式に対して，$(-b+\sqrt{b^2-4ac})/2a$ や $1/(1+\sqrt[3]{1-x^4})$ のように，加減乗除の演算だけでなく平方根やべき根を含んだ文字式をいう．⇒ 有理式

無理数
irrational number

*有理数ではない*実数．$\sqrt{2}$ が整数の比 q/p で表示できないことは古代ギリシアで発見され（ピタゴラス学派による発見と伝えられている）無理数の存在が明らかになった．$\sqrt[3]{2}$，円周率 π，*自然対数の底 e などは無理数である．実数を小数で表示すれば，有限小数と*循環小数が有理数であり，それ以外の無限小数が無理数である．無理数 α を表す無限小数を小数点以下 n 位で打ち切ってでき

る有限小数を α_n と記すと，α_n は有理数であり，n が大きくなると α_n は α に近づいて行く．したがって無理数は有理数列の極限として定義することができる(→ 完備化)．

有理数の全体は*可算集合であるが，無理数の全体は可算集合より無限の度合が大きい(*濃度が大きい)(→ 対角線論法)．無理数は昔から存在が知られていたが，数学的に厳密な取扱いが可能になったのは，19 世紀後半に実数論が建設されてからである．

ムーンシャイン
moonshine

*楕円モジュラー関数のフーリエ展開に現れる係数と，*モンスターと呼ばれる散在型*有限単純群の*既約表現の次数とが関係するという，まったく出所の違う対象が結びつく不思議な事実を指す．この事実を説明する理論が現在では建設されている．

メ

芽
germ

複素平面 $\mathbb{C}$ の点 z_0 の近傍 U と U 上の正則関数 f の組 (f, U) の全体を考え，その上の関係 ~ を「$(f_1, U_1) \sim (f_2, U_2) \iff z_0$ の近傍 $W \subset U_1 \cap U_2$ を適当に取ると $f_1|_W = f_2|_W$」と定義すると，*同値関係になる．この同値関係による (f, U) の属する同値類を，(f, U) が点 z_0 で定める芽という．正則関数の点 z_0 での芽と，点 z_0 を中心とするテイラー展開とは 1 対 1 に対応する．点 z_0 で $(f, U), (g, V)$ が定める芽に対して(U, V は z_0 の近傍)，z_0 の近傍 $W \subset U \cap V$ を選んで $(f+g, W)$，$(f-g, W)$，(fg, W) が定める芽を考えることができる．このことから芽の和，差，積が定義でき，点 z_0 での芽をすべて集めたものは環の構造を持つ．

写像の芽，ベクトル場の芽も同様に定義される．層の場合は*茎を参照．→ 関数の芽

命題
proposition

数学的言明ないしは文章を命題という．ただし，真であるか，偽であるかにかかわらず命題と呼ばれる．真なことが証明された命題は定理という．例えば，次のような文章が命題である．
(1) $3 < 5$
(2) $5 < 3$
(3) $p+2$ が素数であるような素数 p は無限個存在する

(1)は内容が真な命題であり，(2)は偽な命題であり，(3)は現在のところ真偽不明な命題である．

一方，数学書や数学の論文において，定理のなかで重要度の劣るものを命題と呼ぶこともある．

命題論理
propositional logic

記号論理の代表的なものである．命題の具体的な内容には立ち入らず，論理記号 ∨(または)，∧(かつ)，→(ならば)，¬(否定)(および ↔(同値))のみを用いて記述できる論理式の間の関係を研究する分野あるいは理論のことをいう．→ 記号論理

メジアン
median
統計資料において，大きさの順に並べたとき，中央に来る値である．資料が偶数個のときは中央の2つの値の平均を取る．中央値ともいう．

メゾスコピック
mesoscopic
*巨視的と*微視的の中間のことをいう．

メタ言語
metalanguage
もともとは，ある言語についてその文法や構造について語るとき，研究の対象である言語を対象言語といい，それを語る言語をメタ言語という．数学では，ある理論体系について，その具体的な意味を捨象し，「公理」や「定理」，「証明」などの関係に着目してその形式的な体系を群や環と同様の数学的研究の対象と考えるとき，メタ数学あるいは証明論といい，それを語る言語がメタ言語である．得られた定理やその証明を，形式的な体系の中の「定理」，「証明」と区別するため，メタ定理，メタ証明などという．⇒ 超数学

メタ数学　metamathematics　⇒ 超数学

メネラウスの定理
Menelaus' theorem
「3角形 ABC と直線 L に対して，3辺 BC, CA, AB またはその延長が L と交わる点をそれぞれ P, Q, R とすると，
$$\frac{BP}{PC} \cdot \frac{CQ}{QA} \cdot \frac{AR}{RB} = 1$$
が成り立つ」という平面幾何における定理をいう（BC 等に符号を考えるときは，右辺は -1 である）．⇒ チェバの定理

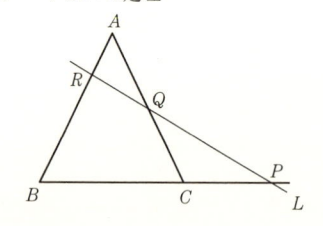

メビウスの帯
Möbius band
細長い長方形の帯の短い辺どうしを，帯を半回転ねじってから貼り合わせて得られる曲面のことである．向きの付かない曲面の典型例である．正確には，正方形 $\{(s,t) \mid s,t \in [0,1]\}$ の上に同値関係 $\sim$ を，$(s,t) \sim (s',t')$ であるのは，
(1) $(s,t) = (s',t')$,
(2) $s=0,\ s'=1,\ t+t'=1$,
(3) $s=1,\ s'=0,\ t+t'=1$
のどれかが成立することである，と定める．この同値関係に関する同値類の集合 $\{(s,t) \mid s,t \in [0,1]\}/\sim$ がメビウスの帯である．メビウスの帯の境界は連結で，円と同相である．⇒ 向き付け可能，ファイバー束

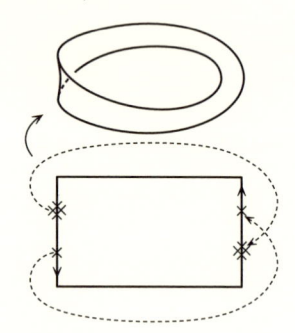

メビウスの関数
Möbius function
*数論的関数の1つ．自然数 n に対して，
$$\mu(n) = \begin{cases} 1 & (n=1) \\ (-1)^k & (n\ \text{がちょうど}\ k\ \text{個の相異なる素数の積に分解されるとき}) \\ 0 & (\text{その他の場合}) \end{cases}$$
をメビウスの関数という．リーマンのゼータ関数
$$\zeta(s) = \sum_{n=1}^{\infty} n^{-s}$$
に対して，
$$\zeta(s)^{-1} = \sum_{n=1}^{\infty} \mu(n) n^{-s}$$
が成り立つ．

メルセンヌ数
Mersenne number
$2^n - 1$（n は自然数）が素数であれば，n は素数でなければならない．素数 p に対して $2^p - 1$ の形の数をメルセンヌ数と呼び，これが素数のときメルセンヌ素数という．この名称は，メルセンヌ（Marin Mersenne, 1588-1647）に因む．彼は

$p = 2, 3, 5, 7, 13, 17, 19, 31, 67, 127, 257$ について，2^p-1 が素数であることを確かめたと主張した(ただし，67 と 257 については正しくなく，素数ではない)．また $p=11, 29$ については

$$2^{11} - 1 = 2047 = 23 \cdot 89$$
$$2^{29} - 1 = 536870991 = 233 \cdot 1103 \cdot 2089$$

となって，素数ではない．2004 年現在知られている最大のメルセンヌ素数は，$p=24036583$ の場合である(Josh Findley による)．メルセンヌ素数が無限個存在するかどうかは知られていない．
→ 完全数

メルテンスの定理
Mertens' theorem

x より小さい素数 p 全体にわたるときの $1-p^{-1}$ の積に対する漸近公式

$$\prod_{p<x}(1-p^{-1}) \sim \frac{e^{-\gamma}}{\log x} \quad (x \to \infty)$$

をメルテンスの定理という．ここで，γ は*オイラーの定数である．

面　face　→ 多面体，単体，単体複体

メンガーの定理
Menger's theorem

グラフにおいて，与えられた 2 頂点を結ぶ道で互いに途中で交わらないものの本数が，2 頂点を分離する集合の大きさに等しい，という型の命題を述べた定理であり，いくつかの変種がある．→ 最大流最小カットの定理，最大最小定理

面積
area

平面において図形が占める「大きさ」を表す「量」をその図形の面積といい，また空間内の立体図形の場合には体積という．古代から知られているこの直観的な面積・体積の概念に，数学的に厳密な定義が与えられたのは 19 世紀になってからである．

歴史的には，土地の測量や穀物の量をはかる升などの実用上の必要性から，面積・体積は数値として捉えられるようになった．初等幾何学的な意味での面積・体積の概念は古代ギリシアにおいて確立した(→ ユークリッド幾何学，ギリシアの数学)．

例えば，*ユークリッドの『原論』において，3角形の面積の公式「底辺×高さ÷2」は，次のように述べられている．

「3 角形は，同じ底辺と半分の高さを持つ長方形に等しい．」

その証明は次のような形でなされている．

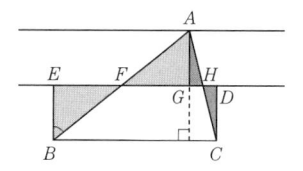

$\triangle AFG \equiv \triangle BFE, \ \triangle AGH \equiv \triangle CDH$

すなわち，図形の「切り貼り」により，一方の図形 K から他方の図形 L が得られるとき，K と L の面積は等しいとするのである．現代の言葉でいえば，面積を「数量」でなく*はさみ同値による同値類と捉えていることになる．

他方，数量としての多角形の面積は，現代的には次のように公理化した形で述べられる．多角形の全体のなす集合を P により表す．P 上の正値関数 m が次の性質を満たすとき，m を面積関数といい，$m(K)$ を K の面積という．

(1) K と L が合同であるとき，$m(K)=m(L)$．
(2) K が小多角形 $K_1, \cdots, K_n$ により分割されるとき，$m(K)=m(K_1)+ \cdots +m(K_n)$．
(3) 辺の長さが 1 の正方形 K に対して，$m(K)=1$．

多面体の体積関数も同様に定義される．面積(体積)関数はただ 1 つ存在することが証明される．

K, L がはさみ同値であれば，明らかに $m(K)=m(L)$ である．逆に，平面の多角形 K, L の面積が等しければ，それらははさみ同値になり，ユークリッドの面積理論と面積関数による定義は同値であることがわかる．しかし，このことは多面体の体積については成立しない(→ はさみ同値)．

多角形や多面体より一般の図形に対して面積・体積を考えるには，有限回の切り貼りだけでは不十分であり，極限操作が必要となる．すでにユークリッドの『原論』においても，円の面積や角錐の体積「底面積×高さ÷3」については，*取り尽くし法と背理法を組み合わせた論理が用いられている．微分積分法の発見により，区分的に滑らかな曲線や曲面で囲まれた図形の面積・体積は，積分を用いて統一的に求められるようになった(→ 積分)．図形の面積・体積は測度の概念として一般化され(→ ジョルダン測度)，さらにルベーグの測度論により，可算和集合の測度のような極限移行も可能になった．しかしルベーグの意味でもなお

測度が定義されない集合も存在する．

面積確定
of definite area

平面の有界集合 D の面積を測るには，小さな長方形の集まりによって外側から近似する方法と，内側から近似する方法とが考えられる．長方形を小さくしていった極限で2つの近似値が同じ値 A に近づいていくとき，集合 D は面積確定（あるいはジョルダン可測）であるといい，A を D の面積という（→ ジョルダン測度）．面積確定であることは D の*境界 ∂D に対する次の条件と同値である：「どんなに小さな正の数 ε に対しても，面積の総和が ε 以下になるような有限個の正方形で ∂D を覆い尽くすことができる」．

面積速度
areal velocity

*ケプラーの法則に現れる概念である．

平面内の時間 t に依存する曲線 $\boldsymbol{x}(t)$ ($\boldsymbol{x}=(x_1, x_2)$) に対する図のような図形の面積 $S(t)$ の t に関する微分

$$\frac{dS(t)}{dt} = \frac{1}{2}\left(x_1 \frac{dx_2}{dt} - x_2 \frac{dx_1}{dt}\right)$$

のことをいう．

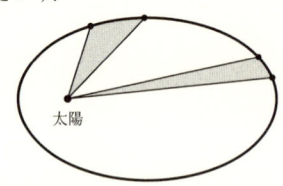

面積分
surface integral

径数表示された曲面 $S: \boldsymbol{x}(s,t)=(x(s,t), y(s,t), z(s,t))$ と，S の近傍上のベクトル場 $\boldsymbol{V}=(V_1, V_2, V_3)$ が与えられたとき，

$$\int \boldsymbol{V} \cdot \left(\frac{\partial \boldsymbol{x}}{\partial s} \times \frac{\partial \boldsymbol{x}}{\partial t}\right) dt ds$$

を $\boldsymbol{V}$ の面積分といい $\int_S \boldsymbol{V} \cdot d\boldsymbol{S}$ と記す．ここで被積分関数はスカラー3重積である（→外積）．曲面の単位法ベクトル $\boldsymbol{n}$ と*面積要素 $d\sigma$ を用いると，面積分 $\int_S \boldsymbol{V} \cdot d\boldsymbol{S}$ は $\int_S \boldsymbol{n} \cdot \boldsymbol{V} d\sigma$ に一致する（→法ベクトル，面積要素）．また微分形式の積分を用いると，面積分 $\int_S \boldsymbol{V} \cdot d\boldsymbol{S}$ は微分2形式

$$\omega = V_1 dy \wedge dz + V_2 dz \wedge dx + V_3 dx \wedge dy$$

の積分 $\int_S \omega$ に一致する（→ 積分（微分形式の））．

1つの局所座標で覆えない曲面での面積分は，局所座標ごとに定義して足し合わせる．

面積要素
areal element

直観的には曲面の微小部分の面積のことで，面素ともいう．面積要素を積分することにより曲面の面積が計算される．正確には，下記のように定義される曲面上の微小2形式で，曲面を Σ とするとき，$\Omega_\Sigma, \omega_\Sigma, d\Sigma$ などの記号で表される．

$\Sigma \subset \mathbb{R}^3$ を3次元空間内の向きが付いた曲面とし，それが向きを保つ1つの座標 $(u,v) \mapsto \varphi(u,v) = (\varphi_1(u,v), \varphi_2(u,v), \varphi_3(u,v))$, $(u,v) \in U$ で覆われているとする（U は $\mathbb{R}^2$ の開集合）．このとき，$\Sigma = \varphi(U)$ の面積は

$$\int_U \left\|\frac{\partial \varphi}{\partial u} \times \frac{\partial \varphi}{\partial v}\right\| du dv$$

である．ここで $\times$ はベクトル積で $\|\boldsymbol{v}\|$ は3次元ベクトル $\boldsymbol{v}$ の大きさを表す．

Σ 上の関数 f に対して，その積分 $\int_\Sigma f \Omega_\Sigma$ を

$$\int_\Sigma f \Omega_\Sigma = \int_U f \left\|\frac{\partial \varphi}{\partial u} \times \frac{\partial \varphi}{\partial v}\right\| du dv$$

で定義する．この左辺に現れている Ω_Σ が面積要素である．微分2形式

$$\left\|\frac{\partial \varphi}{\partial u} \times \frac{\partial \varphi}{\partial v}\right\| du \wedge dv$$

を面積形式と呼ぶ．Σ が1つの座標で覆われていない場合も，座標ごとに決めた面積要素は貼り合わさり，曲面全体で定義された微分2形式を定める．

*第1基本形式 $Edu^2 + 2Fdudv + Gdv^2$ を用いると，面積形式は $\sqrt{EG-F^2} du \wedge dv$ と表される（→ 体積要素）．

例えば，$\mathbb{R}^3$ の中の曲面 S が，$\boldsymbol{x} = \boldsymbol{x}(u,v)$ と径数表示されているとする．$\boldsymbol{x}_u = d\boldsymbol{x}/du$, $\boldsymbol{x}_v = d\boldsymbol{x}/dv$ と記し，

$$E = \|\boldsymbol{x}_u\|^2, \quad F = \boldsymbol{x}_u \cdot \boldsymbol{x}_v, \quad G = \|\boldsymbol{x}_v\|^2$$

とおくと，$Edu^2 + 2Fdudv + Gdv^2$ が曲面 S の第1基本形式である．径数 (u,v) の微小な増分 $\Delta u, \Delta v$ に対応した S の微小部分の面積は，接ベクトル $\boldsymbol{x}_u \Delta u, \boldsymbol{x}_v \Delta v$ によって張られる平行4辺形の面積

$$\|\boldsymbol{x}_u \times \boldsymbol{x}_v\| \Delta u \Delta v$$

$$= \sqrt{\|\boldsymbol{x}_u\|^2 \|\boldsymbol{x}_v\|^2 - (\boldsymbol{x}_u \cdot \boldsymbol{x}_v)^2} \Delta u \Delta v$$

に近似的に等しいと考えられる．したがって $d\sigma = \sqrt{EG-F^2} du \wedge dv$ が曲面 S の面積形式であるこ

とが分かる．径数 (u,v) が領域 D を動くときにできる S の部分の面積は $\int_D d\sigma$ で与えられる． → 面積分，面素に関する積分

面素 areal element ＝面積要素

面素に関する積分
integration on areal element

平面上の関数の場合と同様に，滑らかな閉曲面 S 上で定義された関数 f の積分は次のように定義できる．S を細分して $S_1,\cdots,S_N$ とし，各 S_i から点 P_i を選んで S_i の面積 ΔS_i で重みをつけた区分和 $\sum_{i=1}^{N} f(P_i)\Delta S_i$ を作る．f が連続ならば，細分を細かくしていくと区分和の値は一定値に近づく．この極限値を面素(面積要素)に関する f の積分と呼び，

$$\int_S f dS, \quad \int_S f d\sigma$$

などの記号で表す．特に $f(\boldsymbol{x})\equiv 1$ のとき

$$\int_S 1 \cdot dS$$

は S の*曲面積になる．S の径数表示 $\boldsymbol{x}=\boldsymbol{x}(s,t)$ を用いれば面素に関する積分は公式

$$\int f(\boldsymbol{x}(s,t))\|\boldsymbol{x}_s \times \boldsymbol{x}_t\| ds dt$$

で計算される．ただし，$\boldsymbol{x}_s, \boldsymbol{x}_t$ は $\boldsymbol{x}$ のそれぞれ s,t に関する偏微分．

$$\|(a_1,a_2,a_3)\|=\sqrt{a_1^2+a_2^2+a_3^2}$$

はベクトルの長さ，× はベクトル積である．→ 面積分

モ

文字式
literal expression

x^2+3x+1 や az^5-2bz^3+c のように文字を使って表した式を文字式という．数学史上，文字式が最初に現れたのは 3 世紀にアレキサンドリアで活躍した*ディオファントスの『数論』の中であり，

$$x^3+13x^2+5x+2$$

を次のように表した．

$$K^Y \overline{\alpha} \Delta^Y \overline{\iota\varsigma} \varsigma \overline{\varepsilon} \overset{\circ}{M} \overline{\beta}$$

その後，7 世紀のインドの数学者*ブラフマグプタは『ブラーフマ・スプタ・シッダーンタ』の中で色の名前を使って未知数を表した．この表記法はインドでは使われたが，インドの代数学を受け継ぎ独自の発展をとげたアラビア数学では文字式は使われず，言葉で式を表現した．13 世紀中国では*秦九韶や*李治によって文字式を使った方程式論，天元術が発達したが，明の時代には忘れ去られた．朝鮮では中国から伝わった天元術が保存され，天元術を記した*朱世傑の著書『算学啓蒙』が朝鮮から日本に伝わり，それをヒントに*関孝和は和算独自の文字式，傍書法を確立し，和算の進展に大きな役割を果した．

一方，アラビアの代数学を受け継いだヨーロッパでは次第に文字を使って方程式を表すようになってきた．*ヴィエト(1540-1603)によって文字式の表記法の基礎が作られた．ヴィエトは

$$\frac{3BD^2-3BA^2}{4}$$

を次のように表した．

$$\frac{B \text{ in } D \text{ quadratum } 3 - B \text{ in } A \text{ quadratum } 3}{4}$$

*デカルト(1596-1650)の『方法序説』の付録として著された「幾何学」のなかで今日の記法とほとんど同じ文字式が登場した．

このように，文字を使って式を自由に書くことができるようになるまでには実に長い年月を必要とした．

モジュライ空間
moduli space

ある条件を満たす数学の対象(特に幾何学的対

象)全体の集合を，図形と見なすとき，モジュライ空間という．分類は数学者が研究する典型的な問題であり，分類すべきものが，(同型なものを同じものと見なして)有限個あるいは可算個であるときは，数え上げてリストを作る．しかし，n 個の実数あるいは複素数に依存する，お互いに同型でないものの族があるときには，分類すべき対象の集合を n 次元の図形と見なして，その図形の「形」を研究する．

例えば，*楕円曲線は上半平面 $\mathfrak{h}=\{\tau\in\mathbb{C}\mid \operatorname{Im}\tau>0\}$ のある点 τ によって 1 次元*複素トーラス $T_\tau=\mathbb{C}/(\mathbb{Z}+\mathbb{Z}\tau)$ として表すことができ，$\{T_\tau\}_{\tau\in\mathfrak{h}}$ は $\mathfrak{h}$ 上の族をなす．ただし，$a,b,c,d\in\mathbb{Z}$, $ad-bc=1$ とすると，τ と $\tau'=(a\tau+b)(c\tau+d)^{-1}$ に対応する楕円曲線 T_τ, $T_{\tau'}$ は同型になる．すなわち，楕円曲線のモジュライ空間は，$\mathfrak{h}$ を $PSL(2;\mathbb{Z})$ で割った商空間 $\mathfrak{h}/PSL(2;\mathbb{Z})$ である(→ 1 次分数変換，楕円曲線，楕円モジュラー関数)．

このように，モジュライ空間を考えるときは，どのような対象を同じと見なすかを明確に定める必要があり，また，群の作用による*商空間がモジュライ空間の研究にはしばしば登場する．

モジュライの概念は，*楕円積分の標準形を研究したルジャンドルに始まる．逆 3 角関数(すなわち根号の中に 2 次式を含む積分)の標準形は有限個のリストがあるのに対して，楕円積分の標準形にはパラメータが現れ，このパラメータがモジュラス(その複数形がモジュライ)と呼ばれた．楕円積分の逆関数は楕円曲線上で定義される*楕円関数であり，楕円積分のモジュラスは上記楕円曲線のモジュライを決めるパラメータ τ に同値である．

リーマンはより幾何学的な視点からモジュライを考察し，楕円曲線より一般のリーマン面の場合も考察した．特に種数が $g\geqq 2$ のリーマン面のモジュライ空間は(実) $6g-6$ 次元であることを発見した．リーマン以後リーマン面などのモジュライ空間の研究は大いに発展した．20 世紀後半に至り小平邦彦はスペンサー(D. C. Spencer)と共同で，高次元の複素多様体のモジュライ空間の構成の基礎をなす理論を微分方程式を用いて研究した．

空間 X の群 G による商空間 X/G を調べることはモジュライ空間の研究で重要であるが，X/G 上の関数は，X 上の関数で G の作用で不変なものに対応する．このことから，モジュライ空間の研究では，群の作用による*不変式の研究が重要である．例えば，$\mathbb{C}^n$ を変数の置換による対称群の作用で割った商空間は $\mathbb{C}^n$ に同型であるが，このことは*対称式の基本定理から従う(→ 対称積)．不変式論を用いたモジュライ空間の研究は代数幾何学で基本的である．

モジュラー関数
modular function

*モジュラー群に関する*保型関数をモジュラー関数という．⇒ 楕円モジュラー関数

モジュラー群
modular group

2 次の特殊線形群 $SL(2,\mathbb{R})$ の部分群
$$SL(2,\mathbb{Z}) = \left\{\begin{bmatrix} a & b \\ c & d \end{bmatrix} \in SL(2,\mathbb{R});\ a,b,c,d\in\mathbb{Z}\right\}$$
をモジュラー群という．モジュラー群は，上半平面 H に $\begin{bmatrix} a & b \\ c & d \end{bmatrix} z = \dfrac{az+b}{cz+d}$ として*不連続群として作用する．この作用による上半平面の 1 次分数変換をモジュラー変換と呼び，モジュラー変換全体をモジュラー群ということもある．この作用に対する*基本領域として，下図の斜線部が取れる．

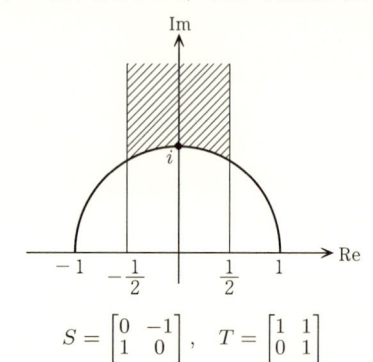

$$S = \begin{bmatrix} 0 & -1 \\ 1 & 0 \end{bmatrix}, \quad T = \begin{bmatrix} 1 & 1 \\ 0 & 1 \end{bmatrix}$$

と置けば，$SL(2,\mathbb{Z})$ は S, T により生成され，その基本関係(→ 群の表示)は
$$S^2 = (ST)^3 = \begin{bmatrix} -1 & 0 \\ 0 & -1 \end{bmatrix}$$
である．⇒ 合同部分群

モジュラー表現
modular representation

有限群 G から標数 p が正の体 F 上の n 次一般線形群 $GL(n,F)$ への準同型写像 $\rho: G\to GL(n,F)$ を G のモジュラー表現という．

モジュラー表現は一般には既約表現の直和に同値でないなど，通常の表現 $\rho: G\to GL(n,\mathbb{C})$ と多

くの異なる性質を持つ．例えば，位数が体 F の標数 $p≧2$ と等しい巡回群を G，その生成元を g とするとき

$$\rho(g^k) = \begin{bmatrix} 1 & k \\ 0 & 1 \end{bmatrix} \quad (k=0,1,\cdots,p-1)$$

とおくと，これは G の $GL(2,F)$ への表現を与える．この表現は可約であるが，1 次元部分表現空間が 1 つしかないので，完全可約でない． ⇒ 表現

モジュラー変換 modular transformation ⇒ モジュラー群

モジュラー方程式
　modular equation

*超幾何関数 $F(\alpha,\beta,\gamma;x)$ $(0<x<1)$ に対して，
$$K = \frac{1}{2}F\left(\frac{1}{2},\frac{1}{2},1;x\right)$$
はモジュラス（母数ともいう）$\sqrt{x}$ の第 1 種完全楕円積分（→楕円関数，母数（楕円積分の））を与える．超越関数
$$F(x) = \exp\left\{-\pi\frac{F(1/2,1/2,1;1-x)}{F(1/2,1/2,1;x)}\right\}$$
に対して，$F(x_1)^n=F(x_2)$ $(n=2,3,5,\cdots)$ を満たす対 x_1,x_2 は，

$$\sqrt{x_2} + \sqrt{1-x_1} + \sqrt{x_2(1-x_1)} = 1$$
$$(n=2);$$
$$(x_1x_2)^{1/4} + \{(1-x_1)(1-x_2)\}^{1/4} = 1$$
$$(n=3);$$
$$(x_1x_2)^{1/2} + \{(1-x_1)(1-x_2)\}^{1/2}$$
$$+ 2\{16x_1x_2(1-x_1)(1-x_2)\}^{1/6} = 1$$
$$(n=5);$$
$$\cdots\cdots$$

のような代数的な関係がある．これを n 次のモジュラー方程式という．$q=F(x)$ を逆に解いたもの（テータ関数）を $x=f(q)$ とおくとき，これらの等式は $f(q)$ と $f(q^n)$ の関係を与えている． ⇒ モジュラー関数，テータ関数

モース関数
　Morse function

実数値の微分可能な n 変数関数 $f(x_1,\cdots,x_n)$ が $(\partial f/\partial x_1)(p)=\cdots=(\partial f/\partial x_n)(p)=0$ を満たすとき p を f の特異点または*臨界点という．点 p での*ヘッセ行列

$$\left[\frac{\partial^2 f}{\partial x_i \partial x_j}(p)\right] \quad (i,j=1,\cdots,n)$$

のランクが n であることを，点 p は非退化な特異点であるという．非退化な特異点しかもたない関数をモース関数という．（多様体上の関数に対しても，局所座標を用いて同様にモース関数が定義できる．）

例えば $f(x,y)=x^2-y^2$ は原点で非退化な特異点を持ち，他に特異点はないから，モース関数である．一方，$g(x,y)=x^2-y^3$ の原点でのヘッセ行列のランクは 1 であるから，原点は非退化な特異点ではなく g はモース関数ではない．

どんな滑らかな関数も，モース関数で任意の階数の微分も含めて近似できることが知られている． ⇒ モース理論，鞍点（関数の）

モース指数
　Morse index

（実）n 変数の実数値関数 $f(x_1,\cdots,x_n)$ のすべての偏微分 $\partial f/\partial x_i$ が点 $p=(p_1,\cdots,p_n)$ で 0 であるとき，p でのヘッセ行列 $\left[\dfrac{\partial^2 f}{\partial x_i \partial x_j}(p)\right]$ の負の固有値の重複度の和のことを f の点 p でのモース指数と呼ぶ．

f の p でのモース指数を k とし，ヘッセ行列が非退化であると仮定すると，適当な座標変換 $y_i=y_i(x_1,\cdots,x_n)$ をすることで，f は $f(y_1,\cdots,y_n)=-\sum_{i=1}^{k}y_i^2 + \sum_{i=k+1}^{n}y_i^2 + c$（$c$ は定数）なる標準形に書き直すことができる．

モース理論
　Morse theory

多様体の形をその上の関数 f の臨界点の情報を使って研究する理論である．f がコンパクトで境界のない多様体 M の*モース関数である場合には，f の*モース指数が d である臨界点の数 c_d は M の d 次の*ベッチ数より大きい．これをモースの不等式と呼ぶ．

例えば曲面 Σ を図のように空中に浮かせ床からの高さを f とすると，g 個穴のあいた曲面 Σ_g 上のモース関数で，臨界点がちょうど $2g+2$ 個であるものができる．Σ_g の 0 次と 2 次のベッチ数は 1，1 次のベッチ数は $2g$ であるので，これはモースの不等式で等号が成立する場合である．

20 世紀後半に至ってモース理論は深化し位相幾何学や微分幾何学のいろいろなところに現れて

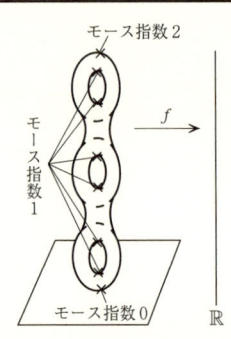

いる．

　例えば，臨界点を2つしか持たないモース関数が存在するような，コンパクトで境界のない多様体は球面と同相であることが知られている．

　無限次元空間上の関数に対して，モース理論を展開することも重要である．例えば，「長さ」を道の空間 $\{l:[a,b]\to M\}$ 上の関数としてとると，モース理論により，「長さ」の極値である測地線についてのさまざまな定理が得られる（→ 測地線，変分法）．

モデル
model

　ある公理系 A と別の公理系 B があったとき，A に現れる諸概念のそれぞれを B に現れる概念に当てはめ，B の公理系によって A の公理がすべて証明できるとき，A のモデルを B の中に作ることができるという．

　例えば，*上半平面モデルは，非ユークリッド幾何学(A)のモデルをユークリッド幾何学(B)の中に作ったものである．また，ユークリッド幾何学の公理系を A，実数論の公理系を B として，「点」を「2つの実数の組」に，「直線」を「ある1次方程式 $ax+by=1$ を満たす実数の組 (x,y) の集合」に対応させるなどして，ユークリッド幾何学のモデルを実数論の中に作ることができる．

　A のモデルを B の中に作ることができ，さらに，B が無矛盾ならば，A も無矛盾である．したがって，例えば，実数論が無矛盾であれば，ユークリッド幾何学は無矛盾である．

モーデル-ヴェイユの定理
Mordell-Weil theorem

　代数体 K 上定義された*楕円曲線 E の K *有理点の全体 $E(K)$ は*有限生成アーベル群をなす．これをモーデル-ヴェイユの定理という．さらに一般に，代数体 K 上定義された*アーベル多様体 A の K 有理点の全体 $A(K)$ は有限生成アーベル群であることも主張する．

モーデル-ファルティングスの定理
Mordell-Faltings theorem

　*モーデル予想のこと．ファルティングスにより証明された．

モーデル予想
Mordell conjecture

　モーデル(L. J. Mordell)によって予想され，ファルティングス(G. Faltings)により証明された代数曲線の有理点の有限性に関する予想．「C を代数体 K 上で定義された代数曲線とするとき，もし C の種数が 2 以上であれば，K 有理点の数は有限個である」．

　例えば，n を自然数，a,b を有理数，$ab\neq 0$ とすると，代数曲線 $y^2=ax^n+b$ は，n が偶数なら種数が $(n-2)/2$，n が奇数なら種数が $(n-1)/2$ となる．したがって，$n\geq 5$ なら種数が ≥ 2 であり，ゆえに $y^2=ax^n+b$ の有理数の解 (x,y) の個数は有限個である．これに対し，例えば種数1の曲線である楕円曲線 $y^2=x^3-2$ は無限個の有理点を持っている．→ バーチ-スウィンナートン・ダイヤー予想

モード
mode

　信号のフーリエ成分などいろいろの意味で用いられるが，統計の用語としては*最頻値のことをいう．

モニック最小多項式
monic minimal polynomial

　最高次の係数が 1 である*最小多項式のこと．

モニック多項式
monic polynomial

　最高次の係数が 1 である多項式．単多項式ともいう．

モノイド
monoid

　0 以上の整数全体 $\mathbb{Z}_{\geq 0}$ とその上の足し算を考えると，結合法則が成立し単位元 0 があるが，$\mathbb{Z}_{\geq 0}$ の元の符号を変えたものは $\mathbb{Z}_{\geq 0}$ に含まれないか

ら，逆元は存在しない．このように，*群の公理から，結合法則と単位元の存在を残して，逆元の存在を除いた公理を満たす代数系をモノイドと呼ぶ．→ 半群

モノドロミー行列　monodromy matrix　⇒ モノドロミー群

モノドロミー群
monodromy group

線形微分方程式の解の多価性を記述する概念である．

有理関数を係数とする微分方程式
$$\frac{d^n y}{dz^n} + p_1(z)\frac{d^{n-1}y}{dz^{n-1}} + \cdots + p_n(z)y = 0$$
を複素平面上で考えると，その解は一般に $p_1(z),\cdots,p_n(z)$ の極を分岐点とする多価関数になる．ある点 z_0 の近傍で 1 次独立な正則関数解を $y_1(z),\cdots,y_n(z)$ とする．このとき z_0 を始点とし $p_1(z),\cdots,p_n(z)$ の極を通らない閉曲線 γ に沿って $y_j(z)$ を解析接続した関数 $\gamma y_j(z)$ は同じ微分方程式を満たすので，$y_i(z)$ の定数係数の 1 次結合として
$$\gamma y_j(z) = \sum_{i=1}^{n} y_i(z)(M_\gamma)_{ij}$$
と表される．行列 $M_\gamma = [(M_\gamma)_{ij}]$ を γ に付随する回路行列(circuit matrix)あるいはモノドロミー行列という．M_γ は γ を連続的に変形しても変わらず，また $M_{\gamma_1\gamma_2} = M_{\gamma_1}M_{\gamma_2}$ ($\gamma_1\gamma_2$ は γ_2 に γ_1 をつないだ曲線)が成り立つ．$\{M_\gamma\}$ が行列の掛け算に関して作る群を微分方程式のモノドロミー群という．

解の多価性の情報は原理的にはモノドロミー群にすべて含まれているが，これを具体的に求めることは容易でない．与えられたモノドロミー群を持つ線形微分方程式が存在するかという問いをリーマン-ヒルベルトの問題(ヒルベルトの第 21 問題)といい，現在ではきわめて一般的な形で解決をみている．

モノポール
monopole

静磁場(時間的に変化しない磁場)を B とすると，$\text{div}\,B = 0$ である．電場 E の場合は $\text{div}\,E$ はその点での電荷密度であった．その類推からは，「磁荷」$\text{div}\,B$ は常に 0 である．これは，磁石の北極と南極はいつも両方現れ(→ 双極子)，単独では現れないことに対応する．しかし，ディラックは，「磁荷」が 0 でない，すなわち北極または南極が単独で出てくる物体を含む理論を提唱した．そのような物体をモノポール(または磁気単極子)と呼ぶ．

モーメント
moment

積率ともいう．モーメントは観測しやすい物理量であるとともに，数学的には*特性関数とともに強力な解析手段を与える．

実直線 $\mathbb{R}$ 上の*確率分布関数 $F(x)$ に対して，*スティルチェス積分
$$\mu_n = \int_\mathbb{R} x^n dF(x)$$
が確定するとき，μ_n を $F(x)$ の n 次のモーメントという($n=0,1,2,\cdots$)．とくに，μ_1 を平均という．*確率変数 X の確率分布が $F(x)$ のとき，$\mu_n = E[X^n]$ であり，これを確率変数 X の n 次モーメントという．

有界な値をとる確率変数に対しては，もしすべてのモーメントが等しければ，その確率分布は一致する．しかし，一般には一致するとは限らず，すべてのモーメントを知って $F(x)$ を決定する問題をハウスドルフのモーメント問題といい，さまざまな分野に現れる．

モーメントの概念は，*有界変動関数 $F(x)$ に対しても自然に拡張され，形式的*ローラン級数 $\sum_{n=0}^{\infty} \mu_n z^{-n-1}$ は $dF(x)$ の*スティルチェス変換
$$\int_{-\infty}^{\infty} \frac{dF(x)}{z-x}$$
の $|z|\to\infty$ での*漸近展開を与える．

モーメント写像　moment map, momentum map　= 運動量写像

モーメント問題　moment problem　⇒ モーメント

モーラー–カルタン方程式
Maurer-Cartan equation

*リー群の*リー環に値を持つ*左移動で不変な微分形式 Θ の満たす次の可積分条件のことで，リー群の基本方程式とも呼ばれる．
$$d\Theta + \Theta \wedge \Theta = 0.$$
群 G が $n\times n$ 行列の作るリー群の場合，Θ は G 上の微分形式の作る $n\times n$ 行列とみなせ，次のように定義される．$(x_1,\cdots,x_m) \mapsto \varphi(x_1,\cdots,x_m) \in$

G を $\varphi(\mathbf{0})=I$(単位行列)であるような,G の局所座標とすると,Θ は I で
$$\Theta(I) = \sum_i \frac{\partial \varphi}{\partial x_i} dx_i$$
であり(右辺は行列と微分形式のかけ算),これを $L_g^*\Theta=\Theta$ を満たすように拡張する.ここで $L_g(h)=gh$ は左移動の写像を表す.

森
forest

閉路を含まないグラフ,言い換えれば,連結成分がすべて*木(ツリー)であるようなグラフのことである.

モレラの定理
Morera's theorem

複素関数論における*コーシーの積分定理の逆にあたる定理で,次のように述べられる.$f(z)$ を複素平面の領域 D で定義された*連続関数とする.D の内部で 1 点にまで*連続的に変形できるようなすべての*閉曲線 C に対し $\int_C f(z)dz=0$ が成り立つならば,$f(z)$ は D で*正則である.

モンジュ-アンペールの方程式
Monge-Ampère equation

未知関数 $u(x,y)$ に対する次の形の偏微分方程式をいう.
$$Hr + 2Ks + Lt + M + N(rt-s^2) = 0.$$
ここで H,K,L,M,N は x,y,u,p,q の関数であり,
$$r = \frac{\partial^2 u}{\partial x^2}, \quad s = \frac{\partial^2 u}{\partial x \partial y}, \quad t = \frac{\partial^2 u}{\partial y^2},$$
$$p = \frac{\partial u}{\partial x}, \quad q = \frac{\partial u}{\partial y}.$$
また上式の特別の場合である
$$\frac{\partial^2 u}{\partial x^2}\frac{\partial^2 u}{\partial y^2} - \left(\frac{\partial^2 u}{\partial x \partial y}\right)^2 = f\left(x,y,u,\frac{\partial u}{\partial x}, \frac{\partial u}{\partial y}\right)$$
は幾何学的な見地からとりわけ盛んに研究されている.この方程式は*混合型であり,$f>0$ なる範囲で楕円型,$f<0$ なる範囲で双曲型になる.なお,これを n 変数に拡張した
$$\det\left(\frac{\partial^2 u}{\partial x_i \partial x_j}\right) = f(x,u,\nabla u)$$
もモンジュ-アンペール方程式と呼ばれる.

モンスター
monster

有限*単純群には,n 次*交代群($n\geqq 5$)のように同じタイプの群として系列を有しているものの他,孤立して現れる散在型単純群と呼ばれる 26 個の単純群がある.その中で位数が一番大きいものはモンスターという愛称で呼ばれる.モンスターの位数は
$$2^{46} \cdot 3^{20} \cdot 5^9 \cdot 7^6 \cdot 11^2 \cdot 13^3 \cdot 17 \cdot 19$$
$$\cdot 23 \cdot 29 \cdot 31 \cdot 41 \cdot 47 \cdot 59 \cdot 71$$
である.1973 年に事実上発見され,1970 年代の終わりから 1980 年の初めにかけて具体的に構成された.楕円モジュラー関数や理論物理で登場する頂点作用素代数と関係し興味深い単純群である.
→ ムーンシャイン

モンテカルロ法
Monte Carlo method

乱数を使った実験や計算の方法のことをいう.例えば,d 次元の単位立方体 $[0,1]^d$ 上の定積分 $I=\int_{[0,1]^d} f(x)dx$ を計算するために,単位立方体 $[0,1]^d$ 上の一様乱数 $x_1,\cdots,x_N$ を発生させ,$I_N=(1/N)\sum_{i=1}^N f(x_i)$ を計算して I の近似値とするような方法である.点の数 N を増やしていくとき,誤差 $|I_N-I|$ が次元 d によらずに $1/\sqrt{N}$ に比例する程度の速さで減少するという著しい特徴がある.ちなみに,モンテカルロの名は賭博(とばく)で有名なモナコ公国の保養地の地名に由来している.

ヤ

約イデアル
divisor ideal

代数的整数環 $\mathcal{O}_K$ のイデアル $\mathfrak{a}$ が $\mathcal{O}_K$ のイデアルの積 $\mathfrak{a}=\mathfrak{bc}$ になっているとき，イデアル $\mathfrak{b}$, $\mathfrak{c}$ をイデアル $\mathfrak{a}$ の約イデアルという．

約数
divisor

自然数 n が自然数 d で割りきれるとき，すなわち $n=da$ を満たす自然数 a が存在するとき，d を n の約数という．このとき，$d|n$ という記号を用いることがある．

また，多項式 $f(x)$ が多項式 $g(x)$ で割りきれるとき，$g(x)$ を $f(x)$ の約数ということもある．→ 倍数

約数問題
divisor problem

自然数 n の約数の個数を $\tau(n)$ により表す．例えば，素数 p に対しては $\tau(p)=2$ であり，一方 $\tau(2^m)=m+1$ が成り立つ．$\tau(n)$ の挙動を調べるのが約数問題である．通常は
$$T(n) = \sum_{k=1}^{n} \tau(k)$$
とおいて，$T(n)$ の増大の様子を研究する．
$$T(n) = \sum_{d=1}^{n} \left[\frac{n}{d}\right]$$
が成り立つ．ここで $[\cdot]$ は*ガウスの記号である．ガウスが未発表のノートの中で $T(n)$ を考察している(1800)．その後，ディリクレが次の評価を確立した．$n\to\infty$ とするとき
$$T(n) = n\log n + (2\gamma - 1)n + O(\sqrt{n}).$$
ただし，$O(\sqrt{n})$ は*ランダウの記号，γ は*オイラーの定数である．$n\to\infty$ のとき
$$T(n) = n\log n + (2\gamma - 1)n + O(n^\alpha)$$
が成り立つような α の下限を λ とおくとき，ランダウ(E. Landau) は $\lambda=1/4$ であると予想した．現在のところ，$\lambda<1/3$ までが証明されている．

ヤコビ
Jacobi, Carl Gustav

1804-51 ドイツの数学者．1832 年にケーニヒスベルグ大学教授に就任．数学の広い分野で活躍，中でも楕円関数論への貢献が大きい．変分法や解析力学での貢献も重要である．アーベルの才能を早くから認め，晩年にはディリクレとの親交もあった．「数学の研究は人間精神の栄誉のため」と宣言したために，いわゆる純粋数学の擁護者のように目されているが，ヤコビの数学は幅広いものがある．

ヤコビアン
Jacobian

ヤコビ行列の行列式のことをいう．ヤコビ行列自身をヤコビアンと呼ぶこともある．→ ヤコビ行列

ヤコビ記号
Jacobi's symbol

平方剰余記号(→ 平方剰余の相互法則) $\left(\dfrac{a}{p}\right)$ は p が奇素数のときに定義されるが，これを奇数 m に拡張したのがヤコビ記号である．$m=\pm p_1^{e_1} p_2^{e_2} \cdots p_n^{e_n}$ ($p_1,\cdots,p_n$ は奇素数)と書くとき
$$\left(\frac{a}{m}\right) = \left(\frac{a}{p_1}\right)^{e_1} \cdots \left(\frac{a}{p_n}\right)^{e_n}$$
と定義したものがヤコビ記号である．

ヤコビ行列
Jacobian matrix / Jacobi matrix

(1) $\mathbb{R}^n$ のある領域から $\mathbb{R}^m$ への微分可能な写像 $f: x=(x_1,\cdots,x_n) \mapsto (f_1(x),\cdots,f_m(x))$ に対して，$m\times n$ 行列
$$\begin{bmatrix} \dfrac{\partial f_1}{\partial x_1} & \cdots & \dfrac{\partial f_1}{\partial x_n} \\ \vdots & \cdots & \vdots \\ \dfrac{\partial f_m}{\partial x_1} & \cdots & \dfrac{\partial f_m}{\partial x_n} \end{bmatrix}$$
を写像 f のヤコビ行列(Jacobian matrix)または関数行列という．$n=m$ のとき，その行列式をヤコビ行列式，ヤコビアン，または関数行列式という．ただしヤコビ行列のことをヤコビアンという場合もあり，注意を要する．ヤコビ行列は*逆関数定理，積分の*変数変換公式などに現れる，多変数の微分積分学の基本概念である．

(2) (有限ないし無限の)正方行列 $[a_{ij}]$ であって，対角線とその両隣の成分 $a_{ii}, a_{i,i\pm 1}$ を除いて他の成分が 0 であるものをヤコビ行列(Jacobi matrix)という．3 重対角行列ともいう．直交多

項式の理論などに現れる．

ヤコビ多項式
Jacobi polynomial

区間 $(-1,1)$ 上の*重み関数
$$w(x)=(1+x)^\alpha(1-x)^\beta \quad (\alpha,\beta>-1)$$
に関する*直交多項式のことをいう．n 次のヤコビ多項式 $P_n^{(\alpha,\beta)}(x)$ は*超幾何級数を用いて $F(-n,\alpha+\beta+n+1,\beta+1;(1-x)/2)$ と表される．*ルジャンドル多項式 $P_n(x)=P_n^{(0,0)}(x)$，*チェビシェフ多項式 $T_n(x)=P_n^{(-1/2,-1/2)}(x)$ はヤコビ多項式の特別な場合である．

ヤコビ多様体
Jacobian variety

非特異*射影曲線(または閉リーマン面) C に標準的に対応させることのできる*アーベル多様体のこと．C の次数 0 の*因子の全体を $\mathcal{D}_0(C)$ と記す．C の*主因子の全体，(すなわち C 上の*有理型関数 f が作る因子全体) $\mathcal{D}_P(C)$ は $\mathcal{D}_0(C)$ の部分群となる．C の第 1 種*アーベル微分の基底を $\omega_1,\cdots,\omega_g$ とし，この基底の周期をもとに*複素トーラス $J(C)$ を作ることができる．$D=(P_1+\cdots+P_n)-(Q_1+\cdots+Q_n)$ に対して $(\sum_{j=1}^n\int_{Q_j}^{P_j}\omega_1,\cdots,\sum_{j=1}^n\int_{Q_j}^{P_j}\omega_g)$ を対応させることによって写像 $j:\mathcal{D}_0(C)\to J(C)$ ができる．写像は全射であり，その核は*アーベルの定理(代数曲線，閉リーマン面に関する)によって $\mathcal{D}_P(C)$ である．したがって $\mathcal{D}_0(C)/\mathcal{D}_P(C)$ は $J(C)$ と同一視することができ*複素トーラスの構造を持つ．さらにこの複素トーラスは代数的であり，アーベル多様体であることがわかる．$\mathcal{D}_0(C)/\mathcal{D}_P(C)$ をアーベル多様体と考えたものをヤコビ多様体という．

ヤコビ多様体は純粋に代数的に構成することもできる．

ヤコビの逆問題
Jacobi's inverse problem

$y^2=4x^3-g_2x-g_3$ で定義される*楕円曲線 C の正則 1 次微分形式 $\omega=dx/y$ を使って，C 上の 1 点 P_0 を固定して P_0 から C の点 Q への積分 $\int_{P_0}^Q\omega$ を考えると，この積分によって C から 1 次元*複素トーラス $\mathbb{C}/(\mathbb{Z}\tau_1+\mathbb{Z}\tau_2)$ への*正則同型写像ができる．ここで $\tau_1=\int_\alpha\omega$，$\tau_2=\int_\beta\omega$ は C の 1 次元*ホモロジー群の基底 $\{\alpha,\beta\}$ に関する周期で

ある．この正則同型を使って楕円関数体の元(楕円関数)を 1 次元複素トーラス上の有理型関数と考えることができ，それはさらに 2 重周期有理型関数と考えることができる．アーベル，ヤコビ，ガウスの*楕円関数論を現代的に見直すと，このように考えられる．

ヤコビは同様の理論を*種数 2 の*超楕円曲線 $C:y^2=x^6+a_1x^5+\cdots+a_6$ (6 次式 $f(x)=x^6+a_1x^5+\cdots+a_6$ は重根を持たない)に対して考えた．この場合正則 1 次微分形式の基底は
$$\omega_1=\frac{dx}{y},\quad \omega_2=\frac{xdx}{y}$$
で与えられ，C の 1 点 P_0 を固定すると C の点 Q に対して積分 $(\int_{P_0}^Q\omega_1,\int_{P_0}^Q\omega_2)$ は超楕円曲線 C から 2 次元複素トーラス $J(C)$ への正則写像となる．今度は C は複素 1 次元であり，$J(C)$ は複素 2 次元であるので，この正則写像は同型写像ではなく，逆写像は意味をなさない．ヤコビは試行錯誤ののち，2 点 $Q_1=(x_1,y_1)$，$Q_2=(x_2,y_2)$ をとって積分
$$\int_{P_0}^{Q_1}\omega_1+\int_{P_0}^{Q_2}\omega_1,\int_{P_0}^{Q_1}\omega_2+\int_{P_0}^{Q_2}\omega_2$$
を考えると $x_1+x_2,x_1x_2,y_1+y_2,y_1y_2$ は 2 次元複素トーラス $J(C)$ 上の有理型関数と考えることができると予想した．2 次元複素トーラス $J(C)$ 上の有理型関数として*テータ関数を使って具体的に関数を表示することを含めてこの予想をヤコビの逆問題という．種数 2 の超楕円曲線に関する逆問題はヤコビの学生ローゼンハイン(J. C. Rosenhain)と当時無名のゲペル(A. Göpel)によって解決された．

ヤコビの逆問題は一般の代数曲線 C から*ヤコビ多様体 $J(C)$ への正則写像に対して拡張することができ，*リーマンと*ワイエルシュトラスによって解決された．→ アーベルの定理(代数曲線，閉リーマン面に関する)，アーベル関数論

ヤコビの恒等式　Jacobi's identity　→ リー環

ヤコビの 3 重積公式
Jacobi's triple product formula

$|q|<1,z\neq 0$ を満たす複素数 q,z に対し恒等式
$$\prod_{m=1}^\infty(1-q^{2m})(1-q^{2m-1}z)(1-q^{2m-1}z^{-1})$$
$$=\sum_{n=-\infty}^\infty(-1)^nq^{n^2}z^n$$
が成り立つ．これをヤコビの 3 重積公式という．右辺はヤコビの*テータ関数 $\vartheta_4(u)$ であり，左辺

はその因数分解を与えている．

ヤコビの楕円関数
Jacobi's elliptic function

*ワイエルシュトラスの $\wp$(ペー)関数と並んで最も基本的な*楕円関数である．

$x=\sin u$ に関して
$$u = \int_0^x \frac{1}{\sqrt{1-z^2}}\,dz$$
が成り立つ．定数 k を導入してこの積分を一般化した
$$u = \int_0^x \frac{1}{\sqrt{(1-z^2)(1-k^2z^2)}}\,dz$$
の逆関数を $x=\mathrm{sn}(u,k)$ と記し，ヤコビのエスヌ(sn)関数という．また3角関数との類似から
$$\mathrm{cn}(u,k) = \sqrt{1-\mathrm{sn}^2(u,k)},$$
$$\mathrm{dn}(u,k) = \sqrt{1-k^2\mathrm{sn}^2(u,k)}$$
と定めて，それぞれシーヌ(cn)関数，ディーエヌ(dn)関数と呼ぶ．これらは複素平面上の1価有理型関数である．

$(k')^2=1-k^2$ となる k' を取り，
$$K = \int_0^1 \frac{dz}{\sqrt{(1-z^2)(1-k^2z^2)}},$$
$$K' = \int_0^1 \frac{dz}{\sqrt{(1-z^2)(1-(k')^2z^2)}}$$
とおくと，$\mathrm{sn}(u,k)$ は $4K$ と $2iK'$，$\mathrm{cn}(u,k)$ は $4K$ と $2K+2iK'$，$\mathrm{dn}(u,k)$ は $2K$ と $4iK'$ をそれぞれ基本周期とする2重周期関数である．したがってこれらは楕円関数である．$\wp$ 関数が周期平行4辺形内に1つの2重極をもつのに対し，ヤコビの楕円関数は2つの単純極をもつ．

特に $k=0$ の場合には楕円関数は3角関数へ退化し，$\mathrm{sn}(u,0)=\sin u$ となる．このとき2つの周期のうち一方は ∞ になる．同様の退化は $k=1,\infty$ でも生じ，例えば $k=1$ では $\mathrm{sn}(u,1)=\tanh u$ が成り立つ．→楕円関数

ヤコビの変換公式
Jacobi's transformation formula

*楕円関数の1つの*基本周期を ω_1, ω_2 (ただし，$\mathrm{Im}(\omega_2/\omega_1)>0$) とすれば，$\omega_2, -\omega_1$ も基本周期である．これは $\tau=\omega_2/\omega_1$ を $-1/\tau$ に変更することにあたる．この変換に対し，ヤコビのテータ関数 $\vartheta_1(u)$ は u, τ の関数として次の等式を満たす．
$$\vartheta_1\left(\frac{u}{\tau}, -\frac{1}{\tau}\right) = -i\sqrt{-i\tau}\,e^{\pi i u^2/\tau}\,\vartheta_1(u,\tau).$$

これをヤコビの変換公式という．→テータ関数

ヤコビ場
Jacobi field

測地線の方程式の線形化方程式をヤコビ方程式といい，その解である(測地線に沿った)ベクトル場をヤコビ場という．

曲面(あるいはより一般にリーマン多様体)上の曲線の族 $l_s:[a,b]\to M$ $(s\in[0,\varepsilon))$ があり，どの s に対しても l_s は測地線で，$|dl_s(t)/dt|$ が t によらないとする．このとき，t に $l_0(t)$ での接ベクトル $X(t)=(dl_s(t)/ds)|_{s=0}$ を対応させるベクトル場はヤコビ場である．ヤコビ場 $X(t)$ は微分方程式(ヤコビ方程式)
$$\frac{D^2X}{dt^2} + R(X,\dot{l}_0)\dot{l}_0 = 0 \qquad (*)$$
を満たしている(ここで $\dot{l}_0=dl_0/dt$, R は曲率テンソルで D^2X/dt^2 は X を曲線 l_0 の接ベクトルで2回*共変微分したものである)．

より一般に $(*)$ を満たす $X(t)$ のことを l_0 に沿うヤコビ場という．

例えば，$l_s(t)=(\cos s\sin t, \sin s\sin t, \cos t)$ $(t\in[0,\pi],\ s\in[0,\varepsilon))$ は北極 $N(0,0,1)$ と南極 $S(0,0,-1)$ を結ぶ球面の測地線(すなわち大円)の族であるから，
$$X(t) = (0,\sin t, 0) = \frac{d}{ds}l_s(t)|_{s=0}$$
は $l_0(t)=(\sin t, 0, \cos t)$ に沿ったヤコビ場である．

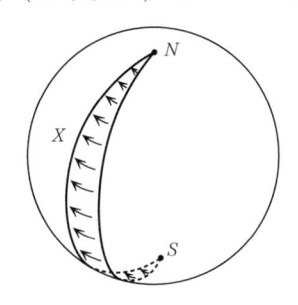

ヤング図形
Young diagram

自然数の*分割を視覚化するための図形で，*対称群や*一般線形群の*表現論，*組合せ論などでよく用いられる．n の分割 $n=\lambda_1+\cdots+\lambda_l$ $(\lambda_1\geqq\cdots\geqq\lambda_l>0)$ を表すヤング図形は，上から順に $\lambda_1,\cdots,\lambda_l$ 個の小正方形を左端をそろえて図のように並べたものである．

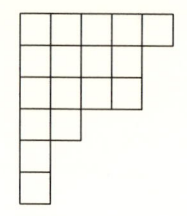

17=5+4+4+2+1+1 に対応するヤング図形

ヤングの不等式
Young's inequality

$f(0)=0$ を満たす*狭義の増加関数 $y=f(x)$ と，その逆関数 $x=f^{-1}(y)$ の積分の間に成り立つ不等式

$$ab \leq \int_0^a f(x)dx + \int_0^b f^{-1}(y)dy \quad (a,b>0)$$

をヤングの不等式という．

この不等式を図示すると次のようになる．

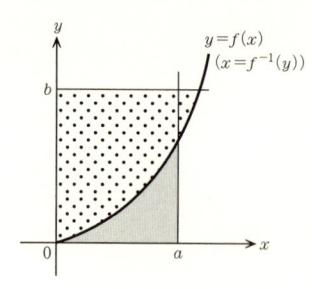

特に $f(x)=x^{p-1}$ $(p>1)$ とすれば

$$ab \leq \frac{a^p}{p} + \frac{b^q}{q}$$

を得る．ここで $q=p/(p-1)$，言い換えれば，$1/p+1/q=1$ である．

ヤング盤
Young tableau

ヤング図形の各小正方形に正整数を重複を許して書き込んだものをヤング盤という．特に条件
 (1) 各行の数字の列は非減少
 (2) 各列の数字の列は真に増大している
という条件を満足するヤング盤を半標準盤(semi-standard tableau)という．さらに 1 から n（n は小正方形の個数）までの数字がすべて 1 つずつ記された半標準盤(このときは各行の数字の列も真に増加する)を標準盤(standard tableau)という．

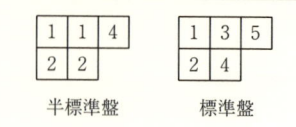

| 1 | 1 | 4 |
| 2 | 2 | |

半標準盤

| 1 | 3 | 5 |
| 2 | 4 | |

標準盤

ヤン–バクスター方程式
Yang-Baxter equation

*統計力学における，厳密に解ける格子模型を構成するための十分条件を与える関数方程式である．*量子群の表現論によって基礎づけられた．特別な場合には組み紐群の関係式(→ 組み紐)に帰着し，ヤン–バクスター方程式の解を用いて*絡み目の位相不変量が構成される．

ヤン–ミルズ理論
Yang-Mills theory

非可換ゲージ理論の典型で，電磁場と弱い相互作用の統一理論，クォークの理論(量子色力学)などで用いられる．

微分 1 形式のなす(対角)行列 A に対して，$F_A = dA + A \wedge A$ を考えると，F_A の大きさはゲージ変換 $A \mapsto g^{-1}dg + g^{-1}Ag$ で不変である．そこで，A のゲージ同値類の集合を相空間とし F_A の大きさの 2 乗の積分(ヤン–ミルズ汎関数)をラグランジアンとする理論が考えられる．これをヤン–ミルズ理論と呼ぶ． → 非可換ゲージ理論

ユ

優解
supersolution, upper solution

例えば，線形または半線形の 2 階楕円型方程式 $\Delta u+f(x,u,\nabla u)=0$ が与えられたとき，関数 $v(x)$ がこの方程式の優解であるとは，$\Delta v+f(x,v,\nabla v)\leqq 0$ が成り立つことをいう．逆の不等式を満たすものを劣解という．これらはラプラス方程式に対する優調和関数，劣調和関数の概念の拡張である．優解 v と劣解 w が領域 Ω 上で $v\geqq w$ を満たせば，真の解 u で $v\geqq u\geqq w$ を満たすものが少なくとも 1 つ存在する．優解と劣解の概念は，より一般の微分方程式に対しても用いられる．

有界
bounded

実数の集合 $A\subset\mathbb{R}$ が有界であるとは，ある正数 C があって任意の $a\in A$ に対して $|a|\leqq C$ が成り立つことを指す．⇒ 下に有界

実数値関数 f が有界であるとは，正数 C が存在して，定義域に属する任意の x に対して，$|f(x)|\leqq C$ が成り立つことを指す．言い換えると，f の像が有界であることである．

$\mathbb{R}^n$ の部分集合 A は，適当な半径を持つ*球体に含まれれば，有界な集合といわれる．$\mathbb{R}^n$ の有界な閉集合はコンパクトである（→ コンパクト（集合あるいは位相空間が））．

もっと一般に，*距離空間 (X,d) の部分集合 A は，
$$A\subset\{x\in X\mid d(x,x_0)\leqq C\}$$
を満たす $x_0\in X$ と $C>0$ が存在するとき，有界な集合といわれる．⇒ 直径

有界（順序集合における）
bounded

$(X,\leqq)$ を順序集合とし，A を X の部分集合とする．すべての $a\in A$ に対して $a\leqq x$ となる $x\in X$ が存在するとき，A は上に有界であるという．また，このような x を A の上界という．「下に有界」，「下界」も同様に定義される．

有界区間
bounded interval

有限区間ともいう．$a<b$ として，有界閉区間 $[a,b]$，有界開区間 (a,b)，有界半開区間 $(a,b]$，$[a,b)$ の 4 種類ある．

有界線形作用素
bounded linear operator

ノルム空間 X,Y の間の線形作用素 $A:X\to Y$ が不等式 $\|Ax\|\leqq C\|x\|$ $(x\in X)$ を満たすとき，A を有界線形作用素という（単に有界作用素ということもある）．ただし C は定数とする．これは A が X から Y への連続な線形作用素であることと同値である．

*L^2 空間 $L^2([a,b])$ から自分自身への積分作用素 T，$T(f)(x)=\int_a^b k(x,y)f(y)dy$ は k が（例えば）連続関数ならば有界作用素であるが，$f\mapsto df/dx$ などの微分作用素は有界作用素ではない．⇒ バナッハ空間，線形作用素，作用素ノルム，閉グラフ定理，バナッハ-シュタインハウスの定理

有界変動関数
function of bounded variation

閉区間 $[a,b]$ 上で定義された実数値関数 f が与えられたとき，$[a,b]$ の分割 $\Delta:a=x_0<x_1<\cdots<x_{n-1}<x_n=b$ に対して，
$$\mathrm{Var}_\Delta(f)=\sum_{k=1}^n|f(x_k)-f(x_{k-1})|$$
とおく．あらゆる分割にわたる上限
$$\mathrm{Var}(f)=\sup_\Delta \mathrm{Var}_\Delta(f)$$
を $f(x)$ の $[a,b]$ における全変動という．$\mathrm{Var}(f)$ が有限であるとき，f を有界変動関数という．

*増加関数や*減少関数は，有界変動関数である．逆に有界変動関数は，増加関数と減少関数の差として表される（ジョルダン分解）．有界変動関数は*ほとんどいたるところ*微分可能である．

有界領域
bounded domain

ユークリッド空間の領域が集合として有界であるとき有界領域という．⇒ 有界

優級数
majorant series, dominant series

級数 $\sum_{n=0}^\infty a_n$ に対し，すべての n について $|a_n|\leqq M_n$ が成り立つとき，級数 $\sum_{n=0}^\infty M_n$ を級数 $\sum_{n=0}^\infty a_n$

の優級数と呼ぶ．$\sum_{n=0}^{\infty} M_n$ が収束すれば $\sum_{n=0}^{\infty} a_n$ は*絶対収束する．

与えられた級数が絶対収束することを示すには，収束する優級数を構成するのが基本的な手段である．*コーシー-コワレフスカヤの定理などが，優級数を用いて証明される代表的な定理である．

有限アーベル群
finite abelian group

有限個の元からなる可換（アーベル）群のこと．G を有限アーベル群とし，その位数（元の個数）を n として，n を相異なる素数のべきの積に分解して $n=p_1^{e_1} p_2^{e_2} \cdots p_k^{e_k}$ とする．G は位数 $p_i^{e_i}$ の部分群 P_i をただ1つ持ち，P_i は位数が p_i のべきであるような元全体からなる．さらに，G は $P_1, P_2, \cdots, P_k$ の直積である．→アーベル群の基本定理

有限オートマトン
finite automaton

最も基本的な計算機械である．この機械 M には，有限個の状態があり，初期状態と受理状態（複数でもよい）の2つがあらかじめ定められている．機械には文字列が入力されるが，ある状態の下で1つの文字を入力すると別の状態（同じ状態でもよい）に移るようにできている．初期状態から始めて順番に文字を入力するごとに状態が変わり，受理状態に達したとき，その文字列は機械 M に受理されたという．A を M に受理される文字列の全体とするとき，M は言語 A を認識するという．ある有限オートマトンにより認識される言語を正規言語という．

形式的には，有限オートマトン M は，
(1) 状態と呼ばれる元を持つ有限集合 Q，
(2) アルファベットと呼ばれる有限集合 Σ，
(3) 遷移関数と呼ばれる写像 $\delta: Q \times \Sigma \to Q$，
(4) 初期状態と呼ばれる Q の要素 q_0，
(5) 受理状態集合と呼ばれる Q の部分集合 F

の組 $(Q, \Sigma, \delta, q_0, F)$ として定義される．Σ の元の列 $w_1 w_2 \cdots w_n$ について，状態の列 $r_0, r_1, \cdots, r_n$ であって，3つの条件
(ⅰ) $r_0 = q_0$
(ⅱ) $\delta(r_i, w_{i+1}) = r_{i+1}$ $(i=0, 1, \cdots, n-1)$
(ⅲ) $r_n \in F$

を満たすものが存在するとき，M は $w_1 w_2 \cdots w_n$ を受理するという．有限オートマトンは，状態遷移を表す有向グラフによっても表現される．→チューリング機械

有限開被覆
finite open covering

有限個の開集合からなる被覆（→開被覆）のことである．

有限加法族
finitely additive family

ある集合 Ω の部分集合からなる族 $\mathcal{F}$ で次の性質を満たすものをいう．
(1) $\Omega \in \mathcal{F}$．
(2) $A \in \mathcal{F}$ ならばその補集合 A^c も $\mathcal{F}$ に属す．
(3) $A, B \in \mathcal{F}$ ならば $A \cup B \in \mathcal{F}$．

有限加法測度
finitely additive measure

集合 Ω の部分集合からなる*有限加法族を $\mathcal{F}$ とする．各 $A \in \mathcal{F}$ に $0 \le m(A) \le \infty$ が与えられ，条件 $m(\emptyset) = 0$，および $A \cap B = \emptyset$ のとき
$$m(A \cup B) = m(A) + m(B)$$
が満たされるとき，m を Ω 上の有限加法測度という．

群 G が Ω に作用しているときは，さらに条件
$$m(gA) = m(A) \quad (g \in G, A \in \mathcal{F})$$
を仮定し，このとき m は G の作用に関して不変な有限加法測度という．$\mathbb{R}^n$ のすべての部分集合の上で定義され，合同変換に関して不変な有限加法測度であって，体積関数を拡張したものが存在するかどうかという問題は，*バナッハらにより考察された．そのような有限加法測度は，$n=1, 2$ に対しては存在し，$n>2$ に対しては存在しないことが知られている．→バナッハ-タルスキーの逆理，はさみ同値

有限幾何
finite geometry

通常のユークリッド幾何学において，平面上の点と直線は次のような性質を持っている．
(1) 任意の2点に対して，それらを通る直線がちょうど1本存在する．
(2) 任意の直線とその上にない任意の1点に対して，その点を通りその直線と交わらない直線がちょうど1本存在する．
(3) すべての点を含む直線はない．

上の(1)-(3)は点と直線の間の包含・接続関係

のもつ組合せ的性質を述べており，点の座標や2点間の距離というような計量的なものとは無関係である．したがって，有限集合 P とその部分集合の族 L の組 (P, L) に対して，P の要素を点，L の要素を直線とみなせば(1)-(3)の性質を考えることができる．例えば $P=\{a,b,c,d\}$, $L=\{\{a,b\},\{a,c\},\{a,d\},\{b,c\},\{b,d\},\{c,d\}\}$ は(1)-(3)を満たしている．このように，ユークリッド幾何学や射影幾何学の組合せ的側面を抽出して公理として定式化し，その公理だけから導き出される構造や性質を論じる数学を有限幾何と呼ぶ．*デザインなどと関連が深い．⇒ 有限射影平面

有限級数
finite series

有限個の項の和である級数のことをいう．

有限グラフ
finite graph

頂点と辺の数が有限なグラフのこと．⇒ グラフ(グラフ理論の)

有限群
finite group

有限個の元からなる*群．元の個数を位数という．有限群 G の位数を n とするとき，任意の $g \in G$ に対して，$g^n = e$ である(e は G の単位元)．

有限交叉性
finite intersection property

集合 X の部分集合族 $\{F_\alpha\}$ ($\alpha \in A$) について，任意の有限個の $F_{\alpha_1}, \cdots, F_{\alpha_n}$ が空でない共通部分を持つとき，この集合族は有限交叉性を持つという．位相空間 X がコンパクトであることと「X の閉集合の族 $\{F_\alpha\}$ ($\alpha \in A$) が有限交叉性を持てば，$\bigcap_{\alpha \in A} F_\alpha \neq \emptyset$ が成り立つ」ことは同値である．

有限次拡大
finite extension

体の拡大 L/K に関して，L を K 上のベクトル空間と見たときに有限次元であるとき，有限次拡大という．このとき，L は有限個の K 上*代数的な元を*添加して得られ，代数拡大になる．

有限次拡大体
finite extension field

体の拡大 L/K が有限次拡大のとき，L を K の有限次拡大体という．

有限次元線形空間
finite dimensional linear space

有限個のベクトルで張られる線形空間を，有限次元線形空間という．⇒ 無限次元

例　次数が n 以下の1変数多項式の全体は，有限次元の線形空間をなす．

有限射影平面
finite projective plane

有限集合 X の元を点と呼び，点の集まりとして直線が定義され，次の公理を満たすとき有限射影平面と呼ばれる．

公理 1．異なる2点を通る直線はただ1つ存在する．

公理 2．異なる2本の直線は必ず交わる．

公理 3．1直線上にない3点が存在する．

公理 4．直線は少なくとも3点を含む．

q 個の元からなる*有限体 $F = GF(q)$ 上の2次元*射影空間 $P^2(F)$ は有限射影平面の典型的な例である．有限射影平面のどの直線にも同じ個数の点がのっている．直線上の点の個数が $n+1$ 個のとき，n 次の有限射影平面であるという．

上の4つの公理から*デザルグの定理を証明することはできない．デザルグの定理が成立しない有限射影平面が存在する．一方，上記の公理にさらにデザルグの定理を公理としてつけ加えると，有限射影平面はある有限体 F 上の2次元射影空間 $P^2(F)$ となる．⇒ 射影幾何，有限幾何

有限集合
finite set

有限個の元からなる集合のこと．⇒ 無限集合

有限巡回群
finite cyclic group

*位数が有限の*巡回群のこと．*剰余群 $\mathbb{Z}/n\mathbb{Z}$ (n は自然数)と同型な群．

有限小数
finite decimal number

小数点以下に0から9までの有限個の数字 $a_1, a_2, \cdots, a_n$ が並んだ小数は，

$$0.a_1 a_2 \cdots a_n = \sum_{r=1}^{n} a_r / 10^r$$

によって決まる1より小さい有理数である. これに整数を加えた数を有限小数という. 例えば, $0.6=3/5$, $1.5=3/2$, $-5/8=-0.625=-1+0.375$.

有限小数は有理数であるが, 有理数が有限小数であるための必要十分条件は, $m/2^a 5^b$ (m は整数, a,b は0以上の整数)の形の数であることである.

有限数列
finite sequence

有限個の番号 $1, 2, \cdots, n$ のついた数の組 $a_1, a_2, \cdots, a_n$ のこと.

有限生成
finitely generated

群や環, 体などの代数系が有限生成であるとは, 有限個の元からその代数系の演算を使ってすべての元を書き表すことができることをいう.

有限体
finite field

有限個の元からなる*体のことをいう. 積に関する交換律を仮定しなくても, 有限体は可換体になることが証明できる(ウェダーバーンの定理). p を素数とするとき, $F_p = \mathbb{Z}/p\mathbb{Z}$ は有限体である.

任意の有限体 k の元の個数はある素数 p のべき乗 p^e であり, その*素体は F_p である. さらに, k は F_p の有限次拡大で, その次数 $[k:F_p]$ は e に等しい. k の元は, 方程式 $x^{p^e} - x = 0$ の根全体と一致する.

q を p^e (p は素数, $e \geqq 1$) の形のべき乗数とするとき, q 個の元を持つ有限体が, 同型を除いて一意的に存在し, それを F_q あるいは $GF(q)$ と表す. GF は Galois field の略で, これはガロアが有限体を組織的にはじめて考察したことに因む記号である.

有限被覆
finite covering

集合 X の有限個の部分集合 $A_1, \cdots, A_n$ の和集合が X と一致しているとき, $A_1, \cdots, A_n$ を X の有限被覆という. → コンパクト(集合あるいは位相空間が)

有限要素法
finite element method

偏微分方程式の数値解法の1つであり, 頭文字を並べて FEM と略称されることが多い. 偏微分方程式を変分問題に書き換えた上で, 変分問題に現れる積分を, 領域 Ω を小領域(有限要素)に分割して離散近似する. 未知変数を定める際に現れる線形方程式系の係数が*疎行列になるなどの利点がある. 有限要素法は構造力学の分野で生まれたが, 今では, 電磁気や流体など, さまざまな現象の数値解析に利用されている. → 境界要素法

有限連分数
finite continued fraction

有限個の数 $\{a_r\}$ ($r=0,1,\cdots,n$), $\{b_s\}$ ($s=1,\cdots,n$) により

$$a_0 + \cfrac{b_1}{a_1 + \cfrac{b_2}{a_2 + \cfrac{\ddots}{\ddots + \cfrac{b_{n-1}}{a_{n-1} + \cfrac{b_n}{a_n}}}}}$$

と表される数. a_r, b_s がすべて整数ならばこれは有理数である. 任意の有理数は $b_1 = \cdots = b_n = 1$ の形の有限連分数で表示できる. → 連分数

有向木
arborescence

木の形に似た形の有向グラフであり, 根付き有向木とも呼ばれる. 正確には, *入次数が0の頂点がただ1つ存在し, その他のすべての頂点の入次数が1であるような有向グラフである. 入次数が0の頂点を根(ね)(root)と呼ぶ. また, *出次数が0の頂点を葉(leaf)と呼ぶ. 有向木は分枝過程や階層構造を表現するために利用される.

有向曲面　oriented surface → 向きの付いた

有向グラフ
directed graph, oriented graph

辺に向きの付いた*グラフをいう. 頂点集合 V と辺集合 A をもつグラフを (V, A) と書き表すことがある.

有向集合
directed set

順序 $\leqq$ の定まった集合 I において, 任意の $i, j \in I$ に対し $i \leqq k$ かつ $j \leqq k$ となる $k \in I$ が存在するとき, I を有向集合という. → 帰納的極限と射影

的極限

有効数字
significant digit
実験における観測データのように誤差を含んだ値の 10 進数による表示(とくに小数部分の数字)において, 意味のある情報を担っていると考えられる部分を指す. あるいは, 近似値のもつ精度を表すために, 例えば,「円周率は有効数字 3 桁で 3.14 に等しい」というような言い方をする. ⇒ 近似

有向線分
oriented segment
線分 AB は矢印で表される 2 つの向きを持つが, その 1 つを指定した線分のことをいう. AB と BA は有向線分としては異なる. 有向線分を与えると(幾何)ベクトルが定まる. 有向線分 AB に対して, A をその始点, B を終点という.

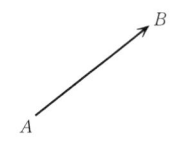

有向直線
oriented line
向きの与えられた直線のこと.

有向閉路   directed cycle   ⇒ 閉路

有向辺
directed arc
有向グラフの辺のことで, グラフにおいて向きが与えられている辺をいう.

優収束定理   dominated convergence theorem   ⇒ ルベーグの収束定理

優調和関数
superharmonic function
$-u(x)$ が劣調和であるとき, $u(x)$ を優調和関数という. ⇒ 劣調和関数

湧点(位相力学系の)   source   = 源点

湧点(ベクトル場の)
source point

湧き出し点ともいう. *ベクトル場の零点であって, その近傍において, ベクトル場の方向がすべてその点から遠ざかるように向かっている場合にいう. $\boldsymbol{v}=(v_1,\cdots,v_n)$ を座標近傍 $x_1,\cdots,x_n$ の原点の近傍で定義されたベクトル場とするとき, 原点でのヤコビ行列 $[\partial v_i/\partial x_j]\,(i,j=1,\cdots,n)$ の固有値がすべて正ならば, 原点は $\boldsymbol{v}$ の湧点である.

尤度
likelihood
統計学では, 観測された数値データ $X=(X_1,\cdots,X_n)$ の母集団分布が確率密度関数 $f(x,\theta)$ を持つ確率分布族 $P_\theta\,(\theta\in\Theta)$ のどれかに従うと想定して, そのパラメータ θ (母数という)の値を推定することが多い. このようなとき, $L_n(\theta;X)=\prod_{i=1}^{n} f(X_i,\theta)$ を θ の関数と見て, 尤度という. その最大値を与える可測関数 $\widehat{\theta}_n(X)$ が存在すれば, それを最尤推定量(maximum likelihood estimator)と呼び, これを用いてパラメータ値を推定することを最尤法という. Θ として $\mathbb{R}^n$ の閉領域を選び, $\theta\in\Theta$ について $f(x,\theta)$ は連続関数とすると, 最尤推定量が存在する. 最尤推定量については, 一致性(標本数 $n\to\infty$ のとき, 真のパラメータ値に収束すること, consistency)を持つための条件, その漸近的性質などが詳しく研究されている.

誘導
induce
ある数学的対象 α から別の数学的対象 β が, 一定の定められた手続きで決まるとき, α は β を誘導するという. β が α から導かれるなどともいう. 例えば, 写像 $f:X\to Y$ に対して, *べき集合の間の写像 $f^*:2^Y\to 2^X$ が, $f^*(A)=f^{-1}(A)$ とおくことにより誘導される(2^X は X の部分集合全体の集合, すなわちべき集合である). ⇒ 誘導された位相

誘導位相   induced topology   = 誘導された位相

誘導された位相
induced topology
位相空間 X の部分集合 A に定まる位相のこと. 「$V\subset A$ が開集合であるのは, X の開集合 U で $V=A\cap U$ であるものが存在すること」として A の誘導位相を定める. 部分集合に誘導された位相

を与えたものを，部分位相空間と呼ぶ．

誘導表現
induced representation

一般に，群 G とその部分群 H に対して，H の*線形表現から G の線形表現を構成する方法である．

有限群 G の部分群 H の有限次元線形空間 V への表現 $\rho: H \to GL(V)$ から G の $V^{\oplus r} = \overbrace{V \oplus \cdots \oplus V}^{r}$ への表現 $\rho^G: G \to GL(V^{\oplus r})$ が次のように構成される．ここで $r=[G:H]$ である．$G = g_1 H \cup g_2 H \cup \cdots \cup g_r H$ を G の剰余類への分解とするとき $g \in G$ に対して $\rho^G(g)$ を

$$\begin{bmatrix} \rho(g_1^{-1}gg_1) & \rho(g_1^{-1}gg_2) & \cdots & \rho(g_1^{-1}gg_r) \\ \rho(g_2^{-1}gg_1) & \rho(g_2^{-1}gg_2) & \cdots & \rho(g_2^{-1}gg_r) \\ \vdots & \vdots & \ddots & \vdots \\ \rho(g_r^{-1}gg_1) & \rho(g_r^{-1}gg_2) & \cdots & \rho(g_r^{-1}gg_r) \end{bmatrix}$$

と定義する．ただし $a \notin H$ のとき $\rho(a)=0$ と約束する．すると ρ^G は群 G の線形表現であることがわかる．これを表現 ρ から誘導された表現という．誘導表現は表現がよくわかった部分群 H から群 G の表現を構成するのに有効である．*群環と*テンソル積の言葉を使うと次のように述べられる．ρ によって V を $\mathbb{C}[H]$ 加群とみ，$\mathbb{C}[G]$ を両側 $\mathbb{C}[H]$ 加群とみると $\mathbb{C}[G] \otimes_{\mathbb{C}[H]} V$ は $\mathbb{C}[G]$ 加群となる．これが誘導表現にほかならない．

優モジュラー関数
supermodular function

関数 $f(x)$ は，$-f(x)$ が*劣モジュラー関数のとき優モジュラー関数と呼ばれる．

有理化
rationalization

*無理式で式の一部を根号を含まない形に変形すること．分数式で*分母の有理化がよく行われるが，分子を有理化すると便利な場合もある．

有理関数
rational function

2つの多項式 $f(x), g(x)$ により，$f(x)/g(x)$ と表される関数．

有理関数(代数多様体の)
rational function

*代数多様体 V は*アフィン代数多様体の貼り合わせで定義されるが，このアフィン代数多様体の座標環の商体を V の有理関数体，その元を V の有理関数という．貼り合わせに出てくるどのアフィン代数多様体をとっても同一の有理関数体が得られる．V が複素数体 $\mathbb{C}$ 上定義された非特異代数多様体であれば，V は複素多様体の構造を持つ．V が複素多様体としてコンパクトであれば，V 上の有理型関数と代数多様体としての V の有理関数とは実質的に同じものであることが知られている．例えば，*楕円曲線 E 上の有理関数は，E を1次元複素トーラスと見たときには*楕円関数と見ることができる．逆に，楕円関数は楕円曲線上の有理関数を定める．

有理関数体
rational function field

体 k の元を係数とする変数 x の分数式で表される式全体は，通常の加減乗除により体をなす．これを k を係数とする有理関数体といい，$k(x)$ により表す．多項式環 $k[x]$ の*商体といってもよい．

k が複素数体 $\mathbb{C}$ の場合は，$\mathbb{C}(x)$ は複素平面上の*有理関数全体，すなわち*リーマン球面上の有理型関数のなす体と同一視される．

多変数の場合も同様である．可換体 k 上の n 変数の多項式環 $k[x_1, \cdots, x_n]$ の商体，すなわち，多項式 $P(x_1, \cdots, x_n), Q(x_1, \cdots, x_n)$ の比である分数式 $\dfrac{P(x_1, \cdots, x_n)}{Q(x_1, \cdots, x_n)}$ の全体を n 変数有理関数体という．

有理関数体の有限次拡大体は*代数関数体と呼ばれる．

有理関数体(代数多様体の)
rational function field

代数多様体の関数体ともいう．代数多様体 V の*有理関数の全体は体となる．この体を V の有理関数体あるいは V の関数体という．

有理曲線
rational curve

2変数多項式 $f(x, y)$ により与えられる曲線 $f(x, y)=0$ は，t の有理関数 $x=x(t), y=y(t)$ による媒介変数表示を持つとき，有理曲線といわれる．

例1 円 $x^2+y^2-1=0$ は媒介変数表示

$$x = \frac{1-t^2}{1+t^2}, \quad y = \frac{2t}{1+t^2}$$

を持つから，有理曲線である．

例2 デカルトの葉線(folium cartesii(ラテン語)) $x^3+y^3=3axy$ は媒介変数表示

$$x = \frac{3at}{1+t^3}, \quad y = \frac{3at^2}{1+t^3}$$

を持つから，有理曲線である．

しかし，例えば $a\neq 0$ について，$y^2=x^n+a$ は，$n=1,2$ なら有理曲線であるが，$n\geq 3$ なら有理曲線ではない．

有理型
meromorphic

「ゆうりけい」と読む．⇒ 有理型関数

有理型関数
meromorphic function

複素平面またはリーマン球面 $\mathbb{C}\cup\{\infty\}$ の領域で定義され，孤立特異点では極を持ち，それ以外の点で正則な関数をいう．局所的に正則関数 g, h を使って g/h と表される関数と定義することもできる．有理関数はリーマン球面全体で有理型である．逆にリーマン球面全体で有理型な関数は有理関数に限る．$\cos z/\sin z$, *ガンマ関数, *リーマンのゼータ関数などは有理関数でない $\mathbb{C}$ 上の有理型関数の例である．一方，$e^{1/z}$ は $z=0$ で真性特異点をもつので $\mathbb{C}$ 上の有理型関数ではない．

より一般に，閉リーマン面 S 上で有限個の極しか持たないような解析関数を S 上の有理型関数という．種数1のリーマン面上の有理型関数は楕円関数である．⇒ 孤立特異点，留数

多変数複素関数の場合は局所的に正則関数 g, h を使って g/h と表される関数が有理型関数である．2変数以上の有理型関数では極や零点は孤立しない．例えば $f(z_1, z_2)=z_1/z_2$ の極は $z_2=0$, 零点は $z_1=0$ であり，原点 $(0,0)$ は極にも零点にも属する．このような点を不確定特異点と呼ぶ．

有理式
rational expression

$(x^2-1)/(x^3+2x^2+4)$ のように分母分子が多項式である分数を有理式という．分数式ということもある．⇒ 有理関数

有理写像
rational mapping

$P^1(\mathbb{C})\times P^1(\mathbb{C})$ の点 $((x_0:x_1),(y_0:y_1))$ に $P^2(\mathbb{C})$ の点 $(x_1y_0:x_0y_1:x_0y_0)$ を対応させると，点 $((0:1),(0:1))$ では対応が定義できないがこれ以外の点では写像として定義されている．この「写像」は $P^1(\mathbb{C})$ の非斉次座標 $x=x_1/x_0, y=y_1/y_0$ を使うと $(x,y)\mapsto (x:y:1)$ と書くことができる．このように，代数多様体 V の空でない*ザリスキー位相に関する開集合 U から代数多様体 W への写像 ψ が U の有理関数を使って表示されているとき，V から W への有理写像といい，通常の写像と同じ記号で $\psi: V\to W$ と表す．

有理写像 ψ が写像として意味を持たない V の点を有理写像 ψ の不確定点という．不確定点の全体は V の $(\dim V-1)$ 次元以下の代数的集合になっている．V が*正規多様体であれば，不確定点の全体は $(\dim V-2)$ 次元以下の代数的集合になる．

有理写像 $\psi: V\to W$ の不確定点の全体を F として，$\psi(V\setminus F)$ が W の空でないザリスキー開集合を含むとき，ψ は全射であるという．有理写像 $\psi: V\to W$ が全射のときは W の有理関数 f に対して $f\circ\psi$ は V の有理関数と見ることができ，W の関数体から V の関数体へ体の単射同型写像 $\psi^*:\mathbb{C}(W)\to\mathbb{C}(V)$ ができる．逆に体の単射同型写像 $\tau:\mathbb{C}(W)\to\mathbb{C}(V)$ があると，$\psi^*=\tau$ となる全射有理写像 $\psi: V\to W$ を作ることができる．
⇒ 双有理写像

有理数
rational number

整数または分数の形に表される数，すなわち2つの整数の比の値を有理数という．整数の全体は足し算，引き算，掛け算に関して閉じているが，割り算は整数の範囲内では必ずしもできない．そこで*分数を導入して割り算もできるようにすると有理数が登場する．p, q $(q\neq 0)$ が*互いに素な整数のとき p/q の形の分数を既約分数といい，公約数を持つ整数のとき，p/q を可約分数という．分数の足し算，引き算は分母を通分してから行う．

有理数を表す小数は*有限小数か*循環小数のいずれかである．

有理数体
rational number field

有理数全体からなる集合 $\mathbb{Q}$ は，加減乗除が成り立ち*体である．これを有理数体という．

有理数の稠密性
density of rational numbers

実数の集合 $\mathbb{R}$ の中で，有理数の集合 $\mathbb{Q}$ が*稠密であることをいう．これは，どんな a, b ($a<b$, $a, b\in\mathbb{R}$) をとっても，$a<x<b$ となる有理数 x が存在することを意味する．

有理整数
rational integer

代数的整数を考える際に，特に通常の整数であることをはっきりさせるために有理整数という．

有理整数環
rational integer ring

整数全体のなす環 $\mathbb{Z}$ のこと．*代数的整数環と区別するためにいう．

有理点($\mathbb{R}^n$ の)
rational point

n 次元ユークリッド空間 $\mathbb{R}^n$ において，各座標が有理数である点をいう．有理点全体を $\mathbb{Q}^n$ で表す．

有理点(代数多様体の)
rational point

$V\subset P^N(\mathbb{C})$ を，$\mathbb{C}$ の部分体 k 上で定義された射影多様体とし，k の拡大体 K を考える．V の点 $P=(a_0:a_1:\cdots:a_N)$ の比 a_i/a_j がすべて拡大体 K の元であるとき，点 P は V の K 有理点であるという．V の K 有理点の全体を $V(K)$ と記す．

$x^n+y^n=z^n$ で定義される $P^2(\mathbb{C})$ の射影曲線を C_n と記すと，C_n は有理数体 $\mathbb{Q}$ 上定義されている．*フェルマ予想は，$n\geq 3$ のとき C_n がどの座標も 0 でないような $\mathbb{Q}$ 有理点を持たないことと同値である．一方，$\mathbb{Q}$ に $\sqrt[n]{2}$ を*添加した体 $K=\mathbb{Q}(\sqrt[n]{2})$ を考えると，$(1:1:\sqrt[n]{2})$ は C_n の K 有理点である．

ユークリッド
Euclid

*エウクレイデスの英語風の呼び方．

ユークリッド環
Euclidean ring

整数や多項式における除法の「商」と「余り」を一般化した概念が定義できる環．整域 R から*整列集合 I への写像 v で次の条件を満たすものが存在するとき，R をユークリッド環という．

(1) $a\in R$ が 0 と異なれば，$v(0)<v(a)$ である．
(2) $a, b\in R$ について，$a\neq 0$ であるとき，$q, r\in R$ で
$$b=aq+r,\quad v(r)<v(a)$$
となるものが存在する．

例1 整数環 $\mathbb{Z}$ において，$I=\{0,1,2,\cdots\}$ として $v(a)=|a|$ とおくとき，b の a による商を q，余りを r とすれば
$$b=aq+r\quad (0\leq r<|a|)$$
となるから，$\mathbb{Z}$ はユークリッド環である．

例2 体 K 上の多項式環 $K[x]$ において，$I=\{-\infty,0,1,2,\cdots\}$ として
$$v(f)=\begin{cases}-\infty & (f=0)\\ \deg f & (f\neq 0)\end{cases}$$
と定めれば，多項式の除法により，$K[x]$ はユークリッド環である．ここで，$\deg f$ は多項式 f の次数を表している．

ユークリッド環は*単項イデアル整域である．

ユークリッド幾何学
Euclidean geometry

ギリシア時代に，当時知られていた幾何学的な諸事実をいくつかの少数の公理から演繹し体系づけることがなされた．*エウクレイデス(ユークリッド)による書物『原論』(*ユークリッドの『原論』)の幾何学的部分がその集大成である．『原論』にまとめられたような幾何学の体系をユークリッド幾何学と呼ぶ．

ユークリッド幾何学は，唯一の幾何学として長い間絶対視されていたが，*非ユークリッド幾何学の発見によって，可能な幾何学の体系の1つであることが理解された．

*リーマン幾何学の立場からすれば，ユークリッド幾何学は曲がっていない*平坦な空間(*曲率が0である空間)の幾何学である．

20世紀に入って，公理主義の思想の下で，ヒルベルトによってユークリッド幾何学の体系は整理され，公理の間の独立性などが研究された．

ユークリッド距離
Euclidean distance

ユークリッド幾何学において，2点 A, B が与えられたとき，線分 AB の長さを $d(A,B)$ とするとき，d は距離関数である．これをユークリッド距離という．$\mathbb{R}^n$ において，2点 $\boldsymbol{x}=(x_1,\cdots,x_n)$

と $\boldsymbol{y}=(y_1,\cdots,y_n)$ の間の距離を
$$d(\boldsymbol{x},\boldsymbol{y})=\sqrt{\sum_{i=1}^{n}(x_i-y_i)^2}$$
で定義したとき，d をユークリッド距離という．$n=2,3$ のとき，右辺が 2 点 $\boldsymbol{x}, \boldsymbol{y}$ を結ぶ線分の長さになることが 3 平方の定理からわかる．

ユークリッド空間
Euclidean space

平面，3 次元空間などの概念の高次元版である．n 個の実数の組全体 $\mathbb{R}^n$ に，$((x_1,\cdots,x_n),(y_1,\cdots,y_n))=\sum_{i=1}^{n}x_iy_i$ なる内積を入れて考えたものである．*ユークリッド距離を考えて，距離空間とみなす．

ユークリッド空間というときは，特定の座標の取り方や原点の取り方は，決めずに考える．

リーマン多様体と見ると曲率が 0 の平坦な多様体である．

ユークリッドの『原論』
Euclid's Elements

*エウクレイデス(ユークリッド)がまとめた，古代ギリシアの幾何学を集大成したものである．点や直線に関する「定義」，量に関する基本的事柄である「公理」，そして幾何学的大前提である「公準」から出発して，図形の性質を演繹的に導くという，一貫した立場をとる．その記述法は，ニュートンや哲学者スピノザ(Spinoza)の著作にも影響を与えた．その姿勢は，その後の科学全般の発展に決定的影響を与えた．また，その公準の 1 つ，平行線の公準の研究から，後に非ユークリッド幾何学が生まれた．

『原論』は 13 巻からなり，次のような内容である．

1 巻　比例論を使わない平面幾何．平行線の公準の下で，平行線の錯角と同位角の性質，3 角形の内角の和に関する定理や，数や線分とは異なる「量」としての面積理論が展開され，ピタゴラスの定理が証明されている．3 角不等式の証明も与えられている(平行線の公準は使わない)．

2 巻　比例論を使わない平面幾何．作図問題の形で，2 次方程式を解く問題を扱っている．

3 巻　比例論を使わない平面幾何．円の性質について述べている．

4 巻　比例論を使わない平面幾何．円に内接あるいは外接する多角形の性質が述べられている．

5 巻　比例論．一般の量に対する比例の理論．19 世紀の，デデキントによる実数論に引き継がれる極めて重要な部分である．エウドクソスの影響が大きいといわれる．

6 巻　比例論の幾何学への応用．

7 巻　数論．約数，倍数，偶数，奇数，互いに素である数，合成数などの性質を扱っている．エウドクソス以前の比例論(現代的にいえば，有理数の理論)に当たる．*ユークリッドの互除法は，ここで述べられている．

8 巻　数論．平方数や立方数についての理論．

9 巻　数論．素数が無限個存在することが証明されている．

10 巻　数論．現代の言葉では，無理数の理論．

11 巻　立体幾何．立体の性質を扱っている．

12 巻　立体幾何．*取り尽くし法(積尽法)による角錐，角柱，円錐，円柱，球の体積理論．円の面積も含む．

13 巻　立体幾何．正多面体論．

ユークリッドの互除法
Euclidean algorithm

2 つの自然数 m,n が与えられたとき，それらの*最大公約数を求めるための手段．*アルゴリズムの典型．ユークリッドの『原論』では，2 つの線分の比を求める手段(anthyphairesis)として論じられている．

$m>n$ とする．まず，m を n で割り，商を q_0，余りを r_1 とする．
$$m=q_0n+r_1 \quad (0\leqq r_1<n)$$
r_1 が 0 でなければ，n を r_1 で割り，商を q_1，余りを r_2 とする．
$$n=q_1r_1+r_2 \quad (0\leqq r_2<r_1)$$
r_2 が 0 でなければ，r_1 を r_2 で割り，同様のことを続ける．
$$r_1=q_2r_2+r_3 \quad (0\leqq r_3<r_2),$$
$$r_2=q_3r_3+r_4 \quad (0\leqq r_4<r_3),$$
$$\cdots\cdots$$
$r_1>r_2>\cdots$ であるから，$r_k>0$，$r_{k+1}=0$ となる番号 k が存在する．すなわち
$$r_{k-2}=q_{k-1}r_{k-1}+r_k \quad (0\leqq r_k<r_{k-1}),$$
$$r_{k-1}=q_kr_k$$
となる．このとき，r_k が m,n の最大公約数となる．

例　2163 と 630 の最大公約数を求める．
$$2163=3\cdot 630+273,$$

$$630 = 2 \cdot 273 + 84,$$
$$273 = 3 \cdot 84 + 21,$$
$$84 = 4 \cdot 21.$$

よって，最大公約数は 21 である．
ユークリッドの互除法は多項式に対しても同様に有効である．

輸送問題
transportation problem

複数の供給地と需要地があるとき，指定された供給量と需要量を満たし，輸送費用を最小にする輸送方法を見出す問題で，*オペレーションズ・リサーチにおける基本的な問題の 1 つである．供給地 i の供給量 s_i，需要地 j の需要量 d_j，および供給地 i から需要地 j への単位輸送量の費用 c_{ij} ($+\infty$ の可能性も許す）が与えられているとする（$1 \leq i \leq m$, $1 \leq j \leq n$）．供給地 i から需要地 j への輸送量を x_{ij} (≥ 0) とすると，輸送にかかる総費用は $\sum_{i=1}^{m}\sum_{j=1}^{n} c_{ij} x_{ij}$ である．供給バランス $\sum_{j=1}^{n} x_{ij} = s_i$ $(i=1,\cdots,m)$ と需要バランス $\sum_{i=1}^{m} x_{ij} = d_j$ $(j=1,\cdots,n)$ の下でこの総費用を最小にする x_{ij} ($i=1,\cdots,m; j=1,\cdots,n$) を求める問題が輸送問題である．輸送問題は*最小費用流問題としても定式化できる．

ユードクソス
Eudoxos

*エウドクソスの英語風呼び方．

ユニタリ行列
unitary matrix

n 次の複素正方行列 U は，$U^*U = I_n$ を満たすとき，ユニタリ行列といわれる（ここに U^* は U の*随伴行列）．可逆な複素行列 U で，$U^{-1}=U^*$ となるもの，といってもよい．実のユニタリ行列は直交行列である．

ユニタリ行列は，$\mathbb{C}^n$ の*標準的内積 $\langle \cdot, \cdot \rangle$ を保つ行列として特徴づけられる．すなわち，U がユニタリ行列であるための必要十分条件は，すべての $\boldsymbol{x}, \boldsymbol{y} \in \mathbb{C}^n$ に対して
$$\langle U\boldsymbol{x}, U\boldsymbol{y} \rangle = \langle \boldsymbol{x}, \boldsymbol{y} \rangle$$
が成り立つことである．

ユニタリ空間
unitary space

複素線形空間 V でエルミート内積 $\langle \cdot, \cdot \rangle$ を考えたものをいう．組 $(V, \langle \cdot, \cdot \rangle)$ のことである，といってもよい．

ユニタリ群
unitary group

n 次のユニタリ行列全体は，行列の掛け算に関して群になる．これを $U(n)$ で表し，ユニタリ群という．

ユニタリ作用素
unitary operator

ヒルベルト空間 H からそれ自身への線形作用素 $U: H \to H$ は全射であり，内積を保つ（$\langle Uh, Uk \rangle = \langle h, k \rangle$）ときユニタリ作用素という．内積を保つことはノルムを保つ（$\|Uh\|=\|h\|$）と言い換えてもよい．なおノルムを保つが全射とは限らない場合は等距離作用素という．また，2 つのヒルベルト空間の間の作用素についても，内積を保つ全射をユニタリ作用素ということがある．

ユニタリ同型写像
unitary isomorphism

2 つのユニタリ空間の間の，エルミート内積を保つ線形同型写像をユニタリ同型写像という．→ユニタリ行列

ユニタリ同値
unitary equivalence

2 つの n 次*エルミート行列 H_1, H_2 は $H_1 = U^{-1}H_2U$ を満足する*ユニタリ行列 U が存在するときにユニタリ同値であるという．ここで $U^{-1} = {}^t\overline{U}$ である．この定義はヒルベルト空間の作用素に一般化することができる．

ユニタリ表現
unitary representation

ユニタリ行列による群の*表現のことである．エルミート内積を保つ表現といってもよい．
複素ベクトル空間 V がエルミート内積 $\langle \cdot, \cdot \rangle$ を持つとき，群 G の V 上のユニタリ表現とは，G の元 g に対して，複素線形写像 $\rho(g): V \to V$ を対応させる対応 ρ であって，$\langle \rho(g)v, \rho(g)w \rangle = \langle v, w \rangle$ が任意の $v, w \in V$ に対して成り立ち，かつ $\rho(g)\rho(g') = \rho(gg')$, $\rho(g^{-1}) = \rho(g)^{-1}$ が成り立つものをいう．すなわち，V のユニタリ変換全体のなす群 $U(V)$ への G からの準同型 $\rho: G \to U(V)$

がユニタリ表現である．

　有限次元複素ベクトル空間 V への有限群(またはコンパクト群) G の任意の表現 ρ に対して，V 上のエルミート内積を定めて，ρ がユニタリ表現であるようにすることができる．

　有限次元のユニタリ表現は既約表現の直和になる．

　V がヒルベルト空間などのエルミート内積をもつ無限次元の複素線形空間である場合，V へのユニタリ表現というときは，$\rho: G \to U(V)$ が連続であることも仮定される．

　周期1をもつ連続な1変数周期関数全体 $\{f(x): \mathbb{R} \to \mathbb{C} \mid f(x+1)=f(x)\}$ は L^2 ノルム $\|f\|^2 = \int_0^1 |f(x)|^2 dx$ による完備化でヒルベルト空間 V になる．群 $\{e^{2\pi it} \mid t \in [0,1]\}$ の V 上のユニタリ表現が
$$(\rho(e^{2\pi it})f)(x) = f(x-t)$$
で定義される．$f_n(x) = e^{2\pi inx}$ が基底である1次元部分空間 $V_n \subset V$ はこの表現で保たれ(すなわち $\rho(e^{2\pi it})(V_n) \subset V_n$ が成り立ち)，V は直和 $\bigoplus_{n \in \mathbb{Z}} V_n$ の完備化である．この事実は*フーリエ級数展開に対応する．

　一般のリー群 G に対して，G 上の*ハール測度 μ に関して2乗可積分な G 上の関数全体を $L^2(G;\mu)$ とする．G は $V = L^2(G;\mu)$ (μ はハール測度) 上のユニタリ表現を持つ．

　G のヒルベルト空間 V 上のユニタリ表現 ρ と任意の $g \in G$ に対して $\rho(g)W \subset W$ が成り立つような閉部分空間 W に対して，$V = W \oplus Z$ かつ $\rho(g)Z \subset Z$ が任意の g に対して成り立つような閉部分空間 Z が存在する(実際 Z を V の直交補空間とすればよい)．

ユニタリ変換
unitary transformation
　*ユニタリ空間の*線形変換がエルミート内積を保つときユニタリ変換という．ユニタリ空間の*正規直交基底に関する行列表示がユニタリ行列になる線形変換に他ならない．

ユニモジュラー行列　unimodular matrix ＝単模行列

ゆらぎ
fluctuation
　主として統計物理学などで用いられる用語であるが，数学的には，観測された物理量を確率変数 X と見たとき，平均からの偏差 $\Delta X = X - E[X]$ がゆらぎである．ゆらぎは，通常ガウス分布に従うと見なされる場合を指すことが多く，分散 $E[(\Delta X)^2]$ (ベクトル値ならば共分散)をその大きさの目安にとる．なお，異なる時刻におけるゆらぎの共分散 $R(t,s) = E[(\Delta X(t))(\Delta X(s))]$ は(時間)相関関数と呼ばれる．

余因子　cofactor　⇒ 余因子行列

余因子行列
cofactor matrix

n 次の正方行列 $A=[a_{ij}]$ に対して，その第 i 行と第 j 列を除いて得られる行列の行列式を A の第 (i,j) 小行列式といい，それの $(-1)^{i+j}$ 倍を A の第 (i,j) 余因子といい，$\widetilde{a}_{ij}$ により表す．行列 $\widetilde{A}$ を

$$\widetilde{A}=\begin{bmatrix}\widetilde{a}_{11}&\widetilde{a}_{21}&\cdots&\widetilde{a}_{n1}\\ \widetilde{a}_{12}&\widetilde{a}_{22}&\cdots&\widetilde{a}_{n2}\\ \vdots&\vdots&\ddots&\vdots\\ \widetilde{a}_{1n}&\widetilde{a}_{2n}&\cdots&\widetilde{a}_{nn}\end{bmatrix}$$

により定義して，A の余因子行列という(添え字の順番に注意．$\widetilde{A}$ の (i,j) 成分は $\widetilde{a}_{ji}$ である)．

$$A\widetilde{A}=\widetilde{A}A=(\det A)I_n$$

が成り立つ．したがって，A が正則(可逆)ならば，A の逆行列は $\widetilde{A}/(\det A)$ で与えられる．

葉　leaf　⇒ 有向木

葉(葉層構造の)　leaf　⇒ 葉層構造

葉状形　folium　⇒ 正葉線

要素
element

集合を構成するもの．元ともいう．⇒ 集合

葉層構造
foliation

特異点のない*ベクトル場に対する積分曲線の族のもつ構造の一般化である．多様体 M 上に，葉層構造を与えるとは，互いに交わらない同じ次元の部分多様体 F_α の和へ，M を分解することをいい，各 F_α を葉(leaf)という(図1．ただし葉は*閉部分多様体とは限らない)．F_α がすべて1次元の場合が特異点のないベクトル場の積分曲線である(葉は積分曲線の一般化)．

それぞれの F_α は，局所的には，k 個の関数 $f_1(x_1,\cdots,x_n),\cdots,f_k(x_1,\cdots,x_n)$ を用いて $f_1=\alpha_1,\cdots,f_k=\alpha_k$ と表される．ここでは，$\alpha=$

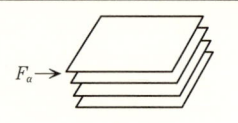

図1

$(\alpha_1,\cdots,\alpha_k)$ を選ぶごとに葉 F_α が定まり，これらの和に n 次元多様体が局所的に分解している．k を葉層構造の余次元(codimension)という．

多様体 M 全体で葉層構造を考えると，葉 F_α が，M 全体で関数を用いて $f_1=\alpha_1,\cdots,f_k=\alpha_k$ と表されるとは限らない．実際，トーラス $T^2=\mathbb{R}^2/\mathbb{Z}^2$ 上のベクトル場 $\partial/\partial x+\sqrt{2}\partial/\partial y$ に対応する葉層構造の葉(積分曲線)は T^2 で稠密である．

多様体上に*積分可能な*分布が与えられると，積分多様体を葉とすることで葉層構造が定まる．

図2の葉層構造を2つ貼り合わせてできる3次元球面上の葉層構造は葉層構造の研究で重要で，発見者レーブ(G. Reeb)の名をとってレーブ葉層構造と呼ばれる(図2)．

図2

様相論理
modal logic

命題 P に対して「可能である」あるいは「必然的である」というように，真偽以外の命題の性質を取り入れた論理のことである．⇒ 古典論理，多値論理

揺動散逸定理
fluctuation-dissipation theorem

*ブラウン運動する粒子について，拡散係数 D と移動度 μ (外部電圧に関する粒子速度の線形応答)の間に成り立つアインシュタインの関係式 $D=\mu kT$ (T は温度，k はボルツマン定数)のように，一般に，物理量の線形応答がゆらぎの相関関数によって定まるという統計力学の定理をいう．数学としてはガウス過程に関する定理とみることができる．

容量　capacity　→ 導体ポテンシャル

余核
cokernel
線形写像 $T: L_1 \to L_2$ に対して，*商線形空間 $L_2/\mathrm{Im}\, T$ を，T の余核といい，$\mathrm{Coker}\, T$ と記す．環 R 上の*加群の準同型写像 $T: M \to N$ についても，$N/\mathrm{Im}\, T$ を T の余核という．→ フレドホルム作用素，指数定理

余割　cosecant　コセカント．→ 3角比

余弦　cosine　コサイン．→ 3角比，3角関数

余弦関数　cosine function　→ 3角関数

余弦級数展開　cosine series expansion　→ 余弦展開

余弦定理
cosine theorem
3角形の頂点の内角をそれぞれ A, B, C，その対辺の長さを a, b, c とすると，内角と対辺との間に次の関係
$$c^2 = a^2 + b^2 - 2ab\cos C$$
が成り立つ．これを余弦定理と呼ぶ．
なお $c = a\cos B + b\cos A$ を第1余弦定理と呼び，余弦定理を第2余弦定理と呼ぶこともある．

余弦展開
cosine expansion
余弦関数のみを用いたフーリエ展開をいう．区間 $[0, L]$ 上の2乗可積分関数 $f(x)$ は偶関数として $[-L, L]$ 上に拡張することにより
$$a_0 + a_1 \cos(\pi x/L) + a_2 \cos(2\pi x/L) + \cdots$$
の形に余弦展開できる．→ フーリエ級数

横波
transversal wave
波の振動が波の進行方向と垂直な進行波のことである．*電磁波は横波である．→ 縦波

横ベクトル
row vector
成分を横に並べた数ベクトル．行ベクトルともいう．→ 行列

余次元

codimension
次元の概念を持つ対象 X, Y について，Y が X の部分集合で，$\dim X = n$, $\dim Y = m$ であるとき，Y は X において余次元 $n - m$ を持つという．

4次元多様体
4-dimensional manifold
4次元多様体の微分位相幾何学では，3次元以下とも，また5次元以上とも違った現象がおきることが20世紀後半にわかり，現在も活発に研究されている．例えば n 次元ユークリッド空間 $\mathbb{R}^n$ と*同相であるが微分同相でない多様体は4次元でだけ存在する．球面と同相で微分同相でない多様体が存在するかどうかが現在わかっていないのも4次元に限られる．4次元多様体の位相幾何学では，ヤン-ミルズ方程式など，その上の非線形偏微分方程式を考えることが重要な研究方法になっている．

余事象
complementary event
ある事象に対し，その事象が起こらないという事象をその事象の余事象という．事象を確率空間の部分集合と考えたとき，補集合に対応する事象が余事象である．

吉田光由　よしだみつよし
Yosida, Mituyosi
1598-1672 角倉の一族に生まれ，外祖父に角倉了以，外伯父に角倉素庵がいる．程大位の『算法統宗』を角倉素庵について学んだと伝えられる．『算法統宗』をもとに記したといわれる『*塵劫記』（寛永4年(1627)に初版が出版されたとされる）は『算法統宗』を完全に消化し，江戸時代に必要な数学が学べる教科書として他に並びない位置を獲得した．『塵劫記』にはさまざまな教育上の配慮も見られ，光由が数学の教育に関して優れた見識を持っていたことがわかる．

光由の数学への興味は数学そのものだけでなく，当時天文現象と著しくずれていた暦を改めることにも関心があったものと思われる．『和漢編年合運図』，『古暦便覧』などの著書がそのことを示唆している．また寛永初年に兄光長とともに人工の菖蒲谷池および嵯峨隧道を計画，完成させたと伝えられている．→ 中国の数学，和算

4 次方程式の根の公式
formula giving roots of quartic equation

4次方程式の解法はフェラーリによって初めて得られた．4次方程式
$$ax^4 + bx^3 + cx^2 + dx + e = 0, \quad a \neq 0$$
を，まず適当な α により x を $x-\alpha$ に置き換えて
$$x^4 + px^2 + qx + r = 0 \qquad (*)$$
に変形する．この方程式を $x^4 = -px^2 - qx - r$ と書き換え，両辺に $x^2z + z^2/4$ を加えると（z はあとで値を決めるある定数）
$$\left(x^2 + \frac{z}{2}\right)^2 = (z-p)x^2 - qx + \left(\frac{z^2}{4} - r\right)$$
を得る．この右辺が完全平方式になるように z を決める．そのために，右辺が定める x に関する2次方程式の判別式=0を求めると3次方程式
$$z^3 - pz^2 - 4rz + (4pr - q^2) = 0$$
を得る．この3次方程式の根の1つを z_1 とすると
$$\left(x^2 + \frac{z_1}{2}\right)^2 = (z_1 - p)\left(x - \frac{q}{2(z_1 - p)}\right)^2$$
となり，2つの2次方程式
$$x^2 + \frac{z_1}{2} = \pm\sqrt{z_1 - p}\left(x - \frac{q}{2(z_1 - p)}\right)$$
を得る．この2つの2次方程式の根の公式から，4次方程式(*)の根が得られる．根の公式を美しい形に表すためには次のオイラーの方法が用いられる．

因数分解
$$\begin{aligned}
&x^4 - 2(u^2 + v^2 + w^2)x^2 + 8uvwx \\
&\quad - 2u^2v^2 - 2u^2w^2 - 2v^2w^2 \\
&\quad + u^4 + v^4 + w^4 \\
&= (x + u + v + w)(x + u - v - w) \\
&\quad \times (x - u + v - w)(x - u - v + w)
\end{aligned}$$
に注意する．これと $x^4 + px^2 + qx + r$ の係数を比較し，根と係数の関係を使うことにより，u^2, v^2, w^2 を3次方程式
$$t^3 + \frac{p}{2}t^2 + \frac{p^2 - 4r}{16}t - \frac{q^2}{64} = 0$$
の根とすれば，$x^4 + px^2 + qx + r = 0$ の根は
$$x = -u - v - w, \quad -u + v + w,$$
$$u - v + w, \quad u + v - w$$
により表される．→3次と4次の方程式の解法発見の歴史

余接 cotangent コタンジェント．→3角比

余接空間
cotangent space

*接空間の*双対空間のことをいう．滑らかな*多様体（あるいは曲面，部分多様体）M の1点 p での接空間を $T_p(M)$ とし，その双対空間すなわち余接空間を $T_p^*(M)$ と表す．p の周りの局所座標系を $(x^1, \cdots, x^n)$ とすると，接空間 $T_p(M)$ の基底は，$\partial/\partial x^1, \cdots, \partial/\partial x^n$ であるが，その*双対基底である $T_p^*(M)$ の基底を $dx^1, \cdots, dx^n$ で表す．このとき，座標変換 $y^i = y^i(x^1, \cdots, x^n)$ による基底 $dx^1, \cdots, dx^n$ の変換は接空間の場合の転置行列であるから，
$$dy^i = \sum_{j=1}^n \frac{\partial y^i}{\partial x^j} dx^j$$
が成り立つ．これから，dx^i は微分1形式（→微分形式）の p での値とみなすことができる．言い換えると，各点 p に対して $T_p^*(M)$ の元を与える対応が微分1形式である．

余接束
cotangent bundle

滑らかな多様体 M の各点 q の余接空間を合わせたもので $T^*(M) = \bigcup_{q \in M} T_q^*(M)$ である．*ベクトル束になる．余接束の切断が微分1形式である．
点 q の周りの M の*局所座標系を $(x^1, \cdots, x^n)$ とすると，$T_q^*(M)$ の元 ξ は $p_1 dx^1 + \cdots + p_n dx^n$ と表される．*座標関数 x^i の q での値を $x^i(q)$ と書くと，ξ に $(x^1(q), \cdots, x^n(q), p_1, \cdots, p_n)$ を対応させる写像は，$T^*(M)$ の局所座標系を与える．このとき微分2形式 $\omega = dx^1 \wedge dp_1 + \cdots + dx^n \wedge dp_n$ は局所座標系 $(x^1, \cdots, x^n)$ によらず，$T^*(M)$ 上の微分2形式を定め，余接束上にシンプレクティック多様体（→シンプレクティック幾何学）の構造を与える．余接束上のシンプレクティック構造は，拘束系の解析力学などで重要である．

余接ベクトル束 cotangent vector bundle ＝余接束

ヨーロッパ・ルネッサンスの数学
mathematics of Renaissance in Europe

5世紀から11世紀までのヨーロッパは数学的にはほとんど見るべきものはなく，科学研究の衰退期であった．ただ，神学を学ぶための基礎としての自由七科に幾何学，算術，和声学，天文学が含まれており，古代ギリシアの科学知識の断片が細々と伝えられたことは後の科学の発展の準備となった．

12世紀以降はアラビア科学書の一大翻訳運動が起こり，翻訳を通して古代ギリシアの科学への関心が高まり，のちにはギリシア語原典からラテン語への翻訳が行われるようになった．アリストテレスがスコラ哲学の基礎づけに用いられた結果，科学においてもアリストテレスが権威を持つことになり，アリストテレスの自然科学の間違いを正すことによって近世ヨーロッパの科学が誕生することになった．

　数学的には*フィボナッチ(1170頃-1250頃)がイスラーム世界を旅行してアラビアの数学を学び『算板の書』を1202年に著し，アラビア数字と10進位取り記数法をヨーロッパに紹介した．アル=フワーリズミーの著作もラテン語訳され，アラビア数字の記法のみならず，方程式論もヨーロッパに伝えられた．また，エウクレイデス(ユークリッド)の『原論』もラテン語訳された．

　文化史上のルネッサンスは14世紀イタリアに始まり，15,16世紀にヨーロッパ諸国で展開した．15世紀に印刷術が始まり，書籍の普及が始まった．ドイツの数学者・天文学者レギオモンタヌス(1401-64)は『アルマゲスト』の正確なラテン語訳に取り組み，1533年に『三角法』を著して3角法を系統的に論じ，ヨーロッパにおける数理天文学の基礎を造った．複式簿記の父と呼ばれるイタリアのパチョリ(L. Pacioli, 1445頃-1517)は1494年に著した『算術，幾何，比および比例関係大全』(『スンマ』と略称される)でアラビア数学に基づいた実用算術を展開した．この本は複式簿記に関する記述を含み，印刷されてヨーロッパに広く普及した．

　16世紀にはイタリアの数学者デル・フェッロ(Scipione del Ferro), タルターリャ(N. Tartaglia, 1506-57), *カルダノ(1501-76)によって*3次方程式の解法が，カルダノの弟子フェラーリ(L. Ferrari, 1522-65)によって4次方程式の解法が見出され，アラビアの代数学を真に凌駕することになった．

　またフランスの*ヴィエト(1540-1603)は文字式の使用を本格化し，代数学を系統的に取り扱った．オランダの数学者S. ステヴィン(S. Stevin, 1548頃-1620頃)は著書『十分の一』で体系的な10進法を確立して10進小数を導入した．1585年に出版された『数論』では有理数以外の数も一般の数として取り扱い，古代ギリシアの数概念を超えたことで有名である．

　こうしたルネッサンス期の数学を経て，17世紀以降のヨーロッパの多彩な数学の進展が始まった．
→ アラビアの数学，ギリシアの数学

弱い解　weak solution　→ 弱解

4色問題
four-color problem

　「平面に描かれた地図の領域に4つの色を塗って，隣り合う領域は異なる色となるようにすることができるか」という問題である．領域の中に代表点をおいて，隣接する領域の代表点を辺で結んだグラフを考えると，領域に色を塗ることは，平面グラフの頂点の*彩色となる．このとき，4色問題は，任意の平面グラフの彩色数は4以下であるかという問題と同値である．4色問題は，1852年グスリー(F. Guthrie)が予想として提出していたが，1878年にケーリー(A. Cayley)が再提出し，以来多くの数学者によって解決の努力がなされてきた．そして，1976年にハーケン(W. Haken)，アッペル(K. Appel)，コッホ(J. Koch)らによりコンピュータを援用して肯定的に解決された．有名な数学の問題の解決にコンピュータが本格的に使われた「最初」の例として話題になった．

ラ

ライプニッツ
Leibniz, Gottfried Wilhelm

1646-1716 ドイツの数学者,哲学者,科学者,外交官.広範な主題に及ぶ著述を行った.ニュートンとともに,微分積分学の創始者でもある.微分積分学の基本定理は彼に負う.また,記号論理の萌芽的アイデアを持っていた.数学における記号の重要性を指摘.微分 d/dx と積分記号 $\int$ はライプニッツによる.

ライプニッツの規則
Leibniz' rule

微分可能な関数 $f(x)$, $g(x)$ の積の導関数 $\{f(x)g(x)\}'$ は $f'(x)g(x)+f(x)g'(x)$ で与えられる.これをライプニッツの規則または公式という.

ライプニッツの公式
Leibniz' formula

関数の積の高階導関数を与える公式をいう.関数 u の n 階導関数を $u^{(n)}$ で表すとき
$$(uv)^{(n)} = \sum_{k=0}^{n} \binom{n}{k} u^{(n-k)} v^{(k)}$$
$$= u^{(n)}v + nu^{(n-1)}v'$$
$$+ \frac{n(n-1)}{2}u^{(n-2)}v'' + \cdots + uv^{(n)}$$
が成り立つ.ここで $\binom{n}{k}$ は2項係数を表す.

ラグランジアン
Lagrangian

ラグランジュ関数ともいう.
*作用量を定める積分の被積分関数のこと.位置と速度を座標とする*状態空間上の関数である.空間内の n 個の質点からなる系の場合は,位置を表す座標を $q_1,\cdots,q_{3n}$ としたとき,ラグランジアン L は $q_1,\cdots,q_{3n}, \dot{q}_1,\cdots,\dot{q}_{3n}$ の関数で(ここで $\dot{q}_i = dq_i/dt$),*運動エネルギー $E=(1/2)\sum_{i=1}^{3n}\dot{q}_i^2$ と*位置エネルギー $U=U(q_1,\cdots,q_{3n})$ の差 $E-U$ である.→最小作用の原理,ラグランジュ形式,作用量

無限自由度の系でもラグランジアンが定まる.例えば電磁場の場合は*ベクトル・ポテンシャルを A とすると,作用量は $\int_{\mathbb{R}^4} \|dA\|^2 dx_0 dx_1 dx_2 dx_3$ である.この被積分関数 $\|dA\|^2$ をラグランジアン密度という.場の量子論のファインマン経路積分による定式化では,ラグランジアン密度が基本的である.

ラグランジュ
Lagrange, Joseph Louis

1736-1813 オイラーと並ぶ18世紀の偉大な数学者.フランス人の家系であるがイタリアのトリノに生まれ,人生の初期をそこで過ごした.最後はパリに落ち着き,このこともあって通常はフランス人数学者と考えられている.数学の全分野を覆う重要な仕事の多くはベルリン・アカデミーでオイラーの後継者として1766年から86年まで過ごしたベルリンにおいてなされた.変分法の論文でオイラーにその才能を見出され,解析力学にも大きく貢献した.数論への貢献も著しいが,方程式論では根の置換の概念を導入し,ガロア理論の先駆者となった.

ラグランジュ関数 Lagrangian function =ラグランジアン

ラグランジュ形式(力学の)
Lagrangian formulation

*最小作用の原理に基づく*解析力学の定式化のことをいう.最小作用の原理では,*配位空間上の曲線(例えば空間内の質点の場合には,$\boldsymbol{x}:[a,b]\to\mathbb{R}^3$)に対して作用積分を考え,その変分問題の解として,運動方程式の解を求める.作用積分の被積分関数であるラグランジアンは,$\boldsymbol{x}$ とその微分 $\dot{\boldsymbol{x}}$ の関数である.すなわち,ラグランジュ形式では,配位空間または*状態空間の中で考える.これに対して,ハミルトン形式では相空間で考察する.この2つを結ぶのが*ルジャンドル変換である(→ハミルトン形式,正準共役な座標).

ラグランジュ座標
Lagrange coordinates

3次元ユークリッド空間内の流体において,$t=0$ のとき,$a=(a_1,a_2,a_3)$ にあった粒子が,時刻 t に $x=(x_1,x_2,x_3)=x(t;a_1,a_2,a_3)$ に到達したものとする.このとき,時刻 t での点 x での流体に関する量(例えば密度 ρ)を表す変数を

(t, a_1, a_2, a_3) にとったとき，この表示をラグランジュの方法(あるいはラグランジュ式記述など)といい，(t, a_1, a_2, a_3) をラグランジュ座標(あるいは物質座標(material coordinates))と呼ぶ．一方，(t, x_1, x_2, x_3) を変数にとるのを，オイラーの方法といい，(t, x_1, x_2, x_3) をオイラー座標という．

ラグランジュ座標を用いて，外力が働かない場合の*オイラー方程式を表すと，

$$\frac{\partial^2 x_1}{\partial t^2}\frac{\partial x_1}{\partial a_i} + \frac{\partial^2 x_2}{\partial t^2}\frac{\partial x_2}{\partial a_i} + \frac{\partial^2 x_3}{\partial t^2}\frac{\partial x_3}{\partial a_i}$$
$$= -\frac{1}{\rho}\frac{\partial p}{\partial a_i} \quad (i = 1, 2, 3)$$

である．ここで，ρ は密度，p は圧力である．この形に書いたオイラーの運動方程式をラグランジュ方程式という．

また，*連続の方程式をラグランジュ座標で書くと，

$$\rho(t, a_1, a_1, a_3)\frac{\partial(x_1, x_2, x_3)}{\partial(a_1, a_2, a_3)} = \rho(0, a_1, a_2, a_3)$$

になる．ここで，$\partial(x_1, x_2, x_3)/\partial(a_1, a_2, a_3)$ は，時刻 t での座標変換 $(a_1, a_1, a_3) \mapsto (x_1, x_2, x_3)$ のヤコビ行列式である．

ラグランジュのコマ　Lagrange's top　→ コワレフスカヤのコマ

ラグランジュの乗数法
Lagrange's multiplier method

ラグランジュの未定乗数法ともいう．変数に付帯条件をつけたときの極値問題(条件つき極値問題)の解法の1つである．

拘束条件
$$h_i(x_1, \cdots, x_n) = c_i \quad (i = 1, \cdots, k) \quad (1)$$

のもとで，与えられた関数 $f(x_1, \cdots, x_n)$ の最大値または最小値を求めたいとする．ただし x において行列 $[\partial h_i/\partial x_j]$ のランクが k に等しいと仮定する．拘束条件と同じ個数だけパラメータ $\lambda = (\lambda_1, \cdots, \lambda_k)$ を新たに導入し，$n+k$ 個の未知数 $x = (x_1, \cdots, x_n)$ および λ に対する次の $n+k$ 個の方程式を考える．

$$\frac{\partial f}{\partial x_i} + \sum_{j=1}^{k}\lambda_j\frac{\partial h_j}{\partial x_i} = 0 \quad (i = 1, \cdots, n), \quad (2)$$

$$h_i(x_1, \cdots, x_n) = c_i \quad (i = 1, \cdots, k) \quad (3)$$

このとき条件(1)のもとに，点 x で f の最大または最小が実現されるならば，x (およびパラメータ λ) は方程式(2),(3)の解になる．この λ をラグランジュ乗数と呼ぶ．

例えば，関数 $f(x, y) = x + 2y$ の球面 $x^2 + y^2 = 1$ での最大・最小問題を調べるには，連立方程式 $1 + 2\lambda x = 0$, $2 + 2\lambda y = 0$, $x^2 + y^2 = 1$ を考えればよい．

ラグランジュの剰余項　Lagrange's remainder　→ テイラーの定理(1変数の)

ラグランジュの(微分)方程式　Lagrange's differential equation　→ 求積法

ラグランジュの補間公式
Lagrange interpolation formula

相異なる n 個の点 $a_1, \cdots, a_n$ で値 $b_1, \cdots, b_n$ が指定されたとき，
$$g(a_j) = b_j \quad (j = 1, \cdots, n)$$
となるような $n-1$ 次の多項式 $g(x)$ がただ1つ定まり，

$$g(x) = \sum_{j=1}^{n} b_j \prod_{\substack{1 \leq k \leq n \\ k \neq j}} \frac{x - a_k}{a_j - a_k}$$

で与えられる．これをラグランジュの補間公式という．→ 補間

ラグランジュ微分
Lagrangian derivative

流体の研究で使われる微分作用素であり，流体にかかわる量の時間変化を，流体とともに動いている観測者からみたものである．実質微分(substantial derivative)，物質微分(material derivative)などとも呼ばれる(→ ラグランジュ座標)．通常 D/Dt で表し，空間内で止まっている観測者からみた微分(通常の微分)d/dt と区別する．空間の1点 (x_1, x_2, x_3) での流体の速度をベクトル $\boldsymbol{v}(x_1, x_2, x_3) = (v_1, v_2, v_3)$ で表すと(→ 速度場)，D/Dt は

$$\frac{D}{Dt} = \frac{\partial}{\partial t} + v_1\frac{\partial}{\partial x_1} + v_2\frac{\partial}{\partial x_2} + v_3\frac{\partial}{\partial x_3}$$

で与えられる．ラグランジュ微分を用いると，外力が働いていない場合のオイラー方程式は $\dfrac{Dv_i}{Dt} = -\dfrac{1}{\rho}\dfrac{\partial p}{\partial x_i}$ と表される(ρ は密度，p は圧力)．

ラグランジュ部分多様体
Lagrange submanifold

n 変数関数 $f(x^1,\cdots,x^n)$ が与えられると，$(x^1,\cdots,x^n,y^1,\cdots,y^n)$ を座標とする $2n$ 次元ユークリッド空間 $\mathbb{R}^{2n}$ の n 次元*部分多様体 L_f が
$$y^i = \frac{\partial f}{\partial x^i}(x^1,\cdots,x^n) \quad (i=1,\cdots,n)$$
で定まる．この L_f にシンプレクティック形式 $\omega=\sum dx^i \wedge dy^i$ を制限すると 0 になる．

一般に $\mathbb{R}^{2n}$ の n 次元部分多様体がラグランジュ部分多様体 L であるとは，L への $\omega=\sum dx^i \wedge dy^i$ の制限が 0 であることをいう．言い換えると，L の各点の接空間上でシンプレクティック内積が 0 になることをいう．シンプレクティック多様体のラグランジュ部分多様体も同様に定義する．

ラグランジュ部分多様体は局所的には最初にあげた例 L_f で x^i と y^j のいくつかを入れ替えたものに一致して，例えば
$$y^i = \frac{\partial f}{\partial x^i}(x^1,\cdots,x^k, y^{k+1},\cdots,y^n)$$
$$(i=1,\cdots,k),$$
$$x^i = \frac{\partial f}{\partial y^i}(x^1,\cdots,x^k, y^{k+1},\cdots,y^n)$$
$$(i=k+1,\cdots,n)$$
のように表される．この f を*母関数あるいは*生成関数という．

*正準変換 $X^i = X^i(x^1,\cdots,x^n,y^1,\cdots,y^n)$, $Y^i = Y^i(x^1,\cdots,x^n,y^1,\cdots,y^n)$ が与えられると，そのグラフが，$\mathbb{R}^{4n}$ にシンプレクティック形式 $\Omega = \sum dx^i \wedge dy^i - \sum dX^i \wedge dY^i$ を考えたもののラグランジュ部分多様体になる．このラグランジュ部分多様体の生成関数が正準変換の生成関数である．

ラグランジュ方程式
Lagrange equation
(1) *オイラー-ラグランジュ方程式のこと．
(2) 流体の*オイラー方程式を*ラグランジュ座標で書いたものをラグランジュ方程式と呼ぶことがある．

ラゲールの多項式
Laguerre polynomial
区間 $(0,\infty)$ において $w(x)=e^{-x}x^\alpha$ を重み関数とする*直交多項式で
$$L_n^{(\alpha)}(x) = \frac{e^x x^{-\alpha}}{n!}\left(\frac{d}{dx}\right)^n e^{-x} x^{n+\alpha}$$
と定義される．$\alpha=0$ の場合をラゲールの多項式，一般の場合をラゲールの陪多項式と呼ぶこともある．$y=L_n^{(\alpha)}(x)$ はラゲールの微分方程式
$$x\frac{d^2 y}{dx^2} + (\alpha+1-x)\frac{dy}{dx} + ny = 0$$
を満たし，*合流型超幾何関数 F を用いて
$$L_n^{(\alpha)}(x) = \frac{\Gamma(\alpha+n+1)}{\Gamma(\alpha+1)n!} F(-n,\alpha+1;x)$$
($\Gamma(x)$ は*ガンマ関数) と表される．特に
$$L_n^{(0)}(x) = \sum_{r=0}^n (-1)^r \binom{n}{r} \frac{x^r}{r!}$$
となる．

ラゲールの陪多項式　Laguerre bipolynomial　→ ラゲールの多項式

ラジアン
radian
*弧度法で表示するときの角の単位のこと．

ラージ・デヴィエーション
large deviation
大偏差．→ 大偏差原理

螺旋
spiral / helix
(1) (spiral)　平面の渦巻き曲線の総称．→ 渦巻き曲線(アルキメデスの)，対数螺旋
(2) (helix)　円柱に巻きつきながら一定の歩みで進んでいく形の空間曲線で，弦巻(つるまき)線ともいう．パラメータ表示 $x=a\cos\theta$, $y=a\sin\theta$, $z=b\theta$ (a,b は定数)で表される．

ラックス表示
Lax representation
*ソリトンの理論において，多くの可積分系は，適当な行列 $L=L(t)$, $B=B(t)$ に対する微分方程式
$$\frac{dL}{dt} = BL - LB$$
の形に表すことができる．これをラックス方程式，(L,B) をラックス対という．与えられた系と同値なラックス方程式をもとの方程式のラックス表示という．

例えば q_k ($k=1,\cdots,n$) に対する*戸田方程式は，$a_k = e^{(q_k-q_{k+1})/2}/2$, $b_k = (1/2)dq_k/dt$ と変数変換すると

$$\frac{da_k}{dt} = a_k(b_k - b_{k+1}), \quad \frac{db_k}{dt} = 2(a_{k-1}^2 - a_k^2)$$

と書かれる(ただし $a_0 = a_n = 0$ とする). これは行列

$$L = \begin{bmatrix} b_1 & a_1 & \cdots & 0 \\ a_1 & b_2 & & 0 \\ \vdots & & \ddots & \vdots \\ & & b_{n-1} & a_{n-1} \\ 0 & 0 & \cdots & a_{n-1} & b_n \end{bmatrix},$$

$$B = \begin{bmatrix} 0 & -a_1 & \cdots & 0 \\ a_1 & 0 & & 0 \\ \vdots & & \ddots & \vdots \\ & & 0 & -a_{n-1} \\ 0 & 0 & \cdots & a_{n-1} & 0 \end{bmatrix}$$

に対するラックス方程式と同値である. L, B が無限次元行列や微分作用素の場合にも, 適当な条件の下で, ラックス方程式を考えることができる.

線形方程式系 $L\boldsymbol{x} = \lambda\boldsymbol{x}, d\boldsymbol{x}/dt = B\boldsymbol{x}$ を考えたとき, L, B がラックス方程式を満足すれば, L の固有値 λ は t に依存しないことがわかる. この事実は逆散乱法による初期値問題の解法に用いられる. また L のべきのトレース $\mathrm{tr}\, L^k$ ($k = 1, 2, \cdots, n$) はすべて t に依存せず, 系の保存量になる.

ラックス方程式　Lax equation　⇒ ラックス表示

ラッセルのパラドックス

Russell's paradox

素朴に集合をものの集まりと考えると, 集合は次の 2 種類のどちらかである.

(1) 第 1 種: 自分自身を元としてもたない集合.
(2) 第 2 種: 自分自身を元としてもつ集合.

そこで, すべての第 1 種の集合の集合を X とする. もし X が第 1 種の集合であれば, X 自身は X の元でないはずだが, それは X の定義と矛盾する. 一方, もし X が第 2 種の集合とすれば, 定義より X は X 自身の元となり, これは, X が第 2 種という仮定と矛盾する. このラッセルのパラドックス (逆理)(1903) や*順序数の逆理は, カントルの素朴な集合論は*自己言及的な矛盾をはらむことを明確にし, その後の*公理論的集合論の建設を促す契機となった. ⇒ 集合論, 完全性定理

ラディカル　radical　= 根基

ラテン方陣

Latin square

例えば

1	2	3	4
2	1	4	3
4	3	1	2
3	4	2	1

のように, n 種類の記号 $a_1, \cdots, a_n$ を n 回ずつ使って n 行 n 列の正方形の枡目に配列し, どの行にもどの列にも 1 つの記号がちょうど一度だけ現れるようにしたものを n 次のラテン方陣という. 上の例は 4 次のラテン方陣である. ラテン方陣はラテン方格とも呼ばれる.

すべての n に対して n 次のラテン方陣が存在する. ラテン方陣の数を $n!(n-1)! I_n$ と表したとき,

$I_1 = I_2 = I_3 = 1, \quad I_4 = 4, \quad I_5 = 56,$
$I_6 = 9408, \quad I_7 = 16942080,$
$I_8 = 535281401856,$
$I_9 = 377597570964258816$

となることが知られている.

ラドン測度

Radon measure

関数に積分値を対応させる, という写像に着目して考えた測度の概念である. コンパクトな台をもつ連続関数 $f: \mathbb{R}^n \to \mathbb{R}$ の全体 $C_c(\mathbb{R})$ ($C_0(\mathbb{R})$ と書くことも多い) 上の実数値線形汎関数 T で, 非負のもの, つまり $f \in C_c(\mathbb{R})$ ($C_0(\mathbb{R})$) に対して

$$f \geq 0 \quad \text{のとき} \quad Tf \geq 0$$

となるものは, $\mathbb{R}^n$ のボレル集合族上の測度 μ を定め,

$$Tf = \int_{\mathbb{R}^n} f(x)\mu(dx)$$

と表現できる. このことから非負線形汎関数 T と測度 μ を同一視することが多い. このような T または μ をラドン測度という.

より一般に, 距離空間においても, 同様にラドン測度を考えることができるが, 第 2 可算公理を満たさない距離空間では, ボレル集合族の上の測度としては一意的には決まらない.

ラドン-ニコディムの定理　Radon-Nikodym's theorem　⇒ 絶対連続

ラドン-ニコディム微分　Radon-Nikodym derivative
⇒ 絶対連続

ラドン変換
Radon transformation

$\mathbb{R}^3$ 上の関数 $f(x)$ に対し，(ω, p) の関数
$$\widetilde{f}(\omega, p) = \int_{\omega \cdot x = p} f(x) \frac{dx_2 dx_3}{\omega_1}$$
を $f(x)$ のラドン変換（Radon transform）という．ただし $\omega = (\omega_1, \omega_2, \omega_3)$ は単位ベクトル，p は実数，$\omega \cdot x$ は ω と $x = (x_1, x_2, x_3)$ の内積を表す．単位球面を S^2 とすると，$\mathbb{R}^3$ の中の平面全体の集合 $\mathcal{F}$ は $S^2 \times \mathbb{R}$ とみなすことができ（(ω, p) と $(-\omega, -p)$ を同一視して），$\widetilde{f}(\omega, p)$ は $\mathcal{F}$ 上の関数である．逆に，定点 x を通る平面全体の集合上で積分することにより，逆変換公式
$$f(x) = -\frac{1}{8\pi} \Delta_x \int_{S^2} \widetilde{f}(\omega, \omega \cdot x) dS_\omega$$
が成り立つ．ここで dS_ω は S^2 の面積要素，Δ_x は x に関するラプラシアンを表す．

ラドン変換と逆変換の公式は，$\mathbb{R}^3$ 上の関数が，各平面による断面での振舞いによって決まってしまうという事実を証明していて，立体形態学（stereology）の数学的根拠を与えている．また，CT（computer tomography）などの医療機器の基本原理として応用されている．

ラドン変換の概念は，一般次元の $\mathbb{R}^n$ においても定義される．⇒ 方向余弦，面積要素，ラプラシアン，積分幾何学

ラプラシアン
Laplacian

次の形の 2 階偏微分作用素
$$\frac{\partial^2}{\partial x_1^2} + \cdots + \frac{\partial^2}{\partial x_n^2}$$
をラプラシアンと呼び，Δ と表記する．ラプラシアンは *発散 div，*勾配 grad を用いて
$$\Delta = \mathrm{div} \cdot \mathrm{grad} \qquad (*)$$
とも表現される．物理学や工学の分野ではラプラシアンを ∇^2 と書くことが多い．

ラプラシアンは楕円型偏微分作用素であり，*ラプラスの方程式，*熱方程式，*波動方程式など，さまざまな偏微分方程式に現れる重要な偏微分作用素である．また，ラプラシアンは適当な境界条件の下で*自己共役作用素（ヒルベルト空間内）になる．

ラプラシアンを極座標で表すと，$n = 2$ の場合は
$$\frac{\partial^2}{\partial r^2} + \frac{1}{r}\frac{\partial}{\partial r} + \frac{1}{r^2}\frac{\partial^2}{\partial \theta^2}$$
となり，$n = 3$ の場合は
$$\frac{\partial^2}{\partial r^2} + \frac{2}{r}\frac{\partial}{\partial r} + \frac{1}{r^2 \sin\theta}\frac{\partial}{\partial \theta}\left(\sin\theta \frac{\partial}{\partial \theta}\right)$$
$$+ \frac{1}{r^2 \sin^2\theta}\frac{\partial^2}{\partial \varphi^2}$$
となる．⇒ ラプラス-ベルトラミ作用素

ラプラス
Laplace, Pierre Simon

1749-1827 フランスのノルマンディ生まれの数学者．天体力学，確率論，解析学など，広い分野で活躍した．天体力学の著述は 5 巻に及び，その中でニュートンの重力理論を太陽系全体の運動に適用した．彼の決定論的観点（ラプラスの魔）は，天体力学の研究によって培われた．ナポレオンに「神の役割はどこにあるのかね」と聞かれて，ラプラスは「神の役割を仮定する必要はありません」と答えたという．ナポレオン帝政時代に内務大臣をしばらく務めたが，その後の王制復古時代も上手に生き長らえた．

ラプラス演算子　Laplace operator ＝ ラプラシアン

ラプラス作用素　Laplace operator ＝ ラプラシアン

ラプラス展開
Laplace expansion

(i, j) 成分が a_{ij} である n 次の正方行列 A の行列式は，
$$\det A = \sum_{i=1}^{n} (-1)^{i+1} a_{i1} \det A_i$$
である．ただし A_i は A から 1 列目と i 行目を除いた行列式である．この展開式は，より多くの行と列を除いた場合の関係式に，次のように一般化される．

A から，第 $i_1, \ldots, i_r$ 行と第 $j_1, \ldots, j_r$ 列を取り去ったときにできる $(n-r)$ 次の正方行列の行列式を $D\binom{i_1 \cdots i_r}{j_1 \cdots j_r}$ と書く（$1 \leq i_1 < \cdots < i_r \leq n$，$1 \leq j_1 < \cdots < j_r \leq n$）．$(k, l)$ 成分が a_{i_k, j_l} である r 次の正方行列の行列式を $\overline{D}\binom{i_1 \cdots i_r}{j_1 \cdots j_r}$ により表す．また，$|i, j| = i_1 + \cdots + i_r + j_1 + \cdots + j_r$ とおく．このとき
$$\det A = \sum_{j_1 < \cdots < j_r} (-1)^{|i,j|} D\binom{i_1 \cdots i_r}{j_1 \cdots j_r} \overline{D}\binom{i_1 \cdots i_r}{j_1 \cdots j_r}$$
が成り立つ．これをラプラス展開という．

*外積代数を使うとラプラス展開の意味を簡明に説明することができる．

ラプラスの方程式
Laplace's equation

次の形の偏微分方程式をいう．
$$\Delta u = 0$$
ここで Δ は*ラプラシアンを表す．とくに空間次元が 3 の場合には
$$\frac{\partial^2 u}{\partial x^2} + \frac{\partial^2 u}{\partial y^2} + \frac{\partial^2 u}{\partial z^2} = 0$$
という形に書ける．ラプラスの方程式は*楕円型偏微分方程式の代表例であり，その解を*調和関数という．真空中の静電場のポテンシャル，重力ポテンシャル，非圧縮性流体の渦なし流における*速度ポテンシャルは，いずれもラプラス方程式を満たす．*正則関数の実部・虚部は調和関数になり，ラプラス方程式は複素関数論でも重要な役割を果たす．

歴史的には，ラプラスの方程式は 18 世紀半ばのオイラーによる 2 次元流体の研究に登場する．その後ラプラスが天体力学の研究に応用した．19 世紀に入ると電磁気学との関連でガウス，トムソン，ディリクレらによって盛んに研究され，また，複素関数論の発展に伴い，リーマンらも盛んに研究した．

ラプラスの方程式を与えられた境界条件の下で解く問題を*ディリクレ問題や*ノイマン問題と呼ぶ．この問題の研究は，19 世紀後半から 20 世紀前半にかけての解析学の発展に大いに寄与した．

ラプラスの方法
Laplace's method

$f(x), g(x)$ は実数値連続関数として，ラプラス積分 $F(t)=\int_a^b e^{-tf(x)}g(x)dx$ の $t\to\infty$ での漸近的な挙動を求める方法である．もっとも代表的なのは，$g(x)$ が連続関数で，$f(x)$ は 2 回連続微分可能で区間 $[a,b]$ でただ 1 つの最小点をもつ場合，つまり，$f(x)>f(c)$ $(x\neq c)$ の場合であり，次のことが成り立つ．$t\to\infty$ のとき，
$$F(t) \sim \int_a^b e^{-t(f(c)+f''(c)(x-c)^2/2)}g(c)dx$$
$$\sim \sqrt{\frac{2\pi}{tf''(c)}}\,e^{-tf(c)}g(c).$$

この方法を初めて用いたのはラプラスで，$n!=\int_0^\infty x^n e^{-x}dx$ に対して*スターリングの公式を証明した．多次元でも，同様のことが成り立つ．ただし，$f''(c)$ はヘッセ行列の行列式 $\det(\partial^2 f/\partial x_i\partial x_j)(c)$ に置き換わる．なお，大偏差原理は，このラプラスの方法の無限次元への拡張版ともいえる．

ラプラス−ベルトラミ作用素
Laplace-Beltrami operator

球面など曲がった空間（曲面やリーマン多様体）M へのラプラシアンの一般化をいう．この場合もラプラシアンということもある．多様体上の楕円型微分作用素のもっとも基本的な例である．

局所座標系 $(x_1,\cdots,x_n)$ に対する第 1 基本形式あるいはリーマン計量を g_{ij} とすると，ラプラス−ベルトラミ作用素 Δ は
$$\Delta f = -\frac{1}{\sqrt{g}}\sum_{i,j=1}^n \frac{\partial}{\partial x_i}\left(\sqrt{g}g^{ij}\frac{\partial f}{\partial x_j}\right)$$
で定義される（g, g^{ij} は g_{ij} の行列式，逆行列）．符号をプラスにとる場合もある．

Δ は*形式的随伴作用素（微分作用素の）であるが，M が境界をもたずコンパクトである（あるいはもっと一般に M が完備である）とき，Δ は*自己随伴作用素（ヒルベルト空間の）に拡張される．Δ の固有値（→ スペクトル）はリーマン多様体 (M,g) の重要な不変量で，(M,g) の形と固有値の関係がいろいろ調べられている．さらに，微分形式の上の作用素に一般化されている（→ 調和積分論）．⇒ 逆スペクトル問題

ラプラス変換
Laplace transformation

関数 $f(t)$ $(t\geqq 0)$ に対して，
$$\phi(s) = \int_0^\infty e^{-st}f(t)dt$$
をそのラプラス変換（Laplace transform）という．

$f(t)$	$\phi(s)$
1	$1/s$
$t^{\alpha-1}$	$\Gamma(\alpha)/s^\alpha$ (Re $\alpha > 0$)
e^{-at}	$\dfrac{1}{s+a}$
$\dfrac{1-e^{-t}}{t}$	$\log(1+s^{-1})$
$(\pi t)^{-1/2}e^{-a^2/4t}$	$s^{-1/2}e^{-a\sqrt{s}}$ $(a>0)$
$\log t$	$-(\log s + \gamma)/s$
	(γ は*オイラーの定数)
$\sin at$	$a/(s^2+a^2)$
$\cos at$	$s/(s^2+a^2)$
$\sinh at$	$a/(s^2-a^2)$
$\cosh at$	$s/(s^2-a^2)$

例えば $f(t)$ が有界連続関数ならば，ラプラス変換 $\phi(s)$ は Re $s>0$ の範囲で定義される．フーリエ変換と同様に微分などとの相性がよく，微分方程式を代数方程式に帰着することができ，とくに電気工学などでよく使われる．

ラベル付きグラフ
labeled graph

頂点や辺に数や記号が付随しているグラフをいう．例えば，*有向グラフが*有限オートマトンの状態推移を表現している場合に，状態 s において入力 i を受けて状態 t に移ることを，頂点 s を始点とし，頂点 t を終点とする辺に i というラベルをつけて表現する．また，道路網を表すグラフにおいては，交差点を頂点として，交差点を結ぶ辺に交差点間の距離をラベルとしてつけたりする．

ラマヌジャン
Ramanujan, Srinivasa

1887-1920 インド出身の天才数学者．マドラスで事務員をしながら数学を誰に師事することなく独力で研究し，驚嘆に値する公式を多数発見した．イギリスの数学者，特にハーディ(G. H. Hardy, 1877-1947)との文通の後，1914 年にイギリスに招かれた．解析数論に関連する仕事でハーディと共同研究を行ったが，体調を崩し，インドに戻った 1 年後に亡くなった．

ラマヌジャン予想
Ramanujan hypothesis

$$q \prod_{n=1}^{\infty} (1-q^n)^{24} = \sum_{n=1}^{\infty} \tau(n) q^n$$

により $\tau(n)$ を定義すると，$\tau(n)$ は自然数であるが，ラマヌジャンは任意の素数 p に対して

$$\tau(p) \leqq 2p^{11/2}$$

であることを予想した．ドリーニュ(P. Deligne)による*ヴェイユ予想の解決の結果，ラマヌジャン予想も解決された．

ラムゼー理論
Ramsey theory

ある程度以上の大きい組合せ構造は整然たる秩序をもった部分構造を必ず含む，という形の性質を研究する組合せ数学の一分野である．例えば，m と n を 2 以上の整数とするとき，$(m+n-2)!/\{(m-1)!(n-1)!\}$ 個以上の頂点からなる任意のグラフは，m 個の頂点からなる*完全グラフ(*クリーク)を含むか，または，n 個の頂点からなる*安定集合を含む(ラムゼーの定理)などの定理がある．

ラムダ計算
λ-calculus

例えば，$f(x,y)=x+y$ と書いたとき，これは (x,y) に対してその和を対応させる関数を表すとともに，その計算結果である和の値をも表している．計算機科学においては関数そのものを計算の対象とするので，関数とその値を明確に区別することが必要であり，ラムダ式という形式で関数そのものを表現する．和を表す関数をラムダ式で書くと $\lambda xy.(x+y)$ となる．ラムダ式の変換過程として計算の過程を表現した体系をラムダ計算といい，ラムダ計算に基づいて定義できる関数をラムダ定義可能関数と呼ぶ．ラムダ定義可能関数は，*計算可能関数の概念に一致する．

ラムダ定義可能関数　λ-definable function　→ ラムダ計算

ランク　rank　＝階数

卵形線
oval

平面内の*単純閉曲線 C について，C の囲む領域が凸であるとき，C を卵形線という．

卵形面
ovaloid

凸集合の境界になっているような滑らかな曲面のことである．球面，楕円面などが例である．*主曲率はともに非負で，よって*ガウス曲率は非負であり，ガウス曲率が正の場合，*ガウス写像は同相写像である．卵形面は*剛性を持つ．

ランジュヴァン方程式
Langevin equation

ランダムな力 $F(t)$ を受けて実軸上を運動する質量 m の粒子 $x=x(t)$ の速度 $u=dx/dt$ は，運動方程式

$$m\frac{du}{dt} = -m\gamma u + F(t) \quad (\gamma \text{ は正定数})$$

に従うものと考えられる．これをランジュヴァン方程式という．

例えば，外力 $F(t)$ が*ブラウン運動 $B(t)$ を用いて

$$F(t) = m\sqrt{a}\,\frac{dB(t)}{dt} \quad (a\text{ は正定数})$$

の場合，$u(t)$ の確率分布の密度関数 $p(t,u)du$ は拡散方程式

$$\frac{\partial}{\partial t}p = \left(-\gamma u\frac{\partial}{\partial u} + \frac{a}{2}\frac{\partial^2}{\partial u^2}\right)p$$

を満たす．⇢ 拡散過程，拡散方程式

乱数
random number

乱数に数学的に厳密な定義を与えることは難しいが，一般には，独立で同じ分布に従う確率変数の実現値とみなせる数列を乱数と呼んでいる．特にその分布が*一様分布となるものは一様乱数という．何らかの物理的な操作で発生させたものを物理乱数，計算機上で何らかのアルゴリズムで発生させたものを*擬似乱数と呼ぶ．

乱数表
table of random numbers

*乱数を表にしたものをいう．統計的データ処理や*モンテカルロ法などの際に利用する．

ランダウの記号
Landau's symbol

一般に，区間 (a,b) で定義された 2 つの関数 $f(x), g(x)$ について，$x\to a$ のとき $f(x)/g(x)$ が有界にとどまる場合，大文字の O を用いて $f(x)=O(g(x))\ (x\to a)$ と表す．また $\lim_{x\to a}f(x)/g(x)=0$ の場合，小文字の o を用いて $f(x)=o(g(x))\ (x\to a)$ と表す．この O や o はドイツ語の Ordnung（英語の order を意味する）に因んだもので，これをランダウの記号という．例えば $\sin x=O(x), \cos x-1=o(x)\ (x\to 0)$ である．

区間 $[a,\infty)$ で定義された 2 つの関数 $f(x), g(x)$ についても，$x\to\infty$ のとき，$f(x)=O(g(x))\ (x\to\infty)$，$f(x)=o(g(x))\ (x\to\infty)$ が同様に定義される．例えば $x\to\infty$ のとき，$c>0$ に対して $\log x=o(x^c), x^c=o(e^x)$ である．

ランダム
random

偶然的，デタラメ，不規則，無作為などと和訳され，物理学などでは，硬貨投げなどのような独立で同じ分布に従う確率変数列のもつ特性に限定して使われることが多い．例えば，「ランダムな時系列は時間平均を持つ」．

20 世紀中葉以後，数学の主流では，ランダムとは何かを問わずに公理論的確率論に基づいて数学を展開してきているが，その本質は未解明であり，この立場の創始者とされるコルモゴロフ自身，晩年は複雑度の研究に没頭し，有限列のランダムネスを追究した．なお，ランダムな数列が乱数であり，近似的な乱数である擬似乱数は数値計算(*モンテカルロ法)に使われるが，このような実用上の観点からも，よい擬似乱数を生成するのは重要な課題である．

ランダム・ウォーク random walk ＝酔歩

ランチョス法
Lanczos method

対称行列(またはエルミート行列)の固有値を求める数値解法の 1 つである．漸化式によって，与えられた行列を 3 重対角行列に変換することにより，固有値の近似値を求める．丸め誤差に弱いなどの問題点も多いが，記憶領域が少なくて済むので，大規模問題にしばしば用いられる．⇢ QR 法，2 分法(固有値問題の解法)

乱歩 random walk, drunkard's walk ⇢ 酔歩

乱流
turbulence

静かな水の流れ(層流という)に対して，渦潮などのように空間的にも時間的にも乱れのある流れを乱流という．乱流現象はさまざまな例があり，工学的に重要な問題で多くの研究がなされている．流体の方程式(→ ナヴィエ-ストークス方程式)は乱流を記述しているものと信じられている．乱流は流体力学の対象であるとともに，統計物理学や数学からも興味深い現象である．乱流と層流の区別を初めて明確にしたのは，レイノルズ(O. Reynolds, 1842-1912)である．

$$(\text{流れを特徴づける長さ})\times(\text{速度})$$
$$\times(\text{密度})\div(\text{粘性率})$$

で定義されるレイノルズ数 R は流れを特徴づける無次元の量であり(→ 次元(物理次元の))，R が小さい流れは層流に，大きい流れは乱流になる．

発達した乱流の理論は 1940 年のコルモゴロフの数学的な研究に始まり，多次元の定常確率過程の枠組で乱流を捉え，波数空間における 5/3 乗則を提唱した．当初は「机上の空論」と批判を受けた

が，1970年代からの測定技術の進歩により，その正当性が認知された．また，同じく1970年代に，ルエル(D. Ruelle)とターケンス(F. Takens)は「3次元トーラス上の準周期運動からホモクリニック・カオスが一般的に出現し得る」という定理を発見し，区間力学系のカオス現象が実験的にも観察された．このことにより，無限個の波数モードが順次励起されてはじめて乱流の発生に至るという伝統的な「ランダウの描像」が揺らぐこととなった．なお，乱流現象は，ナヴィエ-ストークス方程式の研究に対しても大きな駆動力として働いており，アトラクタの研究などが進行している．

リ

リー
Lie, Marius Sophus

1842-99 ノルウェーの数学者．微分方程式と微分幾何学の発展に貢献．彼の変換群に関する3巻本は，リー群の理論の出発点となった．

リウヴィル数
Liouville number

超越数の例．有理数によって「よく近似できる」無理数である．すなわち，実数 ξ に関して，正整数 n と正数 M をどのように選んでも

$$\left|\xi - \frac{p}{q}\right| < \frac{M}{q^n}$$

を満足する整数 p,q が必ず存在するとき，ξ をリウヴィル数という．例えば整数 $a \geq 2$ に対して $\alpha = \sum_{n=1}^{\infty} a^{-n!}$ はリウヴィル数である．リウヴィル数は超越数であるが，リウヴィル数でない超越数はたくさん存在し，リウヴィル数全体の*ルベーグ測度は0である．例えば，*円周率 π はリウヴィル数でない超越数である．→ ディオファントス近似

リウヴィルの定理(可積分系の)
Liouville's theorem

リウヴィル-アーノルドの定理．→ 完全積分可能(ハミルトン力学系が)

リウヴィルの定理(複素関数の)
Liouville's theorem

「複素平面全体で正則な関数 $f(z)$ が有界，すなわち $|f(z)| \leq K$ がすべての z で成立するような定数 K が存在するならば，$f(z)$ は定数関数である」．これをリウヴィルの定理という．より一般に，$|z|$ が十分大きいすべての z に対して $|f(z)| \leq K|z|^\lambda$ が成り立つような正定数 K, λ が存在するならば，$f(z)$ は次数が λ を超えない多項式である．*代数学の基本定理の証明に応用される．

リウヴィルの定理(ベクトル場の)
Liouville's theorem

「発散 $\mathrm{div}\, \boldsymbol{v}$ が0であるベクトル場に沿う流れ(が生成する1径数変換群) $\varphi^t: x = (x_1, \cdots, x_n) \mapsto$

$\varphi^t(x_1,\cdots,x_n)\,(-\infty<t<\infty)$ は領域の体積を保つ, すなわち領域 D に対して $\varphi^t(D)$ と D の体積が等しい」という定理.

一般のベクトル場 $\boldsymbol{v}$ に沿う流れ φ^t に対して, $\varphi^t(D)$ の体積の t による時間微分が, 積分
$$\int_{\varphi^t(D)} \mathrm{div}\,\boldsymbol{v}(x)dx_1\cdots dx_n$$
で計算されることから示される. このことから, ハミルトン系が保存系であることが従う(この事実をリウヴィルの定理と呼ぶこともある). ⇒ 発散(ベクトル場の), 力学系, 1径数変換群

リー環
Lie algebra

体 F の元を成分とする n 次の正方行列全体を $M(n,F)$ とする. $[A,B]=AB-BA$ $(A,B\in M(n,F))$ と置くと以下の性質が成り立つ.

(1)(線形性)
$[aX+bY,Z]=a[X,Z]+b[Y,Z]$ $(a,b\in F)$,
(2)(反対称性) $[X,Y]=-[Y,X]$,
(3)(ヤコビの恒等式)
$[X,[Y,Z]]+[Y,[Z,X]]+[Z,[X,Y]]=0$.

一般に, F 上の線形空間 $\mathfrak{g}$ に対して $\mathfrak{g}\times\mathfrak{g}$ から $\mathfrak{g}$ への双線形写像
$$(X,Y)\mapsto[X,Y]$$
が与えられ, 上記の性質(1), (2), (3)が成り立つとき, この線形空間 $\mathfrak{g}$ をリー環(あるいはリー代数)という. $[\cdot,\cdot]$ をリー括弧積あるいは単に括弧積という. F が実数体 $\mathbb{R}$ のとき, $\mathfrak{g}$ は実リー環, F が複素数体 $\mathbb{C}$ の場合は複素リー環と呼ばれる. とくに, $M(n,F)$ を括弧積 $[A,B]=AB-BA$ によりリー環とみなしたものを一般線形リー環といい, $\mathfrak{gl}(n,F)$ により表す. 括弧積が恒等的に 0 であるリー環を可換なリー環という.

リー環 $\mathfrak{g}$ の部分集合 $\mathfrak{a}$ が, $\mathfrak{g}$ の線形部分空間で, しかも, 括弧積について閉じている($X,Y\in\mathfrak{a}$ であれば $[X,Y]\in\mathfrak{a}$)とき, $\mathfrak{a}$ を $\mathfrak{g}$ の部分リー環という. $\mathfrak{a}$ は $\mathfrak{g}$ の括弧積に関してリー環になる. さらに, 任意の $X\in\mathfrak{a},Y\in\mathfrak{g}$ に対して, $[X,Y]\in\mathfrak{a}$ であるとき, $\mathfrak{a}$ を $\mathfrak{g}$ の*イデアルという. イデアル $\mathfrak{a}$ について, 商線形空間 $\mathfrak{g}/\mathfrak{a}$ には, 自然にリー環の構造が入る. これを $\mathfrak{a}$ による $\mathfrak{g}$ の商リー環という.

リー環の間の写像 $f\colon\mathfrak{g}_1\to\mathfrak{g}_2$ が, 線形写像であり, かつ $f([X,Y])=[f(X),f(Y)]$ $(X,Y\in\mathfrak{g}_1)$ を満たすとき, f を*準同型写像という. 準同型写像 f の像 $f(\mathfrak{g}_1)$ は $\mathfrak{g}_2$ の部分リー環であり, 核 $\mathrm{Ker}\,f$ は $\mathfrak{g}_1$ のイデアルである.

F 上の線形空間 V に対して, リー環の準同型写像 $\rho\colon\mathfrak{g}\to\mathfrak{gl}(V)$ を $\mathfrak{g}$ の V への表現という. ここで $\mathfrak{gl}(V)$ は線形空間 V の自己準同型全体に括弧積を $[X,Y]=XY-YX$ $(X,Y\in\mathfrak{gl}(V))$ によって定めたリー環を表す.

体 F 上のリー環 $\mathfrak{g}$ のイデアル $\mathfrak{a},\mathfrak{b}$ に対して, $[X,Y]$ $(X\in\mathfrak{a},Y\in\mathfrak{b})$ の形の元の有限個の F 上の線形結合の全体を $[\mathfrak{a},\mathfrak{b}]$ と記すと, $[\mathfrak{a},\mathfrak{b}]$ もリー環 $\mathfrak{g}$ のイデアルとなる. 特に
$$\mathfrak{g}'=[\mathfrak{g},\mathfrak{g}],\quad \mathfrak{g}''=[\mathfrak{g}',\mathfrak{g}'],\quad\cdots,$$
$$\mathfrak{g}^{(i+1)}=[\mathfrak{g}^{(i)},\mathfrak{g}^{(i)}]$$
はリー環 $\mathfrak{g}$ のイデアルの減少列になる.

$\mathfrak{g}^{(k)}=\{0\}$ となる k が存在するとき, $\mathfrak{g}$ を可解リー環という. リー環 $\mathfrak{g}$ は最大の可解イデアル(リー環とみたとき可解リー環であるイデアル)を持つ(可解イデアル全部の和はまた $\mathfrak{g}$ の可解イデアルである). これを $\mathfrak{g}$ の根基という.

根基が 0 であるとき, $\mathfrak{g}$ は半単純といわれる. 0 と異なる半単純リー環 $\mathfrak{g}$ のイデアルが $\mathfrak{g}$ と 0 以外にないとき, $\mathfrak{g}$ を単純という. ⇒ 単純リー環, リー環(リー群に付随する), リー群とリー環

リー環(無限次元の)
Lie algebra

ベクトル空間としての次元が無限大であるような*リー環を無限次元リー環という. 有限次元の場合(→ リー環(リー群に付随する))とは異なって対応するリー群は必ずしも存在しないが, 無限次元リー環はそれ自体で独自の豊かな世界を作っている. カッツ(Victor G. Kac)とムーディ(R. V. Moody)は 1960 年代後半に, 単純リー環の一般化として, 生成元と関係式を使ってカッツ-ムーディ・リー環と呼ばれる無限次元リー環を定義し, その性質を調べた. 下記のアフィン・リー環はその重要な例である. 無限次元リー環は, 物理や数学における対称性を記述する基本的な言葉であることが見出され, 近年その研究が急速に進展している.

例1 ハイゼンベルク代数

$\{a_n\}_{n\in\mathbb{Z}}$ と c を基底とするベクトル空間 H を考え, 括弧積を
$$[a_n,a_m]=n\delta_{n+m,0}\cdot c,\quad [c,a_n]=[c,c]=0$$
と定義すると, H はリー環の構造をもつ. ここで $\delta_{i,j}$ は*クロネッカーのデルタである. リー環 H を*ハイゼンベルク代数という.

以下の例でも, 元 c と任意の元 x の括弧積は

$[c,x]=0$ と定める．

例 2 ヴィラソロ代数(Virasoro algebra)
$\{L_n\}_{n\in\mathbb{Z}}$ と c を基底とするベクトル空間 V を考え，次の括弧積を導入する．
$$[L_n, L_m] = (n-m)L_{n+m} + \frac{n^3-n}{12}\delta_{n+m,0}\cdot c.$$
この括弧積により V はリー環の構造をもつ．このリー環はヴィラソロ代数と呼ばれる．

例 3 アフィン・リー環(affine Lie algebra)
複素単純リー環 $\mathfrak{g}$ に対して
$$\hat{\mathfrak{g}} = \mathfrak{g}\otimes_\mathbb{C}\mathbb{C}[t,t^{-1}] \oplus \mathbb{C}c$$
とおき，$\mathfrak{g}$ の括弧積を使って $\hat{\mathfrak{g}}$ の括弧積を次のように定義する．
$$[X\otimes t^n, Y\otimes t^m]$$
$$= [X,Y]\otimes t^{m+n} + n(X,Y)\delta_{m+n,0}\cdot c.$$
ここで (X,Y) は $\mathfrak{g}$ の*キリング形式である．この括弧積によって $\hat{\mathfrak{g}}$ はリー環の構造をもち，$\mathfrak{g}$ に付随するアフィン・リー環と呼ばれる．

リー環(リー群に付随する)
Lie algebra

リー環は，リー群を「線形化」した代数系である．
$$\exp\begin{bmatrix} 0 & -\theta \\ \theta & 0 \end{bmatrix} = \begin{bmatrix} \cos\theta & -\sin\theta \\ \sin\theta & \cos\theta \end{bmatrix}$$
のように，行列の*指数関数 exp は，n 次の交代行列($^tA+A=0$ を満たす行列)を n 次の直交行列($^tAA=I_n$ を満たす行列)に移す．(上には $n=2$ の場合を明示した)．これは，リー群とリー環の間の関係の例であり，n 次直交行列のなすリー群に付随するリー環が，n 次交代行列全体のなすリー環であることを主張している．

行列の指数関数 exp は，数の指数関数と異なり，和を積に移すわけではないが，n 次の実または複素正方行列 A, B について
$$A+B = \lim_{x\to 0}\frac{1}{x}\log(\exp(xA)\exp(xB))$$
が成立する．ここに log は，行列の*対数関数である．また，
$$AB-BA = \lim_{x\to 0}\frac{1}{x^2}\times$$
$$\log(\exp(xA)\exp(xB)\exp(-xA)\exp(-xB))$$
が成立する．このように，exp を通じて，和が積に対応し，$AB-BA$ が*交換子積に対応する．

行列からなるリー群 G に対し，すべての実数 x について $\exp(xA)\in G$ となる行列 A の全体を $\mathfrak{g}$ とする．このとき $A, B\in\mathfrak{g}$ ならば $A+B\in\mathfrak{g}$, $AB-BA\in\mathfrak{g}$ が成立し，$[A,B]=AB-BA$ と定めることにより $\mathfrak{g}$ はリー環になる．$\mathfrak{g}$ を G に付随するリー環という．

一般のリー群 G の場合には，そのリー環 $\mathfrak{g}$ は G 上の左不変ベクトル場の全体として定義される．$\mathfrak{g}$ はベクトル場の*括弧積についてリー環になる．また G の単位元 e における接空間を $T_e(G)$ とすると，$X\in\mathfrak{g}$ に e における値 $X(e)\in T_e(G)$ を対応させることによって，線形空間としての同型 $\mathfrak{g}\simeq T_e(G)$ が得られる．したがって $\mathfrak{g}$ の線形空間としての次元は G の多様体としての次元と一致する．

リー群に関する情報はほとんど，それに付随するリー環に含まれており，リー群に関する多くのことがらがリー環に関する事柄に翻訳される(→リー群とリー環)．またリー群よりもリー環のほうが代数的な扱いができて理解しやすいので，リー群の研究をするのに，付随するリー環を研究することが有益である．

例 1 特殊線形群
$$SL(n,\mathbb{R}) = \{g\in GL(n,\mathbb{R}) \mid \det g = 1\}$$
のリー環は
$$\mathfrak{sl}(n,\mathbb{R}) = \{X\in\mathfrak{gl}(n,\mathbb{R}) \mid \mathrm{tr}\, X = 0\}$$
により与えられる(ただし，$\mathfrak{gl}(n,\mathbb{R})$ は一般線形リー環を表す)．

例 2 直交群
$$O(n) = \{g\in GL(n,\mathbb{R}) \mid {}^tgg = I_n\}$$
および特殊直交群(回転群)
$$SO(n) = \{g\in GL(n,\mathbb{R}) \mid {}^tgg = I_n, \det g = 1\}$$
のリー環は，交代行列全体
$$\mathfrak{so}(n) = \{X\in\mathfrak{gl}(n,\mathbb{R}) \mid {}^tX + X = O\}$$
により与えられる．

例 3 ユニタリ群
$$U(n) = \{g\in GL(n,\mathbb{C}) \mid g^*g = I_n\}$$
のリー環は
$$\mathfrak{u}(n) = \{X\in\mathfrak{gl}(n,\mathbb{C}) \mid X^* + X = O\}$$
により与えられる(X^* は行列 X の*随伴行列を表す)．

例 4 特殊ユニタリ群
$$SU(n) = \{g\in GL(n,\mathbb{C}) \mid g^*g = I_n, \det g = 1\}$$
のリー環は
$$\mathfrak{su}(n) = \{X\in\mathfrak{gl}(n,\mathbb{C}) \mid X^* + X = O, \mathrm{tr}\, X = 0\}$$
により与えられる．

力学
mechanics

物体間に働く力と物体の運動との関係を論じる

学問をいう．*ニュートンの運動方程式を基礎とした，質点系，剛体，弾性体，流体の力学がその典型である．また，電気や磁気の力の影響を受ける電荷の運動を論ずる電気力学，*相対性原理をもとにする相対論的力学，粒子系を統計的に調べる*統計力学さらに量子力学がある．⇒ニュートン力学，古典力学，量子力学

力学系
dynamical system

さまざまな時間発展を点の運動として抽象化した数学的な概念である．力学系の理論は，軌道 $f_t x$ の $t \to \infty$ での挙動を主たる研究対象とする数学の分野であり（→ ω 極限集合，再帰性），応用上もさまざまな時間発展の研究に用いられる．

空間 X 上での点の運動は，時刻 0 での位置 x_0 に対して，時刻 t における位置 x_t を指定すれば記述される．この対応を $x_t = f_t x$ として*写像 $f_t: X \to X$ を定め，空間 X と写像族 f_t の組 (X, f_t) を力学系という．ここで，時間発展が一意的に定まるように，条件 $f_t(f_s x) = f_{t+s} x$ つまり $f_t \circ f_s = f_{t+s}$ および条件 $f_0 = \mathrm{Id}$ (*恒等写像) を仮定する．X の各点 x に対して集合 $\{f_t x\}$ を力学系の軌道と呼ぶ．*不動点，*周期点はその特別な場合である．

古典力学(classical mechanics)や天体力学(celestial mechanics)は力学系の典型例を与え，歴史的には，常微分方程式の解の挙動を調べるために，ポアンカレがその定性的な性質に着目して成果を挙げたこと（→再帰性，ポアンカレ-ベンディクソンの定理，ホモクリニック点）が，力学系の概念と理論の始まりと考えてよい．

時間 t の動く範囲が実数全体の場合の力学系は流れと呼ぶことが多い．例えば，$X = \mathbb{R}^n$ における*常微分方程式 $dx/dt = a(x)$ がつねに大域解を持つならば，初期値に対して時刻 t での解の値を対応させる写像を f_t とすれば，流れ (X, f_t) が定まる．このような力学系を，微分方程式の定める流れ，または，*ベクトル場 $a(x)$ の生成する流れという．流れの場合，
$$f_{-t} \circ f_t = f_t \circ f_{-t} = \mathrm{Id}$$
より，写像 f_t はすべて可逆であり，$f_t^{-1} = f_{-t}$ となる．なお，例えば，2 階の微分方程式 $d^2 x/dt^2 = -x$ は，位置 x と速度 $y = dx/dt$ を考えれば，xy 平面上の力学系(回転運動)を定める．このようなとき，xy 平面をこの力学系の相平面(一般には相空間)という．

力学系の時間としては，離散時間 $(t = \cdots, -1, 0, 1, 2, \cdots)$ の場合も重要であり，そのことを強調するときは*離散力学系と呼び，$f = f_1$ で代表させて，(X, f) のように表す．このとき，$n \geq 1$ とすると，f_n は f の n 回の*反復写像で，f_{-n} は f の逆写像 f^{-1} の n 回の反復写像である．また，可逆でない力学系，つまり，$t \geq 0$ や $t = 0, 1, 2, \cdots$ の場合を考えることも多く，さらに，多次元の時間 $(t \in \mathbb{R}^n, \mathbb{Z}^n)$ や，より一般に，群（→作用(群の)）などを考えることもある．

空間 X と写像族 f_t については，連続性や微分可能性その他の構造を考えることが多い（→位相力学系，微分可能力学系，記号力学系，アノソフ力学系，測地流，区間力学系，複素力学系）．さらに，体積などの*不変測度が保存される*保測力学系も豊かな内容を持つ（→エルゴード理論）．

⇒エルゴード性，常微分方程式，ベクトル場，分岐(力学系の)，安定(力学系における)，構造安定，葉層構造，カオス，セル力学系

リー群
Lie group

行列の作る群，例えば $GL(n, \mathbb{R})$ や $SL(n, \mathbb{R})$ のような群とその一般化のことである．正確には，群 G が*多様体の構造を持ち，積を表す写像 $G \times G \to G$, $(g_1, g_2) \mapsto g_1 g_2$ と，逆元を表す写像 $G \to G$, $g \mapsto g^{-1}$ が微分可能であるとき，G はリー群であるという．リー群は*位相群である．

リー群の概念は 19 世紀末にリーによって考え出された．空間の対称性を表す群(例えばユークリッド空間の*合同変換群)や微分方程式の解の変換を表す群の研究がその始まりであった．特にリーは後者をもとに*ガロア理論の微分方程式に対する類似を構想したという．

その後，リー群とリー環の関係が明らかになり，リー環を用いてリー群を調べることができるようになって，リー群の研究は大きく進歩した（→リー群とリー環）．特に，É. カルタンとワイルにより，*半単純リー群の分類とその有限次元表現の研究がなされた．

多くの重要な多様体はリー群の作用による*等質空間であり，その研究にはリー群論が重要な役割を果たす．また，*ファイバー束の構造群はリー群であり，幾何学を変換群によって理解するというクライン（→エルランゲン・プログラム）らの思想は，現在の幾何学や*ゲージ理論において基本的である．

今日では無限次元の場合も含めた*リー群の表現論が発達し，数学のさまざまな分野や量子力学において広く用いられている．→ リー群とリー環，リー環(リー群に付随する)，リー群の表現論

リー群とリー環
Lie group and Lie algebra

任意のリー群 G に対して，それを「線形化」した代数系であるリー環 $\mathfrak{g}$ が対応する(→ リー環(リー群に付随する))．さらに，リー群のさまざまな操作に対して，対応するリー環の操作があり，一方を用いて他方を調べることができる．例えば，リー群を G, H，そのリー環を $\mathfrak{g}, \mathfrak{h}$ とすると，

(1) リー群の準同型 $G \to H$ があると，リー環の準同型 $\mathfrak{g} \to \mathfrak{h}$ が定まる．

(2) H が G の*閉部分群であると，$\mathfrak{h}$ は $\mathfrak{g}$ の部分リー環である．

(3) H が G の正規閉部分群であるとき，$\mathfrak{h}$ は $\mathfrak{g}$ のイデアルである．

(4) 上の(3)のとき商群 G/H はリー群になるが，そのリー環は商リー環 $\mathfrak{g}/\mathfrak{h}$ である．

(5) リー群 G のベクトル空間 V 上の表現があると，そのリー環 $\mathfrak{g}$ の V 上の表現が定まる．

G が単連結である場合には，逆の対応も成り立つ(例えば，リー環の準同型があれば，リー群の準同型がある)．→ リー環

リー群の表現論
representation theory of Lie groups

19 世紀末から 20 世紀初頭にかけて，フロベニウス(F. G. Frobenius)，シューア(I. Schur)は有限群の表現論を建設したが，その後，1925 年に H.*ワイルはコンパクトリー群の有限次元表現論を建設した．さらにワイルは F. ピーター(Peter)との共同研究で，コンパクト群 G の既約ユニタリ表現の行列成分が G 上の L^2 関数のなすヒルベルト空間 $L^2(G)$ の完全系をなすことを示し，表現論と関数解析学との深い関係を示した．

当時，量子力学がヒルベルト空間の作用素を使って定式化されたこともあって，リー群の有限次元表現論の研究が盛んになった．その後，物理学者の E. P. ウィグナー(Wigner)は，相対論的に不変な自由粒子の波動方程式を分類する目的からポアンカレ群の無限次元ユニタリ表現を系統的に研究し，リー群の無限次元ユニタリ表現の重要性を示した．その後無限次元ユニタリ表現が研究の中心になった．リー群の無限次元ユニタリ表現の研究は，関数解析学の進展に寄与しただけでなく，現代数学の多くの分野と密接な関係をもつことが明らかになり，現代数学の中心的なテーマの 1 つになっている．

リサージュ曲線
Lissajous' curve

互いに垂直な方向に 2 つの単振動を合成することにより得られる平面曲線をいう．フランスの物理学者リサージュが 1857 年に自ら考案した装置でこの曲線を得たのでこの名がつけられている．2 つの振動の方向を x 軸, y 軸にとれば，$x = A\cos(\omega t)$, $y = B\cos(\omega' t + a)$ で表される．角振動数 ω, ω' や位相 a の違いによっていろいろな曲線が得られる．

離散位相
discrete topology

集合 X のすべての部分集合を開集合とするような位相を，X の離散位相という．離散位相に関しては，X から他の位相空間へのすべての写像が連続となる．

離散化
discretization

「連続」なものを「離散的」なもので近似することをいう．離散化の典型例として，微分方程式の*差分方程式による近似がある．例えば，微分方程式 $y''(x) = f(x)$ において，2 階微分

$$y''(x) = \lim_{h \to 0} \frac{y(x+h) - 2y(x) + y(x-h)}{h^2}$$

を*差分(右辺の lim の中に現れている式)で置き換えると，差分方程式 $y_{n-1} - 2y_n + y_{n+1} = h^2 f(nh)$ が得られる．だだし，h を小さい正の数として，y_n は $y(nh)$ の近似を表している．離散化は微分方程式などの数値解析において基本的な考え方である．なお，連続な構造からの類推から離散的な構造を作ることを離散化ということもある．

離散化誤差
discretization error

計算機による数値計算において,極限を有限で打ち切ったり近似式を用いたりする計算法そのものから生じる誤差を離散化誤差という.打ち切り誤差,公式誤差,理論誤差,近似誤差などと呼ばれることもある.→ 数値計算誤差

離散群
discrete group

離散位相を持つ群を離散群という.
*位相群の部分群は,誘導位相が離散位相となっているとき離散部分群と呼ばれる.例えば,$GL(n,\mathbb{Z})$ は一般線形群 $GL(n,\mathbb{R})$ の離散部分群である.→ 不連続群

離散構造
discrete structure

整数などのもつ*離散的な構造のことをいう.例えば,*有限群,*有限体などの代数構造,*グラフ,*マトロイド,*デザインなどの組合せ構造がその典型である.離散構造は連続的な構造の背後に潜む構造として出現することもある.例えば,$\mathbb{R}$ 上の微分方程式 $d^2y/dx^2 = -\lambda y$ は任意の実数 λ に対して解を持つが,ここで解が周期 1 を持つという条件を付加すると,許される λ の値は $\lambda = (2\pi n)^2$ $(n=0, 1, 2, \cdots)$ のように「離散的」になる.ここで,$\lambda = (2\pi n)^2$ に対する解は,A, B を定数として,$y = A\cos(2\pi nx) + B\sin(2\pi nx)$ である.→ 離散数学

離散集合
discrete set

n 次元ユークリッド空間 $\mathbb{R}^n$ の部分集合が,$\mathbb{R}^n$ の中に*集積点を持たないとき,離散集合という($\mathbb{R}^n$ からの*誘導位相で*離散位相を持つといってもよい).例えば,整数の集合 $\mathbb{Z}(\subset \mathbb{R})$ は離散集合である.

離散数学
discrete mathematics

連続と離散は,数学においてしばしば対比される概念である.例えば,実数の集合は連続の構造をもっており,その連続性の上に微分積分学などの解析学が築かれている.これに対し,整数の集合やビット列の集合は*離散的である.このような離散的な対象を扱う数学を総称して離散数学と呼ぶ.有限群,有限体などの理論,*組合せ論,*グラフ理論,*マトロイド理論などがその典型である.連続数学はエネルギーを基本とする物理現象を扱うのに適しているが,離散数学は物と物との関係やコンピュータの中の計算過程など,情報構造を数学的に取り扱うのに適している.→ 離散構造

離散スペクトル　discrete spectrum　= 点スペクトル

離散対数
discrete logarithm

有限体の元 a, x に対して,$a^e = x$ を満たす整数 e を(a を底とする)x の離散対数と呼び,$\log_a x$ と書き表す.位数の大きい有限体において離散対数を計算するのはたいへん困難な問題であり,この事実は*暗号に利用される.

離散的
discrete

「連続的」の反対語で,「とびとび」なことを表す形容詞である.例えば,実数の全体 $\mathbb{R}$ が「連続的」なのに対して,整数の全体 $\mathbb{Z}$ は「離散的」である.なお,有理数の全体 $\mathbb{Q}$ はどちらとも言い難いが,ときに「離散的」なものと考えると都合のよいこともある.→ 離散構造,離散数学

離散フーリエ変換
discrete Fourier transformation

複素数列 $\{X_n\}$ $(n=0, 1, \cdots, N-1)$ に対して,

$$Y_k = \sum_{n=0}^{N-1} e\left(\frac{kn}{N}\right) X_n,$$

$$e(\xi) = \exp(-2\pi\sqrt{-1}\xi)$$

で定義される複素数列 $\{Y_k\}$ $(k=0, 1, \cdots, N-1)$ を離散フーリエ変換(discrete Fourier transform)と呼ぶ.逆変換は

$$X_n = \frac{1}{N} \sum_{k=0}^{N-1} e\left(\frac{-kn}{N}\right) Y_k$$

で与えられる.離散フーリエ変換を上の定義に従って計算すると N^2 のオーダーの手間がかかってしまうが,これを $N \log N$ のオーダーで計算する算法がある(→ 高速フーリエ変換).離散フーリエ変換は信号処理など理工学関係の多くの分野において用いられる.

離散分離定理
discrete separation theorem

*劣モジュラー関数 $f: 2^S \to \mathbb{R}$ (ただし $f(\emptyset)=0$) と*優モジュラー関数 $g: 2^S \to \mathbb{R}$ (ただし $g(\emptyset)=0$) の間に $f(X) \geqq g(X)$ $(X \subseteq S)$ の関係があるならば, $f(X) \geqq p(X) \geqq g(X)$ $(X \subseteq S)$ を満たす実数の分離ベクトル $p=(p_j | j \in S) \in \mathbb{R}^S$ が存在する ($p(X) = \sum_{j \in X} p_j$). さらに, f と g がともに整数値をとるならば, 整数の分離ベクトル $p \in \mathbb{Z}^S$ が存在する. これを劣モジュラー関数と優モジュラー関数に関する離散分離定理と呼ぶ. 前半の実数分離ベクトルの存在に関する主張は, 劣モジュラー関数と凸関数の関係, および, 凸関数に関する分離定理から導出できるが, 後半の整数性に関する主張は組合せ論的な性格のものであり, 凸関数の理論とは独立である. → 分離定理(凸関数の)

離散変量
discrete variable

例えば, 統計学などにおいては, 身長や体重のように実数で表されるデータが多いが, 年齢や男女の区別などのように整数や種別などを表すデータもある. このようなとき, 前者を連続変量, 後者を離散変量という. 統計の実務では, 実数値のデータを階級別に分けて離散変量として扱うことが多い.

離散ラプラシアン
discrete Laplacian

離散ラプラス作用素ともいう. 例えば, 2次元整数格子 $\mathbb{Z}^2$ 上の関数 f に対して
$$Lf(n,m) = \frac{1}{4}\{f(n+1,m) + f(n-1,m) + f(n,m+1) + f(n,m-1) - 4f(n,m)\}$$
で定義される作用素 L のように, *ラプラシアン Δ の微分を差分に置き換えて得られる作用素, または, その一般化をいう. *グラフのラプラシアンは, 隣接点での関数値との差の平均
$$Lf(x) = \frac{1}{m(x)} \sum_{y \sim x} \{f(y) - f(x)\}$$
と定義される. ただし, $y \sim x$ は, y が x の隣接点, つまり, y と x が辺で結ばれていることを表し, $m(x)$ は頂点 x の隣接点の数(*次数)とする. 離散ラプラシアン L は l^2 空間上の対称作用素であり, そのスペクトルは格子やグラフの幾何学的特徴や, その上の*酔歩の挙動などと密接な関係

がある.

離散力学系
discrete dynamical system

「流れ」が連続時間の*力学系を指すのに対して, 離散時間の力学系のことを離散力学系という. つまり, 空間 X からそれ自身への写像 $f: X \to X$ から決まる力学系 (X, f) のことである. その軌道は, f が可逆な写像の場合は, $\cdots, f^{-1}x, x, fx, f^2 x = f(fx), \cdots$ であり, 非可逆な場合には, $x, fx, f^2 x = f(fx), \cdots$ と考える. → 力学系

離心率
eccentricity

楕円, 放物線および双曲線 C に対して, C の点 P から焦点への距離と P から*準線への距離の比を離心率という.
C が $(x/a)^2 \pm (y/b)^2 = 1$ $(a>b)$ で表されるとき, C の離心率は $\sqrt{1 \mp b^2/a^2}$ である. 放物線の離心率は 1 である. → 焦点(2次曲線の)

リースの表現定理
Riesz representation theorem

線形の微分方程式や積分方程式などの解の存在を証明するのにしばしば利用される有用な定理である.

*ヒルベルト空間 X の元 x_0 を固定するとき, $x \in X$ に x_0 との内積を対応させる写像 $x \mapsto (x, x_0)$ は X 上の有界線形汎関数になる. 逆に任意の有界線形汎関数 f はこの形に表現され, $f(x) = (x, x_0)$ $(x \in X)$ を満たす $x_0 \in X$ がただ1つ存在する. これをリースの表現定理または単にリースの定理という. f の一様ノルム $\|f\|$ は x_0 のノルム $\|x_0\|$ に等しい. → 双対空間(ノルム空間の)

理想境界
ideal boundary

開円板 $D^2 = \{z \in \mathbb{C} \mid |z| < 1\}$ 上の有界な調和関数 f を考えると, f は円周 $S^1 = \{z \in \mathbb{C} \mid |z| = 1\}$ 上の関数 h を用いて表すことができる(→ ポアソン積分). このとき h の $x \in S^1$ での値は, 点列 $x_i \in D^2$ が x に近づくときの $f(x_i)$ の極限である. このように, D^2 上の有界な調和関数を考えるには, 円周 S^1 を「無限遠点の集合」として加え, そこまで関数の定義域を広げると便利である. この場合は S^1 を理想境界と呼ぶ.

一般に，コンパクトでない空間 X 上のある数学的問題が，X に「無限遠点の集合」を付け加えてコンパクトにして考える(→ コンパクト化)ことで考察が容易になるとき，付け加える「無限遠点の集合」のことを，理想境界と呼ぶ(したがって，何を理想境界と呼ぶべきかは，考える問題によって異なる)．→ コンパクト化

理想数
ideal number

　クンマー(E. E. Kummer)は円分体で素因数分解の一意性が成り立てばフェルマ予想が肯定的に解決できることに気づいたが，円分体では一般に素因数分解の一意性が成立しない．そこでクンマーは「理想の世界に存在する数」として「理想数」を導入し，理想数の世界では円分体の素因数分解の一意性が成り立つことを用いて，フェルマ予想に関する多くの結果を得た．この「理想数」の考えを後にデデキントが，整理，発展させたものが*イデアルの概念で，「理想数の世界での素因数分解の一意性」とは，代数体の整数環(*代数的整数環)におけるイデアルの素イデアル分解の一意性にほかならない．ドイツ語の「理想数」という言葉が，「イデアル(理想)」という語の起源である．

リー代数　Lie algebra　= リー環

リーチ格子
Leech lattice

　24次元の*格子で，極めて特徴的な性質を持つ．散発的単純群の構成や，符号理論にも密接に関連する．1967年にパッキングの問題に関連して，リーチ(J. Leech)により構成された．

リッカチ方程式
Riccati equation

　1階の微分方程式で，右辺が未知関数の2次式である $y'=a(x)y^2+b(x)y+c(x)$ の形のものをリッカチ方程式という．一般には求積法で解くことはできない．リッカチ方程式の1つの解 y_1 がわかっている場合，$z=1/(y-y_1)$ と変換すれば $z'=d(x)z+e(x)$ の形の方程式が得られ，これを解いて一般解が求められる．また $y=-(1/a(x))u'/u$ とおけばリッカチ方程式は2階の線形微分方程式 $u''+p(x)u'+q(x)u=0$ に変換される．

　また，対称行列 X を未知数とする $A^{\mathrm{T}}X+XA-XRX+Q=0$ (ただし A は正方行列，R, Q は対称行列)の形の方程式もリッカチ方程式と呼ばれ，制御理論などで重要である．

立体角
solid angle

　3次元空間内の多面体 X の頂点 v を中心とした半径 r が十分小さい球面 S を考え，S と X の共通部分 $S \cap X$ の面積の $1/r^2$ 倍を X の v における立体角と呼ぶ．

　この定義は平面上の多角形の頂点での角度の定義の，3次元での類似であるが，平面上では2直線の交わりの様子が角度だけで決まるのに反して，3次元空間での平面の1点での交わりの様子は立体角だけからは決まらない．

立体射影　stereographic projection　→ リーマン球面

リッチ曲率
Ricci curvature

　*曲率の一種である．*曲率テンソル $R(X,Y)Z$ を1回縮約して，
$$\mathrm{Ric}(V,W) = \sum_{i=1}^{n} \langle R(V,e_i)e_i, W \rangle$$
で定義される2階対称テンソルである．断面曲率より少ない，スカラー曲率より多い情報を含んでいる．局所座標を用いて曲率テンソルを R^l_{ijk} と表示すると，リッチ曲率は $R_{ik}=\sum_l R^l_{lik}$ と表示される．

　真空の場合(物質がない場合)のアインシュタインの重力場の方程式は，$\mathrm{Ric}=0$ である．また，$\mathrm{Ric}(V,W)=cg(V,W)$ (c は定数)なるリーマン計量 g を，アインシュタイン計量と呼ぶ．

立方根
cubic root

　3乗して数 a になる数を a の立方根といい，$\sqrt[3]{a}$ と記す．a が実数のとき実数の立方根はただ1つある．

立方体倍積問題
duplication of cubic volume

　2倍の体積を持つ立方体を定規とコンパスだけで作図する問題．ギリシアの3大作図問題の1つ．2の立方根 $\sqrt[3]{2}$ を作図することに当たる．2の立方根 $\sqrt[3]{2}$ は $\mathbb{Q}$ の2次拡大の繰り返しには含まれないから，定規とコンパスだけで作図することは

不可能である．

リー微分
Lie derivative

*ベクトル場 V が与えられたとき，関数やベクトル場やテンソル場について V の生成する流れ(*局所1径数変換群) $\{\varphi_t\}$ の方向に微分したものをリー微分という．ベクトル場 V による関数 f のリー微分 $L_V(f)$ は，V を微分作用素と見たときの V による微分 $V(f)$ である．共変微分もベクトル場によるテンソルの微分を与えるが，共変微分が接続を与えないと定まらないのに対して，リー微分はそのような情報を与えなくても定まる．

ベクトル場 V によるベクトル場 W のリー微分は括弧積である．すなわち $L_V W=[V,W]$．共変微分と異なり $L_{fV}W \neq fL_V W$ であることに注意を要する．

一般のテンソル $T^{i_1,\cdots,i_k}_{j_1,\cdots,j_l}$ のベクトル $V=\sum_i V^i(\partial/\partial x^i)$ によるリー微分 $L_V T$ の成分は

$(L_V T)^{i_1,\cdots,i_k}_{j_1,\cdots,j_l}$

$= \sum_a V^a \dfrac{\partial}{\partial x^a} T^{i_1,\cdots,i_k}_{j_1,\cdots,j_l}$

$-\sum_a \sum_m \dfrac{\partial V^{i_m}}{\partial x^a} T^{i_1,\cdots,i_{m-1},a,i_{m+1},\cdots,i_k}_{j_1,\cdots,j_l}$

$+\sum_a \sum_m \dfrac{\partial V^a}{\partial x^{j_m}} T^{i_1,\cdots,i_k}_{j_1,\cdots,j_{m-1},a,j_{m+1},\cdots,j_l}$

である．座標によらない書き方では，V が生成する局所1径数変換群を φ^t とし，テンソル T を φ^t で変換したものを $\varphi^t_* T$ と書くと

$$L_V T = \lim_{t \to 0} \dfrac{T - \varphi^t_* T}{t}$$

となる．

リプシッツ条件　Lipschitz condition　→ リプシッツ連続

リプシッツ定数　Lipschitz constant　→ リプシッツ連続

リプシッツ連続
Lipschitz continuous

実数値関数 $f(x)$ について，
$$|f(x) - f(x')| \leq L|x - x'|$$
がつねに成り立つような正定数 L が存在するとき，$f(x)$ はリプシッツ連続である，あるいはリプシッツ条件を満たすといい，L をリプシッツ定数という．

リプシッツ連続関数は*有界変動であり，特に連続である．例えば閉区間上で連続微分可能な関数はリプシッツ連続である．多変数関数に対しても同様に定義される．→ コーシーの存在と一意性定理

リー変換群
Lie transformation group

多様体に滑らかに*作用している*リー群のことをいう．普通あらわれる*変換群はほとんどリー変換群である．

リー群 G が*多様体 M に作用しており，作用を定義する写像 $G \times M \to M$ が C^∞ 級であるとき G を M に作用するリー変換群であるという．M に作用するリー変換群 G の*リー環 $\mathfrak{g}$ の元 X は M 上の*ベクトル場 V を定める．例えば，リー群 $\mathbb{R}$ の M へのリー変換群としての作用とは，*1径数変換群 $\varphi_t: M \to M$ のことで，$\mathbb{R}$ のリー環すなわち $\mathbb{R}$ の元 1 に対応するベクトル場が1径数変換群 φ_t を生成するベクトル場である．

リマソン
limaçon (仏)

極座標により $r = a\cos\theta \pm b$ で与えられる曲線をいう．蝸牛線ともいう．$b = a$ の場合が*カーディオイドである．

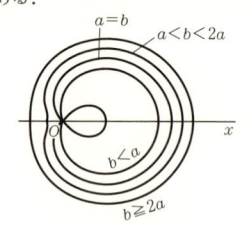

リーマン
Riemann, Georg Friedrich Bernhard

1826-66　ドイツの数学者．ガウスたちによって具体的な数学的対象の研究のなかで発見されていた諸事実を，さらに深めると同時に，それらを一般的な概念に昇華させ，代数関数論，リーマン面，アーベル積分，リーマン積分論，多様体，リーマン幾何学など，今日の数学の重要な基礎を構築した．ゼータ関数に関するリーマン予想は素数定理の証明のために提唱されたものであり，今日でも最重要な未解決問題である．1859年のゲッチンゲ

ン大学での教授資格取得のための講演『幾何学の基礎をなす仮説について』は，その後の幾何学の発展と物理空間の認識に決定的な影響を与えた．

リーマン幾何学
Riemannian geometry

*曲がった空間の幾何学の代表である．リーマンは教授資格取得のための講演『幾何学の基礎をなす仮説について』の中で，n 個の実数の組 $(x^1,\cdots,x^n)$ によって局所的に座標が与えられている図形(現在の言葉では*多様体)を考え，その上で距離が近い 2 点 $x=(x^1,\cdots,x^n)$ と $x'=(x^1+\Delta x^1,\cdots,x^n+\Delta x^n)$ の間の距離の 2 乗が，おおよそ，$\Delta x=(\Delta x^1,\cdots,\Delta x^n)$ の 2 次式 $\sum_{i,j}g_{ij}\Delta x^i\Delta x^j$ であるような幾何学を考えた．これがリーマン幾何学の始まりである．リーマン幾何学は，リーマン多様体 (M,g)，すなわち多様体 M とその上の*計量 g の組を研究する幾何学である．

19 世紀から 20 世紀初頭にかけて，*テンソル解析を用いてリーマン多様体の局所的な様子を調べるリーマン幾何学が発達した．それは，アインシュタインによって，*一般相対性理論の建設に用いられた．20 世紀後半に入ると，リーマン多様体の大域的な構造の研究も高まりを見せている．そこでは，*測地線，*ラプラス-ベルトラミ作用素，*非線形偏微分方程式などのさまざまな手法が用いられている．リーマン幾何学は*微分幾何学の中心的な分野として，現在も活発に研究されている．

リーマン球面
Riemann sphere

複素関数 $f(z)$ の $|z|$ が大きいときの様子は $z=1/w$ と変数変換して調べることができる．$w=0$ に対応する点は z 平面にないが，このような点を導入すると都合がよい．これを無限遠点と呼び ∞ と記す．複素平面に無限遠点を付け加えた集合 $\overline{\mathbb{C}}=\mathbb{C}\cup\{\infty\}$ は次のようにして球面とみなすことができる(この対応を立体投影という)．

3 次元空間の原点を中心とした図のような単位球面 S^2 をとる．平面の点 z に対し，z と北極 N を結ぶ直線と球面の交点を P とする．$|z|\to+\infty$ のとき P は N に近づく．z を P に，無限遠点 ∞ を北極 N に対応させれば，$\overline{\mathbb{C}}$ の点と S^2 の点は 1 対 1 に対応する．S^2 をリーマン球面と呼ぶ．この対応で平面上の円はリーマン球面上の北極を通らない円に，直線は北極を通る円にそれぞれ写される．これを円円対応という．

リーマン球面は 1 次元*複素射影空間と同じであり，また*リーマン面の重要な例である．

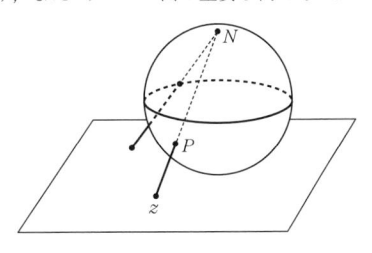

リーマン計量
Riemannian metric

曲面やより一般に*多様体上で，(曲線の)長さや，(部分多様体の)体積などを考えるのに必要なデータで，各点の*接空間に与えた内積から決まる*計量(距離構造)をいう(→ リーマン幾何学)．

ユークリッド平面の曲線 $l(t)=(l_1(t),l_2(t))$ ($t\in[a,b]$) の長さは積分

$$\int_a^b \sqrt{\left(\frac{dl_1}{dt}\right)^2+\left(\frac{dl_2}{dt}\right)^2}\,dt$$

で計算される．これを一般化して，平面上の関数 $E(x,y),F(x,y),G(x,y)$ を使って

$$\int_a^b \left(E(l(t))\left(\frac{dl_1}{dt}\right)^2 + 2F(l(t))\frac{dl_1}{dt}\frac{dl_2}{dt} + G(l(t))\left(\frac{dl_2}{dt}\right)^2\right)^{1/2}dt$$

が曲線 l の長さであるような幾何学を考えることができる．これがリーマン幾何学であり，このときの $E(x,y)dx^2+2F(x,y)dxdy+G(x,y)dy^2$ なる式のことを計量(リーマン計量)と呼ぶ．ただし，長さがいつも正になるように，X,Y についての 2 次形式 $E(x,y)X^2+2F(x,y)XY+G(x,y)Y^2$ は，どの x,y に対しても*正定値であると仮定する．

同様にして，曲面 M，さらに一般の多様体 M の計量も定義される．多様体上の計量をリーマン計量という．すなわち，滑らかな多様体 M の各接空間 $T_p(M)$ に内積 $g_p(\cdot,\cdot)$ が p に滑らかに依存するように与えられているとき，p に $g_p(\cdot,\cdot)$ を対応させる対応 g をリーマン計量と呼ぶ．p に滑らかに依存するとは「各局所座標系 $(x_1,\cdots,x_n)$ について，$g_{ij}=g(\partial/\partial x_i,\partial/\partial x_j)$ は座標近傍上

で滑らかな関数である」ことを意味する．g_{ij} を局所座標系に関するリーマン計量の ij 成分という．リーマン計量は $ds^2 = \sum_{i,j=1}^{n} g_{ij} dx_i dx_j$ という式で表す．

M にリーマン計量 g を決めたとき，曲線 $l: [a,b] \to M$ の長さは

$$\int_a^b \sqrt{g\left(\frac{dl(t)}{dt}, \frac{dl(t)}{dt}\right)} dt$$

で与えられる．また，*体積要素が定まり，その積分（→ 積分（微分形式の））として，リーマン多様体上の体積が定まる．

リーマン–スティルチェス積分　Riemann-Stieltjes integral　⇨ スティルチェス積分

リーマン積分
Riemann integral

ニュートンとライプニッツの時代から用いられてきた積分に，区分求積法に基づいて厳密な意味を与えたのはリーマンである．

$f(x)$ を区間 $[a,b]$ 上の有界な実数値関数とする．$[a,b]$ の分割 $\Delta: a = x_0 < x_1 < \cdots < x_{n-1} < x_n = b$，および小区間 $[x_{i-1}, x_i]$ 内の点 ξ_i ($i=1, 2, \cdots, n$) をとり，リーマン和を

$$S(f; \Delta, \xi) = \sum_{i=1}^{n} f(\xi_i)(x_i - x_{i-1})$$

により定義する．分割 Δ の細かさを，

$$\mathrm{mesh}(\Delta) = \max_{i=1,\cdots,n} |x_i - x_{i-1}|$$

と定める．分割を細かくしていったとき，点 ξ_i の取り方によらず一定の極限値

$$A = \lim_{\mathrm{mesh}(\Delta) \to 0} S(f; \Delta, \xi)$$

が存在するならば，f はリーマン積分可能であるといい，

$$A = \int_a^b f(x) dx$$

と定義する．

閉区間上の連続関数は，リーマン積分可能である．この事実の証明には，閉区間上の連続関数の*一様連続性が必要となる．

多変数の関数に対しても，有界閉区間上のリーマン積分が同様の方法で定義される（→ 多重積分）が，一般には区間だけでなく，はるかに多様な集合の上の積分が考えられる．例えば 2 変数の場合には次のように定義する．

平面の *面積確定の有界集合 D とその上の有界関数 $f: D \to \mathbb{R}$ に対し，D を含む十分大きな区間を I として，

$$\tilde{f}(x,y) = \begin{cases} f(x,y) & (x,y) \in D \\ 0 & (x,y) \in I \setminus D \end{cases}$$

と定める．$\tilde{f}$ が I 上リーマン積分可能のとき，f は D 上リーマン積分可能であるといい，その積分を

$$\iint_D f(x,y) dx dy = \iint_I \tilde{f}(x,y) dx dy$$

によって定める．D 上の連続関数はリーマン積分可能になる．

リーマン積分で扱われる被積分関数（積分される関数）は区分的に連続な関数にほぼ限られる．より広いクラスに属する関数の積分論を確立したのは，ルベーグである．⇨ ジョルダン測度，ルベーグ積分

リーマン多様体
Riemannian manifold

*多様体に*リーマン計量を与えたものをいう．あるいは，多様体 M とその上のリーマン計量 g の組 (M, g) のことを指す．

リーマンの曲率テンソル　Riemannian curvature tensor　⇨ 曲率テンソル

リーマンの写像定理
Riemann's mapping theorem

複素関数論の基本的な定理の 1 つである．「複素平面 $\mathbb{C}$ の単連結な領域 U は，$U = \mathbb{C}$ の場合を除き，単位開円板 D に正則同型（等角同値）である．すなわち，全単射な正則写像 $f: U \to D$ で，逆写像 $f^{-1}: D \to U$ も正則となるものが存在する」．これをリーマンの写像定理という．

リーマンの写像定理は，単連結なリーマン面の特徴づけに一般化される．すなわち，単連結なリーマン面はリーマン球面，複素平面，単位開円板のいずれかと正則同型である．⇨ 単連結，一意化

リーマンのゼータ関数
Riemann zeta function

素数の性質を調べるために，18 世紀にオイラーにより導入され，19 世紀にリーマンにより複素関数として研究されるようになった関数である．

$s>1$ で収束する無限級数

$$\zeta(s) = \sum_{n=1}^{\infty} \frac{1}{n^s} = 1 + \frac{1}{2^s} + \frac{1}{3^s} + \cdots$$

を s を複素変数とする関数と考えたもので，級数 $\zeta(s)$ は，複素数 s について，Re $s>1$ で絶対収束する．

$\zeta(s)$ が素数の研究に役立つのは，

$$\zeta(s) = \prod_{\text{素数 } p} \frac{1}{1-p^{-s}}$$

というオイラーが見つけた，素数にわたる積(*オイラー積)の表示を持つためである．不規則に存在しているように見える素数にわたる積であるこの右辺が，$\sum 1/n^s$ という整った姿をした解析的扱いに適した関数 $\zeta(s)$ であることにより，素数の分布などに関する情報が $\zeta(s)$ の解析的な性質の中にうまく現れる．例えば，

$$\lim_{s\to 1}\prod_{\text{素数 } p}\frac{1}{1-p^{-s}} = \lim_{s\to 1}\zeta(s) = \sum_{n=1}^{\infty}\frac{1}{n} = \infty$$

であるが，これは素数が無限にあることを示している．リーマンは，$\zeta(s)$ を複素関数として考察し，$\zeta(s)$ が複素平面全体に*有理型関数として*解析接続されることを示し，*素数の分布と $\zeta(s)$ の零点の分布の関係を調べ，*リーマン予想を述べた．素数の分布に関する*素数定理は，$\zeta(s)$ が Re $s\geqq 1$ となる複素数 s においては零点を持たないことと同値であり，実際，素数定理はこの同値性を使って証明された．

オイラーは，正の偶数 r における $\zeta(s)$ の値について，

$$\zeta(r) = \frac{2^{r-1}\pi^r B_r}{r!}$$

を示した．ここで B_r は*ベルヌーイ数である．例えば $\zeta(2)=\pi^2/6$．

$\zeta(s)$ は，$\Lambda(s)=\pi^{-s/2}\Gamma(s/2)\zeta(s)$ とおくと関数等式 $\Lambda(s)=\Lambda(1-s)$ を満たす(Γ は*ガンマ関数)．これと，正の偶数での値から，$\zeta(s)$ が 0 以下の整数において有理数値をとり，$\zeta(0)=1/2$，n が偶数のとき $\zeta(1-n)=-B_n/n$ となり，また，負の偶数での $\zeta(s)$ の値は 0 である．これらの値は，整数論的に深い意味を持っている．→岩澤理論，ゼータ関数

リーマン-ヒルベルトの問題　Riemann-Hilbert problem　→モノドロミー群

リーマン面

Riemann surface

複素平面の平面領域 D 上の多価解析関数は，「D の上に広がった」ある曲面上の 1 価関数とみなすことができる．これを多価関数のリーマン面と呼ぶ．

例えば 2 価関数 $\sqrt{z}$ は $D=\mathbb{C}\setminus(-\infty,0]$ 上の 1 価関数 $\sqrt{z},-\sqrt{z}$ が $(-\infty,0]$ で互いにつながったものと考えられる．いま D のコピー $D^{(+)}, D^{(-)}$ を用意して $(-\infty,0]$ の上岸と下岸を互いに貼り合わせ，さらに $z=0$ に対応する点を 1 つつけ加えると，z 平面 $\mathbb{C}$ 上に広がった曲面 R ができる．これは集合 $R=\{(z,w)\in\mathbb{C}^2|z-w^2=0\}$ を視覚化したもので，$\sqrt{z}$ のリーマン面という．曲面 R 上の関数とみれば $\sqrt{z}$ は各点 $P=(z,w)$ に w を対応させる 1 価関数として曖昧さなく定義できる．

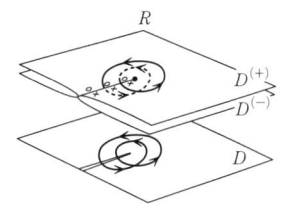

一般にリーマン面は 1 次元複素多様体として定義される．関数の多価性に伴う複雑さ，曖昧さはリーマン面の位相幾何学的構造によって明快に記述される．

コンパクトなリーマン面を閉リーマン面という．上の例では曲面 R に 1 点(無限遠点)を付け加えると閉リーマン面になる．閉リーマン面は位相的には 2 次元球面に g 個(g は 0 以上の整数)の把手をつけた形になる．g は閉リーマン面の最も基本的な不変量で種数という．

閉リーマン面上の有理型関数の全体は体をなすが，これは $\mathbb{C}$ を係数体とする 1 変数有理関数体の有限次代数拡大となるから，代数関数体である．
→解析接続，代数関数論，アーベル積分

リーマン面の関数体

function field on Riemann surface

平面領域の場合と同様にリーマン面 R 上でも有理型関数を考えることができる．f,g が有理型ならば $f\pm g, fg, f/g$ $(g\neq 0)$ も有理型で，R 上有理型な関数の全体 K は体になる．これをリーマン面 R の関数体という．

例えば R がリーマン球面のとき K は有理関数体 $\mathbb{C}(z)$ である．R を*閉リーマン面とする．このとき R 上の任意の有理型関数 f,g の間には

$P(f,g)=0$ ($P(z,w)$ はある既約多項式)の形の関係式が成り立つ.すなわち K は 1 変数*代数関数体である.逆に K から閉リーマン面 R は完全に決定される.こうして,幾何的な存在である閉リーマン面と,代数的な存在である 1 変数代数関数体は,1 対 1 に対応する.このことはまた,閉リーマン面を*代数曲線として捉えることができることと密接に関係している.

リーマン予想

Riemann hypothesis

複素平面上の有理型関数としての*リーマンのゼータ関数 $\zeta(s)$ の零点の位置に関する予想「領域 $\{s\in\mathbb{C}\,|\,0<\mathrm{Re}\,s<1\}$ の中にある $\zeta(s)$ の零点は,すべて $\mathrm{Re}\,s=1/2$ を満たす」のこと.この証明は,21 世紀に残された最大の問題の 1 つである.リーマン予想は,*素数分布の問題と密接に関連する.

リーマン-リウヴィル積分

Riemann-Liouville integral

「n 回不定積分する」という演算を n が実数の場合にまで拡張したものをいう.正の実数 α と連続関数 $f(x)$ に対して

$$I^\alpha f(x) = \Gamma(\alpha)^{-1}\int_0^x (x-t)^{\alpha-1}f(t)dt$$

($\Gamma(\alpha)$ はガンマ関数)と定めると

$$I^\alpha I^\beta f(x) = I^{\alpha+\beta}f(x),$$
$$\frac{d}{dx}I^\alpha f(x) = I^{\alpha-1}f(x).$$

また n が自然数のとき $(d/dx)^n I^n f(x)=f(x)$ が成り立つ.$I^\alpha f(x)$ をリーマン-リウヴィル積分と呼ぶ.例えば

$$I^{1/2}I^{1/2}f(x) = I^1 f(x) = \int_0^x f(t)dt$$

だから $I^{1/2}f(x)$ はあたかも $f(x)$ の「1/2 回の不定積分」のようにみなすことができる.$0<\alpha<1$ のとき,積分方程式 $I^\alpha f(x)=g(x)$ の解は $f(x)=(d/dx)I^{1-\alpha}g(x)$ で与えられる.⇒たたみ込み,アーベルの積分方程式

リーマン-ルベーグの定理

Riemann-Lebesgue theorem

滑らかな関数 $f(x)$ のフーリエ係数

$$c_n = \frac{1}{2\pi}\int_{-\pi}^\pi f(x)e^{-inx}dx$$

の値は n が大きいと 0 に近づく.これは e^{-inx} が激しく振動するので,$f(x)$ が一定とみなせる小区間内で積分が互いに打ち消しあうためと考えられる.一般に,$f(x)$ が可積分ならば $\lim_{|n|\to\infty} c_n = 0$ が成り立つ.同様に,$\mathbb{R}$ 上の可積分な関数 $f(x)$ のフーリエ変換

$$\widehat{f}(\xi) = \int_{-\infty}^\infty f(x)e^{-2\pi i\xi x}dx$$

に対して $\lim_{|\xi|\to\infty} \widehat{f}(\xi)=0$ が成り立つ.これらをリーマン-ルベーグの定理という.⇒フーリエ級数,フーリエ変換

リーマン-ロッホの定理

Riemann-Roch theorem

*閉リーマン面または非特異*射影曲線上で極や零点の位数を指定したとき,それを満たす有理型関数または有理関数全体の次元を計算する公式である.

例えば,*リーマン球面(1 次元複素*射影空間)上の点 P_1, P_2, P_3 に対して,*因子(形式的な和)$D=2P_1+3P_2-4P_3$ を考える.P_1 でたかだか 2 位の*極を,P_2 でたかだか 3 位の極を持ち,P_3 で少なくとも 4 位の*零点を持つリーマン球面上の有理関数 f 全体に 0 を加えたものを $L(D)$ と書く.$L(D)$ は $\mathbb{C}$ 上のベクトル空間をなし,その次元は $\deg D+1=2$ である(例えば,$P_1=\infty$, $P_2=0$, $P_3=1$ のときは,$f(z)=g(z)(z-1)^4/z^3$, g は 1 次式,と表せる).f の*主因子 (f) を使うと,$f\in L(D)$ は $(f)+D\geqq 0$ と同値である(→因子).

一般に閉リーマン面または非特異射影代数曲線 C の因子 D に対して,C 上の有理型関数または有理関数 f でその因子 (f) が $(f)+D\geqq 0$ なるもの全体に 0 を加えたものを $L(D)$ と記すと,これは $\mathbb{C}$ 上のベクトル空間になる.このベクトル空間の次元を $l(D)$ と記すと

$$l(D) - l(K_C - D) = \deg D + 1 - g$$

が成り立つ.ここで,K_C は C の*標準因子,g は閉リーマン面または曲線 C の*種数である.この式をリーマン-ロッホの定理という.C 上の有理型関数または有理関数 f に対して $\deg(f)=0$ であるので,$\deg D<0$ であれば $L(D)=\{0\}$ となる.標準因子 K_C に関しては $\deg K_C=2g-2$ であるので,$\deg D>2g-2$ であれば $L(K_C-D)=\{0\}$ となり

$$l(D) = \deg D + 1 - g$$

が成り立つ(最初にあげた例では, $g=0$, $\deg D > 2g-2$ であり, $l(D)=\deg D+1$ であった).

リーマン-ロッホの定理はヒルツェブルフ(F. E. P. Hirzebruch)らによって高次元の複素多様体の上のベクトル束のコホモロジーの次元に関する公式に一般化された.

李冶
Lǐ Yě

1192-1279　最初の名は治(Zhi)であったが, のちに冶に改めた. 一説には唐の高宗(628-83)の諱と同じ名であったためという. 河北省に生まれ, 当時その地方を支配していた金の官吏となり, 最晩年には元の世祖の招きで学士の職に就いたが, 老病を理由にすぐに職を去った. 1248 年に『測円海鏡』, 1259 年に『益古演段』を著し, 中国での高次方程式論である天元術を使って問題を解いた. 天元術では方程式の係数を高次から, もしくは低次から並べることによって方程式を記述した. 『測円海鏡』では前者の記法を, 『益古演段』では後者の記法を用いた. 漢詩で有名な元好問の友人であった. → 中国の数学

リャプノフ安定
Lyapunov stable

ユークリッド空間内における常微分方程式 $dx/dt=a(x)$ について, 初期値 $x(0)=x_0$ の解 $x(t)=x(t;x_0)$ が正の向きにリャプノフ安定(またはリャプノフの意味で安定, あるいは単に安定)とは, 初期値 x_0 を少し摂動しても, 解が $t \geq 0$ で一様に $x(t)$ の近くに留まること, つまり, 任意の正数 ε に対して次の条件を満たすような正数 δ が選べることをいう:

$|x_1 - x_0| < \delta$　ならば
$|x(t;x_1) - x(t;x_0)| < \varepsilon \ (t \geq 0)$.

同様にして, 負の向きに安定も定義される. 正の向きにも負の向きにもリャプノフ安定なことを両側安定という. 例えば, 平面上の線形微分方程式 $dx/dt=ax+by$, $dy/dt=cx+dy$ の解 $x(t) \equiv 0$, $y(t) \equiv 0$ が正の向きにリャプノフ安定であるのは, 係数行列 $A = \begin{bmatrix} a & b \\ c & d \end{bmatrix}$ が以下の場合である.

(1) 固有値が, 2 つとも負の実数, または, 実部が負の共役複素数
(2) 一方が負で, 他方が 0
(3) 2 つの固有値が純虚数(回転運動)
(4) $A=O$ (零行列)

このうち, *漸近安定であるのは, (1)の場合だけである. 一般に, 位相力学系 (X, f_t) についても, 同様にして, リャプノフ安定性が定義される. → 安定(力学系における)

リャプノフ関数
Lyapunov function

*常微分方程式系 $dx/dt=a(x)$ のすべての解 $x(t)$ に対して $(d/dt)V(x(t)) \leq 0$ を満たす関数 $V(x)$ が存在すれば, $V(x)$ をこの常微分方程式のリャプノフ関数という. 例えば, $V(x,y)=x^2+y^2$ は, f, g が連続関数で, $g>0$ のとき, 平面上の微分方程式 $dx/dt=f(x,y)y-g(x,y)x$, $dy/dt=-f(x,y)x-g(x,y)y$ のリャプノフ関数である.

リャプノフ関数は*線形常微分方程式系の安定性(→ 安定(力学系における))を調べるためにリャプノフによって導入された. なお, この概念は*力学系に対しても一般化されている. → 第 1 積分, 勾配系

リャプノフ指数
Lyapunov exponent

$\mathbb{R}^n$ における*線形常微分方程式 $dw/dt=A(t)x$ について, 初期値 $w(0)=u$ ごとにその解の増大度 $\chi(u)=\varlimsup_{t \to \infty} (1/t) \log |w(t)|$ (一般には, 上極限をとる)を考えると, n 個以下の有限個の値 $-\infty \leq \lambda_1 < \lambda_2 < \cdots < \lambda_k \leq \infty$ をとり, さらに, $E_i=\{u|\chi(u) \leq \lambda_i\}$ はベクトル空間 $\mathbb{R}^n$ の部分空間となる. これらの値 λ_i を, 上の方程式のリャプノフ指数といい, $m_i=\dim E_i - \dim E_{i-1}$ ($E_0=\{0\}$) をその重複度という. すべてのリャプノフ指数が負ならば, この方程式は, 正の方向に*漸近安定である.

一般に, 常微分方程式について, 1 つの解 $x(t)$ の周りでの*線形化方程式を考えると $dw/dt=A(t)w$ の形になり, そのリャプノフ指数により, 解 $x(t)$ の漸近安定性などを調べることができる.

リャプノフ指数の概念は, コンパクトな*リーマン多様体 X の上の微分可能な流れ f_t (→ 微分可能力学系)についても自然に拡張される. X の各点 x ごとに, *接ベクトル u に対する増大度を考えると, 任意の不変確率測度(→ 不変測度)に関してほとんどすべての点 x に対して, 極限 $\chi(u)$ がつねに存在することがわかる. したがって, リャプノフ指数 $\lambda_i(x)$ と重複度 $m_i(x)$ が定義され, これらの値は, *エルゴード的な不変確率測度 μ に

関してほとんどすべての x について定数 λ_i, m_i となる(オセレーデッツ(Oseledets)の乗法的エルゴード定理). さらに, もし定数 λ_i がすべて 0 と異なれば, (X, f_t, μ) は, $\mu(\Lambda)=1$ となる双曲型集合 Λ (→ アノソフ力学系)が存在するという意味で, カオス的である. 離散力学系についてもリャプノフ指数が定義され, 同様のことがいえる. → 力学系, 安定(力学系における), カオス

リャプノフ方程式
Lyapunov equation

与えられた正方行列 A, Q に対して, 行列 X を未知数とする方程式 $XA+A^\mathrm{T}X=-Q$ をリャプノフ方程式という. このとき, 2 次形式 $V=x^\mathrm{T}Xx$ を考えると, 常微分方程式 $dx/dt=Ax$ の解 $x=x(t)$ に沿う時間変化に対して, $dV/dt=-x^\mathrm{T}Qx$ が成り立つ. したがって, Q が正定値行列ならば, V はこの常微分方程式の*リャプノフ関数となる. リャプノフ方程式は*制御理論や*力学系の理論において基本的な役割を果たす. → リャプノフ関数

劉徽
Liú Huī

中国, 三国時代の魏の数学者. 『九章算術』の注釈書を 263 年に完成させた. この注釈書の中で『九章算術』の誤りを正し, また『九章算術』が述べている解法を解説した. さらに注釈書の中で円周率の計算を行い, 円に内接する正多角形の周の長さを使えば円周を下と上から評価できることも示し, 円周率の評価式を得た. 球の体積の公式を見出すことができず, そのことを注釈書に記し, 後学に解決を求めたことでも知られている. 中国数学の歴史において証明の重要性を初めて見出した数学者である. 後に『九章算術』第 10 巻の注釈は独立した形で印刷され『海島算経』と呼ばれた. → 中国の数学

留数
residue

複素関数論における基本概念の 1 つである. 複素平面の点 c に*孤立特異点を持つ正則関数 $f(z)$ の*ローラン展開を

$$f(z) = \sum_{n=-\infty}^{\infty} a_n(z-c)^n$$

としたとき, 係数のうちで a_{-1} は特別な役割を持つ. これを $f(z)$ の $z=c$ における留数といい, $\mathrm{Res}_{z=c} f(z)$ で表す.

$f(z)$ の孤立特異点 $c_1,\cdots,c_r$ を囲む*単純閉曲線を C とする. $f(z)$ は C とその内部を含む領域において $c_1,\cdots,c_r$ 以外の各点で正則とし, また C には内部を左手に見る向きを付けるものとする. このとき

$$\int_C f(z)dz = 2\pi i \sum_{j=1}^{r} \mathrm{Res}_{z=c_j} f(z)$$

が成り立つ. これを留数定理という. 留数定理を利用して, 初等関数の多くの定積分が統一的に計算できる.

無限遠点における留数は次のように定める. $z=\infty$ が $f(z)$ の孤立特異点であるとし, $z=1/w$ と変数変換したとき $f(z)dz/dw=-f(1/w)/w^2$ の $w=0$ における留数 ($f(1/w)$ の留数ではない)を $z=\infty$ における留数といい, $\mathrm{Res}_{z=\infty} f(z)$ で表す. $|z|>R$ でのローラン展開が $\sum_{n=-\infty}^{\infty} a_n z^n$ ならば $\mathrm{Res}_{z=\infty} f(z)=-a_{-1}$ となる. このように定めると, *リーマン球面の領域に対しても留数定理が成り立つ. $f(z)$ が有理関数ならば, 無限遠点を含むすべての極における留数の総和はつねに 0 になる.

上の無限遠点での留数の定義からわかるように, 留数は関数の展開係数というよりは, *微分形式 $f(z)dz$ を点 c を中心にローラン展開したときの $dz/(z-c)$ の係数と考える方が自然である. $f(z)dz=-(f(1/w)/w^2)dw$ の dw/w の係数が無限遠点での留数である. このように微分形式を考えることによって留数の概念は*リーマン面上の有理型微分形式に対して拡張することができる.

留数定理 residue theorem → 留数

流線
stream line

*速度場の*積分曲線のことをいう.

流体
fluid

液体と気体の総称である. これに対して, バネのように, 変形したとき元に戻る力(復元力)が働くものを弾性体と呼び, 流体と弾性体をあわせて, 連続体と呼ぶ.

流体粒子が流体とともに動くときその密度が変化しない流体を非圧縮性流体と呼ぶ. 例えば密度一定の流体は非圧縮性流体である. *速度場を $\boldsymbol{v}$ とすると, 流体が非圧縮性である条件は $\mathrm{div}\,\boldsymbol{v}=0$

である(→連続の方程式).

また,ある面 S の一方にある流体から他方にある流体に働く力が,いつも S に直交する方向(すなわち*法線方向)を向いているときを完全流体(→オイラー方程式(流体力学の))であるといい,そうでないとき,粘性流体(→ナヴィエ-ストークス方程式)と呼ぶ.

rot $v=0$ である流体を*渦なしという(→速度ポテンシャル).

流体の運動の研究は,18世紀にオイラー,ベルヌーイ,ラグランジュらによって始まり,完全流体が研究された.ベクトル解析は流体の研究から始まり,その後電磁気学にも使われた.19世紀以後,ナヴィエ-ストークスの方程式,レイノルズ(O. Reynolds)の*乱流の研究,プラントル(L. Prandtl)の境界層の理論などが現れた.現在に至るまで,流体の研究は数理科学の重要な研究分野であり続けている. ⇒ ラグランジュ座標,連続の方程式,オイラー方程式(流体力学の),流体の方程式

流体の方程式
hydrodynamical equation

流体の運動は,速度場に対する微分方程式で表される.代表的なものに3次元の非圧縮性流体を記述するナヴィエ-ストークス方程式や,特別な場合として粘性のない場合のオイラー方程式がある. ⇒ オイラー方程式(流体力学の),ナヴィエ-ストークス方程式

領域
region, domain

平面やユークリッド空間の連結開集合のことである.領域 D の*閉包 $\overline{D}$ を閉領域ということがある.これに対して D を開領域ということもある.古い文献では領域という言葉は曖昧に使われることが多いため,その正確な意味は文脈から理解しなければならない.

領域保存の定理
theorem on preservation of domains

複素平面の開領域 D で定義された定数でない正則関数 $f: D \to \mathbb{C}$ について,その像 $f(D)$ はつねに開領域になる.これを領域保存の定理という.特に $z_0 \in D$ で $f'(z_0) \neq 0$ が成り立てば,$w_0 = f(z_0)$ の近傍で1価正則な逆関数 $z = F(w)$ がただ1つ存在する.

両側イデアル two-sided ideal ⇒ イデアル

両側剰余類
double coset

G を群,H_1, H_2 を G の部分群とするとき,G 上の同値関係 $\sim$ を「$g \sim g'$ であるのは $g' = h_1 g h_2$ なる $h_1 \in H_1, h_2 \in H_2$ が存在するときである」と定める.この同値関係の同値類を,H_1, H_2 による両側剰余類という.また G のこの同値関係による商集合,すなわち H_1, H_2 による両側剰余類全体を,$H_1 \backslash G / H_2$ により表し,H_1, H_2 による G の両側剰余空間という.

量子化
quantization

古典力学から対応する量子力学を作ること,あるいはその手続きをいう.

例えば,ハミルトン関数 $H(x, p) = V(x) + p^2/2$ に対して,*シュレーディンガー方程式
$$i\hbar \frac{\partial \psi}{\partial t} = -\frac{\hbar^2}{2} \frac{\partial^2 \psi}{\partial x^2} + V(x)\psi$$
を考えることはその例である.また,x, p を正準交換関係 $\widehat{x}\widehat{p} - \widehat{p}\widehat{x} = i\hbar$ を満たす非可換な量 $\widehat{x}, \widehat{p}$ におきかえ,$\widehat{H} = H(\widehat{x}, \widehat{p})$ とおいて,ハイゼンベルクの運動方程式
$$i\hbar \frac{d\widehat{x}}{dt} = \widehat{H}\widehat{x} - \widehat{x}\widehat{H}$$
を用いてその時間発展を記述するものを,正準量子化(→行列力学)という.そのほかにも*ファインマン径路積分に基づく量子化もある.

ハミルトン関数 $H(x_1, \cdots, x_n, p_1, \cdots, p_n)$ が定めるハミルトン力学系と,p_k に $-i\hbar \partial / \partial x_k$ を代入した偏微分作用素
$$H(x_1, \cdots, x_n, -i\hbar \partial / \partial x_1, \cdots, -i\hbar \partial / \partial x_n)$$
の関係は,量子化の類似と見なすことができる(→超局所解析学,WKB法).$\partial / \partial x_i$ と x_i を掛ける操作は交換可能でないから,代入する順番に注意が必要である.

無限自由度の場合(すなわち場の量子論の場合)にも,同様に量子化の手続きが考えられているが,数学的に明確かつ厳密になってはおらず,それをめぐってさまざまな試みがなされている(→非可換幾何学).

量子群
quantum group

数学に現れる対称性は,座標の回転などのよう

に，群の作用による不変性としてとらえられる．よく似た状況だが群では記述しきれない一種の対称性があり，そこに現れる「群もどき」の構造を量子群という．量子群は群ではなく*ホップ代数として定式化される．通常はより限定的に，*リー環（正確にはその包絡環）を1パラメータ q で変形した量子包絡環と，その双対である*リー群上の*関数環の1パラメータ変形のことを指す．

量子力学
quantum mechanics

分子・原子レベルのミクロな物理現象を支配する力学法則で，古典力学とは大きく異なった原理に基づく．古典力学系では，系の状態は相空間の1点によって一義的に指定される．エネルギー，運動量などの観測量は，相空間上の関数である．これに対し量子力学では，系の個々の状態はある複素*ヒルベルト空間 H の元によって表され，観測量は H 上の*自己共役作用素で表される．観測量 A は状態 ψ においてかならずしも一義的な値を持たず，内積の値 $(\psi, A\psi)/(\psi, \psi)$ が平均値として観測される．系の時間変化を記述するには，

(1) 状態は固定され，観測量 $A(t)$ が時間変化する

(2) 観測量は固定され，状態 $\psi(t)$ が時間変化する

という2通りの方法があり，両者は同等である．(1)をハイゼンベルク表示，(2)をシュレーディンガー表示という．後者において，ヒルベルト空間を L^2 空間のような関数空間で実現したとき，時間発展はシュレーディンガー方程式で記述される．
⇒ シュレーディンガー方程式，不確定性原理

臨界現象
critical phenomenon

(1) もとは統計物理学の用語である．例えば，液相と気相の間の*相転移において温度 T がある値 T_c を超えると，2つの相の区別が無くなり，連続的に変化することが一般的に起こる．この臨界点 T_c において比熱などの物理量は，$(T-T_c)^\alpha$ の形のべき型の特異性をもち，かつ，その指数 α それぞれの間に物質によらない普遍的な関係式（係数が有理数の1次式，ただし係数は臨界点の上下で異なる）が成り立つ．これを相転移における臨界現象といい，1970年代に*粗視化を表す*くりこみ群（renormalization group）（数学的には半群）と呼ばれる*力学系を導入することで理論的に解明された．

(2) 力学系においては，例えば次のような現象を指す．例えば，$f_a(x)=ax(1-x)$ $(0\leq a\leq 4)$ のように解析的で単峰（unimodal）のグラフを持つ関数が定める*区間力学系 $f_a: [0,1] \to [0,1]$ においてパラメータ a の値を0から大きくしていくと，観察される*周期点の周期は $1, 2, 4, 8, \cdots$ と増加していき（→分岐（力学系の）），ある値 a_∞ を超えると*カオスになる．このとき，周期 2^n が現れるパラメータ値を a_n，その極限を a_∞ とすると，$n\to\infty$ のとき $a_\infty - a_n \sim C\mu^{-n}$ となり，定数 C は $\{f_a\}$ に依存するが，μ は普遍的な定数 $4.669\cdots$ になる（と確信されている）．同様の現象は他の量についても観察され，ファイゲンバウムの臨界現象と総称される．このとき，くりこみ群は，f に対して $f\circ f$ の単峰になる部分への制限を対応させる変換である．

統計物理学の臨界現象に触発されて1970年代末に発見された区間力学系の臨界現象は，流体や化学反応などの自然現象でも検証された．その結果，自然科学者などから力学系理論が着目され，さまざまな複雑な現象の解明に応用されることになった．数学としても，臨界現象やくりこみ群の考え方は*複素力学系の研究などで活用され大きな成果を挙げている．

臨界値
critical value

*臨界点における関数の値のことである．

臨界点
critical point

$x=(x_1, \cdots, x_n)$ の関数 $f(x)$ の臨界点とは，$\partial f(a)/\partial x_i = 0$ $(i=1, \cdots, n)$ なる点 a のことをいう．さらに，f の2階微分の作るヘッセ行列
$$\left[\frac{\partial^2 f}{\partial x_i \partial x_j}(a)\right] \quad (i, j=1, \cdots, n)$$
が存在して可逆なとき，臨界点 a は非退化であるという．一般的な用語としても，状態を記述する変数に対して，その点を境に様相が一変する点を臨界点，そこでの値を臨界値という．例えば，臨界温度．⇒ 極大・極小，変分法，モース理論

輪環面　torus ⇒ トーラス

リンク　link ＝絡み目

隣接行列
adjacency matrix

*グラフにおける頂点と頂点のつながり方を表す行列で，行番号と列番号は頂点の番号に対応する．隣接行列の (i,j) 要素は，頂点 i から頂点 j への辺が存在するとき 1，その他のとき 0 である．無向グラフの隣接行列は対称行列である．⇒ 接続行列(グラフの)

ル

類
class

同値類のこと．⇒ 同値関係

類公式
class equation

有限群 G の共役類 $[\sigma]$ 全体を $[G]$ とし，$G_\sigma = \{\mu \in G \mid \mu\sigma = \sigma\mu\}$ を σ の中心化群とする．このとき

$$1 = \sum_{[\sigma] \in [G]} |G_\sigma|^{-1}$$

が成り立つ．これを類公式(類方程式)という．

累次極限
iterated limit

$\lim_{m \to \infty} \lim_{n \to \infty} a_{mn}$，$\lim_{n \to \infty} \lim_{x \to a} f_n(x)$ などのように，2 回繰り返して行った極限操作を累次極限という．良い条件の下では 2 つの累次極限と*2 重数列としての極限は一致する．例えば，$\lim_{n \to \infty} a_{mn}$ が m について一様収束していれば，

$$\lim_{m \to \infty} \lim_{n \to \infty} a_{mn} = \lim_{m,n \to \infty} a_{mn}$$

が成り立つ．したがって，$\lim_{m \to \infty} a_{mn}$ も n について一様収束していれば，累次極限の順序交換ができて

$$\lim_{m \to \infty} \lim_{n \to \infty} a_{mn} = \lim_{n \to \infty} \lim_{m \to \infty} a_{mn}$$
$$= \lim_{m,n \to \infty} a_{mn}$$

が成り立つ．

[反例] $a_{mn} = n/(m+n)$ とすると

$$\lim_{m \to \infty} \lim_{n \to \infty} a_{mn} = 1, \quad \lim_{n \to \infty} \lim_{m \to \infty} a_{mn} = 0$$

となり $\lim_{n,m \to \infty} a_{mn}$ は存在しない．⇒ 極限の順序交換

累次積分
iterated integral, repeated integral

1 次元積分を繰り返して得られる多重積分を累次積分という．反復積分ともいう．

累乗　power　⇒べき

累乗関数
power function
$x^0=1, x^{\pm 1}, x^{\pm 2}, \ldots$ やその一般化を累乗関数という．任意の複素数 α に対して $x^\alpha = e^{\alpha \log x}$ $(x>0)$ と定義される．さらに x が複素数の場合にも同じ公式によって累乗関数が定義できるが，$\log x$ の多価性により，x^α は一般に多価関数になる．

累乗根　radical root　⇒べき根

類数
class number
代数体 K の代数的整数環 $\mathcal{O}_K$ のイデアル類群 C_K は有限群であるが，その位数を K の類数という．例えば，$\mathbb{Q}$ や $\mathbb{Q}(\sqrt{-1})$ などの類数は 1 であるが，$\mathbb{Q}(\sqrt{-5})$ の類数は 2 である．類数が 1 であることは，$\mathcal{O}_K$ が*単項イデアル整域であることと同値であり，$\mathcal{O}_K$ が*一意分解整域であることとも同値である．類数は，K の整数論の複雑さを測る尺度といえる．類数の性質を調べることは，代数的整数論の主要課題の1つである．⇒類数公式

類数公式
class number formula
代数体 K の*類数を h_K，K のデデキントの*ゼータ関数を $\zeta(s,K)$ と記すと
$$\lim_{s\to 1}(s-1)\zeta(s,K) = g_K h_K$$
が成り立つ．ここで，K の実素点(→素点)の個数を r_1 個，複素素点の個数を r_2 個，K の*判別式を D_K，K の*単数基準を R_K，K に含まれる 1 のべき根の個数を w_K 個とするとき
$$g_K = \frac{2^{r_1+r_2}\pi^{r_2}R_K}{w_K\sqrt{|D_K|}}$$
である．これを類数公式といい，K の類数を求めるのに役立つ．

類数公式は，*イデアル類群という代数的対象と，ゼータ関数という解析的な対象を結びつけるものである．

累積確率分布関数
cumulative probability distribution function
*確率分布関数のことをいう．物理学などでは，「確率分布関数」を確率密度関数の意味で使うことがあり，その場合にこの言葉を用いる．

類体論
class field theory
4で割ると1余る素数 p は，x^2+y^2 (x,y は整数)の形に表され(これは，17世紀にフェルマが見出したこと)，したがって
$$p = x^2 + y^2 = (x+yi)(x-yi)$$
となって $\mathbb{Q}(i)$ の*整数環 $\mathbb{Z}[i]$ において，2つのものの積に分解する．例えば，$5=2^2+1^2=(2+i)(2-i)$．しかし4で割ると3余る素数は，$\mathbb{Z}[i]$ においても素元であり，分解しない．$\mathbb{Q}(\sqrt{2})$ の整数環 $\mathbb{Z}[\sqrt{2}]$ では，8で割ると1または7余る素数が，$7=(3+\sqrt{2})(3-\sqrt{2})$ のように2つのものの積に分解し，8で割ると3または5余る素数は分解しない．$\mathbb{Q}(i)$ や $\mathbb{Q}(\sqrt{2})$ は $\mathbb{Q}$ の*アーベル拡大体である．

このように，K を*代数体とするとき，K のアーベル拡大体 L の整数環において K の整数環の素イデアルがどのように分解するか，については，上のような著しい法則が現れる(上の例は，K が有理数体の場合である)．また K のアーベル拡大体は，K の整数環の素イデアルの分解の様子によって特徴づけられる．

これが類体論の主な内容である．

歴史　18世紀末に*ガウスによって証明された*平方剰余の相互法則は，類体論の中の，$K=\mathbb{Q}$ で L が*2次体の場合と解釈することができる(→2次体の整数論)．平方剰余の相互法則をもっと一般の代数体に関する理論へと拡張する努力は，19世紀を通してクンマー(E. E. Kummer)やウェーバー(H. Weber)らによっておこなわれた．19世紀の末にヒルベルトは K のすべての素イデアルが L で不分岐なアーベル拡大体である場合を類体論として定式化し(→絶対類体)，1920年頃，*高木貞治により，不分岐な場合に限らない，代数体の一般のアーベル拡大体に関する理論として，類体論がうちたてられた．

類別
classification
*同値関係の与えられた集合 X において，X を同値類に分割すること．

類方程式　class equation　＝類公式

ルーシェの定理
Rouché's theorem

関数 $f(z), g(z)$ が複素平面内の*単純閉曲線 C とその内部を含む領域で正則であり，C の各点で $|f(z)|>|g(z)|$ が成り立つならば，$f(z)=g(z)$ と $f(z)=0$ は C の内部に重複度を込めて同じ個数の根を持つ．これをルーシェの定理という．

ルジャンドル
Legendre, Adrien Marie

1752-1833 フランスの数学者．ラプラス，ラグランジュとともにフランス革命期の代表的数学者である．19世紀当時は，彼の書いたユークリッド幾何学の教科書により有名であった．数学研究では，楕円積分の標準形による分類，ルジャンドル多項式など，特殊関数の分野で功績がある．また整数論においても，平方剰余の相互法則の部分的証明を与えている(完全な解決はガウスによる)．

ルジャンドル記号
Legendre's symbol

*平方剰余記号 $\left(\dfrac{a}{p}\right)$ をルジャンドル記号ともいう．

ルジャンドル多項式
Legendre polynomial

n 次多項式
$$P_n(x)=\frac{1}{2^n n!}\frac{d^n}{dx^n}(x^2-1)^n \quad (n=0,1,\cdots)$$
をルジャンドル多項式という．この表式をロドリグ(O. Rodrigues)の公式という．$P_n(x)$ は，ルジャンドルの微分方程式
$$(1-x^2)\frac{d^2y}{dx^2}-2x\frac{dy}{dx}+n(n+1)y=0$$
を満たす，定数倍を除いてただ1つの多項式である．

$\{P_n(x)\}$ $(n=0,1,\cdots)$ は直交関係
$$\int_{-1}^{1}P_m(x)P_n(x)\,dx=0 \quad (m\neq n)$$
および正規化条件 $P_n(1)=1$ を満たす．ルジャンドル多項式は区間 $I=(-1,1)$ 上の重み関数 $w(x)=1$ に関する直交多項式で，関数の L^2 近似に有用である(→ 直交多項式)．

$P_n(x)$ はこのほか
(1) *3項漸化式
$$nP_n(x)-(2n-1)xP_{n-1}(x)$$
$$+(n-1)P_{n-2}(x)=0,$$
$$P_0(x)=1, \quad P_1(x)=x.$$
(2) *母関数表示
$$\frac{1}{\sqrt{1-2tx+t^2}}=\sum_{n=0}^{\infty}P_n(x)t^n$$
などの性質を持つ．
⇒ 直交多項式，帯球関数

ルジャンドルの微分方程式　Legendre's differential equation ⇒ ルジャンドル多項式

ルジャンドル-フェンシェル変換　Legendre-Fenchel transformation = ルジャンドル変換(凸関数の)

ルジャンドル変換(解析力学での)
Legendre transformation

ハミルトニアン
$$H(x,p)=\sum_{i=1}^{n}\frac{1}{2m_i}p_i^2+V(x)$$
からラグランジアン
$$L(x,v)=\sum_{i=1}^{n}\frac{m_i}{2}v_i^2-V(x)$$
を作る操作およびその逆操作をルジャンドル変換という．これは，p と v に関して，凸関数としての*ルジャンドル変換となっている．

より一般にラグランジアン $L(q_1,\cdots,q_n,\dot{q}_1,\cdots,\dot{q}_n)$ に対して，$q_1,\cdots,q_n$ を固定して，L を $\dot{q}_1,\cdots,\dot{q}_n$ の関数と見てそのルジャンドル変換を行ったものが，q_i に正準共役な運動量 p_i である．すなわち，$p_i=\partial L/\partial \dot{q}_i$ である．

速度を表す $\dot{q}_i$ は接ベクトルと考えられるが，*シンプレクティック形式は*余接空間に定まっていて，運動量 p_i は余接ベクトルとみなすのが自然である．接ベクトルに余接ベクトルを対応させるのがルジャンドル変換であるとみなすこともできる．

ルジャンドル変換(凸関数の)
Legendre transformation

凸関数を別の凸関数に写す自然な変換であり，数学や物理などさまざまな分野で現れる．

凸関数 $f:\mathbb{R}^n\to\mathbb{R}$ に対して，
$$g(p)=\sup_{x\in\mathbb{R}^n}\left(\sum_{i=1}^{n}p_ix_i-f(x)\right)$$
とおくと，$g:\mathbb{R}^n\to\mathbb{R}$ も凸関数となる．g を f のルジャンドル変換(Legendre transform)，ある

いはルジャンドル-フェンシェル変換(Legendre-Fenchel transform)という. このとき, g のルジャンドル変換は f となり, もとに戻る. つまり, ルジャンドル変換は*対合的(involutive)である(厳密には, $+\infty$ を値域に含め, 下半連続な凸関数に限る必要がある). f が微分可能で, $f'(x)=p$ の逆関数 $x=\phi(p)$ が存在する場合は, ルジャンドル変換は $g(p)=p\phi(p)-f(\phi(p))$ と書ける. 定義域が制限された関数の場合にも, さらに, 無限次元空間上の下半連続な凸関数に対しても, 同様に定義される. →凸関数(1変数の), 凸関数(多変数の), ルジャンドル変換(解析力学での), 凸関数の双対性, フェンシェル双対定理, ギブズの変分原理

ルート系
root system

根系ということもある. *半単純リー環の研究全般に基本的な役割を果たす概念である.

跡(トレース)が 0 の n 次複素正方行列全体を $\mathfrak{g}=\mathfrak{sl}(n,\mathbb{C})$, $\mathfrak{g}$ に属する対角行列全体を $\mathfrak{h}$ とする(→カルタン部分環). $\mathfrak{g}$ は括弧積 $[A,B]=AB-BA$ に関してリー環になる(→$\mathfrak{sl}(n,\mathbb{C})$). $i\neq j$ のとき, (i,j) 成分が1, 他の成分が0の行列を E_{ij} と記すと, 任意の $H\in\mathfrak{h}$ に対し $[H,E_{ij}]=(a_i-a_j)E_{ij}$ ($a_1,\cdots,a_n$ は H の対角成分)が成り立ち, $\mathfrak{g}$ は $H\in\mathfrak{h}$ の同時固有空間 $\mathbb{C}E_{ij}$ および $\mathfrak{h}$ との直和

$$\mathfrak{g}=\mathfrak{h}\oplus\left(\bigoplus_{i\neq j}\mathbb{C}E_{ij}\right) \quad (*)$$

に分解される. $H\in\mathfrak{h}$ に a_i-a_j を対応させる線形形式 $\alpha_{i,j}:\mathfrak{h}\to\mathbb{C}$ ($i\neq j$) を $\mathfrak{g}$ のルートといい, 集合 $R=\{\alpha_{i,j}|1\leq i\neq j\leq n\}$ を $\mathfrak{g}$ のルート系という. 分解 $(*)$ を $\mathfrak{g}$ のルート分解という. R の元 α または $-\alpha$ は $\alpha_{1,2},\cdots,\alpha_{n-1,n}$ の1次結合 $\sum_{i=1}^{n-1}n_i\alpha_{i,i+1}$ で表される. ここで係数 n_i は非負整数である. $\Pi=\{\alpha_{1,2},\cdots,\alpha_{n-1,n}\}$ を $\mathfrak{g}$ の基本ルート系または基底といい, Π の要素を基本ルートという.

一般に, 複素半単純リー環 $\mathfrak{g}$ に対し, その随伴表現のウェイトをルート, ルート全体の集合を $\mathfrak{g}$ のルート系という. $\mathfrak{g}$ の*カルタン部分環を $\mathfrak{h}$ とするとルート系は双対空間 $\mathfrak{h}^*$ の有限部分集合である. 基本ルート系の概念も一般の場合に拡張される. 単純リー環とそのルート系は1対1に対応し, 後者は*ディンキン図形を用いて分類される.

→単純リー環, ディンキン図形, ウェイト

ループ loop =自己閉路

ループ空間
loop space

円周 S^1 から位相空間 X への連続写像全体のなす空間(コンパクト開位相を入れる)を X のループ空間という. ループ空間は無限次元空間の代表例で, その位相幾何学的性質は詳しく調べられている. またループ空間上の幾何学や解析学も近年次第に進展してきている.

ルベーグ可測
Lebesgue measurable

集合あるいは関数が*ルベーグ測度に関して可測なことをいう.

ルベーグ次元 Lebesgue dimension →被覆次元

ルベーグ積分
Lebesgue integral

17世紀に発見された積分は, 数学の進歩につれて, より正確に, またより広い範囲で通用する定義がなされてきた. 19世紀にリーマンは*連続な関数に対しての積分の正確な定式化である*リーマン積分を見出した. 20世紀に至り, 連続とは限らないより広い関数に対しても通用する定義が発見され, 現在に至るまで広く使われている. これがルベーグ積分である.

リーマン積分が, 図1のように, グラフの下の面積を縦に切った長方形で近似して定義されるのに対して, ルベーグ積分は図2のように, グラフの下の面積を横に切って定義する.

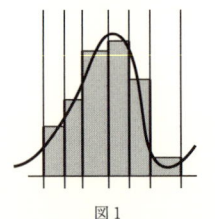

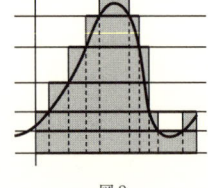

図1   図2

1変数関数 $f(x)$ がルベーグ可測関数であるとは, 任意の $a\in\mathbb{R}$ に対して集合 $\{x|f(x)<a\}$ が*ルベーグ可測であることを指す. 値が0以上のルベーグ可測関数 $f(x)$ に対しては, ルベーグ積分 $\int_a^b f(x)dx$ が, 無限大も値として許せば, 常に

定義される．値が0以上とは限らないルベーグ可測関数 $f(x)$ に対しては，$f(x)=f_+(x)-f_-(x)$ ($f_\pm(x)$ の値は0以上）と表し，

$$\int_a^b f(x)dx = \int_a^b f_+(x)dx - \int_a^b f_-(x)dx$$

で定義する．この式は右辺が $\infty-\infty$ にならないとき意味を持つ．多次元のルベーグ積分も $\mathbb{R}^n$ 上のルベーグ測度を用いて同様に定義される．

ルベーグ積分を用いると，極限と積分の順序交換

$$\lim_{n\to\infty}\int_a^b f_n(x)dx = \int_a^b \lim_{n\to\infty} f_n(x)dx$$

がリーマン積分よりも弱い，自然な条件下で示される（→ ルベーグの収束定理）．

また，$[a,b]$ 上の連続関数全体の集合の*L^2ノルムについての*完備化を考えると，その元は，$[a,b]$ 上のルベーグ可測関数であるとみなすことができる．このように，関数列の収束を扱うときや，関数の作る*ベクトル空間を考察するときは，積分をルベーグ積分に広げておくことが有用である．

ルベーグ積分は，一般の*測度空間 $(\Omega, \mathcal{F}, m)$ 上の可測関数 $f: \Omega \to \mathbb{R}$ についても定義され

$$\int_\Omega f(x)m(dx) \quad \text{または} \quad \int_\Omega f(x)dm(x)$$

のように表される．→ 測度空間，ハール測度

ルベーグ測度

Lebesgue measure

ユークリッド空間 $\mathbb{R}^n$ 上に定義される標準的な測度のことである．ジョルダン測度の可算加法的な拡張である．→ 測度，可測集合，測度空間，外測度

ルベーグの収束定理

Lebesgue's convergence theorem

リーマン積分に比べて，ルベーグ積分を有用なものにしている定理の1つである．優収束定理ともいう．

$\mathbb{R}$ 上の可積分関数列 $\{f_n(x)\}$ ($n=1,2,\cdots$) がほとんどいたるところで極限 $f(x)=\lim_{n\to\infty} f_n(x)$ を持ち，さらにある正値可積分関数 $h(x)$ が存在して

$$|f_n(x)| \leq h(x) \quad (n=1,2,\cdots)$$

となっていれば

$$\lim_{n\to\infty}\int_{-\infty}^\infty f_n(x)dx = \int_{-\infty}^\infty f(x)dx$$

が成り立つ．ルベーグの収束定理は一般の測度空間で成立する．リーマン積分（特に広義積分）の場合に比べて積分と極限の交換のための条件が簡明であるため，幅広い応用がある．

ルベーグの零集合　Lebesgue's null set　→ 零集合

ルンゲ-クッタ法

Runge-Kutta method

常微分方程式の代表的な数値解法であり，精度がよいのでよく用いられる．方程式 $dy/dx=f(x,y)$ に対して，$x=nh$ における y の近似値 y_n を漸化式 $y_{n+1}=y_n+h(k_1+2k_2+2k_3+k_4)/6$ によって定める．ただし，

$$k_1 = f(x_n, y_n),$$
$$k_2 = f(x_n+h/2, y_n+hk_1/2),$$
$$k_3 = f(x_n+h/2, y_n+hk_2/2),$$
$$k_4 = f(x_n+h, y_n+hk_3)$$

である．

レ

零
zero

零は何もないものの個数であり，数字 0 で表す．また，0 は 10 進位取り記数法で n 位の桁部分がないことを記すことにも使われる．この空位の零はすでに古代バビロニアで空白を使って表していたが，彼らは計算にはそれを用いなかった．零を表すのに，今日使われる数字 0 を用い，それを用いて 10 進法による数の計算を行ったのはインドの人々である (5, 6 世紀)．

なお，*アーベル群を加法的に記して加群として考える場合，群の単位元にあたるものを零元，あるいは零と呼び，0 と書くことが多い．→ 零元

01 法則
zero-one law

ある種の確率事象については，起こる確率が 0 か 1 のどちらかであるという二律排反が起こることがあり，これを 01 法則と総称する．例えば，独立同分布の確率関数列 $\{X_n\}$ ($n \geq 1$) に関する事象 A が，任意有限個の X_n の値の入れ替えに関して不変ならば，$P(A)=0$ または $P(A)=1$ となる．これより，A として事象 $\limsup_{n \to \infty}(X_1+\cdots+X_n)/n \geq a$ などを考えれば，大数の法則が導け，また，酔歩が再帰的であるか非再帰的であるかのどちらかとなることがいえる．

零イデアル　zero ideal　→ イデアル

零因子
zero divisor

環 R の元 $a\,(\neq 0)$ で，$ab=0$, $b \neq 0$ となる元 b が存在するものを，零因子という．例えば，$\mathbb{Z}/(6)$ において，整数 a の剰余類を $\bar{a}$ と書くと，$\bar{2}\,\bar{3}=\bar{6}=\bar{0}$ となるから，$\bar{2}$ や $\bar{3}$ は零因子である．

零行列
zero matrix

すべての成分が零である行列．→ 行列

零元
zero element

整数や実数の零の概念の拡張であり，*アーベル群を加法的に記して加群として考える場合，群の単位元にあたるもの，すなわちすべての元 a に対して $a+z=a$ が成立する元 z を零元という．単に零ということも多く，記号として数字の場合と同様に 0 を使う．環や体の零元は，加法に関して加群と考えたときの零元を意味する．この場合は*分配法則によって，すべての元 a に対して $a \cdot 0 = 0 \cdot a = 0$ が成立する．

零写像
zero mapping

すべての元を零に写す写像のこと．

零集合
null set

*測度が 0 の集合のことをいう．

零集合の概念は，解析学や確率論で重要な役割を演じる．例えば，区間 $[a,b]$ 上で定義された関数 $f(x)$ がリーマン積分可能であるための必要十分条件は，$f(x)$ の不連続点の全体がルベーグの零集合となることである．また，何らかの事象が確率 1 で起こるとは，その事象が起こらない標本点の集合が零集合であることにほかならない．

ルベーグ測度を考えている場合は，ルベーグの零集合ともいう．$\mathbb{R}^n$ の部分集合 A がルベーグの零集合であるための必要十分条件は，どれだけ小さな $\varepsilon>0$ に対しても，A を被覆するたかだか可算個の n 次元直方体の族でその体積の総和が ε 以下のものが存在することである．被覆に用いる図形を直方体の代わりに立方体や球で置き換えても同値な定義となる．有限集合や可算集合は常にルベーグの零集合である．一方，*カントル集合は非可算な零集合の例である．→ 可測集合，ルベーグ積分，カントル集合

零点
zero point

多項式 $f(X_1,X_2,\cdots,X_n)$ に代入して 0 となる点 $(a_1,a_2,\cdots,a_n)$ のこと．多項式以外にも実数値関数，複素数値関数や*正則関数 $f(x)$ に対しても $f(a)=0$ となる実数，または複素数 a を $f(x)$ の零点という．また，零点の集合を零点集合という．

零点の概念は，ベクトル場やテンソル場，微分形式などにも一般化される．

零点集合　annihilating set, zero point set　⇒ 零点

零点定理　zero point theorem　= ヒルベルトの零点定理

零ベクトル
zero vector

幾何ベクトルの場合には長さ 0 のベクトル，数ベクトルの場合には $(0,\cdots,0)$ が零ベクトルである．線形空間におけるベクトルの加法において，数における 0 の役割を果たすベクトルである．⇒ 線形空間

捩率
torsion

「レイリツ」と読む．ねじれ率ともいう．空間曲線の捩率は曲線がねじれている割合を表す．⇒ 曲線の微分幾何，ねじれ（接続の）

レイリー–リッツの方法
Rayleigh-Ritz method

対称作用素の第 n 固有値を見出すための有力な方法である．T を N 次対称行列（一般には，ヒルベルト空間 H 上のコンパクトな対称作用素，$N=\infty$）として，0 でないベクトル u に対して，2 次形式の比
$$R(u) = \frac{(Tu, u)}{(u, u)}$$
を考える．T の固有値を，重複度も数えて，小さい方から，$\lambda_1 \leq \lambda_2 \leq \cdots$ とすると，
$$\lambda_1 = \min_{u \neq 0} R(u)$$
であり，一般に，$1 \leq n \leq N$ のとき，
$$\lambda_n = \min_U \max_{u \in U, u \neq 0} R(u)$$
が成り立つ．ただし，$\min_U$ は n 次元部分空間 U についてとる．また，次の等式も成り立つ．
$$\lambda_n = \max_{v_1, \cdots, v_{n-1}} \min_{\substack{u \neq 0,\, (u, v_1)=0, \cdots \\ (u, v_{n-1})=0}} R(u)$$

同様のことは，大きさの順に並べた固有値についてもいえる．ただしもちろん，不等号の向きを逆にし，max と min を入れ替える．

なお，上の事実に基づいた固有値問題や偏微分方程式の数値計算法を指してレイリー–リッツの方法ということも多い．

レヴィ過程
Lévy process

*ウィーナー過程，*ポアソン過程や*安定過程を一般化した概念である．確率過程 $X(t)$ $(t \geq 0)$ で，任意の $n \geq 1$, $0 \leq t_0 < t_1 < \cdots < t_n$ に対して増分 $X(t_i) - X(t_{i-1})$ $(1 \leq i \leq n)$ が互いに独立（つまり加法過程）であって，見本過程 $t \mapsto X(t)$ が第 1 種不連続かつ右連続なものをいう．

増分の分布は無限分解可能であり，増分が時間的に一様な 1 次元レヴィ過程の場合，特性関数は
$$E[\exp(iz(X(t) - X(s)))] = \exp((t-s)\psi(z))$$
の形に書け，かつ，
$$\psi(z) = imz - vz^2/2$$
$$+ \int_{-\infty}^{\infty} (e^{izu} - 1 - izu(1+u^2)^{-1}) n(du)$$
と一意的に表現できる（レヴィ–ヒンチンの定理）．ただし，$m, v \in \mathbb{R}$, $v \geq 0$, n は $\mathbb{R}$ 上の非負測度で，$n(0)=0$, $\int_{-\infty}^{\infty} u^2(1+u^2)^{-1} n(du) < \infty$ を満たすものである．v は連続な拡散の部分を表し，n は跳躍の部分を表す．とくに後者だけの場合，レヴィ跳躍（Lévy flight）の愛称もある．

レヴィ・チヴィタ接続
Levi-Civita connection

多様体上にリーマン計量 g_{ij} が与えられると，標準的な*接続が定まる．この接続がレヴィ・チヴィタ接続である．レヴィ・チヴィタ接続が定める*共変微分 ∇ は，ベクトル場 X, Y, Z に対する 2 つの式，
(1) $X(g(Y, Z)) = g(\nabla_X Y, Z) + g(Y, \nabla_X Z)$,
(2) $\nabla_X Y - \nabla_Y X = [X, Y]$
で特徴づけられる．レヴィ・チヴィタ接続の*クリストッフェルの記号 Γ_{ij}^k は次の式で与えられる．
$$\Gamma_{ij}^k = \frac{1}{2} \sum_a g^{ka} \left(\frac{\partial g_{aj}}{\partial x^i} + \frac{\partial g_{ai}}{\partial x^j} - \frac{\partial g_{ji}}{\partial x^a} \right)$$
ここで $[g^{ij}]$ は $[g_{ij}]$ の逆行列である．

レヴィの確率面積
Lévy's stochastic area

*ブラウン運動の見本過程はほとんどいたるところ微分不可能である．そのため例えば，平面上のブラウン運動についてブラウン運動の道 $B(s) = (B_1(s), B_2(s))$ $(0 \leq s \leq t)$ とその始点と終点を結ぶ線分とで囲まれる面積を通常の意味では，考えることはできない．しかし，ブラウン運動のもつ性質から（例えば，この道に沿う確率積分を考える

レヴィの微分方程式
Lewy's differential equation

1957年，レヴィ(H. Lewy)は局所的にも解が存在しないような線形偏微分方程式の例を見出した．方程式

$$Lu = \frac{\partial u}{\partial x_1} + \sqrt{-1}\frac{\partial u}{\partial x_2}$$
$$+ 2\sqrt{-1}(x_1 + \sqrt{-1}x_2)\frac{\partial u}{\partial x_3} = f(x_3)$$

において，f が滑らかであっても実解析的でなければ，$Lu=f$ は原点のどのような近傍でも C^1 級の解を持たない．レヴィの例は溝畑茂の与えた例とともに*超局所解析学における線形偏微分方程式系の標準形の1つに数えられる．

レゾルベント
resolvent

正方行列 A の*固有値でない複素数 λ，言い換えれば逆行列 $(\lambda I - A)^{-1}$ (I は恒等作用素)が存在するような λ の集合を，A のレゾルベント集合という．

無限次元の場合，ヒルベルト空間や*バナッハ空間で，(稠密な定義域を持つ)*閉作用素 A について，作用素 $(\lambda I - A)$ の逆作用素が存在して*有界線形作用素となるような複素数 λ の全体を，A のレゾルベント集合といい，$\rho(A)$ と書く．また，このとき，逆作用素 $R_\lambda = (\lambda I - A)^{-1}$ を A のレゾルベント(またはレゾルベント作用素)と呼ぶ．A の*スペクトル $\sigma(A)$ はレゾルベント集合の補集合である．レゾルベント作用素は等式

$$R_\lambda - R_\mu + (\lambda - \mu)R_\lambda R_\mu = 0 \quad (\lambda, \mu \in \rho(A))$$

を満たす．この等式をレゾルベント方程式という．

A が自己共役作用素であって，右連続な半群 $T_t = \exp(tA)$ を生成する場合，$R_\lambda = \int_0^\infty e^{-\lambda t} T_t dt$ ($\lambda > 0$) であり，また $A = \lim_{\lambda \to \infty} \lambda(\lambda R_\lambda - I)$ となる．また，*微分作用素 d^2/dx^2 は $L^2(\mathbb{R})$ 上の(非有界な)*自己共役作用素 A に拡張される．このレゾルベントは微分方程式 $d^2u/dx^2 - \lambda u = -f$ ($\lambda > 0$) を解くことによって求められ，積分核

$$(2\sqrt{\lambda})^{-1}\exp(-\sqrt{\lambda}|x-y|)$$

を持つ*積分作用素となる．

列
column

行列のように，数や文字を縦横に並べた表で，縦1列を取り出したものを列という．→ 行，行列

劣解　subsolution, lower solution　→ 優解

劣加法的
subadditive

数列 $\{a_n\}$ ($n \geq 1$) が，不等式 $a_{n+m} \leq a_n + a_m$ を満たすとき，劣加法的であるという．関数 $f(x)$ についても，$f(x+y) \leq f(x) + f(y)$ を満たすとき，劣加法的であるという．

列挙
enumeration

ある性質を持つものをすべて並べて示すことをいう．例えば，10以下の素数を列挙すると，2, 3, 5, 7 となる．枚挙ともいう．→ 数え上げ

劣勾配
subgradient

ベクトル $p = (p_1, \cdots, p_n)$ が関数 $f(x) = f(x_1, \cdots, x_n)$ の点 $a = (a_1, \cdots, a_n)$ における劣勾配であるとは，a の近傍で，任意の x に対して不等式

$$f(x) - f(a) \geq \sum_{i=1}^n p_i(x_i - a_i)$$

が成り立つことをいう．例えば，$n=1$, $f(x) = |x|$, $a=0$ の場合には，$-1 \leq p \leq 1$ を満たす任意の実数 p が劣勾配である．凸関数は，定義域の任意の内点において劣勾配を持つ．関数 $f(x)$ が $x=a$ で*全微分可能ならば $p_i = \dfrac{\partial f}{\partial x_i}(a)$ である．→ 劣微分，凸関数(1変数の)，凸関数(多変数の)

劣調和関数
subharmonic function

C^2 級関数 $u(x,y)$ が劣調和であるとは，$\Delta u \geq 0$ が成り立つことをいう．C^2 級でない場合にも，劣調和関数の概念は関数値として $-\infty$ も許して拡張され，次の性質がある．

(1) u_1, u_2 が劣調和であれば，$u_1 + u_2$ も劣調和である．

(2) U 上の正則関数 f に対して，$\log|f|$，$|f|$ はともに U において劣調和である．

(3) 調和関数の列 $\{u_n\}$ によって $u = \inf_n u_n$ と

表される関数 u は劣調和である.

(4) φ を $\mathbb{R}$ 上の単調増加関数とし,$\varphi(-\infty)=\lim_{x\to-\infty}\varphi(x)$ とおくとき,u が劣調和であれば,$\varphi(u)$ も劣調和である.

(5) $D\subset U$ を閉円板,f は多項式で境界 ∂D 上で $u\leqq \mathrm{Re}\,f$ を満たすものとすると,D 上で $u\leqq \mathrm{Re}\,f$ が成り立つ.

また調和関数に対する平均値の定理も不等式の意味で成り立つ.→ 調和関数,最大値原理(調和関数の)

劣微分
subdifferential

微分の概念を拡張したものであり,関数 f の点 a における*劣勾配が存在するとき,劣微分可能であるといい,劣勾配の全体を f の a における劣微分という.劣微分の全体も $df(a)$ で表すこともある.例えば,$f(x)=|x|$ のとき,$df(0)=[-1,1]$,$df(x)=\{1\}$ $(x>0)$,$df(x)=\{-1\}$ $(x<0)$ である.

g が連続微分可能ならば,合成関数について
$$d(g\circ f)(x) = g'(f(x))df(x),$$
$$d(f\circ g)(x) = g'(x)df(g(x))$$
となる.ここで集合 A と定数 c に対して $cA=\{ca\mid a\in A\}$ とする.

列ベクトル
column vector

成分を縦に並べた数ベクトル.縦ベクトルともいう.→ 行列

劣モジュラー関数
submodular function

有限集合 S の部分集合に実数を対応させる関数 $f:2^S\to\mathbb{R}$ が劣モジュラーであるとは,任意の $X,Y\subseteq S$ に対して劣モジュラー不等式
$$f(X)+f(Y)\geqq f(X\cap Y)+f(X\cup Y)$$
が成り立つことである.この条件は,任意の $X\subseteq S$ と任意の相異なる $a,b\in S\setminus X$ に対して
$$f(X\cup\{a\})+f(X\cup\{b\})\geqq f(X)+f(X\cup\{a,b\})$$
が成り立つことと同値である.2つの劣モジュラー関数に関して*エドモンズの交わり定理と呼ばれる*最大最小定理がある.

劣モジュラー関数と凸関数は密接な関係を持つ.非負ベクトル $x=(x_j\mid j\in S)\in\mathbb{R}_+^S$($\mathbb{R}_+$ は非負実数の全体を表す)に対して,その成分のうちの相異なる値を $\alpha_1>\cdots>\alpha_m$ として $S_i=\{j\in S\mid x_j\geqq \alpha_i\}$ $(i=1,\cdots,m)$ とおくと,
$$x=\sum_{i=1}^{m-1}(\alpha_i-\alpha_{i+1})\chi^{S_i}+\alpha_m\chi^{S_m}$$
が成り立つ.ただし,部分集合 X に対して χ^X は $\chi_j^X=1$ $(j\in X)$,$\chi_j^X=0$ $(j\in S\setminus X)$ で定義されるベクトルである.この表現式に基づいて,新しい関数 $\widehat{f}:\mathbb{R}_+^S\to\mathbb{R}$ を
$$\widehat{f}(x)=\sum_{i=1}^{m-1}(\alpha_i-\alpha_{i+1})f(S_i)+\alpha_m f(S_m)$$
と定義する.任意の X に対して $f(X)=\widehat{f}(\chi^X)$ が成り立つので,関数 $\widehat{f}$ は集合関数 f の定義域を非負象限まで広げたものとみなすことができる.このとき,f が劣モジュラー関数であるためには,$\widehat{f}$ が凸関数であることが必要十分である.

劣モジュラー関数の概念は,一般の*束 $(L,\wedge,\vee)$ の上で定義された関数 f に対しても拡張される.すなわち,劣モジュラー不等式
$$f(x)+f(y)\geqq f(x\wedge y)+f(x\vee y)$$
が任意の $x,y\in L$ に対して成り立つとき,$f:L\to\mathbb{R}$ を劣モジュラー関数という.→ マトロイド,凸関数(多変数の)

劣モジュラー多面体
submodular polyhedron

S を有限集合とするとき,*劣モジュラー関数 $f:2^S\to\mathbb{R}$(ただし $f(\emptyset)=0$)に付随して定義される(非有界な)多面体
$$P(f)=\left\{x\in\mathbb{R}^S\ \Big|\ \sum_{j\in X}x_j\leqq f(X)\ (\forall X\subseteq S)\right\}$$
を劣モジュラー多面体という.任意の $X(\subseteq S)$ に対して
$$f(X)=\max\left\{\sum_{j\in X}x_j\ \Big|\ x\in P(f)\right\}$$
が成り立つ.→ エドモンズの交わり定理

レフシェッツ束
Lefschetz pencil

n 次元非特異射影多様体の研究を $n-1$ 次元射影多様体の族の研究に帰着する一手法である.複素射影空間 $P^3(\mathbb{C})$ の2つの平面
$$H_i:l_i=0\quad(i=0,1)$$
(l_i は1次斉次式)が与えられたとき,1次元射影空間 $P^1(\mathbb{C})$ の点 $s=(s_0:s_1)$ に対して $P^3(\mathbb{C})$ の平面

$H_s : s_0 l_0 + s_1 l_1 = 0$

が定義でき，平面の束(pencil) $\{H_s\}_{s \in P^1(\mathbb{C})}$ ができる．$P^3(\mathbb{C})$ の m 次曲面

$$S : F(x_0, x_1, x_2, x_3) = 0$$

($F(x_0, x_1, x_2, x_3)$ は m 次斉次式)に対して，$C_s = S \cap H_s$ は H_s を射影平面と見たときに m 次平面曲線になる．代数曲面 S を代数曲線 $\{C_s\}_{s \in P^1(\mathbb{C})}$ の集まりと捉えて，代数曲線の性質を使って代数曲面 S の性質を研究することができる．その際に，最初の平面を定める式 l_i をジェネリックな1次斉次式に取ると，S が非特異であれば，C_s は非特異であるか，特異点があっても通常2重点を1つ持つだけであるようにすることができる．このようにしてできる代数曲線の族 $\{C_s\}_{s \in P^1(\mathbb{C})}$ をレフシェッツ束という．

この考え方はさらに一般化できる．

非特異射影多様体 $V \subset P^N(\mathbb{C})$ に対して $P^N(\mathbb{C})$ の超平面の1次元族 $\{H_t\}_{t \in P^1(\mathbb{C})}$ を取ると，有限個の t を除いて $W_t = V \cap H_t$ は V より1次元だけ次元が低い非特異射影多様体であり，除外された点 t_j では $W_{t_j} = V \cap H_{t_j}$ は通常2重点をただ1つ持ち，他では非特異な射影多様体であるようにできる．このとき $\{W_t\}_{t \in P^1(\mathbb{C})}$ をレフシェッツ束という．レフシェッツ束 $\{W_t\}$ は有限個の多様体を除いて非特異であり，除かれた多様体も通常2重点のみを特異点として持ち比較的研究しやすい対象になる．レフシェッツが代数曲面のトポロジーの研究でこの手法を初めて使ったのでレフシェッツ束の名前がある．

レフシェッツの跡公式
Lefschetz trace formula

多様体から自分自身への可微分同相写像 $F: M \to M$ があったとき，その不動点すなわち $F(x) = x$ なる点 x の周りでの F の様子から決まる数 $L_x F$ の総和を計算する公式．不動点が有限個しかないとき，$L_x F$ は x での F のヤコビ行列の固有値で決まり，総和は F が*コホモロジー群に定める準同型写像のトレースになる．

レフシェッツの不動点定理　Lefschetz fixed point theorem　→不動点定理

レペラ　repeller　＝反撥集合

レムニスケート
lemniscate

ガウスが楕円関数を発見する契機になった曲線であり，平面の極座標 (r, θ) を用いて，

$$r^2 = a^2 \cos 2\theta$$

により定義される．xy 座標では

$$(x^2 + y^2)^2 = a^2(x^2 - y^2)$$

により与えられる．

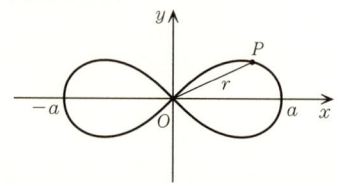

レムニスケートの弦 $OP(=r)$ に対する弧の長さ u は

$$u = \int_0^r \sqrt{1 + r^2 \left(\frac{d\theta}{dr}\right)^2} \, dr$$

$$= \int_0^r \frac{a^2}{\sqrt{a^4 - r^4}} \, dr$$

特に，$a^2 = 1$ のときは，

$$u = \int_0^x \frac{dx}{\sqrt{1 - x^4}}$$

となる．$u = u(x)$ の逆関数は，ガウスが最初に出会った*楕円関数にほかならない．

レリッヒの定理
Rellich's theorem

「f_n とその微分 df_n/dx の L^2 ノルムが，n によらないある定数より小さいとき，関数列 $\{f_n\}$ には L^2 収束する部分列が存在する」という定理とその一般化である次の定理を指す．

「$k < l$ ならば，f に f を対応させる作用素 $W_k^p(\mathbb{R}^n) \to W_l^p(\mathbb{R}^n)$ は*コンパクト作用素である」(→ ソボレフ空間)．

有界領域のラプラス作用素のスペクトルが離散集合をなすことなどを証明するのに使われ，ソボレフ空間を用いた偏微分方程式の研究で基本的な定理の1つである．

連結
connected

(1) 位相空間の連結　$\mathbb{R}^n$ の開集合 V については*弧状連結と同値な概念である．$\mathbb{R}^n$ の開集合 X は，X が2つの空でない開集合の*直和に分割できないとき，すなわち，$X = X_1 \cup X_2$, $X_1 \cap X_2 = \emptyset$ を満たす空でない開集合 X_1, X_2 が存在しないとき連結であるという．例えば $\mathbb{R}$ の連結な開集

合は開区間，すなわち (a,b), $(-\infty,b)$, (a,∞), $\mathbb{R}$, $\emptyset$ のどれかである．$\mathbb{R}\setminus\{0\}$ は連結でないが，$\mathbb{R}^2\setminus\{(0,0)\}$ は弧状連結であるので，連結である．

$\mathbb{R}^n$ の連結な開集合 V 上の関数 f の微分が V 上いたるところ 0 であれば，f は定数である．

$\mathbb{R}^n$ の部分集合 X に対しては*誘導位相を考えることによって同様に連結性が定義できる．このときも X が弧状連結であれば連結であるが，X が開集合でなければ連結であっても弧状連結とは限らない．シヌソイド $X=\{(x,y)\in\mathbb{R}^2 \mid 0<x\leqq 1, y=\sin 1/x$ または $x=0, -1\leqq y\leqq 1\}$ は連結であるが弧状連結ではない．

一般の位相空間 X が連結であることも同様に定義される．$X=X_1\cup X_2$, $X_1\cap X_2=\emptyset$ なる空でない開集合 X_1, X_2 の組が存在しないとき，すなわち位相空間 X が 2 つの交わらない空でない開集合の和集合とならないとき，X は連結であるという．X が連結であるための必要十分条件は，X の開かつ閉な部分集合は X または空集合 $\emptyset$ のみに限ることである．

連結な位相空間 X 上の連続関数 f に対して，$f(x)=a, f(y)=b$ なる $x,y\in X$ が存在すれば，任意の $a<c<b$ なる c に対して，$f(z)=c$ なる $z\in X$ が存在する．これは*中間値の定理の一般化であり，「連結な位相空間の連続写像による像は連結である」という定理に一般化される．$\mathbb{R}\setminus\{0\}$ は連結でなく，$\mathbb{R}^2\setminus\{0\}$ は連結であるので，$\mathbb{R}$ と $\mathbb{R}^2$ は*同相でないことがこの定理から導かれる．→ 連結成分(位相空間の)

(2) グラフの連結 *無向グラフにおいて，2 つの頂点を結ぶ道があるとき，その 2 頂点は連結であるという．任意の 2 頂点が連結である無向グラフを連結グラフという．*有向グラフについては，辺の向きを無視して得られる無向グラフが連結のときに，連結であるという．→ 強連結，連結成分(グラフの)，連結度

連結成分(位相空間の)
connected component

平面から y 軸を除いた集合 X は 2 つの交わらない連結部分集合
$X_+=\{(x,y) \mid x>0\}$, $X_-=\{(x,y) \mid x<0\}$
の和に表される．この X_+ と X_- が X の連結成分である．

一般に位相空間 X が互いに交わらない連結部分集合 A_λ の和 $X=\sum_\lambda A_\lambda$ になり，どの A_λ に対しても，それを真に含む X の連結部分集合が存在しないとき，A_λ を連結成分という．

次のような同値関係 ～ の同値類を A_λ とすることで，位相空間を連結成分に分けることができる．「x～y であるのは $\{x,y\}$ が X のある連結な部分集合に含まれるときである」．

連結性を弧状連結性で置き換えて弧状連結成分が定義できる．→ 連結

連結成分(グラフの)
connected component

*無向グラフにおいて，頂点間に道が存在するかどうかに着目して頂点集合を分割したものである．頂点の対 (u,v) に対し，u と v を両端点とする道が存在するときに u～v と定義することによって頂点集合の上の 2 項関係 ～ を定める．この 2 項関係は同値関係であり，このときの同値類が，与えられたグラフの連結成分である．連結成分によって誘導される部分グラフ(*頂点誘導部分グラフ)を連結成分と呼ぶこともある．

連結度
connectivity

*無向グラフ $G=(V,A)$ と頂点集合 V の部分集合 U に対して，U のすべての頂点とそれらに接続するすべての辺を除去して得られるグラフを $G-U$ と表す．正整数 k に対して，G が k 連結であることを，$G-U$ が*連結でなくなるような任意の U ($\subseteq V$) は U の個数 $|U|\geqq k$ を満たすことと定義する．ただし，n 個の頂点からなる*完全グラフ K_n に対しては，$k\leqq n-1$ のときに k 連結であると定義する．G が k 連結であるような k の最大値を G の連結度という．

グラフが k 連結であるためには，任意の 2 頂点に対してそれらを結ぶ k 本の道で両端点以外は互いに素であるようなものが存在することが必要十分である(*メンガーの定理)．

連結和
connected sum

同じ次元の 2 つの滑らかな多様体から新しい多様体を作る方法の 1 つである．2 つの滑らかな n 次元多様体 M_1, M_2 から小さい n 次元*球体を取り除き，その境界をなす $n-1$ 次元球面 S^{n-1} で*貼り合わせたもの．滑らかな n 次元多様体になる．$M_1\#M_2$ で表す．

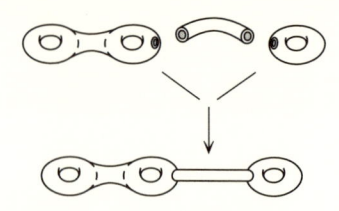

曲面の場合は図のように種数(穴の数) g_1 の曲面と種数 g_2 の曲面の連結和は種数 g_1+g_2 の曲面になる．また，2つの*実射影平面の連結和は*クラインの壺である．

連鎖律
chain rule

合成関数の微分法の公式のことをいう．$x=(x_1,\cdots,x_n)$ の関数 $y=(y_1,\cdots,y_m)$，および y の関数 $z=(z_1,\cdots,z_l)$ がともに微分可能のとき，z を x の関数と見るとその導関数は

$$\frac{\partial z_i}{\partial x_k}=\sum_{j=1}^{m}\frac{\partial z_i}{\partial y_j}\frac{\partial y_j}{\partial x_k}$$

で与えられる．この規則を連鎖律という．それぞれの*ヤコビ行列を $A=[\partial y_j/\partial x_k]$ ($1\leqq j\leqq m$, $1\leqq k\leqq n$), $B=[\partial z_i/\partial y_j]$ ($1\leqq i\leqq l$, $1\leqq j\leqq m$), $C=[\partial z_i/\partial x_k]$ ($1\leqq i\leqq l$, $1\leqq k\leqq n$) とすれば，連鎖律は $C=BA$ と表される．

いま $y=f(x)$, $z=g(y)$ とすれば，微分可能な写像 $f:\mathbb{R}^n\to\mathbb{R}^m$, $g:\mathbb{R}^m\to\mathbb{R}^l$ は各点 x_0 および $y_0=f(x_0)$ の近傍で，それぞれ

$$f(x)=f(x_0)+A(x-x_0)+o(\|x-x_0\|),$$
$$g(y)=g(y_0)+B(y-y_0)+o(\|y-y_0\|)$$

と1次近似される．このとき合成写像 $h=g\circ f:\mathbb{R}^n\to\mathbb{R}^l$ の1次近似は

$$h(x)=h(x_0)+BA(x-x_0)+o(\|x-x_0\|)$$

で与えられる，というのが連鎖律の内容である．

連珠形
lemniscate

レムニスケートの和名．⇒ レムニスケート

連続
continuous

例えば，羊の数を数えると，自然数の $1,2,3,\cdots$ のような飛び飛びの数になる．一方，水の量を重さで計ると，x グラムのように実数で表され，可能な量全体は飛び飛びではない．前者を離散的，後者を連続的という．実数変数関数などを扱うには，その関数が連続という性質を考察することが大切である(→ 連続関数)．

連続量を扱うと，2つの量の差がいくらでも小さくなっていく可能性があり，無限(小)にかかわる困難に直ちに行き当たる．この困難はすでにギリシア時代から認識されていた．微分積分学の創設をへて，19世紀末のカントルやデデキントによる実数論によって，この困難が乗り越えられ，連続量を扱う数学に厳密な基礎が与えられた．⇒ デデキントの切断，完備化，実数，離散化

連続関数(1変数の)
continuous function

直観的には，下図のように鉛筆で紙の上に関数のグラフを描くとき，紙から鉛筆を離すことなく，つなげて描ければ，その関数は連続である．

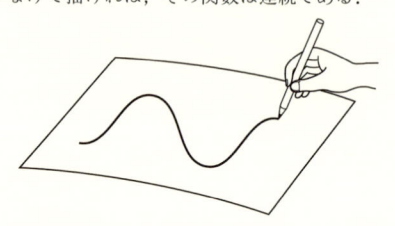

多項式で表される関数，*3角関数，*対数関数，*指数関数など，重要な関数はほとんどすべて連続関数であるが，例えば，$[x]$ を x 以下の最大の整数を表すとし，これを x の関数とみなすと連続関数ではない．

連続関数について，厳密には次のように述べられる．*開区間 I で定義された関数 $f(x)$ がこの区間 I 内の点 a で連続であるとは，$\lim_{x\to a}f(x)=f(a)$ が成り立つこと，つまり，次の条件が成り立つことをいう：任意の正数 ε が与えられたとき，正数 δ を，$|x-a|<\delta$ ならば $|f(x)-f(a)|<\varepsilon$ が成り立つように選ぶことができる．区間 I の各点 a で連続なとき，関数 f は I 上で連続であるという．なお，f が連続関数であることは，任意の開区間の f による逆像が開集合であることと同値である．

一般に，(開区間とは限らない) $\mathbb{R}$ の部分集合 A で定義された関数 f が A の点 a で連続であるとは，$\lim_{x\in A,x\to a}f(x)=f(a)$，つまり，任意の正数 ε が与えられたとき，正数 δ を，$x\in A$ かつ $|x-a|<\delta$ ならば $|f(x)-f(a)|<\varepsilon$ が成り立つように選ぶことができることをいい，集合 A の各点 a で連続なとき関数 $f(x)$ は A 上で連続であるという．*有界閉区間上の連続関数は*一様連続である．⇒ 極限と連続性，極限，実数，開区間，連続関数(多変

数の), 一様連続, 連続写像

連続関数(多変数の)
continuous function

$\mathbb{R}^n$ の部分集合 A で定義された関数 $f(x)=f(x_1,x_2,\cdots,x_n)$ が A の点 $a=(a_1,a_2,\cdots,a_n)$ で連続であるとは, $\lim_{x\in A, x\to a} f(x)=f(a)$, つまり,「任意の正数 ε が与えられたとき, 正数 δ を, $x\in A$ かつ $\|x-a\|<\delta$ ならば $|f(x)-f(a)|<\varepsilon$ が成り立つように選ぶことができる」ことをいう. ただし, $\|x\|=\sqrt{x_1^2+x_2^2+\cdots+x_n^2}$. 集合 A の各点 a で連続なとき, 関数 $f(x)$ は A 上で連続であるという. *有界閉集合上の連続関数は*一様連続である. また, A 上の関数 $f(x)=f(x_1,x_2,\cdots,x_n)$ が1つの変数 x_i の関数とみたときに連続であることを強調したいとき, f は x_i について偏連続であるということがある.

例 2変数関数 $f(x,y)$ の場合でも, ある点 (a,b) において変数 x,y それぞれについて偏連続であっても連続とは限らない. 例えば, $f(x,y)=2xy/(x^2+y^2)\ ((x,y)\neq(0,0)),\ f(0,0)=0$ と定めると, $f(x,y)$ は y を固定するとき $x=0$ で x の関数として連続であり, x を固定すると $y=0$ で y の関数として連続である. しかし $t\neq 0$ のとき $\lim_{x\to 0}f(x,tx)=2t/(1+t^2)\neq 0$ だから $f(x,y)$ は $(0,0)$ で連続ではない.

なお, 関数 $f\colon A\to\mathbb{R}$ (または $\mathbb{C}$) が連続であることは写像として(A での*相対位相に関して)*連続写像であることと同値である.

連続性公理
axiom of continuity

*ユークリッド幾何学に関するヒルベルトの公理の1つで, アルキメデスの公理(→ アルキメデスの原理)と, 直線の完備性公理を含む. 正確には,「直線上の点の集合は, 順序公理, 合同公理(とその帰結), およびアルキメデスの公理を満足するものとしては, これ以上拡張できない」ことが直線の完備性公理である(→ 完備性, デデキントの切断). 直線の完備性公理は, 直線と円に関する幾何学に関する限りほとんど必要がないが, 解析学を展開するのには必須の公理である.

連続写像
continuous map

連続関数の概念の, 写像への一般化である. X,Y がユークリッド空間の部分集合, あるいは距離空間のとき, 写像 $F\colon X\to Y$ が連続とは, X の任意の収束する点列 $\{x_n\}$ に対して, $\lim_{n\to\infty}F(x_n)=F(\lim_{n\to\infty}x_n)$ が成り立つことをいう.

特に Y が $\mathbb{R}^n$ の部分集合のときは, $F(x)=(F_1(x),\cdots,F_n(x))$ と書け, F_i は X 上の関数であるが, このとき写像 F が連続であることと, おのおのの F_i が連続であることは同値である. このとき Y の任意の開集合 U に対して, $F^{-1}(U)=\{x\in X\mid F(x)\in U\}$ は X の開集合である. 一般の位相空間の間の写像 $F\colon X\to Y$ が連続であることは, この性質により定義される.

連続スペクトル continuous spectrum ⇒ スペクトル

連続体仮説
continuum hypothesis

実数の集合 $\mathbb{R}$ と自然数の集合 $\mathbb{N}$ の間には全単射が存在しないこと(すなわち $\mathbb{R}$ の濃度は $\mathbb{N}$ の濃度より真に大きいこと)が知られている(→ 対角線論法). このことを証明した*カントルは, さらに次のことを問題にした.「$\mathbb{R}$ の任意の無限部分集合 A に対して, A と $\mathbb{R}$ との間に全単射が存在するか, A と $\mathbb{N}$ の間に全単射が存在するかのいずれかが成り立つ」. これを連続体仮説という. カントルはこれを証明しようとし努力を重ねたが, 証明できなかった.

連続体仮説は*公理的集合論の体系と矛盾しないこと(これを連続体仮説の無矛盾性という)が*ゲーデルによって証明され, また, 公理的集合論の体系からは証明できないこと(これを連続体仮説の独立性という)がコーエン(P. J. Cohen)によって証明されている.

連続体仮説をさらに一般化した次の命題を一般連続体仮説という.「任意の無限集合 X に対して, X の部分集合全体の集合を 2^X と表す. 2^X の任意の部分集合 A に対して, A と 2^X の間に全単射が存在するか, A から X への単射が存在する」. $2^\mathbb{N}$ と $\mathbb{R}$ の間には全単射が存在するので, $X=\mathbb{N}$ の場合, 一般連続体仮説は通常の連続体仮説と一致する. 一般連続体仮説の無矛盾性と独立性も, ゲーデル, コーエンによってそれぞれ証明されている.

連続的微分可能　continuously differentiable ＝連続微分可能

連続の方程式
equation of continuity

流体の運動において，質量の保存がなされるときに成り立つ方程式をいう．

3次元ユークリッド空間内の流体の質量密度を ρ，流体の*速度場を $\boldsymbol{v}(t, x)$ とする．このとき，各点 x において等式

$$\frac{\partial \rho}{\partial t} + \mathrm{div}(\rho \boldsymbol{v}) = 0$$

が成り立つ．これが連続の方程式である．

電気を帯びた物質が動いているときも，電荷密度と電流に関して，同様な式が成り立ち，電荷の保存則と呼ばれる．

連続微分可能
continuously differentiable

関数が微分可能でその導関数も連続なことをいう．C^1 級ともいう．また r 階までの導関数がすべて存在して連続のとき，r 回連続微分可能あるいは C^r 級という（→ C^k 級）．

連比
continued ratio

3つ以上の同種の量 $a_1, \cdots, a_n$ について，a_i, a_j ($i<j$) の比 $a_i : a_j$ すべてをまとめて考えたもの．すべての $i<j$ について $a_i : a_j = b_i : b_j$ が成り立つとき連比は等しいといい，$a_1 : a_2 : \cdots : a_n = b_1 : b_2 : \cdots : b_n$ と表す．

連分数
continued fraction

次のような分数式を有限連分数という．

$$a_0 + \cfrac{b_1}{a_1 + \cfrac{b_2}{a_2 + \cfrac{\ddots}{ + \cfrac{b_{n-1}}{a_{n-1} + \cfrac{b_n}{a_n}}}}}$$

次のような記法が用いられることもある．

$$a_0 + \frac{b_1}{a_1} + \frac{b_2}{a_2} + \cdots + \frac{b_n}{a_n}$$

$$a_0 + \frac{b_1|}{|a_1} + \frac{b_2|}{|a_2} + \cdots + \frac{b_n|}{|a_n}$$

$\{a_n\}, \{b_n\}$ が無限列であるときにも，

$$a_0 + \frac{b_1}{a_1} + \frac{b_2}{a_2} + \cdots + \frac{b_n}{a_n} + \cdots$$

の形の式を考え，これを無限連分数という．b_n がすべて1で，a_n が自然数のときには，対応する有限および無限連分数を $[a_0, a_1, \cdots, a_n]$ および $[a_0, a_1, \cdots]$ で表し，正規連分数（あるいは単純連分数）という．

無限正規連分数 $[a_0, a_1, \cdots]$ に対して，その第 n 次近似分数を $[a_0, a_1, \cdots, a_n]$ として定義する．このとき，極限

$$\alpha = \lim_{n \to \infty} [a_0, a_1, \cdots, a_n]$$

が存在する．これを $[a_0, a_1, \cdots]$ の値といい，

$$\alpha = [a_0, a_1, \cdots]$$

と表す．→ 連分数展開，循環連分数

連分数展開
expansion into continued fraction

正の実数 x に対して，自然数列 $a_0, a_1, a_2, \cdots$ および正数列 $b_0, b_1, b_2, \cdots$ を次のように帰納的に定める．

$$a_0 = [x],$$
$$b_0 = x - [x]$$

（$[x]$ は*ガウスの記号，すなわち x を超えない最大の整数を表す）．a_n, b_n まで定義されたとき，

$$a_{n+1} = [1/b_n],$$
$$b_{n+1} = 1/b_n - [1/b_n]$$

とする．もし，x が有理数であれば，ある番号から先の a_n は 0 になる（→ ユークリッドの互除法）．無理数のときは，すべての n について，$a_n > 0$ であり，無限正規連分数 $[a_0, a_1, \cdots]$ を得る．しかも

$$x = \lim_{n \to \infty} [a_0, a_1, \cdots, a_n]$$

が成り立つから，x は $[a_0, a_1, \cdots]$ の値に等しい．$[a_0, a_1, \cdots]$ を x の連分数展開という．

例　*黄金比 $(1+\sqrt{5})/2$ は $[1, 1, 1, \cdots]$ と表され，*自然対数の底 e は次のように連分数展開される（オイラー）．
$e =$
$[2, 1, 2, 1, 1, 4, 1, 1, 6, 1, 1, 8, 1, 1, 10, 1, 1, \cdots]$.
→ 循環連分数

連立 1 次方程式

simultaneous linear equations

未知数 $x_1, x_2, \cdots, x_n$ に関する m 個の方程式からなる方程式

$$a_{11}x_1 + a_{12}x_2 + \cdots + a_{1n}x_n = b_1$$
$$a_{21}x_1 + a_{22}x_2 + \cdots + a_{2n}x_n = b_2$$
$$\cdots\cdots$$
$$a_{m1}x_1 + a_{m2}x_2 + \cdots + a_{mn}x_n = b_m$$

を連立 1 次方程式という．

与えられた連立 1 次方程式を解く手段として，*消去法，*掃き出し法，*反復法，*共役勾配法などがある．また，未知数の数と方程式の数が同じ場合 ($n=m$) は，行列式を用いる方法もある（→ クラメールの公式）．しかし，一般には解が存在するとは限らないし，解があったとしても一意的とは限らない．

連立合同式

simultaneous congruences

$$x \equiv 3 \pmod{11},$$
$$x \equiv 5 \pmod{17}$$

のようにいくつかの異なる法に関する*合同式を連立合同式という．

連立不等式

simultaneous inequalities

次のようにいくつかの不等式

$$x + 2y > 0,$$
$$3x - y > 5$$

を同時に考える場合，連立不等式ということがある．

連立方程式

simultaneous equations

2 つ以上の未知数を含む 2 つ以上の方程式の組のこと．未知数は，それらの方程式を同時に満足することが要求される．

m 個の未知数と n 個の方程式の場合，連立 m 元方程式という．⇒ 連立 1 次方程式，消去法，終結式

ロジスティック曲線

logistic curve

a, b が正の定数のとき，微分方程式 $dx/dt = ax - bx^2$, $x(0) > 0$ の解として得られる曲線，つまり，$x(t) = c/(1 + Ce^{-at})$ ($c = a/b$, C は積分定数) の形の曲線のことをいう．生物の個体数などの増加の法則を表すことから，とくに名前が付いている．定数 a は自然増加率，定数 b は過密さによる人口抑制の程度を表すと解釈され，人口 $x(t)$ は飽和 (saturation) 状態 c に近づいていく．

ロジスティック写像

logistic map

2 次関数 $f(x) = ax(1-x)$ が定める写像 $f: [0,1] \to [0,1]$ のこと．ただし，$0 \leq a \leq 4$ とする．極めて簡単そうに見えるが，$x_{n+1} = f(x_n)$ のような離散力学系を考えると，この写像は豊かな構造をもつ．区間力学系の*カオス，また，周期が 2 倍になる*分岐が集積する（ファイゲンバウムの）*臨界現象などが発見され，その後の研究の端緒を与えた．なお，2 次写像が有界な*不変集合を持つならば，線形変換により，ロジスティック写像に変換できる．

ロジスティック方程式　logistic equation　⇒ ロジスティック曲線

ロドリグの公式　Rodrigues' formula　⇒ ルジャンドル多項式

ロバスト法

robust method

*数学モデルと現実の現象との間には乖離 (食い違い) があるのが普通である．したがって，数学モデルが多少変動しても解析結果がその変動の影響をあまり受けないような方法が応用においては大切である．このような方法を総称してロバスト法と呼ぶ．ロバスト (robust) は「頑健」と訳される．

ロバチェフスキー

Lobachevsky, Nicolai Ivanovitch

1793-1856　ロシアの数学者．ガウス，ボヤ

イ(J. Bolyai)と並んで非ユークリッド幾何学発見者の一人．カザン大学教授．

1823年頃から平行線の公理(第5公準)を否定した幾何の研究を始め，1829年にロシア語で「幾何の原理」という題名の論文を発表した．これが非ユークリッド幾何学の発見が公になった最初であるが，ロシア語ということもあって他の数学者の注意を引かなかった．1840年に『平行線の理論の幾何学的研究』をドイツ語で発表，これがガウスの目にとまり，ようやくその内容が理解されるようになった．

ロバチェフスキー幾何　Lobachevsky geometry　⇒
非ユークリッド幾何学

ロバチェフスキー空間　Lobachevsky space　= 非ユークリッド空間

ロバチェフスキー平面　Lobachevsky plane　= 非ユークリッド平面

ロピタル
de l'Hôpital, Guillaume François Antoine Marquis

1661-1704　フランスの数学者．1696年に史上最初の微分学の本を出版した．これには，現在ロピタルの定理と呼ばれるものが含まれているが，実際にはこの定理はヨハン・*ベルヌーイ1世によるものである．（財政的援助の見返りに，ベルヌーイが発見した事柄をロピタルに知らせる約束になっていた．）この本と，続いて出版した解析幾何学の本は，18世紀における標準的なテキストであった．

ロピタルの定理
de l'Hôpital's theorem

$\lim_{x\to 0}(\sin x/x)$ を考えるとき，$(\sin x)/x$ においていきなり $x=0$ とおくことはできない．このような不定形の極限値を求めるのに，次の事実を利用することが多い．

「$f(x), g(x)$ が $x=a$ の近傍で微分可能で $f(a)=g(a)=0$, $g'(x)\neq 0$ $(x\neq a)$ を満たしており，かつ $\lim_{x\to a}f'(x)/g'(x)=\gamma$ が存在するならば
$$\lim_{x\to a}\frac{f(x)}{g(x)}=\gamma$$
が成り立つ」．これをロピタルの定理という．

ローラン多項式
Laurent polynomial

x と x^{-1} の多項式 $\sum_{k=-m}^{n} a_k x^k$ のことをいう．リーマン球面上 $x=0, \infty$ にだけ極を持つ有理型関数はローラン多項式に限る．一般に体 F の元を係数とするローラン多項式全体 $F[x, x^{-1}]$ は自然な加法と乗法により可換環になる．多変数のローラン多項式環 $F[x_1, \cdots, x_n, x_1^{-1}, \cdots, x_n^{-1}]$ も同様に定義される．⇒ ローラン展開

ローラン展開
Laurent expansion

円環 $D: r'<|z-c|<r$ $(0<r'<r)$ で定義された正則関数 $f(z)$ は $f(z)=\sum_{k=-\infty}^{\infty} a_k(z-c)^k$ の形に表される．これを $f(z)$ の D におけるローラン展開と呼ぶ．ここで係数は
$$a_k = \frac{1}{2\pi i}\int_{|z-c|=r_0}\frac{f(z)}{(z-c)^{k+1}}dz$$
によって与えられる．ただし r_0 は $r'<r_0<r$ を満たす任意の定数で，a_k は r_0 の取り方によらない．

例えば，$f(z)=1/(z^3(1-z))$ の $0<|z|<1$ におけるローラン展開は $f(z)=\sum_{k=-3}^{\infty} z^k$ である．また，$f(z)=z/(2-z)(2z-1)$ の $1/2<|z|<2$ におけるローラン展開は
$$f(z) = \frac{1}{3}\sum_{k=-\infty}^{\infty}\frac{z^k}{2^{|k|}}$$
である．

特に $f(z)$ が $z=a$ で孤立特異点を持つならば，$f(z)$ は $0<|z-a|<r$ の形の領域でローラン展開を持つ．⇒ ローラン多項式，真性特異点，孤立特異点

ロルの定理
Rolle's theorem

関数 $f(x)$ が区間 $[a, b]$ で連続，(a, b) で微分可能なとき，$f(a)=f(b)$ ならば，$f'(\xi)=0$ $(a<\xi<b)$ となる ξ が存在する．

これをロルの定理という．ロルの定理は，微分法における*平均値の定理の証明の基礎となる．

ロレンツ・アトラクタ
Lorenz attractor

気象学者ロレンツ(E. N. Lorenz)は，大気循環のモデル方程式

$$\frac{dx}{dt} = \sigma(y-x), \quad \frac{dy}{dt} = rx - y - xz,$$
$$\frac{dz}{dt} = -bz + xy$$

を解き，*周期運動である熱対流だけでなく，*カオスが生じることを発見した．このときに観察される「蝶の羽根」のような形の奇妙なアトラクタをロレンツ・アトラクタという．

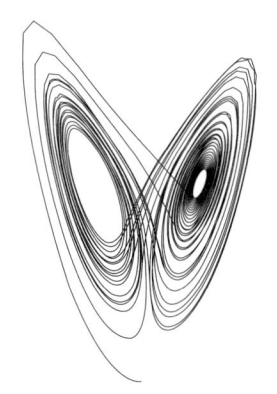

ロレンツは解の1成分に着目して，その極大点の間の距離 d_n をプロットすることにより，近似的に $d_{n+1}=f(d_n)$ となる区間力学系 f が存在することを発見して，カオスであることの「論証」に成功した．このような手法は，*ポアンカレ写像とともに，応用上極めて有効な方法であり，ロレンツ・プロットと呼ばれる．→ カオス

ローレンツ空間
Lorentz space
*ミンコフスキー空間の別名．あるいは*ローレンツ多様体を意味する．

ローレンツ計量
Lorentz metric
特殊相対性理論においては，4次元時空に*ミンコフスキー計量 $c^2 dx_0^2 - dx_1^2 - dx_2^2 - dx_3^2$ を入れて考える．これは平坦な（曲率が0の）空間であるが，一般相対性理論では曲がっている空間を考える必要がある．すなわち，$\sum_{i,j=0}^{3} g_{ij} dx_i dx_j$ なるテンソル g_{ij} で，対称 ($g_{ij}=g_{ji}$) かつ各点で正の固有値を1つ，負の固有値を3つ持つものを考える．これがローレンツ計量である（固有値がすべて正の場合がリーマン計量）．$\mathbb{R}^4$ あるいはより一般に4次元多様体で考える場合もある．次元が4よりも大きい数 n である多様体上の，1つの正の固有値と $n-1$ 個の負の固有値を持つ2階対称テンソルもローレンツ計量と呼ぶ場合もある．

ローレンツ多様体
Lorentzian manifold
*ローレンツ計量を持つ多様体のこと．

ローレンツ変換
Lorentz transformation
*ミンコフスキー時空（空間）の*慣性系の間の座標変換で原点を原点に移すもののことをいう．2つの慣性系の座標をそれぞれ (x_1, x_2, x_3, t), (x_1', x_2', x_3', t') とすると，ローレンツ変換は2次形式 $c^2 t^2 - x_1^2 - x_2^2 - x_3^2$（$c$ は光速）を不変にする 4×4 行列 A による線形変換

$$\begin{bmatrix} t' \\ x_1' \\ x_2' \\ x_3' \end{bmatrix} = A \begin{bmatrix} t \\ x_1 \\ x_2 \\ x_3 \end{bmatrix} \quad (*)$$

になる．$(*)$ は $x_2'=x_2$, $x_3'=x_3$ のとき，

$$x_1' = \frac{x_1 - vt}{\sqrt{1 - v^2/c^2}}, \quad t' = \frac{-vx_1/c^2 + t}{\sqrt{1 - v^2/c^2}}$$

になる．これは x_1 方向の長さが収縮していること，すなわちローレンツ収縮を表している．空間座標に関する限り，この2つの慣性系は互いに等速直線運動をしていると考えられる．v を相対速度という．

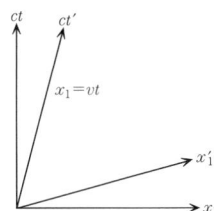

形式的に c を無限大にした極限で，ローレンツ変換は*ガリレイ変換になる．

ローレンツ力
Lorentz force
*電場 $\boldsymbol{E}$ と*磁場 $\boldsymbol{B}$ の下で，電荷 q を持つ質点は $\boldsymbol{F}=q(\boldsymbol{E}+\boldsymbol{v}\times\boldsymbol{B})$ なる力を受ける（$\boldsymbol{v}$ は質点の*速度ベクトル）．これをローレンツ力という．

ロンスキアン
Wronskian

1変数xの関数$f_1(x), \cdots, f_n(x)$に対し，それらの導関数を並べて作った行列式

$$\begin{vmatrix} f_1 & f_2 & \cdots & f_n \\ f_1' & f_2' & \cdots & f_n' \\ \vdots & \vdots & \ddots & \vdots \\ f_1^{(n-1)} & f_2^{(n-1)} & \cdots & f_n^{(n-1)} \end{vmatrix}$$

をロンスキアンあるいはロンスキー行列式という．$f_1(x), \cdots, f_n(x)$が1次従属ならばロンスキアンは恒等的に0になるが，逆は必ずしも成り立たない．とくに$f_1(x), \cdots, f_n(x)$が連続関数を係数とする線形常微分方程式

$$\frac{d^n y}{dx^n} + a_1(x)\frac{d^{n-1}y}{dx^{n-1}} + \cdots + a_n(x)y = 0$$

の解である場合には，これらが1次独立であることと，ロンスキアンがどの点でも0にならないことは同値になる．

ロンスキー行列式 Wronskian determinant ＝ロンスキアン

論理
logic

人間の思考の形式や法則，また思考の法則的なつながりを論理という．日常言語を司る法則が「文法」であるように，思考の「文法」が論理であるということができる．したがって数学の推論は論理の法則に従う．特に「Aである」ことと「AならばBである」から「Bである」を推論する「三段論法」は数学では日常的に用いられる．

数学や物理学（運動学）と関連して論理を歴史上最初に取り上げたのは，古代ギリシアの哲学者・数学者たちである．こうした試みの例としてゼノンによるパラドックスは有名である．アリストテレスは論理を体系化して論理学を建設し，後世に大きな影響を与えた．

数学的には，ユークリッドの『原論』で，論理の持つ役割の重要性が明確に認識された形で，少数の公理から出発して数学が展開されている．『原論』の中には現代の数学者が駆使する論理のほとんどが含まれているといってよい．「三段論法」，「背理法」はもとより，無限に対する素朴な理解から生まれる奇妙さを取り除くために考えられたと思われる「取り尽くし法」（積尽法とも呼ばれる）と「背理法」を組み合わせた論法は，現代的な観点から見ても極めて高度な論理である．

無限を素朴に考えるとさまざまな矛盾が生じることは古代ギリシアのゼノンのパラドックスにすでに明らかであり，古代ギリシア人は無限を意識的に避けたが，数学が発展するにつれて無限と正面から向き合う必要性が生じてきた．特に，19世紀後半にカントルが集合論を創設して，無限を素朴に扱うとさまざまな矛盾が生じることが再確認され，数学の持つ論理に対する深い考察が始まり，数理論理学が本格的に研究され始めた．そのためには論理を記号を使って表すことが重要になってくる．

数学ではさまざまな記号を使うが，論理を記号を使って表現しようという試みは，ライプニッツにさかのぼる．ライプニッツは「普遍記号」を用いた普遍科学を提唱し，単に数学に留まらず，すべての学問に適用しようとした．その後，ド・モルガン（De Morgan, 1806-71）や G. ブール（G. Boole, 1815-64）による，数学的記号を用いた記号論理学が登場した．さらにフレーゲ（F. L. Frege, 1848-1925）は全称記号 ∀，存在記号 ∃ と同値な概念記法を導入することで数学の論証を記号化し，数理論理学の発展の基礎の1つをつくった．

20世紀には，ラッセル（B. Russel, 1872-1970）によって数学を論理学の観点から捉え直す試みが展開され，ヒルベルトの形式主義，それに対抗するようにブラウエル（L. E. J. Brouwer）の直観主義も提唱され，数学の基礎づけについての議論がたたかわされた．→ 形式主義，直観主義，論理主義

論理記号
logical symbol

命題を表すときに用いる記号 ∨（または），∧（かつ），→（ならば），¬（否定），↔（同値），∀（すべての），∃（ある）のことをいう．ここで，「$P \vee Q$」は「PもQも成り立つ」場合も含み，集合の「和」に相当し，「$P \wedge Q$」は「共通部分」に，「$\neg P$」は「補集合」に相当する．なお，「かつ」を & や ・，「または」を ＋ などと表す流儀もある．→ 記号論理

論理計算
logical calculus

論理積（and），論理和（or），否定（not）などからなる論理式の値は数値ではなく真偽値である．これを計算することを論理計算と呼ぶ．数値計算と対比されることが多い．→ 真理表

論理式
formula

例えば，$(P\vee(Q\wedge\neg R))\to P$ のように，*論理記号を用いて命題を表した式をいう．記号論理では，命題の具体的内容に立ち入らずに命題の間の関係や真偽などを考察するので，命題を変数と考え，命題変数 P,Q などという．命題論理では，命題変数から出発して，4つの論理記号 $P\vee Q$, $P\wedge Q$, $P\to Q$, $\neg P$ を有限回使って表されるものを論理式という．一般には，全称記号 $\forall xF(x)$，存在記号 $\exists xF(x)$ を使うことも許して，論理式を考える．

論理主義
logicism

19世紀末から20世紀初めに，集合論のパラドックスにより引き起こされた数学の危機を克服するために，フレーゲ(F. L. Frege)の考えをもとにラッセル(B. Russel)により提唱された考え方である．数学は論理学の一分野であり，数学の基本的な原理は論理学の基本概念を用いて基礎づけることができるとした．ラッセルは A. N. ホワイトヘッド(A. N. Whitehead)と共著の "Principia mathematica" 3巻を1910年から13年にかけて出版し，この考えを展開した．

しかし，集合論のパラドックスをさけるため，還元公理という不自然な公理を採用せざるをえず，ラッセルの考えは，多くの数学者の賛同を得るには至らなかったが，数理論理学のその後の発展に大きな影響を与えた．⇒ 形式主義，直観主義

論理積
logical product

記号論理学の用語である．2つの命題 P,Q に対して「P かつ Q」を表す $P\wedge Q$ を P,Q の論理積という．合接(conjunction)ともいう．⇒ 論理和

論理和
logical sum

記号論理学の用語である．2つの命題 P,Q に対して「P または Q」を表す $P\vee Q$ を P,Q の論理和という．離接(disjunction)ともいう．⇒ 論理積

ワ

和
addition, sum

足し算あるいは足し算した結果を和という．

和（級数の） sum → 無限級数

和（集合の） union → 和集合

ワイエルシュトラス
Weierstrass, Karl Theodor Wilhelm

1815-97 ドイツの数学者．解析学の厳密化に貢献．特に複素解析学では，べき級数に基礎を置くことで，それまでの曖昧さを取り除く試みを行った．「連続であるが，いたるところ微分できない関数」を構成してみせることで，直観のみに頼る危険を示した．ワイエルシュトラスのアーベル関数論の建設は，彼が地方のギムナジウムの教師であったときになされたが，リーマンによる理論の方が先に発表された．リーマンが理論の基礎として使ったディリクレの原理は無条件では成り立たないことを示したのもワイエルシュトラスである．その後ディリクレの原理はヒルベルトによって証明された．40歳で，ベルリン大学の教授に招聘され，終生その職にとどまった．

ワイエルシュトラスの関数
Weierstrass' function

関数 $f(x)$ が $x=c$ において微分可能ならば，$f(x)$ は c において連続であるが，しかし逆は成立しない．その例として挙げられる関数である．

b を3以上の奇数，a を $0<a<1$, $ab>1+3\pi/2$ を満たす実数とするとき，

$$f(x) = \sum_{n=0}^{\infty} a^n \cos(b^n\pi x)$$

により定義される関数は連続であるが，いたるところ微分不可能である．

ワイエルシュトラスの多項式近似定理
Weierstrass' approximation theorem

有界閉区間上の連続関数は多項式列によって*一様ノルムの意味でいくらでも近似できるという定理である．*フーリエ変換を用いた証明，*大数の

弱法則に基づくベルンシュタイン(S. N. Bernstein)の証明(→ベルンシュタイン多項式)などいろいろな証明と関連する研究がある．一般のユークリッド空間内の有界閉集合上でも成り立ち，さらに一般化されている．

ワイエルシュトラスの定理(複素関数論における)
Weierstrass' theorem

複素平面 $\mathbb{C}$ の開集合 U の中の*集積点を持たない点列 $\{z_i\}$ と整数の列 $\{n_i\}$ に対して，$\{z_i\}$ でのみ零点を持ちその位数が n_i であるものが存在するという定理のことである．

すなわち，$U\setminus\{z_i\}$ における正則関数 $f(z)$ であって，各 z_i の近傍で
$$f(z) = (z-z_i)^{n_i} h_i(z)$$
($h_i(z)$ は正則で $h_i(z_i) \neq 0$) の形に書けるものが存在する．このような $f(z)$ は*ワイエルシュトラスの標準乗積によって与えられる．

ワイエルシュトラスの標準乗積
Weierstrass' canonical product

零点を持たない整関数は適当な整関数 $g(z)$ を用いて $e^{g(z)}$ と表される．また有限個の零点を持つ整関数は $e^{g(z)}(z-\alpha_1)\cdots(z-\alpha_n)$ の形である．一般に多項式と異なる整関数 $f(z)$ が $z=0$ で m 位の零点を持ち，それ以外に無限個の零点 $\alpha_1, \alpha_2, \cdots$ を持つとする(ただし $0<|\alpha_1|\leq|\alpha_2|\leq\cdots$，$\lim_{k\to\infty}|\alpha_k|=\infty$ とし，α_i には同じものが繰り返し現れてもよい)．このとき整関数 $g(z)$ と多項式 $g_k(z)$ を適当に選んで
$$f(z) = e^{g(z)} z^m \prod_{k=1}^{\infty}\left(1-\frac{z}{\alpha_k}\right) e^{g_k(z)}$$
と表すことができる．これを $f(z)$ に対するワイエルシュトラスの標準乗積という．

ワイエルシュトラスの $\wp$(ペー)関数　Weierstrass' $\wp$ function →楕円関数

歪エルミート行列
skew-Hermitian matrix

複素数を成分とする正方行列 A について，$A^* = -A$ が成り立つとき，A を歪エルミート行列という(A^* は A の*随伴行列を表す)．A が実行列の場合には，歪エルミート行列は*交代行列にほかならない．

歪エルミート形式
skew-Hermitian form

複素数体上の線形空間 L において，$\boldsymbol{x}, \boldsymbol{y} \in L$ に対して，$\langle \boldsymbol{x}, \boldsymbol{y} \rangle \in \mathbb{C}$ を対応させる写像が，次の性質を満たすとき，L 上の歪エルミート形式という．
(1) $\langle a\boldsymbol{x}+b\boldsymbol{y}, \boldsymbol{z}\rangle = a\langle \boldsymbol{x}, \boldsymbol{z}\rangle + b\langle \boldsymbol{y}, \boldsymbol{z}\rangle$ $(a,b\in\mathbb{C})$
(2) $\langle \boldsymbol{y}, \boldsymbol{x}\rangle = -\overline{\langle \boldsymbol{x}, \boldsymbol{y}\rangle}$
ここで $\overline{}$ は共役複素数を表す．
→エルミート形式

歪エルミート変換
skew-Hermitian transformation

$\mathbb{C}$ 上の計量線形空間 L の線形変換 T が，
$$\langle T\boldsymbol{x}, \boldsymbol{y}\rangle = -\langle \boldsymbol{x}, T\boldsymbol{y}\rangle \quad (\boldsymbol{x}, \boldsymbol{y}\in L)$$
を満たすとき，歪エルミート変換といわれる．歪エルミート変換の，正規直交基底による行列表示は，歪エルミート行列である．

歪対称行列　skew-symmetric matrix →交代行列

歪対称形式　skew-symmetric form ＝交代形式

歪対称作用素
skew-symmetric operator

複素ヒルベルト空間における線形*閉作用素 A が $A = -A^*$ (A^* は*共役作用素)を満たすとき，A は歪対称作用素といわれる．あるいは，iA が*自己共役作用素であるといってもよい．

歪対称変換
skew-symmetric transformation

$\mathbb{R}$ 上の計量線形空間 L の線形変換 T が，
$$\langle T\boldsymbol{x}, \boldsymbol{y}\rangle = -\langle \boldsymbol{x}, T\boldsymbol{y}\rangle \quad (\boldsymbol{x}, \boldsymbol{y}\in L)$$
を満たすとき，歪対称変換といわれる．歪対称変換の，正規直交基底による行列表示は，交代(歪対称)行列である．

ワイル
Weyl, Hermann

1885-1955　ドイツ生まれの数学者，数理物理学者．20 世紀前半の数学，数理物理学の進展に大きく貢献した．ゲッチンゲン大学でヒルベルトのもとで学び特異積分方程式の研究で学位を取る．1913 年に『リーマン面の概念』を出版し，リーマン面を 1 次元複素多様体として厳密に定義し，複素多様体論の進展の基礎を作った．1913 年よりチューリッヒ工科大学の教授となり，アインシュ

タインの同僚として一般相対性理論に興味を持ち，重力と電磁気力の統一理論の構成を試み，アフィン接続やゲージ変換の考えを導入した．チューリッヒ工科大学での講義は 1918 年に『空間・時間・物質』として出版された．この本の中ではベクトル空間の公理的な取り扱いを含め，微分幾何学，一般相対性理論を数学的に整理した形で展開し，多くの読者を獲得した．さらに，半単純リー群の表現論とその構造論に重要な寄与をした．群の表現論の量子力学への応用を記した『群論と量子力学』は 1928 年に出版され，群の表現論の物理学への応用に道を拓いた．

1930 年にヒルベルトの後任としてゲッチンゲン大学へ招聘されたが，ナチスの政権取得を嫌い，1933 年プリンストンの高等科学研究所の教授としてアメリカに渡り，1951 年に引退した後はアメリカとスイスに住み，ドイツに戻ることはなかった．

ワイルは哲学の分野でも活躍し，1927 年に出版された著書『数学と自然科学の哲学』をはじめとするたくさんの論文，評論を著している．

ワイル群
Weyl group

連結なコンパクトリー群 G の極大トーラスを T とする．$N(T)$ を T の G における*正規化群，すなわち，
$$N(T) = \{g \in G \mid gTg^{-1} = T\}$$
とするとき，商群 $W = N(T)/T$ は有限群である．これを G のワイル群という．例えばユニタリ群 $G = U(n)$ のワイル群は n 次対称群 S_n である．
⇒ ルート系

ワイルの一様分布
Weyl's uniform distribution

無理数から*ワイルの定理により得られる一様分布をいう．なおこれを利用した擬似乱数発生法もある．

ワイルの定理
Weyl's theorem

「無理数 α に対して，$n\alpha$ ($n=1, 2, \cdots$) の小数部分が作る数列は単位区間 $[0,1)$ 上で一様分布する」．言い換えれば，「点列 $\{e^{2n\pi i\alpha}\}$ は単位円周 $T^1 = \{z \in \mathbb{C} \mid |z|=1\}$ 上で一様分布する」．これをワイルの定理という．これは次のように言い換えてもよい：

任意の連続関数 $f: T^1 \to \mathbb{C}$ に対して
$$\lim_{n \to \infty} n^{-1} \sum_{k=1}^{n} f(e^{2k\pi i\alpha}) = \int_0^1 f(e^{2\pi it})dt.$$

なお，ワイルの定理は次のようなより強い形に言い換えられる．任意の点 $x \in [0,1)$ に対して，$x+n\alpha$ の小数部分が作る数列は単位区間 $[0,1)$ 上で一様分布する．とくに，この数列は $[0,1)$ 上で稠密である．

ワイル変換
Weyl transformation

区間 $[0,1)$ において，点 x を $x+a$ の小数部分 $\{x+a\}$ に対応させる変換のことをいう．a はパラメータで，無理数と仮定する．ワイル変換は，すべての軌道が $[0,1)$ で稠密で，ルベーグ測度 dx を*不変測度としてもつ(*ワイルの定理)．ワイル変換は，エルゴード仮説が成り立つこと(*エルゴード性)が最初に証明された変換である．ただし，*混合性はもたない．なお，ワイル変換は円周上の無理数回転 $e^{2\pi ix} \mapsto e^{2\pi i(x+a)}$ とみることもでき，その起源は 2 次元トーラス上の 2 粒子の*撞球問題における重心の運動にある．一般に，コンパクトな*可換群 G の平行移動 $x \mapsto x+a$ をワイル変換ということがある．

ワインガルテンの公式（曲面論の）
Weingarten's formula

曲面の単位法線ベクトルの微分を第 2 基本形式で表す式である．ワインガルテンの方程式とも呼ばれる．

曲面 $\Sigma \subset \mathbb{R}^3$ の*局所座標を u^i, u^j，*単位法線ベクトルを N，*第 1 基本形式を $\sum_{i,j=1}^{2} g_{ij} du^i du^j$，*第 2 基本形式を $\sum_{i,j=1}^{2} h_{ij} du^i du^j$ とする．$\mathbb{R}^3$ の自然な座標 x^1, x^2, x^3 を Σ 上の関数と見なし，ベクトル $(\partial x^1/\partial u^j, \partial x^2/\partial u^j, \partial x^3/\partial u^j)$ を X_j と表す．ワインガルテンの公式は
$$\frac{\partial N}{\partial u^i} = -\sum_{j,k=1}^{2} g^{jk} h_{ij} X_k$$
である．ここで，2×2 行列 $[g^{ij}]$ は $[g_{ij}]$ の逆行列である．

湧き出し　divergence　⇒ 発散（ベクトル場の）

湧き出し点　source　＝ 源点

枠
frame

線形空間の基底を順番も含めて考えたものをいう.枠を与えると空間の*向きが決まる.

和算
Japanese mathematics

江戸時代に日本で独自に発達した数学.商業活動がアジア全体に拡がった室町時代末期に明時代の中国からそろばんが輸入され,そろばんに習熟することが求められた.そこでそろばんの学習書が必要とされるようになり,明時代の中国から数学書が輸入され学習された.さらに秀吉による朝鮮侵攻によって,朝鮮で使われていた中国の数学書が日本にもたらされ,そろばんに関連して注目を引くようになった.

1627年に初版が発行された*吉田光由による『塵劫記』は単なるそろばんの学習書を超えた数学の優れた入門書として,多くの人が数学に興味を持つきっかけを作った.また,当時800年近く使われていた宣明暦(唐の徐昂の撰した太陰太陽暦)に天体現象から2日ほどのずれが生じていることから,改暦のために数学の研究が行われるようになった.そのためには高次方程式,不定方程式,さらには補間法の研究が必要とされ,暦法の研究は数学の進展に大きな刺激を与えた.江戸時代の改暦に関しては多くの和算家が関係した.

数学的には宋・元時代の中国の数学,特に方程式論(天元術と呼ばれた)を受け継ぎ,天元術の文字式の記法を改良・拡張して,*関孝和(せきたかかず,1640頃-1708)によって任意変数の方程式の記述法(傍書法と呼ばれた)が創始され,和算興隆の基礎を作った.

和算では円周率の計算(円理)やそれと関連した3角関数や逆3角関数の無限級数展開に対応する無限級数展開(綴術)や種々の図形の面積の計算などが発達した.行列式の誕生やいくつかの無限級数の発見,また数値計算でのエイトケン加速やリチャードソン加速の適用など,個々の数学的な業績では当時のヨーロッパ数学よりも進んだ面もあったが,数学概念を体系的に発展させることはできなかった.

江戸時代の社会は平和が続き,大きく変化することもなく,そのために文化的に繁栄することができたが,自然科学の発達をそれほど必要とせず,数学を暦学と測量術以外で自然科学を活用する必要性が社会からは出てこなかった.そのため,和算は数学の理論を深化させる以上に,おもしろい図形の研究やおもしろい問題を作って解くことに関心が集中した.その結果,全国各地に和算の愛好家を輩出し,数学の教授で生活することのできる数学者が出現した.

また,和算愛好家は新しい問題の作成とその解法を競い,多くの人が集まる神社や寺に算額として掲げて得られた結果を発表し,全国的な規模での交流があった.また,和算関係の著書も多数印刷され,文化史的に世界的にも類を見ない文化現象をもたらした.

著名な和算家としては関孝和の他には彼の弟子であった*建部賢弘(たけべかたひろ,1664-1739)がいる.建部は著書『綴術算経』(てつじゅつさんけい)およびそれとほとんど内容が変わらない『不休綴術』の中で自己の数学観を語った.兄の賢明とともに関孝和に協力して『大成算経』を著した.これは関と建部を中心とした数学の集大成であった.

*松永良弼(まつながよしすけ,1692頃-1744)は3角関数や逆3角関数の無限級数展開と実質的に同じものを得,*久留島義太(くるしまよしひろ,?-1757)は独創的な数学者として,行列式の*ラプラス展開,*オイラーの関数の発見などが伝えられている.和算は関孝和とかれの弟子の系統以外にも多くの流派があり,互いにその技を競っていた.関孝和が与えた免状の写しも伝えられているが,免許制度を整備し関流を作り上げたのは,松永や久留島に学んだ山路主住(やまじぬしずみ,1704-72)であった.また,久留米藩主であった有馬頼徸(ありまよりゆき,1714-83)は『拾璣算法』(しゅうきさんぽう)を著し,関流の秘伝を公開し,和算の進歩に貢献した.

山路主住に和算を学んだ*安島直円(あじまなおのぶ,1732-98)は極限操作を2回行う円理二次綴術を創始し,2重積分の概念の近くまで到達した.1781年には関流の藤田貞資(ふじたさだすけ,1734-1807)が『精要算法』を著し,その序文の中で「無用の用」としての数学の存在を主張した.会田安明(あいだやすあき,1747-1817)は藤田をはじめとする関流と争い,自ら最上流(さいじょうりゅう)を作って関流に対抗した.この論争を通して会田は和算の記号を改良し,和算の整理を行い,多くの弟子を育てた.

江戸末期の和算家としては定積分の表を作った和田寧(わだやすし,1787-1840)が著名である.また,関流の長谷川寛(はせがわひろし,1782-1838)が主宰する長谷川道場では『算法新

書』を出版し，関流の数学を詳しく解説して，和算はさらに全国的に拡がることになった．

和算では関数概念が発達せず，文字式は方程式としてのみ取り扱われ，多項式の概念はほとんど誕生せず，また無限級数も数値を精密に求めるための手続として取り扱われた．また数学の論理に対する関心が乏しかった．そのため，明治時代になって西洋の科学技術を輸入するために明治政府が西洋数学を学校数学に取り入れることとなり，和算は自然消滅する道をたどった．ただ，高度な数学への愛好や，理論を論理的に理解するよりは問題を解くことによって自然に納得する和算の特徴は今なお学校数学に引き継がれている．⇒ 円理，円周率，中国の数学，朝鮮の数学

和事象　union　⇒ 事象

和集合
union

2つの集合 A, B に対して，A または B に属する元全体のなす集合を，A, B の和集合または合併集合といい，$A \cup B$ により表す．

2つ以上の集合があるとき，すなわち，おのおのの $\lambda \in \Lambda$ に対して集合 X_λ が定まっているときは，その和集合 $\bigcup_{\lambda \in \Lambda} X_\lambda$ を
$$\bigcup_{\lambda \in \Lambda} X_\lambda = \{a \mid a \in X_\lambda \text{ となる } \lambda \in \Lambda \text{ が存在する}\}$$
で定義する．⇒ 集合，共通部分

和田寧　わだやすし
Wada, Yasusi

1787-1840　幕末期の和算で活躍した数学者．$\int_0^1 x^p(1-x)^q dx$ などの定積分の表を100以上作成したことで有名である．当時盛んに考えられていた図形の面積や曲線の長さを求める問題が，この定積分の表を使って簡単に求めることができるようになった．定積分は被積分関数の無限級数展開を項別積分することによって求めた．無限級数が収束域を持つことに気づいた最初の和算家である．⇒ 和算

和の法則
sum rule

数え上げの原理の1つで，ある事柄について2種類の場合があり，それぞれについての場合の数が n, m のとき，その事柄についての場合の数は $n+m$ になることをいう．

割当問題
assignment problem

行列 $[w_{ij}]$ (ただし，$i, j = 1, \cdots, n$) が与えられたとき，$\{1, \cdots, n\}$ の置換 σ の中で $\sum_{i=1}^n w_{i\sigma(i)}$ を最小にするものを求める問題である．*2部グラフと各辺 a の重み $w(a)$ が与えられたとき，完全マッチング M の中で重み $w(M) = \sum_{a \in M} w(a)$ が最小となるものを求める問題として記述されることも多い．2つの頂点集合をそれぞれ「人」の集合，「仕事」の集合と解釈するとき，マッチングは「人」を「仕事」に割り当てることを表現するので割当問題の名がある．*オペレーションズ・リサーチにおける基本的な問題の1つである．

割り算定理
division algorithm theorem

与えられた自然数 m, n に対して，
$$m = qn + r \quad (0 \leq r < n)$$
を満たす整数 q, r が一意的に存在する．実際，
$$0, n, 2n, 3n, \cdots$$
という列を考えれば，$qn \leq m < (q+1)n$ となるような数 q がただ1つ存在することが結論される．この q を用いて，$r = m - qn$ とすればよい．この定理を割り算定理という．q は商，r は余り（あるいは剰余）といわれる．

多項式についても，次の割り算定理が成り立つ．$f(x), g(x)$ を2つの多項式とするとき，もし $g(x) \neq 0$ であれば，
$$f(x) = g(x)q(x) + r(x) \quad (\deg r < \deg g)$$
となる多項式 $q(x), r(x)$ が一意的に存在する (deg は次数を表す)．このときも，$q(x)$ は商，$r(x)$ は余りといわれる．

割り算定理が成り立つような一般の代数系が考えられる(→ ユークリッド環)．⇒ 剰余定理，因数定理

ワーリングの問題
Waring's problem

次の問題をワーリングの問題という．

「k を1より大きい自然数とする．すべての自然数 n を
$$n = x_1^k + \cdots + x_g^k \quad (x_1, \cdots, x_g \text{ は整数})$$
の形に表すことができるような g は存在するか」

この特別な場合として，$k=2$ の場合を考える

と，$g \geqq 4$ であれば可能である(ラグランジュ). すなわち，すべての自然数 n に対して，
$$n = x_1^2 + x_2^2 + x_3^2 + x_4^2$$
は整数解 x_1, x_2, x_3, x_4 を持つ(→ 平方和).

　上のワーリングの問題は，1909 年にヒルベルトにより肯定的に解かれた.

項目名欧文索引

A

a priori estimate	アプリオリ評価	7
Abel, Niels Henrik	アーベル	7
Abel Prize	アーベル賞	8
Abel's integral equation	アーベルの積分方程式	9
Abel's theorem	アーベルの定理（級数についての）	9
Abel's theorem	アーベルの定理（代数曲線，閉リーマン面に関する）	10
Abel's theorem	アーベルの定理（代数方程式に関する）	10
Abel's transformation	アーベルの変形	10
abelian differential	アーベル微分	10
abelian extension	アーベル拡大	7
abelian function	アーベル関数	7
abelian group	アーベル群	8
abelian integral	アーベル積分	9
abelian variety	アーベル多様体	9
absolute class field	絶対類体	324
absolute convergence	絶対収束（積分の）	324
absolute convergence	絶対収束（無限級数の）	324
absolute geometry	絶対幾何学	323
absolute value	絶対値	324
absolutely continuous	絶対連続	325
absorption law	吸収律	138
abstract algebra	抽象代数学	400
abstraction	抽象化	399
acceleration	加速度	101
acceleration	加速法	101
accumulation point	集積点	262
Ackermann function	アッカーマン関数	4
action	作用（群の）	229
action	作用（力学での）	229
action	作用量	230
action integral	作用積分	229
action integral	作用量積分	230
acute angle	鋭角	43
acyclic graph	非巡回グラフ	485
acyclic graph	無閉路グラフ	596
ad hoc	アド・ホック	4
addition	加法	104
addition	和	669
addition formula	加法公式	104
addition rule	加法法則（確率の）	105
addition theorem	加法定理（3角関数の）	104
addition theorem	加法定理（楕円関数の）	105
additive function	加法的関数（実数直線上の）	105
additive function	加法的関数（流れの）	105
additive functional	加法的汎関数	105
additive group	加法群	104
additive process	加法過程	104
additive set function	加法的集合関数	105
additive valuation	加法付値	105
adherent point	触点	284
adjacency matrix	隣接行列	651
adjoin	添加（体の）	428
adjoint equation	随伴方程式	293
adjoint matrix	随伴行列	293
adjoint operator	共役作用素	145
adjoint operator	随伴作用素	293
adjoint representation	随伴表現（リー環の）	293
affine algebraic set	アフィン代数的集合	7
affine algebraic variety	アフィン代数多様体	6
affine combination	アフィン結合	6
affine function	アフィン関数	5
affine function	1次関数	23
affine geometry	アフィン幾何学	5
affine map	アフィン写像	6
affine mapping	1次写像	23
affine open set	アフィン開集合	5
affine space	アフィン空間	5
affine transformation	アフィン変換	7
affine transformation	1次変換	23
Aida, Yasuaki	会田安明	1
Airy function	エアリ関数	43
Ajima, Naonobu	安島直円	2
al-Khwārizmī, Muḥammad b. Mūsā	アル＝フワーリズミー	13
aleph	アレフ	14
algebra	代数	365
algebra	代数学	365
algebra	多元環	379
algebra of functions	関数環	114
algebraic	代数的	369
algebraic closure	代数的閉包	371
algebraic code	代数的符号	370
algebraic correspondence	代数的対応	370
algebraic curve	代数曲線	367
algebraic equation	代数方程式	372
algebraic extension	代数（的）拡大	369
algebraic function	代数関数	367

algebraic function field	代数関数体	367
algebraic geometry	代数幾何学	367
algebraic group	代数群	368
algebraic independence	代数的独立	370
algebraic integer	代数的整数	369
algebraic number	代数的数	369
algebraic number field	代数体	368
algebraic number field	代数的数体	369
algebraic number theory	代数的整数論	370
algebraic relation	代数関係式	366
algebraic relation	代数的関係	369
algebraic set	代数的集合	369
algebraic surface	代数曲面	368
algebraic system	代数系	368
algebraic topology	代数的位相幾何学	369
algebraic torus	代数的トーラス	370
algebraic variety	代数多様体	368
algebraically closed field	代数的閉体	370
algebraically solvable	代数的に解ける	370
algorithm	アルゴリズム	12
algorithm	算法	234
Almagest	アルマゲスト	13
almost complex manifold	概複素多様体	80
almost everywhere	ほとんどいたるところ	574
almost everywhere convergence	概収束	72
almost periodic function	概周期関数	72
almost surely	ほとんど確実に	574
alphabet	アルファベット	13
alternating form	交代形式	198
alternating group	交代群	198
alternating matrix	交代行列	198
alternating polynomial	交代式	198
alternating series	交項級数	194
alternating series	交代級数	198
alternating tensor	交代テンソル	199
amenable group	従順な群	261
amount of computation	計算量	181
amount of information	情報量	282
amplitude	振幅(単振動の)	290
analysis	解析学	74
analytic	解析的	76
analytic continuation	解析接続	75
analytic function	解析関数	75
analytic geometry	解析幾何	75
analytic number theory	解析的整数論	76
analytic partial differential equation	解析的偏微分方程式	76
analytic space	解析空間	75
analytical dynamics	解析力学	76
analytically equivalent	解析的に同型	76
and	かつ	102
angle	角	90
angle	角(2つの平面のなす)	91
angle	角(2つのベクトルのなす)	91
angle	角度	94
angular momentum	角運動量	91
angular velocity	角速度	93
anharmonic ratio	非調和比	489
annihilating set	零点集合	657
annihilation operator	消滅演算子	282
annulus	アニュラス	4
annulus	円環	53
Anosov dynamical system	アノソフ力学系	4
Ansatz	アンザッツ	14
anti-logarithm	真数	289
antiholomorphic function	反正則関数	478
antipodal point theorem	対心点定理	365
antisymmetric form	反対称形式	479
antisymmetric law	反対称律	479
antisymmetric matrix	反対称行列	479
antisymmetric operator	反対称作用素	479
antisymmetric tensor	反対称テンソル	479
antisymmetric transformation	反対称変換	479
any	任意の	460
Apollonios	アポロニオス	10
Apollonius' circle	アポロニウスの円	10
approximate fraction	近似分数	165
approximation	近似	165
approximation by simple function	単関数近似	388
Arabian mathematics	アラビアの数学	11
Arabic numeral	アラビア数字	11
arbitrary	任意の	460
arbitrary constant	任意定数	460
arbitrary function	任意関数	460
arborescence	有向木	614
arc angle	円周角	53
arc length	弧長	208
arccosine function	逆余弦関数	137
Archimedean absolute value	アルキメデス的絶対値	12
Archimedean valuation	アルキメデス的付値	12
Archimedes	アルキメデス	12
Archimedes' polyhedron	アルキメデス多面体	12
Archimedes' spiral	アルキメデスの渦巻線	12

Archimedes' spiral	渦巻き曲線（アルキメデスの）	41	atom	根元事象	215
arcsine function	逆正弦関数	135	attractor	アトラクタ	4
arcsine law	逆正弦則	135	attractor	吸引集合	137
arctangent function	逆正接関数	135	automaton	オートマトン	68
arcwise connected	弧状連結	207	automorphic form	保型形式	570
area	面積	599	automorphic function	保型関数	570
areal element	面積要素	600	automorphism	自己同型	240
areal element	面素	601	automorphism group	自己同型群	240
areal velocity	面積速度	600	autonomous system	自励系	288
argument	引き数	484	auxiliary line	補助線	571
argument	偏角	555	average change rate	平均変化率	539
argument principle	偏角の原理	555	axial vector	軸性ベクトル	236
arithmetic function	数論的関数	297	axiom	公理	203
arithmetic geometry	数論幾何学	297	Axiom A dynamical system	Axiom A 力学系	2
arithmetic mean	算術平均	234	axiom of affine space	アフィン空間の公理	5
arithmetic mean	相加平均	342	axiom of choice	選択公理	338
arithmetic of quadratic fields	2 次体の整数論	456	axiom of comprehension	内包公理	451
arithmetic progression	等差数列	436	axiom of congruence	合同公理	200
arithmetic progression theorem	算術級数定理（ディリクレの）	234	axiom of continuity	連続性公理	663
			axiom of extensionality	外延公理	70
arithmetic sequence	等差数列	436	axiom of order	順序公理	272
arithmetic-geometric mean	算術幾何平均	233	axiom of parallel lines	平行線の公理	540
Ars magna	アルス・マグナ	13	axiom of regularity	正則性公理	312
Artin's conjecture	アルチン予想	13	axiom of replacement	置換公理	396
Artinian ring	アルチン環	13	axiom of separation	分出公理	534
Āryabhaṭa	アールヤバタ 1 世	14	axiom system	公理系	203
ascending chain rule	昇鎖律	277	axiomatic probability theory	公理論的確率論	205
ascending order of power	昇べきの順	281	axiomatic set theory	公理的集合論	204
ASCII code	アスキー符号	2	axis of symmetry	対称軸	364
Ascoli-Arzelà's theorem	アスコリ-アルツェラの定理	2			

B

assignment problem	割当問題	673	Babylonian mathematics	バビロニアの数学	473
association scheme	アソシエーション・スキーム	3	backward difference	後退差分	198
			backward equation	後退方程式	199
associative law	結合法則	185	Baire space	ベール空間	551
associative law	結合律	185	Baire's category	ベールのカテゴリー	553
assumption	仮定	102	baker's transformation	パンこね変換	477
asteroid	アステロイド	3	ball	球体	139
asteroid	星芒形	315	Banach, Stefan	バナッハ	472
asymptotic behavior	漸近挙動	328	Banach algebra	バナッハ環	472
asymptotic expansion	漸近展開	329	Banach limit	バナッハ極限	472
asymptotic line	漸近線	328	Banach ring	バナッハ環	472
asymptotic series	漸近級数	328	Banach space	バナッハ空間	472
asymptotically equal	漸近的に等しい	329	Banach's fixed point theorem	バナッハの不動点定理	473
asymptotically stable	漸近安定	328			
at most countable	たかだか可算	379			

Banach-Steinhaus theorem	バナッハ–シュタインハウスの定理	472	
Banach-Tarski's paradox	バナッハ–タルスキーの逆理	473	
band matrix	帯行列	68	
barycenter	重心	262	
base	基(位相空間の)	121	
base	基(開集合系の)	121	
base	基底(自由アーベル群の)	126	
base	底(対数の)	415	
base of natural logarithm	自然対数の底	246	
base point	基点(位相幾何学の)	127	
base space	底空間	416	
basin	吸引領域	137	
basis	基底(自由アーベル群の)	126	
basis	基底(ベクトル空間(線形空間)の)	126	
basis	基底(無限次元ベクトル空間(線形空間)の)	127	
basis of natural logarithm	e	17	
Bayes theorem	ベイズの定理	541	
belong to	属する	351	
Bernouilli, Johann	ベルヌーイ(ヨハン)	552	
Bernoulli, Daniel	ベルヌーイ(ダニエル1世)	552	
Bernoulli, Jakob	ベルヌーイ(ヤコブ)	552	
Bernoulli family	ベルヌーイ一族	552	
Bernoulli number	ベルヌーイ数	553	
Bernoulli polynomial	ベルヌーイ多項式	553	
Bernoulli scheme	ベルヌーイ系	552	
Bernoulli system	ベルヌーイ系	552	
Bernoulli's principle	ベルヌーイの原理	553	
Bernoulli's trial	ベルヌーイ試行	552	
Bernstein polynomial	ベルンシュタイン多項式	554	
Bernstein's theorem	ベルンシュタインの定理	554	
Bessel function	ベッセル関数	550	
Bessel's differential equation	ベッセルの微分方程式	551	
Bessel's inequality	ベッセルの不等式	551	
best approximation polynomial	最良近似多項式	225	
best constant	最良定数(不等式の)	225	
beta function	B 関数	550	
beta function	ベータ関数	550	
Betti number	ベッチ数	551	
Bezout theorem	ベズーの定理	550	
Bhāskara II	バースカラ2世	468	
bicharacteristic strip	陪特性帯	466	
Bieberbach's conjecture	ビーベルバッハの予想	495	
Bieberbach's theorem	ビーベルバッハの定理	495	
bifurcation	分岐(力学系の)	532	
bifurcation equation	分岐方程式	534	
bifurcation set	分岐集合(力学系の)	533	
bijection	全単射	338	
bilinear	双1次	341	
bilinear form	双線形形式	346	
bilinear mapping	双線形写像	346	
billiard problem	撞球問題	434	
billiards	撞球	434	
billiards	ビリヤード	500	
bimedians theorem	中線定理	401	
binary operation	2項演算	453	
binary relation	2項関係	453	
binary system	2進法	458	
binary tree	2分木	458	
Binnet-Cauchy formula	ビネ–コーシーの公式	490	
binomial coefficient	2項係数	453	
binomial distribution	2項分布	454	
binomial expansion	2項展開	453	
binomial theorem	2項定理	453	
binormal	従法線	265	
binormal	陪法線	466	
Biot-Savart law	ビオ–サヴァールの法則	483	
bipartite graph	2部グラフ	458	
birational equivalence	双有理同値	350	
birational geometry	双有理幾何学	350	
birational isomorphism	双有理同型	350	
birational mapping	双有理写像	350	
Birch - Swinnerton-Dyer's conjecture	バーチ–スウィンナートン・ダイヤー予想	470	
birth and death process	出生死亡過程	267	
birth and death process	生成消滅過程	310	
bit	ビット	489	
black box	暗箱	16	
black box	ブラック・ボックス	524	
black noise	黒色雑音	205	
block matrix	ブロック行列	531	
blow down	ブローダウン	531	
blow-up	爆発	468	
blow up	爆発(代数幾何における)	468	
blow up	ブローアップ(代数幾何における)	530	
blow-up of solution	解の爆発	79	
Bochner's theorem	ボホナーの定理	575	
Boltzmann's equation	ボルツマン方程式	577	
Boltzmann-Maxwell distribution	ボルツマン–マクスウェル分布	577	
Bolyai, János	ボヤイ	576	

Bolzano-Weierstrass' theorem			Brower's fixed point theorem		
	ボルツァーノ-ワイエルシュトラスの定理	577		ブラウワーの不動点定理	523
Bombelli, Rafael	ボンベリ	580	Brownian motion	ブラウン運動	523
Boolean algebra	ブール代数	527	Buffon's needle problem	ビュフォンの針の問題	497
Borel σ-field	ボレル集合族	577	Burgers equation	バーガース方程式	467
Borel field	ボレル集合族	577	Busemann's function	ブーゼマン関数	515
Borel set	ボレル集合	577			
Borel-Cantelli's lemma	ボレル-カンテーリの補題	577			
Borsuk's antipodal point theorem					
	ボルスークの対蹠点定理	577			

C

Bose-Einstein statistic			C^*-algebra	C^* 環	245
	ボーズ-アインシュタイン統計	571	C^k-class	C^k 級	237
boson	ボゾン	572	calculation	演算	53
boundary	境界	141	calculus of variations	変分法	559
boundary condition	境界条件	141	Cameron-Martin's formula		
boundary condition of the first kind				カメロン-マーティンの公式	106
	第 1 種境界条件	359	Campbell-Hausdorff's formula		
boundary condition of the second kind				キャンベル-ハウスドルフの公式	137
	第 2 種境界条件	373	cancelling	桁落ち	184
boundary condition of the third kind			canonical	カノニカル	103
	第 3 種境界条件	362	canonical	標準的	498
boundary element method	境界要素法	142	canonical basis	標準的な基底	498
boundary point	境界点	142	canonical class	標準類	499
boundary value problem	境界値問題	141	canonical coordinates	正準座標	307
bounded	有界	611	canonical distribution	カノニカル分布	103
bounded	有界(順序集合における)	611	canonical divisor	標準因子	498
bounded domain	有界領域	611	canonical equation	正準方程式	308
bounded from below	下に有界	246	canonical equation of motion	正準運動方程式	307
bounded interval	有界区間	611	canonical form	標準形	498
bounded linear operator	有界線形作用素	611	canonical form of quadratic forms		
Bourbaki, Nicolas	ブルバキ	527		2 次形式の標準形	455
box counting dimension	箱数次元	468	canonical inner product	標準的内積	498
box dimension	箱数次元	468	canonical map	標準写像	498
brachistochrone	最急降下線	218	canonical orientation	標準的な向き($\mathbb{R}$ の)	498
brachistochrone	最速降下線	221	canonical theory	正準理論	308
brachistochrone	最短降下線	223	canonical transformation	正準変換	307
bracket product	括弧積(ベクトル場の)	102	canonically conjugate coordinates	正準共役な座標	307
bracket product	括弧積(リー環の)	102	canonically conjugate momentum		
Brahmagupta	ブラフマグプタ	524		正準共役な運動量	307
braid	組み紐	170	Cantor, Georg	カントル	118
branch	枝	45	Cantor function	カントル関数	118
branch	分枝	534	Cantor set	カントル集合	118
branch point	分岐点	533	capacity	容量	623
branch-and-bound method	分枝限定法	534	Carathéodory's outer measure		
branched covering	分岐被覆(多様体の)	533		カラテオドリの外測度	107
branched locus	分岐集合	533	Cardano, Girolamo	カルダノ	108
branching process	分枝過程	534	Cardan(o)'s formula	カルダノの公式	108

cardinal number	基数 125	cell	セル 327
cardinality	濃度 463	cell	胞体 565
cardioid	カーディオイド 102	cell complex	胞複体 566
cardioid	心臓形 289	cell dynamics	セル力学系 327
Carroll, Lewis	キャロル 137	cellular automaton	セル・オートマトン 327
Cartan, Élie	カルタン 108	cellular dynamical system	セル力学系 327
Cartan subalgebra	カルタン部分環 109	center	渦心点 99
Cartan's formula	カルタンの関係式 108	center	中心(群の) 400
Cartan's formula	カルタンの公式 109	center	中心(対称の) 400
category	カテゴリー 103	center	中心(リー環の) 400
category	圏 188	center of curvature	曲率中心 161
category theorem	カテゴリー定理 103	center of gravity	重心 262
catenary	懸垂線 191	center of homothety	相似の中心 346
Cauchy, Augustin Louis	コーシー 205	center of mass	重心 262
Cauchy distribution	コーシー分布 207	center of similitude	相似の中心 346
Cauchy problem		central angle	中心角 400
	コーシー問題(偏微分方程式の) 207	central difference	中心差分 400
Cauchy sequence	コーシー列 208	central limit theorem	中心極限定理 400
Cauchy's convergence criterion		central projection	中心射影 400
	コーシーの判定条件 207	centralizer	中心化群 400
Cauchy's determinant	コーシーの行列式 206	centroid	重心 262
Cauchy's estimate	コーシーの係数評価 206	Cesàro mean	チェザロ平均 394
Cauchy's existence and uniqueness theorem		Ceva's theorem	チェバの定理 394
	コーシーの存在と一意性定理(常微分方程式の) 207	chain	鎖 218
		chain	チェイン 394
Cauchy's integral theorem	コーシーの積分定理 206	chain complex	鎖複体 228
Cauchy's integration formula	コーシーの積分公式 206	chain complex	チェイン複体 394
Cauchy's polygonal approximation		chain rule	変数変換公式(積分の) 557
	コーシーの折れ線近似 206	chain rule	連鎖律 662
Cauchy-Hadamard's formula		chance variable	偶然量 167
	コーシー–アダマールの公式 206	change-of-variable formula	
Cauchy-Kovalevskaya theorem			変数変換公式(積分の) 557
	コーシー–コワレフスカヤの定理 206	chaos	カオス 88
Cauchy-Riemann differential equation		character	指標(群の) 249
	コーシー–リーマンの微分方程式 207	character group	指標群 249
Cauchy-Riemann equation		characteristic	特性的 444
	コーシー–リーマンの方程式 208	characteristic	標数 499
Cauchy-Schwarz inequality		characteristic class	特性類 444
	コーシー–シュワルツの不等式 206	characteristic conoid	特性錐 443
Cavalieri, Bonaventura	カヴァリエリ 82	characteristic curve	特性曲線 443
Cavalieri's principle	カヴァリエリの原理 82	characteristic direction	特性方向 444
Cayley graph	ケイリー・グラフ 183	characteristic equation	固有方程式 212
Cayley number	ケイリー数 183	characteristic equation	
Cayley transformation	ケイリー変換 183		特性方程式(1階偏微分方程式の) 444
Cayley-Hamilton formula		characteristic equation	特性方程式(行列の) 444
	ケイリー–ハミルトンの公式 183	characteristic function	特性関数(確率分布の) 443
celestial mechanics	天体力学 432	characteristic function	特性関数(集合の) 443

characteristic polynomial	特性多項式	443
characteristic polynomial	特性多項式（差分方程式の）	444
characteristic polynomial	特性多項式（微分方程式の）	444
characteristic root	特性根	443
characteristic surface	特性曲面（高階線形偏微分方程式の）	443
characteristic variety	特性多様体	444
chart	地図（多様体の）	397
Chebyshev polynomial	チェビシェフ多項式	395
Chebyshev's inequality	チェビシェフの不等式	395
chi-square distribution	カイ2乗(χ^2)分布	79
Chinese mathematics	中国の数学	398
Chinese remainder theorem	孫子の剰余定理	357
Chinese remainder theorem	中国の剰余定理	398
Chow's theorem	周（チャウ）の定理	397
Christoffel's symbol	クリストッフェルの記号	174
chromatic number	彩色数	221
Church's thesis	チャーチの提唱	397
circle	円	52
circle of convergence	収束円	263
circle of curvature	曲率円	161
circle-to-circle correspondence	円円対応	53
circuit	回路	82
circuit	サーキット	225
circular coordinates	巡回座標	269
circular permutation	円順列	56
circular set	円形集合	53
circumcenter	外心	72
circumscribed circle	外接円	77
cissoid	疾走線	248
class	階級	71
class	類	651
class equation	類公式	651
class equation	類方程式	652
class field theory	類体論	652
class mark	階級値	71
class number	類数	652
class number formula	類数公式	652
class value	階級値	71
classical group	古典群	209
classical logic	古典論理	209
classical mechanics	古典力学	209
classical probability theory	古典確率論	209
classical solution	古典解	209
classification	類別	652
classification of closed surfaces	閉曲面の分類	538
Clebsch-Gordan coefficient	クレプシューゴルダン係数	175
Clebsch-Gordan rule	クレプシューゴルダンの規則	175
clique	クリーク	173
closed	閉じている	445
closed convex set	閉凸集合	542
closed curve	閉曲線	538
closed disk	閉円板	538
closed extension	閉拡張	538
closed form	閉形式	539
closed geodesic	閉測地線	541
closed graph theorem	閉グラフ定理	539
closed half-space	閉半空間	542
closed interval	閉区間	539
closed linear space	閉部分空間	542
closed manifold	閉多様体	542
closed map	閉写像	541
closed operator	閉作用素	541
closed orbit	閉軌道	538
closed Riemann surface	閉リーマン面	545
closed set	閉集合	541
closed subgroup	閉部分群	542
closed submanifold	閉部分多様体	542
closed surface	閉曲面	538
closest packed lattice	最密充塡格子	225
closure	閉包	543
coarse graining	粗視化	354
cocycle	コサイクル	205
Codazzi's equation	コダッチの方程式（曲面論の）	208
code	コード	209
code	符号（情報の）	514
codimension	余次元	623
coding	符号化	515
coding theory	符号理論	515
coefficient	係数	182
coefficient matrix	係数行列	182
cofactor	余因子	622
cofactor matrix	余因子行列	622
coherence	干渉性	113
cohomology	コホモロジー	210
cokernel	余核	623
Cole-Hopf transformation	コール-ホップ変換	213
collinear	共線	143
colored noise	色付き雑音	34

English	Japanese	Page
coloring	彩色	221
column	列	658
column vector	縦ベクトル	383
column vector	列ベクトル	659
combination	組合せ	170
combinatorial optimization	組合せ最適化	170
combinatorics	組合せ論	170
commensurable	通約的	414
common difference	公差	194
common divisor	公約元	203
common divisor	公約数	203
common factor	共通因子	143
common factor	共通因数	143
common logarithm	常用対数	282
common multiple	公倍元	202
common multiple	公倍数	202
common ratio	公比	203
common zero point	共通零点	143
commutation relation	交換関係	193
commutative	可換	89
commutative algebra	可換代数	90
commutative diagram	可換図式	89
commutative field	可換体	90
commutative group	可換群	89
commutative law	交換法則	193
commutative law	交換律	193
commutative ring	可換環	89
commutator	交換子	193
commutator group	交換子群	193
compact	コンパクト(作用素の)	216
compact	コンパクト(集合あるいは位相空間が)	216
compact dynamical system	コンパクト力学系	217
compact group	コンパクト群	217
compact Lie group	コンパクトリー群	217
compact open topology	コンパクト開位相	217
compact-uniform convergence	コンパクト一様収束	217
compactification	コンパクト化	217
complement	補元	571
complement	補集合	571
complementarity	相補性	350
complementary event	余事象	623
complementary graph	補グラフ	570
complementary modulus	補母数	575
complementary set	補集合	571
complementary slackness condition	相補スラック条件	350
complementary space	補空間	570
complete	完備(距離空間が)	119
complete	完備(実数の集合が)	119
complete	完備(ベクトル場が)	119
complete	完備(リーマン多様体が)	119
complete bipartite graph	完全2部グラフ	117
complete decomposition	完全分解	117
complete differential form	完全微分形	117
complete graph	完全グラフ	115
complete orthonormal basis	完全正規直交基底	116
complete solution	完全解	115
complete system of representatives	完全代表系	117
completely additive family	完全加法族	115
completely continuous operator	完全連続作用素	118
completely integrable	完全積分可能(ハミルトン力学系が)	116
completely integrable	完全積分可能(分布, 外微分方程式系が)	116
completely reducible	完全可約	115
completeness	完全性(公理系の)	116
completion	完備化	120
completion	完備化(測度の)	120
complex	複体	514
complex analysis	複素解析	511
complex conjugate	複素共役	511
complex dynamical system	複素力学系	514
complex function	複素関数	511
complex function of several variables	多変数複素関数	384
complex integration	複素積分	513
complex linear space	複素線形空間	513
complex manifold	複素多様体	513
complex multiplication	虚数乗法	162
complex number	複素数	512
complex number field	複素数体	512
complex numerical plane	複素数平面	513
complex plane	複素平面	514
complex projective line	複素射影直線	511
complex projective space	複素射影空間	511
complex submanifold	複素部分多様体	513
complex system	複雑系	511
complex torus	複素トーラス	513
complex vector space	複素ベクトル空間	514
complexification	複素化(線形空間の)	511
complexity	複雑度(計算の)	511
complexity	複雑度(コルモゴロフの)	511

component	成分（行列，ベクトルの） 315	congruence transformation	合同変換（行列の） 201
composite function	合成関数 195	conic section	円錐曲線 56
composite number	合成数 196	conjugacy class	共役類 146
composition of maps	合成写像 195	conjugate	共役（力学系の） 144
composition series	組成列（加群の） 355	conjugate complex number	共役複素数 146
composition series	組成列（群の） 355	conjugate element	共役元（拡大体の） 145
compressible fluid	圧縮性流体 4	conjugate element	共役元（群の） 145
compression wave	疎密波 357	conjugate function	共役関数（凸関数の） 145
computability	計算可能性 180	conjugate function	共役関数（フーリエ級数の） 145
computable function	計算可能関数 180	conjugate gradient method	共役勾配法 145
computational algebra	計算代数 181	conjugate harmonic function	共役調和関数 146
computational complexity	計算複雑度 181	conjugate point	共役点 146
computational error	数値計算誤差 295	conjugate subgroup	共役部分群 146
computational geometry	計算幾何学 181	connected	連結 660
concave	凹 66	connected component	連結成分（位相空間の） 661
concave function	凹関数 66	connected component	連結成分（グラフの） 661
concurrent	共点 143	connected sum	連結和 661
conditional convergence	条件収束 276	connection	接続 323
conditional expectation	条件付き期待値 277	connection matrix	接続行列（直交多項式の） 323
conditional probability	条件付き確率 276	connection matrix	接続行列（微分方程式の） 323
conditional probability measure	条件付き確率測度 277	connectivity	連結度 661
conditional statement	条件文 277	conservation	保存性 572
conductor	導手 437	conservation law	保存則 572
conductor potential	導体ポテンシャル 437	conservation law of energy	エネルギー保存則 47
cone	錐 292	conservation law of momentum	運動量保存則 43
cone	錐（位相空間の） 292	conservative force	保存力 573
confidence interval	信頼区間 291	conservative system	保存系 572
confidence level	信頼水準 291	conserved quantity	保存量 573
configuration space	配位空間 465	consistency	無矛盾性 596
confluence	合流 204	constant	常数 278
confluent hypergeometric function	合流型超幾何関数 204	constant	定数 417
		constant mapping	定値写像 418
confluent hypergeometric series	合流型超幾何級数 205	constant term	定数項 417
		constrained motion	拘束運動 197
conformal	共形的 142	constraint	束縛条件 353
conformal equivalence	共形同値 142	construction of complex number field	複素数体の構成 512
conformal mapping	共形写像 142		
conformal mapping	等角写像 434	construction of regular polygon	正多角形の作図 313
conformally equivalent	等角同値 434	constructionism	構成主義 196
congruence	合同（図形の） 200	contact form	接触形式 322
congruence	合同（整数の） 200	contact transformation	接触変換 322
congruence	合同式 201	continued fraction	連分数 664
congruence class	合同類 202	continued ratio	連比 664
congruence equation	合同方程式 202	continuous	連続 662
congruence subgroup	合同部分群 201	continuous function	連続関数（1変数の） 662
congruence transformation	合同変換（幾何学での） 201	continuous function	連続関数（多変数の） 663
		continuous map	連続写像 663

English	Japanese	Page
continuous spectrum	連続スペクトル	663
continuously differentiable	連続的微分可能	664
continuously differentiable	連続微分可能	664
continuum hypothesis	連続体仮説	663
contour	積分路	320
contour integral	周回積分	258
contractible	可縮	99
contraction	縮約（テンソルの）	266
contraction mapping	縮小写像	265
contraction mapping principle	縮小写像の原理	265
contradiction	矛盾	595
contraposition	対偶	361
contravariant	反変	481
contravariant functor	反変函手，反変関手	481
contravariant tensor	反変テンソル	481
contravariant vector	反変ベクトル	481
control theory	制御理論	306
controllability	可制御性	99
convergence	収束（関数列の）	262
convergence	収束（集合列の）	263
convergence	収束（数列の）	263
convergence	収束（点列の）	263
convergence in norm	ノルム収束（作用素列の）	464
convergence in norm	ノルム収束（点列の）	465
convergence of distribution	分布の収束	535
convergence of probability distribution	確率分布の収束	96
convergence of probability distribution function	確率分布関数の収束	96
convergence of random variable	確率変数の収束	97
convergence test	収束判定法（級数の）	264
convergent power series	収束べき級数	264
convergent power series ring	収束べき級数環	264
converse	逆	133
convex	凸	445
convex analysis	凸解析	445
convex combination	凸結合	446
convex function	凸関数（1変数の）	446
convex function	凸関数（多変数の）	446
convex hull	凸包	447
convex polyhedron	凸多面体	447
convex programming	凸計画法	446
convex set	凸集合	447
convolution	合成積	196
convolution	たたみ込み（$\mathbb{R}$上の）	382
convolution	たたみ込み（一般の群上の）	382
convolution	たたみ込み（数列の）	382
cooperative game	協力ゲーム	146
coordinate axis	座標軸	227
coordinate function	座標関数	227
coordinate geometry	座標幾何学	227
coordinate neighborhood	座標近傍	227
coordinate neighborhood system	座標近傍系	227
coordinate plane	座標平面	227
coordinate ring	座標環	227
coordinate space	座標空間	227
coordinate system	座標系	227
coordinate transformation	座標変換	228
coordinates	座標	226
corollary	系	180
correlation	相関	342
correlation coefficient	相関係数	342
correlation function	相関関数（時系列の）	342
correlation function	相関関数（力学系における）	342
correspondence	対応	360
cosecant	余割	623
coset	コセット	208
cosine	コサイン	205
cosine	余弦	623
cosine expansion	余弦展開	623
cosine function	余弦関数	623
cosine series expansion	余弦級数展開	623
cosine theorem	余弦定理	623
cotangent	余接	624
cotangent bundle	余接束	624
cotangent space	余接空間	624
cotangent vector bundle	余接ベクトル束	624
cotree	補木	570
Coulomb's law	クーロンの法則	177
countable	可算	98
countable additivity	可算加法性	98
countable basis	可算基	99
countable set	可算集合	99
countable set	可付番集合	104
countably additive family	可算加法族	99
countably additive function	可算加法関数	98
counterexample	反例	482
covariance	共分散	143
covariant derivative	共変微分	144
covariant functor	共変函手，共変関手	144
covariant tensor	共変テンソル	144
covariant vector	共変ベクトル	144
covering	被覆	490
covering dimension	被覆次元	491

covering group	被覆群	491	
covering space	被覆空間	490	
covering transformation group	被覆変換群	491	
Cramér-Rao's inequality	クラメール-ラオの不等式	173	
Cramer's formula	クラメールの公式	173	
creation operator	生成演算子	310	
criterion for extremum	極大・極小の判定	157	
critical phenomenon	臨界現象	650	
critical point	臨界点	650	
critical region	棄却域	123	
critical value	臨界値	650	
cross ratio	複比	514	
cryptography	暗号	14	
crystallographic group	結晶群	185	
cubic curve	3次曲線	232	
cubic equation	3次方程式	233	
cubic root	3乗根	234	
cubic root	立方根	641	
cumulant	キュムラント	140	
cumulative probability distribution function	累積確率分布関数	652	
curvature	曲率	160	
curvature	曲率(曲線の)	160	
curvature tensor	曲率テンソル	161	
curve	曲線	156	
curvilinear coordinate system	曲線座標系	156	
cusp	カスプ	99	
cusp	くさび	169	
cusp	尖点	338	
cusp form	尖点形式	339	
cut	カット	102	
cut	切断(デデキントの)	325	
cutset	カットセット	102	
CW-complex	CW複体	246	
cybernetics	サイバネティクス	224	
cycle	サイクル	219	
cycle	閉路	545	
cyclic determinant	巡回行列式	269	
cyclic extension	巡回拡大	269	
cyclic group	巡回群	269	
cyclic matrix	巡回行列	269	
cyclic permutation	巡回置換	270	
cycloid	サイクロイド	219	
cyclotomic field	円分体	60	
cyclotomic polynomial	円分多項式	60	
cyclotomic problem	円周等分の問題	54	
cylindrical coordinates	円柱座標	57	
cylindrical set	柱状集合	400	
cylindrical set	筒集合	414	

D

d'Alembert's formula	ダランベールの公式	385	
d'Alembert's solution	ダランベールの解	385	
d'Alembert's test	ダランベールの判定法	386	
d'Alembertian	ダランベルシアン	385	
d'Alembertian	ダランベールの演算子	385	
d'Alembertian	ダランベールの作用素	386	
damped oscillation	減衰振動	191	
Darboux's theorem	ダルブーの定理	386	
data processing	データ処理	427	
de l'Hôpital, Guillaume François Antoine Marquis			
	ロピタル	666	
de l'Hôpital's theorem	ロピタルの定理	666	
de Moivre's formula	ド・モアヴルの公式	447	
de Moivre-Laplace theorem			
	ド・モアヴル-ラプラスの定理	447	
de Morgan's law	ド・モルガンの法則	447	
de Rham complex	ド・ラム複体	448	
de Rham's theorem	ド・ラムの定理	447	
decidability	決定可能性	185	
decimal	小数	278	
decimal expression	小数展開	278	
decimal system	10進法	267	
decision problem	決定問題	185	
deck transformation group	被覆変換群	491	
decoding	復号化	511	
decomposition group	分解群	531	
decomposition into strongly connected components			
	強連結成分分解	151	
decomposition to partial fraction	部分分数分解	521	
decreasing function	減少関数	191	
decreasing sequence	減少数列	191	
Dedekind, Julius Wilhelm Richard	デデキント	427	
Dedekind domain	デデキント整域	427	
Dedekind eta function	デデキントのエータ関数	427	
Dedekind ring	デデキント環	427	
Dedekind zeta function	デデキントのゼータ関数	427	
Dedekind's cut	デデキントの切断	427	
Dedekind's discriminant theorem			
	デデキントの判別定理	427	
Dedekind's discriminant theorem	判別定理	481	

English	Japanese	Page
deduction	演繹法	53
definite integral	定積分	418
definition	定義	416
definition by means of universal mapping property	普遍写像性による定義	522
degenerate	退化	360
degree	次数	241
degree	写像度	256
degree of arc	度数法	445
degree of freedom	自由度	264
Delaunay triangulation	デローネー3角形分割	428
delta function	デルタ関数	428
dendrom	樹形図	266
dendrom	樹状図	266
denotation and connotation	外延と内包	70
dense	稠密	401
dense matrix	密行列	587
density	密度(自然数の集合の)	588
density function	密度関数(確率分布に対する)	588
density function	密度関数(数列の分布の)	588
density of rational numbers	有理数の稠密性	618
density theorem	密度定理	588
dependent variable	従属変数	264
derivative	導関数	434
derivative formula	微分法の公式	495
derivative of nth order	n次導関数	46
derivative of composite function	合成関数の微分	195
derived set	導集合	437
derived set	導来集合	440
Deros' problem	デロスの問題	428
Desargues, Gérard	デザルグ	425
Desargues' theorem	デザルグの定理	425
Descartes, René	デカルト	425
descending order of power	降べきの順	203
design	デザイン	425
design of experiments	実験計画法	247
determinant	行列式	148
determinantal divisor	行列式因子	150
developable surface	可展面	103
development	展開	429
deviation	偏差	556
diagonal argument	対角線論法	361
diagonal element	対角成分	361
diagonal matrix	対角行列	360
diagonal set	対角線集合	361
diagonalizable matrix	対角化可能行列	360
diagonalization	対角化	360
diagram	図式	298
diagram	ダイアグラム	358
diameter	直径	411
diameter	直径(グラフの)	411
diffeomorphic	可微分同相	104
diffeomorphic	微分同相	494
diffeomorphism	可微分同相写像	104
diffeomorphism	微分同相写像	494
difference	階差	71
difference	差分	228
difference	定差	417
difference equation	差分方程式	229
difference product	差積	226
difference quotient	差分商	229
difference set	差集合	226
differentiable	微分可能	492
differentiable dynamical system	微分可能力学系	493
differentiable manifold	可微分多様体	104
differentiable manifold	微分可能多様体	493
differentiable structure	可微分構造	104
differentiable structure	微分可能構造	492
differential	微分	491
differential	微分(多様体の間の写像の)	492
differential class	微分類	495
differential coefficient	微係数	484
differential coefficient	微分係数	494
differential divisor	微分因子	492
differential equation	微分方程式	494
differential equation of Clairaut's type	クレロー型の微分方程式	177
differential form	微分形式	493
differential geometry	微分幾何学	493
differential geometry of curves	曲線の微分幾何	156
differential geometry of surfaces	曲面の微分幾何	159
differential operator	微分演算子	492
differential operator	微分作用素	494
differential quotient	微分商	494
differential topology	微分位相幾何学	492
differentiation under integral sign	積分記号下の微分	318
diffraction	回折	77
diffusion	拡散	92
diffusion coefficient	拡散係数	92
diffusion equation	拡散方程式	92
diffusion process	拡散過程	92
dihedral angle	角(2つの平面のなす)	91
dihedral angle	2面角	459

dihedral group	2面体群	459		Dirichlet's arithmetic progression theorem		
Dijkstra method	ダイクストラ法	361			ディリクレの算術級数定理	422
dimension	次元	237		Dirichlet's class number formula		
dimension	次元(位相空間の)	237			ディリクレの類数公式	423
dimension	次元(可換環の)	237		Dirichlet's L-function	ディリクレのL関数	422
dimension	次元(距離空間の)	237		Dirichlet's principle	ディリクレの原理	422
dimension	次元(線形(ベクトル)空間の)	237		Dirichlet's theorem	ディリクレの定理	423
dimension	次元(多様体の)	238		Dirichlet's unit theorem	ディリクレの単数定理	422
dimension	次元(物理次元の)	238		discontinuity point of the first kind	第1種不連続点	359
dimensional analysis	次元解析	238		discontinuity point of the second kind		
Dini's theorem	ディニの定理	418			第2種不連続点	373
Diophantos	ディオファントス	415		discontinuous group	不連続群	530
Diophantine approximation				discrete	離散的	639
	ディオファントス近似	415		discrete dynamical system	離散力学系	640
Diophantine equation	ディオファントス方程式	416		discrete Fourier transformation	離散フーリエ変換	639
dipole	双極子	343		discrete group	離散群	639
Dirac equation	ディラック方程式	419		discrete Laplacian	離散ラプラシアン	640
direct analytic continuation	直接解析接続	409		discrete logarithm	離散対数	639
direct product	直積(位相空間の)	408		discrete mathematics	離散数学	639
direct product	直積(確率空間の)	408		discrete separation theorem	離散分離定理	640
direct product	直積(群の)	408		discrete set	離散集合	639
direct product	直積(集合の)	408		discrete spectrum	離散スペクトル	639
direct product	直積(多様体の)	409		discrete structure	離散構造	639
direct product of events	直積事象	409		discrete topology	離散位相	638
direct sum	直和(加群の)	410		discrete variable	離散変量	640
direct sum	直和(行列の)	410		discretization	離散化	638
direct sum	直和(線形空間の)	410		discretization error	離散化誤差	639
direct sum	直和(リー環の)	410		discriminant	判別式(代数体の)	481
direct sum decomposition	直和分解	411		discriminant	判別式(方程式の)	481
directed arc	有向辺	615		disjoint	互いに交わらない	378
directed cycle	有向閉路	615		disjoint	無縁	590
directed graph	有向グラフ	614		disjoint decomposition	直和分割(集合の)	411
directed set	有向集合	614		disjoint union	直和(位相空間の)	410
direction cosine	方向余弦	564		disjoint union	直和(集合の)	410
direction vector	方向ベクトル	563		disk	円板	60
direction vector	方向ベクトル(直線の)	563		dispersive	分散的	534
directional derivative	方向微分	563		dissipativity	散逸性	230
directrix	準線	273		distance	距離(集合間の)	162
Dirichlet, Peter Gustav	ディリクレ	420		distance from line	直線からの距離	409
Dirichlet character	ディリクレ指標	421		distance from plane	平面からの距離	544
Dirichlet form	ディリクレ形式	421		distance function	距離関数	162
Dirichlet function	ディリクレ関数	420		distribution	超関数	402
Dirichlet fundamental domain	ディリクレ基本領域	420		distribution	分布	535
Dirichlet integral	ディリクレ積分	421		distribution curve	分布曲線	535
Dirichlet kernel	ディリクレ核	420		distribution function	分布関数	535
Dirichlet problem	ディリクレ問題	423		distribution measure	分布測度	535
Dirichlet series	ディリクレ級数	421		distribution of prime numbers	素数分布	354

distributive lattice	分配束	535	dual basis	双対基底	348
distributive law	分配法則	535	dual graph	双対グラフ	348
distributive law	分配律	535	dual linear space	双対線形空間	349
divergence	発散(数列の)	470	dual problem	双対問題	349
divergence	発散(ベクトル場の)	470	dual space	双対空間(ノルム空間の)	348
divergence	湧き出し	671	dual space	双対空間(ベクトル空間の)	348
divided difference	差分商	229	dual vector space	双対ベクトル空間	349
division	除法	285	duality	双対性	348
division	分割(区間の)	532	duality of convex functions	凸関数の双対性	446
division algebra	多元体	379	Dulmage-Mendelsohn decomposition		
division algorithm theorem	割り算定理	673		ダルメジ–メンデルゾーン分解	386
division principle	除法の原理	285	duplication formula	2倍公式	458
divisor	因子(閉リーマン面や代数曲線の)	35	duplication of cubic volume	倍積問題(立方体の)	466
divisor	約数	607	duplication of cubic volume	立方体倍積問題	641
divisor class	因子類	36	dynamic programming		
divisor class group	因子類群	36		ダイナミック・プログラミング	373
divisor group	因子群	35	dynamic programming	動的計画法	439
divisor ideal	約イデアル	607	dynamical system	ダイナミカル・システム	372
divisor problem	約数問題	607	dynamical system	力学系	637
DM-decomposition	DM分解	415	Dynkin diagram	ディンキン図形	424
domain	定義域(関数の)	416			
domain	定義域(写像の)	416			
domain	変域	555			
domain	領域	649			

E

domain of attraction	吸引領域	137	eccentricity	離心率	640
domain of convergence	収束域	263	edge	枝	45
domain of dependence	依存領域	21	edge	辺(グラフの)	555
domain of existence	存在域	357	Edmonds' intersection theorem		
domain of holomorphy	正則領域	312		エドモンズの交わり定理	46
dominant series	優級数	611	effective	効果的	193
dominated convergence theorem	優収束定理	615	effective	効果的(作用が)	193
double coset	両側剰余類	649	effective domain	実効定義域	247
double exponential formula	2重指数関数型公式	457	Egorov's theorem	エゴロフの定理	44
double exponential transformation	2重指数変換	457	Egyptian mathematics	エジプトの数学	44
double layer potential	2重層ポテンシャル	458	eigenfunction	固有関数	210
double negation	2重否定	458	eigenfunction expansion	固有関数展開	211
double sequence	2重数列	458	eigenpolynomial	固有多項式	211
double series	2重級数	457	eigenspace	固有空間	211
doubly periodic function	2重周期関数	457	eigenvalue	固有値	211
doubly stochastic matrix	2重確率行列	457	eigenvalue problem	固有値問題	212
downwards concave	下に凹	246	eigenvector	固有ベクトル	212
downwards convex	下に凸	246	eigenvector expansion	固有ベクトル展開	212
drift	ドリフト	448	Einstein, Albert	アインシュタイン	1
drunkard's walk	酔歩	293	Einstein convention	アインシュタインの規約	1
drunkard's walk	乱歩	633	Einstein's equation	アインシュタイン方程式	2
du Bois Reymond's lemma			Einstein's principle of relativity		
	デュボア・レイモンの補題	428		アインシュタインの相対性原理	2

Einstein's rule	アインシュタインの規約	1	entropy	エントロピー(力学系の)	59
Eisenstein's theorem			enumeration	数え上げ	100
	アイゼンシュタインの既約判定法	1	enumeration	列挙	658
electric current	電流	433	envelope	包絡線	568
electric field	電場	432	envelope	包絡面	569
electro-magnetic field	電磁場	429	enveloping algebra	展開環(リー環の)	429
electro-magnetic wave	電磁波	429	enveloping algebra	包絡環(リー環の)	568
element	元	188	enveloping surface	包絡面	569
element	成分(行列,ベクトルの)	315	epigraph	エピグラフ	47
element	要素	622	equal	等しい(数学の一般的な言葉として)	489
elementary divisor	単因子	387	equal	等しい(数として)	490
elementary function	初等関数	285	equation	方程式	565
elementary geometry	初等幾何学	285	equation in polar coordinates	極方程式(曲線の)	159
elementary matrix	基本行列	130	equation of circle	円の方程式	59
elementary solution	素解	351	equation of continuity	連続の方程式	664
elementary symmetric polynomial	基本対称式	132	equation of line	直線の方程式	410
elementary transformation	基本変形(行列の)	132	equation of motion	運動方程式	42
Elements	『原論』	192	equation of plane	平面の方程式	544
Éléments de Mathématique	『数学原論』	294	equation of relativistic motion	相対論的運動方程式	347
elimination method	消去法	275	equiangular spiral	渦巻き曲線(等角)	41
ellipse	楕円	375	equicontinuous	同程度連続	439
ellipsoid	楕円面	377	equicontinuous	同等連続	439
elliptic	楕円的	377	equicontinuous	等連続	440
elliptic coordinates	楕円座標	376	equilibrium	均衡	165
elliptic curve	楕円曲線	376	equilibrium point	平衡点	540
elliptic fixed point	楕円型不動点	375	equipotent	対等(集合の)	372
elliptic function	楕円関数	375	equiprobability	等確率	434
elliptic function field	楕円関数体	376	equivalence	同値	438
elliptic integral	楕円積分	377	equivalence class	同値類	439
elliptic modular function	楕円モジュラー関数	377	equivalence of norms	ノルムの同値性	465
elliptic paraboloid	楕円放物面	377	equivalence relation	同値関係	438
embedding	埋め込み	42	Eratosthenes	エラトステネス	47
empirical distribution	経験分布	180	Eratosthenes' sieve	エラトステネスのふるい	47
empirical probability	経験的確率	180	Ergodenansatz	エルゴード仮説	48
empty event	空事象	167	ergodic hypothesis	エルゴード仮説	48
empty set	空集合	167	ergodic theorem	エルゴード定理	49
end point	終点	264	ergodic theory	エルゴード理論	49
endomorphism	自己準同型	240	ergodicity	エルゴード性	48
energy	エネルギー	46	Erlangen program	エルランゲン・プログラム	52
energy functional	エネルギー汎関数	47	error	誤差	205
entire function	整関数	303	error correcting code	誤り訂正符号	11
entropy	エントロピー	57	error detecting code	誤り検出符号	11
entropy	エントロピー(確率の)	57	escribed circle	傍接円	564
entropy	エントロピー(情報理論の)	58	essential infimum	本質的下限	579
entropy	エントロピー(統計力学の)	58	essential singularity	真性特異点	289
entropy	エントロピー(熱力学の)	59	essential supremum	本質的上限	579
entropy	エントロピー(分割の)	59	essentially bounded	本質的に有界	579

English	Japanese	Page
estimation	推定	293
etale cohomology	エタール・コホモロジー	45
Euclid	ユークリッド	618
Euclid's Elements	ユークリッドの『原論』	619
Euclidean algorithm	ユークリッドの互除法	619
Euclidean distance	ユークリッド距離	618
Euclidean geometry	ユークリッド幾何学	618
Euclidean ring	ユークリッド環	618
Euclidean space	ユークリッド空間	619
Eudoxos	エウドクソス	44
Eudoxos	ユードクソス	620
Eukleides	エウクレイデス	44
Euler, Leonhard	オイラー	62
Euler coordinates	オイラー座標	62
Euler difference	オイラー差分	62
Euler number	オイラー数	62
Euler product	オイラー積	63
Euler square	オイラー方陣	65
Euler's angles	オイラー角	62
Euler's characteristic	オイラー標数	65
Euler's constant	オイラーの定数	64
Euler's criterion	オイラーの規準	63
Euler's equation	オイラーの方程式(剛体の)	64
Euler's equation	オイラーの方程式(変分法の)	65
Euler's equation	オイラー方程式(流体力学の)	65
Euler's formula	オイラーの公式	63
Euler's function	オイラーの関数	63
Euler's identity	オイラーの恒等式	64
Euler's method	オイラー法(常微分方程式に対する)	65
Euler's relation	オイラーの関係式	63
Euler's theorem	オイラーの定理(多面体についての)	64
Euler's top	オイラーのコマ	64
Euler-Lagrange equation	オイラー–ラグランジュ方程式	66
Euler-Maclaurin summation formula	オイラー–マクローリンの総和公式	66
Eulerian graph	オイラー・グラフ	62
Eulerian tour	オイラー閉路	65
even function	偶関数	167
even permutation	偶置換	167
event	事象	241
evolute	縮閉線	266
evolution equation	発展方程式	471
exact differential	完全微分	117
exact sequence	完全系列	115
excenter	傍心	564
exclusive event	排反事象	466
existence and uniqueness	存在と一意性	357
existence and uniqueness of solution	解の存在と一意性(常微分方程式の)	79
existence theorem of solutions for ordinary differential equation	常微分方程式の解の存在定理	281
exotic sphere	エキゾチックな球面	44
expansion	展開	429
expansion coefficient	展開係数	429
expansion into continued fraction	連分数展開	664
expectation	期待値	126
exponent	指数(べきの)	241
exponent	指数(有限群の)	242
exponential decay	指数的減衰	244
exponential distribution	指数分布	244
exponential family of distributions	指数型分布族	242
exponential function	指数関数	242
exponential function	指数関数(行列の)	243
exponential function	指数関数(複素関数としての)	243
exponential growth	指数増大	243
exponential growth	指数的増大	244
exponential law	指数法則	244
exponential map	指数写像(リー群の)	243
exponential map	指数写像(リーマン多様体の)	243
extension	拡張(写像の)	93
extension	拡張(定理などの)	93
extension degree	拡大次数	93
extension field	拡大体	93
exterior	外部	80
exterior algebra	外積代数	76
exterior differential form	外微分形式	80
exterior differentiation	外微分	80
exterior point	外点	77
exterior problem	外部問題	81
exterior product	外積	73
exterior product	外積(線形空間の)	74
external angle	外角	70
extraction of cubic root	開立法	82
extraction of square root	開平法	81
extraneous root	無縁根	590
extrapolation	外挿	77
extrapolation	補外	569
extremal point	端点	393
extremal value	極値	158
extremal value problem	極値問題	158

extreme point	端点	393

F

face	辺(単体複体の)	555
face	面	599
factor	因子	35
factor	因数	36
factor group	因子群	36
factorial	階乗	72
factorization	因数分解	36
factorization in prime factors	素因数分解(整数の)	340
factorization in prime factors	素因数分解(多項式の)	340
faithful	忠実(作用が)	399
faithful	忠実(表現の)	399
fake	フェイク	507
family	族	351
family of sets	集合族	261
Farkas' lemma	ファルカスの補題	504
Farkas-Minkowski's theorem	ファルカス–ミンコフスキーの定理	504
fast automatic differentiation	高速自動微分	197
fast Fourier transform	FFT	47
fast Fourier transform	高速フーリエ変換	197
Fejér's theorem	フェイエールの定理	507
Fenchel duality theorem	フェンシェル双対定理	508
Fermat, Pierre de	フェルマ	507
Fermat conjecture	フェルマ予想	508
Fermat number	フェルマ数	507
Fermat's last theorem	フェルマの大定理	508
Fermat's principle	フェルマの原理	508
Fermat's theorem	フェルマの小定理	508
Fermi-Dirac statistic	フェルミ–ディラック統計	508
fermion	フェルミオン	508
Ferrari's solution	フェラーリの解法	507
Feynman integral	ファインマン積分	504
Feynman path integral	ファインマン径路積分	503
Feynman-Kac formula	ファインマン–カッツの公式	503
FFT	高速フーリエ変換	197
fiber bundle	ファイバー束	503
Fibonacci	フィボナッチ	505
Fibonacci's sequence	フィボナッチ数列	505
Fick's diffusion law	フィックの拡散法則	504
field	体	358
field extension	体の拡大	373
field of central force	中心力場	400
field of definition	定義体	416
field of fractions	商体	278
field of positive characteristic	正標数の体	314
field of quotients	商体	278
Fields Medal	フィールズ賞	505
filter	フィルター	506
filtration	情報増大系	282
filtration	フィルトレーション	507
filtration	フィルトレーション(集合族の)	507
finite abelian group	有限アーベル群	612
finite automaton	有限オートマトン	612
finite continued fraction	有限連分数	614
finite covering	有限被覆	614
finite cyclic group	有限巡回群	613
finite decimal number	有限小数	613
finite dimensional linear space	有限次元線形空間	613
finite element method	有限要素法	614
finite extension	有限次拡大	613
finite extension field	有限次拡大体	613
finite field	有限体	614
finite geometry	有限幾何	612
finite graph	有限グラフ	613
finite group	有限群	613
finite intersection property	有限交叉性	613
finite open covering	有限開被覆	612
finite projective plane	有限射影平面	613
finite sequence	有限数列	614
finite series	有限級数	613
finite set	有限集合	613
finitely additive family	有限加法族	612
finitely additive measure	有限加法測度	612
finitely generated	有限生成	614
Finsler space	フィンスラー空間	507
first complementary law	第1補充法則	359
first countability axiom	第1可算公理	359
first fundamental form	第1基本形式	359
first integral	第1積分	359
first order linear differential equation	1階線形微分方程式	26
first variational formula	第1変分公式	359
Fisher information	フィッシャー情報量	505
Fisher information matrix	フィッシャー情報行列	505
five centroids	5心(3角形の)	208
fixed point	固定点	209
fixed point	不動点	519

fixed point set	不動点集合	519		Fourier series	フーリエ級数	525
fixed point theorem	不動点定理	519		Fourier transformation	フーリエ変換(1変数の)	526
fixed point theorem of contraction map				Fourier transformation	フーリエ変換(多変数の)	526
	縮小写像の不動点定理	265		Fourier's law	フーリエの法則	526
flat	平坦	542		Fréchet derivative	フレシェ微分	528
flat module	平坦加群	542		fractal	フラクタル	524
flat torus	平坦トーラス	542		fractal dimension	フラクタル次元	524
floating-point number	浮動小数点数	518		fraction	分数	534
flow	流れ(力学系の)	452		fraction field	分数体	535
flowchart	流れ図	452		fractional expression	分数式	535
fluctuation	ゆらぎ	621		fractional function	分数関数	535
fluctuation-dissipation theorem	揺動散逸定理	622		fractional ideal	分数イデアル	535
fluid	流体	648		fractional linear transformation	1次分数変換	23
Fock space	フォック空間	509		frame	枠	672
focus	渦状点	99		Fredholm operator	フレドホルム作用素	528
focus	焦点(2次曲線の)	279		Fredholm's alternative theorem		
Fokker-Planck equation					フレドホルムの択一定理	529
	フォッカー–プランク方程式	509		Fredholm's determinant	フレドホルムの行列式	529
fold	折り目	69		Fredholm's formula	フレドホルムの公式	529
foliation	葉層構造	622		free abelian group	自由アーベル群	257
folium	葉状形	622		free action	自由な作用	265
folium of Descartes	正葉線	315		free boundary problem	自由境界問題	259
foot of perpendicular	垂線の足	293		free energy	自由エネルギー	258
forced oscillation	強制振動	143		free group	自由群	259
forest	森	606		free module	自由加群	258
formal adjoint operator				free variable	自由変数	265
	形式的随伴作用素(微分作用素の)	182		Frenet-Serret formula	フルネ–セレの方程式	527
formal power series	形式的べき級数	182		frequency	振動数	289
formalism	形式主義	182		frequency	度数	445
formula	論理式	669		frequency	頻度	502
formula giving root of quadratic equation				frequency distribution	度数分布	445
	2次方程式の根の公式	456		frequency distribution	頻度分布	502
formula giving roots	根の公式	216		frequency distribution table	度数分布表	445
formula giving roots of cubic equation				Fresnel's integral	フレネル積分	529
	3次方程式の根の公式	233		Frobenius automorphism	フロベニウス自己同型	531
formula giving roots of quartic equation				Frobenius mapping	フロベニウス写像	531
	4次方程式の根の公式	624		Frobenius theorem	フロベニウスの定理	531
formula of double angle	2倍角の公式	458		Fubini's theorem	フビニの定理	519
formula of solution	解の公式	79		Fuchsian differential equation		
forward difference	前進差分	337			フックス型微分方程式	516
forward equation	前進方程式	337		Fuchsian group	フックス群	516
foundations of mathematics	数学基礎論	294		function	関数, 函数	113
four arithmetic operations	四則演算	246		function element	関数要素	115
four-color problem	4色問題	625		function field	関数体	114
Fourier analysis	フーリエ解析	525		function field on Riemann surface		
Fourier coefficient	フーリエ係数	526			リーマン面の関数体	645
Fourier integral	フーリエ積分	526		function of bounded variation	有界変動関数	611

function of positive type	正定値関数	314	
function of several variables	多変数関数	383	
function space	関数空間	114	
functional	汎関数	477	
functional analysis	関数解析学	113	
functional determinant	関数行列式	114	
functional equation	関数方程式	114	
functional matrix	関数行列	114	
functor	函手, 関手	112	
fundamental domain	基本領域	133	
fundamental formula of calculus	微分積分学の基本公式	494	
fundamental group	基本群	131	
fundamental matrix of solutions	解の基本行列	79	
fundamental neighborhood system	基本近傍系	131	
fundamental period	基本周期	132	
fundamental root system	基本根系	132	
fundamental root system	基本ルート系	133	
fundamental sequence	基本列	133	
fundamental solution	基本解(コーシー問題の)	129	
fundamental solution	基本解(微分作用素の)	130	
fundamental theorem for abelian groups	アーベル群の基本定理	8	
fundamental theorem of algebra	代数学の基本定理	366	
fundamental theorem of calculus	微分積分学の基本定理	494	
fundamental theorem of Galois theory	ガロア理論の基本定理	111	
fundamental theorem of theory of ordinary differential equations	常微分方程式論の基本定理	281	
fundamental theorem of theory of surfaces	曲面論の基本定理	160	
fundamental theorem on symmetric polynomials	対称式の基本定理	364	
fundamental unit	基本単数	132	
fundamental vector	基本ベクトル	132	
fuzzy	ファジー	504	
fuzzy set	ファジー集合	504	
fuzzy theory	ファジー理論	504	

G

Gödel, Kurt	ゲーデル	186	
Gödel number	ゲーデル数	186	
Gâteaux derivative	ガトー微分	103	

Galerkin method	ガレルキン法	109	
Galilean principle of relativity	ガリレイの相対性原理	107	
Galilean transformation	ガリレイ変換	107	
Galilei, Galileo	ガリレオ	107	
Galileo's paradox	ガリレオのパラドックス	108	
Galois, Évariste	ガロア	109	
Galois correspondence	ガロア対応	110	
Galois extension	ガロア拡大	109	
Galois group	ガロア群(ガロア拡大の)	110	
Galois group	ガロア群(方程式の)	110	
Galois theory	ガロア理論	110	
Galton-Watson process	ゴルトン-ワトソン過程	213	
game theory	ゲーム理論	187	
gamma distribution	ガンマ分布	120	
gamma function	ガンマ関数	120	
gauge theory	ゲージ理論	184	
gauge transformation	ゲージ変換	184	
Gauss, Carl Friedrich	ガウス	83	
Gauss decomposition	ガウス分解(行列の)	87	
Gauss map	ガウス写像	84	
Gauss plane	ガウス平面	87	
Gauss prize	ガウス賞	84	
Gauss rule	ガウス公式(積分の)	84	
Gauss' criterion	ガウスの判定法	86	
Gauss' divergence theorem	ガウスの発散定理	86	
Gauss' equation	ガウスの方程式(曲面論の)	86	
Gauss' formula	ガウスの公式(曲面論の)	85	
Gauss' integer ring	ガウスの整数環	86	
Gauss' law	ガウスの法則(電場の)	86	
Gauss' law of errors	ガウスの誤差法則	85	
Gauss' lemma	ガウスの補題(多項式に関する)	87	
Gauss' lemma	ガウスの補題(リーマン幾何学における)	87	
Gauss' surprising theorem	ガウスの驚異の定理	85	
Gauss' symbol	ガウスの記号	85	
Gauss-Bonnet theorem	ガウス-ボンネの定理	87	
Gauss-Green formula	ガウス-グリーンの公式	84	
Gauss-Kronecker integral	ガウス-クロネッカーの積分	84	
Gaussian curvature	ガウス曲率	83	
Gaussian distribution	ガウス分布	87	
Gaussian elimination	ガウスの消去法	85	
Gaussian integral	ガウス積分	84	
Gaussian kernel	ガウス核	83	
Gaussian law of errors	誤差法則	205	
Gaussian measure	ガウス測度	84	
Gaussian process	ガウス過程	83	

Gaussian sum	ガウス和	88	
Gegenbauer polynomial	ゲーゲンバウエル多項式	184	
general angle	一般角	28	
general linear group	一般線形群	29	
general linear group over real numbers	一般実線形群	29	
general nonsense	ジェネラル・ナンセンス	235	
general position	一般の位置(図形の間の)	29	
general position	一般の位置(部分空間についての)	30	
general position	一般の位置(有限個の点についての)	30	
general solution	一般解	28	
general term	一般項(数列の)	29	
general topology	位相空間論	20	
general topology	点集合論	429	
generalization	一般化	28	
generalized coordinates	一般座標	29	
generalized eigenspace	一般化された固有空間	28	
generalized function	超関数	402	
generalized momentum	一般運動量	27	
generalized solution	広義解	193	
generate	生成	309	
generate	生成(イデアルにおける)	309	
generate	生成(可換環における)	309	
generate	生成(群における)	309	
generate	生成(集合族の)	309	
generate	生成(体における)	309	
generating function	生成関数	310	
generating function	生成関数(ラグランジュ部分多様体の)	310	
generating function	母関数	569	
generating function	母関数(正準変換の)	569	
generating function	母関数(ラグランジュ部分多様体の)	570	
generating operator	生成作用素(流れの)	310	
generating operator	生成作用素(半群の)	310	
generator	生成元	310	
generator	生成作用素(流れの)	310	
generator	生成作用素(半群の)	310	
generator	母線	572	
generic	一般の	29	
generic	ジェネリック	235	
generic	生成的	310	
genus	示性数	245	
genus	種数	266	
geodesic	測地線	352	
geodesic distance	測地距離	351	
geodesic flow	測地流	352	
geodesic triangle	測地的3角形	352	
geometric distribution	幾何分布	123	
geometric mean	幾何平均	123	
geometric mean	相乗平均	346	
geometric progression	等比数列	439	
geometric sequence	等比数列	439	
geometric series	幾何級数	122	
geometric series	等比級数	439	
geometric vector	幾何ベクトル	123	
geometrical algebra	幾何代数	122	
geometrical optics	幾何光学	122	
geometry	幾何学	122	
geometry of numbers	数の幾何学	295	
germ	芽	597	
germ of function	関数の芽	114	
Gibbs distribution	ギブズ分布	129	
Gibbs' phenomenon	ギブズ現象	129	
Gibbs' variational principle	ギブズの変分原理	129	
Girsanov density	ギルサノフ密度	164	
girth	ガース	99	
global	大域	358	
global analysis	大域解析学	358	
global optimal solution	大域最適解	358	
global optimum	大域最適解	358	
global property	大域的性質	359	
global solution	大域解	358	
global theory of differential equations	微分方程式の大域理論	495	
glue	貼り合わせる	476	
Goldbach's problem	ゴールドバッハの問題	213	
golden cut	黄金分割	67	
golden ratio	黄金比	66	
Gröbner basis	グレブナー基底	176	
graded algebra	次数つき代数	243	
graded ring	次数つき環	243	
graded ring	次数環	242	
gradient	勾配	202	
gradient system	勾配系	202	
gradient vector field	勾配ベクトル場	202	
Gram-Schmidt's orthogonalization method	グラム-シュミットの直交化法	173	
graph	グラフ(関数の)	172	
graph	グラフ(グラフ理論の)	172	
graph	グラフ(写像の)	173	
graph	グラフ(線形作用素の)	173	

English	Japanese	Page
graph coloring problem	グラフ彩色問題	173
graph theory	グラフ理論	173
Grassmann algebra	グラスマン代数	172
Grassmann manifold	グラスマン多様体	172
Grassmannian coordinates	グラスマン座標	172
great circle	大円	360
great Picard theorem	ピカールの大定理	484
greatest common divisor	最大公約数	221
greatest common factor	最大公約因子	221
greatest common measure	最大公約数	221
greatest lower bound	下限	98
greedy algorithm	貪欲算法	449
Greek mathematics	ギリシアの数学	163
Green's formula	グリーンの公式	174
Green's function	グリーン関数(常微分方程式の)	174
Green's function	グリーン関数(偏微分方程式の)	174
Green's theorem	グリーンの定理	175
Gregory-Newton's formula	グレゴリー-ニュートンの公式	175
Gromov-Hausdorff distance	グロモフ-ハウスドルフ距離	177
Grothendieck, Alexander	グロタンディック	177
group	群	178
group of congruence transformations	合同変換群	202
group ring	群環	178
group theory	群論	179
growth order	増大度(有限生成群の)	347

H

H-theorem	H 定理	43
Hölder continuous	ヘルダー連続	552
Hölder's inequality	ヘルダーの不等式	551
Haar measure	ハール測度	476
Haar system of orthogonal functions	ハール関数系	476
Hadamard, Jacques Salomon	アダマール	3
Hadamard matrix	アダマール行列	4
Hahn-Banach theorem	ハーン-バナッハの定理	480
half life	半減期	477
half-line	半直線	479
half-open interval	半開区間	477
half-plane	半平面	481
half-space	半空間	477
half-value period	半減期	477
Hall's marriage theorem	ホールの結婚定理	577
Hamilton, William Rowan	ハミルトン	473
Hamilton's equation	ハミルトン方程式	474
Hamilton's formalism	ハミルトン形式	474
Hamilton's variational principle	ハミルトンの変分原理	474
Hamilton-Jacobi's equation	ハミルトン-ヤコビ方程式	474
Hamilton-Cayley's theorem	ハミルトン-ケイリーの定理	474
Hamiltonian	ハミルトニアン	473
Hamiltonian function	ハミルトン関数	474
Hamiltonian system	ハミルトン系	474
Hamiltonian tour	ハミルトン閉路	474
Hamiltonian vector field	ハミルトン・ベクトル場	474
Hamming distance	ハミング距離	475
handle	ハンドル	480
handle	把手	447
harmonic analysis	調和解析	406
harmonic function	調和関数	406
harmonic map	調和写像	407
harmonic mean	調和平均	408
harmonic oscillator	調和振動子	407
harmonic polynomial	調和多項式	408
harmonic series	調和級数	407
Hasse diagram	ハッセ図	470
Hasse's principle	ハッセの原理	470
Hausdorff dimension	ハウスドルフ次元	467
Hausdorff distance	ハウスドルフ距離	467
Hausdorff measure	ハウスドルフ測度	467
Hausdorff space	ハウスドルフ空間	467
Hausdorff topology	ハウスドルフ位相	466
heat equation	熱伝導方程式	462
heat equation	熱方程式	462
heat kernel	熱核	462
Heaviside function	ヘヴィサイド関数	545
height	高さ	378
Heine-Borel's theorem	ハイネ-ボレルの定理	466
Heisenberg algebra	ハイゼンベルク代数	466
helix	螺旋	628
Helmholtz' theorem	ヘルムホルツの定理	554
Hensel's lemma	ヘンゼルの補題	557
Hermite, Charles	エルミート	50
Hermite polynomial	エルミート多項式	51
Hermite's differential equation	エルミートの微分方程式	52

English	Japanese	Page
Hermitian form	エルミート形式	51
Hermitian inner product	エルミート内積	51
Hermitian matrix	エルミート行列	50
Hermitian metric	エルミート計量	51
Hermitian operator	エルミート作用素	51
Hermitian transformation	エルミート変換	52
Heron's formula	ヘロンの公式	554
Hessian	ヘッシアン	550
Hessian matrix	ヘッセ行列	550
heteroclinic point	ヘテロクリニック点	551
hidden symmetry	隠れた対称性	97
higher order derivative	高階導関数	192
higher order derivative	高次導関数	195
higher order difference	高階差分	192
Hilbert, David	ヒルベルト	500
Hilbert class field	ヒルベルト類体	502
Hilbert norm	ヒルベルトノルム	502
Hilbert space	ヒルベルト空間	500
Hilbert zero point theorem	ヒルベルトの零点定理	502
Hilbert's axioms	ヒルベルトの公理系	500
Hilbert's basis theorem	ヒルベルトの基底定理	500
Hilbert's Nullstellensatz	ヒルベルトの零点定理	502
Hilbert's problems	ヒルベルトの問題	501
Hilbert-Schmidt inner product	ヒルベルト-シュミットの内積	500
Hille-Yosida theorem	ヒレ-吉田の定理	502
Hirota's operator	広田の演算子	502
histogram	ヒストグラム	486
hitting time	到達時間	437
hodograph method	ホドグラフ法	574
holomorphic	正則	311
holomorphic function	正則関数	311
holomorphic map	正則写像	311
holomorphically equivalent	正則同値	312
holonomic constraint	ホロノーム拘束	579
holonomy	ホロノミー	578
homeomorphism	位相同型	20
homeomorphism	同相	437
homeomorphism	同相写像	437
homoclinic point	ホモクリニック点	575
homogeneous	斉次	306
homogeneous coordinate ring	斉次座標環	306
homogeneous coordinates	斉次座標	306
homogeneous coordinates	同次座標	436
homogeneous differential equation	同次形微分方程式	436
homogeneous equation	斉次方程式	307
homogeneous function	同次関数	436
homogeneous function of degree 2	2次同次関数	456
homogeneous linear map	斉次線形写像	307
homogeneous linear mapping	斉次1次写像	306
homogeneous polynomial	斉次式	307
homogeneous polynomial	斉次多項式	307
homogeneous polynomial	同次式	436
homogeneous polynomial	同次多項式	436
homogeneous space	均質空間	165
homogeneous space	等質空間	437
homological algebra	ホモロジー代数	576
homologous	ホモロガス	576
homology	ホモロジー	576
homomorphic	準同型	273
homomorphism	準同型写像	273
homomorphism theorem	準同型定理	273
homothetic	相似の位置にある	345
homotopic	ホモトピック	575
homotopy	ホモトピー	575
homotopy class	ホモトピー類	575
homotopy equivalence	ホモトピー同値	575
homotopy group	ホモトピー群	575
homotopy invariant	ホモトピー不変量	575
Hooke's law	フックの法則	517
Hooke's tensor	フックのテンソル	517
Hopf algebra	ホップ代数	573
Hopf bifurcation	ホップ分岐	573
Hopf map	ホップ写像	573
Hopf's theorem	ホップの定理(ベクトル場に関する)	573
Horner method	ホーナー法	574
Huygens, Christiaan	ホイヘンス	562
Huygens' principle	ホイヘンスの原理	562
hydrodynamical equation	流体の方程式	649
Hypatia	ヒュパティア	497
hyperbola	双曲線	343
hyperbolic	双曲的	344
hyperbolic cosine	双曲線余弦	344
hyperbolic dynamical system	双曲型力学系	343
hyperbolic fixed point	双曲型不動点	343
hyperbolic function	双曲線関数	344
hyperbolic geometry	双曲幾何学	343
hyperbolic paraboloid	双曲放物面	344
hyperbolic sine	双曲正弦関数	343
hyperbolic sine	双曲線正弦	344
hyperbolic space	双曲空間	343
hyperbolic tangent	双曲正接関数	343

hyperbolic tangent	双曲線正接	344	imaginary part		虚部	162
hyperbolic trigonometric function	双曲3角関数	343	imaginary quadratic field		虚2次体	162
hyperboloid	双曲面	344	imaginary unit		虚数単位	162
hyperboloid of one sheet	1葉双曲面	25	imbedding		埋め込み	42
hyperboloid of two sheets	2葉双曲面	460	immersion		はめ込み	475
hyperelliptic curve	超楕円曲線	405	implicit function		陰関数	35
hyperfunction	超関数	402	implicit function theorem		陰関数定理	35
hypergeometric differential equation	超幾何微分方程式	403	impossible		不可能	510
			improper integral		広義積分	194
hypergeometric function	超幾何関数	403	improperly posed		適切でない	425
hypergeometric series	超幾何級数	403	in-degree		入次数	34
hyperplane	超平面	406	incenter		内心	450
hypersphere	超球面	404	incidence matrix		接続行列(グラフの)	323
hypersurface	超曲面	404	inclusion mapping		包含写像	563
hypothesis	仮説, 仮設	100	inclusion relation		包含関係	563
			inclusion-exclusion formula		包除公式	564
			inclusion-exclusion principle		包含排除の原理	563
			inclusion-exclusion principle		包除原理	564
			incompleteness theorem		不完全性定理	510
			increase rate		増加率	342

I

i		i	1	increasing function		増加関数	341
ICME		ICME	1	increasing sequence		増加数列	342
ICMI		ICMI	1	increment		増分	350
ideal	イデアル	30	indefinite		不定値	517
ideal boundary	理想境界	640	indefinite inner product		不定値内積	518
ideal class	イデアル類	31	indefinite integral		不定積分	517
ideal class group	イデアル類群	31	independence		独立性(確率変数の)	444
ideal group	イデアル群	31	independence		独立性(公理系の)	445
ideal number	理想数	641	independence		独立性(試行の)	445
ideal of definition	定義イデアル	416	independence		独立性(事象の)	445
ideal with indeterminate domain	不定域イデアル	517	independent		独立	444
idempotent element	べき等元	546	independent set		独立集合	444
identification	同一視	433	independent trial		独立試行	444
identification map	等化写像	434	independent variable		独立変数	445
identity	恒等式	200	indeterminate		不定	517
identity character	恒等指標	201	indeterminate		不定元	517
identity mapping	恒等写像	201	indeterminate equation		不定方程式	518
identity matrix	恒等行列	200	indeterminate form		不定形	517
identity matrix	単位行列	386	index		位数(ベクトル場の)	18
identity operator	恒等演算子	200	index		指数(楕円型作用素の)	241
identity permutation	恒等置換	201	index		指数(部分群の)	241
identity transformation	恒等変換	201	index		指数(ベクトル場の)	241
ill-posed	適切でない	425	index		指数(臨界点の)	242
image	像	341	index		添え字	350
image set	像集合	346	index theorem		指数定理(楕円型作用素の)	243
imaginary axis	虚軸	161	index theorem		指数定理(ベクトル場の)	244
imaginary number	虚数	161	Indian mathematics		インドの数学	36
imaginary part	虚数部	162				

indicator	定義関数	416		常微分方程式の初期値問題		281
individual ergodic theorem	個別エルゴード定理	210	initial-boundary value problem	初期境界値問題		284
induce	誘導	615	injection	単射		389
induced representation	誘導表現	616	injective linear map	単射線形写像		389
induced topology	誘導位相	615	injective module	移入加群		32
induced topology	誘導された位相	615	inner automorphism	内部自己同型		451
induction	帰納法	129	inner measure	内測度		450
inductive limit and projective limit			inner product	内積(幾何ベクトルの)		450
	帰納的極限と射影的極限	128	inner product	内積(数ベクトルの)		450
inductively ordered set	帰納的順序集合	128	inner product	内積(線形空間上の)		450
inequality	不等式	518	inner product and norm	内積とノルム		450
inequality with equality	等号つき不等式	436	inner product space	内積空間		450
inertia group	惰性群	382	inscribed circle	内接円		450
inertial system	慣性系	115	insignificant root	無縁根		590
inferior limit	下極限	90	insurance mathematics	保険数学		571
infimum	下限	98	integer	整数		308
infinite	無限	592	integer basis	整数基		308
infinite continued fraction	無限連分数	595	integer polyhedron	整数多面体		309
infinite decimals	無限小数	594	integer programming	整数計画法		308
infinite descent	無限降下法	593	integer ring	整数環		308
infinite dimensional linear space			integer solution	整数解		308
	無限次元線形空間	593	integrability condition	可積分条件		100
infinite dimensional space	無限次元空間	593	integrability condition	積分可能条件		318
infinite dimensionality	無限次元	593	integrable	積分可能		318
infinite matrix	無限行列	593	integrable function	可積分関数		100
infinite product	無限積	594	integrable system	可積分系		100
infinite product measure	無限直積測度	595	integral	整		303
infinite sequence	無限数列	594	integral	積分		316
infinite series	無限級数	592	integral	積分(1変数関数の)		317
infinite set	無限集合	593	integral	積分(多変数関数の)		317
infinitely differentiable	無限回微分可能	592	integral	積分(微分形式の)		317
infinitesimal	無限小	593	integral	積分(微分方程式の)		318
infinitesimal calculus	無限小解析	594	integral closure	整閉包		315
infinitesimal of higher order	高位の無限小	192	integral constant	積分定数		319
infinitesimal of lower order	低位の無限小	415	integral curve	積分曲線		319
infinitesimal of the same order	同位の無限小	434	integral domain	整域		303
infinitesimal transformation	無限小変換	594	integral equation	積分方程式		319
infinity	無限大	594	integral equation of Fredholm type			
information geometry	情報幾何	281		フレドホルム型積分方程式		528
information theory	情報理論	282	integral equation of Volterra type			
inhomogeneous	非斉次	486		ヴォルテラ型積分方程式		40
inhomogeneous	非同次	489	integral function	整関数		303
initial point	始点	248	integral geometry	積分幾何学		318
initial term	初項	285	integral ideal	整イデアル		303
initial value	初期値	284	integral invariant	積分不変式		319
initial value problem	初期値問題	284	integral manifold	積分多様体		319
initial value problem for ordinary differential equation			integral operator	積分演算子		318

English	Japanese	Page
integral operator	積分作用素	319
integral surface	積分曲面	319
integrally closed	整閉	315
integrand	被積分関数	486
integrating factor	積分因子	318
integration by parts	部分積分	520
integration by substitution	置換積分法	396
integration on areal element	面素に関する積分	601
intercept	切片	326
interchange of differentiation and integration	微分と積分の順序交換	494
interchange of limits	極限の順序交換	153
interior	開核	70
interior	内部	451
interior point	内点	451
interior problem	内部問題	451
interior-point method	内点法	451
intermediate field	中間体	398
intermediate value theorem	中間値の定理	398
internal product	内部積(ベクトルと微分形式の)	451
International Commission on Mathematical Instruction ICMI		17
International Commission on Mathematical Instruction (ICMI)	国際数学教育委員会	205
International Congress of Mathematical Education ICME		17
International Congress of Mathematicians ICM		1
International Congress of Mathematicians (ICM)	国際数学者会議	205
International Congress on Mathematical Education (ICME)	国際数学教育会議	205
International Mathematical Union IMU		1
International Mathematical Union (IMU)	国際数学連合	205
interpolation	内挿	450
interpolation	補間	569
interpolation	補間法	570
interpolation formula	補間公式	569
intersection	共通事象	143
intersection	共通部分	143
intersection	交わり	581
intersection number	交点数(位相幾何における)	199
intersection number	交点数(代数幾何における)	199
intersection point	交点	199
intersection theory	交点理論	200
interval	区間	167
interval analysis	区間解析	167
interval dynamics	区間力学系	168
intuitionism	直観主義	411
invariant	不変系(アーベル群の)	522
invariant	不変式	522
invariant distribution	不変分布	523
invariant field	不変体	523
invariant measure	不変測度	522
invariant set	不変集合	522
invariant subspace	不変部分空間	523
invariant vector field	不変ベクトル場	523
inverse	逆元	134
inverse function	逆関数	133
inverse function theorem	逆関数定理	133
inverse hyperbolic function	逆双曲線関数	136
inverse image	逆像	135
inverse map	逆写像	134
inverse mapping theorem	逆写像定理	135
inverse matrix	逆行列	134
inverse problem	逆問題	136
inverse scattering method	逆散乱法	134
inverse spectral problem	逆スペクトル問題	135
inverse square law	逆2乗の法則	136
inverse trigonometric function	逆3角関数	134
inverse vector	逆ベクトル	136
inversion	反転	480
invertible	可逆	90
invertible element	可逆元	90
invertible matrix	可逆行列	90
involute	伸開線	288
involution	対合	362
involutive system	包合系	563
irrational expression	無理式	596
irrational function	無理関数	596
irrational number	無理数	596
irreducible	既約	133
irreducible decomposition	既約分解	136
irreducible factor	既約因子	133
irreducible fraction	既約分数	136
irreducible polynomial	既約多項式	136
irreducible representation	既約表現	136
irregular singular point	不確定特異点	510
irreversibility	不可逆性	509
irreversible process	不可逆過程	509
Ising model	イジング模型	17
isolated point	孤立点	212
isolated singularity	孤立特異点	212

isolated singularity	孤立特異点（代数多様体の）		213
isometric		等長的	438
isometric embedding			
	等長埋め込み（リーマン多様体の）		438
isometric transformation		等長変換	439
isometry		等距離写像	435
isometry	等距離同型（リーマン多様体の）		435
isometry		等長写像	438
isomorphism		同型	435
isomorphism		同型（力学系の）	435
isomorphism		同型写像	435
isomorphism class		同型類	436
isomorphism theorem		同型定理（群の）	435
isoperimetric inequality		等周不等式	437
isoperimetric problem		等周問題	437
isothermal coordinates		等温座標	434
isotropy group		固定部分群	209
isotropy group		等方部分群	440
isotropy subgroup		アイソトロピー群	1
isotropy subgroup		等方部分群	440
iterated integral		反復積分	480
iterated integral		累次積分	651
iterated limit		累次極限	651
iterated mapping		反復写像	480
iterative method		反復法	480
Itô, Kiyosi		伊藤清	32
Ito calculus		伊藤解析	31
Ito's formula		伊藤の公式	32
Iwasawa conjecture		岩澤予想	34
Iwasawa decomposition		岩澤分解	34
Iwasawa theory		岩澤理論	34

J

j-invariant		j 不変量	235
Jacobi, Carl Gustav		ヤコビ	607
Jacobi matrix		ヤコビ行列	607
Jacobi field		ヤコビ場	609
Jacobi polynomial		ヤコビ多項式	608
Jacobi's elliptic function		ヤコビの楕円関数	609
Jacobi's identity		ヤコビの恒等式	608
Jacobi's inverse problem		ヤコビの逆問題	608
Jacobi's symbol		ヤコビ記号	607
Jacobi's transformation formula	ヤコビの変換公式		609
Jacobi's triple product formula			
	ヤコビの3重積公式		608
Jacobian		ヤコビアン	607
Jacobian matrix		ヤコビ行列	607
Jacobian variety		ヤコビ多様体	608
Japanese mathematics		和算	672
Jensen's inequality		イェンセンの不等式	17
jet		ジェット	235
joint distribution		結合分布	184
Jordan algebra		ジョルダン代数	286
Jordan arc		ジョルダン弧	285
Jordan block		ジョルダンブロック	287
Jordan block		ジョルダン細胞	285
Jordan closed curve		ジョルダンの閉曲線	286
Jordan curve		ジョルダン曲線	285
Jordan curve theorem		ジョルダンの曲線定理	286
Jordan curve theorem		ジョルダンの閉曲線定理	286
Jordan decomposition	ジョルダン分解（行列の）		287
Jordan decomposition			
	ジョルダン分解（有界変動関数の）		287
Jordan measure		ジョルダン測度	285
Jordan normal form		ジョルダン標準形	286
Jordan-Hölder's theorem			
	ジョルダン-ヘルダーの定理		287
Julia set		ジュリア集合	268
jump process		ジャンプ過程	257
jump process		跳躍過程	406

K

K-system		K 系	184
K-theory		K 理論	187
Kähler manifold		ケーラー多様体	187
Königsberg bridge problem			
	ケーニヒスベルグの橋の問題		186
König theorem		ケーニグの定理	186
König-Egerváry theorem			
	ケーニグ-エゲルヴァーリの定理		186
Kakeya's problem		掛谷の問題	98
Kalman filter		カルマン・フィルター	109
KAM theory		KAM 理論	184
Karmarkar's method		カーマーカー法	106
Karush-Kuhn-Tucker condition			
	カルーシュ-キューン-タッカー条件		108
KdV equation		KdV 方程式	185
Kelvin transformation		ケルヴィン変換	187
Kepler, Johannes		ケプラー	186
Kepler's law		ケプラーの法則	187

kernel		核(準同型の)	91			
kernel		核(積分作用素の)	91			
kernel		カーネル	103			
kernel function		核関数	91			
kernel of integral operator		積分核	318	L-function	L 関数	48
Killing form		キリング形式	164	L^2-approximation	L^2 近似	49
Killing vector field		キリング・ベクトル場	164	L^2-function	L^2 関数	49
Kirchhoff's formula		キルヒホフの公式	165	L^2-norm	L^2 ノルム	49
Kirchhoff's law		キルヒホフの法則	165	L^2-space	L^2 空間	49
kissing number		キッシング数	126	l^2-space	l^2 空間	49
Klein, Felix		クライン	171	L^p-convergence	L^p 収束	50
Klein bottle		クラインの壺	171	L^p-function	L^p 関数	49
knapsack problem		ナップサック問題	452	L^p-norm	L^p ノルム	50
knot		結び目	595	L^p-space	L^p 空間	49
Koch curve		コッホ曲線	209	l^p-space	l^p 空間	50
Kodaira, Kunihiko		小平邦彦	208	Lévy process	レヴィ過程	657
Kolmogorov, Andrei Nikolaevich		コルモゴロフ	213	Lévy's stochastic area	レヴィの確率面積	657
Kolmogorov complexity		コルモゴロフの複雑度	214	Lǐ Yě	李治	647
Kolmogorov equation		コルモゴロフ方程式	214	labeled graph	ラベル付きグラフ	632
Kolmogorov system		コルモゴロフ系	213	Lagrange, Joseph Louis	ラグランジュ	626
Kolmogorov's extension theorem				Lagrange coordinates	ラグランジュ座標	626
		コルモゴロフの拡張定理	214	Lagrange equation	ラグランジュ方程式	628
Kolmogorov-Arnold-Moser theory				Lagrange interpolation formula		
		コルモゴロフ-アーノルド-モーザーの理論	213		ラグランジュの補間公式	627
Kolmogorov-Sinai entropy				Lagrange submanifold	ラグランジュ部分多様体	627
		コルモゴロフ-シナイのエントロピー	214	Lagrange's differential equation		
Korean mathematics		朝鮮の数学	405		ラグランジュの(微分)方程式	627
Korteweg-de Vries equation				Lagrange's multiplier method		
		コルテヴェーク-ド・フリース方程式	213		ラグランジュの乗数法	627
Kovalevskaya, Sof'ya Vasil'evna		コワレフスカヤ	214	Lagrange's remainder	ラグランジュの剰余項	627
Kovalevskaya's top		コワレフスカヤのコマ	214	Lagrange's top	ラグランジュのコマ	627
KP equation		KP 方程式	186	Lagrangian	ラグランジアン	626
Kronecker, Leopold		クロネッカー	177	Lagrangian derivative	ラグランジュ微分	627
Kronecker's delta		クロネッカーのデルタ	177	Lagrangian formulation		
Kronecker's Jugendtraum					ラグランジュ形式(力学の)	626
		クロネッカーの青春の夢	177	Lagrangian function	ラグランジュ関数	626
Kronecker's symbol		クロネッカーの記号	177	Laguerre bipolynomial	ラゲールの陪多項式	628
Kronecker's theorem		クロネッカーの定理	177	Laguerre polynomial	ラゲールの多項式	628
Krull dimension		クルル次元	175	Lanczos method	ランチョス法	633
Kuhn-Tucker condition		キューン-タッカー条件	140	Landau's symbol	ランダウの記号	633
Kullback-Leibler's pseudodistance				Langevin equation	ランジュヴァン方程式	632
		カルバック-ライブラーの擬距離	109	language	言語	188
Kummer extension		クンマー拡大	179	Laplace, Pierre Simon	ラプラス	630
Kuratowski's theorem		クラトフスキーの定理	172	Laplace expansion	ラプラス展開	630
Kurusima, Yosihiro		久留島義太	175	Laplace operator	ラプラス演算子	630
				Laplace operator	ラプラス作用素	630
				Laplace transformation	ラプラス変換	631

English	Japanese	Page
Laplace's equation	ラプラスの方程式	631
Laplace's method	ラプラスの方法	631
Laplace-Beltrami operator	ラプラス–ベルトラミ作用素	631
Laplacian	ラプラシアン	630
large deviation	ラージ・デヴィエーション	628
large deviation principle	大偏差原理	374
last term	末項	582
Latin square	ラテン方陣	629
lattice	格子	194
lattice	束	351
lattice point	格子点	195
lattice-point problem	格子点問題	195
Laurent expansion	ローラン展開	666
Laurent polynomial	ローラン多項式	666
law of excluded middle	排中律	466
law of inertia	慣性の法則	115
law of large numbers	大数の法則	371
law of refraction	屈折の法則	169
law of small numbers	少数の法則	278
law of static electromagnetic field	静電磁場の法則	314
law of symmetry	対称律	365
law of universal gravitation	万有引力の法則	481
Lax equation	ラックス方程式	629
Lax representation	ラックス表示	628
leaf	葉	622
leaf	葉（葉層構造の）	622
least common multiple	最小公倍数	219
least squares method	最小 2 乗法	220
Lebesgue dimension	ルベーグ次元	654
Lebesgue integral	ルベーグ積分	654
Lebesgue measurable	ルベーグ可測	654
Lebesgue measure	ルベーグ測度	655
Lebesgue's convergence theorem	ルベーグの収束定理	655
Lebesgue's null set	ルベーグの零集合	655
Leech lattice	リーチ格子	641
Lefschetz fixed point theorem	レフシェッツの不動点定理	660
Lefschetz pencil	レフシェッツ束	659
Lefschetz trace formula	レフシェッツの跡公式	660
left action	左作用	488
left continuous	左連続	488
left coset	左剰余類	488
left differential coefficient	左微係数	488
left ideal	左イデアル	488
left module	左加群	488
left translation	左移動	488
left-hand system	左手系	488
left-side limit	左極限	488
left-side limit	左極限値	488
Legendre, Adrien Marie	ルジャンドル	653
Legendre polynomial	ルジャンドル多項式	653
Legendre transformation	ルジャンドル変換（解析力学での）	653
Legendre transformation	ルジャンドル変換（凸関数の）	653
Legendre's differential equation	ルジャンドルの微分方程式	653
Legendre's symbol	ルジャンドル記号	653
Legendre-Fenchel transformation	ルジャンドル–フェンシェル変換	653
Leibniz, Gottfried Wilhelm	ライプニッツ	626
Leibniz' formula	ライプニッツの公式	626
Leibniz' rule	ライプニッツの規則	626
lemniscate	レムニスケート	660
lemniscate	連珠形	662
length of curve	曲線の長さ	156
level surface	等位面	434
Levi-Civita connection	レヴィ・チヴィタ接続	657
Lewy's differential equation	レヴィの微分方程式	658
lexicographic order	辞書式順序	241
Liú Huī	劉徽	648
liar's paradox	うそつきのパラドックス	41
Lie, Marius Sophus	リー	634
Lie algebra	リー環	635
Lie algebra	リー環（無限次元の）	635
Lie algebra	リー環（リー群に付随する）	636
Lie algebra	リー代数	641
Lie derivative	リー微分	642
Lie group	リー群	637
Lie group and Lie algebra	リー群とリー環	638
Lie transformation group	リー変換群	642
light cone	光円錐	192
light cone	光錐	195
likelihood	尤度	615
limaçon (仏)	リマソン	642
limit	極限	152
limit	極限（集合列の）	152
limit and continuity	極限と連続性	152
limit cycle	極限周期軌道	152
limit cycle	極限閉軌道	153
limit in measure	測度収束	352
limit in probability	確率収束	95

limit in the mean	平均収束	539	linear partial differential equation		
limit point	極限点	152		線形偏微分方程式	336
limit set	極限集合	152	linear programming	線形計画法	331
limit value	極限値	152	linear relation	線形関係	330
line at infinity	無限遠直線	592	linear representation	線形表現	334
line element	線素	337	linear response	線形応答	329
line graph	線グラフ	329	linear space	線形空間	330
line integral	線積分	337	linear subspace	線形部分空間	336
line of intersection	交線	196	linear subspace	部分線形空間	521
line of principal curvature	主曲率曲線	265	linear topological space	線形位相空間	329
line of steepest descent	最急降下線	218	linear transformation	線形変換	336
line of steepest descent	最速降下線	221	linearity	線形性	333
line segment	線分	340	linearization	線形化(写像の)	329
line symmetry	線対称	337	linearized equation		
linear algebra	線形代数	333		線形化方程式(微分方程式の)	330
linear combination	1次結合	23	linearly ordered set	線形順序集合	332
linear combination	線形結合	331	link	絡み目	107
linear complementarity problem	線形相補性問題	333	link	リンク	650
linear dependence	1次従属	23	linking number	絡み数	107
linear dependence	線形従属	332	linking number	まつわり数	583
linear difference equation	線形差分方程式	332	Liouville number	リウヴィル数	634
linear difference equation with constant coefficients			Liouville's theorem		
	定数係数線形差分方程式	417		リウヴィルの定理(可積分系の)	634
linear differential equation	線形微分方程式	334	Liouville's theorem		
linear equation	線形方程式	336		リウヴィルの定理(複素関数の)	634
linear equivalence	線形同値(因子の)	334	Liouville's theorem		
linear equivalence	線形同値(群の線形表現の)	334		リウヴィルの定理(ベクトル場の)	634
linear form	線形形式	331	Lipschitz condition	リプシッツ条件	642
linear function	1次関数	23	Lipschitz constant	リプシッツ定数	642
linear functional	1次形式	23	Lipschitz continuous	リプシッツ連続	642
linear functional	線形汎関数	334	Lissajous' curve	リサージュ曲線	638
linear group	線形群	330	literal expression	文字式	601
linear independence	1次独立	23	little Picard theorem	ピカールの小定理	483
linear independence	線形独立	334	Lobachevsky, Nicolai Ivanovitch	ロバチェフスキー	665
linear inequality	1次不等式	23	Lobachevsky geometry	ロバチェフスキー幾何	666
linear inequality	線形不等式	335	Lobachevsky plane	ロバチェフスキー平面	666
linear isomorphism	線形同型写像	333	Lobachevsky space	ロバチェフスキー空間	666
linear map	線形写像	332	local	局所	153
linear mapping	1次写像	23	local	局所的	155
linear mapping defined by matrix			local coordinate system	局所座標系	155
	行列が定める線形写像	148	local coordinates	局所座標(曲面の)	155
linear operator	線形作用素	332	local coordinates	局所座標(多様体の)	155
linear order	線形順序	332	local field	局所体	155
linear ordinary differential equation			local maximum and local minimum	極大・極小	157
	線形常微分方程式	332	local minimum	極小	153
linear ordinary differential equation with constant coefficients			local one parameter group of local transformations		
	定数係数線形常微分方程式	417		局所1径数変換群	153

local optimal solution	局所最適解	155
local optimum	局所最適値	155
local parametrization	局所径数表示	154
local ring	局所環	154
local solution	局所解	154
localization	局所化（可換環の）	154
locally compact	局所コンパクト	155
locally connected	局所連結	156
locally finite	局所有限（部分集合族が）	155
locally simply connected	局所単連結	155
locally uniform convergence	局所一様収束	153
locally uniform convergence	広義一様収束	193
logarithm	対数	365
logarithmic capacity	対数容量	372
logarithmic derivative	対数微分法	371
logarithmic function	対数関数	366
logarithmic function	対数関数（複素関数としての）	367
logarithmic potential	対数ポテンシャル	372
logarithmic spiral	対数螺旋	372
logic	論理	668
logical calculus	論理計算	668
logical product	論理積	669
logical sum	論理和	669
logical symbol	論理記号	668
logicism	論理主義	669
logistic curve	ロジスティック曲線	665
logistic equation	ロジスティック方程式	665
logistic map	ロジスティック写像	665
long-time average	長時間平均	404
longitudinal wave	縦波	383
loop	ループ	654
loop space	ループ空間	654
Lorentz force	ローレンツ力	667
Lorentz metric	ローレンツ計量	667
Lorentz space	ローレンツ空間	667
Lorentz transformation	ローレンツ変換	667
Lorentzian manifold	ローレンツ多様体	667
Lorenz attractor	ロレンツ・アトラクタ	666
loss of significant digits	桁落ち	184
lower bound	下界	89
lower end	下端	102
lower semicontinuous	下半連続	103
lower semicontinuous	下に半連続	246
lower solution	劣解	658
lower triangular matrix	下3角行列	246
LU-decomposition	LU 分解	52
Lyapunov equation	リャプノフ方程式	648
Lyapunov exponent	リャプノフ指数	647
Lyapunov function	リャプノフ関数	647
Lyapunov stable	リャプノフ安定	647

M

M-sequence	M 系列	47
M-test	M 判定法	47
Möbius band	メビウスの帯	598
Möbius function	メビウスの関数	598
Méi Wén-dǐng	梅文鼎	466
Machin's identity	マチンの等式	582
Maclaurin, Colin	マクローリン	581
Maclaurin expansion	マクローリン展開	581
macroscopic	巨視的	161
macroscopic	マクロスコピック	581
magic square	魔方陣	584
magnetic field	磁場	248
magnetic monopole	磁気単極子	236
Mahāvīra	マハーヴィーラ	584
major axis	長軸	404
majorant series	優級数	611
Malliavin calculus	マリアヴァン解析	584
Mandelbrot set	マンデルブロ集合	586
manifold	多様体	384
manifold with boundary	境界付き多様体	142
mantissa	仮数	99
many-valued logic	多値論理	383
map	写像	256
map	マップ	583
map projection	地図投影法	397
mapping	写像	256
mapping space	写像空間	256
marginal distribution	周辺分布	265
Markov, Andrei Andreevich	マルコフ	584
Markov chain	マルコフ鎖	584
Markov chain	マルコフ連鎖	585
Markov chain	マルコフ連鎖（連続時間の）	585
Markov generating partition	マルコフ生成分割	585
Markov partition	マルコフ分割	585
Markov process	マルコフ過程	584
marriage theorem	結婚定理	185
martingale	マルチンゲール	586
Mascheroni's construction	マスケロニの作図	582

matching	マッチング	582	maximum value theorem	最大値の定理	222
mathematical biology	数理生物学	296	Maxwell's equation	マクスウェルの方程式	581
mathematical economics	数理経済学	296	meager set	第1類の集合	359
mathematical expectation	数学的期待値	294	mean	平均	538
mathematical finance	数理ファイナンス	297	mean	平均(確率変数の)	538
mathematical induction	数学的帰納法	294	mean curvature	平均曲率	538
mathematical logic	数理論理学	297	mean field approximation	平均場近似	539
mathematical model	数学モデル	294	mean value theorem	平均値の定理	539
mathematical programming	数理計画法	296	mean value theorem	平均値の定理(積分法の)	539
mathematical statistics	数理統計学	296	mean value theorem	平均値の定理(調和関数の)	539
mathematics of Renaissance in Europe	ヨーロッパ・ルネッサンスの数学	624	measurable function	可測関数	100
matrix	行列	146	measurable map	可測写像	101
matrix	マトリックス	583	measurable set	可測集合	101
matrix mechanics	行列力学	151	measurable space	可測空間	100
matrix of infinite degree	無限次行列	593	measure	測度	352
matrix representation	行列表示	150	measure of central tendency	代表値	374
matrix ring	行列環	148	measure preserving transformation	保測変換	572
matrix-valued function	行列値関数	150	measure space	測度空間	352
matroid	マトロイド	583	measure theoretic probability theory	測度論的確率論	353
Matunaga, Yosisuke	松永良弼	582	measure zero	測度零	353
Maurer-Cartan equation	モーラー–カルタン方程式	605	mechanical quadrature	機械的求積法(ガウスの)	121
maximal compact subgroup	極大コンパクト部分群	158	mechanics	力学	636
maximal condition	極大条件(環上の加群に関する)	158	median	中央値	397
maximal element	極大元	158	median	メジアン	598
maximal ideal	極大イデアル	157	meet	交わり	581
maximal torus	極大トーラス	158	Menelaus' theorem	メネラウスの定理	598
maximal torus	極大輪環部分群	158	Menger's theorem	メンガーの定理	599
maximal tree	極大木	157	meromorphic	有理型	617
maximal tree	極大樹木	158	meromorphic function	有理型関数	617
maximizing point	極大点	158	Mersenne number	メルセンヌ数	598
maximizing point	最大点	222	Mertens' theorem	メルテンスの定理	599
maximum	最大値	222	mesoscopic	メゾスコピック	598
maximum and minimum	最大最小	221	metalanguage	メタ言語	598
maximum flow minimum cut theorem	最大流最小カットの定理	222	metamathematics	超数学	405
maximum flow problem	最大流問題	223	metamathematics	メタ数学	598
maximum likelihood method	最尤法	225	method of bisection	2分法(近似値計算の)	458
maximum matching	最大マッチング	222	method of bisection	2分法(固有値問題の解法)	458
maximum matching minimum cover theorem	最大マッチング最小被覆の定理	222	method of exhaustion	積尽法	316
maximum norm	最大値ノルム	222	method of exhaustion	取り尽くし法	448
maximum principle	最大値の原理(正則関数の)	222	method of indeterminate coefficient	未定係数法	588
maximum principle	最大値原理(調和関数の)	222	method of numerical integration	数値積分法	295
			method of reduction of order	階数低下法	73
			method of separation of variables	変数分離法	556
			method of solution of first order partial differential equations	1階偏微分方程式の解法	27

method of stationary phase	停留位相法	424	modular function	モジュラー関数 602
metric	距離	162	modular group	モジュラー群 602
metric	計量	183	modular representation	モジュラー表現 602
metric entropy	測度論的エントロピー	353	modular transformation	モジュラー変換 603
metric function	距離関数	162	module	加群 97
metric space	距離空間	162	moduli space	モジュライ空間 601
metric vector space	計量線形空間	184	modulus	法 563
metrizable space	距離づけ可能な空間	163	modulus	母数(楕円積分の) 571
metrization theorem	距離化定理	162	mollifier	軟化子 453
microlocal analysis	超局所解析学	404	moment	積率 320
microscopic	微視的	485	moment	モーメント 605
microscopic	ミクロスコピック	587	moment map	運動量写像 42
middle point	中点	401	moment map	モーメント写像 605
middle point theorem	中点連結定理	401	moment problem	モーメント問題 605
Mikusiński's method	ミクシンスキーの方法	587	momentum	運動量 42
minimal polynomial	最小多項式(行列の)	220	momentum map	運動量写像 42
minimal polynomial	最小多項式(体論における)	220	momentum map	モーメント写像 605
minimal realization	最小実現	219	Monge-Ampère equation	
minimal splitting field	最小分解体	221		モンジュ−アンペールの方程式 606
minimal surface	極小曲面	153	monic minimal polynomial	モニック最小多項式 604
minimax principle	最大最小原理	221	monic polynomial	モニック多項式 604
minimax theorem	最大最小定理	221	monodromy group	モノドロミー群 605
minimax theorem	ミニマックス定理	588	monodromy matrix	モノドロミー行列 605
minimizing point	極小点	154	monoid	モノイド 604
minimizing point	最小点	220	monomial	単項式 388
minimum	最小値	220	monopole	モノポール 605
minimum cost flow problem	最小費用流問題	220	monotone decreasing	単調減少 392
minimum spanning tree	最小全域木	220	monotone decreasing sequence	単調減少列 392
Minkowski, Hermann	ミンコフスキー	589	monotone function	単調関数 392
Minkowski dimension	ミンコフスキー次元	589	monotone increasing	単調増加 392
Minkowski metric	ミンコフスキー計量	589	monotone increasing sequence	単調増加列 392
Minkowski space	ミンコフスキー空間	589	monotone nondecreasing	単調非減少 392
Minkowski space-time	ミンコフスキー時空	589	monotone nonincreasing	単調非増加 392
Minkowski's constant	ミンコフスキーの定数	589	monster	モンスター 606
Minkowski's inequality	ミンコフスキーの不等式	589	Monte Carlo method	モンテカルロ法 606
Minkowski's lattice point theorem			moonshine	ムーンシャイン 597
	ミンコフスキーの格子点定理	589	Mordell conjecture	モーデル予想 604
minor	小行列式	275	Mordell-Faltings theorem	
minor axis	短軸	388		モーデル−ファルティングスの定理 604
minus element	マイナス元	581	Mordell-Weil theorem	モーデル−ヴェイユの定理 604
mixed boundary condition	混合境界条件	215	Morera's theorem	モレラの定理 606
mixing property	混合性	215	morphism	射 251
modal logic	様相論理	622	Morse function	モース関数 603
mode	最頻値	224	Morse index	モース指数 603
model	モデル	604	Morse theory	モース理論 603
mode	モード	604	motion group	運動群 42
modular equation	モジュラー方程式	603	motion of rigid body	剛体運動 198

motion of top	コマの運動	210		negative semidefinite	負半定値	519
moving average representation	移動平均表示	32		neighborhood	近傍	166
moving frame	動標構	439		neighborhood system	近傍系	166
multi-index	多重指数	381		network	ネットワーク	462
multilinear form	多重線形形式	381		Neumann boundary condition	ノイマン境界条件	463
multilinear mapping	多重線形写像	381		Neumann problem	ノイマン問題	463
multinomial coefficient	多項係数	379		Neumann series	ノイマン級数	463
multinomial theorem	多項定理	380		Nevanlinna Prize	ネヴァンリンナ賞	461
multiple	倍数	465		Newton, Isaac	ニュートン	459
multiple arc	多重辺	382		Newton method	ニュートン法	459
multiple ideal	倍イデアル	465		Newton potential	ニュートン・ポテンシャル	459
multiple integral	多重積分	381		Newton's equation of motion	ニュートンの運動方程式	459
multiple root	重根	261				
multiple root	重複根	406		Newton's law of motion	ニュートンの運動法則	459
multiple solution	重解	258		Newton-Raphson method	ニュートン-ラフソン法	460
multiplication	乗法	281				
multiplication rule	乗法定理(確率の)	282		Newtonian mechanics	ニュートン力学	460
multiplicative group	乗法群	282		nilpotent	べき零	546
multiplicative valuation	乗法付値	282		nilpotent element	べき零元	547
multiplicity	重複度	406		nilpotent group	べき零群	547
multiplicity	重複度(交点の)	406		nilpotent ideal	べき零イデアル	546
multiplicity	重複度(固有値の)	406		nilpotent Lie algebra	べき零リー環	547
multiplicity of intersection	交わりの重複度	581		nilpotent Lie group	べき零リー群	547
multiply connected	多重連結	382		nilpotent matrix	べき零行列	546
multivalued function	多価関数	378		node	結節点	185
multivariate analysis	多変量解析	384		node	節点	326
				Noether, Amalie Emmy	ネーター	461
				Noether's theorem	ネーターの定理	462
				Noetherian ring	ネーター環	461
				noise	雑音	226

N

n-adic system	n 進法	46		noise	ノイズ	463
nth root of unity	1 の n 乗根	24		non-Archimedean absolute value	非アルキメデス的絶対値	482
nabla	ナブラ	452				
Nakayama's lemma	中山の補題	452		non-Archimedean valuation	非アルキメデス的付値	482
Napier, John	ネピア	462				
Napier number	ネピア数	463		non-Euclidean geometry	非ユークリッド幾何学	496
natural	自然な	246		non-Euclidean plane	非ユークリッド平面	496
natural logarithm	自然対数	246		non-Euclidean space	非ユークリッド空間	496
natural number	自然数	245		noncharacteristic	非特性的	489
Navier-Stokes equation	ナヴィエ-ストークス方程式	451		noncommutative gauge theory	非可換ゲージ理論	483
				noncommutative geometry	非可換幾何学	483
necessary and sufficient condition	必要十分条件	489		noncommutative group	非可換群	483
necessary condition	必要条件	489		noncommutative ring	非可換環	483
negative correlation	負の相関	519		noncooperative game	非協力ゲーム	484
negative definite	負定値	518		nondegenerate	非退化(2次形式の)	487
negative definite matrix	負定値行列	518		nondegenerate	非退化(双線形形式が)	487
negative semidefinite	半負定値	481		nondispersive	非分散的	494

nonholonomic constraint	非ホロノーム拘束	495	null set		零集合	656
nonlinear	非線形	486	number field		数体	294
nonlinear differential equation	非線形微分方程式	487	number of cases		場合の数	465
nonlinear programming	非線形計画法	487	number of primes		素数の個数	354
nonlinear Schrödinger equation			number theory		数論	297
	非線形シュレーディンガー方程式	487	number theory		整数論	309
nonmeasurable set	非可測集合	483	number-theoretic function			
nonnegative definite matrix	非負定値行列	491		数論的関数(計算理論における)		297
nonnegative matrix	非負行列	490	numeration system		記数法	125
nonparametric method	ノンパラメトリック法	465	numerical analysis		数値解析	294
nonpositive definite	非正定値	486	numerical computation		数値計算	295
nonpositive definite matrix	非正定値行列	486	numerical computation with guaranteed accuracy			
nonprolongable solution	延長不能解	57		精度保証付き数値計算		314
nonsingular point	非特異点	489	numerical differentiation		数値微分	295
nonsingular variety	非特異多様体	489	numerical line		数直線	295
nonstandard analysis	超準解析	404	numerical plane		数平面	296
nonstationary flow	非定常流	489	numerical space		数空間	294
nonwandering set	非遊走集合	496	numerical vector		数ベクトル	296
nonzero divisor	非零因子	502	nutation		章動	280
norm	ノルム	464				
norm	ノルム(イデアルの)	464				
normal algebraic variety	正規代数多様体	305		**O**		
normal continued fraction	正規連分数	306				
normal derivative	法線微分	565	oblique coordinates		斜交座標	256
normal direction	法線方向	565	observability		可観測性	90
normal distribution	正規分布	305	obverse		裏(命題の)	42
normal extension	正規拡大	304	obverse		表	69
normal family	正規族	305	odd function		奇関数	123
normal form	正規形(微分方程式の)	304	odd permutation		奇置換	126
normal form of elementary divisors	単因子標準形	388	of definite area		面積確定	600
normal line	法線	564	of mixed type	混合型(偏微分方程式の)		215
normal matrix	正規行列	304	Ohm's law		オームの法則	68
normal number	正規数	304	Oka, Kiyoshi		岡潔	68
normal plane	法平面	567	one parameter group of transformations			
normal ring	正規環	304		1 径数変換群		22
normal space	正規空間	304	one parameter group of transformations			
normal subgroup	正規部分群	305		1 助変数変換群		24
normal transformation	正規変換	305	one parameter subgroup		1 径数部分群	22
normal vector	法線ベクトル	565	one to one		1 対 1	24
normal vector	法ベクトル	567	one-to-one correspondence		1 対 1 の対応	24
normal vector field	法ベクトル場	568	one-to-one mapping		1 対 1 の写像	24
normalizing group	正規化群	304	onto map		上への写像	40
normed ring	ノルム環	464	open covering		開被覆	80
normed space	ノルム空間	464	open disk		開円板	70
nowhere dense	全疎	337	open half-space		開半空間	79
NP-complete	NP 完全	46	open interval		開区間	71
NP-hard	NP 困難	46	open map		開写像	71

open mapping theorem	開写像定理	71		orthogonal curvilinear coordinates	直交曲線座標	412
open neighborhood	開近傍	71		orthogonal direct sum	直交直和	413
open set	開集合	72		orthogonal group	直交群	412
open subgroup	開部分群	81		orthogonal matrix	直交行列	412
operation	演算	53		orthogonal polynomial	直交多項式	412
operational calculus	演算子法	53		orthogonal projection	正射影	307
operations research	OR	62		orthogonal projection	直交射影	412
operations research	オペレーションズ・リサーチ	68		orthogonal transformation	直交変換(実線形空間の)	413
operator	演算子	53		orthogonal transformation	直交変換(正方行列の)	413
operator	作用素	229		orthonormal basis	正規直交基底	305
operator algebra	作用素環	229		orthonormal basis	正規直交基底(ヒルベルト空間の)	305
operator norm	作用素ノルム	230		orthonormal system	正規直交系	305
opposite side	対辺	374		oscillation	振動	289
optimal solution	最適解	223		oscillation	振動(数列の)	289
optimality criterion	最適性規準	224		oscillation	振幅(数列または関数の)	289
optimization problem	最適化問題	224		oscillatory integral	振動積分	289
orbit	軌道	127		out-degree	出次数	426
orbit space	軌道空間	127		outer measure	外測度	77
order	位数(群の元の)	17		oval	卵形線	632
order	位数(整関数の)	17		ovaloid	卵形面	632
order	位数(無限小・無限大の)	18				
order	位数(有限集合の)	18				
order	位数(零点と極の)	18				
order	順序	271				
order isomorphism	順序同型	272				
order relation	順序関係	271		℘ function	ペー関数	545
ordered field	順序体	272		p-adic absolute value	p 進絶対値	486
ordered set	順序集合	272		p-adic distance	p 進距離	485
ordinal number	順序数	272		p-adic field	p 進体	486
ordinary differential equation	常微分方程式	280		p-adic integer	p 進整数	486
ordinary point	通常点	414		p-adic integer ring	p 進整数環	486
orientable	向き付け可能	591		p-adic number	p 進数	485
orientation	向き(空間の)	590		p-adic number field	p 進数体	485
orientation	向き(閉曲線の回る)	590		p-adic valuation	p 進付値	486
orientation preserving	向きを保つ	591		p-group	p 群	484
oriented	向きの付いた	591		p-summable	p 乗可積分	485
oriented graph	有向グラフ	614		p-summable	p 乗総和可能	485
oriented line	有向直線	615		p-Sylow subgroup	p シロー部分群	485
oriented segment	有向線分	615		P=NP problem	P=NP 問題	483
oriented surface	有向曲面	614		Painlevé equation	パンルヴェ方程式	482
origin	原点	192		pair	対	414
orthocenter	垂心	292		Papus' theorem	パップスの定理	471
orthogonal	直交	411		parabola	放物線	567
orthogonal basis	直交基底	411		parabolic	放物的	567
orthogonal complement	直交補空間	413		parabolic boundary	放物型境界	567
orthogonal coordinate system	直交座標系	412		parabolic cylinder	放物柱面	567

paracompact	パラコンパクト	475
paradox	パラドックス	475
paradox of mirrors	鏡のパラドックス	89
paradox of ordinal numbers	順序数のパラドックス	272
parallel	平行	539
parallel arc	平行辺	540
parallel transport	平行移動(接続が定める)	540
parallelopiped	平行6面体	540
parameter	径数	182
parameter	助変数	285
parameter	媒介変数	465
parameter	パラメータ	475
parameter	母数(統計の)	572
parameter dependence	パラメータ依存性	475
parameter of arc length	弧長径数	208
parametrization	径数表示	183
parametrization by arc length	弧長表示	208
Pareto optimum	パレート最適	476
Parseval's equality	パーセヴァルの等式	469
partial differential equation of elliptic type	楕円型偏微分方程式	375
partial derivative	偏導関数	557
partial derivative	偏微分	557
partial derivative	偏微分係数	558
partial differential coefficient	偏微分係数	558
partial differential equation	偏微分方程式	558
partial differential equation of hyperbolic type	双曲型偏微分方程式	343
partial differential equation of parabolic type	放物型偏微分方程式	567
partial differentiation	偏微分	557
partial order	半順序	478
partially continuous	偏連続	559
particular solution	特解	445
partition	分割(区間の)	532
partition	分割(自然数の)	532
partition	分割(集合の)	532
partition number	分割数	532
partition of matrix	行列の区分け	150
partition of unity	1の分解	24
partition of unity	1の分割	24
partition of unity	単位の分割	387
Pascal, Blaise	パスカル	469
Pascal's theorem	パスカルの定理	469
Pascal's triangle	パスカルの3角形	469
Pasch's axiom	パッシュの公理	470
path	道	587
path integral	径路積分	184
path of integration	積分路	320
path-connected	弧状連結	207
pathological phenomenon	病的現象	499
Peano, Giuseppe	ペアノ	537
Peano curve	ペアノ曲線	537
Peano's axiom	ペアノの公理	537
Peano's existence theorem	ペアノの存在定理	537
Pell's equation	ペルの方程式	553
Penrose tiling	ペンローズのタイル張り	559
pentagon	ペンタゴン	557
percolation	パーコレーション	468
perfect field	完全体	117
perfect graph	パーフェクト・グラフ	473
perfect matching	完全マッチング	118
perfect number	完全数	116
period	周期(関数の)	258
period	周期(リーマン面の)	258
period	循環節	270
period matrix	周期行列	259
period of sequence	数列の周期	297
periodic function	周期関数	259
periodic orbit	周期軌道	259
periodic point	周期点	259
periodic solution	周期解	259
permanence of functional relations	関数関係不変の原理	114
permutation	順列	274
permutation	置換	395
permutation group	置換群	396
permutation matrix	置換行列	396
permutation representation	置換表現	396
perpendicular	垂線	293
Perron's method	ペロンの方法	555
Perron-Frobenius' theorem	ペロン–フロベニウスの定理	555
perturbation	摂動	326
Peter-Weyl's theorem	ピーター–ワイルの定理	489
Petri net	ペトリ・ネット	551
phase	位相(波の)	18
phase function	相関数	343
phase plane	相平面	350
phase plane portrait	相平面図	350
phase portrait	相図	346
phase space	位相空間(力学における)	19
phase space	相空間	344

phase transition	相転移	349
phase velocity	位相速度	20
physical dimension	次元(物理次元の)	238
pi	π	465
Picard's successive approximation	ピカールの逐次近似法	484
piecewise C^r class	区分的に C^r 級	170
piecewise continuous	区分的に連続	170
piecewise linear	区分的に線形	170
piecewise smooth	区分的に滑らか	170
pigeonhole principle	鳩の巣論法	472
pigeonhole principle	部屋割り論法	551
Plücker coordinates	プリュッカー座標	527
place	素点	356
planar graph	平面グラフ	544
planar graph	平面的グラフ	544
plane graph	平面グラフ	544
Plancherel's theorem	プランシュレルの定理	525
Planck's constant	プランク定数	524
plane at infinity	無限遠平面	592
plane curve	平面曲線	544
plane wave	平面波	544
Plateau's problem	プラトー問題	524
Platon	プラトン	524
Poincaré, Henri	ポアンカレ	561
Poincaré conjecture	ポアンカレ予想	562
Poincaré disk	ポアンカレの円板	562
Poincaré group	ポアンカレ群	561
Poincaré map	ポアンカレ写像	561
Poincaré metric	ポアンカレ計量	561
Poincaré's lemma	ポアンカレの補題	562
Poincaré-Bendixon's theorem	ポアンカレ-ベンディクソンの定理	562
point	点	428
point at infinity	無限遠点	592
point of contact	接点	326
point of inflection	変曲点	556
point process	点過程	429
point sequence	点列	433
point spectrum	点スペクトル	429
point symmetry	点対称	432
pointwise convergence	各点収束	93
Poisson bracket	ポアソン括弧式	560
Poisson distribution	ポアソン分布	561
Poisson integral	ポアソン積分	560
Poisson kernel	ポアソン核	560
Poisson process	ポアソン過程	560
Poisson stable	ポアソン安定	560
Poisson's equation	ポアソンの方程式	561
Poisson's summation formula	ポアソンの和公式	561
polar coordinate representation	極表示	158
polar coordinates	極座標	153
polar decomposition	極分解(行列の)	158
polar form	極形式	151
polar vector	極性ベクトル	156
pole	極	151
pole	極(複素関数の)	151
polydisk	多重円板	381
polygon	多角形	378
polygonal approximation	折れ線近似	69
polygonal function	折れ線関数	69
polygonal line	折れ線	69
polyhedron	多面体	384
polynomial	整式	306
polynomial	多項式	379
polynomial growth	多項式増大	380
polynomial ring	多項式環	380
polynomial with real coefficients	実係数多項式	247
polynomial-time	多項式時間	380
polynomial-time algorithm	多項式時間アルゴリズム	380
Poncelet theorem	ポンスレの定理	579
Poncelet's closure theorem	ポンスレの閉形定理	579
Pontryagin maximum principle	ポントリャーギンの最大原理	580
population	母集団	571
population distribution	母集団分布	571
population genetics	集団遺伝学	264
population mean	母平均	575
population ratio	母集団比率	571
population standard deviation	母標準偏差	575
position vector	位置ベクトル	25
positive definite	正定値	314
positive definite function	正定値関数	314
positive definite matrix	正定値行列	314
positive definite quadratic form	正定値2次形式	314
positive definite symmetric matrix	正値対称行列	313
positive definite symmetric matrix	正定値対称行列	314
positive divisor	正因子	303
positive divisor	整因子(代数曲線の)	303
positive Hermitian matrix	正値エルミート行列	313
positive matrix	正行列	306
positive semidefinite	半正定値	478
positive semidefinite matrix	半正定値行列	478

positive series	正項級数	306	principal divisor group	主因子群	257
positivity preserving property	正値保存性	313	principal ideal	主イデアル	257
postulate	公準	195	principal ideal	単項イデアル	388
potential	ポテンシャル	574	principal ideal domain	主イデアル整域	257
potential energy	位置エネルギー	22	principal ideal group	単項イデアル群	388
potential energy	ポテンシャル・エネルギー	574	principal ideal ring	単項イデアル環	388
potential equation	ポテンシャル方程式	574	principal minor	主小行列式	266
potential theory	ポテンシャル論	574	principal normal	主法線	268
power	べき	545	principal part	主要部(孤立特異点の)	268
power	累乗	652	principal symbol	主表象	267
power function	累乗関数	652	principal symbol	主要表象	268
power series	べき級数	545	principal value	主値(積分の)	267
power series	べき級数(行列の)	546	principal value	主値(多価関数の)	267
power series	べき級数(多変数の)	546	principle of Archimedes	アルキメデスの原理(実数の)	12
power series of matrix	行列のべき級数	150	principle of inclusion and exclusion	包含排除の原理	563
power set	べき集合	546	principle of inclusion and exclusion	包除原理	564
power spectrum	パワー・スペクトル	476	principle of increase of entropy	エントロピー増大の原理	59
pre-Hilbert space	前ヒルベルト空間	339	principle of least action	最小作用の原理	219
precession	歳差運動	219	principle of location	位取りの原理	171
precompact	プレコンパクト	528	principle of relativity	相対性原理	347
prehomogeneous vector space	概均質ベクトル空間	71	principle of superposition	重ね合わせの原理	98
preimage	原像	192	prisoner's dilemma	囚人のジレンマ	262
presentation	表示(群の)	497	probability	確率	94
presentation of group	群の表示	179	probability density	確率密度	97
primal-dual method	主双対法	267	probability density function	確率密度関数	97
primary ideal	準素イデアル	273	probability distribution	確率分布	95
prime element	素元	353	probability distribution function	確率分布関数	96
prime factor	素因子	340	probability generating function	確率母関数	97
prime factor	素因数	340	probability measure	確率測度	95
prime field	素体	355	probability space	確率空間	94
prime ideal	素イデアル	340	probability theory	確率論	97
prime number	素数	354	problem of geometrical construction	作図問題	225
prime number theorem	素数定理	354	product	積	315
primitive nth root of unity	1 の原始 n 乗根	24	product	積(微分形式の)	315
primitive element	原始元	191	product event	積事象	316
primitive function	原始関数	188	product measure	直積測度	409
primitive function	原始関数(無理関数の)	189	product rule	積の法則	316
primitive function	原始関数(有理関数の)	190	product set	積集合	316
primitive irreducible polynomial	原始既約多項式	190	product topology	直積位相	409
primitive polynomial	原始多項式	191	program	プログラム	530
primitive recursive function	原始帰納的関数	190	progression	数列	297
primitive root	原始根	191	progression of differences	階差数列	71
principal axis	主軸	266	projection	射影	251
principal axis of inertia	慣性主軸	115	projection	射影(作用素)	251
principal curvature	主曲率	265			
principal divisor	主因子	257			

projection	射影(直積空間の)	251			
projection	射影作用素	253			
projective algebraic variety	射影代数多様体	253		**Q**	
projective curve	射影曲線	252			
projective geometry	射影幾何学	252	Qín Jiǔ-sháo	秦九韶	288
projective limit	射影的極限	254	QR method	QR 法	137
projective module	射影加群	251	quadrangular number	4 角数	236
projective plane	射影平面	254	quadrant	象限	276
projective set	射影的集合	254	quadratic approximation	2 次近似	455
projective space	射影空間	252	quadratic curve	2 次曲線	454
projective space	射影空間(多様体としての)	252	quadratic equation	2 次方程式	456
projective subvariety	射影部分多様体	254	quadratic extension	2 次拡大	454
projective surface	射影曲面	252	quadratic field	2 次体	456
projective transformation	射影変換	254	quadratic form	2 次形式	455
projective variety	射影多様体	253	quadratic function	2 次関数	454
prolongation	延長(常微分方程式の解の)	57	quadratic reciprocity law	平方剰余の相互法則	543
proof	証明	282	quadratic residue	平方剰余	543
proper continuous mapping	固有な連続写像	212	quadratic surface	2 次曲面	454
proper map	固有写像	211	quadrature	求積法	138
proper oscillation	固有振動	211	quadrature of circle	円積問題	56
proper subset	真部分集合	290	qualitative theory	定性的理論(常微分方程式の)	418
properly posed	適切	425	quantization	量子化	649
property of nested intervals	区間縮小法	168	quantum group	量子群	649
proportional	比例	502	quantum mechanics	量子力学	650
proposition	命題	597	quasi-Newton method	準ニュートン法	274
propositional logic	命題論理	597	quasilinear	準線形	273
pseudo-differential operator	擬微分作用素	129	quasiperiodic function	準周期関数	271
pseudo-orbit	擬軌道	123	quasiperiodic motion	準周期運動	271
pseudo-prime number	擬素数	126	quasiperiodic solution	準周期解	271
pseudoconvex domain	擬凸領域	127	quaternion	4 元数	238
pseudometric	擬距離	124	queuing theory	待ち行列理論	582
pseudorandom number	擬似乱数	125	quotient	商	274
pseudosphere	擬球	123	quotient group	商群	276
pseudovector	擬ベクトル	129	quotient linear space	商線形空間	278
Ptolemaios, Klaudios	プトレマイオス	519	quotient manifold	商多様体	279
Ptolemy's theorem	トレミーの定理	449	quotient ring	商環	275
public key cryptography	公開鍵暗号	192	quotient set	商集合	277
Puiseux series	ピュイズー級数	495	quotient space	商空間	276
pull back	引き戻し	484	quotient topology	商位相	274
purely imaginary number	純虚数	271			
push forward	押出し	68		**R**	
push out	押出し	68			
Pythagoras	ピタゴラス	487	radial vector	動径	435
Pythagoras	ピュタゴラス	497	radian	弧度法	209
Pythagorean field	ピタゴラス体	487	radian	ラジアン	628
Pythagorean number	ピタゴラス数	487	radical	根基(イデアルの)	215
Pythagorean theorem	ピタゴラスの定理	488			

radical	根基（可換環の）	215	rational function field	有理関数体	616
radical	根基（リー環の）	215	rational function field	有理関数体（代数多様体の）	616
radical	ラディカル	629	rational integer	有理整数	618
radical root	べき根	546	rational integer ring	有理整数環	618
radical root	累乗根	652	rational mapping	有理写像	617
radical sign	根号	215	rational number	有理数	617
radius of convergence	収束半径	264	rational number field	有理数体	617
radius of curvature	曲率半径	161	rational point	有理点（$\mathbb{R}^n$ の）	618
Radon measure	ラドン測度	629	rational point	有理点（代数多様体の）	618
Radon transformation	ラドン変換	630	rationalization	有理化	616
Radon-Nikodym derivative	ラドン-ニコディム微分	629	rationalization of denominator	分母の有理化	535
Radon-Nikodym's theorem	ラドン-ニコディムの定理	629	Rayleigh-Ritz method	レイリー-リッツの方法	657
raising and lowering of index	添え字の上げ下げ	351	reaction-diffusion equation	反応拡散方程式	480
Ramanujan, Srinivasa	ラマヌジャン	632	real analytic	実解析的	247
Ramanujan hypothesis	ラマヌジャン予想	632	real analytic function	実解析関数	246
ramification	分岐（素イデアルの）	532	real axis	実軸	247
ramification index	分岐指数	533	real Jordan normal form	実ジョルダン標準形	247
ramified covering	分岐被覆（多様体の）	533	real linear space	実線形空間	248
Ramsey theory	ラムゼー理論	632	real matrix	実行列	247
random	ランダム	633	real number	実数	247
random field	確率場	95	real number field	実数体	248
random number	乱数	633	real part	実数部分	248
random sample	無作為標本	595	real part	実部	248
random sampling	任意抽出法	460	real projective space	実射影空間	247
random sampling	無作為抽出法	595	real vector space	実ベクトル空間	248
random variable	確率変数	96	reciprocal	逆数（複素数の）	135
random walk	酔歩	293	reciprocity law	相互法則	344
random walk	ランダム・ウォーク	633	rectifiable	求長可能	139
random walk	乱歩	633	recurrence	回帰性	70
range	値域	394	recurrence	再帰性	218
rank	階数（アーベル群の）	73	recurrence relation	漸化式	328
rank	階数（行列の）	73	recurring continued fraction	循環連分数	270
rank	階数（グラフの）	73	recurring decimal	循環小数	270
rank	階数（線形写像の）	73	recursive function	帰納的関数	128
rank	ランク	632	reduced residue class	既約剰余類	135
rapidly decreasing function	急減少関数	137	reduced residue class group	既約剰余類群	135
rare	全疎	337	reducibility	可約性（多項式の）	106
rate of change	変化率	555	reducible	可約	106
ratio	比	482	reducible polynomial	可約多項式	106
ratio of circumference of circle to its diameter	円周率	54	reductio ad absurdum	背理法	466
ratio of magnification	相似比	346	reduction	還元（素イデアルを法とする）	112
rational curve	有理曲線	616	reduction to absurdity	背理法	466
rational expression	有理式	617	refinement	細分（分割や被覆の）	224
rational function	有理関数	616	reflection	鏡映	140
rational function	有理関数（代数多様体の）	616	reflection group	鏡映群	141
			reflection principle	鏡像原理	143
			reflection principle	反射原理	478

reflexive law	反射律	478		remainder	余り（割り算における）	11
region	領域	649		remainder theorem	剰余定理	283
regression analysis	回帰分析	70		removable singularity	除去可能な特異点	284
regression line	回帰直線	70		renewal equation	再生方程式	221
regular graph	正則グラフ	311		renormalization group	くりこみ群	174
regular language	正規言語	304		repeated combination	重複組合せ	406
regular local ring	正則局所環	311		repeated integral	反復積分	480
regular matrix	正則行列	311		repeated integral	累次積分	651
regular parameter	正則パラメータ	312		repeated permutation	重複順列	406
regular point	正則点（代数多様体の）	312		repeated trials	反復試行	480
regular point	正則点（微分方程式の）	312		repeating decimal	循環小数	270
regular point	正則点（複素関数の）	312		repeller	反撥集合	480
regular polyhedral group	正多面体群	313		repeller	レペラ	660
regular polyhedron	正多面体	313		representation	表現	497
regular polytope	正多胞体	313		representation by components		
regular representation	正則表現	312			成分表示（ベクトルの）	315
regular singularity	確定特異点	93		representation by extremal points	端点表示	393
regular space	正則空間	311		representation by level surface	等高面表示	436
regular tree	正則木	311		representation of $SL(2,\mathbb{C})$ and $SU(2)$		
regular tree	正則樹木	311			$SL(2,\mathbb{C})$, $SU(2)$ の表現	45
regularity	正則性	311		representation of compact group		
regularity	正則性（解の）	312			コンパクト群の表現論	217
regularity theorem				representation theory of Lie groups		
	正則性定理（楕円型方程式の解の）	312			リー群の表現論	638
regulator	単数基準	391		representative	代表元	374
relation	関係	112		residually finite group	剰余有限群	283
relation between roots and coefficients				residue	剰余	282
	解と係数の関係	79		residue	留数	648
relation between roots and coefficients				residue class	剰余類	284
	根と係数の関係	216		residue class group	剰余群	283
relative degree	相対次数（素イデアルの）	347		residue class group	剰余類群	284
relative entropy	相対エントロピー	347		residue field	剰余体	283
relative error	相対誤差	347		residue ring	剰余環	283
relative frequency	相対度数	347		residue theorem	留数定理	648
relative frequency	相対頻度	347		resolution of identity	単位の分解	387
relative frequency table	相対度数分布表	347		resolvent	レゾルベント	658
relative invariant	相対不変式	347		resonance	共振	143
relative topology	相対位相	347		resonance	共鳴	144
relatively compact	相対コンパクト	347		resonance theorem	共鳴定理	144
relatively minimal model	相対極小モデル	347		restriction	制限（写像の）	306
relatively prime	互いに素	378		resultant	終結式	260
relaxation	緩和問題	121		return map	帰還写像	123
relaxation phenomenon	緩和現象	120		return time	帰還時間	123
relaxed problem	緩和問題	121		reverse	裏（曲面の）	42
reliability	信頼度	291		reverse mathematics	逆数学	135
Rellich's theorem	レリッヒの定理	660		reversibility	可逆性	90
remainder	剰余項	283		reversible process	可逆過程	90

Riccati equation	リッカチ方程式	641		root	根(ね)	461
Ricci curvature	リッチ曲率	641		root system	根系	215
Riemann, Georg Friedrich Bernhard	リーマン	642		root system	ルート系	654
Riemann hypothesis	リーマン予想	646		rotation	回転	77
Riemann integral	リーマン積分	644		rotation	回転(ベクトル解析における)	78
Riemann sphere	リーマン球面	643		rotation	回転移動	78
Riemann surface	リーマン面	645		rotation group	回転群	78
Riemann zeta function	リーマンのゼータ関数	644		rotation number	回転数(円周の同相写像の)	78
Riemann's mapping theorem	リーマンの写像定理	644		rotation number	回転数(閉曲線の)	78
Riemann-Hilbert problem	リーマン–ヒルベルトの問題	645		rotational symmetry	回転対称	78
Riemann-Lebesgue theorem	リーマン–ルベーグの定理	646		Rouché's theorem	ルーシェの定理	653
Riemann-Liouville integral	リーマン–リウヴィル積分	646		round-off error	丸め誤差	586
Riemann-Roch theorem	リーマン–ロッホの定理	646		row	行	140
Riemann-Stieltjes integral	リーマン–スティルチェス積分	644		row vector	行ベクトル	143
Riemannian curvature tensor	リーマンの曲率テンソル	644		row vector	横ベクトル	623
Riemannian geometry	リーマン幾何学	643		ruled surface	線織面	337
Riemannian manifold	リーマン多様体	644		Runge-Kutta method	ルンゲ–クッタ法	655
Riemannian metric	リーマン計量	643		Russell's paradox	ラッセルのパラドックス	629
Riesz representation theorem	リースの表現定理	640				

S

right action	右作用	586		saddle point	鞍点(関数の)	15
right continuous	右連続	587		saddle point	鞍点(ベクトル場の)	15
right coset	右剰余類	586		saddle point	鞍点(力学系の)	16
right differential coefficient	右微分係数	587		saddle point method	鞍点法	16
right ideal	右イデアル	586		saddle point method	鞍部点法	16
right module	右加群	586		sample	標本	499
right translation	右移動	586		sample mean	標本平均	500
right-hand system	右手系	586		sample mean	見本平均	589
right-side limit	右極限	586		sample path	見本過程	589
right-side limit value	右極限値	586		sample proportion	標本比率	499
rigid body	剛体	198		sample space	標本空間	499
rigidity	剛性	195		sample standard deviation	標本標準偏差	499
ring	環	111		sample variance	標本分散	499
ring of algebraic integer	代数的整数環	369		sampling inspection	標本調査	499
ring of differential operators	微分作用素環	494		sampling with repetition	復元抽出	510
ring of functions	関数環	114		Sard's theorem	サードの定理	226
ring of total quotients	全商環	336		satisfiability problem	充足可能性問題	263
ringed space	環つき空間	118		Sato, Mikio	佐藤幹夫	226
ringed space	付環空間	510		Sato's hyperfunction	佐藤の超関数	226
robust method	ロバスト法	665		scalar	スカラー	297
Rodrigues' formula	ロドリグの公式	665		scalar curvature	スカラー曲率	297
Rolle's theorem	ロルの定理	666		scalar matrix	スカラー行列	297
root	根	215		scalar potential	スカラー・ポテンシャル	298
				scalar triple product	スカラー3重積	298
				scaling law	スケール則	298

English	Japanese	Page
scaling limit	スケール極限	298
scattering theory	散乱理論	234
Schauder's fixed point theorem	シャウダーの不動点定理	251
scheduling problem	スケジューリング問題	298
scheme theory	スキーム理論	298
Schmidt's orthogonalization method	シュミットの直交化法	268
Schoenflies' theorem	シェーンフリスの定理	236
Schrödinger equation	シュレーディンガー方程式	268
Schur's lemma	シューアの補題	257
Schwartz' distribution	シュワルツの超関数	268
Schwarz inequality	シュワルツの不等式	268
Schwarz's lemma	シュワルツの補題	269
Schwarzian derivative	シュワルツ微分	269
scissors congruence	はさみ同値	468
secant	正割	303
secant method	割線法	102
second complementary law	第2補充法則	373
second cosine theorem	第2余弦定理	373
second countability axiom	第2可算公理	373
second fundamental form	第2基本形式	373
second incompleteness theorem	第2不完全性定理	373
second variational formula	第2変分公式	373
section	切断(ベクトル束の)	325
sectional curvature	断面曲率	393
secular equation	永年方程式	44
secular perturbation	永年摂動	43
Seifert surface	ザイフェルト膜	224
Seki, Takakazu	関孝和	316
self-adjoint operator	自己共役作用素(ヒルベルト空間の)	239
self-adjoint operator	自己随伴作用素(ヒルベルト空間の)	240
self-intersection	自己交叉	239
self-loop	自己閉路	240
self-reference	自己言及	239
self-similar set	自己相似集合	240
self-similar solution	自己相似解	240
self-similarity	自己相似則	240
semicircle law	半円則	477
semiclassical approximation	準古典近似	271
semicontinuous	半連続	482
semidefinite programming	半正定値計画法	478
semidirect product	半直積(群の)	479
semigroup	半群	477
semigroup of operators	作用素の半群	229
semilinear	半線形	478
seminorm	セミノルム	326
seminorm	半ノルム	480
semiorder	半順序	478
semisimple Lie algebra	半単純リー環	479
semisimple Lie group	半単純リー群	479
semisimple matrix	半単純行列	479
semisimplicity	半単純性(線形変換の)	479
semisimplicity	半単純性(多元環の)	479
separable	可分	104
separable extension	分離拡大	536
separation axiom	分離公理	536
separation of variables	変数分離(常微分方程式の)	556
separation theorem	分離定理(凸関数の)	536
separation theorem	分離定理(凸集合の)	536
sequence	数列	297
sequence of points	点列	433
sequentially compact	点列コンパクト	433
series	級数	138
set	集合	260
set covering problem	集合被覆問題	261
set function	集合関数	261
set of first category	第1類の集合	359
set theory	集合論	261
Shannon, Claude Elwood	シャノン	257
Shannon theory	シャノン理論	257
sheaf	層	341
shift	シフト	249
shift operator	シフト(作用素, 演算子)	249
Shimura-Taniyama conjecture	志村-谷山予想	250
shock wave	衝撃波	276
short exact sequence	短完全系列	388
shortest curve	最短線	223
shortest path problem	最短路問題	223
side	辺(多角形の)	555
Sierpiński gasket	シェルピンスキーの鏃	236
sign	符号	514
signature	符号(対称行列の)	515
signature	符号(置換の)	515
signature	符号(2次形式の)	515
signature	符号数	515
signature theorem	符号定理	515
signed measure	符号つき測度	515
significant digit	有効数字	615

similar	相似	345	single layer potential	1重層ポテンシャル	23
similar enlargement	相似拡大	345	single-valued function	1価関数	27
similar term	同類項	440	singular cohomology	特異コホモロジー	440
similarity law	相似則	345	singular homology	特異ホモロジー	442
similarity transformation	相似変換	346	singular measure	特異測度	440
similarity transformation	相似変換(行列の)	346	singular perturbation	特異摂動	440
similarity transformation group	相似変換群	346	singular point	特異点(写像の)	441
simple	単純	389	singular point	特異点(代数多様体の)	441
simple	単純(アーベル多様体が)	389	singular point	特異点(微分方程式の)	441
simple	単純(固有値が)	389	singular point	特異点(ベクトル場の)	441
simple closed curve	単一閉曲線	387	singular simplex	特異単体	440
simple closed curve	単純閉曲線	390	singular solution	特異解	440
simple curve	単純な曲線	390	singular value	特異値(行列の)	441
simple cycle	単純閉路	390	singular-value decomposition	特異値分解	441
simple extension	単純拡大	389	singularly continuous	特異連続	442
simple function	単関数	388	sink	吸点	139
simple graph	単純グラフ	389	sink	吸い込み点	292
simple group	単純群	390	sink	沈点	414
simple harmonic oscillator	単振子	390	sink	沈点(ベクトル場の)	414
simple Lie algebra	単純リー環	390	skew field	斜体	256
simple Lie group	単純リー群	390	skew position	ねじれの位置	461
simple module	単純加群	389	skew symmetric matrix	交代行列	198
simple oscillation	単振動	390	skew symmetric tensor	交代テンソル	199
simple pole	単純極	389	skew-Hermitian form	歪エルミート形式	670
simple ring	単純環	389	skew-Hermitian matrix	歪エルミート行列	670
simple root	単根	388	skew-Hermitian transformation	歪エルミート変換	670
simple root	単純根	390	skew-symmetric form	歪対称形式	670
simplest alternating polynomial	最簡交代式	218	skew-symmetric matrix	歪対称行列	670
simplex	単体	391	skew-symmetric operator	歪対称作用素	670
simplex method	単体法	392	skew-symmetric transformation	歪対称変換	670
simplicial complex	単体複体	391	slide rule	計算尺	181
simplicial decomposition	単体分割	392	small circle	小円	275
simplicial map	単体写像	391	small denominator	小分母	281
simply connected	単連結	393	small divisor	小分母	281
Simpson's rule	シンプソンの公式	290	Smith normal form	スミス標準形	302
simultaneous congruences	連立合同式	665	smooth	滑らか	452
simultaneous diagonalization	同時対角化	436	smoothing effect	平滑化作用	538
simultaneous distribution	同時分布	437	Snell's law	スネルの法則	301
simultaneous equations	連立方程式	665	Sobolev space	ソボレフ空間	356
simultaneous inequalities	連立不等式	665	Sobolev's embedding theorem	ソボレフの埋め込み定理	356
simultaneous linear equations	連立1次方程式	665	Sobolev's lemma	ソボレフの補題	357
sine	サイン	225	solid angle	立体角	641
sine	正弦	306	solid of revolution	回転体	78
sine function	正弦関数	306	solid torus	円環体	53
sine series expansion	正弦級数展開	306	soliton	ソリトン	357
sine theorem	正弦定理	306	soliton equation	ソリトン方程式	357
single equation	単独方程式	393			

English	Japanese	Page
solution	解	70
solution curve	解曲線	71
solution surface	解曲面	71
solvability	可解性(方程式の)	89
solvable group	可解群	89
solvable Lie algebra	可解リー環	89
some	ある	11
source	源点	192
source	湧点(位相力学系の)	615
source point	湧点(ベクトル場の)	615
source	湧き出し点	671
space	空間	167
space obtained by attaching	接着した空間	325
space of complex numbers	複素数空間	512
space of constant curvature	定曲率空間	416
space of solutions	解空間	71
space-like	空間的	167
span	張る	476
spanned subspace	張られる部分空間	475
spanning tree	全域木	328
spanning tree	全張木	338
sparse matrix	疎行列	351
special function	特殊関数	442
special linear group	特殊線形群	442
special orthogonal group	特殊直交群	442
special solution	特殊解	442
special theory of relativity	特殊相対性理論	442
special unitary group	特殊ユニタリ群	442
spectral decomposition	スペクトル分解	302
spectral decomposition theorem	スペクトル分解定理	302
spectral radius	スペクトル半径	302
spectrum	スペクトル	302
spectrum	スペクトル(力学系の)	302
spectrum set	スペクトル集合	302
sphere	球面	139
sphere eversion	球面の裏返し	140
spherical coordinates	球座標	137
spherical function	球関数	137
spherical geometry	球面幾何学	139
spherical harmonics	球面調和関数	140
spherical mean	球面平均	140
spherical trigonometry	球面3角法	139
spherical wave	球面波	140
spin	スピン	301
spin representation	スピン表現	301
spinor	スピノル	301
spiral	スパイラル	301
spiral	螺旋	628
spline	スプライン	301
spline function	スプライン関数	302
splitting field	分解体	532
sporadic simple group	散発的単純群	234
square integrable	2乗可積分	458
square number	平方数	543
square root	平方根	543
square sum	平方和	543
stable	安定(力学系における)	14
stable distribution	安定分布	15
stable manifold	安定多様体	15
stable polynomial	安定多項式	15
stable set	安定集合(グラフにおける)	15
stable set	安定集合(力学系の)	15
stalk	茎	168
standard	標準的	498
standard deviation	標準偏差	499
standard normal distribution	標準正規分布	498
standard score	偏差値	556
standard simplex	標準単体	498
standard volume element	標準的体積要素(球面の)	498
standing wave	定在波	417
star-like domain	星状領域	308
star-like set	星型集合	571
star-shaped domain	星状領域	308
starting point	基点	127
state space	状態空間	279
state space	状態空間(解析力学での)	279
state space equation	状態方程式(制御系の)	279
stationary distribution	定常分布(マルコフ連鎖の)	417
stationary flow	定常流	417
stationary point	停留点	424
stationary process	定常過程	417
stationary solution	定常解	417
stationary solution	停留解	424
stationary wave	定常波	417
statistical distribution	統計分布	435
statistical mechanics	統計力学	435
statistical probability	統計的確率	435
statistics	統計量	436
steepest descent method	最急降下法	218
steepest descent method	最急勾配法	219
Stefan problem	ステファン問題	299
step function	階段関数	77

English	Japanese	Page
stereographic projection	立体射影	641
Stiefel manifold	シュティーフェル多様体	267
Stieltjes integral	スティルチェス積分	299
Stieltjes transform	スティルチェス変換	299
Stirling's formula	スターリングの公式	298
stochastic calculus	確率解析	94
stochastic differential equation	確率微分方程式	95
stochastic integral	確率積分	95
stochastic matrix	確率行列	94
stochastic process	確率過程	94
Stokes phenomenon	ストークス現象	300
Stokes' formula	ストークスの公式	300
Stokes' theorem	ストークスの定理	300
Stone's theorem	ストーンの定理	301
strain tensor	ひずみテンソル	486
stream function	流れ関数	452
stream line	流線	648
stress tensor	応力テンソル	67
strictly concave function	狭義凹関数	142
strictly convex function	狭義凸関数	142
strictly monotone decreasing function	狭義の減少関数	142
strictly monotone increasing function	狭義の増加関数	142
strong component decomposition	強連結成分分解	151
strong convergence	強収束	142
strong convergence	強収束(作用素列の)	142
strong law of large numbers	大数の強法則	371
strong topology	強位相	140
stronger/weaker topology	位相の強弱	20
strongly connected	強連結	151
structuralism	構造主義(数学における)	196
structurally stable	構造安定	196
structure	構造	196
structure constant	構造定数	197
structure group	構造群	196
Sturm's theorem	スツルムの定理	299
Sturm-Liouville equation	スツルム-リウヴィル方程式	299
Sturmian chain	スツルムの鎖	299
sub-	部分	520
subadditive	劣加法的	658
subbase	準基(開集合系の)	270
subcovering	部分被覆	521
subdeterminant	小行列式	275
subdifferential	劣微分	659
subdivision	細分(区間や複体の)	224
subfield	部分体	521
subgradient	劣勾配	658
subgraph	部分グラフ	520
subgroup	部分群	520
subharmonic function	劣調和関数	658
submanifold	部分多様体	521
submersion	しずめ込み	245
submodular function	劣モジュラー関数	659
submodular polyhedron	劣モジュラー多面体	659
submodule	部分加群	520
subring	部分環	520
subsequence	部分列	521
subset	部分集合	520
subsolution	劣解	658
subspace	部分空間	520
successive approximation	逐次近似	397
successive substitution	逐次代入	397
sufficient condition	十分条件	265
sum	和	669
sum	和(級数の)	669
sum rule	和の法則	673
summable function	可積分関数	100
superharmonic function	優調和関数	615
superior limit	上極限(関数の)	275
superior limit	上極限(集合列の)	275
superior limit	上極限(数列の)	275
supermodular function	優モジュラー関数	616
supersolution	優解	611
support	台	358
supporting hyperplane	支持超平面	241
supporting line	支持直線	241
surface	曲面	159
surface area	曲面積	159
surface area	表面積	500
surface integral	面積分	600
surface of revolution	回転面	79
surjection	全射	336
suspension	懸垂(位相空間の)	191
suspension	懸垂(力学系の)	191
sweep-out method	掃き出し法	468
sweeping out	掃散	344
syllogism	3段論法	234
Sylow's theorem	シローの定理	288
Sylvester's law of inertia	シルベスターの慣性法則	287
Sylvester's normal form	シルベスターの標準形	288
symbol of operation	演算記号	53

symbolic dynamics	記号力学系	124	tangent function	正接関数	311
symbolic logic	記号論理	124	tangent line	接線	322
symmetric difference	対称差	363	tangent line of circle	円の接線	59
symmetric form	対称形式	363	tangent plane	接平面	326
symmetric group	対称群	363	tangent space	接空間($\mathbb{R}^n$ の部分多様体の)	321
symmetric Markov process	対称マルコフ過程	365	tangent space	接空間(曲面の)	321
symmetric matrix	対称行列	362	tangent space	接空間(多様体の)	321
symmetric operator	対称作用素	364	tangent space	接ベクトル空間	326
symmetric partition	対称区分け	363	tangent vector	接ベクトル	326
symmetric polynomial	対称式	364	tangent vector bundle	接ベクトル束	326
symmetric product	対称積(集合の)	364	tangent vector field	接ベクトル場	326
symmetric space	対称空間	363	Taniguchi International Symposium	谷口シンポジウム	383
symmetric tensor	対称テンソル	364	Taniyama–Shimura conjecture	谷山-志村予想	383
symmetric tensor product	対称積(線形空間の)	364	tau function	タウ関数	374
symmetry	対称(y 軸に関して)	362	Tauberian theorem	タウバー型定理	374
symmetry	対称(原点に関して)	362	tautology	トートロジー	447
symmetry	対称性	364	Taylor expansion	テイラー展開	419
symmetry transformation	対称移動	362	Taylor series	テイラー級数	419
symplectic form	シンプレクティック形式	290	Taylor's formula	テイラーの公式	419
symplectic geometry	シンプレクティック幾何学	290	Taylor's polynomial approximation theorem	テイラーの多項式近似定理	419
symplectic group	シンプレクティック群	290	Taylor's theorem	テイラーの定理(1 変数の)	419
symplectic inner product	シンプレクティック内積	291	Taylor's theorem	テイラーの定理(多変数の)	420
symplectic matrix	シンプレクティック行列	290	tempered distribution	緩増加超関数(シュワルツの)	118
synthetic division	組立除法	170	tensor	テンソル	430
system of eigenfunctions	固有関数系	210	tensor algebra	テンソル代数	431
system of exterior differential equations	外微分方程式系	80	tensor analysis	テンソル解析	430
system of first order partial differential equations	1 階偏微分方程式系	26	tensor and tensor product	テンソルとテンソル積	431
system of linear ordinary differential equations	1 階線形常微分方程式系	26	tensor of inertia	慣性テンソル	115
system of numbers	数の体系	296	tensor product	テンソル積	430
system of orthogonal functions	直交関数系	411	tensor product of representations	表現のテンソル積	497
system of representatives	代表系	374	tent map	テント写像	432
			termwise differentiation	項別微分	203
			termwise integration	項別積分	203
			test	検定	192

T

table of random numbers	乱数表	633	test function	試験関数	238
tail	尻尾(分布の)	248	test function	テスト関数	426
Takagi, Teiji	高木貞治	378	tetrahedron	4 面体	250
Takebe, Katahiro	建部賢弘	379	Thales	タレス	386
tangent	正接	311	theorem	定理	420
tangent	接する	322	theorem of alternatives	交代定理	199
tangent	タンジェント	388	theorem of completeness	完全性定理	116
tangent bundle	接束	323	theorem of dependence of solution on parameter	解の径数依存性定理	79

theorem of factor	因数定理	36	torsion		ねじれ率	461
theorem of identity	一致の定理	27	torsion		捩率	657
theorem of three perpendiculars	3 垂線の定理	234	torsion-free group		ねじれのない群	461
theorem of three squares	3 平方の定理	234	torus		トーラス	447
theorem on preservation of domains			torus		輪環面	650
	領域保存の定理	649	total differential		全微分	339
theory of abelian functions	アーベル関数論	8	total differential equation		全微分方程式	339
theory of algebraic functions	代数関数論	367	total frequency		総度数	350
theory of catastrophy	カタストロフ理論	101	total order		全順序	336
theory of elliptic functions	楕円関数論	376	total variation		全変動	340
theory of equations	方程式論	565	total variation		全変分	340
theory of general relativity	一般相対性理論	29	totally bounded		全有界	340
theory of harmonic integrals	調和積分論	407	totally differentiable		全微分可能	339
theory of linear inequalities	線形不等式論	335	totally disconnected		完全不連結	117
theory of surfaces	曲面論	160	totally disconnected		全不連結	339
thermodynamics	熱力学	462	totally ordered set		全順序集合	336
theta constant	テータ定数	427	totally positive matrix		全正行列	337
theta function	テータ関数 (1 変数の)	426	totally unimodular matrix		完全単模行列	117
theta function	テータ関数 (多変数の)	426	toy model		トイ・モデル	433
thin set	第 1 類の集合	359	trace		跡	315
third fundamental form	第 3 基本形式 (曲面の)	362	trace		トレース	448
three-body problem	3 体問題	234	trace		トレース (無限次元線形作用素の)	449
three-term recurrence	3 項漸化式	231	transcendence degree		超越次数	402
Tikhonov's fixed point theorem			transcendental extension		超越拡大	402
	ティホノフの不動点定理	419	transcendental function		超越関数	402
Tikhonov's theorem	ティホノフの定理	419	transcendental number		超越数	402
tiling	タイル張り	374	transfer function		伝達関数	432
time series	時系列	236	transfinite induction		超限帰納法	404
time-like	時間的	236	transformation		変換	555
Toda equation	戸田方程式	445	transformation group		変換群	556
Toda lattice	戸田格子	445	transformation matrix		変換行列 (基底の間の)	555
topological dynamical system	位相力学系	21	transformation matrix			
topological entropy	位相的エントロピー	20		変換行列 (微分可能写像の)	555
topological group	位相群	20	transience		非再帰性	485
topological invariant	位相不変量	21	transient		過渡的	103
topological manifold	位相多様体	20	transition matrix		遷移行列	328
topological space	位相空間	19	transition probability		推移確率	292
topological structure	位相構造	20	transition probability		遷移確率	328
topological subspace	部分位相空間	520	transition semigroup		推移半群	292
topology	位相 ($\mathbb{R}^n$ の)	18	transitive		推移的 (作用が)	292
topology	位相幾何学	18	transitivity		推移律	292
topology	位相数学	20	translation		平行移動	540
topology	トポロジー	447	translation invariance		並進不変	541
topology induced by metric	距離の定める位相	163	transportation problem		輸送問題	620
topology of surfaces	曲面の位相幾何	159	transposed mapping		転置写像	432
torsion	ねじれ (群の元の)	461	transposed matrix		転置行列	432
torsion	ねじれ (接続の)	461	transposition		互換	205

transversal	横断的	67	
transversal wave	横波	623	
trapezoidal rule	台形公式	361	
traveling salesman problem	巡回セールスマン問題	270	
traveling wave	進行波	289	
tree	木	121	
tree	樹木	268	
tree	ツリー	414	
trial	試行	239	
triangle inequality	3角不等式	231	
triangular matrix	3角行列	231	
triangular number	3角数	231	
triangulation	3角形分割	231	
Tricomi equation	トリコミ方程式	448	
tridiagonal matrix	3重対角行列	233	
trigonometric function	3角関数	230	
trigonometric polynomial	3角多項式	231	
trigonometric ratio	3角比	231	
trigonometric series	3角級数	231	
trigonometry	3角法	231	
triple product	3重積(ベクトルの)	233	
trisection of angle	角の3等分問題	94	
trivial	自明な	250	
trivial action	自明な作用	250	
trivial group	自明な群	250	
trivial homomorphism	自明な準同型写像	250	
trivial subspace	自明な部分空間(線形空間の)	250	
truncation error	打ち切り誤差	42	
truth table	真理表	291	
Tschirnhaus transformation	チルンハウス変換	414	
turbulence	乱流	633	
Turing, Alan Mathison	チューリング	401	
Turing machine	チューリング機械	401	
twin prime numbers	双子素数	515	
two-sided ideal	両側イデアル	649	
type	型(アーベル群の)	101	

U

'Umar Khayyām, Abū al-Fath 'Umar b. Ibrāhīm	オマル・ハイヤーム	68	
ultra-spherical polynomial	超球多項式	403	
unbiased variance	不偏分散	523	
unbounded operator	非有界作用素	496	
uncertainty principle	不確定性原理	509	
uncorrelated	無相関	596	
uncountable set	非可算集合	483	
undefined term	無定義用語	596	
undirected graph	無向グラフ	595	
uniform boundedness	一様有界	25	
uniform continuity	一様連続	25	
uniform convergence	一様収束	25	
uniform convergence in the wider sense	広義一様収束	193	
uniform convergence on compact sets	コンパクト一様収束	217	
uniform distribution	一様分布	25	
uniform norm	一様ノルム	25	
uniformization	一意化	21	
unimodal	単峰	393	
unimodular matrix	単模行列	393	
unimodular matrix	ユニモジュラー行列	621	
union	合併(集合の)	102	
union	和(集合の)	669	
union	和事象	673	
union	和集合	673	
unipotent	べき単	546	
unipotent element	べき単元	546	
unique existence	一意存在	22	
unique factorization domain	一意分解整域	22	
unique factorization domain	素元分解整域	353	
uniqueness	一意性	22	
uniqueness principle for analytic continuation	一意接続の原理	22	
unit	単位元	387	
unit	単元	388	
unit	単数	391	
unit character	単位指標	387	
unit circle	単位円	386	
unit disk	単位円板	386	
unit group	単位群	387	
unit group	単元群	388	
unit group	単数群	391	
unit ideal	単位イデアル	386	
unit interval	単位区間	386	
unit matrix	単位行列	386	
unit normal vector	単位法ベクトル	387	
unit vector	単位ベクトル	387	
unitary equivalence	ユニタリ同値	620	
unitary group	ユニタリ群	620	
unitary isomorphism	ユニタリ同型写像	620	

unitary matrix	ユニタリ行列	620
unitary operator	ユニタリ作用素	620
unitary representation	ユニタリ表現	620
unitary space	ユニタリ空間	620
unitary transformation	ユニタリ変換	621
univalent function	単葉関数	393
universal domain	万有体	482
universal event	全事象	336
universal set	全体集合	337
universally valid formula	恒真論理式	195
unknown	未知数	587
unorientable surface	向き付け不能曲面	591
unramified	不分岐	520
unramified extension	不分岐拡大	520
unstable	不安定	504
unstable manifold	不安定多様体	504
unstable set	不安定集合	504
upper bound	上界	275
upper end	上端	279
upper half plane	上半平面	280
upper limit	上限	276
upper semicontinuous	上に半連続	39
upper semicontinuous	上半連続	280
upper solution	優解	611
upper triangular matrix	上3角行列	39
upper-half-plane model	上半平面モデル	280
upwards concave	上に凹	39
upwards convex	上に凸	39
Uryson's lemma	ウリゾンの補題	42

V

validated numerical computation	精度保証付き数値計算	314
valuation	付値	516
valuation ring	付値環	516
value distribution theory	値分布論	3
van der Pol equation	ファン・デル・ポル方程式	504
Vandermonde's determinant	ヴァンデルモンドの行列式	37
variable	変数	556
variance	分散	534
variation of constant	定数変化法	418
variational principle	変分原理	558
variational problem	変分問題	559
vector	ベクトル	547
vector bundle	ベクトル束	548
vector calculus	ベクトル解析	547
vector equation of line	直線のベクトル方程式	409
vector equation of plane	平面のベクトル方程式	544
vector field	ベクトル場	549
vector potential	ベクトル・ポテンシャル	550
vector product	ベクトル積	548
vector space	ベクトル空間	547
vector triple product	ベクトル3重積	548
vector-valued function	ベクトル値関数	549
velocity	速度	352
velocity field	速度場	352
velocity potential	速度ポテンシャル	353
velocity vector	速度ベクトル(曲線の)	353
Venn diagram	ベン図	556
vertex	頂点(グラフの)	405
vertex	頂点(単体複体の)	405
vertex coloring	頂点彩色	405
vertex-induced subgraph	頂点誘導部分グラフ	405
vertical angle	対頂角	372
Viète, François	ヴィエト	37
vicious circle	循環論証	270
vibration	振動	289
volume	体積	372
volume and surface area of ball	球の体積と表面積	139
volume element	体積要素	372
volume of pyramid	角錐の体積	92
von Neumann, Johann Ludwig	フォン・ノイマン	509
von Neumann algebra	フォン・ノイマン環	509
Voronoi diagram	ボロノイ図	577
Voronoi polyhedron	ボロノイ多面体	578
vortex	渦度	41
vortex filament	渦糸	40
vortex free	渦なし	41
vortex line	渦線	41
vortex point	渦点	41
vortex tube	渦管	41

W

Wada, Yasusi	和田寧	673
Wallis' formula	ウォリスの公式	40
Waring's problem	ワーリングの問題	673
wave	波動	471
wave equation	波動方程式	472

wave front	波面	475		white noise	ホワイト・ノイズ	579
wave function	波動関数	471		white noise	白色雑音	468
wave length	波長	470		Wiener, Norbert	ウィーナー	37
wave number	波数	468		Wiener filter	ウィーナー・フィルター	38
wave optics	波動光学	471		Wiener measure	ウィーナー測度	38
wavelet analysis	ウェーブレット解析	39		Wiener process	ウィーナー過程	37
weak convergence	弱収束	255		Wiener space	ウィーナー空間	38
weak convergence	弱収束(作用素列の)	255		Wilson's theorem	ウィルソンの定理	38
weak law of large numbers	大数の弱法則	371		with multiplicity	重複度を込めて	406
weak solution	弱解	255		without loss of generality	一般性を失うことなく	29
weak solution	弱い解	625		WKB method	WKB法	383
weak topology	弱位相(ノルム空間の)	255		word	語	192
weakly stationary process	弱定常過程	256		word	単語	388
Wedderburn's theorem	ウェダーバーンの定理	39		word entropy	エントロピー(言語の)	58
wedge product	ウェッジ積	39		word problem	語の問題	210
wedge product	外積(微分形式の)	74		work	仕事	240
wedge product	積(微分形式の)	315		Wronskian	ロンスキアン	667
Weierstrass, Karl Theodor Wilhelm				Wronskian determinant	ロンスキー行列式	668
	ワイエルシュトラス	669				

Y

Weierstrass' ℘ function		
	ワイエルシュトラスの℘(ペー)関数	670
Weierstrass' approximation theorem		
	ワイエルシュトラスの多項式近似定理	669
Weierstrass' canonical product		
	ワイエルシュトラスの標準乗積	670
Weierstrass' function		
	ワイエルシュトラスの関数	669
Weierstrass' theorem	ワイエルシュトラスの定	
	理(複素関数論における)	670

Yang-Baxter equation	ヤン-バクスター方程式	610
Yang-Mills theory	ヤン-ミルズ理論	610
Yosida, Mituyosi	吉田光由	623
Young diagram	ヤング図形	609
Young tableau	ヤング盤	610
Young's inequality	ヤングの不等式	610

Z

weight	ウェイト	38
weight	重み	69
weight function	重み関数	69
weight function	荷重関数	99
weighted mean	重み付き平均	69
Weil's conjecture	ヴェイユ予想	38
Weingarten's formula		
	ワインガルテンの公式(曲面論の)	671
well-defined	ウェル・ディファインド	40
well-defined	定義可能	416
well-ordered set	整列集合	315
well-ordering theorem	整列定理	315
well-posed	適切	425
Weyl, Hermann	ワイル	670
Weyl group	ワイル群	671
Weyl transformation	ワイル変換	671
Weyl's theorem	ワイルの定理	671
Weyl's uniform distribution	ワイルの一様分布	671

Zǔ Chōng-zhī	祖冲之	355
Zariski topology	ザリスキー位相	230
Zermelo's well-ordering theorem		
	ツェルメロの整列定理	414
zero	零	656
zero divisor	零因子	656
zero element	零元	656
zero ideal	零イデアル	656
zero mapping	零写像	656
zero matrix	零行列	656
zero point	ゼロ点	327
zero point	零点	656
zero point set	零点集合	657
zero point theorem	零点定理	657
zero vector	零ベクトル	657

zero-one law	01 法則	656	
zero-one law	ゼロワン則	328	
zero-sum game	ゼロサム・ゲーム	327	
zero-sum two-person game	ゼロ和 2 人ゲーム	327	
zeta function	ゼータ関数	320	
ZF set theory	ZF 集合論	326	
Zhū Shì-jié	朱世傑	266	
zonal harmonics	帯球調和関数	361	
zonal spherical function	帯球関数	361	
Zorn's lemma	ツォルンの補題	414	

その他

α-limit set	α 極限集合	13
ε-δ method	ε-δ 論法	33
ε-entropy	ε エントロピー	32
ε-neighborhood	ε 近傍	33
λ-calculus	ラムダ計算	632
λ-definable function	ラムダ定義可能関数	632
σ-additive family	可算加法族	99
σ-additive family	σ 加法族	236
σ-additive function	可算加法関数	98
σ-additivity	可算加法性	98
σ-compact	σ コンパクト	236
σ-finite measure	σ 有限測度	236
ω-limit set	ω 極限集合	68
3-dimensional manifold	3 次元多様体	232
3-dimensional space	3 次元空間	232
4-dimensional manifold	4 次元多様体	623

岩波 数学入門辞典

2005年9月28日　第1刷発行ⓒ
2020年7月27日　第5刷発行

編集　青本和彦　上野健爾　加藤和也
　　　神保道夫　砂田利一　高橋陽一郎
　　　深谷賢治　俣野　博　室田一雄

発行者　岡本　厚

発行所　株式会社　岩波書店
　　　〒101-8002　東京都千代田区一ツ橋 2-5-5
　　　電話案内 03-5210-4000
　　　https://www.iwanami.co.jp/

ISBN4-00-080209-7　　Printed in Japan

本文 TeX 組版	大日本法令印刷株式会社
本文印刷	大日本法令印刷株式会社
付物印刷	半七写真印刷工業株式会社
本文用紙抄造	北越紀州製紙株式会社
表紙用クロス	ダイニック株式会社
製本	株式会社松岳社
製函	有限会社司巧社